北方果树露地无公害生产技术大全

Beifang Guoshu Ludi Wugonghai Shengchan Jishu Daquan

王尚堃　蔡明臻　晏 芳　主编

中国农业大学出版社
ZHONGGUONONGYEDAXUE CHUBANSHE

内 容 简 介

全书分总论篇和各论篇。总论篇介绍了果树生产基础知识和基本技术(育苗、建园、土肥水管理、整形修剪和花果管理)。各论篇立足北方实际,具体介绍了苹果、梨、山楂、葡萄、桃、杏、李、枣、樱桃、核桃、板栗、猕猴桃、柿、石榴、无花果、草莓16个树种的露地无公害生产技术。对每一个树种,分别从生物学特性,主要种类和优良品种,无公害生产技术和相关技能实训4方面作具体详细介绍。梨中介绍了新西兰红梨特征特性及无公害生产技术,适应经济社会发展的需要,又较为详细具体地介绍了优质梨省力化高效丰产栽培技术;杏中介绍了金光杏梅的品种表现及无公害标准化生产技术;李中介绍了9个杂交杏李品种的表现及无公害生产技术。考虑到人们生活水平提高的需要,又较为系统地介绍了这些树种的园林应用。

本书内容翔实,系统,先进,图文并茂,通俗易懂,可操作性强,可作为高等院校涉农相关专业的教材或参考用书,也可作为北方地区果树专业技术培训教材和广大农技推广人员及果农的参考用书。

图书在版编目(CIP)数据

北方果树露地无公害生产技术大全/王尚堃,蔡明臻,晏　芳主编.—北京:中国农业大学出版社,2014.4

ISBN 978-7-5655-0909-4

Ⅰ.①北…　Ⅱ.①王…②蔡…③晏…　Ⅲ.①果树园艺-无污染技术　Ⅳ.①S66

中国版本图书馆 CIP 数据核字(2014)第 049785 号

书　名　北方果树露地无公害生产技术大全
作　者　王尚堃　蔡明臻　晏　芳　主编

策划编辑　张秀环　　**责任编辑**　张秀环
封面设计　郑　川　　**责任校对**　王晓凤　陈　莹
出版发行　中国农业大学出版社
社　址　北京市海淀区圆明园西路2号　　**邮政编码**　100193
电　话　发行部 010-62818525,8625　　读者服务部 010-62732336
编辑部 010-62732617,2618　　出　版　部 010-62733440
网　址　http://www.cau.edu.cn/caup　　**e-mail**　cbsszs@cau.edu.cn
经　销　新华书店
印　刷　涿州市星河印刷有限公司
版　次　2014年4月第1版　　2014年4月第1次印刷
规　格　787×1 092　　16开本　　44.75印张　　1 110千字
定　价　98.00元

编 写 人 员

主　编　王尚堃　蔡明臻　晏　芳

副主编　杜红阳　王素贞　刘艳秋　沈红丽　王林轩　赵丽敏
晏振举　郭喜玲　万四新　黄增敏　于　醒

编　者　(按单位拼音为序,排名不分先后)
王素贞(扶沟县城关镇农业服务中心)
刘大奇(扶沟县崔桥镇人民政府)
杨　楠(扶沟县农业局)
王慧茹(扶沟县种子管理站)
沈红丽　李振宏(扶沟县种子技术服务站)
张殿魁(商水县胡吉镇人民政府)
周政权(商水县农业局)
王会华(商水县林业局森林病虫防治检疫站)
李琳琳(河南省农业广播电视学校商水分校)
赵丽敏(太康县林业技术推广站)
王冰洁(太康县林业局)
杜红阳(周口师范学院)
晏振举　刘建立(周口市川汇区蔬菜科学研究所)
蔡明臻　黄增敏(周口市经济作物技术推广站)
刘艳秋(周口市林业监测站)
于　醒(周口市川汇区生态园)
王林轩　邢乐金　戚海鹏(周口市园林管理处)
王尚堃　万四新　晏　芳　崔艳超(周口职业技术学院)
郭喜玲(周口市种子管理站)
于恩厂(驻马店农业学校)

前　言

果树是经济价值较高的园艺作物，是农业生产的重要组成部分，对农业增效和农民增收起着重要的作用。果树生产具有较高的经济效益、生态效益和社会效益。改革开放以来，随着整个国民经济的快速发展，我国果树的综合生产能力有了很大提高。从 1993 年起，我国水果总产量跃居世界第一位，其中苹果和梨的产量为世界各国之首，分别占世界总产量的 28.2%和 42.6%。2003 年全国果树总面积 9 436.7 万公顷，总产量 7 551.5 万吨。果树产业结构更趋合理，生产区域化、基地化更加突出。随着人民生活水平的提高，对果品质量提出了更高的要求，"绿色、有机、营养"已成为人们对果品的时尚追求。为了提高果品质量，推广先进实用的果树生产新技术，同时扩大果树的应用范围，我们根据多年的教学、科研和生产实践，组织有关人员，精心编写了《北方果树露地无公害生产技术大全》。本书立足于北方，介绍了苹果、梨、山楂、葡萄、桃、杏、李、枣、樱桃、核桃、板栗、猕猴桃、柿、石榴、无花果、草莓 16 个果树树种的露地无公害生产技术。苹果新品种中还绍了最新培育的苹果新品种华硕的特征特性；梨中又介绍了新西兰红梨 3 个品种的表现及无公害生产技术，并适应市场经济的发展，新技术示范推广需要，总结了优质梨省力化丰产高效栽培技术。杏中还介绍了金光杏梅的品种表现及无公害标准化生产技术，李中还介绍了杂交杏李 9 个品种的表现及无公害生产技术。该书内容系统，条理清晰；突出实用、可操作性，图文并茂，通俗易懂，并增加了技能训练有关部分内容，便于读者掌握果树生产的基本技能，具备果园周年生产综合管理的能力。

本书内容分为总论篇和各论篇。总论篇介绍了果树生产的基础知识和基本技术。基本知识介绍了果树生产相关的基本概念，果树生产的特点，果树生产发展的现状和趋势，当前果树生产的几种管理形式和发展模式，果树的分类、区划、树种识别和树体结构，详细介绍了果树的生命周期、年龄时期、果树主要器官的生长发育规律和果树生长发育的协调。后面安排有具体的技能实训，便于读者对果树生产基础知识的理解和掌握。果树生产的基本技术包括育苗技术、建园技术、土肥水管理技术、花果管理技术和整形修剪技术，配合相应的技能实训，便于读者掌握果树生产的基本技术，具备果园生产管理的基本技能。各论篇较为具体地介绍了北方常见落叶果树露地无公害生产技术，从生物学特性、主要种类和优良品种、无公害生产技术、园林应用 4 方面详细介绍，每个树种后配备有相应的技能实训，便于读者理解相应树种的生物学特性，掌握其关键生产技术。

本书在编写过程中，重点参考了《北方优质果品生产技术》（陈守耀，周秀梅，陈建业主编，2012）、《果树生产实用新技术及园林应用》（王尚堃，李留振，徐涛主编，2011）、《果树栽培学各论》（张国海，张传来主编，2008）、《果树生产技术》（北方本）（马骏，蒋锦标主编，2006）、《果树栽培》（北方本）（李道德主编，2001）、《果树栽培学总论》（第三版）（郗荣庭主编，1997）、《果树栽培学各论》（北方本第三版）（张玉星主编，2003）、《园林植物》（张文静主编，2010）、《园林树木》（邱国金主编，2006）、《花卉果树栽培实用新技术》（杜纪格，王尚堃，宋建华主编，2009）、《果树生产技术》(北方本)(冯社章主编,2007)、《果树栽培》(第二版)(于泽源主编,2010)、《葡萄生产技术手册》(刘捍中主编,2005)、《桃树丰产栽培》(周慧文主编,1995)等教材、技术书籍。此外,在本书中也重点介绍了编者发表在《中国果树》、《林业实用技术》、《江苏农业科学》、《河北果树》、《北方园艺》等有关专业杂志上的新技术,结合生产实际,非常实用。并广泛查阅了《中国农学通报》、《河南农业》、《现代园艺》、《河南林业科技》、《山西果树》等专业杂志。其中有不少新技术或切合实际的经验在书中均多有引用。限于篇幅,无法一一注明,在此一并向各位作者深表谢忱。

本书可作为高等院校涉农相关专业的教材或参考用书,也可作为北方地区果树专业技术培训教材和广大农技推广人员及果农的参考用书。

本书撰写分工如下:第一章由王尚堃、杜红阳、万四新、王素贞、于醒编写;第二章和第七章由崔艳超编写;第三章由蔡明臻、杜红阳、刘艳秋编写;第四章由赵丽敏、杜红阳、王冰洁编写;第五章和第二十章由王素贞、刘大奇、杜红阳、杨楠编写;第六章和第十六章由王尚堃、沈红丽和赵丽敏编写;第八章由晏芳和赵丽敏编写;第九章由王尚堃、黄增敏、杜红阳和万四新编写;第十章由戚海鹏编写;第十一章由晏芳、郭喜玲、蔡明臻、黄增敏编写;第十二章由郭喜玲、晏振举编写;第十三章由王林轩、晏振举编写;第十四章由王林轩、于醒编写;第十五章由刘艳秋、张殿魁编写;第十七章由于恩厂、邢乐金编写;第十八章和第十九章由周政权、王会华和王慧茹编写;第二十一章由李振宏、王素贞编写;第二十二章由刘建立编写;第二十三章由李琳琳、沈红丽编写。最后由王尚堃负责统稿。

由于时间仓促,编者水平有限,书中错漏之处,在所难免,敬请广大读者在使用过程中提出批评意见,以便再版时进一步修改、完善。

编 者

2014 年 1 月

目　录

第一篇　总　论　篇

第二篇　各　论　篇

第一篇

总　论　篇

第一章　果树无公害生产基础知识

［内容提要］介绍了果树、果树栽培、果树生产和果树产业的基本概念；果树生产现状与对策，我国果树生产发展趋势及当前果树生产几种管理形式，果树生产发展模式。果树分类方法、果树带概念及我国果树带划分情况，树种识别要点。果树基本结构组成，树干、骨干枝、结果枝组、叶幕、干性、竞争枝等基本概念，果树枝芽类型及其特性，在生产上的应用。果树生命周期、年龄时期、物候期概念，果树器官根、芽、枝、叶的生长发育规律。果树产量和果品品质构成，提高果树产量和果品质量的途径。果树生长发育协调内容，在生产上如何利用。

第一节　果树生产

一、基本概念

1.果树

果树是指能生产人类食用的果实、种子及其衍生物的多年生植物。大多数北方落叶果树如苹果、梨、桃、杏、李等食用部分是果实；核桃、板栗、银杏等食用部分是种子；衍生物主要指砧木；多年生植物主要指多年生的木本植物（如苹果、梨、桃等）和草本植物（香蕉、菠萝、草莓、番木瓜等），也包括藤本植物（葡萄、猕猴桃等）。

2.果树栽培

果树栽培是果树生产的一部分，它是指从育苗开始，经过建园、管理，一直到果实采收的整个过程。一般不包括产后商品化处理、生产资料供应、人力资源管理、信息技术服务、市场营销网络等生产要素。

3.果树生产

果树生产是指人们为获得优质果品，按照一定的管理方式，对果树及其环境采用各类技术的过程。包括苗木培育、果园建立、栽培管理、病虫害防治等各个环节，是以生产过程为导向，以生产技术为核心，包括产后商品化处理、生产资料供应、人力资源管理、信息技术服务、市场营销网络等所有生产要素的集合。

4.果树产业

果树产业是果树生产链条的延伸，是以果品升值、经济增效为核心，由多领域、多行业、多学科共同参与的系统性综合化产业。它包括果树资源开发利用、品种培育、生产技术研究、果园综合利用、果品加工与贮藏、果品贸易以及直接为其服务的其他行业，如信息咨询、资金信贷、技术服务、人力资源开发等。

果树生产必须以科学研究为基础，技术创新为核心，市场需求为方向，社会化服务为支撑，尽可能延伸产业链，提高果品商品率，才能获得最佳效益。

二、果树生产特点

1.共性特点

果树为多年生、多次结果，多数为无性繁殖的木本或草本植物，不仅具有春花秋实的年周期变化，同时还受到不同生命阶段规律的支配，对环境条件和栽培措施的反应有时效性和持续性的累积效应。在建立果园时，必须强调适地适栽，选择适宜的树种和优良品种。果树栽培中所采取的措施不仅要考虑当年产生效益，还需有利于今后的生长和结果。果树根深叶茂，有较多的叶面积制造较多的同化营养物质，并且在采果后要及时施基肥，做好后期的保叶工作，使树体内积累丰富的贮藏营养物质。果树需要进行整形修剪，使树体通风透光良好，达到优质丰产。果树要根据不同树种的花芽形成特点，利用顶端优势和芽的异质性，运用疏、截、缓、缩等手段，调节好生长和结果的关系，平衡树势，实现早果、优质稳产、高效益。

2.特殊特点

(1)绝大多数树种以多年生木本植物为生产对象

多年生木本是绝大多数果树区别于其他农作物和蔬菜的显著属性，果树生长发育及生产具有三大明显的变化。

①具有较长的发育周期，相对复杂的生长变化规律。一方面，果树具有经济效益期长、投资报酬率高的特点，可持续受益；另一方面，果树早期效益低，生产转型慢，投资风险大。因此，果树生产者必须具有风险意识和超前意识，对未来市场能做出准确判断，同时在经营管理、生产指标与技术管理上，要兼顾当前利益与长远效益，充分考虑各项技术的后续效应。

②长期在固定地方生长，持续利用土地的同时，也加大了土肥水管理的难度。所有管理都应考虑尽量避免伤及果树根系；所有土壤施肥技术由于根系的存在而难以做到均匀合理；果树长期按一定比例从土壤中吸收营养元素，使树体很容易出现各种缺素症，如Fe、Zn、B缺乏是北方果树最常见的生理病害。

③果园生物种类多，生产周期长，形成较为稳定的生态系统，有利于资源的综合利用，建设高效生态果园，但同时也增加了病虫害防治的难度。果园病虫害种类繁多，可危及果树的所有器官。各种病虫害之间往往同时为害，互为因果，并且随着果树种类不同及生育阶段的变化而变化，随树龄的增加而增加，而树体本身又成为病虫害天然的越冬场所。为此，要因地制宜地

制定技术方案，尤其应充分注意保护天敌，加强综合防治。

(2)以鲜食为基本产品

鲜食是目前我国果品消费的主要方式。果树生产技术要适应鲜食消费的需求，需从三方面着手。一是必须以果品安全无公害作为果树生产的基本目标，这是采取所有生产技术的前提。果树生产至少应达到国家无公害果品生产要求，在园地选择、肥料与农药使用、果品贮藏运输技术等方面严格执行标准，并逐步发展绿色果品生产。二是以周年供应市场鲜果为目标，设施生产和贮运技术是果树生产的特色技术和果品增值的重要手段。三是果品市场定位决定果树生产效益。市场定位时主要考虑供应时间、消费对象及果品质量等因素。

(3)以精细管理为技术特点

有采取精细管理技术，才能满足不同消费者的多种需求，实现果品的最大商品价值。具体体现为三点：集约经营、个性化管理、以果品质量为技术核心。集约经营是指果树生产属于劳动密集型生产，人力资源的成本、技术素质及管理水平能显著影响果园经济效益。个性化管理就是必须根据树种、品种和砧穗组合，以单株作为管理单位，采用个性化的技术，做到因树制宜。以果品质量为技术核心就是围绕质量进行精细管理，是果园提高效益的重要途径。

三、果树生产现状与对策

1. 现状

(1)取得成绩

我国果树生产经过 50 多年的不断发展，取得了可喜的成绩，具体可概括为实现了三大目标：规模扩大、结构优化和技术创新。规模扩大是指果树生产规模持续扩大。2003 年全国水果栽培面积 943.67 万公顷，总产量 7 551.5 万吨，分别占全世界的 18.0％和 15.7％。水果总产量及苹果、梨、桃、李、柿的产量均居世界首位，葡萄和猕猴桃产量亦为世界前 5 位。与 1949 年相比，总产量增长约 62 倍，单位面积产量及人均果品占有量都有明显提升。结构优化是指果树生产结构趋于优化。在区域布局上，果树树种和品种向优势产区集中，形成相应的适宜产区和最适产区，具备了优质果品规模化生产的条件。如苹果已形成四大集中产区：即渤海湾、西北黄土高原、中部黄河故道及西南高地，其面积和总产量分别占到全国的 95％和 97％。而黄土高原产区已成为最重要的外销苹果产区。在品种结构上，已形成以少数最优品种当家，其他特色品种为辅的局面：2003 年着色富士系苹果已占到苹果总产的 60.4％。在果园栽培制度中，矮化密植已基本取代乔化稀植成为生产的主流。设施生产方式发展迅速，成为果品经济新的增长点。高效生态果园正在部分果区推广，有望成为果园栽培的新模式；在生产模式上，适应买方市场、国际市场的需要，由过去单纯生产型向贮藏、加工、营销领域延伸，出现了产业化经营模式“公司＋基地＋农户”。技术创新是指果树生产新技术大量应用。当前，采用的果树生产新技术有无病毒苗木培育、无公害生产、设施栽培、平衡施肥、节水灌溉、果实套袋、化学调控、采后保鲜等。此外，果树生产及质量控制标准的颁布执行，果树计算机专家系统的应用，果品市场信息网络的建立和大量名、优、新品种的推广及配套新技术的应用，都使果树生产发生了巨大的变化。

(2)存在问题及原因

①存在问题。我国果树生产上存在的突出问题集中表现为比较效益不高,果品质量与安全问题突出,生产社会化程度低。比较效益不高是指我国果品人均占有量低,果品出口量低及单位面积产量低。尽管我国果树栽培面积和总产量居世界第一位,但我国果品人均占有量2003年仅为53.48 kg,仅占世界平均水平的71.3%;2003年我国水果出口量为148.7万吨,只占生产总量的1.21%。我国果树单位面积产量如苹果2002年仅为9.93 t/hm^2。果品质量和安全问题突出是指优质果率低和果品中有害物质残留量高。我国苹果的优质果率仅为20%,高档优质果率仅1%左右,尤其外观质量较差,不能满足国内外市场的需求。由于果园化肥和农药的大量长期使用,果园土壤、灌溉用水及空气污染,造成果品有害物质残留,严重影响消费者信心和果品出口。生产社会化程度低表现为社会服务体系滞后,我国目前的服务体系远远不能适应果树规模化生产的需要。主要表现为营销体系尚未形成,果品市场亟待培育,供需信息闭塞;为果品生产服务的技术体系和产业严重不足,果园营养分析诊断、病虫害测报与防治指导、农资供应、机械修理、经营与生产技术咨询等方面都存在各自为政,无序竞争;风险保障机制缺乏,果树生产在资金信贷、自然灾害保险等方面急需优质服务。而明显滞后的果树教学与技术推广工作,普及程度较低的生产技术,高素质工人的缺乏,都严重制约着果树产业的持续发展。

②原因。果树生产存在问题的原因主要有三点:一是盲目发展,一哄而上。一些地方只顾发展,不顾市场需求和本地实际,讲形式而不讲实效。只号召群众栽树,却未能很好地组织技术培训,片面追求速度,盲目引购苗木,品种混杂低劣。果农对果树生产上出现的问题束手无策。二是果品质量差,经济效益低。据有关资料显示:我国约有40%的幼龄果园未投产,在投产园中还有30%低产劣质果园。全国平均667 m^2 产量只占世界中等发达国家的40%左右,成本较高。果品外观和内在品质差,缺乏市场竞争力,经济效益低。这些与果农素质较低,经营粗放不无关系。三是信息不灵,产销渠道不通畅。20世纪90年代后,我国由计划经济逐步转变为市场经济,果品流通体制也相应进行了改革,打破了果品由国有果品公司独家经营的局面。但发展中的农民购销组织还不能完全适应市场经济的要求,不能及时了解和分析市场信息,掌握动态,竞争力非常强烈。果品生产与贮运加工不配套,贮藏加工设施严重不足。加上品种单一,集中上市,流通受阻,使一些产区果品只能降价出售。

2.果树生产的对策

当前我国种植业生产结构调整的重点是粮、棉、油、糖、菜、果、蚕、花、麻。其中水果的要求是“调整布局,更新品种,提高鲜食果品质量和加工型果品的比重”。今后水果生产的指导思想是:“一稳定,二调整,三提高”,就是在稳定现有果园面积的基础上,调整生产布局,调整树种和品种结构,提高单产,提高质量,提高经济效益。我国果树生产应坚持因地制宜、安全优质、规模效益、相对特色的原则,采取相应的措施才能加快发展。

(1)发展绿色果品,实现标准化生产

绿色果品是果树生产的最终目标,应在目前普遍推行无公害果品的基础上,采用国家强制标准和市场调节双管齐下的方法,推行以提高果品质量为核心的果树标准化、安全化生产技术体系,逐步改善果园环境,严格按照生产技术规程进行施肥与病虫害防治,最终应建立起有利于保护消费者健康，有利于保证果品质量，有利于出口创汇的生产控制体系，实现标准化生产。

(2)全面调整结构，实现个性化生产

近年来，随着人民生活水平的提高，在树种上应适当调减苹果、梨、香蕉、柑橘等大宗水果，大力发展桃、杏、李、樱桃、枣、柿、石榴等小杂果、特有树种；在品种配置上由集中旺季成熟品种向早、中、晚排开成熟，均衡供应系列化品种转化，并逐步增加设施型、加工型或兼用型新品种；在果品档次上发展高档果外销型、特级特供特销型果品，培育名牌果品，最终实现特色型果品，个性化生产。

(3)突出优质高效，实现专业化生产

主要是采取以提高果实质量为中心的系列化生产技术，以产后分级、包装处理为主要内容的商品化技术，以果品贮藏及初、深加工为核心的产品增值技术。重视果树良种选育、引进和种苗产业化工程建设；推进采后商品化处理、贮运、加工技术现代化；重视果品生产和市场销售的信息化指导；加快果树生产组织化进程。最终通过果树产业链条的不断延伸增效，实现以果品企业为龙头，基地专门化生产为基础，社会化服务为依托的果树生产产业化，与国际市场接轨。

四、我国果树生产发展趋势

1. 果品质量标准化

实现果实内在品质和外观品质的有机统一。通过选用优良品种，采用现代栽培技术，生产无公害果品，达到质量标准，使果实能够充分表现出固有的品质特征，从而满足现代消费者的需求。

2. 果树栽培区域化

依据树种、品种的生物学特性及其对环境条件的要求，按照“适地适栽”原则，在最适宜区域生产最优质果品。

3. 果树生产集约化

在规模化基础上进行果树集约化生产。按照果树生产技术规程，采用高新技术，生产具有竞争力的果品，提高经济效益。

4. 苗木繁育专业化

由专业化生产部门进行苗木的规范化生产，使栽培的果树品种纯正，达到苗木质量标准，这是果树生产的基本保证。

5. 种类、品种多样化

随着人们消费观念的改变，果树生产种类和品种日趋多样化，从而满足现代消费者对果品的多样化需求。

6.果树生产社会化

在果树生产规模化、区域化和产供销一体化基础上，果树生产效率的提高有赖于机械化程度的提高，更有赖于社会化即社会“服务体系”的完善。

7.果品供应周年化

选用早、中、晚熟品种，利用露地、设施等栽培方式，采用配套的科学管理措施，延长水果采收上市期，科学地进行采后处理，应用现代化的贮藏保鲜技术，达到果品周年供应的目的。

五、当前我国果树生产的几种管理形式

1.个体果园分散型

个体果园分散型是随着我国农村土地承包责任制的出现，20 世纪 80 年代一大批农民在自己责任田上新植的果园。该类果园树种和品种比较单一，技术人员一般由果园业主自己担当，管理比较粗放，新技术推广困难，大多不具备果品贮藏条件，抗市场风险能力较差。

2.集体果园集中管理型

集体果园在我国农村占有一定的比例，栽种树种一般 3～5 个。在果树的生产管理中具备一定可持续发展能力，大多配有自己培养的技术人员，果树栽培新技术接受得比较快，取得了较高的经济效益。

3.集体果园承包型

在我国，有 80%左右的集体果园已承包给个人，该类果园由于承包年限和承包者技术水平、经营素质的差异，产生严重的两极分化现象。承包年限较长的果园，承包者具备较高的技术水平和经营素质，在承包期内积极采纳先进的科学技术，果园的管理水平走在了我国果树生产的前列，有的果园现已通过了有机果品生产认证。但也有部分集体果园承包后，承包者管理、经营不善，导致了果园毁灭。

4.政府果园事业管理型

该类果园是政府投资建立的果园，旨在示范推广果树生产新技术，以此作为展示本地区果树生产的一个窗口。此类果园一般由事业性质的技术推广部门来管理、经营。它通常拥有较强的果树生产技术力量，新技术推广渠道顺畅，抵抗市场风险能力也较强。

5.公司、农户分散联盟性

公司、农户分散联盟性就是以公司作为贮藏、加工、销售的龙头，公司主要经营长期以来果品质量高、果农信誉好的农户的果实产品，同时，每年都把市场对果实质量要求的信息提供给这些果农，并指导其生产管理技术。双方形成了默契的松散联盟式产、供、销联合体，既相互利

用，又存在依存关系。

6. 商业公司经营型

一些大型公司、农户松散联盟型商业公司在赚取大量利益后，开始兼营风险较小的农业生产项目，尤其一些房地产开发商更为突出。他们在农业经营中首选的项目是果树生产。这些公司经济实力雄厚，用人机制健全，果树管理宜形成规模，每年都录用大量的初、中高级技术人员，新技术在这类果园易于示范、推广。

六、果树生产发展模式

1. 规模经营发展模式

规模经营发展模式是未来果园的发展模式。该类模式将朝着生产集约化，树种、品种生态适宜化，管理精细化，产、销一体化的规模经营方向发展。

2. 休闲果园发展模式

这类发展模式是随着社会的发展，人们工作、生活节奏加快，一座座高楼拔地而起，城市空间越来越小，人们渴望回归自然的需求而产生的。这将大大推动以提供观光旅游为主要经营内容的休闲果园发展。未来休闲果园的发展模式应主要包括古旧情区、农家助餐区、果园自采休闲区和田园劳作区。不同果园可根据自己的地理优势，增添独具特色的休闲园区内容。

3. 健康果品发展模式

健康食品在人们未来食物构成中将逐渐加大消费比重，以鲜食为主的果品未来发展方向将是以生产健康果品为主。目前，我国健康果品主要包括"无公害果品"、"绿色果品"和"有机果品"。

(1)无公害果品

"无公害果品"是指产地、环境、生产全过程和最终果品质量符合国家行业无公害农产品的标准，并经过检测机构检测合格批准后，使用无公害农产品标志的达标果品。无公害果品的质量标准是安全、卫生、优质和营养成分高。安全是指果品中不含对人体有毒、有害物质，或者将有害物质控制在安全标准以下，对人体健康不产生任何危害；卫生是指农药残留、硝酸盐含量、废水、废气、废渣等有害物质不超标，生产中禁用高毒农药，合理施用化肥；优质是指内在品质高；营养成分高是指果品中含有人体所需的各种营养物质。

(2)绿色果品

"绿色果品"是无污染、安全、优质、卫生、有营养果品的统称。具体分为A级和AA级，其标准与无公害相似，只是对环境要求更为严格。如大气必须符合大气环境质量标准1级标准，水质必须符合农田灌溉水质标准中的1、2级标准，土壤中的DDT含量不能高于0.1 mg/kg。A级绿色果品允许有选择地限量使用一些安全性的农药、化肥和生长调节剂等；而AA级绿色果品不允许使用任何人工合成的化肥、农药和生长调节剂等。

(3)有机果品

有机果品比AA级绿色果品更加严格。其不同于绿色果品,不是注重最终果实的农药残留量是否超标,而是关注果品生产、加工、贮藏的全过程。除上述AA级标准外,还不允许使用基因工程技术,土地从生产其他果品转到生产有机果品,需1～2年的转换期。有机果品是国际流行的新型果品生产技术。按照《生产技术准则》要求,有机果品的生产过程必须选择远离城镇、交通干线、垃圾处理厂等有污染源的地区,而且生产基地的空气应符合国家大气环境质量1级标准。生产过程中禁止使用化学合成的农药、化肥、生长调节剂等有害物质,不仅要确保果品安全和人身健康,更重要的是确保土壤、空气、水质不受污染,建立以资源高效利用和生态环境保护为基础的可持续农业生产体系。

4.立体果园发展模式

立体果园建设应本着生态、环保、无公害、高效益的原则。各地可根据实际情况,发展自己的立体模式。主要有果园行间生草、果园内兴建沼气池、果园内饲养害虫天敌,果园内饲养家禽、树下饲养蚯蚓和果园饲养畜牧等。果园行间生草,可增加土壤有机质;果园内兴建沼气池,既可提供肥料来源(沼液、沼渣),又可提供日常生活能源(沼气);果园内饲养害虫天敌能有效降低虫害的发生,达到生物防治的效果;果园内饲养家禽既可扑食昆虫、增加有机肥,又提高经济效益;树下饲养蚯蚓,可疏松土壤,改变土壤理化性状和供肥能力;果园饲养畜牧,既能有效解决饲料来源,又为果园提供了大量的有机肥料。

思考题:

1.何为果树、果树栽培、果树生产和果树行业?
2.果树生产的特点是什么?
3.我国果树生产中存在的主要问题是什么?如何加以解决?
4.果树生产发展的趋势如何?
5.健康果品包括哪些内容?
6.试分析当前我国果树生产几种管理形式的优缺点。
7.果树生产发展模式主要有哪些?

第二节　果树分类、区划、树种识别与基本结构

一、果树分类

果树种类众多,为了栽培管理和研究利用的方便,需对果树进行分类。果树分类是根据不同目的、方法,识别和区分果树种和品种的泛称。果树分类可以用植物学方法或园艺学方法。

植物学方法按植物系统分类法进行,是植物分类的主要依据,这种分类方法对了解果树亲缘关系和系统发育,进行果树选种、育种或开发利用果树具有重要指导意义。园艺学方法属园艺分类方法,按生物学特性或生态适应性,对特性相近的果树进行归类。该种分类虽不像植物系统分类法严谨,但在果树研究及果树栽培上具有实用价值。

(一)植物学分类

植物学分类就是根据果树亲缘系统进行分类。全世界果树种类,包括栽培种和野生种在内,分属于134科、659属,2 792种。另有变种110个。其中较重要的果树约300种,主要栽培的果树约70种。我国果树(含栽培果树和野生果树)有59科、158属,670余种。其中主要栽培的果树分属45科、81属、248种,品种不下万余个。按植物学分类,果树分为裸子植物果树和被子植物果树。其中,被子植物具体又分为双子叶植物和单子叶植物两大类。常见果树的主要科、属及代表种如下。

裸子植物门:

1.银杏科 银杏(白果、公孙树),我国原产,种仁可食。

2.紫杉科 香榧和篦子榧。其中香榧是我国原产,主产浙江诸暨。种仁供食用。篦子榧也是我国原产。云南、四川、湖北有分布。种仁可榨油。

3.松科 果松、华山松和云南松。其中果松又名海松、红果松,是我国原产。东北各省有分布。种子粒大,味美可食,亦可榨油,俗称松子。

被子植物门:

双子叶植物

4.杨梅科 杨梅、细叶杨梅和矮杨梅。其中以杨梅最为普遍,果可食和加工。

5.核桃科 主要包括核桃(胡桃)、山核桃、长山核桃。

6.榛科 中国榛(平榛、榛子)、华榛(山白果榛)、东北榛(毛榛、角榛)、欧洲榛、藏榛(刺榛)、美洲榛。

7.山毛榉科(壳斗科) 板栗、锥栗、毛栗、日本栗、赤柯、栲栗。

8.桑科 主要有无花果、果桑等。

9.番荔枝科 番荔枝(佛头果(云南))、牛心番荔枝、秘鲁番荔枝等。

10.醋栗科(茶藨子科) 主要是醋栗、穗状醋栗。

11.蔷薇科

苹果属 苹果、沙果(花红)、海棠果、山定子、西府海棠、湖北海棠、河南海棠等。

梨属 秋子梨、白梨、砂梨、杜梨、西洋梨、豆梨、杜梨、褐梨、川梨等。

桃属 桃(毛桃,4个变种:蟠桃、油桃、寿星桃、碧桃)、山桃等。

杏属 杏。

李属 李(中国李)、美洲李、欧洲李。

梅属 梅。

樱桃属 (中国)樱桃、甜樱桃、酸樱桃(大、小樱桃)。

山楂属 山楂。

木瓜属 木瓜。

草莓属　（大果）草莓、智利草莓。

12. 芸香科

柑橘属　柑橘、四季橘、酸橙、甜橙、柚、葡萄柚、柠檬。

金橘属　金柑、金橘（金枣）。

枸橘属　枸橘。

13. 橄榄科　如橄榄等。

14. 无患子科　如龙眼、荔枝等。

15. 鼠李科　如枣、酸枣、拐枣等。

16. 葡萄科　如欧洲葡萄、美洲葡萄、山葡萄等。

17. 猕猴桃科　如中华猕猴桃（软毛猕猴桃）、硬毛猕猴桃等。

18. 石榴科（安石榴科）　如石榴等。

19. 柿树科　如柿、君迁子（黑枣）、油柿等。

单子叶植物

20. 凤梨科　如菠萝（凤梨）等。

21. 芭蕉科　如香蕉等。

22. 棕榈科　如椰子、槟榔、蛇皮果等。

（二）根据果树生物学特性分类

1. 按照冬季叶幕特性分类

（1）落叶果树

该类果树在秋季集中落叶，冬季树冠上没有叶片，苹果、梨、桃、核桃、柿、葡萄等即属此类。

（2）常绿果树

该类果树不集中落叶，冬季树冠上有叶片存留。柑橘类、荔枝、龙眼、枇杷、杧果等即属此类。

2. 根据植株形态特性分类

（1）乔木果树

乔木果树有明显的主干，树体高大或较高大，通常在 2 m 以上，如苹果、梨、银杏、板栗、橄榄、木菠萝等即属此类。

（2）灌木果树

灌木果树丛生或几个矮小的主干，通常在 2 m 以下，如树莓、醋栗、刺梨、番荔枝、余甘等即属此类。

（3）藤本果树

藤本（蔓生）果树的枝干称藤或蔓，树不能直立，依靠缠绕或攀缘在支持物体上生长，必须攀缘到其他物体上才能生长的一类果树。葡萄、猕猴桃、罗汉果、油渣果、西番莲等即属此类。

（4）草本果树

草本果树无木质茎，具有草本植物的形态，多年生。如草莓、菠萝、香蕉、番木瓜等。

3.按照果实结构分类

(1)仁果类

包括苹果(图 1-1)、沙果、海棠果、梨、山楂、榅桲、木瓜、枇杷等。该类果实结构为:果实外层是肉质化的花托,占果实的绝大部分。子房内壁形成内果皮,其革质或骨质化,内有多种仁;花托和内果皮之间为肉质化的外、中果皮,由子房外壁和子房内壁形成。子房下位,位于花托内,由 5 个心室构成。

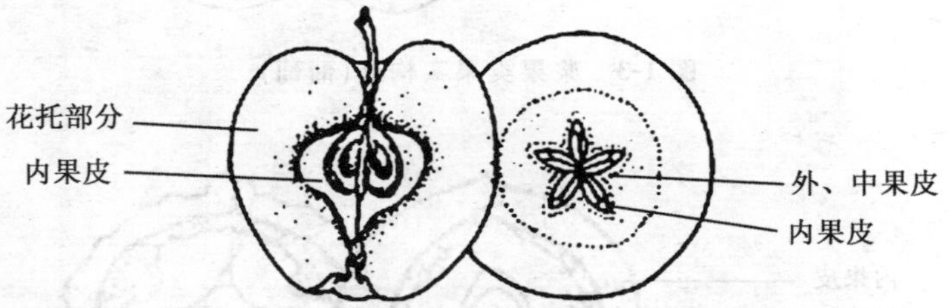

图 1-1　仁果类果实构造(苹果)

(2)核果类

包括桃(图 1-2)、李、梅、杏、樱桃、枣、杨梅、油梨、杧果、橄榄等。该类果实结构情况是:子房外壁形成外果皮,很薄;子房中壁形成中果皮,肉质化;子房内壁形成内果皮,木质化成坚硬的核,核内有种子。子房上位,位于花托上,由 1 个心室构成。

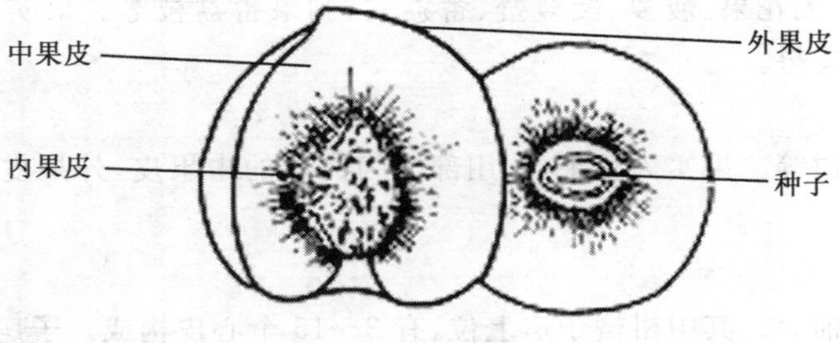

图 1-2　核果类果实构造(桃)

(3)浆果类

包括葡萄(图 1-3)、柿、君迁子、猕猴桃、石榴、无花果、草莓、树莓、醋栗、穗醋栗、番木瓜、人参果等。葡萄、柿子的果实由子房发育形成,由 1 个心室构成。果实富含汁液,大多不耐贮运。果实构造取决于树种。葡萄果实由子房发育而成,子房外壁形成外果皮,其膜质;子房中、内壁形成中、内果皮,中果皮柔软多汁,内果皮变为分离的浆状细胞,围绕在种子附近。草莓是复果,是由一花中许多离生雌蕊发育的单果聚集在肉质的花托上形成。

(4)坚果类

包括核桃(图 1-4)、板栗、榛、银杏、阿月浑子、澳洲坚果、椰子、香榧等。果实由子房发育形成,为真果。子房上位,核桃由 2 个心皮构成,板栗由 1 个心皮构成。核桃子房外、中壁形成肉质的青皮;子房内壁形成坚硬的内果皮(核壳),再向内为种仁。板栗子房外、中、内壁形成坚硬的果皮，外披有针刺的壳，是由花序的总苞形成。成熟果实外面多具坚硬的外壳，壳内有种子，种子富含脂肪、淀粉、蛋白质。

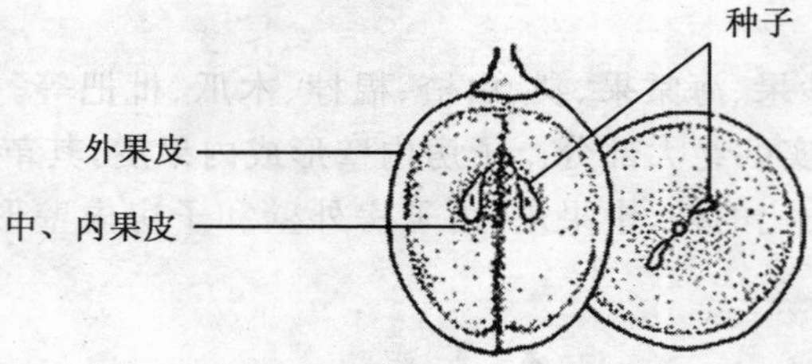

图 1-3　浆果类果实构造(葡萄)

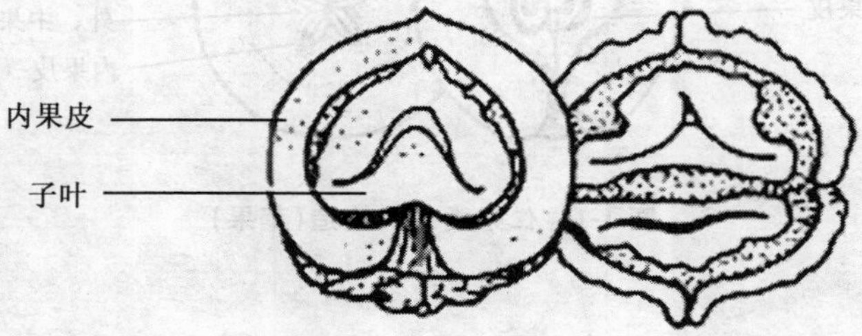

图 1-4　坚果类果实构造(核桃)

(5)聚复果类

包括果桑、草莓、无花果、菠萝、菠萝蜜、番荔枝、刺果番荔枝等。果实由多花或多心皮组成，形成多花或多心皮果。

(6)荚果类

包括酸豆、角豆树等。果实为荚果，食用部分为肉质的中果皮，外果皮壳质，内果皮革质，包着种子。

(7)柑果类(图 1-5)

包括柑、橘、橙、柚等。其中柑橘子房上位，有 8～15 个心皮构成。子房外、中、内壁分别形成外、中、内果皮。三层果皮厚薄不一，其中，外果皮革质，有多数油胞，中果皮白色呈海绵状，内果皮形成瓤囊，内有多数汁胞和种子。

(8)荔果类

主要食用部分为假种皮，果皮肉质或壳质，平滑或有突疣或肉刺，如荔枝、龙眼、红毛丹、韶子、木奶果等。

(9)其他

包括非食用果实的多种果树，如食用苞片的玫瑰茄，食用萼片的五桠果，食用胚乳的椰子等。

4. 按照果实含水量及其利用特点分类

按照果实含水量及其利用特点分为水果和干果。水果含水量多，主要利用部分是果实，大多数果树属于这一类。我国北方“四大水果”为苹果、梨、葡萄、桃。世界“四大水果”为葡萄、香蕉、

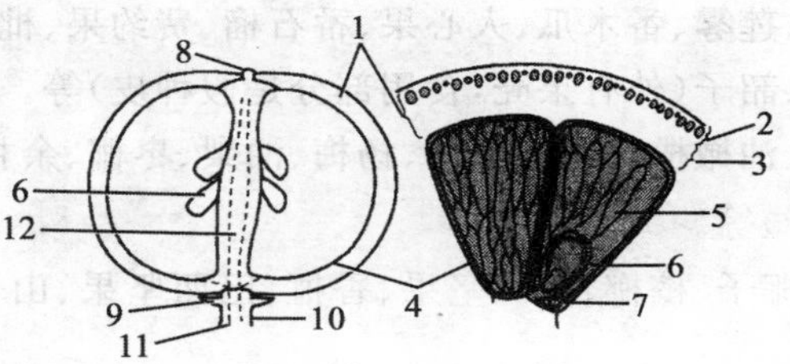

图 1-5 柑果类果实构造(柑橘)

1.果皮 2.外果皮 3.中果皮 4.内果皮 5.汁囊 6.种子
7.败育胚珠 8.种脐 9.萼片 10.果柄 11.维管束 12.果心

柑橘、苹果。干果含水量少,主要利用部分是种子。我国北方“四大干果”为核桃、板栗、银杏、扁桃。世界“四大干果”是核桃、扁桃、腰果和榛子。

(三)根据果树生态适应性分类

根据生态适应性,果树可分为寒带果树、温带果树、亚热带果树和热带果树 4 大类。寒带果树能抗－40～－50℃的低温,如山葡萄、秋子梨、榛子、醋栗、树莓等。温带果树如苹果、梨、桃、李、核桃、枣等。亚热带果树可分落叶性亚热带果树(如扁桃、猕猴桃、无花果、石榴等)和常绿性亚热带果树(如柑橘类、荔枝、杨梅、橄榄、苹婆等)。热带果树可分一般热带果树(如番荔枝、人心果、番木瓜、香蕉、菠萝等)和纯热带果树(如榴莲、山竹子、面包果、可可、槟榔等)。

(四)果树栽培学分类

在果树栽培学上,主要依据果实形态结构相似或具有一些共同特点、生长结果习性和栽培技术相近的原则,对果树进行综合分类。首先将果树分为落叶果树和常绿果树两大类,每类再按生长结果习性、果实形态特征等分成若干较小的类别。

1. 落叶果树

①仁果类:苹果、沙果、海棠果、梨、山楂、榅桲、木瓜等。
②核果类:桃、李、梅、杏和樱桃等。
③浆果类
灌木——树莓、醋栗、穗状醋栗等。
小乔木——无花果、石榴等。
藤本——葡萄、猕猴桃等。
多年生草本——草本(东方草莓)。
④坚果类:核桃、山核桃、长山核桃、栗、榛、阿月浑子、扁桃、银杏等。
⑤柿枣类:柿、枣、酸枣、君迁子等。

2. 常绿果树

①柑果类:柑橘、甜橙、酸橙、柠檬、绿檬、柚、枸橼、葡萄柚、金柑、枳、四季橘、黄皮等。

②浆果类：杨桃、蒲桃、莲雾、番木瓜、人心果、番石榴、费约果、枇杷、旦果等。

③荔枝类：荔枝、龙眼、韶子(外有果壳，食用部分是假种皮)等。

④核果类：橄榄、乌榄、油橄榄、杧果、仁面、杨梅、油梨、枣椰、余甘、岭南酸枣、锡兰橄榄(果内有核，核内有仁——种子)等。

⑤坚(壳)果类：腰果、椰子、槟榔、澳洲坚果、香榧、巴西坚果、山竹子(莽吉柿)、马拉巴栗、榴莲等。

⑥荚果类：酸豆、角豆树、四棱豆、苹婆等。

⑦聚复果类(多果聚合成或为心皮合成的复果)：树菠萝、面包果、番荔枝、刺番荔枝等。

⑧多年生草本类：香蕉、菠萝、草莓等。

⑨藤本(蔓生果树)：西番莲、南胡颓子等。

(五)果树生产上分类

果树生产上按照生物学特性相似，栽培管理措施相近的原则进行综合分类。首先分为木本果树和草本果树，再按树性、果实特点进行归类。

1. 木本落叶果树

①仁果类：该类果树特点是果实为花托和子房共同发育而成的假果；果实食用部分是肉质的花托，其次是外、中果皮；花芽为混合花芽；果实大多耐贮运，鲜果供应期长。

②核果类：该类果实特点是果实为子房发育而成的真果；具有3层结构，果实食用部分是中果皮；花芽为纯花芽；果实不耐贮运，鲜果供应期短。

③浆果类：该类果树特点是果实多浆汁，种子小而多，散布在果肉内。葡萄食用部分为中、内果皮；草莓的食用部分是花托，猕猴桃的食用部分为果皮和胎座。花芽为混合花芽，果实大部分不耐贮运。

④坚果类：该类果树果实由子房发育形成，为真果。果实特点是果实外面多具坚硬的外壳，食用部分多为种子，含水分少，极耐贮运，统称干果。

2. 木本常绿果树

①柑果类：包括柑、橘、橙、柚等。果实为子房发育而成的真果，具有3层结构。主要食用部分是汁胞或整个瓤囊。果实大多耐贮运，鲜果供应期长。

②其他：包括龙眼、荔枝、枇杷、杨梅、橄榄、椰子、香榧、杧果、油梨等。

3. 草本果树

包括香蕉、菠萝、草莓和番木瓜(万寿果)。

(六)果树分类方法的综合应用

在运用上述果树分类方法时，可根据需要采用其中一种或综合使用几种方法。在综合使用时，一般以果树冬季叶幕特性为基础配合使用其他的分类方法，如常绿木本果树、常绿浆果类果树、落叶性亚热带果树等。

二、果树区划

1.果树带

果树区划是以果树带来划分的。所谓果树带是指各种果树在长期的生长发育过程中，经过自然淘汰及其对环境条件的适应，形成了一定的自然分布规律，形成了一定的果树分布地带。

2.我国果树带划分

我国果树带大体上是以长江为界来划分的。长江以北(北纬 30°以北)为落叶果树带，长江以南为常绿果树带。具体可把我国果树分成 8 个带：热带常绿果树带、亚热带常绿果树带、云贵高原常绿落叶果树混交带、温带落叶果树带、旱温落叶果树带、干寒落叶果树带、耐寒落叶果树带和青藏高原落叶果树带。具体见表 1-1。

表 1-1 中国果树带划分

果树带	区域范围	气候条件	栽培树种、名产区及品种
热带常绿果树带	位于北纬 24°以南，包括广东的潮安、从化，广西的梧州、百色，云南的开远、临沧、盈江，福建的漳州以及台湾的台中以南的地区。	处于热量最丰富，雨量最多的湿热地带。年平均气温 19.3～25.5℃(21℃以上)，1 月份平均气温 11.9～28℃，绝对最低气温大多在 -1.0℃ 以上，年降雨量 832～1 666 mm，无霜期 340～365 d(大多终年无霜)。	主要栽培果树有柑橘、荔枝、龙眼、橄榄等。此外还有树菠萝、桃、李、梨、枇杷、番石榴、番荔枝、梅、柿、板栗、人心果、腰果、蒲桃、杨桃、杨梅、香蕉、菠萝、椰子和杧果等。 名产区及品种有广东增城荔枝、海南椰子、新会甜橙、广西沙田柚、台湾菠萝、福建龙眼、云南杧果等。
亚热带常绿果树带	位于北纬 24°以北，包括江西全省，福建大部，广东、广西北半部，湖南溆浦以东，浙江宁波、金华以南以及安徽南缘的屯溪、宿松，湖北南缘的广济、崇阳。	处于暖热湿润地带。年平均气温 16.2～21.0℃，7 月份平均气温 27.7～29.2℃，1 月份平均气温 4.0～12.3℃，绝对最低气温 -1.1～8.2℃，年降水量 1 281～1 821 mm，无霜期 240～331 d。	主要栽培果树：柑橘、枇杷、杨梅、黄皮、杨桃等。此外，还有柿(南方品种)、砂梨、板栗(南方品种)、桃(华南系)、李、梅、枣、龙眼、荔枝、葡萄、核桃、石榴、无花果和草莓等。 名产区及品种：浙江黄岩温州蜜橘，江西南丰蜜橘，福建龙眼、枇杷等。

续表 1-1

果树带	区域范围	气候条件	栽培树种、名产区及品种
云贵高原常绿落叶果树混交带	位于亚热带常绿果树带以西，包括云南大部，贵州全省，四川平武、泸定、西昌以东，湖南黔阳、兹利以西，湖北宜昌、均县以西，陕西南部城固，甘肃南端父县、武都及西藏察隅等地。该带位于北纬 24°～33°，海拔 99.0～2 109 m。	具明显垂直地带性气候，年平均气温 11.6～19.6℃（15℃以上），7 月份平均气温 18.6～28.7℃，1 月份平均气温 2.1～12.0℃，绝对最低气温 －10.4～0.0℃，年降水量 467～1 422 mm，无霜期 202～341 d。	主要栽培果树：柑橘、梨、苹果、桃、李、核桃、板栗、荔枝、龙眼和石榴等。此外，还有香蕉、枇杷、柿、中国樱桃、枣、葡萄、杏、油橄榄和无花果等。 名产区及品种：四川米易的杧果、香蕉、番木瓜，江津锦橙，奉节脐橙等；云南昭通和贵州威宁的苹果、梨等。
温带落叶果树带	位于亚热带常绿果树带和云贵高原常绿落叶果树混交带以北，包括江苏、山东全省，安徽、河南大部分，湖北宜昌以东，河北承德、怀来以南，山西武乡以南，辽宁鞍山、北票以南，山西大荔、商县一带，浙江北部。	年平均气温 8.0～16.6℃，7 月份平均气温 22.3～28.7℃，1 月份平均气温－10.9～4.2℃，绝对最低气温 －29.9～－10.1℃，年降水量499～1 215 mm（多在 800 mm 以内），无霜期 157～256 d（多在 200 d 以上）。	主要栽培果树：苹果、西洋梨、白梨、砂梨、桃、柿、枣、葡萄、核桃、板栗、樱桃、李和杏等。此外，还有山楂、石榴、梅、无花果、枇杷、银杏和草莓等。 名产区及品种：辽宁苹果、山东肥城桃、莱阳茌梨、乐陵无核枣、河北定县鸭梨、河南灵宝圆枣、安徽砀山酥梨、河北巨鹿杏仁和陕西华县大接杏等。
旱温落叶果树带	位于云贵高原常绿落叶果树混交带和温带落叶果树带西北，包括山西半部，甘肃东南部，陕西西北部，宁夏中卫以南，青海贵德一带，四川南坪、马尔康，西藏拉萨，新疆喀什、库尔勒，甘肃敦煌等。该带海拔 700～3 600 m。	年平均气温 7.1～12.1℃，7 月份平均气温 15.0～26.7℃，1 月份平均气温－10.4～－3.5℃，绝对最低气温 －28.4～－12.1℃，年降水量 32～619 mm，年平均相对湿度 42%～69%，无霜期 120～229 d。	主要栽培果树：苹果、梨、葡萄、桃、核桃、柿和杏等。此外，还有枣、李、扁桃、阿月浑子和海棠等。 名产区：川西高地、甘肃天水，陕西凤县、铜川，四川茂汶和小金，西藏昌都，山西太原等，为我国苹果生产基地；新疆塔里木盆地为我国葡萄生产基地，也为世界著名的葡萄干产区。
干寒落叶果树带	包括内蒙古全部，宁夏、甘肃、辽宁北部，新疆北部，河北张家口以北，以及黑龙江、吉林西部等地。	年平均气温 4.8～8.5℃，7 月份平均气温 17.2～25.7℃，1 月份平均气温－15.2～－8.6℃，绝对最低气温 －32.0～－21.9℃，年降水量 47%～57%，无霜期 127～183 d。	主要栽培果树：中小型苹果、秋子梨、葡萄、新疆梨、海棠果、李、杏、桃和草莓等。

续表 1-1

果树带	区域范围	气候条件	栽培树种、名产区及品种
耐寒路叶果树带	位于我国东北角，包括辽宁辽阳以北，吉林通辽以东，以及黑龙江齐齐哈尔以东地区。	年平均气温 3.2～7.8℃，7 月份平均气温 21.3～24.5℃，1 月份平均气温 －22.7～12.5℃，绝对最低气温 －40.2～－30.0℃，年降水量 406～871 mm，无霜期 130～153 d。	主要栽培果树：中小型苹果、秋子梨、中国李、美洲李、杏、葡萄、穗醋栗、醋栗、树莓、草莓和榛等。
青藏高原落叶果树带	位于我国西部北纬 28°～40°，包括西藏拉萨以北、青海绝大部，甘肃西南角合作、碌曲，四川北端阿坝一带以及新疆最南端地区。该带海拔多在 3 000 m 以上。	年平均气温 －2.0～3.0℃，绝对最低气温 －42.0～－24.0℃，降水较少，比较干燥、寒冷。	果树栽培较少，仅在西藏拉萨附近和沿雅鲁藏布江的波密、林芝等地有苹果、李、杏、桃和樱桃等果树栽培。

三、树种识别

(一)植株形态

1. 树性

果树树种的树性包括乔木、灌木、藤本、草本、常绿或落叶，其在果树树种识别中占有重要地位。如苹果、梨、杏、板栗、柿等为落叶乔木；桃、李、枣、山楂等为落叶小乔木；核桃、银杏为高大落叶乔木；中国樱桃、石榴为落叶小乔木或灌木；葡萄、猕猴桃为落叶藤本果树；草莓为常绿草本果树。

2. 树形

北方果树树种常用的树形有圆头形、自然半圆形、扁圆形、阔圆锥形、圆锥形、倒圆锥形、分层形、开心形、丛状形、攀缘或匍匐形。通过树形观察，可以帮助对果树树种的识别。苹果、枣树、核桃、板栗等常使用圆头形、自然半圆形、圆锥形和分层形；桃、杏等喜光树种常使用开心形或丛状形；藤本果树葡萄、猕猴桃常采用攀缘树形；而草莓则常呈匍匐形生长。

3. 树干主干高度，树皮色泽，裂纹形态，中心干有无

乔木果树一般主干高度大一些，灌木或藤本果树主干高度小一些。树皮色泽、裂纹形态也是识别树种的形态指标。苹果树干较光滑，灰褐色，新梢多茸毛。梨树幼树干光滑，大树树皮呈纵状剥落，枝条多呈波状弯曲。葡萄则老蔓外皮经常纵裂剥落。桃树树干光滑，灰褐色，老

树树皮有横向裂纹。杏树树干深褐色,有不规则纵裂纹。枣树树干及老枝均灰褐色,有纵向裂纹。柿树树干暗灰色,老皮呈方块状裂纹。核桃树干灰白色,平滑,有时稍有开裂。板栗树皮深灰色,有不规则纵裂等。此外,落叶果树中,桃树干性较差,多无中心干,而其他果树多是有中干的。

4. 枝条颜色,茸毛有无、多少,刺有无、多少、长短

不同树种枝条颜色、茸毛及刺的多少有很大区别,可作为识别树种的形态指标之一。苹果、梨等新梢有茸毛,新梢灰褐色或赤褐色。桃、杏新梢光滑无毛。其中,桃的新梢分枝较多,青绿或红褐色;而杏的新梢则多呈红褐色或暗紫色。柿树新梢有茸毛,无顶芽,梢顶有自枯现象。枣树新梢光滑无毛,上有针刺,枝多弯曲,分枣头、枣股和枣吊三类枝条。板栗新梢灰色,有短毛。核桃新梢灰褐色,髓部很大,木质部松软,以后随枝龄增加髓部逐渐缩小。山楂枝条紫褐色,无毛、无刺或小短刺。

5. 皮孔

果树树皮有皮孔,其形状、大小、排列、颜色各有不同,在果树树种尤其是品种的识别中非常重要。皮孔形状有圆形、卵形、椭圆形和线形;大小为 1～20 mm;排列为纵向、横向;颜色为褐色、黄色或铁锈色。某些梨的品种具明显的卵形或线形皮孔;如圆黄梨的皮孔为褐色;黄金梨的皮孔大而密集;而枣树皮孔较小,呈纺锤形。

6. 叶片

果树叶片的叶型是果树树种识别中常用的指标。叶型有单叶、单身复叶、三出复叶、奇数或偶数羽状复叶之分。单叶就是一个叶柄上只着生一个叶片,如核果类、仁果类等果树的叶片就是这种情况。复叶就是两个或多个叶片着生在一个总叶柄上,如核桃、草莓等果树的叶片。复叶有单身复叶、三出复叶和奇数或偶数羽状复叶之分。草莓叶片为三出复叶。单生复叶是三出复叶的两个侧生小叶退化,而其总叶柄与顶生小叶连接有隔痕的叶片,其两个退化的小叶称为翼叶,柑橘类叶片属此类叶。核桃树为奇数羽状复叶。果树叶片形状有披针形、卵形、倒卵形、圆形、阔椭圆形、长椭圆形、菱形、剑形等。苹果、梨叶片为椭圆形或卵圆形,桃树、板栗、核桃树叶片呈长披针形或椭圆状披针形;杏树、樱桃树叶片则呈广卵圆形或长卵形;银杏树的叶片多呈扇形等。根据叶缘及锯齿情况叶片可叶缘全缘、刺芒有无、圆钝锯齿、锐锯齿、复锯齿、掌状裂等。叶脉可分为羽状脉、掌状脉、平行脉;叶脉凸出、平凹陷等。根据叶面、叶背色泽,茸毛有无等可进行树种识别。如苹果叶的叶缘有圆钝锯齿,幼时有毛,老时叶面茸毛脱落,叶柄有茸毛,基部有较大的披针形托叶;梨树叶缘有针状锯齿或全缘;杏树的叶背光滑无毛,叶柄稍带紫红色,叶缘有钝锯齿;枣树叶片光滑无毛,叶缘波状。板栗叶缘锯齿粗大,叶肉厚,叶脉粗,叶背有白色或粉绿色星状毛。

(二)花

1. 类型

①单花:一朵单花根据其花器中雌、雄蕊是否完全可分为两性花和单性花两类。两性花中

雌、雄蕊俱全，而单性花中仅有雌蕊或雄蕊。仁果类、核果类、柑橘类及葡萄等都是两性花；核桃、板栗等则为单性花。单性花中，雌花和雄花着生于同一植株上称为雌雄同株，如核桃、板栗、柿等，此类植株应成片栽植。雌花和雄花分别着生在不同植株上称为雌雄异株，如杨梅、银杏、猕猴桃等，该类果树需配制授粉树。

②花序：果树花序主要向心花序和离心花序两大类。向心花序就是花轴下部花先开，渐及上部，或由边缘向中心开放。如核桃、板栗的葇荑花序，梨的伞房花序，无花果的隐头花序就是这种情况。离心花序就是花轴最顶部或最中心花先开，渐及下部或周缘，如猕猴桃的聚伞花序，橙、柚的总状花序等就是这种情况。

2. 花芽在枝条上着生部位

①顶生：以顶花芽结果为主。具体有三种形式：第一种为着生纯花芽，萌芽后直接抽生花序，如枇杷等果树；第二种为着生混合芽，萌芽后花序着生在新梢的顶端，有时也着生于叶腋，如苹果、梨、核桃等；第三种为着生混合芽，萌发后花或花序着生于新梢叶腋，如柿、板栗等。对花芽顶生类果树结果枝不要随便短截。

②腋生：枝顶着生叶芽，花芽着生于叶腋间。有三种着生方式：第一种为着生混合芽，萌芽后花或花序着生于新梢的顶端或叶腋，如柑橘等；第二种为着生混合芽，萌发后花或花序着生于新梢叶腋，如葡萄、猕猴桃、枣等；第三种为着生纯花芽，萌发后直接开花，如桃、李等核果类果树。

(三)果实

1. 类型

依据形成一个果实，花的数目多少或一朵花中雌蕊数目的多少，果实可分为单果、聚花果和聚合果三种类型。大多数落叶果树为单果；无花果为聚花果；草莓为聚合果。

2. 形状

果实形状有圆形、扁圆形、长圆形、圆筒形、卵形、倒卵形、瓢形、心脏形、方形等。识别果形，有助于判别树种、品种。如苹果、梨、杏、山楂、葡萄、核桃等果实多为圆形、扁圆形、长圆形、圆筒形、卵形、倒卵形、瓢形等；葡萄的果实有的为心脏形。

3. 果皮、果肉

不同种类的果实其果皮的色泽、厚薄、果点大小、光滑、粗糙度等不同，且果肉色泽、质地有所区别，这些都可作为果树树种识别中的指标。如苹果有红色、黄色和绿色等类型，果梗粗短，宿萼，梗洼及萼洼下陷，果顶有时有5个突起，果肉乳白、乳黄或黄绿色。梨多为黄色，果点明显，果梗较长，有的基部肉质，多无梗洼，有萼洼，宿萼或落萼，肉乳白或乳黄色。葡萄果实有白色、红色、黄绿色和紫色之分，果肉柔软多汁，种子坚硬而小，有蜡质，具长嘴(喙)。桃、杏等核果类果树表面有茸毛，果顶突起、凹陷或平坦，有缝合线，果肉乳黄、黄色或白色，近核处带鲜红色，多汁。山楂果实球形，鲜红色，有浅色斑点。板栗果实成熟时褐色或深褐色，种皮易剥离，肉汁细密，黏质，味香甜等。

四、果树树体结构

果树树体结构也就是果树的基本结构，通常指果树个体结构。果树树体分地上部和地下部两部分。地下部分为根系。地上部分包括主干和树冠，地上部分和地下部分的交界处为根颈(图 1-6)。

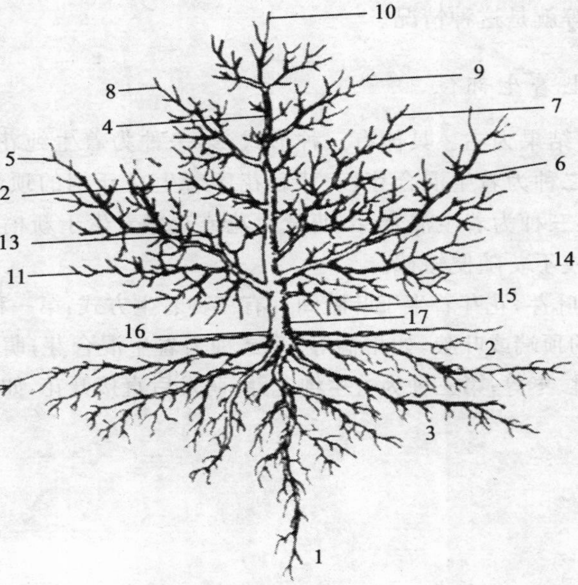

图 1-6　果树树体结构

1. 主根　2. 侧根　3. 须根　4. 中心干　5～9. 第一、二、三、四、五主枝　10. 中心干延长枝　11. 侧枝　12. 辅养枝　13. 徒长枝　14. 枝组　15. 裙枝　16. 根颈　17. 主干

(一)地上部

1. 主干

主干是指根颈到第一主枝之间的部分。有些果树树体虽有主干，但无中心干，如桃树就是这种情况。木本果树除少数丛状形外，都有主干。主干对树冠起支撑作用，是根系与树冠之间输送水分和养分的通道，具有贮藏养分的作用。其是地上部分最早形成的部分，经过一个生长季后就停止加长生长，以后每年只进行加粗生长。主干的加粗量与树冠和根系的生长量呈正相关，而与结果量呈负相关。因此，主干是反映树体营养状况的一个重要指标。主干粗度可用周长、直径或横截面积表示。测量主干粗度一般在距离地面 20～30 cm 处，或主干的中点。

2. 树冠

树冠是果树的主体，是树体主干以上部分的总称，包括骨干枝、结果枝组和叶幕三部分。

树冠是茎反复分枝形成的。骨干枝是构成树冠骨架的永久性大枝,包括中心干、主枝和侧枝三部分(图 1-7)。中心干亦称中央领导干,是指主干以上到树顶之间的部分。中心干和主干构成树体地上部的中轴,二者合称为树干。树冠通常用树形、冠高和冠径来描述。树形是指树冠的形状;冠高是指树冠上、下缘之间的距离(m);冠径是指树冠东西和南北的距离,用东西的距离(m)乘以南北的距离(m)表示。通常所说的树高,是指从根颈或地面到树冠顶端的距离。衡量树冠,一般以树高、冠径以及骨干枝的数量、结构和分布作为指标。果树上所说的层性是指树冠中各类枝条具有成层分布的特点。层性有利于果树充分利用光照。

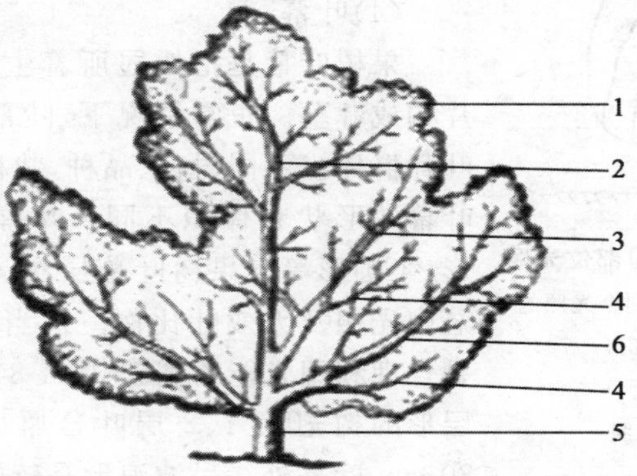

图 1-7 果树树体结构

1. 树冠 2. 中心干 3. 主枝 4. 侧枝(副主枝) 5. 主干 6. 枝组

(1)骨干枝

骨干枝一般分为 3 级。即 0 级骨干枝、1 级骨干枝、2 级骨干枝。0 级骨干枝为中心干,是主干向上垂直延伸的部分;1 级骨干枝为主枝,是指着生在中心干上的骨干枝;2 级骨干枝为侧枝,是指着生在主枝上的骨干枝。并不是所有的果树都具备这 3 级,如核果类果树,多数不留中心干,只有主枝和侧枝两级骨干枝。中心干起维持树形和树势的作用。通常将中心干的强弱及维持时间的长短称为干性。第 1 侧枝距离中心干很近称为把门侧(枝),一般距离主干 30 cm 以内。骨干枝先端的 1 年生枝称为延长枝。着生在延长枝附近,长势与延长枝相当,可能与延长枝产生竞争生长的枝称为竞争枝。骨干枝在能充分占领空间的条件下,越少越好。在同一层内骨干枝数一般不宜超过 4 个,着生距离不宜过近。果树骨干枝的数量和级次由树形决定,果树生产上,随着矮化密植栽培制度的推广,骨干枝的级次已明显减少。

(2)枝组

枝组也称结果枝组,指着生在各级骨干枝上、有两个以上分枝、不断发展变化的大大小小的枝群,是果树生长结果的基本单位。果树生产实际中,结果枝组从不同角度有许多不同的分类方法:以体积大小分为大型、中型和小型枝组。对于以苹果为代表的仁果类,小型枝组有2～5 个结果枝,轴长 30 cm 以下;中型枝组有 5～15 个结果枝,轴长 30～60 cm;大型枝组有 15 个以上结果枝,轴长 60 cm 以上。对于桃为代表的核果类,小型枝组有 5 个以下结果枝,轴长也在 30 cm 以下;中型枝组有 5～10 个结果枝,长度 30～50 cm;大型枝组有 10 个以上结果枝,轴长 50 cm 以上。以所含枝条多少和疏密程度分为紧密型和松散型枝组;以分枝情况不同分为多轴式和单轴式枝组;以着生部位不同分为背上枝组、背下(后)枝组、侧生枝组;以着生方向分为直立枝组、水平枝组、下垂枝组、斜生枝组。果树生产上按适当比例合理配置各类枝组是果树优质丰产的重要技术措施。

(3)辅养枝

辅养枝又称临时枝，是着生在树冠中的非永久性大枝。裙枝是一种特殊的辅养枝，是指第1主枝以下的辅养枝。果树整形期间，要保留一定的辅养枝，以利于果树早期丰产，初果期40%～60%的产量来自辅养枝。树形形成后对辅养枝要逐步调整处理：或疏除或缩剪改为枝组。

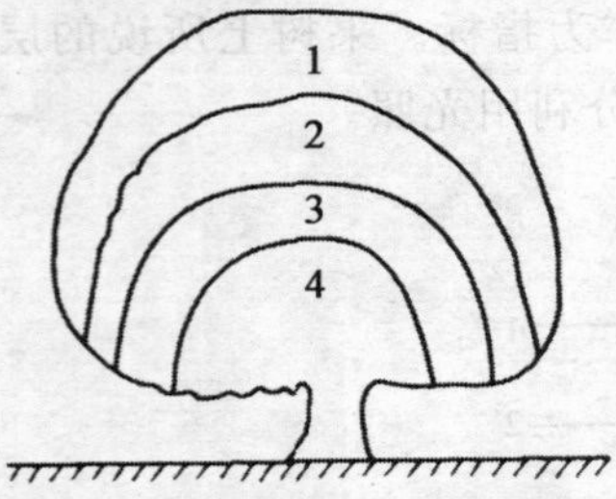

图 1-8　具有中心干树形不同部位光照

1. 树冠外围厚度 1～1.5 m，达到全光照的70%以上　2. 厚度 1 m 左右，50%～70%全光照　3. 厚度 1 m 左右，30%～50%全光照　4. <30%全光照

(4)叶幕

果树叶幕是指树冠所着生叶片的总体，就是全部叶片构成叶幕。正常情况下，叶幕是一个与树形相一致的叶片群体。不同树种、品种，栽植密度、整形方式和树龄，叶幕的形状和体积不同。叶幕形状有层形、篱形、开心形、半圆形等。果树叶幕层次、厚薄、密度等直接影响树冠内光照及无效叶比例。适当的叶幕厚度和叶幕间距，是合理利用光能的基础(图 1-8)。多数研究表明：主干疏层形的树冠第 1、2 层叶幕厚度 50～60 cm，叶幕间距 80 cm，叶幕外缘呈波浪形是较好的丰产结构。在果树生产中，常采用整形修剪等措施来调整叶幕，从而实现优质、高产和稳产。

3. 芽

芽是枝、叶、花或花序的雏体，是果树度过不良环境和形成枝、花过程中的临时性器官。果树可以用芽进行繁殖。

(1)芽的种类

①按照芽在枝条上的着生位置分为顶芽和侧芽。顶芽是指着生在枝梢顶端的芽；侧芽也称腋芽，是指侧面叶腋间的芽。杏、柿、山楂、栗等果树的枝条，在生长过程中顶端自行枯萎脱落，位于枝条顶端的芽实际上是侧芽，故称假顶芽。顶芽、侧芽在枝条上按一定位置发生，称为定芽；无一定位置发生的芽(一般在落叶果树上极少见)及根上发生的芽称为不定芽。侧芽按照在叶腋间的位置和形态分为主芽和副芽。主芽是指着生在叶腋中央，较大且充实的芽，一般当年不萌发；副芽是指着生在主芽两侧或上、下方的芽，其一般比主芽小。仁果类的主芽明显，副芽则隐藏在主芽基部的芽鳞内，呈休眠状态。核果类桃、杏、李、樱桃等的副芽，在主芽两侧；核桃的副芽，在主芽的下方。枣的副芽在主芽侧上方。葡萄的侧芽是复合型结构，由称作冬芽的芽眼和位于其侧下方的夏芽组成。冬芽又由主芽和主芽周围的若干个预备芽组成，而将夏芽看作是副芽。侧芽按照在同一节上的数量分为单芽和复芽。单芽是指在一个节位上有一个明显的芽，如仁果类的苹果、梨等；复芽是指在同一节位上有两个或两个以上明显的芽，如核果类的桃、杏、李、樱桃等。

②按照芽的结构分为鳞芽和裸芽。鳞芽外被覆鳞片，大部分落叶果树的芽是这种芽。裸芽幼叶或芽内器官裸露，多数热带果树和部分亚热带常绿果树具裸芽，如柑橘、荔枝、杧果、菠萝等；也有极少数温带落叶果树，如山核桃的芽、葡萄夏芽、核桃雄花芽也是裸芽。

③按照芽的性质分为叶芽和花芽。叶芽是指只具有雏梢和叶原始体，萌发后形成新梢的

芽；花芽是指包含有花器官，萌发后开花的芽。花芽又分为纯花芽和混合花芽。纯花芽内只有花的原始体，萌发后只开花结果而不长枝叶，如桃、李、梅、杏、樱桃等；混合花芽内既有枝、叶原始体，又有花的原始体，萌发后先长一段新梢，再在新梢上开花结果，如柑橘、龙眼、苹果、梨、山楂、柿、枣、板栗、核桃、葡萄等。有些果树的花芽，既有纯花芽，也有混合芽，如核桃、长山核桃、榛的雄花芽为纯花芽，而雌花芽则为混合芽。顶芽是花芽的称为顶花芽；侧（腋）芽是花芽的叫侧（腋）芽。只具有腋花芽的果树有桃、李、梅、杏、樱桃、葡萄等；只具有顶花芽的果树有枇杷、油橄榄和苹果、梨的部分品种；也有些果树既具有顶花芽，也具有腋花芽，如柿、板栗、核桃、柑橘及苹果、梨的部分品种。

④按照芽的生理活动状态分为活动芽和潜伏芽。活动芽一般是指上1年生长季形成的芽，第二季适时萌发的芽。落叶果树一般一年一季，常绿果树多数为一年数季。芽在形成的第二季或连续几季不萌发者为潜伏芽，也称隐芽。潜伏芽发育缓慢，但每年仍有微弱生长，条件适宜时可萌发，果树进入衰老期或受损伤后，常由潜伏芽萌发强旺新梢，以更新树冠。潜伏芽多而寿命长的树种、品种更新容易，如苹果、梨、葡萄、柑橘等，反之更新不易，如桃、李、樱桃等。

⑤按照芽的萌发特点分为早熟性芽、晚熟性芽和潜伏性芽。早熟性芽是指当年形成当年萌发的芽，如桃树的芽；晚熟性芽为当年形成，第2年萌发，果树的大多数芽是这种芽，如苹果、梨等果树的芽。潜伏性芽是当年形成第2年不萌发的芽。芽的萌发特点决定果树的成形时间、结果早晚，更新能力和寿命长短。一般早熟性芽成形早，结果早，更新能力弱，寿命短，而晚熟性芽成形晚，结果相对晚，更新能力强，寿命也长。

此外，有些果树的芽有专门的名称。葡萄的副芽，当年夏季萌发，称为夏芽；主芽一般要经越冬后萌发，称为冬芽。葡萄的冬芽和香蕉的芽又称芽眼。香蕉由芽眼和菠萝由叶腋发生的芽状体称为吸芽。菠萝除吸芽外，还有冠芽、裔芽和块茎芽。冠芽着生在果实顶端，裔芽着生果梗上。菠萝采果后由吸芽代替已结果的母株继续结果。块茎芽是地下茎有时抽生的。

（2）芽的特性

①顶端优势。顶端优势是指处于枝条顶端的芽总是首先萌发，而且长势最强，向下依次减弱的现象。顶端优势强弱与树种、品种和枝条着生姿势有关。除去顶芽或以瘪芽、盲芽带头或开张枝条角度均可控制顶端优势，促进下面侧芽萌发，是生产中常用的调节枝条长势、防止下部光腿的措施（图1-9）。

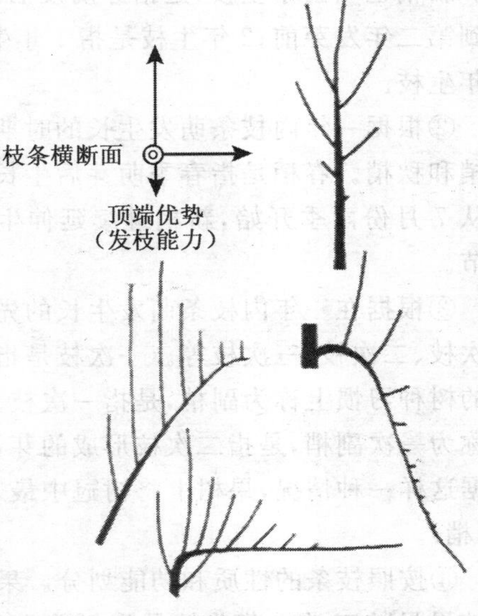

图1-9　顶端优势及优势的转移

②芽的异质性。芽的异质性是指芽的发育过程中，由于树体营养状况和外界环境条件的差异，同一枝条上不同部位的芽大小和饱满程度存在一定差别的现象。一般枝条基部的芽在早春形成，常为潜伏芽；进入初夏至秋季前形成的芽充实饱满，枝条如能及时停长，顶芽质量最好。秋季形成的芽不饱满，甚至顶芽不能形成。在果树修剪中，常利用芽的异质性，选用饱满芽或瘪芽、盲芽作剪口芽，以调节枝势。

③萌芽力和成枝力。萌芽力指1年生枝条上的芽能够萌发的能力。萌芽力用萌芽率表示：是指枝

条萌芽数占该枝条总芽数的百分率，其表示是萌芽率＝萌芽数/总芽数×100％。萌芽率在50％以上成为萌芽率强。成枝力是指枝条上的芽萌发后能抽生长枝（核果类果树大于30 cm，仁果类果树大于15 cm）的能力，用抽生长枝数量多少来表示。一般抽生长枝2个以下者为弱，4个以上者为强。萌芽率和成枝力是两个不同的概念，其表现强弱有时并不吻合。如苹果短枝型品种、中国梨的多数品种表现萌芽率高而成枝力弱，长枝少，短枝多，修剪时要少疏枝，多短截，并保持一定的长枝数量。桃树、苹果的富士系品种，其萌芽率、成枝率均强，在修剪时要适当疏枝；对萌芽率、成枝力均弱的树种、品种，如杏、柿、苹果的国光品种等，枝条下部易出现光裸现象，修剪时应适当短截、拉枝开角。

④芽的潜伏力。芽的潜伏力是指果树衰老或受伤后能由潜伏芽抽生新梢的能力。芽潜伏力强的树种，枝条恢复能力强，容易进行树冠的复壮更新。如仁果类果树，板栗、柿子等。桃树、李树等芽潜伏力弱，恢复能力弱，树冠容易衰老，应注意枝组的更新复壮。

⑤早熟性和晚熟性。芽的早熟性是指当年形成当年萌发的芽。如葡萄、桃、杏、李、枣等，1年中可发生多次分枝，生长量大，树冠扩大快，幼树进入结果期早。芽的晚熟性是指在形成当年不萌发，次年才萌发的芽。如苹果、梨等果树的芽，1年中发生分枝相对较少，生长量小，树冠扩大慢，幼树进入结果期相对较晚。芽的早熟性和晚熟性决定果树的修剪量和修剪方法。具有早熟性芽的树种，修剪量比较大，需综合应用短截、疏剪、缩剪和缓放等修剪方法；具有晚熟性芽的树种修剪量相对比较小，一般应以疏剪、缓放为主，尽量少短截。

4. 枝

枝是由芽发展而成，是果树的支撑器官、运输器官、贮藏器官和繁殖器官。具有贮藏运输水分和养分，支持叶、花和果的作用。

(1)枝的类型

①根据枝条的年龄划分。果树枝条根据年龄可划分为新梢、1年生枝、2年生枝和多年生枝。新梢也叫当年生枝，是指芽萌发后长出的新枝在当年落叶以前。1年生枝是指新梢落叶后到第二年发芽前；2年生枝是指1年生枝自发芽后到第二年发芽前。2年生以上枝条统称为多年生枝。

②根据一年内枝条萌发生长的时期划分。果树枝条根据一年内萌发生长的时期可划分为春梢和秋梢。春梢是指春季萌芽后生长的健旺新梢在6、7月份有一段时间生长停滞。秋梢是指从7月份雨季开始，新梢继续延伸生长，到秋季落叶前停长。春秋梢交界处在苹果上称为盲节。

③根据在一年内枝条萌发生长的先后划分。根据枝条在一年内萌发生长的先后可划分为一次枝、二次枝、三次枝等。一次枝是指本年内形成的芽，第二年春季萌发形成的枝条；二次枝有的树种习惯上称为副梢，是指一次枝上形成的芽，当年又能萌发成枝；三次枝有的树种习惯上称为一次副梢，是指二次枝形成的芽，当年还能萌发成枝。依此类推，还可形成更高级次枝。根据这样一种情况，果树上将树冠中最末级新枝的总个数称为枝量。桃、葡萄均易发生多次枝（副梢）。

④按照枝条的性质和功能划分。果树的枝条按照性质和功能可划分为营养枝、结果枝和结果母枝三类。营养枝是指仅着生叶芽的枝条，萌芽抽枝展叶后，进行光合作用，制造有机营养物质的枝。营养枝有两种情况：一是指只有叶芽的1年生枝，如苹果、梨、桃等；二是

指没有花序或果实的新梢，如葡萄等。营养枝按照形态特征和作用可分为发育枝、徒长枝、纤细枝和叶丛枝。发育枝也称普通营养枝，其特点是生长健壮，组织充实，芽饱满，叶片肥大。发育枝是扩大树冠、营养树体和产生结果枝的主要枝类。徒长枝多数由潜伏芽受刺激萌发而成，发生在树冠内膛和剪锯口附近。其特点是枝条直立，节间长，叶片大而薄，芽不饱满，组织松软，停止生长晚。这种枝条在生长过程中消耗营养物质较多，影响其他枝条的生长和果实发育，并抑制花芽分化，在幼树及初果期树上，对这类枝一般从基部疏除。但在衰老树上，可适当保留，培养为主、侧枝。在内膛光秃的树上，也可适当保留，培养为结果枝组。纤细枝也称为细弱枝，比发育枝纤细而短，芽发育不良，多发生在光照和营养条件均差的树冠内部或下部。叶丛枝生长量小，节间极短，小于 0.5 cm，叶序排列呈叶丛状。除顶芽外，腋芽不发达或不明显。一般由发育枝中下部的芽萌发而成，部分叶丛枝在光照充足、营养良好的条件下可转化为结果枝。叶丛枝在仁果类和核果类果树上较多。结果枝是指直接着生花芽，开花结果的枝，其也有两种情况：一种是着生花芽的 1 年生枝，如苹果、梨、桃、杏、李、樱桃等，其中苹果、梨等仁果类果树是着生有混合花芽的 1 年生枝；桃、杏、李、樱桃等核果类果树是着生纯花芽的 1 年生枝。结果枝按长度分为徒长性果枝、长果枝、中果枝、短果枝、花束状果枝（侧芽一般都是花芽，排列紧密，只有顶芽是叶芽）。仁果类、核果类果树结果枝的类型见表 1-2。一个母枝上由多个短果枝组成的群体称为短果枝群。在梨树上最为常见。另一种是指带有果实的新梢，如葡萄、柿、板栗、核桃等。除此之外，结果枝依据年龄可分为 2 类：一类是在抽生的当年开花结果的为 1 年生结果枝，是由结果母枝上的混合花芽抽生的，如柑橘、苹果、梨、葡萄、柿等；另一类是在上年的枝条上直接开花结果的为 2 年生结果枝，如杨梅的结果枝。仁果类果树的有效结果枝，幼树、初果期树为中、长果枝；盛果期及衰老期树为短果枝。核果类果树有效结果枝，南方桃为中、长果枝，而北方桃为中、短果枝及花束状果枝。枣树的结果枝是由副芽抽生的浅细枝条，常于结果后下垂，枣区群众称为“枣吊”，主要着生在枣股上，少数着生在枣头基部及枣头 2 次枝上。其浅细、柔软、色绿，长度一般在 15 cm 左右，树势健旺时可长达 20～30 cm。一般枣吊生叶 13～17 片，不分枝，也无增粗生长能力。随枣吊生长在其叶腋间出现花序，开花结果，以 3～7 节结果最多，秋后随叶片一起脱落，故又称“脱落性枝”（图 1-10）。板栗的结果枝比较特殊，是由结果母枝顶部几节完全混合芽抽生的，具有雌、雄花序的枝条（图 1-11）。典型的结果枝自下而上分为四段：第一段是基部芽段。在基部 1～3 节叶腋间着生侧芽。第二段是雄花序段。是从 3～4 节起，结果枝中部连续 7～11 节，每个叶腋着生穗状雄花序。第三段是两性花序段。在最上一个或几个雄花序的基部，着生球状雌花簇，由受精雌花簇发育成球果。第四段是果前梢段。也叫尾枝段，两性花序的上部抽生一段嫩梢，一般 4～5 节，甚至更多节，其叶腋间着生腋芽。营养条件好时，下年连续开花结果。

表 1-2　仁果类、核果类果树结果枝类型　　cm

果树种类	徒长性果枝	长果枝	中果枝	短果枝	花束状果枝
仁果类	—	＞15	5～15	＜5	—
核果类	＞60	30～60	15～30	5～15	＜5

⑤依着生姿势划分。果树枝条依着生姿势可划分为直立枝、斜生枝、水平枝和下垂枝。生

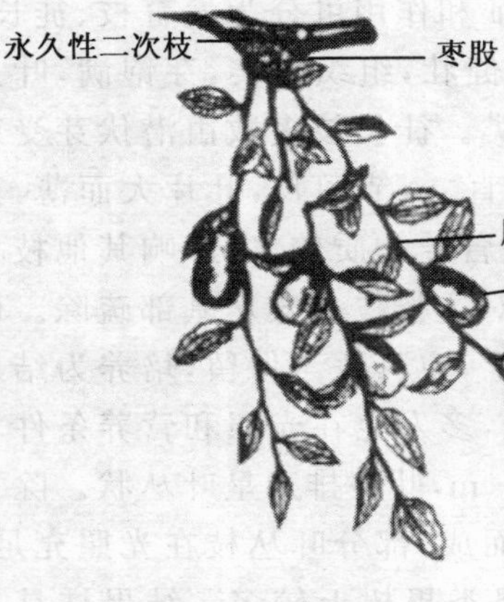

图 1-10　枣树结果枝

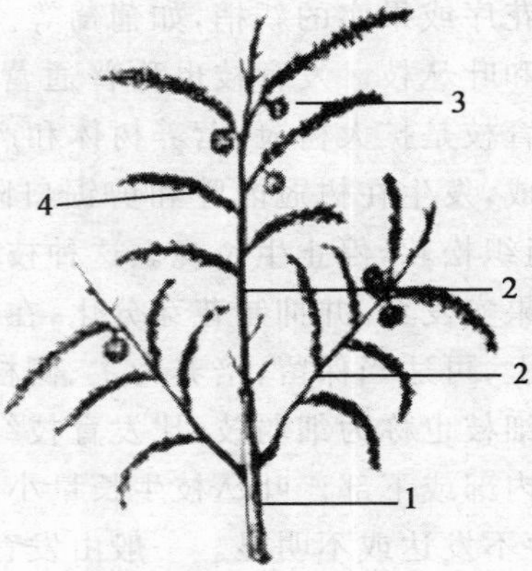

图 1-11　板栗的结果枝

1. 基部芽段　2. 雄花序段　3. 两性花序段　4. 果前梢段

产中经常利用改变枝条着生姿势即分枝角度的方法来调节生长势。

⑥依据枝条所起作用划分。按照果树枝条所起作用，可划分为骨干枝、辅养枝、延长枝和竞争枝等。

(2)枝的特性

①生长势。是指在一定时间内加长生长和加粗生长的快慢，是枝条生长强弱和植株枝类组成的性状表现。常按营养枝总生长量、节间长度、分枝级次及春、秋梢生长节奏状况来确定。抽生长枝(大于 15 cm)数量越多，则生长势越强。树势强弱是制定栽培管理措施的重要依据，而生长势则是衡量树势强弱的最重要的形态指标。

②生长量。是指加长生长和加粗生长 1 年内达到的长度和粗度。生长量对 1 年枝和多年生枝均适用，是衡量树体营养多寡的一个指标。在果树整形修剪中，常利用控制生长量的办法来调节骨干枝和一些大、中枝组的长势。对一些过强、过大的骨干枝采用重缩剪、剥翅膀(疏除大分枝)的方法，减少其生长量，从而达到抑制生长、平衡枝势和树势的目的。

③顶端优势。是指一个近于直立生长的枝条，顶端的芽萌发后形成的新梢最强，长度最大，侧芽所形成的新梢由上而下生长势和长度依次减小，最下部的一些芽不萌发的现象。顶端优势在果树的表现是：在枝条上部的芽萌发抽生强枝，其下生长势逐渐减弱，最下部的芽甚至处于休眠状态；直立枝生长着的先端使其发生的侧枝呈一定角度，如去除尖端对角度的控制效应，则所发侧枝又呈垂直生长。该种顶端优势还表现在果树的中心干生长势要比同龄的主枝强，树冠上部的枝条要比下部强。越是乔化树，顶端优势越强；反之越弱。树种、品种不同，顶端优势的强弱也不同。顶端优势强弱和枝条着生的角度也有一定的关系，枝条越直立，顶端优势越强，反之则弱；枝条平生，顶端优势减弱，使优势转位，造成背上生长转强；当枝条下垂时，顶端生长更弱，而使枝条基部转旺。在果树整形修剪上，常利用枝条顶端优势的转移，来调节各部位枝条的长势。

④垂直优势。是指树冠内枝条生长势的减弱，还与其着生姿态有关，一般直立枝最旺，斜生枝次之，水平枝再次之，下垂枝生长最弱的现象。在果树整形修剪上，根据枝条垂直优势的特点，可通过改变枝芽生长方向来调节枝条的生长势。

⑤干性和层性。顶端优势明显的树种，干性强而持久。苹果、梨、甜樱桃、银杏、香榧等干

性强，枝干的中轴部分较侧生部分具有明显的优势。一般顶端优势明显，成枝力弱的树种、品种层性明显，如枇杷、苹果、梨、甜樱桃、核桃、柿等。顶端优势不明显，成枝力强的树种、品种则层性不明显，如柑橘、桃、酸樱桃、枣等。从树龄上看，幼龄果树主枝在中心干上的层性明显，随着树龄增长而逐渐减弱。主枝也有层性，但不及中心干明显。在果树整形上，可利用干性和层性培养不同的树形。凡干性强，层性明显的树种，适于培养成中心干的分层性树形。而干性弱、层次不明显的树种则宜采用开心形或圆头形树冠。

⑥分枝角度。枝角度是指分枝与母枝所形成的夹角。在果树修剪中，常用改变骨干枝、枝组分枝角度的方法平衡树势。

⑦枝条硬度和尖削度。枝条硬度是指枝条的软硬程度；尖削度则是指当年萌发抽生的枝条不同部位粗细程度的差异。在果树修剪中，常利用枝条的硬度选择适宜的拉枝时间。梨等果树枝条脆硬的树种，一般在夏秋季拉枝；苹果等枝条比较柔软的树种，一年四季均可进行拉枝。果树生产上常根据果树尖削度的大小，判断果树生长势的强弱，来制定相应的栽培管理措施。一般枝条尖削度比较小的果树生长发育比较好。

(二)地下部

果树的地下部即根系，是指根的整体或体系。其主要功能是吸收水分、养分和固定植株，还具有输导、合成、繁殖和贮藏功能。

1. 根系类型

果树的根系根据发生来源可分为实生根系、茎源根系、根蘖根系三种类型(图 1-12)。

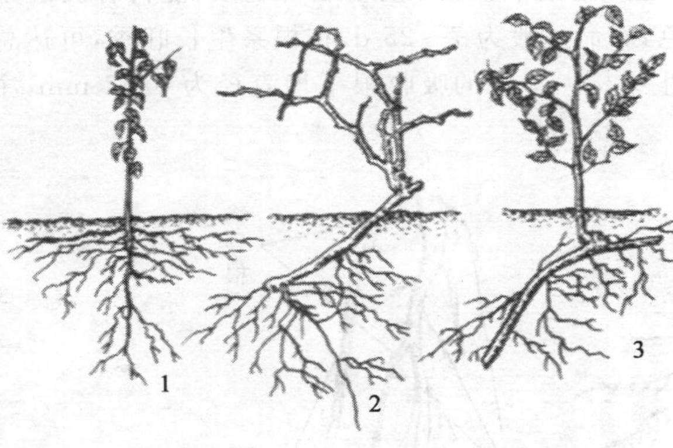

图 1-12 果树根系的类型

1. 实生根系 2. 茎源根系 3. 根蘖根系

(1)实生根系

实生根系是指由种子的胚根发育而形成的根系。实生繁殖和用实生砧嫁接的果树，其根系均为实生根系。实生根系一般主根发达，根系较深，生活力强，对外界环境条件有较强的适应能力，个体间差异较大，在嫁接后还受地上部接穗品种的影响。我国目前应用的苹果、梨和柑橘实生砧都属此类根系。

(2)茎源根系

茎源根系是指由母体茎上的不定根形成的根系。用扦插、压条繁殖的果树,如葡萄、石榴、无花果、草莓的扦插苗,苹果矮化砧、荔枝、龙眼的压条繁殖,试管苗的生根繁殖和香蕉、菠萝的吸芽等均属于茎源根系。其特点是主根不明显,根系较浅,生活力较弱,但能保持母体性状个体间比较一致。

(3)根蘖根系

根蘖根系是指果树跟上发生不定芽所形成的根蘖苗,经与母体分离后成为独立个体所形成的根系,如用分株繁殖的山楂、枣、樱桃、石榴等根系。根蘖根系的特点与茎源根系相同。

2. 根系结构

(1)实生根系

果树根系通常由主根、侧根和须根组成(图 1-13)。主根是由种子的胚根垂直向下生长形成的,为初生根。侧根是主根上产生的各级较粗的分枝。主根和各级侧根构成根系的骨架,称为骨干根。骨干根粗而长,色泽深,寿命长,主要起固定、输导和贮藏作用。须根是指主根和各级侧根上着生的细小根(一般直径小于 2.5 mm)。须根细而短,大多数在营养期末死亡,而未死亡的可发育成骨干根。须根起吸收、合成与输导作用。不同种类须根的差异较大,苹果为褐色或淡褐色,李为暗红色,石榴、柿为黑褐色,枳壳为淡褐色。须根根据功能和构造又可分为3类:生长根、吸收根、过渡根和输导根(图 1-14)。生长根又称轴根或延伸根,是初生结构的根,白色,生长较快,分生新根的能力强,也有吸收能力。如苹果生长根的直径平均 1.25 mm,长度为 2～20 cm。主要功能是向土壤内延伸和分生新的生长根和吸收根。生长根都可以分为根冠、生长点、延长区、根毛区、木栓化区、初生皮层脱落区和输导根区。吸收根也是初生结构的根,着生有大量根毛能从土壤中吸收水分和营养物质,能将有机营养转化为无机营养。吸收根长度小于 2 cm,白色,寿命一般为 7～25 d,在根系生长旺季,可达总根量的 90%以上,吸收根一般不能发育为次生结构。苹果的吸收根平均直径为 0.62 mm,主要功能是吸收,也具

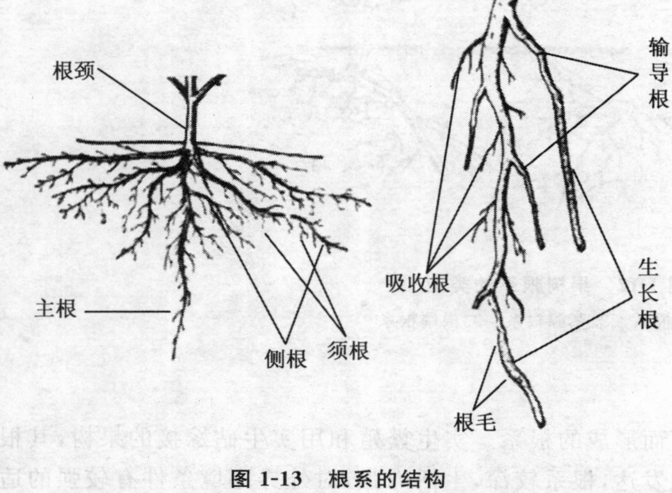

图 1-13　根系的结构

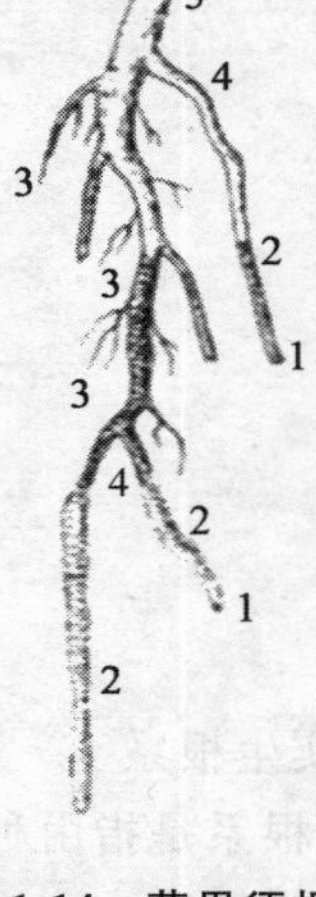

图 1-14　苹果须根

1. 根冠　2. 生长根　3. 吸收根
4. 过渡根　5. 输导根

有根冠、生长点、延长区和根毛区，但不产生次生组织。生长根和吸收根先端密生根毛，可吸收水分和营养。输导根由生长根发育而成，浅褐至深褐色，加粗生长后形成骨干根，主要功能是输导水分和养分，并使果树固定于土壤中。

(2)营养根系

一般用无性繁殖果树的营养根系无主根，即使种子繁殖的砧木经过移栽主根已被切断，或由于自然更新与土壤影响也不能一直沿主根方向垂直向下生长。

思考题：

1.为什么要进行果树分类？方法有哪些？

2.什么叫果树带？我国果树带是如何划分的？

3.从植株形态上识别果树，包括哪几个方面？从花上识别果树，具体从哪几个方面着手？从果实上识别果树从哪几个方面着手？

4.果树的基本结构如何？

5.果树芽、枝如何分类？其特性是什么？在生产上如何加以利用？

6.果树根系有哪些类型？其结构如何？

第三节 果树生长发育规律

一、果树一生生长发育

果树一生生长发育就是其生命周期，是指果树一生经过生长、结果、衰老、更新和死亡的过程。生命周期中的各个阶段称为年龄时期。果树分实生树和营养繁殖树两种。实生树是由种子繁殖长成的树，具备完整的发育史，有种子萌发这一生命过程，但生产上应用较少。营养繁殖树是采用扦插、压条、嫁接、分株和组织培养等方法培育的果树。其不具有完整的发育史，无种子萌发这一生命过程，但生产上应用较多。为栽培管理方便，果树生产上按生长和结果的明显转化，一般将营养繁殖乔木果树的一生划分为幼树期、初果期、盛果期和衰老期4个时期。

(一)幼树期

幼树期也称营养生长期，是指从果树定植至第一次开花结果。幼树期苹果、梨一般为3～4年，杏、李、樱桃等2～3年，葡萄、桃等1～2年。

1.生长特点

树体生长旺盛，年生长期长，进入休眠期迟；枝条多趋向于直立生长，生长量大，往往有多次生长，节间较长，组织不充实，越冬性差，长枝比例高。

2. 主要栽培任务

促进生长，尽快扩大营养面积；选择培养好各级骨干枝，建立良好的树体结构；促控结合，促花早结果；加强树体保护。

3. 促进幼树早结果的技术措施

利用曲枝、环剥等伤枝处理技术；采用矮化砧，深翻扩穴，增施有机肥；轻剪多留枝；适当使用生长调节剂，利用早熟性芽。

(二)初果期

初果期也称生长结果期，是指从第一次结果到大量结果前。初果期苹果、梨 3～5 年，葡萄、核果类树种很短，一经开花结果，很快进入盛果期。

1. 生长特点

前期营养生长仍占主导地位，树冠、根系继续扩大，但随结果量的迅速增加，离心生长趋缓，侧向生长加强，达到或接近最大营养面积；长枝比例下降，中、短枝比例增加；产量逐渐上升，品质逐年提高。

2. 主要栽培任务

继续完成整形任务，逐步清理改造辅养枝，维持树体结构；缓和树势，增加花芽比例，促进及早转入盛果期。

3. 栽培管理措施

继续深耕改土，加强肥水管理，仍进行轻修剪，注意培养结果枝组。

(三)盛果期

盛果期指从大量结果到产量明显下降。

1. 生长特点

离心生长基本停止，树冠、产量和果实品质均达到生命周期中的最高峰；新梢生长趋于缓和，花芽大量形成，中、短果枝比例加大；生长结果的平衡关系极易破坏，管理不当则出现大小年现象。

2. 栽培管理任务

处理好生长与结果的关系，既保证树体健壮生长，又满足优质、高产、稳产的需要，尽量延长盛果期的时间。盛果期持续时间长短，取决于树种和栽培管理水平。一般仁果类树种持续时间较长，核果类树种持续时间较短。

3. 栽培管理措施

加强肥水管理，均衡配备营养枝、结果枝和预备枝；做好疏花疏果工作，控制适宜结果量，防止大小年现象提早出现，注意枝组和骨干枝更新。

（四）衰老期

衰老期是指从产量、品质明显下降到树体死亡。

1. 生长特点

骨干枝先端逐渐枯死，向心生长逐步加强，结果量和果实品质明显下降。

2. 栽培管理措施

栽培上应适时更新复壮。在经济效益降到一定程度后则需砍伐，重新建园。

二、果树年生长发育规律

（一）年生长周期和物候期

1. 基本概念

年生长周期是指果树在一年中随外界环境条件的变化出现一系列的生理与形态的变化，并呈现一定的生长发育规律性的活动过程。物候期全称生物气候学时期，是指在年周期中果树器官随季节性气候变化而发生的外部形态规律性变化的时期。落叶果树在一年中的生命活动，表现为两个明显的阶段：生长期和休眠期。生长期是指从春季萌芽到秋季落叶，可看出明显形态的变化，如萌芽、开花、枝叶生长、芽的形成与分化、果实发育和成熟、落叶等。休眠期是指从落叶后到第二年春季萌芽前。在休眠期中看不出明显的形态变化。但仍进行着微弱的呼吸、蒸腾等生命活动，并在树体内进行一系列的生理活动。常绿果树无集中落叶期，大多数无明显的休眠期，只是当环境条件不适宜时被迫停止生长。

2. 物候期选择

果树物候期一般选择在形态上有明显标志的阶段，如萌芽期、新梢生长期、开花期、果实成熟期、花芽分化期、落叶休眠期等。其标志着果树和环境的统一。果树物候期的变化既反映果树在年生长周期中的进程，又在树体上体现出一年中气候的变化。

3. 物候期特点

果树物候期具有顺序性、重叠性和重演性。顺序性是指同一种果树的各个物候期呈现一定的顺序。如开花期是在萌芽的基础上进行的，又为果实发育做准备。重叠性指同一树上同时出现多个物候期的现象。如落叶果树新梢的生长、果实发育、花芽分化、根系活动等物候期均交错进行，重叠性会导致营养的竞争。重演性指同一物候期在一年中多次重复出现的现象。如新梢可多次生长，形成春梢、夏梢、秋梢，葡萄一年可多次开花结果等就是这种情况。

(二)根系生长发育

1.分布特点

(1)根系形状及影响因素

实生根系在土壤中呈倒圆锥形，可分为2～3层。与地上部相对应，上层根群角(侧根与主根所成的角)较大，分枝性强，土壤耕作及施肥对其影响较大。而下层根系分布则正好相反。按照根在土壤中分布的状况，根可分为水平根和垂直根。水平根是指与地面近于平行生长的根，相当于根系结构中的侧根；垂直根是指地面近于垂直生长的根，相当于根系结构中的主根。水平根和垂直根综合构成根系外貌。

(2)根系在土壤中的分布深度和范围决定因素

取决于树种、砧木、土壤、栽培管理技术等因素。桃、樱桃、梅等根系分布较浅；梨、柿、核桃等分布较深，苹果等介于其间。矮化砧的水平根发达，而乔化砧的垂直根发达。根系水平分布一般为树冠冠幅的1.5～3倍，且以树冠外缘附近较为集中，约有60%的根系分布在树冠正投影之内，尤以粗根表现最为明显。成年果树垂直根的分布深度一般小于树高，多分布在10～80 cm范围内的土层，10～40 cm为根系集中分布层。果树大量的须根分布在土壤中含氮和矿物盐最多、微生物活动最旺盛的土层中。在土层深厚肥沃或经常施肥的果园，水平根分布距离小，细根多；在干旱贫瘠的土壤条件下，根延伸远，而细根小。

(3)向性和自疏现象

根系分布还具有某些向性和自疏现象。向性是指果树根系的发展总是向土壤理化性状好、通气良好、养分、水分充足、微生物活跃的范围伸长，而且分布也多。自疏现象是指根系在土壤中的增生、分布也不是无限的，而是随着新根的增加，部分老根随之枯死，使新根在土壤中保持一定的密度。

2.年生长动态

(1)根系生长表现型

由于树种、品种、砧穗组合、树龄、产量、生长发育状况等内部因素以及土壤管理措施等外部条件的影响，1年中根系的生长表现出周期性的变化。常见的有3种类型：单峰曲线、双峰曲线、三峰曲线。未修剪李树根系生长只出现1次高峰，在5月初至7月底；而梨和葡萄的根系1年中有2个生长高峰；多数落叶果树的幼树为三峰曲线，1年中有3次生长高峰。

(2)年生长动态规律

①根系无自然休眠，只要条件适宜，可全年不断生长。

②根系生长和地上部生长有相互交替现象。一般发根高峰多在新梢缓慢生长、叶片大量

形成之后。

③不同深度的土层中，根系有交替生长现象。春季土壤表层升温快，根系活动早；夏季表层土温过高时，根系生长缓慢或停止，而中、下层土温达到最适，旺盛生长；进入秋季，表层根系生长又加强。土壤表层根受季节影响变化大，生产中应加强对表层根系的保护。

④地上部与根系生长呈现一定的先后顺序。在根系生长的年周期中，地上部和根系开始生长的先后顺序，取决于树种、枝芽和根系生长对环境条件的要求。苹果、梨根系先开始活动，后萌芽；柑橘根系活动要求地温高，在地温较低地区，先萌芽，后发根；而在地温较高地区，先发根，后发芽。

⑤多数果树根系夜间的生长量及发根量都多于白天。

3.影响因素

(1)内部因素

果树根系的生长取决于树体营养状况、内源激素的平衡等因素。根系生长发育、水分和养分的吸收、有机物的合成，都依赖于植株地上部碳水化合物的供应。其中，上年贮藏的养分主要影响根系前期的生长，而当年制造的碳水化合物则影响根系中后期的活动。在田间条件下，超过50%的光合产物用于果树根系的生长、发育和吸收。新梢产生的生长素对新根的发生有重要的刺激作用。在结果过多或枝叶受到损害的情况下，即使加强肥水管理，也难以改变全树的生长状况。砧穗组合可改变植株地上部与根系间营养与激素的平衡，影响根系的分布、形态及年生长周期。

(2)外部因素

①土壤温度。果树根系生长要求的温度取决于树种。主要树种开始发根的温度由低到高的顺序是：苹果＜梨＜桃＜葡萄＜枣＜柿。一般北方果树在土温达3～7℃可发生新根，12～26℃时旺盛生长，＞30℃或＜0℃停止生长。

②土壤水分与通气状况。果树正常生长发育所需最适土壤含水量为田间最大持水量的60%～80%。土壤通气状况主要取决于土壤空隙度的大小。根系正常生长要求土壤空隙度在10%以上。

③其他条件。其他条件主要指有机质和土壤中的生物。最适果树根系生长的土壤有机质含量在1%以上；有机质可改善土壤理化性质，协调水、气、热的关系和矿质营养的供应。土壤中的生物如蚯蚓、蚂蚁、昆虫幼虫、微生物影响土壤物质的转化、营养的供应和土壤肥力，从而影响根系的生长。其中大多数果树都有菌根。菌根是指有些果树的根在吸收区同真菌共生。柑橘、杨梅、荔枝、龙眼、苹果、梨、葡萄、柿、板栗、枣、核桃、草莓等都有菌根。菌根的菌丝体能在土壤含水量低于萎蔫系数时，从土中吸收水分，分解腐殖质，并分泌和提供生长素与酶等，促进根系活动，活化果树生理机能。同时真菌也要从果树根中吸取生活所需的有机养分和其他营养物质。

4.促进根系生长的措施

(1)生命周期采取措施

在幼树期深翻扩穴，增施有机肥；随树龄和结果量增加，要加深耕作层，深施肥料，同时，还要注意控制结果量。在结果末期，应注意深翻土壤，增施有机肥。

(2)在年周期中采取措施

在年周期中，早春应注意排水，中耕松土；施用充分腐熟的肥料，配合速效肥；夏季要注意中耕松土、灌水和覆盖；秋冬季深耕土壤，增施大量有机肥料。

5. 土壤与根系生态表现型

土壤是决定根系生长的关键因素。根系的分布常常因果园土壤的结构、质地、肥水状况及其他环境条件的多样性而表现出不同的生态表现型。根系生态表现型有 4 种类型："线性"分布、"匀性"分布、"疏远型"分布和"层性"分布。"线性"分布是黏土果园的根系生态表现型，其特点是分根少，密度小，但在延伸过程中遇到透气好的区域，会产生大量分根；"匀性"分布是果园肥水条件好时的根系生态表现型，其特点是根系分布深远，分根级次多，细根量大；"疏远型"分布是在沙地果园的生态表现型，其特点是根系分布广、密度小，吸收根细短、干枯、功能差；"层性"分布是山地果园和冲积平原土果园根系生态表现型，其特点是根系集中分布于表层土壤。

(三)芽、枝、叶的生长发育

1. 芽的发育

芽由枝、叶、花的原始体以及生长点、过渡叶、苞片、鳞片构成。落叶果树芽的形成过程，一般要经过芽原基出现期、鳞片分化期和雏梢分化期 3 个阶段(图 1-15)。

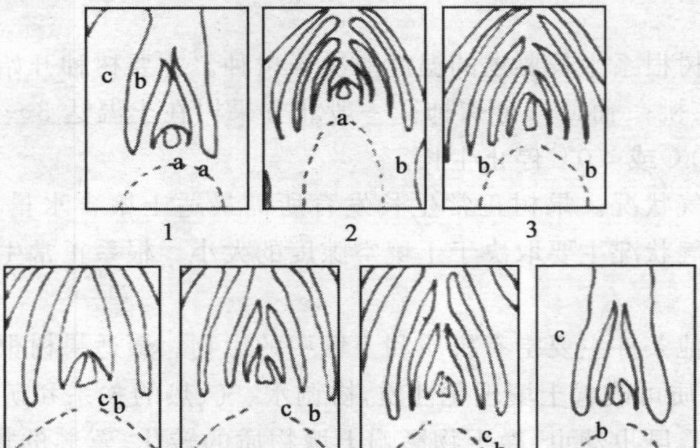

图 1-15　梨叶芽形成过程

1. 芽原基出现期，示新梢顶端生长点向顶芽转化　2. 鳞片分化期　3. 质变期　4. 冬季休眠前雏梢分化期　5. 冬季休眠期　6. 冬季休眠后雏梢分化期　7. 同 1，示新梢顶端生长点又开始向顶芽转化

a. 生长点或芽原基　b. 鳞片　c. 叶

(1)芽原基出现期

芽原基是果树萌芽前后在芽内雏梢或新梢叶腋间产生的由细胞团组成的生长点，是芽的雏形。有 4 种情况：一是大多数树种的芽原基出现期与萌芽期同步，随着芽的萌发，自下而上发生新的腋芽生长点，如苹果、梨、桃、杏等果树就是这种情况。二是有些果树芽原基出现期发

生在萌芽前，如板栗、柿、核桃、山楂和葡萄在越冬前就已在芽内雏梢的叶腋间形成芽原基。三是旺盛生长的新梢前部的芽原基则出现在萌芽后新梢继续延伸的过程中。四是顶芽无明显的芽原基出现期，由雏梢顶端的生长点分化鳞片而形成顶芽。

(2)鳞片分化期

鳞片分化期是从芽原基出现后，生长点由外向内分化鳞片原基，并逐渐发育为固定的鳞片的过程。苹果、梨鳞片分化从母芽萌动一直延续至该芽所在节位的叶片停止增大时，叶片增大期也就是该节位腋芽的鳞片分化期。板栗、柿、葡萄等鳞片较少的芽，在芽从叶腋间显露时，鳞片数已分化完成。鳞片分化期完成后，是决定芽分化方向的关键时期。综合条件适宜的芽通过质变期后转入花芽分化，否则进入雏梢分化期最终发育成叶芽。

(3)雏梢分化

雏梢分化期是指鳞片分化期完成后，生长点进一步分化出叶原基的过程。大致分为冬前雏梢分化和冬后雏梢分化两个阶段。冬前雏梢分化阶段是指鳞片分化之后，随即进行雏梢分化。冬前雏梢分化完成后，进入冬季休眠。冬季休眠后，有的芽继续进行雏梢分化，增加节数；有的芽不在增加雏梢节数或顶端转为顶芽。经过冬季休眠后的芽萌发后形成不同长度的新梢，有些新梢的先端生长点仍能继续分化新的叶原基，增加节数，直到新梢停止生长后，才开始顶芽的分化，这一分化称为芽外分化。

在芽的发育过程中，由于树体营养状况和外界环境条件的不同，同一枝条上不同部位的芽在形态和质量上存在差异的现象，称为芽的异质性。苹果的中枝，新梢基部的瘪芽在春季萌芽后形成，发育较差；新梢中、上部的叶腋间形成饱满芽和半饱满芽；新梢顶端形成充实饱满的顶芽。在果树整形修剪中，常利用芽的异质性，选用不同质量和状态的芽作剪口芽，以调节枝势。

2. 萌芽

(1)萌芽标准与特点

萌芽物候期是指从芽膨大至花蕾伸出或幼叶分离为止。不同树种萌芽物候期的标准不同。以叶芽为例，仁果类果树萌芽分芽膨大期和芽开绽期两个时期。芽膨大期是芽开始膨大，鳞片松动，颜色变浅的时期；芽开绽期是指鳞片松开，芽先端幼叶露出的时期。而核果类果树萌芽期以延长枝上部的叶芽鳞片开裂，叶苞出现为止。萌芽标志着果树由休眠或相对休眠转入生长期，此期主要利用贮藏养分，萌芽后抗寒力显著降低。北方春季的倒春寒经常给果树生产造成较大的损失就是由于此种原因。

(2)萌芽决定因素

果树萌芽是由遗传特性和综合条件共同作用的结果。萌芽主要取决于两个因素：一是芽的特性，取决于果树萌芽早晚。早熟性芽一年可多次萌发，落叶果树晚熟性芽主要集中在春季1次萌发；潜伏性芽则只在受到刺激(枝叶受到损伤或修剪)时才萌发。二是温度，是决定果树春季萌芽早晚的关键环境因素。落叶果树需要一定的低温量才能通过休眠进入生长期，而进入生长状态的芽又需要一定的积温才能萌芽。多数落叶果树要求日平均气温达5℃以上，土温达7～8℃，经过10～15 d后才能萌芽。但枣和柿比较特别，要求日平均气温在10℃以上才能萌芽。而树体贮藏营养充足、土壤通气良好、空气湿度适当偏小都有利于萌芽。果树上通常用萌芽力和成枝力来衡量枝条的萌发状况。

3.枝的生长

枝的生长包括加长生长和加粗生长。常用生长量和生长势来表示。

(1)加长生长

①加长生长过程。新梢加长生长是从叶芽萌发后露出芽外的幼叶彼此分离后开始，至新梢顶芽形成或停止生长为止。加长生长是枝条顶端分生组织细胞分裂伸长的结果。细胞分裂发生在新梢顶端，伸长则延续到顶端以下几节。随着枝条的伸长，进一步分化出侧生叶和芽，枝条形成表皮、皮层、木质部、韧皮部、形成层、髓和中柱鞘等各种组织。加长生长经过3个时期:开始生长期、旺盛生长期和缓慢生长期。开始生长期从展叶开始到迅速生长前为开始生长期。此期内第一批簇生叶片增大，而新梢无明显的伸长。生长主要依赖上年的贮藏营养。此期长短主要取决于气温高低。晴朗高温，持续时间短；阴雨低温持续时间长。旺盛生长期从开始加快生长到缓慢下来为止。此期节间加长，新梢明显伸长，幼叶迅速分离，叶片数量和面积快速增加。缓慢生长期从生长变缓直至停止生长。此时形成节间短，进而形成顶芽，停止生长，持续一段时间后枝条转入成熟阶段。

②加长生长影响因素。新梢加长生长动态受多种因素影响。首先不同树种间差异较大。葡萄、桃、杏、猕猴桃等果树1年多次抽生新梢。苹果、梨等果树的新梢只沿枝轴方向延伸1～2次，很少发生分枝，梨的2次枝又比苹果少。核桃、板栗、柿等果树的新梢加长生长期短，一般无2次生长，常在6月份停止生长，整个生长过程明显集中于前期。其次是同一树种也会因品种、树龄、树姿、负载量、环境等因素影响而有所变化。苹果幼树或负载量较小的树或夏秋季节高温多雨时易发生秋梢，而成年果树负载量大时不易发生秋梢，甚至不发生2次生长。第三是不同类型枝条生长动态也存在差异。短枝无旺盛生长期，旺盛营养枝可持续生长到秋季。苹果生长中庸的营养枝，中间有一个缓慢或停止生长的阶段，形成瘪芽或盲节(又叫环痕，在春、夏、秋梢或1、2年生枝交界处一般无明显的芽子)，7～8月份又旺盛生长，形成秋梢。

③关键生长期。新梢旺盛生长期简称新梢旺长期，是果树年周期中最重要的物候期之一，也是果树生产上十分关键的管理时期。新梢旺长期是果树叶幕形成期，其生长强度及持续时间对树体全年营养状况影响较大。它也是树体营养转换期，由利用贮藏营养逐步过渡到利用当年制造营养。除此之外，新梢旺长期还是果树全年需肥水的临界期。生产上必须采取综合措施(如充分供应肥水、夏季修剪及定果等技术措施)满足新梢旺长期的需要。

(2)加粗生长

加粗生长晚于加长生长，是形成层细胞分裂、分化和增大的结果。加粗生长的开始时间和生长强度决定于加粗部位距离生长点的远近，也决定于加粗部位以上生长点和枝叶的数量。果树加粗生长的起止顺序是自上而下，春季新梢最先开始，依次是1年生枝、2年生枝、多年生枝、侧枝、主枝、主干、根颈，秋季则按此顺序依次停止；多数果树每年有2次加粗生长高峰，且出现在新梢生长高峰之后，一年中最明显的生长期在8～9月份。多年生枝干加粗开始生长期比新梢加长生长晚1个月左右，其停止期比新梢加长生长停止期晚2～3个月。当叶面积达到最大面积的70%时，叶片制造的养分即可外运供加粗生长。枝干加粗的年间差异，表现为木质部的年轮。枝在加粗生长时，使树皮不断木栓化并出现裂痕，多年生枝只有加粗生长，而无加长生长。

4.叶的生长发育

(1)果树单叶形态

每种果树叶片都有相对规定的形状和大小,因此叶片的形态特征也是区别不同果树种类和品种的依据。果树叶片有三类:一是单叶,包括仁果类、核果类、板栗、枣、柿、枇杷、杨梅及菠萝、香蕉等果树;二是复叶,如核桃、长山核桃、山核桃、荔枝、龙眼、香榧、草莓、枳壳;三是单身复叶,如柑橘属、金柑属的有关种类。果树叶片具有相对稳定性,但栽培措施和环境条件对叶片发育特别是叶片大小影响尤其明显。叶的大小和厚度以及营养物质的含量在一定程度上反映了果树发育的状况。肥水不足,管理粗放条件下,一般叶片小而薄,营养元素含量低,叶片光合效能差;肥水过多情况下叶片大,植株趋于徒长。每品种在正常条件下,叶片大小和营养物质含量都有一个相对稳定指标,如温州蜜柑单叶面积平均在 25 cm^2 左右为正常形态指标,其他果树也有类似的形态指标。叶片营养物质含量的多少,常作为叶分析营养诊断的基础。

(2)单叶生长发育

单叶生长发育是从叶原基出现,经过叶片、叶柄和托叶的分化、叶片展开,至叶片停止增大为止。叶的生长发育决定于果树单叶面积和叶片功能。

①单叶面积。果树单叶面积大小取决于叶片生长期及迅速生长期。叶片生长期长短取决于树种、枝梢类型及叶在枝梢上的部位。梨的叶片生长期需要 16～28 d,苹果 20～30 d,猕猴桃 20～35 d,葡萄 15～30 d。长梢中、下部叶片生长期较长,而上部叶片生长期较短;短梢除基部小叶生长期较短外,其他叶片基本相似。苹果、梨叶片生长期最长、叶面积最大的是新梢中部的叶片,生长时间达 40～50 d,但以开始时的 15～20 d 内长势最旺盛。

②果树叶片功能。叶片的功能取决于叶面积和叶龄。幼叶光合能力差,净光合为负值。当叶面积达到成叶的 1/2 时养分收支达到平衡;叶面积达到最大时,叶片的光合能力最强,净光合最大,并持续一段时间。以后随着叶片的衰老和温度的降低,光合能力下降,净光合下降,直至落叶休眠。苹果、梨枝梢中部的叶片功能最强。葡萄叶片光合能力在展叶后 30～40 d 达到高峰,持续 10～40 d,以后随叶片衰老而下降,直至落叶。

(3)叶幕形成

果树叶幕是枝芽在树冠中生长的结果。叶幕结构及其在年周期内动态是衡量果树丰产的重要指标。落叶果树的叶幕,在春季萌芽后,随着新梢生长,叶片的不断增加而形成。叶幕在年周期中随枝叶的生长而变化,为保持叶幕较长时间的生产状态,在年周期中要求叶幕前期增长快,中期相对稳定,后期保持时间长。叶幕形成速度取决于树种、品种、树龄、树体营养、环境条件和栽培技术。苹果成年树以短枝为主,树冠叶面积在短枝停长时增长最快,5 月下旬中、长枝停长时,已形成全树最大叶面积的 80%以上。桃树以长枝为主,叶面积形成较慢,增长最快的时间是在长枝旺盛生长之后,约在 5 月下旬。叶幕中后期的稳定可通过栽培技术如夏季修剪、病虫害防治、肥水管理等措施实现。叶面积是衡量叶幕结构及其动态的主要指标。果树叶面积的大小用叶面积系数表示。叶面积系数也称叶面积指数,是指单位面积上所有果树叶面积总和与土地面积的比值(叶面积系数=叶面积/土地面积)。叶面积系数高表明叶片多,光合面积大,光合产物多。但随着叶面积系数的增加,叶片之间的遮阴加重,获得直射光叶片的比率降低。多数落叶果树当叶片获得光照强度减弱至 30%以下时,叶片的消耗大于合成,变成寄生叶。生产上一般采用调整树冠形状、适当分层以及错落配置各类结果枝组等措施解决上述矛盾，提高叶面积系数。一般多数果树叶面积系数以4～5较为合适。其中，其中乔化果树一般叶面积指数为3～5时单位面积上群体光能利用率达最大。苹果、梨叶面积系3～4较好，柑橘4.5～5，桃叶面积指数一般高于苹果，为7～10。矮化果树如苹果叶面积指数为1.5左右为宜。落叶果树理想叶幕是在较短时间内迅速形成最大叶面积，结构合理而相互遮阴少，并保持较长时间的稳定。

5.落叶与休眠

(1)落叶

①落叶原因。落叶是果树进入休眠的标志。落叶前，叶细胞营养物质逐渐分解，由韧皮部运向枝干内贮藏；叶内核糖核酸和蛋白质减少，叶绿素分解，叶黄素显现而使叶片发黄，有的产生花青素，使叶片转为红色。与此同时，在叶柄基部形成离层，在外力作用下，叶片脱落。

②影响落叶因素。温带果树在日平均气温达到15℃以下，日照12 h以下开始落叶。温度是果树落叶的主要决定因素，桃树在15℃以下，梨13℃以下，苹果在9℃以下开始落叶。树体及其各部位发育状况也影响落叶时间，幼树较成年树落叶迟，壮树较弱树落叶迟；在同一株树上，短枝较长枝落叶早，树冠外部和上部较内膛和下部落叶迟；外界条件的作用是果树非正常落叶的主要原因，干旱、水涝和病虫害都能引起果树落叶；生长后期温度和潮湿又会延迟落叶。过早落叶和延迟落叶对果树越冬和来春的生长结果都不利。

(2)休眠

休眠是指果树的芽或其他器官暂时停止生长而只维持微弱生命活动的现象。休眠期从秋季落叶到翌年春季萌芽前为止。果树的休眠是在系统发育过程中形成的，是对低温、高温、干旱等逆境适应的特性。落叶果树的休眠有自然休眠和被迫休眠两种。自然休眠是由果树本身的遗传特性和生理活动决定的休眠。果树在自然休眠期内即使给予适宜生长的环境条件，也不能发芽生长。通过自然休眠需要一定时间和一定程度的低温条件，称为需冷量。自然休眠要求的需冷量，一般以芽需要的低温量表示，就是在7.2℃以下需要的小时数。果树自然休眠与树种、树体发育状况及器官组织类型有关。不同树种因原产地系统发育而形成不同的休眠特性。扁桃在0～7℃低温下200～500 h可完成自然休眠，桃为500～1 200 h，苹果、梨为900～1 000 h。自然条件下，多数果树在12月下旬至翌年2月下旬结束自然休眠。同一树种，幼树进入休眠期晚于成年树，在同一株树上进入休眠的顺序是从小枝到大枝，从木质部到韧皮部，最后到形成层。如果冬季低温不足，未能解除休眠，果树将表现不萌芽、不开花或萌芽不整齐、叶片小、生长结果差等现象。被迫休眠是指由于不利的外界环境条件(低温、干旱等)限制而暂时停止生长的现象。落叶果树冬季通过自然休眠后，往往由于周围温度过低而进入被迫休眠。根系的休眠也属被迫休眠。

6.影响枝芽发育的因素

(1)树种、品种和砧木

不同树种、品种枝芽特性存在较大差异，从而有不同的生长表现。不同树种新梢长势不同，桃、葡萄等较强，柿等较弱，苹果居中；苹果的短枝型品种萌芽率高，成枝力低，表现节间短，短枝比例大，树体高度及枝梢长势均弱于普通型品种。砧木对地上部生长有明显的影响，具体表现为乔化和矮化两种情况。乔化是指有的砧木能使接穗长成高大的树体。与此相对应的乔化砧是指对接穗有乔化作用的砧木。如山定子、海棠果是苹果的乔化砧。矮化是指有的砧木能使树体变小,与此相对应的矮化砧是指具有矮化作用的砧木。如M系营养砧多数为苹果的矮化砧或半矮化砧。

(2)枝芽区位优势

枝芽区位优势主要有顶端优势和垂直优势两种。顶端优势是指在趋于直立生长的同一植株或枝条上,枝芽的生长势和生长量自下而上依次增强的现象(图1-16)。垂直优势现象是指树冠内枝条的生长势,直立枝最旺,斜生枝次之,水平枝再次之,下垂枝最弱。激素是形成枝芽区位优势的主要原因。在直立性强的枝条和处于顶端的枝芽中,含有很多的生长素和赤霉素等物质,能提高枝条调运养分和水分的能力,促进细胞分裂和枝芽生长。修剪中通过改变枝芽生长方向可以调整枝条的生长势。

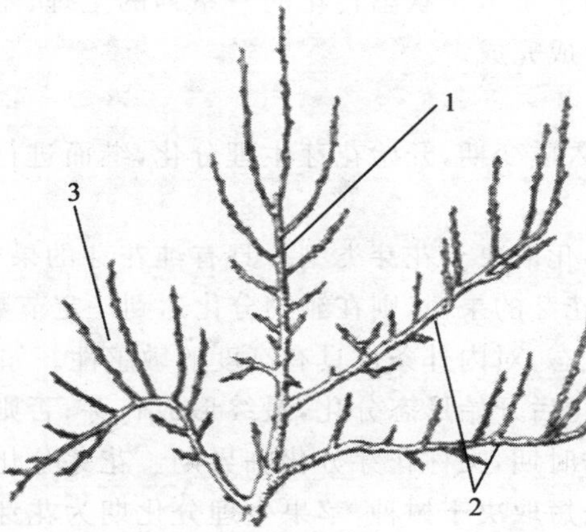

图1-16　果树顶端优势

1.直立枝,顶端易萌发旺枝　2.水平、斜生枝,多萌发中、短枝
3.向下弯曲枝,弯弓顶端易萌发旺枝

(3)树体营养状况

树体营养是枝梢生长的物质基础,它既取决于树体当年营养水平,更决定于树体上年贮藏营养的丰缺。二者互为基础,相互影响。新梢开始生长时只能利用贮藏营养,如苹果萌芽后6周才不再利用贮藏营养。叶丛枝、短枝、中长枝的春梢部分主要依靠贮藏营养生长。贮藏营养不足,新梢短小而纤弱,光合能力差,直接影响树体营养水平。当树体结果过多时,大部分光合产物用于果实发育,新梢生长受到抑制,因当年贮藏营养不足而影响翌年枝梢生长;反之,则出现新梢旺长。此外,病虫为害枝叶及不良环境因素均可影响树体营养状况,最终影响枝芽当年生长发育。

(4)内源激素

新梢的正常生长是各种内源激素相互作用的结果。茎尖中的生长素和幼叶产生的赤霉素可促进新梢生长,而老叶中产生的脱落酸则抑制新梢生长。

(5)环境条件和矿质元素

环境条件主要指光照和水分。光照通过光合作用和光周期两方面影响枝梢生长,长日照有利于生长素的形成,从而促进枝梢生长,而强光则抑制新梢的生长;春旱秋涝是影响果树枝梢生长的主要水分因素，春旱限制新梢前期生长，而秋涝又造成枝梢秋季徒长，组织不充实。矿质元素指氮素和钾素。氮素对枝梢生长有特别显著的作用，而钾肥使用过多，对新梢生长有抑制作用。

(四)花果发育

1. 花芽分化

花芽分化是指果树芽的生长点经过生理和组织状态的变化，最终形成各种花器官原基的过程。其中，生理分化和形态分化是果树花芽分化的两个重要阶段。生理分化是果树芽生长点内进行的由营养生长状态向生殖生长状态转化的一系列的生理、生化过程。形态分化是指从花原基最初形成至各器官形成完成。

(1)花芽分化过程

芽经过初期的发育后，进入质变期，开始花芽生理分化，继而进行形态分化，在雄蕊、雌蕊的发育过程中，形成性细胞。

①生理分化。果树生理分化取决于花芽类型。具有纯花芽的果树，芽在鳞片分化之后即进入生理分化期；而具有混合花芽的果树，则在雏梢分化达到一定节数之后开始这一过程。这一时期处于发育方向可变的状态，对内外条件具有高度的敏感性。如果具备花芽形成的条件，则改变代谢方向，完成生理分化后开始形态分化，最终形成花芽；否则形成叶芽。生理分化期是花芽和叶芽发育方向分界的时期，又称花芽分化临界期。花芽分化临界期是控制花芽分化的关键时期。生理分化期的长短取决于树种，苹果生理分化期为花芽形态分化前 1～7 周，板栗为 3～7 周。生理分化期的早晚，取决于因树种和枝条类型，以顶芽形成花芽的树种，短枝比长枝生长停止早，生理分化期开始也早。以侧芽形成花芽的树种，生理分化期主要决定于芽发育程度的早晚。同一株树，由于枝条生长期长短和芽形成早晚不同，生理分化期可持续较长的时间。

②形态分化。果树花芽形态分化是按一定的顺序依次进行的。凡具有花序的果树，先分化花序轴，再分化花蕾。就一朵花蕾而言，是先分化下部和外部的器官，后分化上部和内部的器官。形态分化的顺序和分期是：分化始期（初期）、花萼分化期、花瓣分化期、雄蕊分化期、雌蕊分化期。有的果树花萼外有苞片（山楂）或总苞（核桃雌花），则在萼片分化前增加苞片或总苞的分化。不同果树之间花芽形态分化始期有较大差异，主要体现在分化过程和形态变化两个方面。桃、杏等芽内含单花的纯花芽，分化始期形态变化是从芽生长点变大、突起、转化为花原基止。李、樱桃芽内含 2～3 朵花的纯花芽，分化始期从芽生长点变大、突起开始，到分化出 2～3 个花原基止。具有花序的果树，花芽分化始期是从芽的分化部位变宽、突起开始，经过花序轴的分化到单花原基出现为止，分化过程形态变化较大。常见代表树种的花芽分化过程形态模式见图 1-17。

A. 仁果类果树苹果、梨等花芽形态分化时期及特点

a. 叶芽期（未分化期）。生长点狭小、光滑。生长点内均为体积小、等径、形状相似和排列整齐的原分生组织细胞。

b. 分化始（初）期（花序分化期）。分化开始，生长点变宽，突起，呈半球形，然后生长点两侧出现尖细的突起，此突起为叶或苞片原基。

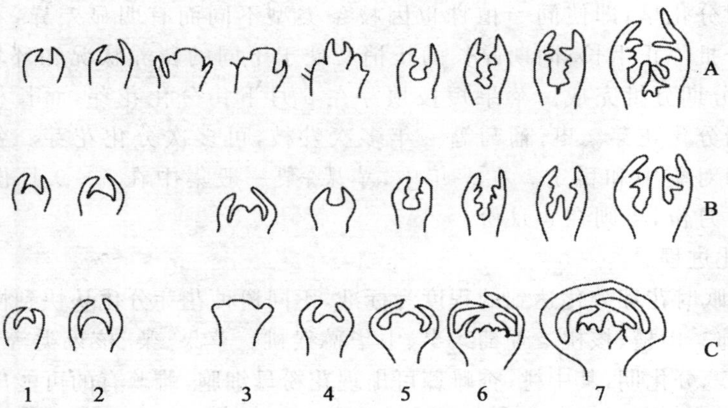

图 1-17　果树花芽分化过程的形态模式

A. 苹果　B. 桃　C. 柑橘

1. 叶芽期　2. 分化初期　3. 花蕾形成　4. 萼片形成　5. 花瓣形成　6. 雄蕊形成　7. 雌蕊形成

c. 花原基分化期（花蕾形成期）。生长点变为不圆滑，并出现突起的形状，在苞叶腋间出现突起，为侧花原基；原中心的生长点成为中心花的原基。苹果中心突起较早，也较大，处于正顶部的突起是中心花蕾原基；梨的周边突起较早，体积稍大，为侧芽原基。

d. 萼片分化期。花原基经过伸长、增大，顶部先变平坦，然后中心部分相对凹入而周围产生突起，即萼片原始体。

e. 花瓣分化期。萼片内侧基部发生突起，即为花瓣原始体。

f. 雄蕊分化期。在萼片内侧，花瓣原始体之下出现突起（多排列为上、下两层），即为雄蕊原基。

g. 雌蕊分化期。在花原始体中心底部发生突起（通常为 5 个），就是雌蕊心皮原基。此后，心皮经过伸长、合拢，形成心室、胚珠而完成雌蕊的发育。与此同时，雄蕊完成花药、花丝的发育；花的其他器官如花萼、花瓣也同时发育。

B. 核果类果树桃、李、杏、樱桃等花芽分化特点

a. 花芽为纯花芽，芽内无叶原始体，而紧抱生长点的是苞片原始体。

b. 桃花芽内只有 1 个花蕾原始体，而樱桃、李等则有 2 个以上花蕾原始体。

c. 分化初期的标志是生长点肥大隆起，略呈扁平半球状，就是花蕾原始体。

d. 萼片、花瓣和雄蕊的分化标志与仁果类基本相似。

e. 雌蕊分化也是从花原始体中心底部发生，但是只有 1 个突起。

C. 柑橘类花芽分化特点

a. 未分化的生长点狭小并为苞片所紧抱。

b. 分化初期生长点变高而平宽，苞片松弛。

c. 其他分化期与仁果类相似，但子房为多室。

虽然花芽分化都要经过上述形态变化过程，但花芽开始分化时间及经历时期在树种、品种间有较大变化。其中，从形态分化到雌蕊分化期，苹果为 40～70 d；枣只有 10 d 左右。从花芽形态分化到开花时间，最长的核桃雄花芽为 380～395 d，枣只有 20～30 d。同一品种则因发育状况而异，一般成年树比幼年树分化早，中等健壮树比结果树分化早，结果少的

树比结果多的树分化早；即使同一植株也因枝条类型不同而有明显差异，不同类型的新梢在一年中分期分批停止生长，同期停长的新梢又处于不同的营养状况和环境条件。花芽分化周年进行，且分期分批完成。苹果短枝顶芽在5月下旬分化花芽，而长枝腋花芽要延迟到9月份才开始分化花芽。枣、葡萄等一年多次发枝，可多次分化花芽。各种果树的花芽分化又表现为相对集中和稳定。在一年中，苹果、梨一般集中在5～9月份，桃为6～9月份，葡萄是5～8月份，枣则在4月份。

(2)花芽分化进程

按照冬季休眠时花芽分化达到的程度为标准，不同树种花芽分化从快到慢的顺序是：核果类＞苹果、梨＞柿＞山楂、核桃＞葡萄＞枣、中华猕猴桃。苹果、梨、核果类等果树到冬季休眠时一般能达到雌蕊分化期，其中桃、杏雌蕊可出现花粉母细胞，雌蕊有的可能出现胚珠原基；柿分化到花萼或花瓣分化期；山楂分化到花萼分化期；核桃雌花分化到萼片期；葡萄分化到花序分枝或花原基；枣、中华猕猴桃在第2年春季萌芽过程中进行形态分化。此外，异常环境条件如高温、低温等常常导致果树加快花芽分化进程，出现二次开花现象。

(3)花芽分化条件

①枝芽状态。花芽分化时芽内生长点必须处于生理活跃状态，并且细胞仍处在缓慢分裂状态。多数果树是在新梢处于缓慢或停止生长时进行花芽分化，此时新梢缓慢生长但不进行伸长或停止生长但未进入休眠。只有发育到花孕育程度的芽才能最终形成花芽，如葡萄是在新梢生长的同时进行花芽分化。

②营养物质。花芽分化依赖碳水化合物、蛋白质、核酸、矿质元素等营养物质。营养物质的种类、含量、相互比例以及物质的代谢方向都影响花芽分化。在足够的碳水化合物基础上，保证相当量的氮素营养，C/N适宜，才有利于花芽分化。果树生产中对枝叶生长良好的果树采用抑制营养生长的措施如喷施生长抑制剂、环剥、开张角度等，能促进花芽形成。

③调节物质。花芽分化是在多种激素和酶的作用下发生的，分化要求激素启动和促进。来自叶和根的促花激素和来自种子、茎尖、幼叶的抑花激素的平衡才能促进花芽分化。促花激素主要指成年叶中产生的脱落酸(ABA)和根尖产生的细胞分裂素(CTK)；抑花激素主要指产生于种子、幼叶的赤霉素和产生于茎尖的生长素。结果过多，种子产生的赤霉素多，抑制花芽分化，摘心可减少生长素而促进花芽分化。

④环境条件。果树花芽分化的环境条件主要指光照、温度、水分和土壤。光照是花芽形成的必要条件。强光有利于花芽形成。大多数北方果树花芽分化适宜长日照的环境条件；温度影响果树一系列的生理活动和激素的形成，间接影响花芽分化的时期、质量和数量。落叶果树一般在相对高的温度下分化花芽，但长期高温或低温不利于花芽分化。适度的干旱有利于花芽分化。落叶果树分化始期与分化盛期大致与一年中长日照、高温和水分大量蒸发的条件相吻合。土壤养分的多少和各种矿质元素的比例也影响花芽分化。

(4)花芽分化类型

①夏秋分化型。包括仁果类、核果类的大部分温带落叶果树，如苹果、梨、山楂、桃、李、杏、葡萄等，它们多在夏秋，新梢生长减缓后开始分化，要求较高的温度和日照长度，分化后需通过冬季休眠，雌、雄蕊才能发育成熟，于春季开花。

②冬春分化型。包括柑橘及其他一些常绿果树。它们是在冬春进行花芽分化，并继续进行花器官各部分的分化和发育，不需要休眠就能开花。

③多次分化型。一年中能多次分化花芽，多次开花结果。如柠檬、金柑和杨桃等。

④不定期分化型。一年中只分化一次，但可在任何时间进行，决定因素是植株大小和叶片多少。如香蕉、菠萝等。

单芽分化所需要时间，树种之间差异很大。苹果从花芽分化到雌蕊形成需要 1.5～4 个月，而从形态分化开始到雌蕊原基形成只要 1 个多月，枣形成一朵花的分化期为 5～8 d，分化一朵花序需要 8～20 d；核桃雌花芽分化期常达 10 个月，而雄花芽历时一年还多。北方常见果树的花芽分化期见表 1-3。

表 1-3　北方常见果树花芽分化期

树种	品种	生理分化开始（月/日）	形态分化开始（月/日）	分化盛期（月/日）	研究者、年份、地点
苹果	早生旭	5/20	6/17	5/27～8/20	许明宪等，1955，陕西武功
	红玉	5/29	6/26	5/29～10/3	许明宪等，1955，陕西武功
	倭锦	5/29	6/17	5/29～10/3	许明宪等，1955，陕西武功
	青香蕉	6/19	7/14	6/19～10/3	许明宪等，1955，陕西武功
	国光	6/25	7/1	7/5～9/25	许明宪等，1955，陕西武功
梨	秋白	6/10			蒲富慎，1955，辽宁兴城
	鸭梨	6/中、下旬			蒲富慎，1955，河北定县
	长石郎	5/下旬	6/10～8/26		华中农学院，1962，湖北武汉
	明月	7/下旬			华中农学院，1962，湖北武汉
	苹果梨	8/上旬			顾模等，1954—1960，吉林
桃	深州水蜜	8/10			杨文衡等，1955，河北保定
	肥城桃	8/上、中旬			杨文衡等，1955，河北保定
	玉露	6/26			张上隆，1962，浙江杭州
	小林	7/6			张上隆，1962，浙江杭州
	火珠	7/20			史幼珠，1956，江苏南京
葡萄	玫瑰香	5/中旬			崔致学，1961，河南郑州
	玫瑰香	5/30			黄灰白，1963，北京
枣			4/7		曲泽洲等，1961，河北保定
柿	镜面柿		6/中旬	7/中旬至8/中、下旬	张耀武等，1964，河南百泉

(5)促进果树花芽分化的措施

①选择适宜繁殖方法。果树上以无性繁殖为主，应选择适宜的无性繁殖方法，如嫁接繁殖、扦插繁殖等。嫁接时，因地制宜选择矮化、半矮化砧。

②平衡果树各器官生长发育关系。对大年树疏花疏果；幼树轻剪、长放、开张枝条角度等缓和生长势，促进成花；对旺长树采用拉枝、摘心、扭梢、环剥和倒贴皮、断根等促进花芽分化。

③控制环境条件。合理密植，合理修剪，改善果园内及树冠内光照条件。花芽分化前适当控水，促进新梢及时停止生长；花芽分化临界期合理增施铵态氮肥和磷、钾肥，均能有效地增加花芽的数量。

④应用植物生长调节剂。在果树花芽生理分化前期喷布 B_9、多效唑（PP_{333}）、矮壮素（CCC）等生长调节剂，使枝条生长势缓和，促进成花。

2.花与开花

(1)花与花序类型

①花。果树一朵典型的花通常由花梗、花托、花萼、花瓣、雄蕊和雌蕊6部分组成。一朵花中有雄蕊和雌蕊者称完全花或两性花,如仁果类、核果类、柑橘等果树的花。花中仅有雄蕊或雌蕊者,称单性花,如核桃、板栗、猕猴桃、银杏等果树的花称单性花。雌花和雄花着生在同一树体上的称为雌雄同株,如核桃、板栗等;雌花和雄花着生在不同树体上称雌雄异株,如银杏、猕猴桃、罗汉果等。

②花序类型。果树花序类型有复总状花序或圆锥花序,如葡萄、枇杷等。伞形花序如苹果等;伞房花序如梨等;聚伞花序如枣等;隐头花序如无花果等;葇荑花序如板栗、银杏、核桃等。同一个花序上单花开放有先后,一般花序上先开的花坐果率高。

(2)开花

①开花期划分。果树开花是指花蕾的花瓣松裂到花瓣脱落为止,需3～5 d,常用开花期加以表示。开花期是指一株树从有少量的花开放至所有花全部凋谢时止。果树生产上常以单株为单位将开花期分为初花期、盛花期、终花期和谢花期4个时期。初花期是指单株有5%～25%的花开放的时期;盛花期是指单株有25%～75%的花开放的时期,又分为盛花始期、盛花期和盛花末期,盛花始期是指全树有25%的花开放的时期,盛花期是指全树有50%的花开放的时期,盛花末期是指全树有75%的花开放的时期;终花期也称末花期,是指单株有75%～100%花开放,并有部分花瓣开始脱落的时期;谢花期也称落花期,是指全树5%～95%的花的花瓣正常脱落。具体又分为谢花始期和谢花终期。谢花始期是指全树有5%的花的花瓣正常脱落,谢花终期是指全树95%以上的花的花瓣脱落。

②果树开花决定因素。果树开花迟早与延续时间长短取决于树种、品种、树体营养状况及环境条件。梅开花最早,樱桃、杏、李、桃较早,梨、苹果次之,葡萄、枣次之,枇杷最迟。苹果短枝型品种开花早,长枝型品种开花迟。同一株树上通常短果枝先开,长果枝和腋花芽后开。枣、板栗、柿、枇杷花期长,桃、梨花期较短。树体营养水平高,开花整齐,单花开花期长,有利授粉受精,结果率高;晴朗和高温时开花早,开放整齐,花期也短。果树开花早晚主要取决于温度。落叶果树开花一般要求日平均气温10～12℃,最适12～14℃。除日平均温度外,还要求一定的积温。苹果从花芽萌发到开花需要≥5℃的积温(185±10)℃。温度对果树开花的影响主要体现在5个方面:一是不同树种和品种开花要求的温度不同。一般樱桃、杏、梨、桃较低,苹果、山楂次之,葡萄、柿、枣、板栗较高。如桃在10℃以上,鸭梨14～15℃,苹果17～18℃,枣18～20℃开花。短枝型苹果开花要求温度相对较低,而长枝型品种则相对较高。二是地理位置影响开花期的早晚。山地,海拔每升高100 m,开花期延迟3～4 d。平原,纬度向北推进1°(110 km),开花期平均延迟4～6 d,北坡比南坡开花期延迟3～5 d。三是在一天中,花的开放时间多在上午10时至下午14时。四是花芽的着生位置。同一树上短果枝开花早于长果枝,顶花芽早于腋花芽。五是开花习性。苹果为伞形花序,中心花先开;梨为伞房花序,边花先开;葡萄花序由上而下单花帽状脱落。

③开花次数。多数果树一年开花1次。如遇夏季久旱而秋季温暖多雨的气候或遭病、虫害等刺激,易发生二次开花,影响来年产量。但具有早熟性芽的葡萄、早实新疆核桃可开花

1次以上。石榴一年能多次开花。生产上可利用这一特性实现一年多次结果。

3. 授粉受精

授粉也称传粉，是指果树雄蕊上的花粉粒传送到雌蕊柱头上的过程；受精是指花粉落到柱头后萌发，花粉管穿过花柱进入胚囊，释放精核并与胚囊中卵细胞融合的过程。大多数果树需授粉、受精才能结实。

(1)授粉受精时间

授粉在花刚开放、柱头新鲜且有晶莹黏液分泌时最适宜，大多数果树在晴朗无风或微风的上午适于授粉。果树受精有效期一般为6～7 d。多数被子植物授粉后24～48 h可完成受精。此外，柱头对花粉具有选择性。当多种花粉传送到同一柱头上时，生物学特性相近的花粉生活力强，容易萌发而完成受精。

(2)传粉媒介

传送花粉到柱头上的媒介，取决于树种，但主要是风和昆虫。依靠风力传送花粉的叫风媒花；依靠昆虫传送花粉叫虫媒花。坚果类为风媒花，如板栗花粉常以数十粒到数百粒成团随风传播，单粒花粉可风行150 m，但大多数不超过20 m。虫媒花主要依靠蜜蜂传粉，也可利用其他蜂类、蝇类如筒壁蜂属的角额壁蜂、筒壁蜂等作为传粉媒介。仁果类、核果类以及猕猴桃、枣等果树为虫媒花。

(3)授粉结实方式

在果树生产上，结实是指果树能形成一定商品果实产量的过程。结实按果实形成的机理分为受精结实和单性结实两种。结实的过程包括授粉受精、坐果、果实与种子发育以及成熟等阶段，具体包括3种结实方式：一是自花授粉结实。自花授粉是指同一品种内授粉。最典型的自花授粉是闭花授粉，是指在花开放前花粉粒已经成熟，在同一朵花内完成授粉过程，如葡萄的部分品种就是这种情形。自花授粉后能够得到满足生产要求产量的，称为自花结实；自花授粉后不能形成满足生产要求产量的称为自花不结实。自花结实并产生有生活力种子的现象叫自花能孕；自花结实但不能产生有生活力的种子的现象叫自花不孕，如无核白葡萄自花授粉虽能结实，但种子中途败育。苹果、梨、樱桃的大部分品种和桃、李的部分品种，自花结实率很低，生产上需要异花授粉。即使自花结实的品种，葡萄、桃、杏的多数品种及部分樱桃、李品种，采用异花授粉产量更高。二是异花授粉结实。异花授粉是指果树不同品种间的授粉，也是植物界较普遍的授粉方式。异花授粉的果树有的是雌雄异株，如银杏、山葡萄、猕猴桃等；有的是雌雄异花，如板栗、核桃、榛等；也有的是两性花，但雌雄异熟，或雌雄不等长，或自交不亲和等，这些都不具备自花授粉的性状。异花结实是指不同品种间授粉结果的现象。提供异花授粉花粉的品种称为授粉品种，这些品种的植株称为授粉树。异花授粉因品种间不亲和而存在异花不结实的现象，或异花不孕现象，在建园时必须注意授粉组合的搭配。三是单性结实。是指子房未经受精而形成果实的现象。单性结实的果实因未受精而无种子。单性结实分为两类：一类是刺激性单性结实。是指子房未经授粉或其他任何刺激能自然发育成果实，如无花果、山楂、柿等。另一类是刺激性单性结实，是指雌蕊必须经过授粉或其他刺激后才能结实。此外，植物生长调节物质和其他化学物质刺激雌蕊，也可人工诱导单性结果。在杏、李、樱桃、葡萄等果树上用赤霉素诱导单性结实，都有一定效果。

4. 果实发育

果实发育包括受精、坐果、果实膨大到果实成熟的整个过程。

(1)坐果

坐果是指经过授粉受精后，子房或子房连同其他部分生长发育形成果实的现象。坐果是由于授粉受精刺激子房产生生长素(IAA)和赤霉素(GA_3)等物质，提高了其调运水分和养分的能力，保证了蛋白质的合成和细胞迅速分裂，最终发育成果实。坐果率指坐果数与开花数的百分比。果树生产上常在生理落果后统计坐果率。其表示有两种方法：一是花朵坐果率。其表示公式为：花朵坐果率＝坐果数/开花数×100%；二是花序坐果率。其表示公式为：花朵坐果率＝坐果花序数/开花花序数×100%。坐果是形成果实的前提，提高坐果率是果树生产的一项重要任务。

(2)果实发育过程

从开花到果实成熟，不同树种历时不同。草莓只有 20 余天，杏、无花果、梅、枣、石榴等需 50～100 d。同一品种也因栽培地点、生态和栽培条件的不同其果实发育期经历的时间也不同。

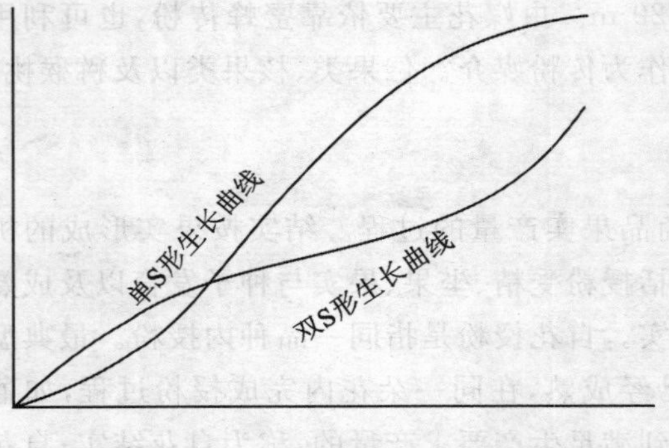

图 1-18　常见果实生长图形

果实发育过程用果实生长图形表示。所谓果实生长图形，是指果实自受精到成熟的发育过程中，按体积、直径或鲜重在各个时期的积累值画成的增长曲线。果实生长图形主要有两种：S 形和双 S 形(图 1-18)。常见果树果实生长图形代表树种见表 1-4。此外，一些特殊树种如猕猴桃和“金光杏梅”(河南科技学院与新乡市农业局培育的杏梅新品种)果实生长图形为“3S”形(图 1-19)，且金光杏梅果核的生长图形则为近“厂”形(图 1-20)。S 形果实生长的特点是只有 1 个速长期。双 S 形果实生长特点是有 2 个速长期，其间有 1 个缓慢生长期。3S 形果实生长发育动态图形呈“慢—快—慢—快—慢”趋势，整个发育过程可分为 5 个时期：即幼果缓慢生长期，果实第 1 次迅速生长期，果实第 2 次缓慢生长期，果实第 2 次迅速生长期和果实熟前缓慢生长期。果实第 2 次缓慢生长期与果实硬核期相吻合，果实第 1、2 次迅速生长期是果实增长的两个关键时期。果实纵径、横径、侧径、果肉厚度与果实鲜重、体积变化曲线极为相似，果实纵、横、侧径、果肉厚度与果实鲜重、体积是同步增长的。近“厂”形果核的生长发育动态呈“快—慢—停”趋势，谢花后 31 d 前是迅速生长期；31 d 后进入缓慢生长期。并开始硬化、变色；至 59 d 达到固有大小

表 1-4　不同种类果实生长图形

生长图形	种　类
单 S 形	苹果、梨、枇杷、柑橘、草莓、荔枝、龙眼菠萝、香蕉、油梨、甜瓜、椰枣、核桃、板栗
双 S 形	桃、李、杏、樱桃、枣、葡萄、树莓、醋栗、越橘、柿、山楂、猕猴桃、无花果、番荔枝、油橄榄

和颜色，硬化结束；59 d后停止生长。果实发育过程可分为细胞分裂期、组织分化期、细胞膨大期、果实成熟期4个阶段。

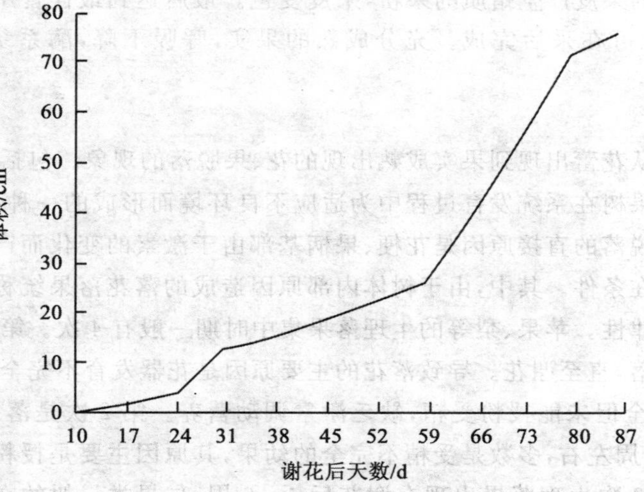

图1-19　猕猴桃、金光杏梅果实生长曲线

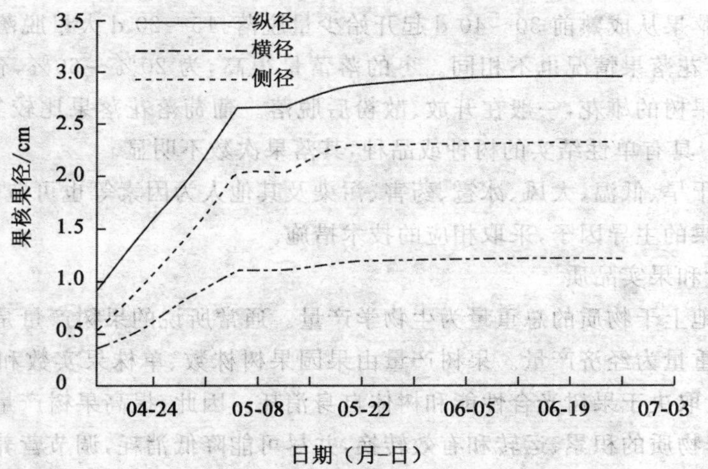

图1-20　'金光'杏梅果核生长曲线

①细胞分裂期。该期从受精到胚乳停止增殖。由于细胞分裂使胚乳与果肉增长。苹果受精后细胞分裂一般延续3～4周。双S形的果实同时出现细胞增大。

②组织分化期。该期从胚乳停止增殖到种子硬化。苹果细胞停止分裂后主要进行细胞分化和膨大，胚迅速发育并吸收胚乳。此期核果类果实称为硬核期，内种皮硬化，胚迅速增长，子房壁增长缓慢。早、中、晚熟品种由此期长短决定。

③细胞膨大期。该期从果实明显增大到基本达到本品种大小。由于细胞体积、细胞间隙增大，致使果实食用部分迅速增长，最后达到最大体积。

④果实成熟期。该期从达到品种应有大小开始进入果实成熟期，直至采收。通常所说的

成熟就是果实的发育达到该品种固有的大小、形状、色泽、质地、风味和营养物质的可食用阶段。随着果实的成熟，呼吸强度开始骤然升高，含糖量增加，有机酸分解，果肉变得松脆或柔软，产生芳香味，有的果皮产生蜡质的果粉，果皮变色。最后达到最佳食用期。果实的成熟过程可在树上完成，也可在采后完成。充分成熟的果实，呼吸下降，酶系统发生变化，遂进入衰老。

(3)落花落果

落花落果是指从花蕾出现到果实成熟出现的花、果脱落的现象。包括花蕾、花朵和果实的脱落。落花落果是果树在系统发育过程中为适应不良环境而形成的一种自疏现象，也是一种自身的调节。花果脱落的直接原因是花梗、果柄基部由于激素的变化而产生离层。具体原因包括内在因素和外在条件。其中，由于树体内部原因造成的落花落果统称为生理落果。生理落果具有一定的规律性。苹果、梨等的生理落果集中时期一般有 4 次。第 1 次是落花，在盛花后期部分花开始脱落，直至谢花。导致落花的主要原因是花器发育不完全，如雌蕊、胚珠退化，或虽然花器发育完全但未能授粉受精，缺乏激素调动营养。第 2 次是落果，也称早期生理落果，出现在谢花后 2 周左右，多数是受精不完全的幼果，其原因主要是授粉受精不充分和树体贮藏营养不足。第 3 次生理落果出现在谢花后 4～6 周，仁果类果树约在 6 月上、中旬，又称“6 月落果”。其原因主要是新梢生长和果实的营养竞争。部分品种在果实成熟期发生第 4 次生理落果，也称采前落果。其原因主要是生长后期胚产生生长素的能力下降，致使形成离层而脱落。如元帅系苹果从成熟前 30～40 d 起开始少量脱落，15～20 d 大量脱落，成熟前最严重。具体不同树种，落花落果情况也不相同。枣的落蕾量很高，为 20%～60%，葡萄、杏则落花量很高。雌雄异花果树的雄花，一般在开放、散粉后脱落。葡萄落花落果比较集中，常于盛花后 2 周内一次脱落。具有单性结实的树种或品种，其落果次数不明显。

外部因素如干旱、低温、大风、冰雹、药害、污染及其他人为因素等也可造成落花落果，生产上应分析落花落果的主导因子，采取相应的技术措施。

(4)果树产量和果实品质

果树单位土地上干物质的总重量为生物学产量。通常所说的果树产量是指单位土地上人类栽培目的物的重量为经济产量。果树产量由果园果树株数、单株果实数和平均单果重等因素构成，其实质上取决于果树光合性能和树体自身消耗。因此，提高果树产量的途径是提高光合性能，加速营养物质的积累、运转和有效转换，并尽可能降低消耗，调节营养生长和生殖生长的关系。

果实品质由外观品质和内在品质构成。外观品质包括果实大小、形状、色泽和整齐度等；内在品质包括风味、质地、香味和营养等。果实色泽因种类、品种而异。决定果实色泽的主要物质是叶绿素、胡萝卜素、花青素和黄铜素等。花青素是主要的水溶性色素，其形成需要糖的积累。近年来，对梨、葡萄、桃等果实进行套袋，改善了果实的着色和光洁度，是提高果实品质的主要技术措施之一。此外，在树下铺反光膜，改善树冠内膛和下部光照条件，可使果实着色良好。一般情况，糖的积累、温度和光照条件是色泽形成的 3 个重要因子。果实中糖、酸含量和糖酸比是衡量果实品质的主要指标。其中，决定果实甜酸风味的主要因素是糖酸比即果实含糖量与含酸量之比。比值大则味甜；反之，酸味大，品质差。一般糖酸比为(8～14)：1 为宜。

思考题：

1.什么是生命周期？何为年龄时期？
2.实生树和营养繁殖树的主要区别是什么？
3.营养繁殖果树生命周期是如何划分的？各个阶段的主要栽培措施有哪些？
4.什么叫年生长周期和物候期？如何选择物候期？物候期特点如何？
5.果树根系年生长动态有哪些类型？有何规律？
6.影响果树根系生长的因素有哪些？如何促进根系的生长？
7.果树芽的发育过程分为哪几个时期？什么是果树的萌芽，其决定因素有哪些？
8.果树枝的生长分为哪两个阶段？常用什么表示？
9.果树单叶形态有哪几种类型？果树单叶生长发育决定因素有哪些？
10.果树叶幕在年周期内生长动态如何？什么叫叶面积系数？如何加以调节？
11.导致果树落叶的主要因素是什么？什么叫果树需冷量？对果树有何意义？
12.影响果树枝芽发育的因素有哪些？
13.什么叫花芽分化？其过程包括哪几个阶段？
14.影响果树花芽分化的条件有哪些？如何促进果树的花芽分化？
15.果树花芽分化的类型有哪些？
16.果树开花期是如何划分的，其决定因素有哪些？
17.果树授粉结实的方式有哪些？
18.果实坐果率如何表示？
19.什么叫果实生长图形？果实生长图形有哪些？
20.果树落花落果原因是什么？果树生理落果有哪些规律性？
21.果树产量由哪些因素构成？根据果实品质的构成，分析提高果树果实品质的途径。
22.果树层性形成的原因是什么？在生产上如何加以利用？

第四节　果树生长发育协调

果树生长发育是多种因素协调平衡的结果，这种协调与平衡主要表现为果树与环境的协调，果树各器官的协调与内部营养物质的协调。果树生产技术就是人为采取措施，使果树与环境协调平衡，树体各类器官结构优化、比例协调，营养物质合理分配、平衡利用，最终达到生长发育的协调，实现优质、高产、高效益的生产目标。

一、环境协调

果树与生态环境是一个互为因果、协调发展的统一体。首先，环境决定果树生长发育，影响果树产量和品质。果树生产就是为果树生长发育创造最理想的环境条件。其次，果树本身是构成环境、改善环境的重要因素。它能有效保持水土，调节微域气候，改善生态环境及人居环境。环境协调就是在了解果树生长发育规律的基础上，为各类果树选择最佳环境，通过生产技术使其适应环境，并最大限度地改善环境。果树生态环境条件是指果树生存地点周围空间一切因素的总和。它包括气候条件、土壤条件、地形条件和生物条件等。其中，直接生态因子包括气候条件、土壤条件、地形条件和生物条件等；间接生态因子包括风、坡度、坡向和海拔高度等。

(一)温度

1. 温度作用及对果树生长发育起重要作用的几个温度

温度决定果树分布，影响其生长发育，是果树生命活动的必要因素之一。对果树分布、生长和结果起决定性作用温度的主要是年平均温度、生长期积温和冬季最低温度等。落叶果树适宜的年平均温度为7～14℃。各种主要果树适栽年平均温度见表1-5。生物学零度即生物学有效温度的起点，是在综合外界条件下，能够使果树萌芽的日平均温度。落叶果树生物学零度是6～10℃，常绿果树为10～15℃。在1年中能保证果树生物学有效温度持续时期为生长期(生长季)。而生物学有效积温是指果树生长季或某个发育期有效温度的累积值。有效积温不足，往往抑制或延迟枝条生长，影响果实成熟，造成果实生长量不足，品质变差，产量降低。如葡萄需要积温在3 000℃以上，南方柑橘需要积温2 500℃以上。积温是果树经济栽培区的重要指标。在有些地区，由于生长期有效积温不足，则果实不能正常成熟，即使年平均温度适宜，冬季能安全越冬，但该地区也失去该种果树的栽培价值。

表1-5 主要果树适栽的年平均温度 ℃

树种	年平均温度	树种	年平均温度
桃(南方)	12～17	梨(白梨)	7～15
桃(北方)	8～14	梨(秋子梨)	5～7
杏	6～14	葡萄	5～18
柿(北方)	9～16	中国樱桃	15～16
柿(南方)	16～20	西洋樱桃	7～12
核桃	8～15	李	13～22
苹果	7～14	枣(北枣)	10～15
梨(砂梨)	15～20	枣(南枣)	15～20

冬季最低温度及其持续时间是决定果树生育和栽培成功的关键因素。大多数北方果树在冬季最低温度达－30～－20℃时受冻，具体因树种、品种而不同。落叶果树有自然休眠特性。冬季进入自然休眠期后，需要一定低温才能正常通过休眠。如果冬季温暖，平均温度过高，不能满足通过休眠期所需低温，常导致芽发育不良，春季萌芽、开花延迟且不整齐，花期延长，落花落蕾严重，甚至花芽大量枯落。因此，冬季暖温是影响落叶果树南限分布的重要因素。在落叶果树南移时尤需注意。各种果树要求低温量不同。一般在0～7.2℃条件下，200～1 500 h

可通过休眠。

2. 应用

果树生产上采取的许多技术均以协调温度条件为目的。果树设施栽培技术的核心是在不适宜果树生长的时期和地区，为果树创造适宜的温度条件，完成生产过程。而抗寒栽培则是通过选择小气候、提高嫁接部位和冬季埋土等技术改善果树温度环境。

(二)水分

1. 作用

水是果树生存的重要生态因素。果树体内 50%～97%由水组成。水是果树生命活动的原料和重要介质，参与果树的各种生理活动；水可调节果树树体温度，避免或减轻灾害；水对土壤中矿物质的溶解和促进根系吸收利用起着极为重要的作用。

2. 果树对水分需求规律

果树对水分需求具有一定的规律，具体表现为两个方面。一是不同树种的生理代谢特点不同，其需水量存在差异。一般果树每生产 1 kg 光合产物需消耗水分 300～800 kg。在北方果树中，桃、扁桃(巴旦杏)、杏、石榴、枣、无花果、核桃等果树抗旱力强；苹果、梨、柿、葡萄、樱桃、李、梅等抗旱力中等；猕猴桃抗旱力较弱。耐涝性较强的有枣、葡萄、梨(杜梨砧)、柿等；耐涝性较差的有桃、无花果等。二是果树在年周期的不同阶段对水分的需求不同。果树生长期大量需水，休眠期需水少；在生长期中，前期需水多，后期需水少。具体表现为：萌芽期要求水分充足；花期要求空气及土壤水分适宜；新梢旺长期为需水临界期；花芽分化期需水相对较少；果实成熟期至落叶前水分不宜过多；冬季需水少，但缺水易造成冻害和抽条。

3. 应用

针对果树需水规律，生产上可通过多种途径协调果树与水分之间的关系。抗旱栽培是北方果区最有效的协调手段，其主要技术措施包括节水灌溉、蓄水保墒、适地适树、覆盖制度、合理修剪等。

(三)光照

1. 光照作用及衡量指标

光照通过影响光合作用及营养生长和生殖生长而成为果树的主要生存因素。衡量果树光照状况的重要指标是光照强度、光谱成分和日照长度。光照强度是单位面积内的光通量，随纬度、海拔、季节、天气及树冠中的位置而变化。在一定范围内光照强度与光合作用呈正相关。通常光照强度在 5 000～50 000 lx 能满足大多数果树的需求。一般以自然光强的 30%作为有效光合作用的下限。光谱成分由可见光、紫外光和红外光三部分组成。可见光是果树进行光合作用，制造有机物的主要来源。其中，红橙光对果树的所有生理过程，如光合作用、形态建造、发育和色素合成等，具有决定性的意义。紫外线中波长较短的部分，能抑制果树生长，杀死病菌孢子；波长较长的部分，对果树生长有刺激作用，可促进果树的发芽和果实的成熟，并能提高蛋白质和维生素的含量。红外线部分主要产生热效应。可使果树体温（枝叶、果实）升高，弥补寒冷气候条件下气温较低的不足，但盛夏果树体温过高容易产生"日灼"，则对果树不利。光谱成分对果树的均衡发育和协调结果有重要意义。日照长度取决于地理纬度、海拔、天气及果树树形与栽植密度。

2. 光照在果树生产上应用

果树与光照的协调可从两方面着手。一是根据环境条件选择果树。不同树种对光照的适应性不同。在北方落叶果树中，桃、扁桃、杏、枣、阿月浑子（开心果）等最为喜光；苹果、梨、沙果、李、樱桃、葡萄、柿、板栗、石榴等次之；核桃、山核桃、山楂、猕猴桃等相对耐阴。二是创造适宜的光照条件，满足果树生长发育。生产上主要采取合理密植、发展短枝型品种、选用适当树形、提高叶片光合效能等措施。

（四）土壤

1. 土壤作用

土壤是果树生产的基础，良好的土壤能满足果树对水、肥、气、热的要求。土壤厚度、质地、酸碱度、含盐量等都对果树生长与结果有重要作用。适宜果树生长的土壤条件是土层厚度60～100 cm，且无不良层次结构；土壤质地以壤质土较为理想。土壤含水量以田间持水量的60%～80%适合果树生长，同时要求土壤中空气含氧量不低于15%，一般不低于12%时才发生新根。大多数果树喜中性及微酸性土壤，即pH 6.5～7.5，主要果树对酸碱度的适应范围见表1-6。但不同砧木对土壤适应范围很广。

表1-6　主要果树对酸碱度（pH）适应范围

树种	pH（适应范围）	pH（最适范围）
苹果	5.3～8.2	5.4～6.8
梨	5.4～8.5	5.6～7.2
桃	5.0～8.2	5.2～6.8
葡萄	7.5～8.3	5.8～7.5
板栗	7.5～8.3	5.8～7.5
枣	5.0～8.5	5.2～8.0

2. 土壤含盐量

土壤的含盐量主要是碳酸钠、氯化钠和硫酸钠的含量，其中以硫酸钠危害最大。其对果树生长也有较大的影响。主要果树耐盐情况见表1-7。

表 1-7 主要果树耐盐情况

树种	土壤含盐量/%	
	正常生长	受害极限
苹果	0.13～0.16	0.28 以上
梨	0.14～0.20	0.30
桃	0.08～0.10	0.40
杏	0.10～0.20	0.24
葡萄	0.14～0.29	0.32～0.40
枣	0.14～0.23	0.35 以上
板栗	0.12～0.14	0.20

3. 在果树生产上应用

生产上协调果树与土壤的关系主要通过砧木选择、改良土壤、增施有机肥、果园管理制度等完成。

二、器官协调

器官协调是果树健壮生长的基础。器官协调的基本作用是通过处理局部器官，改变养分、激素和微域环境状况，调节树体营养器官和生殖器官的数量、质量和比例。器官协调依靠各类生产技术措施实现，如整形修剪、花果管理、化学调控及土肥水管理等。

（一）营养器官与生殖器官的协调

减少营养器官或增加生殖器官一般采用开张角度、轻剪缓放、控制氮肥和使用生长抑制剂等。而对树势较弱的大树及大年树采用疏除花果、回缩短截、前期充分供应肥水的方法，减少生殖器官数量，提高其质量并增加营养器官的数量。

（二）根系与地上部器官的协调

1. 根系与地上部器官协调表现

根系与地上部器官的协调就是其相关性，主要表现为形态上相互对应，功能上相互补充（能形成不定根和不定芽），营养上相互供应又相互竞争。因此，枝叶和根系在生长量上常保持一定的比例，称为根冠比（T/R）。根系与地上部常表现交替生长，过量结果常使根系大量死亡而影响翌年全树生长，甚至造成整株树死亡。

2. 根系与地上部器官协调应用

果树生产上常采用不同砧木控制树体大小、生长势及抗逆性；通过疏果、轻剪多留枝以促进根系生长，最终通过根系与地上部的协调与平衡，实现生产目标。

(三)顶生器官与侧生器官的协调

根据顶生器官对侧生器官的抑制作用，生产上采用短截或拉枝促进分枝，通过切断主根，促发侧根。

三、营养协调

营养协调是果树生长发育的核心。果园经济效益最终取决于果树全年制造的营养物质数量及其分配状况。合理的生产技术能使树体营养水平和分配状况达到最佳。

(一)果树营养的动态平衡

果树营养在年生长周期中处于动态平衡状态。一方面枝叶光合作用不断制造营养物质；另一方面树体生长发育又不断消耗营养物质，并将剩余部分以贮藏营养的形式保留下来。制造营养依赖健壮而足量的枝叶，并与1年中营养代谢的特点密切相关。生长前期利用树体贮藏营养并吸收氮素形成大量枝叶，属于扩大型代谢；生长中后期以大量枝叶为基础，制造碳水化合物贮存于果实、枝干、根系及其他器官中，属于贮藏型代谢。果树生产上协调养分动态平衡的手段是通过春季综合管理，特别是保证肥水供应以加快扩大型代谢，形成大量高质量枝叶；采用夏季修剪、化控技术抑制过量生长，减少消耗，提高全树营养制造能力；通过合理留果、防治病虫害及控制后期徒长，保持贮藏型代谢的强度和持续时间，提高营养积累水平。

(二)营养分配的协调

在营养物质总量一定的条件下，果树生长结果状况在很大程度上取决于营养物质的分配和运转。营养物质的分配具有就近供应、集中使用的特点。就近供应是指枝叶同化产物首先供给附近的器官使用。如苹果短枝上的叶片供本枝上花芽形成和果实生长，腋芽发育的营养主要来自本节叶片。集中分配是指在年周期的某一物候期内，全树营养往往集中分配给生长发育强度最大的器官和组织，使其成为营养中心。果树1年中先后出现开花、新梢生长和果实发育、花芽分化、果实成熟与营养储备等营养分配中心。果树生产的许多技术措施包括器官协调，实质上营养的协调。环剥可提高剥口以上营养供应水平，达到成花、保果的目的。夏季抑制新梢旺长有利于同化产物更多地流向果实，使果实发育成为主要营养中心。

思考题：

1. 果树生长发育的协调的表现是什么？
2. 影响果树生长发育的环境因素有哪些？在生产上如何加以利用？

3. 果树器官协调的表现有哪些？生产上如何加以利用？
4. 果树营养协调的表现有哪些？果树生产上如何加以利用？
5. 探讨果树地上部与地下部结构、营养代谢方面的相应关系以及生产上调节利用的途径。

实训技能 1-1　果实分类与构造观察

一、目的要求

了解各类果实的解剖构造及可食部分与花器官各部分的关系；掌握各类果树果实构造的共同特点，进而将果实区分开来。

二、材料与用具

1. 材料

苹果（或梨）、桃（或杏、李）、葡萄、核桃、板栗、枣、柑橘、猕猴桃、草莓、树莓、醋栗和穗醋栗等果实。果实浸渍标本。

2. 用具

水果刀、放大镜、绘图纸、铅笔和橡皮。

三、步骤与方法

将各类果实用水果刀切成纵剖面和横剖面，识别外、中、内果皮及种子结构，明确果实食用部位与花器官各部分关系。

1. 仁果类

包括苹果、梨、沙果（花红）、海棠果、山楂、榅桲、木瓜和枇杷等果实，以苹果或梨最为代表。果实主要由子房及花托膨大形成。子房下位，位于花托内，由 5 个心皮构成。子房内壁革质，外、中壁肉质，可食部分是花托，见图 1-21。

2. 核果类

包括桃、李、梅、杏和樱桃等果实，以桃（或杏）为代表。果实由子房发育而成。子房上位，

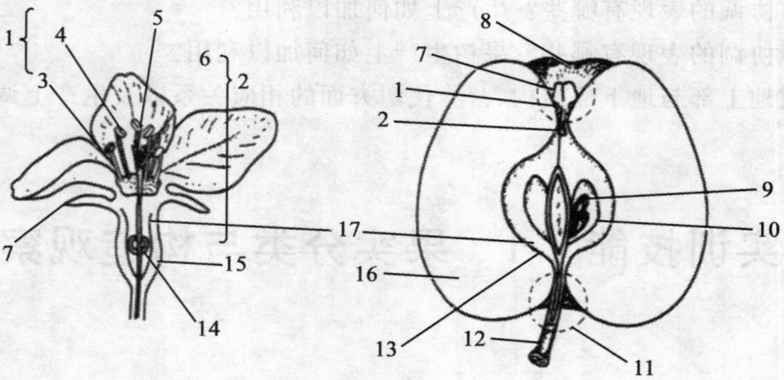

图 1-21　仁果类花与果实构造

1.雄蕊　2.雌蕊　3.花丝　4.花药　5.柱头　6.花柱　7.萼片 8..萼凹部　9.种子　10.心皮
11.梗凹部　12.果梗　13.隋线　14.胚珠　15.花托　16.果肉　17.果心

由 1 个心皮构成。子房外壁形成外果皮，子房中壁发育成柔软多汁的中果皮，子房内壁形成木质化的内果皮（果核），可食部分为中果皮（图 1-2）。

3.浆果类

包括葡萄、猕猴桃、草莓、树莓、醋莓和穗醋栗等果实，以葡萄为代表。果实由子房发育形成。子房上位，由 1 个心皮构成。子房外壁形成膜质状外果皮，中、内壁发育形成柔软多汁的果肉。可食部分为中内果皮（图 1-3）。浆果类果实因树种不同，果实构造有很大差异，除猕猴桃、醋栗和穗醋栗等的可食部分和葡萄相同外，草莓的可食部分为花托，树莓可食部分为中、外果皮。

4.坚果类

包括核桃、山核桃、板栗和榛等果实，以核桃为代表。果实由子房发育形成。子房上位，由 2 个心皮构成。子房外、中壁形成总苞，子房内壁形成坚硬内果皮，可食部分为种子（图 1-4）。

5.柑果类

包括柑橘、橙、柚、柠檬等果实。以柑橘为代表。果实由子房发育形成。子房上位，由 8～15 个心皮构成。子房外壁发育成具有油胞的外果皮，中壁形成白色海绵状中果皮，内壁发育成囊瓣，内含多数柔软多汁的纺锤状汁囊的内果皮。可食部分为内果皮（图 1-5）。

四、实训报告

1.对所观察的果实按果实构造进行分类，并指出每种果实的可食部分。
2.从每一类果实中各选一种果实，绘制纵、横切剖面图，并注明各部分名称。

五、技能考核

技能考核评定实行百分制，其中实训态度占10分，实训操作占50分，实训报告占40分。

实训技能1-2　主要果树树种识别

一、目的要求

掌握树种识别技能，能够在主要物候期，从地上部主要形态上识别不同类型的果树，具备识别果树树种的能力。能够准确识别当地主要果树树种。

二、材料与用具

1. 材料

当地常见果树树种的植株和枝、叶、花、果实实物或标本。

2. 用具

钢卷尺、放大镜、笔和笔记本，各类果树枝、叶、花、果的蜡叶标本和浸渍标本。

三、内容与识别要点

(一)内容

1. 植株

(1)树性

乔木、灌木、藤本和草本。

(2)树形

圆头形、自然半圆形、扁圆形、阔圆锥形、圆锥形、倒圆锥形、乱头形、开心形、分层形、丛状形、攀缘或匍匐。

(3)树干

主干高度、树皮色泽、裂纹形态、中心干有无。

(4)枝条

颜色,茸毛有无、多少,刺有无、多少、长短。

(5)叶

①叶型。单叶、单身复叶、三出复叶、奇数或偶数羽状复叶。

②叶片质地。肉质、革质、纸质。

③叶片形状。披针形、卵形、倒卵形、圆形、阔椭圆形、长椭圆形、菱形、剑形等。

④叶缘。全缘、刺芒有无、圆钝锯齿、锐锯齿、复锯齿、掌状裂等。

⑤叶脉。羽状脉、掌状脉、平行脉。叶脉突出、平、凹陷。

(6)叶面和叶背

色泽、茸毛有无。

2.花

(1)花或花序

花单生;总状花序、穗状花序、复穗状花序、葇荑花序、圆锥花序、复伞形花序、头状花序、聚伞花序、伞房花序等。

(2)花或花序着生位置

顶生、腋生、顶腋生。

(3)花的形态

完全花、不完全花;花苞、花萼、花瓣、雄蕊、子房、花柱等的颜色和特征;子房上位、半下位和下位;心室数目。

3.果实

(1)类型

单果、聚花果和聚合果。

(2)形状

圆形、扁圆形、长圆形、圆筒形、卵形、倒卵形、瓢形、心脏形和方形等。

(3)果皮

色泽、厚薄、光滑或粗糙及其他特征。

(4)果肉

色泽、质地及其他特征。

4.种子

(1)数目和大小

种子有无、多少和大小。

(2)形状

圆形、卵圆形、椭圆形、半圆形、三角形、肾状形、梭形、扁椭圆形、扁卵圆形等。

(3)种皮

色泽、厚薄及其他特征。

(二)识别要点

1. 苹果(图 1-22)

蔷薇科苹果属植物,落叶乔木。树干较光滑,灰褐色,新梢多茸毛。叶芽呈等边三角形,紧贴枝上,鳞片抱合较松弛,茸毛较多。花芽呈圆锥形,个头较大,顶端较圆,芽尖较钝,鳞片间包被比较紧密且光亮,茸毛稀少,顶生为主,也有腋花芽。单叶互生,叶片椭圆形或卵圆形,少数为倒卵形,叶缘有钝圆锯齿;幼嫩时两面均具柔毛,成长后正面茸毛脱落。叶柄有茸毛,基部有较大的披针形托叶。花芽为混合芽。伞形总状花序,有花 5～7 朵/花序,有雄蕊 15～20 枚,花柱 5 裂,子房下位。果实较大,呈圆球形、扁圆形、卵圆形或圆锥形,有红色、黄色及绿色等类型。果梗粗短,宿萼,梗洼及萼洼下陷。果顶有时有 5 个突起,果肉乳白、乳黄或黄绿色。

2. 梨(图 1-23)

蔷薇科梨属植物,落叶乔木。幼树树干光滑,大树树皮呈纵裂剥落。枝条多呈波状弯曲。新梢有茸毛,赤褐色或近似赤色,皮孔白色,凸出。叶芽瘦长,离生,小而尖,被茸毛,褐色。花芽为混合芽,圆锥形,棕红色或红褐色,稍有亮光,多着生于枝条顶端。大树多短果枝群,也有腋花芽。叶片卵圆形,革质,老叶无毛,有光泽,叶尖长而尖,叶缘有针状锯齿或全缘。伞房花序,有花 5～9 朵/花序,雄蕊 20～30 朵/花,花柱 5 裂,子房下位。果实较大,呈倒卵形、球形、扁圆形或长卵形,多黄色,果点明显,果梗较长,有的基部肉质,多无梗洼,有萼洼,宿萼或落萼。肉乳白色或乳黄色。

图 1-22　苹果

图 1-23　梨

3. 桃(图 1-24)

蔷薇科桃属植物,落叶小乔木。树干光滑,灰褐色,老树树皮有横向裂纹。新梢光滑,分枝较多,青绿或红褐色。一个节上可着生 1～4 个芽。叶芽和花芽可同时着生在一个节上,叶芽瘦小,由侧芽和顶芽形成;花芽肥大呈圆锥形,均为腋花芽。枝条顶端均为叶芽。叶片呈长披针形或椭圆状披针形。叶柄短,柄基有圆形或椭圆形腺体。花芽为纯花芽。单花,花梗极短,花瓣粉红色，有雄蕊 20 枚。果实多呈圆形、扁圆形或圆锥形，表面有茸毛，果顶突起、凹陷或平坦，有缝合线。果肉乳黄，黄色或白色，近核处带鲜红色，多汁。

4. 葡萄(图 1-25)

葡萄科葡萄属植物，落叶蔓性植物。借卷须攀缘上升生长。老蔓外皮经常纵裂剥落。新梢细长，节部膨大，节上有叶和芽，对面着生卷须或果穗。芽着生叶腋间。叶为掌状裂叶，表面有角质层，背面光滑或有茸毛，叶柄较长，叶缘有粗大锯齿。花芽为混合芽，圆锥花序，有 200～1 500 朵花/花序。花梗短。萼片极小，呈 5 片膜状。帽状花冠。雄蕊 5～6 枚。果穗呈球形，圆柱形和圆锥形。果粒呈圆形、椭圆形、卵圆形、长圆形或鸡心形。果色有白色、红色、黄绿色和紫色。果肉柔软多汁。种子坚硬而小，有蜡质，具长嘴(喙)。

图 1-24　桃

图 1-25　葡萄

5. 杏(图 1-26)

蔷薇科杏属植物，落叶乔木。树干深褐色，有不规则纵裂纹，新梢光滑无毛，红褐色或暗紫色，芽较小，单生叶芽多在枝条基部或顶端，单生花芽多在枝条的上部，复芽多着生在枝条中部。叶片广卵圆形，叶背光滑无毛。叶柄稍带紫红色，叶缘有钝锯齿。花单生，粉红色或白色，雄蕊 20 枚。果实圆形、长圆形或扁圆形，金黄色，阳面有紫色晕纹或深绿色斑点。果柄极短，果面有茸毛，果肉黄色、橙黄或浅黄色。

6. 李(图 1-27)

蔷薇科李属落叶小乔木，高 9～12 m，树冠广球形。树皮灰褐色，起伏不平，小枝平滑无毛，灰绿色，有光泽。叶片长圆倒卵形或长圆卵圆形，长 6～12 cm，宽 3～5 cm，先端渐尖或急尖，基部楔形，侧脉 6～10 对，与主脉呈 45°，急剧地弯向先端，边缘具圆钝重锯齿，上面绿色有光泽，下面浅绿色无毛，有时沿叶脉处被软柔毛或脉腋间有少数髯毛；叶柄长 1～2 cm，有腺或无腺。花通常 3 朵并生，直径 1.5～2 cm，花柄长 1～1.5 cm；萼筒钟状，无毛，萼片长圆卵圆形，少有锯齿；花瓣白色，宽倒卵形。核果球形，卵球形、心脏形或近圆锥形，直径 2～3.5 cm，栽培品种可长到 7 cm，黄色或红色，有时为绿色或紫色，梗洼陷入，先端微尖，缝合线明显，外被蜡质果粉；核卵形具皱纹，黏核，少数离核。

图 1-26　杏树

图 1-27　李子

7. 樱桃(图 1-28)

图 1-28　樱桃

蔷薇科樱桃属落叶小乔木。株高可达 8 m,嫩枝无毛或微被毛。叶卵圆形至卵状椭圆形,长 7～16 cm,宽 4～8 cm,先端渐尖,基部圆形,边缘具大小不等的重锯齿,锯齿上有腺体,上面无毛或微具毛,下面有稀疏柔毛。叶柄长 0.8～1.5 cm,有短柔毛,近顶端有 2 腺体。花 3～6 朵成总状花序,花直径 1.5～2.5 cm,先叶开放;花梗长约 1.5 cm,被短柔毛。萼筒圆筒形,具短柔毛;萼片卵圆形或长圆状三角形,花后反折。3 月份,先叶开为白色而略带红晕之花,每 3～6 朵簇生,花瓣白色,雄蕊多数。子房无毛。核果,近球形,无沟,红色,直径约 1 cm。果皮深红色、黄色、黄紫色。

8. 枣(图 1-29)

鼠李科枣属植物。落叶或常绿乔木或小乔木。树干及老枝均灰褐色,有纵向裂纹。新梢光滑无毛,上有针刺,枝多弯曲,分枣头、枣股和枣吊三类枝条。芽极小,着生于枝条的顶端和

图 1-29　枣

叶腋间。叶片长卵形，基部广而斜偏，光滑无毛，叶缘波状。花芽为混合芽，萌芽后形成枣吊，于枣吊叶腋间着生不完全聚伞花序。花小，黄色。花萼 5 片，绿色。花瓣 5 片匙形，内凹，黄色，与花萼互生。有圆形花盘，上有蜜腺。雄蕊 5 枚，与花瓣对生。雌蕊柱头 2 裂。果实长圆形或圆形，暗红色。

9. 柿（图 1-30）

柿树科柿属植物。落叶乔木。树干暗灰色，树皮裂纹呈方块状。新梢有茸毛，无顶芽。顶梢有自枯现象。花芽多着生在新梢顶端及顶端以下 1～2 节上。叶片倒卵形、广椭圆形或椭圆形，全缘，深绿色，有光泽。背面有茸毛。花芽为混合芽。花单生或聚生，黄白色。萼片大，宿存，4 裂。雄花有 16 枚雄蕊。雌蕊退化；雌花有雌蕊 8 枚，雌蕊有 4 花柱，每一花柱柱头 2 裂。果实有圆形、长圆形、扁圆形、方形、圆锥形、卵形和磨盘形。果顶尖、圆或凹入。果皮有橙、橙红、红及黄等色，有光泽，被白色果粉。果肉柔软多汁。

图 1-30　柿

10. 石榴（图 1-31）

石榴科石榴属植物。落叶灌木或小乔木，在热带则是常绿树。树冠丛状自然圆头形。树根黄褐色。生长强健，根际易生根蘖。树高可达 5～7 m，一般 3～4 m，但矮生石榴仅高约 1 m 或更矮。树干呈灰褐色，上有瘤状突起，片状剥落。干多向左方扭转。树冠内分枝多，嫩枝黄绿色光滑有棱，多呈方形。枝端多为刺状，无顶芽。小枝柔韧，不易折断。一次枝在生长旺盛的小枝上交错对生，具小刺。刺的长短与品种和生长情况有关。旺树多刺，老树少刺。芽色随季节而变化，有紫、绿、橙三色。叶对生或簇生，新叶嫩绿或古铜色，呈长披针形至长圆形，或椭圆状披针形，长 2～8 cm，宽 1～2 cm，全缘，顶端尖，表面光滑有光泽，背面中脉凸起；有短叶柄。花两性，依子房发达与否，有钟状花和筒状花之别，钟状花子房发达，善于受精结果，筒状花常凋落不实；一般 1 朵至数朵着生在当年新梢顶端及顶端以下的叶腋间；萼片硬，肉质，管状，5～7 裂，与子房连生，宿存；花瓣倒卵形，与萼片同数而互生，覆瓦状排列。花有单瓣、重瓣之分。重瓣品种雌雄蕊多瓣花而不孕，花瓣多达数 10 枚；花多红色，也有白色和黄、粉红、玛瑙等色。雄蕊多数，花丝无毛。雌蕊具花柱 1 个，长度超过雄蕊，心皮 4～8，子房下位，成熟后变成大型而多室、多子的浆果，每室内有多数籽粒；外种皮肉质，呈鲜红、淡红或白色，多汁，甜而带酸，为可食用的部分；内种皮为角质，也有退化变软的，即软籽石榴。

11. 核桃(图 1-32)

核桃科核桃属植物。落叶大乔木。树干及大枝灰白色，平滑。枝长，分枝角度大，新梢灰褐色。叶芽较小，呈圆形。雌花芽着生在枝条顶端，呈卵圆形。雄花芽圆柱形，着生于枝条上部的叶腋间。叶片为奇数羽状复叶，有小叶 7～9 片，叶柄基部肥大。雌花芽为混合芽，萌芽后形成总状花序。花被退化，雌蕊柱头 2 裂。果实圆球形，成熟后外、中果皮开裂。内果皮坚硬，内含种子。

图 1-31　石榴

图 1-32　核桃

12. 板栗(图 1-33)

壳斗科栗属植物。落叶乔木。树干暗灰色，有纵向裂纹。小枝及新梢有短毛，顶端无顶芽，新梢顶端以下 3～4 节叶腋间形成混合芽，其余均为叶芽。叶片卵圆披针形，叶缘有粗大锯齿，叶脉粗，叶背有白色或粉绿色毛。有雄花数百朵，无花瓣。有 6 裂萼片。雄蕊 10～20 枚。雌花序着生于雄花序基部，每 3 朵雌花聚生于有刺的总苞内，柱头 6 裂。果实呈半圆形，淡褐或深褐色。

13. 山楂(图 1-34)

蔷薇科山楂属植物，落叶小乔木。枝密生，有细刺，幼枝有柔毛。小枝紫褐色，老枝灰褐色。叶片三角状卵形至棱状卵形，长 2～6 cm，宽 0.8～2.5 cm，基部截形或宽楔形，两侧各有 3～5 羽状深裂片，基部 1 对裂片分裂较深，边缘有不规则锐锯齿。复伞房花序，花序梗、花柄都有长柔毛；花白色，有独特气味。直径约 1.5 cm；萼筒外有长柔毛，萼片内外两面无毛或内面顶端有毛。果实较小，近球形，直径 0.8～1.4 cm，有的压成饼状。表面棕色至棕红色，并有细密皱纹，顶端凹陷，有花萼残迹，基部有果梗或已脱落。

14. 无花果（图 1-35)

桑科无花果属植物。落叶小乔木。干皮灰褐色，平滑或不规则纵裂。小枝粗壮，托叶包被幼芽，托叶脱落后在枝上留有极为明显的环状托叶痕。单叶互生，厚膜质，宽卵形或近球形，长

图 1-33　板栗

图 1-34　山楂

10～20 cm，3～5 掌状深裂，少有不裂，边缘有波状齿，上面粗糙，下面有短毛。叶具长叶柄，叶片大，表面粗糙，暗绿色，叶背有锈色茸毛。雌雄异花，埋藏在隐头花序中。肉质花序托有短梗，单生于叶腋；雄花生于瘿花序托内面的上半部，雄蕊 3；雌花生于另一花序托内。聚花果梨形，熟时黑紫色；瘦果卵形，淡棕黄色。果实扁圆形、球形或梨形，绿色、黄色、红色或深紫红色。

15. 猕猴桃（图 1-36）

猕猴桃科猕猴桃属植物。落叶藤本。枝褐色，有柔毛，髓白色，层片状。叶近圆形或宽倒卵形，顶端钝圆或微凹，很少有小突尖，基部圆形至心形，边缘有芒状小齿，表面有疏毛，背面密生灰白色星状绒毛。花开时乳白色，后变黄色，单生或数朵生于叶腋。萼片 5，有淡棕色柔毛；花瓣 5～6，有短爪；雄蕊多数，花药黄色；花柱丝状，多数。浆果卵形呈长圆形，横径约 3 cm，密被黄棕色有分枝的长柔毛。大如鸡蛋，高约 6 cm，圆周 4.5～5.5 cm。一般是椭圆形的。深褐色并带毛的表皮一般不食用。而其内则是呈亮绿色的果肉和一排黑色的种子。质地柔软，味似草莓、香蕉、凤梨三者的混合。植株分雌雄：雄株多毛，叶小，雄株花也较早出现于雌花。然而雌株却少毛，或无毛，叶大于雄花。

图 1-35　无花果

图 1-36　猕猴桃

16. 草莓(图 1-37)

蔷薇科草莓属多年生草本植物。茎有新茎、根状茎和匍匐茎 3 种。前两种是地下茎。新茎上密生具有长柄的叶片,每片叶叶腋部位着生腋芽。匍匐茎茎细而节间短,萌发初期向上生长,超过叶面高度后便垂向株丛而日照充足的地方,顺着地面匍匐生长。基生复叶,由 3 片小叶组成,叶柄较长,一般 10～20 cm,叶着生于新茎上。叶柄基部与新茎连结的部分,有 2 片托叶鞘包于新茎上。叶片表面密布细小茸毛,小叶多数为椭圆形,叶缘有锯齿状缺口,有的边缘上卷,呈匙形;有的平展;也有两边上卷、叶尖部分平展等形状。芽分顶芽和腋芽。顶芽为顶花芽。腋芽着生于新茎叶腋里。花序为聚伞花序或多歧聚伞花序。可着生 3～30 朵花/花序,一般为 7～15 朵/花序。花为白色,少数黄色,5～8 瓣,大多数两性花。果实果面呈深红或浅红色,果肉多为红色或橙红色。果心充实或稍有空心。果面着生许多像芝麻似的种子。瘦果在浆果表面或与果面平,或凸出果面,或凹入果面。

图 1-37 草莓

四、实训报告

1. 按观察项目列表比较不同树种的主要形态特征。

2. 在休眠期、生长期分别区别苹果和梨,桃、杏、李和樱桃,核桃、柿和板栗。

五、技能考核

技能考核评定实行百分制,其中实训态度 20 分,观察过程 40 分,即选择果树树体或器官,在规定时间内识别一定数量果树树种,按正确率记分,实训报告 40 分。

实训技能 1-3　果树树体结构与枝芽特性观察

一、目的要求

1. 掌握乔木果树地上部树体组成和各部分名称，能够现场准确分析指认树体各部分。

2. 了解主要果树树种枝芽类型和特点，能够现场识别当地主要树种的枝芽类型。

二、材料与用具

1. 材料

当地主要树种正常生长发育的结果树植株，枝、芽实物或标本。

2. 用具

皮尺、钢卷尺、放大镜、修枝剪、记录用具。

三、实训内容

1. 观察果树地上部基本结构，明确主干、树干、中心干、主枝、侧枝、骨干枝、延长枝、枝组、辅养枝、叶幕。

2. 观察枝和芽的类型，明确 1 年生枝、2 年生枝和多年生枝，新梢、副梢、春梢和秋梢，营养枝、结果枝和结果母枝，果台和果台副梢，长、中、短枝，发育枝、徒长枝、浅细枝、叶丛枝，直立枝、斜生枝、水平枝和下垂枝，叶芽和花芽、纯花芽和混合芽、顶芽和侧芽、单芽和复芽，潜伏芽和早熟芽。

3. 观察枝芽特性，明确顶端优势、干性、层性、分枝角度、枝条硬度和尖削度，芽的异质性、萌芽力、成枝力、早熟性和潜伏力。

四、实训报告

1. 绘制果树地上部树体结构图，并注明各部分名称。

2. 比较苹果（或梨）、桃（或杏、李、樱桃）的花芽和叶芽的形态特征及着生部位。

3. 说明当地主栽果树的枝芽种类及特性。

五、技能考核

技能考核评定实行百分制，其中实训态度占 20%，实训观察占 40 分，实训报告占 40 分。

实训技能 1-4 果树花芽分化观察

一、目的要求

通过对花芽分化不同阶段的花器分化情况的观察，了解果树花芽形态分化各期的特征，能够辨认各个时期。要求初步掌握观察花芽分化的徒手切片及镜检技术。

二、材料与用具

1. 材料

苹果、桃花芽分化各时期的结果枝。苹果、桃花芽分化各个时期的固定切片。刚果红或番红。

2. 用具

显微镜或解剖镜、刀片、镊子、解剖针、烧杯(500 mL)、培养皿、蒸馏水、载玻片、盖玻片和绘图工具。

三、实训内容

1. 制作徒手切片

按采取时期顺序取苹果或桃的结果枝，先将苹果花芽从基部自枝条上切下，用镊子由外及里剥去花芽的鳞片，露出花序原始体。一手用拇指和食指捏住芽的两侧，芽尖朝向身体，另一手捏住刀片，刀刃朝向身体，从芽的一侧开始，由芽的基部向芽的尖端一刀一刀地切片，切到芽近中心部分要特写细心，刀要向一个方向用力，不要来回拉动。注意切面与芽的中轴线保持平行。切下的花序原始体小片越薄越好，一个花序原始体可连续切割数片。将切下的薄片放入盛水的培养皿中。桃为侧花芽，可在芽的下部紧靠芽将枝条切断，再在芽的上部 2～3 cm 处将枝条切断，用手指拿住这段枝条对花芽进行切片。

2.镜检观察

一个花序原始体切割完毕后，将培养皿中的小薄片，依次排列于载玻片上，加上盖剥片，就可在显微镜下观察。也可用1%的刚果红染色，经1～3 min后，用清水洗净，加上盖玻片后，在显微镜下观察。如果切片较厚，要观察的组织看不清时，还可以把盖玻片换成载玻片，把两片载玻片一起翻过来从另一面观察。通过观察，根据苹果和桃每一个分化时期的形态特点，确定花芽在哪一个形态分化期。

(1)苹果的花芽分化时期

①未分化期

生长点平滑不突出，但四周凹陷不明显。

②分化始期

生长点肥大，突起，呈半球形，四周下陷。

③花原始体出现期

肥大的生长点四周有突起的状态，为花序原始体。

④萼片形成期

生长点下陷，四周突起，就是萼片原始体。

⑤花瓣形成期

萼片原始体伸长，其内侧基部产生新的突起，就是花瓣原始体。

⑥雄蕊形成期

花瓣原始体内侧基部产生新的突起，就是雄蕊原始体。

⑦雌蕊形成期

花蕾原始体中心基部产生突起，就是雌蕊原始体。

(2)桃的花芽分化期

①未分化期

生长点平坦，四周凹陷不明显。

②花芽分化期

生长点突起肥大。

③花萼分化期

生长点四周产生突起，出现花瓣原始体。

④花瓣分化期

萼片原始体内侧基部产生突起，出现花瓣原始体。

⑤雄蕊原始体

花瓣原始体内侧出现雄蕊原始体。

⑥雌蕊分化期

在中心部分产生突起，出现雌蕊原始体。

3.石蜡切片法

石蜡切片切得薄，可以做细致精确的观察，又能长期保存，但需要切片机，操作比较复杂。

(1)固定

固定的目的是将采来的芽立即杀死,以保持原来的组织及结构状况。固定时选用渗透性强、容易固定的渗透剂。一般常用 F. A. A 固定剂,固定时间至少 24 h。

(2)脱水

脱水就是在浸蜡前将芽组织中的水分脱掉,使二甲苯、氯仿等媒浸剂渗透进去。脱水操作应缓慢进行,以免组织变硬变脆或发生收缩现象。一般先用酒精做脱水剂。在媒浸时又以二甲苯或氯仿脱出酒精,以便浸蜡。具体步骤和时间如下:

50%酒精	2 h
70%酒精	2 h
80%酒精	2 h
90%酒精	2 h
95%酒精	2 h
无水酒精	2 h
无水酒精+二甲苯 1	2 h
无水酒精+二甲苯 2	2 h
二甲苯(纯)	2 h

(3)浸蜡

将脱水媒浸过的芽组织浸到石蜡中,使细胞充满石蜡以便切片。一般所用石蜡分软蜡(熔点在 40℃以下)和硬蜡(熔点在 40℃以上)。浸蜡时为了使蜡便于进入,应先浸软蜡,再浸硬蜡。以后步骤如下,但在恒温箱内进行。

二甲苯 1 份+石蜡 1 份	12～24 h
软蜡	12～24 h
硬蜡	2～6 h

(4)埋蜡

埋蜡就是将已浸好蜡的芽埋入硬纸折成的小盒中。将芽放在容器正中,芽的方向和位置均要拨正。为了使石蜡迅速凝固,可将小盒放在冷水中浸,最后拨去纸盒,取出蜡块,注意将样品编号,以免混淆。

(5)切片

将埋蜡的材料切成正方形或长方形的小块,将蜡的一端粘在小木块上,然后将蜡块边沿切齐,就可将其固定在切片机上。在切片时要注意切刀的角度,务使与花芽平行并切到芽的中心,切片的厚度一般在 10～20 μm,安装好即可连续切片。

(6)粘片

切下带状切片,经显微镜检查,将符合要求的材料粘在载玻片上。常用黏着剂配方为鸡蛋清和甘油各 50 mL,加水样酸 1 g。在载玻片上涂抹薄薄一层黏着剂,加几滴蒸馏水,将带有材料蜡片放在水中,在 35～45℃温度下,用拨针将切片拉直,展平倾斜载玻片,使水流去并烘干。

(7)脱蜡

将切片粘好后必须脱去石蜡才能染色。常用脱蜡剂为二甲苯,脱蜡时间为 30 min 左右,并在不同浓度的酒精中浸放 10～20 min(无水酒精→95%酒精→80%酒精→70%酒精→蒸馏水),以便染色。

(8)染色

进行组织分离染色，以区别不同组织。在观察花芽分化时常用直接染色法，直接染色剂为番红-固绿双重染色。

(9)脱水和透明

脱水的目的是为了便于封片，透明的目的是为了便于观察。一般采用二甲苯浸，可使切片透明，清洁美观，提高切片质量。其步骤是：

50%酒精	1～2 min
70%酒精	1～2 min
80%酒精	1～2 min
90%酒精	1～2 min
95%酒精	1～2 min
无水酒精	1～2 min
无水酒精＋二甲苯	1～2 min
二甲苯(纯)	1～2 min

(10)封片

切片经脱水透明后，擦净载玻片，滴1滴封片剂(加拿大胶或阿拉伯胶)于切片的材料当中，然后盖上盖玻片，要求无气泡和杂质，并在气泡上标明采芽日期、分化时期等，以便日后检查，并能长期保存。

四、实训报告

将观察的切片绘图，注明分化期和花器官各部分名称。

五、技能考核

技能考核评定实行百分制，其中实训态度占20分，实训观察占40分，实训报告占40分。

实训技能1-5　主要果树物候期观察

一、目的要求

通过实训，熟悉物候期观察的项目和方法，能够判断年周期中不同时期果树所处的物候期。

二、材料与用具

1.材料

当地有代表性的树种、品种的结果树为供试植株。如苹果、梨、桃、葡萄。

2.用具

皮尺、游标卡尺、放大镜,记载表。

三、步骤与方法

1.选定待观察果树

2.制定记载要求及表格

随着物候期演变,按照物候期观察项目和标准进行观察记载。

(1)物候期观察项目及标准

①萌芽、开花结果物候期记载项目及标准

萌动:刚看出芽有变化,鳞片有微错开。

花芽膨大期:花芽开始膨大,鳞片错开,以全树有25%左右时为准。

花芽开绽期(开放期):鳞片裂开,露出绿色叶尖。

萌发:幼叶分离。

花序露出期:花芽外层鳞片脱落,中部出现卷曲状莲座叶,花序已可看见。

花蕾分离期:花梗明显伸长,花蕾彼此分离。

初花期(始花期):全树5%的花开放。

盛花期:全树25%的花开放为盛花始期,50%的花开放为盛花期,75%的花开放为盛花末期。

落花期:全树5%的花正常脱落花瓣为落花始期,95%的花脱落花瓣为落花终期。

坐果期:正常受精的果实直径约0.8 cm时为坐果期。

生理落果期:幼果开始出现该品种应有的色泽,无色品种由绿色开始变浅。

果实着色期:果实开始出现该品种应有的色泽,无色品种由绿色开始变浅。

果实成熟期:全树有50%果实色泽、品质等具备了该品种成熟的特征,采摘时果梗容易分离。

核果类(桃、杏、李、樱桃等)是纯花芽,花芽物候期略有不同。无花芽开绽、花序露出及花蕾分离期,增加露萼期、露瓣期。

露萼期:鳞片裂开,花萼顶端露出。

露瓣期:花萼绽开,花瓣开始露出。

②萌芽、新梢生长、落叶物候期记载项目及标准

叶芽膨大期：同花芽标准。

叶芽开绽期：同花芽标准。

展叶期：全树萌发的叶芽中有 25%第一片叶展开。

新梢开始生长：从叶芽开放长出 1 cm 新梢时算起。

新梢加速生长期：在新梢出现第一个长节为加速生长开始；到春梢最大叶出现为加速生长期；待有小叶出现为加速生长停止。

新梢停止生长：新梢缓慢停止，没有未展开的叶。

二次生长开始：新梢停止生长以后又开始生长时。

二次生长停止：二次生长的新梢停止生长时。

叶片变色期：秋季正常生长的植株叶片变黄或变红。

落叶期：全树有 5%的叶片脱落为落叶始期，25%的叶片脱落为落叶盛期，95%的叶片脱落为落叶终期。

记载葡萄物候期时，需增加伤流期、新梢开始成熟期。

伤流期：春季萌芽前树液开始流动时，新剪口流出多量液体成水滴状时。

新梢开始成熟期：当新梢第四节以下的部分表皮呈黄褐色时。

③花芽分化期

开始：健壮枝条有少量开始分化花芽。

盛期：健壮枝条约有 1/4 开始分化花芽。

(2)物候期记载表(表 1-8)

表 1-8　苹果、梨物候期记载表

品种	花芽萌发				开花						叶芽			新梢生长						花芽分化				
					一序花			全树																
	膨大	开绽	露蕾	花蕾分离	分离	初开	开完	初花	盛花	终花	膨大	开绽	展叶	开始	旺盛	停止	二次生长开始	旺盛	停止	开始	萼片	花瓣	雄蕊	雌蕊

叶片									落花落果				果实发育					果台副梢			落叶			
短枝			中枝			长枝																		
初展	盛展	展完	初展	盛展	展完	初展	盛展	展完	落花	落幼果	生理落果	采前落果	幼果膨大	缓长	速长	着色	成熟	初现	盛长	停止	变色	始落	盛落	结束

四、注意问题

1. 物候期观察记载项目的繁简，应根据具体要求确定，专题物候期研究需详细调查，一般只记载主要物候期，本实训是一般物候期调查。

2. 根据物候期的进程速度和记载的繁简确定观察时间。萌芽至开花期一般每隔 2～3 d 观察 1 次，生长季节的其他时间，则可 5～7 d 或更长时间观察 1 次。开花期有些树种进程较快，需每天观察。

3. 详细的物候期观察中，有些项目的完成必须配合定期测量。如枝条加长、加粗生长；果实体积的增加、叶片生长等应每隔 3～7 d 测量 1 次，画出曲线，才能看出生长高峰的节奏。有些项目的完成需定期取样观察，如花芽分化期应每 3～7 d 取样切片观察 1 次。还有的项目需统计数字，如落果期调查。

4. 物候期观测取样要注意地点、树龄、生长状况等方面的代表性，一般应选生长健壮的结果树，植株在果园中的位置能代表全园情况。观察株数可根据个体情况而定，一般每品种 3～5 株。进行测定和统计的内容，应选择典型部位，挂牌标记，定期进行。

五、实训报告

进行苹果、桃、葡萄周年物候期记载，将观察结果记入表格中。

六、技能考核

技能考核评定实行百分制，其中实训态度 20 分，实训观察 40 分，实训报告 40 分。

第二章　无公害果品生产技术

[内容提要]无公害果品概念及发展无公害果品的意义。无公害果品发展现状及趋势。无公害果品生产标准包括环境标准、生产技术标准和产品质量检验标准。无公害果品生产规程,认证程序包括无公害果品产地认定程序和无公害产品认定程序。

第一节　概　　述

一、基本概念

无公害果品是指在生态环境质量符合标准规定,生产过程遵循允许限量使用限定化学合成物质的规定,按特定的生产操作规程生产,产品经检测符合国家颁布的卫生标准,经认证获得认证证书并允许使用无公害果品标志的,未经加工或初加工的果品。无公害果品属于A级绿色食品范畴,但相关指标要求低于AA级绿色食品和有机食品的标准。

二、意义

1. 发展无公害果品生产是人类社会持续发展的必然要求

人类社会要持续、健康发展,需要营养、安全、无污染的食物源作为保障。发展无公害果品生产对改善人类生活质量、保障人类身心健康,推动人类进步具有重要意义。

2. 发展无公害果品生产是实现农业可持续发展的必然要求

进行无公害果品生产,有助于建立和恢复生态系统的生物多样性和良性循环,保护环境,改善生态,有利于农业的持续发展。

3. 发展无公害果品生产是发展我国社会主义市场经济的需要

随着我国社会主义市场经济体制的建立和逐步完善,对我国果品生产提出了更高的要求。不仅要满足国内消费供给,更要面对国外市场,参与国际竞争。同时,随着我国经济的快速稳定增长，人民生活水平不断提高，食品安全意识大大增强。发展无公害果品生产，可提高果品质量，增强果品市场竞争力，从而提高我国果业生产适应市场经济的能力。

4. 发展无公害果品生产是提高我国果品国际竞争力的需要

果品是我国传统出口的农产品，我国果品作为劳动密集型产业在国际市场上具有明显的竞争优势。但是，我国的果品无论外观和内质均同国际水平有明显差距，农药、重金属残留严重超标。安全性已成为制约我国果品及其加工品出口创汇的最大贸易壁垒，只有大力发展无公害果品产业，才能迅速提高我国果品档次，增强国际竞争力。

5. 发展无公害果品生产是提高农业经济效益、促进农民增收的需要

国内外市场表明，无公害食品价格比常规食品一般高20%～30%，有的高50%以上，而且市场需求量大，因此，开发无公害果品，既可提高农业经济效益，又可增加农民收入，具有较强的市场发展前景。

三、我国无公害果品生产现状及发展趋势

我国从2001年开始在全国范围内组织实施"无公害食品行动计划"。截至2004年4月7日，通过全国统一无公害农产品认证的单位有2 838家，通过认证的产品有3 959个，其中种植业产品3 344个。已有苹果、柑橘、火龙果等22种果树纳入"无公害食品行动计划"。我国人口众多，无公害果品生产潜力很大，本身就是无公害果品的广阔市场，同时有望成为世界无公害果品的主要供给国。

目前，尽管我国无公害果品的研究与国际水平相差不大，并在某些方面显示出一定的优势，但在整个无公害果品生产实施过程和范围与国际水平还有很大差距。当前，我国应在以下几个方面加大研究和工作力度：一是进一步完善无公害果品生产全程质量监控体系，加强国内检测，尤其加强有害物质（主要是农药残留和有害元素污染）的检测；无公害果品上市前的检测方法也有待进一步研究改进。二是无公害生产标准进一步规范、完善。在加快与国际接轨，不断完善现有标准基础上，加快果品采后商品化处理技术标准，加工用果品标准，加工果品质量标准、果品加工品生产技术标准及果品加工环境标准等相关标准的制定。同时，加强标准宣传，并监督实施过程。作为强制性标准，进行广泛宣传实施，使果品产、供、销各方面切实感受严格执行标准对自身利益的提高和保护作用。三是建立切合我国实际的无公害水果生产制度。我国与先进水果生产国在生产制度上还存在较大差距。因此，我国无公害果品生产也应将各项技术规范进行集成、创新，建立类似符合我国国情的无公害水果生产制度。四是构建规模化无公害果业技术需求的技术动力机制。主要依靠行政组织和行政推动，同时加强无公害果品的宣传力度，引导消费，从而推动科研部门和果农有足够的动力去发展和选择无公害技术。五是运用生态学原理，研究生物共生互作技术，进一步加大以虫治虫、以菌治虫和以菌治菌的生物防治技术研究，减少各类农药，尤其是化学农药的使用。

思考题：

1. 何为无公害果品？在生产上有何意义？
2. 无公害果品发展的趋势如何？

第二节　无公害果品生产标准

农业部制定的果品标准共有45项，涵盖产品、生产技术和产地环境条件3个方面，涉及北方的苹果、梨、桃、葡萄、草莓、猕猴桃、柿、樱桃、石榴、李子、杏、冬枣和火龙果和南方的柑橘、荔枝、龙眼、香蕉、菠萝等22种果树。除农业行业标准外，国家质量监督检验检疫总局于2001年组织制定了两项有关无公害果品的标准：即《农产品安全质量 无公害水果安全要求》(GB/T 18406.2—2001)和《农产品安全质量 无公害水果产地环境要求》(GB/T 18407.2—2001)。

一、环境质量标准

无公害果品生产主要对大气、土壤和灌溉水等环境指标提出了质量要求。

1. 空气质量标准

无公害果品产地空气质量涉及总悬浮颗粒物(TSP)、二氧化硫(SO_2)、二氧化氮(NO_2)和氟化物(F)等4项技术指标。TSP、SO_2、NO_2和F化物几乎是所有无公害果品共同关注的因素。在指标值的设定上，不同果品间基本上完全一致。

2. 灌溉水质量标准

无公害果品产地灌溉水质量涉及pH、化学需氧量、氯化物、氰化物、氟化物、石油类、总汞、总砷、总铅、总镉、6价铬、总铜、挥发酚、粪大肠菌群14项技术指标。其中pH、总汞、总砷、总铅、总镉5项指标是所有无公害果品共同关注的因素。

3. 土壤质量标准

无公害果品产地质量涉及农药六六六、滴滴涕，类金属元素砷，重金属元素镉、汞、铅、铬和铜8项技术指标。其中镉、汞、铅、砷4项指标是所有无公害果品共同关注的因素。我国农业部已发布了柑橘、苹果、梨、桃、葡萄、猕猴桃、草莓和热带水果等果树的无公害食品产地环境条件标准(表2-1)。

表 2-1 无公害水果产地环境条件标准代号

树种	标准代号	树种	标准代号
苹果	NY 5013—2001	梨	NY 5101—2002
柑橘	NY 5016—2001	草莓	NY 5104—2002
葡萄	NY 5087—2002	猕猴桃	NY 5107—2002
热带水果	NY 5023—2002	桃	NY 5113—2002

二、生产技术标准

1. 园地选择

无公害果品生产园应远离城市和交通要道，距离公路 50～100 m 以外，周围无工矿企业。园地空气质量、灌溉水质量和土壤环境质量等方面均应达到该树种无公害食品产地环境质量标准要求。

2. 施肥标准

(1)施肥原则

果园施肥原则是将充足的有机肥和一定数量的化学肥料施入土壤，以保持和增加土壤肥力，改善土壤结构及生物活性，同时要避免肥料中有害物质进入土壤，从而达到控制污染、保护环境的目的。

(2)施肥要求

生产无公害果品应根据土壤肥力、果树需肥特点和肥料性质确定施肥种类和施肥量。施肥以有机肥为主，化肥为辅。所施用的肥料应为农业行政主管部门登记或免于登记的肥料，不对环境和果实产生不良影响。无公害果品生产中允许使用农家肥料(堆肥、沤肥、厩肥、沼气肥、绿肥、作物秸秆、泥肥、饼肥等)、商品有机肥、微生物肥、腐殖酸类肥、有机复合肥、无机(矿质)肥料和叶面肥；禁止使用未经无害化处理的城市垃圾或含有重金属、橡胶和有害物质的垃圾；禁止使用含氯复合物、硝态氮肥和未经腐熟的人粪尿；禁止使用未获准登记的肥料产品。

(3)肥料配合及追肥要求

化肥必须与有机肥配合施用，有机氮与无机氮之比不超过 1∶1。最后一次追肥必须在收获前 30 d 进行。

3. 整形修剪

整形修剪与常规栽培无多大区别。强调培养合理树形，并采取适宜修剪措施，增加树冠内通风透光度，减少病虫害发生，减少农药的使用。

4.果实管理

大果型果品，提倡果实套袋，以减少防治果实病虫害农药的使用，降低或避免果实中农药残留，并改善果实外观品质。

5.病虫害防治

(1)防治原则

坚持“预防为主，综合防治”植保方针。以农业防治和物理防治为基础，提倡生物防治，根据病虫害发生规律科学使用化学防治，有效地控制病虫危害。

(2)农药使用原则

①提倡使用生物源农药、矿物源农药。生物源农药包括微生物源农药、动物源农药和植物源农药。其中微生源农药包括农用抗生素(如春雷霉素、多抗霉素、井冈霉素、农抗120、中生菌素、浏阳霉素和华光霉素等)、活体微生物农药(如蜡蚧轮枝菌、苏云金杆菌、蜡质芽孢杆菌、拮抗菌剂、昆虫病原线虫、微孢子、核多角体病毒等)。动物源农药包括昆虫信息素(如性信息素)、活体制剂(如寄生性、捕食性天敌动物)。植物源农药包括杀虫剂(如除虫菊素、鱼藤铜、烟碱和植物油等)、杀菌剂(如大蒜素)、拒避剂(如印楝素、苦楝和川楝素等)、增效剂(如芝麻素)。矿物源农药包括无机杀螨杀菌剂(如石硫合剂、波尔多液等)、矿物油乳剂(如柴油乳剂等)

②允许使用低毒、低残留化学农药。如吡虫啉、马拉硫磷、辛硫磷、敌百虫、双甲脒、尼索朗、克螨特、螨死净、菌毒清、代森锰锌类(喷克、大生 M-45)、新星、甲基托布津、多菌灵、扑海因、粉锈宁、甲霜灵、百菌清等。

③有限制地使用中等毒性农药。主要有乐斯本、抗蚜威、敌敌畏、杀螟硫磷、灭扫利、功夫、歼灭、杀灭菊酯、氰戊菊酯、高效氯氰菊酯等。

④禁止使用剧毒、高毒、高残留，致畸、致癌、致突变和具有慢性毒性的农药。无公害果品生产禁止使用的农药品种有：福美甲砷、福美砷、五氯硝基苯、六六六、滴滴涕、三氯杀螨醇、二溴氯丙烷、二溴乙烷、毒杀芬、杀虫脒、除草醚、草枯醚、艾氏剂、狄氏剂、汞制剂、甘氟、毒鼠强、氟乙酸钠、毒鼠硅、敌枯双、氟乙酰胺、甲胺磷、甲拌磷、乙拌磷、久效磷、甲基对硫磷、对硫磷、磷胺、甲基异硫磷、特丁硫磷、甲基硫环磷、氧化乐果、治螟磷、地虫硫磷、灭克磷、水胺硫磷、氯唑磷、硫线磷、杀扑磷、内吸磷、涕灭威、克百威、灭多威、丁硫克百威、丙硫克百威、灭线磷、硫环磷、蝇毒磷、苯线磷等。按 GB 4285(农药安全使用标准)和 GB/T 8321(农药合理使用准则)执行，严格按照规定浓度、每年使用次数和安全间隔期要求施用，农药混剂执行其中残留性最大的有效成分的安全间隔期。注意不同作用机理农药的交替使用和合理混用。

三、产品质量检验标准

1.卫生要求

卫生要求是无公害果品安全性的保障，其内容包括两方面：一是无公害果品中二氧化硫、氟、砷和汞、铬、镉、铅、铜等金属元素的含量不能超过规定的限量标准;二是无公害果品中农药的残留量应控制在标准规定的范围内。

2.感官及理化要求

(1)感官要求

无公害果品的感官要求只纳入与食用安全性有密切关系的内容(如腐烂、霉变和病变等),较常规果品标准简略,且无分等级方面的内容。

(2)理化要求

仅无公害苹果和柑橘有此方面要求。无公害苹果的理化指标应符合国家标准《鲜苹果》(GB/T 10651)的规定。无公害柑橘则应符合《无公害食品 柑橘》(NY 5014)的规定。

我国农业部已发布了柑橘、苹果、梨、桃、葡萄、草莓、猕猴桃、杨梅、荔枝、龙眼、香蕉、杧果、菠萝、柿、樱桃、石榴、李子、杏、冬枣、番木瓜、红毛丹、红龙果 22 种果树的无公害果品产品标准(表 2-2)。

表 2-2 无公害果品产品标准代号

树种	标准代号	树种	标准代号
苹果	NY 5011—2001	菠萝	NY 5177—2002
柑橘	NY 5014—2001	杨桃	NY 5182—2002
香蕉	NY 5021—2001	樱桃	NY 5201—2004
杧果	NY 5024—2001	杏	NY 5240—2004
鲜食葡萄	NY 5086—2002	柿	NY 5241—2004
草莓	NY 5103—2002	石榴	NY 5242—2004
猕猴桃	NY 5106—2002	李子	NY 5243—2004
梨	NY 5100—2002	番木瓜	NY 5250—2004
桃	NY 5112—2002	冬枣	NY 5252—2004
荔枝	NY 5173—2002	火龙果	NY 5255—2004
龙眼	NY 5175—2002	红毛丹	NY 5257—2004

思考题:

1. 无公害果品生产标准包括哪几部分?
2. 无公害果品环境质量标准包括哪几部分?
3. 无公害果品生产技术标准包括哪几部分?
4. 无公害果品产品质量检验标准包括哪两方面要求?

第三节　无公害果品生产规程及认证程序

一、生产技术规程

目前，我国农业部已发布了柑橘、苹果、梨、桃、鲜食葡萄、草莓、猕猴桃、香蕉、荔枝、龙眼、杧果、菠萝、杨桃、火龙果、红毛丹15种果树的无公害食品生产技术规程标准(表2-3)。

表2-3　无公害果品生产技术规程标准代号

树种	标准代号	树种	标准代号
香蕉	NY/T 5022—2001	桃	NY/T 5114—2002
杧果	NY/T 5025—2001	荔枝	NY/T 5174—2002
苹果	NY/T 5012—2002	龙眼	NY/T 5176—2002
柑橘	NY/T 5015—2002	菠萝	NY/T 5178—2002
鲜食葡萄	NY/T 5088—2002	杨桃	NY/T 5283—2002
梨	NY/T 5102—2002	火龙果	NY/T 5256—2004
草莓	NY/T 5105—2002	红毛丹	NY/T 5258—2004
猕猴桃	NY/T 5108—2002		

二、认证程序

1. 认证条件

凡生产产品在《实施无公害农产品认证的产品目录》内，并获得无公害果品产地认定证书的单位和个人，均可申请产品认证。

2. 产地认定程序

由省农业行政主管部门负责组织实施本辖区内无公害果品产地的认定工作。先由申请人写出申请材料，内容包括产地环境、区域范围、生产规模、生产计划、质量控制措施等，再进行现场检查，符合要求后，再由申请人委托有资质的检测机构对产地环境进行检测。只有申请材料、现场检查和产地环境检测结果均符合要求时，才能获得无公害农产品产地的认定证书。无公害农产品产地认定证书有效期为3年。期满需要继续使用时，应当在有效期满90 d前按照本办法规定的无公害农产品产地认定程序重新办理。无公害果品产地应定期进行环境检测，确保果园及其周围环境不受污染。如果无公害果品产地被污染或产地环境达不到标准要求，将受到省级农业行政主管部门的警告，并责令限期改正，逾期未改正的，将撤销其无公害农产品产地认定证书。

3. 无公害果品产品认定程序

先由申请人通过省级农业行政主管部门或直接向农业部农产品质量安全中心(简称中心)写出申请材料，内容包括产地认定证书复印件、产地环境检验报告和环境评价报告、区域范围、生产规模、生产计划、质量控制措施、生产操作规程等，再对产地进行现场检查(需要检查时)，申请材料、现场检查符合要求后，再由申请人委托有资质的检测结构对其申请认证产品进行抽样检验。材料审查、现场检查和产品检验均符合要求的，由中心主任签发《无公害农产品认证证书》。证书有效期为 3 年，期满后需要继续使用的，证书持有人应当在有效期满前 90 d 内按照本程序重新办理。

思考题：

1. 无公害果品生产技术规程有哪些？
2. 无公害果品认证的前提和程序是什么？

第三章 育苗技术

[内容提要] 果树育苗基本概念，果树育苗最终目标和任务以及果树苗木的分类情况。苗圃地创建包括苗圃地选择、规划、育苗方式以及苗圃地档案制度。实生苗的基本概念、特点及应用，实生苗培育程序。嫁接基本概念，嫁接苗特点及利用。影响嫁接成活的因素，嫁接苗培育程序。砧木和接穗的相互影响，砧木分类、选择和利用。嫁接分类和嫁接时期，枝接和芽接操作规程与程序。果苗矮化中间砧二年出圃技术要点。自根苗概念、分类、特点及利用。影响扦插和压条成活的因素，促进插条生根方法。扦插的概念和分类。果树硬枝扦插技术要点、嫩枝扦插技术要点和根插苗培育要求。压条苗培育的基本概念、分类。各类压条育苗的适用对象和技术要点。分株育苗的基本概念和分类，使用对象和技术要求。无病毒果苗的基本概念和优点。果树苗木主要脱毒途径，繁殖无病毒果树苗木的要求及培育过程。果树苗木出圃的程序包括出圃前准备，苗木挖掘、分级与修苗，检疫与消毒和苗木包装与贮藏。

果树育苗是繁殖、培育优质果树苗木的技术。苗木是果树生产的基础。果树育苗的最终目标是培育纯正、生长健壮、根系发达、无检疫对象及其他病虫害的品种和砧木的优良苗木。果树育苗的任务是培育一定数量，适应当地自然条件、丰产、优质的果苗，以供发展果树生产的需要。果树苗木从繁殖材料和方法可分为实生苗、自根苗、嫁接苗；从砧木特性上可分为乔化苗、矮花苗，其中矮花苗又分为矮化自根砧苗和矮化中间砧苗。各种果树的育苗技术不完全相同，但主要繁殖方法有两大类：一类是有性繁殖，利用种子培育实生苗；另一类是无性繁殖，就是以果树营养器官为繁殖材料培育果苗，因此又称营养繁殖，如嫁接苗、扦插苗、压条苗、分株苗、组培苗即属此类。由于无性繁殖无果树生产上的童期阶段（幼年阶段），有利于早果丰产，提高果实的产量和品质，因此在生产上应用较为普遍。

第一节 苗圃创建

苗圃是提供优质苗木的场所，也是探索植物繁殖新方法，改进育苗技术的试验基地。

一、苗圃地选择

苗圃地选择应从当地具体情况出发，因地制宜，改良土壤，建立苗圃。在确定苗圃地点时，应注意以下 6 点事项。

1. 地点

苗圃应设在果树发展的中心，交通比较便利的地方。育成的苗木对当地自然条件适应性强，栽植成活率高，生长发育好。但工厂和交通主干道附近不宜选作苗圃地。

2. 地势

苗圃地的土壤宜选择背风向阳、排水良好、地势较高、地形平坦开阔的地方。坡地育苗应选坡面在3°以下的地方。坡度过大的必须修筑梯田。地下水位在1.5 m以上的低洼地、光照不足的山谷地均不宜做苗圃地。

3. 土壤

苗圃地的土壤以土层深厚(1 m以上)而疏松肥沃，中性或微酸性的沙质壤土、轻黏壤土为宜。黏重土、沙土或盐碱化较重的地块，必须进行土壤改良，分别掺沙、掺黏和修台田，并大量施用有机肥料后才能用作苗圃地。淘汰的老果园不宜做育苗地，前茬育过苗的地不宜连作，特别是繁殖同一种苗木，至少需要间隔2～3年。

4. 水源

苗圃地应具备良好的水源，随时保证水分供应，并且水质应符合有关要求。所需灌溉用水，尽量利用河流、湖泊、池塘、水库的水源，但苗圃地不宜离这些水源过近。如无，则应选择地下水丰富，可以打井灌溉的地方作苗圃。

5. 气候

气候包括温度、雨量、光照、霜期及自然灾害等。应考虑其对苗木生长有无较大影响，如冬季严寒的情况下应采取防寒措施或建立保护地设施等。

6. 病虫害

苗圃地应尽量选在无病虫害和鸟兽害的地方。附近不要有能传染病菌的苗木，远离成龄果园；不能有病虫害的中间寄主，如成片的松柏、刺槐等；常年种植马铃薯、茄科和十字花科蔬菜的土地，不宜选作苗圃地。

二、苗圃地规划

小型苗圃一般面积在2 hm^2以下，育苗种类和数量都比较少，可不进行区划，而以畦为单位，分别培育不同树种、品种的苗木。较大型苗圃面积在2 hm^2以上，应搞好规划设计工作。苗圃地的规划应根据育苗的性质、任务、苗木种类，结合当地的气候条件、地形、土壤等资料分析论证，周密考虑。本着经济利用土地，便于生产和管理的原则，合理分配生产用地和非生产用地，划分必要的功能园区。现代化专业性苗圃规划包括母本园和繁殖区两部分；苗圃土地规划包括育苗用地和非育苗用地。其中，繁殖育苗地一般占60%。

1. 母本园

母本园是生产繁殖材料的圃地。繁殖材料是指用作育苗的种子、接穗、芽、插穗(条)、根等。包括品种母本园、无病毒采穗圃和砧木母本园等。品种母本园主要任务是提供繁殖苗木所需要的接穗和插条。包括两种类型。一是在科研单位建立的现代化原种母本园和一、二级品种母本园。其中母本繁殖材料可向生产单位提供,建立低一级的品种母本园。二是生产单位在品种纯度高、环境条件好、无检疫对象的果园,去杂去劣,高接换头,进一步提高品种纯度,改造建成母本园。建立无病毒采穗圃,应从国家或省级无病毒园引进苗木,进行隔离栽植,要求采穗圃应距现有果园 3 km 以上。未种植过果树,与普通果树或苗木的隔离带距离至少 50 m,栽植密度行距 3 m 以上,株距 2 m 以上。砧木母本园是生产砧木种子或营养系繁殖材料的园区。

2. 繁殖区

繁殖区也称育苗圃,是苗圃规划的主要内容,应选最好的地块。可按所培育苗木的种类将繁殖区分为实生苗培育区、自根苗培育区和嫁接苗培育区;或按树种分区:如苹果育苗区、梨育苗区、桃育苗区和葡萄扦插区等;或按相同苗木、相同苗龄的苗木集中管理。各育苗区最好结合地形采用长方形划分,一般长度不短于 100 m,宽度为长度的 1/3～1/2。繁殖区必须实行轮作,同一树种一般要种 2～3 年其他作物后再育苗,但不同种类可短些。

3. 配套设施

配套设施就是非育苗用地。包括道路、排灌系统和防护林、房屋及其他建筑物等。规划路的宽窄以苗圃面积和使用交通工具的种类而定。一般分为干路、支路、小路 3 级。干路为苗圃与外部联系的主要道路,大型苗圃干路宽约 6 m 左右。支路可结合大区划分进行设置,一般路宽 3 m。大区内可根据需要分成若干小区,小区间可设若干小路。在规划路的同时,应统一安排灌溉和排水系统、房屋及其他建筑物。这些应本着便于管理、节省开支、少占耕地的原则安排。

三、育苗方式

1. 露地育苗

露地育苗是指果苗培育的全过程或大部分是在露地条件下进行的育苗方式。通常在苗圃修筑苗床,将繁殖材料置于苗床中培育成苗。小批量和短期性自用苗木的生产,可在拟建园地的就近选择合适的地块,建立小面积临时性苗圃培育苗木。大批量和长期性商品苗木生产,应建立专业化的大型苗圃。露地育苗是我国目前广泛采用的主要育苗方式。

2. 保护地育苗

保护地育苗就是利用保护设施对环境条件(温度、湿度、光照等)进行有效控制,促进苗木生长发育,提早或延迟生长,培育优质壮苗。保护地设施常见的有以下类型。

(1)温床

在苗床表土下 15～25 cm 处设置热源提升地温。如利用电热线、酿热物(骡、马、羊、牛粪或麦糠)、火炕等,建立温床,提高基质温度,对扦插苗的促根培养极为有利。

(2)温室

通常采用普通日光温室,室内的温度、湿度、光照、通气等环境条件与露地大不相同,而且能根据苗木的需要进行人为控制。这种设施可促进种子提早萌发,出苗整齐,生长迅速,发育健壮,延长生长期,有利于快速繁殖。

(3)塑料拱棚

用细竹竿或薄木片等在床面插设小拱架,覆盖塑料薄膜,建成塑料小拱棚。利用薄膜和日光增加棚内温度,一般气温可维持在 25℃左右,配合铺设地膜,可提高地温。塑料拱棚已在生产上广泛应用。

(4)地膜覆盖

地膜覆盖就是用塑料薄膜覆盖在苗床上。一般以深色薄膜覆盖较好。可促进插穗生根,提高扦插成活率。

(5)阴棚

就是在苗床上设置棚架,架顶覆盖遮阳网或苇箔、竹箔、席片等遮阴材料。阴棚主要在生长季遮阴,能避免强光直射,防止幼苗失水或灼伤。

(6)弥雾

利用弥雾装置,在喷雾条件下培育苗木。常用的有电子叶全光自动间歇喷雾(通过特制的感湿软件——电子叶、微信息电路及执行部件,控制间歇喷雾)与悬臂式全光喷雾(主要组成部分包括喷水动力、自控仪、支架、悬臂和喷头)两种类型。弥雾育苗是近几年推广应用的快速育苗新技术,主要用于嫩枝扦插育苗。

3. 容器育苗

容器育苗就是在容器中装入配置好的基质进行育苗的方法。在集约化育苗、组织培养生根苗入土前的过渡培养、葡萄的快速育苗及稀有珍贵苗木的扦插繁殖中应用。容器类型包括纸袋、塑料薄膜袋、塑料钵、瓦盆、泥炭盆、蜂窝式纸杯等。播种和移栽组织培养苗,容器直径 5～6 cm,高 8～10 cm;扦插育苗直径 6～10 cm,高 15～20 cm。容器育苗的基质或营养土可单一使用,也可混合使用。播种宜用园土、粪肥、河沙等的混合材料,扦插繁殖和组胚苗的过渡培养,多单用蛭石、珍珠岩、炭化砻糠、河沙、煤渣等通气好的材料,不混用有机质和肥料。泥炭是容器育苗理想的培养基质,尿醛泡沫塑料是容器育苗的新型基质材料。营养土配制的原则是因地制宜,就地取材。对营养土的要求是蓄水保墒,通气良好,重量轻,化学性质稳定,不带草种、害虫和病原体。其具体配方有 3 个:配方 1 为泥、土、腐熟有机肥各 1 份;配方 2 为泥炭土 50%,蛭石 30%,珍珠岩 20%,再加适量的腐熟人畜粪尿;配方 3 为淤泥、泥炭土、河沙各等份,再加适量的饼肥和过磷酸钙。容器育苗的操作步骤是:将培养土装入容器内。培养土装至容器容量的 95%,排放整齐,浇水。待水渗下后,播种、覆土。覆土厚度视种子大小而定,一般为种子直径的 1～3 倍。容器育苗能否成功,关键是能够有效控制温湿度。苗木生长适温为 18～28℃,空气相对湿度为 80%～95%,土壤水分保持在田间持水量的 80%左右。幼苗长到 4～5 片真叶时,再根据是否充分形成根系团确定移栽。移栽时如果是纸钵,直接栽到地下即可。如果是塑料钵,可先将底部打开,待栽到地下后,再将塑料袋抽出。

4.试管育苗

试管育苗又称组织培养育苗,是指在人工配置的无菌培养基中,使植物离体组织细胞培养成完整植株的繁殖方法。因最初应用的培养容器多为试管,故又称试管育苗。试管育苗根据所用材料不同可分为茎尖培养、茎段培养、叶片培养和胚培养等。试管育苗在果树生产上主要用于快速繁殖自根苗,脱除病毒,培养无病毒苗木,繁殖和保存无籽果实的珍贵果树良种,多胚性品种未成熟胚的早期离体培养,胚乳多倍体和单倍体育种等。该种育苗方式繁殖速度快,经济效益高,占地空间小,不受季节限制,便于工厂化生产,但对技术要求比较高。

苗木生产过程,常将各种方式组合,形成最优化生产。如保护地育苗中,同时采用日光温室、温床、遮阳网及容器育苗等多种方式。

四、苗圃地档案制度

(1)苗圃地情况。苗圃地原来地貌特点,改造建成后苗圃地平面图、高程图和附属设施图,并按比例制留档案。

(2)土壤情况。土壤类型,各区土壤肥力原始水平及建立土壤改良档案和各区土壤肥力变化档案。

(3)苗圃地育苗情况。各区树种、品种档案和母本园引种档案、栽植图。每次育苗后画出栽植图,按树种、品种标明面积、数量、嫁接或扦插的品种区、行号和株号。母本园栽植图要复制份数。

(4)苗木销售档案建立。将每次销售苗木种类、数量去向都记入档案。

(5)苗圃土地轮作档案。将轮作计划和实际执行情况以及轮作后的种苗生长情况都归入档案。

(6)育苗技术。将繁殖方法、时期、成活率和主要管理措施记入档案,同时记入主要病虫害及防治方法。

思考题:

1.什么是苗圃?其创建应从哪几个方面着手?

2.苗圃地选择应注意哪些事项?

3.苗圃地如何进行规划?

4.果树育苗方式有哪些?

5.保护地育苗常见的有哪几种类型?

6.容器育苗能否成功的关键是什么?

7.什么是试管育苗?其适用对象是什么?

8.苗圃地档案制度主要包括哪些内容?

第二节 实生苗培育

一、基本概念

实生繁殖是指利用种子繁殖苗木的方法，而实生苗则是指直接用种子播种繁殖的苗木。

1. 实生苗特点

(1)繁殖方法简单，易于繁殖。
(2)种子来源多，可进行大量繁殖。
(3)实生苗根系发达，生长健壮，对外界环境条件具有较强的适应性。
(4)实生苗生长较快，寿命较长，产量较高。
(5)实生苗进入结果期较晚。
(6)实生苗变异性较大，不易保持原品种的优良性状，尤其是异花授粉树种。

2. 利用

果树生产中除核桃、板栗等个别树种有时采用实生繁殖外，一般不采用实生苗作为果树生产的苗木。实生苗在果树生产中的利用主要有两个方面：一是利用实生苗抗逆性强的特点，作为繁殖嫁接苗的主要砧木来源；二是通过杂交育种，得到杂交种子，经实生繁殖后筛选培育新品种。

二、培育过程

1. 种子采集

(1)选择优良母本树

母本树要选择品种纯正、生长健壮、无检疫病虫害和病毒病害方面的单株作为采种母本树。培育核桃、板栗实生树苗还要注意选择丰产稳产、品质优良的母株进行采种。

(2)适时采收

根据当地气候条件和果树种类确定果树种子采收期。但采种用的果实必须充分成熟时采收。判断种子是否成熟，主要根据果实和种子成熟时表现的外部形态特征来鉴定。若果实由绿色变成红色或黄色，果肉变软，种子充实饱满，种皮色泽加深而有光泽则表明种子已成熟，否则未成熟。主要果树砧木种子采收期见表 3-1。

(3)果实选择

果实选择肥大、果形端正、外观品质具有该品种典型特征的果实进行采种。如果果实发育不正常，其内部种子也常常发育不正常。

表 3-1　主要果树砧木种子采收期、层积天数和播种量

名称	采收时期/月	层积天数/d	1 kg 种子粒数/粒	播种量/(kg/hm^2)
山定子	9～10	30～90	150 000～220 000	15～22.5
楸子	9～10	40～50	40 000～60 000	15～22.5
西府海棠	9 月下旬	40～60	约 60 000	25～30
沙果	7～8	60～80	约 44 800	15～34.5
新疆野苹果	9～10	40～60	35 000～45 000	35～45
杜梨	9～10	60～80	28 000～70 000	15～37.5
豆梨	9～10	10～30	80 000～90 000	7.5～22.5
山桃	7～8	80～100	400～600	450～750
毛桃	7～8	80～100	200～400	450～750
杏	6～7	80～100	300～400	400～600
山杏	6～7	80～100	800～1 400	225～450
李	6～8	60～100	—	200～400
毛樱桃	6	—	8 000～14 000	112.5～150
甜樱桃	6～7	150～180	10 000～16 000	112.5～150
中国樱桃	4～5	90～150	—	100～130
山楂	8～11	200～300	13 000～18 000	112.5～225
枣	9	60～90	2 000～2 600	112.5～150
酸枣	9	60～90	4 000～5 600	60～300
君迁子	11	30 左右	3 400～8 000	75～150
野生板栗	9～10	100～150	120～300	1 500～2 250
核桃	9	60～80	70～100	1 500～2 250
核桃楸	9	—	100～160	2 250～2 625
山葡萄	8	90～120	26 000～30 000	22.5～37.5
猕猴桃	9	60～90	100 万～160 万	—
草莓	4～5	—	200 万	—

(4)取种

对于山定子、杜梨、山桃、核桃、山杏等果肉无利用价值，可将果实放入缸内或堆积于背阴处，堆放厚度 25～35 cm，堆温 25～30℃，严防堆温超过 30℃，使果肉变软腐烂。在堆放期间经常翻动或洒水降温。果肉软化腐烂后，揉碎并用清水淘洗干净，取出种子。果肉有利用价值的山楂、野苹果、山葡萄等，可结合加工过程取种。但要防止 45℃以上高温、强碱、强酸和机械损伤。板栗、甜樱桃种子在堆积过程中要注意喷水加湿。

2. 种子贮藏

种子贮藏前要薄摊于阴凉通风处晾干(板栗、甜樱桃除外),切不可暴晒。场地限制或阴雨天气时,亦可人工干燥。种子晾干后进行精选,除去杂物,挑去不饱满、受到机械伤害、病虫害和畸形的种子,使种子纯净度达95%以上。在贮藏过程中,应注意调控好种子含水量、温度、湿度和通气状况。多数种子贮藏时适宜含水量与充分风干的含水量大致相同;空气相对湿度控制在50%~70%,气温控制在0~10℃。贮藏过程中保持种子通风状态,防止积累CO_2使种子中毒变质。对板栗、甜樱桃种子失水情况下易失去生活力的不能干燥贮藏,应立即播种或湿藏。

3. 种子层积处理

(1)种子休眠

大部分落叶果树的种子具有自然休眠的特性,就是具有生活力的种子即使给予适宜的水分、温度和通气条件也不能随时萌发的现象。种子的休眠是植物在长期进化过程中形成的对外界不利环境条件的一种适应能力,对树种的生存和繁殖是有利的,也有利于种子的贮藏,但不利于育苗时播种发芽。

(2)层积处理

层积处理是落叶果树的种子在采收后处于休眠状态,需要经过一段时间的低温、湿润处理才能打破休眠使种子萌发的处理方法。层积处理的具体方法是:用洁净的湿润河沙作为层积材料,沙的含水量为50%左右,以手握成团,但不滴水为度。沙子用量为小粒种子一般为种子体积的3~5倍,大粒种子一般为5~10倍。层积种子量大时,可在干燥背风处挖沟,沟深60~90 cm,宽80~100 cm,沟长随种子多少而定。首先在沟底铺一层5~10 cm厚的湿沙,然后一层种子一层湿沙,分层铺放,每层厚5 cm左右。大粒种子可不分层,与湿沙混合均匀后直接填入沟内。离地面10 cm时,用河沙覆盖至稍高出地面,盖上一层草后用泥土覆盖成龟背形,四周挖好排水沟防止雨水灌入层积沟内。为改善通气条件,可相距一定距离垂直放入秸秆束(图3-1)。需要处理种子量较少时可在木箱、瓦罐中层积后置于地窖内。层积适宜温度为2~7℃,层积时间根据树种不同而差异较大(表3-2)。开始进行层积处理的时间依据播种期和层积处理所需天数向前推算即可。要求记载好层积种子的名称、数量和日期,并上下翻动;如沙

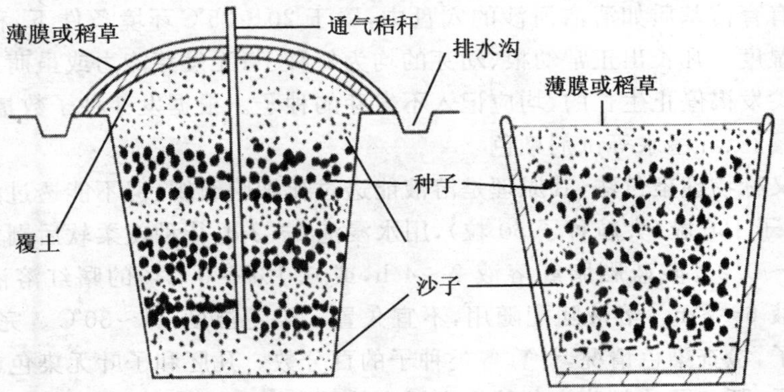

图 3-1 种子层积处理

子变干，应适当洒水；发现霉烂种子及时挑出；春季气温上升时，注意种子萌动情况。如距离播种期较远而种子已萌动，应立即将其转移到冷凉处；若已接近播种期，种子尚未萌动，可白天揭开坑上覆土，盖上塑料薄膜增温，夜间加盖草帘保温。

表 3-2　不同种子层积时间(2～7℃)　d

树种	层积处理时间	树种	层积处理时间
湖北海棠	30～35	猕猴桃	60
海棠果	40～50	酸枣	60～100
山定子	25～90	山桃、毛桃	80～100
八棱海棠	40～60	山葡萄	90
杜梨	60	杏	100
沙果	60～80	中国李	80～120
核桃	60～80	甜樱桃	100
山杏	45～100	山楂	200～300
扁桃	45	山樱桃	180～240
板栗	100～180	酸樱桃	150～180

4. 种子生活力鉴定

(1)目测法

观察种子的外表和内部。一般生活力强的种子，种皮不皱缩，有光泽，种粒饱满。剥去内种皮后，胚和子叶呈乳白色，不透明，有弹性，用手按压不破碎，无霉烂味；而种粒瘪小，种皮发白且发暗无光泽，弹性小或无弹性，胚及子叶变黄或污白，都是生活力减退或失去生活力的种子。目测后，计算正常种子与劣质种子的百分数，判断种子生活力情况。

(2)发芽试验法

发芽试验法就是在适宜条件下使种子发芽，直接测定种子的发芽能力。但供测种子必须是无需休眠或已解除休眠的。具体方法是取一定数量的种子(小粒种子 100 粒，大粒种子 50 粒)，播种在装有育苗基质如清洁河沙的穴盘中，置于 20～25℃环境条件下，种子发芽过程中注意保持穴盘湿度。凡长出正常幼根、幼芽的均为好种子；无发芽能力或虽萌发，但幼根、幼芽畸形、残缺、根尖发褐停止生长的，均应记入不发芽的种子。根据发芽种子数量，计算发芽率。

(3)靛蓝、曙红、红墨水等试剂染色

该种染色又称物理染色法，其原理是溶液能透过死细胞组织，但不能透过活细胞。具体操作方法是：取种子 100 粒(大粒种子 50 粒)，用水浸泡 1～2 d，待种皮柔软后剥去外种皮与内种皮，浸入 0.1%～0.2%靛蓝胭脂红溶液 2～4 h，或 0.1%～0.2%的曙红溶液 1 h，或 5%～10%红墨水溶液 6～8 h。溶液随配随用，不宜久置。染色温度 20～30℃。完成染色时间后，用清水漂洗种子，检查染色情况，计算各类种子的百分数。凡胚和子叶无染色或稍有浅斑的为有生活力的种子，胚和子叶部分染色的为生活力较差的种子，胚和子叶完全染色的为无生活力的种子。

(4)氯化三苯四氮唑(TTC)染色

又称化学染色法,其原理是当TTC溶液渗入种胚的活细胞内,并作为氢受体被脱氢辅酶上的氢还原时,便由无色的TTC变为红色的TPF(三苯基甲),而无生活力种子则无此反应。染色方法大致与靛蓝胭脂红相同。氯化三苯四氮唑溶液配制浓度为0.5%(小粒种子)至1%(大粒种子),在黑暗条件下,保持20~30℃,染色3 h。生活力强的种子全部均匀明显着色;中等生活力种子,染色较浅;无生活力种子,子叶及胚附近大面积不着色。

(5)X光照相法

X光照相法是一种无伤检验方法,能探及种子的饱满度、空壳率、虫害、胚成熟度和生活力等,且不受种子休眠期的影响。其原理是基于老化劣变种子的细胞失去半透性,用重金属盐类(如$BaCl_2$、$BaSO_4$)作为照相衬比剂处理后,手损伤细胞能吸收衬比剂,在软X射线下照相可显示出不同程度深浅的阴影,进而鉴别出种子劣变或损伤的程度。

(6)烘烤法

此法适合苹果、梨等中小粒种子的简易快速测定。具体方法是:取少量种子,数清粒数,将其放在炒勺、铁片或炉盖上,加热炒烤,有生活力的好种子会发出"叭叭"的爆裂声响,而无生活力种子则无声焦化,然后统计好种子百分率。

除此之外,还可采用分光光度计测定光密度来判断种子生活力,用过氧化氢(H_2O_2)鉴定法测定种子生活力等。

5.播种

(1)播前处理

①播种前种子处理。沙藏未萌动或未经沙藏处理的种子,播种前应进行浸种催芽处理。对中小粒种子常用温水浸种。具体方法是将种子放入40℃左右的温水中,不断搅拌,直至冷凉为止,然后放入清水中浸泡2~3 d(每天换水1~2次)后,捞出种子,混以湿沙,平摊在塑料拱棚、温室大棚,或用地热装置,控温在20~25℃,加盖草帘,保湿保温,每天用30~40℃的温水冲洒1~2次。当有20%~30%的种子露出白尖时,进行播种。

②播种前土壤处理。a.土壤消毒。在整地时,对土壤进行处理。一般用50%的多菌灵可湿性粉剂600倍液或70%的甲基托布津可湿性粉剂1 000倍液或50%的福美双可湿性粉剂600倍液,地表喷布5~6 kg/667 m^2,防治烂芽、立枯、猝倒、根腐等病害。地下害虫蛴螬、地老虎、蝼蛄、金针虫可用50%辛硫磷乳油300 mL拌土25~30 kg/667 m^2,撒施于地表,然后耕翻入土。缺铁土壤,施入硫酸亚铁10~15 kg/667 m^2,以防苗木黄化病的发生。b.施入基肥。基肥在整地前施入,亦可作畦后施入畦内,翻入土壤。一般施充分腐熟有机肥2 500~4 000 kg/667 m^2,同时混入过磷酸钙25 kg/667 m^2、草木灰25 kg/667 m^2,或混入复合肥、果树专用肥。c.整地作畦。苗圃地喷药、施肥后,深耕细耙土壤,耕翻25~30 cm深,并清除影响种子发芽的杂草、残根、石块等障碍物。土壤经过耕翻平整后作平畦。一般畦宽1 m、长10 m左右,畦埂30 cm,畦面应耕平整细。低洼地采用高畦苗床,畦面高出地面15~20 cm。畦四周开25 cm深的沟。

(2)播种期

播种分秋播和春播。秋播在秋末冬初土壤结冻之前进行,一般在10月中旬至11月中旬。在无灌溉条件的干旱地区及旱地采用秋播,但怕冻种子如板栗等不宜秋播。春播在土壤解冻后进行，一般在3月中旬至4月中旬。塑料拱棚、日光温室育苗播种时间比露地依次提前。冬季干旱、风大、严寒、鸟兽危害较重的地区宜采用春播，春播一般在立春开始，抢墒播种，并尽量缩短播种时间。

(3)播种量

播种量是指单位土地面积的用种量。通常以每667 m^2 用种量(kg)或每公顷用种量(kg)表示。播种量的大小受到种子大小、种子发芽率、种子纯净度和每667 m^2 留苗量的影响(表3-3)。在生产中，实际播种量比理论计算值略高。各地可根据当地实际条件因地制宜地选择适合当地的播种量。

表3-3 主要砧木种子粒数、播种量及每亩留苗数

树种	每千克种子粒数/粒	每667 m^2 播种量/kg	每667 m^2 留苗数/棵
山定子	160 000～180 000	0.5～1.0	8 000～10 000
海棠	50 000～60 000	1.0～1.5	8 000～10 000
杜梨	80 000～90 000	1.5～2.0	8 000～10 000
山桃	400～500	25～30	5 000～6 000
山杏	400～800	25～30	6 000～7 000
核桃	60～80	100～150	3 000～4 000
板栗	150～200	125～150	5 000～6 000
黑枣	6 000～7 000	5～6	6 000～7 000

(4)播种方式和方法

播种方式有大田直播和苗床密播两种。大田直播是将种子直接播种在嫁接圃内；苗床密播是将种子稠密地播种在苗床内，出苗后移栽到大田进行培养的方式。各地应根据当地劳力状况，选择适宜的播种方式。播种方法有撒播、点播和条播3种。撒播适用于小粒种子苗床密播。具体方法是：育苗前先做好苗床，床宽1.0～1.2 m、长5～10 m、深20 cm，东西向设置。床低铲平、压实，撒一层草木灰，铺10 cm厚的培养土，用木板刮平，并轻微镇压。播种前将层积的种子筛去沙子，浸种催芽，有50%以上露白时播种，先用水灌足苗床，待水渗下后，将种子均匀撒播在床面。种子撒播后，覆盖1 cm厚的培养土或湿沙。然后在苗床上搭塑料小拱棚。大田直播多用条播，大、中、小粒种子都可采用。条播通常采用宽窄行播种。一般仁果类宽行50 cm，窄行25 cm，1 m宽的畦播4行；核果类宽行60 cm，窄行30 cm，畦宽1.2 m为宜。播时先按行距开沟，沟的深度以种子大小和土壤性质而定。大粒种子宜深，小粒种子宜浅；土壤疏松的应深，土壤黏重的要浅。沟开好后将种子撒在沟中，然后覆土。点播主要用于核桃、板栗、桃、杏等大粒种子。容器育苗小粒种子也多采用点播。大粒种子点播育苗，一般畦宽1 m，每畦播2～3行，株距15 cm。将种子直接播下即可，但核桃种子要将种尖侧放，缝合线与地面保持垂直；板栗种子要平放。

(5)播种深度

播种深度与种子大小成正比，种子越大，播种越深。一般是种子直径的1～3倍。大粒种子气候干燥，沙质土壤可适当深播；小粒种子，气候湿润，黏质土应浅播。秋播比春播略深。生产上不同果树种子播种深度大致为：草莓、猕猴桃、无花果等播后不覆土，稍加镇压或筛以微薄细沙土，不见种子即可；山定子播种深度不超过 1 cm；楸子、沙果、杜梨、葡萄、君迁子等播种深度 1.5～2.5 cm；樱桃、枣、山楂、银杏等播种深度 3～4 cm；桃、山桃和杏等播种深度 4～5 cm；核桃、板栗等播种深度 5～6 cm。

6. 播种后管理

(1)覆盖

播种后，床面覆盖作物秸秆、草类、树叶、芦苇等材料。覆盖厚度取决于播种期和当地气候条件，秋播宜厚，为 5～10 cm，春播宜薄，为 2～3 cm，干旱、风多、寒冷地区适当盖厚。在覆盖的草被上，点撒少量细土。当有 20%～30%幼苗出土时，应逐渐撤除覆盖物。为防止环境突变对幼苗出土带来的不良影响，撤除覆盖物最好在阴天或傍晚进行，且应分 2～3 次揭除。

(2)间苗、定苗与移栽

间苗是把多余的苗拔掉，确定留量，使幼苗分布均匀、整齐、分散。第 1 次间苗在幼苗出土，长到 2～3 片真叶时进行。拔去弱苗、病苗和过密苗。5～6 片真叶时第 2 次间苗并定苗，小粒种子距离 10 cm，大粒种子 15～20 cm。间去小、弱、密、病、虫苗。间出的幼苗剔除病弱苗和损伤苗，移栽到缺苗地方。移栽前 2～3 d 灌水 1 次。移栽最好在阴天或傍晚进行，栽后立即浇水。首先补齐缺苗断垄的地方，然后将多余的苗栽入空地。

(3)浇水

种子萌发出土和幼苗期播种地必须保持湿润。种子萌发出土前后，忌大水漫灌，尤其中小粒种子更甚。如果需要灌水，以渗灌、滴灌和喷灌方式为好。无条件者可用喷雾器喷水增墒。苗高 10 cm 以上，4～5 片真叶时，不同灌溉方式均可采用，但幼苗期漫灌时水流量不宜过大。生长期根据土壤墒情、苗木生长状况和天气情况，适时适量灌水，秋季控制肥水，越冬前灌足封冻水。

(4)追肥

砧木苗在生长期(4～10 月份)结合灌水进行土壤追肥 1～2 次。第 1 次追肥在 5～6 月份，施用尿素 8～10 kg/667 m^2，第 2 次追肥在 7 月上、中旬，施复合肥 10～15 kg/667 m^2。除土壤追肥外，结合防治病虫，进行叶面喷肥，生长前期(8 月中旬以前)喷 0.3%～0.5%的尿素；8 月中旬以后喷 0.5%的磷酸二氢钾。或交替使用有机腐殖酸液肥、氨基酸复合肥等。

(5)断根

在留床苗苗高 10～20 cm 时断根，离苗 10 cm 左右倾斜 45°斜插下铲，将主根截断促发侧根，对移栽苗移栽时切断主根。

(6)中耕除草

苗木出土后及整个生长期，经常中耕锄草，特别是每次浇水或下雨后都要及时中耕，使畦面保持疏松无杂草状态。

(7)应用植物生长调节剂

喷施赤霉素(GA_3)，可加速苗木生长。

(8)防治病虫害

幼苗期注意立枯病、白粉病与地老虎、蛴螬、蝼蛄、金针虫、蚜虫等主要病虫害的防治。针对不同病虫害，喷布高效、低毒、低残留易分解的农药。如发现立枯病可用 65%代森锌可湿性粉剂 500 液倍或 50%甲基托布津可湿性粉剂 800～1 000 倍液防治。

思考题：

1.什么是果树实生苗？其特点如何？生产上如何利用？
2.实生苗培育程序如何？
3.什么是种子层积处理？其方法步骤如何？
4.种子生活力鉴定方法有哪些？
5.果树播种后管理技术要点有哪些？

第三节　嫁接苗培育

嫁接是指将一植株的枝或芽移接到另一植株的枝、干或根上，接口愈合形成一个新植株的技术。嫁接包括接穗(芽)和砧木两部分。接穗与接芽是指用作嫁接的枝与芽；而砧木是指承受接穗或接芽的部分。

一、嫁接苗的特点和利用

1.特点

(1)嫁接苗能保持栽培品种的优良性状，很快进入结果期。
(2)繁殖系数高。
(3)利用砧木可增强果树的抗性、适应性，扩大栽植区域。
(4)调节树势，使树冠矮化、紧凑，便于树冠管理。
(5)可经济利用接穗，大量繁殖苗木，克服某些果树用其他方法不易繁殖的困难，是果树生产上主要的育苗方法。

2.利用

(1)嫁接苗在生产上大量用作果苗，几乎全部主要树种都用嫁接苗生产果实。
(2)对于用扦插、分株不易繁殖的树种、品种和无核品种常用嫁接繁殖。
(3)果树育种上可用嫁接保存营养系变异，使杂种苗提早结果。
(4)高接换头，繁殖接穗等材料，建立母本园，生产上更新品种。

二、影响嫁接成活的因素

1.嫁接亲和力

嫁接亲和力指砧木和接穗的亲和力，是决定嫁接成活的主要因素。具体指砧木和接穗形成层密接后能否愈合成活和正常生长结果的能力。砧木接穗能结合成活，并能长期正常地生长结实，达到经济生产目的，就是亲和力良好的表现。如果嫁接虽然成活，但表现生长发育异常，或者虽然结果，而无经济价值，或生长结果一段时间后，植株死亡，都是嫁接不亲和或亲和力不强的表现。亲和力与植物亲缘关系远近有关。一般亲缘关系越近，亲和力越强，越易成活；同种、同品种亲和力强；同属异种，亲和力较强；同科异属，亲和力较弱；不同科亲和力差，嫁接不成活。果树砧穗嫁接不亲和表现见图 3-2。

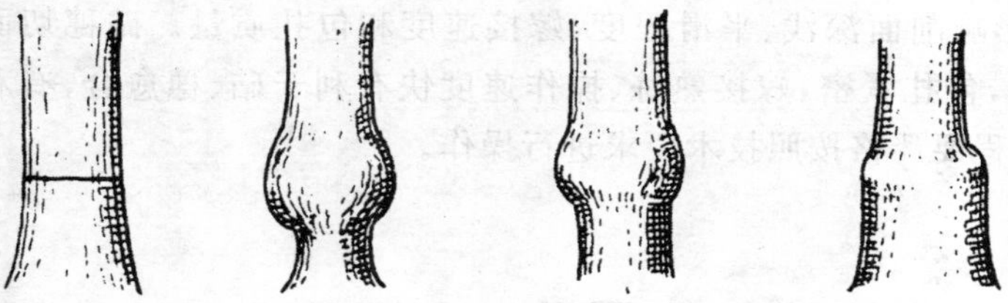

图 3-2 嫁接不亲和表现

1. 嫁接愈合正常 2. 小脚 3. 肿瘤 4. 大脚

2. 生理与生化特性

一般接穗芽眼在休眠状态下，砧木处于休眠状态或刚萌芽状态，任何方法的嫁接都易成活；砧木生理活动过旺时，用不去顶的腹接法嫁接最好；砧穗双方形成层活动旺盛，应用芽接法嫁接。根压大的果树，如葡萄、核桃、猕猴桃等春季易产生伤流，宜在夏秋芽接或绿枝接；桃、杏等果树易产生流胶，一般在 8 月下旬以前嫁接。柿子、核桃、板栗等果树，伤口易形成单宁氧化膜，嫁接成活率比较低。因此，选择适宜嫁接时期、相应嫁接方法以及提高嫁接速度，可促进成活。

3. 营养条件

营养条件指砧木和接穗的营养状况。砧木生长健壮、发育充实、粗度适宜、无病虫害的苗，嫁接成活率高，接穗（芽）萌发早，生长快，生长不良的细弱砧木苗，嫁接操作困难，成活率低。接穗应选用生长良好、营养充足、木质化程度高、芽体饱满、保持新鲜的枝条。在同一枝条上，应利用中间充实部位的芽或枝段进行嫁接。质量较差的梢部芽不宜使用，枝条基部的瘪芽亦不宜使用。

4. 极性

嫁接时，必须保持砧木与接穗极性顺序的一致性，也就是接穗的基端（下端）与砧木的顶端（上端）对接，芽接也要顺应极性方向，顺序不能颠倒，这样才能愈合良好，正常生长。否则将违反植物生长的极性规律而无法成活或成活而不能正常生长。

5. 环境条件

嫁接成活与温度、湿度、光照、空气等环境条件有关。一般气温在 20～25℃，接穗含水量 50％左右，嫁接口相对湿度在 95％～100％，土壤湿度相当于田间持水量的 60％～80％，嫁接伤口采用塑料薄膜条包扎。嫁接后套塑料袋,有利于嫁接成活。在夏秋季嫁接,苗圃遮阴降温会提高嫁接成活率。低温、高温、干旱、阴雨天气都不利于嫁接成活。

6.嫁接技术

嫁接技术包括不同树种最适宜嫁接时期和嫁接方法的选择、操作者的操作水平等。嫁接可全年进行,但芽接最适宜的嫁接时期为6～10月份,枝接最适宜的嫁接时期为春、秋两季。操作者水平直接影响削面深浅、平滑程度、嫁接速度和包扎质量。砧穗切面深浅适宜、平滑,砧、穗形成层对准,包扎紧密,嫁接熟练、操作速度快有利于砧、穗愈合,有利于提高嫁接成活率。因此,嫁接过程要严格按照技术要求进行操作。

三、砧木和接穗的相互影响

1.砧木对接穗的影响

砧木对接穗的影响主要表现在5个方面:一是影响嫁接树树冠的大小。若接穗嫁接在乔化砧上,树体高大;而嫁接在矮化砧上,则树体表现矮小。二是影响嫁接树的长势、枝形及树形。接穗嫁接在矮化砧上,树体长势缓和,枝条加粗、缩短,长枝减少,短枝增加,树冠开张,干性削弱。而接穗嫁接在乔化砧上则正好相反。三是影响嫁接树结果习性。同一品种嫁接在不同砧木上,始果年限可提早或推迟1～3年,果个、色泽、可溶性固形物含量等均有所差异。四是影响嫁接树抗逆性。用山定子作砧木嫁接苹果树,其抗寒能力大大增强,但耐盐碱能力减弱,在稍偏碱地方易发生黄叶病。葡萄树在绝大部分地区栽培自根苗即可,但在东北地区应采用抗寒砧木的嫁接苗,可提高其耐寒性。五是影响嫁接树的寿命。嫁接树接穗大多来自发育成熟的大树上,无实生树的"童期"阶段,其寿命比实生树短。此外,同一品种嫁接在乔化砧上,寿命长,而嫁接在矮化砧上寿命短。

2.接穗对砧木的影响

接穗影响砧根系分布的深度、根系的生长高峰及根系的抗逆性。还可影响根系中营养物质的含量及酶的活性。进而影响嫁接树的生长、结果、果实品质以及树冠部分的抗性、适应性等方面。

3.中间砧对接穗和砧木的影响

中间砧是嵌入接穗和砧木之间的一段茎干,它对上部(树冠)及下部(基砧)都有一定影响。具体表现为两方面:一是中间砧对接穗的影响非常明显。苹果矮化中间砧能使树体矮化。矮化程度与中间砧成正比,一般15～20 cm以上才有明显的矮化作用,中间砧越长,矮化性越强。外观表现为短枝率增加,提早结果,提高品质。二是中间砧对基砧的影响也很大。苹果矮化中间砧对基砧根系生长控制力极强,如果中间砧深栽,大量生根之后逐步可替代基砧,使其缓慢萎缩。

砧木和接穗的相互影响是生理性的,不能遗传,当二者分离后,影响就会消失。

四、砧木

1.砧木分类

砧木可是整株果树，也可是树体的根段或枝段。砧木按繁殖方法可分为实生砧和自根(无性系)砧。实生砧是指实生繁殖的砧木；自根(无性系)砧指自根繁殖的砧木。砧木按照来源可分为野生砧或半野生砧和共砧或本砧，野生砧或半野生砧是指利用野生近源植物或半栽培种的材料作为砧木；共砧或本砧是指利用栽培品种实生苗作为砧木。砧木按利用方式可分为基砧和中间砧。基砧是指连同根系用作砧木；中间砧是指只用一段枝条嵌在基砧与接穗之间。矮化中间砧是中间砧的一种特殊类型，是指中间砧为矮化砧。按对接穗的影响分乔化砧、矮化砧和半矮化砧。按抗性和适应性砧木可分为抗寒砧木、抗根瘤蚜砧木和抗线虫砧木等，这些砧木对不良环境条件或某些病虫害具有良好适应能力或抵抗能力。

2.砧木选择和利用

(1)砧木选择

果树砧木的正确选择是培育优良苗木的一个重要环节。选择砧木应考虑的条件有 5 个方面。一是与栽培品种有较强的嫁接亲和力，对接穗生长结果有良好的影响。二是能适应栽培地区的气候、土壤和其他环境条件，对病虫害抵抗力强。三是砧木种苗来源丰富，容易繁殖。四是具有某些特殊性能，如乔化、矮化、抗病虫、耐寒冷、耐盐碱或耐干旱等。五是根系发达，固地性好。北方落叶果树常见砧木见表 3-4。

表 3-4 北方落叶果树常用砧木

树种	砧木名称		砧木特性
苹果	楸子		抗旱、抗寒、抗涝，耐盐碱，对苹果棉蚜和根头癌肿病有抵抗能力。适于河北、山东、山西、河南、陕西、甘肃等地。
	西府海棠		抗旱、耐涝、耐寒、抗盐碱，幼苗生长迅速，嫁接亲和力强。适于河北、山东、山西、河南、陕西、甘肃、宁夏等地。
	山定子		抗寒性极强，耐瘠薄，抗旱，不耐盐碱。适于黑龙江、吉林、辽宁、山西、陕西和山东北部等地。
	新疆野苹果		抗寒、抗旱，较耐盐碱，生长迅速，树体高大，结果稍迟。适于新疆、青海、甘肃、宁夏、陕西、河南、山东、山西等地。
	常用矮化砧木	M_9	矮化砧。根系发达，分布较浅，固地性差，适应性也较差，嫁接苹果结果早，适合作中间砧，适合在肥水条件好的地区栽植。
		M_{26}	矮化砧。根系发达，抗寒，抗白粉病，但抗旱性较差。嫁接苹果结果早，产量高，果个大，品质优，适合在肥水条件好的地区发展。
		M_7	半矮化砧。根系发达，适应性强，抗旱，抗寒，耐瘠薄，用作中间砧在旱地表现良好。
		MM_{106}	半矮化砧。根系发达，较耐瘠薄，抗寒，抗棉蚜及病毒病。嫁接树结果早，产量高，适合作中间砧，在平原地区表现良好。
		MM_{111}	半矮化砧。根系发达，根蘖少，抗旱，较耐寒，适应性强，嫁接树结果早，产量高，适合作中间砧，在平原地区表现良好。

续表 3-4

树种	砧木名称		砧木特性
梨	杜梨		根系发达，抗旱、抗寒，耐盐碱，嫁接亲和力强，结果早，丰产，寿命长。适合辽宁、内蒙古、河北、河南、山东、山西、陕西等地。
	麻梨		抗寒、抗旱，耐盐碱，树势强壮，嫁接亲和力强，为西北地区常用砧木。
	楸子梨		抗寒性极强，能耐－52℃的低温。抗腐烂病，不抗盐碱。丰产，寿命长，嫁接亲和力强，但与西洋梨品种亲和力弱。是东北、华北北部及西部地区主要砧木。
	褐梨		抗旱，耐涝，适应性强，与栽培品种嫁接亲和力强，生长旺盛，丰产，但结果晚。适合山东、山西、河北、陕西等地。
	矮化砧	PDR$_{54}$	极矮化砧，生长势弱，抗寒、抗腐烂病和轮纹病。与酥梨、雪花梨、早酥、锦丰等品种亲和性良好，用作中间矮花砧效果极好。
		S_5	矮化砧木。紧凑矮状型，抗寒力中等，抗腐烂病和枝干轮纹病，与砀山酥梨、早酥梨等品种亲和性好，作矮化中间砧效果好。
		S_2	半矮化砧木类型。抗寒力中等，抗腐烂病和枝干轮纹病，与砀山酥梨、早酥鸭梨、雪花梨等品种亲和性好，作矮化中间砧效果好。
葡萄	山葡萄		极抗寒，扦插难发根，嫁接亲和力良好。
	贝达		抗寒，结果早，扦插易发根，嫁接亲和力好。
桃	山桃		抗寒、抗旱，抗盐碱，较耐瘠薄，嫁接亲和力强。为华北、东北、西北等地桃的主要砧木。
	毛桃		根系发达，生长旺盛，抗旱耐寒，嫁接亲和力强，生长快，结果早，但树体寿命较短。在华北、东北、西北各地使用广泛。
	毛樱桃		抗寒力强，抗旱，适应性强，生长缓慢，可作桃的矮化砧木，嫁接亲和力强，适应华北、东北、西北等地。
杏	山杏		抗寒、抗旱，耐瘠薄，适于华北、东北、西北等地。
	山桃		与杏嫁接易活，结果早，为华北、东北、西北等地杏的主要砧木。
李	山桃		与中国李嫁接易成活。
	山杏		与中国李及欧洲李嫁接易成活。
	毛樱桃		与李嫁接亲和力强，有明显的矮化作用，结果早，丰产。
樱桃	山樱桃		较抗寒，生长旺盛，嫁接亲和力强。但有些品种易出现小脚现象，易患根癌病。
	青肤樱		较抗旱，生长旺盛，易繁殖，嫁接亲和力强，不抗寒，根系浅，易倒伏，不抗根癌病。
	莱阳矮樱桃		树体矮小，枝条节间短，生长健壮，根系发达，固地性强，嫁接亲和力强，结果早。
	马哈利樱桃		适应性强，耐旱、抗寒，固地性强，嫁接亲和力强，结果早，易丰产。
柿	君迁子		抗寒、抗旱，耐盐碱，耐瘠薄，结果早，亲和力强。适宜北方地区栽培。
枣	酸枣		抗寒、抗旱，耐盐碱，耐瘠薄，亲和力强。适宜北方地区栽培。

续表 3-4

树种	砧木名称	砧木特性
核桃	核桃	抗寒、抗旱，适应性强。
	核桃楸	抗寒、抗旱，耐瘠薄，嫁接成活率不如共砧，有“小脚”现象，适于北方各省应用。
板栗	普通板栗	共砧。
	茅栗	抗湿，耐瘠薄，适应性强，结果早。

(2)砧木利用

果树砧木区域化原则是适地适树适砧。要因地制宜，适地适栽，就地取材，育种和引种相结合，经过长期试验比较确定当地适宜的砧木种类。在砧木的选用上，应就地取材，适当引种。引种砧木应对其特性有充分了解或先行试验，观察其各方面的性能，表现良好的再大量引进推广。

五、砧木苗培育

具体见前面实生苗培育。

六、接穗选取、处理与贮运

1. 接穗选择

选择品种纯正、发育健壮、丰产、稳产、优质、无检疫对象和病虫害的成年植株作采穗母树。一般剪取树冠外围中上部生长充实、光洁、芽体饱满的发育枝或结果母枝作接穗，以枝条中段为宜。春季枝接一般多用 1 年生枝，也可用 2 年生枝条，枣树可用 1～4 年生枝条做接穗；夏季芽接用当年成熟的新梢，也可用贮藏的 1 年生枝或多年生枝，枣可利用贮存的枝条或采集树上未萌动的枝；秋季芽接选用当年生长充实的春梢作接穗。无母本园时，应从经过鉴定的优良品种成年树上采取。

2. 采穗时间

北方落叶果树春季嫁接用 1 年生枝，宜在休眠期结合修剪剪取；有伤流习性果树应在落叶后上冻前采集；夏、秋季嫁接用接穗随采随用。采穗时间宜在清晨和傍晚枝内含水量比较充足时剪取。

3. 采集后处理

剪去枝条上、下两端芽眼不饱满的枝段，50～100 根捆成 1 捆，标明品种名称，存放备用。夏秋季接穗采后立即剪去叶片，留下与芽相连的一段长 0.5～1.0 cm 的叶柄，用湿布等包裹保湿。为防止病虫害，接穗应进行消毒。

4. 接穗贮运

接穗应在 4～13℃低温，80%～90%相对湿度及适当透气条件下存放。在贮藏中要注意保温、保湿和防冻。春季回暖后要控制萌发。夏秋季嫁接接穗多，当天或近期接不完的接穗，应放在阴凉地方保存。接穗下端用湿沙培好，并喷水保持湿度。板栗等接穗常采用蜡封保鲜方法：就是将枝条按嫁接要求长度剪截成段后，把工业用石蜡切成碎块，放入铁筒、盆或锅内，加热熔化，当石蜡加热到 75～80℃时，手持数根接穗的一端，将另一端浸入蜡液并立即抽出，然后手拿已封蜡的一端，将另一端浸蘸，使整条接穗外表均匀地黏附一层薄蜡。操作中保持适宜的蜡液温度，浸蘸速度要快。接穗需要外运时，应附上品种标签，并用塑料薄膜或其他保湿包装材料包好再装入布袋或木箱或竹筐中，运到后立即开包将接穗用湿沙埋藏于阴凉处。接穗数量少时，可先喷水再用湿布包裹或将基部浸入水中。

七、嫁接

1. 嫁接方法分类

按接穗利用情况分为芽接和枝接。芽接是指用一个芽片作接穗（芽）；枝接是指用具有一个或几个芽的一段枝条作接穗。按嫁接部位分为根接、根颈接、二重接、腹接、高接和桥接。根接是指以根段为砧木的嫁接方法；根颈接是指在植株根颈部位嫁接；二重接是指中间砧进行两次嫁接的方法；腹接是指在枝条侧面斜切和插入接穗嫁接（芽接也大多在枝条的侧面进行）；高接是指利用原植株的树体骨架，在树冠部位换接其他品种的嫁接方法；桥接是利用一段枝或根，两端同时接在树体上，或将萌蘖接在树体上的方法。按嫁接场所分圃接和掘接：圃接又叫低接，是指在圃地进行的嫁接；掘接是指将砧木掘起，在室内或其他场所进行的嫁接，如嫁接栽培的葡萄常先在室内枝接，然后再催根、扦插。嫁接时，要根据嫁接材料类型、嫁接部位、嫁接场所等综合运用嫁接方法。单芽切腹接，是以带有 1 个芽的一段枝为接穗，接口形式是切接，嫁接部位在砧木以上枝条的一侧。常用基本嫁接方法是芽接和枝接。

2. 嫁接时期

(1)春季

春季嫁接时期具体在砧木开始萌芽、皮层刚可剥离的 3～4 月份进行。多数果树在此时都能用枝条和带有木质的芽片嫁接。使用接穗必须处于尚未萌发状态，并在砧木大量萌芽前结束嫁接。

(2)初夏

初夏嫁接时期具体在 5 月中旬至 6 月上旬砧木和接穗皮层都易剥离时进行芽接。桃、杏、李、樱桃、枣及扁桃等核果类果树嫁接时期亦在此时。华北地区可在此时采集柿树 1 年生枝下部未萌发的芽，进行方快形贴皮芽接。

(3)夏秋

夏秋嫁接时期在 7～8 月份，日均温不低于 15℃时进行芽接。我国中部和华北地区可持续到9月中、下旬。此期嫁接，接芽当年不萌发，翌年春季剪砧后培养成嫁接苗。

3. 嫁接用具及材料

(1)芽接用具与材料

芽接用具有修枝剪、芽接刀、磨刀石、小水桶，包扎材料常用宽1.0～1.5 cm、长12～15 cm的塑料薄膜条。

(2)枝接用具与材料

枝接用具有修枝剪、枝接刀、手锯、劈刀、镰刀、螺丝刀、磨刀石、小水桶、小铁锤；包扎材料采用塑料薄膜条(随砧木粗度，比芽接用条宽、长)，或特制的嫁接专用胶带。

4. 芽接操作规程

芽接分带木质芽接和不带木质芽接两类。在皮层易剥离时期，用不带木质芽片嫁接或用带有少许木质部芽片嫁接；皮层不易剥离时只能进行带木质嵌芽接。

(1)时期

芽接无严格时期限制，条件适宜可随时进行。在保护地内芽接可常年进行，露地芽接一般在接芽充分成熟，砧木苗干基部直径达0.6 cm以上时进行。具体时期取决于嫁接方法。芽片接(T字形、工字形芽接)在砧木与接穗易离皮时进行；带木质芽接在春季萌芽前和生长季节内均可进行。但春季嫁接不能过早，秋季不能过晚，夏季温度过高(超过30℃)时也不宜嫁接。

(2)接穗采集

果树芽接接穗采集要求同前。

(3)接穗贮运

芽接接穗贮运要求同前。

(4)嫁接操作程序

①T形芽接。又称“盾状”芽接、“丁”字芽接，是芽接中应用最广的一种方法。多用于1年生小砧木苗上，在砧木与接穗易离皮时进行。

a. 削芽片。由芽的下方距离芽茎0.8 cm处向斜上方削进木质部，直到芽体上端，再将芽尖上方约0.5 cm处横切一刀，深达木质部，与上一切口接合。削成上宽下窄的盾形芽片。要求芽片不带木质部。然后用左手拿住枝条，右手捏住叶柄基部与芽片，向枝条的一侧用力一推，取下芽片，要求内侧中央带护肉芽(图3-3)。

b. 切砧木。在砧木苗基部离地面5 cm左右粗度达0.8 cm以上，选择光滑无疤部位，用芽接刀切“T”字形切口。具体方法是：先横切一刀，宽1 cm左右，再从横切口中央往下竖切一刀，长1.5 cm左右，深度以切断皮层而不伤木质部为宜。

c. 插芽片。用手捏住削好的芽片，慢慢插入“T”字形切口内，使芽片上端与“T”形切口的平面靠紧，下端也保持坚实。

d. 捆绑。用塑料条由上向下压茬缠绑严密，芽和叶柄外露(要求当年萌发)或不外露(来年萌发)均可。但伤口一定包扎严密捆绑紧固。

②嵌芽接。嵌芽接又称带木质芽接，适用于具有棱角或沟纹的树种，在砧木和接穗都不离皮的春季采用的一种方法，其他时间也可进行，多用于高枝接，也可用于苗木嫁接，在生产上应用较为广泛(图3-4)。

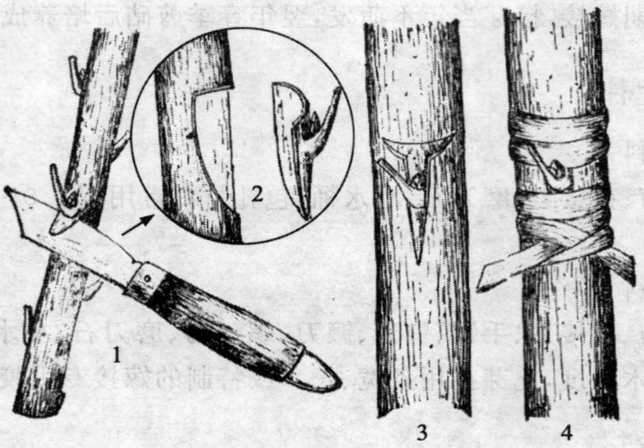

图 3-3　T 形芽接

1. 削取芽片　2. 取下的芽片　3. 插入芽片　4. 绑缚

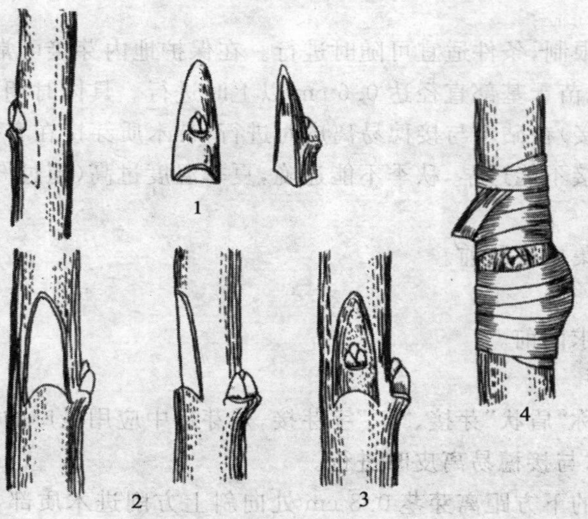

图 3-4　嵌芽接

1. 削接芽　2. 削砧木接口　3. 嵌入接芽　4. 绑缚

a. 削芽片。在接穗上选饱满芽，从芽上方 0.8～1.0 cm 处向下斜削一刀，可略带木质部，但不宜过厚，长约 1.5 cm，然后在芽下方 0.5～0.8 c cm 处呈 30°角斜切到第 1 刀口底部，取下带木质盾状芽片。

b. 切砧木。在砧木离地面 5 cm 处，选光滑无疤部位，先斜切一刀，再在其上方 2 cm 处由上向下斜削入木质部，至下切口处相遇。砧木削面可比接芽稍长，但宽度应保持一致。

c. 贴芽片。取掉砧木盾片，将接芽嵌入；砧木粗，削面宽时，可将一边形成层对齐。

d. 包扎。用 0.8～1.0 cm 宽的塑料薄膜条由下往上压茬缠绑到接口上方，要求绑紧包严。

③方形贴皮芽接。方形贴皮芽接在砧木与接穗都容易剥离皮层时进行。具体做法是在接穗枝条上切取不带木质部的方形皮芽，紧贴在砧木上芽片大小相同、去到皮层的方形切口（图 3-5）。方形贴皮芽接刀可利用刮胡刀片自制。

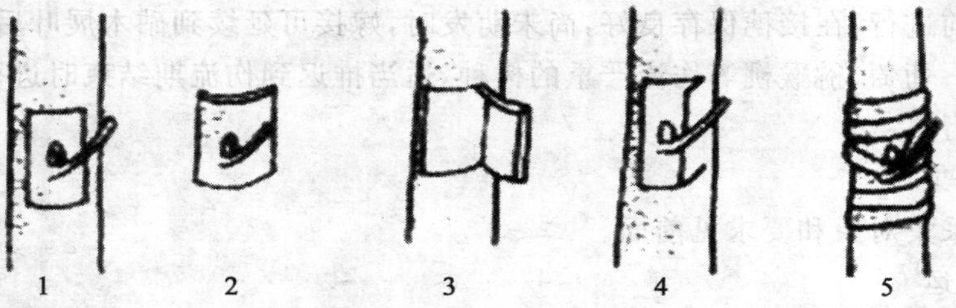

图 3-5 方形贴皮芽接

1.取接芽 2.接芽 3.砧木切接口 4.贴合接芽 5.绑扎

④“工”字形芽接。“工”字形芽接适用于较粗的砧木或皮层较厚、小芽片不易成活的果树种类，如核桃、板栗、葡萄等。

a.削芽片。先在芽上和芽下各横切一刀，间距 1.5～2.0 cm，再在芽的左、右两侧各竖切一刀，取下方块形芽片。

b.切砧木。按取下芽片等长距离，在砧木光滑部位上、下各横切一刀，然后在两横切口之间竖切一刀。

c.贴芽片与包扎 将砧木切口皮层向左右挑开，俗称双开门，迅速将方块芽片装入，紧贴木质部包严。

d.绑缚。用塑料薄膜条压茬绑紧即可。

⑤套芽接。套芽接也称环状芽接、管状芽接，适用于小芽片，易发生伤流，不易成活的核桃、板栗、柿等树种。

a.削芽片。先在被取芽上方 1 cm 处将接穗剪断，然后在芽下方 1 cm 处环切一圈，深达木质部。轻轻扭转，使韧皮部与木质部分离，从上端抽出，呈一管状芽套筒。

b.切砧木。选择与接芽套筒粗度接近的砧木，在光滑顺直部位剪断，从剪口处向下竖切 3 刀，深达木质部，将皮层剥开。

c.贴芽片。砧木皮层剥开后，随即将芽筒套上，慢慢向下推至上口平齐，再将砧木皮层向上拢合包裹芽套。

d.包扎。用塑料薄膜条包严绑紧即可。

⑥方块形芽接。方块形芽接适用范围同“工”字形芽接。

a.取芽与切砧。方块形芽接的取芽和切砧皮方法与“工”字形芽接相同，但砧木的纵切口应切在上、下两横刀的一侧，然后从纵切口处用骨片挑起剥开至两横刀的另一侧，直至与接芽片的宽度相等。

b.插接穗与绑扎。将接穗插贴入切口，使上、下对齐靠紧，将剥开的砧皮覆盖于接芽一侧，然后包严绑紧。

总之，无论采用哪种芽接方法，成活率和速度都是衡量芽接技术的两个主要指标。一般情况下，一个熟练的技术工人每天可芽接 800～1 000 株，且成活率在 99%以上。

5.枝接操作规程

(1)时间

枝接分硬枝嫁接、嫩枝嫁接和具有伤流习性树种枝接 3 种情况。硬枝嫁接在春季树液开始流动的萌芽前进行，在接穗保存良好，尚未萌发时，嫁接可延续到砧木展叶后，一般在砧木大量萌芽前结束。葡萄、猕猴桃等伤流严重的树种，适当推迟到伤流期结束时进行。而嫩枝嫁接则在生长期进行。

(2)接穗采集

枝接接穗采集对象和要求见前面。

(3)接穗贮运

枝接接穗贮运要求见前面。

(4)枝接操作程序

①劈接(图 3-6)。劈接又称割接，适用于较粗砧木。在靠近地面处劈接，又叫“土接”。劈接常用于苹果、核桃、板栗、枣等，是果树生产上应用广泛的一种枝接方法，在春季树液流动至发芽前均可进行。

a. 削接穗。将采下的穗条去掉上端不成熟和下端芽体不饱满的部分，按 5～7 cm 长，3～4 个芽剪成一段作为接穗，然后将枝条下端削成 2～3 cm 长、外宽内窄的斜面，削面以上留 2～3 个芽，并于顶端第一个芽的上方 0.5 cm 处削光滑平面。削面光滑、平整。

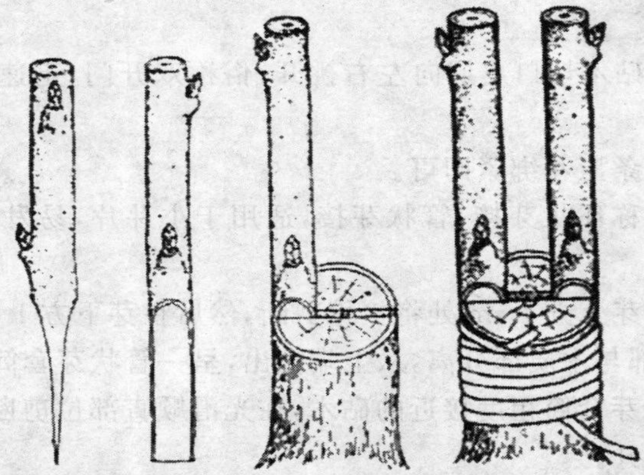

图 3-6　劈接

1. 接穗削面侧视　2. 接穗削面正视　3. 插入接穗　4. 绑扎

b. 劈砧木。先将砧木从嫁接口处剪(锯)断，修平茬口。然后在砧木断面中央切一垂直切口，长约 3 cm 以上。砧木较粗时，劈口可位于断面 1/3 处。

c. 插接穗。首先将切口用刀锲入木质部撬开，把接穗厚的一面朝外，薄的一面朝内插入砧木垂直切口，要求砧木与形成层对齐，但不要将接穗全部插入砧木切口内，削面上端露出切面 0.3～0.5 cm(俗称露白)。砧木较粗时，在劈口两端各插入 1 个接穗。

d. 捆绑。将砧木断面和接口用塑料薄膜条缠绑严密。较粗砧木要用薄膜方块覆盖伤口，或罩套塑料袋。

②切接(图 3-7)。切接适用于直径 1～2 cm 的砧木，可用于苹果、桃、核桃、板栗等树种的嫁接。

a. 削接穗。在接穗下端先削 1 个 3 cm 左右的长削面，削掉 1/3 木质部，再在长削面背后削 1 个 1 cm 左右的短削面。两斜面都要光滑。

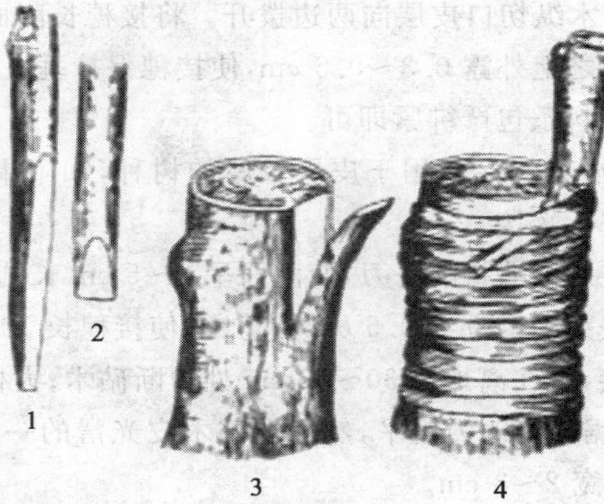

图 3-7 切接法

1. 接穗的长削面 2. 接穗短削面 3. 切开砧木 4. 绑缚

b. 劈砧木。将砧木从距离地面 5 cm 处剪断，选平整光滑的一侧，从断面 1/3 处劈一垂直切口，长约 3 cm。

c. 插接穗。将接穗的长削面向里，短削面向外，插入砧木切口，使两者形成层对准、靠紧，接穗较细时，保证一边的形成层对准。

d. 包扎。将嫁接处用塑料条包扎绑紧即可。

③皮下接（图 3-8）。皮下接就是插皮接，为枣树上应用较多的一种嫁接方法，也适用于苹果、山楂、李、杏、柿等树种，是在砧木离皮而接穗不离皮时使用的一种方法，如接穗离皮时也可采用。在此基础上，又发展成插皮舌接和插皮腹接等方法。

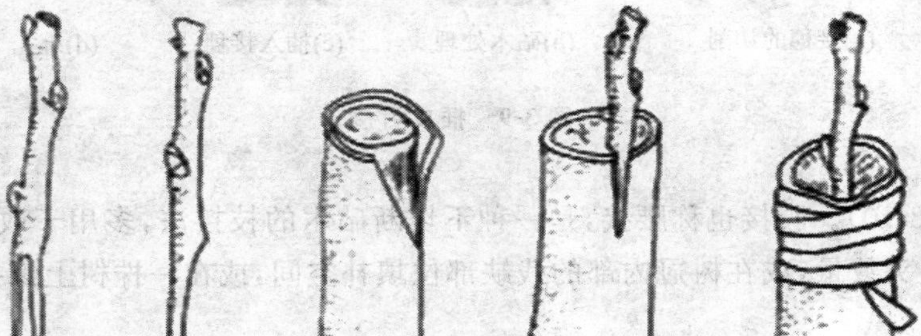

图 3-8 皮下枝接

1. 削接穗 2. 切砧撬皮 3. 插入接穗 4. 绑扎

a. 削接穗。剪一段带 2～4 个芽的接穗。在接穗下端斜削 1 个长约 3 cm 的长削面，再在长削面背后尖端削 1 个长 0.3～0.5 cm 的短削面，并将长削面背后两侧皮层削去少量，但不伤木质部。

b. 劈砧木。先将砧木近地面处光滑无疤部位剪断，削平剪口，然后在砧木皮层光滑的一侧纵切 1 刀，长约 2 cm，不伤木质部。

c. 插接穗。用刀尖将砧木纵切口皮层向两边拨开。将接穗长削面向内，紧贴木质部插入。长削面上端应在砧木平断面之上外露 0.3～0.5 cm，使接穗保持垂直，接触紧密。

d. 包扎。将嫁接处用塑料条包严绑紧即可。

④插皮舌接(图 3-9)。插皮舌接适用于皮层较厚的树种，如苹果、李、板栗等幼树及大树高接换优。在砧穗离皮时进行嫁接。

a. 削接穗。先在接穗枝条下端斜削一刀，使削面呈 3～5 cm 长的马耳形斜面，再在削面上留 2～3 个饱满芽，并于最上芽的上方约 0.5 cm 处剪断，使接穗长 10 cm 左右。

b. 砧木处理。幼树嫁接，可在离地面 30～80 cm 处剪断砧木；大树高接换优，可在主干、主枝或侧枝的适当部位锯断，锯口用镰刀削平，然后选砧木皮光滑的一面用刀轻轻削去老粗皮，露出嫩皮，削面长 5～7 cm、宽 2～3 cm。

c. 插接穗与捆绑。插接穗前先用手捏开接穗马耳形削面下端的皮层，使皮层和木质部分离，然后将接穗木质部插入砧木切面的木质部和韧皮部之间，并将接穗的皮层紧贴砧木皮层上削好的嫩皮部分，再用塑料薄膜条绑扎紧实。

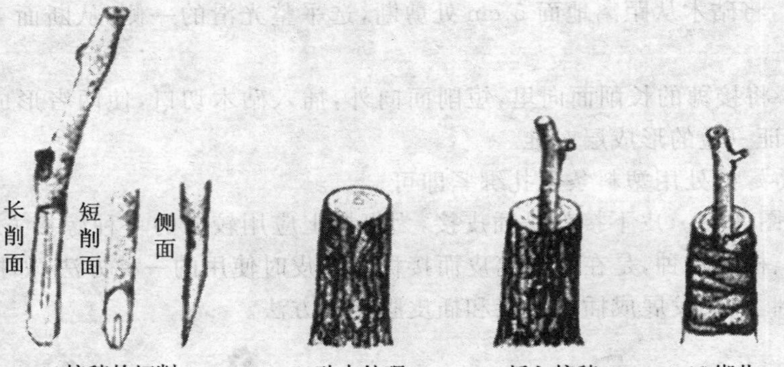

(a)接穗的切削　(b)砧木处理　(c)插入接穗　(d)绑扎

图 3-9　插皮舌接

⑤腹接(图 3-10)。腹接也称腰接，是一种不切断砧木的枝接法，多用于改换良种，或在高接换头时增加换头数量，或在树冠内部的残缺部位填补空间，或在一株树上嫁接授粉品种的枝条等。

a. 削接穗。在接穗下端先削 1 个长 3～4 cm 的斜面，再在其背后削 1 个 2 cm 左右的短削面，呈斜楔形。

b. 劈砧木。在砧木离地面 5 cm 左右处，选光滑部位，用刀呈 30°斜切 1 刀，呈倒“V”字形。普通腹接可将切口深入木质部；皮下腹接时，应只将木质部以外的皮层切成倒“V”字形，并将皮层剥离。

c. 插接穗与包扎。普通腹接应轻轻掰开砧木斜切口，将接穗长面向里、短面向外斜插入砧木切口，对准形成层，如切口宽度不一致，应保证一侧的形成层对齐密接；皮下腹接，接穗的斜削面应全部插入砧木切口面和砧木木质部外面，最后用塑料条绑紧包严即可。

在果树生产上，为提高嫁接成活率，应把握住“壮、鲜、平、准、快、紧、期、法、保、防、试、创”12 个字。“壮”就是指砧木生长健壮，未感染病虫害，且接穗枝条充分成熟，节间短，芽饱满。

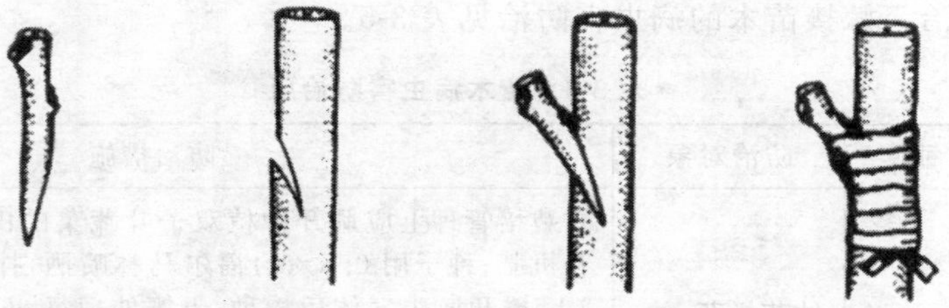

图 3-10 皮下腹接法

"鲜"就是接穗始终保持新鲜,不发霉,不干皱。"平"就是枝接接穗削面要平整光滑,不粗糙。"准"就是砧木和接穗的形成层要对齐密接。"快"就是在保证平、准基础上,操作过程要迅速准确。"紧"就是嫁接以后,绑扎要严紧。"期、法"就是选择适宜的嫁接时期和方法。在砧木离皮时可采用皮下接;不离皮时可采用带木质芽接、切接和劈接。秋季适于芽接,春季利于枝接。"保"就是做好保湿工作,采用培土、包塑料袋和蜡封接穗方法进行。"防"就是防风折,对接活的嫩梢立支柱或绑支棍。"试"是指对砧穗亲和力尚不了解时,要多查资料,进行试验后应用于生产。"创"就是改革运用新的嫁接、绑扎方法:如改"T"字形芽接为嵌芽接,改留叶柄露芽绑扎为不留叶不露芽全绑扎,6 月份单芽切砧苗顶端接等。

⑥嫁接后管理

a. 检查成活。芽接后 10～15 d 检查成活。凡接芽新鲜,叶柄一触即落时,表明已芽接活;如果芽片萎缩,颜色发黑,叶柄干枯不易脱落,则未成活。枝接一般需 1 个月左右才能判断是否成活。如果接穗新鲜,伤口愈合良好,芽已萌动,表明已枝接成活。

b. 补接。芽接苗一般在检查成活时做出标记,然后立即安排进行。秋季芽接苗在剪砧时细致检查,发现漏补苗木,暂不剪砧,在萌芽前采用带木质芽接或枝接补齐。枝接后的补接要提前贮存好接穗。补接时将原接口重新落茬。

c. 解绑。芽接通常在嫁接 20 d 后解除捆绑,秋季芽接稍晚的可推迟到来年春季发芽前解绑。解绑的方法是在接芽相反部位用刀划断绑缚物,随手揭除。枝接在接穗发枝并进入旺盛生长后解除捆绑,或先松绑后解绑,效果更好。

d. 剪砧。剪砧是在芽接成活后,剪除接芽以上砧木部分。秋季芽接苗在第二年春季萌芽前剪砧。7 月份以前嫁接,需要接芽及时萌发的,应在接后 3 d 剪砧,要求接芽下必须保持 10 个左右营养叶。或在嫁接后折砧,15～20 d 剪砧。剪砧时,剪刀刃应迎向接芽一面,在芽面以上 0.3～0.5 cm 处下剪,剪口向接芽背面稍微下斜,伤口涂抹封剪油。

e. 抹芽除萌。芽接苗剪砧后,应及时抹除砧木上长出的萌蘖,并且要多次进行。枝接苗砧木上长出的许多萌蘖也要及时抹除。接穗若同时萌发出几个嫩梢,仅留 1 个生长健壮的新梢培养,其余萌芽和嫩梢全部抹除。

f. 土肥水管理。春季剪砧后及时追肥、灌水。一般追施尿素 10 kg/667 m^2 左右。结合施肥进行春灌,并锄地松土。5 月中、下旬苗木旺长期,再追施尿素 10 kg/667 m^2 或 N、P、K 三元复合肥 10～15 kg/667 m^2。施肥后灌水。结合喷药每次加 0.3%的尿素。7 月份以后控制肥、水供应,叶面喷施 0.5%的磷酸二氢钾(KH_2PO_3)3～4 次,间隔 15～20 d。

g. 病虫害防治。嫁接苗木的病虫害防治见表 3-5。

表 3-5 苗木病虫害防治历

时间	树种	防治对象	防治措施
2～4 月份播种前至幼苗期	苹果、梨	幼苗烂芽、幼苗立枯、猝倒、根腐	在栽培管理上应避开种植双子叶蔬菜的田块，轮作倒茬，多施有机肥；种子用 0.5％的福尔马林喷洒，拌匀后用塑料纸覆盖 2 h，摊开散去气体后播种；土壤处理每 667 m^2 用 50％克菌丹 0.5 kg 加细土 15 kg 撒于地表，耙匀，或用 50％的多菌灵或 70％甲基硫菌灵喷洒 5 kg/667 m^2，翻入土壤。
			在幼苗出土后拔除病苗；喷 70％甲基硫菌灵可湿性粉剂 800～1 000 倍液，或 75％百菌清可湿性粉剂 500 倍液喷洒。
	苹果、梨、桃、杏	缺素症（叶片黄化）	多施有机肥；每 667 m^2 施入硫酸亚铁 10～15 kg，翻入土壤。
		地下害虫（蛴螬、地老虎、蝼蛄、金针虫等）	幼苗出土后：一灌根：每 667 m^2 用 50％的辛硫磷拌种，用种子量的 0.1％；二是土壤处理：每 667 m^2 用 50％的辛硫磷乳油 300 mL，拌土 25～30 kg，撒于地表，然后耕翻入土壤。
	苹果、梨	天幕毛虫	喷 5％的灭幼脲悬乳剂 2 000 倍液，或 5％的氯氟氰菊酯乳油 4 000 倍液，或 20％甲氰菊酯乳油 2 000～3 000 倍液，或 50％的辛硫磷乳油 1 000 倍液防治。
		白粉病	发芽前喷 5°Be′石硫合剂；发病初期喷 25％的三唑酮可湿性粉剂 5 000 倍液，或喷 12.5％的三唑醇可湿性粉剂 3 000～5 000 倍液进行防治。
5～6 月份	苹果、梨	蚜虫类	喷 50％的抗蚜威可湿性粉剂 3 000～4 000 倍液，或 10％的吡虫啉可湿性粉剂 3 000～5 000 倍液，或喷 10％顺式氯氰菊酯乳油 3 000～4 000 倍液。
		潜叶蛾	喷 25％的灭幼脲悬乳剂 2 000 倍液，或喷 30％灭幼 · 哒螨可湿性粉剂 1 500～2 000 倍液，或喷 20％甲氰菊酯乳油 2 000～3 000 倍液。
		卷叶虫	喷 2.5％的溴氰菊酯乳油 3 000 倍液，或喷 25％灭幼脲悬乳剂 1 000～1 500 倍液。
		斑点落叶病	喷 10％多抗霉素可湿性粉剂 1 000～1 500 倍液，或喷 80％代森锰锌可湿性粉剂 600～800 倍液，或喷 50％异菌脲可湿性粉剂 2 000 倍液。
		梨黑星病	喷 1：2：240 波尔多液，或 40％氟硅唑乳油 800～1 000 倍液，或 50％异菌脲可湿性粉剂 1 500 倍液。
	桃	穿孔病	用 15％农用链霉素可湿性粉剂 3 000 倍液，80％代森锰锌可湿性粉剂 600～800 倍液，或 70％甲基硫菌灵可湿性粉剂 1 000 倍液等喷雾防治。
	葡萄	白粉病、霜霉病、黑痘病、褐斑病	用 1：0.5：160 倍液波尔多液，70％甲基硫菌灵可湿性粉剂 800～1 000 倍液，80％代森锰锌可湿性粉剂 600～800 倍液等喷雾防治。
		螨类、二星叶蝉等	20％氰戊菊酯乳油 2 000 倍液，20％氯氟氰菊酯乳油 4 000 倍液或 2.5％溴氰菊酯乳油 2 000 倍液喷液防治。

续表 3-5

时间	树种	防治对象	防治措施
7～8月份	苹果、梨	红蜘蛛	用5%噻螨酮乳油2 000倍液，或20%速螨酮可湿性粉剂3 000倍液，或5%唑螨酯悬乳剂1 000～1 500倍液等喷雾。
		其他病虫害	潜叶蛾、蚜虫类、斑点落叶病、梨黑星病防治方法如上。
	桃	穿孔病	防治方法同桃穿孔病。
		食叶性害虫	2.5%溴氰菊酯乳油2 000倍液，50%杀螟松乳油1 000喷雾防治。
	葡萄	霜霉病、白粉病、黑痘病等	用72%霜脲·锰锌可湿性粉剂700倍液，15%三唑酮可湿性粉剂1 500倍液，64%恶霜·锰锌可湿性粉剂400倍液等喷雾防治。
9～10月份	苹果、梨	白粉病、潜叶蛾、卷叶虫、食叶类害虫等	根据病虫害发生种类，选用适当药剂进行防治。
	葡萄	霜霉病、褐斑病	根据发病情况，喷药防治。
11～12月份	所有苗木	各种越冬病虫害	苗木检疫、消毒（参照苗木出圃部分）。苗圃耕翻、冬灌、清除落叶，消灭病虫。

八、果苗矮化中间砧二年出圃技术

果苗矮化中间砧是经过2次嫁接而成。就是第1年春播培育乔砧实生苗；7～9月份芽接矮化砧；第2年春季萌芽前剪砧，6月中、下旬芽接栽培品种；接后3～10 d剪砧；秋后成苗出圃。

1. 壮砧培育

育苗地选在平整、疏松、肥沃处。首先施足基肥，精细整地。秋播或早秋播种，加强土肥水管理，使砧木苗7～8月份达嫁接标准。第2年春季萌芽前剪去砧木顶端比较细的部分，加强管理，使矮化砧苗6月中旬高度达到50 cm以上，苗高30 cm时直径达0.5 cm以上。

2. 嫁接要及时

实生砧苗第1年嫁接矮化砧必须在9月中旬以前将未嫁接活的苗补齐。第2年6月中旬在矮化砧苗上芽接栽培品种，最迟6月底以前接完。嫁接采用带木质部芽接。在操作中尽量保护好接口以下矮化砧苗上的叶片。

3. 剪砧要及时

栽培品种芽接3 d后剪砧，或接后立即折砧，15～20 d剪砧。剪口涂封剪油，25 d后解绑。

4.加强肥、水管理

播种前施优质农家肥 5 000 kg/667 m^2；砧苗高 10 cm 左右时开沟施尿素 5 kg/667 m^2；6 月上旬结合灌水追复合肥10～15 kg/667 m^2。第 2 年春季剪砧后，结合灌催芽水，施尿素 10～15 kg/667 m^2；栽培品种嫁接前后施 N、P、K 三元复合肥 10～15 kg/667 m^2。同时加强根外追肥。栽培品种接芽初萌发时，在嫁接前 10 d 左右喷 0.3%～0.5%硫酸亚铁($FeSO_4$)溶液，每隔 10 d 喷 1 次，连喷 3～4 次，防治黄化病发生。

5.覆盖地膜

覆盖地膜在第 2 年春季剪砧、追肥、灌水和松土后进行，将接芽露出，地膜拉展覆盖地表，周围用土压实。

思考题：

1.什么叫嫁接？嫁接特点是什么，在生产上如何加以利用？
2.影响嫁接成活的因素有哪些？
3.砧木和接穗的相互影响都表现哪些方面？
4.选择砧木应考虑哪些方面？砧木区域化的原则是什么？如何选用砧木？
5.拟订嫁接苗培育程序，说明关键技术措施。
6.果树矮化砧苗二年出圃技术有哪些？

第四节　自根苗培育

自根苗亦称无性系苗或营养系苗，是利用植物的根、茎、叶、芽等营养器官，采用扦插、压条、分株等无性繁殖方法获得的苗木。

一、特点及利用

1.特点

(1)优点

能基本保持母本优良性状，苗木生长整齐一致，很少变异，进入结果期早。繁殖方法简单，应用广泛。

(2)缺点

无主根，根系较浅，苗木生活力较差，寿命较短。抗性、适应性亦低于实生苗。育苗时需要大量繁殖材料，繁殖系数较低。较费工。对于营养器官难以生根的树种无法利用自根苗。

2. 利用

自根苗可直接作果苗栽培，如葡萄、石榴、无花果和猕猴桃等树种主要采用扦插繁殖；荔枝、龙眼、杨梅等可采用压条法繁殖；枣、石榴、草莓、香蕉和菠萝等主要采用分株繁殖。此外，还可作为嫁接用的砧木，培育自根砧果苗，如苹果的矮化砧自根苗。

二、影响扦插、压条成活因素

1. 内部因素

(1)种与品种

果树种类与品种不同，其再生能力强弱也不同。葡萄、石榴、无花果的再生能力强，而苹果、桃等果树再生能力弱。同一树种，枝和根的再生能力也不同：葡萄枝条容易发生不定根，而根系不易萌发不定芽，因此常用枝插而不用根插。苹果、山定子、秋子梨、枣、李、山楂、核桃、柿等则相反，其枝条再生不定根的能力很弱，而根再生不定芽能力强，因此用根插而不用枝插。同属不同种的果树，枝插发根难易也不一样，欧洲葡萄和美洲葡萄比山葡萄、圆叶葡萄发根容易。同一树种不同品种的发根难易也不同，如美洲葡萄中的杰西卡和爱地朗发根比较困难。

(2)树龄、枝龄和枝条部位

幼树和壮年母树的枝条，扦插成活率高，生长良好。一般枝龄越小，再生能力越强。大多数树种 1 年生枝的再生能力强，2 年生枝次之，2 年生以上枝条再生能力明显减弱。西洋樱桃采用喷雾嫩枝插时，梢尖部分作插条比新梢基部作插条的成活率高。

(3)营养物质

插条发育充实，木质化程度高，营养物质含量高，则再生能力强。通常枝条中部扦插成活率高；枝条基部扦插成活率次之，枝条梢部扦插不易成活。

(4)植物生长调节剂

不同类型生长调节剂如生长素(IAA)、细胞分裂素(CTK)、脱落酸(NAA)等对根的分化有影响。IAA 对植物茎的生长、根的形成和形成层细胞的分裂都有促进作用。IAA、IBA、NAA 都有促进不定根形成的作用。CTK 在无菌培养基上对根插有促进不定芽形成的作用。ABA 在矮化砧 M_{26} 扦插时有促进生根的作用。一般凡含有植物激素较多的树种，扦插都较易生根。在生产上，对插条用生长调节剂(如 IBA 或 ABT 生根粉等)处理可促进生根。

(5)维生素

维生素 B_1 是无菌培养基中促进外植体生根所必需的营养物质。维生素 B_1、维生素 B_2、维生素 B_6、维生素 C 和烟碱在生根中是必需的。维生素和生长素混合用，对促进生根有良好效果。

无论硬枝扦插或绿枝扦插，凡是插条带芽或叶片的，其扦插生根成活率都比不带芽或叶片的插条生根成活率高。

2.外部条件

(1)温度

温度包括气温和土壤温度。白天气温 21～25℃,夜间约 15℃时有利于硬枝扦插生根。解决北方春季插条成活的关键是采取措施提高土壤温度,使插条先生根后发芽。插条生根适宜土温为 15～20℃或略高于平均气温 3～5℃。但各种树种插条生根对温度要求不同,如葡萄在 20～25℃的土温条件下发根最好,而中国樱桃则以 15℃为最适宜。

(2)湿度

扦插湿度包括土壤湿度和空气湿度。插条或压条后,土壤含水量最好稳定在田间最大持水量的 50%～60%。空气相对湿度越大越好。提高空气湿度采用洒水或喷灌的方式,有条件的地方进行喷雾。但土壤水分不宜过多。

(3)通气状况

通气状况主要是土壤中氧气含量。扦插基质中的氧气保持在 15%以上时,对生根有利,葡萄达到 21%时生根最有利。应避免插壤中水分过多,造成氧气不足。

(4)光照

扦插发根前及发根初期,应避免阳光强烈照射。对带叶嫩枝插,应保持适当的光照促进生根,但仍需避免强光直射。为避免强光直射,可搭棚遮阴。

(5)土壤

土壤质地的好坏直接影响扦插成活率。扦插地应选择结构疏松,通气良好,保水性强的沙质壤土。一般生产上常采用珍珠岩、泥炭、蛭石、谷壳灰、炉渣灰等作扦插基质。

3.促进生根的方法

(1)机械处理

①剥皮。对枝条木栓组织比较发达的果树,如葡萄中难发根的种和品种,扦插前将表皮木栓层剥去,对发根有良好的促进作用。

②纵刻伤。用手锯在插条基部 1～2 节的节间刻划 5～6 道纵伤口,深达韧皮部,以见到绿皮为度。刻伤后扦插,不仅使葡萄在节部和茎部断口周围发根,而且在通常不发根的节间纵伤沟中成排而整齐的发出不定根。

③环状剥皮。在枝条某部位剥去一圈皮层,宽 3～5 mm。环剥时间有两种:一种是压条繁殖时进行,在欲压入土的枝条上环剥。另一种是剪插条前 15～20 d 对欲作插条的枝梢环剥,待环剥伤口长出愈伤组织而未完全愈合时剪下枝条进行扦插。

(2)加温处理

加温处理也叫催根处理,是在早春扦插所采取的一项催根技术。生产上常用的增温处理方式有温床、电热加温或火炕等。在热源上铺一层湿沙或锯末,厚 3～5 cm,将插条基部用生根药剂处理后,下端弄整齐,捆成小捆,直立埋入铺垫基质中,捆间用湿沙或锯末填充,顶芽外露。插条基部温度保持 20～25℃,气温控制在 8～10℃。经常喷水,保持适宜的湿度。经 3～4 周后,在萌芽前定植于苗圃。

(3)植物生长调节剂处理

对不易生根的树种、品种，常用植物生长调节剂处理插条,其中以吲哚丁酸(IBA)、吲哚乙酸(IAA)和萘乙酸(NAA)效果良好,而以IBA最好。处理方法有液剂浸渍和粉剂蘸沾。液剂浸渍所用浓度一般为5～100 mg/kg,嫩枝扦插为5～25 mg/kg,硬枝扦插为25～100 mg/kg,将插条基部浸泡12～24 h;也可用1 000 mg/kg蘸5～10 s。粉剂蘸沾就是先将插穗基部用清水浸湿,然后蘸粉。具体方法是:用滑石粉作稀释填充剂,稀释浓度为500～2 000 mg/kg,混合2～3 h后即可使用。有些营养物质如蔗糖、果糖、葡萄糖等溶液,与生长素配合使用,有利于生根。

(4)黄化处理

黄化处理就是对插条进行黑暗处理。一般常用培土、罩黑色纸袋等方法使插条黄化。在新梢生长初期用黑布或黑纸等包裹基部,使枝条黄化,皮层增厚,薄壁细胞增多。黄化处理时间必须在扦插前3周进行。

(5)化学药剂处理

用高锰酸钾、硼酸等0.1%～0.5%溶液,浸泡插条基部数小时至24 h,或用蔗糖、维生素B_{12}浸泡插条基部,对促进生根有明显的效果。

三、扦插苗培育

(一)扦插及类型

扦插是指将果树部分营养器官插入土壤(基质)中,使其生根、萌芽、抽枝,成为新的植株的方法。扦插可在露地进行,也可在保护地内进行,亦可二者结合。根据所用器官不同,扦插可分为根插、枝插和芽(叶)插。根据枝条成熟程度扦插可分为硬枝扦插和绿枝扦插。

1.硬枝扦插

硬枝扦插就是利用已完全木质化的枝条进行扦插。此法应用最广,凡容易萌发不定根的树种均可采用。如葡萄、石榴、无花果等。

2.绿枝扦插

绿枝扦插又称嫩枝扦插,是利用当年生半木质化带叶绿枝在生长期进行扦插。对生根较难的树种如山楂、猕猴桃等或硬枝扦插材料不足时,可采用绿枝扦插。

3.根插

根插就是用根段进行扦插繁殖。凡根上能形成不定芽的树种都可采用根插育苗。如山楂、苹果、梨、枣、柿、李等。根插繁殖主要用于培养砧木。繁殖材料可结合秋季掘苗和移栽时收集,或者搜集野生和深翻果园挖断的根系。选直径0.3～1.5 cm的根,剪成长10 cm左右的根段,并带有须根。

(二)硬枝扦插

1.插条采集与贮藏

落叶果树插条一般结合冬剪采集。在晚秋或初冬采后贮藏在湿沙中，也可在春季萌芽前，随采随插。葡萄须在伤流前采集。枝条要求充实，芽饱满，无病虫害。贮藏时，将枝条剪成50～100 cm长，50～100根捆成1捆，标明品种、采集日期，湿沙贮于窖内或沟内，贮温1～5℃，湿度10%。

2.扦插时间

在春季发芽前，大约在3月下旬，15～20 cm深土层地温达10℃以上时为宜。催根处理在露地扦插前20～25 d进行。

3.插条处理

冬藏后的枝条用清水浸泡1 d后，剪成20 cm左右、有1～4个芽的插条，节间长的树种如葡萄多用单芽或双芽插条。坐地育苗建园的葡萄和枣可剪成长50 cm，而枣须有10 cm长的2年生枝。插条上端剪口在芽上距芽尖0.5～1.0处剪平，下端紧靠节下45°角在芽下0.5～1.0 cm处剪成马耳形斜面。剪口要平滑，在扦插前进行催根处理。

4.整地、作畦垄、扦插

根据地势做成高畦或平畦，沙壤土地做成平畦，畦宽1 m，长5～10 m，扦插2～3行，株距15 cm；行距60～80 cm；土壤黏重，湿度大时可起垄扦插，行距60 cm，株距10～15 cm。

5.扦插方式、方法

扦插方式有直插和斜插。单芽插穗直插，长插穗斜插。扦插时，开沟放条或直接将条插入土中。直插时顶端侧芽向上，填土压实，上芽外露；斜插时插条向南倾斜10°左右，顶芽向北稍露出地面。灌足水，水渗下后再薄覆一层细土，待顶芽萌发时扒开覆土。覆盖地膜时将顶芽露在膜上。干旱、风多、寒冷的地区插条全部插入土中，上端与地面持平，插后培土2 cm左右，覆盖顶芽，芽萌发时扒开覆土(图3-11)；气候温和湿润的地区，插穗上端可露出1～2个芽。

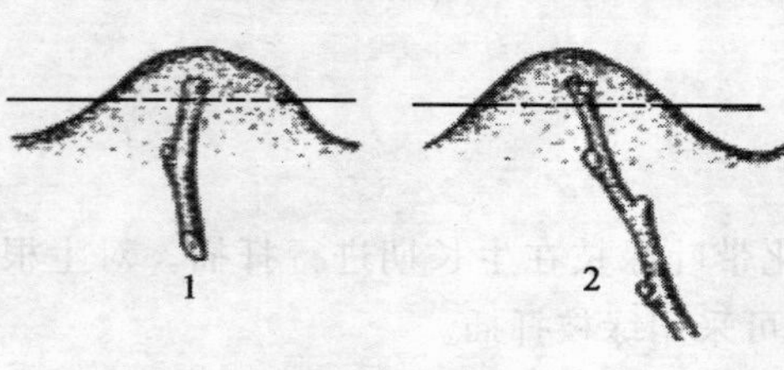

图3-11　硬枝扦插

1.短插条直插　2.长插条斜插

6.扦插后管理

(1)灌水抹芽

发芽前保持一定的温度和湿度。土壤缺墒时适当灌水。但不宜频繁灌溉。灌溉或下雨后，及时松土除草。成活后一般只保留1个新梢，其余及时抹去。

(2)追肥

生长期追肥1～2次。第1次在5月下旬至6月上旬。施入尿素10～15 kg/667 m^2；第2次在7月下旬，施入复合肥15 kg/667 m^2，并加强叶面喷肥，生长前期(4～6月份)间隔20 d叶面喷施0.2%～0.3%的尿素，后期(7～10月份)间隔15 d叶面喷施0.3%～0.5%的磷酸二氢钾。

(3)绑梢摘心

葡萄扦插育苗，每株应插立1根2～3 m长的细竹竿，或设立支柱，横拉铁丝，适时绑梢，牵引苗木直立生长。如果不生产接穗，在新梢长到80～100 cm时摘心即可。

(4)病虫害防治

注意防治病虫，具体防治方法同前。

(三)绿枝扦插

1. 扦插时间

扦插时间在生长季。原则上要保证插活后，当年形成一段发育充实的枝。一般在6月底以前进行，最好不晚于麦收后。

2. 插条采集与处理

选生长健壮的幼年母树，于早晨或阴天采集当年生尚未木质化或半木质化的粗壮枝条。将采下的嫩枝剪成长5～20 cm的枝段。上剪口于芽上1 cm左右处剪截，剪口平滑；下剪口稍斜或平。插条上端留1～2片叶(大叶型将叶片剪去1/2)，其余全部除去。插条下端用浓度5～25 mg/kg的IBA、IAA、ABT生根粉等激素处理，浸12～24 h。

3. 作畦扦插

扦插前，做成宽1 m，长5～10 m的平畦，畦土以含沙量50%以上为宜。将插条直插入畦，扦插深度以只露顶端带叶片的一节为宜(图3-12)，每畦可插2～3行，株行距10 cm×12 cm。要求随采随插。

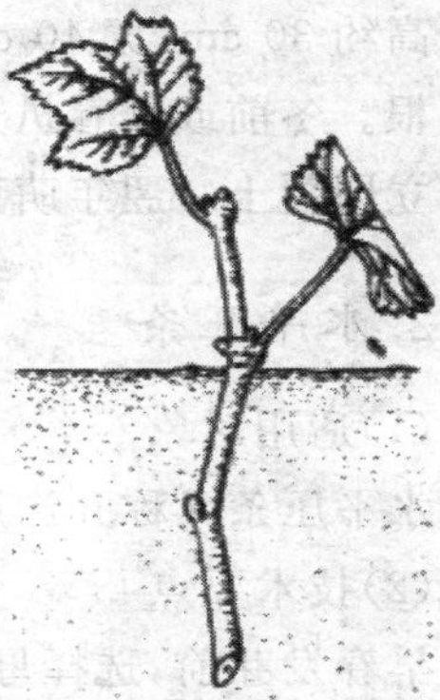

图3-12　绿枝扦插

4. 插后管理

绿枝扦插后将土踩实，灌透水，立即搭建遮阴设施，使土壤含水量保持在20%～25%，控温在25～28℃。避免强光直射，晴天10～16时，通过遮阴，使光照强度降到自然光照强度的30%～50%。勤喷水或浇水，保持空气湿度达到饱和，勿使叶片萎蔫。生根后逐渐增加光照，温度过高(超过37℃)时喷水降温，并及时排除多余水分。有条件者利用全光照自动间歇喷雾设备。经过10～15 d后，撤掉遮阴物。

(四)根插

根插材料一般结合秋季掘苗和移栽时收集。根插条粗 0.4～1.5 cm,可全段扦插,也可剪成长 5～8 cm 或 10～15 cm 的根段,并带有须根。上口平剪,下口斜剪,根段直插或斜插,切勿倒插。根插材料一般冬季进行湿藏,春季进行露地扦插,也可春季随采随插。扦插时间、方法和插后管理同硬枝扦插。但应注意防寒防旱。

四、压条苗培育

压条苗培育就是压条育苗,是指枝条与母株不分离状态下,将其压入土中或包埋于生根介质中,使其生根后,与母株剪断脱离,成为独立植株的技术。多用于扦插生根困难的树种。一般按压条所处位置分为地面压条和空中压条,其中地面压条按压条状态可分为直立压条、水平压条和曲枝压条等。

1. 直立压条

(1)适用对象

直立压条又称培土压条,主要用于发枝力强、枝条硬度较大的树种,如苹果和梨的矮化砧、石榴、樱桃、李和无花果等果树。

(2)技术要点

冬季或早春将母株枝条距地面 15 cm 左右(2 次枝仅留基部 2 cm)剪断,施肥灌水,促其萌发新梢。待新梢长到 20 cm 以上时,在其基部纵伤或环割,深达木质部。进行第 1 次培土,促进生根。培土高度 8～10 cm,宽约 25 cm。新梢长至 40 cm 左右时,进行第 2 次培土,2 次培土总高约 30 cm,宽 40 cm,注意踏实。每次培土前先灌水,保持土壤湿润。一般 20 d 左右开始生根。冬前或翌春扒开土堆,将新生植株从基部剪下,就成为压条苗(图 3-13)。剪完后对母株立即覆土。翌年萌芽前扒开土,重复上述方法进行压条繁殖。

2. 水平压条

(1)适用对象

水平压条又称开沟压条,适用于枝条柔软、扦插生根较难树种,如苹果矮化砧、葡萄等。

(2)技术要点

早春发芽前,选择母株上离地面较近枝条,剪去梢部不充实部分。然后开 5～10 cm 深的沟,将枝条水平压入沟中,用枝杈固定。待各节上芽萌发,新梢长至 20～25 cm 且基部半木质化时,在节上刻伤。随新梢增高分次培土,使每一节位发生新根,秋季落叶后挖起,分节剪断移栽(图 3-14)。

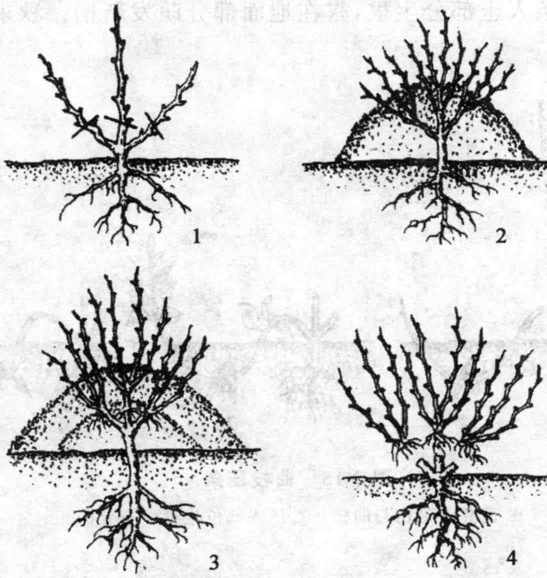

图 3-13　直立压条

1. 短截促萌　2. 第一次培土　3. 第二次培土　4. 扒垄分株

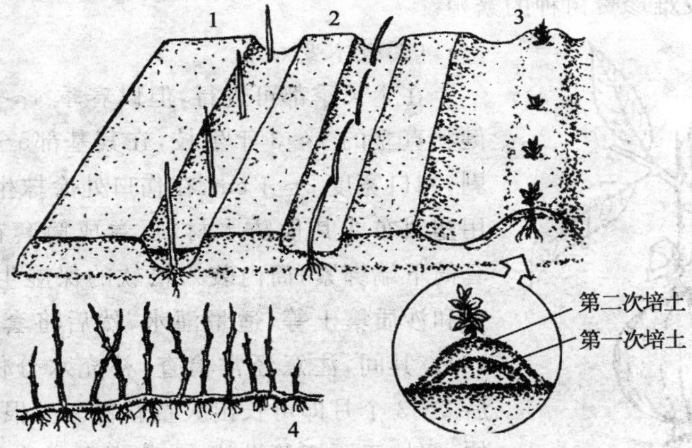

图 3-14　水平压条

1. 斜插　2. 压条　3. 培土　4. 分株

3. 曲枝压条

(1)适用对象

曲枝压条同样适用于枝条柔软、扦插生根较难的树种。

(2)技术要点

在春季萌芽前或生长季新梢半木质化时进行。在压条植株上，选择靠近地面 1、2 年生枝条，在其附近挖深、宽各为 15～20 cm 沟穴，穴与母株距离以枝条中下部能弯曲压入穴内为宜。然后将枝条弯曲向下，靠在穴底，用沟状物固定，在弯曲处环剥。枝条顶部露出穴外。在枝条弯曲部分压土填平，使枝条入土部分生根，露在地面部分萌发新梢。秋末冬初将生根枝条与母株剪截分离（图 3-15）。

图 3-15　曲枝压条

1. 萌芽前刻伤与曲枝　2. 压入部位生根　3. 分株

4. 空中压条

(1)适用对象

空中压条又称高压法、中国压条法。适用于木质较硬而不宜弯曲、部位较高而不宜埋土的枝条以及扦插生根较难珍贵树种的繁殖。

(2)技术要点

在生长季都可进行，但以春季 4～5 月份为宜。选择健壮直立的 1～3 年生枝，在其基部5～6 cm 处纵刻或环剥，剥口宽度 2～4 cm，在伤口处涂抹生长素或生根粉，再用塑料布或其他防水材料，卷成筒套在刻伤部位。先将套筒下端绑紧，筒内装入松软的保湿生根材料如苔藓、锯末和沙质壤土等，适量灌水，然后将套筒上端绑紧（图 3-16）。其间，注意经常检查，补充水分保持湿润。一般压后 2～3 个月即可长出大量新根。生根后连同基质切离母体，假植于阴棚等设施内，待根系长大后定植。也可用花盆、竹筒等容器装入营养土进行空中压条，但要注意保持湿度（图 3-17）。

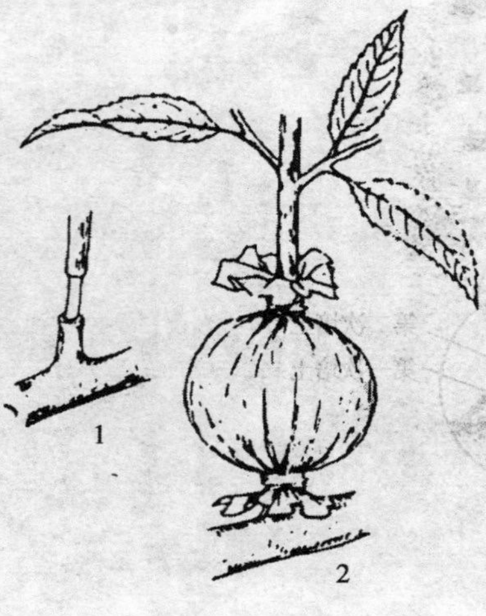

图 3-16　空中压条

1. 被压枝条处理状　2. 包埋生根基质状

(3)特点

育苗成活率高、方法简单、容易掌握，但也存在繁殖系数低、对母体损伤大的缺点，且大量繁殖苗木具有一定困难。

(4)培育盆栽果树

生产上空中压条可作为快速培育盆栽果树的好途径：苹果、梨、葡萄等果树，选易形成花芽枝条，环剥或刻伤处理，促其生根，形成花芽，脱离母体后第 2 年便可开花结果。

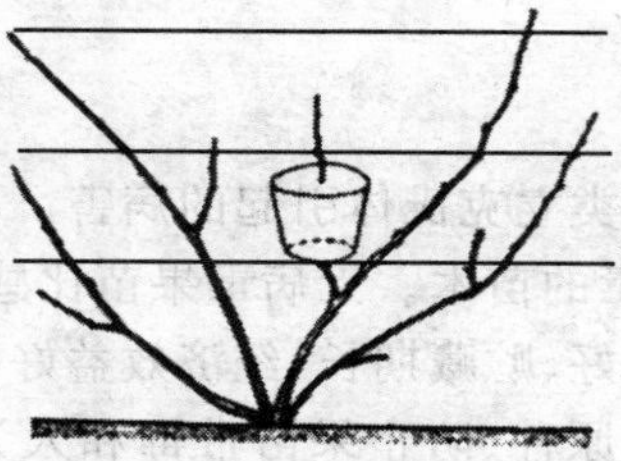
(a)空中花盘压条

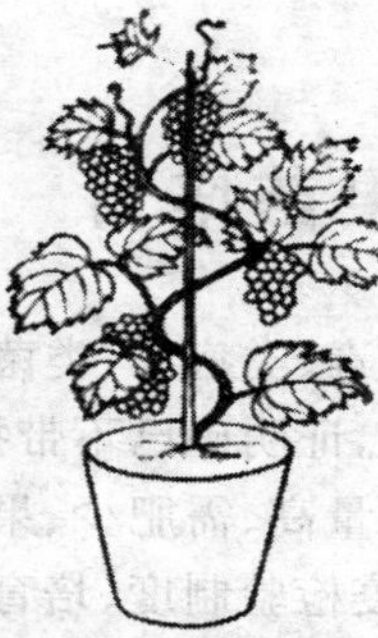
(b)压条苗剪离母体

图 3-17 空中花盆压条及压条苗剪离母体

五、分株苗培育

分株苗培育就是分株育苗，是利用母株的根蘖、匍匐茎、吸芽等营养器官在自然状况下生根后切离母体，培育成新植株的无性繁殖方法。这种繁殖方法因树种不同存在一定的差异。一般包括根蘖繁殖法、匍匐茎繁殖法和新茎、根状茎分株法。

1. 根蘖繁殖法

根蘖繁殖法适用于根部易发生根蘖的果树，如山楂、枣、樱桃、李、石榴、树莓、杜梨和海棠等。一般利用自然根蘖在休眠期栽植。在休眠期或萌芽前将母株树冠外围部分骨干根切断或刻伤，生长期加强肥水管理，促使根蘖苗多发旺长，到秋季或翌春分离归圃培养。按行距 70～80 cm、株距 7～8 cm 栽植，栽后苗干截留 20 cm，精细管理。新栽幼苗继续发生萌蘖，其中一些进行嫁接但不够嫁接标准的，次春再度分株移栽，继续繁殖砧苗。

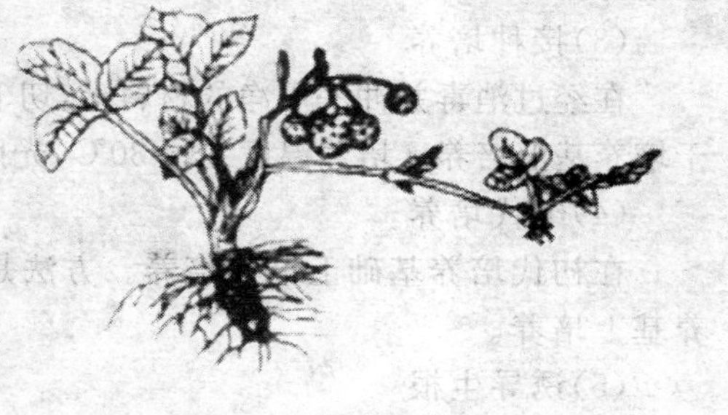
图 3-18 草莓匍匐茎

2. 匍匐茎繁殖法

匍匐茎繁殖法适用于草莓等果树。草莓地下茎的腋芽，在形成当年就能萌发成为匍匐在地面的匍匐茎(图 3-18)。其匍匐茎在偶数节上发生叶簇和芽，下部生根接地扎入土中，长成幼苗，夏末秋初将幼苗与母株切断挖出栽植。

3. 新茎、根状茎分株法

新茎、根状茎分株法同样适用于草莓等果树。草莓在浆果采收后，当地上部有新叶抽出，地下部有新根生长时，整株挖出，将 1、2 年生根状茎、新茎、新茎分枝逐个分离成为单株定植。

分株繁殖应选择优质、丰产、生长健壮的植株作为母株，雌雄异株树种应选雌株。分株时尽量少伤母株根系，合理疏留根蘖幼苗，同时加强肥水管理，促进母株健旺生长，保证分株苗质量。

六、无病毒果苗培育

病毒病害是指由病毒、类病毒、类菌质体和类立克氏体引起的病害。而无病毒果苗是指经过脱毒处理和病毒检测，证明确已不带指定病毒的苗木。无病毒果苗比感病毒果苗生长健壮、总生长量大、寿命长、产量高、需肥少、果实品质好、贮藏期长，经济效益好。建立无病毒苗木繁育体系、健全去病毒检疫检验制度、培育无病毒原种、防止果苗带毒和人为传播是防治和克服果树病毒病危害的根本措施和唯一途径。

(一)无病毒母树培育

培育无病毒苗木，首先要有无病毒母树。而无病毒母树主要通过脱毒的途径来获得，果树苗木主要脱毒途径有 4 种。

1. 茎尖组织培养脱毒

病毒侵入植物体后，并非所有的组织都带有病毒，在生长点附近的分生组织大多不含有病毒。茎尖组织培养脱毒就是切取茎尖这一微小的无病毒部分(一般 0.1～0.3 mm)，进行组织培养，从而获得无病毒的单株。

(1)培养基配制

培养基配制可参考其他组织培养技术手册进行。

(2)取材

取材在春季发芽时，取田间嫩梢，用 70%酒精浸泡消毒 0.5 min，用 0.1%的升汞(氯化汞)液消毒 10～15 min，然后用无菌水冲洗 3～5 遍。

(3)接种培养

在经过消毒并冲洗干净的材料上，切下带有 1～2 个叶原基的生长点，长 0.1～0.2 mm，接种于培养基上培养。培养温度 28～30℃，光照强度 1 500～2 000 lx，光照时间每天 10 h 左右。

(4)继代培养

在初代培养基础上继代培养。方法是在无菌条件下切取茎尖产生的侧芽，接种到增殖培养基上培养。

(5)诱导生根

将增殖得到的芽或新梢移植到生根培养基上，经诱导生根培养，得到完整试管苗。

(6)移栽

移栽前将幼苗锻炼 2～3 d 后，用水洗去培养基，移栽到装有腐殖质与沙比例 1∶1 的混合基质塑料钵中，放在温室中生长 10 d 左右后移栽于室外，按常规方法管理。成活后经病毒检测无病毒后，便获得了茎尖组织培养脱毒苗。

2. 热处理脱毒

(1)概念

热处理也叫温热疗法，是利用病毒和植物细胞对高温忍耐性的不同差异，选择适当高于正常的温度处理染病植株，使植株体内病毒部分或全部失活，而植株本身仍然存活。将不含病毒的组织取下，培育成无病毒个体。

(2)脱毒步骤

先将带毒芽片嫁接在未经嫁接过的实生砧木上，成活后促进萌发，将萌发植株放入(38±1)℃的恒温箱内处理3～5周。从经过热处理的植株上，剪下正在生长的新梢顶端，长1.0～1.5 cm，嫁接在未经嫁接的砧木上，嫁接成活并生长至一定高度时，取一部分芽片接种在指示植物上进行病毒试验，确认无病毒后，作为无病毒母本树繁殖无病毒苗木。

3.热处理结合茎尖培养脱毒

单独使用热处理或单独使用茎尖培养脱毒都不奏效时使用热处理结合茎尖培养法脱毒。热处理在茎尖离体之前的母株上进行，也可在茎尖培养期间进行。一般以前一种方法处理效果较好。

4.离体微尖嫁接法脱毒

离体微尖嫁接法脱毒是茎尖培养与嫁接方法相结合，用以获得无病毒苗木的一种技术。它是将0.1～0.2 mm的接穗茎尖嫁接到试管中的无菌实生砧苗上，继续进行试管培养，愈合成完整植株。

(二)繁殖无病毒苗木要求

1.建立无病毒母本园

获得无病毒原种材料后，分级建立采穗用无病毒母本园。母本园应远离同一树种2 km以上，最好栽植在有防虫网设备的网室内。母本树建立档案，定期进行病毒检测，一旦发现病毒，立即取消其母本树资格。

2.繁殖无病毒苗木要求

繁殖无病毒苗木的单位或个人，必须填写申报表，经省级主管部门核准认定，并颁发无病毒苗木生产许可证。

3.无病毒苗圃地要求

繁殖无病毒苗木的苗圃地，应选择地势平坦、土壤疏松、有灌溉条件的地块，同时也应远离同一树种2 km以上，远离病毒寄主植物。

4.繁殖无病毒苗木材料要求

繁殖无病毒苗木使用的种子、无性系砧木繁殖材料和接穗，必须采自无病毒母本园，附有无病毒母本园合格证。

5.繁殖无病毒苗木嫁接过程要求

繁殖无病毒苗木嫁接过程，必须在专业人员的监督指导下进行，且嫁接工具要专管专用。

6.无病毒苗木出售要求

繁殖无病毒苗木，须经植物检疫机构检验，合格后签发无病毒苗木产地检疫合格证，并发给无病毒苗木标签，方可按无病毒苗木出售。

(三)无病毒苗木培育

在苗圃中，用无病毒母株上的材料建立无毒材料繁殖区。利用繁殖区的无毒植株压条或剪取枝条扦插，培育无毒自根苗。由于大多数果树种子不带病毒，可在未经嫁接过的实生砧木上嫁接无毒品种，培育无毒嫁接苗。繁殖区内的植株经过5～10年，要用无毒母本园保存的材料更新1次。

思考题：

1.什么叫果树自根苗？在生产上如何加以利用？
2.影响扦插、压条成活的因素有哪些？如何促进其生根？
3.什么叫扦插？有哪些类型？
4.如何进行果树硬枝扦插？如何进行果树绿枝扦插？
5.什么叫压条育苗？都有哪些具体类型？
6.哪些果树适合直立压条育苗？如何操作？
7. 哪些果树适合水平压条育苗？如何操作？
8. 哪些果树适合曲枝压条育苗？如何操作？
9. 哪些果树适合空中压条育苗？如何操作？
10.什么叫分株育苗？包括哪几种类型？
11.什么叫无病毒果苗？都有哪些优越性？
12.果树苗木主要脱毒途径有哪些？
13.繁殖果树无病毒苗木都有哪些具体要求？如何培育无病毒苗木？

第五节　苗木出圃

一、出圃准备

果树苗木出圃前要进行苗木调查、制订计划与操作规程、策划营销和圃地浇水。

1. 苗木调查

苗木调查就是对拟定出圃的苗木进行抽样调查，掌握各类苗木的数量与质量，为苗木出圃和营销工作提高依据。苗木调查工作程序包括5个方面。

(1)划分调查区

根据树种、苗龄、育苗方式、繁殖方法、苗木密度和生长状况等，划分出不同的调查区。

(2)测量面积

在同一调查区内，测量各苗床面积，并计算出各调查区及出圃苗的面积。

(3)确定样地

样地形状有3种方式：样方、样段和样群。样方适合于苗床和播种苗；样段适于垄作和扦插、移栽苗；样群适于苗木密度和生长差异较大时。根据苗木密度，一般每个样地保持20～50株苗即可。样地随机抽取，均匀分布，并且数目要适宜。

(4)苗木调查

就是统计样地内苗木株数、测量每株苗木各项指标。

(5)统计分析

将调查数据分类整理，计算统计，汇总分析，做出结论。

2. 制订计划与操作规程

制订计划与操作规程指制定苗木出圃计划和掘苗操作规程。苗木出圃计划内容主要包括：出圃苗木基本情况(树种、品种、数量和质量等)、劳力组织、工具准备、苗木检疫、消毒方式、消毒药品、场地安排、包装材料、掘苗时间、苗木贮藏、运输及经费预算等。掘苗操作规程主要包括：挖苗技术要求，分级标准，苗木打叶、修苗、扎捆、包装和假植方法和质量要求。

3. 策划营销

就是通过现代信息网络、媒体及多种信息渠道，搞好苗木的销售工作。

4. 圃地浇水

就是在掘苗前苗圃地土壤干旱的情况下，提前10 d左右对苗圃地灌水。

二、苗木挖掘

1. 起苗时间

起苗时间在秋季落叶后至春季萌芽前的休眠期内均可进行。最好根据栽植时期进行。秋季起苗从苗木停止生长后至土壤结冻前进行。就近栽植，最好随起随栽。春栽起苗从土壤解冻后至苗木发芽前进行。

2. 挖苗方法

(1)两种挖苗方式

挖苗分带土和不带土两种方式。落叶果树露地育苗，休眠期出圃苗木不带土；生长季出圃苗木，带叶栽植需带土球。落叶前起苗，应先将叶片摘除，然后起苗。

(2)起苗要求

起苗应避免在大风、干燥、霜冻和雨天进行。起苗前对苗木挂牌，标明树种、品种、砧木、来源、树龄及苗木数量等。如果土壤干燥，应提前 1～2 d 充分灌水，待稍干后再起苗。挖掘时，尽量少伤根系，使根系完整，挖出后就地临时假植，用土埋住根系；或集中放在阴凉处，用浸水草帘或麻袋等覆盖。一畦或一区最好 1 次全部挖完。

三、分级与修苗

1. 分级

起苗后立即根据苗木规格进行分级。对不合格苗木应留在圃内继续培养。

2. 修苗

修苗就是进行修剪，结合分级进行。要求剪去病虫根、过长根及畸形根。主根留 20 cm 左右短截。受伤粗根修剪平滑，且使剪口面向下。剪去地上部病虫枝、枯枝残桩和充实的秋梢及萌蘖。

四、检疫与消毒

1. 苗木检疫

(1)我国对内和对外检疫病虫害

苗木检疫是防止病虫害蔓延的有效措施。我国对内检疫的病虫害主要有苹果绵蚜、苹果蠹蛾、葡萄根瘤蚜、美国白蛾。我国对外检疫的病虫害有地中海实蝇、苹果蠹蛾、苹果实蝇、苹果根瘤蚜、美国白蛾、栗疫病、梨火疫病等。

(2)检疫要求

育苗单位和苗木调运人员必须严格遵守植物检疫条例，做到从疫区不输出，新区不引入。起苗后至包装之前，主动向当地植物检疫部门申请，对苗木进行产地检疫，检疫合格签发检疫合格证之后，才能起运。

2. 苗木消毒

(1)杀菌处理

杀菌处理用 3～5°Be′石硫合剂溶液，或 1∶1∶100 倍波尔多液浸苗 10～20 min，再用清水冲洗根部。李属植物一般不用波尔多液。用 0.1%的升汞水浸苗 20 min，再用清水冲洗 1～2 次，在升汞中加醋酸或盐酸，杀菌效力更大。休眠期苗木根系消毒用 0.1%～0.2%的硫酸铜($CuSO_4$)溶液处理 5 min 后，清水洗净即可，但此药不宜用作全株消毒。此外，用于苗木消毒的药液还有甲醛、石炭酸等。

(2)灭虫处理

灭虫处理用氰酸(HCN)气熏蒸。就是在密闭的房间或箱子中,每 100 m^3 容积用氰酸钾(KCN)30 g,硫酸(H_2SO_4)45 g,水(H_2O)90 mL,熏蒸 1 h。熏蒸前要关好门窗,先将 H_2SO_4 倒入 H_2O 中,然后再将 KCN 倒入。1 h 后将门窗打开,待 HCN 气散发完毕,方能进入室内取苗。少量苗木可用熏蒸箱熏蒸。HCN 气有剧毒,要注意安全。

五、包装运输与贮藏

1.包装调运

(1)要求

苗木经检疫消毒后,进行包装调运。包装调运过程中要防止苗木干枯、腐烂、受冻、擦伤或压伤。苗木运输时间不超过 1 d,可直接用篓、筐或车辆散装运输,但筐底或车底须垫湿草或苔藓等,且苗木根部蘸泥浆。苗木放置时要根对根,并与湿草分层堆积,上覆湿润物料。运输时间较长,苗木必须妥善包装:一般用草包、蒲包、草席、稻草等包装,苗木间填以湿润苔藓、锯屑、谷壳等,或根系蘸泥浆处理。除此之外,还可用塑料薄膜袋包装。包裹要严密。包装好后挂上标签,注明树种、品种、数量、等级以及包装日期等。

(2)保温、保湿

运输过程中要做好保温、保湿工作,保持适当低温,但不可低于 0℃,一般以 2～5℃为宜。

2.苗木贮藏

(1)要求

苗木贮藏习惯称作假植。分临时性短期贮藏与越冬长期贮藏 2 种方式。临时性短期贮藏可就近开沟,将苗木成捆立植于沟中,用湿土埋好根系。越冬长期贮藏是指秋冬出圃到第二年春季栽植的苗木,应选避风背阳、高燥平坦、无积水的地方挖沟假植。南北向开沟,沟宽 1 m 左右,深 50～80 cm,沟长随苗木数量而定。假植时,应除去包装材料,打开捆绳,摊开散置。苗干向南倾斜 45°,整齐紧密的排放在沟内,摆一层苗(苗层不宜太厚),埋一层土,填土应细碎,使苗木根系与土壤密接,不留空隙。培土达苗木干高的 1/3～1/2(严寒地区达定干高度),填土一半时,沟内灌水。对弱小苗木应全部埋入土中。假植地四周应开排水沟,大假植地中间还应适当留有通道。不同品种的苗木,应分区假植,详加标签。运输时间过久苗木,视其情况立即将其根部浸水 1～2 d,待苗木根部吸足水分后再行假植,浸水每日更换 1 次。

(2)管理

苗木假植期间要定期检查,防止干燥、积水、鼠及野兔等危害,发现问题及时处理。

思考题:

1.苗木出圃程序有哪些?

2.果树苗木出圃前要做好哪些准备工作?

3.如何挖掘果树苗木？如何修苗？
4.如何做好果树苗木的检疫和消毒？
5.如何进行果树苗木贮藏？应注意哪些问题？

实训技能 3-1 果树砧木种子和生活力测定

一、目的要求

从砧木种子形态上识别各种类果树的主要砧木种子，培养观察和识别砧木种子的能力；掌握种子生活力测定的方法。

二、材料与用具

1.材料

选用当地主要果树砧木种子山荆子、海棠果、西府海棠、河南海棠、杜梨、山桃、毛桃、山杏、毛樱桃、山葡萄、酸枣和君迁子。所用染色剂有0.1%氯化三苯四氮唑（红四唑）、5%红墨水、0.1%地衣红。

2.用具

天平、镊子、刀片、解剖针、烧杯（500 mL）、量筒、培养皿等。

三、内容与方法

1.砧木种子识别

提供适应当地气候条件的果树砧木种子20种，通过观察、记载，明确各种砧木种子的形态特点。

2.砧木种子生活力测定

（1）形态鉴定法

称取砧木种子50～100 g，或数百粒，进行鉴定。有生活力种子大小均匀，饱满，千粒重较重，有光泽，无霉味和病虫害，剥去种皮后，胚和子叶呈乳白色，不透明，有弹性。无生活力种子与上正好相反，种仁呈黄色，按压易破碎。根据鉴定结果，统计有生活力种子百分率。

(2)染色法

取砧木种子50～100粒(大粒种子50粒),用水浸泡12～24 h,使种皮软化。用镊子或解剖针将种皮剥去,放入按照前述方法事先配制好的溶液中进行染色。浸泡2～4 h,将种子用清水冲洗,观察染色结果。

四、实训报告

1. 描述所观察到的砧木种子形态特征。
2. 总结目测法和染色法鉴定结果。
3. 填写种子生活力测定表(表3-6)。

表3-6 果树砧木种子生活力测定记录表

树种	测定种子粒数	测定结果								生活力/%	备注
		不能染色种子数/粒				染色结果					
						无生活力		有生活力			
		空粒	腐烂粒	病虫害粒	其他	粒数	%	粒数	%		

测定人________班级________年____月____日

五、技能考核

技能考核评定实行百分制,其中实训态度占10分,实训过程占30分,实训结果占30分,实训报告占30分。

实训技能3-2 种子层积处理

一、目的要求

了解果树砧木种子层积处理要求,掌握层积处理方法。

二、材料与用具

1. 材料

砧木种子和干净河沙。

2. 用具

水桶和挖土工具。

三、步骤与方法

1. 挖层积坑

选地形稍高、排水良好的背阴处，挖深 60～100 cm、宽 100 cm 左右，长随种子数量而定的层积坑。

2. 拌沙

用水将沙拌湿(含水量约 50%)，以手握成团而不滴水为度。

3. 层积

先在坑底铺一层湿沙，坑中央插一小草把，然后将种子与湿沙分层相间堆积，堆至离地面 10～30 cm 处，上覆湿沙与地面持平。再用土堆成屋脊形。坑四周挖排水浅沟。

四、注意问题

实训最好结合生产进行。如条件不具备时，可准备少量种子，用木箱或花盆等容器进行层积处理。或在室外进行模拟演练。

五、实训作业

1. 果树砧木种子为什么要进行层积处理？
2. 种子层积处理应掌握哪些关键技术？

六、技能考核

技能考核评定实行百分制，其中实训态度占 10 分，实训过程占 30 分，实训结果占 30 分，实训思考占 30 分。

实训技能 3-3 果树芽接

一、目的要求

通过实训，了解果树芽接基本知识，熟悉芽接方法并掌握其技术要领。

二、材料与用具

1. 材料

果树接穗、砧木枝条、塑料薄膜等。

2. 用具

剪枝剪、嫁接刀等。

三、方法与步骤

1. "T"字形芽接

(1)削接芽

从芽下方距离芽茎 0.8 cm 处向斜上方削进木质部，直至芽体上端，再将芽尖上方约 0.5 cm 处横切一刀，深达木质部，与上一切口接合，削成上宽下窄的盾形芽片。然后左手拿住枝条，右手捏住叶柄基部与芽片，向枝条一侧用力一推，取下芽片，要求内侧中央带有护肉芽。

(2)切砧

在砧木距离地面 5 cm 左右处选光滑部位横切一刀，深度以切断砧木皮层为度，尽量不伤木质部，切口长约 1 cm，从横切缝正中间向下垂直切一刀，长约 1.5 cm，呈"T"字形。

(3)插穗与绑扎成活情况

插芽片时用手捏住削好芽片,慢慢插入“T”字形切口内,使芽片上端与“T”字形切口上端平面靠紧,下端也应保持坚实。芽接绑扎应包严扎紧,只留芽体及叶柄。绑扎时应从芽上方向下。

2. 带木质部芽接

(1)削接芽

从芽上方0.8～1.0 cm处向下斜削一刀,可略带木质部,但不宜过厚,长约1.5 cm,然后在芽下方0.5～0.8 c cm处呈30°角斜切到第1刀口底部,取下带木质盾状芽片。

(2)切砧木

在砧木离地面5 cm处,选光滑无疤部位,先斜切一刀,再在其上方2 cm处由上向下斜削入木质部,至下切口处相遇。砧木削面可比接芽稍长,但宽度应保持一致。

(3)贴芽片

取掉砧木盾片,将接芽嵌入;砧木粗,削面宽时,可将一边形成层对齐。

(4)包扎

用0.8～1.0 cm宽的塑料薄膜条由下往上压茬缠绑到接口上方,要求绑紧包严。

五、实训报告

1. 根据当地情况,选择1～2个树种,进行2种芽接方法苗木嫁接,并统计嫁接成活率。
2. 简述芽接苗操作程序。

六、技能考核

技能考核评定采用百分制,其中实训态度占20分,实训结果即嫁接速度和成活率占50分,实习报告占30分。

实训技能3-4　果树枝接

一、目的要求

通过实训,了解果树枝接基本知识,熟悉枝接方法并掌握其技术要领。

二、材料与用具

1. 材料

果树接穗、砧木枝条、塑料薄膜等。

2. 用具

剪枝剪、枝接刀等。

三、方法与步骤

1. 劈接

(1)削接穗

将接穗按长5～7 cm,3～4个芽剪成一段作为接穗,然后将枝条下端削成长3 cm左右,外宽内窄的楔形斜面,削面以上留2～4个芽,并于顶端第一个芽的上方0.5 cm处削光滑平面。注意削面应平滑整齐,且不宜过短。

(2)切砧木

在砧木枝干上适当部位用剪子或锯切断,将削面削平削光滑,然后在砧木切面上垂直劈切。劈切要轻,深度以略长或等长于接穗切面为宜。劈切口位置可依砧穗粗细而定。砧穗差异大的,可在砧木断面的1/3处劈切;砧穗差异较小的,可在砧木断面中央劈切。

(3)插接与绑缚

将接穗插入砧木切口时,首先将切口用刀撬开,然后把接穗宽削面靠砧木皮层一端慢慢插入,使接穗与砧木形成层对齐,上端"露白",然后用塑料薄膜条绑扎接合部位。在绑扎过程中,不要触动接穗。

2. 切接

(1)削接穗

在接穗下端先削1个3 cm左右的长削面,削掉1/3木质部,再在长削面背后削1个1 cm左右的短削面。两斜面都要光滑。

(2)劈砧木

将砧木从距离地面5 cm处剪断,选平整光滑的一侧,从断面1/3处劈一垂直切口,长3 cm左右。

(3)插接穗

将接穗的长削面向里,短削面向外,插入砧木切口,使两者形成层对准、靠紧,接穗较细时,保证一边的形成层对准。

(4)包扎

将嫁接处用塑料条包扎绑紧即可。

3. 插皮接

(1)削接穗

剪一段带 2～4 个芽的接穗。在接穗下端斜削 1 个长约 3 cm 的长削面，再在长削面背后尖端削 1 个长 0.3～0.5 cm 的短削面，并将长削面背后两侧皮层削去少量，但不伤木质部。

(2)劈砧木

先将砧木近地面处光滑无疤部位剪断，削平剪口，然后在砧木皮层光滑的一侧纵切 1 刀，长约 2 cm，不伤木质部。

(3)插接穗

用刀尖将砧木纵切口皮层向两边拨开。将接穗长削面向内，紧贴木质部插入。长削面上端应在砧木平断面之上外露 0.3～0.5 cm，使接穗保持垂直，接触紧密。

(4)包扎

将嫁接处用塑料条包严绑紧即可。

四、实训报告

1. 根据当地情况，选择 1～2 个树种，进行 3 种枝接方法苗木嫁接，并统计嫁接成活率。
2. 简述枝接苗操作程序。

五、技能考核

技能考核评定采用百分制，其中实训态度占 20 分，实训结果即嫁接速度和成活率占 50 分，实习报告占 30 分。

实训技能 3-5　果树扦插育苗

一、目的要求

熟悉扦插育苗关键技术环节，掌握整地、覆膜、插条处理及扦插方法。

二、材料与用具

1. 材料

硬枝扦插繁殖用插条（葡萄、石榴等果树 1 年生枝）、植物生长素（IBA、IAA 或 ABT 生根粉等)、地膜和薄膜等。

2. 用具

修枝剪、嫁接刀、水桶和整地工具等。

三、步骤与方法

1. 整地

按照技术要求整地做畦或起垄,并覆盖地膜。

2. 剪截插条

将插条截成长约 20 cm,带有 1～4 个饱满芽的枝段,上口剪平,下口剪成斜面。并用刀在下剪口背面和上部纵刻 3～5 条 5～6 cm 长的伤口。

3. 激素处理

选地面平整地方,用砖块围成长方形浅池(深 10～12 cm,即两平砖),再用宽幅双层薄膜将浅池铺垫(薄膜应超出池外)。将 IBA 或 IAA 用少量酒精溶解,按 5～100 mg/kg 浓度配兑,将制备好的溶液倒入浅池内,池内溶液深度保持 3 cm 左右,然后将插条基部弄整齐,捆成小捆,整齐竖放在浅池内,浸泡 12～24 h。

4. 扦插

按设计行、株距,破膜扦插,插后培土 2 cm 左右,覆盖顶芽。

四、实训报告

1. 记录技术操作步骤,统计扦插成活率。
2. 分析扦插成活率高或低的原因。

五、技能考核

技能考核评定采用百分制,其中实训态度占 20 分,实训结果扦插成活率占 50 分,实习报告占 30 分。

实训技能 3-6 果树苗木出圃与假植

一、目的要求

通过实地操作,掌握起苗、修剪、分级、包装和假植等苗木出圃工作及技术要求。

二、材料与用具

1. 材料

准备出圃的各种果树苗木,稻草、包装袋、草绳等包装材料,石硫合剂、波尔多液。

2. 用具

挖苗工具、剪枝剪等。

三、步骤与方法

1. 苗木出圃前准备

(1)核对果树苗木种类、品种及合格苗木数量。
(2)做好对出圃苗木的病虫害检疫。
(3)联系用苗或售苗单位,保证出圃后及时装运、销售和定植。
(4)做好起苗工具、材料及劳动力准备。
(5)苗圃地土壤较干时,应在出圃前几天灌水。

2. 苗木出圃要求

苗木出圃基本要求是:品种纯正;苗木达到一定高度和粗度,有 2～3 条分枝,枝条健壮、充实;根系发达,须根多;无严重病虫害和机械损伤;嫁接苗接合部愈合良好。

3. 起苗与修剪

落叶果树一般在秋季落叶后至第二年春季萌芽前进行。具体方法有裸根起苗和带土起苗。按照前面技术要求进行起苗和修剪。

4. 苗木分级

苗木挖出后，随即进行分级。分级标准按当地执行标准进行。

5. 苗木检疫和消毒

按照苗木出圃程序中的有关要求进行。

6. 苗木包装

苗木分级消毒后，外运苗木按50～100株绑扎成捆，标明品种名称、数量。将苗木根部蘸以稀黄泥浆(泥浆稠度以蘸在根上不易现根颜色为宜)。然后在根部填充湿草、苔藓或其他不易发热的填充物，并用稻草包或包装袋包好，再用草绳绑紧，苗木上部及分枝露在外面。包装后挂上标签，写明品种、砧木、等级、数量和出圃日期。也可用伸缩纸箱包装。就是由两个纸箱套合成一个，其长度可依苗木高度而伸缩。纸箱四周垫以蜡纸，用洁净湿苔藓填充根隙及根周围，然后用塑料薄带把整个纸箱包扎捆紧。对数量不多或名贵苗木可用此法包装。

7. 苗木假植

起苗后的苗木不能及时定植或销售的要在遮阳避风地假植。具体方法是：选避风之地挖一条假植沟，沟宽约50 cm，深60～100 cm，长度根据苗木数量而定。然后将苗木依次斜放在假植沟中，向南斜放为宜。随放苗随覆土，当覆土至苗木根颈处时灌水，使根系与土壤密接，并保持一定湿度。待水渗入后，再覆土10～30 cm。如需假植越冬，覆土厚度为苗木高度的2/3。

四、实训报告

1. 苗木出圃经过哪些过程？每个过程应掌握哪些技术要点？
2. 在苗木挖掘、修剪、分级、包装和假植过程中尚存在什么问题？如何改进？

六、技能考核

技能考核评定采用百分制，其中实训态度占20分，实训结果占80分。

第四章　建园技术

［内容提要］果园园地选择要求与原则；果园类型，商品果园要求；我国果树生产的基本要求，核心内容及果园环境标准。建园调查与测绘要求，果园规划设计程序及内容，果树栽植内容及要求。

第一节　园地选择、果园类型及要求和果园环境标准

一、园地选择要求与原则

1. 要求

建立商品生产果园应选择生态条件良好，环境质量合格，并具有可持续生产能力的农业生态区域。生态条件良好就是坚持适地适栽的原则，在果树的生态最适宜区或适宜区选择园地，并从气候、土壤、地势、水源、社会经济条件等方面分析评价其优劣，从中选出最佳地段作为园址；环境质量合格是指园地的空气、土壤及农田灌溉水必须符合国家标准；可持续生产能力，就是选择良好的环境条件，保护生态环境，采用无公害生产技术，实现优质、丰产、高效和永续利用的目标。在建园之前，必须对地形、土质、土层、水利条件等影响果树生长发育的重要条件加以选择，要尽量选择和利用有利于果树的各种条件，避开不利条件。

2. 原则

园地选择要本着三条原则：一是要因地制宜地利用土地资源；二是要栽植适宜果树；三是要交通方便、易于管理。

二、果园类型简介

1. 果园类型及要求

在果树的生态最适宜区和适宜区选择适宜的园地类型。常见的类型有丘陵山地果园，一

般平地果园、沙滩地及盐碱地果园等。生产上一般从气候、土壤、地势、水源、社会经济条件等方面分析评价各类园地的优劣，并以生态因素为主要依据。通常在地势平坦或坡度小于5°的缓坡地带最适合建园。具体要求是土层深厚、疏松肥沃、水土流失少、管理方便、环境质量符合绿色果品生产要求。

2. 丘陵山地果园

丘陵山地果园一般坡度大于10°(图4-1)。丘陵山地建园时，要把握住三个要求：一是要选择山麓地带和相对海拔在200～500 m的低位山带建园；二是要充分利用丘陵山区的小气候带；三是要考虑坡向和坡形的作用。通常南坡向阳，光照充足，昼夜温差大，建园果树产量高、品质好，但易发生霜冻、干旱及日烧。北坡与南坡相反，东坡与西坡的优缺点介于南坡和北坡之间。

图4-1 丘陵山地果园

3. 平地果园

平地果园是指地势平坦或坡度小于5°的果园(图4-2)。一般应选择地势开阔、地面平整、土层深厚、肥水充足、便于机械化管理和交通运输的地方。但在通风、光照、昼夜温差、控排水方面，不如山地果园，果品品质如外观品质、可溶性固形物、风味和耐贮性方面比山地果园差。在选择园址时，关键要避开地下水位高的地段。

图4-2 平地果园

4. 其他地段果园

沙滩地、盐碱地及滨湖滨海地可选择部分宜林宜果地带，有针对性地采取措施改良土壤，提高肥力之后再建园。而重茬地建园必须彻底进行土壤改良。一般采用连续 4～5 年种植其他作物，尤其豆科作物或绿肥，并翻入土中。如在短时间内重茬建园，应采取全园土壤消毒或深翻、换土等方法。

三、商品果园要求

1. 良种选择要因地制宜，适地适栽

各种果树和品种都有一定的特性及其相应的适生生态区域。建园时必须考虑与其所需条件的相对一致，并根据市场信息、交通和居民情况综合考虑，确定果园的生产方向是专供外贸出口、国内超市、就近销售，还是加工原料，然后选择相应的树种和优良品种，才能充分发挥土地和果树的生产潜力。

2. 新建果园应适当集中成片

集中成片果园生产基地建立，应着重考虑 3 个基本条件：一是要确保果品优质生态条件；二是要有可靠的能源和培养有相当数量的高素质的劳动者；三是有较方便的交通条件和较好的商业渠道，能获得显著的经济效益。

3. 新建果园应便于实行集约化管理

集约化就是在单位面积土地上，投入较多的生产资料和劳动，进行精耕细作，用提高质量和保证单位面积产量的方法，提高经济效益。当前国内外国外果树发展趋势是矮、密栽培和无公害绿色食品生产。采取矮化砧、短枝型品种和密植栽培等措施使果树始果期提前，取得早期丰产，经济利用土地，提高劳动生产率。果园应避开污染源，采取无公害系列措施，生产高品质的无公害果品。必须竭力改善栽培管理条件，增施肥料，提高土壤有机质含量，特别是沙荒地和易旱的丘陵山区果园尤为重要。

四、我国果树生产基本要求、核心内容及果园环境标准

目前，我国果树生产的基本要求是无公害果品。其核心内容是果品生产、贮运过程中，通过严密监测、控制，防止农药残留、放射性物质、重金属、有害细菌等对果品生产及运销各个环节的污染，从而保证消费者的健康，并保持果园及其周围良好的生态环境。选择无污染的产地环境条件是生产无公害果品的基础，根据无公害果品产地环境条件标准及国家 GB/T 18407.2—2001《农产品安全质量 无公害水果产地环境要求》，果园环境标准主要包括空气环境质量、农田灌溉水质量和土壤环境质量三方面内容，这三方面的有关要求参照第二章有关内容。

思考题：

1. 园地选择要求和原则是什么？
2. 果园类型及要求是什么？
3. 商品性果园有哪些具体要求？
4. 我国果树生产基本要求是什么？其核心内容是什么？
5. 果园环境标准的内容是什么？

第二节　建园调查与测绘和果园规划与设计

一、建园调查与园地测绘

1. 建园调查

建园调查首先应进行社会调查与园地踏查。社会调查主要是了解当地经济发展状况、土地资源、劳力资源、产业结构、生产水平与果树区划等，在气象或农业主管部门查阅当地气象资料，采集各方信息。园地踏查主要是调查掌握规划区的地形、地势、水源、土壤状况和植被分布及园地小气候条件等。其次还要进行果品市场构成调查。包括拟发展果品目前市场的基本结构、消费需求、价格变动规律及中长期发展趋势预测，进而为确定良种果树提供依据。

2. 园地测绘

利用经纬仪或罗盘仪对规划区进行导线及碎部测量，达规定精度要求，绘制成 1 ∶(5 000～25 000)的平面图。图中须标明地界、河流、村庄、道路、建筑物、池塘、耕地、荒地及植被等，并计算面积。山地果园规划还应进行测量，绘制地形图。

二、果园规划与设计

果园规划设计内容包括果园土地和道路系统的规划，果树种类和品种的选择与配置，果园防护林，果园水利化及果园水土保持的规划与设计。果园规划与设计应遵循以果为主、适地适栽、节约用地、降低投资、先进合理、便于实施的设计原则。

(一)果园土地规划

以企业经营为目的的果园，土地规划中应保证生产用地优先地位，并使各项服务于生产的用地保持协调的比例。通常各类用地比例为果树栽培面积80%～85%；防护林5%～10%；道路4%；绿肥基地3%；办公生产生活用房屋、苗圃、蓄水池、粪池等共4%左右。

1.果园小区规划

果园小区又称作业区，是果园的基本生产单位，是为方便生产管理而设置的。划分果园小区是果园土地规划的一项重要内容。

(1)划分果园小区要求

①一个小区内气候、土壤条件应基本一致。

②便于防止果园土壤侵蚀。

③便于防止果园的风害。

④有利于果园中的运输和机械化。

(2)小区面积

果园小区面积因立地条件而不同。最适于果树栽培地区，大型果园每个小区面积可设计为8～12 hm^2；一般平地果园小区面积以4～8 hm^2为宜；山坡与丘陵地果园小区面积1～2 hm^2；统一规划而分散承包经营的小果园，可不划分小区，以承包户为单位，划分成作业田块。小区应因地制宜，大小适当。

(3)小区形状与位置

小区形状在平地果园应呈长方形，长与宽比例为(2～5)∶1，其长边尽量与当地主风方向垂直，使果树行向与小区的长边一致。防护林应沿小区长边配置与果树一起加强防风效果。山地与丘陵果园小区的形状以呈带状长方形，小区长边与等高线走向一致。小区形状也不完全为长方形，两个长边不会完全平行(图4-3)。

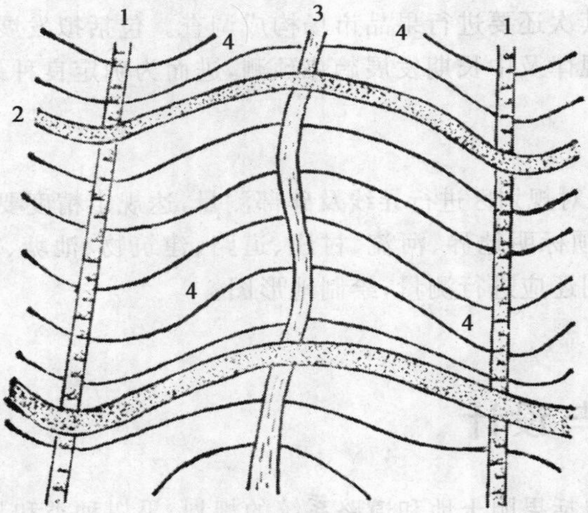

图4-3 山地果园小区(作业区)划分

1.顺坡路 2.横坡路 3.总排水沟 4.作业区

2.道路系统规划

果园道路的布局应与栽植小区、排灌系统、防护林、贮运及生活设施相协调。在合理便捷的前提下尽量缩短距离。面积在8 hm^2以上的果园，即大型果园应设置干路、支路、小路。干路应与附近公路相接，园内与办公区、生活区、贮藏转运场所相连，并尽可能贯穿全园。干路路面宽 6～8 m，能保证汽车或大型拖拉机对开；支路连接干路和小路，贯穿于各小区之间，路面宽 4～5 m，便于耕作机具或机动车通行；小路是小区内为了便于管理而设置的作业道路，路面宽 1～3 m，也可根据需要临时设置。对于中小型果园园内仅规划支路和小路。丘陵山地果园，干路与支路要结合小区划分，可顺坡倾斜而上，也可横坡环山而上或呈“之”字形拐。顺坡干路与支路要设在分水线上，不宜设在集水线上。沿坡上升的斜度不能超过 7°～10°。路的内侧要修排水沟，路面要呈内斜状。小路设在小区内或小区间，与支路相连，宽 1～2 m，是小区内的作业通道。

3. 配套设施规划

果园内的各项生产、生活用的配套设施，主要有管理用房、宿舍、库房（农药、肥料、工具、机械库等）、果品贮藏库、包装场、晒场、机井、蓄水池、药池、沼气池、加工场、饲养场和积肥场地等。通常管理用房建在果园中心位置；包装与堆贮场应设在交通相对方便的地方；贮藏库设在阴凉背风连接干路处；农药库设在安全的地方；配药池应设在水源方便处，饲养场应远离办公和生活区，山地果园的饲养场宜设在积肥、运肥方便的较高处。

4. 绿肥与饲料基地规划

建立绿肥与饲料基地采用种草（饲料、保持水土）→养畜→肥料→果园→种草模式，可有效提高果园的生态效益与经济效益，是值得提倡的优化模式。绿肥与饲料作物可在果树株间和行间种植。山地与丘陵地果园种植绿肥必须与水土保持工程相结合进行。在有条件的地区，可另在沙荒地、薄土地带等规划绿肥与饲料基地。

（二）灌排系统

1. 灌溉系统

灌溉系统灌溉方式有沟灌、喷灌、滴灌和渗灌等。不同的灌溉方式在设计要求、工程造价、占用土地、节水功能及灌溉效应等方面差异很大，规划时应根据具体情况而定。

2. 排水系统

排水系统因地形不同，所采取的排水方式也不同。平地果园排水方式主要有明沟排水与暗沟排水两种。明沟排水系统主要由园外或贯穿于园内的排水干沟、区间的排水支沟和小区内的排水沟组成。各级排水沟相互连接，干沟的末端有出水口。小区内的排水小沟一般深 50～80 cm；排水支沟深 100 cm 左右；排水干沟深 120～150 cm，使地下水位降到 120 cm 以下。盐碱地果园各级排水沟应适当加深。暗沟排水是在地下埋设瓦管管道或石砾、竹筒、秸秆等其他材料构成排水系统。暗沟设置的深度、沟距与土壤的关系见表 4-1。山地果园主要考虑排除山洪。其排水系统包括拦洪沟、排水沟和背沟等。拦洪沟是在果园上方沿等高线设置一条较深的沟。可将上部山坡洪水拦截并导入排水沟或蓄水池中。其规格应根据果园上部集水面积与最大降水强度时的流量而定，一般宽度和深度为 1.0～1.5 m，比降 0.3%～0.5%，并在适当位置修建蓄水池，使排水与蓄水结合进行。山地果园排水沟设在集水线上，方向与等高线相交，汇集梯田背沟排出的水而排出园外。排水沟宽 50～80 cm，深 80～100 cm。在梯田内修筑背沟（也称集水沟），沟宽 30～40 cm，深 20～30 cm，保持 0.3%～0.5%的比降，使梯田表面的水流入背沟，再通过背沟导入排水沟。

表 4-1　暗沟深度与土壤的关系　　cm

土壤	沼泽土	沙壤土	黏壤土	黏土
暗沟深度	1.25～1.5	1.1～1.8	1.1～1.5	1.0～1.2
暗沟间距	15～30	15～35	10～25	8～12

（三）防护林设置

1. 作用

果园防护林系统可调节果园生态小气候，调节温度、湿度平衡，减弱风力，减轻霜冻，为果树生长发育创造良好的生态环境。在没有建立农田防护林网的地区建园，都应在建园之前或同时营造防护林。

2. 结构

防护林带的有效防风距离为树高的 25～35 倍，由主、副林带相互交织成网格。主林带是以防护主要有害风为主，其走向垂直于主要有害风的方向，若条件许可，交角在 45°以上也可，副林带则以防护来自其他方向的风为主，其走向与主林带垂直。在山谷坡地营造防风林时，主林带最好不要横贯谷地，谷地下部一段防风林，应稍偏向谷口，且采用透风林带。谷地上部一段防风林及其边缘林带应该是不透风林带，而与其平行的副林带应为网孔式林型。

3. 类型、组成及效应

防护林根据林带的结构和防风效应可分为紧密型林带、稀疏型林带、透风型林带 3 种类型。紧密型林带由乔木、亚乔木、灌木组成，林带上下密闭，透风能力差，风速 3～4 m/s 的气流很少透过，透风系数小于 0.3，其防护距离较短，但在防护范围内效果显著。稀疏型林带由乔木和灌木组成，林带松散稀疏，风速 3～4 m/s 的气流可部分通过林带，方向不改变，透风系数 0.3～0.5。背风面风速最小区出现在林高的 3～5 倍处。透风型林带一般由乔木构成，林带下部（高 1.5～2.0 m 处）有很大空隙透风，透风系数为 0.5～0.7。背风面最小风速区为林高的 5～10 倍处。

4. 树种选择要求

林带的树种应选择适合当地生长、与果树无共同病虫害、生长迅速的树种，同时防风效果好，具有一定的经济价值。林带由主要树种、辅佐树种及灌木组成。主要树种应选用速生高大的深根性乔木，如杨树、洋槐、水杉、榆、泡桐、沙枣、樟树等。辅佐树种可选用柳、枫、白蜡及部分果树和可供砧木用的树种，如山楂、山定子、海棠、杜梨、桑、文冠果等。灌木可选用紫穗槐、灌木柳、沙棘、白蜡条、桑条、柽柳及枸杞等。为增强果园防护作用，林带树种也可用花椒、皂角、玫瑰花等带刺树种。

5. 营造

一般果园的防护林以营造稀疏型或透风型为好。平地、沙滩地果园应营造防风固沙林。一般果园四周栽 2～4 行高大乔木，迎风面设置一条较宽的主林带，风向与主风向垂直。通常由 5～7 行树组成。主林带间距 300～400 m。要与主林带垂直营造副林带，由 2～5 行树组成，带距 300～600 m。主林带宽度以不超过 20 m，副林带宽度不超过 10 m 为宜。株行距乔木为 1.5 m×2.0 m，灌木为(0.5～0.75)m×2 m，树龄大时适当间伐。林带距果树距离，北面应不小于 20～30 m，南面为 10～15 m。为不影响果树生长，应在果树和林带之间挖一条宽 60 cm、深 80 cm 的断根沟(可与排水沟结合用)。

(四)山地果园水土保持工程

山地果园水土保持工程主要有水平梯田、等高撩壕和鱼鳞坑三种形式。水平梯田是山地水土保持的有效方法。在修筑水平梯田之前，先要进行等高测量，然后根据坡度和栽植行距设计梯田面的宽度。坡度小或栽植行距大，田面应宽些；反之，则可窄些。一般每台梯田只栽一行树者，梯田面宽度不应小于 3 m；栽两行树的不应小于 5 m。在修筑梯田时应先修梯壁。等高撩壕简称撩壕，是在坡面上按等高线挖横向浅沟，将挖出的土堆在沟的外侧筑成土埂。果树栽在土埂外侧。撩壕只适宜在坡度为 5°～10°且土层深厚平缓地段应用。撩壕前，选一坡度适中的坡面，由上而下拉一直线为基线，然后按果树栽植的行距，将基线分成若干段，并在各段的正中间打出基点，以基点为起点，按 0.3%的比降向左右延伸，测出等高线，再取 50～70 cm 距离，划出平行于等高线的两条线。撩壕时将两条平行线间的土挖出，堆在下坡方向，培成弧形宽埂。壕沟宽一般为 50～70 cm，深 40 cm 左右，沟内每隔一定距离做一小坝。具体见图 4-4。鱼鳞坑是一种面积极小的单株台田，由于其形似鱼鳞而得名。此法适用于坡度大、地形复杂、不易修筑梯田和撩壕的山坡。修鱼鳞坑时，先按等高原则定点，确定基线和中轴线，然后在中轴线上按株行距定出栽植点，并以栽植点为中心，由上部取土，修成外高内低半月形的小台田。具体见图 4-5。

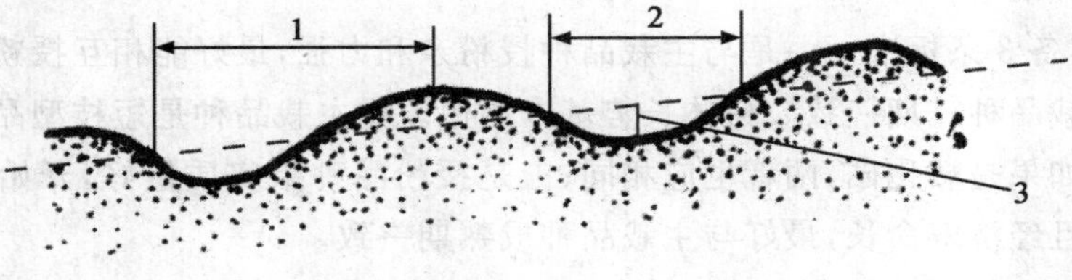

图 4-4　等高撩壕

1. 等高线　2. 壕沟　3. 沟底

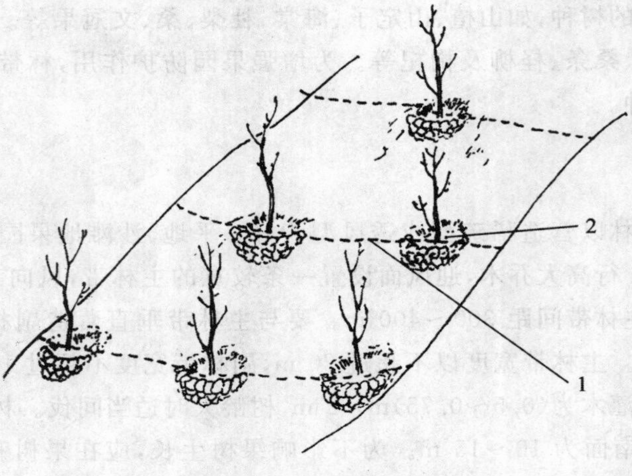

图 4-5　鱼鳞坑

1. 等高线　2. 鱼鳞坑

(五)树种、品种选择和授粉树配置

1. 树种、品种选择

建园选择树种、品种时要满足 3 个条件：一是选择具有独特经济性状的优良品种；二是所选树种、品种能适应当地气候和土壤条件，表现优质丰产，保持优质与丰产的统一；三是适应市场需要，适销对路，经济效益高。以大、中城市及工矿区为目标市场的果园，应以周年供应鲜果为主要目标，距城市较远或运输条件较差的地区，应从实际出发选择耐运输、贮藏的树种、品种。外向型商品果园，选择品种时应与国外市场的消费习惯和水平接轨。生产加工原料的果园，则宜选择适宜加工的优良品种。如生产罐桃应选择黄肉、不溶质、黏核品种；生产红葡萄酒应选择适宜酿酒的红色葡萄品种。作为生产果园树种和品种选择都不宜过多，一般主栽树种 1 个，主栽品种 2～3 个即可。要求中、晚熟品种与早熟品种搭配，但不宜有共同的病虫害。如一般不提倡苹果与桃混栽，而葡萄和草莓则可混栽。

2. 授粉树配置

(1)授粉树标准

授粉树应具备 3 条标准。一是与主栽品种授粉亲和力强，最好能相互授粉；二是授粉品种花粉量大，与主栽品种花期一致。树体长势基本相似。如主栽品种是短枝型品种，其授粉树也应是短枝类型；如果是矮化砧，两者也应相同；三是授粉品种果实质量好，开始结果早，容易成花，经济价值高且经济寿命长，最好与主栽品种成熟期一致。

(2)授粉树配置比例和距离

主栽品种与授粉树的配置比例一般为(4～5)∶1，授粉树缺乏时，最少要保证(8～10)∶1。配置距离应根据昆虫活动范围、授粉树花粉量的大小以及果树的栽植方式而定。距离主栽品种以 10～20 m 为宜，花粉量少时要更近一些。

(3)授粉树配置方式

授粉树配置方式,应根据授粉品种所占比例、果园栽培品种的数量和地形等确定,通常采用的配置方式有3种。

①中心式

授粉树较少时,每8株配置1株授粉树于中心位置。

②行列式

大面积果园,将主栽品种与授粉品种分别成行栽植。授粉树较少时,每隔2～3行主栽品种配置1～2行授粉品种。如果授粉品种也是主栽品种之一,可隔3～4行等量栽植。

③复合行列式

2个品种不能相互授粉,如苹果中的某些多倍体品种乔纳金、陆奥、北斗等须配置第3个品种进行授粉,可每个品种1～2行间隔栽植(图4-6)。

××××××	××○××○	○××△△○
×○××○×	××○××○	○××△△○
××××××	××○××○	○××△△○
××××××	××○××○	○××△△○
×○××○×	××○××○	○××△△○
××××××	××○××○	○××△△○
1	2	3

图4-6 授粉树配置方式(×主栽品种,○、△授粉品种)

1.中心式 2.行列式 3.复合行列式

(六)编写果园规划设计说明书

果园规划要最终完成规划设计文书——果园规划设计说明书,并附规划平面图、主要工程设计图。果园规划设计说明书包括八部分:即规划依据、规划区基本情况、总体规划设计、服务保障体系、建设投资概算、经济效益分析、总体实施安排、规划设计图纸八部分组成。果园规划设计说明书的编写方式及主要内容如下。

1.规划依据

(1)果园建设的背景、目的、规模和经营方式等。

(2)规划设计工作过程如调查、文献信息资料查阅、实地考察、咨询研讨、分析论证、测绘和规划设计等工作情况。

2.规划区基本情况

(1)地理位置及区域范围

规划区所处的区域位置、经纬度、四至(东、西、南、北临界接壤处)、总体地形及规划设计总面积等。

(2)气候资源

①光热资源

年日照时数,年总辐射量。

②热量资源

年平均气温、年极端最高平均气温、极端最高气温、年极端最低平均气温、极端最低气温、≥10℃有效积温等。

③降水和蒸发

年平均降水量，年平均自然植被蒸发量。

④无霜期

年平均无霜期，无霜期最早日期、最晚日期。

⑤灾难性气候

当地容易遭受的自然灾害，如干旱、洪涝、霜冻、冰雹、沙尘暴及风害等。

(3)水资源

过境水(河流)、地表水、地下水。

(4)土地资源

区内土地资源总体情况、土地面积与利用情况(农业生产用地面积与比例、非农业生产用地面积与比例)、土壤类型等。

(5)劳力资源

(6)生产现状及产业结构

3. 总体规划

(1)作业区划分

指小区数量、位置、面积形状等。

(2)道路规划

干、支、小路规划设计具体情况。

(3)排灌系统设计

果园灌溉系统、排水系统设计。

(4)配套设施建设

管理(生活)用房、贮藏库、包装场、晒场、配药池、畜牧场及农机具等。

(5)防护林设计

防护林面积、树种、栽植方式及用苗量等。

(6)山地果园水土保持工程设计

修筑梯田撩壕等工程建设设计。

(7)树种与品种设计

设计依据，树种与品种选择，授粉树配置等。

(8)果树栽植设计

栽植密度、栽植方式、苗木用量、肥料用量及栽植用工计划等。

4. 服务保障体系

技术保障体系、信息服务体系、组织管理和协调体系。

5. 建设投资概算

(1)规划设计概算的原则和依据

(2)各主要工程项目分项概算
(3)建设投资总概算

6. 经济效益分析

从建园投资费用,果园管理费用(果园的土肥水管理、整形修剪、花果管理和病虫害防治等),果品加工渠道、销售渠道,当地市场果品需求情况,当地果品价格等方面对拟建果园的经济效益进行分析。

7. 总体实施安排

建园调查与测绘→果园土地规划→树种、品种选择和授粉树配置→果园防护林设计→水土保持规划设计→果园排灌系统规划设计→果树栽植。

8. 规划设计图纸

包括果园建设设计总平面图和主要工程设计图纸。
(1)果园建设设计总平面图
包括果园的生产用地和非生产用地总体规划设计的基本情况。
(2)主要工程设计图纸
主要包括果园防护林的设计图纸、水土保持工程设计图纸、果园排灌系统设计图纸、果园道路及管理用房设计图纸等。

思考题:

1. 建园调查内容有哪些?如何进行园地测绘?
2. 果园规划设计的程序及内容是什么?
3. 如何进行果园小区规划?
4. 如何进行建园树种、品种选择?
5. 授粉树应具备哪些标准?
6. 如何培植授粉树?
7. 果园规划设计说明书有哪几部分组成?

第三节　果树栽植技术

一、栽植密度

确定果树合理栽植密度的根本依据是树体大小,就是根据所选树种及品种在果园具体环境条件和既定的栽培管理制度下，能够或者要求达到的最大体积来确定，树体越小，栽植密度越大。生产上可根据 4 个因素综合确定。

1. 树种和品种特性

不同树种、品种的树冠大小和生长势不同，株行距应有所不同。如苹果＞梨＞桃＞葡萄；普通型品种＞短枝型品种。

2. 砧木种类

砧木种类、使用方式和砧穗组合不同，树冠大小也不同。一般普通品种/乔化砧＞短枝型品种/乔化砧；普通品种/半矮化砧＞普通品种/矮化砧。同一种矮化砧，用作中间砧比自根砧树冠大，则其栽植密度应减少。

3. 自然条件

一般山坡地栽植密度比土质良好的平地大；高纬度和高海拔地区，栽植密度应加大；气候温暖、雨量充足、水利条件较好，树冠高大，栽植密度小。

4. 栽植制度

精细合理的栽培技术能有效控制全园树冠，加大栽植密度；也可采用变化性密植，将全部果树分为永久性植株和临时性植株（也叫加密果树），后者控制树高、大量结果、适时间伐的栽培技术。大面积果园机械化耕作，应适当放宽行、株距。北方主要果树栽植密度参考值见表 4-2。

表 4-2　北方主要果树栽植密度参考值

果树种类	砧木与品种组合（架式）	栽植距离/m		每 667 m^2 株数	备注
		行距	株距		
苹果	普通型品种/乔化砧	4～5	3～4	33～56	山地、丘陵
		5～6	3～4	28～44	平地
	普通型品种/矮化中间砧	3～4	2	83～111	山地、丘陵
	短枝型品种/乔化砧	4	2～3	56～83	平地
	短枝型品种/矮化中间砧	3～4	1.5	111～148	山地、丘陵
	短枝型品种/矮化砧	3～4	2	83～111	平地
梨	普通型品种/乔化砧	4～6	3～5	33～56	
	普通型品种/矮化砧 短枝型/乔化砧	3.5～5	2～4	33～95	
桃	普通型品种/乔化砧	4～6	2～4	28～83	
杏	普通型品种/乔化砧	5～7	4～5	19～33	
李	普通型品种/乔化砧	4～6	3～4	28～56	

续表 4-2

果树种类	砧木与品种组合(架式)	栽植距离/m		每 667 m^2 株数	备注
		行距	株距		
葡萄	小棚架	3.0～4.0	0.5～1.0	166～444	
	自由扇形、单干双壁	2.0～2.5	1.0～2.0	134～333	
	高宽垂	2.5～3.5	1.0～2.5	76～267	
樱桃	大樱桃	4～5	3～4	33～56	
核桃	早实型核桃	4～5	3～4	33～56	
	晚实型核桃	5～7	4～6	16～33	
板栗	普通型品种/乔化砧	5～7	4～6	16～33	
	短枝型品种/乔化砧	4～5	3～4	33～56	
柿	普通型品种/乔化砧	5～8	3～6	14～44	
枣	普通型品种	4～6	3～5	22～56	
	枣粮间作	8～12	4～6	9～21	
山楂	普通型品种/乔化砧	4～5	3～4	33～56	
石榴	普通型品种	4～5	3～4	33～56	
猕猴桃	T 形架	3.5～4	2.5～3	55～76	
	大棚架	4	3～4	42～55	
草莓	普通型品种	0.25～0.35(小行距)；垄距:1	0.15～0.18	7 000～10 000	大垄双行栽植

二、栽植方式

栽植方式以经济利用土地，提高单位面积经济效益和便于栽培管理为原则。

1. 长方形栽植

长方形栽植是生产上广泛采用的栽植方式。特点是行距大于株距，通风透光，便于机械操作管理采收。果树栽植的行向，一般以南北行向为好，尤其是平地果园更为显著。其栽植株数＝栽植面积(m^2)/株距(m)×行距(m)。

2. 正方形栽植

行距和株距相等，相临四株相连而成正方形排列。该种栽植方式通风透光良好，管理方便，便于纵向、横向作业管理，但密植郁闭，不利于间作。其栽植株数＝栽植面积(m^2)/株距(m)×行距(m)。

3. 带状栽植(双行栽植、篱栽)

宽窄行栽植,一般双行成带,带距为行距的3～4倍。带内可采用株行距较小的长方形栽植。带内较密,群体抗逆性较强,但带内光照条件较差,管理不便,应用较少。其栽植株数=栽植面积/株距×(带距+带内行距)÷带内行数。

4. 等高栽植

适于山地丘陵地果园。栽时掌握"大弯就势","小弯取直"的方法调整等高线,并对过宽、过窄处适当增、减树行,在行线上按株距栽植。其栽植株数=栽植面积/株距×行距。在计算株数时应注意加行或减行的影响。

5. 三角形栽植

株距大于行距,各行互相错开而呈三角形排列。此种栽植可提高单位面积上的株数,比正方形多栽11.6%。但不便管理和机械操作。栽植株数=栽植面积/(栽植距离)2×0.86。

6. 篱壁式栽植

该种栽植方式最适宜机械作业和采收。由于行间较宽,机器可在行间运行,株间较密,呈树篱状,也是适于机械化管理的长方形栽植方式。

7. 孤植、对植、丛植等不规则栽植方式及列植或片植

城镇绿化或观光果树可采用孤植、对植、丛植等不规则栽植方式,也可作为行道树进行列植或专类园按一定的行株距进行成片栽植,供游人观赏或采摘。

三、常规栽植技术

1. 栽植时期选择

果树主要在秋季落叶后至春季萌芽前栽植。具体时间应根据当地气候条件及苗木、肥料、栽植坑等准备情况确定。秋栽一般在霜降后至土壤结冻前栽植。但在冬季寒冷风大、气候干燥的地区,必须采取有效的防寒措施,如埋土、包草、套塑料袋等。春栽在土壤解冻后至发芽前栽植。春栽宜早不宜迟,一般在立春后即可栽植。栽后如遇春旱,应及时灌水。一般北方多春栽。早秋带叶栽植在9月下旬至10月上旬带叶栽植。但带叶栽植应就近育苗就近栽植;提前挖好栽植坑;挖苗时少伤根多带土,随挖随栽;阴雨天或雨前栽。

2. 栽植点确定

建园时,应确保树正行直。挖坑前必须按照设计的行、株距,测量放线并准确定出栽植点。

(1)平地穴栽

选园地较垂直的一角,划出两条垂直的基线。在行向一端的基线上,按设计行距量出

每一行的点，用石灰标记。另一条基线标记株距位置。在其他三个角用同样方法划线，定出四边及行、株距位置，并按相对应的标记拉绳，其交点即为定植点。然后标记出每一株的位置。

(2)平地沟栽

用皮尺在园地分别拉直角三角形，划出垂直的四边基线。在行向两端的基线上，标记出每一行的位置，另两条对应基线标记株距位置。接着在两条行距的基线上，按每行相对的两点拉绳，划出各行线，再按栽植沟的宽度要求(80～100 cm)，以行线为中心向两边放线，划出栽植沟的开挖线。四周基线上的株行距标记点应保护好。

(3)山地定植

山地以梯田走向为行向，在确定栽植点时，应根据梯田面宽度和设计行距确定。如果每台梯田只能栽一行树，则以梯田面的中线或距梯田外沿 2/5 处为行线。向左右延伸按株距要求标记定植点。在遇到田面宽窄不等时，酌情采取加减行处理。

3. 栽植坑挖掘和回填

(1)早挖坑

定植坑应提早 3～4 个月挖好。一般秋栽树夏挖坑，春栽树秋挖坑，早挖坑早填坑。

(2)挖大坑

设计株距在 3 m 以上的可挖栽植穴，以标记的栽植点为中心，挖长、宽、深都为 80～100 cm 的坑；栽植株距在 3 m 以下时应挖栽植沟，沟宽 70～100 cm，深 80 cm 左右。下层土壤坚实或土质较差的地块，应适当加深。挖掘时要把表、底土分开堆放，拣出粗沙或石块等杂物。

(3)回填灌水

坑挖好后，将秸秆、杂草或树叶等有机物与表土分层填入坑内。在每层秸秆上撒少量生物菌肥或氮素化肥，尽量将好土填入下层，每填一层踩踏一遍。填至离地表 30 cm 左右时，撒入一层粪土。粪土用优质农家肥按每株 25 kg 左右的用量与表土拌匀后撒入。土壤回填后，有灌溉条件的应立即灌水，使坑内土壤和有机物充分沉实。

4. 准备苗木

不论自育或购入苗木，都应于栽前进行品种核对、登记、挂牌。发现差错应及时纠正。对准备苗木进行质量分级，要求根系完整、健壮、枝粗节短、芽子饱满、皮色光泽、无检疫对象，并达到 1 m 左右高度。对畸形苗、弱小苗、伤口过多和质量很差苗木，应及时剔出，另行处理。远地购入苗木，应立即解包浸根一昼夜，充分吸水后再行栽植或假植。

5. 苗木栽植前处理

苗木栽植前按大小分类，使同类苗木栽在同一地块或同一行内。质量较差的弱小、畸形和伤残苗应另行假植，作为补苗用的预备苗。将分类后壮苗的根用 1%～2%的过磷酸钙浸泡 12～24 h，然后蘸泥浆栽植。运往地里的苗木，先用湿土将根系封埋，边栽边取。

6. 栽植方法

栽时先将栽植坑修整。高处铲平，低处填起，深度保持 25 cm 左右，并将坑中间培成小丘状(图 4-7)。栽植沟可培成龟背形的小长垄。然后拉线核对准确栽植点并打点标记。将苗木放于定植点,目测前后左右对齐,做到树端行直。根系周围尽量用表土填埋,填土时轻轻提动苗木使根系舒展,并边填土边踏实,将坑填平后培土整修树盘,然后浇透水。当水下渗后撒一层干土封穴。苗木栽植深度一般普通乔化苗以嫁接口稍高出地面为宜。矮化中间砧苗生产上多采用"深栽浅埋,分批覆土"的方法。就是回填灌水后的栽植坑,合墒修整,深度保持 35 cm 左右,将苗放入坑内,使中间砧 1/2～2/3 处与地面持平,然后填土栽苗,土壤培至中间砧接口处踏实灌水,剩余部位暂不填土。进入 6 月份,结合田间松土除草,给坑内填充湿润细土 10～15 cm;相隔 25 d 左右再用湿润细土将坑填平。

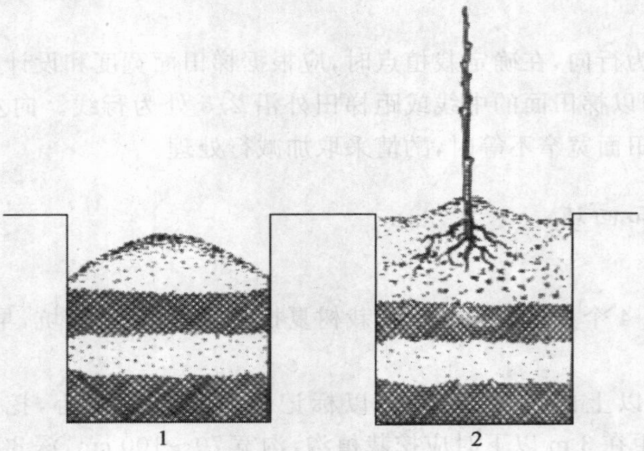

图 4-7　土壤回填与栽植

1. 分层填入表土和有机肥,坑中间培成小丘状　2. 幼树栽植

整个栽植过程可概括为"五个一",即一个大坑、一筐有机肥(优质有机肥 15～20 kg,若用土杂肥则为 100～200 kg),一把化肥(50～100 g),一担水(100 kg),一块地膜(1 m 见方)。在整个栽植过程中应注意两点:一是肥料一定要与所有的回填土混合均匀后填入,不能施于土层或根系附近;二是栽植深度。普通苗以根颈与地表平齐为宜。

7. 栽后管理

(1)修剪定干

新栽幼树在春季萌芽前剪截定干。定干高度应根据整形要求决定,苹果、梨、杏和李等果树 70～90 cm,剪口下 25～30 cm 内为整形带,有 8～10 个饱满芽。定干后立即用封剪油涂抹剪口。

(2)适时灌水

春栽苗应浇好定植水,及时松土或覆盖保墒,萌芽期根据墒情灌水。秋栽苗在春季萌芽前适当灌水。5 月份以后气温升高要注意灌水;7～8 月份高温干旱季节应适时灌水;进入 9 月份之后要控制灌水;入冬前应灌足越冬水。无灌溉条件的地区应覆盖保墒。

(3)覆膜套袋

覆膜套袋是旱地建园不可缺少的措施。有灌溉条件的地方也应推广应用。新栽幼树连续覆盖 2 年效果更好。覆盖地膜应根据栽植密度而定。株距在 2 m 以下的密植园可成行连株覆盖；株距在 2 m 以上的果园用 1 m 见方的小块地膜单株覆盖。覆膜前应将树盘浅锄一遍，打碎土块，整成四周高而中间稍低的浅盘形。覆膜时，将地膜中心打一直径 3.5～4.0 cm 的小孔后从树干套下，平展地铺在树盘上。紧靠树干培一拳头大的小土堆，地膜四周用细土压实。地膜表面保持干净，细心清理下雨冲积泥土，破损处及时用土压封。进入 6 月份后，在地膜上再覆 1 层秸秆或杂草，也可覆土 5 cm 左右。寒冷、干旱、多风地区，应在苗干上套一细长塑料袋。细长塑料用塑料薄膜做成，直径 3～5 cm，长 70～90 cm。将其从苗木上部套下，基部用细绳绑扎，周围用土堆成小丘。幼树发芽时，将苗木基部土堆扒开，剪开塑料袋顶端，下部适当打孔，暂不取下。发芽 3～5 d 后，在下午将塑料袋取掉。

(4)补栽缺苗

幼树发芽展叶后及时检查成活情况。发现死亡幼树应分析原因，采取有效措施补救。为保持园貌一致，缺株应立即用预备苗补栽。苗干部分抽干的，剪截到正常部位。夏季发生死苗、缺株时，于秋季及早补苗。最好选用同龄而树体接近的假植苗，全根带土移栽。

(5)追施肥料

幼树施肥把握少量多次。栽树时已施定植肥的，可于新梢长到 15 cm 左右追施尿素 50 g/株。具体方法是距树干 35 cm 左右，挖 4、5 个小坑均匀施入。待新梢长到 30 cm 左右时再追尿素 50 g/株。7 月下旬追施 N、P、K 三元复合肥 50～80 g/株。除土壤施肥外，配合根外追肥。结合防治病虫喷药，生长前期(8 月上旬以前)喷 0.3%～0.5%的尿素，生长后期(8 月上旬以后)喷 0.3%～0.5%的磷酸二氢钾或交替喷施光合微肥、腐殖酸叶肥等。

(6)夏季修剪

萌芽后，对靠近地面的萌蘖及时抹除。新梢长达 25～30 cm 时，幼树旺盛新梢不足 4 个，应对中干延长枝重摘心，掐去梢尖 3～5 cm。摘心时间在 7 月中旬以前。生长较旺而枝条角度小时，秋季拉枝开角。

(7)越冬防寒

①树干刷白

在霜冻来临前，用生石灰 10 kg、硫黄粉 1 kg、食盐 0.2 kg，加水 30～40 kg 搅拌均匀，调成糊状，涂刷主干。

②冻前灌水

冻前浇水或灌水。灌水降温之前进行，灌后即排。浇水结合施用人粪尿，效果更好。但应注意冻后不要再灌水。

③熏烟

在寒流来临前，果园备好谷壳、锯木屑、草皮等易燃烟物，每隔 10 m 一堆(易燃烟物渗少量费柴油)，在寒流来临前当夜 10 点后，点燃易燃烟物。

④覆盖

冬季树盘周围用绿肥、秸秆、芦苇等材料覆盖 10～20 cm，或用地膜覆盖。

⑤冻后急救措施

a.摇去积雪

树冠上积雪及时摇去或用长棍扫去，以防积雪压断枝条。

b.喷水洗霜

霜冻好应抓紧在化霜前，用粗喷头喷雾器，喷水冲洗凝结在叶上的霜。

c. 清除枯叶

叶片受伤后，应及时打落或剪除冻枯的叶片。

d. 及时灌溉

解冻后及时灌水，一次性灌足灌透。

(8)病虫害防治

幼树萌芽初期主要防治金龟子和象鼻虫等危害。可在危害期内利用废旧尼龙纱网作袋，套在树干上。此外，应注意防治蚜虫、卷叶虫、红蜘蛛、浮尘子等害虫及早期落叶病、白粉病和锈病等侵染性病害。具体参照前面有关育苗部分。

四、矮化中间砧苗栽植技术

矮化中间砧苗中间砧入土 1/2～2/3。生产上多采用“深栽浅埋，分批覆土”技术。具体做法是：回填灌水后的栽植坑，合墒修整，深度保持 35 cm 左右。将苗放入坑内，使中间砧 1/2～2/3 处与地面持平，然后填土栽苗，土壤培至中间砧接口处踏实灌水，剩余部位暂不填土。进入 6 月份，结合田间松土除草，坑内填充湿润细土 10～15 cm；相隔 25 d 左右再用湿润细土将坑填平。

五、特殊栽植技术

1. 干旱半干旱地区建园

(1)选用壮苗

选用壮苗是提高栽植成活率的前提。无论是自育还是外购苗木，都应选用根系发达、茎干粗壮、芽体饱满等特点的纯正一级苗。

(2)利用砧木苗建园

在准备建园地段，根据规定株行距，就地播种或栽植砧木，当砧木长到一定大小时高接品种。

(3)提早挖坑

水源缺乏旱地栽树，可提早 3～5 个月，在雨季之前挖 1 m^3 的大坑并及时回填。如果未提早整地，可采取小坑栽植技术。将坑挖成上下小、中间大的水罐形，一般宽 30 cm，深 50～60 cm。随挖坑随栽树。填土时将小坑周围踏实，而坑中心根系附近土壤宜稍微虚一些，使水分集中渗入根系附近的土壤中。

(4)使用保水防旱材料

①使用保水剂

旱地建园时，可将保水剂投入大容器中充分浸泡，再与土壤拌匀后施入坑中。

②喷布高脂膜

幼树定植后，将高脂膜稀释后用一般喷雾器在树干和树盘喷施。也可在苗木成活展叶之后及入冬前喷施。

(5)越冬埋土防寒

干旱寒冷地区秋冬栽植，入冬前将苗木细心弯曲，培土 40～50 cm(图 4-8)，以防止冻害，避免抽条。1、2 年生幼树，也应采取埋土、套袋、包草或喷部高脂膜等措施保护。

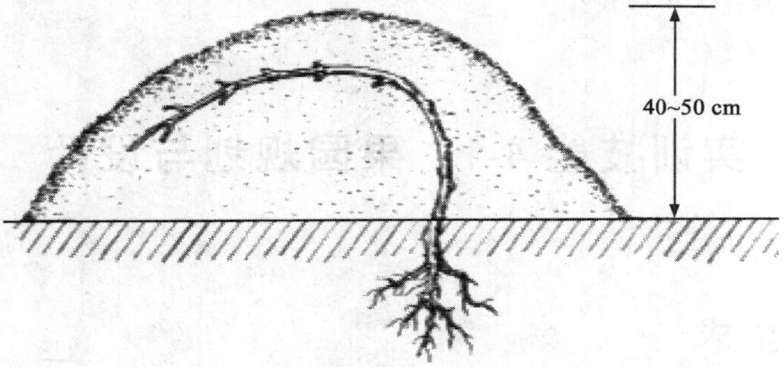

图 4-8　幼树埋土防寒

2. 大树移栽

(1)断根处理

断根处理时间在前一年春季萌芽前进行。距树干 80 cm 左右挖宽 30～40 cm，深 70～80 cm 的环状沟，切断粗根后回填混有农家肥的表土，并适当灌水。

(2)移栽时间

大树移栽在春、秋季进行，以早春土壤解冻到发芽前最为适宜。

(3)移栽、装运要求

挖树前 1 周左右充分灌水。挖树前对树冠进行较重回缩修剪，较大果树应设好支架，并标记大枝方位。最好带土团挖掘。装运过程中注意保护好根系和枝干。

(4)栽植坑要求与移栽方法

栽植坑应提前挖好，坑的规格稍大于根系和所带的土团，将根系按标记方位放入栽植坑后回填混有有机肥的表土，并及时夯实和足量灌水。

(5)移栽后管理

移栽后对树体设立支柱或三角拉绳，避免歪斜。以后根据天气情况及时补水。移栽当年应摘去全部花朵。

思考题：

1. 如何确定果树栽植密度?
2. 选定果树栽植方式的原则是什么？果树有哪几种栽植方式?
3. 如何进行常规果树栽植?
4. 果树栽植前要做好哪些准备?
5. 果树栽植的具体方法如何?
6. 果树栽植过程中的“五个一”是什么?

7. 果树栽植后如何进行管理?
8. 果树越冬防寒的措施有哪些?
9. 矮化中间砧果苗如何栽植?
10. 干旱、半干旱地区如何建园?
11. 如何进行果树大树移栽?

实训技能 4-1　果园规划与设计

一、目的要求

明确果园规划设计要求和内容;初步掌握果园规划设计的方法和步骤。

二、材料与用具

1. 材料

可供调查的现有果园和可作为建园的实习场地。

2. 用具

(1)测量用具

经纬仪、水准仪、标杆、塔尺、测绳、皮尺、木桩、记载表和记录本等。

(2)绘图用具

绘图板、比例尺、三角板、坐标纸、铅笔和橡皮等。

三、步骤与方法

1. 基本情况调查

(1)园址情况

观测所选园地地形、地势、海拔、坡向、坡度、面积、水利及植被生长情况。

(2)土壤条件

在所选园地代表地段进行土壤剖面调查,剖面深 1.5 m,主要观察表土和心土的土壤类型、土层厚度、地下水位高低情况,测定土壤的 pH。

(3)气候条件

了解当地的年平均温度、年最低温及出现的频率、年降水量、日照、风、环境污染(空气和土壤等)情况。

(4)社会情况

主要调查当地果树生产情况、人力资源、专业技术服务机构、交通设施条件、整体经济状况等。

2. 拟种果树情况调查

(1)拟选种果树对自然生态环境条件要求的调查。

(2)拟选种果树目前生产情况、市场销售状况、经济效益及发展前景预测情况调查。

3. 果园实地规划设计

(1)园地测量

用测量仪器测量所选园地的面积,同时绘制其地形图,图中要标明园地已有的建筑物,包括建筑物、水井等位置。

(2)绘制果园规划图

①小区

绘出每个小区的位置、形状、面积,并注明每个小区的树种和品种。

②道路

绘出干路、支路和区内小路位置,并署名规格。

③排灌系统

绘出园地水源、水利设备、灌排沟渠位置及规格。

④防护林

绘出防护林位置、宽度及密度。

⑤树种、品种配置

注明各小区所要种植树种品种、栽植密度及小区内栽植植株总数。

⑥建筑物

绘出园地内建筑物的位置、面积和名称。

4. 编写果园规划设计书

结合果园规划图,对果园规划设计内容和果园施工进行较为详细的文字说明,指导果园建设和施工。

四、实训报告

编写果园基本情况调查报告。

五、技能考核

技能考核评定采用百分制,其中实训态度占 20 分,调查报告占 80 分。

实训技能 4-2 果树定植

一、目的要求

掌握果树定植技术和提高果树定植成活率的关键技术措施。

二、材料与用具

1. 材料

果树嫁接苗木、有机肥、石灰、磷肥适量和 ABT 生根粉。

2. 用具

定植板、标杆、直角规、皮尺、测绳、铁锹、灌水工具和剪枝剪。

三、步骤与方法

1. 定植时期

北方果树定植一般以春季为主，也可秋季定植。落叶果树在秋冬季落叶后至春季萌芽前定植。常绿果树一般在春季萌芽前、秋季苗木新梢老熟后定植，亦可在每次老熟后下次梢未抽生前周年种植。在无风阴天栽植较好，大风大雨、高温干旱季节不栽植。

2. 定点

平整园地后，根据栽植密度和方式，测出定植点。平地果园先在果园适当位置定一基线，在基线上按行距定点，插上标杆或打上石灰点，再以此线为基线，定出垂直线 2～3 条，在线上按株距定点，插上标杆或打上石灰点，然后应用三点成一线原理，用标杆或绳子标定全园各点，在各点上打上石灰点。山地果园按梯田走向定点。

3. 挖定植坑(沟)与土壤改良

按点在栽植前 3～6 个月挖定植坑(沟)，定植坑一般深 0.8～1.0 m，长、宽各 1.0 m，定植沟深、宽常为 0.8～1.0 m。表、心土分开堆放；回填土时先填表土，后填心土，将杂草、落叶和土杂肥等填入坑底，撒些石灰，再将表土与有机肥、磷肥混合填入坑内，底土放在坑面，并整成高出地面约 20 cm、直径约 80 cm 的土墩。

4. 苗木准备

选择品种优良、纯正、生长健壮、无病虫害、根系发达苗木。要求嫁接口上方 10 cm 处直径 0.8～1.2 cm，嫁接口高出地面约 15 cm。外地调入裸根苗木如失水过多时可用清水浸根一昼夜后再栽植。定植前对苗木进行整形修剪，枝、叶、根剪留合理；如是裸根苗要蘸根。

5. 授粉树配置

(1)确定需配置授粉树的树种及品种。
(2)授粉树选择。
(3)确定授粉树栽植方式。

6. 定植技术

定植前先校正原来定植点位置，并插上标杆。在定植坑中挖一个小穴，把苗木放入穴内，如苗木根部是用包装袋包扎的，要把包装袋撕破拿出，但不能弄散土团；如是裸根苗，将苗木放入定植坑后，展开根系，根系不能与肥料直接接触。扶正苗木、填土压实，并不时将苗木轻轻上、下提动，最后将心土填入坑内上层，并整成四周边缘略高的树盘。对常绿果树，晴天或雨天均需浇透定根水。定植时注意将所有挖出的土壤全部回穴。

7. 定植后管理

(1)视晴雨适当浇水，保持树盘湿润，直至苗木成活。
(2)树盘盖草或地膜。
(3)立杆扶正防风。
(4)树干涂白，防寒、防晒。
(5)定干及修剪。
(6)检查成活率，及时补栽。
(7)除萌。
(8)防治病虫害。
(9)定植后 20 d 薄施肥水。

四、实训报告

1. 根据当地实际情况选择 1、2 个主要树种进行定植示范实习。
2. 试分析提高果树定植成活率的主要措施。

五、技能考核

技能考核评定采用百分制，其中实训态度占 20 分，实训结果占 40 分，实训报告报告占 40 分。

第五章　果园土肥水管理技术

[内容提要] 果园土壤改良的方法及要求，果园土壤管理制度的要求；果园土壤的一般管理；果树需肥特点，施肥的种类、方法及要求；果树需水特点，灌水时期、方法及要求。

第一节　土壤管理技术

土壤是果树生长和结果的基础，创造良好的土壤环境是提高果实产量和品质，获得高效益的前提条件。果树土壤管理的目标是不断改善土壤环境，提高土壤肥力（特别是土壤中有机质含量），使土壤中水、肥、气、热保持平衡状态，从而有利于果树根系生长。果园土壤管理技术的核心是根据果树年龄、果园类型及生产管理水平，以必要的工程措施为基础，通过深翻熟化、增施有机肥、培土掺沙等措施改良土壤，并选用覆盖、生草间作、清耕及其他方式，对果树株行间空余土地进行耕作和利用，以有效保持水土，提高土壤肥力，改善果园环境，促进果树生长发育。

一、果园土壤改良

1. 果园深翻

深翻是果园土壤改良的基本措施，也是清耕果园主要的土壤管理技术，具有加厚土层、改良结构、熟化土壤和提高肥力的作用。

(1)深翻时期

果园一年四季均可深翻，但以秋季果实采收前后结合秋施基肥进行较好。

(2)深度

深翻深度以稍深于果树主要根系分布层为度，并应考虑土壤结构和土质状况。深翻深度一般要求达到 80～100 cm。

(3)深翻方式

①扩穴深翻。扩穴深翻适于定植前挖大穴定植的果园。就是在幼树定植后，自定植穴外缘开始，每年或隔年向外挖宽 60～80 cm、深 40～60 cm 的环状沟。深翻时将挖出的表土和心土分别堆放，并剔除翻出的石块、粗沙及其他杂物，剪平较粗根的断面。回填时，先把表土和秸

秆、杂草、落叶填入沟底部，再结合果园施肥将有机肥、速效肥和表土填入。其中表土可从环状沟周围挖取，然后将心土摊平，及时灌水。

②隔行深翻。隔行深翻就是隔一行翻一行，适于定植前挖沟定植的成龄果园。要求每年轮换深翻树行。

③全园深翻。全园深翻就是将栽植穴以外土壤1次深翻完毕。适于幼年果园，要求每2年深翻1次。深翻深度30～40 cm。

④注意问题

a. 注意保护根系，尽量少伤根，尤其是直径1 cm以上的主、侧根。

b. 可配合深翻施入有机肥。

c. 不要让根系在空气中暴露太长时间。

d. 表土和心土分开堆放，先回填表土。

e. 要与历年深翻沟挖通，不留隔层。

f. 深翻要结合灌水，也要注意排水。山地果园应根据坡度及面积大小而定，以便于操作，有利于果树生长为原则。

2. 培土（压土）与掺沙

培土（压土）与掺沙是我国南北普遍采用的土壤改良方法。具有增厚土层、保护根系、增加养分、改良土壤结构等作用。

(1)要求

培土工作要每年进行，土质黏重的培含沙质较多的疏松肥土，含沙质多的可培塘泥、河泥等较黏重的肥土。

(2)方法

培土方法是把土块均匀分布全园，经晾晒打碎，通过耕作把所培土与原来土壤逐步混合起来。培土量根据植株大小、土源、劳力等条件而定。但一次培土不宜太厚。

(3)时期

压土与掺沙北方寒冷地区一般在晚秋初冬进行。

(4)压土厚度

压土厚度要适宜。“沙压黏”或“黏压沙”时要薄一些，一般厚5～10 cm；压半风化石块可厚些，但不要超过15 cm。在果园压土或放淤时应扒土露出根颈。

3. 增施有机肥料

有机肥料又称完全肥料、迟效性肥料，多做基肥使用。有机肥料种类生产上常用的有厩肥、堆肥、禽粪、鱼肥、饼肥、人粪尿、土杂肥、绿肥以及城市中的垃圾等。有机肥料可改善土壤质地结构，增加土壤有机质含量，改善土壤理化性状，可持续不断发挥肥效，在大雨和灌水后不流失，可缓和施用化肥后的不良反应，提高化肥肥效。

4. 应用土壤结构改良剂

土壤结构改良剂分有机、无机和无机-有机三种。土壤结构剂可提高土壤肥力，使沙漠变良田。采用土壤结构改良剂可改良土壤理化性及生物学活性，可保护根层，防止水土流失，提高土壤透水性，减少地面径流，固定流沙，加固渠壁，防止渗漏，调节土壤酸碱度。

二、果园土壤管理制度

1. 幼年果园土壤管理制度

(1)幼树树盘管理

幼树树盘就是树冠投影范围。树盘内土壤可采用清耕或清耕覆盖法管理。耕作深度以不伤根系为限。有条件地区可采用各种有机物覆盖树盘。覆盖物厚度一般在 10 cm 左右。如用厩肥、稻草或泥炭覆盖可薄些。夏季果树树盘覆盖效果较好。沙滩地树盘培土，既能保墒又能改良土壤结构，减少根颈冻害。

(2)果园间作

果园间作是幼龄果园利用行间空地种植其他作物的土壤管理技术。

①间作要求。果园间作必须坚持以果为主的原则，正确选择间作物，坚持轮作倒茬，加强栽培管理。

②间作物要求。间作物要有利于果树的生长发育，在不影响果树生长发育前提下，可大力种植间作物。但应加强树盘肥水管理，尤其是间作物与果树竞争养分剧烈时期，要及时施肥灌水。间作物要与果树保持一定距离，尤其是播种多年生牧草。优良间作物应具备植株矮小、生长期短、适应性强，主要需肥水期与果树错开且无共同病虫害，比较耐阴或收获较早等。最好能提高土壤肥力，本身经济价值较高。

③间作物种类及模式。常用的间作物有豆类、薯类，其次为蔬菜类及药材。生产上多实行不同作物轮作倒茬，如花生→豆类→甘薯、绿肥→大豆→马铃薯→甘薯→花生。

④间作位置。间作物应种植在树冠外围为限，并且要加强间作物肥水管理。

⑤间作绿肥作物。绿肥也是幼龄果园优良间作物，其利用方式有三：一是就地翻压；二是花期或花荚期刈割集中沤制，用作基肥；三是用作饲料，过腹还田。常用绿肥作物有木樨、田菁、沙打旺、苜蓿、聚合草、白三叶草、苕子、柽麻、乌豇豆等。

2. 成龄果园土壤管理制度

(1)清耕法

清耕法也叫耕后休闲法，就是园内不种作物，经常进行耕作，使土壤保持疏松和无杂草的状态。清耕是我国传统的果园土壤管理技术。

①做法。秋季果实采收后深耕 20～30 cm，土壤封冻前耙磨。春季土壤化冻前浅耕地 10 cm，并多次耙磨。其他时间多次中耕除草，深度 6～10 cm。

②特点。清耕能使土壤疏松通气，有利于有机质分解，清除杂草，但长期使用会破坏土壤结构，降低有机质，造成水土流失，影响果树生长发育。

(2)生草法

果园生草是在土壤水分充足的果园，全园或行间种植禾本科、豆科草种或实行天然生草，并采用覆盖、沤制翻压等方法，将其转化为有机肥。生草果园应选择优良草种，关键时期补充肥水，刈割覆于地面，在缺乏有机质，土壤较深厚、水土易流失的果园，生草法是较好的土壤管理方法。

①适用对象和方式。果园生草适宜在年降雨量 500 mm，最好是 800 mm 以上地区，或有良好灌溉条件的地区采用。果园生草可分为全园生草、行间生草和株间生草三种方式。全园生草适宜土层深厚肥沃、根系分布较深的果园；行间生草和株间生草适宜土壤瘠薄、土层浅薄的果园。

②草种选择与要求。草种可选择白三叶草、扁茎黄芪、小冠花、鸭绒草、早熟禾、羊胡子草、野燕麦、黑麦草、百脉根等。采用豆科和禾本科混种，对改良土壤有良好作用。在生草管理中出现有害草种时，须翻耕重播。

③果园人工种草技术。果园人工种草应抓好 4 个环节：一是播种。时间以春、秋两季为宜，最好在雨后或灌溉后趁墒进行。播前细致整地，清除园内杂草，撒施过磷酸钙 150 kg/667 m^2，翻耕 20～25 cm，翻后整平地面。通常采用条播或撒播。条播行距为 15～30 cm，播种深度 0.5～1.5 cm，播后适当覆草，土壤板结时划锄破土。二是幼苗期管理。出苗后及时清除杂草，查苗补苗。干旱时及时灌水补墒，并结合灌水补施少量氮肥。三是成坪后管理。草成坪后在果园保持 3～6 年，此期结合果树施肥，每年春秋季施用以磷、钾为主的肥料。生长期叶面喷肥 3～4 次，并在干旱时适量灌水。当草长到 30 cm 左右时，留茬 5～10 cm 及时刈割。割下草一般覆盖在株间树盘内，也可撒于原处，或集中沤肥。四是草的更新。生草 3～6 年后，应及时将草翻压，休闲 1～2 年后再重新生草。

(3)覆盖法

覆盖法就是在树冠下或稍远处覆以有机物、地膜或砂石等。生产上应用较为普遍是有机覆盖和地膜覆盖。

①有机覆盖

a. 概念与特点

有机覆盖也叫生物覆盖或果园覆草，就是在果园土壤表面覆盖秸秆、杂草、绿肥、麦壳、锯末等有机物。它能防止水土流失，减少水分蒸发，稳定土壤温度，防止泛碱，增加土壤有机质。但易招致鼠害，加重病虫害，引起果园火灾，造成根系上浮。

b. 适用对象及时间

有机覆盖适宜在山地、旱地、沙荒地、薄地及季节性盐碱严重的果园采用。覆盖时间以春末至初夏为好，就是温度已回升，但高温、雨季尚未来临时。除此之外，也可在秋季进行。

c. 方法

条件具备时覆盖前先深翻改土、施足土杂肥并加入适量氮肥后灌水。然后距树干 50 cm 以外、树冠投影范围内覆草厚 15～20 cm。也可全园覆草，覆草后适当拍压，再在覆盖物上压少量土。以后每年继续加草覆盖，使覆盖厚度常年保持 15～20 cm。覆盖物经 3～4 年风吹雨淋和日晒，大部分分解腐烂后 1 次深翻入土，然后重新覆盖，继续下一个周期。

果园覆盖后，应加强病虫害防治，草被与果树同时进行喷药。多雨年份注意排水，防止积水烂根。深施有机肥时，应扒开草被挖沟施入，然后再将草被覆盖原处。多年覆草后应适当减少氮肥施用量。

②地膜覆盖

a. 作用及适用对象

地膜覆盖具有增温保水、抑制杂草、促进养分释放和果实着色的作用，尤其适于旱作果园和幼龄果园。

b. 方法

地膜覆盖在早春土壤解冻后进行。先在覆盖的树行内进行化学除草，然后打碎土块，将地整平。如果土壤干旱，先浇水，然后用两条地膜沿树两边通行覆盖，将地膜紧贴地面，并用湿土将地膜中间的接缝和四周压实。同时间隔一定距离在膜上压土。树冠较小时，可单独覆盖树盘。

(4)免耕法

免耕法又叫最少耕作法。主要利用除草剂防除杂草，土壤不进行耕作，具有保持土壤自然结构、节省劳力、降低成本等优点，国外如爱尔兰、英国和美国等都采用。该法适用于土层深厚、土质较好的果园，尤其是潮湿地区，配合除草剂更好。

3. 应注意问题

各地应根据果树种类、自然条件因地制宜地单用或组合运用各种果园土壤管理制度，才能收到良好的效果。如北方地区果树需肥水最多的生长前期保持清耕，中后期或雨季种草，可兼具清耕与生草法的优点，而减轻了两者的缺点。

三、果园土壤一般管理

1. 果园土壤耕翻

(1)秋季耕翻

北方秋耕时期在秋梢停止生长或果实采收前后进行。冬季雨雪稀少地区，耕后及时耙平；雨雪多的地区或年份，耕后不耙。低湿盐碱地耕后不耙。坡地耕翻一沿等高线横行，耕翻深度20～30 cm，具体运用要因地因树而异。

(2)春季耕翻

春耕较秋耕浅。一般在化冻时趁墒及时进行。耕后耙平，风多地区还需镇压；风蚀地区翻后不耙。但春季风大少雨地区以不耕为宜。

(3)夏季耕翻

夏季耕翻在伏天进行。耕后可增加土壤有机质，提高土壤肥力；并加深耕作层，促使根系向土壤深层生长，提高果树抗逆性。

2. 中耕除草

中耕和除草是两项措施，但相辅进行。中耕次数应根据当地气候特点、杂草多少而定。除草在杂草出苗期和结籽期效果较好。中耕深度一般为 6～10 cm 为宜。

3. 化学除草

化学除草主要指利用除草剂防除杂草。可将药液喷洒在地面或杂草上除草。喷洒除草剂后杂草死亡快慢，除与药剂种类、浓度有关外，还与杂草种类、物候期以及土壤气候条件有关。使用除草剂主要针对果园主要杂草种类选用，根据除草剂效能和杂草对除草剂的敏感度和忍耐力，决定采用浓度和喷洒时期。喷洒除草剂之前，应先做小型试验，然后再大面积应用。常用除草剂有扑草净、西玛津、阿特拉津、茅草枯、除草醚、草甘膦、稳杀得等。使用除草剂应注意 5 点：一是要掌握除草要除小的原则。一般在杂草 1～3 片叶时进行喷药效果较好。此时用药浓度低，用药少，效果好。二是喷药要在叶面露水已干，无风晴天进行，刮风不宜喷药。三是喷药中加用 0.1%的洗衣粉。四是喷五氯酚钠时要注意安全。五是喷后 8 h 以内淋雨，要重新补喷才有效。

4. 地膜覆盖

地膜覆盖要求见前面。

思考题：

1. 果园土壤管理的目标和核心是什么？
2. 果园土壤改良的方法有哪些？
3. 果园土壤管理制度内容有哪些？
4. 果园土壤一般管理的内容有哪些？

第二节　施肥技术

营养是果树生长于结果的物质基础。施肥就是供给果树生长发育所必需的营养元素，并不断改善土壤的理化性状，给果树生长发育创造良好的条件。施肥是果园综合管理中的重要环节，但必须与其他管理措施密切配合。肥效的充分发挥与土壤和水分有关。施肥必须结合灌水，肥效才能充分发挥。

科学施肥是保证果树早果、丰产、优质的重要措施。在促进果树生长、花芽分化及果实发育时，应首先供给其主要组成物质即水分和碳水化合物，同时还应重视供应土壤中的大量元素、微量元素及稀土中痕量元素。

一、果树所需营养元素及施肥原则

1. 果树所需营养元素

果树所需营养元素包括大量元素、中量元素和微量元素。大量元素包括来自空气中的碳(C)、氢(H)、氧(O)、氮(N)、磷(P)、钾(K),中量元素包括钙(Ca)、镁(Mg)、硫(S);微量元素包括铁(Fe)、铜(Cu)、锰(Mn)、锌(Zn)、硼(B)、钼(Mo)、钴(Co)等。它们各自具有特定的生理功能,相互之间不能代替。

2. 施肥原则

果园施肥原则是在养分需求与供应平衡基础上,坚持有机肥料与无机肥料相结合;坚持大量元素与中量元素、微量元素相结合;坚持基肥与追肥相结合;坚持施肥与其他措施相结合。根据果树需肥规律进行平衡施肥,选用经农业行政部门登记允许使用或免予登记的肥料。

二、基肥施肥技术

1. 施用种类和时期

基肥以有机肥为主,是较长时期供给果树多种养分的基础性肥料。基肥通常以迟效性的农家肥料为主,混加少量铵态氮肥如硫铵、硝铵或尿素和磷肥。施用基肥种类有堆肥、厩肥、饼肥、粪肥、绿肥等。基肥以秋施为好,宜早不宜晚。一般早熟品种在采收后,中、晚熟品种在采收前即9~10月份施入。

2. 施肥量

一般幼树每年施厩肥25~50 kg/株,初果期树施100~150 kg/株(或人粪尿25~30 kg/株),盛果期每年施150~200 kg/株。

3. 施肥方法

秋施基肥普遍采用土壤施肥方法,常结合果园深翻进行。单独进行时常采用沟施或撒施两类方法。其中沟施包括环状沟施、放射状沟施和条状沟施三种方法,撒施仅有全园撒施一种。施肥范围在树冠垂直投影内(图5-1)。

(1)环状沟施(图5-2)

环状沟施就是在树冠投影外围稍远处挖宽30~50 cm,深60 cm环状沟,将肥料与土壤拌匀施入沟内后覆土填平。该法适用于幼树期果园。

(2)放射状沟施(图5-3)

放射状沟施就是在树冠下距树干1 m处开始向外挖4~8条放射状施肥沟,沟宽30~50 cm,深40~60 cm,长要超过树冠投影的外围,内浅外深,内窄外宽。该法初果期应用较多,盛果期也可应用。

图 5-1　果树施肥范围

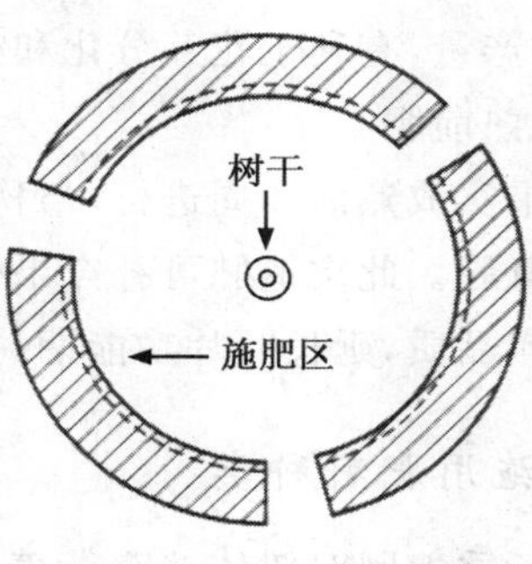

图 5-2　果树环状施肥

(3)条状沟施(图 5-4)

在果树行间树冠边缘稍外地方,相对两面开沟施肥,施肥沟宽 30～50 cm,深 40～60 cm。第 2 年改为另外相对的两面开沟施肥。该种方法便于采用机械化操作,尤其适用于密植果园幼树。

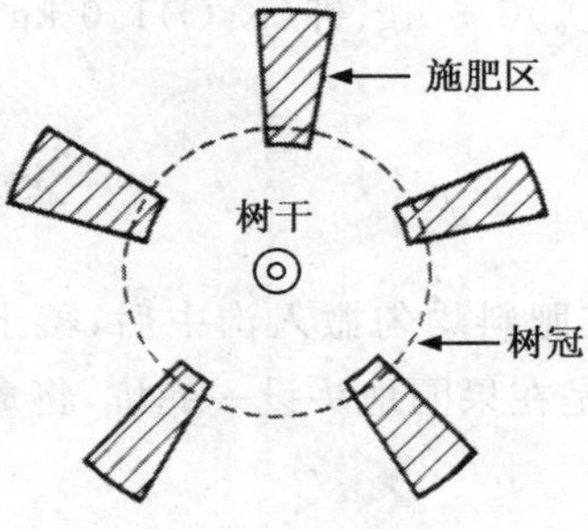

图 5-3　放射状沟施

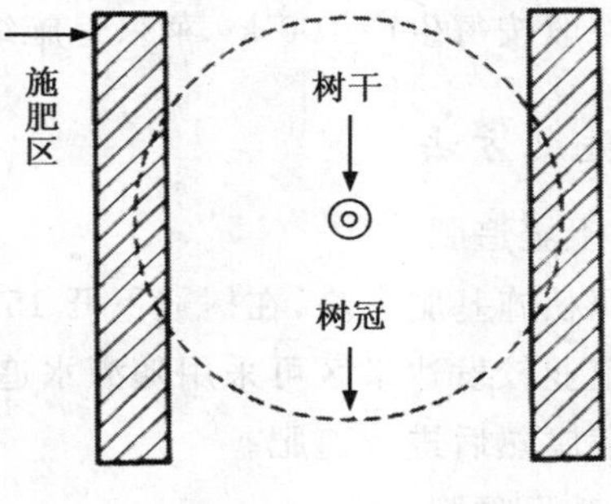

图 5-4　条状沟施

(4)全园撒施

就是将肥料撒在距树干 50 cm 以外的树冠下,然后耕翻深 20 cm 左右。一般结合秋季深翻土壤进行。适用于各种成年果园。

三、追肥施肥技术

1. 施肥时间

追肥是指在生长季根据树体需要而追加补充的速效性肥料。要根据果树各个物候期需肥特点,在果树需肥量大时及时进行。在果树生产上,一般追肥 4 次。

(1)花前肥

在春季果树萌芽前后进行。以氮肥为主。可促进萌芽整齐开花一致,提高坐果率。

(2)花后肥

一般在落花后进行。以氮肥为主,适量配合磷、钾肥。可减少生理落果,促进果实发育。

(3)膨果肥

在果实迅速膨大和花芽分化期进行。以氮、磷、钾肥配合施用效果较好。可促进果实增大，提高产量，有利于花芽分化和枝条成熟。

(4)熟前肥

在果实成熟前2周进行，与秋施基肥同时进行。以磷、钾为主，对于结果多的树、弱树可加入一些氮肥。此次追肥可补充果树由于大量结果造成的营养亏损，满足后期花芽分化的需要，改善果实品质，延长叶片功能期，提高树体贮藏营养的水平。

2. 施用肥料种类

生长季追肥对树体补充营养要及时。一般采用各种无机速效肥料，常用的有尿素、硫酸铵、硝酸铵、硝酸钙、硫酸钾、氯化钾、磷酸二氢钾和复合肥等，也可使用腐熟的人粪尿。

3. 施肥量

果树生长季追肥的施肥量无统一标准，一般可根据土壤供肥能力和目标产量确定。苹果结果树一般按每生产100 kg苹果追施纯氮1.0 kg、磷(P_2O_5)0.5 kg、钾(K_2O)1.0 kg计算。

4. 施肥方法

(1)土壤追肥

按照秋施基肥方法，在树冠下开15～20 cm深的沟，将肥料均匀撒入沟中后，覆土填平浇水。养殖业较发达果区可采用随灌水追施禽畜肥方法，就是在果园地头设一粪坑，将禽畜粪在其中发酵腐熟后进行追肥。

(2)叶面喷肥

①优缺点及施用对象。叶面喷肥是将肥料配成一定浓度溶液喷布在树冠上。叶面喷肥在整个生长期内都可进行，省肥、省工、速效，不受土壤条件限制，避免肥料在根系施肥中流失、淋失和固定，还可与农药混合施用。但有些肥料不能用于叶面喷肥，补充肥料总量较低。生产中叶面喷肥常用于补充土壤追肥、矫治果树缺素症和干旱缺水地区及根系受损情况下追肥。

②应注意问题。要合理选择肥料种类、浓度及使用时期，见表5-1。叶面追肥必须严格掌握肥液浓度，最好先做试验再大面积喷施。喷布时间选择无雨阴天或晴天10时以前或16时以后，喷布部位以叶背为好。生产上全年可喷4～5次，一般生长前期2次，以氮为主；后期2～3次，以磷、钾为主；还可用于补施果树生长发育所需微量元素。生产上提倡喷施多元微肥。叶面喷肥好处很多，但不能代替土壤施肥，只能是土壤施肥的一种补充措施。

(3)树干强力注射施肥技术

就是将果树所需肥料从树干直接注入树体内，并靠机具持续压力输送到树体各部的一项技术。

①操作方法。先用钻头在树干基部垂直钻3个3～4 cm的孔，将针头用扳手旋入孔中。拉动拉杆，将注泵和注管吸满肥液，排净空气，连接针头，即可注肥。

②注射中应注意问题。注射中应使压力恒定在10～15 MPa。肥液浓度1%～3%。用量100～200 mL，一般在春季3～4月份和秋季9～10月份进行。

表 5-1 果树常用叶面喷肥种类、浓度和时期

化肥种类	浓度/%	施用时期	化肥种类	浓度/%	施用时期
尿素	0.3～0.4	花后	氯化钙	2～3	落花后4周、采收前1个月
硫酸钾	0.5～1	花后、花芽分化期	硫酸铜	0.05	花后
磷酸二氢钾	0.2～0.6	花后	硼砂	0.2～0.3	开花前至盛花期
硫酸镁	0.5～0.7	花后	硼酸	0.1～0.5	开花前至盛花期
硫酸亚铁	0.5	花后			

③树干强力注射机情况

目前，树干强力注射机有气动式、手动式、注射及喷雾两用式三种型号，均有中国农业科学院果树研究所与西南大学合作研制。

四、平衡施肥技术

1. 基本概念

平衡施肥技术是综合运用现代施肥的科技成果，根据果树需肥规律和实际需要、土壤供肥能力与肥料效应，制定出以有机肥为基础，各类营养元素配比适当，用量适宜的施肥方案。以合理供应和调节果树必需的各种营养元素，均衡满足果树生长发育的需要。目前，果树生产上主要采用叶分析和养分平衡法两种平衡施肥技术。

2. 优点和核心

平衡施肥技术具有用肥科学经济，优质稳产增效，培肥果园土壤，保护生态环境，防止肥料污染等诸多功效和优点，是目前果树生产上积极推广的施肥技术。其核心是测定养分、科学配方、合理施肥。

3. 平衡施肥最终方向

平衡施肥最终方向是平衡配套施肥，形成“测、配、产、供、施”完整技术服务体系。就是针对每一个果园采用分析仪器自动精确测量土壤及叶片各矿质元素含量，由微机施肥数据库进行自动分析给出配方。由专业厂家按配方生产个性化复合专用供给果园。最后按果树生产要求进行施肥。

五、其他施肥技术

1. 穴贮肥水技术

适用于丘陵山地、河滩荒地及干旱少雨地区。具体方法是：春季发芽前，在树冠投影内挖

4～8 个直径 20～30 cm、深 40～50 cm 的穴，穴内放 1 个直径 15～20 cm 的草把，草把周围填土并混施 50～100 g 过磷酸钙，50～100 g 硫酸钾，50 g 尿素，再将 50 g 尿素施于草把上覆土，每穴浇水 3～5 kg。然后将树盘整平，覆地膜，并在穴上地膜穿一小孔。孔上压一石块，在生长季节利用小孔追肥、灌水。

2. 缺素症矫正技术

果树结果多年后，会出现多种营养元素缺乏症。其中氮、磷、钾可通过常规施肥补充。其他元素缺素症表现及矫正见表 5-2。

表 5-2　果树主要微量元素缺素症及矫正方法

元素种类	缺素症状	矫治方法
钙	嫩叶首先退色，出现坏死斑点，叶缘及叶尖向下卷曲，果实发生苦痘病、水心病。	盛花后 3～5 周和采前喷 0.3%磷酸二氢钙或 250 倍氨基酸钙液体肥。采后用 0.5%氯化钙液体肥浸果实 3～5 min。
铁	新梢顶端叶片变黄白色，以后向下扩展，幼叶叶肉失绿，叶脉保持绿色，严重时出现梢枯叶落。	叶面喷施 0.3%～0.5%尿素铁、硫酸亚铁或 0.3% 黄腐酸二胺铁，或 0.05%～0.1%柠檬酸铁，或采用注射法、灌根法。
锌	叶片呈簇生状小叶、狭小，果小畸形，小枝枯死。	早春萌芽前喷 0.5%～1%硫酸锌，花后 3 周喷 0.3%～0.5%硫酸锌加 0.3%尿素。
硼	顶部小枝枯死，节间短，产生丛状枝，叶片变厚，易碎，果实发生缩果病。	春季施 150～250 g 硼砂，盛花期和花后各喷 1 次 0.3%硼砂水溶液。
镁	老叶片叶脉间呈现淡绿斑或灰绿斑，常扩散到叶缘，后为淡褐色至深褐色，最后卷缩脱落。枝条细弱弯曲。	叶面喷施 1%～2%硫酸镁，间隔 7～10 d，连喷 4～5 次。

3. 新品种肥料应用技术

根据果树生长发育特点施用专用肥、高效肥和复合肥是目前果树生产技术的重要手段。其中应用广泛的有光合微肥、氨基酸复合微肥、长效氮肥、多元复合肥及各种果树专用肥。

思考题：

1. 果树所需大量元素、中量元素和微量元素有哪些？其施肥原则是什么？
2. 果树施用基肥应把握住哪些关键技术？
3. 果树追肥应把握住哪些关键技术？
4. 果树施肥方法有哪些？叶面喷肥应注意哪些问题？
5. 什么叫树干强力注射技术？其技术要点有哪些？
6. 果树生产上常见缺素症状有哪些？如何矫正？
7. 什么叫果树平衡施肥技术？包括哪两种？其核心和方向是什么？

第三节 水分管理技术

一、果树需水特点与特殊灌水时期

1. 果树需水特点

果树不同物候期对需水量有不同要求。一般保证果树生长前半期水分供应充足有利于生长和结果，而后半期要控制水分，保证及时停止生长进入休眠，做好越冬准备。

2. 特殊灌水时期

(1)发芽前后到开花期

此期水分充足，可促进新梢生长，加大叶量，并使开花和坐果正常，为当年丰产打下基础。春旱地区，此期充分灌溉，更为重要。

(2)新梢生长和幼果膨大期

此期为果树需水临界期，充足水分有利于开花坐果，新梢生长，解除新梢与幼果对水分的竞争，减少生理落果。

(3)果实迅速膨大期

此期是花芽大量分化期，及时灌水，可满足果实膨大对水分要求，同时可促进花芽分化，为连年丰产创造条件。

(4)采果前后及休眠期

此期灌水，可使土壤中贮备足够水分，有利于肥料分解，促进果树翌春生长发育。寒地果树在土壤结冻前灌 1 次封冻水，对果树越冬甚为有利，但对多数落叶果树，在临近采收期前不宜灌水，以免降低品质或引起裂果。

二、灌溉技术

1. 灌水量

果树最适宜灌水量，应在 1 次灌溉中，使果树根系分布范围内的土壤湿度达到田间最大持水量的 60%～80%。深厚土壤，1 次需湿土层 1 m 以上，浅薄土壤，经改良后，应浸湿 0.8～1 m。常用灌水量计算方法为：灌水量＝灌溉面积×土壤浸湿湿度×土壤容重×(田间持水量－灌溉前土壤湿度)。对灌溉前土壤是湿度，在每次灌水前均需测定，田间持水量、土壤容重、土壤浸湿深度等，可数年测定 1 次。

2.灌水方法

(1)沟灌

在果树行间,用犁开 20～25 cm 深的沟,顺沟灌水,待水渗后将沟培平,该法适于成龄树,便于机械化。大面积国有农场果园多用此法。

(2)盘灌

就是在树盘范围内用土埂围成圆形树盘,灌水时将行间灌水沟的水引进灌水盘,灌后 2～3 d 对灌水盘进行松土。此法适于幼树灌水。

(3)分区灌溉

在地表比较平坦果园以 2～3 株为一小区,用土围成长方形土埂,把水引入方格内。灌后同样要松土保墒。

(4)喷灌

就是通过灌水沟或管道将水引到田间,然后由喷灌机把水喷到空中,成为雨一般的水滴洒落下来。喷灌对地面平整度要求不高,节省劳力,节约用水,对土壤结构破坏作用小。通过喷水办法,还可起到防霜和防高温作用。

(5)滴灌

滴灌是通过水塔或水泵和管道组成滴灌系统,水以水滴或细小的水流直接浇灌于作物根域。滴灌是现代化灌水方法,具有不受地形限制,节约用水,不破坏土壤结构,自动化程度高,节省劳力的优点,同时滴灌能使土壤湿度均衡,有利于果树生长发育和提高产量与品质。

三、排水技术

果园排水有明沟排水和暗沟排水两种。明沟排水是指排水系统主要由园内或贯穿园内的排水干沟、区间排水支沟和小区内排水沟组成。各级排水沟相互连接,干沟末端有出水口排水。小区内排水小沟一般深 50～80 cm;排水支沟深 100 cm 左右;排水干沟深 120～150 cm,使地下水位降到 100～120 cm 以下。盐碱地各级排水沟应适当加深。暗沟排水是在地下埋设管道或石砾、竹筒、秸秆等其他材料构成排水系统。水分过多果园必须进行排水。可根据土壤水分测定或土壤水分张力计所反映土壤水分含量来确定排水时间。

思考题:

1.果树需水特点如何?1 年中要灌好几水?

2.果树适宜灌水量标准是什么?如何计算灌水量?

3.果园灌水方法有哪些?

实训技能 5-1 果园土壤施肥

一、目的要求

通过实训,掌握果树土壤施肥方法。

二、材料与用具

1. 材料

幼年及成年果树、厩肥、土杂肥、绿肥、腐熟液肥、化肥和石灰。

2. 用具

铁铲、锄头、水桶、运肥工具和其他施肥工具。

三、步骤与方法

1. 施基肥

(1)施肥位置

在树冠滴水线处施肥。

(2)挖施肥沟

若采用环状施肥沟则沿滴水线向外挖宽 40～50 cm、深 50 cm 环状沟或两个半环沟;若采用对面条沟则在树冠两侧滴水线处挖宽 40～50 cm、深约 50 cm、长度与树冠直径相当的施肥沟;如植株已封行,则在每两株果树株间挖一条施肥沟。施肥沟内侧露出树根沿沟壁剪平。

(3)施肥方法

将绿肥、厩肥、土杂肥、磷肥、石灰等肥料施入基肥沟并与土搅拌均匀,然后用土覆盖填埋压实,稍高于地面。

2. 追肥

(1)确定施肥方式及施肥沟形状

肥料可干施也可水施。干施是把化肥等肥料直接施于树盘土壤中,然后盖土,可选用环状沟施肥、放射沟施肥、对面条沟施肥、穴施肥和全园撒施肥等方法。水施则把肥料先完全溶解于水中，然后淋施于树盘的土壤。

(2)淋施

将肥料溶解于水中，然后淋入树盘。一般肥料浓度0.5%～2%，幼树控制在1%以下。淋肥前能对树盘中耕松土，施肥效果更好。

图 5-5　环状沟施肥

(3)干施

在树盘合适位置挖沟穴，施入肥料与土拌均匀，然后将沟或穴回土填平。

①环状沟施肥(图 5-5)

沿树冠滴水线挖宽 20～30 cm、深约 20 cm 的环状沟施肥。该法基肥、追肥均可采用。

②条沟施肥(图 5-6)

就是在树冠两侧滴水线处挖宽 20～30 cm、深 15～20 cm、长度与树冠相当的施肥沟施肥。

③放射沟施肥(图 5-7)

在树冠下距树干 1 m 左右，以树干为中心，向外呈放射状挖 5～8 条施肥沟，沟宽 20～30 cm，深度距树干近处较浅，渐向外加深，深 15～20 cm，长度 80～120 cm。该法适用于成年果园施肥。

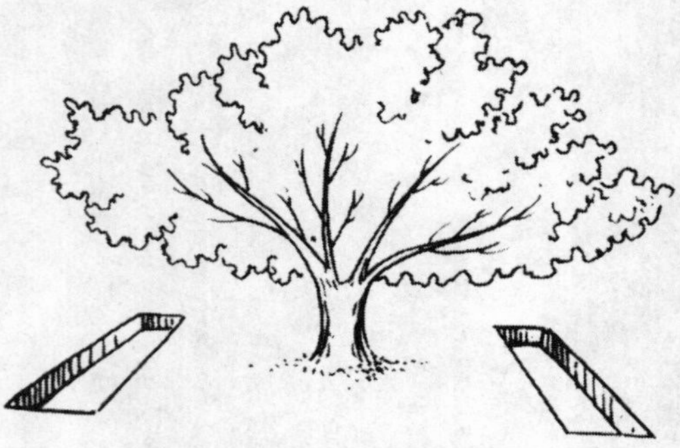

图 5-6　条沟施肥

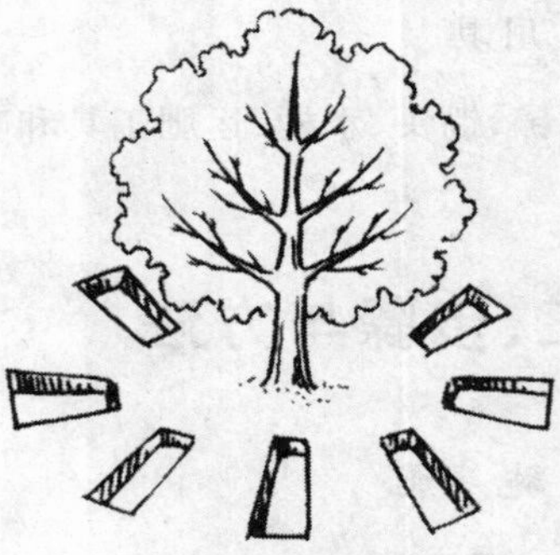

图 5-7　放射沟施肥

④撒施

树盘除草后将肥料均匀撒在树盘地面上，然后中耕树盘将肥料翻埋入土。密植果园也可不翻土埋肥而在地面撒施后全园灌水，将肥料溶解入土。

四、注意问题

1. 土壤施肥方法较多，实训时可根据具体情况选做 2～3 种，其余内容可采取示范方式进行。

2. 进行土壤施肥实训时，先对果园树种、树龄、物候期、土壤性质、根系分布、肥料种类等进行全面分析，确定施肥方法和施肥量后，再进行施肥。

五、实训作业

果园施基肥和追肥对施肥沟和肥料种类有何要求？水施化肥和干施化肥各有什么优点？

六、技能考核

技能考核评定采用百分制，其中实训态度和表现占 20 分，操作技能占 50 分，实习思考占 30 分。

实训技能 5-2 果树叶面喷肥

一、目的要求

学会按一定浓度配制叶面肥，掌握果树叶面肥(根外追肥)方法。

二、材料与用具

1. 材料

果树、各种叶面肥(如尿素、磷酸二氢钾、硼砂等)、洁净水。

2. 用具

水桶、天平、杆秤、喷雾器等。

三、实训准备

应先对该果园树种、物候期、肥料种类、气候条件等进行分析，确定施肥种类及浓度后再进行施肥。

四、步骤与方法

1. 确定叶面施肥所用溶液含量和数量

计算所用化肥和水的数量。叶面喷肥常用肥料种类和常用溶液含量：尿素 0.3%～

0.5%，硫酸铵 0.1%～0.3%，磷酸二氢钾 0.2%～0.5%，过磷酸钙 1%（清液），硫酸钾 0.3%～1.0%，硼酸或硼砂 0.1%～0.3%，其他微量元素肥料硫酸亚铁、硫酸锌、钼酸铵、硫酸镁常用含量为 0.1%～0.3%，硫酸铜 0.01%～0.02%。一些市售商品叶面肥按其说明书配制使用。

2. 称取肥料和量取用水量

按计算所得数据称取化肥，并量取所需水量，将称好化肥溶解于所量取水中并搅拌均匀。

3. 叶面喷肥

将配好的叶面肥溶液用喷雾器将肥液喷施于树冠枝。要求喷雾均匀，肥液湿度以叶面完全湿润为宜，喷施部位以叶背为主。

4. 注意问题

①不同树种、品种对根外施肥适应浓度不同，使用浓度不宜太高。

②根外施肥时应注意天气，高温季节以阴天喷施为好，晴天应在上午 10 时以前和下午 4 时以后，阴雨天不喷。

③喷时要做到均匀、细致、周到，喷在叶背面更好。

④肥料与某些农药混合施用，应先做试验，防降低肥效、药效或引起肥害、药害。

五、实训作业

叶面喷肥有何缺点？简述叶面肥种类、使用浓度及作用。

六、技能考核

技能考核评定采用百分制，其中实训态度和表现占 20 分，操作技能占 40 分，实习作业占 30 分。

第六章 果树整形修剪

［内容提要］整形修剪基本概念，目的与作用，整形修剪原则、依据；果树整形修剪操作步骤与顺序；果树修剪时期、程度和方法（包括休眠期和生长期），果树常见树形及整形修剪的一般过程，从调节生长强弱，调节枝条角度，调节枝梢疏密，调节花芽量、保花保果，枝组培养和修剪，老树更新及树体整体调控8方面介绍了其综合整形修剪技术的综合应用。介绍了树冠上强下弱、树冠下强上弱、偏冠树、大小年树、旺长树、小老树、老弱树和高接树8类发育异常树的表现、原因和相应处理办法。

第一节 基础知识

一、基本概念

1. 整形修剪含义

根据果树的生物学特性，结合果园自然条件和管理特点，将树体建造成一定的形状，并按照生长结果的需要，综合运用各种修剪方法对树体进行处理，从而使树体具有最合理的结构和外观形状，最大限度地利用空间和光热资源。

2. 整形

整形是通过修剪，将树体建造成某种树形，如自然开心形、自然圆头形、主干分层形和篱架形等。其多是针对幼树，也包括果树一生当中的树形变化过程，主要任务是培养和理顺树体骨架结构。

3. 修剪

修剪是通过一些外科手术和化学药剂如生长调节剂等，对树体上的枝和梢进行调节，以维持树体形状、调节果树生长与结果平衡的重要技术措施与方法。其常针对成年结果树，也包括幼树整形技术，主要是培养和更新结果枝组，调节生长和结果的关系。

4. 整形与修剪关系

果树整形与修剪相互联系，不可分割。整形是前提和基础，修剪是继续和保证。

二、整形修剪目的与作用

1.提早结果,延长经济结果寿命

果树修剪中,进行圃内整形,加速树冠形成;对树冠较直立品种,开张主枝角度,幼树轻剪疏删;通过合理整形,保持合适从属关系和主枝分枝角度,培养牢固骨架;对老树进行重剪更新复壮,都有利于实现上述目标。

2.克服大小年,提高产量

合理整形,使果树立体结果。通过修剪调节生长势,促进或抑制花芽分化,调节生长枝和结果枝比例,控制花芽分化,都可协调果树生长和结果,克服大小年,提高产量。

3.通风透光,减少病虫害,提高果实品质

整形时降低树冠,甚至采用平面形树冠,可改善光照,减少大风和采收时机械伤,从而提高品质。修剪时,剪除病虫枝、密生枝,使树冠通风透光,减少病虫为害,则果实着色良好,机械伤减少,品质增进。合理留结果枝和花芽,也可增大果形,提高品质。

4.提高工作效率,降低生产成本,减少物质消耗

果园管理中,如打药、中耕除草、灌水施肥、果实采摘和树体管理等都要求有一定的干高、树高和树形,可通过整形修剪等措施人为地控制树体生长发育来达到,这样才能做到规范化、机械化,提高劳动效率,降低生产成本,减少物质消耗。

总之,通过整形修剪,可控制树冠大小,调节树体结构枝梢密度;能较好地改善通风透光条件,调控生长和结果的矛盾,提供果品产量和品质。

三、整形修剪原则

1.因树修剪,随枝做形

就是在修剪中要根据修剪对象在当时当地综合条件下的生长结果状况,具体分析,灵活采用修剪技术,切忌生搬硬套。如整形时,既要有树形要求,又要根据树的具体长相,发枝角度、方位、数量、长势,进行适当调整,着重调整树体高度、树冠大小、总的骨干枝数量、分布与从属关系、枝类比例等。不同单株在保证基本树形前提下,修剪程度可有所不同,避免机械做形。

2. 统筹兼顾,长短结合

就是指结果与长树要兼顾,整形时一定要从长远考虑,不要急于求成。幼树期要整形、结果并重,既要使骨架生长牢固、健壮,结构合理,又要充分利用、改造辅养枝早结果。盛果期也要兼顾生长与结果,要在高产、稳产、优质基础上,加强营养生长,保持营养生长和生殖生长平

衡，以延长盛果期年限。

3. 以轻为主，轻重结合

是指尽可能减轻修剪量，减少修剪对果树整体抑制作用。尤其是幼树，要适当轻剪多留枝。但要轻重结合。轻剪必须在一定生长势基础上进行，1～2 年生幼树，要在促其发生足够数量强旺枝条前提下，才能轻剪长放。树势过弱，长枝数量很少时不宜长放。定植后 1～2 年多短截，促发分枝，为轻剪长放创造条件，是早结果的关键措施。

4. 平衡树势，主从分明

无论采取哪种树形，同层骨干枝生长势必须一致，避免骨干枝出现一强一弱、上强下弱或上弱下强现象。在整形时，通过抑强扶弱，正确促控相结合方法，维持树势均衡。同时，各级骨干枝之间的从属关系要明确，如中心干生长势要强于主枝、主枝要强于侧枝等。在修剪时从属枝条必须为主导枝条让路，在各类枝条相互干扰情况下，应控制从属生长，使各级骨干枝从属关系明确。

5. 有利结果，注重效益

是指整形修剪要满足果树“优质、丰产和高效”的原则。具体包括：一要坚持质量优先；二要同时兼顾早果、丰产和稳产；三是保证最大效益。

6. 休眠期修剪与生长期修剪相结合

休眠期修剪就是冬剪，生长期修剪就是夏剪。在果树整形中，应贯彻冬、夏剪结合，以生长期修剪为主原则。

四、整形修剪依据

1. 树种和品种特性

应根据树种和品种特性，采取不同整形修剪方法，做到因树种、品种而修剪。如萌芽率和成枝力强的树种，应少短截，多疏剪；而萌芽率和成枝力均弱树种，应多短截以促发枝条。

2. 树龄树势

同一种果树不同年龄时期，其长势表现不同。幼树修剪要轻剪多留枝，促进树冠迅速扩大，开张角度，削弱顶端优势，促进提早结果。随着大量结果，长势渐缓，中、短枝比例逐渐增多，容易形成花芽，此时注意枝条交错结果，改善内膛光照条件，尽可能保持中庸树势，延长结果年限。盛果期后，果树生长缓慢，内膛枝条减少，结果部位外移，产量和品质下降，树体逐渐进入衰老期。此时要及时进行局部更新，抑前促后，减少外围新梢，改善内膛光照，并利用内膛徒长枝进行更新；树势严重衰弱时，更新程度应该更重，部位更低。对苹果、梨和桃等果树，多用短截促势，对板栗、山楂、柿、核桃等果树多用疏剪，多疏弱留强枝。

3. 修剪反应

修剪反应是生产上确定合理修剪的最准确依据，也是评价修剪好坏的重要标准。观察修剪反应应从两方面着手：一是观察局部反应。就是观察修剪后局部枝条抽生情况、枝类比例、形成花芽数量、坐果率高低及果实品质等表现；二是观察全树综合表现。就是观察上一年或过去采用某一修剪方案后，全树总生长量、新梢长度与充实程度、树冠郁闭度、花芽形成总量、枝条密闭度和分枝角度等，以总结经验，根据修剪中的问题改进技术。

4. 自然条件和管理水平

同一种果树，由于栽培在不同生态条件下，其年周期的生长节奏有较大差异，树相表现不同，采用树形不同，其修剪要求也不同。如土壤瘠薄山地和肥水不足果园，树势弱，植株矮小，宜采用小冠、矮干树形，修剪稍重，短截量较多和疏枝较少，应注意复壮树势。而土壤肥沃、肥水充足果园，定干稍高，树冠稍大，后期可落头开心，修剪要轻。温暖多雨环境，营养生长旺盛，生长期延长，对修剪反应敏感，修剪量宜轻，要多疏少截，开角缓势，控制旺长。干旱地区，生长势一般较弱，可适当短截。管理水平较好果园，树体生长旺盛，修剪量宜轻，反之宜重。

5. 栽植密度

栽植密度不同，修剪也应有所不同。密植园树冠要小，树体要矮，骨干枝要少，枝组可相应增多。

五、整形修剪操作步骤与顺序

1. 先大后小，由粗到细

剪树时，首先根据目标树形，确定和培养各级骨干枝，然后再考虑在骨干枝上配置结果枝组。如树冠的主体整形首先要考虑中心干和主枝的选留与培养，主枝修剪要选好侧枝，结果枝组修剪要考虑大、中、小枝组的配置与间距等。

修剪要从大到小，先解决关系到整个树体生长扩大与负载能力过大的问题，再考虑如何进行定位定量结果的生产细节问题。

2. 先上后下，由高到低

除正处于整形时期幼树在选留骨干枝时需要从下到上进行以外，一般已成形结果大树，修剪时都是从树冠上部向下部修剪，这样剪出来树体结构与枝组分布易达到外稀内密、上小下大和开心分层要求，利于改善树冠下部和内膛通风透光条件，从而实现立体结果和优质结果修剪目标。同时，先剪上后剪下，可避免剪树人上、下树时踩坏下部枝条所造成损失。

3. 先外后内，由头到尾

剪树时，无论大枝、小枝、长枝、短枝，都必须按照先外后内、由头到尾，从枝条顶端开始，逐渐向基部进行修剪。尤其是进行骨干枝修剪时，应首先确定和短截骨干枝的延长头，然后由此向下逐枝修剪。

4. 先开后疏，由轻到重

对角度过小而直立的主、侧枝，修剪时应先按要求开角，然后再根据开张后空间大小，对小枝进行合理修剪，从而使小枝在骨干枝上合理分布。

5. 先缩后截，由长到短

对有些放任多年没剪而自然发展起来的长弱枝，应根据所存在问题首先考虑回缩，然后再考虑对其进行细致修剪。对有些暂时难以确定回缩部位的长枝，可分两步进行回缩。第一步先轻缩一部分，当全树修剪完成后再根据树的整体情况进行第二步重缩到位。

6. 先去后理，由乱到清

对放任多年未剪的荒长乱头树，可在选定各种骨干枝基础上先去除明显不宜存在的干枯枝、病虫枝、密挤枝、交叉枝、重叠枝和并生枝等不规则枝条。当被选留大枝比较清晰后，再逐位逐枝和有条不紊地理顺所留枝干、枝组相互间从属关系。

思考题：

1. 何为果树整形修剪？
2. 果树整形修剪原则和依据是什么？
3. 果树整形修剪操作步骤与顺序是什么？

第二节　果树修剪时期、程度和方法

一、修剪时期

1. 修剪时期

果树在一年四季都应进行修剪。通常将修剪时期分为休眠期修剪和生长期修剪。休眠期修剪在秋季落叶后到第二年春季萌芽前进行。这段时期修剪主要在冬季进行，故又叫冬季修剪，简称冬剪。生长期修剪在春季萌芽后到果树秋冬落叶前进行，由于主要修剪时间在夏季，故常称为夏季修剪，简称夏剪，具体又分为春季修剪、夏季修剪和秋季修剪。春季修剪主要内容包括花前复剪、除萌抹芽和晚剪。夏季修剪在新梢旺盛生长期进行，夏季修剪关键是及时，修剪量要从轻。秋季修剪在秋季新梢将要停长到落叶前进行。以疏除过密大枝为主。秋季修剪在幼树、旺树、郁蔽树上应用较多，其抑制作用弱于夏季修剪，但比冬季修剪强。

2. 不同修剪时期任务、方法

修剪时期不同，修剪任务和使用方法不同，其作用也不同。即使方法和修剪量完全相同，其作用也截然不同。在生产上可根据果园修剪任务确定修剪主要时期和一般时期(表 6-1)。

表 6-1　果树不同时期修剪任务及技术一览表

修剪时期	任务	方法
春季修剪	缓和树势、促进发枝	刻芽、延迟修剪
	合理负载、优质稳产	按枝、果比疏、缩结果枝、花前复剪
	补充完善冬剪	回缩、疏剪、拉枝
夏季修剪	改善光照、缓和树势	开张角度、疏梢、拿枝
	促进成花、提高坐果	扭梢、环剥、开角、摘心
	培养枝组	剪梢、摘心、扭梢
秋季修剪	整形、缓和树势、改善光照、促进成花	拉枝开角、拿枝、疏密生枝
	提高越冬性	剪嫩梢
冬季修剪	整形、调整树冠、培养结果枝组	短截、疏剪、缓放、弯枝、回缩
	改善光照条件、合理负载	

3. 修剪具体时间

修剪具体时间要根据修剪目的、萌芽先后、气候条件及劳力状况等因素确定。如不同地区休眠期修剪最佳时期略有不同。冬季冻害较少果区，在整个休眠期均可进行修剪，但以冬末早春修剪为好；冬季严寒常有冻害发生果区，应注意避开严寒期。葡萄修剪时注意避开伤流期，核桃修剪宜在落叶后马上进行。

二、修剪程度

修剪程度主要指修剪量，即剪去器官多少。修剪也涉及每种修剪方法所施行的强度，如环剥宽度和深度，弯枝角度等。一般修剪越重，作用越大。果树休眠期地上部修剪一般表现 3 点作用。一是促进新梢生长。二是适度修剪有利于生殖生长，如葡萄不同程度修剪后，适度修剪的，在年周期生长中期以后枝梢基部碳水化合物含量比重剪的或不剪的都高。一般旺树、幼树、强枝要轻剪缓放，弱树、老树和弱枝要重剪。三是休眠期修剪同施肥灌水有类似作用，大肥大水，要轻剪密留；肥水不足，则需加重修剪。但肥水一般促进全树的代谢和生长，而修剪则往往只加强地上部修剪枝局部生长。在一般情况下，修剪抑制根系生长，甚至抑制全树扩大。应根据肥水条件，考虑修剪的轻重程度。

修剪程度的作用还与修剪时期、方法、对象等有关，必须综合分析，才能做到适度修剪。

三、修剪方法

1. 休眠期修剪

(1)短截

短截是剪去1年生枝条的一部分。北方果树除草本果树草莓外,各种树均可应用。生产上根据剪去枝条的长短,将短截分为轻截、中截、重截和极重截4种(图6-1)。短截具有局部刺激作用,可促进剪口下侧芽的萌发,促进分生新枝,并增加枝轴粗度和改变枝条延伸方向,多用于骨干枝和大、中型结果枝组的培养。

①重截(图6-1a)。重截是重短截的简称,就是在枝条中下部半饱满芽处剪截,一般剪去1年生枝条长度的2/3～3/4。修剪后抽生1～2个旺(强)枝和少量短枝。主要用于幼树培养紧凑结果枝组,改造竞争枝和徒长枝。一般多用于萌芽率较低的品种。

②极重截(图6-1b)。就是在枝条基部留1～2个瘪芽剪截。一般抽生1～2个中短枝,起缓和树势、降低枝位、培养紧凑中、小型枝组的作用,常用于诱发预备枝和改造强旺枝。

③轻截(图6-1c)。轻截是轻短截的简称,是在枝条顶芽下或春秋梢交界处剪截,剪去1年生枝条长度的1/4～1/3,剪口芽为次饱满芽。修剪后形成较多的中短枝,有利于缓和枝势和成花。多用于萌芽率高的品种,萌芽率低的品种应用后易发生"光腿"现象。多用于幼旺树树上培养结果枝组。

④中截(图6-1d)。中截是中短截简称,就是在枝条中上部饱满芽处剪截,剪去1年生枝条长度的1/3～1/2。修剪后形成较多的中长枝,利于枝条的生长和树冠扩大。多用于骨干枝延长头的培养和衰弱结果枝的更新。

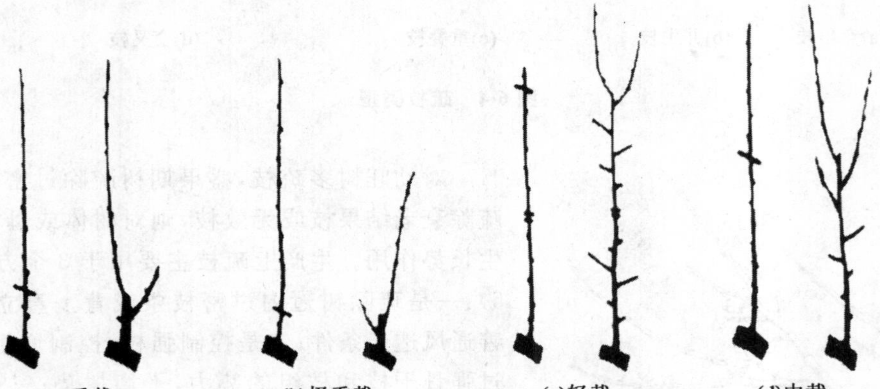

(a)重截　(b)极重截　(c)轻截　(d)中截

图6-1 短截修剪及反应

(2)疏枝

疏枝亦称疏间、疏删、疏剪,就是将枝条从基部剪去。在苹果、梨、桃、李等北方果树上多用于疏除幼树的1年生旺枝及成龄大树的衰弱枝组;在板栗、柿、核桃、山楂等果树上多用于疏除

1年生细弱枝。疏枝的主要作用是减少枝条数量,改善通风透光条件和削弱整体生长,集中营养和水分,有利于结果。疏枝造成伤口具有抑前促后作用,就是对剪口上部枝条有削弱作用,而对剪口下部枝条有一定促进作用(图 6-2)。剪锯口越大,这种削弱或增强作用越明显。疏枝时剪口和锯口要求低而平滑(图 6-3)。主要疏除病虫枝、干枯枝、徒长枝、密生枝、交叉枝、并生枝、重叠枝和竞争枝等(图 6-4)。注意去大枝时要分期疏除,一次或一年不可疏除过多。大枝疏除后,特别注意伤口保护。

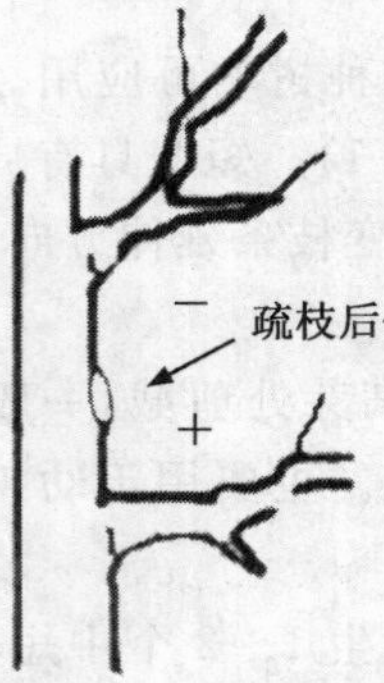

图 6-2　疏枝作用

—对伤口上面的枝有削弱作用

+对伤口下面的枝有增强作用

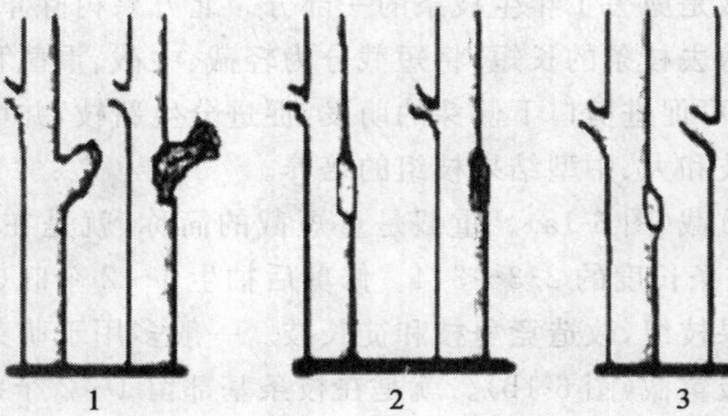

图 6-3　疏枝效果

1. 留残桩,难愈合　2. 伤口过大,愈合慢　3. 无残桩,伤口小,愈合好

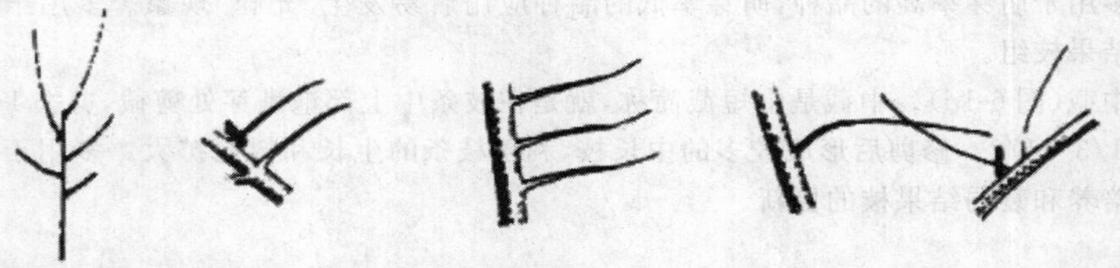

图 6-4　疏枝类型

对幼旺树多疏枝,盛果期树疏除过密枝条。若疏除衰老结果枝或无效枝,则对树体或母枝有增强生长势作用。生产上疏枝主要用于3个方面(图 6-5):一是疏除树冠内过密枝条或背上直立枝,以改善通风透光条件;二是控制强枝,控制增粗,以削弱过强骨干枝和枝组的势力,平衡树势;三是用于培养和改造结果枝组,调节花果量。

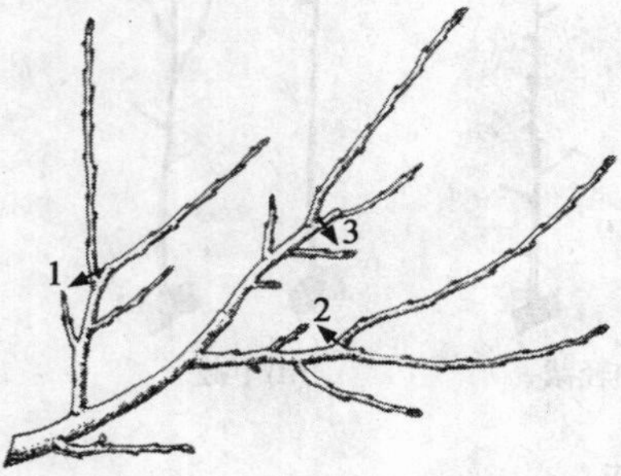

图 6-5　疏枝应用

1. 去直留平　2. 去强留弱　3. 去弱留强

(3)回缩

回缩也叫缩剪,就是剪去多年生枝条的一部分。其作用是局部刺激和枝条变向。一方面回缩与短截相似,能使剪留部分复壮和更新;另一方面回缩时选留不同的剪口枝,可改变原来多年生枝的延伸方向。回缩作用的性质和大小因修剪对象、剪去枝的大小和性质、剪口枝的强弱和

角度而有明显的差异。不同枝的回缩方法和作用见图 6-6。

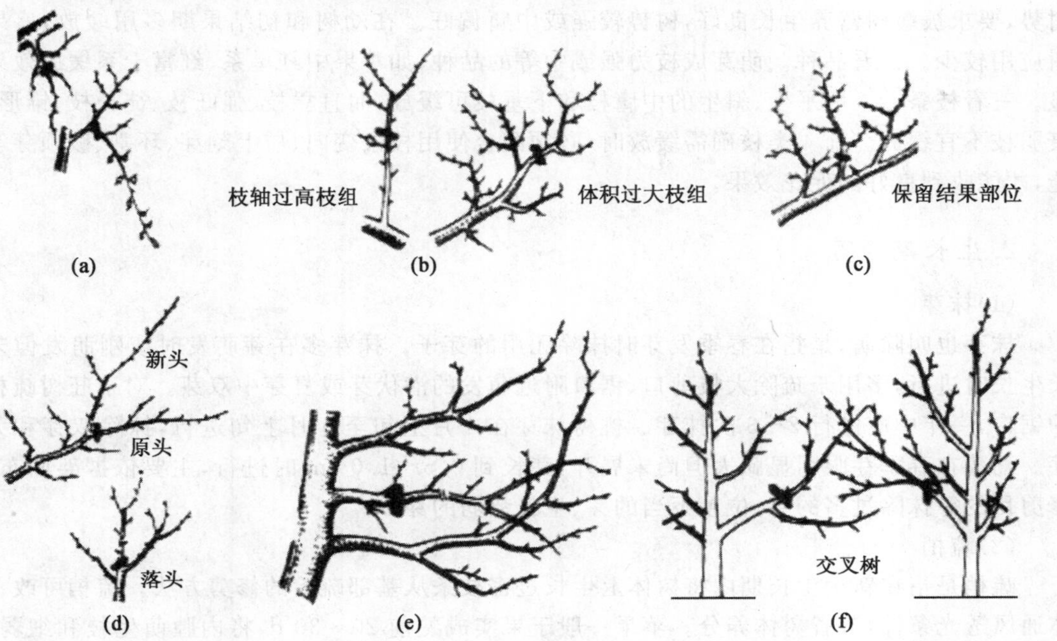

图 6-6　回缩类型(汪景彦,2001)

a. 下垂枝组回缩,复壮枝组势力,形成中、小枝组　b. 枝轴过高、体积过大枝组回缩,紧凑枝组、复壮枝组势力
c. 密度过大枝组回缩,改善枝组光照,促进周围枝组　d. 延长枝回缩,增强延长枝生长势,降低树高,紧凑树冠
e. 辅养枝回缩,改善光照,培养枝组。有利于骨干枝扩大　f. 交叉树回缩,改造树形和树体结构,行间通风透光

在生产上,回缩主要应用在 4 个方面:一是平衡树势,更新复壮。调节多年生枝前后部分和上下部分之间的关系。如前强后弱时,可适当缩去前旺部分,选一角度开张的弱枝当头,以缓前促后,使之复壮。对势力衰弱的多年生枝应重回缩,以利更新(图 6-7)。二是转主换头,改变骨干枝延长枝的角度和生长势。三是培养枝组。对萌芽成枝力强的品种先缓放后回缩,形成多轴枝组。四是改善光照,如整形完成时适当落头,并对一、二层主枝间的大枝适当回缩。

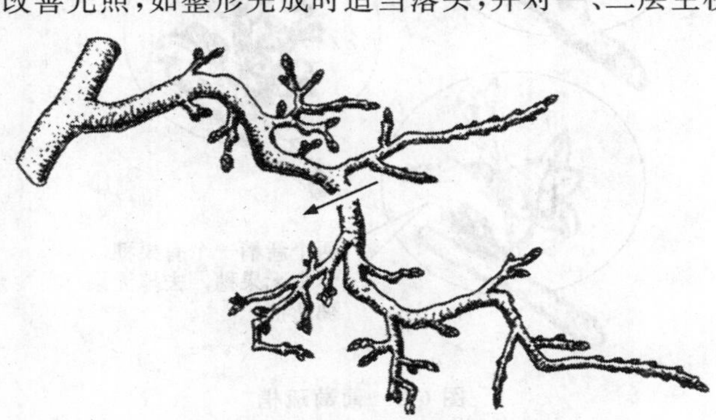

图 6-7　应用回缩复壮更新

(4)缓放

缓放又叫长放、甩放,是指对 1 年生枝不做任何修剪,放任其自然生长。其能缓和枝条长

势，有利于缓和枝条长势，有利于养分积累，形成中短枝和花芽。应用缓放要做到“三看”：一看树势，要求被缓树营养生长良好，树势较强或中庸偏旺。在幼树和初结果期多用缓放，盛果期树应用较少。二看品种。萌芽成枝力强或中等的品种，如苹果中红星系、红富士系缓放效果明显。三看枝条。一般平生、斜生的中庸枝和下垂枝可缓放，而直立枝、强旺枝、徒长枝、锥形枝、衰弱枝不宜缓放。前4类枝确需缓放时，必须配合使用枝条变向、枝上刻芽、环割、破顶芽等措施，才能收到良好的促花效果。

2. 生长期修剪

(1)抹芽

抹芽也叫除萌，是指在春季发芽时抹除无用的芽子。抹芽多在芽萌发时或刚萌发但未加长生长时进行，多用于疏除大枝剪口、锯口附近萌发的潜伏芽或复芽中双芽。对于旺树疏枝后的锯口，一年中应进行2～3次抹芽。桃树抹芽在4月上旬至5月上旬进行，抹除双芽和无用芽。葡萄在春季芽眼明显膨大但尚未展开，芽长到0.5～1.0 cm时进行，主要依据架面布置、修剪目的等抹除过多的芽、位置不当的芽、生长势弱的芽。

(2)疏梢

疏梢是指在新梢生长期内将树体上生长过密枝条从基部疏除的修剪方法。疏梢可改善树体通风透光条件，节省树体养分。苹果一般于果实成熟前20～30 d，将内膛萌生枝和细弱枝、外围遮光枝和较大枝组两侧枝及强旺的果台副梢进行疏除。桃树在5月下旬至6月上旬将树冠内膛发生的徒长枝、无空间生长的枝条及树冠外围的直立枝从基部疏除。8～9月份疏除遮光大枝、直立枝、过密枝。葡萄在新梢长到10 cm左右、能辨明生长强弱及花序有无时对新梢进行疏梢，疏去过多、过密发育枝和弱枝(图6-8)。

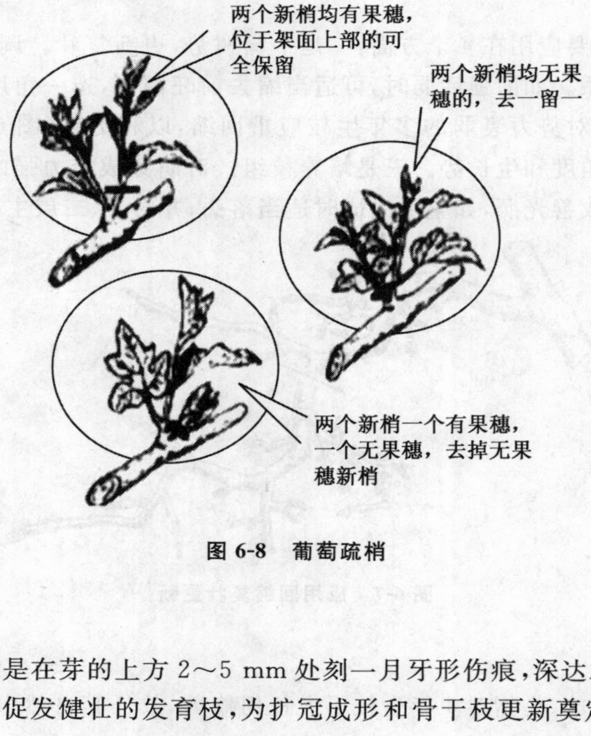
两个新梢均有果穗，
位于架面上部的可
全保留
两个新梢均无果
穗的，去一留一
两个新梢一个有果穗，
一个无果穗，去掉无果
穗新梢

图6-8 葡萄疏梢

(3)刻伤

刻伤又叫目伤，就是在芽的上方2～5 mm处刻一月牙形伤痕，深达木质部(图6-9)。刻伤可促进该芽萌发，定向促发健壮的发育枝，为扩冠成形和骨干枝更新奠定基础，也可用于增加新枝,填空补缺,培养枝组。

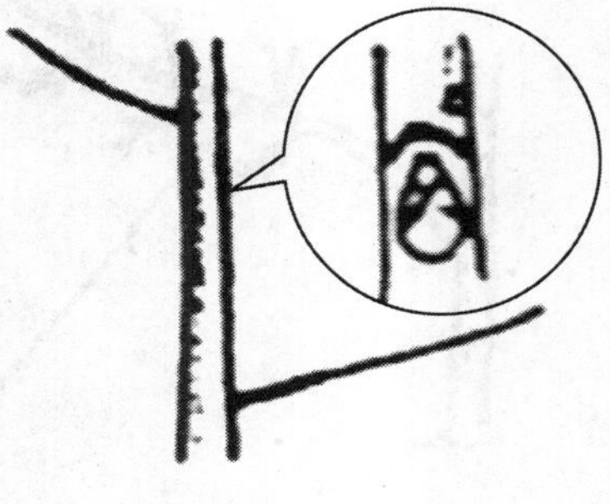

图 6-9 刻伤

刻伤一般在春季萌芽前进行。在芽的上(或下)方0.5 cm 用小钢锯条拉一道,伤及木质部,长度为枝条周长的1/3～1/2,深度为枝干粗度的 1/10～1/7。芽上刻伤能促进该芽萌发,旺盛生长。芽下刻伤则抑制其生长。刻芽越早,离芽越近,伤口越深,越长,对芽的促进作用越明显,抽生枝条越强壮;反之,则抽生弱小枝条。刻伤一般用在萌芽率或成枝力低的树种和品种,如苹果修剪时,常在需生枝部位(如主枝两侧或中干等)刻伤,使之发枝(图 6-10)。生产上当年生枝用小钢锯条,多年生枝用手锯效果好。

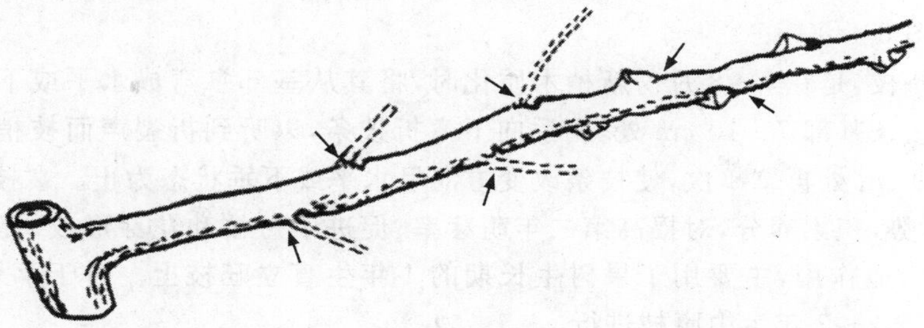

图 6-10 刻伤应用

(4)拉枝(图 6-11)

①概念。拉枝是在春季或夏季枝条柔软时,以拴在木桩或其他枝条上的绳子将骨干枝或其他枝条拉开角度,或调整枝条生长方向的技术。

②作用。拉枝可削弱顶端优势、缓和生长势,改变枝条激素分布状况,促使侧芽发育,有利于改善通风透光条件,提早成花结果,扩大树冠和快速整形。

③拉枝要点。拉枝要选好着力点,一般绑在被拉枝中部,不要拴在枝条的梢端,要拉成直线形,避免拉成弓形而形成背上徒长枝。

④应用。在苹果、梨和山楂等 3～4 年生幼树整形时应用较多。1～2 年生枝,秋季拉枝效果好。苹果 1～2 年生枝及未结果的多年生枝宜在 8 月中旬至 9 月上旬拉枝,骨干枝和多年生强旺枝组宜在 5 月中、下旬春梢旺长期进行,枝条开张角度应根据枝条在树体的生长势而定,一般掌握在 45°～85°。

(5)吊枝(图 6-12)

吊枝是在枝条上拴上土袋或砖块使枝条角度开张的方法。其作用和使用对象同拉枝。需要注意问题是吊枝不能使枝条角度固定,当被压枝条生长自重发生改变时,枝的角度也发生变化,因此要注意调节重物。

(6)撑枝(图 6-13)

撑枝是指将剪下枝杈的一端顶在直立生长的旺枝上,另一端顶在树体牢固部位,借助树体本身力量使枝条角度开张的方法。其作用和对象同拉枝。撑枝需要注意的是支棍两端要做成弧形,不可削成斧刃状。不可使用同一树种的死支棍。被支枝条与中干粗度要有

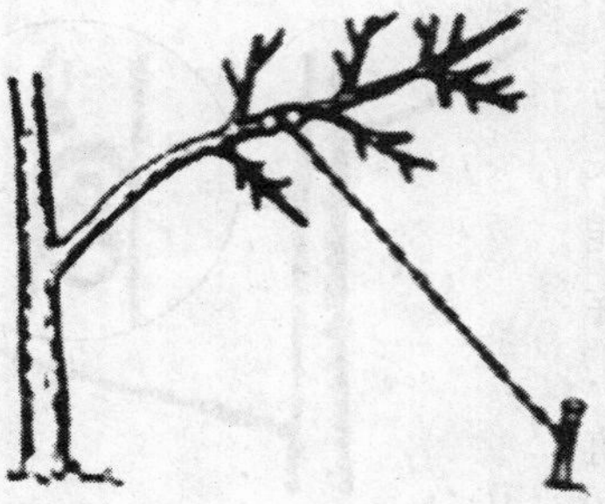

图 6-11　拉枝

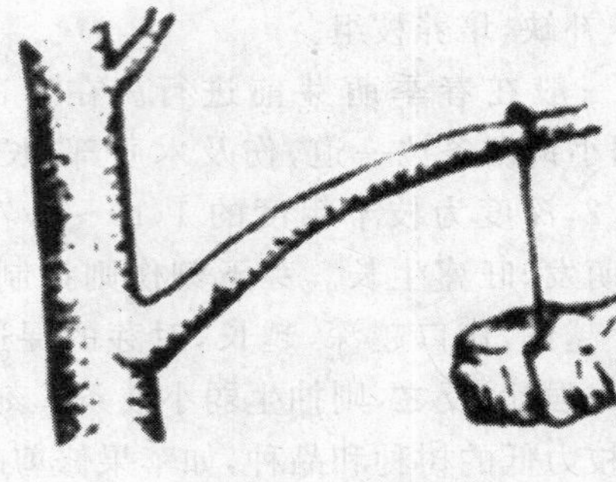

图 6-12　吊枝

较大差异。

(7)拿枝(图 6-14)

拿枝又叫捋枝,是在 7～8 月份新梢木质化时,将其从基部拿弯成水平或下垂状态。拿枝操作时先在距枝条基部 7～10 cm 处,用手向下弯折枝条,以听到折裂声而枝梢不折为度。然后向上退 7～10 cm 处再拿 1 次,使枝条改变方向呈水平或下垂状态为止。拿枝能够阻碍养分运输,缓和生长势,积累养分,对提高第二年萌芽率、促进中短枝和花芽形成、提高坐果率和促进果实生长有明显作用,主要用于果树生长期的 1 年生直立旺枝上。对于苹果,在新梢长到 50 cm 以上时,选 2～3 年生中庸枝进行。

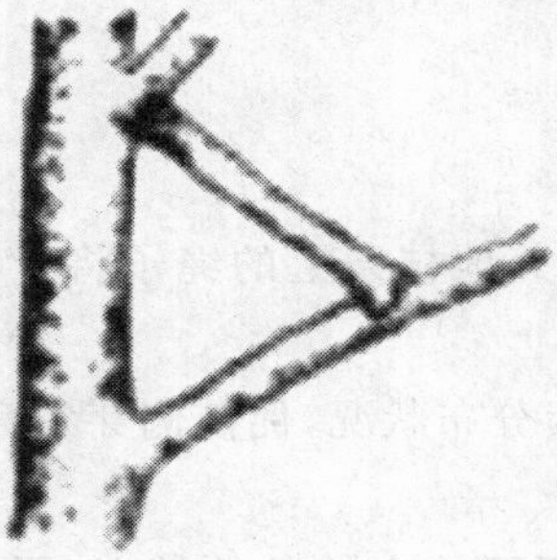

图 6-13　撑枝

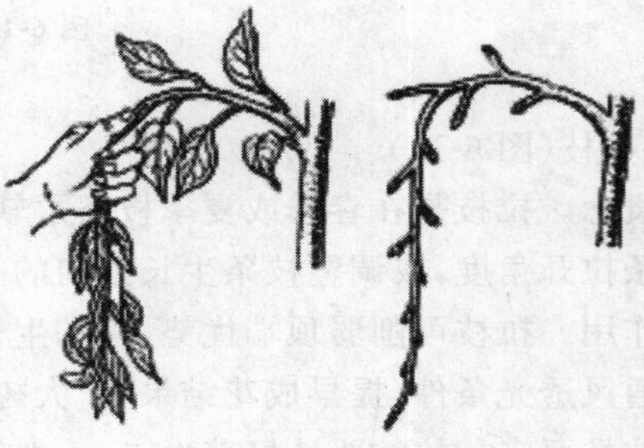

图 6-14　拿枝

(8)摘心(图 6-15)

摘心是将新梢顶端部分摘去,是果树夏季修剪的一种方法。摘心实质改变了营养物质运输方向。一般果树都可摘心,仁果类和核果类等幼树,在新梢长到 20～30 cm 时及时摘心,可促进副梢萌发,增加分枝级数,加速整形和结果枝组的培养,为提早结果打下基础。幼树新梢停长前摘心,可使新梢增加养分积累,有利于安全越冬。果树花前和花后摘心,可提高坐果率,促进幼果发育。

桃树在 5 月下旬至 6 月上旬对无副梢的枝条摘心可促进副梢形成,有利于培养结果枝组。7 月中、下旬对未停止生长果枝和副梢摘心,去掉枝梢长度的 1/5～1/4 可控制枝梢生长,促进花芽分化。葡萄在 1 年中多次摘心,可克服多次生长、消耗大量养分的弊病。开花前 3～5 d 对葡萄结果新梢花序以上留 4～6 片叶摘心可抑制延长生长,使开花整齐,提高坐果率。对副梢留 1 片叶反复摘心可节省养分,改善通风透光条件。

(9)环割(图 6-16)

图 6-15 摘心

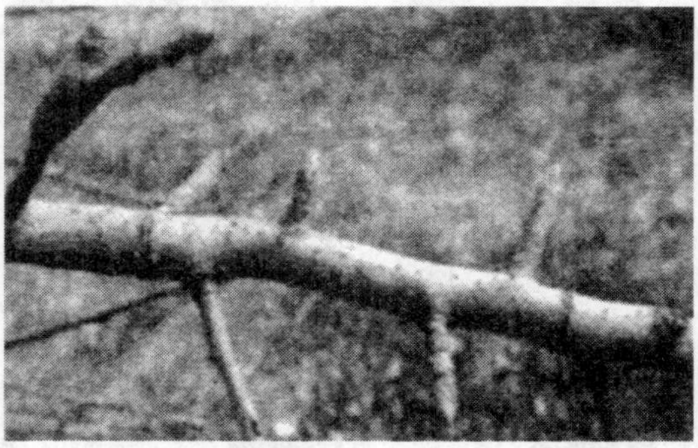

图 6-16 环割

①概念及方法。环割也称环切,就是用刀或剪绕枝条刻伤一周,深达木质部。作用同刻伤,主要是增加幼树枝量及解决枝条长放后中下部光秃问题。方法是在萌芽前期在 1～2 年生枝条上,从下部开始,相距 10～15 cm 进行多道环割。一般根据枝条长度环割 2～4 圈。

②应用及作用。环割在苹果、梨和枣等果树中都可应用,有利于刀口以上部位营养积累,抑制生长,促进花芽分化,提高坐果率。同时,可刺激刀口以下芽的萌发和促生分枝。如枣树于 6 月下旬在枣头基部 7～10 cm 处环割,能明显提高坐果率,这是枣树获得幼树早期丰产的主要措施。需要注意的是生长衰弱的果树不宜使用环割。

(10)环剥(图 6-17)

①概念及作用。环剥就是在果树生长期内将枝干的树皮剥去一圈。其作用是中断上下养分运输通道,抑制营养生长,使伤口上部枝芽充分积累营养物质,促进花芽分化和开花坐果,同时促进剥口下部萌芽发枝。

②环剥技术要点。第一,掌握环剥对象。环剥对象必须是营养生长旺盛的果树、辅养枝或枝组。同时要求环剥前水分必须充足,以刀下去后,树液随刀口很快渗出为宜。第二,严格掌握环剥宽度和深度。环剥宽度一般不超过枝条直径的 1/10,或剥后 30 d 左右伤口能愈合为度(图 6-18)。环剥深度以木质部为界,不宜过深或过浅。过深伤及木质部容易折断,过浅残存韧皮部效果不明显。生产上常采用双半环剥皮、留营养道环剥和环状倒贴皮等技术(图 6-19)。其中环状倒贴皮是将剥下来的一圈树皮上、下倒转贴接于原处,外面用塑料条绑缚。第三,要根据

图 6-17 果树环剥

图 6-18 环剥愈合状

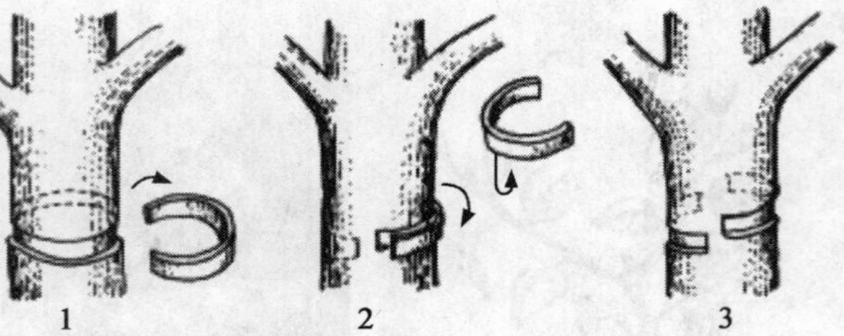

图 6-19　环剥

1. 环状剥皮　2. 环状倒贴皮　3. 双半环剥皮

图 6-20　塑料薄膜包裹环剥口

修剪目的选择最佳时期，促进花芽分化，应在新梢旺长期（5 月下旬至 6 月上旬）环剥；提高坐果率则应在花期环剥。第四，环剥后应注意消毒和保护剥口。剥后不要用手或器物去摸碰伤口，并立即用报纸或塑料薄膜（图 6-20）将伤口包住，一般 7 d 后去除包扎物。

③应用。环剥可应用于苹果、梨、葡萄、山楂和枣等树种上。苹果一般在 5 月中旬至 6 月下旬进行。对适龄不结果的旺树可采取主干环剥，要求宽度均匀。枣树在盛花初期，对树干或主枝进行环剥，可提高坐果率，促进花芽分化（图 6-21）。但环剥在桃、李、杏、樱桃等是树种上效果不明显。

图 6-21　环剥促花效果

(11)扭梢（图 6-22）

①概念。扭梢是在新梢旺长期（5 月下旬或 6 月上、中旬），当新梢达 30 cm 左右且基部半木质化时，将直立旺梢、竞争梢在基部 5～7 cm 处扭转 90°～180°，使其受伤，并平伸或下垂于母枝旁的一项技术措施。

②操作要点。应先将被扭处沿枝条轴向水平扭动，使枝条不改变方向而受到损伤，再接着扭向两侧呈水平、斜下或下垂方向。

③注意问题。扭梢要适时，苹果的新梢长到 15～20 cm 时进行。对背上直立生长的过旺枝不宜扭梢。否则扭后仍然会继续长出新的旺梢。

④应用。扭梢主要在苹果生产上的应用，对其早期丰产起到了显著作用。

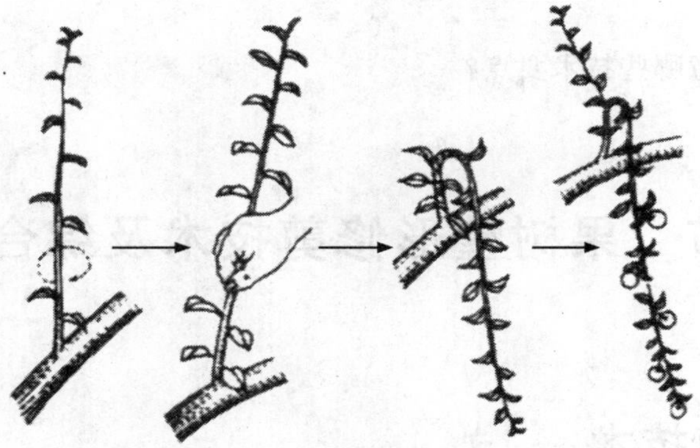

图 6-22　扭梢及其效果

(12)晚剪

晚剪亦称延迟修剪,就是休眠期不修剪,待春季萌芽后再修剪。其目的主要是抑制旺枝的顶端优势,增加萌芽量,防止下部光秃。晚剪在旺枝顶端的芽萌发后进行,将萌发的这一部分嫩枝剪去,或者是对冬剪时已经短截修剪的枝条,待其萌芽生长之后,再将先端萌发的嫩枝剪1～2 个。以促使下部侧芽萌发,防止枝条下部光秃。一般对成枝力弱的苹果品种如花红、金红等采用晚剪克服枝条下部光秃效果比较好。

(13)花前复剪

花前复剪在萌芽期能清楚看见花芽时进行。其目的是调整叶芽和花芽比例,克服大小年。大年树若花芽过多时,可适当疏除一部分花芽;小年树常因冬剪留枝过多,复剪时可将过密而无花芽的枝条疏去或回缩。

(14)关阀门

关阀门是指在生产上萌芽前对一些过粗、过强的大枝,在枝条基部的下方用锯拉出直径1/3～1/2 深的切口,以减缓其生长势,促花结果,调整枝干的技术措施。

思考题:

1.果树四季修剪的任务和方法是什么?

2.果树休眠期修剪方法有哪些?

3.果树生长期修剪方法有哪些?

4.果树春季修剪内容有哪些?

5.果树上调整枝叶量的措施有哪些?

6.调节枝条角度方法有哪些?

7.果树伤枝处理的方法有哪些?

8.果树弯枝处理方法有哪些?

9.果树环剥应掌握哪些要点?

10.缓放应注意的"三看"是什么?

11. 何为关阀门？

12. 果树拉枝应注意哪些技术要点？

第三节 果树整形修剪技术及综合应用

一、整形修剪技术

1. 常见树形

当前，我国生产上常用的树形是：仁果类常用疏散分层形，核果类常用自然开心形，藤蔓性果树常用棚架和篱架形。各地应根据当地自然条件，果树种类和品种，总结各类高产、稳产、优质树形的经验，结合栽培制度，灵活掌握(图 6-23)。

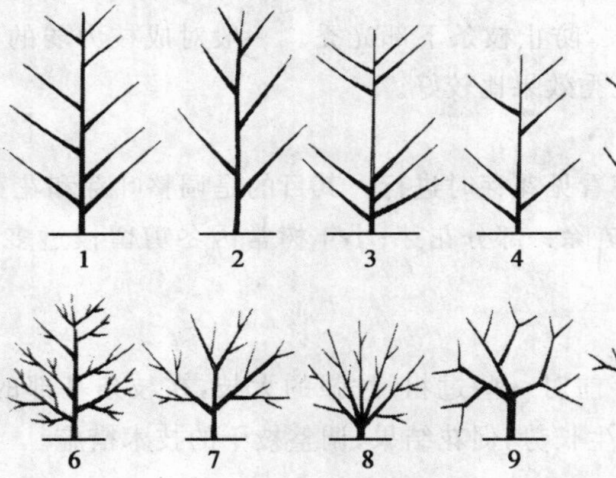

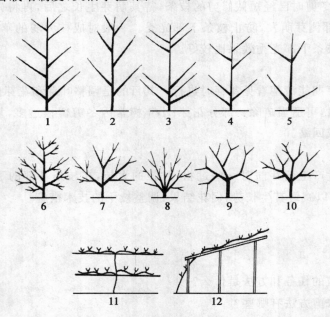

图 6-23 果树主要树形示意图

1. 主干形 2. 变则主干形 3. 层形 4. 疏散分层形 5. 十字形 6. 自然圆头形 7. 开心形 8. 丛状形 9. 杯状形 10. 自然杯状形 11. 篱架形 12. 棚架形

2. 疏散分层形(图 6-24)及整形修剪过程

苹果上的疏散分层形是一种比较典型的树形。其树体结构参数是：干高 40～60 cm，主枝一般 5～7 个，主枝与中心干夹角 50°～70°；每一主枝上侧枝数目是 2～4 个，第一层主枝较大，侧枝数目可多些；上层主枝较小，侧枝数目少些。第一侧枝与中心干保持 60 cm 左右，第二侧枝与第一侧枝保持 40 cm 左右，第三侧枝与第四侧枝保持 60 cm 左右。要求主枝两端留中、小枝组，中部侧面和背下留大、中枝组。侧枝上留中、小枝组。同一层主枝层内距一般为 30～40 cm。第一层和第二层层间距一般为 70～120 cm，第二层和第三层层间距一般为 50～80 cm。现以此为例，具体说明果树整形修剪的一般过程和方法，对于不同树种和品种的整形修剪，详见有关章节。

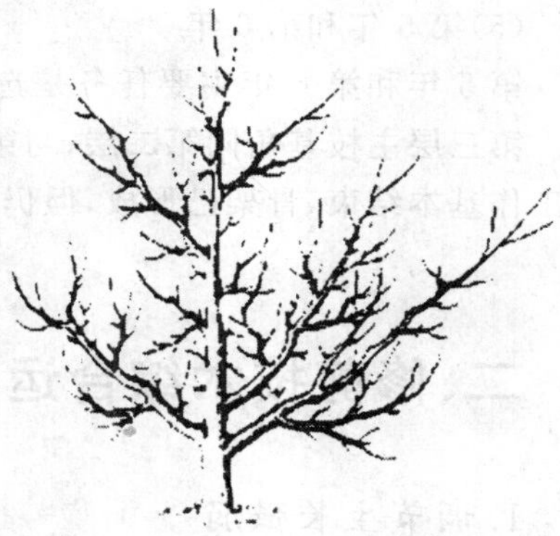

图 6-24 疏散分层形

(1)第 1 年(定植当年)

果树定植当年的修剪任务是定干，就是确定主干的高度。苹果(3～5) m×(5～6) m 定干高度为 60～80 cm，定干时剪口芽以下 20 cm 左右为整形带，带内有 10 个左右饱满芽。整形带以下芽，强旺的要及早抹掉，弱小的应留下作辅养枝。

(2)第 2 年

第 2 年修剪任务是选留中心干和第一层主枝 1～3 个。选留中心干要求粗壮、直立、居于中心位置。中心干剪口芽的方向要根据中心干偏离树冠中心轴的情况及当地主风向而定，使中心干位于树冠中心。幼树中心干在一株树中应保持最高位置，最强的长势。当第二层主枝留定后，如果出现上强下弱现象，则可增大中心干的弯度，使其弯曲上升。中心干剪留长度一般采用中短截或轻短截。第一层主枝不足 3 个时，中心干延长枝应适当重截，第 3 年在不太高位置选留第二、三主枝。第一主枝离地面 40～60 cm，方位最好在西南或南面。主枝与中心干夹角一般为 50°～70°，基部三主枝在水平方向的方位角为 120°。不以邻接芽做主枝，留有30～40 cm 层内距。修剪主枝时，剪留高度一般不超过中心干，剪口芽方向多数留外芽或侧芽。

(3)第 3 年

第 3 年修剪任务是继续选留中心干延长枝，并选留辅养枝、侧枝和培养结果枝组。按照第 2 年方法选留中心干延长枝，修剪长度符合层间距要求。注意多留一些辅养枝。辅养枝位置视具体情况，可与主枝上下重叠，也可坐落在主枝空间，与第一层主枝重叠时，可使第一层主枝向外开张，又可为第二层主枝，即第 4、第 5 主枝落在第一层主枝的空间创造条件。辅养枝一般较强枝条第一年要重剪，当它明显弱于主枝后再轻剪长放。当辅养枝影响主枝时，可逐年回缩修剪，改为大、中枝组，甚至疏除。选留第一侧枝与中心干距离稀植树一般要求 40～50 cm。若第 3 年选留侧枝离中心干太近，可在第 4 年选留。配备侧枝时，同一层各主枝上的同级侧枝最好分布在同一侧面，避免侧枝相互交叉。第一层主枝上的侧枝留 3～4 个，第二层留 2～3 个，第三层留 1～2 个。侧枝与侧枝要错开，不要对生。侧枝间距离为 30～40 cm。从选留侧枝开始，直至整形完毕，先后在主枝上、侧枝上选留枝组。主枝基部枝组要小，控制长势，使它明显弱于侧枝；主枝中部的侧面或背下可分布大、中枝组；主枝先端和侧枝上要分布中、小枝组。幼树不可在主枝背下或背斜利用强枝培养枝组，背上枝组可利用弱小枝培养。

(4)第 4 年

除了重复第 3 年整形工作外，注意选留第二层主枝。使第 1、第 2 层间距保持在 80～120 cm。第 4、第 5 主枝垂直投影落在下层主枝空间，使上下主枝错开。主枝角度小于第一层，为50°～60°，层内距 20～30 cm。

(5)第 5 年和第 6 年

第 5 年和第 6 年主要任务是选留第三层主枝 1～2 个，并重复上一年的整形修剪工作内容。第三层主枝基角同第二层；与第二层层间距 50～80 cm，层内距 20～30 cm。第 6 年后整形工作基本结束，骨架已形成，但仍需通过修剪继续扩大树冠。

二、修剪技术综合运用

1. 调节生长强弱

(1)从修剪时期上，加强生长，要冬重夏轻，提早冬剪；减弱生长，要冬轻夏重，延迟修剪。

(2)加强生长势要减少枝干，去弱留强，去平留直，少留果枝，顶端不留果枝。减少枝干，就是在充分利用足够空间前提下，尽量减少枝干，其包括缩短枝(低干、小冠、近骨干枝结果等)和减少密生枝干(保持果园群体合理间隔和树冠内枝条合理间隔)。去弱留强就是去弱枝留强枝，去弱芽留强芽。减弱生长势要增加枝干，如采用高干；去强留弱、去直留平、多留结果枝、顶端留果枝。

(3)加强生长枝轴要直线延伸，抬高芽位，减少损伤。抬高芽位是指将枝扶直或不加修剪，使其芽在树冠中位置提高。减弱生长枝轴要弯曲延伸，降低芽位，增加损伤。降低芽位是指将枝压平或重剪，使其芽在树冠中位置降低。增加损伤包括增加剪口或通过扭梢、拿枝、环割等损伤组织。

(4)加强局部生长要削弱树体其他部分的生长，如控上可促下，控制强主枝，可促进弱主枝生长。减弱局部生长，可加强树体其他部分生长。

(5)应用生长调节剂。加强生长可用促进剂赤霉素(GA_3)；减弱生长可用生长抑制剂如 B9，矮壮素(CCC)和乙烯利(CEPA)、整形素等。

2. 调节枝条角度

(1)加大角度

①选留培养角度开张枝芽和利用枝梢下部芽。如利用下向芽作为剪口枝芽；苹果顶芽抽生新梢较直立，其下的芽生成新梢依次开张，利用此特性可在骨干枝修剪时多留 5 cm，待剪口芽抽长达 10 cm 时，连同多留的 5 cm 主干一并剪去或将骨干枝剪口芽以下 2～3 个芽抹去，让 4～5 芽以下的芽萌发，促使抽生枝角开张。

②利用芽的异质性。如苹果一次枝基角一般较小，二次枝基角比较大，有时几乎达 90°。可在苹果枝梢抽生中进行摘心，促使二次枝萌发加大角度。

③外力进行拉、撑、坠、扭。在幼树进行，在一年中以枝梢基本停长而未木质化时进行最好。

④利用枝、叶、果本身重量自行拉坠。如采用长放修剪，长枝顶部留果枝结果，利用枝叶果本身重量增加，重心外移，使枝条开张。

⑤利用果树本身枝叶遮阴促使枝梢开张。仁果类开心形整形时，可在幼年先保留中心干，利用其枝叶遮阴，使主枝向外斜生，待基本成形后，再将中心干逐年分段去除。

(2)缩小角度

选留向上枝芽作为剪口枝芽;利用拉撑使枝芽直立向上;短缩修剪,枝顶不留或少留果枝;换头,以直立枝代替原头等。

3.调节枝梢疏密

(1)增加枝梢密度

尽量保留已抽生枝梢,利用竞争枝、徒长枝;控上促下,采用延迟冬剪,摘心,骨干枝弯曲上升,芽上环割,刻伤或扭曲等方法增加分枝;也可短剪增加枝梢密度,骨干枝或枝组延长枝短截,则树冠内枝梢数量虽不增加,但密度增加;应用整形素、细胞分裂素(CTK)、三碘苯甲酸(TIBA)、化学摘心剂、代剪灵、乙烯利(CEPA)等促进分枝。

(2)减少枝梢密度

一般通过疏枝、长放、加大分枝角来解决。

4.调节花芽量

修剪调节花芽形成的途径主要在于调节枝梢停止生长期、改善光照和增加营养积累,花芽形成后,通过剪留结果枝和花芽来调节。

(1)增加花芽量

幼树、旺树、过密树、结果多的树要增加花芽量。一般采取措施是:过密树在花芽分化前疏去过密枝梢,开张大枝角度;幼树要在保证壮旺生长和必要枝叶量基础上采取轻剪、长放、疏剪、拉枝、扭梢和应用生长抑制剂等措施。也可采用环割、扭梢和摘心等措施。结果多的树多留叶芽。应用生长抑制剂和CEPA增加花芽分化。

(2)减少花芽量

老树、弱树需要减少花芽量。采用重剪短截,冬重夏轻,应用GA_3等加强树势,促进枝梢生长,减少花芽分化。花芽形成后疏剪花芽。

5.保花保果

(1)按丰产指标保持各器官合理数量和比例

通过修剪保留合理花芽量,保持合理花芽、叶芽比例,结果枝、更新枝比例,长、短枝比例,枝梢合理间隔等。

(2)调节枝梢生长适度,有利花果营养供应。

(3)停梢后改善光照,增加贮藏营养,充实枝芽;停梢前,改善光照,控梢保果。对于旺树,停梢后剪大枝;停梢前扭梢、剪梢、摘心、拉枝、断根、喷B_9以及辅养枝环割等。

(4)选优汰劣,保留壮枝、壮花芽。

6.枝组培养和修剪

根据果树特性合理培养和修剪枝组是提高产量防止大小年和缓和结果部位外移的重要措施。随着树冠形成,要不失时机逐级选留培养枝组。整形中保持骨干枝间适当距离,适当加大主枝角度,骨干枝延长枝适当重剪以及必要骨干枝弯曲延伸都与枝组形成有很大关系。在整个树冠中枝组分布要里大外小,下多上少,内部不空,风光通透。在骨干枝上要大、中、小型枝组交错配置,防止齐头并进。枝组间隔要适度,幼树以小型枝组结果为主。老树主要靠大中型枝组结果,要特别注意利用强枝培养大中型枝组。枝组培养方法一般有5种。

(1)先放后缩

就是枝条缓放拉平结果后再行回缩,培养成枝组。一般对生长旺盛的果树,为提早丰产,常用此法。但要注意从属关系,否则易造成骨干枝与枝组混乱。

(2)先截、后放、再缩

对当年生枝留16~18 cm短截,促使其靠近骨干枝分枝后,再去强留弱,去直留斜,将留下枝缓放再逐年控制回缩成为中型或大型枝组。该种方法多用于直立背生旺枝。采用冬夏剪结合,利用夏季剪梢加快枝组形成或削弱过强枝组。如对桃直立性徒长枝冬季短截后,翌年初夏连续2~3次将其顶梢连基枝一段剪去,则很快削弱其生长势而形成良好枝组。

(3)改造辅养枝

随树冠扩大,大枝过多时可将辅养枝缩剪改造成大中型枝组。

(4)枝条环割

对长放强枝,于5~6月份在枝条中下部进行环割,当年在环割以上部分形成充实花芽,次年结果,以下部分能同时抽生1~2个新枝,待上部结果后在环割处短截,就形成一个中小型枝组。

(5)短枝型修剪法

对苹果、梨等,可进行短枝型修剪,使形成小型枝组。一般将生长枝于冬季在基部潜伏芽处重短截,翌年抽梢如仍过强,则于新梢长33 cm以下时,再用同法重短截,使再从基部瘪芽处抽梢。如此连续进行1~2年即能形成小型枝组。

大树枝组修剪对提高产量、品质,特别是对防止大小年有很大作用,其主要措施首先控制花芽量,使与树势和计划产量相适应。为防止灾害,花芽要留有余地。要留足预备枝芽,使能在结果同时,形成足够花芽。

7. 老树更新

果树进入结果期,枝组结果衰老后,要及时进行回缩更新。随着果树进入结果后期,进一步表现在骨干枝上。树冠开始向心生长,树势衰退,产量下降,则需要对骨干枝及根系进行回缩重剪更新,以恢复树势,延长结果年龄。这就是老树更新。树冠更新方法有以下2种。

(1)短缩更新

果树开始进入结果后期时,树冠停止扩展并于下部出现徒长时,则需在4~8年生部位选留健壮枝梢进行短缩更新。一般在同一树上逐年分期轮换进行,叫轮换更新。这样既可保持更新过程仍有相当产量,又可达到树冠更新的目的。

(2)主枝更新

果树进一步衰老,则在3~5级枝上(主干是0级,主枝开始每分1次枝提高1级)进行回缩更新。最好在更新前几年用环剥、扎缚刻伤等方法促进更新枝预先抽生,然后再进行主枝更新,则同化养分供应较好,伤口愈合和树势恢复快。

树冠更新时间宜在春季萌芽前进行。大伤口应削光,用1%硫酸铜等药剂消毒,并用接蜡等保护剂涂封。主枝更新时,要用石灰乳喷射树冠骨干枝。更新枝抽生时,宜注意防风和整形修剪,对树干下部抽生萌蘖,不影响新树冠形成的宜全部保留,作为辅养枝。

8. 整体调控

(1)强壮树修剪

从修剪时期上冬轻(促结果)夏重(削弱生长),延迟修剪时间。缓和树势采取长放、拉枝、环割、环剥、扭枝、轻短截和摘心等措施。加大枝条角度,剪口芽选取枝下芽,用下拉、坠、撑枝方法拉大枝条角度。减少无效枝,疏去密枝、枯枝、弱枝、病虫枝、重叠枝等,改善透光条件。可利用生长调节剂调节缓和树势,如 B_9、CCC、CEPA、整形素等。

(2)弱树修剪

从修剪时期上要冬重(促生长)夏轻,提早冬剪。短截、重剪留向上枝和向上剪口芽。去弱枝,留中庸强壮枝。少留结果枝,特别是骨干枝先端不留结果枝。大枝不剪,减少伤口。可利用生长调节剂促进生长,如赤霉素等。

(3)上强下弱树修剪

中心干弯曲,换头压低,削弱极性。树冠上部多疏少截,减少枝量,去强留弱,去直留斜,多留果枝(特别是顶端果枝多留)。对上部大枝环割,利用伤口抑制生长。在树冠下部少疏多截,去弱留强,去斜留直,少留果枝。

(4)外强内弱树修剪

开张角度,提高内部相对芽位和改善光照。外围多疏少截,减少枝量,去强留弱,去直留斜,多留果枝。加强夏季弯枝,控制生长势。内部疏弱枝,少留果枝,枝条增粗后再更新复壮。

(5)外弱内旺树修剪

外围去弱留强,直线延伸,少留果枝,多截少疏,促进生长;内膛以疏缓为主,多留果枝,开张小枝角度,抑制生长。

思考题:

1. 果树生产上常用树形有哪些?
2. 调节枝条角度方法有哪些?
3. 调节果树花芽量方法有哪些?
4. 强壮树如何进行修剪?弱树如何进行修剪?

第四节　发育异常树修剪调整

一、树冠上强下弱

1. 表现

苹果、梨等幼树树势较旺,常有上强下弱现象,尤其在主干疏层形整形过程中经常出现树冠上部枝条生长强旺，下部枝条衰弱无力，表现出明显上强下弱和头重脚轻现象。该类树中心干高大而挺立，其粗度明显大于第一层主枝，上部着生主枝和辅养枝较多，枝条密集，枝旺长竞争养分，树冠下部、内部光照不良，结果少，质量差。

2. 原因

(1)群体密度过大，树冠下部枝条受光不足而逐渐衰弱，生长重心自然上移。

(2)幼树整形初期，下层主枝角度过大，修剪过重，而上层主枝和辅养枝留的过多，修剪量过轻造成的。

3. 解决办法

该类树调整关键是抑上促下。主要办法是增加下层主枝分枝量，轻剪外围枝，以壮枝壮芽带头，增强生长势；对影响下层光照的过密辅养枝，逐步压缩或疏除，削弱上部长势；对上层主枝加大角度，用弱枝弱芽延伸生长，缓和长势。如果树体过高，只处理辅养枝达不到减弱上强目的时，可在第三层主枝以上落头开心。开心时要选好角度、粗度适当的开心枝，防止落头过急，再刺激上部冒条旺长。对上层主枝上枝条，除疏除密挤、直立以外，其余枝条要轻剪缓放；或在中心干中上部进行环剥、环割，促使上部及早成花结果，以果压势，削弱生长(图 6-25)。

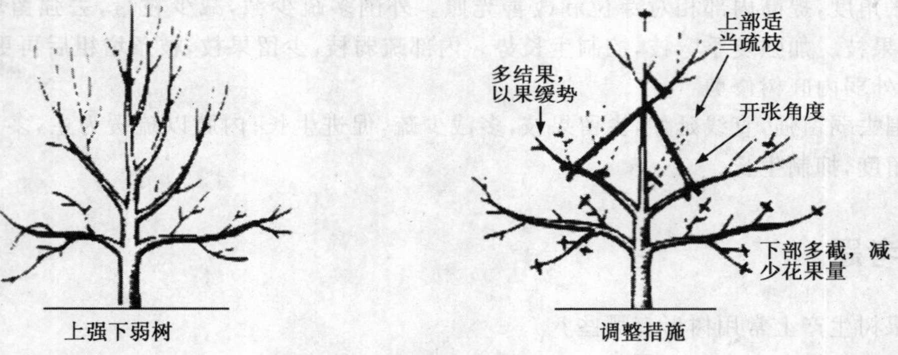

图 6-25　上强下弱树修剪

二、树冠下强上弱

1. 表现

下层主枝生长过强而中心干和上层主枝生长较弱，树枝不开张，树冠内通风透光条件差，不易结果，多发生在干性和顶端优势较弱的树种品种上。如纺锤形整形过程中，经常有中心干挺不起问题。

2. 原因

纺锤形树形中心干挺不起主要原因是幼树整形期间，下部主枝选留得过多，间距过近，角度过小，主枝生长势过强，没有及时拉枝开角，形成了轮生“掐脖”现象(图 6-26)。

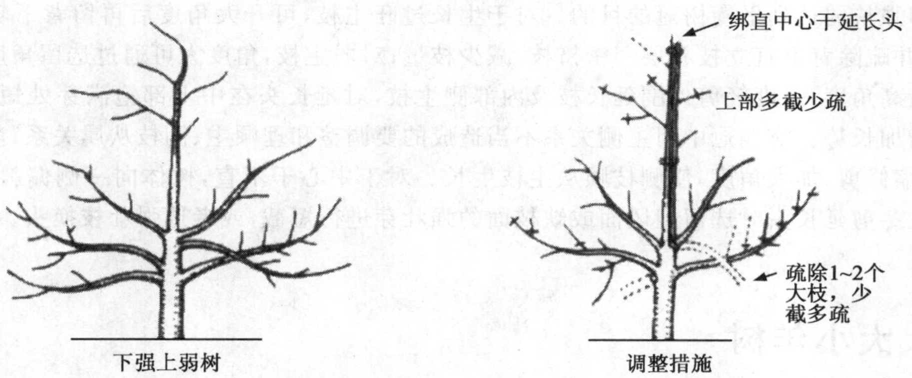

图 6-26 下强上弱树修剪

3. 解决办法

解决树冠下强上弱关键是控制下层主枝生长势，使生长中心上移。可在幼树期采取拉枝、撑枝等措施，及时开张主枝角度，同时疏除过密枝，减少枝量，对基部主枝的排列方式采取邻近而不用邻接，对下层主枝延长枝，可用弱枝带头或用背后枝换头。当主枝过旺时，也可在主枝基部进行环剥，控制其长势，促进成花结果，增加产量，达到以果压枝的目的。对中心干及上层主枝，应适度剪截，少疏枝，促进分枝，增加枝量，延长枝用壮枝壮芽带头，在不影响光照的前提下，中心干上多留一些辅养枝，以增强上部长势。

三、偏冠树

1. 表现

树冠生长极不平衡，有的主枝生长过大，有的主枝生长弱小，造成树冠一侧严重偏斜。该种树缺枝少叶，树冠不圆满，结果空间小，同时也影响根系平衡发展，从而使产量减低和树体寿命缩短，在苹果、梨山楂和板栗等果树上较为常见。对于整形不当树，外观表现为角度小、枝量多、主枝生长快，竞争力过强，而小的主枝往往角度大，长势缓慢，易成花，早结果，生长势越来越弱，强、弱两极分化。主侧关系不当造成的偏冠树外观表现为侧枝强于主枝，伸向一侧，使树冠偏斜。

2. 原因

偏冠形树形成的原因主要是主枝劈折、风吹、低温伤害及整形不当等。整形不当造成偏体树主要是由于没有合理地利用修剪技术来平衡树势。偏冠树也有因主侧关系不当造成的。

3. 解决办法

对于基部主枝损伤的树，可通过用强枝来培养新主枝或对邻近主枝拉枝补空来解决。对于因风吹而一边不发枝树，可在早春利用刻芽法促进萌发新枝。对于整形不当树解决的重点是通过抑强扶弱达到平衡树冠的目的。对于生长过旺主枝，可开大角度后再留背下较弱枝回缩换头，并疏除背上直立枝和层间密挤枝，减少枝量；对弱主枝，角度大可通过选留角度小的枝条回缩抬高角度，适度轻剪外围延长枝及内部侧生枝，对延长头在中上部饱满芽处短截，以促发旺枝增加长势。对偏冠中因主侧关系不当造成的要调整和理顺主、侧枝从属关系，削弱侧枝长势，回缩修剪，加大角度，使侧枝顺从主枝生长。对于中心干不直，树体向一侧偏斜的树体，可每年在冬剪延长头时选留迎风面或缺枝面的强壮芽进行短截，或者选强壮枝换头。

四、大小年树

1. 基本概念

大小年现象也叫隔年结果，是指一年结果多，一年结果少甚至几乎无果的现象。它的实质是生长与结果关系的失调。

2. 发生对象

主要发生在土肥水营养管理粗放、修剪时留花留果量太大的果园和坐果率较高的树种品种上，年龄时期多在盛果期以后。

3. 解决办法

针对大年之后，花芽较少现象，调整措施是在冬季修剪时，要尽量保留花芽。为防止误剪花芽，在冬季可进行轻剪多留花芽，花前再进行复剪，尽量增加小年产量。同时，要多短截中、短营养枝，促使分生枝条，增加枝条数量，减少次年花芽数量。当小年之后，花芽数量偏多时，在冬剪时，除留足结果所需花芽外，对一部分短果枝可剪去顶花芽。对梨以及侧芽结果的板栗、柿、山楂，除修剪外，还要进行疏花疏果。对一部分中、长果枝轻短截，去除顶部花芽，确保来年形成花芽。缓放中庸营养枝，使成花芽。对树冠外围枝条，进行稍重短截，保持良好生长势(图 6-27)。

克服大小年，除修剪外，还必须在保证土肥水管理基础上重点抓好疏花疏果。

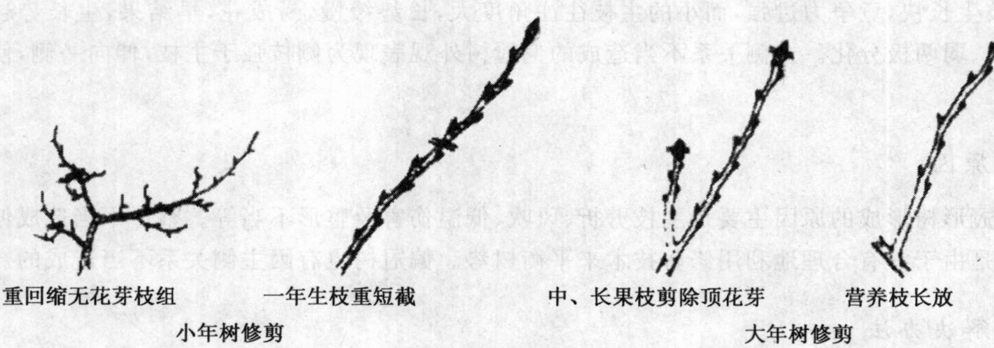

图 6-27　大小年树修剪

五、旺长树

1. 特点

整体生长过旺，枝细而软，组织不充实，叶片大而薄，树冠郁密光照较差，贪长而不结果或结果很少。在山东西北平地苹果、梨园中较常见。

2. 原因

(1)施氮肥和灌水过多。

(2)修剪上短截过多、过重，枝条角度直立。

3. 处理办法

旺长树调整原则主要是对全树进行轻剪，以缓和树势。

(1)利用拉枝或背后枝换头开张骨干枝角度，对辅养枝尽可能拉平或拉成下垂状，减缓极性生长。

(2)骨干枝尤其是中心干，尽量是使其弯曲延伸，缓和上强下弱现象，促进树势平衡。

(3)利用轻剪长放后回缩法培养枝组。

(4)采用“旺者拉、密者疏、弱者缩、少短截”剪法，适当疏除部分密生的旺壮直立枝和外围枝，改善树冠光照。

(5)对骨干枝延长枝轻剪长放。

(6)推迟冬剪，多留花芽，配合拉枝、拿枝、主干环剥、摘心、扭梢等措施，促进花芽形成，待大量结果，使树势稳定后，再转入正常修剪(图 6-28)。

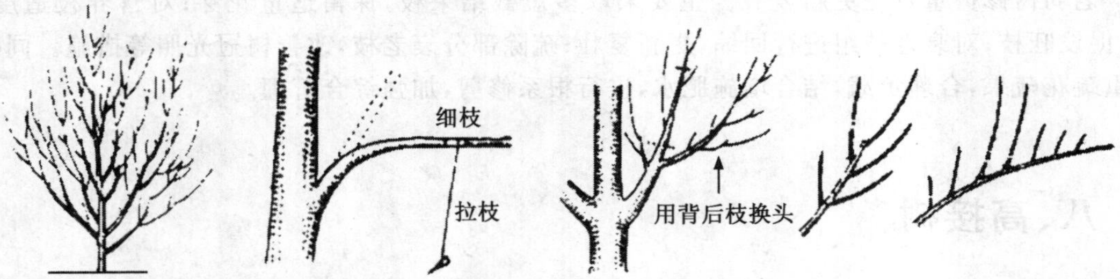

图 6-28　旺长树修剪

六、小老树

1. 表现

生产上把树龄不大而未老先衰的幼弱树称为“小老树”。该类树表现是生长极度衰弱，年生长量不到正常树的1/4～1/3，发育枝少而细小无力，结果枝密而弱，常形成串花枝，但花多果少，而且果个小，水分少，品质差。

2. 核心问题

该类树的核心问题是缺乏营养，根枝衰弱。

3. 解决办法

解决“小老树”的主要措施是促进生长，恢复树势。修剪上只宜冬剪，不宜夏剪。修剪时对营养枝适度剪截，促发旺枝；短截结果枝，少留花芽；疏除部分衰老枝；对衰弱枝组、冗长枝进行缩剪，更新复壮；注意不要对树体造成过多伤口；结合秋季施基肥，进行根系修剪。

七、老弱树

1. 表现

老弱树树龄均在20～30年生以上，树体发育进入衰老阶段，新梢生长很短，枝组多形成“鸡爪式”短果枝群，外围枝衰弱无力，内膛枝老化干死；骨干枝前部弯曲下垂且出现枯顶焦梢现象，树冠内膛光凸区较大，结果部位严重外移。

2. 核心问题

老弱树核心问题是枝龄老化和长势衰弱。

3. 解决办法

老弱树修剪重点是更新复壮。主要采取多短截结果枝，保留适量花芽；对营养枝适度重截，促发旺枝；对衰老枝组进行回缩，更新复壮；疏除部分衰老枝，改善树冠光照等措施。同时，加重疏花疏果，合理负载，结合增施肥水，进行根系修剪，加强综合管理。

八、高接树

1. 表现

高接换头技术是更新品种的一条主要途径，成活后，一般接穗发枝多且旺，粗壮直立，任其自然生长时层次不清，树冠直立，通风透光不良，影响结果质量和寿命。

2. 采取措施

在生产中，高接换头后应及时对其新枝头进行修剪，以保证其树势均衡，正常结果。主要采取措施是：对高接枝芽长成的延长梢，当基角和腰角过小时，应及时拉枝开角或用角度大的下位新梢代替原头。对各类枝组辅养枝轻剪长放，连年长放，拉平，以促花，结果，短截有发展空间的发育枝，以迅速恢复树冠。夏季对辅养枝、大枝采取扭梢、拉枝、环剥、环割等措施，促进大量成花，提早结果。随时剪除接口周围萌蘖。

思考题：

1. 树冠上强下弱或上弱下强如何进行处理？
2. 大、小年树如何进行处理？
3. 旺长树和高接树如何处理？
4. 小老树和老弱树如何处理？

实训技能 6　几种修剪手法的应用

一、目的要求

学会使用剪枝剪、手锯；掌握常见几种休眠期修剪手法的运用。

二、材料与用具

1. 材料

管理较好的初果期或盛果期果树。

2. 用具

修枝剪、锯、磨石等。

三、步骤与方法

1. 学习使用修枝剪、锯

掌握修剪对剪锯口要求。剪口要平，距剪口下第一芽 1 cm 左右；同时要注意剪口芽的方位，锯口要平滑，不劈裂，不留撅，锯口尽可能小。

2. 主要修剪方法

(1)短截

就是剪去 1 年生枝条的一部分，分为轻短截(剪去枝条的 1/4～1/3)、中短截(剪去 1/3～

1/2)、重短截(剪去2/3～3/4)、极重短截。轻短截有利于发中短枝,多用于培养中小枝组。中短截有利于发中长枝,多用于各级骨干枝延长枝“打头”和复壮枝组。重短截和极重短截多用于处理竞争枝和徒长枝。

(2)回缩

就是剪去多年生枝的一部分。多用于控制辅养枝大小、复壮结果枝组;调整枝条密度;解决光照问题等。

(3)疏枝

将枝条从基部剪掉。疏枝造成伤口,有一定的抑上促下作用。疏枝主要用于疏除过多过密过弱枝条,可改善通风透光条件。对于过旺枝,疏除部分枝条可抑制其生长。疏枝要逐年分步进行,不要一次疏除过多。疏枝要从基部疏除,不留残桩。

(4)缓放

缓放就是对枝条不剪。缓放有利于缓和生长势,形成花芽,具有促进早结果的作用。缓放主要针对平生枝、斜生枝和中庸枝,对徒长枝、背上直立枝宜压平后再缓放,以避免形成树上“树”。

3.修剪程序

(1)看

看树龄、树势,看存在问题,定修剪原则。

(2)疏

疏除病虫枝、枯死枝、密挤枝、交叉枝、重叠枝、徒长枝和并生枝。

(3)拉枝

对角度开张不够枝,采用支、顶、坠和拿的方法开张角度。

(4)修剪原则

从一个主枝入手,先主枝,后侧枝,再枝组逐一进行。

四、实训作业

设计一个小型修剪试验,注意观察不同修剪方法的修剪反应。

五、技能考核

技能考核采用百分制。其中现场单独考核占40分,提问占30分,实习态度占30分。

第七章 花果管理

[内容提要] 花果管理包括花果数量调节和果实管理及采收两项内容。花果数量调节包括保花保果技术、疏花疏果技术。保花保果技术包括加强土肥水管理，合理整形修剪，创造良好的授粉条件，化学控制技术，高接授粉花枝和其他措施。疏花疏果方法包括人工疏除和化学疏除。疏花包括疏花前准备，疏花时期及要求，以花定果技术。疏果时期和方法。疏果方法包括叶果比法、枝果比法和以枝定果法。葡萄、核桃疏穗、疏粒时期及要求。疏花疏果原则及要求。疏花疏果4条技术要点。果实管理内容包括增大果实，端正果形；改善果实色泽，改善果面光洁度和适时采收。其中增大果实，端正果形包括果实大小的决定因素及提高果实大小的措施；改善果实色泽采取的措施是创造良好的树体条件、果实套袋、摘叶转果、树下铺反光膜和应用植物生长调节剂。创造良好树体条件主要从合理群体结构和良好树体结构，健壮树势，科学施肥，适时控水4方面着手。果实套袋是果实品质的主要技术措施之一。介绍了果实套袋的作用，果袋种类、结构及优良果袋应具备的条件。果实套袋时间、方法，套袋应注意问题，果实套袋规程。套袋果实后期管理包括解袋、铺银色反光膜、摘叶、转果和叶面喷施微肥。改善果面光洁度可从果实套袋、合理施用农药和其他喷施物、喷施果面保护剂和洗果等。从果实成熟度和判断成熟度方法方面介绍了确定采收期的依据。采收从采收前准备和采收时期、方法、采果应注意问题及采果顺序方面具体介绍。

第一节 花果数量调节

一、保花保果技术

保花保果技术也就是提高坐果率，是形成产量的重要因素。通过实行保花保果措施提高坐果率，是获得果树丰产的关键环节，特别是初果期幼树和自然坐果率偏低树种品种，尤为重要。

1. 加强土肥水管理

加强土肥水管理，提高果树营养水平，增强树势，是提高花芽质量，促进花器正常生育，减少落花落果的重要措施。实践已证明，深翻改土，增施基肥，合理追肥，合理灌溉，适时中耕除草等措施，对提高坐果率，增加产量有显著效果。

2. 合理整形修剪

合理整形修剪，可改善通风透光条件，调整果树生长和结果关系，提高树体营养水平，促进花芽分化，提高坐果率。如利用冬剪和花前复剪，调整花量，保持适当的叶芽和花芽比例，减少养分消耗，从而提高坐果率。通过修剪，控制营养生长，如葡萄夏季摘心，壮旺树在花期进行环割或环剥等，均能起保果作用。

3. 创造良好的授粉条件

对异花授粉品种，应合理配置授粉树，并辅之以相应措施，加强授粉效果，提高坐果率。

(1)人工辅助授粉

缺乏授粉品种或花期天气不良时，应该进行人工授粉。人工辅助授粉可提高坐果率70%～80%。

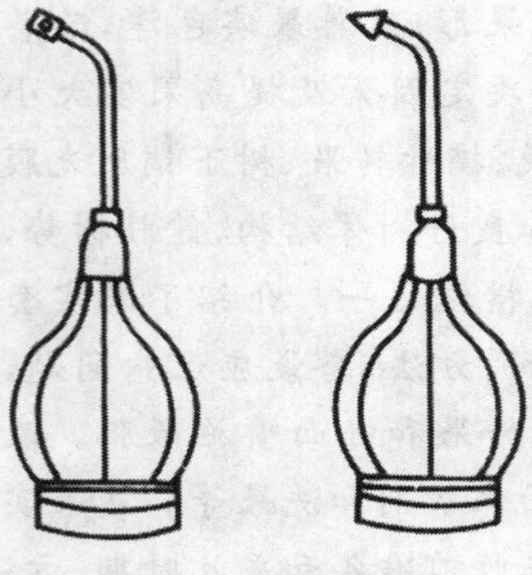

图 7-1　人工授粉器

（右为蕾授粉器，左为花授粉器）

①蕾期授粉。在花前 3 d，用花蕾授粉器（图 7-1）进行花蕾期授粉。将喷嘴插入花瓣缝中喷入少量花粉，对防治花腐病有效。

②人工点花授粉。在授粉树少，或授粉树当年开花少，尤其是开花期遇到连日阴雨和花朵遭受冻害时，实行人工点花授粉。点授可用软橡皮、纱布团、纸棒、滤嘴香烟等多种工具。其中纸棒最好。纸棒用旧报纸制成，先将报纸裁成 15～20 cm 宽纸条，再将纸条卷成铅笔粗细（越紧越好），一端削尖并磨出细毛，点授时用纸棒尖端蘸取花粉，在花器柱头上轻轻一抹。为节省花粉用量，可加入填充剂稀释，一般比例为 1（花粉并带花药外壳）∶4 填充剂（滑石粉或淀粉）。每蘸 1 次花粉可抹花5～7 朵。

③机械喷粉。喷时加入 50～250 倍填充剂，用农用喷粉器喷。现配现用。

④液体授粉。在盛花期将花粉放入 10%蔗糖水溶液中用喷雾器进行喷雾授粉，苹果、梨等仁果类果树用干花粉 50～200 g/667 m^2。为增加花粉活力，可加 0.1%硼酸。其配置比例为水 10 kg∶砂糖 1 kg、花粉 50 mL，使用前加入硼酸 10 g。配好后应在 2 h 内喷完。

⑤鸡毛掸子授粉。当授粉树较多，但分布不均匀，主栽品种花量少时可采用鸡毛掸子授粉法。在主栽品种花朵开放时，用一竹竿绑上鸡毛掸子（软毛），先用毛掸在授粉树上滚动蘸取花粉，然后再移至主栽品种花朵上滚动，反复进行而相互授粉。但应注意在阴雨、大风天不宜使用。在用鸡毛掸子授粉时，主栽品种距离不能太远。毛掸沾粉后不要猛烈振动或急速摆。授粉时，要在全树上下、内外均匀进行。

⑥花粉袋授粉。花期将采集的花粉加入 3～5 倍滑石粉或食用淀粉，过细箩 3～4 次，使滑石粉（淀粉）与花粉混匀，装入双层纱布袋内。将花粉袋绑于竹竿上，在树上驱动散粉。

⑦挂罐与振花枝授粉。授粉树较少，或授粉树虽多，但当年授粉树开花很少以及授粉品种与主栽品种花期不遇果园，在开花初期剪取授粉品种花枝，插在水罐（或广口瓶）中，挂在需要授粉的树上。挂罐后若传粉昆虫（主要是蜜蜂、壁蜂类）较多，开花期天气晴朗，一般授粉较好，但应经常调换挂罐位置。为经济利用花粉，挂罐可与振花枝结合进行。剪来花枝，绑在长约

3 m 的长竿顶端，高举花枝，伸到树膛内或树冠上，轻轻敲打长竿，将花粉振落分散，振后再插入水罐内。

(2)花期放蜂

花期放蜂也就是引蜂授粉，包括蜜蜂和壁蜂两种。蜜蜂蜂种宜选用耐低温、抗逆性强的中华蜜蜂，通常在开花前 2～3 d 安置蜂箱，每 0.3～0.5 hm^2 放一群蜂。蜜蜂约有 8 000 只/群。其授粉范围以 40～80 m 为好。蜂群间距为 100～150 m。密植园最好每行或隔几行放置。壁蜂比蜜蜂效果还要好，具有出巢时间早、耐低温、访花速度快、工作效率高的优点。壁蜂蜂种主要有角额壁蜂、凹唇壁蜂和紫壁蜂等几种。在开花前 5～10 d，在果园内背风向阳处，按 40～50 m 间距设置巢箱，巢箱放于 45 cm 高处支架，巢箱口向东南或南。巢箱口放置带有多个孔洞的纸盒。纸盒内放入蜂茧，数量掌握在 900～1 500 头/hm^2。巢箱上面搭设防雨棚，附近 1～2 m 处挖 1 个长、宽和深均为 40 cm 的坑，保持坑内半水半泥状态。需要注意的是花期放蜂应严禁喷施农药，且阴雨天气不放蜂。

(3)花期喷水

果树开花时，如气温高、空气干燥时，可在果树盛花期喷水，增加空气相对湿度，有利花粉发芽。

4. 化学控制技术

化学控制技术使用生长调节剂、矿质元素促进授粉受精，提高坐果率。常用的生长调节剂种类有 GA_3、B_9、PP_{333} 和 6-BA 等。防止果树采前落果的生长调节剂有 NAA、2,4-D 等。生长调节剂种类、用量及使用时期因果树种类、品种及气候条件而不同。用于喷施的矿质元素主要有尿素、硼酸、硼酸钠、硫酸锰、硫酸锌、硫酸亚铁、醋酸钙、高锰酸钾及磷酸二氢钾等，生长季节使用浓度多为 0.1%～0.5%，一些微量元素与尿素混喷，有增效作用。喷施时期多在盛花期和 6 月份落果以前，次数 2～3 次。

5. 高接授粉花枝

当授粉品种缺乏或不足时，可在树冠内高接带有花芽的授粉品种枝组。对高接枝于落花后需做疏果工作。该法简便易行，但只能作为局部补救措施。

6. 其他措施

通过摘心、环剥和疏花等措施，调节树体内营养分配转向开花坐果，使有限养分优先输送到子房或幼果中，以促进坐果。如花期主干环剥(割伤)方法提高坐果率，效果显著；苹果中美夏、倭锦、元帅系等及乔纳金品种和柿树，在盛花期和落花后环剥，也有促进坐果的良好作用。葡萄花前主、副梢摘心，生长过旺的苹果、梨，于花期对外围新梢和果台副梢摘心，均有提高坐果率效果。生产上多种果树的疏花、核桃去雄、葡萄去副穗、掐穗尖，均可提高坐果率。此外，及时防治病虫害，预防花期霜冻和花后冷害，避免旱、涝等，也是保花保果的必要措施。

二、疏花疏果

疏花疏果是对花果量过多的果树采取人为疏除的一种技术措施。在花量过大、坐果过多、树体负载量过重时，正确运用疏花疏果技术，控制坐果数量，使树体合理负载，是调节大小年和提高果实品质的重要措施。通过疏花疏果，可使果树连年稳产，提高坐果率，提高果实品质，使树体健壮。

1.方法

疏花疏果分化学疏除和人工疏除两种方法。人工疏除准确、安全、灵活和有效，但费时费工。化学疏除省时、省力、速效，但疏除效果受品种敏感性、树势、用药绝对剂量、气候条件、喷布时期等因素影响很大，因而准确性和安全性较差。一般只作为人工疏除的辅助手段，完成必要疏除量的1/4～1/3，生产上主要采用人工疏除法。

2.人工疏花疏果

(1)疏花

疏花一般在坐果率高、花期气候条件较稳定的园田应用。疏花比疏果更能节省养分，更有利于坐果、形成花芽和提高产量。

①疏花前准备

首先检查花器是否受到冻害。果树花器最容易受到冻害的部分是雌蕊。检查受冻方法是疏花前在全园随机布点取下整个花序抽查，将整个花序所有花蕾的花瓣摘除，观察雌蕊有无。仁果类果树未受害花蕾中心有绿色鲜灵的5个柱头，核果类果树未受害花蕾中必有1个绿色鲜灵的柱头，若花器受冻，花蕾中央已成黑色的空腔。根据调查花序受冻率和花朵受冻率情况决定是否采取疏花措施及疏花程度。

②各类果树疏花时期及要求

苹果、梨等仁果类果树疏花时期在花序分离期至盛花期，最好在花序分离前期。疏花方法可用剪子只剪去花序上的全部花蕾，留下果台上叶片，所留花序数量与部位根据将来留果要求而定，一般每留1个花序就能确保该部位坐1个理想果实。

桃、杏等核果类果树一般先结合冬剪疏除一部分多余的花束状果枝，再在花蕾开始膨大期至开花前，对长、中、短果枝进行疏花，留花掌握原则一般是要求留果的1.5～2.0倍。核桃疏花主要针对雄花序进行，疏除方法是用带钩的木杆钩或人工掰除，疏除花量以90%～95%为宜。葡萄疏花时间在开花前进行，对于过密花序，要整序疏除，保留的花序要采用掐去花尖和小穗尖方法对果穗进行整理疏除。

③以花定果措施

根据树势强弱、管理水平，确定留果数量，再加10%～20%保险系数即为留花序量，所留花序每隔3～5个留1个双花，其余全部留单花，其他花序全部疏除。对苹果，保留下来花序将边花全部疏除，只保留中心花。在大多数梨品种中要尽量留第3～4序位的花蕾。“以花定果”时间从花序分离期到开花前，越早越好，1次完成。采用以花定果技术必须注意三个方面：一是要有健壮的树势和饱满的花芽；二是疏花后留下的花要全部进行人工授粉；三是只能在坐果率较高，花期气候条件稳定园区应用。在春季低温多雨等不良环境条件下，可采取先疏花序后定果技术，就是从花序分离到开花前，按留果标准，选留壮枝花序，将其余花序全部去掉，坐果后再定果。

(2)疏果

①时期和次数

不同种类果树疏果时期不同。苹果、梨等仁果类果树疏果分2次进行较好。第1次疏果叫“间果”,在子房膨大时(落花后1～2周)进行;第2次疏果叫定果,在生理落果后(落花后1个月左右)进行。定果后留下空果台的副梢,在营养条件较好情况下,有些品种当年还能形成花芽。核果类果树疏果一般在硬核期进行,越早越好。葡萄等藤本果树疏果时间在花后2～4周进行。

②方法

疏果可分间果和定果2次进行,管理水平较高果园可1次完成。间果主要是将疏花时多留在花序上的幼果疏掉。定果时应首先疏除过密、有病虫、机械损伤和畸形瘦小的果,然后再根据留果量疏除多余的果。具体确定留果量有4种方法。

(a)叶果比法。就是果树上叶片总数(总叶面积)与果实个数的比值。该法主要应用在苹果、梨等仁果类果树上,一般乔砧、大果形品种叶果比比较大,中小果形品种可适当减少,矮化砧或短枝型品种叶果比应适当加大。苹果乔砧一般30～40片叶留1个果,或600～800 m^2 叶面积留1个果;矮化砧一般(20～30):1,或500～600 m^2 留1个果;砂梨、柿(10～15):1;桃数为(30～40):1。

(b)枝(梢)果比。果树上各类1年生枝条数量与果实总个数的比值。如苹果、梨的枝果比一般为(3～4):1,弱树为(4～5):1。

(c)干周法。就是利用主干周长来计算果树负载量的方法。该法主要应用在苹果疏果实践中。其计算公式为:$Y=0.25C^2\pm0.125C$。其中,Y代表负载量,单位为kg;C代表主干周长(距地面30 cm左右处),单位为cm;$0.125C$是调整系数,壮树增加,弱树减少,一般树不加亦不减。具体应用时,只要量出主干周长代入公式,即可计算出株产,再按平均单果重就可计算出留果数量。

(d)以枝定果法。该法主要应用在桃、杏、李等核果类果树上。具体应用时常以结果枝长度与品种果型大小作为标准,不同树种、品种各种枝条留果标准见表7-1。

表7-1 不同树种、品种各种枝类留果标准 个/枝

树种	果实型号类型	代表品种	长果枝留果数量	中果枝留果数量	短果枝留果数量	花束状果枝留果数量
桃	大型果	早丰王、重阳红	(1～2)/1	1/(1～2)	1/(2～3)	1/(3～5)
	中型果	大久宝、庆丰	(2～3)/1	(1～2)/1	1/(1～2)	1/(1～3)
	小型果	春蕾、麦香	(3～4)/1	(2～3)/1	1～2	1/(2～3)
杏	大型果	凯特	(1～3)/1	(1～2)/1	1/(1～2)	1/(2～3)
	中型果	串枝红	(2～3)/1	(1～2)/1	1/(1～2)	(1～2)/2
	小型果	骆驼黄	(2～4)/1	(1～2)/1	1/1	1/(2～3)
李	大型果	皇家宝石	(1～3)/1	(1～2)/1	1/(1～2)	1/(2～3)
	中型果	黑宝石、大石早生	(2～3)/1	(1～2)/1	1/(1～2)	1/(2～3)
	小型果	玉皇李	(2～4)/1	(1～2)/1	1/1	(1～2)/2

3.化学疏果

化学疏果效率高,应用的疏果药剂有二硝基化合物、石硫合剂和乙烯利。西维因(甲萘威)、萘乙酸和萘乙酸胺等,但树种、品种间对药剂及使用浓度敏感程度差异很大,应用效果不够稳定,应先做试验,根据试验结果,在生产上推广应用。

三、疏穗、疏粒

主要针对葡萄和核桃。葡萄为复总状花序。在花后2～4周进行疏果。不同品种单果穗留果量因果粒大小而异,根据品种结果特性,果穗重量应控制在0.5～1 kg,中型果控制在80～100粒。而核桃的雄花序为葇荑花序,有小花100～170个。据研究,疏除雄花序效果较好。疏除时间一般在雄花序萌动之前完成为好。疏除方法多用带钩的木杆钩或人工掰除,疏雄量在90%～95%为宜。

四、疏花疏果原则及要求

1.原则

果树疏花疏果原则是"看树定产"、"按枝定量"。"看树定产"就是看树龄、树势、品种特性及当年花果量,确定单株适当负载量。"按枝定量"就是根据枝条生长情况、着生部位和方向、枝组大小、副梢发生的强弱等来确定留果量。一般经验是强树、强枝多留,弱树弱枝少留;树冠中下部多留;上部及外围枝少留。

2.要求

疏花对花序较多的果枝可隔一去一,或隔几去一,疏去花序上迟开的花,留下优质早开的花。疏果先疏去弱枝上的果、病虫果、畸形果,然后按负载量疏去过密过多的果。对于核果类果树一般花序都留单果,去小留大、去坏留好,先上后下、有里及外,防止损伤果枝。

五、疏花疏果技术要点

1.按枝配果,分工协作

按枝配果是首先将全树应负载留果数,合理分配到大枝上。分配依据是每一个枝的大小、花量、性质、位置等。如辅养枝、强枝和大主枝可适当多留。多人同时疏除一株树,应分配好每个人疏除范围和留果数量,并有1人负责检查,防止漏疏。

2.科学安排,循序渐进

在一株树上疏花疏果顺序是先上部后下部,先内膛后外围。为防止漏疏,可按枝条自然分布顺序由上而下，每枝从里到外进行；就一个果园应根据品种开花早晚、坐果率高低，先疏开花早、坐果率低的品种，再疏开花晚，坐果率高品种；同一品种内，先疏大树、弱树和花果量多的树。

3. 按距留果，注意位置

果实间距决定留果数量，而果实着生果枝的年龄、部位、方向和果实着生位置及状况则影响果实质量。具体操作时，要同时兼顾上述因素。苹果果实间距和留果数按照表 7-2 进行。同时要选留 3～4 年生基枝上着生中长果枝和有一定枝轴长度、结果易下垂的短果枝，最好是母枝两侧着生的果枝。但不同年龄果枝的结果能力因品种而异，可通过调查确定。果实应选下垂状态果和侧生果枝弯曲下垂果。最好是果形端正、高桩、无病虫为害、果肩平整。要疏除直接从骨干枝长出的果枝和大枝背上朝上的果枝上的幼果。

表 7-2　苹果花果间距及留果方法

项目	乔化砧树		矮化中间砧树及短枝型树	
	中型果品种	大型果品种	中型果品种	大型果品种
花果间距/cm	15～25	20～30	15～20	20～25
留果方法	留单果为主，结合留双果为辅	留单果	留单果	留单果

4. 及时复查，补充疏除

全树疏除工作结束后，应绕树一周仔细检查核对全树留果总量，漏疏部分及时进行补疏。

思考题：

1. 如何提高果树坐果率？
2. 果树人工辅助授粉方法有哪些？
3. 什么是以花定果技术？
4. 果树疏果时期和方法是什么？
5. 葡萄和核桃疏穗疏粒要求如何？
6. 果树疏花疏果的原则及要求是什么？
7. 果树疏花疏果的技术要点是什么？

第二节　果实管理及采收

果实管理主要是为提高果实品质而采取的技术措施。果实品质包括外观品质和内在品质。外观品质包括果实大小、形状、色泽、整齐度、洁净度、有无机械损伤及病虫害等方面；内在品质包括风味、肉质粗细、香气、果汁含量、糖酸含量及其比例和营养成分等方面。对有些树种、品种还应考虑其耐贮性和加工特点。

一、增大果实，端正果形

1. 果实大小及其决定因素

果实大小是评价果实外观品质的重要指标，常以单果重衡量。在优质果品商品化生产中，应达到该品种果实的标准大小，其果形端正，小于标准果实和果形不正者，果实品质和商品价值均低。果实大小主要取决于果实内细胞数量和细胞体积，一切有利增加果实细胞数量和体积的栽培措施及环境条件，都可促进果实生长和发育，增加标准果率，提高果实品质。

2. 提高果实大小措施

生产标准大小和果形端正的优质果实，首先应根据不同树种果实发育特点，最大限度地满足其对营养物质的需求。果实发育前期应提高上年树体贮藏营养水平，加强当年树体生长前期以氮素为主的肥料供应；果实发育中后期，主要是增大细胞体积和细胞间隙，要合理冬剪和夏剪、维持良好的树体结构和光照条件，增加叶片同化能力，适时适量灌水，在此基础上还要人工辅助授粉，合理留果和应用植物生长调节剂。除此之外，在硬核期对桃、油桃、樱桃和杏等核果类果树进行主干或主枝环剥，也可显著增大果实体积，并有促进果实提早成熟的效果。

二、改善果实色泽

1. 创造良好的树体条件

(1)群体结构合理

果园的群体结构与光照条件密切相关。群体结构合理，光照条件好，光能利用率高，有利于果实着色。

(2)树体结构良好、树势健壮

在合理留枝量前提下，树体骨干枝宜少，且角度要开张，大、中、小型结果枝组数量和配置适当，叶幕层厚度适宜，新梢生长量适中，且能及时停止生长，树势保持中庸健壮，叶内矿质元素含量达到标准值。

(3)果实负载量合理，叶果比适宜

生产上应根据不同树种、品种的适宜留果量指标，确定产量水平。叶果比适宜，有利于果实中糖分积累，从而增加果实着色。

(4)科学施肥，适时控水

增加果树有机肥施入，提高土壤有机质含量，均有利于果实着色。矿质元素含量与果实色泽发育密切相关，果实发育后期不宜追施以氮素为主的肥料。在施肥技术方面，利用叶片营养诊断指导果树配方施肥。果实发育后期(采前 10～20 d)，应控制灌水，保持土壤适度干燥。

2.果实套袋

果实套袋在苹果、梨上应用最为广泛，约占栽培面积的1/2，其次是桃。近几年，随着人们生活水平的提高，葡萄、杏、李、猕猴桃、草莓等树种的果实套袋技术，也在管理水平较高的果园广为采用。

(1)作用与不足

果实套袋能有效防止多种虫、病害为害果实，生产安全无公害果品，可使果点浅而小，果面颜色美观，有效降低雹灾的危害程度，延长果实的贮藏期，并可提高一些树种、品种的可溶性固形物含量。但果实套袋也存在含糖量降低、风味变淡、比较费工等缺点。

(2)果实袋种类、结构和优良果袋应具备条件

①果实袋种类。依据果实袋结构可分为仁果类果实袋(袋口中间不留口或垂直留1个长1.5～2 cm的切口)、核果类果实袋(袋口中间留1个直径1.5～2 cm长的半圆形切口)和穗状果果实袋(袋口中间不留口，纸袋长宽比一般为(2～3)：1。依据应用品种不同，果实袋可分为苹果果实袋、梨果实袋、葡萄果实袋、桃果实袋、杏果实袋和李果实袋等。依据果实袋颜色和纸层多少可分为单层单色果实袋、单层双色果实袋、双层双色果实袋和多层多色果实袋等。依据果实袋制作工艺可分为手工果实袋和机制果实袋等。依据果实袋对入袋害虫防治作用可分为防虫果实袋和不防虫果实袋。依据果实袋蜡质有无可分为涂蜡果实袋和无蜡果实袋。

②果实袋结构。标准果实袋一般由袋口、捆扎丝、丝口、袋体、袋底、通气放水口6部分组成。

③优良果袋具备条件。一是果袋湿强度要大，即果袋外层浸入水中1～2 h后，双手均匀用力向外轻拉，柔韧性强；二是外袋疏水性好，就是外袋上倒水后能很快流走，且不沾水或基本上不沾水；三是规格符合要求：双层纸袋的外袋一般宽14.5～15.0 cm，长17.5～19.0 cm，内袋长16.5～17.0 cm；四是外观规范，袋面平展，黏合部位涂胶均匀，不易开胶；五是透气性好，在袋底有透气孔；六是内袋涂蜡均匀，可在太阳下观察蜡质的薄厚及均匀度；七是袋口必须有缺口，袋口一侧有铁丝。

(3)套袋时间

套袋时间一般应掌握在可套范围内越早越好。不同树种、不同品种，在套袋时间上有早有晚。不宜产生水锈的白梨、秋子梨系统品种(鸭梨、砀山酥梨和京白梨等)和砂梨系列的褐色品种，一般在生理落果后进行。黄金梨等一些黄色砂梨品种一般应用二次套袋方法，套小袋应在生理落果前完成，大袋可推迟到果实速长期之前。对于一些易产生水锈的梨品种(雪花梨、新世纪等)套袋时间可适当向后推迟。苹果套袋时间一般在6月生理落果后进行，但对黄冠等易产生果锈的品种套袋时间应提前，最好像黄金梨一样进行二次套袋(即坐果稳定后进行)。桃、杏、李生理落果严重，套袋时间在生理落果后进行；葡萄套袋时间在落花后应及早进行。

(4)套袋方法

一般果实袋套袋前应将整捆果实袋放于潮湿处，即用单层报纸包住，在湿土中埋放，或于袋口喷水少许，使之返潮、柔韧。

①长果柄仁果类品种及葡萄树种。对于长果柄的仁果类品种以及葡萄树种，果实选定后，先撑开袋口，托起袋底，使两底角通气放水口张开，使袋底膨起。手执袋口下2～3 cm处，套上果实后，从中间向两侧依次按“折扇”方式折叠袋口，于丝口上方从连接点处撕开将捆扎丝反转

90°,沿袋口旋转一周扎紧袋口。注意切不可将捆扎丝整体拉下;捆扎位置宜在袋口上沿下方2.5 cm处。果实袋与幼果相对位置袋口尽量靠上,果实在袋内悬空,使袋口接近果台位置。套袋人员不要用力触摸果面,幼果入袋后,可手执果柄操作。

②短果柄仁果类品种。对于果柄较短的仁果类品种,果实选定后将果柄放入切口内,使带扎紧的一端在右处,以果柄为分界线,将右手处带有扎紧丝的一端向左旋转90°,使捆扎丝与左边袋口重叠,捆扎丝在内,然后在袋口的0.5～1 cm处平行向内折叠,使无丝一端的带口压住捆扎丝,再将折叠后袋口连同捆扎丝在无丝端的2 cm处向外呈45°折叠,压紧纸袋即可。

③果柄极短核果类品种。对于果柄极短核果类品种,可将果实置于袋内后,将半圆形切口套住果实所着生的结果枝,扎紧袋口。

④套袋应注意问题。一是用力方向始终向上,用力宜轻。二是不要把叶片套在袋内。三是不要把扎丝绑在果柄上。四是一定把果实置于袋的中央,不可靠在袋上。五是袋口要扎紧,以免进水或被风吹掉。

总之,果实套袋规程是:袋子放在左手掌→右手拇指放入袋子中→袋体膨胀→左手夹住幼小果→幼果进入袋子中→袋切口在果柄交叉重叠→袋一侧向袋切口处折叠→另一侧向袋切口折叠→捆扎丝折在折叠处。

(5)套袋果实后期管理

对于不需要果实着色树种、品种,果实袋在果实采收时连同果实一起采下,然后去掉果实袋即可。需要果实着色树种、品种,在果实采收前15～20 d先解除果实袋,然后再进行摘叶、转果、铺反光膜及叶面喷微肥等。

①解袋。在采收前15～20 d进行。对于双层复色果实袋,应首先解除外层袋,5～7 d后再解除内层纸袋。解袋当时应谨防太阳直晒,解袋时间应避开光线强烈的中午,一般上午解除树冠西部的果实袋,下午解除树冠东部的果实袋。

②铺银色反光膜。果实解袋后,应及时铺设银色反光膜。生产上常用反光膜一般宽1 m,根据栽植密度每行铺设银色反光膜2～4块,反光膜铺设要平滑,用15 cm长的直角铁丝或装有土壤的白色塑料袋固定即可。

③摘叶。果实解袋后,应及时将影响光线照射果实的叶片摘除。摘叶应注意一个枝条上叶片不能全部摘除,一般短枝至少每枝保留1～2片,中长枝要保留3片以上。

④转果。当解袋10 d左右时应及时转动果实,使背光面能被阳光直射。

⑤叶面喷施微肥。果实解袋后叶面喷施具有促进果实着色作用的复合微肥,如PBO、稀土多元微肥,不仅能促进果实着色,而且还可增加果实含糖量和提早成熟。

三、改善果面光洁度

1.果实套袋

具体技术要求见前面果实套袋。

2.合理施用农药和其他喷施物

农药及一些叶面喷施物施用时期或浓度不当,往往会刺激果面变粗糙,甚至发生药害,影响果面的光洁和果品性状。实践证明，多种药剂搭配不当和混喷，均会带来果面不光洁的后果。

3. 喷施果面保护剂

苹果喷施500～800倍高脂膜或200倍石蜡乳剂等，均可减少果面锈斑或果皮微裂，对提高果实外观品质明显有利。

4. 洗果

果实采收后，分级包装前进行洗果，可洗去果面附着的水锈、药斑及其他污染物，保持果面洁净光亮。

四、果实采收

1. 确定采收期依据

(1)果实成熟度

①可采成熟度。果实已达到应有大小与重量，但香气、风味、色泽尚未充分表现品种特点，肉质还不够松脆。用于贮藏、加工、蜜饯或市场急需，或因长途运输，可于此时采收。

②食用成熟度。果实风味品质都已表现出品种应有特点，在营养价值上也达到最高点，是食用最好时期。适于供应当地销售，不适于长途运输和长期贮藏。作果酒、果酱、果汁加工用也可在此期采收。

③生理成熟度。果实在生理上已达到充分成熟，果肉松软，种子充分成熟。水解作用加强，品质变差，果味转淡，营养价值下降，已失去鲜食价值，一般供采种用或食用种子的，应在此时采收。

(2)判断果实成熟度方法

①根据果实生长日数。在同一环境条件下，各品种从盛花到果实成熟，各有一定的生长日数范围，可作为确定采收期的参考，但还要根据各地年气候变化(主要是花后温度)、肥水管理及树势旺衰等条件决定。如柿约160 d；桃品种约60 d，晚熟品种约200 d。

②果皮色泽。果实成熟过程中，果皮色泽有明显的变化。判断果实成熟度色泽指标，是以果面底色和彩色变化为依据。绿色品种主要表现底色由深绿变浅绿再变为黄色，即达成熟。但不同种类、品种间有较大差异。红色果实则以果面红色着色状况作为果实成熟度重要指标之一。

③果肉硬度。果实在成熟过程中，原来不溶解的原果胶变成可溶性果胶，其硬度则由大变小，据此可作为采收之参考。但不同年份，同一成熟度果肉硬度有一定变化，可用果实硬度计连年测定果肉硬度，积累经验加以判定。

④含糖量。随着果实成熟度增加，果实内可溶性固形物含量逐渐增加，含酸量相对减少，糖酸比值增大。如葡萄采收时期，常根据果中可溶性固形物(主要为糖分)的高低及果粒着色程度来确定。

⑤种子色泽。种子成熟时色泽判断果实成熟度的1个标志，大多数果树可依此作为判断成熟度的方法之一。

⑥果实脱落难易。核果类和仁果类果实成熟时，果柄和果枝间形成离层，稍加触动，即可脱落，故可以此判断成熟度。但有些果实，萼片与果实之间离层形成比成熟期迟，则不宜作为判断成熟度指标。

上述判断果实成熟度方法，在生产上要综合考虑，不应以单一项目来判断，同时还要结合品尝来决定。

2. 采收

(1)采收前准备

采收前要制订采收计划，安排劳力。联系销售，做好转运装卸等一系列准备工作。做好采收工具、包装用品，存放摊晾、分级包装场所和贮藏库清理消毒准备。同时还要做好采收人员培训。

(2)采收时间

采收时间宜在晴天或阴天进行，雨天、雨后有雾和露水未干不宜采收。

(3)采果要求

采果时必须谨慎从事，轻拿轻放，保护果实本身的保护组织，如茸毛、蜡粉等不可擦去，应尽量避免机械损伤，增加果实耐贮性。采果时还要防止折断果枝，碰掉花芽和叶芽。采果顺序应先下后上，先外后内，由近及远，对果实柔软的切勿摇动果枝以免坠落跌伤。采收方法有人工采收和机械采收。目前国内主要以人工采收为主。

思考题：

1. 果实品质包括哪些具体方面？
2. 增大果实，端正果形措施有哪些？
3. 改善果实色泽从哪些方面着手？
4. 果实套袋的作用是什么？优良果袋应具备哪些条件？
5. 如何进行果实套袋？应注意哪些问题？
6. 果实套袋规程是什么？
7. 果实套袋的技术要点有哪些？
8. 改善果面光洁度的方法有哪些？
9. 如何确定果实成熟度？如何加强采后工作来提高果实商品性？

实训技能 7-1　果树人工授粉

一、目的要求

通过实训，明确人工授粉的作用，掌握人工授粉技术。

二、材料与用具

1. 材料

苹果树、梨树和桃熟或其他需异花授粉的果树若干株。

2. 用具

采花用塑料袋、小玻璃瓶、授粉工具(毛笔或带橡皮头的铅笔等)、小镊子、干燥器、白纸、梯子、喷雾器和喷粉器等。

三、步骤与方法

1. 选择适宜授粉品种

选择与主栽品种亲和力强、开花期较早或相同的品种作采花品种树。

2. 采集花蕾

在主栽品种开花前1～3 d,于采花品种树上采集当日或次日开放的花。已开花1 d以上或最近2～3 d内还不开的花不采。采花时将花蕾从花柄处摘下。采花数量可根据授粉面积、采花树的花量而定。采花树花量多的多采,也可结合疏花进行。苹果500 g鲜花有1 500～2 000朵,可出鲜花药50 g左右,出花粉10 g左右。

3. 取花粉

将采下花带回室内,两手各拿一花,花心相对,轻轻摩擦,使花药全部落入预先垫好的白纸上,然后拣去花瓣、花丝,把花药薄薄地摊开(以各花药不重叠为好),置于室内阴干,室内条件要求干燥(相对湿度20%～70%)、温暖(20～25℃)、通风,无灰尘。若室内温度不够需加温。一般经1～2 d花药就会开裂,散出黄色花粉。花粉全部散出后,连同开裂的花药壳用纸包好备用,也可用细筛把花粉筛出,用纸包好备用。未筛去花药壳的花粉不宜贮放在玻璃瓶中。

4. 授粉方法

(1)人工点授

授粉前准备好授粉工具和洗净擦干的小玻璃瓶。授粉适宜时间在主栽品种盛花初期。就一朵花以开花1～3 d内授粉效果最好。开花3 d以内的花的标志是:花瓣新鲜,部分雄蕊的花药未开裂,雌蕊柱头分泌的黏液未干。授粉时将花粉装在小瓶内,用授粉工具从小瓶里蘸取花粉,在初开的花朵柱头上轻轻一点即可。授粉时要做到树冠上下、内外全面授粉,每一花序花朵一般授 2～3 朵。每株树授粉花数多少可根据树的花量和将来留果量结合起来确定。一般花多的树少授，花少的树多授；初结果树多授，弱树少授。授粉次数一般进行 1 次即可。为保证授粉效果，也可隔日再重复进行 1 次。

(2)机械授粉

进行大面积人工授粉时，为了节省人工，提高授粉效率，可采用机械授粉。常用方法有喷雾、喷粉两种。

①喷粉。把花粉混入 5%～10%糖液中(如混后立即喷，可减少糖量或不加糖)，用超低量喷雾器喷液可防止花粉在溶液中破裂。为增加花粉活力，可加 0.1%硼酸，配制比例为水 10 kg，砂糖 1 kg，花粉 50 g，硼酸 10 g。硼酸在即将授粉时混入。花粉水悬液最好随配随用，一般 2 h 内喷完。喷的时期以花序中主要花朵(苹果中心花，梨的边花)已有 50%～70%开花时为宜。

②喷粉。将花粉用填充剂(滑石粉或甘薯粉等)稀释。花药与填充剂的比例，一般为 1∶(50～250)。用农用喷雾器或特制授粉枪进行喷授。

(3)挂花枝

在开花初期剪取授粉品种的花枝，插在水罐、广口瓶或竹筒内，挂在需要授粉的树上。该法对授粉树伤害较大，一般不提倡。

四、操作要求

1. 根据各地的实际情况选择需授粉的果树进行人工授粉。根据各果树的特点选择适宜的授粉方法，并设置不授粉树作对照，以比较人工授粉的效果。

2. 操作时以小组为单位，分树到组，然后按实训要求进行人工授粉。授粉完毕后，挂牌注明授粉组合、授粉日期、授粉人姓名。随后利用课外时间进行坐果情况调查。

五、实训报告

1. 调查比较人工授粉对果树坐果的影响。

2. 简述人工授粉的技术要点。

六、技能考核

实训技能考核采用百分制，其中实训态度表现占 20 分，操作能力占 40 分，实习报告占 40 分。

实训技能 7-2 果树保花保果

一、目的要求

通过实训，掌握苹果、梨、杏和李等果树的保花保果技术。

二、材料与用具

1. 材料

苹果、梨或杏和李的成年结果树、赤霉素（GA_3 或 920）、尿素、磷酸二氢钾、硫酸锌、硫酸镁、硼砂等保果药剂。

2. 用具

喷雾器、水桶等其他保花保果药剂。

三、内容与方法

以苹果为例，在加强肥水管理及病虫害防治基础上采取措施进行保果。

1. 激素与叶面肥

初花期至盛花期，喷施 1～2 次叶面肥，叶面肥可用 0.1%～0.3% 硼砂溶液，加 0.2%～0.3%尿素；在谢花后至 6 月落果前，喷 1～2 次激素和叶面肥，隔 15 d 再喷施 1 次，可用（20～50）mg/L GA_3＋（0.2%～0.3%）尿素＋（0.1%～0.2%）磷酸二氢钾＋（0.15%～0.25%）硫酸镁。

2. 环割或环剥

对树势较旺的树可在花期环割（1～3 圈），间隔 10～15 cm，或环剥宽度 0.3～0.5 cm 主干或主枝保花保果。

3. 抹芽控梢保果

春梢抽生较多时抹除部分春梢，并配合抹除夏梢。

4.人工辅助授粉

苹果、梨等异花授粉果树进行人工辅助授粉。具体方法参见前面。

四、实训要求

1.根据各地实际情况选择需保果的果树进行保花保果。根据各果树特性选择2～3项保果措施，并设置不处理树作对照，比较各措施保果效果。

2.实训以小组为单位，分组到树，每组3～5人，每组进行一个树种或1～2项保果措施实训。实训结束后，利用空闲时间进行不同树种保果措施的坐果情况调查。

五、实训报告

简述苹果或梨保花保果技术要点及效果。

六、技能考核

技能考核采用百分制，其中实训态度与表现占20分，操作能力占30分，结果调查占20分，实训报告占30分。

实训技能 7-3　果树疏花疏果

一、目的要求

学习疏花、疏果方法，了解果实生长习性，掌握其技术要点。

二、材料与用具

1.材料

从当地栽培的果树苹果、梨、桃、杏和李等中，确定一种果树，选择花(果)量过多的结果树若干株。

2. 用具

疏果剪(或修枝剪),喷雾器。

三、内容与方法

1. 苹果手工疏花疏果

苹果手工疏花疏果主要根据依树定产、按枝定量、看枝疏花、看梢疏果原则,首先根据树龄、树势确定具体单株适当负载量,然后根据各主枝大小、强弱来分担产量。一般强树强枝多留花果,病弱树、弱枝少留。果苔副梢生长势强的多留,弱的少留或不留。按距离 16~20 cm 留 1 果;或按枝果比例疏果,每 2~4 个长新梢或 5~6 个短新梢包括叶丛枝留 1 个果;或一个花序留 1~2 个果,另一花序不留果;或按副梢长度疏果,梢长多留果,梢短少留果,也可疏花序,效果更好。

(1)计算预留花序量

根据树冠大小,树冠强弱和花芽多少,参照估产情况,大体确定该树预计产量。然后根据该品种坐果率高低和果个大小,推算出实现预估产量需要保留的花序数量。要求多留 10%~20%。

(2)确定各类枝组应保留花序数

根据树的大、中、小型枝组数量,结合各地实际大小,确定各类枝组应当保留的花序数量。

(3)留花序要求

按各类枝组应留花序数,再参照枝组具体情况,灵活掌握。强枝组适当多留,弱枝组少留。枝组中上部适当多留,中下部少留。留下花序要分散均匀。

(4)疏花序要求

留强壮果枝花序,疏除瘦弱果枝花序。疏花序时,要将全部花序花蕾疏净,保留莲座叶。

(5)注意事项

①若花序分布不均时,花序多的大枝上适当多留。

②疏花疏果时,应按主枝顺序依次进行。每留一花序,可放入衣服口袋 1 个幼果或花蕾。疏完一主枝后,计算口袋中幼果数,就是该主枝已留花序数。疏完全树将各主枝疏留花序数相加就是全树疏留花序数。若留量过多,则可根据各主枝情况疏去预定应留数。

③疏花、疏花序或疏果,均应在花梗或果梗中间剪断,勿伤花苔或果苔,保护好留下来莲座叶和附近花序或果实。

2. 桃树手工疏花疏果

(1)按大枝、枝组依次进行

对一个枝组,上部果枝多留,下部果枝少留;壮枝多留,弱枝少留。先疏双蕾双果、病虫果、萎缩果、畸形果,后疏过密果、小果等。

(2)各类果枝留果标准

一般为长果枝 3~4 个,中果枝 2~3 个,短果枝 1~2 个,花束状果枝 1 个或不留。上层枝、外围枝或大、中型枝组先端长果枝,可多留果5～7个,采果后将之疏去,用下边长果枝代替之。也可疏蕾,各类果枝留蕾数量,应提高1～2倍。

四、实训作业

1. 如何判断一株树花(果)量过多、过少或适量?

2. 疏花疏果对产量、果实品质有何影响?如何确定留果量?

3. 从理论和工效(要计算工时)两方面比较苹果和桃人工疏花疏果方法的优缺点。

五、技能考核

技能考核按百分制计,其中实训态度与表现占20分,操作能力占50分,实习作业占30分。

实训技能 7-4　果实套袋技术

一、目的要求

通过实际操作,学习套袋方法,掌握果实套袋技术要点。

二、材料与用具

1. 材料

苹果、梨等果树若干株。

2. 用具

套果袋、绑扎物。

(1)袋的种类和制作方法

一般用旧报纸制成。根据果实大小,剪裁成8～12开,对折,粘成长方形袋。在袋口中央剪一长2 cm左右裂口。也可做成口窄底宽的梯形袋。此外,也可就地取材,利用其他材料制袋。

(2)扎口材料

麻皮、马蔺、塑料条、细铁丝等。也有用工厂铁片边角料,剪成宽0.5 cm左右、长3 cm左右的长条，作为扎口材料。

三、内容与方法

1. 苹果套袋

红色品种一般在疏果后 15 d 内将袋套上。套袋前幼果树至少喷 2 次内吸性杀菌剂防治轮纹病、炭疽病、霉心病等。将果实套进纸袋，果柄置于袋口纵向开口基部，再将袋口横向折叠，把袋口一侧纵向细铁丝用手捏成“n”状夹住折叠袋口（该法套袋细铁丝不能夹在果柄上）。当果实生长到着色盛期时除袋。除袋时间在本品种着色前 10 d 左右。双层袋除法是：先将外层袋撕掉，停 4 d 左右，让果实适应外部条件后再去掉内层纸袋。去外层袋和内层袋在上午 10 时以后、下午 16 时以前进行。不要在上午 10 时以前，下午 16 时以后除外袋。单层袋除袋时间在上午 10 时以后、下午 16 时以前先将纸袋纵向撕开，但让袋仍旧附着于果实上，4 d 以后当果实适应了外部环境条件后，再除掉袋子。去袋后一般易着色品种 10～15 d 即可着色，难着色品种如‘富士’，30 d 左右才能着好色。绿色品种套袋目前主要用于‘金帅’防果锈。一般在谢花后 20 d 内套上袋。‘金帅’一提倡套小袋（9 cm×12 cm），随着果实膨大让其撑破纸袋后进行无袋生长。

2. 梨套袋

梨套袋要做好黑星病、黄粉蚜的防治。在套袋前喷 1 次内吸性有机杀菌剂和杀虫剂，然后套袋。套袋方法同苹果。套袋时间一般在疏过后 20 d 左右，有生理落果现象的品种要在生理落果后套袋。梨采收前不除袋，采收时连同纸袋一同摘下。

四、实训作业

1. 简述套袋优缺点。
2. 总结苹果套袋的方法。

五、技能考核

技能考核采用百分制。其中实训态度占 20 分，操作能力占 50 分，实习作业占 30 分。

第二篇

各 论 篇

第八章 苹　果

[内容提要] 苹果基本知识。苹果生物学特性包括生长结果习性，对环境条件要求。生产上栽培苹果种类。当前，苹果生产上大面积推广栽培优良品种特征特性。苹果基本生产技术包括育苗，高质量建园，加强土肥水管理，科学整形修剪，精细花果管理，综合防治病虫害，适时采收及采后处理7大部分。提高苹果品质栽培技术包括选用优良品种和砧木，加强土肥水管理，辅助授粉和疏花疏果，整形修剪，果实套袋，摘叶、转果、吊枝，铺反光膜，果面贴字、套瓶和富硒技术，喷生长调节剂，病虫害防治和适时采收等技术。苹果无公害生产技术包括环境质量条件、生产技术标准、产品质量检验标准和无公害生产技术要求四个方面。从苹果原产地、栽培历史、植物学特征、景观特点入手，介绍了苹果的园林应用。

苹果是世界四大果树之一，也是落叶果树中主要栽培树种。其果实外观艳丽，营养丰富、供应期长、耐贮藏，又具有较广泛的加工用途，能满足人们对果品的多种需求。同时，苹果还具有高产高效，适应性、抗逆性强等优点。发展苹果生产对于调整农业产业结构、改善生态环境，增加经济收入方面具有重要意义。

第一节 生物学特性

一、生长结果习性

1. 生长习性

(1)根系

①构成与分布。苹果是深根性植物，有比较粗大的水平和垂直骨干根构成。水平骨干根分枝较多，着生较多的须根；垂直骨干根则相反，着生须根较少。苹果根系的分布受树龄、砧木种类、土壤类型、地下水位和栽培技术的综合影响。一般水平分布范围为树冠直径的1.5～3倍，但主要吸收根群集中于树冠外缘附近及冠下。根系的垂直分布深度一般小于树高。乔化砧苹果根系主要集中在20～60 cm的土层，矮化砧苹果根系多分布在15～40 cm土层。

②年生长动态。苹果根系在土温3～4℃时开始生长，7～20℃旺盛生长，低于0℃或高于30℃时停止生长。在1年中，根系常与地上部器官交替生长，出现2～3次生长高峰，一

般幼树3次，成树2次。第1次生长高峰一般地区在3月中旬至4月份，从地上部开始抽枝展叶前后到新梢加速生长和开花期，根系生长转为缓慢，该次生长时间短，发根不多，根系生长主要依靠树体内贮藏营养物质；第2次生长高峰是从春梢缓慢生长时开始，到果实加速膨大和花芽分化前，此次发生新根较多，随着果实加速生长，花芽大量分化，当秋梢开始生长时，根系生长又转入低潮；第3次生长高峰在8月下旬至10月中旬前后，此时花芽分化已奠定基础，果实采收后，根系生长加快。以后随着土温下降，根系生长逐渐减弱，地温降至0℃时停止生长，被迫休眠。在不同深度土层内根系生长也有不同，40 cm以上上层根开始活动较早，下层根较晚。夏季上层根生长量较小，下层根则生长量较大，到秋季上层根生长又加强，处于土壤上下层的根在1年之内表现交替生长现象。据研究，春季不同类型树体发根差异最大，小年树、弱树发根晚、发生量少，但在萌芽后缓慢上升，不随春梢的迅速生长而降低，可持续到7月份，呈双峰曲线；大年树、旺长树在春季旺长前达到高峰，之后下降形成低谷；丰产、稳产树新根量随春梢旺长亦有所下降，但仍能维持较高水平。春梢停长后，各类树体发根均达高峰，此高峰发根量最大，持续时间最长，7～8月份随秋梢生长和高温期而结束。但不同类型植株高峰大小各异，以弱树最低，丰产树、小年树较高；旺长树高峰偏晚但时间长，可持续到秋梢生长期。秋梢停长后出现秋季高峰，但大年超负荷树秋季高峰消失，并影响次年春季（小年树）新梢发生。

（2）芽枝叶生长特性

①叶芽结构、萌芽和枝条生长。苹果叶芽由鳞片和胚状枝组成，胚状枝是芽内生的枝叶原始体。一般充实饱满的叶芽常有鳞片6～7片，内生叶原始体7～8个，壮芽可达13片叶原始体。劣质芽外观瘦瘪、仅有少量鳞片和生长锥，无或仅1～2个叶原始体。苹果芽异质性明显，不同品种间萌芽力和成枝力差异大。短枝型品种普遍萌芽率高而成枝力低，表现长枝少，短枝多，对修剪反应比较迟钝；富士系、元帅系的多数品种（指普通型）萌芽率、成枝力都很强，多修剪反应敏感；也有些品种萌芽率成枝力均低（国光），枝条下部易光秃。春季日均温约10℃时，苹果叶芽萌动，新梢开始生长。一般新梢生长过程分为4个阶段：开始生长期（叶簇期）、旺盛生长期、缓慢及停止生长期和秋梢形成期。不同阶段停长的新梢分别形成短枝（小于5 cm）、中枝（5～30 cm）和长枝（大于30 cm）。短枝多数是在叶簇期就形成顶芽的新梢，是成花的基本枝类。一般具有4片以上大叶的短枝极易成花。在树冠中维持40%左右、具有3～4片大叶的短枝，是保持连续稳定结果的基础；中枝只有春梢而无秋梢，且有明显的顶芽，其只有1次生长、功能较强，有的可当年形成花芽而转化为结果枝。长枝是在秋梢形成期停长的新梢，对树体具有整体调控作用。

②新梢生长强度。苹果新梢生长强度，常因品种和栽培技术差异而不同。一般幼树期及结果初期树，其新梢生长强度大，为80～120 cm；盛果期其生长势显著减弱，一般为30～80 cm；盛果末期新梢生长长度更短，一般在20 cm左右。大部分苹果产区新梢常有2次明显生长。第1次生长称为春梢，第2次延长生长称为秋梢，春、秋梢交界处形成明显的盲节。春旱、秋雨多的地区，春季又无灌溉条件果园，往往春梢短而秋梢长，且不充实，不利于苹果生长发育。

③影响新梢生长发育强度的主要因子。苹果枝芽异质性、顶端优势、枝芽方位是影响新梢生长发育的主要因子。新梢加长、加粗生长都受这3个内因制约。

④枝类比和枝量。苹果当年抽生长、中、短枝的数量比称枝类比，是丰产树体的重要指标。

一般要求幼年树长枝占10%～20%，成年树占10%左右，而且要求分布均匀，中、短枝应占到80%～90%。苹果树枝量亦是丰产树的指标之一，一般盛果期每亩枝量控制在8万～10万比较适宜。

⑤果台和果台枝。苹果的果台是指当年的结果新梢结果后膨大。果台大者其上果实也大；果台上有芽，其萌发抽生的枝称果台枝。抽生果台枝的数量和长短主要决定于品种特性，果台枝若生长过旺也会导致幼果脱落。

⑥叶和叶幕。芽萌发后，胚状枝伸出芽鳞外，叶随之露出、展开，开始时节间短，叶片小，以后随着节间加长，其上着生叶片逐渐增大。一般新梢上第7～8节叶片才达到标准叶片大小。叶片大小影响叶腋间芽的质量，叶片大光合机能强，其叶腋芽比较充实饱满。新梢上叶的大小不齐，形成腋芽充实饱满程度也各不相同，因而形成了苹果叶芽异质性。苹果成年树约80%叶片集中发生在盛花末期几天之内，这些叶片是在前一年芽内胚状枝上形成的。叶幕是苹果光合作用的主体。其结构和动态直接影响苹果的品质和产量。一般从叶面积系数、光照状况及工作时间评价其好坏。而树体枝量和枝类比是影响叶幕的重要因素。优质丰产果园要求每667 m^2 树冠体积为1 200～1 500 m^2，枝叶覆盖率为60%～80%，叶面积系数为3～4，树冠透光率达30%以上，东西两侧每天受直射光3 h以上。同时应提高叶片质量，保持叶幕较长时间的稳定。

(3)落叶和休眠

①落叶。当昼夜平均温度低于15℃，日照时间缩短到12 h，苹果树即开始落叶。我国东北小苹果产区落叶在10月份，华北、西北及东北苹果落叶都在11月份，西南地区在12月份。干旱、积水、缺肥、病虫害、秋梢旺长、内膛光照恶化、土壤及树体条件的剧烈变化容易引起叶片早期异常脱落。

②休眠。苹果通过自然休眠最适合温度是3～5℃，需60～70 d，在12月份至翌年1月末；或者在7℃以下温度1 400 h以上，才能通过休眠，翌年春天萌芽开花。

2.结果习性

苹果多数品种以短果枝结果为主。成花难易取决于品种，一般一个健旺长梢3～4年才可结果。

(1)花芽分化

苹果花芽分化较难，除满足必要的环境条件外，关键是自身的营养水平。生理分化期多数在5月中、下旬，所有分化措施都应在此期间进行。形态分化从6月份到9月份直至开花前陆续有花芽分化进行。

(2)花芽情况

苹果花芽是混合花芽，主要着生在枝条的顶端，也有腋花芽，但数量较少，多集中在枝条的中、上部，其结果质量不如顶花芽。腋花芽多少与品种特性有关，如元帅系品种多数腋花芽较少，秦冠则较易形成腋花芽。容易形成腋花芽的品种一般开始结果较早。

(3)结果枝

苹果结果枝依其长度和花芽着生的位置，可分成长果枝(>15 cm)、中果枝(5～15 cm)、短果枝(<5 cm)及腋花芽枝四类。花芽为混合芽，开放后能抽生结果新梢，并在其顶端开花结果。因结果新梢极短，且着果后膨大形成果台，故其结果枝实际上为结果母枝。多数苹果品种

以短果枝结果为主，有些品种在幼树期和初果期长、中果枝和腋花芽枝均占有一定的比例，是幼树能早期结果的一种表现。随树龄增长，各类结果枝的比例会产生变化，逐步过渡到以短果枝结果为主。结果新梢结果后，一般其上发生1～2个果台副梢(即果台枝)，或长或短，与品种特性相联系。果台枝连续形成花芽的能力因品种和营养而异，国光可连续5年，金冠3年左右，红星多数隔年形成花芽结果。

(4)花序、开花习性及开花期

苹果果台上着生5～9片叶，其顶端着生伞形花序，有花3～7朵，当日均温达15℃时，多数品种相继开花。在一个花序中，中心花先开，坐果亦好。苹果单花开放期为2～6 d，1个花序为7 d，1株树约15 d。生产上就单株而言，常将苹果的开花期分为初花期、盛花期、终花期和谢花期4个时期。花期一般6～8 d。高温、干燥时花期缩短，空气冷凉潮湿时花期延长。有的品种花期较长，花分批开放，首批花质量好，着果率高，花量多时可及早疏去晚期花；如花量不足，或首批花遭受霜冻时，可充分利用晚期花。

(5)授粉受精与结实

苹果通常是异花授粉结实的树种，生产上需要配置授粉品种，才能达到正常结实率的要求。但三倍体品种如乔纳金、陆奥、北海道9号等因花粉败育不具备受精能力，不能作为授粉树。且有的品种，如国光、安娜、麦艳，具有一定程度的自花授粉结实率。

(6)落花落果与坐果

果实发育过程中，有一次落花、两次落果的过程。落花是未授粉受精花的脱落，子房未膨大。第一次落果在花后1～2周发生，是由于受精不完全所引起，幼果已有一定大小。第二次落果在第一次落果后2～4周发生，又称“六月落果”，主要由于各器官间对养分的竞争所引起，与树势强弱的关系较大。此外，有的品种在果实成熟前还有一次采前落果。六月落果是果树系统发育过程中形成的一种自疏现象。正常的、一定数量的落果是自然的，但如因气候不良或栽培技术不当造成严重落果，则会影响产量。据计算，在花量较多的情况下，只需5%～15%花量结果，即可保证丰产。不同苹果品种每花序的自然坐果数常有差异，金冠、国光可达4～5个，元帅、红星仅1个，红玉也仅1～2个。

(7)果实发育

苹果的果实发育可分为3个阶段，即细胞分裂期、细胞体积膨大期和果实成熟期。其中细胞分裂期亦称幼果膨大期，受精后花托及子房同时加速细胞分裂，经3～4周，细胞分裂结束，特点是纵生长大于横生长。然后转入细胞体积增加直至成熟前停止，特点是横径生长大于纵径。果实成熟期，自果实着色开始直至成熟，特点是果实体积增长缓慢，色泽风味变化较大，持续时间较长。一般苹果从坐果到果实成熟需要60～190 d。果实生长图形是S形，其大小既决定于细胞分裂的数量，也决定于细胞膨大期形成的果肉细胞的体积和间隙。实质上取决于树体营养状况、内源激素和环境条件。苹果品种间果实发育时间的长短或成熟期早晚，取决于其果实发育过程中组织分化期的长短。在果实成熟期，苹果果实出现本品种应有的色泽和品质，内含物发生变化，水分增加，风味形成。

(8)果枝分布

苹果果枝在树体中分布以树龄而有明显不同。结果初期，果枝主要集中在树冠中下部骨干枝及辅养枝上结果；进入盛果期后，果枝主要转移到枝组上，并布满全树上下、内外各个部位结果。但枝叶量过大、光照不良时，结果部位则上移、外移，造成树冠内部光秃。

二、对环境条件要求

1. 温度

苹果喜温凉气候条件。气温是影响苹果生长发育的主导因素。一般年平均气温 7～14℃地区即可栽培苹果。

(1)地温

土壤温度 1℃左右时，越冬新根可继续生长，3～4℃时发生新根，根系适宜土温是 7～20℃，高于 20℃生长减弱，高于 30℃或低于 0℃停止生长。冬季土温低于－17℃根系(山定子砧)会发生冻害。

(2)气温

苹果昼夜平均气温达到 5～10℃就可萌芽生长。开花气温以 17～18℃适宜；果实发育和花芽分化 17～25℃；需冷量＜7.2℃低温 1 200 h，枝叶生长以 18～24℃适宜。花蕾可耐短期－7℃低温；花期－3℃雄蕊受冻，－1℃雌蕊受冻，胚在 0～1℃就可产生冻害而停止发育。果实生长前期要求温度较高，不耐低温，幼果在－1℃就会发生冻害。果实着色期和成熟期要求昼温 20℃左右，夜温 15℃以下，日较差 10℃以上。

2. 光照

苹果较喜光，要求年日照时数 2 200～2 800 h，年日照时数小于 1 500 h 或果实生长后期月平均日照时数小于 150 h，会明显影响果实品质，红色品种着色不良，枝叶徒长，花芽分化少，坐果率低，品质差，抗病虫和抗寒力弱，寿命不长；若光强低于自然光照的 30%，则花芽不能形成。苹果光强影响在不同品种间存在一些差异。光补偿点一般为 9 000 lx 左右，光饱和点 18 000～40 000 lx。在补偿点和饱和点范围内，随着光照强度的增加，光合作用随之增强。光照充足树体生长健壮，叶色浓绿，花芽分化良好，坐果率高，果实生长发育好，色泽鲜艳含糖量高。

3. 水分

一般年降水量 500～800 mm，且分布比较均匀或大部分在生长季节中，即可满足苹果生育需要，但春季干旱应灌水。降水量在 450 mm 以下的地区需进行灌溉和水土保持、地面覆盖等保水措施满足苹果生育需要。年周期中，新梢迅速生长期(5 月份)和果实迅速膨大期(6 月份下旬至 8 月份)需水多，为需水临界期，应保证水分供应。苹果耐涝能力不强，生长季节雨水过多时应注意排水。

4. 土壤

苹果对土壤适应范围较广，并可利用不同砧木，在 pH 5.7～8.2 的土壤中正常生长。但以土层深厚(土层深度达 0.8～1 m)、土壤肥沃(有机质含量在 1%～3%)的沙壤土和壤土最好。含氧量在 10%以上，地下水位在 1.0～1.5 m，土壤 pH 6.0～7.5，总盐量在 0.3%以下时苹果生长发育最好。

5. 地势、地形和产地环境质量

一般要求坡度低于15°。产地环境质量要求果园远离城镇、交通要道及工业“三废”排放点等。果园空气、农田灌溉水及土壤环境质量应符合农业行业标准《无公害食品 苹果产地环境条件》(NY 5013—2001)。

思考题：

1. 总结苹果生长结果习性。
2. 苹果对环境条件要求如何？

第二节　种类和品种

一、种类

苹果属于蔷薇科苹果属。全世界有36种，原产我国的有23个，其中有的作栽培种，有的作砧木或观赏用。

1. 苹果(图8-1)

目前所有的苹果品种，绝大多数属于这个种或该种与其他种的杂交种。我国原产的绵苹果亦属于本种。本种有两个矮生型变种，即道生苹果和乐园苹果，可作为苹果的矮化砧或半矮化砧。目前生产上应用较多的M系和MM系矮化砧中，如M_2、M_4、M_7、M_9、M_{26}、MM_{106}等就属于这两个变种。

2. 山定子(图8-2)

别名山荆子、山丁子。原产我国东北、华北与西北。乔木，果实重约1 g，果梗细长。本种抗寒力极强，有的可耐−50℃低温，且抗旱，但不耐涝，不耐盐碱，在pH 7.5以上的土壤易发生缺铁黄叶病，是北方寒冷地区常见的苹果砧木。与苹果嫁接有轻微的小脚现象。本种类型多，分布广，其他地区从中选出适用于当地的类型有沁源山定子、蒲县山定子、黄龙山定子等。

3. 沙果(图8-3)

又名花红。原产我国西北，分布华北、黄河流域、长江流域及西南各省(自治区)，以西北、华北最多。该种为落叶乔木，高4～7 m，分枝低，角度大；树冠开张，枝条披散或下垂。果实扁圆形或近球形，黄色或满红，果点稀，果实小(20～40 g)，味甜酸，有特殊香味，不耐贮藏，稍贮

图 8-1 苹果

图 8-2 山定子

后肉质沙化，故名沙果。本种较抗寒，但不耐旱，抗盐碱性稍差，和苹果亲和力好，可作鲜食栽培，也是较好的苹果砧木。

4. 楸子（图 8-4）

别名海棠果、海红、林檎。我国西北、华北、东北及长江以南地区均有分布。落叶小乔木，高 3～8m，小枝圆柱形，嫩枝密被柔毛，老枝灰褐色，无毛。伞形花序，4～10 朵花/花序，淡粉红色。果实卵形或圆锥形，直径约 2 cm，黄橘色或微具红色，果顶稍具突起，萼宿存。果实小（多小于 20 g），肉质紧密，味酸涩，生食品质差。本种根系深，适应性广，抗寒、抗旱、耐涝、耐盐碱，抗苹果绵蚜，与苹果嫁接亲和力强，是生产上广泛应用的砧木。

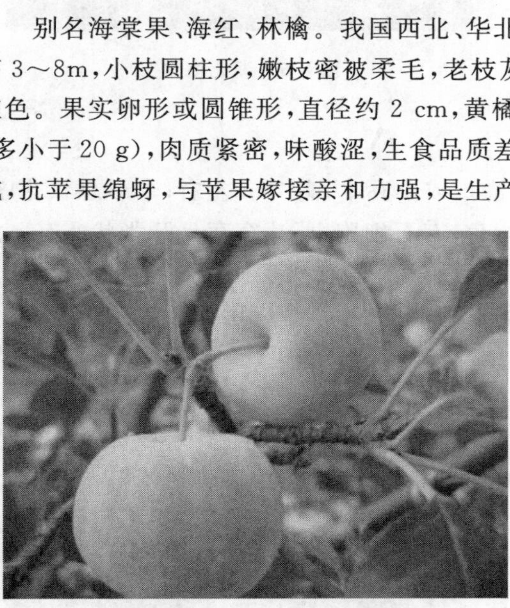

图 8-3 沙果

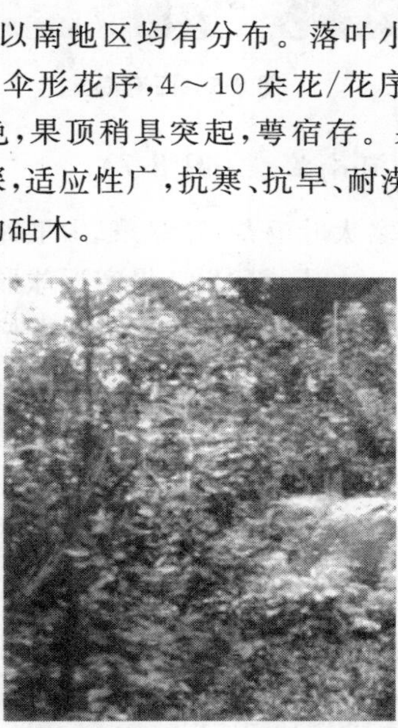

图 8-4 楸子

5. 西府海棠（图 8-5）

别名小海棠果、海红、清刺海棠、子母海棠。我国东北、华北、西北均有分布。小乔木，高 3～6 m，树性直立，多主干，有时呈丛状。伞形总状花序，4～7 朵花/花序。果实多扁圆形，红色；两洼下陷，萼多数脱落，少数宿存，萼片下突起不明显。单果重 10 g 左右。本种根系发达，抗性较强，耐涝、耐盐碱，较抗黄叶病，与苹果嫁接亲和良好，是北方（黄淮地区）应用最广的苹果砧木之一。本种有许多优良类型，如耐盐碱的河北八楞海棠、耐涝的平顶海棠等。

6. 湖北海棠(图 8-6)

别名花红茶、楸子、茶海棠、野花红等。原产我国,四川称楸子,河南、湖北、云南叫野海棠。本种灌木或乔木,高 1～8 m;伞房花序,有花 3～7 朵,白色或粉红色;与山定子相似,但嫩叶、花萼和花梗都带有紫红色,心室 3～4 个。其喜温,抗涝但不抗旱,具有孤雌生殖能力,种子是由珠心壁细胞形成的胚发育而成,可保持母本性状,变异性小,不传染病毒。抗涝,但不抗旱,在我国华中、西南和东南各省可作苹果砧木。

图 8-5　西府海棠

图 8-6　湖北海棠

7. 河南海棠(图 8-7)

又名大叶毛茶、冬绿茶、山里锦。原产我国。灌木或小乔木,高 7 m 左右;伞形总状花序,有花 5～14 朵,粉白色;果实近球形,黄红色或红紫色,有石细胞,萼片宿存呈开张状。有一定抗寒、抗旱能力,对土壤要求不严格,喜肥沃壤土,不耐盐碱。目前已从该种的武乡海棠中选出矮化类型,如 S_{20}(矮化)、S_{63}(半矮化)等,已作为矮化中间砧在生产中应用。

8. 塞威氏苹果(图 8-8)

又名新疆野苹果,生长于伊犁自治州的伊宁、新源、霍城等地。小乔木或乔木,高 2～8 m,花序伞形,有花 3～6 朵,粉红色。果实圆球形至圆柱形,扁圆形或圆锥形不等;两端有浅

图 8-7　河南海棠

图 8-8　塞威氏苹果

洼，有黄绿色、红色、紫色等多样化颜色，宿萼，萼洼浅，根系发达，耐旱，耐瘠薄，与苹果嫁接亲和力强，是我国西部地区苹果栽培的主要砧木，黄淮地区也有使用。

二、主要优良品种

目前，全世界有苹果优良品种 10 000 个以上，我国从国外引进和选育的栽培品种有 250 个。而生产上用于商品栽培的主要品种仅有 20 个左右。果树生产上应用较多的是按果实成熟期将品种分为特早熟（从坐果到果实成熟在 60 d 以内）、早熟（61～90 d）、中熟（91～120 d）、中晚熟（121～150 d）和晚熟品种（超过 150 d）；按照生长结果习性分为普通（乔化）品种和短枝型（矮生）品种；根据亲缘关系分为富士系、元帅系和金冠系等。

1. 早捷（图 8-9）

美国特早熟苹果品种。我国于 1985 年从美国直接引入。该品种中大，半圆形，树姿半开张，主干和 2 年生以上枝条为黄褐色，1 年生枝红褐色，粗壮顺直，节间长 3～4 cm，嫩梢多茸毛。皮孔中大，椭圆形，灰白色，较稀，不明显。叶片大，叶长 9～11 cm，叶宽 6～7 cm，叶形指数 1.94，卵圆形，平展，顶端极尖，基部楔形，叶片黄绿色，叶面有皱，稍有光泽，叶背多茸毛，叶柄长 1.53 cm，叶柄基部红色，托叶特别大，柳叶形。花芽中大，卵圆形。花冠粉红色，中大，每个花序 5 朵花，花粉多。该品种幼树生长强旺，随树龄增大，坐果量增加，生长势渐缓和，结果盛期树势中庸。1 年生枝长 74.7 cm，萌芽率强，延长枝萌芽率 84%～90%，成枝力弱，为 21%，枝顶端多抽生长枝 2～3 个，果台抽枝力强，65%的果台抽生 1 个果台枝。开始结果早，嫁接树第 3 年开始结果。长、中、短果枝和腋花芽均能结果，进入盛果期前以腋花芽结果为主，4 年生腋花芽占 65.4%，长、中、短果枝仅分别占 2.5%、1.3%、30.8%，在 1 年生营养枝中，79.5%的腋芽是腋花芽，腋叶芽仅占 20.5%，进入盛果期以短果枝结果为主。坐果率中等，花序坐果率 45.13%，平均每果台坐果 1.47 个，果台连续结果能力极低。果实中大，平均单果重 140 g，最大果重 210 g，扁圆形，果皮底色黄绿，全面鲜红至浓红色，鲜艳美丽，果面无锈、无棱，果梗粗、短，梗洼浅广，萼洼浅，萼筒与果心相通果点小、稀、不明显。果肉乳白色，肉质细，松脆，汁液多，酸甜，芳香味浓郁，爽口，品质上等。可溶性固形物含量 11.5%～12%，总糖含量 8.89%，含酸 0.98%，维生素 C 含量 6.32 mg/g。在室温下，果实采后可贮 1 周。该品种有采前落果现象，适于我国中部地区栽培。生产上注意更新结果枝组，及时疏果。授粉树可选辽伏、麦艳等品种。

2. 藤牧 1 号（图 8-10）

又名南部魁，原产美国的早熟品种。1986 年由日本引入我国。果实圆形或长圆形，平均单果重 215 g。果梗短，果实底色黄绿，着鲜红色，着色面积可达 80%以上，果点小而稀，果面洁净美观，果肉黄白色，肉质中粗，松脆多汁，风味香甜，有香味。可溶性固形物含量 11.2%～12.6%，硬度 7.7 kg/cm^2，一般北方 7 月中、下旬成熟。树势健壮，树姿直立，萌芽力强，成枝力中等，早果，丰产性好，以短果枝结果为主，腋花芽结果能力强。适应性广，抗寒、抗病（炭疽病、霉心病和白粉病）性强，在苹果适宜区均可栽培。但果实成熟期不一致，有采前落果现象，

图 8-9　早捷

图 8-10　藤牧 1 号

货架期短，适合在城市近郊发展。应注意合理负载，分期采收。授粉树可选嘎拉、美国 8 号、珊夏等品种。

3. 嘎拉（图 8-11）

原产新西兰。1979 年引入我国。果实近圆形或圆锥形，果个中大，较整齐。平均单果重 180 g；成熟时果皮底色黄，果皮红色，有深红色条纹；果皮薄，有光泽，洁净美观。果肉乳黄色，肉质松脆，汁中多，酸甜味淡，有香气，品质极上。树势中等，幼树腋花芽结果较多，盛果期以短果枝结果为主。

4. 金冠（图 8-12）

又名金帅、黄香蕉、黄元帅，原产美国中晚熟品种。果实圆锥形，萼部有 5 条隆起，单果重约 200 g。果面成熟时绿黄色，稍贮后金黄色，阳面常具红晕。果肉淡黄色，致密细脆，可溶性固形物含量 14.6%，具浓郁芳香，品质上等，耐贮藏。果实易受药害，果锈严重，早期落叶病严重。植株生长中庸，枝条密挤，开张，丰产性佳。适应性强，为苹果产区广泛栽培乔化品种，亦适宜在我国西南高地产区发展，但幼树易抽条。

图 8-11　嘎拉

图 8-12　金冠

5. 元帅系短枝型(图 8-13)

系指由元帅的芽变品种及其后代所产生的 100 余个短枝型品种。通常将元帅称为元帅系的第一代。其芽变品种称为第二代,如红星、红冠等,多为着色系芽变。第二代的芽变品种称为元帅系第三代,多数为短枝型品种,如新红星、超红、艳红、顶红等。元帅系第四代和第五代品种如首红、魁红、瓦里短枝等,短枝性状更明显,且着色期提早,颜色更浓。元帅系品种为原产于美国的中晚熟品种。果实圆锥形,果顶有明显五棱,一般单果重约 250 g,成熟时,果面被有鲜红霞和浓红色条纹或全面紫红色。果肉致密,味浓甜微酸,芳香浓烈,品质极上,但耐贮性较差。树势健壮,树冠矮小紧凑,枝条节间短,萌芽力强,成枝力弱。适宜北方各个苹果产区发展。生产上注意增施有机肥,疏花疏果。

6. 乔纳金(图 8-14)

原产美国中晚熟三倍体鲜食加工兼用品种。果实圆锥形,平均单果重约 220 g。果面底色绿黄至淡黄色,有鲜红霞和不明显的断续条纹。果肉淡黄色,中粗,汁多,味酸甜,可溶性固形物含量 14%,品质上等,较耐贮运。该品种萌芽率高,成枝力强,早果丰产性好,适应性较强,适宜北方各苹果产区发展。但较易感染白粉病、轮纹病,易受叶螨及苹果瘤蚜为害,苦痘病较重。生产上应配置两个二倍体授粉品种,注意疏花疏果。生长季宜补钙。新乔纳金和红乔纳金为其着色芽变品种。

图 8-13 元帅

图 8-14 乔纳金

7. 安娜(图 8-15)

原产以色列早熟品种。中国农业科学院郑州果树研究所 1984 年从美国引入。该品种果实圆锥形,平均单果重约 140 g;底色黄绿,大部果面有红霞和条纹;果面光洁,果点小、稀、不明显,果皮较薄;果肉乳黄色、肉质细脆,汁较多,风味酸甜,有香气,含可溶性固形物约 12.0%,品质中上等或上等。幼树生长旺,结果树树姿开张,萌芽率高,成枝力强。结果早,苗圃内有些健壮苗也能形成腋花芽,主要以短果枝和腋花芽结果,花序坐果率较高,采前有轻微落果,产量中等。河南于 7 月中旬成熟,成熟期不一致,应注意分期采收。果实不耐贮藏。自花结实能力低,最佳授粉树为多金。适于我国中部,尤其黄河故道地区栽培。

8. 奥查金(图 8-16)

美国中熟品种,原名奥查克金。树冠自然圆头形,树势中庸,枝条柔软开展。1 年生枝与当年生枝色泽及皮孔皆似金冠。叶片中大,呈狭椭圆形,表面有光泽。萌芽率高,成枝力中等。幼树以腋花芽及长果枝结果为主,盛果期以中长果枝及短果枝结果为主,花序坐果率 85%,花朵坐果率 32%,幼树栽植第 2 年开花率 80%,高接树第 2 年即可结果,无采前落果现象。果实长圆锥形,高桩,大型果,果形指数 0.9,平均单果重 240 g,最大可达 400 g 以上。果面光洁无锈,果皮底色乳黄,阳面有橘红色晕彩,艳丽美观。果肉白色,肉质硬脆,风味较甜,有香味,含可溶性固形物 14.8%,总酸 0.26%,品质上等。较耐贮运,自然室温内存放 2 个月仍脆而不绵,不皱不烂。适应性广,抗旱、抗寒,较抗早期落叶病、轮纹病,适宜在沙壤土、壤土上栽植,全国主要苹果产区均可栽植,有望成为黄河故道地区主栽品种之一。

图 8-15　安娜

图 8-16　奥查金

9. 美国 8 号(图 8-17)

又叫华夏,美国杂交育成中熟品种。1990 年引入我国。树姿开张,枝条灰褐色。皮孔中大、中多,灰白色。芽体较长,尖部稍弯曲。叶片较大,深绿色,叶革质化,长卵圆形,平均叶长 9.66 cm、宽 5.46 cm,叶柄长 3.2 cm,叶缘复锯齿状,1 年生枝红褐色,多年生枝灰褐色。幼树生长较旺盛,成龄树生长中庸,树姿较开张。萌芽率高(100%),成枝力中等(24%)。始果期较早,初果期以腋花芽结果为主,以后逐渐转为短果枝结果,结果能力较强,一般花序坐果率达 80%以上,花朵坐果率 18%以上。果实近圆形,平均单果重 246 g,最大果重 352 g,果实底色黄,果面光洁、浓红,蜡质中多;果肉黄白色,肉质细脆、汁多,风味酸甜可口,具芳香味,可溶性固性物 12.1%,品质上等。该品种抗旱、耐寒,对食心虫、金纹细蛾、早期落叶病、斑点落叶病、炭疽病等抗性较强。少量新梢有黄化现象,但不影响产量。

10. 萌(图 8-18)

又称嘎富,日本 1996 年利用富士×嘎拉杂交育成,1997 年引入我国。该品种树势中庸,树姿自然开张。新梢叶片似嘎拉,叶片大小介于嘎拉和红富士之间,较旺枝条叶片向上突起。幼树生长旺盛,新梢生长量大。成年树树势趋向中庸。萌芽率高,成枝力强。苗木定植后第 2 年就可结果。初果期树以短果枝结果为主,有腋花芽结果习性,异花授粉坐果率 75%,花朵坐果率25%，当年果台枝能形成短枝花芽，成花容易，丰产性好，生理落果轻，无采前落果现象，在树上能持续到8月初。果实圆形至圆锥形，果个大，整齐，平均单果重210 g，最大单果重280 g。果面光滑，有光泽，底色黄绿，表面鲜红色，着色面占果面的85%，果肉细，乳白色，汁液多，酸甜适口，有香味。可溶性固形物含量18.5%，可溶性糖含量14%，可溶性酸含量0.7%～0.8%，品质好，20～22℃下可贮藏10 d不变软。2～5℃下可存放3～4个月，果实7月上、中旬成熟。对土壤适应性强，耐瘠薄，抗轮纹病和斑点落叶病。河南省周口市川汇区，萌苹果3月下旬萌芽，4月18日初花，4月22日盛花，花期3～4 d，开花较整齐。7月17日左右果实开始着色，7月24日左右果实成熟，果实生育期95 d左右，12月中旬落叶。

图 8-17 美国8号

图 8-18 萌

11.着色富士系

由原产日本的富士苹果选育出的一批着色芽变品种，称为红富士(图8-19)。包括普通型着色芽变品种秋富1号、长富2号、岩富10号、2001富士、乐乐富士、烟富1～5号；短枝型着色芽变品种宫崎短枝、福岛短枝、长富3号、秋富39号、烟富6号；早熟着色富士红王将等，是我国栽培面积最大的苹果品种。该系列品种为晚熟品种。果实圆形或近圆形，平均单果重230 g。果面有鲜红条纹或全面鲜红或深红。果肉黄白色，细脆多汁，酸甜适口，稍有芳香，可溶性固形物含量14%～18.5%，品质极上，极耐贮藏。顶端优势强，萌芽率高，成枝力强，年生长量大，枝量多、成形快；幼树直立、健壮，易上强下弱，大量结果后树势渐趋缓和，树冠开张。初果期以2～4年生枝条上的中短果枝结果为主，有腋花芽结果能力。盛果期以短果枝结果为主，花序坐果率高，连续结果能力较差，但结果较早，丰产，适应性强。适宜北方各个苹果产区发展。耐寒性稍差，对轮纹病、水心病、果实霉心病抗性较差，管理不当易出现大小年结果。

12.华玉(图8-20)

中国农业科学院郑州果树研究所用藤牧1号×嘎拉杂交培育而成。果实近圆形，整齐端正，平均单果重196 g。果面底色绿黄，着鲜红色条纹，着色面积60%以上。果面平滑，蜡质多，无锈，有光泽。果肉黄白色，肉质细脆，汁液多，可溶性固形物含量13.6%，酸甜爽口，风味浓郁，有清香，品质上等。郑州地区7月中旬着色，7月下旬成熟，果实发育期110～120 d，室温下可贮藏10～15 d。幼树生长旺盛，枝条健壮，定植后一般第2年即可成形。枝条节间长，尖削度小，长放时萌芽率和成枝力均高于嘎拉和美国8号，早果性和丰产性较好。幼树以中果枝和腋花芽结果为主，随树龄增大，逐渐以短果枝和中果枝结果为主。果台副梢连续结果能力强。花序坐果率高，生理落果轻，丰产、稳产。

图 8-19　红富士

图 8-20　华玉

13. 早红(图 8-21)

又名意大利早红，是中国农业科学院郑州果树研究所从意大利引入材料中选育而成:果实底色绿黄，全面或大半面着橙红色，果肉淡黄色，肉质细，松脆汁多，风味酸甜适度，有香味，可溶性固形物含量 11.2%～13%。品质上等。在郑州地区，果实成熟期 8 月 10 日左右。果实成熟期一致，基本无采前落果现象。提早采收时风味稍淡。果实采收后在一般室温下可贮藏 7～15 d。该品种幼树生长势较强，成形快，结果后树姿开张，易形成短果枝。幼树具有较强的腋花芽结实能力，进入结果期后以中短果枝结果为主，丰产性好。正常管理条件下，定植的幼树一般第三年即可开花结果。4 年后产量可达 2 000～3 000 kg/667 m^2，且无明显大小年结果现象。

14. 华硕(图 8-22)

华硕苹果是中国农业科学院郑州果树研究所用美国 8 号为母本，华冠为父本培育成早熟苹果新品种。2009 年通过河南省林木良种品种审定。果实近圆形，平均横径 7.8 cm，纵径 8.7 cm。果实较大，平均单果重 232 g。果实底色绿黄，果面着鲜红色，着色面积达 70%，个别可达全红。果面蜡质多，有光泽，无锈。果粉少，果点中稀，灰白色。果梗中长，平均 2.4 cm，粗。梗洼深、广，萼片宿存，直立，半开张。萼洼广、陡，中深，有不明显突起。果肉绿白色，肉质中细，松、脆。采收时果实去皮硬度 10.1 kg/cm^2。汁液多，含可溶性固形物 13.1%，可滴定酸 0.34%，酸甜适口，风味浓郁，有芳香。果实室温下可贮藏 20 d 以上，冷藏条件下可贮藏 2 个月。枝条萌芽率中等，成枝力较低。幼树以中果枝和腋花芽结果为主，随树龄增长，逐渐以短果枝和中果枝结果为主，早果性和丰产性较好。幼树定植后个别单株第 2 年即可少量成花，第 3 年正常结果，第 4 年进入盛果期。每 667 m^2 超过 2 000 kg。高接树一般第 2 年正常结果，第 3 年进入盛果期。郑州地区 3 月 7～10 日萌动，4 月份初开花，盛花期 4 月 3～7 日，花期 5～6 d。果实 7 月下旬上色，8 月初成熟，果实发育期 110 d 左右。11 月上旬落叶，果实发育期 250～260 d。

图 8-21 早红

图 8-22 华硕

思考题：

1. 苹果上常见种类有哪些？如何识别？
2. 当前生产上栽培苹果优良品种有哪些？识别时应把握哪些要点？

第三节 基本生产技术

一、育苗

1. 常用砧木

苹果生产上主要采用嫁接法育苗。嫁接砧木根据长势可分为乔化砧和矮化砧，乔化砧包括山定子、海棠果、西府海棠、湖北海棠、三叶海棠、河南海棠、新疆野苹果、沙果和小金海棠，主要采用实生繁殖法；矮化砧中 M_{26}、M_7、MM_{106}、M_4、M_9 5 个型号适合于我国苹果生产。其中，M_7、MM_{106}、M_4 3 个型号属于半矮化砧，越冬性强；M_{26}、M_9 为矮化砧，越冬性较差。在无冻害的湿润气候区及冷凉半湿润区，如渤海湾、黄河故道、秦岭北麓、黄土高原的中、南部及鄂西北等区域，上述 5 个砧木均可使用。其中，黄河故道、秦岭北麓、鄂西北等区域宜重点选用 M_{26}、M_9 矮化砧木；在冷凉半干旱区和干寒气候区，如河北石家庄以北地区，北京、辽西、熊岳以北、内蒙古、陇系等地区，宜选用越冬性较强的 M_7、MM_{106} 和 M_4 等型号。矮化砧通常采取无性繁殖法。

2. 方法

(1)乔化实生砧苗培育

种子经层积催芽播种，几天后出苗。若出苗量较大，在长到 2～3 片真叶时移栽。移栽后株行距一般为 20 cm×30 cm，出苗量 8 000～10 000 株/667 m^2。

(2)矮化自根砧苗培育

主要通过扦插和压条繁殖法培育。扦插繁殖包括枝插（硬枝插和绿枝插）和根插 2 种，一般以根插为主。利用苗木出圃剪留下的根段或残根，将粗度为 0.3～1.5 cm 的根段剪成长 10 cm 左右，上口平剪，下口斜剪，进行直插。硬枝插时用吲哚乙酸（IBA）1 500 mg/kg 溶液浸 10 s，可促进 MM_{106} 生根率高达 89%～92%。而压条有直立压条和水平压条 2 种方法。

(3)嫁接方法

当砧木苗粗度达 0.6 cm 以上时嫁接。采用芽接法和枝接法，具体因嫁接时期而异。

(4)接后管理

嫁接后及时检查是否成活，不成活及时补接，成活后加强肥水管理以及病虫害防治工作，促使苗木健壮并迅速成苗。

二、高质量建园

1. 苗木栽植时间

北方苹果建园一般春栽。苗木 3 月中旬定植。

2. 选择优质苗木

选择苗高 1.2 m 以上，接口以上 20 cm 处粗 1.0 cm 以上，倾斜度 15°以下，整形带内有 8 个以上饱满芽，根皮与茎皮无干缩皱皮及新损伤处，老损伤处总面积不超过 1.0 cm^2，侧根 15 条以上，基部粗 0.25 cm 以上，长 20 cm 以上，分布均匀，舒展不卷曲，无病虫危害的 2 年生优质健壮嫁接苗，砧木为楸子。

3. 园地选择、土壤要求、苗木处理与栽植

产地选择远离城镇、交通要道及工业“三废”排放点。要求果园空气、农田灌溉水及土壤环境符合农业行业标准《无公害食品 苹果产地环境条件》(NY 5013—2001)。有机质含量 1.0%以上；活土层在 80～100 cm，地下水位 1.5 m 以下，土壤 pH 6.0～7.5，总盐含量 0.3%以下的地块建园。定植前苗木根部用 3～5°Be′的石硫合剂或 1∶1∶100 波尔多液浸 10～20 min，再用清水冲洗根部蘸泥浆。

三、加强土肥水管理

1. 土壤管理

雨后、灌水后及时中耕，1 年 3～5 次，深 10～12 cm，保持土壤疏松无杂草状态。

2. 施肥管理

每年 8 月底至 9 月上旬采用"井"字形沟施法与撒施法交替施基肥。每 667 m^2 施充分腐熟有机肥 4 500 kg，三元复合肥 60 kg，硫酸锌 30 kg。每年追肥 3 次：第 1 次在萌芽前后，施尿素 100～200 g/株；第 2 次在花芽分化和果实膨大期，施过磷酸钙 100～150 g/株，硫酸钾复合肥 200～300 g/株；第 3 次在果实生长后期距果实采收期 30 d 以前施硫酸钾复合肥 200～250 g/株。施肥方法是在树冠下开 15～20 cm 深的沟，将肥料均匀撒入沟中，覆土填平浇水。生长季结合喷药，根外喷肥 5 次以上。萌芽前用 3% 的尿素喷干枝；花期连喷 2 次 0.2% 的硼砂。6 月份以前萌芽展叶后喷 0.3% 的尿素，20 d 喷 1 次；6 月份开始，每隔 15 d 喷 1 次 0.35% 的磷酸二氢钾＋0.3% 的光合微肥。

3. 水分管理

灌水结合施肥进行，重点灌好 4 水：第 1 水春季萌芽展叶期适量灌水；第 2 水春梢迅速生长期足量供水；第 3 水果实迅速膨大期看墒用水；第 4 水是秋后冬前保证冻水。灌水方法有树盘灌水、沟灌、穴灌等。各地可根据当地实际情况，灵活选用适当灌水方法。最终使土壤含水量达到田间持水量的 60%～80%，同时避免土壤湿度变化过大，在雨季及时排除园内积水。

四、科学整形修剪

1. 树形选择及常见树形

苹果生产上主要根据砧穗组合、栽植密度、立地条件和栽培技术四方面来选择适当的树形。生产上常用的树形有小冠疏层形、自由纺锤形和细长纺锤形。

2. 小冠疏层形

(1)适用对象

小冠疏层形属中冠树形。常用于乔砧普通型品种、半矮砧普通型品种和乔砧短枝型品种，适宜采用株行距为(3～4) m×(4～5) m 的栽植密度。

(2)树形结构参数

成形后树高 3.0～3.5 m，主干高 50～60 cm，冠幅约 2.5m，全树 5～6 个主枝，分 3 层排列。第 1 层 3 个主枝，邻近或邻接分布，层内距 10～20 cm，开张角度 60°～80°，方位角 120°，每个主枝上留 2 个侧枝，梅花形排布，第 1 侧枝距中心干 20～40 cm，第 2 侧枝在第 1 侧枝的对面，与第 1 侧枝相距 50 cm。第 2 层在第 1 层上方 70～80 cm 处，配置 2 个主枝，第 3 层在第 2 层上方 50～60 cm，配置 1 个主枝。第 2、3 层上不留侧枝，只留各类枝组。生产上为通风透光和便于操作，多数只留 2 层主枝，第 1 层 3 个，第 2 层 2 个，层间距 80～100 cm，层内距 20～30 cm。其模式图 8-23。

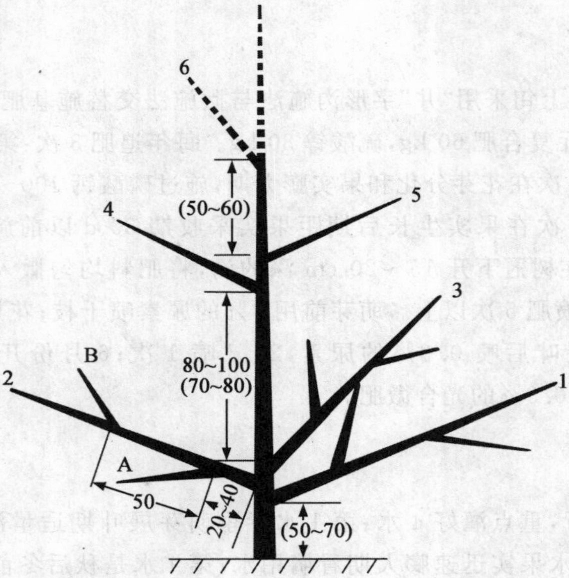

图 8-23　小冠疏层形模式图(单位:cm)

1～6. 主枝顺序　A～B. 侧枝顺序

虚线及括号内数值为第六主枝时的模式

(3)整形过程

定植后在距地面 70～80 cm 处定干,剪口下 10～20 cm 为整形带。萌芽前在整形带内选择方位合适的芽进行刻伤。萌芽后,及时抹除主干上近地面 40 cm 以下的萌芽,不够定干高度的苗剪到饱满芽处,下年定干。夏季选择位置居中,生长健壮的直立新梢作中心干延长枝。对竞争枝扭梢。同时培养方向、角度、长势合适的新梢,留作基部主枝。秋季主枝新梢拉枝,使开张角度达到 60°左右,同时调整方位角达 120°。冬剪时,中心干剪留 80～90 cm,各主枝剪留 40～50 cm,未选足主枝或中心干生长过弱时,中心干延长枝剪留 30 cm,在第 2 年选出(图 8-24)。第 2 年春季萌芽前,主枝上选位置合适的芽进行刻伤。萌芽后及生长期内继续抹除主干

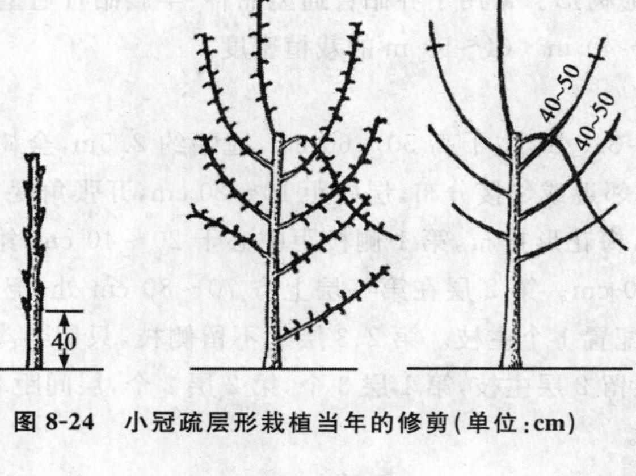

图 8-24　小冠疏层形栽植当年的修剪(单位:cm)

上近地面 40 cm 内的萌芽、嫩梢，并抹除主枝基部背上萌芽，夏季采用扭梢、重摘心和疏剪方法，处理各骨干枝上竞争梢。秋季按要求拉开主枝角度，拉平 70～100 cm 长的辅养枝，年生长量不足 1 m 的主枝长放不拉。冬剪时，中心干延长枝剪留 50～60 cm，基层主枝头剪留 40～50 cm。按奇偶相间顺序选留侧枝。第二层主枝头在饱满芽处短截。在第 1 层至第 2 层主枝间配备几个辅养枝或大枝组（图 8-25）。第 3～5 年夏剪时除按上年方法进行外，还要进行扭梢、摘心、环剥、环割等措施处理辅养枝，同时疏除密生枝、徒长枝。冬剪时，3 年生及 4 年生树的中心干和主、侧枝的延长头分别剪留 50～60 cm、40～50 cm、40 cm。选留第 3 层主枝和基层主枝上第 2 侧枝。辅养枝仍采取轻剪长放多留拉平剪法。5 年生树，树高达 3 m 以上，树冠大小以符合要求时，基层主枝不短截。继续培养第 2、3 层主枝，采用先放后缩法培养枝组（图 8-26）。

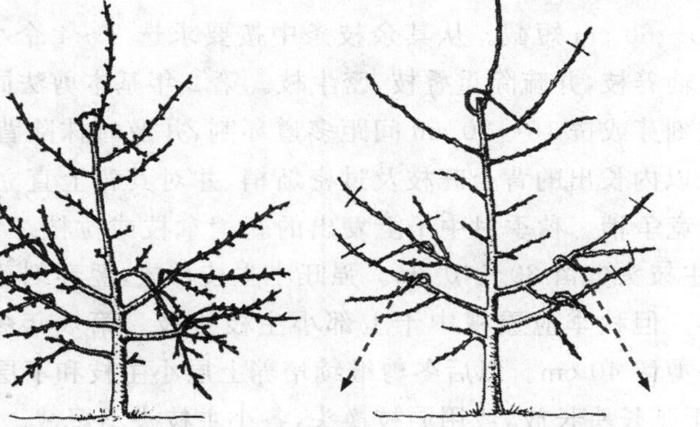

图 8-25　小冠疏层形栽后第 2 年的修剪

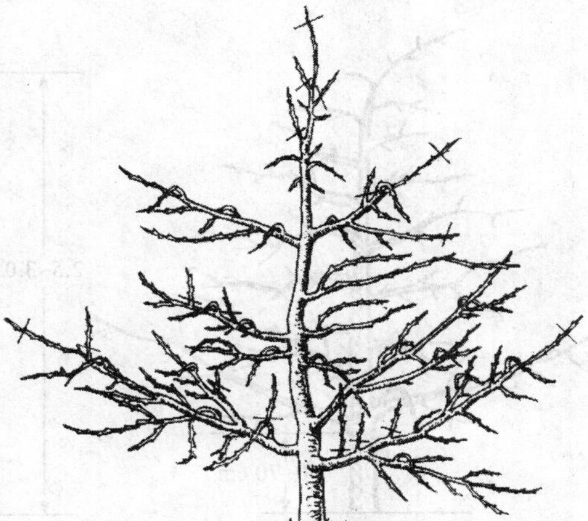

图 8-26　小冠疏层形栽后第 5 年的修剪

3. 自由纺锤形

（1）适用对象

自由纺锤形属中小冠形，常用于矮砧普通型、半矮砧普通型和生长势强的短枝型品种组合。适宜采用株行距(2.5～3.0) m×4 m的栽植密度。

(2)树体结构参数

自由纺锤形成形后树高2.5～3.0 m，干高50～70 cm，中心干上按15～20 cm间距着生10～15个主枝，呈螺旋上升状。同向主枝间距不小于50 cm。主枝长度1.5～2.0 m，分枝角度70°～90°，其上着生枝组。随树冠由下而上，主枝体积变小，长度变短，分枝角度变大，着生枝组变小，长度变短，分枝角度变大，着生枝组变小变少。

(3)整形过程

定植后在距地面70～90 cm处定干，萌芽前在整形带内选择方向合适的芽进行刻伤，促发新梢培养主枝。萌芽后及时抹除主干上近地面50 cm以内的萌芽和嫩梢。夏季对竞争性强旺梢扭梢、重摘心或疏除。秋季新梢停长时，对小主枝拉枝或拿枝，开张角度70°～80°。冬剪时，中心干延长枝留50～60 cm短截。从其余枝条中按要求选2～4个小主枝，留40～50 cm短截。中庸枝缓放成辅养枝，并疏除重叠枝、密生枝。第2年基本剪法同第一年，但要加强夏剪。对小主枝及辅养枝刻芽或按15～20 cm间距多道环割，并及时抹除背上萌芽。新梢旺长期疏除主枝基部20 cm以内长出的背上旺枝及过密新梢，并对其背上直立梢扭梢或摘心。同时注意控制骨干枝上的竞争梢。秋季对中干上发出的新梢拿枝或拉枝。冬剪时，中干延长头剪留40～50 cm。各小主枝头剪留30～40 cm。强旺小主枝长放，翌春刻芽促枝。第3年及以后生长期修剪同前两年。但秋季应重视中干上部小主枝拉枝。第3年冬剪时，中干延长头剪留50 cm，各小主枝头剪留40 cm。以后冬剪继续培养上层小主枝和下层主枝的结果枝组。当全树基本成形时，中干延长头长放，或用弱枝换头，各小主枝头不短截。同时及时控制大枝长势，保持中干优势。开始疏缩中下部过多的大枝如重叠枝、把门枝、轮生枝；对下层主枝和辅养枝环剥促花，并疏除背上枝(图8-27)。

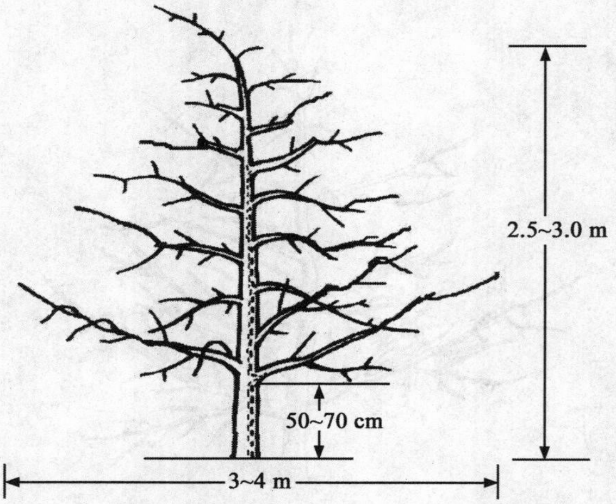

图8-27　自由纺锤形树体结构

4. 细长纺锤形

(1)适用对象

细长纺锤形常用于矮砧普通型、矮化中间砧短枝型品种组合。适宜采用株行距(2～2.5) m×

4 m 的栽植密度。

(2)树形结构参数

成形后树高 2～3 m、干高 50～70 cm,冠径 1.5～2.0 cm,在中心干上不分层次均匀分布势力相近的水平细长侧生分枝 15～20 个。随树冠由下而上,侧生分枝长度变短,角度变大。

(3)整形过程

栽植后距地面 70～90 cm 处定干。在生长季内及时抹除基部 50 cm 以内萌芽。夏季扭梢控制竞争枝。秋季拉平 1 m 以上的长梢,其余新梢包括中干延长梢不剪,让其直立生长(图 8-28)。第 2 年春季萌芽前,在中干延长枝各个方位、拉平侧生分枝的两侧进行刻芽。萌芽后抹除拉平的侧生分枝基部 20 cm 以内的萌芽和嫩梢。夏剪时对侧生分枝背上梢根据情况分别扭梢、摘心、疏梢、拉枝。秋季继续拉平中干上当年发生的侧生长梢(80～100 cm)。冬剪时,只疏除直立徒长枝、旺枝、重叠枝、密生枝和主干上的萌蘖枝(图 8-28)。第 3 年及其以后的修剪方法与第 2 年基本相同。但要注意维持上弱下强、上小下大的状态。具体方法是中干延长枝不短截,及时疏除中干上部周密的侧生分枝。注意保持中干优势。整形即将完成时,回缩株间过长的分枝,适当落头(图 8-29)。

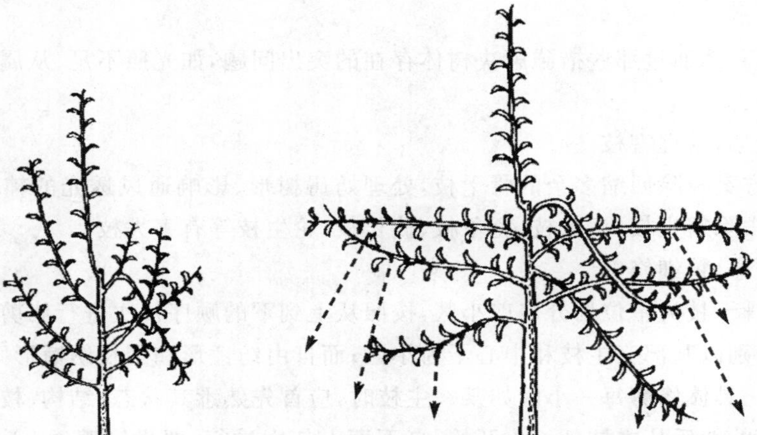

图 8-28 细长纺锤形树栽后第二年的修剪

5.苹果树冬剪 5 个程序

(1)全园调查,明确任务

开始修剪前,要全面调查和掌握苹果修剪的整体状况和动态。如品种、栽植密度、选用树形和整形目标及当前进度,产量要求,观察树势、花量、树冠郁闭情况。确定目前修剪在果园总体修剪进程中的位置,当年修剪的方针和主要任务。

(2)树下观察,确定方案

具体修剪每一株果树之前,要从不同的方位仔细观察该树树相与修剪反应。分析往年修剪者意图、修剪结果及得失。重点是分析骨干枝数量、角度,辅养枝位置、长势及对骨干枝的影响,枝组类型、数量及配置是否合理,树体存在的突出问题。在此基础上决定骨干枝的选用和

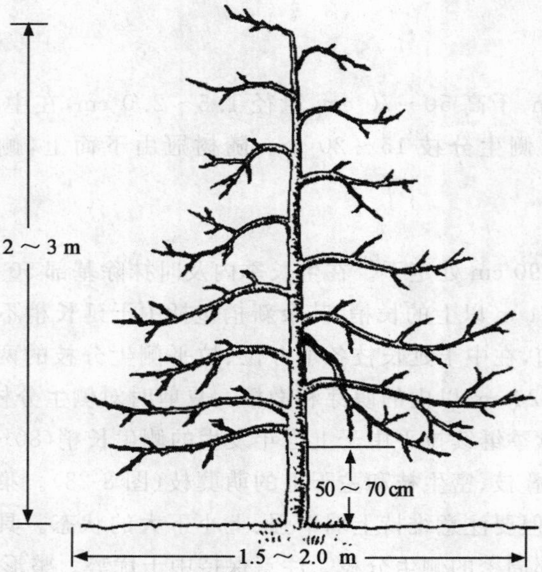

图 8-29 细长纺锤形树体结构

辅养枝的处理，具体通过那些措施解决树体存在的突出问题，如光照不足、从属不明、树势不平衡等，形成修剪方案。

(3)调整骨架，处理害枝

按照修剪方案疏除回缩多余的骨干枝，处理妨碍树形、影响通风透光的辅养枝、株行间交叉枝、重叠枝，去除密生枝、病虫枝、竞争枝、徒长枝、轮生枝等有害大枝。

(4)分区按序，精细修剪

将全树以骨干枝为单位划分修剪小区，按照从上到下的顺序依次进行修剪。小冠疏层形、改良纺锤形，分别以基部三主枝和中心干为小区；而自由纺锤形和细长纺锤形则以小主枝或侧生分枝为单位。具体修剪每一小区如某一主枝时，应首先熟悉其状态、结构、枝组配置，在大脑中初步形成计划，然后从主枝延长头开始，自下而上依次进行，要做到眼看、心想、手剪。眼看就是看每一枝组的基本状况、着生位置、大小和作用，想它在主枝中的位置及发展前途，定其去留、伸缩、方向、花芽留量；最后用手剪到合适的部位。

(5)检查补漏，全树平衡

分区修剪完成后，回头检查是否有露剪或错剪之处，及时补充修剪。全树修剪完成后，应绕着苹果树从不同方位检查看修剪结果，全树进行平衡。

五、精细花果管理

1. 疏花疏果

花蕾期按 25 cm 间距保留花序，每花序留 1 个中心花蕾和 1 个边花蕾，过多的花序和边花蕾疏去。花后1周疏果，按20～25 cm间距留1果，疏掉畸形果、病虫果、小果和背上果，保留具有本品种特征的侧生果和背下果。

2.果实套袋

一般花后20～30 d内套袋。套袋前喷1次80%代森锰锌可湿性粉剂600倍液+50%多菌灵可湿性粉剂600倍液。果袋选用双层纸袋。套袋在晴朗的上午和下午进行。先小心除去附在幼果上的花瓣及其他杂物，然后左手托住纸袋，右手撑开袋口，或用嘴吹开袋口，使袋体膨胀，使袋底两角的通气放水孔张开，手执袋口下2～3 cm处，将果实放入袋内呈“悬空”状态，使果柄置于袋口中央纵向切口基部，然后将袋口两侧按“折扇”方式折叠于切口处，用捆扎丝扎紧袋口。采收前1周解袋。

3.摘叶转果

解袋后摘除果实附近的贴果叶和折光叶，进行转果，一手捏果柄，一手握住果实轻轻转动，使果实阴面转向阳面，一次不能转过部分，分多次进行，最终使果实达到全面浓红。

六、综合防治病虫害

1.病虫害类型

苹果病虫害主要腐烂病、轮纹病、炭疽病、早期落叶病，桃小食心虫、叶螨类、卷叶虫类、蚜虫类等。

2.防治要求及措施

对这些病虫害防治应贯彻“预防为主，综合防治”的植保方针。冬季彻底清园，将落叶、枯枝、杂草、冬剪掉病虫枝、刮掉树干老翘皮、树上挂的虫苞、僵果、草把等清除出园，集中烧毁或深埋。春季萌芽前，全树喷布1次3～5°Be′石硫合剂，降低病虫卵越冬基数；花后树冠喷70%甲基硫菌灵可湿性粉剂1 000倍液+50%异菌脲可湿性粉剂1 000倍液防治腐烂病、炭疽病、霉心病等病害。夏季5月底6月初开始，加强肥水管理、科学整形修剪等农业防治措施，改善果园生态条件，抑制病虫害的发生和流行；同时，在果园设置黑光灯、光频式杀虫灯、悬挂糖醋液罐、摆放黄色黏虫板诱杀害虫。害虫发生期，培养、释放天敌昆虫和病原微生物赤眼蜂、七星瓢虫、草蛉、白僵菌、苏云金杆菌等以虫治虫、以菌治虫；使用植物源、微生源、动物源农药灭幼脲、农抗120、多抗酶素、除虫菊、苦参碱等防治病虫害；同时摘、拣虫果深埋。必须使用化学防治时，根据病虫害种类，抓住防治的关键时期，选用高效、低毒、低残留，易分解的农药，交替、合理混用农药喷布防治。落叶后，彻底清除园中病果、僵果、枯死枝、衰弱枝、死果台等带病菌部位深埋。

七、适时采收及采后处理

1. 采收时期

苹果具体采收时期应根据果皮色泽、果实生长日数及生理指标等综合因素确定。用于长期贮藏的红富士果面由绿转为淡红、深红，生长日数 175～180 d，果肉硬度 6.36～7.26 kg/cm^2，可溶性固形物含量 14.0%以上，淀粉指数达 1～2 级。

2. 采收前准备

采收前应在考察市场、建立销售网络的基础上，掌握市场最新信息，随时与客户联系；准备好采收工具、包装用品、分级包装场所及果场果库；集中培训采收人员，掌握操作规范。

3. 采收要求

分批采收时，第一批先采树冠上部和外围着色好、果个大的果实。5～7 d 后同样采着色好的果实，再过 5～7 d 采收其余部分。同一株树上，按先外后内、由近及远的顺序进行采收。

4. 采后处理

果实采收后，进行清洗、分级、打蜡包装等商品化处理。用于中长期贮藏的苹果可在出库上市前再进行上述处理。清洗是对未套袋果实用清水洗涤果面。对清水未能洗净果实可用 0.1%的盐酸溶液洗果 1 min 左右，再用 0.1%的磷酸钠溶液中和果面的酸，然后用清水漂洗。分级可按 NY/T 439—2001 苹果外观等级标准，采用人工或机械方法进行。打蜡是在果面上涂一层半透性薄膜即果蜡。常用的有石蜡类、天然涂被膜剂和合成涂料。苹果数量较少时，可采用人工涂蜡法。就是将果实浸蘸到配好的涂料中，取出即可，或用软刷蘸取涂料均匀抹于果面上，数量较大时，可采用涂蜡分级机进行。

5. 包装

苹果销售包装包括普通包装和装潢包装两种，目前以前者为主。随着苹果商品化程度的提高，一方面应注重生产技术中的品牌和诚信意识，另一方面应在外观品牌上形成鲜明的特色，精心设计包装，注重产品形象，强化市场意识，提高竞争力。

思考题：

1. 苹果高质量建园应把握哪些技术要点？
2. 如何进行苹果的土肥水管理？
3. 苹果生产上常见树形有哪些？试以疏散分层形为例，说明其整形过程。
4. 苹果精细花果管理的内容有哪些？
5. 如何综合防治苹果病虫害？
6. 如何确定苹果采收时期，采收有哪些要求？

第四节 提高苹果品质栽培技术

一、选用优良品种和砧木

1. 选用优良品种

目前，适合我国栽培的苹果优良品种有85-1、美国8号、奥查金和华硕等，生产上正在推广的适宜我国栽培的新品种有宫崎富士、松本锦、红将军、皇家嘎拉等。

2. 选用优良砧木

选用优良砧木是一项具有长期影响的根本措施，在矮化砧上嫁接的红星苹果，在同样管理条件下，比乔化砧红星苹果着色好、糖分高、果实硬度也增加，耐贮性增强。

各地应因地制宜，选用适应当地条件的优良品种和砧木。

二、加强土肥水管理

1. 土壤管理

山地果园要整修梯田、树盘，滩地果园要掏沙换土、深翻改土。深翻改土的时期一般在苹果采收后到落叶前结合秋施基肥进行。幼龄果园自定植穴外缘开始，每年或隔年向外挖宽60～80 cm、深40～60 cm的环状沟，挖出的表土、心土分别堆放，并剔除翻出的石块、粗沙及其他杂物，剪平较粗根的断面；回填时，先把表土和秸秆、杂草、落叶填入沟底部，再将有机肥、速效肥和表土填入，表土可从环状沟周围挖取，然后将心土摊平，及时灌水。成龄果园采用隔行深翻，盛果期或密植园则采用全园深翻，将栽植穴以外的土壤全部深翻，深30～40 cm。平原以生产小麦为主的地方，可在6月中旬用麦秸覆盖20 cm厚，其上放少许土，次年重复进行1次，以改善土壤团粒结构，提高土壤肥力及含水量。幼龄果园可利用行间空地种植经济作物（大豆、花生、马铃薯等）和绿肥作物（如田菁、柽麻、苕子、苜蓿等），改善微域环境，增加土壤有机质含量，既有利于幼树生长，又可增加果园收入，提高土地利用率，但要禁止间作高秆作物及需肥量大的作物如玉米、棉花和红薯等。

2. 施肥

(1)增施有机肥

果园有机质含量以1%～2%较好。有机肥以人粪尿、家畜厩肥、禽粪、饼肥等为最好。人粪尿和畜禽肥施用前要经过充分发酵。有机肥全年均可施用，以秋季采果后施用效果最好。

施肥方法以“井”字形沟施法与撒施法交替进行较好。施肥量盛果期采用“千克果千克肥”方法，有条件果园应“千克果 1.5 kg 肥”，一般施用量为 3 000～5 000 kg/667 m^2，有条件的可施 6 000～7 000 kg/667 m^2，盛果前期施用量适当减少。

(2)合理施用化肥

土壤追肥分 3 次。第 1 次在萌芽前，一般施尿素 100～200 g/株。第 2 次在开花前，同样施尿素 100～200 g/株。第 3 次在幼果膨大期，施过磷酸钙 100～150 g/株、硫酸钾复合肥 200～300 g/株。施肥方法同前。叶面喷肥 4～6 月份喷 0.3%尿素、500 mg/L 硝酸稀溶液 2～3 次，间隔期 15～20 d；7 月份及以后，喷 0.2%～0.3%磷酸二氢钾、0.3%硫酸钾、5%草木灰浸出液，每隔 20 d 交替喷 1 次。无雨阴天或晴天 10:00 前或 16:00 以后喷，并尽量喷布在叶背。

3.合理灌水

根据苹果需水规律，1 年内浇好 4 次水。具体参见前面基本生产技术中水分管理。

三、辅助授粉与疏花疏果

花期放蜂，人工辅助授粉，结合喷硼。疏花疏果分人工和化学两种方法。

1.人工疏花疏果

对花芽较多且成花较易的树，可结合冬剪疏除部分花芽，一般花、叶芽比例为 1∶3，在花期再疏除一部分边花，疏花时可用手掐，也可用疏花剪疏。疏果在花后 7～28 d 进行，可采用叶果比法留果(大型果叶、果比为(50～60)∶1，中小型果叶、果比为 40∶1)，也可采用果间距法留果(大型果果间距为 20～25 cm，中小型果果间距 15～20 cm)。具体操作时，要疏除多留的边花果、朝天果、腋花芽果、畸形果以及其他劣质果，要求每个花序留 1 个果，多留母枝两侧中短枝上的下垂果，最好果形端正、高桩、无病虫危害、果肩平整。疏花疏果的顺序是先上部后下部，先内膛后外围。

2.化学疏花疏果

疏花，花开放 2 d 后喷 1.0～1.5°Be′石硫合剂，或在花蕾膨大期喷 300～500 mg/L 乙烯利(CEPA)。疏果，在落花后期喷 5～20 mg/L 萘乙酸数(NAA)、萘乙酰胺、15281、M&B25105 等。

四、整形修剪

1.保持良好树体结构

留枝量 6 万～8 万个/667 m^2，树体外稀内密、上稀下密、南稀北密、大枝稀、小枝密。应采取 7 点措施。一是控制树高。将树高控制在行宽的 2/3 以内，超过 2/3 时应及时落头并疏除上层过密的辅养枝。二是注意层间辅养枝的处理。对过密的辅养枝本着去长留短、去大留小、去粗留细、去密留稀的原则，分期分批疏除。大枝较少时，可一次性去除；大枝较多时，可分 3 年去除，每年分别去除 60%、30%、10%。对有空间的辅养枝，应视情况加以利用。三是注意培养主枝角度。应加大下层主枝的角度,降低上层主枝的角度。四是疏除各级竞争枝,防止枝出现“头重脚轻”现象。五是回缩、疏除上层背后冗长枝及下层直立枝。六是清除株间交叉枝,采用缩剪方法改变主枝延长枝方向。七是注意疏除、回缩下层细弱枝、过长枝及裙带枝。增强树体内膛光照强度,中午时树下有均匀的梅花状小光斑。

2.及时更新结果枝组

结果能力开始下降的结果枝组及时更新复壮,以维持健壮树势,以壮枝、壮芽带头,进行重回缩。对衰老结果枝组附近的新枝采用先截后放法有计划培养。对壮树促控结合,根据枝组所处的阶段,采取适当的修剪方法。弱树冬剪时适当重剪,少留花芽,壮枝、壮芽带头;旺树冬剪时轻剪缓放,加大枝梢生长角度,用背后枝换头,以缓和树势,同时,适当增加留果量,以果压冠。

3.调整枝类比

苹果适宜枝类比是结果枝与营养枝比例为(2～3)∶1。调节枝类比常用的修剪方法是“三枝配套法”,就是在冬剪时,缓放一部分结果枝,来年结果,称为结果枝;缓放部分营养枝,下年形成花芽,隔年结果,称为预备枝;短截部分枝条,促发新枝,形成营养枝。

五、果实套袋

1.果袋选择

果袋选择长 18～20 cm,宽 14～16 cm,袋口正中有一半圆形缺口。有些种类的袋口两边各有 5 cm 长的细铅丝。难着色红色品种选用不透水双层袋,外层纸外表面灰色,内表面黑色,内层纸为红色半透明蜡质。易着色红色品种,采用不透水单层袋,外表面灰色,内表面黑色,或采用与难着色红色品种相同袋;绿、黄色品种采用内外均为深褐色单层袋。

2.套袋时期与方法

红色品种在落花后 30～45 d 套,绿色及有果锈品种在落花后 10 d 内完成,落果较严重品种在生理落果后进行,晚熟红色品种在花后 35～50 d 完成。套袋果选择果形端正的中心果。套袋时间为连续晴天后的每天 9～17 时。套袋前 7 d 喷 1 次杀菌杀虫药(100 kg 水加 25%甲基托布津乳油 120 g、1.5%溴氰菊酯乳油 300 g、中性洗衣粉 100 g,混匀)。对缺水严重的果园,套袋 3～5 d 应浇 1 次水,以防止果面发生日灼病。套袋前先将袋撑开,再将果实放入,使果实在袋内呈悬空状态,然后从袋边缘向内折,边缘有铅丝的袋用铅丝折弯固定,无铅丝的用回环针或橡皮筋绑口。套过袋后,注意果柄与袋口之间不能留有空隙,以防病虫侵入。

3.去袋时期和方法

红色品种果实成熟前 15～20 d 去袋。先将外层袋撕开 1/2,使其逐渐适应外界环境条件。1～2 d 后去掉外层袋,同时将内层袋也撕开 1/2,过 1～2 d 后再去掉内层袋。套单层袋的红色品种去袋与套双层袋第 1 次去袋操作相同。绿色与黄绿色品种去袋时间在采收前 5～7 d。以上午 10:00 前及下午 4:00 后去袋为宜。

六、摘叶、转果、吊枝

1.摘叶

主要是摘除果实附近的贴果叶和折光叶，以防止果面着色时形成花斑及部分害虫缀叶贴果为害。摘叶一般进行1～2次。套袋果第1次摘叶在去袋后，不套袋的果在采果前25～30 d进行。第2次摘叶与第1次摘叶间隔5～10 d。总摘叶量控制在14%～30%，不要超过树冠总叶量的30%，以果实能良好受光为宜。

2.转果

转果在果实阳面着色鲜艳时进行。一手捏果柄、一手握住果实轻轻转动使果实阴面转到阳面。一次不能转过的部分分多次进行。注意，一次转的幅度不能太大。

3.吊枝

就是将下垂枝用绳绑在主干上达原生长角度，对树冠中的下层枝可采用撑枝的方法。

七、铺反光膜

1.反光膜类型

常用反光膜有银色反光塑料薄膜和GS-2型果树专用反光膜。

2.铺膜时期

未套袋果在果实着色初期铺膜，套袋果在去袋后铺膜。

3.铺膜技术要求

铺膜前5 d清除铺膜地段的残茬、硬枝、石块和杂草，并打碎大土块，把地整成中心高、外围稍低的弓背形。铺膜宽度以树冠为准，要求反光膜的边缘与树冠边缘铺齐。反光膜在采果前1～2 d收起，去掉膜面上的树枝、落果、落叶等，小心揭起反光膜，卷叠起来，用清水漂洗晾干后，放入无腐蚀性室内妥善保存，一般可连续使用3～5年。

八、果面贴字、套瓶和富硒技术

1.果实贴字技术

贴字前将果实按规范套袋方法套袋。果实采收前20 d左右果实进入迅速着色期，解除果实袋，将事先备好的字模贴于果实中间部位。一般可用不干胶或凡士林黏合，字模一般为遮光的黑色纸质地或黑色塑料质地，可根据生产者需要设计。生产上多用带有吉祥的“福禄寿喜”、“恭喜发财”、“吉祥如意”、“一帆风顺”等字样，一个果实可贴一个单字，也可贴一组吉祥用语。待果实采收时，将字模揭去（图 8-30）。

图 8-30　贴字苹果

2. 果实套瓶技术

（1）果实瓶选择

果实瓶容积大小，要根据苹果品种体积大小进行设计。果实瓶形状可根据需要进行设计，但各种果实都有自己的形状，设计时应尽量接近该品种的果实生长特征。果实瓶口直径不宜太大，以能塞进大拇指为宜。瓶子底下要留有 2～4 个小孔作为放水孔。

（2）套瓶操作技术要领

①及时疏果。落花后 1 周在确定果实受精后，及时疏果。应确保套瓶工作能按时进行。

②准确选果。套瓶时，要尽量选取果形端正、易于固定瓶体的果实进行。苹果果形较长果实，授粉良好，生长迅速。

③适时套袋。在华北地区，套瓶一般在 5 月上、中旬进行。果实瓶外要套一层纸袋保护，纸袋外加套一层黑色的塑料袋进行遮光。固定时，只需将纸袋和塑料袋固定在果台或结果母枝上即可。

④适时去袋、采收。套瓶果以果为单位精细管理，随时观察。红色品种采收前 15～20 d 及时去瓶外纸袋和塑料袋。一般果实全红后，即可采摘。

3. 果实富硒技术

红富士苹果采用硒素宝补硒。使用量按生产 100 kg 苹果使用硒素宝 100 g。采用土施和喷施两种方法。土施在苹果膨大期（5 月中下旬）施入。每 100 g 硒素宝中混加磷酸二铵 0.5 kg、硫酸钾 1.5～3.0 kg，多点穴施或放射状沟施，施入深度 18～25 cm，施后灌水。喷施第 1 次在 7 月上旬，第 2 次在苹果采收前 30～40 d。套袋苹果摘袋后第 5 天喷施，喷施浓度 2 500～3 000 倍。采用树干注射法于 5 月份在树干距地面 50 cm 处，用打孔器打直径 0.8 cm、深 4 cm 的 2 个注射孔，注射 20 mg/L、50 mg/L、500 mg/L 的亚硒酸钠液，用嫁接胶带封口。

九、喷生长调节剂

在花期对花萼喷600～800倍高桩素，盛花后14 d喷20～50 mg/L赤霉素(GA_3)，可明显提高果形指数，盛花后20～35 d喷3 000～5 000倍B_9。采果前15～20 d喷3 000倍萘乙酸(NAA)，采前40 d喷1 000倍7305，可促进果实着色。果实采收前30 d喷700～3 000倍增糖灵1号，采果前20～30 d喷600倍红果88，除能增加含糖量外，还能促进果面着色。

十、病虫害防治

1. 总体要求

以农业和物理防治为基础，提倡生物防治，按照病虫害发生规律和经济阈值，科学使用化学防治。要从果园生态系统整体出发，创造有利于果树生长，有利于有益生物繁衍而不利病虫滋生和危害的环境条件，保持生态系统的平衡和生物多样化。化学防治提倡使用生物源农药、矿物源农药，禁止使用剧毒、高毒、高残留农药和致畸、致癌、致突变农药。使用化学农药时，按国家有关标准(GB 4285、GB/T 8321)执行。

2. 合理用药要求

(1)加强病虫害预测预报，适时用药，未达到防治指标或益、害虫比例合理情况下不用药。

(2)根据天敌发生特点，合理选择农药种类、施用时间和方法。

(3)注意不同作用机理农药的交替使用和合理混用。

(4)严格按照规定浓度、每年使用次数和安全间隔期要求使用，并且喷药均匀周到。

十一、适时采收

1. 采收期

鲜食、不耐贮藏且在当地销售的品种应在果实充分成熟(十成熟)时采收，外运和贮藏果实应在硬熟期(七八成熟)采收。

2. 采果顺序

采果时按照先采树冠外围、后采内膛，先采下层、后采上层的顺序进行。

3. 采果方法、要求

采双果时要两手同时采：一果台上着生2个以上果时，可一手托住所有果实，另一手逐果采摘；易掉果柄或易折果柄的品种，采果时要注意保护果柄。采果时要避免碰掉花芽和枝叶。采下的果实要轻拿轻放，防止挤压，刺伤果实。采收过程中尽量减少转筐、倒篓次数。采下的果，在果园内初选，将病虫果、畸形果、过小果及机械损伤果捡出。对初选合格果实进行分级、包装、外运或贮藏。

思考题：

1. 苹果如何做到合理施肥与灌水？
2. 苹果树人工疏花疏果技术要求有哪些？
3. 苹果树如何保持良好的树体结构？
4. 苹果套袋技术要点有哪些？
5. 促进苹果着色增质技术措施有哪些？
6. 苹果病虫害防治，合理用药有哪些具体要求？
7. 苹果如何做到适时采收？

第五节 无公害生产技术要点

一、环境质量条件

国家农业部提出的无公害苹果产地环境条件是产地选择在生态条件良好、远离污染源，并具有可持续生产能力的农业生产区域。同时，产地空气质量、灌溉水和土壤等均具有具体规定。

1. 空气质量

无公害苹果产地空气质量要符合总悬浮颗粒物、二氧化硫、二氧化氮和氟化物在一定的范围之内。

2. 灌溉水质量

果园灌溉水质量必须清洁无毒，并符合国家农田灌溉水质量标准(GB 5048—1992)。具体指 pH、卤化物、氰化物、氟化物、总汞、总砷、总铅、总镉、六价铬和石油类指标在一定的范围之内。

3. 产地土壤环境质量

无公害苹果产地土壤质量应符合镉、总汞、总砷、铅、铬、铜含量限值在一定范围之内。

二、生产技术标准

1. 农药使用标准

生产无公害苹果要优先采用低毒农药，有限度使用中毒农药，严禁使用高毒、高残留农药。要注意国家明令禁止使用的农药不用，在果树上不得使用的农药不用。按照要求使用适宜无公害苹果生产使用的农药，包括杀虫剂、杀螨剂、杀菌剂、植物生长调节剂和除草剂。

无公害苹果生产使用农药应注意四个问题：一是提倡使用低毒农药和生物农药。二是在科学选用农药品种的同时，凡国家已订出“农药安全使用标准”的品种，均按照“标准”要求执行，严格农药浓度、施药方法、苹果生长期间最多施药次数和安全间隔期(最后一次施药距采果天数)；尚未制订“标准”品种，必须按照办理农药登记证时的标准施药，就是严格按农业部颁发的农药登记证和批准标签上所推荐的果树(范围)、剂量和方法使用。三是注意选用农药品种，严格控制农药施用量，应在有效浓度范围内，尽量用低浓度防治。喷药次数要根据药剂的残效期和病虫害发生程度来定。不要随意提高用药剂量、浓度和次数，应从改进施药方法和喷药质量方面来提高药剂的防治效果。在采收前 20 d 应停止喷洒农药。

2. 肥料使用标准

果园施肥原则是将充足有机肥料和一定数量化学肥料施入土壤，同时避免肥料中有害物质进入土壤。

(1)允许使用肥料种类

①有机肥料。如堆肥、厩肥、沤肥、沼气肥、饼肥、绿肥、作物秸秆等。堆肥均需经 50℃以上发酵 5～7 d，杀灭病菌、虫卵和杂草种子，去除有害气体和有机酸后施用。

②腐殖酸类肥料。如泥炭、褐煤和风化煤等。

③微生物肥料。如根瘤菌、固氮菌、磷细菌、硅酸盐细菌和复合菌等。

④有机复合肥。

⑤无机(矿质)肥料，如矿物钾肥、硫酸钾、矿物磷肥(磷矿粉)、钙镁磷肥、石灰石(酸性土壤使用)、粉状磷肥(碱性土壤使用)。

⑥叶面肥料。如微量元素肥料、植物生长辅助物质肥料。

⑦其他有机肥料。

(2)限制使用化学肥料

无公害苹果生产应在大量施用有机肥料基础上，根据果树需肥规律，科学合理使用化肥，并要限量使用。化肥与有机肥料、微生物肥料配合使用，可作基肥或追肥，有机氮与无机氮之比以 1∶1 为宜。用化肥作追肥应在采果前 30 d 停用。

(3)慎用城市垃圾肥料

城市垃圾肥料必须清除金属、橡胶、塑料及砖瓦、石块等杂物，并不得含重金属和有害毒物，经无害化处理达到国家标准后方可使用。每年黏土地使用量不得超过 45 000 kg/hm^2，沙土地不得超过 30 000 kg/hm^2。

(4)使用合格肥料

商品肥料和新型肥料必须是经国家有关部门批准登记和生产的品种才能使用。

三、产品质量检验标准

1.苹果质量标准

苹果采收后应根据质量好坏进行分级,分级标准可参照烟台苹果等级规格指标。

2.无公害苹果标准

无公害苹果标准从感官要求和卫生要求两方面衡量。感官要求包括风味、成熟度、果形、色泽、果梗和果实横径方面。卫生要求包括常用杀虫剂和重金属浓度要求应达到一定的范围。

四、无公害生产技术要求

1.园地选择与规划

(1)园地选择

无公害苹果园地环境条件应符合如前所述有关规定要求。

(2)园地规划

按 NY/T 441—2001 中 3.2 规定执行。

2.品种和砧木选择

按 NY/T 441—2001 的第 4 章规定执行。

3.栽植

按 NY/T 441—2001 的 5.1～5.2 执行。

4.土肥水管理

(1)土壤管理

①深翻改土。每年秋季果实采收后结合秋施基肥进行。进行扩穴深翻和全园深翻。扩穴深翻是在定植穴(沟)外挖环状沟,沟深 60～80 cm、宽 40～60 cm;全园深翻是将定植穴外的土壤全部深翻,深度 30～40 cm。

②覆草和埋草。覆草在春季施肥、灌水后进行。覆盖材料采用麦秸、麦糠、玉米秸、稻草等。把覆盖物覆盖在树冠下,厚 15～20 cm,上压少量土,连覆 3～4 年后浅翻 1 次,浅翻结合秋施基肥进行,面积不超过树盘的 1/4。也可结合深翻开大沟埋草。

③种植绿肥和行间生草。

④中耕。清耕制果园生长季降雨或灌水后,及时中耕松土,保持土壤疏松无杂草,或用除

草剂除草。中耕深度 5～10 cm。

(2)施肥

①施肥原则。施用肥料应为农业行政主管部门登记的肥料或免于登记的肥料，限制使用含氯化肥。

②允许使用的肥料种类。有机肥料包括堆肥、沤肥、厩肥、沼气肥、绿肥、作物秸秆肥、泥炭肥、饼肥、腐殖酸类肥料、人畜废弃物加工而成的肥料等。微生物肥料包括微生物制剂和微生物处理肥料等。化肥包括氮肥、磷肥、钾肥、硫肥、钙肥、镁肥及复合(混)肥等。叶面肥包括大量元素类、微量元素类、氨基酸类、腐殖酸类肥料等。

③施肥方法和数量。

a. 基肥。秋季果实采收后施入，以农家肥为主，混加少量铵态氮肥或尿素。施肥量按每生产 1 kg 苹果施 1.5～2.0 kg 优质农家肥计算。施用方法以沟施为主，施肥部位在树冠投影外缘挖放射沟(在树冠下距树干 80～100 cm 开始向外挖至树冠外缘)或挖环状沟，沟深 60～80 cm，施基肥后灌足水。

b. 追肥。分土壤追肥和叶面喷肥。土壤追肥每年 3 次：第 1 次萌芽前后，以氮肥为主；第 2 次在花芽分化及果实膨大期，以磷、钾肥为主，氮、磷、钾混合使用；第 3 次在果实生长后期，以钾肥为主。施肥量以当地土壤供肥能力和目标产量确定。结果树一般每生产 100 kg 苹果需追施纯氮 1.0 kg、磷(P_2O_5)0.5 kg、钾(K_2O)1.0 kg。施肥方法是在树冠下开沟，沟深 15～20 cm，追肥后及时灌水。最后 1 次追肥在距果实采收期 30 d 以前进行。叶面喷肥全年 4～5 次，一般生长前期 2 次，以氮肥为主；后期 2～3 次，以磷、钾肥为主，可补施果树生长发育所需微量元素。常用肥料浓度尿素为 0.3%～0.5%、磷酸二氢钾 0.2%～0.3%、硼砂 0.1%～0.3%、氨基酸类叶面肥 600～800 倍。最后 1 次叶面喷肥应在距果实采收期 20 d 以前喷施。

c. 水分管理。灌溉水质量应符合 NY 5013 要求。其他按 NY/T 441—2001 中 6.3 执行。

5. 整形修剪

冬季修剪时剪除病虫枝，清除病僵果。加强苹果生长季修剪，拉枝开角，及时疏除树冠内直立旺枝、密生枝和剪锯口处萌蘖枝等。

6. 花果管理

按 NY/T 441—2001 的第 8 章执行。

7. 病虫害防治

(1)原则

贯彻“预防为主，综合防治”植保方针。以农业和物理防治为基础，提倡生物防治，按照病虫害发生规律和经济阈值，科学使用化学防治，有效控制病虫为害。

(2)农业防治

剪除病虫枝、清除枯枝落叶，刮除树干翘裂皮和枝干病斑，集中烧毁或深埋，加强土肥水管理、合理整形修剪、适量留果、果实套袋等措施防治病虫害。

(3)物理防治

根据病虫害生物学特性，采取糖醋液、树干缠草和诱虫灯等方法诱杀害虫。

(4)生物防治

人工释放赤眼蜂,保护瓢虫、草蛉、捕食螨等天敌。土壤施用白僵菌防治桃小食心虫,并利用昆虫性外激素诱杀或干扰成虫交配。

(5)化学防治

①药剂使用原则。提倡使用生物源农药、矿物源农药。禁止使用剧毒、高毒、高残留农药和致畸、致癌、致突变农药。使用化学农药时,按 GB 4285、GB/T 8321(所有部分)规定执行;农药混剂执行其中残留性最大的有效成分的安全间隔期。

②科学合理使用农药。加强病虫害预测预报,有针对性地适时用药,未达到防治指标或益、害虫比合理的情况下不用药。根据天敌发生特点,合理选择农药种类、施用时间和施用方法,保护天敌,充分发挥天敌对害虫的自然控制作用。注意不同作用机理农药的交替使用和合理混用。严格按照规定的浓度、每年使用次数和安全间隔期要求使用,喷药均匀周到。

(6)主要病虫害防治规程

①落叶至萌芽前。重点防治腐烂病、干腐病、枝干轮纹病、斑点落叶病和红蜘蛛。清除枯枝落叶,将其深埋或烧毁;结合冬剪,剪除病虫枝梢、病僵果,翻树盘及刮除老粗翘皮、病瘤、病斑等。树体喷布 1 次菌毒清或石硫合剂等杀菌剂。

②萌芽至开花前。重点防治腐烂病、干腐病、枝干轮纹病、白粉病、蚜虫类和卷叶虫。刮除病斑和病瘤,涂抹腐殖酸铜水剂,对大病斑及时桥接复壮。喷布多菌灵＋吡虫啉;上年苹果绵蚜、瘤蚜和白粉病发生严重的果园,喷 1 次毒死蜱＋硫黄悬乳剂。

③落花后至幼果套袋前。重点防治果实轮纹病、炭疽病、早期落叶病、红蜘蛛、蚜虫类、卷叶虫类和金蚊细蛾。落花后 10～20 d、日平均温度达 15℃、雨后(降雨 10 mm 以上),喷施多菌灵或代森锰锌,每 15 d 左右喷 1 次,防治轮纹病和炭疽病等;斑点落叶病病叶率 10%后,结合防治轮纹病喷施异菌脲。山楂叶螨、苹果全爪螨平均每叶 4～5 头时,喷布四螨嗪等杀螨剂。花后开始卷叶起,用糖醋液诱捕、摘除虫苞或在一代成虫羽化初期开始释放赤眼蜂(4～5 d 释放 1 次,共 3～4 次,每次 8 万～10 万头/667 m^2 防治卷叶虫类;金纹细蛾第一代成虫发生末期,结合防治卷叶虫,喷布 1 次氰戊菊酯乳油。

④果实膨大期。重点防治桃小食心虫、二斑叶螨、果实轮纹病、炭疽病、斑点落叶病和褐斑病。桃小食心虫越冬代幼虫出土盛期,地面喷布锌硫磷或毒死蜱;卵果率达 1%时,树上喷联苯菊酯、氯氟氰菊酯;并随时摘除虫果深埋。二斑叶螨激增上升期,每叶达 7～8 头时,喷布三唑锡。落花后 30～40 d,全园果实套袋,防治桃小食心虫、果实轮纹病和炭疽病等。交替使用倍量式波尔多液(1∶2∶200)或其他内吸性杀菌剂,防治果实轮纹病和炭疽病,15 d 左右喷 1 次;斑点落叶病和褐斑病较重果园,结合防治轮纹病,喷布异菌脲。

⑤果实采收前后。重点防治果实轮纹病和炭疽病,采果前 20 d 剪除过密枝,喷布 1 次百菌清。

8. 植物生长调节剂类物质的使用

(1)使用原则

苹果生产中应用的植物生长调节剂主要有赤霉素类、细胞分裂素类及延缓生长和促进成花类物质等。允许有限度地使用对改善树冠结构和提高果实品质及产量有显著作用的植物生长调节剂,禁止使用对环境造成污染和对人体健康有危害的植物生长调节剂。

(2)允许使用的植物生长调节剂及技术要求

①主要种类。6-BA、赤霉素类、CEPA、CCC 等。

②技术要求。严格按照规定浓度、时期使用，每年可使用 1 次，安全间隔期 20 d 以上。

③禁止使用的植物生长调节剂有 B_9、NAA、2,4-D 等。

9. 果实采收

根据果实成熟度、用途和市场需求综合确定采收适期。成熟期不一致品种，应分期采收。采收时轻拿轻放。

思考题：

1. 试制定苹果园无公害生产技术规程。
2. 制定苹果园病虫害周年无公害综合防治历。
3. 苹果上允许使用的植物生长调节剂有哪些？如何使用？

第六节　园林应用

一、原产地、栽培历史及特点

苹果(图 8-31)原产欧洲中部和东南部、中亚细亚乃至我国的新疆，是世界上栽培面积较广、产量较多的果树之一。苹果在我国的栽培历史已有 2 000 多年，具有适应性强、品种多、分布地域广、产量高、产值大、营养价值和品质风味好等特性。

二、植物学特征

苹果属植物为落叶乔木或灌木，乔木高达 15 m。小枝幼时密生绒毛，后光滑，紫褐色。叶椭圆形至卵形，长 4.5～10 cm，先端尖，缘有圆钝锯齿，幼时两面有毛，下表面光滑。花白色带红晕，萼片长尖，宿存。果大，两端均凹陷。花期 4～5 月份；果熟期 7～11 月份。

三、景观特点及应用

苹果开花时节颇为壮观，果熟季节，硕果累累，颜色有红、绿、黄等色，色彩鲜艳。苹果喜光，较耐旱、不耐湿。在小区和公园绿化中可广泛种植。

四、特殊种类景观特点及应用

苹果属中的新疆野苹果为落叶乔木，枝条灰褐色，叶卵圆形至椭圆形，先端急尖，花瓣倒卵形，紫红色，枝条和嫩叶初期粉红至紫红色，果实从幼果到果成熟一直保持诱人的红色。新疆野苹果花和果实均为紫红色，并且从幼果到成果一直表现为紫红色，又耐修剪，属难得的观叶、观花、观果树种，因其具有观花、观果、观枝条的特性，生长势强又耐修剪，所以新疆野苹果既可地栽、盆栽，也可制作成苹果桩景。在园林造景上可采用孤植、丛植，也可群植或片植。孤植于庭院或草坪中可充分表现其个体美，发挥景观的中心视点及引导视线的作用；丛植在一起可突出整体美，既丰富景观色彩，又活跃园林气氛；群植或片植可配置于园林中做背景或伴景用，亦可构成风景林，其美化效果远远好于单纯的绿色风景林。

思考题：

苹果园林应用主要表现在哪些方面？

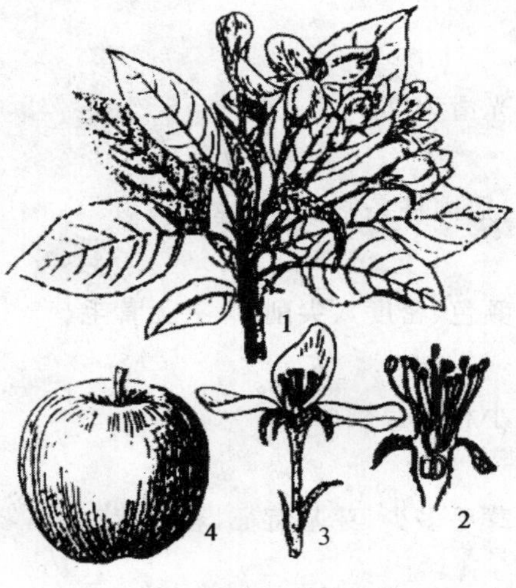

图 8-31 苹果

1. 花枝 2. 去花瓣的花纵剖面 3. 去 2 个花瓣的花（示花柱基部合生） 4. 果

实训技能 8-1 苹果主要品种识别

一、目的要求

观察苹果主要品种植物学特征和生物学特性，能从植株和果实两方面描述苹果品种特征特性，初步掌握品种主要特征特性，具备品种识别的能力。

二、材料与用具

1. 材料

苹果园主要品种的幼树、结果树和成熟果实。

2. 用具

卡尺、水果刀、折光仪、托盘天平、记载表和记载用具。

三、实训技能要求

1. 树体休眠期识别

(1)树干

干性、树皮颜色、纹理及光滑程度。

(2)树冠

树姿直立、开张、半开张,冠内枝条密度。

(3)1 年生枝

硬度、颜色、皮孔(大小、颜色、密度)、尖削度、有无茸毛。

(4)枝条

萌芽力、成枝力、果台大小和果台枝。

(5)芽

花芽和叶芽形状、颜色、茸毛多少、芽基特征、着生状态。

2. 生长期识别

(1)叶片

大小、形状(图 8-32)(卵圆形、阔卵圆形和椭圆形)、叶缘(图 8-33)锯齿单复与深浅,叶背茸毛多少,叶蜡质多少,叶片厚薄,叶片平展、向上翻卷、向下翻卷,叶边缘平展或波展,叶柄长短、颜色,叶色深浅。叶尖(图 8-34)情况。

(2)花

每花序花数、花色(花蕾色、初花色)、花冠大小、雄花数目、腋花芽有无、多少。

(3)果实

①大小。纵径、横径、果形指数和平均单果重。

②形状。圆形、扁圆形、圆锥形、长圆形、斜(歪)形。

③果梗。长短、粗细。

④梗洼。深浅、宽窄、有无锈斑。

⑤萼洼。深浅、宽窄、有无棱或条棱。

⑥果皮。颜色(底色、面色)、晕纹(晕、条纹)、厚薄。

⑦果点。颜色、形状、大小、多少和分布情况。

⑧果肉。颜色(乳白、黄白、淡绿),质地(松、脆和硬度),汁液多少、风味(甜、酸、可溶性固形物和有无香味)。

⑨萼筒。闭合与开张、萼筒形状(漏斗形和圆筒形)。

(4)结果情况

以哪种结果枝(长、中、短果枝)结果为主,腋花芽结果能力,果台连续结果能力,果台大小。

四、技能考核

对当地苹果品种果实,能够在规定时间内识别 5～10 个品种,按正确率记分。

五、实训作业

填写苹果品种调查表。

表 8-1 品种调查表

项 目		A	B	C	D
树皮	颜色				
	皮的纹理				
枝条密度	成枝力				
	萌芽力				
1 年生枝	硬度				
	颜色				
	皮孔				
	茸毛				
芽特征	形状				
	颜色				
	茸毛				
	着生状态				

续表 8-1

品种	项目	A	B	C	D
叶片	大小				
	形状				
	叶缘锯齿				
	叶背茸毛				
	蜡质				
	厚薄				
	叶柄颜色				
	伸展状态				
	叶色深浅				
花	大小				
	花色				
果实	大小				
	形状				
	果梗				
	梗洼				
	萼洼				
	果皮				
	果点				
	果肉				
	果心				
	萼筒				
	风味				
	结果情况				
外貌	树姿				
	树势				
主要特征描述					

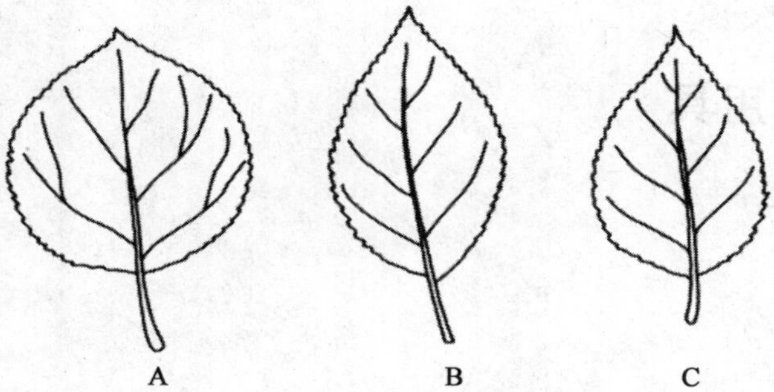

图 8-32 苹果叶形

A. 圆形 B. 椭圆形 C. 卵圆形

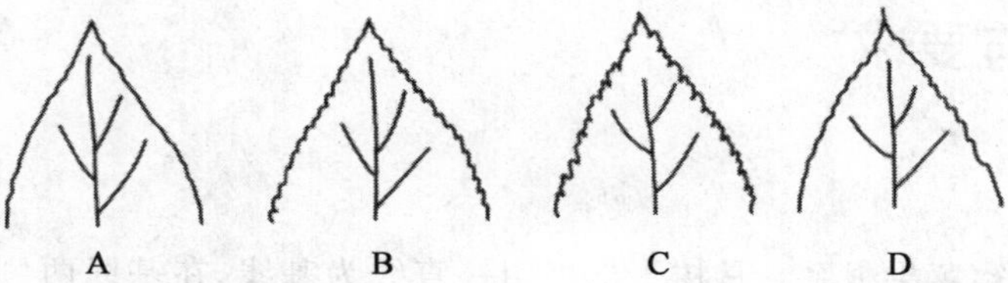

图 8-33 苹果叶缘

A. 全缘 B. 单锯齿 C. 复锯齿 D. 刺枝状锯齿

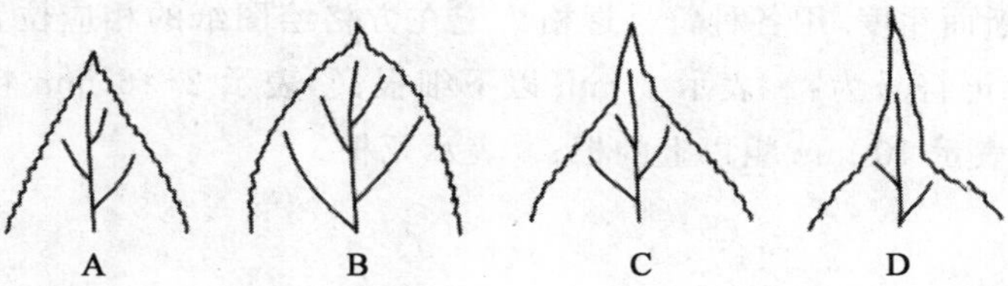

图 8-34 苹果叶尖

A. 渐尖 B. 急尖 C. 长急尖 D. 长渐尖

实训技能 8-2 苹果根系观察

一、目的要求

通过实训，掌握苹果根系观察方法，为合理施肥提供依据。

二、材料与用具

1. 材料

苹果结果期树。

2. 用具

挖根用具、钢卷尺、记载和绘图用具和方格纸。

三、方法与要求

1. 方法

采用壕沟法观察苹果根系。从树干向外引一直线为基线，在基线两侧各 40 cm 处做一与基线平行的直线。再在基线上离树干 1～1.5 cm 处向外挖一土壤剖面。剖面宽 60～80 cm，深一般为 80～100 cm。挖出剖面必须铲平，再在剖面上纵横每 10 cm 划线，分为若干 10 cm×10 cm 的方格。然后观察根系分布。根据观察结果，将土壤平面上的根，按方格自左向右，自上向下，根据根的断面粗度，用各种符号逐格绘记在方格绘图纸的相应位置上，绘制成根系分布剖面图。根的标记符号为：· 表示 2 mm 以下细根；○表示 2～5 mm 粗的根；⊙ 表示 5～10 mm 粗的根；◎表示 10 mm 粗以上的根；×表示死根。

2. 要求

(1)时间

安排在苹果果实采收后进行。

(2)要求

预先挖好 2～3 个根系分布土壤剖面，轮流观察。

四、实训作业

根据观察结果，绘制根系分布剖面图。

实训技能 8-3 苹果主要病害识别

一、目的要求

通过观察，掌握苹果病害识别方法，能够准确识别当地苹果主要病害，为苹果园病害防治奠定基础。

二、材料与用具

1. 材料

苹果树腐烂病、苹果干腐病、苹果轮纹病、苹果炭疽病、苹果褐斑病、苹果斑点落叶病、苹果白粉病、苹果花叶病及其他苹果病害症状标本和病菌玻片标本。

2. 用具

显微镜、放大镜、挑针、刀片、滴瓶、载玻片、盖玻片、培养皿等。

三、步骤与方法

1. 苹果枝干病害识别

苹果腐烂病具体有溃疡型和枝枯型两种症状。溃疡型是冬春发病盛期在树干及主枝下部出现的典型症状。病部初期为水渍状，稍隆起，皮层松软。后变为红褐色，常流出汁液，有酒糟味。最后病皮失水干缩下陷，变为黑褐色，病、健交界处裂开，病皮上密生黑色小粒点。雨后或潮湿时，从小黑点顶端涌出橘黄色丝状孢子角；枝枯型主要发生在 2～5 年生小枝条、果台、干桩等部位，病部红褐色，水渍状，不规则形，病斑进一步扩展并环绕枝条，造成失水干枯，枝条上叶片变黄。

根据枝干病害症状特点，现场观察苹果树腐烂病溃疡型、枝枯型等病状特点，病皮表面产生黑色小粒点情况和孢子角释放。镜下观察病菌子囊壳、子囊孢子、分生孢子器及分生孢子形态特征。

2. 苹果果实病害识别

苹果果实病害主要轮纹病和炭疽病。苹果轮纹病多在果实近成熟期和贮藏期发病，以皮孔为中心生成水渍状褐色小斑点，后扩大成深浅相间褐色同心轮纹，并有茶褐色黏液流出，后期失水变成黑色僵果。炭疽病发病初期，果面出现淡褐色水渍状圆形小斑点，后扩大成深褐色干腐状病斑。其中部凹陷，有深浅交替同心轮纹，病组织呈漏斗状向果心扩展，腐烂果肉剖面呈圆锥状，有明显苦味。后期病斑上着生大量排列成轮状黑色小点。雨后或天气潮湿时，小黑点处溢出绯红色黏质团。严重感病时，病斑相连，全果腐烂，最后失水缩成黑色僵果。

比较轮纹病与炭疽病以及其他果实病害症状区别，镜下观察病原菌形态特征。

3. 苹果其他病害识别

苹果早期落叶病包括斑点落叶病、褐斑病、灰斑病和轮斑病，其共同特点是叶子发病后早期枯黄脱落。对于斑点落叶病在嫩叶叶片上出现褐色小圆斑，四周有紫红色晕圈，后病斑扩大，其中心有一深色小点或呈同心轮纹状，天气潮湿时，病斑正反面长出黑色霉层，叶片皱缩、畸形。条件适宜时，数个病斑相连，最后叶片焦枯脱落。枝条发病厚，形成 2～6 mm 褐色至灰褐色病斑，边缘裂开。幼果染病，果面出现黑色斑点，形成疮痂。褐斑病叶片发病初期，在叶背面出现褐色至深褐色小斑点，边缘不整齐，病、健界限不清，后期病叶变黄，但病斑边缘仍保持有绿色晕圈。病斑表面有黑褐色微隆起的针芒状和蝇粪状黑点。症状可分为同心轮纹型、针芒型和混合型 3 种类型。果实染病时在果面出现淡褐色小斑点，后扩大为 6～12 mm 圆形或不规则形褐色斑，表面凹陷，有黑色小粒点。病部果肉为褐色，呈海绵状干腐。

4. 要求

病害识别以室内标本集中观察识别为主，结合果园病害防治进行感性识别。除标本外，可彩图、幻灯、影像资料扩大识别范围。

四、技能考核

在规定时间内，能通过症状识别当地苹果主要病害。

五、实训作业

1. 制作当地苹果主要病害检索表。
2. 调查苹果某一病害发生特点。

实训技能 8-4 苹果主要虫(螨)害识别及药剂防治试验

一、目的要求

掌握苹果主要虫(螨)害识别方法。能从虫(螨)害形态特征及危害状两方面准确识别当地主要虫(螨)害。要求掌握农药田间药效试验方法,学会合理用药。

二、材料与用具

1. 材料

桃小食心虫、山楂叶螨、二斑叶螨、苹果叶螨、苹果小卷叶蛾、绣线菊蚜、苹果瘤蚜、苹果棉蚜及其他当地常见害虫等针插标本、液浸标本、玻片标本及危害状标本。供试药剂。

2. 用具

放大镜、体视显微镜、显微镜、镊子、挑针、载玻片、培养皿等;喷药、配药和盛药的各种工具,喷药标签、记录本等。

三、步骤与方法

1. 室内苹果虫(螨)害识别

(1)苹果食心虫类识别

观察食心虫成虫体形、颜色及前翅特征;幼虫体形、头部、前胸背板、腹板和腹节形状和颜色,胴部色泽、腹足、尾足趾钩数目;幼虫为害果实症状特点;卵的形状和颜色等。

(2)叶螨类识别

观察山楂叶螨、二斑叶螨、苹果叶螨的成螨,若螨、幼螨和卵的形态特征和危害状。

(3)当地苹果其他重要害虫识别,观察其形态和危害状。

2. 田间苹果虫(螨)害识别

选择夏季果园虫(螨)害种类较多时,现场观察鉴别。

桃小食心虫幼虫蛀果后,随着危害程度加重,果实会出现三种受害状。初期在果实胴部或顶部的蛀果孔出现水珠状半透明果胶滴,俗称“流眼泪”,以后蛀果孔成为很小的黑褐色凹点,且周围常呈浓绿色;中期幼虫在果皮下串食,使幼果果面成为凹凸不平的“喉头果”;后期幼虫大量取食并排粪于果实内,俗称“豆沙馅”果。

苹果叶螨类主要有山楂叶螨、二斑叶螨和苹果叶螨。包括害虫危害共同特征是:吸食叶片及初萌发芽的汁液。使叶片出现失绿小斑点,严重者失绿点扩大连成片,最终全叶变黄而脱落。其中山楂叶螨和二斑叶螨危害症状相同:都是以小群体在叶背面主脉两侧吐丝结网,导致叶片出现灰黄斑,继而枯焦、变褐,引起脱落。苹果叶螨被害叶片均匀散布密集失绿斑点,变硬变脆,但不脱落。

苹果小卷叶虫以幼虫为害果实的芽、叶、花和果实。小幼虫常将嫩叶边缘卷曲。以后吐丝缀合嫩叶;大幼虫常将2～3张叶片平贴,将叶片食成孔洞或缺刻,或将果实啃成许多不规则小坑洼。

苹果上的蚜虫主要有3种:绣线菊蚜、苹果瘤蚜和苹果绵蚜。绣线菊蚜为害后成、若蚜群集为害新梢、嫩芽和新叶。受害叶向背面横卷。苹果瘤蚜成、若蚜群集叶片、嫩芽和幼果吸食汁液。受害叶向背面纵卷,且有红斑皱缩。苹果绵蚜成、若蚜聚集枝干及根部吸取汁液,受害部膨大成瘤。

3.苹果园药剂防治试验

在苹果虫(螨)害室内外识别基础上,以某一种虫害为代表,通过果园药剂防治试验,确定药剂品种和防治方案。

选择上年桃小食心虫发生较重果园,分成2个试验区段(重复2次),每个区段按试验处理数(供试药剂品种数)划成小区,每小区15株数。第二区段按逆向顺序排列。将该果园防治桃小常用药剂设为标准对照药剂。喷药前每小区中间固定3株调查树,每株树定果100个以上,每个处理(药剂)重复2次,共定果600个左右。用放大镜检查固定果上的蛀入孔数,并随即用玻璃铅笔将蛀入孔圈起。检查完以后在当天或第二天喷药。当代卵发生期结束后,调查固定果,凡有新增蛀入孔的果实即作为虫果计算,否则都算作好果,然后按以下公式求出好果率,作为选用药剂的依据。

$$好果率=\frac{好果数}{检查总果数}\times 100\%$$

4.要求

(1)实训时间选择夏季果园害虫(螨)种类多时进行,先室内识别,再果园现场识别,最后进行药剂实验。

(2)室内识别充分利用彩图、课件、VCD等多媒体教学手段,力求达到准确识别。

(3)不同害虫(螨)药剂防治效果的调查方法及计算公式不同,可参考有关资料进行。

四、技能考核

在规定时间内,能通过害虫(螨)的任一形态或危害状识别出相应的害虫。

五、实训作业

1. 制作当地主要害虫(螨)室内检索表。

2. 观察果园主要害虫(螨)各虫态形态特征及危害状,制作苹果常见害虫检索表。

3. 设计某种害虫药剂防治效果试验。

实训技能 8-5 苹果修剪基本技能训练

一、目的要求

学会观察修剪反应,为掌握苹果基本修剪技能奠定基础。熟练掌握苹果基本修剪技能,为其他树种修剪奠定基础。掌握苹果幼树整形技术,学会基本修剪技能的综合应用。

二、材料与用具

1. 材料

管理较好的各个年龄时期的苹果树。

2. 用具

修枝剪、手锯、芽接刀、梯子、开角用具、钢卷尺、卡尺、铅笔和笔记本等。

三、步骤与方法

1. 修剪反应观察

冬季修剪前,观察上年各种基本修剪方法的反应。观察内容包括被剪枝条的生长势、角度、粗度、位置,采用的修剪方法及其程度,修剪后枝芽生长情况,如萌芽率、成枝力、枝类比例、枝条充实程度、成花结果情况。在此基础上,提出苹果园整体修剪方案。

2. 基本修剪技能训练

(1)修剪工具使用方法与枝条剪截及锯除方法

(2)各种修剪方法训练

短截程度剪截部位,剪口芽留用;回缩部位及剪口枝选留;缓放对象选择;枝条开张角度的方法及操作规程;环剥、刻芽操作技术等。要求达到规范熟练、意图明确,与实际符合程度高。

3.综合修剪技能训练

(1)幼树整形技术练习

选择当地苹果园主流树形,利用不同树龄苹果树,按由小到大顺序,分别进行定干、定植当年及以后各年的修剪,形成相对连续的整形过程。

(2)结果枝组培养与修剪

掌握结果枝组配置、培养与更新。

4.要求

以冬季修剪为主,完成大部分技能训练。生长季分别在春季萌芽前和夏季新梢旺长期进行。要从苹果动态生长角度掌握修剪技能。采用观看影视教学片,采用室内板图演示、现场模拟教学、示范修剪等形式,形成系统的修剪概念和综合技能。要注意操作安全。

四、技能考核

在休眠期修剪实训结束后进行。采取现场单独考核+提问的方法进行。

五、实训作业

根据不同树龄、树势、立地条件和修剪反应,制定不同年龄时期树修剪方案。能够进行不同年龄树修剪。

第九章　梨

［内容提要］梨基本知识，梨的生物学特性，梨的种类和品种；梨的无公害生产技术。特色梨红梨优质丰产栽培技术及优质梨省力化高效丰产栽培技术。随着人们生活水平的提高，介绍了其园林应用。

梨是人类最早栽培的果树之一。其营养丰富，医疗价值高。梨果除鲜食外，还可用于加工，是我国出口量最大的水果。梨树适应性强，山地、沙荒、平原或盐碱涝洼地均可栽培。梨树抗逆性强，栽培管理比较容易。梨树结果早，易丰产、高产，盛果期长，发展梨树栽培经济效益显著。除此之外，梨树还是美化环境的优良树种，生态效益极为显著。

第一节　生物学特性

一、生长习性

梨属深根性树种，干性强，层性明显。枝条早期生长一般较直立，以后随着枝条生长加快和抽枝增多以及产量增加，树冠逐渐开张。一般定植后3～4年开始结果，7～8年进入盛果期。经济结果寿命一般在50年以上，而树龄则更长。

1. 根系生长与分布

(1)根系生长

①地温要求。在适宜条件下，梨树根系生长与土壤温度关系密切。一般萌芽前表土温度达到0.4～0.5℃时，根系便开始活动；当土壤温度达到4～5℃时，根系即开始生长；15～25℃生长加快，但以20～21℃根系生长速度最快；土壤温度超过30℃或低于0℃，根系就停止生长。

②生长特性。梨树根系生长一般比地上部的枝条生长早1个月左右，且与枝条生长呈相互消长关系。

③生长高峰。长江流域及以南地区，幼龄梨树根系周年生长活动一般有3次生长高峰。第1次生长高峰出现在3月下旬至4月中下旬。这次根系生长，依靠贮藏营养，一般生长量最大。第2次根系生长高峰出现在5月上中旬至7月上旬。该期随着新梢生长和叶面积基本形

成，地上部同化养分供应日渐充足，加上土温适宜，因此根的生长量也较大。以后随着气温升高，根系生长逐渐受到抑制。到10月上中旬后，随着地温下降，梨树根系生长又逐渐加快，并出现第3次生长高峰，直到11月上旬，随着落叶的开始而停止生长。由于该期根系生长时间短，所以根系生长量较小，不及上两次。投产梨树由于开花结果的影响，根系生长一般只有2次生长高峰。第1次出现在5月下旬至6月上中旬。此期同化养分供应日渐充足，土温在20℃左右，最适宜梨树根系快速、旺盛地生长，是投产梨树根系生长最重要的时期。以后，随着气温和土壤温度不断升高，梨树根系生长逐渐变慢。果实采收后，特别是9月上中旬开始，随着同化养分的迅速积累，土温又逐渐回落到20℃左右，因而根系出现第2次生长高峰，一般维持到10月中旬左右，但生长量不及第1次。以后，随着气温的急剧下降，根系生长又渐趋缓慢，至地上部出现落叶后，梨树根系也随之进入相对休眠阶段。

④根系生长与栽培管理关系。二者关系密切。若结果过多，导致树势衰弱；粗放管理，出现病虫严重危害；受旱、涝等等，根系生长会受到严重影响，不仅生长量大大减少，而且在年生长周期中，往往无明显的生长高峰。因此，在抓好梨园日常田间管理时，要始终加强梨园的疏果管理、病虫防治、土壤管理和肥培管理等措施，为丰产、优质奠定基础。

(2)根系分布

梨树根系分布深而广。根系分布与品种、砧木、树龄、土壤、地下水位及栽培管理关系十分密切。一般土层深厚，疏松肥沃，垂直分布能达到树高的一半；水平分布约为树冠幅的2倍左右。但梨树根系绝大部分集中分布在离地表30～50 cm范围内，而且越近主干，根系分布越密，入土越浅；反之，入土深，分布稀。凡土壤疏松肥沃、土层深厚，则根系分布深而广。因此，从幼树起，应有计划地合理进行深耕并施入有机肥，促进根系深扎入土。

2. 芽、枝梢和叶片生长

(1)芽及萌发

梨树枝梢上芽均为单芽，外观上表现为鳞片数量多、体积大、离生。一般外形瘦小者是叶芽，萌发后抽生新梢；外形肥胖的是混合芽(俗称花芽)，萌发后既抽生结果新梢，又在该梢上端着生一伞房花序，开花结果。梨树混合芽绝大部分着生在中、短枝的顶部。但长枝中上部腋芽，在营养充足、树势较好的情况下，也能分化形成混合芽，该腋花芽就是无叶2次梢的顶芽。梨树花芽多顶生，叶芽多腋生。少数顶生叶芽则是受顶端优势或叶片簇生等因素影响所致。梨芽异质性不明显，除下部有少数瘪芽外，全是饱满芽。枝条侧芽芽鳞中常有副芽存在，萌芽抽梢后，鳞片脱落，副芽在枝条基部成为隐芽。梨萌芽率高，成枝力低；除枝条基部几节为盲芽外，芽一般均能萌发，但常常只有生长枝顶端1～4节芽能抽发成长枝。其下部芽依品种、种类不同，只抽中、短枝，甚至叶丛枝。梨芽属晚熟性芽。在正常情况下，一般1年只有越冬芽抽生1次新梢。但个别树势强旺者或幼年树，当年形成芽，当年也能萌发抽枝。“隐芽”存在于叶丛枝，到次年，该芽一般不萌发且不明显，只有树体遇大刺激，如重剪后，隐芽才萌发抽枝。梨树隐芽寿命一般很长，生产上常利用隐芽的这一特性，进行树、枝的更新或复壮。

(2)枝梢生长特性

梨是高大乔木，干性强，顶端优势比苹果更强，树体易出现上强下弱现象。一般树冠顶部、外围，易抽长枝、旺枝、直立枝，使树体上强下弱、外强内弱，导致梨树层性明显。梨幼树枝条较直立，生长旺盛，新梢年生长量可达80～150 cm，树冠呈圆锥形。进入盛果期后，枝条生长势减弱，新梢年生长量约 20 cm。梨树骨干枝尖削度比较小，结果后主枝逐渐开张，树冠呈自然圆头形。梨树枝梢抽生长短与其生长时间关系密切，一般叶丛枝经 7～10 d 生长即形成顶芽，中、短枝生长多在 20～30 d；长枝停长一般需 40 d 以上形成顶芽。

(3)新梢生长

梨树新梢自萌芽起即开始生长，展叶分离后，生长渐快。在浙江，一般 3 月下旬开始萌芽，3 月底或 4 月初展叶，4 月中旬短枝停梢；6 月中旬左右长梢生长也基本停止。全树 4 月中下旬至 5 月上旬是梨树新梢生长鼎盛时期，以后新梢生长渐缓，直到顶芽形成。梨树新梢生长，前期主要依靠树体的贮藏养分，后期则依靠树体当年同化养分。由于新梢停长较早，且 1 年只抽生 1 次新梢，故与幼果争夺养分矛盾较小，因此，只要授粉受精良好，梨树坐果率普遍较高。在我国北方，绝大多数梨树新梢只有春季 1 次加长生长，无明显秋梢或秋梢很短且成熟度不好。新梢停止生长比苹果早，多数在 7 月中旬以前封顶。

(4)生长枝分类

根据梨树枝梢生长发育特点，生产上常依其生长长度，把生长枝分成短枝(5 cm 以下)、中枝(5～20 cm)和长枝(20 cm 以上)的三种类型。一般短枝、中枝易形成花芽，故成年梨树结果母枝多以中、短枝为主。但稳产、丰产的成年梨树，上述三种类型枝梢应保持一定的比例，一般要求短枝占 85%左右，中枝占 10%左右，长枝占 5%左右为好。不同品种有所差异。

3. 叶片生长

(1)生长过程

梨叶生长，随新梢生长而生长。一般基部第 1 片叶最小，自下而上逐渐增大。在有芽外分化的长梢上，一般自基部第 1 片叶开始，自下而上逐渐增大，当出现最大 1 片叶后，会接着出现以下 1～3 片叶，明显变小，以后又渐次增大，后又渐次变小的现象。对第 1 次自基部由小到大间的叶片，属芽内分化叶，称第 1 轮叶，在此以上叶为第 2 轮叶，属芽外分化。第 1 轮叶在 11 片以上，且最大叶片出现在第 9 片以上，是梨树丰产稳产的形态指标。梨树叶片数量和叶面积与果实生长发育关系密切。如砂梨系统品种，一般每生产 1 个果实需要 25～35 片叶，否则，当年的优质丰产就没有保证。

(2)生长特点

梨叶具有生长快、叶幕形成早的特点。5 月下旬前，全树 85%以上叶片完全展开并停止长大，大部分叶片在几天内呈现出油亮的光泽，生产上称为“亮叶期”。它标志着叶幕基本形成，花芽生理分化开始。

二、结果习性

1. 花芽分化

梨树花芽分化一般分 2 个阶段：生理分化阶段和形态分化阶段。生理分化一般在芽鳞形成的 1 个月时间内基本完成，以后即进入形态分化阶段，到 10 月份，形态分化已完成，出现花器的各原始体。此后，由于气温降低，树体开始正常落叶进入休眠状态，花芽分化暂停进行。

次年开春后，随着气温回升，依靠树体上年的贮藏营养，花芽分化继续进行，直到开花前，进一步分化完成包括胚珠、花粉粒等各花器性器官的分化、增大和形成。梨树花芽分化不仅时间较长，而且隔年分化。梨树花芽分化质量与果实采收后的管理关系密切，这是梨树一年管理工作的开始，也是夺取下一年稳产、丰产的基础。

2. 花芽分类与结果枝类型

(1)花芽分类

梨树枝梢停长早，大多数梨品种花芽均易形成。按照花芽着生部位不同，一般把梨树花芽分为两种，即由顶芽分化发育而成的顶花芽和由腋芽分化发育而成的腋花芽。顶花芽坐果率通常比腋花芽坐果率高。

(2)结果枝类型

梨结果枝可分为长果枝、中果枝、短果枝和腋花芽枝 4 种类型。一般梨树以短果枝结果为主。梨结果新梢极短，开花结果后，结果新梢膨大形成果台，果台上可发果台副梢(果台枝)1～3 个，条件良好时，可连续形成花芽结果。果台副梢经多次分枝可成短果枝群(图 9-1)。一个短果枝群结果能力可维持 2～6 年，长的可达 8～10 年，具体因品种和树体营养条件而不同。随树龄增长，短果枝群结果能力衰退。短果枝群又有姜形枝和鸡爪枝之分。姜形枝又叫单轴短果枝群，指果台上抽生 1 个果台枝，由于连续结果膨大而形成的枝。鸡爪枝是指果台上左、右两侧抽生 2 个果台枝，由于连续结果膨大而形成的枝。一般对梨树采取控制先端优势，开张角度、轻剪密留、加强肥水管理等措施，可提早结果。

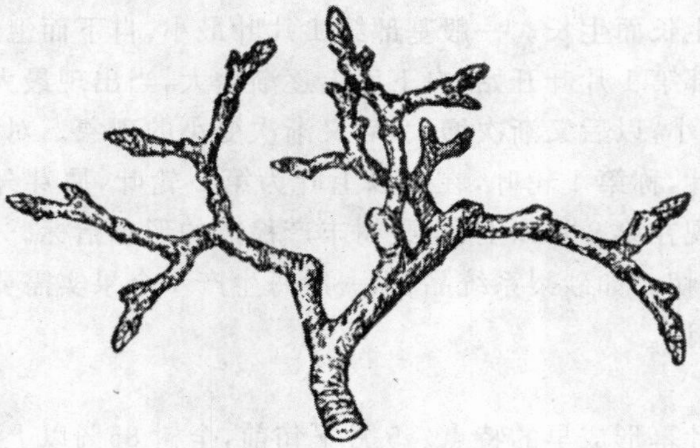

图 9-1　短果枝群

3. 开花

(1)开花过程、早迟和花期长短

经过冬季休眠后，花芽内花器官分化发育随气温回升开始加快完成。外观表现为花芽体积不断增大，直至花芽萌动开绽。正常气候条件下，长江流域梨产区花芽开绽期多在 3 月中下旬。梨花芽开绽后，随之就出现现蕾、花蕾分离、花瓣伸展和开花等各个阶段。一般始花在 3 月底至 4 月初，花期 10～15 d。梨树开花早迟和花期长短取决于气候、品种而有所差异。若花期前后气温高，雨水少，则开花早，花期短。一般初花期 2 d 左右；盛花期 5～8 d；终花期 3～5 d。

(2)开花次数

在正常情况下,梨树1年只开花1次,但也有秋季9～10月份发生2次开花现象。其主要原因是由于栽培管理不善或遇不可抗拒的外力影响所致。如病虫为害、严重干旱、遭强台风侵袭,导致提早落叶,刺激树体被迫休眠,后又遇适宜气候,使花芽随即开放,从而出现1年开花2次现象。梨树秋季开花,不仅大大减少了来年的花量,而且还消耗了大量的树体营养,故对次年梨树产量影响极大。

(3)开花习性

梨绝大多数品种是先开花后展叶,少数品种花叶同时开放或先展叶后开花。梨的伞房花序一般由5～8朵花组成。花序着生在由混合芽内雏梢发育而成的结果枝上端。一个花序一般边花先开,中心花后开,呈向心开放顺序。一般初花期花授粉受精质量高,坐果可靠;由边花发育而成的果实较大。

(4)晚期花

由雏梢发育而成的结果枝叶腋内,常抽发1～2个果台副梢,其部分顶芽也能在芽内分化发育成顶花芽,且能随着结果枝上顶花芽的开放而开放,但时间上迟10～20 d,生产上称该花为梨树的晚期花。由于该花发育时间短,分化也不完全,故不能正常结实膨大,生产上应尽早疏去。

(5)果台副梢

果台副梢一般以每果台抽2个居多。只要树体营养好,一般果台副梢当年就能发育形成良好的结果母枝。梨树修剪时也常利用果台副梢作结果枝组的更新和结果母枝的培养,一般疏一留一,或截一留一。果台副梢多寡与强弱,与品种的特性和树体营养状况等有关,这也是鉴定生产梨园管理好坏的重要形态指标之一。

4.授粉树配置与授粉受精要求

(1)授粉树配置

梨属异花授粉果树,自花结实率很低,甚至不能结果。因此生产上必须配置授粉树。梨树授粉树选择和配制,必须遵循以下四条原则:一是花期相遇或基本相遇;二是花粉亲和性好,花粉量大,且发芽率高;三是授粉品种果实品质好,也可以是主栽品种互为授粉品种;四是授粉树配置比例,一般应达到主栽品种的25%～30%。目前,在早熟优质梨发展过程中,生产上常用翠冠、清香或黄香、黄花互作授粉树,效果很好。

(2)授粉受精要求

梨花具授粉受精能力一般仅5 d左右。老梨园或授粉树配置比例不足生产园,若进行人工辅助授粉时,应重点选择花序边部刚开的1～3朵花进行授粉。

5.坐果与落果

梨开花量大,落花重,落果轻,坐果率比较高。在正常管理情况下,只要授粉受精良好,一般均能达到丰产目的。梨树正常的生理落果,是其在系统发育过程中所形成的一种自疏现象,不构成生产威胁。只有因不良气候或管理失误而引起严重落果,才会对当年的产量造成影响。梨树正常的生理落果一般有3次高峰。第1次一般出现在花后5～10 d,即4月上旬末,主要是授粉受精不良所致。第2次出现在花后4～6周，即4月下旬末。第3次一般从5月上中旬开始。后2次主要由于树体营养不良或营养供求失衡造成。

6. 果实发育

梨果实可食部分由花托发育而成，子房发育形成果心，胚珠发育成种子。早熟品种的果实发育期一般在4个月左右。梨果实体积生长曲线呈单S形，一般分3个时期。

(1)果实快速增大期

从子房受精后开始膨大，到幼嫩种子开始出现胚为止。该期主要是花托和幼果的细胞迅速分裂。由于细胞数目不断增加和堆积，果实体积快速增大，表现为果实纵径比横径增加更明显，幼果在该期呈椭圆形。

(2)果实缓慢增大期

自胚出现到胚发育基本充实为止。该期主要是胚迅速发育增大，并吸收胚乳逐渐占据种皮内全部胚乳的空间，而果肉和果心部分体积增大缓慢，变化不大。因此，此期果实外观变化不明显，属缓慢增大期。

(3)果实迅速膨大期

从胚占据种皮内全部空间到果实发育成熟为止。该期主要是果肉细胞体积和细胞间隙容积的迅速膨大，使果实体积、重量随之迅速增加，特别是果实横径的显著变化，使果实形状发生根本性改变，最终形成品种之固有果形。此期，种子体积增大很少或不再增大，而种皮却逐渐由白色变为褐色，进入种子成熟期。

梨果实的发育、膨大与气候条件关系密切。晴天，一般以晚上膨大为主；阴天，膨大速度不及晴天；雨天由于空气湿度大，叶片蒸腾拉力小，使树体吸肥水能力减弱，膨大少甚至不膨大，或异常膨大造成裂果，尤其是后膨大期，若高温干旱后骤降暴雨，往往会引起未套袋果实的大量裂果，造成严重损失。梨果实膨大速度，尤以雨后初晴第一天最快，常呈直线膨大，第二天起，膨大速度就明显下降。

三、对环境条件要求

1. 温度

温度是决定梨品种分布和制约其生长发育的首要因子。不同品种系统间对温度要求有较大差异(表9-1)。在年生长周期中，不同器官、不同生育阶段对温度要求不一样。土温达0.5℃以上时根系开始活动，6～7℃生长新根，21.6～22.2℃生长最快，超过30℃或低于0℃停止生长。气温达10℃以上开花，4～5℃时，花粉管受冻。梨树开花较早，北方地区倒春寒对梨树产量影响很大。梨花芽分化以20℃左右气温最好。温度还影响梨果实的品质。在果实膨大期若气温偏高，雨水少，则果实往往偏小，石细胞增多，导致口味变差，商品性降低。

表 9-1　梨不同品种系统对温度适应范围　　℃

品种系统	年平均温度	生长季(4～10 月份)平均温度	休眠期(11～3 月份)平均温度	绝对低温
秋子梨	4.5～12.0	14.7～18.0	−4.9～−13.3	−19.3～−30.3
白梨、西洋梨	7.0～12.0	18.1～22.2	−2.0～−3.5	−16.4～−24.2
砂梨	14.0～20.0	15.5～26.9	5.0～17.2	−5.9～−13.8

2. 光照

梨是喜光阳性树种，年日照时数 1 600～1 700 h。在一定范围内，随日照时数和光照强度增加光合作用增强。因此，生产上要选择适宜的栽植地势、坡向、密度和行向，适当改变整枝方式，注意树形选择，控制树体高度和冠幅。

3. 水分

梨耐旱、耐涝均强于苹果，需水量 353～564 mL，但种类品种间有区别。砂梨需水量最多，较耐涝，在年降水量 1 000～1 800 mm 地区，仍生长良好；白梨、西洋梨需水量次之，主要产在年降雨量 500～900 mm 地区；秋子梨需水量最少，较耐旱，对水分不敏感。梨久雨久旱对其生长均不利。此外，梨农田灌溉水应符合 NY 5101—2002 的规定。

4. 风

梨与其他果树相比，抗风性能较差。原因是梨果柄长而细，果实大又重。一般 6 级以上大风，就会对梨树造成严重破坏性落果。但花期微风有利于梨授粉受精。

5. 土壤

梨对土壤要求不严，无论沙土、壤土、黏土，还是有一定程度的盐碱土壤都可生长。梨在土壤过于瘠薄时，果实发育受阻，石细胞增多，肉质变硬，果汁少而风味差。建园时应尽量选择土层深厚、土质疏松、透水和保水性能好、地下水位低的沙质壤土。具体要求是土壤肥沃，有机质含量在 1.0%以上，土层深厚，活土层厚度 50 cm 以上，地下水位 1 m 以下，土壤 pH 6～8，含盐量不超过 0.2%。

此外，梨产地土壤及空气质量应符合 NY 5101—2002 的要求。

思考题：

1. 梨树如何选择配置授粉树？
2. 什么叫亮叶期、姜形枝和鸡爪枝？如何使梨树早结果？
3. 如何创造适宜梨树生长发育环境条件？
4. 试总结梨生长结果习性与苹果异同点。

第二节　种类和优良品种

梨为蔷薇科梨属多年生落叶乔木果树。目前，世界梨属植物约有 35 种，其中原产我国的有 13 种：秋子梨、白梨、砂梨、河北梨、新疆梨、麻梨、杏叶梨、滇梨、木梨、杜梨、褐梨、豆梨及川梨。1871 年我国从美国引入西洋梨。我国栽培的梨品种绝大多数属于秋子梨、白梨、砂梨、新疆梨和西洋梨 5 种，其他种类主要作砧木。

一、主要种类

1. 秋子梨(图 9-2)

亦称山梨、酸梨。乔木，高达 10～15 m。主要分布于我国东北，华北、西北亦有分布。叶大型，暗绿色，叶缘带刺芒尖锐锯齿。分枝较密，老枝多为黄灰色或黄褐色；幼叶多先展或与花同时开放，叶片落叶前多为绿黄色。花柱基部具有疏柔毛，花柱短；果实多球形或扁圆形，果梗较短，萼片宿存而多外卷。果柄短、萼片宿存、果肉软而多汁，石细胞多，部分有浓郁香气，不耐贮藏。果实个小，一般品质较差，但亦有一些品种统称为秋子梨系品种，如京白梨、南果梨、大小香水梨、红南果、安梨、花盖梨、面酸梨等，多数品种需经后熟后才可食用。本种成枝力强，生长旺盛。抗寒力强，耐旱、耐瘠薄，抗腐烂病，不耐盐碱，寒冷地区栽培表现较好。

图 9-2　秋子梨

2. 白梨(图 9-3)

乔木，高 8～13 m。原产黄河流域，主要分布在华北、西北地区，辽宁和淮河流域也有少量栽培，是中国栽培梨中分布最广、栽培面积最大，优良品种最多的种类。本种叶大，叶缘锯齿尖锐，齿芒内合，嫩叶紫红色，密生白色茸毛；成叶脱落前变橘红、紫红色；嫩枝较粗，有白色密生茸毛;2年生枝多为褐色或茶褐色;果实多倒卵形或圆形,黄色或绿色,果梗长,萼片脱落或残存;中型果,脆而多汁,石细胞少,果皮黄绿色,有香气,多耐贮藏。对土壤和肥水要求严格,性喜干燥冷凉气候,抗寒力较砂梨和西洋梨强,但不如秋子梨和新疆梨。

图 9-3　白梨

3. 砂梨(图 9-4)

乔木,高 7～12 m。分布于中国长江流域及其以南各省、自治区、直辖市,华北、东北、西北等地亦有栽培。本种成枝力弱,树冠内枝条稀疏。枝条粗壮直立,多褐色或暗褐色。叶片先端长尖,叶缘锯齿尖锐有芒。本种有优良品种砂梨野生于我国长江、珠江流域各省区,日本和朝鲜南部亦有分布。喜温暖湿润气候,抗热、抗火疫病能力强,抗寒力弱于秋子梨和白梨,但强于西洋梨;果实多为圆形,肉脆味甜,一般无香气,果皮多褐色,果实石细胞较多,多数品种耐贮性不如白梨,为长江以南梨区和西洋梨品种的良好砧木。本种栽培品种很多,如四川苍溪梨,日本二宫白、丰水、新世纪等。我国先后引入的日本梨和韩国梨优良品种也属于本种,统称为砂梨系统品种。目前生产上栽培的砂梨有中国砂梨和日韩砂梨两类。

图 9-4　砂梨

(1)中国砂梨

主要分布在长江流域以南及淮河流域一带,华北、东北也有少量栽培。其叶片先端长尖,基部圆形或近圆形,叶缘刺芒微向内拢;分枝较稀疏,枝条粗壮直立,多褐色或暗绿褐色;嫩枝、幼叶有灰白色茸毛;果实多圆形或卵圆形,果皮多褐色,少数黄褐色;萼片一般脱落,少数宿存。肉质、硬脆多汁,石细胞极多。该类群性喜温暖湿润气候,抗寒力较其他主要栽培种类差。主要种类有苍溪雪梨、宝珠梨、黄花、紫酥梨等。

(2)日韩砂梨类

主要分布在日本的鸟取、福岛、千叶、长野;韩国的罗洲等中部地区。近十几年在我国黄河故道和长江中下游地区引种发展较多。日韩砂梨多数成枝力弱,树冠内枝条稀疏,但萌芽力强,芽较早熟,容易成花,短果枝结果多,并能连续成花,且幼树结果早,产量高,适合密植栽培。该类群多数品种叶片厚而大,颜色深。果肉脆嫩,质细味甜,汁多,品质较好。目前,该类群品种在香港市场上享有很高的声誉。但多数品种贮藏性能较差,主要代表品种有新水、幸水、丰水、二十世纪、新世纪、新高、晚三吉、黄金梨、圆黄梨、华山梨等。

4. 西洋梨(图 9-5)

乔木,高 6～8 m。此种是从欧洲引进,在我国栽培面积较小,主要分布于中国华北、西北等地区。枝粗壮,有刺,覆有一层薄薄灰色表皮,1 年生枝无毛有光泽。叶小,卵圆或椭圆形,革质平展,全缘或钝锯齿,柄细长略短。枝条直立性强,树冠广圆锥形,亦有少数品种枝软易下垂开张,嫩枝或小枝光滑无毛,有光泽,枝条灰黄色或紫褐色,叶片小,叶缘锯齿圆钝或不明显。果实多葫芦形,少数近圆形,黄色或绿黄色,果柄粗短,萼片多宿存内卷,多数需后熟后方可食用,肉质细软易溶,石细胞少,易溶于口,常有香味,不耐贮藏。抗寒性弱,易染腐烂病。其成枝力与秋子梨相当,生长结果习性与苹果更相似。主要代表品种有巴梨、三季梨、伏茄梨、孔德梨、红把梨、红考密斯、红安久、葫芦梨等。

图 9-5 西洋梨

5. 新疆梨(图 9-6)

乔木,西洋梨与白梨自然杂交种,高 6～9 m。分布于我国新疆和甘肃河西走廊一带。小枝紫褐色,无毛,具白色皮孔。芽卵圆形,急尖。叶卵圆形或椭圆形至阔卵形,先端短渐尖,基部圆形,少数广楔形,边缘上半部具细锐锯齿,下半部近于全缘或浅锯齿。果实卵圆形或倒卵圆形,萼片直立宿存,果心大,石细胞多。本种果形近似西洋梨,但果梗特长而叶片具细锐锯齿。代表品种有新疆的阿木特、甘肃的花长把等。

图 9-6 新疆梨

6. 杜梨(图 9-7)

又名棠梨、灰丁子等。乔木,高 10 m 左右。野生于我国华北、西北、华东各省区。根系入土深,生长旺盛。枝条开张下垂,有刺,嫩枝密生短白茸毛。嫩叶表面有白色茸毛,后脱落有光泽;背面多短毛,叶片菱形或卵圆形,叶缘有粗锯齿。花小,花期晚。果实圆球形,直径 0.5～1 cm,褐色,萼片脱落,子房 2～3 室。本种抗旱、寒、涝、盐碱能力均强,与中国梨、西洋梨嫁接均生长良好,是中国北方梨区的主要砧木树种。

图 9-7 杜梨

7. 褐梨(图 9-8)

亦称棠杜梨,野生于华北各省。乔木,高 5～8 m。嫩梢具白色茸毛,2 年生枝紫褐色。叶片长卵圆形或长卵形,先端具长渐尖,基部阔楔形,边缘有粗锯齿。果椭圆形或球形,褐色,子房 3～4 室,萼脱落,果实汁多、肉绵。主要分布于我国华北各省,以河北昌黎、抚宁一带和甘肃河西走廊一带最多,山西、山东和陕西也有分布。北京、河北东北部山区有用作砧木的。西北、河南还有栽培种,果小、丰产、抗风,果需后熟后方可食用。与栽培梨品种嫁接亲和良好,也是暖地梨树常用砧木树种之一。

图 9-8　褐梨

8. 豆梨(图 9-9)

亦称明杜梨,乔木,高 5～8 m。新梢褐色无毛。叶阔卵圆或卵圆形,先端短,渐尖,基部圆形至阔楔形,叶缘细钝锯齿,叶展后即无毛。果球形,深褐色,萼脱落,子房 2～3 室。适应温暖、湿润、多雨、酸性土壤,植株抗腐烂病能力强,抗寒力较差。野生于华东、华南各省,日本、朝鲜亦有分布。与杜梨区别在于小枝无毛,果实略大,种子小有棱角。本种实生苗初期生长缓慢,与栽培梨品种嫁接亲和良好,为我国南方梨区及日本、朝鲜栽培梨树的主要砧木树种之一。

图 9-9　豆梨

9. 麻梨(图 9-10)

乔木,高 8～10 m。嫩枝有褐色茸毛,2 年生紫褐色。叶卵圆至长卵圆形,具细锯齿,向内合,果小,直径 1.5～2.2 cm,球形或倒卵形,色深褐,多宿存,子房 3～4 室。主要分布于我国华北、西北各省(自治区)。为西北常用砧木。

10. 木梨(图 9-11)

乔木,高 8～10 m,嫩枝无毛或稀茸毛。叶卵圆形或长卵圆形,叶基部圆形,实生树叶缘多钝锯齿,无毛。果小,球形或椭圆形,褐色。抗赤星病,为西北常用砧木。

图 9-10　麻梨

图 9-11　木梨

二、主要优良品种

梨品种类型极为丰富，全世界梨品种有 7 000 个以上。我国有 3 500 个以上。梨依据形态特征、生态特征不同可分为秋子梨系统、白梨系统、砂梨系统、西洋梨系统和新疆梨系统。梨生产上主要栽培品种有 20 多个。

梨按果实发育期长短可分为极早熟品种，果实发育期小于 80 d，其代表品种有早佳梨、红星、鄂梨 2 号、六月酥等；早熟品种，果实发育期 80～110 d，其代表品种有七月酥、早美酥、绿宝石等；中熟品种，果实发育期 111～140 d，其代表品种有新水、新世纪、金世纪、丰水、幸水等；晚熟和极晚熟品种果实发育期都在 140 d 以上。其中中晚熟品种代表有红考密斯、红安久、新星、白皮酥、金世纪、红皮酥、新兴、黄金梨等；晚熟品种代表有新高、水晶梨等。

1. 鸭梨（图 9-12）

原产河北白梨系统。现北方许多地区都有栽培，是河北省主栽品种。该品种幼树生长旺，大树生长势弱，树冠开张，萌芽力高，成枝力弱，枝条弯曲，树冠内枝条稀疏，短枝多。定植后 3～4 年结果，第 7～8 年进入盛果期，以短果枝结果为主，果台连续结果能力强。果实呈倒卵圆形，近果柄肩部有一鸭头状突起，故名鸭梨。果梗长，萼片脱落。果实中等大小，平均单果重 185 g。果皮细薄而光滑，有蜡质，果皮绿黄色，贮藏后变为黄色，果柄附近有锈色斑。果肉白色，质细而脆，石细胞少，果汁多，味甜微酸，有香气，可溶性固形物含量 11%～13.8%，品质上等，果实 9 月中、下旬成熟。自然条件下可贮至翌年 2～3 月份。该品种适应性强，抗旱性强，抗寒力中等，抗黑星病能力强，食心虫危害较重，喜沙壤土，对肥水条件要求高。适宜在渤海湾、华北平原、黄土高原、川西、滇东北，南疆及甘、宁等地区发展。

2. 砀山酥梨（图 9-13）

原产安徽砀山白梨系统。果实大，平均单果重 270 g，大者可达 500 g，近圆柱形，果皮绿黄色，贮后变淡黄色。近果梗处常有锈斑。有白皮酥和金盖酥之分。果肉白色，果心较小，肉质较粗、松脆多汁，味甜，可溶性固形物含量 11%～14%，品质上等。果实 9 月上旬成熟，耐贮藏。该品种树势中等偏强，萌芽力强，成枝力中等。适应性强。定植后 3～4 年结果，较丰产、稳产。以短果枝结果为主，中、长果枝及腋花芽结果少。果台可抽生 1～2 个副梢，很少形成短果枝群，连续结果能力弱，结果部位易外移。较抗寒，适于较冷凉地区栽培，抗旱、耐涝性也较强，抗腐烂病、黑星病较弱，受食心虫、黄粉虫为害较重。适宜发展地区同鸭梨。

图 9-12　鸭梨

图 9-13　砀山酥梨

3. 茌梨(图 9-14)

原产山东白梨系统。别名慈梨。为山东莱阳特产，是我国传统的优良品种之一。果实多倒卵圆形或短纺锤形，果形不整齐，侧果肩常突起，平均单果重 233 g。果皮绿色，贮后转为黄绿色。果面粗糙，果肉白色，质嫩，细脆多汁，味浓甜，具微香，石细胞少，果心中大，可溶性固形物含量 13%～15.3%，品质上等。果实 9 月下旬采收，较耐贮藏，一般可贮至翌年 2～3 月份。幼树生长健壮，极性强，新梢多而直立。萌芽力高，成枝力中等，定植后 4～6 年结果，有一定自花结实能力，丰产。成年树树势强健，树姿开张，以短果枝结果为主，果台副梢连续结果能力中等，腋花芽及中、长果枝结果能力很强，采前落果较重，寿命长。抗旱不抗涝，抗寒力弱。易感黑星病、轮纹病及黄粉蚜为害，也易受晚霜危害。适宜发展地区同鸭梨。

图 9-14　茌梨

4. 库尔勒香梨(图 9-15)

原产新疆库尔勒地区，南疆栽培较多，为白梨系统。果实倒卵圆形，有沟纹。平均单果重

110 g，最大可达 174 g。果皮薄，绿黄色，贮后变黄色，阳面具红晕。果梗基部肉质状，果心较大，果肉白色，肉质细嫩，味甜，有浓香，可溶性固形物含量 13%～16%，品质极上。9 月下旬成熟。果实可贮至翌年 4 月份。树势强，枝条较开张，萌芽力中等，成枝力强。定植后 3～4 年开始结果，丰产、稳产，以短果枝结果为主，腋花芽、长果枝结实力也很强。适应性广，沙壤土、黏重土均能适应。抗寒力中等，抗病虫能力强。适宜发展地区同鸭梨。

5. 雪花梨(图 9-16)

原产河北白梨系统。果实椭圆形，平均单果重 300 g，最大 530 g，长卵圆或长椭圆形。果皮绿黄色，贮后变为黄色。果点褐色，较大而密，果面稍粗糙，有蜡质分泌物。梗洼深度、广度中等，萼洼深、广，萼片脱落。果肉白色，肉质细脆，汁多味甜，果心较小，可溶性固形物含量 11%～13%，品质上等。9 月中旬成熟。可贮至翌年 2～3 月份。幼树生长缓慢，树势中庸，萌芽力高，成枝力中等。定植后 3～4 年结果，较丰产。幼树以中长果枝结果为主，随树龄增加，短果枝结果比例逐渐提高，果台发枝力弱，连续结果能力差。短果枝寿命较短，结果部位易外移。腋花芽能结果。喜深厚的沙壤土，抗旱力较强，抗寒力同鸭梨相近，抗黑星病和轮纹病能力较强。适宜发展地区同鸭梨。

图 9-15 库尔勒香梨

图 9-16 雪花梨

6. 中梨 1 号(图 9-17)

中梨 1 号又叫绿宝石梨，是中国农业科学院郑州果树研究所用新世纪和早酥梨杂交选育而成的，是目前早熟梨中综合性状较好的品种之一。树冠圆头形。幼树树姿直立，成年树树姿开张。树干浅灰褐色，多年生枝棕褐色，皮细光滑，1 年生枝黄褐色，梢无茸毛，平均枝长 82 cm，粗 3.1 cm，节间长 5.5 cm，分枝角度 45°～55°。叶片长卵圆形，平展，深绿色，叶缘锯齿锐且密，叶背具茸毛。花芽肥大，心脏形，花朵数 6～11 朵/花序，花初开时粉红色，盛花期呈白色。果实近圆形或扁圆形，果面光滑，有光泽，表面无果锈。果个大，整齐，平均单果重 260 g，最大果重 460 g。果梗长 3.8 cm，粗 3 mm。果实翠绿色，采后 15 d 变为鲜红色。梗洼、萼洼中深、中广，萼片脱落或残存。果皮薄，果心中等大小。果肉乳白色，肉质细脆，石细胞少，汁液多。总糖含量 9.67%，可溶性固形物含量 12.0%～13.5%，可滴定酸含量 0.085%，维生素 C 含量 3.85 mg/100 g。风味甘甜可口，有香味，品质上等。耐贮性较强，室温下可存放 30 d 左右，3～5℃低温下可贮藏2～3个月。幼树生长旺盛，树势强健，生长易直立；成龄树树姿较开张，分枝少，背上枝较多。干性强，萌芽率高达70%以上发，成枝力中等，剪口下可抽生3个15 cm以上新梢，分枝角度较小。早果性强，高接树当年便可形成花芽，第2年就有产量。花序坐果率较高，自然授粉状态下坐果率高达69%。有腋花芽结果习性。进入盛果期以短果枝结果为主。大小年结果和采前落果现象不明显。在周口市川汇区，花芽膨大期在3月上旬，萌动期3月下旬，盛花期4月6日前后，进入5月新梢开始旺长，6月中旬幼果迅速膨大，7月中旬果实成熟，11月下旬开始落叶。生态适应性较强，抗寒、抗旱，耐高温多湿，耐盐碱。抗病性较强，对轮纹病、黑星病和干腐病均有较强抵抗能力。前期干旱少雨，果实膨大期多雨年份，有裂果现象。适合在豫东等地区发展栽培。

图 9-17　中梨1号

7. 红南果梨(图 9-18)

南果梨芽变品种，秋子梨系统。果实近圆形，平均单果重112 g，果实阳面着鲜红色，着色面占70%以上，果面平滑，富有光泽。果心较小，果肉乳白色，肉质洁白细腻，柔软多汁，石细胞少，芳香浓郁，可溶性固形物含量14.8%～16.0%，品质极上，果实经后熟后，品质更好。果实9月下旬成熟。常温下可贮藏2～4个月。树姿直立，萌芽力中等，成枝力强，树势中庸。幼树以长果枝结果为主，成龄树以短果枝和短果枝群结果为主。抗寒性、抗旱性较强，对土壤要求不严格。适宜在燕山、辽西、黄土高原及西北地区发展。

图 9-18　红南果梨

8. 丰水梨(图 9-19)

原产日本砂梨系统。果实圆形,平均单果重 253 g。果梗长,萼片脱落。果皮锈褐色,阳面微有红褐色,果面粗糙有棱沟,果心中大,果肉黄白色,肉质细嫩,柔软多汁,味甜,石细胞少,可溶性固形物含量 12%~14.5%,品质上等。幼树生长势旺,萌芽力高,成枝力弱。3~4 年开始结果,以短果枝结果为主,中、长果枝及腋花芽较多,连续结果能力较强,抗黑星病、黑斑病,适宜在华中、华北及长江以南地区发展。

图 9-19 丰水梨

9. 红巴梨(图 9-20)

原产美国的西洋梨系统,是巴梨红色芽变新品种。果实粗颈葫芦形,平均单果重 225 g。果实阳面紫红色,片红,果肉白色,经后熟变软,易溶于口,肉质细腻,香甜多汁,石细胞极少,果心小,可溶性固形物含量 13.8%,品质上等。果实 9 月上旬成熟,常温下可贮藏 10~15 d,0~3℃条件下可贮存至翌年 3 月份。该品种幼苗新梢和幼叶均为红色,展叶后变为绿色,1 年生枝条黄色,一般定植后 3 年结果,抗寒力较差,抗热、旱、涝能力中等,叶片抗病力强。适宜在胶东、辽南、燕山、晋中、秦岭北麓等地区发展。

图 9-20 红巴梨

10. 中华玉梨(图 9-21)

又名中梨 3 号，中国农业科学院郑州果树研究所 1980 年用大香水×鸭梨为亲本杂交培育而成。果实大，平均单果重 300 g，最大单果重 600 g。果实粗颈葫芦形或卵圆形，果实大小整齐，果面光滑洁净，果皮黄绿色，果点小，梗洼浅平，萼洼中深，萼片脱落。外观似鸭梨。果皮绿黄色，果面光洁，套袋果洁白如玉，外观极美。果肉乳白色，肉质细嫩酥脆，果心极小，无石细胞或很少，汁液多，肉质酥、脆、甜、爽口，清香味浓，无石细胞，果心大小中等，可食率 90%。可溶性固形物含量 12%～13.5%，总糖含量 9.77%，总酸量 0.19%，品质极上，切开后放置 48 h 果肉不变褐。果实 9 月下旬成熟，极耐储藏，常温下可储藏到翌年 3～4 月份，土窖可储藏到第 2 年 6～7 月份，果肉不糠心，果皮不变色。幼树树冠长圆形，成年树冠细长纺锤形。树形直立，树干光滑，灰褐色，1 年生枝绿褐色，叶片长卵圆形、淡绿色。每个花序有花 6～9 朵，1 朵花有雄蕊 24 枚，雌蕊 4～5 枚，花药较多，浅红色，花序自然坐果率 42%。心室 5 个，含种子 6～8 粒，种子黄褐色饱满，圆锥形。树势中庸健壮，幼树生长旺盛，枝条柔软，易平展，多分枝，中短枝占总枝量的 84.5%，中短果枝占总果枝的 98.3%。9 年生树高 3.85 m，新梢年生长量 32.1 cm，萌芽率高达 83%，成枝力较弱，果台副梢抽生能力中等，每果台抽生 1～2 个短副梢。一般栽后 2 年开花结果，以短果枝和叶丛枝结果为主，有一定的顶花芽和腋花芽结果能力。果台枝连续结果能力中等，大小年结果和采前落果现象不明显。高接大树，采取成花措施(6 月份喷促花素，8 月份拉枝)，当年即可成花，第 2 年即可结果。幼树及嫁接树以短果枝和腋花芽结果为主。该品种适应性广，抗逆性强，抗旱、耐寒、抗病。适宜河南、陕西、山西等地栽培。

图 9-21　中华玉梨

11. 中梨 2 号(图 9-22)

1983 年中国农业科学院郑州果树研究所以新世纪×大香水梨为亲本杂交培育中熟梨新品种。树冠圆锥形，生长势较强。树干灰褐色，表皮光滑；1 年生枝黄褐色，长 89 cm；节间长 4.2 cm。6 年生树高 3.6 m，干周 35 cm，冠径南北 3 m×3.5 m。萌芽率高(88%)、成枝力中等。叶片卵圆形，平展、革质，叶缘细锯齿；花冠白色。结果早，定植第 3 年即可结果，以短果枝结果为主。极丰产、稳产。对梨黑星病有较高抵抗力。郑州地区 3 月中旬花芽萌动，3 月底或 4 月初始花，果实 8 月 10 日成熟，发育期 110 d 左右，自然条件下可贮藏 25 d，冷藏条件可贮至翌年 3、4 月份。果实近圆形，平均单果重 285 g，最大果重 550 g。果面光洁，果点小、中密。果心小，肉质细腻，松脆，石细胞少。风味酸甜爽口。可溶性固形物含量为12.20%，品质上等。该品种自花不实，需配置中梨1号、金水2号、新世纪作为授粉树。适宜全国各地栽培。

12.美人酥（图9-23）

果实卵圆形，单果重280～380 g，最大单果重600 g以上，果皮底色黄绿色，果面鲜红，光洁，极为美观，果柄长3.5 cm左右、粗0.5 cm，多数果柄基部肉质。果心小，果肉白色、细嫩，无石细胞，酥脆多汁，酸甜爽口，可溶性固形物15%以上，贮藏后风味更佳。树势旺，萌芽率高，成枝力较弱。幼树枝条生长健壮，枝条甩放易形成短果枝，以短果枝结果为主，果台副梢多为短枝，生理落果轻，结果早，丰产性好。正常年份在郑州地区3月底始花，花期10天左右，果实9月中旬成熟。高抗梨黑病，花期抗晚霜。

图9-22 中梨2号

图9-23 美人酥

13.满天红（图9-24）

果实圆形或高桩形，果个大，一般单果重320～450 g，最大单果重1 000 g以上，果皮底色淡黄色，着色浓红。果柄长3 cm左右、粗0.29 cm，果心小，果肉淡黄白色、汁液多，无石细胞，酸甜爽口，可溶性固形物含量15%以上，贮藏后香味浓郁，风味更佳。树势强旺，枝条粗壮，萌芽率高，成枝力较弱。幼树生长健壮，枝条甩放易形成短果枝和腋花芽，以短果枝结果为主，部分果台抽生中短副梢并当年形成花芽。苗木栽后2年开花，3年结果，早果、丰产性均好。正常年份3月下旬开花，花期10 d左右，果实9月下旬成熟，对梨黑星病抗性强，抗晚霜。

图9-24 满天红

14. 红酥脆(图 9-25)

果实圆形或卵圆形,果重 220～320 g,最大果重 450 g 以上,果皮底色淡绿色,果面有鲜红色晕。果实周围均匀分布 4 条浅纵沟,果柄基部肉质化。果心小,果肉白色,无石细胞,肉质细,酥脆。汁液多,味甜,品质上等,可溶性固形物 15%以上。幼树生长旺盛,枝条粗壮直立,1 年生枝灰褐色,叶片椭圆形,深绿色,微内卷,成年树树势中庸,萌芽率高,成枝力弱,幼树生长速度较慢,易形成腋花芽和短果枝,以短果枝结果为主,不易抽生果台副梢,连续结果能力弱,生理落果轻。花期与美人酥、满天红一致,果实 9 月下旬着色,10 月上旬成熟,高抗梨黑星病、锈病和干腐病,蚜虫和梨木虱较少。

图 9-25　红酥脆

15. 黄金梨(图 9-26)

生长势强,树姿较开张,1 年生枝粗大,黄褐色,叶片大而厚,卵圆形或长圆形。叶缘锯齿锐而密,嫩梢叶片黄绿色。当年生枝条和叶片无白色茸毛。幼树生长势强,萌芽率低,成枝力较弱,有腋花芽结果特性,易形成短果枝,结果早,丰产性好。甩放 1 年生枝叶芽,大部分可转化为花芽。连年甩放长、中梢,树势易衰弱。幼树定植后第 3 年开始结果;大树高接后,第 2 年结果株率 80%以上,第 3 年产量可达 1 000 kg/667 m^2 以上。花器官发育不完全,雌蕊发达,雄蕊退化,花粉量极少,需异花授粉。一般自然授粉条件下,花序坐果率 70%,花朵坐果率 20%左右,需严格疏果。果实近圆形,果形端正,果肩平,果形指数 0.9,不套袋果果皮黄绿色,贮藏后变为金黄色;套袋果果皮黄白,果点小,均匀,外观极其漂亮;果肉乳白色,果核小,可食率 95%以上,肉质脆嫩,果汁多而甜,有清香气味,无石细胞。含可溶性固形物 12%～15%,平均单果重 350 g 左右,最大果重 500 d 以上。0～5℃条件下,可贮藏 6 个月左右,但贮藏期须包保鲜纸。在胶东地区 3 月中旬花芽萌动,4 月 10 日初花期,4 月 16～20 日盛花期,花期持续 10 d 左右。叶芽 4 月上旬萌动,中旬开始萌发。果实 9 月中旬成熟,生长期 145 d 左右。适应性较强,在丘陵、平原地均能正常生长结果,对肥水条件要求较高,喜沙壤土,沙地、黏土地不宜栽培。抗早春霜害。果实,叶片抗梨黑斑病,黑星病能力较强。

图 9-26 黄金梨

16. 圆黄梨(图 9-27)

圆黄梨是韩国园艺研究所用早生赤×晚三吉杂交育成早熟梨品种，是目前韩国正在推广主栽梨品种中品质最优品种之一。近几年已成为日本、韩国及东南亚果品市场上主销梨果精品。圆黄梨果实圆形，平均单果重 550 g，最大果重 1 000 g，花萼完全脱落，果面光滑平整，果点小而稀，果梗中长，无水锈和黑斑，表面光洁，外观漂亮，黄褐色。果肉白色，果皮中等厚，石细胞极小，肉质细脆，含糖量 15%以上。成熟后有香气，常温下贮藏 30 d 左右，低温下可贮至春节以后。树势强，枝条半开张，粗壮，易形成短果枝和腋花芽，每花序 7～9 朵花。叶片长椭圆形，浅绿色且有明亮光泽，叶缘锯齿中等大，叶面向叶背反卷。叶芽尖而细，紧贴枝条，花芽饱满而大，开白花。1 年生枝条黄褐色，新梢浅绿色，皮孔大而密集。易形成花芽，花粉量大，既是优良主栽品种，又是很好授粉品种。树势开张，花芽形成能力强，甩放 1 年易形成短果枝和花束状果枝，自然坐果率高，高接第 2 年即可开花结果。自然授粉坐果率较高，结果早，丰产性好。河北遵化地区，3 月 20 日左右芽开始萌动，4 月 15 日初花期，4 月 20 日盛花期，4 月 25 日谢花期，8 月上旬果实膨大期，9 月上旬果实成熟期，但可延长采收至 9 月下旬，风味不变。果实发育期 185 d，11 月下旬落叶。抗黑星病能力强，抗黑斑病能力中等，抗旱、抗寒、较耐盐碱。

图 9-27 圆黄梨

17. 中梨 4 号(图 9-28)

中梨 4 号是中国农业科学院梨课题组最新培育的早熟梨优良新品种。平均单果重 370 g，短卵圆形，绿色、果肉细脆、汁多、石细胞极少、可溶性固形物含量 12.8%，酸甜适口、味浓，果实成熟期在郑州 7 月中旬成熟，货架期长、耐高温多湿，适合华中、华南、西南及黄河故道地区种植。

18. 若光(图 9-29)

日本品种，果实扁圆形，外形端正美观，平均单果重 300 g，最大单果重 540 g，果皮黄褐色，石细胞少；肉质细腻，汁多味甜。是目前我国引入日韩梨中熟期最早、品质最好的优良品种，可溶性固形物含量 13.6%，丰产抗病，货架期长，果实 7 月中旬成熟。

图 9-28　中梨 4 号

图 9-29　若光

19. 红香酥(图 9-30)

中国农业科学院郑州果树研究所 1980 年用库尔勒香梨×鹅梨杂交培育而成。2002 年通过全国品种审定。该品种树冠中大，圆头形，较开张；树势中庸，萌芽力强，成枝力中等，嫩枝黄褐色，老枝棕褐色，皮孔较大而突出。以短果枝结果为主，早果性极强，定植后第 2 年即可结果，丰产稳产，采前落果不明显，高抗黑星病。平均单果重 220 g，最大单果重可达 489 g。果实纺锤形或长卵形，果形指数 1.27，部分果实萼端稍突起。果面洁净、光滑，果点中等较密，果皮绿黄色，向阳面 2/3 果面鲜红色。果肉白色，肉质致密细脆，石细胞较少，汁多，味香甜，可溶性固形物含量 13.5%，品质极上。郑州地区果实 8 月下旬或 9 月上旬成熟。较耐贮运，冷藏条件下可贮藏至翌年 3～4 月份。采后贮藏 20 d 左右，果实外观更为艳丽。

该品种适应性较强，凡种植过砀山酥梨或库尔勒香梨的地方均可栽培。以我国西北黄土高原、川西、华北地区及渤海湾地区为最佳种植区。

图 9-30　红香酥

20. 华山（图 9-31）

华山梨又名花山，是韩国用丰水×晚三吉杂交育成的梨新品种。果实圆形，平均单果重 500 g，最大单果重 800 g。果皮薄，黄褐色，套袋后变为金黄色，果肉乳白色，石细胞极少，果心小，可食率 94%，果汁多，含可溶性固形物 16%～17%，是韩国梨中含糖量最高的品种之一，肉质细脆化渣，味甘甜，品质极佳。果实成熟期 8 月下旬，常温下可贮 20 d 左右，冷藏可贮 6 个月。

图 9-31　华山

21. 晚秋黄梨（图 9-32）

就是日本的爱宕梨，以廿世纪×金村秋培育的早果、优质、晚熟、个大，耐贮藏、低温、不腐烂自花授粉优良品种。

树势健壮，树姿直立。萌芽力强，成枝力中等，容易形成短果枝，以短果枝和腋花芽结果为主，以形成花芽，早果性好，一般栽培当年可结果，丰产性强。但果实抗风力差，成熟期如遇大风，已采前落果。

果实特大，平均单果重 550 g，最大单果重为 2 500 g。果实略扁圆形，果实过大时果形不端正。果皮黄褐色，较薄，果点较小。果肉白色，肉质松脆，石细胞少，果实味甜、多汁，可溶性固形物含量13%左右，品质上等。果实耐贮藏性较好，成熟后有类似廿世纪梨香味，在郑州地区10月中旬成熟。

图 9-32 晚秋黄梨

22. 晚秀(图 9-33)

晚秀梨是韩国园艺研究所用单梨与晚三吉杂交育成的一个晚熟优质梨新品种，也是韩国目前正在大面积发展的晚熟梨主栽品种，1998年从韩国引入我国。果个大，品质极佳，极耐贮藏，容易管理，适合果农大面积发展种植。

图 9-33 晚秀

该品种树势强健，成枝力强，枝条直立。以腋花芽和短果枝结果为主，连续结果能力强，大小年现象不明显，高产稳产。果形大，平均单果重 620 g，最大单果重 2 kg。果实扁圆形，果顶平而圆，果面光滑平整，无锈斑，有光泽，外观秀丽，黄褐色。果肉白色半透明，肉质细腻，石细胞少，无渣汁多，味美可口，可溶性固形物含量为14%～15%，品质上等。果实10月上中旬成熟，一般条件下可贮藏4个月左右，低温冷藏条件下可贮藏6个月以上，且贮存后风味更佳。是目前我国栽培的梨品种中果实耐贮藏、品质上乘、栽培前景好的晚熟梨品种。

该品种适应性、抗逆性强，适栽范围广，抗黑星病、黑斑病能力强，抗旱、抗寒，耐瘠薄。花粉多，但自花结实力低，种植时宜选择圆黄梨作授粉树。

思考题：

1. 梨的主要种类有哪些？生产上作为砧木的有哪些？
2. 我国梨品种分哪几大系统？生产栽培梨优良品种分属于哪个系统？
3. 砂梨生长结果习性如何？对环境条件要求如何？

第三节　无公害生产技术

一、高标准建园

1. 园地选择

无公害梨生产园选择阳光充足，交通方便，土层厚 1 m 以上，地下水位 1 m 以下，有灌溉条件，土壤 pH 在 6.0～8.0，含盐量 0.2%以下，土壤有机质在 1%以上的壤土或沙壤土地段。平地建园要求地势较高，便于排水；山区、丘陵建园要求在 10°以下，坡度在 6°～15°的应修筑水平梯田，坡向选择背风向阳的东坡、东南坡或南坡；气候条件适宜、远离污染源，环境空气质量、灌溉水质量和土壤环境质量均符合规定的要求。

2. 砧木和品种选择

砧木和品种选择应以区域化和良种化为基础。结合当地自然条件，选择适宜的砧木、类型和优良品种，适地适栽。秋子梨主栽区域为东北、燕山、西北、黄河流域；白梨和西洋梨主栽区域为黄河流域、东北南部、胶东半岛；砂梨主栽区为长江以南。选用的砧木和苗木品种要求纯正。北方梨区选择砧木是杜梨、秋子梨；南方梨区选择砧木是豆梨、砂梨，矮化中间砧是榅桲。

3. 栽植

(1)栽植时期

冬季较温暖地区以秋季为好；冬季干旱、寒冷地区以春季土壤解冻后至萌芽前为宜。

(2)栽植要求

选择苗高 1.2 m 以上，接口以上 10 cm 处粗 1.0～1.2 cm，整形带内有 8 个以上饱满芽，茎皮无干缩及损伤，主根长 25 cm 以上，基部粗 1.2 cm 以上；侧根 5 条以上，长 20 cm 左右，基部粗 0.4 cm 以上；须根多，且侧根分布均匀、舒展、不卷曲，无病虫危害和机械损伤的 2 年生优质健壮嫁接苗，砧木长江中下游可选用豆梨，其他地区可选用为杜梨。定植前苗木根部用 3～5°Be′石硫合剂，或 1∶1∶200 的波尔多液浸苗 10～20 min，再用清水洗根部后蘸泥浆。南北行向栽植。株距 2 m 以外挖穴栽植，2 m 以内挖沟栽植。挖穴(沟)时间，秋季栽植提前 1 个月，春季栽植在前一年秋季。穴(沟)底填入 20 cm 厚碎秸秆、杂草或落叶，然后回填表土与腐熟有机肥(30～50 kg/株)的混合物,填平后灌透水。栽植深度是根颈部与地面相平。栽后灌1次透水。秋季栽植的,土壤结冻前以苗木为中心堆1个30 cm高的土堆。栽植密度,利用乔化砧,在土、肥、水条件较好的地方,株行距采用(3～4) m×(4～5) m;土层较薄,肥水条件较差的地方,株行距可采用(2～3) m×(3.5～4) m。采用半矮化砧或矮化中间砧的,可采用株行距(2～2.5) m×(3.5～4) m。选用矮化砧或极矮化砧的,可采用株行距1.5 m×(3～3.5) m。采用计划密植的可在上述株行距基础上加密。山区土层薄,选用乔化砧栽植株行距是(2～3) m×(3～5) m。授粉品种选择果大、形好、色美、质优品种(表9-2)。大型梨园采用行列式授粉品种,主栽品种与授粉品种比例(4～5):1;面积较小梨园采用中心式配置授粉品种,主栽品种与授粉品种比例为8:1。

表9-2　梨主栽品种及适宜授粉品种

主栽品种	授粉品种
鸭梨	雪花、砀山酥、金花、锦丰
砀山酥梨	富源黄梨、鸭梨、秦酥
茌梨	鸭梨、大香水
雪花	金水2号、车头
早酥	新世纪、雪花、砀山酥、黄花、鸭梨
新世纪	黄花、早酥、茌梨、秋黄、丰水、圆黄
晋酥	早酥、砀山酥
黄金	金廿世纪、砀山酥、金星、绿宝石、圆黄、秋黄
金廿世纪	砀山酥、金星、绿宝石、茌梨、蜜梨、鸭梨、雪花
黄冠	雪峰、鸭梨、雪青、西子绿、绿宝石
圆黄	砀山酥、秋黄、丰水、鲜黄、爱宕、幸水
水晶	绿宝石、秋黄、圆黄、丰水、早酥
秋黄	丰水、幸水、新水
华山	秋黄、今村秋、新水、幸水、金廿世纪
爱甘水	新水、幸水、金廿世纪、新兴、松岛
丰水	桂二、幸水、西子绿、金水2号
新水	西子绿、丰水
爱宕	丰水、西子绿
红巴梨	红考密斯、伏茄、金廿世纪、八月红、红太阳
红香酥	满天红、红酥脆
满天红	红香酥、红太阳
红酥脆	红香酥、美人酥
红太阳	八月红、美人酥
库尔勒香梨	满天红、红宵梨
红茄梨	红考密斯、八月红
红考密斯	红南果、红宵梨

二、加强土肥水管理

1. 土壤管理

(1)深翻改土

分扩穴深翻和全园深翻。扩穴深翻结合秋施基肥进行,在定植穴(沟)外挖环状沟或条沟,沟宽 80 cm、深 80～100 cm。将表土与有机肥混合后回填,表土不够用时可利用田间表土,然后充分灌水。

(2)中耕

清耕制果园及生草果园树盘,生长季降雨或灌水后,及时中耕深 5～10 cm,保持土壤疏松无杂草状态。

(3)树盘覆盖和埋草

树盘覆盖麦秸、麦糠、玉米秸、稻草及田间杂草等 10～15 cm 厚,上压零星土。连覆 3～4 年后结合秋施基肥浅翻 1 次;也可结合开大沟埋草。

(4)果园间作和行间生草

幼龄梨园在行间种植矮小间作物草莓、蔬菜和豆科等作物,但不能种植高秆作物。成龄梨园行间生草,禾本科草种选用黑麦草和高羊茅等;豆科草种选用三叶草、毛叶苕子、紫花苜蓿、草木犀等,每年割草 3～4 次,使之不影响果树生长发育,通过翻压、覆盖和沤制等方法使其转变为梨园有机肥。还可在梨园内养鸡、鹅,利用鸡吃虫、鹅吃草,鸡、鹅粪便肥地,建立生态果园。

2. 施肥管理

(1)施肥原则

所施用肥料不能对果园环境和果实品质产生不良影响,而且是农业行政主管部门登记或免予登记的肥料。允许使用肥料种类有:有机肥料、微生物肥料、无机肥料。有机肥料包括堆肥、沤肥、厩肥、沼气肥、绿肥、作物秸秆肥、泥炭肥、饼肥、腐殖酸类肥、人畜废弃物加工而成肥料等。微生物肥料包括微生物制剂和微生物加工肥料等。无机肥料包括氮肥、磷肥、钾肥、硫肥、钙肥、镁肥及复合(混)肥等。能进行叶面喷施肥料包括大量元素类、微量元素类、氨基酸类、腐殖酸类肥料。限制使用的肥料有含氯化肥和含氯复合(混)肥。

(2)施肥方法和施肥量

①基肥。秋季施入,以农家肥为主,混加少量氮素化肥。施肥量初果期按每生产 1 kg 梨施 1.5～2.0 kg 优质农家肥;盛果期梨园施肥量 3 000 kg/667 m^2 以上。施肥方法采用沟施,挖放射状沟或在树冠外围挖环状沟,沟深 40～60 cm。

②追肥。分土壤追肥和叶面喷肥两种。土壤追肥主要有 3 次:第 1 次在萌芽前后,以氮肥为主;第 2 次在花芽分化及果实膨大期,以磷、钾肥为主,氮、磷、钾混合使用;第 3 次在果实生长后期,以钾肥为主。其余时间根据具体情况进行施肥。施肥量以当地土壤条件和施肥特点确定。施肥方法是树冠下开环状沟或放射状沟,沟深 15～20 cm,追肥后及时灌水。叶面喷肥

全年4～5次。一般前期2次，以氮肥为主；后期2～3次，以磷、钾肥为主，也可根据树体情况喷施果树生长发育所需微量元素。常用肥料浓度尿素为0.2%～0.3%、磷酸二氢钾为0.2%～0.3%、硼砂0.1%～0.3%，注意叶面喷肥应避开高温时间。

3.水分管理

梨园灌水应根据土壤墒情而定。一般应灌好萌芽水、花后水、催果水和封冻水，灌水后及时松土。水源缺乏梨园应用作物秸秆、绿肥等覆盖树盘。注意采用滴灌、渗灌、微喷等节水灌溉技术，在雨季要注意排出积水。

三、科学整形修剪

1.树形与整形修剪过程

(1)常用树形及典型树形参数

梨树生产上常用的树形有主干疏层形、小冠疏层形、纺锤形和自由纺锤形。主干疏层形就是苹果上的疏散分层形，成形后树高小于5 m，主干高0.6～0.7 m，主枝共6个，分3层排列，第1层排3个，第2层排2个，第3层排1个，主枝开展角度70°。第1、2层层间距1 m，2、3层层间距0.6 m。1层层内距0.4 m。2层层内距0.5 m。每层主枝留侧枝数一层3个，2、3层各2个。小冠疏层形成形后树高3 m，干高0.6 m，冠幅3.0～3.5 m，第1层主枝3个，层内距0.3 m，第2层主枝2个，层内距0.2 m，第3层主枝1个。1、2层间距0.8 m，2、3层间距0.6 m，主枝上不配侧枝，直接着生大中小型枝组。纺锤形成形后树高2.5～2.8 m，主干高50～70 cm，小主枝10～15个，围绕中心干螺旋式排列，小主枝间隔20 cm，与中心干夹角75°～85°，在小主枝上配置结果枝组。下面以纺锤形为例介绍其整形修剪过程。

(2)纺锤形整形修剪过程

纺锤形树形整形修剪过程是：苗木定植后，留80～90 cm定干，剪口下20～30 cm为整形带。在整形带内选3个分布均匀、长势较强的新梢作主枝，整形带以下的新梢全部疏锄。主枝长70 cm时摘心。冬剪时，中心干留1 m短截，主枝延长枝轻短截或中截。定植后第2年生长季在中心干上继续选留主枝，主枝交错间隔20 cm，其余新梢长50 cm时摘心，或拉枝开角至75°～85°，同时疏除背上的直立枝和竞争枝。对较旺幼树主干或主枝环割2～3道，间距10～15 cm，深达木质部。第3年生长季修剪方法与第2年相同。第3年冬剪时树形基本形成。第4年已进入结果期，应及时回缩衰弱的主枝，更新复壮枝组。进入盛果期后，有空间的内膛枝适度短截，并及时回缩衰弱的结果枝组。

2.不同年龄时期修剪

(1)幼树和初结果树修剪

梨幼树和初结果树修剪的主要任务是迅速扩大树冠，注意开张枝条角度、缓和极性和生长势，形成较多的短枝，达到早成形、早结果、早丰产。要求冬季选好骨干枝、延长枝头，进行中度短截，促发长枝，培养树形骨架。夏季拉枝开角，调节枝干角度和枝间从属关系（使中心干生长势大于主枝，主枝大于侧枝，侧枝大于枝组），促进花芽形成，平衡树势。

①促发长枝，培养骨架。培养骨架时，要多短截。定干尽量选在饱满芽处进行短截，一般定干高度 80 cm 左右。要求抹除距地面 40 cm 以内萌发的枝芽，其余保留。冬剪时中心干延长枝剪留 50～60 cm，主枝延长枝剪留 40～50 cm，短于 40 cm 的延长枝不剪。

②增加枝量，辅养树体。采取轻剪少疏枝、刻芽、涂抹发枝素、环割、开张角度等措施，促使发枝，增加枝量，迅速壮大树冠。应用发枝素可有效促进萌芽，并能在幼树上定点定向发出新梢，有利于梨幼树选留主枝或侧枝。生产上多在 4～8 月份用火柴棒蘸取少许发枝素原液，均匀地涂在需要生枝的腋芽表面。涂芽数为 150～200 个/g。

③开张角度，缓和长势。采取拉、顶、坠、拿枝以及应用各种开角器开张枝梢角度，以促使形成较多短枝，实现早期丰产。开张角度时间越早越好。

④抑强扶弱，平衡树势。采用中心干换头或使之弯曲生长，对强枝、角度小的枝应加大开张角度、弱枝带头、多疏枝缓放少短截、环剥环割、多留果等方法，对弱枝采用相反方法，抑强扶弱，平衡树势。通过改变枝的开张角度、回缩等方法，调整好主从关系。

⑤培养枝组，提高产量。梨树结果枝组培养一般采用先放后缩法为主。第一年长放不剪，第二年根据情况回缩到有分枝处，或第一、二年均长放不剪，等到第三年结果后再回缩到有分枝处。幼树至初结果期应多培养主枝两侧的中小型结果枝组，增加斜生结果枝组。

⑥清理乱枝，通风透光。采取逐年疏枝、回缩，处理辅养枝，清理乱枝，保持树冠通风透光，小枝健壮，以达到优质丰产的目的。

(2)盛果期树修剪

梨树盛果期修剪的主要任务是调节生长和结果之间的平衡关系，保持中庸健壮树势，维持树冠结构与枝组健壮，实现高产稳产。具体要求为树冠外围新梢长度以 30 cm 为好，中短枝健壮；花芽饱满，约占总芽量的 30%；枝组年轻化，中小枝组约占 90%；达到 3 年更新，5 年归位，树老枝幼，并及时落头开心。

①保持树势中庸健壮。梨树长势中庸健壮的树相指标是：树冠外围新梢长度 30 cm 左右，比例约为 10%，枝条健壮，花芽饱满紧实。

②保持枝组年轻化。枝组应大小新旧交替，其内部，处于动态变化状态。要求随着树冠的开张，背下、侧背下枝组应逐渐由多变少，侧背上、背上枝组应逐渐由少变多，且以中小枝组为主。位置空间适宜的枝组或培养或维持，不适宜的或更新或疏除，使枝组分布合理，错落有序，结构紧凑，年轻健壮。

③保持树冠结构良好。要及时落头开心，疏除上部过多枝，间疏裙枝、下垂枝；回缩行间碰头枝，解决群体光照，全树保持结构良好，中庸健壮。

(3)衰老期树修剪

梨树当产量降至不足 15 000 kg/hm^2 时，应进行更新复壮。要求每年更新 1～2 个大枝，3 年更新完毕，同时做好小枝的更新。

梨树潜伏芽寿命长，在发现树势开始衰弱时，要及时在主、侧枝前端 2、3 年生枝段部位，选择角度较小，长势比较健壮的背上枝，作为主、侧枝的延长枝头，将原延长枝头去除。如果树势已经严重衰弱，选择着生部位适宜的徒长枝短截，用于代替部分骨干枝。如果树势衰老到已无更新价值时，要及时进行全园更新。对衰老树的更新修剪，必须与增加肥水相结合，加强病虫害防治，减少花芽量。

四、精细花果管理

1.保花保果

花期采用鸡毛掸子进行人工辅助授粉。将鸡毛掸子用白酒洗去鸡毛上的油脂，干后绑在一定长度的竹竿上，在主栽品种和授粉品种的植株上轻轻交替滚动，1～3 d后再滚授1次，或开花前2～3 d引入中华蜜蜂，一般放1箱(约8 000只)/667 m^2。或花期喷0.3%硼砂等方法，提高坐果率。

2.疏花疏果

以人工疏花疏果为主。萌芽后至花前复剪；现蕾后疏花序、花蕾和花朵；坐果后到生理落果前疏果；因树、因枝强弱留花果，去劣留优。一般在落花后25 d内完成疏花疏果。大型果品种留1个果/花序，中型果品种留1～2个果/花序，小型果品种留2～3个果/花序。保留边花，将产量控制在25～50 kg/株。

3.套袋

(1)选择适宜果袋

红皮梨如美人酥、红酥脆，黄皮梨如黄金、新世纪为防果锈需套2次袋：第1次套单层蜡质小袋；第2次套双层或3层纸袋。小蜡袋规格为73 mm×106 mm。生产高档梨果宜采用双层或内层为棉纸的3层防水、防菌纸袋。若选用双层纸袋，黄皮梨和红皮梨适合采用外黄内浅黄的纸袋。褐皮梨采用外黄内黑或外灰内黑纸袋。华山梨采用外黄内红纸袋；绿宝石梨适宜采用外花内黑双层纸袋或外花中黑内棉3层纸袋。小蜡袋黏合处密封要好，纸袋缝合处针脚要小而密，不透光。纸袋两侧扎丝强度要适宜。

(2)套袋技术要点

套袋前疏除过多幼果，喷布2～3次杀菌剂和杀虫剂，特别是套袋前1～3 d要细致喷1次80%大生M-45可湿性粉剂800倍液或50%多菌灵可湿性粉剂600～800倍(高温期增加水量)液。小蜡袋和纸袋进行湿口处理，使其返潮、柔韧。具体方法是：套袋前2～3 d，打开果实袋包装箱，使袋口向上，喷布少量水，将10张报纸充分吸水后再挤出过多水分，然后覆于袋口上，再覆1层塑料薄膜，盖好纸箱盖，再用塑料布包好纸箱。为避免萼洼处污染，套袋前去除花萼等残留物。套小蜡袋在谢花后10 d开始，谢花后15 d结束。套小蜡袋后30 d套纸袋。套袋时间选择晴天上午9:00～11:00和下午2:00～6:00，不宜在高温干燥和湿度太大条件下套袋，严禁在果面有露水和药液未干时套袋。套袋时，撑开袋口，使袋体膨起，将果实置于袋内中央呈悬空状态，套上果实后，从袋口两侧向中间依次折叠，用扎丝旋转1周扎紧袋口，扎丝尖不能朝向果实。在树冠内对果实套袋顺序是先上后下、先内后外。在套袋时要防止碰落果实，并要防止幼果紧贴纸袋。套袋后在干旱或多雨年份，经常检查袋的通气孔，保证其通畅。每隔10 d左右，打开纸袋进行抽查。若发现有黑点、日灼等症状，应打开通气孔，或用剪刀在袋底部剪几个小口。6月初开始，对树冠喷布2～3次氨基酸钙等钙肥。红皮梨去袋时间在果实采收前 14～20 d,其他梨种类在果实采收前 20～25 d 去袋。去袋时间在上午 10:00 至下午 4:00 进行。去袋时先去外袋,后去内袋,摘除外袋时一手托住果实,一手解袋口扎丝,然后从上到下撕掉外袋。外袋除后隔 5～7 d 再除内袋。

4. 改善光照,促进着色

(1)改善光照

严格进行夏季修剪,去除多余大枝和新梢。

(2)摘叶、转果

采果前 6 周,结合去袋摘除果实周围遮光叶和贴果叶,但 1 次摘叶不能过多,应分期分批摘除。果实向阳面着色后进行分次转果。转果时动作要轻柔,1 次转果角度不宜过大。

(3)树下铺反光膜

梨果着色期在树冠下铺设银色反光膜。铺膜前疏除过密枝或过低枝,平整土地。铺膜后经常保持膜面干净。

(4)喷布增色剂

采果前 30～40 d,喷布 1～2 次稀土 500 mg/L,有助于果实着色;喷布 1～2 次 NAA 30～40 mg/L 不仅防止采前落果,而且可增大果实着色面积。采果前 40 d 内,每隔 10 d 喷 1 次 1 500～2 000 倍增红剂 1 号,可明显增加果实含糖量,促使梨果提前着色,提高着色指数。

(5)采后喷水增色

采果后,选背阴通风处在地面上铺 10～20 cm 厚湿细沙,将果实果柄向下摆放在湿沙上,果与果之间留有空隙,每天早、晚对果实喷布清水。

五、病虫害防治

1. 防治原则

以农业防治和物理防治为基础,提倡生物防治,按照病虫害发生规律和经济阈值,科学使用化学防治。

2. 农业防治

栽植优质无病毒苗木;通过加强肥水管理、合理负载等措施增强树势;合理修剪,保证树体通风透光;剪除病虫枝、果,清除枯枝落叶,刮除树干老翘裂皮,翻刨树盘;不与苹果、桃等其他果树混栽;梨园周围 5 km 范围内不栽桧柏。

3. 物理防治

根据害虫生物学特性,采用糖醋液、树干缠草把和诱虫灯如黑光灯、光频杀虫灯等方法诱杀害虫。

4. 生物防治

就是以虫治虫、以菌治虫和以菌治菌。以虫治虫就是利用害虫天敌防治害虫。如人工释放赤眼蜂。助迁和保护瓢虫、草蛉、捕食螨等昆虫天敌。以菌治虫就是利用有益菌防治害虫，以菌治菌就是利用有益菌防治病害。如应用有益微生物及其代谢产物防治病虫。利用昆虫性外激素诱杀或干扰成虫交配。

5. 化学防治

应禁止使用剧毒、高毒、高残留农药和致畸、致癌、致突变农药，使用农业部推荐的农药，提倡使用生物源农药、矿物源农药、新型高效低毒低残留农药。加强病虫害预测预报，有针对性地、适时地、科学合理地使用农药，未达到防治指标或益虫与害虫比例合理情况下不使用农药。在使用农药时，应合理选择农药种类、使用时间和施用方法，严格按照规定浓度、每年使用次数和安全间隔期要求施用，注意保护害虫天敌。注意不同作用机理农药交替使用和合理混用，施药均匀周到。

六、适期采收

梨果适期采收就是在果实进入成熟阶段后，根据果实采后用途，在适当成熟度采收。长期贮藏或远销外地，应在可采成熟度采收；鲜食或加工、短期贮藏的，可在食用成熟度采收；作为种子利用应在生理成熟时采收。对成熟期不一致品种，应分期采收。采收时注意轻拿轻放，避免机械损伤。

思考题：

1. 梨无公害生产建园应把握哪些技术要点？
2. 如何进行无公害梨树生产土肥水管理？
3. 幼树和初结果树修剪应把握哪些技术要点？
4. 盛果期梨树修剪应把握哪些技术要点？
5. 梨树精细花果管理包括哪些技术内容？

第四节　新西兰红梨优质丰产栽培技术

新西兰红梨又称红佳梨，是指中国和新西兰合作培育的 12 个系列品种，其母本为日本的幸水、丰水、新水等，父本为中国云南火把梨。因其果皮为红色而得名，属于红皮梨品种。通常所说的新西兰红梨是我国果树育种家王宇霖于 1998 年从新西兰引入的 3 个红梨品种美人酥、红酥脆和满天红。新西兰红梨具有果个大，果面鲜红；风味好，果肉细腻，石细胞少；结果早，丰产性好，自花结实力高；适应性强，耐贮运，高抗黑星病等主要优点，在生产上具有较高的栽培推广价值。现将其优质丰产栽培技术总结如下。

一、育苗

1. 选择优良砧木品种

杜梨是应用最广泛的砧木，它与红梨及其他品种亲和力强，生长旺，结果早，抗旱耐涝，耐盐碱，耐酸性强，出籽率高，特别适应北方平原地区果树栽培作砧木用。而在山区则要选用耐寒、耐瘠薄的秋子梨作砧木。

(1)采种及贮藏

在杜梨或秋子梨的果实充分成熟，种子完全变成褐色时采收。果实采回后人工剥取种子并洗净阴干，切忌阳光曝晒。最好当年采种当年播种。贮藏期间种子含水量应控制在13%～16%，空气相对湿度应保持在50%～70%，温度0～8℃。

(2)种子精选与消毒

在播种或层积前应对种子进行精选和消毒处理。将烂籽、秕籽、破损籽和有病虫籽挑出来，然后用3%的高锰酸钾溶液将好种子浸种30 min后用清水洗净备用；或用种子重量0.2%的五氯硝基苯3份与西力生1份混合拌种。

(3)层积处理

砧木种子不经过休眠后熟就不会发芽。秋播种子在湿润的田间自然通过休眠即可发芽。而春播种子必须进行层积处理。层积时根据种子量的大小采用不同的方法。种子量大时采用地面挖沟法：沟深60～70 cm，长度视种子量而定，种子量小时用瓦盆沙藏。用1份种子4份湿润河沙充分混匀放入沟中，然后上面盖一层湿沙。层积温度应保持在0～5℃。

2. 播种及播后管理

(1)播种时期

秋播、春播均可。秋播在11月上旬，可不经过层积处理，且秋播出苗早而齐，生长又健壮。旱地育苗最好秋播。春播应在早春解冻后的3～4月份进行。

(2)播量及方法

杜梨种子较大，红梨品种籽较小。点播大粒种子，用种量1 kg/667 m^2，小粒种用种量0.5～0.75 kg/667 m^2，每穴5～6粒，穴距20 cm，行距30～40 cm。条播每40 cm一行，用种量相对较多，大粒种用种量1.5～2 kg/667 m^2，小粒种子用种量1～1.5 kg/667 m^2。播后薄覆土；旱地要浇足水，覆土可稍厚，易板结的地块覆土要薄。以利出苗整齐健壮。

(3)播种后管理

①间苗和定苗。幼苗陆续出齐后，分次间苗。首先除去病虫苗及弱苗，选优质壮苗。条播按株距20 cm定苗，穴播按每穴留1株定苗，多余的好苗带土集中定植备用。

②补苗。苗木长到2片真叶前，选阴天或晴天傍晚结合间苗进行补缺。补栽时间越早越好。起苗时先浇水。补栽后及时浇水。

③苗期肥水管理。齐苗后注意中耕除草和保墒。间苗前一般不浇水施肥。间苗后施尿素5 kg/667 m^2，结合浇水。6月下旬至7月上旬每施尿素10 kg/667 m^2 并浇水。生长后期追施适量过磷酸钙和钾肥。

④苗期摘心和培土。7月上旬苗高20～30 cm时摘心，并在砧木基部培土高5 cm。7月下旬至9月上旬砧木基部5 cm高处茎粗达到0.4 cm时进行芽接。

⑤苗期病虫害防治。砧木苗期喷800～1 000倍的福美胂液防治苗期病害。用400～600倍液的乐果结合浇水冲入土壤，连浇2次以防治各种地下害虫。

3. 嫁接及嫁接苗管理

(1)接穗采集

选品种纯正、无病虫、生长健壮、丰产优质的植株作母本来采集接穗。

(2)接穗保存

夏、秋芽接用的接穗随采随用，采下后立即剪去叶片只留叶柄，并用湿布包好带到田间放于阴凉处备用。春季用接穗，应在冬剪时选择优良健壮无病虫的枝条播入冷凉地窖10 cm厚的湿沙中保存备用。

(3)嫁接方法

①“T”字形芽接法。首先在接穗中选取饱满芽，先在芽上0.5 cm处横切一刀深达木质部，再在芽下方1.2 cm处向上斜削一刀至芽上方横切刀口处，用大拇指从一侧向另一侧推下盾形芽片备用。然后在选好的砧木上横竖各切一刀，呈“T”字形切口的砧皮慢慢剥开一条小缝隙，将芽片轻轻插入，使砧木和芽片的横切口对齐用塑料条扎紧即可。该法一般在砧木和接穗都离皮时采用，不带木质部且操作简单，成活率高达90%以上。

②贴芽接。该法多用于砧木不离皮时采用，春秋季均可进行。先在接穗上削取带木质部的盾形芽片，在砧木距地面5 cm处选光滑部位削取和接芽大小一致的带木质部的树皮，然后嵌入接芽用塑料条扎紧即可。

③枝接法。枝接可分为切接、壁接、腹接等。不管哪种方法，切口一定要光滑，接穗和砧木二者的形成层一定要对齐，最后用塑料条扎紧，防止泥土和雨水落入接口而影响成活。

(4)嫁接苗管理

①芽接苗管理。嫁接后10 d左右检查成活情况，若此时接芽芽片皮色新鲜，伤口愈合良好，叶柄变黄且一触即落，表明已成活，此时可解除包扎物。若接芽变黑，表明未接活，应及时补接。春季发芽前及时从接芽以上将砧木剪除。剪口向接芽背面向下倾斜15°。生长期间随时除去砧木上的萌芽。

②枝接苗管理。接穗春季萌芽前进行中耕松土增温；萌发后留一旺梢，其他萌芽全部及早抹掉，待接口完全愈合并木质化后除去包扎物。

二、高标准建园

1. 栽植时期

冬季温暖的地区适宜在10月中旬至11月中旬栽植，冬季较冷，易发生冻害的地区，宜在春季土壤解冻后至植株萌芽前栽植。

2. 栽苗规格及处理

选栽 1 级苗，苗高 1.2 m 以上，嫁接口上 10 cm 处的直径 1 cm 以上，地上部 60～80 cm 处具有 4 个以上的饱满芽，有 4 条以上的主侧根，根长 20 cm 以上，须根多，无病虫害。远距离运入的苗木，先用清水浸根 12～24 h，近距离运入的苗木立即栽植。栽前修剪根系，用 ABT 生根粉、IBA 或 NAA 水溶液喷布根系。

3. 栽植技术要点

栽前挖栽植沟深 0.8 m、宽 1 m，表土和底土分别放置。施充分腐熟的有机肥 3 000 kg/667 m^2、果树专用肥 50 kg/667 m^2，与挖出的表土和行间的表土混合均匀后回填，填至距沟口 20 cm 时踏成丘状，灌透水沉实土壤。红梨树势中庸健壮，可适当密植，株行距 2 m×4 m。南北行向栽植。根据栽植面积大小选用 1～3 个授粉品种如美人酥、红香酥、早美酥和砀山酥等。栽植面积小的按 8∶1 的比例中心式配置授粉树，面积大的可按(4～6)∶1 的比例行列式配置授粉树。将苗木放入栽植沟内，舒展下顺根系，填入与肥料混合的表土，踏实，灌入透水；栽植适宜深度为根颈部与地面相平。秋季栽植为防风摇和冬季根颈部受冻，以苗木为中心培一个 30 cm 高土堆。萌芽前灌水、松土后，顺行向覆盖地膜宽 1 m，4 月上旬揭膜。

三、加强土肥水管理

1. 土壤管理

6 月中旬以前，根据灌水和降水情况中耕除草 2～3 次，6 月下旬松土后全园覆草厚 10～15 cm（距树干 30 cm 的范围内不覆草），草上压少许土。秋季结合扩穴一同埋入施肥沟内。栽后 3 年内株间和行间全部深翻一遍。

2. 施肥管理

栽植当年 5 月上旬、6 月上旬各追施尿素 100 g/株，展叶后喷施 2 次 0.2%的尿素，2 次间隔期 20 d。7 月下旬和 8 月上旬各喷施 1 次 0.3%的磷酸二氢钾。第 2 年以后，萌芽前、谢花后各追施尿素 20～30 kg/667 m^2，果实膨大期追施果树专用肥 40 kg/667 m^2。幼果期喷施 2 次 0.3%的尿素，2 次间隔期 20 d；果实膨大期和着色期各喷施 1 次 0.3%的磷酸二氢钾或 0.5%的硫酸钾，采果后喷施 1 次 0.5%的尿素。10 月上、中旬，施入腐熟的优质有机肥 3 000 kg/667 m^2、过磷酸钙 50 kg/667 m^2 和硫酸钾 30 kg/667 m^2。栽后的前 3 年结合扩穴施入，以后条沟施肥、放射沟施肥和全园撒施隔年交替进行。

3. 水分管理

每次土壤施肥后均需灌水，花期不灌水，果实着色期适当控水，雨季注意排水。

四、精细花果管理

1.提高坐果率

栽植第2年对生长较旺植株的主干、主枝以及辅养枝于5月下旬环割或喷布15%的多效唑可湿性粉剂300倍液。花期遇到不良气候的年份,进行辅助授粉。开花前2～3 d放入蜜蜂1箱/667 m^2。花期将干净的鸡毛掸子绑到一定长度的竹竿上,在授粉品种和主栽品种植株上,轻轻交替滚动,1～3 d后再滚授1次。

2.合理负载

建园后第3年将产量控制在800 kg/667 m^2 以内,第4年控制在1 500 kg/667 m^2 以下,第5年进入丰产期后应将产量控制在2 500 kg/667 m^2 左右。每年疏花疏果3次:第1次在蕾期,每隔20 cm左右留花序1个,疏除背上,留下垂和两侧花序;第2次在花期,疏除晚开的花、弱花和中心花,每花序留2个边花;第3次在套袋前,每花序留1个果。

3.果实套袋

果实套袋宜选用双层或3层纸袋。自5月20日开始,6月上旬结束。套袋前1～7 d喷布1次高效、低毒、低残留的杀虫剂和杀菌剂。采果前20 d,将外层袋撕开1/2,1～2 d后去除外层袋,并将内层袋撕开1/2,再经1～2 d后选晴天下午3:00以后去除内层袋。

4.促进着色

去除内层袋后,摘除贴果叶,疏除遮光果枝。果实阳面着色充分后,轻轻转动果实,使阴面转向阳面,并利用透明胶布固定。去袋后在树盘内及稍远处覆盖反光膜,采收前收回。

五、科学整形修剪

1.树形及结构参数

新西兰红梨适宜的树形有小冠疏层形和自由纺锤形。小冠疏层形树形结构参数为干高30～50 cm,中心干着生2层主枝,第一层3个主枝,基角60°～70°,每主枝着生2个侧枝;第二层2个主枝,基角50°～60°,不留侧枝。层间距70～80 cm,层内距20 cm,成形后树高和冠径均为2.5～3.0 m。自由纺锤形干高60 cm左右,树高2.5 m左右,冠径2.5～3 m,中心干上均匀螺旋着生10～15个小主枝,基角70°～80°,同侧两个小主枝间距50 cm左右,小主枝粗度不能超过中心干粗度的1/2,小主枝上配置中小枝组,枝组粗度不能超过小主枝粗度的1/2。

2.修剪要求

萌芽前,按树形要求在适宜高度定干,选直立向上生长的新梢作为主干,在其下选留主枝。

冬剪时，中心干和主枝的延长枝适度短截。栽后第 1 年和第 2 年尽量多留枝，通过刻芽增加有效枝量，对有空间的斜生枝短截培养枝组。树冠达到预定大小后，落头开心，对主枝采用缩放结合的方法维持树冠大小。辅养枝影响主枝生长时，逐年回缩直至疏除。生长期及时疏除主枝延长枝的竞争枝和过密枝、重叠枝、直立旺长枝。对有空间处的直立枝，在长至 30～40 cm 时，用"弓"形开角器开角，生长旺的斜生枝长至 30 cm 时摘心。7 月份对结果较多的下垂枝吊枝。9 月份将角度小的主枝按树形要求拉枝开角，将辅养枝拉成 90°。

六、综合防治病虫害

1. 农业防治

定植后开始加强栽培管理。生长季及时剪除病枝、摘除病果，冬季刮除病斑和老树皮，清除枯枝、落叶和杂草，集中烧毁，消灭越冬的病菌和虫体。

2. 化学防治

新西兰红梨高抗黑星病，其主要病害是轮纹病。虫害主要是蚜虫、梨木虱、梨网蝽等。具体防治方法是谢花后 15 d 左右第 1 次喷药，以后每隔 15 d 喷 1 次药，直至果实套袋。可选用的农药有：80%大生"M-45"或 50%多菌灵或 70%乙霜锰锌或 70%甲托可湿性粉剂 800 倍液、5%安索菌毒清乳油 400 倍液。蚜虫、梨木虱、梨网蝽花期前后喷布 10%扑虱蚜或蚜虱净乳油 3 000 倍液，害虫发生期喷布速克星乳油 1 000 倍液或果圣乳油 500 倍液。红蜘蛛在芽开绽期喷布百磷 3 号乳油 4 000 倍液或 1°Be′石硫合剂，麦收前喷布霸螨灵或克螨特乳油 3 000 倍液。金龟子在害虫发生期喷布 2.5%保得乳油 3 000 倍液，或挂瓶诱杀。

思考题：

1. 新西兰红梨建园栽植应把握哪些技术要点？
2. 新西兰红梨精细花果管理包括哪些内容？

第五节　优质梨省力化高效丰产栽培技术

优质梨是近年我国水果最主要的出口创汇产品，一向深受人们的喜爱。随着人民生活水平的提高，对优质梨果需求量逐渐增多。大力推进优质梨生产，全过程、多方面地提高其栽培管理水平已迫在眉睫。传统大冠稀植、三主枝疏散分层形、重冬剪、轻夏剪的整形修剪方法已不能适应当今果树生产的需求，特别是在劳动力成本越来越高的情况下，进行省力化的果园管理技术实施与应用具有极其重要的现实意义。几年来，我们进行优质梨省力化高效丰产栽培技术的研究，采用窄株距、宽行距、长方形栽植方式，成效显著：定植前 3 年基本不用施肥，前

5年冬季基本不用修剪。现该技术总结如下。

一、品种选择

梨7月份成熟主栽品种选择梨4号、若光等；8月份成熟主栽品种选择圆黄、黄金梨等；9月份成熟主栽品种选择华山、红香酥等；10月份成熟主栽品种选择晚秋黄梨（爱宕梨）、晚秀等。

二、园地选择

选择生态环境良好，园地污染源，并具有可持续生产能力的农业生产区域。产地环境质量满足NY 5101—2002《无公害食品 梨产地环境条件》要求。根据土壤肥力、品种特性，科学合理确定定植密度，合理搭配授粉树。

三、高标准建园

1. 适期栽植

一般在当年11月中旬至翌年3月上旬定植。山地、旱地定植穴应在前一年挖好。

2. 选择优质苗木

选择符合国家NY 475—2002《梨苗木》标准的一级苗木。无明显病虫害和机械损伤；品种、砧木纯正；地上部健壮、粗度和高度达到要求，茎段整形带具有一定数量的饱满芽；嫁接口愈合良好，砧桩剪平，根蘖剪除干净，苗木直立；根系发达，舒展，须根多，断根少；无检疫性病虫害。具体见表9-3。

表9-3 梨树一级苗木质量指标

项目	主根长度/cm	主根粗度/cm	侧根粗度/cm	侧根长度/cm	侧根数量/条	苗木高度/cm	苗木粗度/cm	整形带饱满芽数/个	纯度/%	规格执行标准	备注
规格	25	1.2	0.4	15	5	120	1.2	8	100	NY 475	实生砧2年生

3. 高标准建园

选择优质健壮的2年生嫁接苗，砧木为杜梨。株行距为1 m×3 m，或1 m×3.5 m，南北行向，沟栽。开沟宽、深均80 cm。采用挖掘机机分2次挖土开沟：第1次挖深30 cm，挖出的表土放一边；第2次挖深50 cm，挖出的心土放另一边。沟底填入30 cm厚玉米秸秆，撒1层厚0.5 cm的过磷酸钙，回填表土与腐熟有机肥（30～50 kg/株）的混合物，填至距地表30 cm

时，灌水沉实。将苗木放入栽植沟，舒展根系，填入与充分腐熟有机肥料混合均匀的表土，边填土，边摇动苗土，并随土踏实。心土放在最上层。栽植深度是根颈部与地面相平。栽后灌1次透水。土壤结冻前以苗木为中心堆30 cm高的土堆。采用该法建园，挖沟质量高，封土也采用挖掘机，减少了人力成本，且前3年基本不施肥，极大降低了投资成本。

四、土肥水管理

定植上后前1～2年行间间作毛叶苕子，生长旺盛期刈割，将其撒于树盘内，高度控制在30 cm以下。3～4年后将毛叶苕子翻埋入地下做基肥。从第4年开始于9月下旬结合施基肥深翻40～50 cm。翻土时施入充分腐熟有机肥40～80 kg/m^3。施肥后立即灌水。有机肥选用充分腐熟的鸡粪和猪、牛、羊圈肥，或腐熟的豆饼、棉子饼。鸡粪施4 000～5 000 kg/667 m^2，或腐熟猪、牛、羊圈肥7 000～8 000 kg/667 m^2，或腐熟豆饼、棉子饼200～250 kg/667 m^2，同时，施过磷酸钙50 kg/667 m^2。猪槽式或环状施肥，深25 cm以下。年生长周期中土追3次肥，叶喷4次肥。第1次土追肥于开花前20 d(3～4月份)进行，以氮为主，适量掺入磷钾肥，一般施尿素12～20 kg/667 m^2，掺磷钾复混肥6～10 kg/667 m^2。第2次土追肥于花后新梢生长展叶亮叶期(5月份)进行，追施尿素10～20 kg/667 m^2或磷酸二铵20～30 kg/667 m^2。第3次土追肥于果实迅速生长期(6～7月份)，以磷、钾为主，氮肥为辅，一般施氮磷钾复合肥30～40 kg/667 m^2。第1次叶面喷肥在花芽萌动前，枝干喷施1次高效有机液肥或(3%～5%)尿素+3%硼砂+1%硫酸亚铁配成的多元素液肥；第2次叶面喷肥在展叶后25～30 d，喷叶面宝或0.3%～0.5%尿素；第3次叶面喷肥结合第3次土施肥进行，叶面喷施0.5%的磷酸二氢钾1～2次，间隔期15～20 d。第4次叶面喷肥在果实采收后叶面喷施0.3%尿素+0.3%磷酸二氢钾2～3次，间隔期10～15 d。灌水视天气状况、土壤持水量和树体特征综合考虑。将土壤持水量控制在60%～80%。当土壤持水量低于最大持水量60%时进行灌溉。壤土或沙土手紧握成团，松手后土团不易破碎时，土壤持水量达50%以上，暂时不必进行灌溉。如松开手后土团散开，说明土壤持水量过低，应及时灌溉。黏土握成团后，轻轻挤压便出现裂缝时，说明其土壤含水量低，应灌溉。树体外观形态上梢尖弯垂、叶片萎蔫。中午树上叶片萎蔫，经过1个晚上，第2天仍不能恢复原状，说明土壤已严重缺水，应立即灌溉。整个年生长周期灌好5水。第1水是花前水于3月下旬灌；第2水是花后水于4月下旬或5月上中旬灌；第3水是果实膨大水于6～7月份灌；第4水是采后补水于9月下旬或10月上旬灌；第5水是越冬防冻水于10月下旬或11月上旬灌。灌水方法多采用沟灌或漫灌方式，条件具备时采用滴灌或微喷灌设备。灌水量以渗透根系集中分布层为宜。此外，7～8月份应做好排水防涝工作。

五、整形修剪

树形采用细长圆柱形。成形后树高3.5 m，干高60～80 cm，中心干60 cm以上每个芽处着生1个小型结果枝组，树形外观类似圆桶形。整形修剪主要采用刻、拉、抹。定植后于60～80 cm处短截定干，保证剪口下有1～2个饱满芽。剪口下第3、4、5芽进行抹芽，促使当年剪口下发出1个强旺新枝,使之形成中心干。第3年春季发芽前,中心干60～80 cm以上1.0～1.2 m范围内的所有芽用小钢锯在芽上0.5 cm处锯一下,深达木质部,促使锯口下芽子萌发出小短枝,培养成结果枝组。随时注意抹去枝条背上萌发芽子,8月底至9月初对生长直立枝条拉枝处理,以促进花芽分化。第4、5年春季萌芽前重复在中心干上刻芽,抹去枝条背上芽,进入秋季直立枝拉枝,冬季基本不修剪,保持树势中庸健壮。结果3～4年后,对中心干上过旺结果枝组去强留弱;对较细结果枝组去弱留强,保证中心干上结果枝组生长均衡。树体结果6～8年后冬季回缩或疏除过密交叉枝组。该种整形修剪技术,树形结构简单,无主、侧枝。修剪上前5年除定干外基本不动剪,以后只进行疏密、更新处理。由于修剪量小,每人每天可修剪2 001～3 335 m^2梨园,在目前劳动力成本逐渐增大情况下,采用窄株距、宽行距定植,定植上当年就可结果,真正实现了"省工、省钱、早果、高产、高效"的目的。

六、花果管理

小面积人工辅助授粉在初花期突击采花粉,盛花初期(开花25%)转入大面积点授,3～4 d完成授粉,第5～6天扫尾晚开的花。点授花朵数量根据每株树开花数量而定。一般树上开花枝占30%～40%时,每花序点授1～2朵花。花量少的树,每花序点授2～3朵;花量大的树(50%～60%),每隔15～20 cm点授1个花序,每花序点授1～2朵。为省力、高效,可放蜜蜂进行授粉。在开花前2～3 d,将蜜蜂引入梨园。梨花开放时,利用蜜蜂完成传粉。一般5 002.5 m^2梨园放蜜蜂1箱1 500～2 000头。疏花在花蕾分离期至落花前进行。当花蕾分离能与果台枝分开时,每果留1个花序,疏掉其余过密花序,保留果台。疏花果枝将1个花序上的花朵全部疏除。疏花时轻轻掰掉花蕾,不要将果台芽一同掰掉。先疏去衰弱和病虫危害花序,坐果部位不合理花序。按照弱枝少留,壮枝多留原则,使花序均匀分布于全树。疏果一般在盛花后4周进行。根据留果量多少,分1～3次进行。疏除病虫果、畸形果、小果、圆形果,保留具有本品种典型特征优质果。疏果用剪刀在果柄处剪掉,最终保留适宜树体负载量,使保留在树上的幼果合理分布。一般留纵径长的果,疏掉纵径短的果。通常1个花序上,自下而上留第2至第4序位的果实。每个花序留单果,若花芽量不足留双果。疏果时要尽量将1个花序上的幼果全部疏掉。在保证合理负载量基础上,遵循壮枝多留果,弱枝少留果;临时枝多留果,永久枝少留果;直立枝多留果,下垂枝少留果;树冠上部、外围多留果,树冠下层、内膛少留果的原则。套袋在落花后30 d进行,疏果后越早越好。套袋时间以上午8:00～12:00,下午3:00～5:00为宜。晨露未干、傍晚返潮和中午高温、阳光最强及雨天、雾天时不宜套袋。套袋前喷70%甲基托布津可湿性粉剂800倍液+5%阿维菌素乳油4 000倍液。若喷药7 d后套袋仍未完成,对未套袋树再补喷1次药。套袋按照冠上、冠内、冠下顺序进行。套袋前一天晚上用70%甲基托布津可湿性粉剂500倍液和40.7%的乐斯本乳油1 000倍液浸袋口2～3 s。套袋时先撑开袋口,托起袋底,使两底角通气和放水口张开,使袋体膨起。手握袋口下2～3 cm处,套上果实,从中间向两侧依次按"折扇"方式折叠袋口,从袋口上方连接点处将捆扎丝反转90°,沿袋口旋转1周扎紧袋口,并将果柄封在中间,使袋口缠绕在果柄上。套袋时应注意不要将捆扎丝拉下;捆扎位置在袋口上沿下方2.5 cm处,使袋口尽量靠上,接近果台位置,且果实在袋内悬空。扎袋口松紧要适宜,不要将叶片等杂物套入袋内。

七、综合防治病虫害

梨树省力化高效丰产栽培病虫害防治应贯彻“预防为主，综合防治”的植保方针，以农业和物理防治为基础，提倡生物防治，按照病虫害发生规律和经济阈值，科学使用化学防治。农业防治采取剪除病虫枝、清除枯枝落叶、刮除树干翘裂皮和枝干病斑，集中烧毁和深埋，加强土肥水管理、合理修剪、适量留果、果实套袋等措施防治病虫害。物理防治是利用害虫趋光性于害虫发生初期，在梨园挂黄色板，防治梨茎蜂；挂诱虫灯诱杀金龟子和鳞翅目害虫等；在每年 4 月上、中旬在树干上缠 1 周粘虫胶带，粘杀出土上树越冬代害虫；9 月上中旬，在树干上缠 1～2 周瓦楞纸，诱捕下树入土越冬害虫等。生物防治是在害虫发生盛期，于果园挂糖醋液(0.25 kg 糖、0.5 kg 醋、5 kg 水比例配制而成)诱杀梨小食心虫、梨卷叶蛾等害虫；或在果园悬挂梨小性诱剂诱杀梨小成虫；或利用性诱剂迷向技术，在果园每隔 5 株树绑上长 20 cm 的迷向丝，可有效杀灭梨小食心虫等鳞翅目害虫。化学防治根据防治对象的生物学特性和危害特点，使用生物源农药、矿物源农药和低毒有机合成农药，有限度地使用中毒农药，禁止使用锯毒、高毒、高残留农药。为做到科学合理使用农药，应加强病虫害预测预报，有针对性地适时用药，未达防治指标或益害虫比合理情况下不用药。对允许使用的农药每种每年最多使用 2 次，且最后 1 次施药距采收期间隔 20 d 以上。严禁使用国家明令禁止使用的农药和未核准登记的农药。根据天敌发生特点，合理选择农药种类、施用时间和施用方法。注意不同作用机理农药的交替使用和合理混用，严格按照规定的浓度、每年使用次数和安全间隔期要求使用，喷药均匀周到。花芽刚萌动时，树体淋洗式喷布 3～5°Be′石硫合剂，主要防治干腐病、轮纹病、红蜘蛛、介壳虫和蚜虫。萌芽期，喷布 12.5%烯唑醇乳油 2 000 倍液＋40.7%乐斯本乳油 1 500 倍液防治梨木虱、蚜虫和红蜘蛛。落花 80%时喷布 10%蚜虱净乳油 1 000 倍液＋1.8%阿维菌素乳油 1 000 倍液＋70%甲基托布津可湿性粉剂 800 倍液＋洗衣粉 2 000 倍液防治黑斑病、梨木虱和黄粉蚜。套袋前喷杀菌剂和杀虫剂防治病虫害。麦收前喷 25%扑虱灵可湿性粉剂 1 500 倍液＋5%高效氯氰菊酯乳油 1 000 倍液＋40%氟硅唑乳油 800 倍液＋洗衣粉 2 000 倍液防治黑斑病、梨木虱、黄粉蚜、跳甲。幼果期喷硫酸铜：石灰：水＝1：4：200 的波尔多液，防治黑斑病。果实膨大期喷 25%的灭幼脲 3 号悬乳剂 1 000 倍液＋20%的甲氰菊酯乳油 2 000 倍液＋80%大生 M-45 可湿性粉剂 800 倍液防治黑斑病、梨小食心虫和跳甲。果实迅速膨大期交替喷布硫酸铜：石灰：水＝1：4：(250～300)波尔多液、3%溴氰菊酯乳油 2 500 倍液＋68.5%的多氧霉素可湿性粉剂 1 000 倍液＋赤霉素 15 mg/L＋洗衣粉 2 000 倍液防治黑斑病、梨小食心虫及采前落果。果实成熟期喷 75%百菌清可湿性粉剂 600～800 倍液＋乙烯利 15 mg/L＋洗衣粉 2 000 倍液防治黑斑病和采前落果。果实采收后喷 20%的甲氰菊酯乳油 2 000 倍液＋0.3%的尿素防治黄粉蚜、军配虫，延长叶片功能期。进入休眠期彻底做好清园工作。

思考题：

试总结梨树省力化高效丰产栽培技术要点。

第六节　园 林 应 用

梨树具有优美的树姿、洁白芳香的花朵、累累的硕果，春华秋实，绿叶成荫，季相鲜明。由花朵的开、谢与时令的变化形成丰富的园林景观。梨除可欣赏其花实之美，也可将其作为果木和花木，甚至将其作为庭木或观赏树木。梨树在我国古典园林中用于宫苑、庭院绿化、美化迄今已有 2 000 年的历史。在我国南方著名的山水园林中，梨随处可见。园林上应用较多的梨的种类有白梨、砂梨和杜梨。梨树在现代园林中的应用主要体现在以下六个方面。

一、在公园中的应用

为了突出梨树的个体美，可将其进行孤植，一般选择在开阔空旷的地点，如开阔的草坪，花坛中心等。梨在池畔、篱边、山下植之亦宜。朝晖夕蔼植梨草坪一端，配以山石花卉，可以烘托草坪的宽广，晨雾萦绕其间，给人以置于仙境的感觉。梨同其他园林树种配合应用也能起到很好的效果。如林中植几株梨树，果实挂满枝头，既丰富了观赏内容，又能吸引一些鸟、雀，可增添观赏的乐趣。如山东省莱阳市梨香园的梨花白景区属花园式梨园，不同于其他农家梨园，每当梨花盛开，一片香雪海自成特色，树下配置各种开花灌木及宿根花卉，草坪、地被植物，可增添梨花盛开时节的独特景观。

二、在庭院中的应用

梨除果味之佳与花容之淡外，其特有的树木美，也宜于观赏、适作庭木。当庭栽之，春可观花，夏可避荫，秋可食果赏叶，冬态亦绰约多姿，尤觉宜人。

三、在风景区和森林公园中的应用

大面积栽植梨树，可构成壮丽自然景观，形成一种浩然浑厚气魄，最能发挥梨树群体美。乐山市鱼儿湾公园“春雪拥翠”现有成片梨林，春风三月，银花泛雪，绿叶映翠，就是其真实写照。唐人诗句有“忽如一夜春风来，千树万树梨花开”，把雪花比做梨花，而春日遍观梨花盛开，倒有雪之韵味。

四、在观光果园中的应用

在观光果园中，将梨树与其他果树进行片植，每当春季，茂盛梨花争相怒放，散发出阵阵香气，使人心旷神怡。夏秋时节，梨果挂满梢头，非常喜人。

五、在城市道路绿化方面的应用

在城市道路绿化方面，梨树主要用做街道行道树。如垂枝鸭梨，枝条下垂生长，树冠呈垂枝状，可营造一条梨树长廊，既绿化环境，又可成为沿线一大景观，并可产生较大的经济效益。

六、作为果树盆景

人们对果树盆景的欣赏：一在姿态，二在韵味。红茄梨，果实紫红色，美观艳丽；五九香，果实大，外形呈葫芦形，非常美观。梨树盆景高不盈尺、枝干虬曲，树姿优美，融赏花、观景、品景于一体，具有极高的欣赏价值和艺术价值。

总之，梨树在园林绿化中的应用，价值广泛，前景非常广阔。将梨树作为园林树种来应用，使人们在观赏绿树繁花美景的同时，采摘品尝时鲜佳果，可达到身心愉悦的效果。因此，梨树不仅作为经济树种种植，而且能更多地发挥它的观赏和文化价值，可应用于创造园林景观中。

思考题：

试总结梨树在园林中的应用。

实训技能 9-1　梨生长结果习性观察

一、目的要求

通过观察，识别梨各类枝梢特征，了解梨生长及开花结果习性，判断一个品种结果性能好坏。

二、材料与用具

1. 材料

梨幼树和成年结果树。

2. 用具

钢卷尺、卡尺和记载用具。

三、项目与内容

1. 树形

干性强弱,层次明显程度;树姿开张,直立。

2. 树性

幼树成枝力和萌芽率(有无秋梢或二次枝),休眠芽寿命和萌发。

3. 枝条

识别徒长枝、普通生长枝、纤细枝和中间枝。长梢停止生长后能否形成顶芽。区分长、中、短果枝,幼树开始结果树龄和果枝类型。

4. 开花结果习性

(1)熟悉混合芽特点。观察花序类型,每花序花朵数,开花顺序,花期迟早、长短,花粉量多少,坐果率高低。

(2)比较梨不同系统品种形成短果枝群能力。

(3)观察幼树结果迟早,不同品种幼龄植株短、中、长果枝结果百分率。

四、注意问题

1. 观察可在生长期或休眠期进行。开花结果习性观察可与物候期观察结合进行。

2. 应按照顺序逐项进行观察记载,某些不能观察到内容,留待以后观察。

五、实训报告

通过梨性状观察，总结梨生长结果习性。

六、技能考核

技能考核成绩实行百分制。其中实训态度与表现占 20 分，观察过程占 40 分，实习报告占 40 分。

实训技能 9-2 梨整形修剪

一、目的要求

通过梨幼树整形及成年树修剪，掌握梨幼树整形基本原则、方法和成年结果树修剪技术。

二、材料与用具

1. 材料

梨幼年树和成年结果树。

2. 用具

修枝剪、手锯、梯子、木桩、麻绳、伤口保护剂等。

三、项目与要求

1. 梨幼树整形

梨常用树形有主干疏层形、小冠疏层形和纺锤形，根据各地实际情况，选择适宜树形进行整形。

2.成年结果树修剪

(1)初果树修剪

①延长枝。修剪长度约 50 cm。一般仍在春梢上、中部剪截。外围应少重截、多长放、适当疏剪,内部应多短截、少疏剪。

②枝组培养与修剪。长枝宜用"先放后缩法";中庸枝采用"先截后放法";如需培养大型枝组,宜用"连截法";强旺枝宜用"连放法"。

(2)盛果期修剪

①骨干枝。延长枝轻剪长放,缩放结合。延长枝弱时要重缩,下垂时回缩,利用壮芽进行抬枝。

②调节生长和结果关系。每年保持梢长 30 cm,每年抽生新梢不减少。结果枝数占总枝树控制在 30%~50%。

③枝组更新。每一枝组修剪应分明年、后年、再后年结果 3 种枝做好预备更新修剪。保持叶、花芽比例为 3∶2 或 1∶1。

(3)衰老树修剪

在刚衰老时进行更新。衰老大枝、骨干枝,一般可在 2~6 年生部位,利用隐芽(枝段中、下部)或壮枝进行缩剪更新。

四、实训要求

根据梨树整形原则,每人整形 1~2 株幼树,同时完成一株大树修剪。

五、实训作业

通过梨整形修剪具体操作,总结梨不同年龄时期修剪技术要领。

六、技能考核

技能考核实行百分制。其中实训态度与表现占 20 分,技能操作占 50 分,实习作业占 30 分。

第十章　山　　楂

［内容提要］介绍了山楂起源，营养医疗保健价值，特点、用途，园林景观价值。从生长结果习性和对环境条件要求两方面介绍了山楂的生物学特性。当前生产上栽培山楂种类有山楂、湖北山楂、云南山楂、锲叶山楂和伏山楂。优良品种有燕瓤红、滦红、豫北红、辽红、秋金星和敞口等。从育苗、建园、土肥水管理、整形修剪、病虫害防治和果实采收和贮藏七方面介绍了其无公害生产技术。从形态特征着手，介绍了山楂的园林应用。

山楂原产我国，又名山里红、红果，是我国特有树种之一。其果实营养丰富，钙含量居各种水果之首，维生素C含量仅次于枣、猕猴桃，具有营养、保健医疗价值。该树种具有生长快、结果早、寿命长、易管理、耐贮运、适应性等特点。果实除鲜食外，还可加工成各种加工品。山楂树冠整齐，枝繁叶茂，花白色，果实红色，艳丽可爱，也是良好的园林观赏植物和绿化树种。

第一节　生物学特性

一、生长结果习性

1. 生命周期

山楂成花容易，结果早，经济寿命长。嫁接苗栽后2～4年即可开花结果，管理条件好的密植园5年左右便进入盛果期，经济栽培寿命可达100年以上。单株产量依树大小而不同，一般产量为30～50 kg/株，也有产量达500 kg/株的大树。

2. 根系

山楂为浅根系树种，主根不发达，侧根多分布在50 cm以内，以20～40 cm的土层中分布最多，在深翻过的壤土或沙壤土中，最深可达1.2～1.5 cm。水平分布范围为冠径的2～3倍。山楂的根蘖发生能力很强，地表以下5～20 cm深处常发生不定芽形成根蘖。随着根系的生长，从春到秋都可发生根蘖，成簇发生，有时多达十或数十条，浅锄切断后，仍能继续萌发，且逐年增多。对零星生长的山楂树或野生山里红也可利用根蘖苗繁殖苗木，断根后就地嫁接或移栽后嫁接。不断根就地嫁接的幼苗生长健壮，但须根少，移栽后影响成活或缓苗较慢。

根系在大部分栽培区无自然休眠，每年随土壤温度、湿度和地上部生长发育而有节奏地变化。一般春季地温达 6～6.5℃时开始生长，温度 15～20℃生长旺盛，低于 5℃或高于 20℃时生长缓慢。各地因气候环境条件不同，根系有 2 或 3 次生长高峰。一般幼树根系每年开始活动早，结束晚，有明显的 3 次生长高峰，分别出现在萌芽前、新梢旺长期和采收前后。而盛果期一般只表现 2 次明显的生长高峰。

3. 芽

山楂花芽为混合芽，呈奶头状，肥大饱满，先端较圆，多着生于当年生枝即结果母枝的顶端或顶端以下 1～4 个叶腋间，于翌春萌发抽生带花果的结果枝。叶芽异质性明显，顶叶芽肥大、饱满，延伸能力强，萌发后，常独枝延伸生长，生长势很强，生长量很大。顶芽以下的 2～3 个侧芽也具有较强的生长能力，而其余侧芽则萌发力很弱。在枝条下部和内膛容易光秃。山楂隐芽多位于当年生枝的中下部叶腋间，寿命可达数十年。枝条停长后，芽先迅速分化鳞片，再经过一段较长时间的雏梢分化期，直到 8 月下旬或 9 月上旬，才开始花芽分化。花芽分化期晚，与果实发生矛盾小，花芽容易形成，在结果枝结果的当年其上仍易形成花芽，连续结果(图 10-1)。

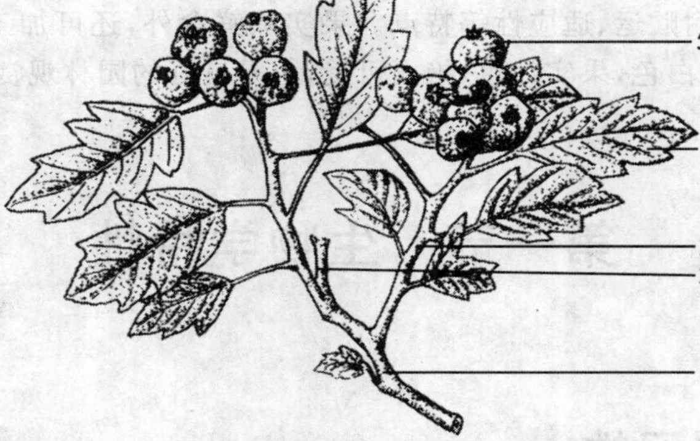

图 10-1　山楂结果习性

1. 结果母枝(上年的结果枝)　2. 结果枝顶端花序下枯死部分　3. 结果枝　4. 叶片　5. 果实

4. 枝

山楂枝可分为营养枝、结果枝和结果母枝三种。营养枝是指只着生叶片的新梢，根据长度不同，营养枝可分为长枝、中枝、短枝和徒长枝。在一般情况下，山楂无二次枝，大树上的营养枝在花前就已停止生长，发育成结果母枝。短截后的枝或幼旺树的旺枝也可延续生长到 8 月下旬。结果枝是指当年抽枝开花结果的新梢，结果枝一般长 6～15 cm，有叶 7～11 片，在顶端着生花序。长度在 7 cm 以上，生长粗壮的结果枝，在结果的当年，除花序下一小段枯死，其下侧芽还能形成花，第 2 年连续结果(图 10-1)。一个健壮的结果枝，可连续结果 3～5 年。一般管理的盛果期山楂树，结果枝粗 0.4 cm 左右，超过 0.5 cm 是树势健壮的标志，低于 0.3 cm 是纤细枝，不能形成花芽，即使形成花芽，质量也差，易落果。结果母枝则是指着生混合花芽的枝或着生结果新梢的 2 年生枝。一般山楂树上 7 cm 左右长的结果母枝占多数。通常 1 个结果母枝着生 1～2 个结果枝，个别生长健壮的结果母枝也可着生 4～5 个结果枝，甚至更多结果枝。进入结果期后，凡发育适度、生长充实的枝，均可形成结果母枝。结果母枝依据来源分为两种:一种是由上年生长充实的营养枝转化而来,称为交替式结果母枝,这种结果母枝具有顶芽,混合花芽着生在枝的顶端及其以下1～4个叶腋间;也有的结果母枝顶芽为叶芽,腋芽为混合花芽;另一种结果母枝由上年结果枝转化而来,称为连续结果母枝,就是结果枝在开花结果后,其顶端自行枯死,枯桩以下有1～2个侧芽形成花芽。山楂发枝力强,枝条密挤,枝有开张性。结果部位易外移。

5. 叶和叶幕

山楂单叶生长时间1个月左右,叶幕形成高峰期,在开花前15 d左右,基本形成全年的营养面积。叶幕形成早,同新梢停止生长一致,营养物质(有机物)积累时间长。

6. 花

山楂为伞房花序,着生在结果枝顶端,由15～44朵花组成,单花为两性花。花序中部的花先开,通常在开放后第二天进入盛花期。单花花瓣5片,白色,雌蕊花柱5枚,雄蕊20枚。花多在凌晨开放,单花期3～4 d,花序中第一朵花开放到最后一朵花开放有3～4 d,到全谢有4～6 d。单株或全园花期有9～21 d。山楂有自花授粉结实和单性结实的特点,正常情况下自花授粉结实率可达16.5%～18.5%,异花授粉结实率达18%～20%。花朵单性结实率约为27.6%。不经授粉的果实中仅有坚硬的核,无种仁。山楂异花授粉能显著提高坐果率和成仁率。

7. 果实

山楂从开花到果实成熟需140～160 d。果实生长图形为"双S形"曲线,分为幼果迅速生长期、缓慢生长期和熟前增长期三个时期。三个时期的生长量分别占总生长量的32.3%、28.5%和39.2%。山楂落花落果较为严重,初花后3～4 d开始落花,1周内形成高峰,初花后2周出现幼果脱落,约1周为集中脱落期,以后趋于稳定。

二、对环境条件要求

1. 温度

山楂对温度适应范围大,一般年平均气温4.7～16℃的地方都能栽培,以12～15℃为最适发展区。冬季能耐−18～−20℃的低温,可短时间忍耐最高温为43.3℃,能较长时间忍耐40℃高温。各地因气候条件不同,均有当地较适宜的类型和品种。春季当地温6.5℃时根系开始活动,8℃时开始萌芽,15℃时为生长适温,20℃左右有利于果实生长。在月平均气温降到10℃以下开始落叶。生长季要求≥10℃积温2 000～5 000℃,无霜期100 d以上。年生育期180～220 d,萌芽抽枝所需日均温为13℃左右,果实发育需20～28℃,最适温25～27℃。

2. 水分

山楂对水分要求不严格,年平均降水量170～1 546 mm地区均能发展栽培。在降水量

500～700 mm 地区生长良好。山楂安全含水量为 9.34%，含水量 7.9%时发生萎蔫，致死湿度为 5.8%。具有一定抗旱能力，耐旱性比苹果、梨、桃强。干旱会影响果实生长发育。其也比较耐涝，在多雨年份或季节，积水 1 周左右，仍能正常生长。但不抗暴风雨的突然袭击。

3. 光照

山楂是喜光树种，对光的要求比较敏感，在光照良好的环境中，可明显提高坐果率，果实着色好，糖分高。在夏季，平均光照达 1 0000 lx 时，结果良好，不足 5 000 lx 时，结果较差，甚至不能孕花。每天利用光能达 7 h 以上时结果最多，7～5 h 则结果良好，5～3 h 基本不能结果，每天小于 3 h 直射光，则不能坐果或坐果很少。

4. 土壤

山楂较耐瘠薄，对土壤要求不严格。在山地、丘陵、平原、沙荒地均能栽植，但以沙质壤土最适宜。对土壤酸碱度要求以中性为宜，在微酸、微碱性土壤上也能生长良好。但盐碱地、地下水位太高地不宜栽培。

思考题：

1. 总结山楂生长结果习性。
2. 山楂对环境条件要求如何？

第二节 主要种类和优良品种

一、主要种类

山楂属蔷薇科山楂属植物。全世界此属植物有 1 000 多种，分布于北温带，其中产于亚洲、欧洲和非洲有 90 余种，北美有 800 多种，产于我国的有 18 个种，还有 6 个变种，目前，生产上广泛栽培的大山楂就是山楂的变种。在华中地区和云南也栽培部分湖北山楂和云南山楂。

1. 山楂（图 10-2）

又名山里红。落叶乔木，高达 6 m，树皮粗糙，暗灰色或褐灰色，有刺或无刺，刺长 1～2 cm。当年生枝紫褐色，无毛或近无毛，疏生皮孔，老枝灰褐色。叶片宽卵形或三角卵圆形，深绿色，叶背浅绿色，先端短渐尖，基部截形或宽楔形，长 5～10 cm，宽 4～7.5 cm，通常两侧各具 3～5 个羽状深裂。边缘具稀疏不规则重锯齿。叶下面沿叶脉有疏生短柔毛或在脉腋有髯毛，侧脉 6～10 对，有的达裂片顶端，有的达裂片分裂处。叶柄长 2～6 cm，无毛，托叶大，革质，镰形。伞房花序具多花，总花梗和花梗均被柔毛，花后近无毛，花萼筒钟状，外面密被灰白色柔毛，花为两性花，花瓣倒卵形或近圆形，白色；雄蕊 20 枚，短于花瓣，柱头头状。果实近球形或梨形，深红色，有浅色斑点，内具 3～5 个小核。生于海拔 100 m 以上的山坡林缘及灌木丛中。本种有 3 个变种。

图 10-2 山楂

(1)大果山楂(图 10-3)

山楂的大果变种，又名红果(河北)、山里红、棠球(河北)、大山楂(江苏)、山楂(辽宁)。本变种果形大，直径可达 2～3 cm；叶片大，羽裂较浅，托叶也较大。在我国北方山楂产区均有栽培。

图 10-3 大果山楂

(2)无毛山楂

山楂无毛变种。本变种叶片、总花梗、花梗及花萼均光滑无毛，可与原种相区别。产于我国黑龙江、吉林和辽宁等省，朝鲜亦分布。多作砧木。

(3)热河山楂

山楂密毛变种。本变种与原种区别主要在于总花梗和花梗均密被长柔毛。分布于辽宁、河北等省。

2. 伏山楂

又名布氏山楂。乔木，高达 6～8 m。嫩枝无毛，浅绿色，秋季呈棕色或紫红棕色，无刺或少刺。叶柄光滑无毛，叶片宽卵形。伞房花序具多花，总花梗和花梗均被柔毛，花萼筒钟状，外面密被长柔毛，花瓣圆形，白色，雄蕊 20 枚，花柱基部光滑无毛。果实近球形，深红色具蜡质，稍具棱或不明显，果点小，黄色。产于我国长白山等地，品种类型较多，东北各地均有栽培。

3. 云南山楂(图 10-4)

又名山林果(云南)、酸冷果(广西)。落叶乔木，高达 10 m。树皮黑灰色，通常无刺；1 年生枝紫褐色，无毛或近无毛，2 年生枝暗灰褐色，散生长圆形皮孔。叶片卵状披针形、卵状椭圆形、稀菱状卵形，叶缘具稀疏不整齐圆钝重锯齿，通常不分裂或在营养枝上少数叶片顶端具不规则 3～5 浅裂，叶基部楔形，幼时上面微被伏贴短柔毛，后期脱落，下面中脉及侧脉具长柔毛或近无毛。伞房花序或复伞房花序，总花梗和花梗均无毛，花萼筒钟状，外面无毛，花瓣近圆形或倒卵形，白色，雄蕊 20 枚，柱头头状，子房顶端被灰白色绒毛。果实扁球形或球形，黄色或带红晕，具稀疏褐色斑点。生于海拔 1 400～3 000 m 的向阳山地、溪边、杂木林内及林缘灌丛中。产于云南、贵州、四川、广西等省(自治区)。

图 10-4　云南山楂

4. 湖北山楂(图 10-5)

又名猴楂(湖北)、酸枣、大山枣(江西)。乔木或灌木，高 3～7 m。小枝细弱，无毛，紫褐色，具疏生浅褐色皮孔，刺少，直立。叶柄上面无毛，叶片卵形至卵状长圆形。伞房花序具多花，总花梗和花梗均无毛，花萼筒钟状，外面无毛，花瓣卵形，白色，雄蕊 20 枚，柱头头状。果实近球形，红或土黄色，有斑点。生于海拔 500～2 000 m 山坡、杂木林内、林缘或灌丛中。产于湖北、湖南、江苏、江西、浙江、河南、山西、安徽、四川、陕西等省。

5. 楔叶山楂

又名小叶山楂(河南)、野山楂。落叶灌木，高达 1.5 m。分枝密，刺细，小枝圆柱形，细弱，有时具棱，幼时具白色短柔毛，老时紫褐色或灰褐色，无毛，散生长圆形皮孔。叶柄短，两侧具狭刺，叶片倒卵形或倒卵状长圆形。伞房花序具 5～7 朵花，总花梗和花梗均被柔毛，花瓣圆形

图 10-5 湖北山楂

或倒卵形，白色，雄蕊 20 枚，花柱基部被柔毛。果实球形或扁球形，红色或黄色，小核 4 个或 5 个。生于海拔 250～2 000 m 向阳山坡、荒山、溪边和灌丛中。产于河南、安徽、江苏、浙江、福建、江西、湖南、湖北、山西、陕西、四川、贵州、云南、广东、广西等省(自治区)，日本亦有分布。

6. 华中山楂(图 10-6)

落叶灌木或小乔木，高达 7 m。刺粗壮平滑，直立或微弯曲。小枝圆柱形，当年生枝深黄褐色，被白色柔毛，老枝灰褐色至暗褐色，无毛或近无毛，疏生长圆形皮孔。叶柄具狭刺，幼时被白色柔毛，以后脱落，叶片卵形或倒卵形，稀三角卵形。伞房花序具多数花朵，总花梗和花梗均被白色绒毛，花萼筒钟状，外面被白色柔毛或无毛，雄蕊 20 枚。果实椭圆形，红色，无毛或被稀疏柔毛，小核 1～3 个。生于海拔 800～2 500 m 山坡、山谷、林内或灌丛中。产于湖北、河南、陕西、甘肃、浙江、四川、云南等省。

图 10-6 华中山楂

7. 毛山楂(图 10-7)

小乔木或灌木，高达 7 m。枝有刺或无刺，小枝粗壮，幼时密被灰白色柔毛，2 年生枝无毛，紫褐色，多年生枝无毛，灰褐色，疏生长圆形皮孔。叶片卵形或菱状卵形，上面疏生短柔毛，下面被白色长柔毛，沿叶脉较密。复伞房花序，多花，总花梗和花梗均被灰白色柔毛，花萼筒钟状，外被灰白色柔毛，花瓣近圆形，白色，雄蕊 20 枚，柱头头状。果实球形，红色，幼时被柔毛，后无毛，小核 3～5 个。生于海拔 200～1 000 杂木林中或林缘、河岸及路旁。产于黑龙江、吉林、内蒙古、山西、陕西、河南、河北等省，西伯利亚、库页岛、朝鲜、日本亦有分布。

图 10-7　毛山楂

8. 辽宁山楂(图 10-8)

又名红果山楂。灌木或小乔木，高 2～4 m。刺短粗，锥形，也常无刺。小枝幼时散生柔毛，不久脱落，当年生枝条无毛，紫红色或紫褐色，多年生枝灰褐色。叶柄粗短，近无毛，叶片卵形或菱状卵形。伞房花序，多花，密集，总花梗和花梗均无毛，或近于无毛，花萼筒钟状，外面无毛，花瓣长圆形，白色，雄蕊 20，柱头半圆形，子房顶端被柔毛。果实近球形，血红色，小核 3～5 个。生于海拔 900～3 000 m 山坡或河沟旁木林中。产于黑龙江、内蒙古、河北、山西、河南、吉林、辽宁等省(自治区)。俄罗斯伏尔加河流域、西伯利亚、蒙古亦有分布。

图 10-8　辽宁山楂

二、主要优良品种

1. 燕瓤红(图 10-9)

主产于河北省北部地区，当地称为粉红肉。果实倒卵圆形，平均单果重 8.8 g。果皮深红色，果面有残毛，果点中大较密，有光泽。萼片半开张或开张反卷。果肉粉红色，甜酸，肉质细硬,耐贮藏。树姿开张或半开张,树冠呈自然半圆形或圆头形,1 年生枝红褐色,成枝力强,顶端优势和层性明显,果枝连续结果能力强。产地果实 10 月上旬成熟。适于鲜食、加工。抗旱、抗寒性强。

图 10-9 燕瓤红

2. 滦红(图 10-10)

主产于河北承德、唐山和秦皇岛市。果实近圆形,平均单果重 10.0 g。果皮鲜紫红色,果肩部多棱状,果点大而稀,灰白色,果面光洁。萼片残存,开张反卷,萼筒小,圆锥形。果肉红色至浅紫红色,近果皮和果核外紫红色,甜酸,果肉细硬,耐贮藏。树冠呈半圆形,树势中庸,1 年生枝红褐色或紫褐色,2 年生枝棕黄色,3 年生枝棕灰色,中、长成花及果枝连续结果能力强。产地果实 10 月上旬成熟。

图 10-10 滦红

3. 豫北红(图 10-11)

河南职业技术师范学院等从河南省辉县栽培的山楂中选出。果实近圆形,肩部呈半球状,平均单果重 10.0 g。果皮大红色,果点较小,灰白色,果面光洁。果肉粉白色,酸甜适口,肉质细，稍松软，较耐贮藏。该品种树势中庸，幼树新梢生长旺盛，成年树树姿开张，萌芽力、成技力均强，果枝连续结果能力强。当地 10 月上旬成熟，丰产稳产，耐贮存，主要用于加工。

图 10-11　豫北红

4. 辽红（图 10-12）

该品种幼树期树势强健，成龄后树姿开张，多呈自然半圆形，以中果枝结果为主，果枝连续结果能力强，丰产、稳产。果树 5 月下旬开花，果实 10 月上旬成熟，果实圆形，平均单果重 7.9 g，果皮深红色，有光泽，果点较小，中多、黄白色，果肉红或紫红色，肉质细密，味微酸有香气，抗寒力强，耐贮藏，可贮至翌年 5 月份，适于鲜食和加工。

图 10-12　辽红

5. 秋金星(图 10-13)

当地由称大金星,原产辽宁省。该品种树势强健,树冠半开张,呈自然圆头形,枝密,老树皮暗灰色。果实近球形,带有明显的小棱凸起,平均单果重 5.5 g,果皮深红色,有光泽,果点黄白色,近萼洼处果点渐小而密。果梗细,果肉深红色,肉质细密而软,甜酸适口,风味浓。产地 9 月中旬成熟。用于鲜食或加工。

图 10-13 秋金星

6. 敞口(图 10-14)

主产山东鲁中山区。该品种树势强健,适应性广,山、滩地区连续结果能力强,丰产稳产,耐旱,稍抗碱。果实大,略呈扁平形,平均单果重 10.1 g。果皮大红色,有蜡光,果点小而密,梗洼中深而广。果顶宽平,具五棱。萼片大部脱落,萼筒倒圆锥形,深陷,筒口宽敞,故称敞口。果肉白色,有青筋,少数浅粉红色。肉质糯硬,味酸甜,清酸爽口,风味很好,品质最上。耐贮运,是生食、加工、药用优良品种。果实 10 月中旬成熟,适于制干。

图 10-14 敞口

思考题：

当前生产上山楂栽培种类有哪些？主要优良品种有哪些？识别时应把握哪些要点？

第三节　无公害生产技术

一、育苗

1. 种子处理

(1)早采种沙藏法

野生山楂一般在 8 月中旬至 9 月上旬，生理成熟期内采种。在果实着色初期采果较为适宜。将采集到的山楂果用碾子将果肉压开，但不可压伤种子，然后用水淘撮，除去果肉和杂质，再将净种放在缸内用凉水浸泡 2 d，每隔 2 h 换 1 次水，然后从缸内取出山楂种子，趁湿沙藏。按体积将 1 份种子和 4 份湿沙混拌均匀，湿度以手握成团，不滴水，松开即散为宜。放入事先挖好的坑内。坑挖在背风向阳处，深 1 m，宽 80 cm，长度视种子多少而定。将混好的种子放在坑底摊平，厚 8～10 cm，然后在种子上方 10 cm 处搭放一层木棒，在木棒上放一层薄包或席头，并在坑的中央立 1 把秫秸作通气孔。然后将土填回坑内，并稍高于地面，种子沙藏时间 180～210 d，一般 4 月初(清明)开坑取芽播种。此法可使种子发芽率达 95%～100%。

(2)变温处理沙藏法

适用于干种子：就是将纯净野生山楂种子浸泡 10 d。每天换水 1 次，再用 2 瓢开水对 1 瓢凉水的温水浸泡 1 d，第 2 天捞出，放在阳光充足地方暴晒，夜浸日晒，反复 5～7 d，直至种壳开裂达 80%以上时，再将种子与湿沙混匀沙藏。该法适用于早秋。深秋可采用的方法为：将净种子用“两开一凉”的温碱水(500 g 种子加 15 g 食用碱)泡 1 d，而后用温水泡 4 d，每天早、晚各换温水 1 次，然后夜泡日晒，有 80%的种壳开裂时即可沙藏。沙藏坑挖在向阳处，深 1 m，宽 60 cm，长度视种子数量而定。将混有湿沙的种子在坑内铺 25 cm 厚，上再盖 5 cm 的湿沙，坑口用秫秸盖严，覆土厚 30 cm，在坑两头各立 1 把秫秸通风换气。第 2 年 3 月中旬开坑检查萌芽情况，扭嘴时播种。

(3)马粪发酵法

秋季将野生山楂籽先用热水烫过，然后用温水浸种 3～5 d，将种子捞出和鲜马粪按 1∶4 混拌，放入 30～50 cm 深的坑内，其上覆盖，使之发热 35℃左右，经 30～50 d，各缝开裂取出，再用湿沙取出层积，翌年春播种，可当年出苗。

(4)腐蚀法

用石灰水或鲜尿浸种，以腐蚀种皮，促使种壳开裂，再经过湿沙层积，第 2 年春季播种后也可出苗。

(5)一夏一冬沙藏法

对原来存放或夏季买到的干种子，5～6 月份处理种壳，开裂效果较好。就是用 50℃热水浸种 1 d 后，用冷水浸泡 5 d，一天换一次水，而后晚上用凉水泡，白天暴晒，反复 3 d 左右，就有 90%以上的种壳开裂，然后将种子和湿沙按 1∶2 比例混合装入沙袋，预储于深 50 cm、宽 60 cm、长视种子量而定的储藏沟，种袋子放一束秫秸通风换气，覆土高出地面。上冻前改入储藏坑内层积沙藏，翌年春发芽率可达有仁种子的 95%以上。

2. 整地播种

选择地势平坦、土层较厚、土质疏松肥沃、有灌溉条件的圃地，整地作畦。采用南北畦，畦宽 1 m，畦长视地而定。畦内施入充分腐熟的农家肥 5 000 kg/667 m^2，翻入土内，用耙子搂平，灌 1 次透水，待地皮稍干时播种。播种一般在 3 月中旬至 4 月上旬，若在此期间，扒开种子沙藏坑，种子没发芽时可进行室内催芽。温度以 10～12℃为宜。注意种子湿度不能过干。在种子刚露白时播种，不宜发芽过长。若种子发芽过长而未及时整地时，可先在育苗畦内高密度漫撒育苗，覆盖地膜，出至 3～4 片真叶时移栽。播种量目前主要采用条播和点播两种方法。每畦播 4 行 10 cm。具体种植方法是在畦内用镐开沟，沟深 1.5～2 cm，撒入少量复合肥和土壤混合，阻止浇种，沟内坐水播种。条播将种沙均匀撒播于沟内，点播将种子按株距 10 cm，每点播 3 粒种子发芽，然后用钉耙搂平，覆土 0.5～1 cm，再覆盖地膜。

3. 砧木苗管理

播种好 7～10 d，幼苗长出 2～3 片真叶时揭去地膜，3～4 片真叶时按 10 cm 株距间定苗，保证留苗 2 万株/667 m^2 以上。对间出的幼苗或专门育的移栽到事先准备好的畦内，移栽时先浇足水，立即用木棍或手指插孔，将幼苗根用手放入孔内用手挤压一下，栽后立即浇水，密度同前。幼苗出齐和间、定苗后，要及时中耕除草，保持土壤疏松不板结。松土 3～5 cm，不宜过深，以免伤根。幼苗长到 15～20 cm，结合浇水施尿素 10 kg/667 m^2，以后每月追肥 1 次，并浇水。嫁接前 5 d 灌 1 次大水。小苗长到 20 cm 时摘心，尽早摘去苗木基部 10 cm 以下生出的分枝。

4. 嫁接

嫁接时间一般在 7 月下旬至 8 月下旬。方法主要采用芽接。先在山楂接穗上取芽片，在接芽上 0.5 cm 处横切一刀，深达木质部，再在芽子两侧呈三角形切开，掰下芽片；在砧木距地面 3～6 cm 处，选光滑的一面的横切一刀，长约 1 cm，在横口中间向下切 1 cm 的竖口，呈"丁"字形，然后用刀尖左右一拨，撬起两边皮层，随即插入芽，使芽片上切口与砧木横切口密接，用塑料条绑好。

5. 嫁接后管理

芽接后 7 d 检查成活。凡接芽新鲜未皱缩，叶柄已落或呈绿色一触即落者表明已成活，若接芽变黑，芽片皱缩，叶柄僵死在芽上即未成活，应马上补接。上冻前浇 1 次水，最好不解塑料条。第 2 年早春树液流动前，对所有芽接苗在接芽上方 0.4 cm 处 1 次剪砧，剪口要平滑并向接芽背面稍倾斜，解除塑料绑条。剪砧后，砧木基部发出大量萌蘖，应及时检查，尽早抹除。同时加强追肥浇水，促进生长，在秋后出圃。

6. 病虫害防治

山楂苗期病虫害主要立枯病、白粉病、灰蟓甲、金龟子等。对立枯病在播种前撒施硫酸亚铁1.5～2.5 kg/667 m^2，或在播种时用300倍的硫酸亚铁水浇灌根系，长到第4片真叶时再浇第2次即可控制。白粉病防治从6月开始，每隔15 d用0.3°Be′的石硫合剂或800倍的托布津防治1次，连喷3次即可防治。灰蟓甲、金龟子等害虫主要在幼苗期撒毒谷进行防治。

二、建园

1. 园址选择

在光照充足，土质良好，土层深厚肥沃，排灌良好，未种植过毛白杨或其他老果树的地方建园。

2. 品种、苗木选择

根据当地气候、土壤条件，选择适合当地栽培的优良品种。选择2个花期一致或相近的优良品种作为授粉树。苗木选择优质、无病虫害、根系完全、无明显碰伤的壮苗。

3. 栽植要求

栽植密度，肥沃土壤株行距为3 m×5 m，瘠薄地为2 m×4 m，采用南北行向栽植。栽植时期北方一般春栽，南方秋栽。春栽在土壤解冻后到发芽前进行。一般有灌溉条件的地方以秋栽为好。冬季幼树易受冻害的地方晚秋栽植后，应浇封冻水培土防寒，翌春适时扒开土堆，做好施肥、灌水等工作。

三、土肥水管理

1. 土壤管理

土层深厚果园要改良土壤质地，加深活土层，提高土壤肥力。土层瘠薄和沙滩果园，要深翻改土或深翻客土改良，加厚土层。有条件地方改良土壤应在栽树前进行，栽树前没进行的可采用连年深翻扩穴，逐年向外扩展，直到株行间打通为止。深翻深度一般为60～80 cm。一般园要在春、夏、秋三季进行树盘松土，并随时刨除地下根蘖。松土深度通常20 cm左右。要求春、夏季浅，秋季适当深些。此外，土壤管理还可施行覆草、生草等制度。但要注意行间不要间作高秆作物玉米、小麦等，并留出1 m宽的树盘，并在树盘覆盖地膜。

2. 施肥管理

施肥分基肥和追肥。基肥在采果后及时施，以有机肥为主，用量不低于“千克果千克肥”。

施充分腐熟的有机肥 3 000～4 000 kg/667 m^2，加施尿素 20 kg/667 m^2，过磷酸钙 50 kg/667 m^2，草木灰 500 kg/667 m^2，特别是鸡粪应充分腐熟。施肥方法有环状沟施，用于幼树或初结果树；放射状沟施，用于盛果期大树；穴施用于大树或干旱地区的果园。土壤追肥全年 3 次：第 1 次一般在 3 月中旬树液开始流动时，追施尿素 0.5～1 kg/株；第 2 次在谢花后施尿素 0.5 kg/株；第 3 次在 7 月末花芽分化前施尿素 0.5 kg/株，过磷酸钙 1.5 kg/株，草木灰 5 kg/株。7～8 月份进行叶面追肥，喷 0.2%，每 15 d 喷 1 次，进入 8 月份喷 0.5%的磷酸二氢钾。

3. 水分管理

灌水一般应掌握每次土壤施肥后必须灌水。如催芽水、花前水、花后水和保果水。在春旱时多浇水，雨季不浇水，秋施基肥后灌大水，封冻前灌封冻水。保持土壤含水量为田间持水量的 60%～80%。

四、整形修剪

山楂主要树形有主干疏层形、小冠疏层形、自然开心形和自由纺锤形等。丰产栽培多采用延迟开心形和自由纺锤形。延迟开心形定干高度 50 cm，第 1 年冬剪时选留 3～4 个主枝，第 2 年冬剪时再选留 1～2 个与上年主枝临近错开的枝条做二层主枝，层间距保持在 1.0～1.5 m，同时采用拉枝等措施使中心枝偏向缺主枝一方，使树冠中央开心。自由纺锤形定干高度 50 cm，第 1 年至第 4 年冬剪时，直接在中心干上选留 5～7 个中型枝组，枝级间距 30～40 cm；枝组延长枝进行中短截或轻短截，为保证中心干直立强壮，要立支柱扶正。枝组骨架枝的基角为 70°～80°，过小时拉枝处理。

1. 幼树期修剪

幼树期修建原则是：加速扩大树冠，轻剪缓放，培养枝组，充分利用辅养枝，开张骨干枝角度，进行夏剪，促使适期结果、丰产等。苗木定植后定干，定干高度 60～70 cm。定干后，对选定主枝留 50～60 cm 短截，不足 50 cm 水平枝或细枝侧芽质量不如顶芽的一般缓放不剪，翌年 5 月份摘心。对 2～3 年生幼树，主、侧枝每年冬剪剪去长度的 1/4～1/3，注意选留外芽，开张主枝角度。骨干枝以外枝条，若枝势过强，与骨干枝发生竞争时应疏除。其余枝条一般不进行短截，采用拿枝、拉枝、压平和别枝等方法培养成结果枝。5 月中、下旬，对背上枝摘心，对旺辅养枝环割。培养主干疏层形时，按上一年对中心干延长枝剪留长度，继续培养好第一层主枝，并进行第一侧枝选留和短截。对中心干上所抽生其他枝条，中、短者长放，过长者翌春压平缓放。修剪时注意剪口芽位置，或结合夏季管理，进行撑、拉矫正。一般自定植后经过 3～4 年整形修剪，树形基本完成，并开始结果。

2. 初果期树修剪

山楂进入第四年开始结果，该期修剪原则是：轻剪缓放，采用促花措施，同时继续完成整形任务，促使辅养枝大量结果，以果压冠，并进行枝组培养。整形修剪过程中，要重视侧枝选留，拉开主枝上第一和第二侧枝的距离，开张角度，使其位于主枝两侧下方。主干疏层形要继续培养第二层主枝，注意拉开层间距和层内距，第二层主枝与第一层主枝应插空安排。保持中心干优势，树高达到一定限度后，不再短截中心干延长枝。进入初果期后，冬剪时中庸粗壮、水平斜生壮枝，一般甩放不截，但可适当疏除和调整枝条密度和势力。主要疏除密生枝、交叉枝和重叠枝。利用辅养枝增加分枝进行结果。有空间短截占领空间，扩大枝叶量；生长过旺辅养枝，采取夏剪方法，抑长促果。山楂结果枝组主要有球体枝组和扁平枝组两大类。球体枝组多数着生于主枝和侧枝背上，一般主枝背上比侧枝上要大一些。在辅养枝上可培养小型球体枝组。球体枝组培养主要是进行短截，或回缩顶梢偏斜、衰弱部分，使其垂直向上，增加粗壮分枝，但严防球体过大；扁平枝组培养，多采用缓放，使其自然分枝而形成结果部位。

3. 盛果期树修剪

山楂盛果期修剪任务是改善树体光照条件，注重结果枝组培养与更新，克服大小年结果，力争丰产、稳产、优质。

(1)改善光照条件，扩大结果面积

对树冠上部过小枝，采用缓放、短截相结合方法，增加中、上层冠幅；若冠顶过大，应及时回缩和疏除；树冠郁闭时，可疏除、回缩部分枝条，注意控制营养枝，力争减轻郁闭程度。对树冠过分稀疏时，通过短截、人工拉枝方法占据空缺部位，增加结果体积。

(2)培养更新结果枝组

结果枝组更新复壮是盛果期修剪的主要任务，其更新方法是：对球体枝组去上留下，去弱留强，去中心留四周；对扁平枝组要回缩弱枝，疏除过密枝、交叉枝、枯死枝及叶幕间距过密处枝。两种枝组修剪以轻为宜，被修剪枝组通常在 3～4 年枝处剪截，修剪量占全树枝组总量的 1/4～1/3。

(3)克服大小年

对大年树修剪应疏除过多果枝，使果枝和营养枝保持(1～2)：1，果枝间距以 12～15 cm 为宜，大年树还可进行一次花前复剪；对小年树修剪，在尽量保留花芽基础上，进行精细修剪，剪除病枝、细弱枝，开张角度，更新复壮结果枝组，调整树势，改善冠内光照条件。

4. 衰老期树修剪

山楂衰老期修剪主要任务是更新复壮结果枝组，疏除回缩部分中、大枝，同时对骨干枝进行不同程度更新，并利用徒长枝代替部分或全部衰老骨干枝，重新组合叶幕，恢复树势。对下部光秃、分枝细弱、落花落果严重、结果能力显著下降的衰老结果枝组，应在下部有分枝地方回缩修剪。但更新应逐年进行，1 次回缩 40%～50%的结果枝组。一般结果枝组更新 3 年为一周期。当结果枝组更新修剪达不到应有目的时，可采用大枝更新法处理。在衰弱大枝 1/3 处回缩，回缩时要使留下大枝部分具有分枝能力；或极重回缩大枝，即留橛回缩。锯后生出很多徒长枝的，夏季对这些徒长枝进行拿枝、开张、转向；或疏除过密衰弱大枝，在锯口处刺激隐芽大量萌发，增加新生枝。对衰弱树骨干枝，应在分枝处回缩，或在骨干枝徒长枝处短截，以徒长枝代替骨干枝；对衰弱下垂大枝，选背上直立枝或斜生枝，在枝前回缩。对内膛徒长枝，除用作更新枝头外，还可通过短截，促进分枝，转化成结果母枝，增加结果面积，尽快恢复产量。

五、花果管理

1.提高坐果率

山楂落花落果比较严重,应在保证单果重的前提下提高坐果率。为此,要加强土、肥、水管理和病虫害防治,使树体健壮,营养充足。花期放蜂,进行人工辅助授粉,小年树花期喷布 1 次 50~60 mg/L 赤霉素以提高坐果率。大年树在幼果期喷 1 次赤霉素,花期不喷,以提高单果重。

2.疏花疏果

为提高果实品质,应进行疏花疏果。疏除花序应在花序出现后至分离前进行,越早越好。1 个结果母枝抽生 1~3 个结果枝,前部长势强,后部弱。抽生 1 个结果枝的尽量保留其上花序,抽生 2~3 个结果枝,保留前部 1 个,疏除后部 1~2 个结果枝上的花序。保留花序的结果枝,当年完成开花结果任务。疏花序时力求疏留均衡,强壮枝组少疏多留,较弱枝组适当多疏。冬剪时,将先端已结果的枝疏除,翌春再对预备枝转化成的结果母枝作花序的疏除。一般树势强,土肥水条件好时可少疏,反之多疏。要求平均果枝坐果个数不少于 8 个,1 m^2 的叶幕表面上果枝数,一般应达到 45~50 个。

六、病虫害防治

山楂病虫害主要有白粉病、山楂花腐病、白小食心虫等。具体防治方法是休眠期上冻前、解冻后翻树盘;同时,彻底清园,将落叶、杂草,冬剪病虫枝、枯枝,树上虫苞、僵果、挂的草把清除出园,集中烧毁或深埋。早春(3、4 月份)刮树皮,将树干和大枝上的老翘皮刮掉烧毁,以消灭老翘皮下越冬的梨小食心虫、卷叶蛾、星毛虫、红蜘蛛等害虫。萌芽前喷布 3~5°Be′石硫合剂,以防治腐烂病、枝干轮纹病、螨类和介壳虫等多种病虫害。萌芽期采用灯光、糖醋液(酒∶水∶糖∶醋=1∶2∶3∶4)诱杀或人工捕捉金龟子。发芽后用 40%氟硅唑乳油 6 000~8 000 倍液+10%的吡虫啉可湿性粉剂 3 000 倍液树上喷布,以防治腐烂病、轮纹病兼治叶螨、蚜虫等。花后 1 周树上喷布 20%的甲氰菊酯乳油 2 500 倍液+15%多抗霉素可湿性粉剂 1 000~1 500 倍液,以防治叶螨、蚜虫、蛾类和斑点落叶病等。从 6 月下旬开始到果实采收前 20 d,每隔 15~20 d,树上交替喷施 1∶3∶200 波尔多液与 50%多菌灵可湿性粉剂 600 倍液,或 70%甲基硫菌灵可湿性粉剂 800 倍液,防治多种病害。喷 48%毒死蜱乳油 1 200 倍液,或 10%的吡虫啉可湿性粉剂 5 000 倍液及 30%桃小灵乳油 1 500~2 000 倍液防治桃蛀果蛾类、蚜虫类。果实采收后喷菊酯类农药保护叶片。落叶后清理果园落叶、残枝、病果,焚烧或深埋。

七、果实采收与贮藏

1. 采收标准

山楂果实成熟期在9～10月份，当果实变为红色，果面有光泽，果点明显，果柄微黄，果实大小、风味出现本品种的特征时，即可采收。

2. 采收方法

采收方法有人工采收与振落或乙烯利催落法。人工采收果实保持完好，适合于贮藏供鲜食。可用手摘果，也可用剪子剪断果柄。用作加工时可用竹竿敲打振落，然后拾取，果实有部分损伤。为节省劳力和降低成本，可用乙烯利催落法，最好是人工采摘与乙烯利催落相结合。采用乙烯利催落山楂果实的方法是在采收前7～10 d，用40％乙烯利1 000倍液喷布，自然状态下经6～8 d开始落果，药后14 d可落果90％以上。一般可在喷药后1周左右，在树冠下铺好麻袋等承受物用手摇落。采收时，手采果实与振落或乙烯利催落果实不能混放。采下的果实在树下堆放几天，白天用草帘或席子覆盖，温度散热后再用篓筐包装。

3. 贮藏

山楂果实贮藏，关键是保持适宜温度和湿度。一般控制在0～5℃，如温度在0℃时，相对湿度应控制在85％～95％；如温度在0℃以上时，相对湿度应控制在80％～85％。贮藏方法有窖藏、缸藏、筐藏和埋藏等。埋藏法是在背阴处，挖深1 m、直径0.7 cm圆坑，在坑底铺一层15～20 cm的细沙，然后选无伤果实堆放在沙上，厚约50 cm，上面再盖上15～20 cm厚细沙，最后覆土填平或堆成土堆，于10～11月份贮藏。

思考题：

1. 山楂种子处理方法有哪些？
2. 山楂建园应把握哪些技术要点？
3. 如何进行山楂园土、肥、水管理？
4. 山楂初果期和盛果期如何进行修剪？
5. 如何进行山楂花果管理？
6. 如何进行山楂采收？

第四节 园 林 应 用

一、形态特征

园林上应用的山楂(图 10-15),树高达 6 m,小枝紫褐色,老枝灰褐色,枝密生,有细刺,幼枝有柔毛。单叶互生,三角状卵形至菱状卵形,长 5～12 cm,两侧各有 5～9 羽状裂,裂缘有不规则尖锐锯齿,两面沿脉疏生短柔毛。基部截形或宽楔形,复伞房花序,白色,花序梗、花柄、萼筒外有长柔毛。花径约 1.8 cm。果近球形,径约 1.5 cm,红色,有白色皮孔。花期 5～6 月份;果期 9～10 月份。

二、国内外园林应用情况

在国外,尤其是欧洲和北美,山楂在园林绿化中应用非常普遍,有许多特色种或者种应用较多,如满树红花的英国山楂品种 *C. laevigata*'Crimson Cloud',重瓣品种'Paul Scarlet'无刺、矮化的单子山楂品种 *C. monogynac*'Inermis Compacta',秋季叶色转红至橘红色的种有华盛顿山楂 *C. phaenopyrum*、坎萨斯山楂 *C. coccinoides*、鸡矩山楂 *C. crusgalli*,秋叶呈古铜红色的红蕊山楂品种 *C. lavelli*,以及叶色变黄的苏联山楂 *C. ambigua*、毛山楂 *C. mollis* 等,经过长期杂交选育,至今山楂品种已达上千个之多,品种丰富,且观赏性各异,在国外应用广泛。近年来,国内同行开始认识到山楂作为优良的观花、赏果植物的潜力,开始从欧美等地引种,引种较多的山楂品种是红花重瓣品种 *C. laevigata*'Paul's Scarlet,该品种花色鲜粉红,重瓣,树高 3～10 m,树型直立,呈圆冠形,姿态优雅,初夏开花、密集,花期长,可应用作草坪孤植树、树篱、丛植,或作景观行道树等,目前在北京、山东、安徽等地有少量引种。另外,红花单瓣品种 *C. laevigata*'Crimson Cloud',花色淡粉红,中心白色,形态娇羞可爱。除了观花以外,一些品种的观果、秋季色叶效果非常好,特别是华盛顿山楂品种 *C. phaenopyrum*'Fastigiata'、绿山楂品种 *C. viridis*'Winter King'、红蕊山楂品种 *C. lavelli*'Carrierei'等,都是值得引种推广的。

三、景观特征及用途

山楂树冠整齐,花繁叶茂,果实鲜红可爱,是观花、观果和园林绿化结合生产的良好绿化树种。可作庭荫树和园路树。

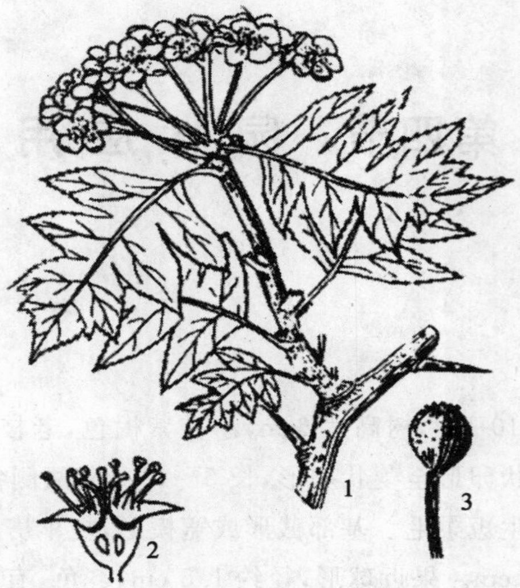

图 10-15　山楂

1. 花枝　2. 花纵剖面　3. 果

思考题：

试述山楂景观特征及园林应用。

实训技能 10　山楂生长结果习性观察

一、目的要求

通过观察，识别山楂各类枝梢特征，了解山楂生长及开花结果习性。

二、材料与用具

1. 材料

山楂幼树和成年结果树。

2. 用具

钢卷尺、卡尺和记载用具。

三、项目与内容

1. 树形

干性强弱，层次明显程度；树姿开张，直立。

2. 芽

花芽、叶芽和隐芽形态特征、着生部位及生长特性。

3. 枝条

识别营养枝、结果枝和结果母枝。交替式结果母枝和连续式结果母枝特性。

4. 叶

叶片大小、颜色、叶脉、叶型、叶形，有无缺刻。

5. 开花结果习性

花序类型，着生部位，花朵组成，开放时间，花期。落花落果情况。

四、实训报告

通过山楂性状观察，总结其生长结果习性。

五、技能考核

技能考核成绩实行百分制。其中实训态度与表现占 20 分，观察过程占 40 分，实习报告占 40 分。

第十一章　葡　萄

［内容提要］介绍了葡萄基本情况。葡萄生物学特性包括生长特性、结果习性和对环境条件要求三方面。葡萄主要包括欧亚、东亚和北美3个种群，还包括1个杂交种群。其中欧亚种群包括东方品种群、西欧品种群和黑海品种群。东亚种群包括山葡萄和董氏葡萄。北美种群包括美洲葡萄、河岸葡萄和沙地葡萄。杂交种群主要是欧美杂种和欧山杂种。主要优良品种介绍了主要优良品种分类，当前生产上栽培葡萄优良品种情况。葡萄无公害生产技术包括育苗、建园、建架整形、土肥水管理、花果管理、病虫害防治，适期采收和越冬防寒八部分。从形态特征介绍入手，阐述了葡萄的园林应用。

葡萄是世界上最古老的果树之一，已有5 000～7 000年的栽培历史，我国在汉朝时由张骞从中亚引入。葡萄营养丰富，用途广泛。除鲜食外，大量用于酿酒、制干和制汁等加工业。葡萄具有早果丰产、繁殖简便、好栽易管等优良的栽培性状，其适应性、抗逆性强，栽培形式多样，可露地生产、设施栽培，盆栽造形及庭院绿化。因此，葡萄成为世界上分布广泛、产量最高的果树。

第一节　生物学特性

一、生长习性

1．根

葡萄是深根系果树。生产上多采用扦插繁殖。扦插繁殖属无性繁殖，其根系无真根颈和主根，只有根干及根干上发出的水平根及须根构成。根干由扦插育苗时插入土壤中的枝条发育而来。葡萄的根为肉质根，能贮藏大量营养物质，且导管粗，根压大，因此，葡萄较耐盐碱，春季易发生伤流。葡萄根系垂直分布为20～60 cm，水平分布随架式而不同：篱架根系分布左右对称，棚架根系分布偏向架下方向生长，一般架下根量占总根量的70%～80%。葡萄根系的生长取决于葡萄的种类、土壤温度。欧洲葡萄的根在土温达12～14℃时开始生长，20～28℃时生长旺盛。在年周期中有2～3次生长高峰，分别出现在新梢旺长后，浆果着色成熟期及采收后。

2. 茎

葡萄的茎通称为枝蔓。可分为主干、主蔓、侧蔓、结果枝组、结果母枝(又称1年生枝)、新梢和副梢(图11-1)。主干是指从地面发出的一段茎,埋土越冬的地区不留主干,主蔓从地表附近长出。侧蔓是主蔓上着生的多年生枝。结果母枝是指着生混合芽的1年生蔓。结果母枝上的芽萌发后,有花序的新梢叫结果枝;无花序新梢叫营养枝。新梢叶腋间的夏芽和冬芽当年萌发形成的2次枝分别称副梢和冬芽2次枝,营养条件好时,其上亦着生花序,进行第2次结果。葡萄新梢由节和节间构成。节部膨大着生叶片和芽眼,对面着生卷须和花序。节的内部有横隔膜,无卷须的节或不成熟的枝条多为不完全的横隔,新梢因横隔而变得坚实。节间的长短因种、品种及栽培条件而异。葡萄新梢生长量大,每年有2次生长高峰:第1次从萌芽展叶开始到花前,主要是主梢的生长。以后,随着果穗生长加快,新梢生长转缓;第2次生长高峰从种子中的胚珠发育结束后到果实快速生长前,为副梢大量发生期。新梢开始生长粗壮,有利于花芽分化和果实发育。葡萄新梢不形成顶芽,全年无停长现象。

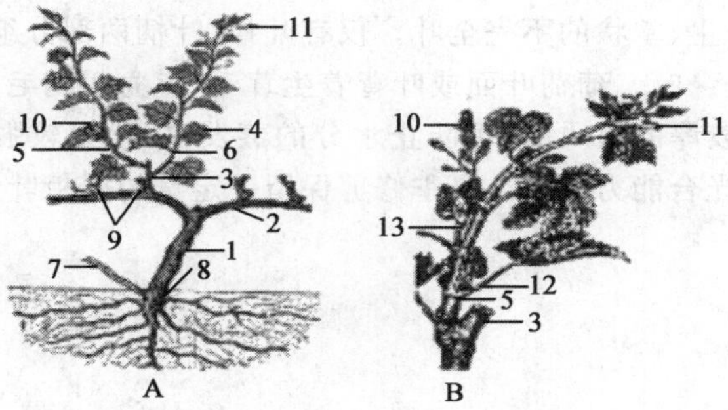

图11-1　葡萄植株各部分名称及结果枝组成

A. 葡萄植株结构 B. 新梢

1. 主干　2. 主蔓　3. 结果母枝　4. 叶片　5. 结果枝　6. 发育枝　7. 萌蘖　8. 根干　9. 结果枝组　10. 果穗　11. 卷须　12. 冬芽　13. 副梢

3. 芽

葡萄新梢每一叶腋内有两种芽:冬芽和夏芽。冬芽正中央有1个主芽,周围有3～8个预备芽,其中2～3个预备芽发育较好(图11-2),故冬芽又称芽眼。冬芽内的主芽比预备芽分化深,发育好。葡萄大多数品种,春季冬芽内的主芽先萌发,预备芽则很少萌发。当主芽受到损伤或冻害后,预备芽也萌发。在1个冬芽内,主芽和1～2个预备芽同时萌发,可形成双芽、三芽并生。冬芽在来年春季如不萌发就叫瞎眼。引起瞎眼的原因有两点:一是秋季到早春受低温冻害;二是结果过多或蔓留得过长,芽眼不充实,贮藏营养不足。瞎眼易造成葡萄架面不整齐,产量降低。生产上要及时抹去副芽萌发的新梢。冬芽在主梢摘心过重、副梢全部抹除、芽眼附近伤口较大时均可当年萌发,可进行2次结果,但影响下一年葡萄的正常生长。夏芽为裸芽,具早熟性,随新梢的生长萌发成副梢的芽。夏芽副梢叶腋间,同样形成当年不萌发的冬芽和与当年萌发的夏芽,这是葡萄快速成形,提早结果的理论基础。但副梢过多,消耗养分也多。故处理副梢是葡萄夏季修剪的主要任务。葡萄潜伏芽也是冬芽的一种,是冬芽内不萌发的预备芽，多发生在新梢或枝条的基部。葡萄潜伏芽寿命较长，一般不萌发。生产上可利用潜伏芽填补枝蔓光秃部位，更新老蔓。

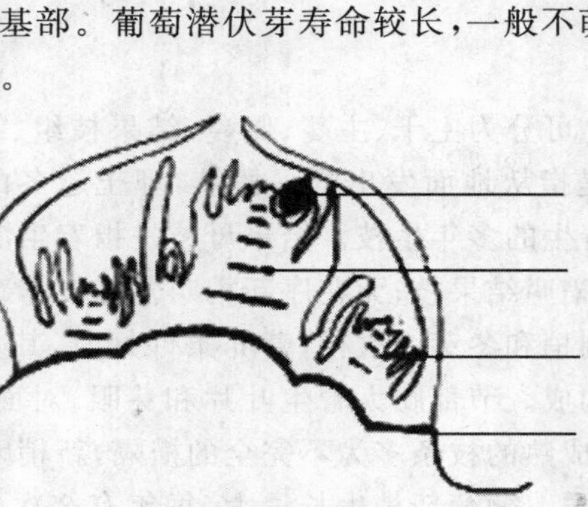

图 11-2　葡萄冬芽

1.主芽　2.预备芽　3.花序原始体　4.芽垫层

4.叶

葡萄的叶为单叶、互生、掌状的不完全叶。仅有叶片、叶柄两部分组成。葡萄叶片较大，大部分 5 裂，也有 3 裂或全缘叶。葡萄叶面或叶背着生茸毛，直立叫刺毛，平铺呈绵毛状叫茸毛。葡萄的叶片表面覆盖有较厚的角质层，可防止水分的蒸发，抗旱力较强。葡萄展叶后 30 d 左右的叶且叶色深绿的叶光合能力最强。夏季修剪保留一定量的副梢叶，有利于提高树体营养。

二、结果习性

1.花芽及花芽分化

葡萄花芽有两种：冬花芽和夏花芽。由上一年新梢叶腋间的芽经花芽分化而形成，约需 1 年时间。冬花芽是指带有花原基的冬芽；夏花芽是指带有花原基的夏芽。葡萄花芽为混合芽。一般着生于结果母枝的第 3～12 节，以 5～7 节最多。欧美杂交种花芽着生节位更低，从第 2 节就有花芽。花芽萌发后抽生结果枝，每个结果枝着生 1～3 个花序，多数位于第 3～7 节。结果枝平均着生的果穗数称为结果系数。冬花芽一般是在花期前后从新梢下部第 3～4 节的芽开始从上而下逐渐分化，基部 1～3 节冬芽开始分化稍迟，质量较差。一般葡萄的花芽到秋季冬芽开始休眠时，在 3～8 节冬芽上可分化出 1～4 个花序原基。冬芽开始进入休眠后，整个花序原基在形态上无明显变化，分化暂时停止。到第二年春季萌芽后，再次开始芽外分化和发育，每个花蕾依次分化出花萼、花冠、雄蕊、雌蕊。一般是在萌芽后 1 周形成萼片，2 周出现花冠，18～20 d 出现雄蕊，再过 1 周形成雌蕊。葡萄花芽分化持续时间较长，并且花的各器官主要是在春天萌芽以后分化形成，依靠的是上年树体内贮藏的营养物质。一般花期前后开始分化，6～8 月份为分化盛期，以后分化渐缓。在此期间，营养适宜时，便可形成完成完整的花序原始体，否则，花序就不完整或者形成卷须。花期是葡萄花芽分化的临界期。

大多数葡萄品种，通过对主梢摘心能促使夏芽副梢上的花芽加速分化；通过对主梢摘心并控制副梢生长，可促使冬芽在短期内形成花序，从而实现一年结二次果。

2. 花和花序

葡萄单花由花萼、花托、雌蕊、雄蕊、花冠(花帽)和花梗组成。花冠绿色,呈冠状,包着整个花器。雌蕊由子房、花柱和柱头组成。子房有2室,每室2个胚珠,受精后形成1～4粒种子。雄蕊5～8个,有花丝和花药组成。葡萄花序为复穗状圆锥花序。整个花序由花序梗、花序轴、花梗和花蕾组成。花序中轴叫花序轴,花序轴又有2～4级分轴。从花序基部到第一个花序分枝处叫总花序梗,有的花序还有明显副穗。葡萄花序和卷须是同源器官,在新梢上可看到从典型花序到典型卷须的各种中间过渡类型。不同葡萄种类卷须在新梢上的着生方式不同,欧亚种为间歇式着生,就是每着生两节卷须后空一节;而美洲种卷须为连续式着生,每节叶的对面都有卷须和花序。葡萄生产中,为便于管理和节省营养,卷须要及时除掉。

葡萄花序一般分布在果枝的3～8节上。欧亚种品种每个果枝上有花序1～2个;美洲种品种每个果枝上有3～4个或更多,但花序较小;欧美杂种一般每个果枝上有2～3个花序。花序上花蕾数因品种和树势而不同。发育好的花序一般有花蕾200～1 500个,多的达2 500个以上。在一个花序中,一般花序中部花蕾发育好、成熟早,基部花蕾次之。尖端花蕾发育差,成熟最晚。一个花序开花顺序一般是中部先开,其次为基部,顶部最后。

3. 开花习性

葡萄大多数栽培品种是完全花,自花授粉可正常结果,异花授粉可提高坐果率。少数品种雌蕊正常,雄蕊发育不好,花丝短,花粉无生活力,该类品种称为雌能花品种。栽培此类品种时必须配授粉品种。大多数山葡萄品种为雌雄异株,栽培时应栽两种或两性花类型品种。葡萄开花时,花蕾上花冠基部5个裂片呈片状裂开,由下向上卷起脱落(图11-3),露出雌、雄蕊。花药开裂散出黄色花粉,借风力和昆虫传播花粉。部分品种在花冠脱落前就已完成授粉、受精过程,这种现象称为闭花授粉,是一种最严格的自花授粉形式。大多数品种仍是在花冠脱落后才进行授粉受精过程。葡萄从萌芽到开花一般需要6～9周,开花速度、早晚主要受温度影响。一般在昼夜平均气温达到20℃时开始开花,最适温度为25～30℃,15℃以下开花很少。一天中以上午8～10时开花最集中。花序基部和中部的花蕾先开,质量好,副穗和穗尖花蕾后开。开花期长短与品种及天气有关,一般一个花序开花5～7 d,单株6～10 d。盛花后2～3 d无受精的子房在开花后1周左右就脱落。花后1～2周,如果受精后种子发育不好,幼果也会自行脱落,这种现象称为生理落果。适宜的生理落果是葡萄的自我调节,可使之达到合理负载。在葡萄生产上,一般欧亚品种自然坐果率较高,能满足产量要求;而巨峰、京亚等一些四倍体欧美杂种品种自然坐果率较低,果穗小而分散,落花落果严重,可通过生产管理措施进行调节。

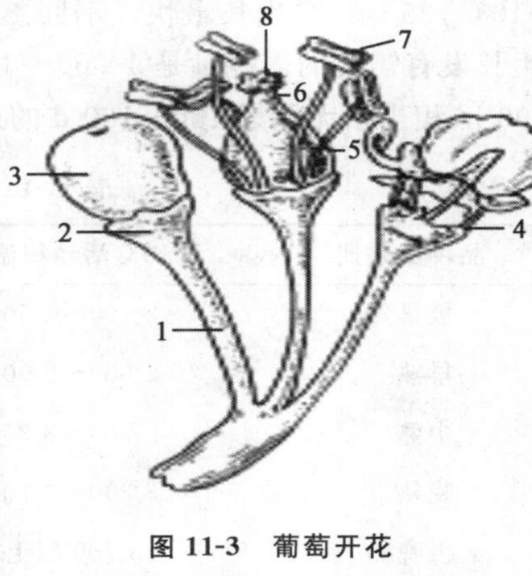

图 11-3 葡萄开花

1.花梗 2.花萼 3.花冠 4.蜜腺
5.子房隔 6.雌蕊 7.花药 8.柱头

4. 果实发育

葡萄开花后，经过授粉、受精，花序发育成果穗、子房发育成浆果；花序梗发育成穗梗。葡萄的果粒由果梗、果蒂、果刷、果皮、果肉、果心和种子组成(图 11-4)。果刷长的不易脱落，且耐贮运。葡萄果实的生长发育曲线是双“S”形。果实的发育过程包括三个时期：即 2 个迅速生长期和 1 个缓慢生长期。第一个时期是在坐果后 5～7 周，果实生长迅速；随后进入第二期生长缓慢，持续 2～3 周；再进入第三期浆果后期膨大期，含糖量迅速提高，含酸量减少，果肉变软，持续 5～8 周，直至果实成熟。

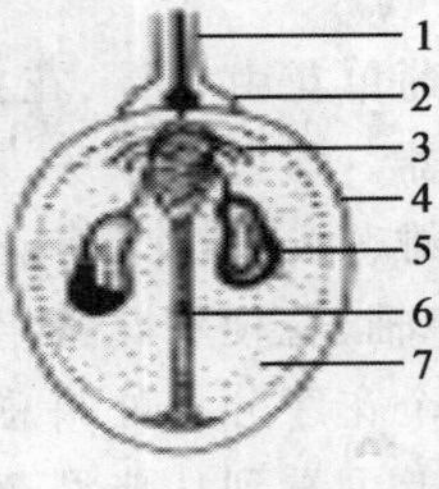

图 11-4　葡萄果粒结构
1. 果柄　2. 果蒂　3. 果刷　4. 外果皮
5. 种子　6. 维管束　7. 果肉

三、对环境条件要求

1. 温度

早春平均气温达 10℃左右，地下 30 cm 土温 6～10℃时，欧亚和欧美杂交种开始萌芽；山葡萄及其杂种在土温 5～7℃时萌芽。随着气温增高，萌发出新梢加速生长，最适于新梢生长和花芽分化温度是 25～38℃。浆果成熟期最适宜温度是 28～32℃。根系开始活动温度是 7～10℃，25～30℃生长最快。不同熟期品种都要求有一定有效积温(表 11-1)。葡萄正常生产生长发育需要的需冷量是 1 000～1 200 h。葡萄经济栽培区要求≥10℃活动积温不少于 2 500 h，相当于无霜期 150～160 d 的地区。

表 11-1　葡萄成熟期类型与活动积温

品种成熟期	≥10℃活动积温/℃	代表品种	从萌芽到成熟所需天数/d
极早熟	2 100～2 500	‘莎巴珍珠’	＜120
早熟	2 500～2 900	‘乍娜’	120～140
中熟	2 900～3 300	‘玫瑰香’	140～155
晚熟	3 300～3 700	‘白羽’	155～180
极晚熟	3 700 以上	‘龙眼’、‘红地球’	＞180

2. 光照

葡萄是喜光树种，对光照非常敏感。叶片光饱和点为 3 万～5 万 lx，光补偿点为 1 000～2 000 lx。光照条件好，浆果上色好、糖度高、风味浓、品质好。

3. 水分

葡萄根系发达，吸水能力强，既抗旱又耐涝。土壤过分干旱，易出现老叶黄化、脱落，甚至植株凋萎死亡。汛期淹水一般不超过 1 周葡萄仍能正常生长。淹水 10 d 以上,会使根系窒息,同样可造成叶片黄化、脱落,新梢不充实,花芽分化不良,甚至植株死亡。葡萄不同物候期对水分要求不同。萌芽期、新梢旺盛生长期、幼果膨大期均要求有充足水分供应,一般隔 7～10 d 灌水 1 次,使土壤含水量达 70%左右,浆果成熟前土壤含水量达 60%左右较好。雨量过多时应注意排水,雨量过少时,每隔 10 d 左右灌水 1 次。

4. 土壤

葡萄对土壤的适应性很强。除极黏重的土壤和强盐碱土外,一般土壤均可种植。但以土层深厚肥沃,土质疏松,通气良好的砾质壤土和沙质壤土最好。葡萄适宜的 pH 是 6.5～7.0;pH 8.3～8.7 时易造成缺素性黄叶病或叶缘干焦。土壤含盐量达 0.23%时开始死亡,栽培葡萄的地下水位要求在 1.0 m 以下为好。

思考题:

1. 葡萄的芽有哪几种?它们在形态构造上和生长发育上有何区别?
2. 葡萄花芽分化有何特点?论述葡萄生长结果习性。

第二节 主要种类、品种群和优良品种

一、种类、品种群

葡萄在植物分类中属于葡萄科、葡萄属,本属包括 70 多个种,分布于我国的有 35 个种。其中仅有 20 多个种用来生产果实或作为砧木,其他均处于野生状态,无栽培及食用价值。葡萄属的各个种按照地理分布和生态特点,一般划分为欧亚、东亚、北美三大种群。另外,还有一个杂交种群。

1. 欧亚种群

该种群目前仅有欧亚种葡萄一个种,称为欧亚葡萄或欧洲葡萄,起源于欧洲及亚洲。其栽培价值高,世界上著名的鲜食、加工、制干品种大多属于本种。该种群品种多达 5 000 个以上,其产量占世界葡萄产量的 90%以上。我国栽培的龙眼、牛奶、玫瑰香、无核白等品种均属于该种。欧洲种果实品质好,风味纯正,但抗寒性较差。成熟枝条和芽眼能耐－16～－18℃低温,根系能耐－3～－5℃低温。适宜日照充足、昼夜温差大、夏干冬湿和较温暖的生态条件。抗寒性差,抗旱性强,对真菌病害抗性弱,不抗黑痘病、白腐病、根瘤蚜。根据其亲缘关系和起源地不同可分为 3 个生态地理品种群。

(1)东方品种群

原产中亚和东北各国,主要为鲜食和制干品种。该品种生长势旺,生长期长,叶面光滑,叶

背面无毛或仅有刺毛。穗大松散呈分枝形，果肉无香味，抗热、抗旱、抗盐碱，但抗寒性、抗病性较弱。适宜于雨量少，气候干燥，日照充足，有灌溉的地区栽培和棚架整形修剪。其代表品种有无核白、无核黑、牛奶、龙眼、白鸡心、白木纳格等。

(2)西欧品种群

原产西欧各国，大部分属酿造品种。生长势中等或较弱，生长期短，叶背有茸毛，较抗寒。果穗较小，果粒着生紧密，中大或小，果肉多汁。果枝率高，果穗多，产量中等或较高。代表品种有赤霞珠、贵人香、意斯林、雷司令、黑比诺、法国蓝等。

(3)黑海品种群

原产黑海沿岸和巴尔干半岛各国，是东方品种群和西欧品种群的中间类型。多数为鲜食、酿造兼用品种，如白羽、白雅、晚红蜜等。鲜食品种有花叶白鸡心等。

2. 东亚种群

该种群有40多个种，起源于我国的有27个种，不少种是优良的育种材料，生产上应用最多的是山葡萄。

(1)山葡萄

山葡萄分布于我国的东北、华北及韩国、朝鲜、俄罗斯的远东地区。尤以东北长白山区最多，主要生长在林缘与河谷旁。其是葡萄抗寒性最强的一个种，根系可耐－16℃，成熟枝条和芽眼能抗－40～－50℃的低温。对白粉病和霜霉病抗性较差，多属雌雄异株。其扦插发根能力较弱，多采用实生播种繁殖。主要应用于三个方面：一是作寒冷地区的抗寒砧木，以扩大品种的栽培范围。二是作酿酒原料。吉林、黑龙江等地酿制的山葡萄酒，浓郁醇香，畅销国内外。三是作抗寒育种的原始材料。山葡萄作父、母本培育的优良葡萄品种有北醇、北红、北玫、公酿1号、公酿2号等。

(2)蘡薁

蘡薁又名董氏葡萄。该种群产于华北、华中及华南各地，日本、朝鲜也有分布。浆果圆形，黑紫色。果汁深红紫色。扦插不易发根，抗寒性较强，在华北一带可露地安全越冬，可作抗寒、抗病育种的原始材料。

除此之外，东亚种群可供酿造和利用的种还有刺葡萄、葛藟葡萄、秋葡萄、毛葡萄等。

3. 北美种群

北美种群起源于美国和加拿大东部，约有28个种，大多分布于北美洲东部，在栽培和育种上有利用价值的有3个种。

(1)美洲葡萄

美洲葡萄简称美洲种，原产北美东部。该种植株生长旺盛，抗寒，抗病，耐湿性强。幼叶桃红色，叶背密生灰白或褐色被毡状茸毛，卷须连续性。果肉草莓味，与种子不易分离。对石灰质土壤敏感，易患失绿病。著名的制汁品种康可为该种的代表性品种。巨峰、康拜尔、白香蕉等均为本种与欧亚种的杂交种。

(2)河岸葡萄

原产北美东部。叶三裂或全缘，叶片光滑无毛，生长势强。耐热耐湿，抗寒抗旱，抗病性强，对扇叶病毒有较强的抗性，高抗根瘤蚜。喜土层深厚肥沃的冲积土，不耐石灰质土壤。果实小，味难闻，品质差，无食用价值。扦插易成活，与欧洲葡萄嫁接亲和力好，一般作抗寒、抗旱、抗根瘤蚜的砧木。具有代表性的品种是沈阳农业大学引进和筛选的河岸2号、河岸3号；生产上广泛应用的葡萄抗寒砧木贝拉就是河岸葡萄和美洲种的杂交后代。

(3)沙地葡萄

原产美国中部和南部。叶片光滑无毛，全缘。果实小，品质差，无食用价值。抗寒性较强，根系可抗－8℃～－10℃的低温，成熟枝芽可抗－30℃的低温。抗旱性强，抗根瘤蚜、白粉病、霜霉病。本种及其杂种主要作抗旱、抗根瘤蚜的砧木，具有代表性的品种是圣乔治。

4.杂交种群

该种群是葡萄种间进行杂交培育成的杂交后代。如欧美杂种就是欧洲种和美洲种的杂交后代；欧山杂种就是欧洲种和山葡萄的杂交后代。其中欧美杂种在葡萄品种中占有相当的数量。这些品种的显著特点是：浆果具有美洲种的草莓香味，具有良好的抗病性、抗寒性、耐潮湿性和丰产性，栽培适应范围广。目前，欧美杂种在我国、日本和东南亚地区已成为当地主栽品种。它主要作鲜食和制汁，但品质不及欧洲葡萄。目前，我国和日本栽培较多的欧美杂种品种有巨峰、京亚、藤稔、康拜尔早生、玫瑰露等。

二、主要优良品种

1.分类

目前世界栽培葡萄品种约有1.4万个，其中在资源圃保存或在栽培上应用的品种有7 000～8 000个，它们主要来源于欧洲种、美洲种和欧美杂交种。目前，我国栽培葡萄品种主要分为两大类：欧亚种品种和欧美杂交种品种。欧亚种葡萄品质优良，但抗病、抗湿性较差；欧美杂交种葡萄抗病性、抗湿性均较强，但品质相对较差。欧亚种品种主要栽培在我国东北、华北及西北气候较为干旱的地区。欧美杂交种品种除新疆等干旱地区以外，在全国各地基本上均可栽培。

(1)按成熟期分类

①极早熟品种。从萌芽到浆果充分成熟的天数为110 d以内。大于10℃有效积温为2 100～2 500℃，其代表品种是87-1系、洛甫早生、莎巴珍珠、早玫瑰、京早晶、早红等。

②早熟品种。从萌芽到浆果充分成熟的天数在110～125 d的品种，大于10℃有效积温为2 500～2 900℃。其代表品种是京亚、京秀、金星无核、无核白鸡心、乍娜、凤凰51、香妃、早玛瑙等。

③中熟品种。从萌芽到浆果充分成熟的天数在125～145 d的品种，大于10℃有效积温为2 900～3 300℃。其代表品种是巨峰、藤稔、红脸无核、峰后、京超、里扎马特、先锋、伊豆锦、白香蕉等。

④晚熟品种。从萌芽到浆果成熟在145～160 d的品种，大于10℃有效积温为3 300～3 700℃。其代表品种是意大利、晚红、黑大粒、夕阳红、红地球、美人指、木纳格、无核白、高妻等。

⑤极晚熟品种。从萌芽到浆果充分成熟在160 d以上的品种，大于10℃有效积温为3 700℃以上。其代表品种是秋红、圣诞玫瑰、龙眼、秋黑等。

(2)按用途主要分类

①鲜食品种。鲜食品种具备较好的内在品质和外观品质。穗形美观,果粒着色均匀、着生疏密适当,甜酸适口(可溶性固形物含量15%~20%,含酸量0.5%~0.9%)。如京秀、红地球、巨峰系等。

②酿造品种。酿造品种注重内在品质,其可溶性固形物含量16%~17%,出汁率70%以上,具有特殊的香味和不同的色泽。如赤霞珠、梅露辄、意斯林、霞多丽贵人香、法国蓝、雷司令、黑比诺等。

③制汁品种。制汁品种要求有较高的含糖量和较浓的草莓香味。出汁率70%以上。如康棵、康拜尔、卡巴克等。

④制干品种。该品种要求无核、肉厚、含酸量小,可溶性固形物含量要求达到20%以上。如新疆的无核白葡萄品种。

2.代表优良品种

(1)京秀(图11-5)

欧亚种,早熟品种,从萌芽到果实充分成熟105~112 d。是中国科学院用潘诺尼亚与60-3(玫瑰香×红无籽露)1994年杂交育成,2001年通过北京市审定。在北京、河北、辽宁、山东等地栽培较多。北京地区4月中旬萌芽,5月下旬开花,6月底或7月初开始着色,7月底8月初充分成熟。露地与设施中生长、结果表现较好。植株生长势中等或较强。结果枝占芽眼总数的37.5%,占新梢总数的45.7%,每一结果枝上的平均果穗数为1.21个,结果系数0.44。早春嫩梢黄绿色,无茸毛。幼叶较薄,无茸毛,阳面略有紫色,有光泽;成叶中大,心脏形,绿色、中厚,叶缘锯齿较锐,有5个裂片,上裂刻深,下裂刻浅,叶柄洼矢形或拱形,秋叶呈紫红色。两性花。自然果穗圆锥形,平均穗重520 g,最大穗达750 g;果粒着生中密,短圆锥形,稀果后,平均粒重6.5 g,最大粒重8 g;果皮中厚,紫红至紫黑色,果肉细致稍脆,可溶性固形物14%~17.5%,含酸量0.39%~0.47%,汁多味甜,品质上等。果枝率45%,结果系数1.2,丰产性较强,不裂果,不脱粒,抗病力中等。较抗寒、抗湿,抗霜霉病、白腐病。易染白粉病、炭疽病。适宜篱架栽培,中短梢修剪,亦适宜保护地栽培,生产上应注意疏花疏果,合理负载。

图11-5　京秀

(2)乍娜(图 11-6)

又名绯红、卡地纳尔,欧亚种早熟品种,从萌芽到果实充分成熟生长期 115～125 d。原产美国,粉红葡萄和瑞必尔杂交育成,我国于 1975 年从阿尔巴尼亚引入,在全国各葡萄产区已是露地和保护地栽培的主要早熟优良品种之一。早春嫩梢黄绿色,阳面略带紫晕,有稀疏的茸毛。幼叶淡紫红色,叶表有光泽,叶背有少量茸毛;成叶中等大,心脏形,5 裂,上裂刻深,下裂刻浅,叶背有极少茸毛,叶面无毛,光亮,呈波状展开,锯齿大,中锐,叶柄洼拱形,叶柄长,淡绿色。卷须间隔,两性花。平均果穗重 580 g。果粒近圆形或短椭圆形,着生中等紧密,牢固,平均粒重 8.8 g,果皮紫红色、中等厚,果粉薄,果肉细脆,可溶性固形物含量 13.5%～16.0%,含酸量 0.55%～0.65%,味淡,有清香味,品质上等。植株生长势较弱,果枝率 53%～60%,结果系数 1.2～1.4,较丰产,耐运输。对霜霉病抵抗力较强,多湿地区易染黑痘病。果实成熟前遇雨易裂果,裂果不及时处理易引起穗腐病。棚架、篱架均可栽培,宜中短梢修剪。

(3)巨峰系

巨峰系葡萄是巨峰及与巨峰有亲缘关系的一类品种的总称。包括巨峰(图 11-7)、峰后、京超、先锋、藤稔等系列品种。欧美杂种,多为中熟品种。巨峰品种幼叶、嫩枝浅绿色,边缘粉红色,均密生茸毛。新梢长势很强,绿色略带紫褐色,密生灰白色茸毛,新梢冬芽红色。1 年生枝成熟枝条紫褐色,节间长。成叶大,近圆形,叶厚,深绿色,三裂,裂刻浅,叶面光滑无毛,叶背密生灰白色茸毛,叶缘锯齿双侧直,较尖锐,叶柄洼开张拱形。果穗圆锥形,平均穗重多在 400～550 g。果粒近圆形或椭圆形,平均粒重 11 g 以上,完熟时呈黑紫色或紫红色。果皮厚韧,果肉肥厚多汁,有草莓香味,品质中上等。果枝率 65%～85%,结果系数 1.6～1.8,丰产性强,适应强,抗病,耐湿,对黑痘病、霜霉病、白粉病抵抗力均强。树势强旺,新梢粗壮,适宜于篱架或小棚架栽培,宜中短梢修剪。有的品种落花落果重,大小粒严重,要注意合理负载。

图 11-6 乍娜

图 11-7 巨峰

(4)里扎马特(图 11-8)

里扎马特又称玫瑰牛奶,属欧洲种中熟品种,从萌芽到果实充分成熟生长期 128～135 d。

二倍体品种，原产前苏联，可口甘与匹尔干斯基杂交育成。我国20世纪70年代和80年代从苏联和日本引入。在我国西北、华北、东北等葡萄产区均有栽培，生长结果表现较好。树势极旺，新梢绿色。幼叶黄绿色有光泽；成叶中大，圆形或肾形，浅3裂或浅5裂，正面或背面均无茸毛，叶缘锯齿中锐，叶柄洼拱形。两性花。冬枝浅黄褐色，节间小，芽中等大，扦插极易生根。果穗大，平均重800 g，果粒为牛奶型或束腰型，平均粒重10～11 g，果皮底色黄绿，半面紫红色，美观，皮薄肉脆多汁，可溶性固形物含量11.5%～14.0%，含酸量0.5%～0.6%，酸甜爽口，品质上等。果枝率30%～32%，结果系数1.2，丰产性中等。抗病性中等，易染黑痘病、霜霉病，果实成熟期遇雨易裂果。可棚架栽培，中长梢修剪。

图11-8 里扎马特

(5)红地球(图11-9)

红地球又名大红球、晚红、美国红提等。欧亚种，二倍体，晚熟品种。1980年美国加州杂交育成品种。1987年引入我国。早春嫩梢浅紫红色。幼叶浅紫红色，叶表光滑，叶背有稀疏茸毛。新梢中下部有紫红色条纹，成熟的1年生枝条为浅褐色。成叶中等大，心脏形，中等厚，5裂，上裂刻深，下裂刻浅，叶正背两面均无茸毛，叶缘锯齿两侧凸，较钝，叶柄浅红色，叶柄洼拱形。两性花。自然果穗长圆锥形，平均穗重880 g，最大穗重可达2 500 g，果粒着生松紧适度；果粒圆球形或卵圆形，果粒平均纵径32 mm，横径28 mm，平均粒重14.5 g，最大达22 g以上，果粒大小均匀；果皮中厚，紫红色至黑紫色，套袋后可呈鲜玫瑰红色，果肉硬脆，可削成薄片，味甜适口，可溶性固形物含量17%，含酸量0.5%～0.6%，品质上等，果刷粗长，不脱粒，极耐贮藏和运输。植株生长势强，果枝率70%，结果系数1.5，丰产性强。抗病力弱，易染黑痘病、白腐病、炭疽病、霜霉病。适宜小棚架和篱架栽培。幼树宜长中短梢混合修剪，成年树以短梢修剪为主。幼树贪青生长，新梢成熟较晚，生产中要及时摘心和处理副梢，副梢多留叶片，严格控制产量，及早疏穗疏粒，并使结果枝与营养枝比例控制为(2～3)∶1。

(6)美人指(图11-10)

欧亚种晚熟品种，二倍体，从萌芽到浆果成熟145～150 d，为日本植原葡萄研究所于1984年用尤尼坤与巴拉底2号杂交育成。1994年由江苏省张家港市引入栽培。植株春季枝条嫩梢黄绿色，稍带紫红色，有光泽；成叶中大，心脏形，黄绿色，叶缘锯齿中锐，叶柄中长，浅绿色，

图 11-9 红地球

略带浅红色，叶柄洼窄矢形。两性花，成熟枝条灰白色。果穗长圆锥形，平均穗重 480 g，最大为 1 750 g，果粒着生松散，平均重 15 g，最大粒重 20 g，纵径 6.0 cm，横径 2.0 cm，果实纵横径之比为 3∶1，果粒呈长椭圆形，粒尖部鲜红或紫红色，光亮，基部色泽稍浅，恰如用指甲油染红的美人手指头，故称美人指。果皮薄，果粉厚，果肉脆甜，可溶性固形物含量 16%～18%，含酸量 0.50%～0.65%，品质上等。果枝率 45%，结果系数 1.1～1.3。果实耐拉力强，不落粒，较耐贮运。植株生长势强，极性强，易徒长。抗病力较差，栽培时应做好病虫害防治工作和果实套袋、避雨栽培等技术措施。

图 11-10 美人指

(7)秋黑(图 11-11)

又名黑大粒，黑提，欧亚种，美国选育的极晚熟品种。1960 年由美国加州大学 J. H. Weinberger 和 F. N. rlarnon 以美人指与黑玫瑰杂交培育而成。我国 1987 年引进，在沈阳农业大学试栽。目前辽宁栽培面积较大，其他省区少量栽培。果实蓝黑色，长椭圆形。果粒大，平均粒重 8～10 g。果穗大，圆锥形，平均穗重 720 g，果粒着生紧密。果皮厚、果粉多、果肉脆硬，味酸甜。含可溶性固形物 17%，含酸量 0.5%～0.6%。品质优良。嫩梢绿色，绒毛稀。幼叶黄绿色，有光泽。成叶片中等大，近圆形，5 裂，锯齿钝，叶面、叶背均无绒毛。叶柄洼矢形。两性花。植株生长旺盛，产量高，抗病性中等，适宜棚架栽培，中、长梢修剪。

(8)瑞必尔(图 11-12)

又名黑提，欧亚种，美国选育晚熟品种。果实中大，圆锥形或带副穗，平均果穗重 720 g，果粒着生中密。果粒近圆形或长圆形，平均单粒重 6.5 g。果皮紫红色至紫黑色。果肉脆，味酸甜爽口，可溶性固形物含量 16.0%。树势中强，结果枝率高，每果枝平均着生 1.4 个花序。华北地区 4 月上旬萌芽，5 月下旬开花，9 月下旬果实成熟。抗病、抗寒力较强。极耐贮运。

图 11-11　秋黑

图 11-12　瑞必尔

(9)洛浦早生

河南科技大学园艺所选育的欧美杂种。果穗圆锥形，紧凑。平均果穗重 456 g，最大达 1 060 g。果粒短椭圆形，果皮紫红至紫黑色，平均单粒重 11.7 g。果粉厚，果肉软而多汁，味酸甜，稍有草莓香味。可溶性固形物含量 13.8%～16.3%。每果粒含种子 2～3 粒。生长势较强，芽眼萌发率高，枝条成熟较早有，隐芽萌发率中等。结果枝率 66.8%，每果枝平均着生 1.65 个花序，副梢结实率中等。不脱粒，耐贮运。丰产，抗炭疽病、白腐病、黑痘病。在洛阳地区 4 月上旬萌芽，5 月中旬开花，6 月底至 7 月初成熟，从萌芽至成熟 90 d，浆果发育期 45 d。

(10)京早晶(图 11-13)

中国科学院北京植物园培育品种。果穗大，圆锥形，平均单果重 450 g，果粒着生中等紧密。果粒中小，卵圆形至长椭圆形，平均单粒重 3.0 g。果皮绿黄色，果皮薄，果肉脆，酸甜适口，味浓。可溶性固形物含量 20.5%，后熟后易落粒。植株生长势强，结果枝率 30%，每果枝平均着生花序 1.1 个。北京地区 4 月上旬萌芽，5 月中下旬开花，7 月下旬果实成熟。植株抗寒、抗旱力强，但易感染霜霉病和白腐病。

(11)无核白鸡心(图 11-14)

又名森田尼无核、世纪无核，欧亚种，中熟品种，原产美国，Goid×Q25-6 杂交育成。我国 1983 年从美国加州引入。嫩梢绿色，有稀疏茸毛。幼叶微红，有稀疏茸毛。1 年生枝条为棕褐色，粗壮，节间校长。成叶大，心脏形，5 裂，裂刻极深，上裂刻呈封闭状，叶片正反面均无茸毛，叶缘锯齿大而锐。叶柄洼开张呈拱状。果穗圆锥形，平均穗重 1 300 g，最重 2 500 g。果粒着生紧密，果粒长卵圆形，平均粒重 5.2 g，最大粒重 10 g。果皮黄绿色，皮薄肉厚硬脆，韧性好，浓甜，果皮不易分离，食用不需要吐皮。含可溶性固形物 16.0％，含酸 0.83％，含糖量 13％～28％，微有玫瑰香味，品质极佳。品种果粒着生牢固，不落粒，耐运输，不易长期冷藏，常温下保存 5 d 以上。

植株生长势强，芽眼萌芽率高，结果枝率 52％左右，每果枝平均着生 1.2 个花序。北京地区 4 月上旬萌芽，5 月下旬开花，8 月上旬果实成熟。

图 11-13 京早晶

图 11-14 无核白鸡心

(12)绿宝石无核(图 11-15)

又名爱莫无核，美国品种。果穗较大，紧凑，圆锥形，平均果穗重 650 g，果穗大小不整齐。果粒倒卵圆形，平均单粒重 4.2 g。果皮黄绿色，肉质脆，酸甜适口。可溶性固形物含量 15.0％。植株生长势强，芽眼萌芽率 50％，结果枝占总芽数的 70％，每果枝平均着生 1.2 个花序。华北地区 4 月上旬萌芽，5 月底开花，8 月上旬果实成熟。

图 11-15 绿宝石无核

(13)红宝石无核(图 11-16)

又名大粒红无核，美国品种。果穗大，圆锥形，平均果穗重 850 g，最大可达 1 500 g。果粒较大，卵圆形，平均单粒重 4.2 g。果皮亮红紫色，果肉脆，可溶性固形物含量 17.0％。植株生长势强，萌芽率高，每果枝平均着生 1.5 个花序。华北地区 4 月中旬萌芽，5 月下旬开花，9 月中、下旬果实成熟。

图 11-16　红宝石无核

思考题：

1. 葡萄种群是如何划分的？其中欧亚种 3 个品种群的主要特征特性有哪些？

2. 当前生产上栽培红提葡萄优良品种有哪些？黑提葡萄优良品种有哪些？河南育成优良品种有哪些？优质无核葡萄优良品种有哪些？识别时应把握哪些技术要点？

第三节　无公害生产技术

一、育苗

葡萄生产上常用的育苗方法是扦插育苗，且以硬枝扦插为主。而嫁接繁殖又以绿枝嫁接为主。其具体技术规程参照第三章育苗有关部分。

二、建园

1. 园地选择

葡萄园选在背风向阳，昼夜温差大，土壤疏松肥沃，排灌条件良好，pH 值适宜的沙质壤土地建园。

2. 园地规划

(1)选择适当的品种，搞好早、中、晚熟品种搭配

品种选择适应当地条件，结果早，产量高、品质好，抗病，易管理的优良品种。葡萄园较大时，应注意早、中、晚熟品种的搭配。要求早熟品种占10%～15%；中熟品种占60%～70%；晚熟品种占15%～30%。

(2)园地规划

拟建葡萄园地带应事先画好整体规划设计图。划分出生产用地与非生产用地。对于非生产用地的防护林、道路、管理用房、排灌系统等应事先考虑好。

(3)行向和株行距

①行向。葡萄棚架栽培时选择东西行向，使枝蔓由南向北爬；篱架选择南北行向，使植株两侧均匀接受阳光。

②株行距。葡萄栽植株行距取决于气候、架式和品种。冬季寒冷北方地区，需下架防寒，一般多采用棚架，其行距≥4 m。对生长势强的龙眼等品种，行距8～10 m，生长势中庸的品种，行距4～6 m，蔓距0.5～0.6 m，株距0.5～1.8 m，采用抗寒砧木的行距适当缩小，气候较暖和或采用抗寒砧木篱架栽培，其株行距为(1.0～2.5) m×(2.0～3.5) m。

3. 栽植时期和方法

(1)栽苗时期

北方各省春栽要求20 cm深土温稳定在10℃左右时栽植。

(2)栽前苗木处理

苗木栽前剪去枯桩，过长根系剪留20～25 cm，其余根系剪出新茬。地上部剪留2～4个芽，然后将苗木在清水中浸泡24 h左右。

(3)栽植

栽植沟上一年秋季挖好。一般沟宽1 m，深0.7～1.0 m。回填时施足充分腐熟的有机肥25～30 kg/株，灌透水，沉实土。栽植深度自根苗以原根颈与地面平齐；嫁接苗接口离地面15～20 cm，栽后灌1次透水，待水渗下后将苗木培一土堆。天气寒冷地区，无论自根苗或嫁接苗都要培土。自根苗培土时土堆要超过顶芽2 cm左右，嫁接苗要先将苗木压倒固定，然后培一土堆。7～10 d后，芽眼开始萌动时将土堆扒开。

三、整形修剪技术

葡萄是蔓性果树，在整形修剪上与其他乔木果树相比具有三个显著的特点。一是葡萄枝蔓柔软，整形修剪必须做到架式、树形和修剪的有机结合，即根据栽培条件和品种选择架式，按照架式选择树形，并通过一定的修剪方法来实现。关键是使枝蔓伸展顺畅，均匀分布于架面。二是冬剪必须避开伤流期。三是葡萄生长旺盛，必须加强生长期的修剪。

1. 架式

葡萄生产中应用的架式种类很多，基本上可分为篱架和棚架两大类。各种架式的基本结构见图 11-17，其主要优点、适用范围和树形见表 11-2。

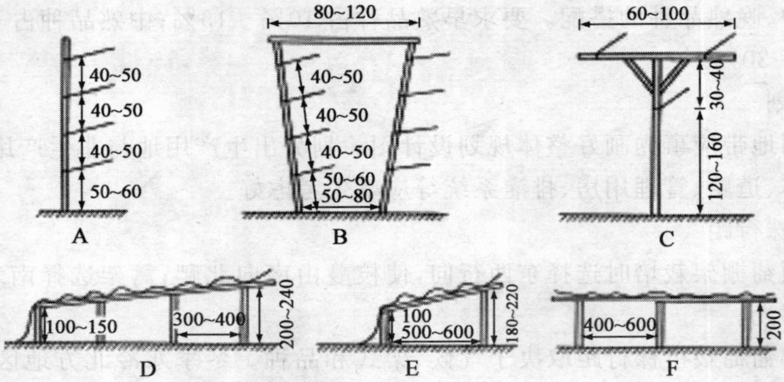

图 11-17 葡萄主要架式类型(单位：cm)

A. 单篱架 B. 双篱架 C. 宽顶单篱架 D. 倾斜式大棚架 E. 倾斜式小棚架 F. 水平式大棚架

表 11-2 葡萄主要架式性能表

架式名称	特点	存在问题	采用树形	适用条件
单壁篱架	通风透光、早果、管理方便、利于密植，果实品质好	架面小，不适宜生长旺盛的品种，结果部位易上移	扇形、水平形、龙干形、U 形整枝	密植栽培、品种长势弱、温暖地区
双壁篱架	架面扩大，产量增加	费架材，不便作业，病害重，着色差，对肥水条件和夏季植株管理要求较高	扇形、水平形、U 形整枝	小型葡萄园
宽顶单篱架(T 形架)	有效架面大、作业方便、产量增加、光照条件好、品质好	树体有主干，不便埋土防寒，在埋土防寒地区不宜采用	单干双臂水平形	适合生长势较强的品种，不需要埋土越冬地区
倾斜式小棚架	早期丰产、树姿稳定，便于更新	不便机耕	扇形、龙干形	长势中等品种，需要冬季埋土地区
倾斜式大棚架	建园投资少，地下管理省工	结果晚，更新慢，树势不稳	无干多主蔓扇形、龙干形	寒冷地区、丘陵山地、庭院栽培、长势强的品种

(1)篱架

①单篱架。架高 1～2 m，架上横拉铁丝 2～4 道。架面高低根据品种特性、整枝形式、自然条件及栽培目的而定。品种生长势强，土壤肥沃，扇形多层水平整枝以及日灼严重地区，一般采用较高架式，相反用较低架式。生产中常用单篱架是沿葡萄栽植行每距 3～5 m 设一根水泥支柱，柱高 2.5～2.6 m，埋入地下 0.5～0.6 m，露出地面 2 m 左右，架上横拉 4 道铁丝，枝蔓和新梢引缚在各层铁丝上(图 11-17A)。

②双篱架。架高 1.5～2 m,双篱基部间距 50～80 cm,顶部间距 80～120 cm,立柱与铁丝设置与单篱架相同,只是架面增加了 1 倍(图 11-17B)。

③宽顶单篱架。就是在单篱架立柱顶端各设一根长 60～100 cm 横梁,横梁两端各拉一道铁丝,再在横梁下 30～40 cm 的立柱处拉一道铁丝(图 11-17C)。将主蔓引缚到第一道铁丝上,发出的结果枝均匀引缚在横梁两端铁丝上。

(2)棚架

立柱上设横梁,横梁上拉铁丝,枝蔓在架面上生长,状似阴棚。故称棚架。棚架类型可分为倾斜式棚架和水平棚架两类,生产中常用的有 3 种。

①倾斜式大棚架。架长 6 m 以上,架根高 1～1.5 m,架梢高 2～2.4 m(图 11-17D)。

②倾斜式小棚架。架长 5～6 m,架根高 1 m,架梢高 1.8～2 m(图 11-17E)。

③水平式大棚架。架面呈水平状态,架高 2 m 左右(图 11-17F)。

2. 整形技术

(1)篱架整形

①多主蔓自然扇形。苗木定植后当年剪留 3～5 芽,长出新梢成为将来主蔓。冬剪时若主蔓少于 4 个,对其中较粗的 1～2 个留 2～3 芽短截,继续培养主蔓,其余在第一道铁丝高度附近短截培养侧蔓。第二年主蔓延长蔓分别在第一、二道或第三道铁丝处摘心,或短截继续培养侧蔓,其余枝蔓培养成枝组或结果母枝。成形后主蔓 4～6 个,间距 50 cm 左右,主蔓上有侧蔓,侧蔓及主蔓上着生枝组或结果母枝,枝组间距 30 cm 左右,枝蔓在架面上呈扇形分布(图 11-18A)

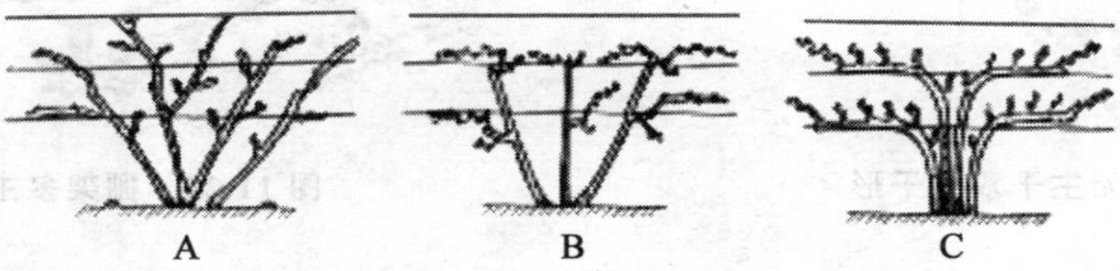

图 11-18 篱架整形

A. 多主蔓自然扇形 B. 多主蔓规则扇形 C. 多主蔓规则分层扇形

②多主蔓规则扇形。适于密度较大葡萄园。与多主蔓自然扇形整形过程相似,主要区别在于主蔓稍少,一般 3～5 个,主蔓上无侧蔓,直接着生结果枝组或结果母枝(图 11-18B、C)。

③单层双臂水平形。苗木定植后留 2～3 芽短截,萌芽后留 1 个粗壮新梢作主干,其余抹除。当新梢长至 70～80 cm 时摘心,冬剪时留 50～60 cm 剪截。翌春选生长健壮的两个新梢作主蔓,其余抹除,冬剪时留 50～100 cm 剪截。第三年春将两主蔓左、右分开,水平引缚在第一道铁丝上,萌芽后背上新梢结果。以后背上培养结果枝组或结果母枝,主蔓继续延伸,布满株间(图 11-19)。

④双层双臂水平形。整形技术与单层双臂水平形基本相同,只是要在基部萌发的新梢中选一个作第二主干,在第一层上再培养一个二层双臂水平形即可(图 11-20)。

(2)棚架整形

①龙干形。适于倾斜小棚架,以双龙干形较多。苗木定植后留 2～4 芽短截,萌芽后选一个生长良好的新梢,其余抹除。冬剪时剪留 60 cm。翌春萌芽后选两个健壮新梢直接引缚上

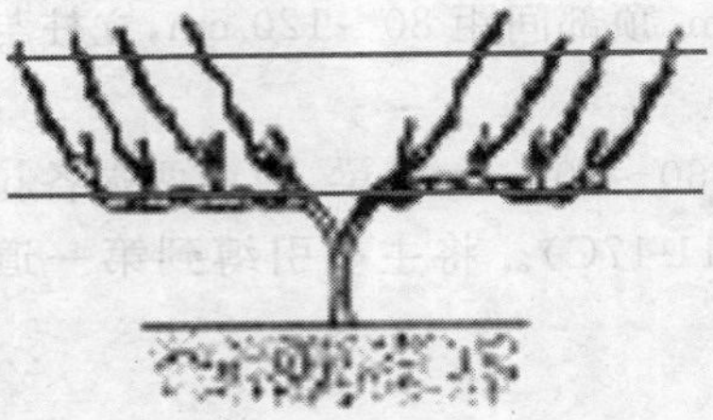

图 11-19　单层双臂水平形

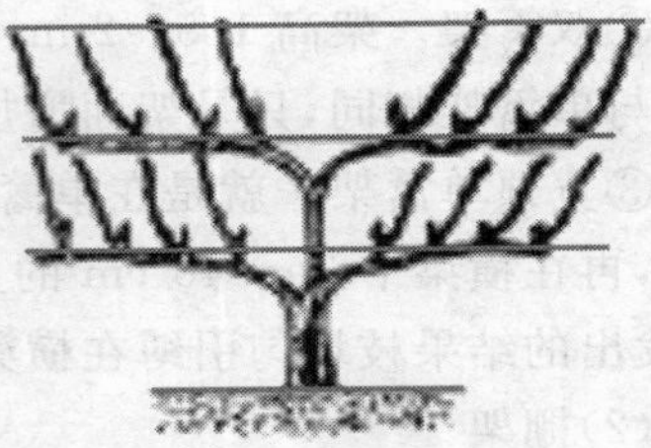

图 11-20　双层双臂水平形

架作为两个龙干主蔓，其余抹除。以后两龙干不留侧蔓，仅配置结果枝组或结果母枝(图 11-21)。

②多主蔓扇形。适于倾斜棚架。苗木定植后留饱满芽剪截，萌芽后选 2～3 个壮梢培养，翌春梢萌芽后，每个主蔓上留 2～3 个壮梢培养主、侧蔓，其余抹除。

两种树形所留梢在架面上交错分布，相距不少于 20 cm。冬剪时选强蔓继续在 1.5～2 cm 处剪截，弱蔓从基部剪除。以后每年在主蔓先端留 1 个延长蔓，以下仅留 1～2 个侧蔓，主蔓及侧蔓上配置结果枝组或结果母枝(图 11-22)。

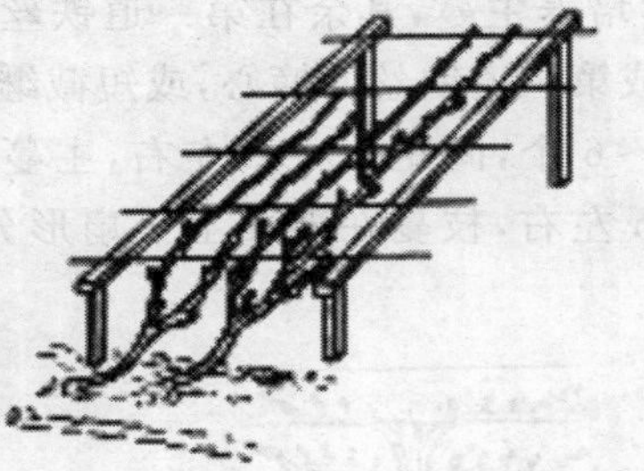

图 11-21　无主干双龙干形

图 11-22　棚架多主蔓扇形

3. 修剪技术

(1)冬季修剪

①时间。冬季埋土防寒地区，应在埋土前完成；不需防寒地区，在落叶后 2～3 周至次年树液流动前，即 12 月至翌年 1 月中旬进行修剪。应避免春季树液开始流动时的过晚修剪，否则易造成伤流。

②技术要求。修剪顺序是先骨干枝，后结果枝组；先疏枝，后回缩、短截。对 1 年生枝，要选留健壮、成熟度良好的枝作结果母枝，剪口下枝条粗度一般应在 0.6 cm 以上，并高出芽眼 2～4 cm。多年生枝缩剪时，弱枝应在剪口下留强枝；强枝在剪口下留中庸枝。疏枝时，应从基部彻底去掉，勿留短桩；剪锯口削平滑，不伤皮。

③修剪方法和内容。冬季修剪，主要是结果母枝剪留长度、剪留量的确定，枝蔓更新等。可根据计划产量确定结果母枝留量，可用如下公式计算：

$$\text{每株留结果母枝数}=\frac{\text{计划单株产量}}{\text{结果母枝平均果枝数}\times\text{果枝平均果穗数}\times\text{果穗平均重量}}$$

结果母枝修剪方法有五种。一是超短梢修剪：就是仅留基部 1 个芽；二是短梢修剪：就是剪留 2～4 个芽；三是中梢修剪：就是剪留 5～7 个芽；四是长梢修剪：就是剪留 8～12 个芽；五是超长梢修剪：就是剪留 13 及 13 个以上芽。其中短梢修剪、中梢修剪及长梢修剪应用较多。

结果母枝剪留量，主要应考虑翌年新梢在架面分布情况。一般棚架每平方米架面留新梢 15～20 个，篱架每隔 10～15 cm 引缚 1 个新梢较合适。

结果母枝更新方法有单枝更新和双枝更新两种。单枝更新多在短梢修剪时应用（图 11-23）。就是短梢结果母枝上当年发出 2～3 个枝，在冬剪时回缩到最下位的 1 个枝，剪留 2～3 个芽作为下一年的结果母枝。短截留下的结果母枝既是明年结果母枝，又是明年更新枝，结果与更新在一个短梢母枝上合为一体。每年如此重复，使结果母枝始终靠近主蔓，防止结果部位外移。双枝更新多在中长梢修剪时应用（图 11-24）。就是上位枝可根据品种特性和需要进行中长梢修剪，作为结果母枝；下位枝短梢修剪，作预备枝。第二年冬剪时，上位已结果的 1 年生枝连同母枝从基部疏除；下位母枝上发出的预备枝，再按前一年修剪方法，上位枝中长梢修剪，下位枝短梢修剪，使修剪后结果母枝始终向母蔓靠拢。

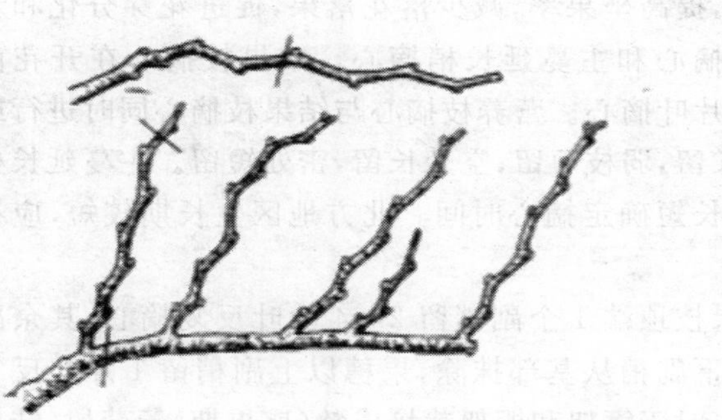

图 11-23 单枝更新

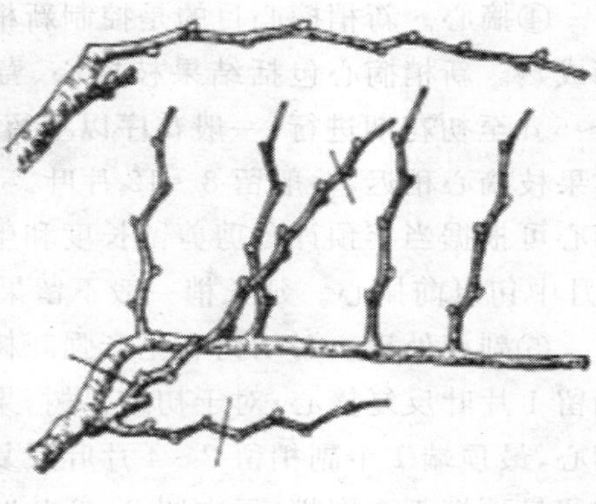

图 11-24 双枝更新

葡萄枝组必须有计划地进行更新。枝组一般每隔 4～6 年更新 1 次。从主蔓潜伏芽发出的新梢中选择部位适当、生长健壮的来代替老枝组，培养成新枝组。培养更新枝组要在冬剪时分批分期轮流将老化枝组疏除，使新枝组有生长空间。

④棚架葡萄模式化修剪。北方葡萄生产上以棚架为主，采用龙干树形，主蔓上有规格地分布着结果枝组、母枝和新梢。可按 1-3-6-(9～12)修剪法进行模式化修剪。就是在每 1 m 长的主蔓上范围内，选留 3 个结果枝组，每个接果枝组保留 2 个结果母枝，共 6 个结果母枝。每个结果母枝冬剪时采用单枝更新、短梢修剪，剪留 2～3 个芽。春天萌发后，每个母枝上选留 1～2 个新梢，共选留 9～12 个新梢。当葡萄株距为 1 m、蔓距为 0.5 m 时，架面上可有 18～24 个/m^2 新梢，再通过抹芽、定枝去掉一部分新梢，使之达到合理的留枝量。按照此模式，篱架扇形和水平形整枝时，1 m 主蔓内可留 4 个结果枝组。该模式主蔓更新年限较棚架缩短，每隔 2～3 年更新 1 次。

(2)夏季修剪

葡萄冬芽是复芽，有时 1 个芽眼能萌发出 2～3 个新梢，并且葡萄新梢生长迅速，1 年内可发出 2～4 次副梢。为使枝条通风透光，提高果实品质和产量，葡萄必须进行细致的夏季修剪。

①抹芽。春季芽眼萌发后在芽长到 3～5 cm(即使大部分芽已萌动，少部分芽刚萌动时)

进行，抹去密集芽、晚芽、双生芽(副芽与主芽一样大时，去副留主)及近地面30～50 cm内枝蔓上的芽；架面上1个芽眼发出2个以上新梢的，要选留1个长势较好、有花序的，其余抹去；主蔓及枝组上过密的芽也要及早抹去。要根据树势、树形、架式等采取不同的措施。一般留大、早、平、顺、强芽，不留小、晚、尖、空、夹、弱芽，老树留下不留上，幼树留上不留下。同时，注意抹芽不能1次完成，在第1次抹芽后，隔3～5 d再抹1次。

②定枝。在新枝长到20～30 cm时进行，是在抹芽基础上调整留枝密度。定枝依品种、树龄、树势而定。大叶型品种如巨峰等留枝要少，小叶型的欧亚种留枝可多些，结果枝与发育枝为2∶2或2∶1，树龄小少留枝，成龄树适当多留枝；树势好适当多留2～3个枝，树势不好应少留枝条。定枝原则是：留壮枝去弱枝，留顺枝去夹枝；留果枝去空枝，留早枝去晚枝；留主枝去副枝，留内枝去外枝。棚架架面依品种生长势留枝15～20个/m²。单篱架新梢垂直引缚时每隔10 cm左右留1个新梢，双篱架每隔15 cm左右留1个新梢。定枝时要留有10%～15%。

③除卷须。卷须浪费营养和水分，不便于管理。夏剪时要及时去掉。

④摘心。新梢摘心目的是控制新梢旺长，提高坐果率，减少落花落果，促进花芽分化和新梢成熟。新梢摘心包括结果枝摘心、营养枝摘心和主蔓延长梢摘心。结果枝摘心在开花前3～5 d至初花期进行，一般花序以上留4～6片叶摘心。营养枝摘心与结果枝摘心同时进行或结果枝摘心稍迟，一般留8～12片叶。强枝长留，弱枝短留；空处长留，密处短留。主蔓延长梢摘心可根据当年预计冬剪剪留长度和生长期长短确定摘心时间。北方地区生长期较短，应在8月中旬以前摘心。延长梢一般不留果穗。

⑤副梢处理。对幼树和生产强旺树，结果枝顶端1个副梢留2～4片叶反复摘心，其余副梢留1片叶反复摘心；对于初结果树，果穗以下副梢从基部抹除，果穗以上副梢留1片叶反复摘心，最顶端1个副梢留2～4片叶反复摘心；对于篱架和棚架栽培成龄(盛果期)葡萄树，结果枝留最顶端1个副梢，每次留2～3片叶反复摘心，其余副梢从基部抹除。对果穗较大，副梢明显的品种，应剪去过大副梢，将穗轴基部1～2个分枝剪去。

⑥剪枯枝、坏枝。一般栽培葡萄伤流期过后进行。北方多在6月上旬，与新梢摘心一起进行。

⑦新梢引缚。在夏剪同时，将一些下垂枝、过密枝疏散开，绑到铁丝上，改善通风透光条件，提高品质，保证各项作业顺利进行。

⑧剪梢、摘叶。7月中、下旬至9月份，特别是在果实着色前进行。将过长新梢和副梢剪去一部分，把过密叶片(特别是老叶和黄叶)摘掉。剪梢、摘叶以架下有筛眼状光影为标准，不能过重。

⑨注意问题。一是夏剪下来枝叶要集中深埋或沤制；二是夏剪时发现病叶、病梢、病果要及时剪下深埋；三是各项作业一定按时、按要求进行。

四、土肥水管理

1. 土壤管理

葡萄园土壤管理应按农业行业标准NY/T 5087—2002《无公害食品　鲜食葡萄产地环境技术条件》要求进行，在定植沟改良基础上，每年继续施有机肥，扩沟改土，加强管理。

(1)土壤改良

葡萄在多数土壤中均可进行栽培,但最适宜在肥沃、土质疏松、土层肥厚、通气性较好的土壤中生长。对于沙荒地、盐碱土、重黏土和酸性土需进行改良。

(2)土壤管理制度

①清耕。清耕是目前葡萄上最为常用的土壤管理制度。在少雨地区春季清耕有利于地温回升,秋季清耕有利于晚熟葡萄利用地面散射光,提高果实品质。清耕园内不种其他作物,一般在生长季进行多次中耕。秋季深耕,保持表土疏松、无杂草,同时可加大耕层厚度。但在有机肥施入量不足、雨量较多的地区或降水较为集中季节,不宜采用清耕。

②果园覆盖。适合在干旱和土壤较为瘠薄的地区应用。常用的覆盖材料有麦秸、麦糠、玉米秸、稻草、树叶等。覆盖应避开早春地温回升期。一般在 5 月上旬至秋季覆盖较好。覆草后不易灌水,并应注意做好病虫害防治工作。

③生草法。在年降水量较多或有灌水条件的地区,可采用果园生草法。草种用多年生牧草和禾本科植物。如毛叶苕子、三叶草、鸭茅草、黑麦草、百脉根、苜蓿等。一般在整个生长季内均可播种,当草高 20～30 cm 时,留茬 8 cm 左右割除,割除草覆盖在树盘或行间。生草一般在葡萄行间进行。也可采用自然生草,就是对园内自然长出的杂草在一定高度进行连续割除,并将割除的草覆在行内。生草后的 2～3 年内,应注意增施氮肥,早春应比清耕园多施 50%的氮肥,生长期内,根外追肥 3～4 次。对生草应注意病虫害的防治。

(3)地面深翻

北方埋土防寒地区在葡萄出土上架后,结合清理地面深翻。在定植沟内深翻 20～25 cm。翻后打碎土块,整平地面,修好地埂。植株周围留 20 cm 浅翻或不翻。秋季未基肥,可结合地面深翻施基肥,或同时追化肥。

(4)中耕除草

葡萄园每年至少要在行间、株间中耕除草 2～3 次,深 10 cm 左右。每个生长季要在行、株间主草锄草 3～4 次,保持土壤疏松无杂草状态。也可使用除草剂,但应禁止使用苯氧乙酸类(2,4-D、MCPA 和它们的酯类、盐类)、二苯醚类(除草醚、草枯醚)、取代苯类除草剂(五氯酚钠)除草剂;允许使用莠去津,或在葡萄栽培上登记过的其他除草剂。

2. 施肥技术

(1)基肥

秋季葡萄采收后施入,或在春季葡萄出土上架后施入。肥料种类以有机肥为主,掺入少量的尿素、磷酸二铵、过磷酸钙等速效性肥料。基肥施用量占全年施肥量的 50%～60%。施肥方法有沟施和撒施两种。沟施每年在栽植沟两侧轮流开沟施基肥,且每年施肥沟逐渐外扩。一般离植株基部 50～100 cm 处,挖宽、深各 40 cm 左右的施肥沟,施肥量 50 kg/株。施肥量 5 000 kg/667 m^2 以上时,应将肥料均匀施入沟内,并用土拌好,然后回填余土,施肥后灌水。撒施具体又有两种方法:其一是先把地面表土挖出 10～15 cm,然后将肥料均匀撒入其中,再深翻 20～25 cm,最后用表土回填;其二是把腐熟的优质有机肥均匀撒到地面,深翻 20～25 cm。基肥应施在主要根系分布层范围内,以不损伤大根为原则。

(2)追肥

在施入基肥的基础上,一般每年追施化肥 3～4 次。第 1 次在发芽前,主要追施氮肥,施后及时灌水；第 2 次在抽枝和开花前喷施 0.3%的硼肥；第 3 次在果实膨大期，主要追施磷酸二铵，叶面喷施钙、镁、锰、锌等微肥；第 4 次在果实着色期，主要追施磷酸二氢钾。施肥量依据地力、树势和产量的不同而异，每产 100 kg 浆果 1 年需施纯氮（N）0.25～0.75 kg、磷（P_2O_5）0.25～0.75 kg、钾（K_2O）0.35～1.1 kg。施肥方法是在离葡萄树根颈 30～40 cm 处开环状沟，沟深 15～20 cm，施肥后灌水。此外，根据不同管理水平、果园不同的营养状况，在不同时期每年叶面喷肥 3～4 次，前期以氮肥为主，可间隔 20 d 喷 0.2%～0.3%的尿素 1～2 次，后期以磷、钾肥为主，可间隔 15 d 叶面喷施 0.2%～0.3%的磷酸二氢钾 2 次。

3. 水分管理

葡萄的水分管理是"两促两控，保证冻水"。即萌芽后到开花前灌 2～3 次水；花期控水；浆果膨大期根据降水情况灌水；浆果着色期控水；北方寒冷地区下架埋土前保证灌好封冻水。

五、花果管理

1. 疏花序、负载量、花序整形及掐穗尖和花前喷硼

(1)疏花序时期与方法

疏花序时期与方法应根据品种特性结合定枝进行。疏花序一般开花前 10～15 d 进行：对于树体生长势较弱而坐果率较高的品种，在新梢的花序能够辨别清楚时尽早进行；对于生长势较强、花序较大的品种以及落花落果严重的品种，疏花序时间应稍晚些，待花序能够看清楚形状大小时进行。疏花序以"壮二、中一、弱不留"为原则，就是粗壮枝留 1～2 个花序，中庸枝留 1 个花序，细弱枝不留花序。或采用"3、6、9"疏花序法：就是花期结果枝长 30 cm 以下的不留花序，枝长 60 cm 左右留 1 个花序，枝长 90 cm 以上的留 2 个花序。

(2)负载量

负载量应根据品种和树势确定。一般欧美杂交种产量每 667 m^2 应控制在 1 500～1 800 kg；欧亚种产量可稍高些，一般产量每 667 m^2 为 1 800 kg 左右。酿制葡萄酒一般每 667 m^2 不超过 1 300 kg 左右，酿制优质葡萄酒每 667 m^2 不超过 1 000 kg。棚架行株距为 5 m×0.6 m，第 2 年初结果树，长势较好的产量控制在 2.0 kg/株左右，长势较弱的少留或不留果；第 3 年长势好的产量控制在 7.0 kg/株左右；盛果期长势较好的树控制在 10 kg/株左右，长势较弱的树控制在 7 kg/株以下。土壤肥沃、肥水充足、树体健壮、管理水平较高，产量可稍高一些，但每 667 m^2 不超过 2 000 kg；土壤瘠薄、肥水较少、树势偏弱，负载量每 667 m^2 可控制在 1 300 kg 左右。

(3)花序整形及掐穗尖

花序整形与掐穗尖同时进行。具体应根据品种特性进行，果穗小、穗形较好的品种对果穗稍加整理即可；果穗较大，副穗明显的品种如巨峰，应将副穗及早除掉，并掐去全穗长的 1/4 或 1/5 的穗尖，使穗长保持在 15 cm 左右，不超过 20 cm；对于一些特大果穗还要疏掉上部的 2～3 个支穗。

(4)花前喷硼

一般在开花前 15 d 左右喷施 1～2 次 0.2%～0.3%硼砂溶液。

2.果穗、果粒管理

(1)整穗、疏粒时间和方法

整穗就是在整理花序基础上对穗形不好的果穗进一步整理，使果穗紧凑、穗形美观，提高果品外观及品质。整穗可结合第一次疏果粒进行。对稀果粒品种疏掉果穗中畸形果、小果、病虫果及比较密挤的果粒。可先用手轻抖果穗，振落发育差、受精不充分的果粒，再用疏果剪或镊子疏粒。疏粒一般在花后 2～4 周进行 1～2 次。第一次在果粒绿豆大小时进行；第二次在果粒黄豆粒大小时进行。果实生长后期、采收前还需补充 1 次果穗整理，主要是除去病粒、裂粒和伤粒。根据品种果粒大小，平均粒重 6 g 以下，每穗留 60 粒左右；平均粒重 6～7 g，每穗留 45～50 粒；平均粒重 8～10 g，每穗留 35～40 粒。要保证平均穗重 500 g 左右，且果粒大小比较均匀整齐。

(2)赤霉素(GA_3)等生长调节剂等应用技术

根据农业行业标准 NY/T 5088—2002《无公害食品　葡萄鲜食生产技术规程》3.7 植物生长调节剂使用准则规定，葡萄无公害生产只允许使用 GA_3。其主要用来增大果粒及诱导无核果实。应用 GA_3 增大无核品种果粒及诱导有核品种无核化，应根据不同品种、不同时期，使用不同的处理方法和浓度。在应用前要事先进行试验，寻求最佳处理方法、时期及浓度。

(3)果实套袋

葡萄果穗套袋是提高葡萄果实外观品质、保持果粉完整、减少葡萄病虫危害，进行无公害生产的重要措施。

①纸袋选择。葡萄专用纸袋应具有较大的强度，耐风吹雨淋，不易破碎，并有较好的透气性和透光性，避免袋内温度过高；纸袋最好还要有一定的杀虫、杀菌作用。果袋选择还要根据地区日照强度及品种果实颜色进行，红色、紫黑色品种如红地球、巨峰等品种宜选用黄褐色或灰白色羊皮纸袋；而绿色品种对纸袋颜色要求不严。

②套袋时期及方法。葡萄套袋时期一般在开花后 20 d 左右，就是生理落果后，果实黄豆粒大小时进行。套袋前首先根据品种特性疏果粒，疏掉畸形果、小果及过密果粒，并细致喷布 1 次保护性杀菌剂。药剂干后及时套袋。套袋时先把袋鼓起，小心将果穗套进，扎紧袋后绑在着生果穗的果枝上。多雨地区可在纸袋下部剪留两个透气放水小孔，也可使用自制伞形袋(图 11-25)。对于容易受日灼的品种如红地球，套袋后最好在上面再遮上一张旧报纸，或在果袋上打 1～2 个小的通气孔。

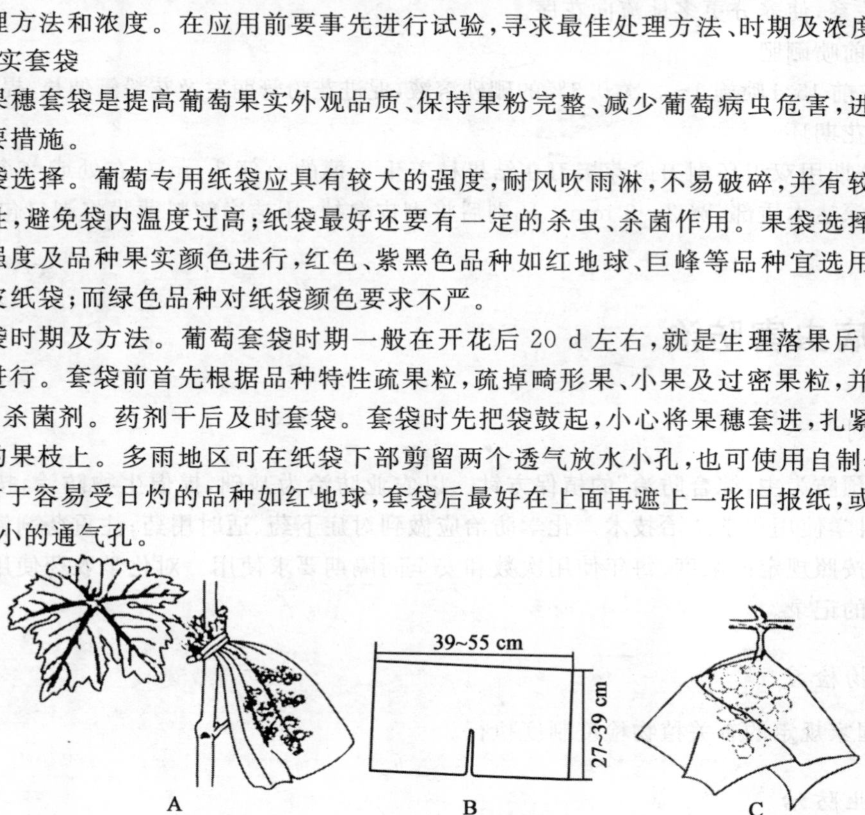

图 11-25　葡萄套袋示意图

A.套专用纸袋　B.纸伞制法　C.果穗套伞袋

③摘袋时间与方法。应根据品种及地区确定摘袋时间。对于无色品种及果实容易着色的品种如香妃、巨峰等可在采收时摘袋；红色品种如红地球一般在果实采收前15 d左右进行摘袋；果实着色至成熟期昼夜温差较大地区，可适当延迟摘袋时间或不摘袋；昼夜温差较小地区，可适当提前进行摘袋。摘袋时首先将袋底打开，经过5～7 d锻炼，再将袋全部摘除。

3.防止落花落果技术措施

(1)控制产量，贮备营养

根据土壤肥力、管理水平、气候、品种等条件严格控制负载量。鲜食品种产量控制在1 500～2 000 kg/667 m^2，酿酒和制汁品种控制在1 300～1 500 kg/667 m^2。保证果实、枝条正常充分成熟，花芽分化良好，使树体营养积累充足，完全能够满足翌年生长、开花、授粉受精等对养分的需求。

(2)增施有机肥，提高土壤肥力

根据土壤肥力秋施优质基肥5 000～8 000 kg/667 m^2，并根据树体各时期对营养元素要求，适时、适量追肥。

(3)及时抹芽、定枝、摘心和处理副梢

及时抹芽、定枝，减少养分的消耗，促进花序的进一步发育；及时摘心，调节营养生长与生殖生长的关系，使养分更多地流向花序。

(4)花前喷硼肥

在开花前15 d喷施1～2次0.3%的硼砂溶液，促进花粉管萌发及花粉管伸长，提高坐果率。

(5)初花期环剥

在开花期用双刃环剥刀或芽接刀在结果枝着生果穗的前部3 cm左右处或前个节间进行环剥，剥口深达木质部，宽2～3 mm。环剥后将剥皮拿掉，用洁净塑料薄膜将剥口包扎严紧。

六、病虫害防治

1.原则

贯彻"预防为主，综合防治"的植保方针。以农业防治为基础，提倡生物防治，按照病虫害发生规律科学使用化学防治技术。化学防治应做到对症下药、适时用药；注重药剂轮换使用和合理混用；按照规定的浓度、每年使用次数和安全间隔期要求使用。对化学农药使用情况进行严格、准确的记录。

2.植物检疫

按照国家规定的有关植物检疫制度执行。

3.农业防治

秋、冬季和初春，及时清理果园中病僵果、病虫枝条、病叶等病组织，减少果园初侵染菌源和虫源。采用果实套袋措施。合理间作，适当稀植。采用滴灌、树下铺膜等技术。加强夏季管理，避免树冠郁闭。

4. 药剂使用准则

(1)禁止使用剧毒、高毒、高残留、有“三致”(致畸、致癌、致突变)作用和无“三证”(农药登记证、生产许可证、生产批号)的农药。禁止使用的常见的农药有六六六、滴滴涕、杀毒芬、二溴氯丙烷、杀虫脒、二溴乙烷、艾氏剂、狄氏剂、汞制剂、砷、铅类、敌枯双、氟乙酰胺、甘氟、毒鼠强、氟乙酸钠、毒鼠硅、甲胺磷、甲基对硫磷、对硫磷、久效磷、磷胺、甲拌磷、甲基异柳磷、特丁硫磷、甲基硫环磷、治螟磷、内吸磷、克百威、涕灭威、灭线磷、硫环磷、蝇毒磷、地虫磷磷、氯唑磷、苯线磷。

(2)提倡使用矿物源农药、微生物农药和植物源农药。常用矿物源农药有(预制或现配)波尔多液、氢氧化铜、松脂酸铜等。

七、适期采收

1. 采收标准

鲜食有色品种充分表现出该品种固有色泽，无色品种呈黄色或白绿色，果粒透明状。同时大多数品种果粒变软而有弹性，达到该品种的含糖量和风味时采收。

2. 采收时间

外销或贮藏的品种可适当早采；酿造品种一般根据不同酒类要求的含糖量采收，当该品种果实达到酿酒所需要的含糖指标、色泽风味呈现该品种固有特性时采收；制汁、制干品种要求含糖量达到最高时采收。采收鲜食葡萄，特别是供外销或贮藏的葡萄，应在每日清晨或傍晚时采收，且采收前 10～15 d 停止灌水。若遇下雨，要等叶面和果穗中的积水干燥后再采。

3. 采收要求

采收时用手捏住穗梗，用剪紧靠枝条剪断，随即装入果筐，分级包装。采收鲜食葡萄要轻拿轻放，尽量不擦掉果粉。采下的葡萄要放在阴凉通风处，切忌日光下暴晒。

八、越冬防寒

葡萄越冬防寒主要采用覆土的方法。当地土壤封冻前 15 d 开始埋土。华北地区 11 月上中旬为适宜埋土时期。埋土主要有 4 种方式：一是局部埋土法。就是冬季绝对最低温度高于 −15℃的地区，在植株基部堆 30～50 cm 高的土堆进行防寒。二是塑料膜防寒法。就是在枝蔓上盖麦草等 40 cm，然后盖上薄膜，周边用土压严，注意薄膜不破洞。三是地上全埋法。就是埋土前清理栽植沟，将枝蔓下架，顺沟埋好捆扎，用土埋严。埋土时盖一层 10～15 cm 厚的草，然后覆土。四是地下全埋法。就是在葡萄行间挖 50 cm 深的防寒沟，然后将枝蔓压入沟内再覆土，或先在植株上覆盖塑料膜、干草、或树叶后再覆土，也可先覆盖 2～3 cm 厚的草秸等再覆土，覆草埋土时，鼠害严重地区应投放毒饵灭鼠。埋土时下架葡萄枝蔓尽量拉直，除边际第 1 株倒向相反外，同行其他植株均顺序倒向一边，后一株压在前一株上，使其首尾相接，捆扎牢固。埋土时都应在植株 1 m 以外取土，并且埋土时土壤应保持 50%～60%的土壤湿度。

思考题：

1. 葡萄品种生长习性、架式和整形修剪之间的关系如何？
2. 如何进行葡萄多主蔓扇形、双龙干形的整形修剪？
3. 葡萄冬季修剪应把握哪些技术要点？
4. 葡萄夏季修剪的内容有哪些？
5. 论述葡萄园周年管理技术要求。
6. 葡萄如何疏花序进行整形？
7. 如何进行葡萄果穗、果粒管理？
8. 如何进行葡萄越冬防寒？

第四节　园林应用

一、植物学特征

葡萄(图 11-26)为多年生落叶大藤本树种，以卷须攀附他物，具有观叶、观花、观果的观赏效果。葡萄树皮长片剥落，幼枝光滑。叶互生，近圆形，长 7～15 cm，宽 6～14 cm，3～5 裂，基部心形，两侧靠拢，边缘粗齿。圆锥花序，花小，黄绿色。花后结浆果，果椭球形、圆球形，是园林垂直绿化结合生产的理想树种。

二、园林应用

常用于长廊、门廊、棚架、花架等。翠叶满架，硕果晶莹，是果业兼赏的好材料。葡萄是园林造景中长廊经常使用的树种之一。蔓可长数十米，叶近圆形，花序圆锥形，浆果圆形或椭圆形，有红、绿、紫等多种颜色。葡萄既可作篱壁式栽培，也可作棚架栽培。庭院中栽培葡萄的棚架可大可小，与院落的建筑相协调或根据庭院主人的喜好而定。在公园或机关大院的通道上方，设走廊式葡萄大棚架，坐果后上为枝叶，枝叶下坠满果实。夏季既具有良好的遮阴效果，又可以品尝到葡萄香甜的果实，别有一番情趣。常用的观赏葡萄品种有红地球、玫瑰香、京亚、京早晶、凤凰、龙眼等。

三、生态、景观效应

现代城市工厂云集，人口稠密，环境污染较为突出，而大力增加城市绿化面积，可以构成一个强大的自然生态系统，保护自然生态平衡，保护和改善人们的生存环境。利用葡萄可以在不增加土地面积的情况下，拓展绿化空间，有效提高绿化面积，增加绿量，美化城市景观，调节改善气候，降低温度，增加湿度，净化空气，减弱噪声，阻滞尘埃，具有良好的生态效益和景观效果，可大大提高城市园林绿化水平。

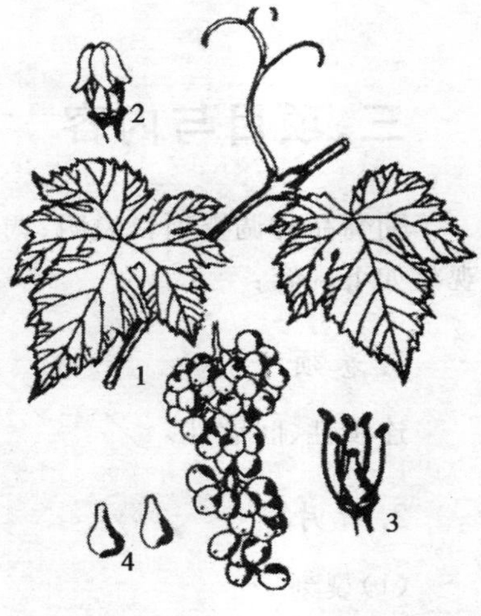

图 11-26 葡萄

1.果枝 2.花 3.花瓣脱落（示雄蕊、雌蕊及花盘） 4.种子

思考题：

试述葡萄园林应用及生态景观效应。

实训技能 11-1 葡萄主要品种识别

一、目的要求

通过葡萄地上部植物学特征和生物学特性的观察，掌握其主要品种和品种群的识别特征，掌握当地葡萄主栽品种的识别要点，学会识别葡萄品种的方法，能识别当地葡萄主栽品种。

二、材料与用具

1.材料

当地栽培葡萄的主要品种和品种群。

2.用具

放大镜、钢卷尺、铅笔、橡皮。

三、项目与内容

葡萄品种调查项目说明；调查东方品种群、西欧品种群、欧美杂交种的代表品种。生长季观察如下内容：

1. 卷须

连续性、间歇性。

2. 叶片

(1)裂刻

有无裂刻，三裂或五裂，裂刻深浅(浅、中、深、极深)。

(2)叶缘锯齿

粗短、细长。

(3)叶片形状

近圆形、卵圆形、扁圆形、V形、U形等。

(4)叶背茸毛

有无、多少、颜色(黄、浅黄、白色)、丝毛、刺毛、混合毛及着生密度。

(5)叶色

深浅、光泽度及叶片厚薄。

3. 嫩梢颜色

黄褐色、嫩绿色等。

4. 果实

(1)果穗

大小、有无复穗、松紧、穗形(圆柱形、圆锥形、单歧、双歧圆锥形和分枝形)及果穗紧密、松散。

(2)果粒

颜色(绿、黄、红、粉红、紫红、紫黑等)、形状(长圆形、长椭圆形、椭圆形、圆形、鸡心形、瓶形、倒卵形和卵形等)、大小、果粒多少。

(3)果肉

颜色、果肉与果皮是否易剥离。

(4)种子

有无、多少、种子与果肉是否易剥离。

(5)风味

甜、酸甜、甜酸、酸，有无玫瑰香味和草莓香味。

四、实训作业

1. 填写葡萄品种特征记载表 11-3。

2. 从哪几个方面的特征，最易识别欧亚种葡萄、美洲葡萄和欧美杂种葡萄？

五、技能考核

技能考核成绩实行百分制。其中，作业单占 50%，现场表现占 50%。

表 11-3 葡萄品种特征记载表

项目	品种 1	品种 2	品种 3	品种 4
1. 叶片形状与大小				
2. 叶片裂刻数及深浅				
3. 叶背茸毛				
4. 叶色及叶片厚薄				
5. 叶柄洼形状				
6. 嫩梢颜色				
7. 果穗形状及紧密程度				
8. 果粒形状				
9. 果粒颜色				
10. 卷须				

实训技能 11-2 葡萄搭建架

一、目的要求

通过具体操作，学会葡萄架搭建方法。

二、材料与用具

1. 材料

支柱(钢筋水泥柱、木杆、竹竿等)、10～12号镀锌铅丝、锚石、U形钉。

2. 用具

紧线器、钳子、挖土穴用具。

三、内容与方法

1. 架式结构

(1)单壁篱架

(2)宽顶篱架

(3)双十字"V"形架

由架柱、2根横梁和6道铁丝组成。

①立柱。沿葡萄行正中,每隔4 m立一支柱,柱长2.5 m,埋入土中0.6 m,地上1.9 m。纵、横距要一致,柱顶要成一平面,牢固又美观(每667 m^2 需柱55～60根)。

②架横梁。第二年开始每根柱架两根横梁。下横梁长60 cm,上横梁长80～100 cm,分别扎在离地面105 cm和140～150 cm处的柱上。两道横梁高低和两边距离必须一致。两头横梁必须坚固。

③拉丝。离地面80 cm处,柱两边拉两道底层铁丝,两道横梁离边5 cm处各拉一道铁丝,形成双十字6道铁丝的架式。铁丝必须拉紧,横梁两头打孔,铁丝从孔中穿过。

(4)水平棚架

架面高1.8～2.0 m,柱间距离4 m,用等高支柱搭成一个水平架面,棚面每隔50 cm左右用铁丝纵横拉成方格。

(5)倾斜棚架

架高南面1.5 m,北面2.0～2.2 m,就是南侧低而北侧高,形成10°～20°倾斜,棚宽3～4 m,长度不一。棚面纵横用铁丝或用树枝、竹竿拉成方格状。

2. 架材

包括支柱、铅丝、锚石等。

(1)支柱

支柱材料有树干、竹竿、钢筋水泥柱。定植后头几年,可因地制宜就地取材,利用竹、木搭架,3～5年后有了经济效益,改用钢筋水泥柱,建立永久性支柱。

①木柱规格。以篱架为例,边柱长2.5～3.0 m,直径12～15 cm;中柱长2～2.5 m,直径

8～10 cm。

②水泥柱规格见表 11-4。

表 11-4 水泥柱规格

架式	立柱(中柱)		边柱	
	直径/cm	长度/m	直径/cm	长度/m
单壁篱架	8～10	2.2～2.5	10～12	2.5～2.8
T 形架	10～12	2.2～2.5	10～12	2.5～2.8
双十字 V 形架	8	2.5	10	2.8
水平棚架	8～10	2.3～2.5	10～12	2.6～2.9

(2)铅丝

需要镀锌铅丝。一般篱架用 11～14 号铅丝，固定边柱用 10～11 号铅丝，棚架用 8～12 号铅丝。

3. 建架步骤

(1)先在葡萄行内按 4～6 m 距离定点，每行葡萄两端的两个点应定在葡萄定植点之外。并根据点的位置挖深 50～60 cm 的穴，穴的口径在能埋入支柱的前提下，要尽可能小些。

(2)穴挖好后，先埋设每行两端两个支柱。可将支柱以 120°角向外倾斜，并用粗铁丝在支柱顶端 1/4 处紧缚，铁丝另一端缚大石一块，就是“锚石”，埋入土中，牵住两端支柱，稳定整个篱壁；也可将两端支柱直立埋入土中，靠支柱内侧另用水泥柱支撑(图 11-27)。

(3)然后依次垂直埋设同一行内的其他支柱。各支柱要等高，垂直，成一直线，牢固。

(4)同一行各支柱埋好后，再按照对各道铅丝距离要求架设铅丝。下层铅丝宜粗(11～13 号)，上层铅丝可细(13～14 号)，铅丝先在一边柱上固定，然后用紧线器从另一端拉紧。

(5)建棚时，埋设支柱方法与篱架基本相同。埋好支柱后，再架横梁。横梁可用木杆或竹竿，也可用铁丝。

四、注意问题

葡萄建架可在葡萄落叶至第二年萌芽前进行，各地可根据当地条件选建一种架式。

五、实训报告

根据操作过程，说明建架方法，并计算 667 m^2 用支柱、横杆数及铁丝用量。

六、技能考核

实训技能考核采取百分制。其中实训态度与表现占 20 分，操作技能占 50 分，实习报告占 30 分。

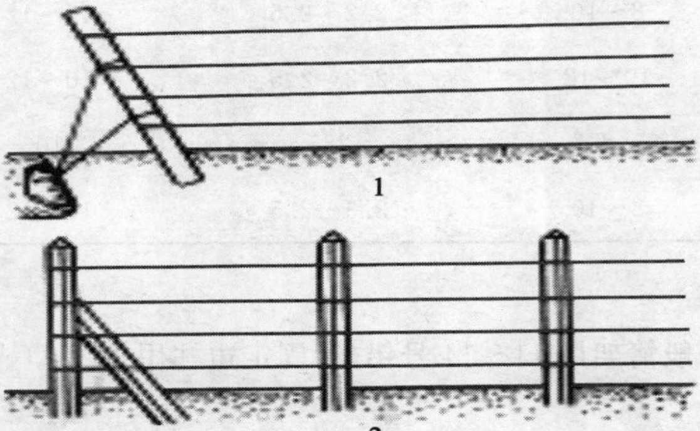

图 11-27　篱架架端建立法

1. 用锚石　2. 用撑柱

实训技能 11-3　葡萄夏季修剪

一、目的要求

通过具体操作，掌握葡萄夏季修剪时期和方法。

二、材料与用具

1. 材料

选择已进入成年期的葡萄树。

2. 用具

修枝剪、绑扎材料。

三、内容与方法

抹芽、定枝、摘心、副梢处理、疏花序及掐花序尖、除卷须与新梢引缚。具体方法参见前面葡萄夏季修剪内容。

四、注意问题

1. 可根据具体情况选择合适的修剪项目。如只实训 1 次,可选在开花前进行。可做摘心、副梢处理、疏花序、掐穗尖、绑蔓和除卷须等内容。

2. 实训操作时要小心,避免弄断新梢。绑蔓时注意结扣方法。

五、实训报告

根据所进行的夏季修剪项目,总结要点和效应。

六、考核方法

实训成绩采取百分制。其中实训态度与表现占 20 分,实训操作占 50 分,实训报告占 30 分。

实训技能 11-4 葡萄冬季修剪

一、目的要求

通过操作,掌握葡萄冬季修剪技术。

二、材料与用具

1. 材料

葡萄植株、绑缚材料。

2. 用具

修枝剪、手锯。

三、内容与要求

1. 修剪时期

冬季葡萄正常落叶后至翌春枝蔓开始伤流前修剪，在 12 月下旬至翌年 1 月底。

2. 内容与方法

(1)确定留枝量(结果母蔓剪留数量)

根据品种、树龄、树势、初步确定植株负荷能力(产量)，大体上确定留枝量。每 667 m^2 或每株剪留枝量可根据下面公式计算，将计算结果作为修剪的参考。

$$\text{每 667 m}^2\text{(或株)剪留结果母蔓量}=\frac{\text{计划每 667 m}^2\text{(或株)产量}}{\text{每母枝平均果枝数}\times\text{每果枝平均果穗数}\times\text{每果穗平均重(kg)}}\times(1+15\%)$$

(2)枝蔓去留原则

根据留枝数量，挑选位置适宜、健壮枝蔓作结果母蔓，多余疏去。原则是去高(远)留低(近)、去密留稀、去弱留强、去徒长留健壮、去老留新。

(3)结果母蔓剪留长度

参见前面有关部分。

(4)结果母蔓更新

结果母蔓更新有 2 种：单枝更新、双枝更新。具体情况参见前面有关部分。

(5)主蔓更新

主蔓结果部位严重外移或衰老，结果能力下降时，需进行更新。为减少更新后对产量影响，应在前 1～3 年，有计划地选留和培养由基部发出的萌蘖作为预备主蔓。当培养的预备主蔓能承担一定产量时，再将要更新的主蔓剪除。

在冬季修剪时，还须疏剪枯枝、病虫枝、细弱枝、过密枝、无用二次、三次枝及位置不当徒长枝等。

3. 注意问题

(1)注意鉴别枝蔓质量和芽眼优劣

凡枝条粗而圆，髓部小，节间短，节部突起，枝色呈现品种固有颜色，芽眼饱满，无病虫害的为优质枝。芽眼圆而饱满，鳞片包紧为优质芽。

(2)防止剪口芽风干

葡萄枝蔓短截时，应在剪口芽上端一节中部或节间中部剪断。疏剪时，剪口应离基部 1 cm 左右(就是要长约 1 cm 的残桩)。

(3)凡需水平绑缚的结果母蔓或主蔓延长蔓，剪口芽应留在枝的上方。

(4)剪掉枝蔓要从架上取下并拿出园外集中烧毁。

四、实训报告

1. 如何正确进行结果母蔓修剪？

2. 总结在修剪时，对长、中、短梢修剪的具体运用。

3. 调查修剪后单株留结果母枝数，并按每 667 m^2 株数折算每 667 m^2 留量，预测下年产量。

五、技能考核

技能考核采用百分制。其中实训态度与表现占 20 分，操作能力占 50 分，实习报告占 30 分。

第十二章　桃

［**内容提要**］桃的相关知识及我国桃树栽培基本情况。从生长结果习性和对环境条件要求方面介绍了桃的生物学习性。桃的主要种类有桃、山桃、甘肃桃、光核桃、新疆桃和陕甘山桃；主要品种群有北方品种群、南方品种群、蟠桃品种群、黄肉桃品种群和油桃品种群。当前生产上栽培桃的优良品种有中华寿桃、新川中岛桃、早露蟠桃、曙光、雨花露、安农水蜜、大久保和中油5号等。从育苗、建园、土肥水管理、整形修剪、花果管理和病虫害防治方面介绍了桃树无公害生产技术。并介绍了桃的采收和分级。从桃树植物学特征入手，介绍了其园林应用。

桃树原产我国，果实外观艳丽、营养丰富、用途广泛，具有种类多、早果丰产，适应性强等优良的栽培性状，是我国主要落叶果树之一。在我国，桃果被视为吉祥之物，素有“仙桃”、“佛桃”、“寿桃”之称。2003年我国桃总产量625万t，居世界首位，在国内各类水果中列第四位。

第一节　生物学特性

一、生长结果习性

1. 根

(1)根系构成

桃树根系由砧木种子发育而成，有主根、侧根和须根构成。主根向下生长，侧根沿着表土层向四周水平延伸，须根着生在主根和侧根上。

(2)不同砧木根系发育

砧木不同，其根系发育状况不同。毛桃砧根系发育好，须根较多，垂直分布较深，能耐瘠薄土壤；山桃主根发达，须根少，根系分布较浅，能耐旱、耐寒，适于高寒山地栽种；寿星桃主根短，根群密，细根多；李砧根系浅，细根多。

(3)根系分布

桃树根系在土壤中分布状态除与砧木有关外，还受接穗品种生长特性、土壤条件和地下水位的影响。水平根较发达，分布范围为树冠直径的1～2倍，但主要分布在树冠范围之内或稍远；垂直根不发达，通常分布在1 m深左右的土层中。土壤黏重，地下水位较高的桃园，根系主要分布在15～25 cm土层中；在土层较深厚的地区，根系主要分布在20～50 cm的土层中。

无灌溉条件而土层深厚的条件下，桃垂直根可深入土壤深层。桃树吸收根主要分布在树冠外围 20 cm 左右、深 20～50 cm 的土壤中。

(4)根系生长情况

桃根系在年周期中无明显休眠期，在通气良好，温度、湿度条件适宜的深层土壤中，即使在冬季亦能生长。在年周期中，桃根系春季生长较早，地温在 0℃以上根即能顺利吸收并同化氮素，4～5℃时，根系开始生长，长出白色吸收根；地温升至 7.2℃时，可向地上部输送营养物质；15℃以上开始旺盛生长；地温超过 30℃时，根系停止生长。桃根系 1 年中有 2 次生长高峰期：5～6 月份，当土温达 20～21℃时是根系生长最旺盛的季节，出现第一个生长高峰；9～10 月份，新梢停止生长，叶片制造的大量有机养分向根部输送，土温在 20℃左右，根系进入第二个生长高峰期。

(5)好氧性

桃根系好氧性强。当土壤空气氧含量 15%以上时，树体生长健壮；10%～15%时，树体生长正常；降至 7%～10%时生长势明显下降；7%以下时根呈暗褐色，新根发生少，新梢生长衰弱。桃积水 1～3 d 即可造成落叶，尤其含氧量低的水中。

2. 芽

(1)叶芽

呈圆锥形或三角形，比较瘦小，着生在叶腋或枝条顶端。叶芽有单叶芽和复叶芽之分。单叶芽是指 1 个节位仅着生 1 个叶芽；复叶芽是指 1 个节位着生 2 个或 2 个以上的叶芽。桃树萌芽率高，成枝力强，且芽具有早熟性。其叶芽大多数能在翌年萌发成不同类型的枝条。旺长新梢当年可萌发抽生副梢，生长旺盛的副梢上侧生叶芽可抽生二次副梢。可利用这一特点使幼树提早形成树冠，早结果、早丰产。枝条下部叶芽在第二年往往不萌发而成为潜伏芽。由于桃树潜伏芽少且寿命短，萌发力差，因此桃树树冠内膛容易光秃和老龄桃园更新困难。

(2)花芽

花芽是纯花芽，呈椭圆形，芽体饱满，着生于新梢叶腋间，只能开花结果。花芽有单花芽和复花芽之分。单花芽是指 1 个节位上仅着生 1 个花芽；复花芽是指 1 个节位上着生 2 个及其以上花芽。在桃树上，花芽充实、着生节位低、排列紧凑及复花芽多是丰产性状之一(图 12-1)。

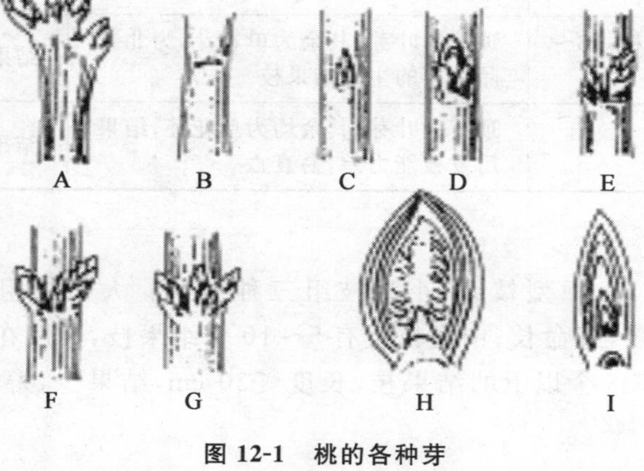

图 12-1 桃的各种芽

A. 短枝上的单芽 B. 隐芽 C. 单叶芽 D. 单花芽 E～G. 复芽 H. 花芽剖面 I. 叶芽剖面

(3)常见复芽类型及芽发育情况

常见的复芽有两种类型：一是一叶芽和一花芽的双芽并生；二是两侧花芽，中间叶芽的三芽并生。桃树上一般生长前期形成的芽多盲芽、弱芽、单芽；中期形成的芽多复芽；后期形成的多单芽。

3. 枝

(1)生长特点

桃树干性弱，枝条生长量大。幼树生长旺盛，1年中可有2～3次生长高峰，形成2～3次副梢，树冠形成快。进入盛果期后树势缓和，短枝比例提高。桃叶芽萌发后，经过约1周的缓慢生长期(叶簇期)后，随气温上升进入迅速生长期。桃生长弱的枝停止生长早；生长中庸的枝有1～2次生长高峰；生长强旺的枝有2～3次生长高峰。同时旺长枝的部分侧芽萌发形成副梢(2次枝)、2次副梢(3次枝)，早期副梢亦能形成花芽。

(2)枝条分类

桃树枝条按性质和功能可分为营养枝和结果枝两类。营养枝按其生长强弱分为徒长枝、发育枝、叶丛枝。徒长枝常发生在树冠内膛和剪锯口附近，生长虚旺而节间长，组织不充实；发育枝生长强旺，长60 cm左右，粗1.5～2.5 cm，其上多为叶芽，少量花芽，大量副梢，可培养骨干枝，或培养大型结果枝组；叶丛枝是只有一个顶生叶芽的极短枝，长1 cm左右，其生长势弱，寿命短，在营养、光照好的条件下，能发生壮枝，可用于枝组的更新。结果枝按长度分为徒长性结果枝、长果枝、中果枝、短果枝和花束状果枝5类。具体情况见表12-1。

表12-1　主要结果枝种类及特性

结果枝	长、粗度/cm	生长及花芽特性	功能
徒长性果枝	长60～80，粗1.0～1.5	上部有少量副梢，花芽质量较差，坐果率低。但有的品种结实性较好	可培养大、中型结果枝组
长果枝	长30～59，粗0.5～1.0	一般无副梢，复芽多，花芽比例高、充实，坐果能力强，是多数品种的主要结果枝	结果同时发出的新梢能形成新的长果枝
中果枝	长15～29，粗0.3～0.5	单、复花芽混生，坐果率高，是多数品种的主要结果枝	结果同时能发出长势中庸的结果枝
短果枝	长5～14，粗0.3～0.5	顶芽为叶芽，其余为单花芽，为北方品种群的主要结果枝	结果后能形成新的结果枝
花束状果枝	长度<5	顶芽为叶芽，其余均为单花芽，结果后发枝能力差，易衰亡	结果后发枝差，易枯死

(3)枝组的分类

桃的枝组分大型枝组、中型枝组、小型枝组三种类型。大型枝组有10个以上的结果枝，长度≥50 cm，结果多，寿命长；中型枝组有5～10个结果枝，长度在30～50 cm，一般7～8年后衰老；小型枝组有5个以下的结果枝，长度≤30 cm，结果少，寿命短，一般3～5年后衰老。

4. 花芽分化

桃花芽分化属夏秋分化型，主要集中在7～9月份。其过程分为生理分化期、形态分化期、休眠期和性细胞形成期4个阶段。桃花芽生理分化期在形态分化前5～10 d，一般在5月下旬至6月上旬开始，到7月中旬前后结束。桃树新梢缓慢生长期也正是花芽生理分化期，此期增施氮、磷肥，进行夏季修剪，有利于花芽分化。桃花芽分化在秋季形成柱头和子房后，进入休眠期。第二年早春，当气温上升到0℃以上时开始减数分裂，开花前形成单核花粉粒与胚珠。

5. 花

桃花为子房上位周位花，多数1芽1花。桃花从花冠形态上分为两种类型：一类是蔷薇型花，花瓣较大，雌、雄蕊包于花内或稍露于花外，大部分品种属此类型；另一类是铃形花，花瓣小，雌、雄蕊不能被花瓣包住，开花前部分雄蕊已成熟（图12-2）。

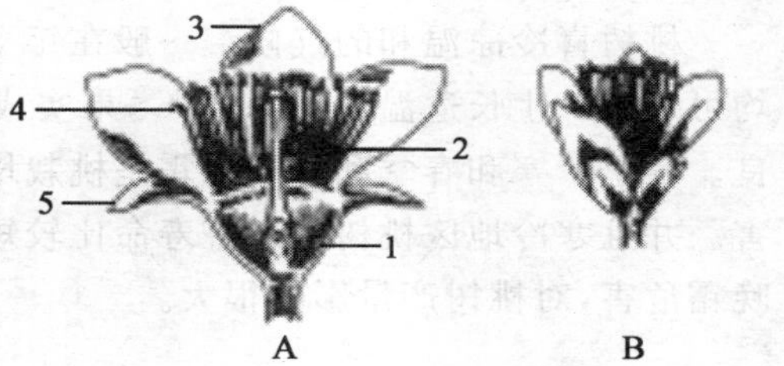

图 12-2 桃花类型与结构

A. 蔷薇形花 B. 铃形花

1. 子房 2. 雌蕊 3. 花瓣
4. 雄蕊 5. 萼片

桃多数品种为完全花，是自花授粉结实率较高的树种。但也存在雌能花品种：其雌蕊发育正常，雄蕊败育，如深州水蜜、丰白、仓方早生等，对这类品种，在建园时应配置授粉树。桃花芽膨大后，要经过露萼期、露瓣期、初花期到盛花期。一般当天开的花，花瓣浅红色，随后逐渐变为桃红色，最后花丝聚拢，花瓣脱落。但部分油桃品种的花瓣颜色较深。桃开花期要求平均气温在10℃以上，适温12～14℃。同一品种开花期延续时间短则3～4 d，长则7～10 d，若遇干热风仅2～3 d。

6. 坐果与果实发育

桃花芽展开后，花蕾伸出而进入开花期。经过授粉受精后，子房膨大发育成果实叫坐果。

图 12-3 桃正常果与"桃奴"

大果为正常果，小果为"桃奴"

桃是由子房发育而成的真果。三层子房壁发育成三层果皮。子房中有2个胚珠，受精后2～4 d，较小的胚珠退化，较大的继续发育成种子。桃果实发育过程中可形成"桃奴"，就是个别子房未经授粉受精或授粉受精不充分而形成的单性结实果。"桃奴"（图12-3）果实小，无商品价值。桃果实的生长发育的曲线是"双S"形，也就是两个迅速生长期之间有一个缓慢生长期。第一次迅速生长期是从受精后子房开始发育到果核开始硬化至果核坚硬为止，白色果核自核尖呈现淡黄色为木质化开始。此期一般持续36～40 d。缓慢生长期又叫硬核期，是指由果核开始硬化至果核坚硬，果核逐渐木质化，一直长到应有的大小，并达到一定的硬度。早熟品种硬核期有2～3周，中熟品种4～5周，晚熟品种6～7周或更长。第二次驯熟生长期由硬核期结束，果实再次出现迅速生长开始，到果实成熟。此期果实增长很快，果实重量的增加占果实总重的50%～70%，其中增长时期在果实采收前2～3周。外观形态表现为种皮逐渐变褐，种仁干重迅速增加。在果面丰满、底色明显改变并现出品种固有的色彩、果实硬度下降并具有一定的弹性为果实进入成熟期的标志。油桃有些品种第二、三期都处于渐增状态。此外，桃果实发育中有裂核现象，影响果实的品质和贮藏。对中、早熟品种的裂核果大部分能成熟，而晚熟品种则常脱落。通常早熟品种易发生裂核。在叶果比过大、硬核期土壤水分过多时易加重裂核。

二、对环境条件的要求

1. 温度

桃树喜冷凉温和的气候。一般在年平均气温8～17℃，生长期平均气温13～18℃的地区均可栽培。生长适温为18～23℃，果实成熟适温为24.5℃，夏季土温高于26℃，根系生长不良。冬季严寒和春季和春季晚霜是桃栽培的限制因子，一般品种在－22～－25℃时即发生冻害。并且寒冷地区桃树的经济寿命比较短，盛果期后不久即死亡。桃在春季花芽萌动后易遭晚霜危害，对桃树产量影响很大。

2. 光照

桃树喜光，并在外观形态上与桃树喜光的习性相适应：树冠小，干性弱，树冠稀疏，叶片狭长。桃对光照反应敏感：光照不足影响花芽分化，降低产量，树冠内部光秃，结果部位上移、下移。夏季直射光过强，可引起枝干日灼，影响树势。由于地理条件的影响，南方品种群的耐阴性高于北方品种群。桃叶片光饱和点是40 000 lx，光补偿点是2 600 lx。

3. 水分

桃树适宜的土壤含水量相当于田间持水量的60%～80%，并且连续积水两昼夜会造成树体落叶，甚至死亡。此外，桃树对水分反应敏感。尤其早春开花前后和果实第2次迅速生长期必须有充足的水分供应。

4. 土壤

桃耐旱性极强，不耐水涝。桃树在土质疏松，排水良好的沙壤土或沙土地上栽培较好。一般桃树要求的土壤含氧量在15%左右。土壤过于黏重易发生流胶病。在肥沃土壤上营养生长旺盛，易发生多次生长，也易发生流胶病。桃树最适宜的pH为5.5～6.5，pH 7.5以上的碱性土中易发生缺铁性黄叶病。桃栽培忌重茬，桃中含有的扁桃苷等有毒物质，容易导致植株生长不良而死亡。桃在土壤含盐量高于0.28%时容易导致生长不良或死亡。

思考题：

1. 桃花芽和叶芽形态特征和着生部位如何？桃树上复芽常见的有哪几种类型？什么

叫桃奴？

2. 桃树枝条是如何进行分类的？

3. 试总结桃树的生长结果习性。桃树对环境条件要求如何？

第二节 主要种类、品种群和优良品种

一、主要种类

桃在植物分类学上属蔷薇科桃属。分布于我国的桃有 6 个种，分别是桃、新疆桃、甘肃桃、光核桃、山桃和陕甘山桃。生产上主要栽培的是桃和山桃。

1. 桃(图 12-4)

桃又名普通桃、毛桃。原产我国陕西、甘肃一带，为桃属植物中最重要的种。目前世界各国栽培的品种均来源于此种。小乔木或灌木，高 3～8 m，树皮暗红褐色，老时粗糙呈鳞片状；嫩枝细长无毛，有光泽，绿色，向阳红色，具多数皮孔。冬芽为钝圆锥形，外被短茸毛，多 2～3 个簇生，中间为叶芽，两侧为花芽。叶片长圆披针形或倒卵披针形，先端渐尖，基部宽楔形；叶缘有细锯齿、粗锯齿或钝锯齿，锯齿末端有或无腺体；叶柄长 1～2 cm，具 1～8 个腺体或无腺体。花单生，先于叶开放，具短柄或近无梗；萼筒钟状外被短柔毛，绿色具红色斑点，萼片卵圆形或长圆三角形；花瓣倒卵形或长椭圆形，粉红色，少为白色。花柱与雄蕊等长或稍短。果实在形状、大小方面有变异，自卵形、扁圆形至广椭圆形，缝合线明显，果柄深入柄洼；果皮密被短柔毛，极稀无毛，果肉白色、淡绿白色、黄色、橙黄色或红色，多汁有香味，甜或酸甜；离核或黏核，核大，椭圆形或圆形，两侧扁平，顶部渐尖，外面具深沟纹或呈蜂窝状。该种栽培品种最多，分布最广，是我国南北方栽培桃的主要砧木。主要有蟠桃、油桃、寿星桃和碧桃 4 个变种。

(1)蟠桃(图 12-5)

果实扁圆形，果肉多为白色，也有黄色。核小，扁圆形，是主要栽培种。江苏、浙江等省栽培较多，果实主要供鲜食。蟠桃品种较多，分有毛、无毛两种类型，无毛为油蟠桃。

(2)油桃(图 12-6)

又称光桃、李光桃。果实圆形或扁圆形，光滑无毛，含糖量较高。多为黄肉，也有白肉类型。个别品种很晚熟。也是主要的栽培种，性喜干燥，其果实供鲜食。

(3)寿星桃(图 12-7)

树冠矮小，根系浅，枝条粗，节间短，是一种矮生型桃树。花重瓣，有大红、粉红和白色 3 种类型。果实小，品质差，不宜食用。一般供观赏，可作桃的矮化砧或矮化育种原始材料。

图 12-4 桃

图 12-5 蟠桃

图 12-6 油桃

图 12-7 寿星桃

(4)碧桃(图 12-8)

花重瓣艳丽,多作观赏树种。抗病虫及耐寒力强。

图 12-8 碧桃

2. 山桃(图 12-9)

山桃又名山毛桃，原产我国华北、西北山岳地带。小乔木，树冠开张；树皮暗紫色，树干表皮光滑，枝细长，直立，嫩时无毛，老时褐色。叶片卵圆披针形，先端长渐尖，基部宽楔形，边缘有细锐锯齿，两面无毛；叶柄长 1～2 cm，具腺。花单生，近无柄；萼筒钟状，萼片卵圆形，紫色，外面无毛；花瓣倒卵圆形，淡粉色，先端圆钝或微凹；雄蕊与花瓣等长；子房被毛。果实圆形，直径约 3 cm，成熟时干裂，不能食用。核圆形，表面有沟纹、点纹。抗寒、耐旱、耐盐，但不耐湿。有红花山桃、白花山桃和光叶山桃三种类型，是我国北方主要的桃树砧木类型。

3. 新疆桃

别名大宛桃，原产于我国新疆、中亚细亚，作为地方品种栽培。乔木，高达 8 m；树皮暗红褐色，鳞片状；枝条光滑，有光泽；叶片披针形，先端渐尖，基部圆形；叶缘有锯齿，锯齿上有腺；叶柄粗，长 0.5～2.1 cm，具 2～8 个腺体；叶脉分枝特点是侧脉直出至叶缘，不分枝，鳞芽有茸毛。花单生，近无柄，先于叶开放；萼筒钟状，萼片卵形或椭圆形；花瓣近圆形，淡粉色；雌蕊与雄蕊近等长；果实扁球形或近球形，外被短柔毛，极少无毛，绿白色稀金黄色，有时具浅红色晕；果肉多汁，有白有黄，酸甜，有香味，离核；果不耐运输；核球形、扁球形或椭圆形，表面具纵向平行的棱或纹；种仁味苦涩或微甜。果实有多种变异，分新疆油桃、新疆蟠桃两个变种和一个新变型——李光蟠桃。是经济栽培种，在我国新疆地区广为分布，甘肃也有少量栽培，野生种可作桃砧木。

4. 甘肃桃(图 12-10)

别名又叫毛桃，原产于陕西和甘肃。冬芽无毛，叶片卵圆披针形，叶片在中部以下最宽，叶缘锯齿较稀，近基部中脉有柔毛。花柱长于雄蕊，约与花瓣等长；核表面有沟纹，无点纹。核仁有甜有苦。除采食鲜果外，主要用作桃树砧木。具有抗寒、抗旱、抗线虫、抗瘤蚜的特点，可作抗寒育种的原始材料。

图 12-9　山桃

图 12-10　甘肃桃

5. 光核桃(图 12-11)

别名西藏桃。原产于西藏。乔木，高达 10 m；枝条细长，无毛，绿色，老时褐灰色；叶片披针形，先端长渐尖，基部圆形，叶缘有圆钝锯齿，先端近全缘，下表面中脉被长柔毛；叶柄长 8～

15 mm，有 2～4 个腺体。花白色，单生或两朵齐出。果实球形，稍小，核卵形，扁而光滑无沟或浅纹。果可食用或制干。是培育耐寒、长寿品种的优良原始种。可作桃的砧木。

6. 陕甘山桃(图 12-12)

原产于我国陕西、甘肃。叶片卵圆披针形，先端急尖或渐尖，基部圆形，边缘锯齿稍钝。果实及核均为椭圆形，比山桃更抗旱，可作为砧木利用。

图 12-11　光核桃

图 12-12　陕甘山桃

二、主要品种群

1. 北方品种群

北方品种群是古老的品种群，主要分布于我国西北、华北及黄河流域的山东、河南、河北、山西、陕西、甘肃和新疆等省(区)。这些地区气候属于我国南温带的亚湿润和亚干旱气候，年降水少(400～800 mm)，冬暖夏凉，日照充足。适宜栽培地区的年平均气温为 8～14℃，比较抗寒和耐旱，能耐绝对低温，但不适应早春的变温。本品种群不耐温暖多湿的气候，栽培在南方，表现不良。冬季严寒，生长季热量不足及早春的变温，是桃树栽培北限的限制因子；而冬季低温不足是桃树栽培南限的限制因子。该种群树势强健，树姿直立或半直立，成枝力弱，中、短果枝较多，单花芽多。果形大，果实顶端有突尖，缝合线及梗洼深，多数为圆形果。果肉硬质，致密。较耐贮运。著名品种有肥城桃、五月鲜等。

2. 南方品种群

南方品种群主要分布在我国长江以南的江苏、浙江、四川、贵州、湖北及湖南等省。这些地区的气候属于北亚热带和中亚热带的湿润性气候，降水较多(1 000～1 400 mm)，春季雨量较多，太阳辐射量小，冬季较温暖，夏季温度较高。适宜栽培地区的年平均气温为 12～17℃。耐温暖多湿的气候，是华北及陕、甘地区的主栽品种，耐寒性较差。该种群树姿开张或半开张，成枝力强，中、长果枝比例较大，复花芽多，果实圆形或长圆形，果顶平圆或微凹；果肉柔软多汁或硬脆致密，代表品种有上海水蜜桃等。

3.黄肉桃品种群

黄肉桃品种群树姿直立或半开张，生长势强，成枝力较北方品种群稍强，中、长果枝比例亦稍多。果实圆或长圆形，果皮与果肉均金黄色，肉质紧密坚韧，适于加工制罐。主要品种有黄甘桃、晚黄金、菲力浦、黄露桃、郑黄2号、金童6号等。

4.蟠桃品种群

蟠桃品种群树姿开张，成枝力强，中、短果枝多，复花芽多。果实扁圆形，多白肉，柔软多汁。著名的品种有撒花红蟠桃、陈圃蟠桃、白芒蟠桃、早蟠桃、黄金蟠桃、早露蟠桃、早油蟠桃、瑞蟠8号、中油蟠2号。

5.油桃品种群

油桃品种群果实光滑无毛，果肉紧密，硬脆，多黄色，离核或半离核。如新疆李光桃、甘肃紫胭桃等。目前，生产上优良油桃品种有瑞光5号、早红2号、曙光、华光、艳光、霞光、丽春、超红珠、春光、千年红、中油4号、双喜红等。

三、优良品种

桃品种全世界约3 000个以上，我国有800个左右。这些品种按果面茸毛有无，分为普通桃(有毛)和油桃(无毛)；按果实用途分为鲜食和加工品种。按果核与果肉的黏离度分为离核、黏核和半黏核品种。按肉质性质分为溶质、不溶质和硬肉桃三个类型。按果肉颜色分为白肉、黄肉、红肉三类。按果实成熟期分为极早熟(果实发育期≤60 d)、早熟(61～90 d)、中熟(91～120 d)、晚熟(121～160 d)、极晚熟(≥161 d)。

1.中华寿桃(图12-13)

中华寿桃又称中华大圣桃、王母水仙桃等，是从中国北方冬桃自然芽变中选育出的新品种，被誉为桃中极品，是发展绿色食品和出口创汇的优良品种，在各地该品种综合性状表现较好。该桃为我国特有，在发展我国特色优质水果，开拓国内外果品市场方面具有极其重要的意义。果实近圆形，果顶略凹陷，腹缝线明显，左右对称，单果重300～500 g，最大果600 g，特大果1 100 g。成熟后色泽鲜红、艳丽，70%以上果面着色，果面光洁，茸毛极少，果肉脆嫩，甘甜爽口，香气浓郁。3月下旬萌芽，4月上旬开花，果实成熟期一般10月下旬，耐贮藏，普通室内贮至春节，恒温库贮藏可贮藏至翌年2月底至3月初。该品种丰产性强，自花结实性强，易裂果，需嫁接进行改良。

2.新川中岛桃(图12-14)

新川中岛桃是日本长野县池田正元氏从川中岛白桃中选育出的优良品种。

(1)植物学特征

树势强健，树姿开张。新梢绿色，粗壮。1年生枝红褐色，树干和多年生枝灰褐色。叶色

图 12-13　中华寿桃

图 12-14　新川中岛桃

深绿，叶面光滑，叶脉肾形，小而不明显，新梢中部叶片平均长 16.8 cm，宽 4.45 cm。

(2)果实经济性状

果实圆至椭圆形，大型果，端正，平均单果重 350 g，最大单果重 460 g，果顶平，梗洼窄而浅，缝合线不明显，果皮底色黄绿，果面光洁，成熟时全面鲜红，茸毛稀少而短。果肉黄白色，肉质脆而硬，稍粗，溶质，果汁多，味甜，含糖量 13.5%以上，近核处淡红色，半黏核，核小，可食率达 97%。酸甜适口，风味特异而浓香。硬度大，耐贮运，常温下可贮存 10～15 d。

(3)生长结果习性

幼树生长强旺，新梢可多次分枝；若配合 2～3 次摘心，当年可形成稳产、丰产树体结构。进入大量结果期后，树势趋向中庸，生长稳定，新梢抽枝粗壮，萌芽率高，成枝力强，复花芽多。初果幼树以长、中果枝结果为主，盛果期树以中短果枝及花束状果枝结果为主，占果枝总量的 76%以上，成花容易，结果早，自然授粉坐果率高。

(4)生态适应性

对土壤适应性强，抗旱、抗寒，耐瘠薄，花期耐低温性强。

(5)物候期

在河南省周口市郸城县一般 4 月上旬萌芽，4 月中旬始花，4 月下旬进入盛花期，花期 5～7 d，中、长果枝 5 月下旬开始形成顶芽，6 月初新梢进入快速生长期，7 月上旬果实膨大，8 月上旬果实成熟，发育期 100～110 d，但果实直到 9 月上旬在树上不变软，成熟期不整齐，11 月中下旬落叶。

3. 早露蟠桃(图 12-15)

早露蟠桃是北京市农林科学院林业果树研究所 1989 年用撒花红蟠桃与早香玉杂交育成的特早熟蟠桃品种。果实扁圆形，平均单果重 120 g，最大单果重 190 g。果皮底色黄白色，果实阳面 1/2 以上着玫瑰红色晕。果肉乳白色，近核处红色，硬溶质，肉质细，风味甜，可溶性固形物含量 9%～11%，黏核。树势中庸，树姿半开张，复花芽多，各类结果枝均能结果，丰产性好，果实发育期 60 d。

4. 曙光(图 12-16)

曙光是中国农业科学院郑州果树研究所在 1989 年用 Legrand×瑞光 2 号杂交育成的极

早熟甜油桃品种。果实近圆形，平均单果重 100 g，最大单果重 200 g。果皮底色浅黄，果面彩色，鲜红色至紫红色，果肉黄色，硬溶质，汁液中多，风味甜香，品质优，可溶性固形物含量 10%～14%，黏核。树势中等偏强，树姿较开张。复花芽多，丰产。在郑州地区 4 月初始花，6 月上旬果实成熟，果实发育期 65 d。

图 12-15 早露蟠桃

图 12-16 曙光油桃

5. 春蕾（图 12-17）

上海市农业科学研究院用‘砂子早生’与‘白香露’杂交育成。果实小，卵圆形，平均单果重 70 g，最大 100 g。果皮底色乳白，顶部微红，果肉白色，味酸甜，有香气，核软，品质中等。5 月末成熟。树势强健，生长旺盛，树冠较开张。以长、中果枝结果为主。

6. 雨花露（图 12-18）

江苏省农业科学研究院园艺研究所用‘白花’与‘上海水蜜’杂交育成。树势中等偏强，树姿开展，枝条分布均匀，复花芽多，果枝结果性能好，着果率 45%左右，稳产性好。果实成熟早，一般 6 月中旬成熟，果实生育期 75～78 d。果长圆形，平均果重 125 g 左右，最大果重 200 g。果皮乳黄色，顶部有红晕，果肉乳白色，柔软多汁，风味浓甜，富有芳香。果大美观，品质优良，丰产稳产，抗性较强，适应性广。成熟期早，在江苏一般 6 月中旬成熟。

图 12-17 春蕾桃

图 12-18 雨花露桃

7. 安农水蜜(图 12-19)

安徽农业大学园艺系选育。树势强健,叶片较大,成枝力较强。一般定植后两年开始结果,初果期中长果枝较多,复花芽多。雌性花,需要配植授粉树,主要授粉品种有'雨花露'、'伊尔 2 号'。平均单果重 245 g,最大 558 g。果实长圆形至近圆形,果皮底色乳黄,全面着生美丽红霞,含可溶性固形物 13%,果肉乳白色,肉质细嫩,汁液多,味香甜,品质上等。果实 6 月上旬成熟。

8. 大久保(图 12-20)

日本冈山县大久保重五郎于 1920 年发现的偶然实生单株,1927 年命名,20 世纪 50 年代引入山东省。属南方桃品种群。果实近圆形,果顶平圆,微凹,梗洼深而狭,缝合线浅,较明显,两侧对称。果实大型,平均单果重 200 g,大果重 500 g。果皮黄白色,阳面鲜红色;果皮中厚,完熟后可剥离。果肉乳白色,近核处稍有红色,硬溶质,多汁,离核,味酸甜适度,含可溶性固形物 12.5%,品质上。京津地区 8 月上旬成熟。鲜食与加工兼用。树势中等偏弱,树姿开张,树冠半圆形。萌芽力和成枝力均强,枝条平展而略下垂。节间短,多复芽。以长果枝结果为主,副梢结实能力强。复花芽多,花粉多,是很好的授粉品种。自花结实力强,坐果率高,丰产性好。适应性强。幼树抗寒力稍弱,不耐涝,黏湿地栽培易染冠腐病,易黄化,对红叶病敏感。

图 12-19　安农水蜜

图 12-20　大久保

9. 中油 5 号(图 12-21)

中国农业科学院郑州果树研究所于 1992 年杂交选育而成的早熟油桃新品种,亲本组合为瑞光 3 号×五月火,2000 年定名。果实近圆形或椭圆形,果顶圆,偶有小突尖;缝合线浅而明显,两半部较对称,成熟度一致。果实大,平均单果重 125～160 g,最大可达 230 g 以上。果皮底色乳白,80%果面着玫瑰红色,充分成熟时整个果面着玫瑰红色或鲜红色,有光泽,艳丽美观。果皮厚度中等,不易剥离。果肉白色,软溶质,风味甜,有香气,汁液多。含可溶性固形物为 9.0%～15%,总糖 8.59%,总酸 0.44%,每 100 g 果肉中维生素 C 含量 8.82 mg。树势中等偏旺,各类果枝均能结果,以中果枝结果为主。花为铃形,花瓣粉红色,花粉多。花芽起始节位为 1～4 节,多为 1～2 节,枝条中部多为复花芽,丰产性良好。

10. 千年红(图 12-22)

中国农业科学院郑州果树研究所选育的早熟甜油桃品种。树势中强,树姿较开张,幼树生长较旺,萌芽力和成枝力均较强。长果枝、中果枝和短果枝的比例分别为 25%、12.5%、56.3%;复花芽占 60.14%,花芽起始节位为第 2 节;幼树以中、长果枝结果为主,枝条较细,进入盛果期后,各类果枝均能结果;自花结实性能与曙光近似;节间长度 2.44 cm;叶片长 16.23 cm,宽 4.17 cm,叶柄长 0.81 cm,呈长椭圆披针形,叶色绿色,秋叶色为紫红色,呈花斑状;叶基楔形,叶尖渐尖;叶腺圆形,2～4 个。蔷薇型花,花径 4.6 cm,花色粉红,雌、雄蕊等高,花粉多,萼筒内壁橙黄色;花药橙红色。郑州地区 2 月下旬叶芽膨大,3 月底始花,4 月初盛花,花期持续 6～8 d,果实生育期 55 d 左右,玉溪地区 4 月初成熟;大量落叶期 10 月下旬至 11 月上旬,生育期 240 d;需冷量 600～650 h。果实椭圆形,果形正,两半部较对称,果顶圆,梗洼浅,缝合线浅,成熟状态较一致;平均单果重 80 g,大果 135 g;果皮光滑无毛,底色乳黄,果面 75%～100%着鲜红色,果皮不易剥离;果肉黄色,红色素少,肉质硬溶,汁液中,纤维少;果实风味甜,含可溶性固形物 9%～10%,可溶性糖 6.67%,可滴定酸 0.516%,维生素 C 4.33 mg/100 g;果核浅棕色,黏核。

图 12-21 中油 5 号

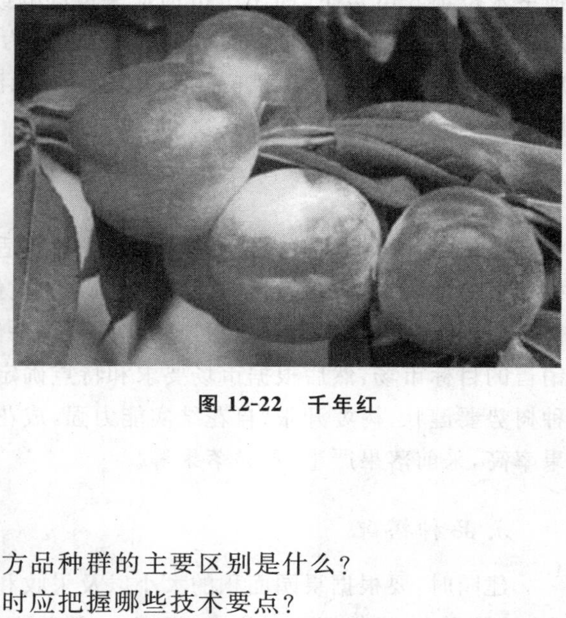

图 12-22 千年红

思考题:

1. 桃的主要种类有哪些?北方品种群和南方品种群的主要区别是什么?
2. 生产上栽培桃的优良品种有哪些?识别时应把握哪些技术要点?

第三节 无公害生产技术

一、育苗

目前,国内外广泛采用嫁接方法繁育桃苗。采用山桃或毛桃作砧木,嫁接法快速育苗。一般采用速成法育苗。就是在播种当年6月中下旬芽接，接后立即折砧，促使接芽迅速萌发，秋季成苗出圃的育苗方法。一般采用速成法育成的苗木称为速成苗。育成优质成品苗标准是苗高80 cm以上，接口处苗木粗度0.8 cm以上，苗木40～60 cm处有5～7个饱满芽，接口愈合良好，无病虫害。有3～5条以上侧根，分布均匀，舒展，须根发育好。优质芽苗标准是株型好，芽接处愈合良好，无裂口；接芽充实饱满无损伤；有3～5条以上侧根，并且分布均匀，舒展，须根发育良好。

二、建园

1.园地选择

选择阳光充足、土层深厚、pH为5～6、土壤通透性好、排灌方便、交通便利的地方建园。海拔400 m以下地区，无论河滩、平原、坡地、丘陵、山地均可种植。平地、河滩地建园时要求地下水位1.5 m以下，高出1 m时应采取高畦或台田种植，并要开挖排水沟；山地建园应选背风南坡，坡度小于30°，最好能修筑梯田；前茬为桃树园地不宜再种植桃树，老桃园重新建园，应轮作3～5年后再栽植桃树。土质黏重地、低洼易涝地和盐碱地必须改良后才能建园。并且园地要远离污染源，具有可持续生产能力。

2.品种选择

桃树品种选择应遵循四个原则：一是生态适应性原则。所选品种对当地气候、土壤要有较好的适应性，如在周口栽植应选择五月鲜、大久保、雨花露、安农水蜜、京春、京艳等。二是地域优势原则。所选品种尽可能在最适宜的环境条件下生长。三是目标市场原则。事先确定桃果销售的目标市场，然后根据市场要求和特点确定具体品种。四是优质丰产原则。桃树所选品种树势要健壮，树姿开张，自花结实能力强，成花容易，复花芽多，各类结果枝均能成花结果，坐果率高，采前落果严重，不易落果等。

3.品种搭配

建园时，要根据果园面积的大小以及采收和销售能力确定主栽品种的数量和规模。面积小，品种要少，成熟期相对集中；规模大，品种要多，成熟期尽量拉长。

4.栽植

土质肥沃平坦地、缓坡地栽植株行距为2 m×4 m、3 m×5 m、4 m×5 m；丘陵、山坡地株行距为2.5 m×(4～5) m。主栽品种与授粉品种比例为(4～5)∶1，在主栽品种中均匀配置，成行栽植。栽前将苗木用水浸泡一夜，并用石硫合剂蘸根消毒处理。从落叶后到萌芽前均可栽植，华北地区以春栽为主；栽植时把苗栽正，填土踏实，栽植深度以苗木根颈部与地面相平；栽后定干，定干高度为50～60 cm，剪口下15～20 cm内有5～7个饱满芽。

三、土肥水管理

1. 土壤管理

(1)改良土壤

桃树改良土壤主要表现为两方面。一是深翻熟化。在9月份进行深翻扩穴或扩沟。一般深60 cm左右,常结合施入有机肥进行。二是压土掺土:在秋末冬初,黏土掺沙,沙土地掏沙石换土改良土壤。

(2)间作

间作在1～3年生树冠尚未交接的桃园中进行。间作物选择豆类、瓜类、薯类、草莓、花生等作物;而绿肥选用紫花苜蓿、蚕豆等,既可充分利用空间,获得较高的经济效益,也可培肥改良土壤。

(3)土壤管理制度

清耕管理的果园要经常中耕除草,常年保持地面疏松无杂草状态。一般早春灌水后中耕深8～10 cm;硬核期浅耕地约5 cm,雨季前将草除尽。果实采收后全园中耕除草深5～10 cm,秋季全园深耕20～25 cm。覆草桃园常年保持覆草厚度15～20 cm,4～5年翻地1次,结合秋施基肥,将草埋入地下再盖新草。幼树采用行间地膜覆盖,而成年树采用全园地膜覆盖。对土壤水分较好的桃园实行生草法。在关键时期应注意补充肥水,刈割青草,将草的高度控制在30 cm以下,割下来的草覆盖树盘。

2. 施肥技术

(1)施肥要求及时期

施肥应以有机肥为主,化肥为辅。根据桃树生长发育需要,确定使用肥料种类、数量和时期。施肥时期以秋施基肥为主,春、夏追肥为辅。基肥以各种有机肥为主,可加入少量速效性氮肥,酸性土壤可混施一定数量石灰,秋季深施到土中。早、中熟品种在落叶前30～50 d施入,晚熟、极晚熟品种在果实采收后尽早施入。追肥一般在萌芽前、开花后、硬核期、采收前、采收后施用。萌芽前、开花后追肥以氮肥为主,配合磷、钾肥;硬核期追肥以钾肥为主,配合氮、磷肥;采收前追肥应氮、磷、钾结合;采收后追肥以氮肥为主,配合磷肥。追肥方式一般是土施,也可叶面喷肥。具体追肥次数由土壤类型、肥力状况、基肥施用量、树龄、结果量而定。

(2)施肥方式

以土壤施肥为主,叶面喷肥为辅。土壤施肥可环状施肥、放射沟施肥、条沟施肥、全园撒施等,施肥深度20～50 cm,基肥施深些,追肥施浅些。叶面喷肥常用喷施浓度为尿素0.3%～0.4%、硫酸铵0.4%～0.5%、磷酸二铵0.5%～1%、磷酸二氢钾0.3%～0.5%、过磷酸钙浸出液0.5%～1%、硫酸钾0.3%～0.4%、硫酸亚铁0.2%、硼酸0.1%、磷酸锌0.1%、草木灰浸出液10%～20%。

(3)施肥量原则及标准

施肥量以不刺激徒长为原则,一般树体大小未达到设计标准之前,主枝延长枝基部粗度以不超过 2 cm 为好。成年树则以生长势为主要施肥依据，保持树势中庸健壮，主要结果枝比例在 70%以上。

3. 水分管理

桃树灌水时期、次数、灌水量主要取决于降水、土壤性质和土壤湿度及桃数不同生育期需水情况等。一般在萌芽前、开花后、硬核始期、果实第二次速长期、落叶期，根据土壤含水量、降雨情况灌水 4～5 次。此外，每次土壤追肥后，马上灌水。硬核期一般不灌水。桃园灌水以节水、减少土壤侵蚀和提高劳动效率为原则，采用畦灌、沟灌、穴灌、喷灌、滴灌等方式。秋雨较多、地势较低、土壤黏重桃园，应提前挖好排水沟。在每年雨季来临到来前应维修排水系统，保证排水时渠道畅通。

四、整形修剪技术

桃树萌芽率高，潜伏芽少且寿命短，多年生枝下部光秃后更新较难，在整形修剪上要注意下部枝组更新复壮。由于桃树成枝力强，成形快，结果早，容易造成树冠郁闭，因此与其他树种相比，更应该注意生长季修剪。

1. 常用树形及整形过程

(1)自然开心形

①树体结构参数。干高 30～50 cm。主干以上错落着生 3 个主枝，相距 15 cm 左右。主枝开张角度 40°～60°，第一主枝角度 60°，第二主枝略小，第三主枝开张 40°左右。三个主枝在水平面上的夹角 120°，第一主枝最好朝北，其他主枝最好不要朝南。主枝直线或弯曲延伸。每主枝留两个平斜生侧枝，开张角度 60°～80°，各主枝上第一侧枝顺一个方向，第二侧枝着生在第一侧枝的对面，第一侧枝距主枝基部 50～70 cm，第二侧枝距第一侧枝 50 cm 左右。在主侧枝上培养大、中、小型枝组(图 12-23)。

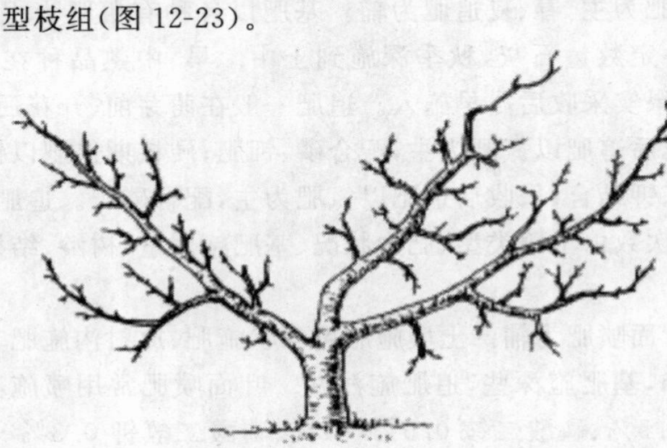

图 12-23　桃树自然开心形

②整形过程。定植当年定干高度 60～70 cm，剪口下 15～30 cm 为整形带，带内有 5 个以上饱满芽。春季萌芽后抹去整形带以下的芽，在整形带内选留 4～5 个新梢。当新梢长到

30～40 cm 时，选 3 个生长健壮、相距 15 cm 左右、方位角为 120°的 3 个新梢作为主枝培养。其他枝拉平缓放。第 1 年冬剪时，留作 3 个主枝的 1 年生剪留 60～70 cm。春季萌芽后，在顶端选择健壮外芽萌发的新梢作主枝的延长梢。同时在延长梢下部选择方位、角度合适的新梢培养第 1 侧枝。第 2 年冬剪时，3 个主枝延长枝剪留 50～70 cm，第 1 侧枝剪留 40～50 cm。春季萌芽后，继续选留主枝延长枝，同时在延长枝下部、第 1 侧枝的另一侧选择新梢培养第 2 侧枝。第 3 年冬剪时，主枝延长枝继续剪留 50～60 cm，侧枝延长枝剪留 40 cm 左右。春季萌芽后继续重复以前操作。每年生长季，主枝或侧枝的延长枝达 60～70 cm 时，剪梢，并在发出的副梢中，选择角度开张、健壮的代替原头。整形过程中，在主侧枝上培养大、中、小型枝组，并使枝组在骨干枝分布均匀。第 4 年冬剪时，树形基本形成(图 12-24)。

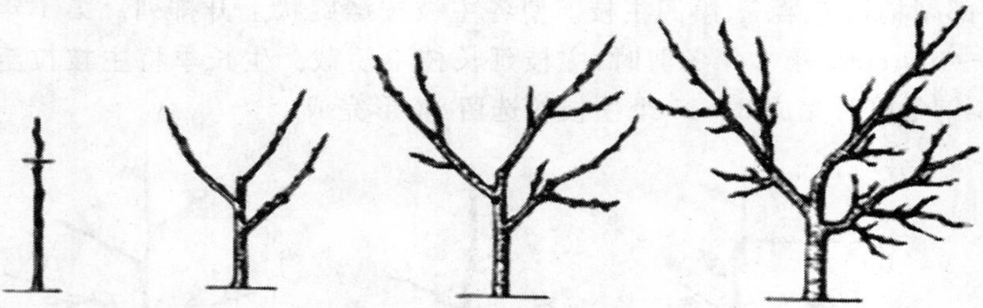

图 12-24 自然开心形整形过程示意图

(2)二主枝开心形

①基本结构。干高 40～50 cm，主干上着生 2 个主枝，长势相近，反向延伸。主枝开张 45°～60°。每主枝上着生 2 个侧枝。第 1 侧枝距主干 50～60 cm，在另一侧着生第 2 侧枝，第 2 侧枝距第 1 侧枝 40～50 cm。侧枝平斜生，与主枝夹角 45°～60°，在主侧枝上配置结果枝组(图 12-25)。

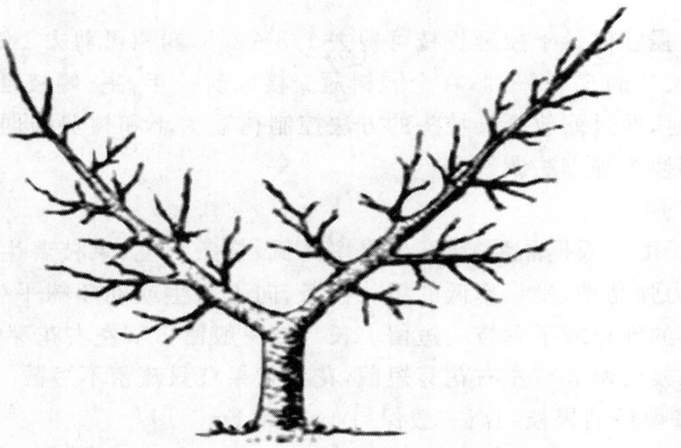

图 12-25 桃二主枝自然开心形示意图

②整形过程。定植当年定干高度 60 cm，整形带 15～20 cm。春季萌芽后在整形带内选留两个对侧新梢培养主枝，1 个朝东，1 个朝西，其余抹去。第 1 年冬剪时主枝剪留 50～60 cm。

第 2 年选出第 1 侧枝，第 3 年在第 1 侧枝对侧选出第 2 侧枝。其他枝条按培养枝组方法修剪，第 4 年树体基本成形。

(3)纺锤形

①基本结构。干高 50 cm 左右，树高 2.5～3.0 m。在中心干上着生 8～10 个主枝，基部主枝长 0.9～1.2 m，基角 55°～65°，以上主枝长 0.7～0.9 m，基角 65°～80°。主枝在中心干上均匀分布，间距 25～30 cm，同方向主枝间距 50～60 cm。结果枝组直接着生在主枝和中心干上。如果栽植密度加大，中心干上主枝相差不多时，树形则变为细纺锤形。

②整形过程。定干高度 80～90 cm。春季萌芽后在剪口下 30 cm 处选留第一主枝，剪口下第三芽梢培养第二主枝，顶芽梢直立生长培养中心干。当中心干延长梢长到 60～80 cm 时摘心，利用下部副梢培养第三、第四主枝。使各主枝按螺旋状上升排列。第 1 年冬剪时，所选主枝长留 80～100 cm。第 2 年冬剪时，主枝延长枝不短截。生长季将主枝拉至 70°～80°(图 12-26)。第 3 年冬剪时完成 8～10 个主枝的选留，整形完成。

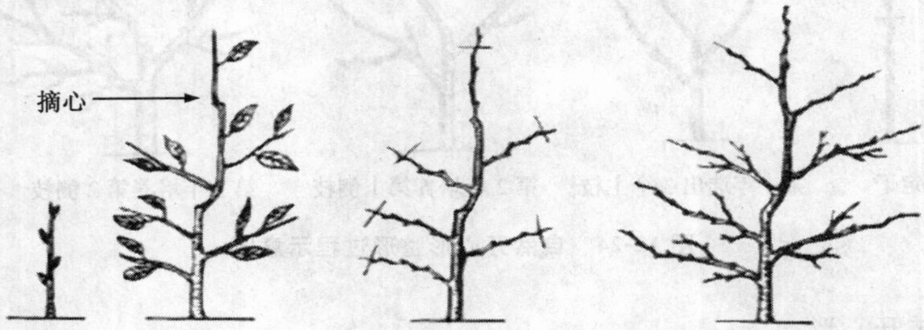

图 12-26　桃纺锤形整形过程示意图

2. 不同枝条修剪

(1)骨干枝

一般情况下，强壮树骨干枝延长枝可剪去 1/3～2/5，弱树可剪去 1/2～2/3，侧枝延长枝剪留长度为主枝延长枝的 2/3～3/4，在全园树冠交接的前一年，主、侧枝延长枝全部长放。当树冠达到应有大小时，通过缩放延长枝头的方法控制树冠大小和树势强弱。骨干枝角度通过生长季拉枝、用副梢换头等方法调整。

(2)结果枝修剪

结果枝剪留长度应根据品种特性、坐果率高低、枝条粗度、果枝着生部位及姿势不同而有区别。一般成枝力强品种、坐果率低的粗壮枝条、向上斜生或幼年树平生长枝应长留；成枝力弱品种，坐果率高的细枝或下垂枝应短留。长果枝一般留 7 节左右花芽短截；中果枝留 5 节左右花芽短截，短果枝可留 3 节左右花芽短截，花束状果枝只疏密不短截。徒长性结果枝一般留 9 节花芽短截。修剪后结果枝距离一般保持 10～20 cm。

(3)徒长枝修剪

无生长空间徒长枝尽早从基部疏除，有生长空间徒长枝，在徒长枝生长 15～20 cm 时留 5～6 片叶摘心，或在冬剪时留 15～20 cm 重短截，培养结果枝组。

(4)结果枝组培养、更新和配置

①结果枝组培养。大型结果枝组一般选用生长旺盛的枝条，留 5～10 节短截，第 2 年选

2～3 个枝短截，其余枝条疏除，3～4 年即可培养成大型结果枝组。中、小型结果枝组一般选健壮枝条留 3～5 节芽短截，分生 2～4 个健壮结果枝成为中、小型结果枝组（图 12-27）。

1 年生　2 年生枝修剪前　2 年生枝修剪后　3 年生枝修剪前　3 年生枝组修剪后

图 12-27 桃结果枝组培养过程示意图

②结果枝组更新。结果枝组生长 3～4 年后更新复壮。更新分全组更新和组内更新两种。全组更新就是培养新的枝组代替衰弱的枝组。组内更新是在枝组内培养预备枝，同时在壮枝处回缩，使枝组得到更新。结果枝组更新方法是缩弱、放壮，放、缩结合，维持结果空间。具体更新方法有单枝更新和双枝更新两种基本形式。单枝更新是在同一枝条上"长出去，剪回来"，每年利用比较靠近母枝基部的枝条更新（图 12-28）。该法适用于壮树，是当前生产上应用较多的方法。双枝更新是在一个部位留两个结果枝，修剪时上位枝长留（5～6 节花芽结果），以结果为主；下位枝适当短留（2～3 节），以培养预备枝为主的更新方式（图 12-29）。长期应用双枝更新，预备枝上只能长出细弱的中短枝，导致产量下降。生产上常采用长留结果枝方法，培养预备枝。也就是上部结果枝尽量长留，开花时疏掉基部的花，使中上部结果，这样达到以果压冠的作用，使预备枝处于顶端位置，使发育成健壮的结果枝（图 12-30）。在北方品种群上常采用三枝更新的方法，亦称三套枝修剪法，就是在一个基枝上选相近的 3 个果枝，一个中短截结果、一个长放促发果枝、一个枝留 2～3 个芽重短截促生发育枝。冬剪时将已结过果的枝疏掉，长放枝适当短截，选留几个短果枝结果，预备母枝上长出的发育枝一个长放、一个重短截，轮流结果。该法适用于以短果枝结果为主的品种。在大、中型枝组更新修剪上可综合采用单、双枝和三枝更新修剪的方法，可有效控制结果部位外移，延长结果枝组寿命。

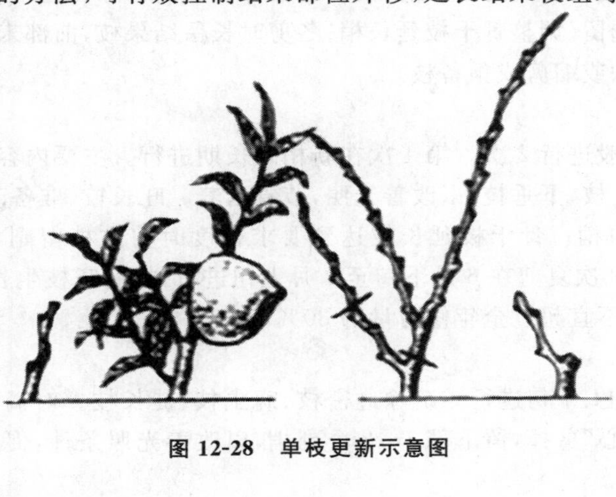

图 12-28 单枝更新示意图

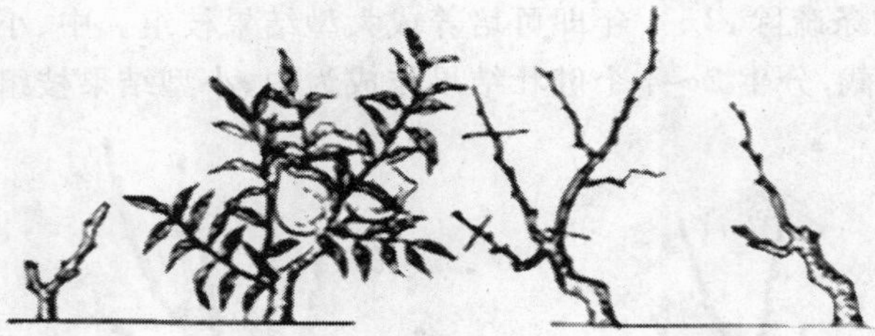

图 12-29　双枝更新示意图

图 12-30　长留结果枝，培养预备枝

③结果枝组分布与配置。结果枝组在主枝上分布要均衡，一般小型枝组间距 20～30 cm，重型枝组间距 30～50 cm，大型枝组间距 50～60 cm。结果枝组配置以排列在骨干枝两侧向上斜生为主，背下安排大型枝组。主枝中下部培养大中型枝组，上部培养中型枝组，小型枝组分布其间。结果枝组形状以圆锥形为好。

3. 生长季修剪

桃树生长季修剪一般幼树、旺树每年 3～4 次，盛果期 3 次。

(1)春季修剪

春季修剪从萌芽到坐果后进行，主要内容包括抹芽、疏梢：除去过密、无用、内膛徒长，剪口下竞争的芽或新梢；选留、调整骨干枝延长梢；冬剪时长留结果枝，前部未结果的缩剪到有果部位；未坐果的果枝疏除或缩剪成预备枝。

(2)夏季修剪

桃树夏季修剪一般进行 2 次。第 1 次在新梢旺长期进行。主要内容是对竞争枝疏除或扭梢。疏除细弱枝、密生枝、下垂枝，以改善光照，节省营养。旺长枝、准备改造利用的徒长枝，可留 5～6 片叶摘心或剪梢。骨干枝延长枝达到要求长度时剪主梢留副梢。对其他新梢长到 20～30 cm 摘心。第 2 次夏剪在 6 月下旬至 7 月上旬进行，控制旺枝生长，对尚未停长的枝条捋枝、拉枝，但修剪量不宜超过全年修剪量的 30%。

(3)秋季修剪

秋季修剪在 8 月上、中旬进行。疏除过密枝、病虫枝、徒长枝。对摘心后形成的顶生丛状副梢，将上部副梢“挖心”剪掉，留下部 1～2 个副梢，以改善光照条件，促进花芽分化和营养积累。同时拉枝调整骨干枝角度、方位长势。对尚未停长新梢摘心,促枝条充实,提高抗寒力。

4.休眠期修剪

桃树休眠期修剪易在最寒冷的1月过后进行。其任务有三:一是调整骨干枝的枝头角度和生长势。骨干枝角度小时,留外芽或利用背后枝换头。骨干枝延长枝生长量小于20 cm时,选择长势和位置合适的抬头枝代替;各主枝之间采取抑强扶弱的方法,保持各主枝之间的平衡。二是结果枝的更新复壮和结果枝修剪。在结果枝下部注意培养预备枝,采用单枝更新法,使结果枝组靠近骨干枝。结果枝组以圆锥形为好;当枝组出现上强下弱时,及时疏除上部强旺枝;结果枝组枝头下垂时,及时回缩到抬头枝处。一般修剪后的结果枝枝头之间距离10～20 cm。三是保持树体生长势的均衡。对不能利用的徒长枝、细弱枝及时疏除。

5.不同品种群修剪特点

(1)北方品种群

北方品种群树冠比较直立,枝条开张角度小,下部枝条易枯死而造成光秃,结果部位外移较快。在整形上要注意开张主侧枝角度,延长枝修剪要轻剪缓放,待后部生长变弱时再回缩促后。北方品种群以短果枝和花束状果枝结果为主,其次是中果枝。因此在修剪上,长果枝要轻短截。北方品种群的结果枝单花芽较多,短截时注意剪口下留叶芽。

(2)南方品种群

南方品种群树冠比较开张,整形时主侧枝延长枝可适当长留,开张角度不宜过大,到后期注意抬高角度。南方品种群生长势一般不如北方品种群强旺,以中、长果枝结果为主。修剪上可稍重。南方品种群结果枝复花芽多,坐果率高,结果枝修剪可适当短留和少留。

6.不同年龄时期修剪

(1)幼树期和初果期树

①生长特点。幼树期桃树生长旺盛,常常萌发大量发育枝、徒长性结果枝、长果枝以及大量副梢,花芽少,着生节位高,坐果率低。

②整形修剪任务。快速扩大树冠,构建合理树体结构,迅速培养各类结果枝。

③修剪要点。一是骨干枝培养。按预定树体结构培养骨干枝,对选留骨干枝轻剪长放,加大开张角度。培养侧枝时最好选留剪口下第3～4芽枝作侧枝。侧枝剪留长度为主枝长度的2/3～3/4。为加快骨干枝培养速度,充分利用副梢和二次副梢。二是辅养枝处理。在不影响骨干枝生长前提下尽量多留辅养枝。随着骨干枝生长将辅养枝改造成结果枝组或者疏除。三是结果枝组培养。对徒长性结果枝、徒长枝加强夏季修剪,如曲枝、摘心等,或冬季短截,培养大、中型结果枝组。夏季对有空间的新梢可通过剪梢,培养小型结果枝组。

(2)盛果期树

①生长特点。盛果初期树生长势仍然旺盛,树冠继续向外扩展。盛果中、后期,主枝逐渐开张,生长势逐渐趋于缓和,徒长枝和副梢逐渐减少,树冠不再扩大,各类枝组培养齐全,短果枝比例上升,生长和结果矛盾突出,树冠下部中、小型结果枝逐渐衰老死亡。

②修剪任务。保持树势平衡和良好从属关系,调节好生长和结果关系,既要保持足够数量营养生长,又要适量结果,注意结果枝组培养和更新,防止树体早衰和结果部位上移。

③修剪要点。一是骨干枝延长枝修剪。骨干枝延长枝一般剪留 30～50 cm。树冠停止扩大后，先缩剪到 2～3 年生枝上，使其萌发新延长枝，2～3 年后再缩剪，缩、放结合，保持骨干枝延长枝生长势及树冠大小。二是结果枝组修剪。结果枝组出现衰弱症状后，及时回缩更新，促使中、下部发出健壮新枝。过分衰弱枝组，可利用徒长枝进行全组更新。对远离骨干枝的细长枝组或上强下弱枝组，及时回缩修剪。

(3)衰老期树

骨干枝延长枝生长势衰弱，年生长量不足 20～30 cm，中果枝、短果枝大量死亡，大枝组生长衰弱。由于桃树萌芽力强，隐芽数量少，寿命短，树冠下部不易萌发新枝，因此，应考虑进行全园更新。

五、花果管理

桃树为提高优质果率，必须限产、提质。一般 3～4 年生初结果桃园产量应控制在 500～1 000 kg/667 m^2，5～7 年生桃园应控制在 1 500～2 000 kg/667 m^2，8～15 年生盛果期桃园应控制在 2 000～2 500 kg/667 m^2。

1.保花保果

(1)加强秋季树体管理

加强秋季采后树体管理，提高花粉生活力，使授粉受精良好。

(2)改善授粉条件

合理配置授粉树，进行人工辅助授粉及花期果园放蜂等工作。人工辅助授粉和花期放蜂相结合。人工辅助授粉在主栽品种初花期至盛花期进行，采用人工点授、喷粉或装入纱布袋内在树上抖动，一般进行 2 次。花期放蜂一般 3 000 m^2 桃园放 1 箱蜜蜂。

(3)疏花疏果

及早疏花疏果，节约养分，提高坐果率。

(4)花期喷硼

盛花期细致地对花朵喷 1 次(0.3%～0.35%)硼砂＋蜂蜜或红糖水，提高受精率和坐果率。

(5)加强果实生长期管理

适时进行土肥水管理，防止 6 月份落果。及时进行夏季修剪，疏除过密枝，减少新梢生长，调节营养平衡，改善通风透光条件，提高叶片同化功能，满足果实生长营养供应。

(6)加强采前管理

防止采前落果，采收前不灌水，并注意防风。

2.疏花疏果

疏花在大花蕾期至初花期(植株上有 5%左右的花朵开放)进行。疏花时首先疏除早开的花、畸形花、瘦小花、朝天花和梢头花。一般长果枝留 6～8 个花蕾，中果枝留 4～5 个花蕾，短果枝和花束状果枝留 1～3 个花蕾，预备枝不留花蕾。保留果枝两侧或斜下侧花蕾，疏除背上花蕾。长中果枝疏花时，要疏除结果枝基部的花，留枝条中上部的花，中部的复花芽双花留一，疏花量一般为总花量的1/3。疏果分2次进行。第1次在花后2周，疏除萎黄果、小果、病虫果、畸形果、并生果、枝杈处无生长空间的果，双果去一留一；第2次疏果在花后4～6周（硬核期前），主要是疏除朝天果、附近无叶片的果和形状短圆的果。留果枝两侧果，向下生长的果。长枝留中、上部的果，中、短枝留先端果。各类型结果枝的留量见表12-2。叶果比留果30～50片叶留1果，果间距留果，小型果5～7 cm留1果，大型果8～12 cm留1果。一般树冠外围、上部多留果，内膛及下部少留果，树势强的多留果，弱的少留果；壮枝多留果，弱枝少留果。疏果顺序是从树体上部向下，由膛内而外逐枝进行。

表12-2 不同类型结果枝留果参考标准 个

果枝类型	大型果	中型果	小型果
长果枝	1～3	2～4	3～4
中果枝	1～2	1～3	2～3
短果枝	1	1	1～2
花束状果枝	不留果	2～3个枝留1果	1～2个枝留1果

3. 果实套袋

(1)果袋选择

桃上可使用白色、黄色和橙色3种颜色纸袋。中、早熟品种使用白色或黄色袋，晚熟品种用橙色或褐色袋，极晚熟品种使用深色双层袋（外袋为外灰内黑，内袋为黑色）。

(2)套袋时间

一般在定果以后或生理落果后开始，当地蛀果害虫进果以前完成。主要适用于中晚熟品种和易裂果品种。

(3)技术要求

套袋前首先喷1次70%的代森锰锌可湿性粉剂1 000倍液，待药液干后套袋。套袋时先将纸袋吹开，套进果实，然后将袋口折叠，用线绳或22号铁丝将袋口扎紧，缠绕在果枝上。套袋按疏果顺序进行，避免漏套。

4. 提高果实品质

多施有机肥，施肥时注意氮、磷、钾合理应用，硬核期不灌水，果实采收前10 d左右停止灌水。果实即将着色期疏除一些过密枝条，在果实采收前7～10 d，摘除部分挡光叶。

六、病虫害防治

桃树主要病虫害有桃穿孔病（包括细菌性穿孔病、真菌性穿孔病（霉斑穿孔病、褐斑穿孔病））、桃褐腐病、桃缩叶病、桃潜叶蛾、桃蛀螟、桃红颈天牛、朝鲜球坚蚧、桑白蚧等。具体防治方法是：休眠期彻底清园；萌芽前喷3～5°Be′石硫合剂，或45%的晶体石硫合剂30倍液，以防治白粉病和螨类害虫。介壳虫发生较重的个别植株或枝干，人工用洗衣粉刷除。展叶后每10～15 d喷1次80%的代森锰锌可湿性粉剂600～800倍液，或70%的甲基硫菌灵可湿性粉剂 800～1 000 倍液，防治细菌性穿孔病、炭疽病，花后喷 10%的吡虫啉可湿性粉剂 4 000 倍液，或 0.3%的苦参碱水剂 800～1 000 倍液，防治蚜虫；果实硬核期喷 20%的甲氰菊酯乳油 2 000 倍液防治食心虫、卷叶虫类等害虫；果实膨大期每隔 10～15 d 喷 50%的腐霉利可湿性粉剂 2 000 倍液，或 50%的苯菌灵可湿性粉剂 1 500 倍液，或 50%的退菌特可湿性粉剂 600～800 倍液，防治褐腐病、炭疽病等；螨类害虫喷 1.8%的阿维菌素乳油 5 000 倍液进行防治。果实成熟期用黑光灯、光控杀虫灯、糖醋液（糖：酒：醋＝1：0.5：1.5 或酒：水：糖：醋＝1：2：3：4）和性外激素诱杀桃蛀螟、卷叶蛾、浅叶蛾等害虫，果实采收后，喷 20%的扑虱灵可湿性粉剂 1 500～2 000 倍液防治一点叶蝉，25%的灭幼脲悬乳剂 2 000 倍液防治桃潜叶蛾，结合在树干上绑草把诱集，效果更好。在农药使用过程中，无论杀菌剂或杀虫剂，不同农药要交替使用，最好 1 种农药在 1 年内仅使用 1 次。

七、采收与分级

1. 适时采收

果实要适时采收。一般就地鲜销果八九成熟时采收；长途运输七八成熟时采收。硬桃、不溶质桃适当晚采；溶质桃，尤其是软溶质桃适当早采。贮藏及加工用硬肉桃七八成熟时采收；加工用不溶质桃八九成熟时采收。成熟期不一致品种，分期采收。

2. 分级

桃果（普通桃）成熟度在生产上分为七成熟、八成熟、九成熟和十成熟。七成熟是果实充分发育，果面基本平整，果皮底色开始由绿色转黄绿色或白色，茸毛较厚，果实硬度大。八成熟是果皮绿色大部退去，茸毛减少，白肉品种底色绿白色，黄肉品种呈黄绿色，彩色品种开始着色。九成熟是绿色全部退去，白肉品种底色乳白色，黄肉品种呈浅黄色，果面光洁，充分着色，果肉稍有弹性，有芳香味。十成熟是果实变软，溶质桃果肉柔软多汁，硬质桃开始发软，不溶质桃弹性减少。

鲜桃果实质量标准主要以果实大小、着色度为主要指标进行分级，基本要求是不允许有碰、压伤、磨伤、日灼、果锈和裂果。根据果实大小分级的标准见表 12-3。具体要求是感官要求和卫生指标应符合有关标准。

表 12-3　鲜桃果实质量标准中依据果实大小分级标准（河北省）　g

品种类型	果实类型	特等	一级	二级
普通桃	大果型	≥300	≥250	≥200
	中果型	≥250	≥150	≥150
	小果型	≥150	≥120	≥120
油桃和蟠桃	大果型	≥200	≥150	≥120
	中果型	≥150	≥120	≥100
	小果型	≥120	≥100	≥90

思考题:

1. 桃优质成品苗和优质芽苗标准是什么?
2. 桃品种选择应遵循哪些原则?
3. 如何进行桃树土、肥、水管理?
4. 桃树不同枝条如何进行修剪?
5. 桃树结果枝组培养方法有哪些?更新方法有哪些?桃树结果枝组如何分布配置?
6. 初果期桃树和盛果期桃树如何修剪?
7. 如何进行桃树保花保果和疏花疏果?如何进行桃树套袋?应把握哪些技术要点?

第四节　园林应用

一、形态特征

桃(图12-31)为落叶小乔木,高8 m。小枝红褐色或褐绿色,无毛。芽密被灰色绒毛。叶椭圆状披针形,叶缘细钝锯齿;托叶线形,有腺齿。花单生,径约3 cm,粉红色,萼外被毛。果近球形,表面密被绒毛,花期3~4月份,先叶开放;果6~9月份成熟。观赏用桃树以观花、观叶为主,花有红、白、粉红、紫红等色,而叶有绿、紫红之分,果实很小,或因授粉不良而没有果实。在修剪上一般2年修剪1次。

二、景观特征及园林应用

观赏桃除前面提到的变型外,还有白桃、白碧桃、红碧桃、复瓣碧桃、绯桃、撒金碧桃、紫叶桃和垂枝桃等。桃花烂漫芳菲,妩媚可爱,盛开时节皆"桃之夭夭,灼灼其华"。加之品种繁多,着花繁密,栽培简易,是园林中重要的春季花木。可孤植、列植、丛植于山坡、池畔、草坪、林缘等处,最宜与柳树配置于池边、湖畔,形成"桃红柳绿"的动人春色。此外,桃花红叶绿果吉利,可作宅旁果树及城市工矿区绿化树种,亦可盆栽造型。

图 12-31　桃

1.果枝　2.花枝　3.去花瓣的花纵剖面　4.果核

三、象征意及配置栽培

桃花是春天的象征，绚丽烂漫，朝气蓬勃，桃树因此成为重要的绿化材料。适合于庭院、山石间等多种场合配置，适用于全国大部分地区栽培。

思考题：

桃在园林上都有哪些应用？

实训技能 12-1　桃生长结果习性观察

一、目的要求

通过观察，了解桃生长结果习性，学会观察记载生长结果习性的方法。

二、材料与用具

1. 材料

桃幼树和结果树。

2. 用具

钢卷尺、放大镜、记载和绘图用具。

三、内容与要求

1. 干性强弱、分枝角度、枝条极性、生长特点与树冠形成。

2. 识别休眠芽、副芽、花芽和叶芽。观察副芽着生位置，在何种情况下萌发新梢。花、叶芽在枝条上的分布及其排列形式。

3. 发育枝、徒长枝、叶丛枝、单芽枝的区别及其对生长结果的作用。强旺新梢叶腋内形成的芽当年萌发副梢，幼、旺树（枝）一年能萌发 1～3 次副梢。一年多次分枝与扩大树冠，提早结果关系。

4.花芽为纯花芽，纯花芽在各类果枝上的着生位置。识别长、中、短果枝及花束状果枝，不同品种主要果枝类型。结果部位外移的生长习性与枝条更新规律。

四、实训报告

根据观察结果，总结桃生长结果习性。

五、技能考核

实训技能考核实行百分制，其中实训态度与表现占20分，观察方法占40分，实习报告占40分。

实训技能 12-2 桃休眠期整形修剪

一、目的要求

学习桃树整形和修剪的方法，初步掌握桃休眠期整形修剪技术。

二、材料与用具

1.材料

不同年龄时期桃树。

2.用具

剪枝剪、手锯、伤口保护剂等。

三、内容与要求

1.幼树整形

幼树整形是定植后4～5年内。以常见的自然开心形，参照前面第三节整形修剪部分自然开心形整形要求，进行修剪。

2. 结果树修剪

(1)结果树初期修剪

骨干枝延长枝留 40～80 cm 修剪，角度大的侧枝第一次剪定长度适当拉长。结果树修剪以轻剪长放为主，疏去过强直立枝条，留作结果用的水平或斜生长枝不进行短截。

(2)盛果期修剪

修剪必须随结果量增加而逐年加重，同时注意控上促下，使主枝、侧枝弯曲延伸，及时培养和更新结果枝组，改善内膛光照。

枝组分布掌握多、匀、近原则。多是各类枝组布满树冠空间，骨干枝上无空挡或光秃现象。匀即均匀，枝组之间无交叉、遮阴。近即紧凑，结果枝要尽量靠近骨干枝。枝组在骨干枝上分布，要求两头稀，中间密；两端小型为主，中间大型为主。背上、背下小型或中小型为主，两侧以中大型为主。

四、实训报告

通过本次实训，总结幼树、初结果树和盛果期桃树整形修剪要点。

五、技能考核

实训技能考核实行百分制，其中实训态度与表现占 20 分，实践操作技能占 50 分，实习报告占 30 分。

实训技能 12-3　桃生长季修剪

一、目的要求

通过实训，掌握桃树生长季修剪方法，学会生长季修剪方法的综合应用。

二、材料与用具

1. 材料

生长正常的桃幼树和初结果树。

2. 用具

卷尺、卡尺、剪枝剪、标签、铅笔和调查表。

三、内容与要求

1. 修剪方法实训

拧枝、扭梢、疏枝、重短截、中短截、摘心和缓放。

2. 修剪方法应用

疏除徒长枝、过密枝，延长梢剪梢，按照树形进行调整。对未坐果枝梢疏除、结果枝摘心、竞争枝重短截。

3. 修剪反应观察

在整形修剪同时，进行拿枝、扭梢、重短截、中短截、摘心、缓放，编号挂牌，测量其长度和粗度。秋季新梢停长后调查新梢长度、粗度、节数、成花节数和数量以及副梢数量、长度和花芽数量等。

四、实训报告

通过本次实训，总结桃幼树、初结果树生长季修剪的方法和综合应用应注意问题。

五、技能考核

实训技能考核实行百分制，其中实训态度与表现占 20 分，实践操作技能占 50 分，实习报告占 30 分。

第十三章 杏

[内容提要] 杏栽培历史，营养医疗价值；用途和经济价值。杏适应性广，是农民致富和改善生态环境的优良树种。从生长结果习性和对环境条件要求方面介绍了杏的生物学习性。杏桃的主要种类有普通杏、西伯利亚杏、辽杏、藏杏、紫杏、志丹杏、政和杏与李梅杏；当前生产栽培杏的优良品种有凯特杏、金太阳杏、红丰杏、新世纪杏、华县大接杏、骆驼黄杏、串枝红杏。从育苗、建园、土肥水管理、整形修剪、花果管理和病虫害防治方面介绍了杏树的无公害生产技术。从常规防霜冻和药剂及生防菌方面介绍了杏树花期防霜冻技术。'金光'杏梅是杏梅中的优良品种，具有较高的栽培推广价值。从形态特征、果实经济性状、生长结果习性、生态适应性和物候期的表现介绍了该品种的表现，参照有关标准，结合栽培实践，从园地选择，培育优质壮苗，高标准建园；加强土肥水管理，精细花果管理，科学整形修剪，综合防治病虫害，适期采收介绍了其无公害标准化生产技术。从杏树植物学特征入手，介绍了其园林应用。

杏树原产我国，具有3 500年以上的栽培历史，远在周朝时就有栽培。杏果是营养丰富，药用价值较高的时令水果。其药用价值主要体现在杏果具有止咳去痰、润肺清泻的功效，对支气管炎、哮喘、癌症有较好的疗效。

杏果用途广泛，除鲜食外，还可加工，是食品工业的重要原料。杏仁是我国传统的出口商品之一，在国际市场上享有很高的声誉。此外，杏树适应性广，平原、高山、丘陵、沙荒地均可栽培，是农民致富和改善生态环境的优良树种。

第一节 生物学特性

一、生长结果习性

1. 生长习性

(1)根系

杏树根系入土深，成龄树根系庞大水平扩展能力也极强，其分布往往超过树冠直径的2倍。杏根冠比较大，根系发达，抗旱能力较强。3月中、下旬土壤温度5℃左右时，细根开始活动，但生长较慢，生长量较小。年生长周期中根系有2个生长高峰：一个在6月中下旬至7月中旬，当土壤温度高于20℃时，生长量最大。另一个生长高峰出现在9月土壤温度稳定在

18～20℃时，但没有第 1 次生长量大。

杏树根系发育及其在土壤中的分布，受栽植地的土壤状况、树龄、砧木种类、栽植方式等多种因素的影响。一般情况下，根系绝大部分集中在距地表 20～60 cm 深处土层中，仅有 10%左右分布在更深土层中。

(2)枝

自然生长情况下，杏树主干一般比较高大，人为栽培和嫁接树干较矮，一般只有 60～80 cm。杏树枝条按其生长顺序和着生部位，可分为主枝、侧枝和延长枝等；按其功能不同可分为营养枝和结果枝(图 13-1，图 13-2)。营养枝根据长势可分为发育枝和徒长枝。发育枝由 1 年生枝上的叶芽或多年生枝上的潜伏芽萌发而成，生长旺盛，在叶腋间能形成少量花芽，其主要功能是形成树冠骨架。徒长枝是特别旺长的发育枝，该种枝条多直立生长、节间长、叶片大而薄、组织不充实。结果枝按其长度可分为长果枝、中果枝、短果枝和花束状果枝。长果枝长 30 cm 以上，中果枝 15～30 cm，短果枝 5～15 cm，花束状果枝 5 cm 以下。长果枝花芽质量差，坐果率低；中果枝生长充实，花芽质量好，复花芽多，坐果率高，是主要结果枝。结果枝在结果同时，顶芽还能形成长度适宜的新梢，成为第二年的新结果枝。短果枝和花束状果枝多单花芽，结果和发枝能力都比较差，寿命也比较短。幼树和初结果树，中、长果枝比较多；老树和弱树，短果枝和花束状果枝较多。杏树枝条加长生长通常是通过顶芽的延伸，也有从短截枝上的叶芽抽生。日均温 10℃以上时，枝条即进入旺盛生长期。一般短枝无旺盛生长期。品种、树体状况和枝条长势不同，每年可抽梢 1～3 次，形成春梢和秋梢。杏树生长势较强，幼树新梢年生长量达 2 m；随树龄增长，生长势渐弱，一般新梢生长量 30～60 cm。在年生长期内可出现 2～3 次新梢生长高峰：第 1 次在 6 月下旬至 7 月中旬；第 2 次生长高峰在 9 月份。

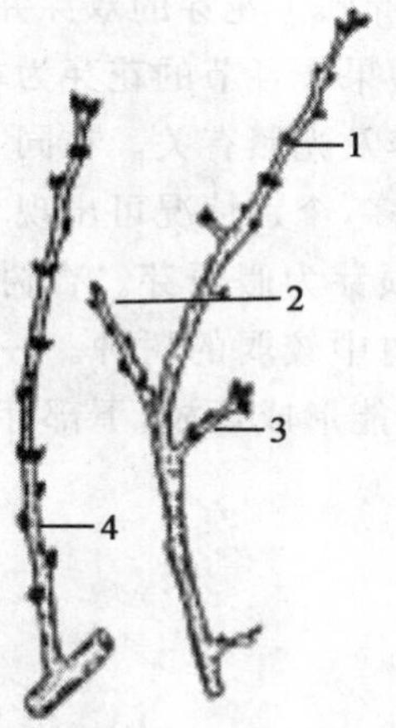

图 13-1 杏结果枝类型

1. 中果枝 2. 短果枝 3. 花束状果枝 4. 长果枝

图 13-2 杏花枝与果枝

1. 花枝 2. 果枝 3. 花 4. 花部纵切示杯状花托

(3)叶

叶片生长是在花后随着新梢生长而进行。在 6 月底至 7 月初，叶片面积生长达到最大值，但其厚度可继续增加。一般情况下，杏树 1 年中只发 1 次叶，但当遭到严重病虫害或雹灾后，可发 2 次叶，但叶片质量差。秋季气温降到 10℃以下时，杏树开始落叶，低温加速杏叶黄化和脱落。当温度持续在 10℃以上时，将延迟落叶时间。

(4)芽(图 13-3)

①叶芽和花芽。杏叶芽大多着生在叶腋间,顶部叶芽萌发后使枝条延长。杏枝条下部的芽多不萌发而形成隐芽,也叫潜伏芽,其虽不萌发,但保持着萌发的能力,当枝条受到外界刺激时会萌发成枝。潜伏芽寿命长达二三十年。杏树叶芽也具有早熟性。当年形成后,条件适宜,特别是幼树和高接树上的芽,容易萌发抽生副梢,形成 2 次枝、3 次枝甚至 4 次枝。能早期形成树冠,并且早期进入结果期。杏花芽为纯花芽,较小,着生在各种结果枝节间基部。每芽 1 朵花,在长、中结果枝上常与叶芽及其他花芽相并生。

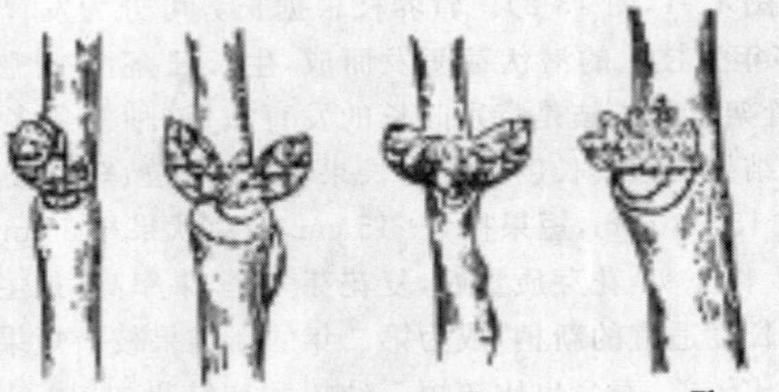

图 13-3　杏树芽

A. 双芽(大的是花芽,小的是叶芽)　B. 3 芽(两侧为花芽,中间为叶芽)
C. 3 芽(均为花芽)　D. 多芽(中间小的为叶芽,四周为花芽)

②杏芽着生方式。有单生芽和复生芽两种。各节内着生 1 个芽的为单芽,着生在新梢或副梢的顶端,坐果率不高;着生 2 或 3 个芽的为复芽。有 1 叶芽和 1 花芽的双芽并生和中间叶芽,两侧花芽的 3 芽并生两种典型方式。一般长果枝上端及短果枝各节的花芽为单芽,其他枝的各节为复芽。单芽及复芽数量、比例、着生部位与品种、营养及光照有关。在同一品种中,叶腋间并生芽的数目与枝条长度有关,枝条越长,并生芽数目越多,个别情况可出现 4 个芽。

③假顶芽及芽的萌发生长。杏树新梢顶端有自枯现象,顶芽为假顶芽。杏树每节叶腋有侧芽 1～4 个。但杏树越冬芽的萌芽率和成枝力是核果类果树中较弱的树种。一般新梢上部 3～4 个芽能萌发生长,顶芽形成中长枝,其他萌发的芽大多只能形成短枝,下部芽多不萌发而成为潜伏芽。因此,杏树树冠内枝条比较稀疏,层性明显。

2. 结果习性

(1)结果情况

杏树早果性比较突出,一般 2～4 年开始结果,6～8 年进入盛果期。在适宜条件下,盛果期年限比桃长。

(2)花芽着生部位及结果枝情况

杏花芽单生或 2～3 芽并生形成复芽,在同一枝条上,上部多为单芽,中下部多为复芽。单花芽坐果率高,开花坐果后该处光秃。中间叶芽,两侧花芽的复花芽坐果率高。杏树形成花芽容易,1、2 年生幼树即可分化花芽,开花结果。杏树大多数品种以短果枝和花束状果枝结果为主,但寿命短,一般不超过 5～6 年。杏树花束状果枝较短,节间也短,结果部位外移比桃树慢。

(3)花及开花

①花(图 13-4)。杏树花为两性花。有 1 个雌蕊和 20～40 个枚雄蕊。雌蕊柱头和花柱呈黄绿色，发育健全的雌蕊高于或等于雄蕊。子房上位，花冠由 5 片花瓣组成，白色。根据花器官发育程度，形成了四种类型的花：一是雌蕊长于雄蕊；二是雌、雄蕊等长；三是雌蕊短于雄蕊；四是雌蕊退化。其中前两种花称为完全花，也叫正常花，可以授粉、受精、坐果；第三种花授粉受精能力很差，坐果能力也很差。第四种花为不完全花，不能授粉、受精，也不能坐果。后两种花也叫退化花。四种不同类型花的多少，与品种、树龄、树势、营养及栽培管理水平密切相关。在同一品种中，老树、弱树、管理粗放或放任不管的树，退化花比例相对较大，在同一株树上，退化花一般是长果枝多于中果枝，中果枝多于短果枝，短果枝多于花束状果枝。在同一枝条上不同部位，也表现不一，秋梢多于夏梢。

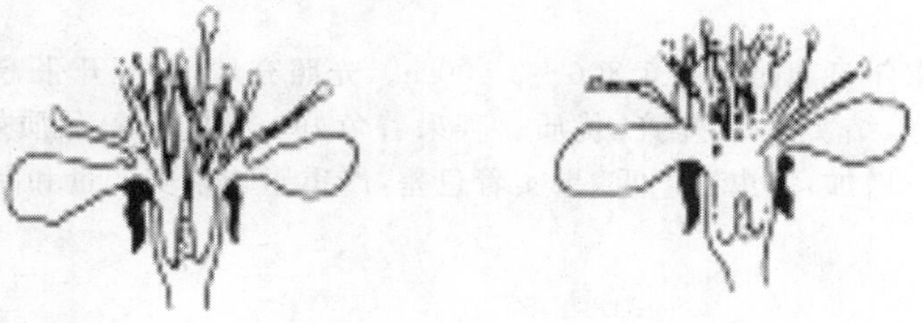

图 13-4　杏的正常花与退化花

A. 正常花　B. 退化花

②开花。花芽经过冬季休眠后，早春气温达到 3℃左右时，花芽内各器官即开始缓慢生长发育，并随着气温升高，生长和发育速度逐渐加快。不同年份气候差异，初花期早晚相差 1 周左右。不同品种初花期也不尽相同。初花到谢花经过时间长短，受品种特性、气候、树龄及管理条件等的影响。凡花期温度高、湿度低、树龄小，则开花期短。气候正常情况下，一般品种单花花期 2～3 d，全株花期 8～10 d，盛花期 3～5 d。杏雌蕊保持受精能力一般 3～4 d。若花期遇到低温、干旱和风，柱头 1～2 d 内枯萎。绝大多数杏品种自花授粉不结实，建园时需配置授粉树。在核果类果树中，杏芽休眠期最短，解除休眠状态较早，春季萌芽开花比桃、李等均早，易遭晚霜危害。

(4)果实生长与发育

杏果实发育具有明显的阶段性，生长速率呈单 S 形曲线，整个过程分为 3 个时期：2 个速长期，1 个缓慢生长期即硬核期。果实发育期长短受品种、气候和栽培条件影响很大。一般品种多在 60～90 d，个别早熟品种果实发育期仅 50 多天，如骆驼黄杏为 55 d。

杏树落花落果严重。一般幼果形成期和果实迅速膨大期各有一次脱落高峰。其自然坐果率通常为 3%～5%。

二、对环境条件要求

杏树对环境条件适应性极强，从北到南，我国所有省区几乎都有分布，年平均气温在 5～

23℃、无霜期100～350 d、降雨量50～1 200 mm的地区均适合杏生长。杏既能耐－40℃低温，也能抵抗44℃高温。

1. 气温

杏树主产区年平均气温6～14℃，要求≥10℃的积温2 500℃以上。冬季休眠时期在－30℃或更低温度下杏仍可安全越冬。但在花芽萌动期或开花期，花器抗低温能力大减。若低于临界温度就有受冻危险。花期低温是发展的限制因子。花期和结果期，若昼夜温差大，就会造成落花落果。杏不同品种间对气温要求存在一定的差异，开花适宜温度为11～13℃，花粉发芽18～21℃，果实成熟期要求18.3～25.1℃。在生长期内，杏树耐高温能力较强。

2. 光照

杏树喜光，要求年日照时数在1 800～3 400 h。光照充足，树冠开张，新梢生长充实，枝组寿命长，花芽发育好，结实率高，丰产、优质。杏果着色好，含糖量高，品质好；光照不良则枝条易徒长，雌蕊败育花增加，病虫害严重，果实着色差，严重影响果实产量和品质。

3. 水分

杏树是抗旱、耐瘠薄、怕涝的深根性树种，土壤积水1～2 d，会发生早期落叶，甚至全株死亡。但新梢旺盛生长期、果实发育期仍需要一定的水分的供应，否则会影响树势和果实产量及品质。一般年降水量为400～600 mm的地区均能正常生长结果，年降水量500～600 mm地区生长最好。

4. 土壤

杏树对土壤适应性极强，平原、高山、丘陵、沙荒、轻盐碱土上均能正常生长，但适宜土层深厚(土层厚度1 m左右)、疏松、肥沃、透气性好且保水性能良好的壤土或沙壤土，pH6.5～8.0。新开地建园之前要进行深翻熟化和改良土壤，地势最好选择背风向阳，避开低洼、冷空气易于聚集地点。

思考题：

杏树生长结果习性与桃有何不同？如何创造适宜杏树生长发育的环境条件？

第二节 主要种类和优良品种

一、主要种类

杏属蔷薇科杏属植物，与梅亲缘最近。除作经济栽培的杏外，西北地区还有变种李光杏的栽培,变种山杏多用作砧木或取仁用。东北、华北等地尚有辽杏、蒙古杏等野生种。近年在中原地区,出现了由当地研究者新发现的杏梅大面积栽培与生产。

全世界杏属共有10个种。我国就有9个种,分别是普通杏、西伯利亚杏、辽杏、藏杏、紫杏、志丹杏、梅、政和杏与李梅杏。其中普通杏是世界上栽培最广的一个种。我国现有各种各类杏品种1 463个。辽杏可作砧木及抗旱育种的原始材料,极少栽培;西伯利亚杏一般用于砧木或作为抗寒育种的原始材料;山杏可作南方杏的砧木,也是暖地杏育种的原始材料。

1. 普通杏(图13-5)

普通杏通称杏。原产于亚洲西部及我国西北、华北地区,世界各国栽培杏品种大多来源于此种。树势健壮,树冠开张,呈圆头形,适应性强。树高6～8 m。主干树皮不规则纵裂,暗灰褐色或黑褐色。1年生枝红褐色或暗紫色;多年生枝灰褐色。叶片近圆形或阔卵圆形,深绿色,幼叶红色。花单生,两性花,白色或粉红色。果实圆形、扁形至长圆形,果面具短茸毛,成熟后橙黄、黄、淡黄、绿白色,阳面具红晕或无;果肉绿色、淡黄、橙黄色,汁多,味酸甜或甜酸。有离核、半离核及黏核之分,核扁圆或扁椭圆形,核面光滑;核仁扁圆形,苦、微苦或甜。本种用途广,可食性好,但其野生类型果实小而味酸,鲜食品质差,可供加工,种核宜作砧木种子用。普通杏变种有垂枝杏、花叶杏和李光杏等,具有很好的开发价值。

2. 西伯利亚杏(图13-6)

又名山杏,蒙古杏。多为灌木或小乔木,树矮小,高达3 m。枝条灰褐色或红褐色,无毛。单叶、互生,叶较小,圆形或卵圆形,先端渐尖,叶缘锯齿细而钝,成叶无毛,主脉上有毛。花芽为纯长芽,单生,一般先叶开放,色稍带粉色,花径3 cm,花萼5裂,花瓣5瓣。果实个小,圆形,仅5～7 g。果肉薄、汁多,味酸苦涩,不能食用。离核,核面光滑,核仁味苦。果实完熟后,果肉水分消失,果肉沿缝线开裂。杏仁可供作砧木种子,也可加工或药用。能抗－50℃低温,也极抗旱,是抗旱育种的重要种质资源。分布于我国华北、西北、东北及俄罗斯西伯利亚和远东地区。

图13-5　普通杏

图13-6　西伯利亚杏

3. 辽杏(图 13-7)

即东北杏。乔木,枝条生长较直立。小枝无毛,树干具有一层厚而软的木栓层,树皮木栓质,生长迅速。叶片大,呈圆形或长卵形,先端尖,基部圆形或阔楔形,叶缘锯齿细而深,为重锯齿。液呈暗绿色,幼叶有稀疏之茸毛,老叶无毛。花淡红色,单生,大小介于西伯利亚杏和普通杏之间。果实小,圆形,黄色,果面有红晕或红色,果肉薄,多汁或干燥,味酸或稍苦涩,不能食用。离核,核小,长圆形,核面粗糙,边缘钝。种仁味苦,用于加工、医药。抗寒性强,可作抗寒砧木及抗寒育种原始材。本种有心叶杏和尖核杏两个变种,可供观赏。主要分布在我国东北各省,偶见于河北、山西。朝鲜及俄罗斯远东也有分布。

4. 藏杏(图 13-8)

又名野杏、山杏。广泛分布于西藏东南部和四川西部的高海拔地区。本种小乔木,高 4～7 m,多年生枝有刺,新梢阳面暗红色。叶片长卵圆形,长 4 cm,宽 2 cm,叶尖渐尖,基部圆形或楔形,叶缘细、单锯齿,两面密布短柔毛,叶柄短 1～1.5 cm,有柔毛。果实小,果肉薄,果汁少,味酸涩,食用品质差。种仁味苦,可入药。核可作砧木种子。极抗旱,耐寒,是抗旱耐寒育种材料。

图 13-7 辽杏

图 13-8 藏杏

5. 梅(图 13-9)

乔木,少数灌木。树皮灰色或灰绿色,平滑。小枝绿色,无毛。叶片卵形至宽卵形,先端长渐尖,基部楔形,叶缘细锐锯齿;嫩叶两面无毛,成叶无毛或叶背脉叶处被短柔毛。叶柄短,1～1.5 cm,果实圆形,黄色或绿白色,外被柔毛,果实味酸少汁,黏核,核卵圆形,表面有蜂窝状点纹。性喜温暖、潮湿,抗线虫病和根癌病,是在潮湿地区发展核果类的重要砧木树种,也是杏抗湿热育种的重要原始材料。花期早,多于严冬开放,为名贵观赏树种,颇多变异。果实可供生食或制作各种加工品,多用于加工乌梅、话梅或入药。

6. 李梅杏(图 13-10)

又名酸梅、味(河南)、杏梅(辽宁、河北、山东)、转子红(陕西)等,是正在发掘的一种核果类果树,主要分布于华北的山区丘陵地区。小乔木。树高 3～4 m,树势弱,开张,主干粗糙;树皮灰褐色,表皮纵裂。多年生枝灰褐色,1 年生枝阳面黄褐色,背面绿色或红褐色,无毛,皮孔扁圆形,较稀。叶片椭圆形或倒卵状椭圆形,先端渐尖至尾尖,基部楔形;边缘具浅钝锯齿,叶柄有 2～4 个腺体,花 2～3 朵簇生,花与叶同时开放或花先叶开放,具微香;自花不结实;果实近球形或卵球形,较大,单果重 18～60 g;果顶平或微凹,缝合线较深,果面黄白、橘黄或黄红色,具短柔毛,无果粉;果皮较厚,不易与果肉分离,果肉黄至橘黄色,肉质致密、多汁,酸中有甜,具浓香,黏核;核扁圆形,先端圆钝或急尖,表面有浅网纹,腹棱圆钝,核基具浅纵纹;仁苦;果实较耐贮运。

图 13-9 梅

图 13-10 李梅杏

二、主要优良品种

杏品种根据用途可分为肉用杏、仁用杏和观赏杏三类。其中肉用杏包括鲜食杏和加工杏,而仁用杏包括苦仁杏和甜仁杏,是我国特有的一类杏品种资源。

1. 凯特(Katy)杏(图 13-11)

凯特(Katy)杏是美国加州 1978 年选育的杏优良品种。我国 1991 年从美国加州直接引入山东果树研究所,1996 年通过山东省科委组织的专家鉴定。

(1)形态特征

树势旺,树姿直立,新梢阳面深红色,阴面绿色。1 年生枝棕红色,表面光滑;多年生枝和主干浅棕色,表面粗糙,皮孔大,叶片也大,深绿色,近圆形,花芽大,顶端钝圆,花瓣粉红色。

(2)果实经济性状

果实卵圆形,果顶微凸,缝合线浅。大果型,平均单果重 105 g,最大果重 130 g,果皮光滑,橙黄色,底色橘黄,阳面着红晕。果肉橙黄色,肉质细,含糖量高,甜酸爽口,味纯正,芳香味浓,

图 13-11　凯特杏

品质上等。可溶性固形物 12.7%，离核，较耐贮运。裂果少，采前不落果。

(3)生长结果习性

树势强，树姿半开张。萌芽力中等，成枝力较强。幼树以中、长果枝结果为主，盛果期树以短果枝结果为主。落叶晚，二次枝和球梢上花芽较多，质量亦较好，但花期比一次枝和春梢上花芽晚 2～3 d。幼树成花易，定植当年开花株率 100%。自花授粉坐果率 18.7%，自然授粉坐果率 31.4%。

(4)生态适应性

抗性强。耐瘠薄，抗盐碱，耐低温，阴湿，适应性强，抗晚霜。

(5)物候期

在河南省周口市一般 3 月上旬萌芽，3 月底开花，6 月上中旬果实成熟，11 月上旬落叶。

2. 金太阳杏(图 13-12)

金太阳杏又名太阳杏，是从美国农业部太平洋沿岸实验室选种圃中选出的杏优良品种，属欧洲生态品种，1993 年山东果树研究所从美国引进此品种。

图 13-12　金太阳杏

(1)形态特征

树姿开张，树体较矮，多年生枝皮面粗糙，1 年生枝红褐色、粗壮、节间短；嫩梢红色，叶呈卵圆形;叶基圆形或截形。叶色深绿,叶面光滑有光泽,叶先端凸尖,叶缘锯齿中深而钝,较整齐,叶柄中粗,呈红色。基部有 4 枚蜜腺,圆形。花芽肥大、饱满、复芽多。花蕾期花瓣红色,初开始先端粉红色,盛花期浅粉色。

(2)果实经济性状

果实较大,平均单果重 75 g,最大单果重 82.5 g。果实近圆形,果顶平,缝合线浅,两半部对称,果面光洁,底色金黄,阳面着红晕,果肉黄色,肉厚 1.46 cm,可食率 97%,离核,肉质细嫩,纤维少,汁液较多,有香气,品质上等。果实可溶性固形物含量高达 15.3%,总糖 13.5%,总酸 1.2%,风味甜,抗裂果,耐贮运,常温下可放 7 d,2~4℃下可贮藏 20 d 以上。

(3)生长结果习性

树势中庸。幼龄树枝条有春、夏、秋梢 3 次生长,成龄树一般只有春梢生长。萌芽力中等,成枝力强。幼树轻剪可抽生较多短枝,夏季短截可抽生 2~3 个长果枝。幼树以中长果枝结果为主,盛果期树以短果枝结果为主。花器发育完全,自花结实率强,自然坐果率 28.8%。

(4)生态适应性

对土壤要求不严格,抗旱耐瘠薄,适应性广,抗寒、抗病(褐腐病、细菌性穿孔病)强。

(5)物候期

在河南省商水县,杏树 3 月上旬萌芽,3 月 25 日前后为盛花期,花期 4~5 d,5 月中旬果实开始着色,果实发育期约 60 d,11 月上旬落叶。

3. 红丰杏(图 13-13)

山东农业大学园艺系培育,亲本为二花槽×红荷包。果实近圆形,果个大,品质优,外观艳丽,商品性好。平均单果重 68.8 g,最大果重 90 g,肉质细嫩,纤维少,可溶性固形物含量 16% 以上,汁液中多,浓香,纯甜,品质特上,半离核。果面光洁,果实底色橙黄色,外观 2/3 为鲜红色,为国内外最艳丽漂亮品种。一般成熟期 5 月 10 日至 5 月 15 日,是国内极早熟杏最新品种,商品性极高。

图 13-13 红丰杏

树冠开张,萌芽率高,成枝力弱,花期比华北杏晚 5~8 d,正好能避开晚霜危害。但成熟期最早,自花结实能力强,自然坐果率高达 22.3%,丰产性极强。稳产、适应性强,抗旱、抗寒,耐瘠薄,耐盐碱力强,一般土壤均可种植,露地、保护地均可栽培。

4. 新世纪杏(图 13-14)

'新世纪'是由山东农业大学陈学森教授培育出的杏新品种,采用胚培育种技术选育成功的早熟杏新品种,为红丰杏的姊妹系。果实单果重 73 g,最大单果重 110.5 g。果面着鲜红色,缝合线深而明显,果面光滑,果皮底色橙黄色,彩色为粉红色。果实具浓香味,肉质细,味甜酸,风味浓,离核,仁苦。果肉含可溶性固形物 15.2%。自花结实,丰产性能好,开花晚,可躲避晚霜危害。果实发育期 65 d左右,6 月上旬果实成熟,是露地和保护地栽培的优良品种。

5. 骆驼黄杏(图 13-15)

骆驼黄杏原产北京市门头沟区龙泉务,是极早熟的鲜食杏品种。现主要分布在辽宁、北京、河北、山西、山东、甘肃等地区。

图 13-14 新世纪杏

图 13-15 骆驼黄杏

(1)形态特征

树冠自然圆头形,树姿半开张。主干粗糙,纵裂,灰褐色。多年生枝灰褐色;1 年生枝斜生、粗壮、红褐色、有光泽;枝条直立,密度中等;皮孔小、少、凸,圆形。芽基部呈突起状。叶片椭圆形,先端渐急尖,叶基圆形,叶缘锯齿圆钝,叶面平展,叶色深绿,有光泽,叶脉黄绿色,蜜腺 1~2 个,圆形,褐色。花瓣白色,5 瓣,阔圆形,平展;花冠径 3.1 cm,蜜盘浅黄色,雌蕊 1 枚;退化花高达 77.7%。

(2)生长结果习性

树势强,生长量大,树冠高大,呈自然圆头形,树姿开张。1 年生枝斜生,粗壮,红褐色,有光泽,皮孔小而少;多年生枝灰褐色。萌芽力较弱,成枝力强;以短果枝和花束状果枝结果为主;结果早,栽后第二年即能开花结果;丰产,连续结果能力较强。以短果枝结果为主,生理落果中等,采前落果轻。自然坐果率低。

(3)果实经济性状

果实圆形,平均单果重 49.5 g,最大单果重 78.0 g,纵径 4.29 cm,横径 4.49 cm,侧径 4.46 cm。果实缝合线显著、中深,两侧肉对称。果顶平,微凹。梗洼深、广。果皮底色橙黄,阳面着红色,果肉橙黄色。肉厚 1.61 cm,肉质较细软,汁中多,味甜酸。果肉可溶性固形物 9.6%,硬度 12.2 kg/cm^2,总糖 7.1%,总酸 1.9%,糖酸比 3.74∶1,含维生素 C 5.4 mg/100 g,

常温下可贮放 1 周左右，品质上等。黏核，核卵圆形，鲜核深褐色；干核淡黄褐色。核表面光滑，网纹不明显，核基宽而锐，唇形，核顶尖圆。甜仁，不饱满，干仁平均重 0.36 g。

(4)生态适应性

抗寒力较强；抗流胶病、细菌性穿孔病、疮痂病能力也较强。

(5)物候期

在辽宁省熊岳地区条件下，3 月下旬花芽萌动，4 月中旬开花，花期 5～7 d，果实 6 月中下旬成熟，果实发育期约 55 d。叶芽 4 月中下旬萌动，10 月下旬落叶，树体营养生长期约 190 d。

6. 华县大接杏(图 13-16)

原产陕西省华县，现分布在陕西、甘肃、宁夏、河北、北京、辽宁、河南等地。是优良的中熟品种。

图 13-16 华县大接杏

(1)形态特征

树势强健，树冠紧凑，短枝性状明显。成龄树树冠为圆头形，呈半矮化状。新梢紫褐色，多年生枝灰褐色。叶片长圆形、绿色、较平展；锯齿钝；有 2 个圆形暗褐色蜜腺。

(2)果实经济性状

果实平均单果重 52 g，大果重 60 g 以上。果实扁圆形或近圆形，果顶微凹或稍平，缝合线浅，较明显。果面乳黄色，阳面具紫红色斑点。果肉橙黄色，肉质细软，汁液多，味甜，具芳香，可溶性固形物含量 9.5％～12％，离核，甜仁，品质上。

(3)生长结果习性

树势较强，树姿开张，树冠呈半圆形。萌芽力高，成枝力低，冠内枝条稀疏，层性明显。以短果枝结果为主，自花不实。早果性较好，丰产。

(4)生态适应性

在土层深厚土壤上生长良好。抗逆性较强，在沙砾土质中能够生长、发育良好。

(5)物候期

在陕西省华县 3 月上旬花芽萌动，3 月下旬开花，6 月上中旬果实成熟，果实发育期 80 d 左右；4 月上旬展叶，11 月上旬落叶，营养生长期 210 d。

7. 串枝红杏(图 13-17)

(1)形态特征

树冠自然半圆形,树姿开张,主干粗糙,树皮纵状裂,紫褐色。1 年生枝粗壮,直立,阳面红褐色,背面绿色,光滑无毛。多年生枝为紫褐色。皮孔中密,中大,圆形,灰褐色,凸起。叶片较厚,卵圆形,深绿色,有光泽,叶基圆形,先端突尖,紫红色。叶缘较整齐,单锯齿,圆钝。主叶脉浅绿色。花白色、5 瓣,雌蕊 2 枚。雄蕊 32～37 枚。花药橘黄色。

(2)生长结果习性

树势中庸,生长量大。萌芽率中等,成枝率低,自然坐果率低。2 年生开始开花,5～6 年生进入盛果期,以短果枝和花束状果枝结果为主。丰产、稳产性好。

(3)果实经济性状

果实呈卵圆形,缝合线明显。平均果重 52.5 g,最大果重 85 g。果顶微凹,梗洼深而窄,果皮紫红色,果肉橙黄色,肉质硬脆。果实硬度 17.3 kg/cm^2,耐贮耐运。含总糖 7.1%、总酸 1.6%、含可溶性固形物 10.2%、维生素 C 9.1 mg/100 g。纤维细,果汁少,离核,可食率 96%。

(4)生态适应性

该品种具有抗病、抗寒、耐干旱、耐盐碱等特性。抗寒性强。

(5)物候期

在辽宁熊岳地区于 4 月上旬叶芽萌动,4 月中旬开花,7 月下旬成熟,果实发育期 95 d 左右。11 月上旬落叶,树体营养生长期约 214 d。

图 13-17 串枝红杏

思考题:

杏的主要种类有哪些?生产上栽培杏的优良品种有哪些?识别时应把握哪些技术要点?

第三节 无公害生产技术

一、育苗

杏树一般采用嫁接法育苗。杏树砧木应具备3个条件：一是对栽培地区的环境条件有较强的适应性；二是具有较强的抗病虫能力；三是与嫁接品种有良好的亲和力。枝接在春季叶芽萌动前后进行，有劈接和切接两种方法；芽接在7月上旬至8月中旬进行嵌芽接。山东、河北等地多用山杏作砧木；东北、西北及华北各地多用辽杏和西伯利亚杏作砧木，南方杏区多用梅作砧木。干旱地区和山区可用桃作砧木。

二、建园

1.园址选择

杏树园址选择要"三不宜"。一不宜在晚霜发生频繁地建园，即1年有一半以上年份发生严重霜冻；二不宜在低涝地建园；三不宜在核果类迹地上建园。具体应根据经营类型选择园址：对不耐贮运的鲜食杏，应在大、中城市周围或交通便利地方建园，而加工杏和仁用杏在远郊或山区建园。除此之外，园地还要气候条件适宜、远离污染源，环境空气质量、灌溉水质量和土壤环境质量都应符合规定的要求。

2.园地规划

园地规划包括生产用地和非生产用地。生产用地就是株行距的规划；非生产用地包括道路、排灌系统、防护林和管理用房的规划。无论是生产用地和非生产用地，都要以经济实用，便于管理为原则。

3.品种的选择和授粉树配置

品种选择应遵循三条原则：一是适于经营的规模：面积较小杏园（1 334～2 001 m^2）以发展优质鲜食、早熟杏品种为宜；面积较大杏园以加工品种和仁用品种为主。二是与经营方式相适应：位于大、中城市附近或交通便利地区以发展鲜食品种为主，远离城市、山区或交通不便地区，以加工品种和仁用品种为主。三是适应当地生态条件：一般应选择对本地风土条件有良好适应性的品种。此外，栽培品种要做到优良化。用2个以上成熟期不同的优良品种为主栽，早、中、晚熟品种及早期效益与长远效益统筹安排，每一时期同时成熟品种，以2～3个为宜。授粉树选择与主栽品种花期一致或稍早的品种。同一果园内宜选用1～2个品种作为授粉树，授粉品种与主栽品种比例为1：4或1：5为宜，最好在主栽品种行内按配置比例定植。适宜授粉品种见表13-1。

表13-1　主要杏栽培品种适宜授粉品种

栽培品种	授粉品种
骆驼黄	串枝红、红玉、早甜核、大扁头、红荷包
红荷包	葫芦杏、串枝红
串铃	骆驼黄
大玉巴达	串枝红
大扁头	葫芦杏、红荷包
临潼银杏	串枝红、红金榛
青岛红杏	串枝红、红金榛
银白杏	串枝红、葫芦杏、麦黄杏
红玉	串枝红、杨继元、早甜核
葫芦杏	骆驼黄、西农25号、大扁头、红玉
串枝红	骆驼黄、蜜陀罗、金玉杏、杨继元、红玉、早甜核、葫芦杏
红金榛	串枝红、大扁头
西农5号	骆驼黄
蜜陀罗	葫芦杏、杨继元、串枝红、早甜核、红玉

4.栽植密度与时期

栽植密度应根据园地土壤肥力、管理水平而综合考虑。土层深厚、肥沃疏松、水源充足，密度宜小；反之密度宜大。在土壤条件比较差的山区梯田或丘陵地株行距为3 m×(4～5) m；地势平坦、土壤肥沃、土层深厚的平原地株行距(3～4) m×(5～6) m。目前常用栽植方式主要有长方形栽植、正方形栽植、品字形栽植和等高栽植。栽植时期分秋冬栽与春栽。一般北方春栽(3月12日前后)。一般在土壤解冻后至苗木发芽前进行。

5.栽植方法

栽植前苗木要用清水浸12～24 h。挖1 m见方的定植穴，表土与底土分放。每定植坑施腐熟优质有机肥50 kg和过磷酸钙0.5～1 kg，与表土充分拌匀后回填、灌水沉实后栽植，实生砧木的嫁接口应略高于地平面。

6.栽后管理

栽后在树苗周围培土埂整修树盘，及时定干，充分灌水。栽后浇缓苗水后，覆盖地膜。

三、土肥水管理

1. 土壤管理

(1)深翻改土

秋季落叶前,结合秋施基肥沿原栽植穴外缘向外挖宽、深各 60 cm 的沟,混入有机肥回填,然后灌水。耕翻后耙平,保持土壤水分。对质地不良土壤进行改良,结合深翻增肥进行黏土掺沙土、沙土掺黏土。

(2)中耕除草

清耕制杏园生长季节降雨或灌水后,及时中耕除草,松土保墒,深度 5～10 cm。

(3)间作、覆草

可间作矮秆作物、绿肥或生草,豆科类及药用植物。可于早春结合修整树盘,用麦秸、玉米秸、干草等作物秸秆在树冠下覆盖,一般厚度为 15～20 cm。上压少量土。3～4 年后翻土 1 次,也可开深沟埋草。

(4)地膜覆盖

水浇条件差地方可采用地膜覆盖。

2. 施肥管理

施肥以有机肥为主,化肥为辅,所施用肥料不能对果园环境和果实品质产生不良影响。允许使用的肥料按 NY/T 394—2 000 执行。基肥一般在落叶前或在萌芽前 15 d 施肥,以迟效性农家肥为主,如堆肥、绿肥、落叶等,骨粉、复合肥等也可作基肥深施。秋季未施基肥果园在春季化冻后及时补施。采用环状沟施或放射状施肥方法,施优质土杂肥 50 kg/株、硼肥 0.3～0.5 kg/株,磷酸二铵或磷酸二氢钾 1～2 kg/株。施肥后灌足水。追肥时期在花前、花后、幼果膨大及花芽分化期和果实开始着色至采收期间。花前肥追施尿素 0.3～0.5 kg/株;果实膨大肥以速效氮肥为主,配以磷、钾肥,施磷酸二铵 0.5～0.6 kg/株;采果后追肥以磷、钾为主,配以少量氮肥,施三元复合肥 1.5～2 kg/株。花前喷 0.5%～1%的尿素水溶液(喷树干);花期喷 0.3%硼砂+0.3%的尿素混合液;花后喷 0.3%尿素+0.3%的磷酸二氢钾;果实膨大期喷 0.3%～0.4%的磷酸二氢钾;花芽分化期每隔 15 d 喷 1 次 0.2%～0.4%磷酸二氢钾。

3. 水分管理

在萌芽前、新梢生长期、幼果膨大期分别灌 1 次水,封冻前结合施肥灌 1 次水,其他时期根据干旱情况灌水。果实成熟期勿灌水。设置排水沟,雨后或出现积水时及时排水,一般 9 月份尽量使土壤干燥。

四、整形修剪

杏树目前采用较多的树形是小冠疏层形、三主枝自然开心形,二主枝开心形、自然圆头形、杯状形等;仁用杏以五主枝杯状形和延迟开心形比较好。

1.常见树形

(1)自然圆头形

无明显中心干,主干上着生主枝5~6个,错开排列,其中1个主枝向上延伸到树冠内部,其他几个主枝斜向上插空错开排列,各主枝上每间隔40~50 cm留1个侧枝,侧枝上下、左右均匀分布成自然状。该树形整形简单,修剪量小,定植后3~4年即能成形,结果早,易丰产,适合密植和旱地栽培。但易造成树冠内空虚,呈光腿现象。

(2)疏散分层形

有明显中心干。主枝6~8个分层着生在中心干上,第一层主枝3~4个,第二层主枝2~3个,第三层主枝1~2个。层间距60~80 cm,层内距20~30 cm。主枝上着生侧枝,侧枝前后距离40~60 cm,在侧枝上着生短枝和结果枝组。此树形适于干性较强品种,株行距较大,土层深厚地方采用。

(3)自然开心形

无中心干,主干高50 cm左右;主干上着生3~4个均匀错开的主枝,主枝基角45°~50°。每个主枝上着生若干侧枝,沿主枝左右排开,侧枝前后距离50 cm左右。侧枝上着生短果枝和结果枝组。此树形适用于干性较弱的品种,整形技术基本上同桃。

(4)杯状形

主干高50~60 cm,环树中心有方向各异主枝4~5个,主枝基角50°~60°,距树体中心60~80 cm处向上直立生长,无中心干,中空状,主枝不培养侧枝,直接着生结果枝组,主枝呈单轴延伸。树高3~4 m。

2.不同年龄树修剪

(1)幼树期修剪

幼树修剪任务以整形为主,兼顾结果。定植当年应根据树形配置主枝,保持主枝具有较强的生长势,同时控制其他枝条生长。第2~3年,短截主、侧枝延长枝,剪截量根据品种、发枝力强弱、枝条长短和生长势强弱确定。修剪应掌握的原则是“长枝长留,短枝短留,强枝轻剪,弱枝不剪”。一般可剪去当年生长量的1/3左右,使各主枝生长势保持均衡。对干扰骨干枝生长的非骨干枝,如无利用价值,应及早疏除。凡位置合适能弥补空间枝条,缓放或轻短截,培养结果枝。总之,幼树期修剪宜轻不宜重。

(2)初果期修剪

杏树定植后3年就能开花结果,标志着已进入了初果期。该期修剪目的有三:一是保持必要树形；二是不断扩大树冠；三是培养尽可能多的结果枝组。修剪时要剪截各级主、侧枝，留饱满外芽，以求得到不小于 50 cm 的长枝。疏除骨干枝上的直立枝、密生枝及膛内影响光照的交叉枝。短截部分非骨干枝和中庸的徒长性枝，促生分枝成为结果枝组。对于树冠内部新萌发出的较为旺盛、方向和位置合适的徒长枝缓放。

(3)盛果期修剪

杏树进入盛果期后，生长势有所缓和，前期，树体大量结果，枝条生长量明显减少，生殖生长大于营养生长；中、后期，结果部位外移，树冠下部枝条开始光秃，果实产量下降，容易形成周期性结果。注意对主、侧枝头和发育枝要加重修剪即短截，按“强枝少剪，弱枝多剪”原则灵活掌握。一般剪去年生长量的 1/3～1/2。疏除树冠中、下部极弱的短果枝和枯枝，留下强枝，对留下来的长果枝适当短截。疏除树冠中、上部过密枝、交叉枝、重叠枝。更新一部分结果枝组。对连续几年结果而又表现出极为衰弱的枝组，可回缩到延长枝的基部或多年生枝的分枝部位。鲜食杏品种结果枝留量不宜过多。仁用杏品种可在保证树势健壮情况下，尽量多留结果枝。盛果期后期，应根据生长势强弱，在枝条生长到 40～50 cm 时，进行夏季摘心，当年即可形成分枝；或在冬季修剪时短截，培养成结果枝组。树冠外围发生下垂枝，一般可回缩到一个向上分枝处。

(4)衰老期修剪

杏树树龄逐渐老化后，其枝叶生长和开花绝大部分在树冠顶部和外围，新枝生长量很小，树冠中、下部枯枝量增多，枝条细弱，花芽瘦，退化花比例很大，落花落果严重，果实小而质量差。衰老期修剪主要任务是复壮更新和重新培养结果枝组。

五、花果管理

1. 疏花疏果

对花量大、坐果多、树体负担过重的杏树蕾期疏花。一般在蕾期和花期进行，宜早不宜迟。疏果采用人工，在花后 1～2 周进行。对生理落果重的品种如骆驼黄杏可适当晚些。一般短果枝留 1 个果，中果枝留 2～3 个果，长果枝留 4～5 个果。也可按距离留果，小型果(30～49 g)间距 7 cm，中型果(50～79 g)间距 10 cm，大型果(80～109 g)间距 13 cm。将鲜食杏产量控制在 1 000～1 500 kg/667 m^2。

2. 提高坐果率

在配置适宜授粉基础上，应采取如下措施：

(1)加强树体综合管理

在合理土、肥、水管理基础上，加强病虫害防治，保护好叶片，增强树势。

(2)人工授粉

生产上较为实用授粉方法主要有人工点授、喷粉和液体授粉 3 种。

(3)花期放蜂

以角额壁蜂授粉效果好,其传粉能力是蜜蜂的 70～80 倍,放蜂量 2 箱/hm^2,可增产 65%。

(4)花期树体喷水补肥

在花期树体喷水;喷 0.1%～0.2%硼肥;喷施 0.3%～0.5%的尿素或磷酸二氢钾均可促进坐果,减少落果发生,提高坐果率。

(5)防霜冻

花期易发生冻害地方,采用花前灌水、熏烟等方法,防止花器官受冻。

六、病虫害防治

杏树病虫害主要有杏褐腐病、疮痂病、细菌性穿孔病、杏仁蜂、蚜虫、叶螨等。以预防为主,采取农业、生物、化学综合防治相结合的方法。以农业和物理防治为基础,提倡生物防治,按照病虫害发生规律和经济阈值,科学使用化学防治。

休眠期结合修剪,彻底剪除病梢,早春结合果园耕作,清除地面病叶、病果,集中烧毁或深埋,防治杏疔病、杏仁蜂等病虫害;春季萌芽前喷布 1 次 5°Be′的石硫合剂,以消灭越冬病虫卵;成龄树每 1～2 年萌芽前刮 1 次树皮;萌芽开花期防治杏星毛虫、杏象鼻虫,在萌芽前刮树皮,早春翻树盘,树干涂刷 8%～10%石灰水的基础上,人工捕杀。对杏疔病发生的杏园在杏树展叶后喷布 1～2 次 1∶1.5∶200 倍波尔多液预防。幼果长至豆粒大小时,喷 20%的甲氰菊酯乳油 2 000 倍液防治杏仁蜂等食心虫。果实发育期每 15 d 喷 1 次 70%的甲基硫菌灵可湿性粉剂 1 000 倍液,50%的多菌灵可湿性粉剂 600～800 倍液等杀菌剂,防治杏褐腐病、杏疮痂病等,间或喷洒 10%的中生菌素或硫酸链霉素防治细菌性穿孔病。秋季落叶后将病枝、病叶和病果及果核残体集中销毁或深埋,树体主干或主枝涂白保护。

七、适时采收

杏树要根据果实用途适时采收。鲜食杏随熟随采;远距离运输,七八成熟采收;制作糖水罐头和杏脯果实,在绿色退尽,果肉尚硬的八成熟时采收;加工杏汁、杏酱则应在充分成熟时采收。为延长市场供应期,保证果实色、香、味,还可分期、分批采收。仁用杏在果面变黄,果实自然开口时采收。鲜食杏采收时宜用手摘,不宜打落。仁用杏可在成熟期机械采收或人工打落。

思考题:

试总结杏无公害周年生产技术要点。

第四节 花期霜冻预防

杏树花期霜冻，轻者造成减产，重者出现绝收，这严重制约着杏树生产的发展。目前，杏树花期霜冻的预防主要有以下几种方法。

一、常规防霜措施

1. 选用抗霜和避霜品种

当前生产上可选用的抗霜品种有黑龙江省培育的农垦 1 号、农垦 2 号等杏品种，也可选用避霜品种凯特杏、金太阳杏、红丰杏和新世纪杏等，可避过晚霜的危害。

2. 迟发芽，减轻霜冻危害

(1)春季灌水或喷水

杏树发芽后至开花前灌水或喷水 1～2 次，可明显延缓地温上升速度，延迟发芽，可推迟花期 2～3 d。

(2)涂白或喷白

早春对树干、骨干枝进行涂白，树冠喷 8%～10%石灰水，可反射光照、减少树体对热能的吸收，降低冠层与枝芽的温度，可推迟开花 3～5 d。

(3)利用腋花芽结果

腋花芽萌发和开花较顶花芽晚，有利于避开晚霜。

3. 改善果园小气候

(1)加热法

加热法就是在果园内每隔一定距离放置一加热器，在将发生霜冻前点火加温，使下层空气变暖而上升，在杏树周围形成一暖气层，一般可提高温度 1～2℃。

(2)吹风法

辐射霜冻是在空气静止情况下发生的。可利用大型吹风机增强空气流通，将冷气吹散，可起到防霜效果，据试验，吹风后可升温 1.5～2℃。

(3)熏烟法

根据天气预报，在晚霜将要来临，园内气温接近 0℃时，在迎风面每 667 m^2 堆放 10 个烟堆熏烟。可提高气温 1～2℃。近年来，采用硝酸铵、锯末、柴油混合制成的烟雾剂代替烟堆熏烟，使用方便，烟量大，防霜效果好。

(4)树盘覆草

早春用杂草(或积雪)覆盖树盘厚 20～30 cm，可使树盘升温缓慢，限制根系早期活动，从而延迟开花。若结合灌水，效果更好。

4. 应用植物生长调节剂推迟花期避霜法

秋季树冠喷施 50～100 mg/L 赤霉素（GA_3），可延迟杏树落叶，增加树体贮藏营养，可提高花芽的抗寒力。10 月中旬喷施 100～200 mg/L 乙烯利（CEPA）溶液可推迟杏树花期 2～5 d；杏芽膨大期于冠层喷施 500～2 000 mg/L 青鲜素（MH，又名抑芽丹）水溶液，可推迟花期 4～6 d。

二、药剂和生防菌防除 INA 细菌，减轻杏树霜冻害

1. 药剂防霜

采用羧酸酯化丙烯酸聚合物（CRYOTED）喷洒叶面，形成薄膜，可阻止 INA 细菌繁殖来防御杏树霜冻。在生产上，采用抗霜剂 1 号和抗霜素 1 号两种防霜药剂用于防御果树霜冻有显著效果。

2. 生物防霜

就是利用微生物菌株，对其进行人工生产繁殖，再喷洒在植物体上，以控制或杀灭 INA 细菌，达到防御霜冻的目的。

3. 颉颃菌防霜

就是利用 RNA506 和生防 31 两种生防菌株防御杏树花期霜冻。另外，RNA506 和生防 31 抗药选择压力处理后，RNA506 和生防 31 能与抗霜素 1 号混用，可提高防霜效果。

思考题：

如何防止杏树花期冻害？采用哪些新技术能更好地解决花期冻害？

第五节 ‘金光’杏梅品种表现及无公害标准化栽培技术

‘金光’杏梅（图 13-18）是河南省新乡市农业局从当地杏和李的自然杂交后代中选出的优良变异类型，属核果类果树，1999 年通过省级审定。该品种综合了杏和李的许多优良性状，花期耐低温，早果、丰产、稳产，营养价值较高，含有人体所需的 Ca、Fe、Zn、Mn、Cu 等微量元素。“金光”杏梅树姿优美，枝、叶、花和果实均具有较高观赏价值：树姿优美，花色清丽，花香袭人，神、姿、形、色、香俱美。草坪、庭园、水际、路旁、桥头、石边及风景区都可栽植，孤植、丛植、群植均适宜。也可作盆景，美化庭院等环境。其适应性强，平原、丘陵、山地、盐碱地均可种植，市场前景广阔，具有较高的栽培推广价值。

图 13-18 ‘金光’杏梅

一、品种表现

1. 形态特征

干性不太强，自然生长情况下为小乔木，自然圆头形，冠径较小，树姿开张。随树龄增长，树姿逐年开张，中心干趋于不明显；多年生枝紫褐色，1 年生枝阳面为棕红色，背面为绿色；枝光滑无茸毛，节间平均长 1.7 cm；皮孔扁圆形且稀少，芽为短圆锥形，芽顶较尖，芽体较饱满，芽中部宽度为 2.12 mm，紫褐色，中长枝侧芽为 3 芽复生，同一节位的芽大小均匀一致；叶片倒卵圆形或椭圆形，较大，长 9.7 cm，宽 4.9 cm，厚 0.15 cm，光滑无茸毛，深绿色，叶尖急尖，叶基楔形，叶缘锯齿浅而钝，多为复锯齿，少有单锯齿，叶缘较整齐，叶柄艳红色，长 2.21 cm，叶主脉红色，蜜腺 2～3 个，较大且明显，着生在近叶片处；花 2～3 朵簇生，花冠直径 2.5 cm，花瓣 5 瓣，近圆形，花瓣长 0.96 cm，宽 0.75 cm，初开时为淡红色，盛开时为白色；雌蕊 1 枚，长 1.3～1.6 cm；雄蕊 17～30 枚，长 0.6～0.8 cm；花药淡黄色；萼筒钟形，黄绿色，萼片 5 枚，舌状，浅红绿色，无毛。

2. 果实经济性状

果实近圆形，纵横径为 4.7 cm×5.1 cm，平均单果重 76.1 g，最大单果重 82 g，果顶平或微凹，缝合线浅而明显，两侧对称，果形端正，外形美观；梗洼深广度中等，果梗长 1.0～1.2 cm；果面光滑无毛，果粉灰白色，较明显；果皮较厚，成熟时金黄色；果肉黄色，质地致密；汁液中等，采摘时略带涩味，3～5 d 后，酸甜适口，具杏香味；成熟时硬度为 6.7 kg/cm^2，可溶性固形物含量 12.1%，总糖含量 11.2%，总酸含量 0.46%，可食率 98.6%；果实较耐贮藏，室温下可贮藏 10 d 左右，3～5℃低温条件下，可贮藏 20 d 以上；果核半黏核，核扁，倒卵形，核面有点状纹，纵径长 2.95 cm，横径长 2.52 cm。

3. 生长结果习性

1 年生枝生长旺，嫁接当年生枝平均生长量 1.2 m，最长可达 1.8 m，常有 2 次生长现象，可分生 1～2 次副梢，树冠扩大和枝量增加较快，长势较弱的枝 1 年仅 1 次生长；当年生枝生长直立，第 2 年以后开张较快，萌芽率为 82%，形成长枝能力中等，平均为 2～3 个；顶端易抽生健壮的中长枝，而中下部长势较弱，易形成花簇状枝或短枝。定植幼树当年开花枝率达 70%以上，高接树当年成花枝率达 95%以上；自然坐果率在 20%以上，有一定的自花结实能力，除有 1 次集中明显的落花外，5 月上旬以后至成熟前很少落果。3 年生高接树果枝率达 59.37%，其中长果枝占 3.4%，中果枝 11.5%，短果枝 23%，花束状果枝 62.1%。3 年生嫁接树产量达 75 kg/株，成龄树产量稳定在 100～150 kg/株。

4. 生态适应性

金光杏梅对不良环境有较强的适应性，耐旱、耐瘠薄；对土壤要求不严格，花期对低温抗性较强，可与桃、杏、李嫁接，生长旺盛，结果正常；对病虫抗性也较强，除发现蚜虫为害新梢，穿孔病为害叶片外，未发现受其他病虫的危害，果实抗食心虫能力较强。

5. 物候期

在河南省新乡市，金光杏梅 3 月上中旬萌芽，初花期 3 月 20～22 日，盛花期 3 月 24～29 日，花期 7～10 d；4 月上旬坐果，短枝 4 月中旬停止生长，中枝 4 月下旬停止生长，长枝 5 月中旬停止生长；6 月 10 日果实颜色明显退绿变白，逐渐变为黄色，在成熟前 20 d，果实成熟前 20 d，果实体积明显增大，6 月底至 7 月初果实成熟，果实发育期 90～110 d，叶片变色期 11 月上旬，落叶期 11 月中下旬，营养生长期 210～220 d。

二、无公害标准化栽培技术

几年来，王尚堃等参照中华人民共和国农业行业标准“无公害食品——杏(NY 5240—2004)”和中华人民共和国农业行业标准“无公害食品——李子(NY 5243—2004)”的要求，在河南新乡、周口等地开展‘金光’杏梅无公害标准化栽培技术的研究，成效显著，生产的‘金光’杏梅优质果率高达 95%以上，进入丰产期产量稳定在 45 000 kg/hm^2。果品检验结果符合无公害果品安全、卫生、优质和营养成分高的质量标准，平均每年纯收益高达 195 696 元/hm^2。其无公害标准化栽培要点如下。

1. 园地选择

园地应选择清洁卫生、地势平坦、光照充足、排灌方便、周围 1 km 以内无工业三废污染源的地方，并远离医院、学校、居民区和公路主干线 500 m 以上，空气环境质量、农田灌溉水质量和土壤环境质量符合 GB/T 8407.2—2001 要求。

2. 培育优质壮苗，高标准建园

(1)培育优质壮苗

按照培育优质砧木苗，采用绿枝嫁接法培育成苗高 60～80 cm，粗 0.8～1.2 cm，根粗 0.3 cm 以上，具有 5 条以上侧根，芽眼充实饱满，无病虫危害的优质健壮速生苗。

①培育优质砧木苗。a. 种子处理。择新鲜、饱满当年毛桃种子，经水选剔除瘪粒和杂质。采取干、湿交替法浸种，即晚上用清水浸泡，白天在阳光下暴晒，使种壳胀缩。经 5～7 d 处理，待部分种壳裂开播种。b. 土壤准备。结合整地施充分腐熟土杂肥或圈肥 4 000 kg/667 m^2。整地前 3～5 d 浇 1 次水，将播种地整成高 15 cm、宽 150 cm 的高畦，要求畦面平整。c. 精细播种。10 月下旬播种，按 30 cm 的行距在畦面上开 3 cm 深的播种沟，要求深浅一致。按 10 cm 株距点播，种核缝合线与地表面垂直，播后立即覆土，并适当镇压，然后覆盖地膜。d. 翌年春季（约 3 月初）幼苗出土时，及时撕破地膜，使苗顶露出。待幼苗长至 15 cm 时，喷施 0.2%的尿素＋20 mg/L 的赤霉素。当幼苗长至 30 cm 时摘心。

②采用绿枝嫁接法。a. 接穗采集。5 月上旬采集半木质化的‘金光’杏梅绿枝，削去叶片，保留 0.1～0.2 cm 长的叶柄，剪截成长约 3 cm 带 2～3 芽的接穗，用湿毛巾包裹备用。b. 整理砧木。选择砧木粗度为 0.3～0.4 cm，在距地表 20 cm 左右的半木质化处平剪，去除顶端 2～3 片叶，保留下部叶片。c. 嫁接。采用劈接法、切接法及腹接法均可，以劈接法成活率较高，操作方便。嫁接适期为 5 月上旬至 5 月下旬。嫁接时，用单面刀片将接穗下部削成两个等长、等宽的削面，削面长约 1 cm。在砧木顶端过中心点纵切略长于接穗削面的刀口，将接穗轻轻插入，用宽 20 cm 的地膜条带，先将嫁接口处绑紧包严再向上将整个接穗全部包扎严密，用长 5 cm、宽 3 cm 的报纸袋将接穗套住遮阴、保湿。d. 加强接后管理。接后立即浇 1 次水，促进接口愈合。嫁接后 10 d，去除顶端的报纸袋，15 d 后，当接穗顶芽开始萌发时，及时将绑缚塑料膜撕开，以利顶芽萌发和生长。接穗顶芽萌发 10 cm 左右，4～5 片叶时，结合浇水施尿素 10 kg/667 m^2；30 cm 高时，解除绑缚塑料膜，再施 1 次尿素 15 kg/667 m^2。幼苗生长过程中，结合防治病虫，叶面喷施 0.2%尿素，每次灌水或降雨后及时浅锄，保持土壤疏松无杂草。苗高 80 cm 摘心，促进加粗生长和芽的发育，以利形成壮苗。

(2)科学栽植

对土壤比较差的山区梯田或丘陵地栽植株行距 2 m×4 m；地势平坦、土壤肥沃、土层深厚的平原地，栽植株行距 3 m×5 m。选择金太阳杏、凯特杏等作为授粉树，主栽品种与授粉品种比例为 4：1，在土壤解冻后至苗木发芽前的春季栽植。定植前将苗木根系剪去损伤残根，在清水中浸泡 12 h 左右，再在 10%的 $FeSO_4$ 或 3°Be′石硫合剂溶液浸泡 5～10 min，最后将苗木根系在 50～100 mg/L IAA 或 ABT 生根粉液中浸泡 10 s。挖 1 m 见方的定植穴，表土与底土分开，在表土中掺入充分腐熟的优质有机肥 50 kg/坑和过磷酸钙 0.5～1 kg/坑。栽时将苗木放于定植点，目测前、后、左、右对齐，做到树端行直。根系周围尽量用表土填埋，填土时轻轻提动苗木，使根系舒展，并边填土边踏实，将坑填平后培土整修树盘，然后浇透水。当水下渗后撒一层干土封穴。要求实生砧木嫁接口略高于地平面。

(3)严格加强栽植后管理

栽后在树苗周围培土埂，整修树盘，及时定干，覆盖地膜。地膜选用 1 m 见方的小块地膜单株覆盖。覆膜前将树盘浅锄一遍，打碎土块，整成四周高而中间稍低的浅盘形。覆膜时，将地膜中心打一直径 3.5～4 cm 的小孔后从树干套下，平展地铺在树盘上。紧靠树干培一拳头大的小土堆，地膜四周用细土压实。地膜表面要保持干净，下雨冲积泥土要细心清理，破损处及时用土压封。进入 6 月份后在地膜上在覆一层秸秆或杂草，或覆土 5 cm 左右。在苗干上套一细长塑料袋。用塑料薄膜做成直径 3～5 cm，长度 70～90 cm 的细长塑料袋，将其从苗木上部套下，基部用细绳绑扎，周围用土堆成小丘。幼树发芽时，将苗木基部土堆扒开，剪开塑料袋顶端，下部适当打孔，暂不取下。发芽3～5 d后，在下午将塑料袋去掉。幼树发芽展叶后及时检查成活情况。发现死亡苗木，及时采取有效措施补救，缺株立即用预备苗补栽；苗干部分抽干的剪截到正常部位。夏季发生死苗、缺株，在秋季及早选用同龄而树体接近的假植苗，全根带土移栽。在新梢长到15 cm左右时追施50 g/株。具体方法是距离树干35 cm左右，挖4～5个小坑均匀施入。新梢长到30 cm时再追尿素50 g/株。7月份追施复合肥50～80 g/株。配合根外追肥，4～6月份喷0.3%～0.5%的尿素，7～10月份喷0.3%～0.5%的磷酸二氢钾或交替喷光合微肥，腐殖酸叶肥。要根据病虫害种类，选用高效、低毒、低残留，易分解的菊酯类农药喷药防治。萌芽后靠近地面的萌蘖要及时抹除。

3. 加强土肥水管理

(1)土壤管理

秋季落叶前，结合秋施基肥沿原栽植穴外缘向外挖宽、深各60 cm的沟，混入充分腐熟的有机肥回填、灌水。耕翻后耙平，对土质不良的黏土掺沙土，沙土掺黏土。对于纯'金光'杏梅园生长季降雨或灌水后及时中耕5～10 cm，防除杂草，松土保墒。幼龄果园，可在行间间作大豆、花生、马铃薯等矮秆豆科类植物，紫花苜蓿、沙打旺、草木犀等绿肥植物及药用植物。早春结合树盘覆盖，用麦秸、玉米秸、干草等作物秸秆在树冠下覆盖，一般厚15～20 cm，上压少量土。3～4年翻土1次，或开深沟埋草，以培肥改良土壤。对水浇条件差的可采用地膜覆盖。

(2)施肥管理

施肥以有机肥为主，化肥为辅，所施肥料不能对果园环境和果实品质产生不良影响。允许使用的肥料按NY/T 394—2 000执行。基肥一般在果实采收后落叶前或萌芽前15 d施肥，以迟效性农家肥如堆肥、绿肥和落叶等为主，骨粉、复合肥等也可作基肥，但应深施。秋季未施基肥果园在春季化冻后及时补施。采用环状沟施或放射状施肥方法，施优质土杂肥20～50 kg/株、硼肥0.3～0.5 kg/株、磷酸二铵或磷酸二氢钾1～2 kg/株，施肥后灌足水。追肥分别在花前、花后、幼果膨大及花芽分化期和果实开始着色至采收期间进行。花前肥追施尿素0.3～0.5 kg/株；果实膨大期以速效氮肥为主，配以磷、钾肥，施磷酸二铵0.5～0.6 kg/株；采果后追肥以磷、钾肥为主，配合少量氮肥，可追施三元复合肥1.5～2 kg/株。花前用0.5%～1%的尿素水溶液喷树干；花期喷0.3%的硼砂+0.3%的尿素混合液；花后喷0.3%的尿素+0.3%的磷酸二氢钾；果实膨大期喷0.3%～0.4%的磷酸二氢钾；花芽分化期每隔15 d喷1次0.2%～0.4%的磷酸二氢钾。

(3)水分管理

灌水于萌芽前、新梢生长期、幼果膨大期各灌1水，封冻前结合施肥灌1次水，其他时期根据干旱情况适时灌水。果实不灌水。7～8月份于果园内设置排水沟，雨后出现积水时及时排除。一般9月份尽量使土壤干燥。

4. 精细花果管理

开花前复剪，疏除细弱花枝。盛花期释放角额壁蜂3箱/hm^2，可增产65%。幼旺树盛花后环剥1/8～1/10，可显著提高坐果率30%～35%。第1次生理落果后喷施50 mg/L赤霉素，间隔15～20 d再喷1次，可提高坐果率35%～45%。易发生倒春寒危害的北方地区，可采用花前灌水、熏烟等方法，防止花器官受冻。为提高果实品质，可根据坐果情况，合理调整结果部位。要求在花后3周(约4月15日)坐果基本稳定时,首先按同一方向间隔10 cm留一结果部位进行疏果;其次按枝类确定留果数量,长果枝留7～8个果,中果枝留5～6个果,短果枝留3～4个果,花簇状果枝留1～2个果;最后再依据坐果部位的叶片数和质量,确定留果量,一般20～30片叶留1果。疏果时注意疏除并生果、朝天果、畸形果、病虫果及其他发育不正常果。要求弱枝少留(1个果)或不留,中庸枝适当留,壮枝多留。树冠外围及上部少留果,内膛和下部多留果。疏果顺序按照先上部后下部,先内膛后外围,先大枝后小枝的顺序进行。定果后及时进行套袋。套袋前喷1次70%代森锰锌可湿性粉剂1 000倍液,袋药液干后用专用果袋套住'金光'杏梅果实,使果实在袋内呈悬空状态,最后通过袋口铅丝将袋扎在结果枝上。要求喷药后1次套完。解袋后喷1次50%甲基硫菌灵可湿性粉剂800倍液;两次喷药要均匀细致周到。采摘前20 d除袋。

5.科学整形修剪

根据'金光'杏梅形态特征和生长结果习性,为便于统一管理,2 m×4 m栽植规格采用三主枝自然开心形;3 m×5 m栽植规格采用双层疏散开心形。

三主枝自然开心形成形后树高2.5 m,冠幅3～4 m,干高25～30 cm,主枝与主干夹角40°～45°,主枝间距10 cm,分布均匀,方位角约呈120°。各主枝上相距30～40 cm梅花形排布配置2～3个侧枝,方向相互错开。第1侧枝具主干30 cm,且与主枝呈60°～70°。具体整形过程是:苗木定植后留40～50 cm短截定干,剪口以下20 cm为整形带。在整形带内选3个生长势强,分布均匀、相距10 cm左右的新梢作主枝培养,其余新梢除少数作辅养枝外,全部抹除。同时,及时抹除整形带以下萌发的枝和芽。夏季新梢尚未完全硬化前,将新梢拉枝开角,使主枝与主干呈40°～45°。第2年春季萌芽前,将主枝顶端衰弱部分剪去1/4或1/5。使大冠树留50～60 cm,小冠树留30～40 cm。主枝着生角度较小直立时,剪口芽留外芽或拉枝开角调整适宜角度。在各主枝中部,选留2～3个向外倾斜生长的分枝作侧枝,剪去1/3。各主枝上萌发的花簇状果枝全部保留,10 cm以上中长枝条稍重短截。第3年继续培养主枝和侧枝,主枝延长枝剪去1/4或1/5,侧枝剪去1/3,剪口芽留外芽。主、侧枝上萌发的短果枝和花簇状果枝全部保留。竞争枝、徒长枝采用绑枝和拉枝变向,缓放结果。树冠内强旺枝条,无缓放空间者疏除;不重叠、不交叉枝条一律缓放,待结果后回缩,培养结果枝组。一般经3年培养树形可基本形成。在夏剪中应以疏枝为主,少截或不截,疏除内膛密生枝、重叠枝、萌蘖枝。对剪口萌发枝条及时抹除。对于强旺枝或树,可在清明前后在枝条基部环割1～2道(间隔12～15 cm)。为实现早结果、早丰产,幼树夏季修剪应综合运用摘心、环割、拉枝、疏枝等修剪措施,并配合喷施15%多效唑可湿性粉剂300倍液,抑制树体旺长,促使形成花芽。冬剪时,主枝延长枝截留50～60 cm,主枝上侧枝截留40 cm。对于其他枝条仍以疏除为主,有空间的缓放拉平。冬剪要注意掌握以缓放、疏枝为主,避免修剪量过重,整个树形枝条分布总体上应达到"三稀三密",即南稀北密、上稀下密和外稀内密。

双层疏散开心形成形后干高50 cm,主枝分两层排列。第1层3主枝,按45°延伸,每主枝上配侧枝3～4个,每相邻2个侧枝间距30～40 cm,第1侧枝距主干50～60 cm,侧枝开张角度60°～80°;层间距80～100 cm培养第2层2个主枝,在主枝上直接培养结果枝组。树形培养从三方面着手:一是定干抹芽。定干高度一般70 cm左右。定干后在整形带内选留第1层主枝,整形带以下芽全部抹除。二是选留主侧枝。定干当年发枝后,从整形带内确定3～4个生长健壮、角度适宜的枝作主枝，冬剪时留 50 cm 短截，其余除直立旺枝疏除外，均缓放。三是上层主枝培养。第 2、3 年冬剪剪截下层主枝时，有目的地将剪口下第 3、4 芽留在背上方或上斜方。抽枝后先行缓放，第 2 年修剪时根据其长势和高度按 1～1.2 m 留枝高度挖头开心，使之构成上层树冠。但在第 2 层修剪时应注意两方面：一是采用缓放与疏枝相结合，在放的同时，除疏除过强枝和密生枝外，一般不短截。二是在枝组培养上以中、小型为主，要按照“两大两小”、“两稀两密”原则，防止出现上强下弱和结果部位上移、外移。对于双层疏散开心形在修剪上应本着有利于壮树、扩冠、早实、丰产和稳产原则，以夏剪为主，冬剪为辅，冬夏结合，综合运用多种修剪技术和方法促使营养生长向生殖生长转变，达到在整形修剪中结果，在结果同时逐年成形，实现结果、整形两不误。

总之，‘金光’杏梅幼树修剪以轻剪缓放、疏枝为主，综合应用摘心、环割、环剥、拉枝等修剪方法，并配合叶面喷施多效唑。成年树夏季应注意疏除内膛过旺枝、萌蘖枝；秋季拉枝开角，疏除徒长性直立枝、竞争枝；冬季注意疏除重叠枝，过密枝及病虫枝，除对极细弱枝短截外，其他强枝一律不短截。

6. 综合防治病虫害

‘金光’杏梅病虫害主要有细菌性穿孔病、褐腐病、炭疽病，蚜虫、红叶螨、李实蜂、李小食心虫、卷叶蛾类等。对这些病虫害的防治，应贯彻“预防为主，综合防治”的植保方针，以农业和物理防治为基础，提倡生物防治，按照病虫害的发生规律和经济阈值，科学使用化学防治，有效控制病虫为害。在休眠期主要防治细菌性穿孔病、褐腐病、流胶病和蚜虫、红叶螨、李实蜂、李小食心虫、桃蛀螟等各种越冬病虫源。在该期所做工作是彻底清除园内落叶、杂草，摘除病虫苞、僵果，剪除病虫枝及枯枝，刮除树干老翘皮及树上挂的草把等，清除出园，集中烧毁或深埋。进行深翻树盘，将土壤内越冬害虫翻出，利用冬季低温杀灭越冬虫、卵。春节前全园喷 1 次 3～5°Be′ 石硫合剂，并进行树干涂白，在涂白剂中加入适量硫黄。萌芽前为防治各种病虫害，在花芽鳞片开始松动时（露白前）喷 0.3～0.5°Be′石硫合剂或 1∶1∶200 波尔多液；3 月中下旬花期喷 1 次（0.2%～0.3%）硼砂＋（0.2%～0.3%）磷酸二氢钾。开花及花后展叶坐果期及以后果实生长期内，可利用害虫假死性人工捉虫，并进行果实套袋；虫害发生期尽可能采用黑光灯、光控杀虫灯、糖醋液（酒∶水∶糖∶醋＝1∶2∶3∶4）、黄色板、杨柳枝把等诱杀。在使用化学农药时，按国家有关标准 GB 4285、GB/T 8321 执行，应禁止使用高毒、剧毒、高残留农药和三致农药（致畸、致癌和致突变农药）。应尽量使用微生物源农药（农抗 120、多氧霉素、苏云金杆菌、阿维菌素等）、植物源农药（烟碱、除虫菊酯、印楝素乳油等）、昆虫生长调节剂（如灭幼脲 3 号、抗芽威、扑虱灵等）、矿物源农药（石硫合剂、波尔多液、柴油乳剂等）。果园化学防治还必须做到合理用药，把握住四个方面：一是加强病虫害预测预报，有针对性地适时用药，未达到防治指标或益、害虫比合理情况下不用药。二是根据天敌发生特点，合理选择农药种类、施用时间和施用方法，要充分利用天敌控制病虫害。通过在果园内合理间作作物、种植绿肥及有益植物，改善果园生态条件，招引天敌或人工饲养天敌、养蜂等措施调节果园生态系统平衡。三是注意不同作用机理农药的交替使用和合理混用。采用酸性农药与酸性农药混合或碱性农药与碱性农药混合，避免酸性农药与碱性农药混合。四是严格按照规定的浓度、每年使用的次数和安全间隔期要求使用，喷药均匀周到。

7. 适期采收

根据果实用途适时采收：采收鲜果应在坐果后66～87 d，果面光滑无毛，果粉灰白色，果皮呈金黄色时采收；加工产品应在坐果后80～87 d，果实充分成熟变软时采收。

思考题：

‘金光’杏梅特征特性如何？试制定其无公害标准化生产技术规程。

第六节　园林应用

一、形态特征及应用

杏树（图13-19）为落叶乔木，高达10 m，树冠圆整，小枝红褐色。叶广卵形或圆卵形，先端短锐尖，缘有细钝锯齿，两面无毛或背面脉腋有簇毛，叶柄红色。花单生，先叶开放，白色至淡粉红色，萼鲜绛红色。果球形，径2.5～3 cm，杏果黄色，一侧有红晕，具缝合线及柔毛。核扁，平滑。花期3～4月份；果熟期6月份。该树种早春开花，繁茂美观，是北方重要的早春花木。除在庭院少量种植外，宜群植、林植于山坡、水畔。与苍松、翠柏配植于池旁湖畔或植于山石崖边、庭院堂前，极具观赏性。

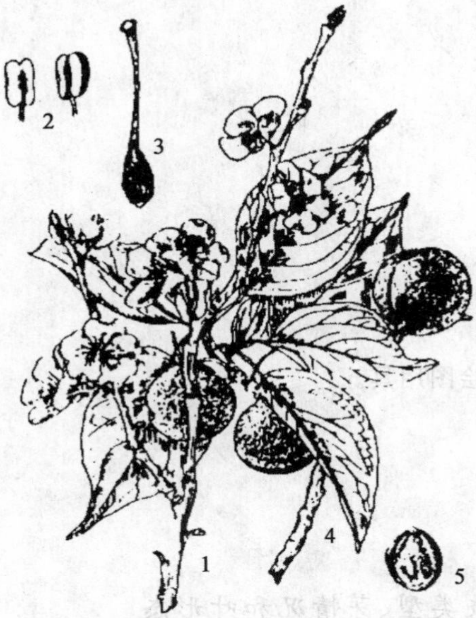

图13-19　杏树

1. 花枝　2. 雄蕊　3. 雌蕊　4. 果枝　5. 果核

二、景观特征、生态习性及主要观赏品种

杏是春天景色的象征。早春杏花先叶开放，枝头著春风，烟村一色红，蔚为壮观。夏日果熟，满枝珍珠玛瑙，美丽耀眼。杏喜光、耐旱、耐寒，但不耐涝。适宜配置河边、湖畔、庭前、墙隅，在大型城市园林或风景区内可以群植。目前我国栽培的主要观赏品种有凯特杏、李光杏、大红杏、山黄杏等。

思考题：

杏的景观特征如何？在园林上如何加以利用？

实训技能 13　杏生长结果习性观察

一、目的要求

通过观察，了解杏生长结果习性，学会观察记载杏生长结果习性的方法。

二、材料与用具

1. 材料

杏幼树和结果树。

2. 用具

钢卷尺、放大镜、记载和绘图用具。

三、项目与内容

1. 观察杏树体形态、枝类型、芽情况和叶形态

(1)树形，干性强弱，分枝角度，极性表现和生长特点。

(2)发育枝及其类型，结果枝及其类型与划分标准。各种结果枝着生部位及结果能力。

(3)花芽与叶芽形态以及在枝条上的分布及其排列方式，单芽与复芽及其排列方式，副芽、早熟性芽、休眠芽。花芽内花数。

(4)叶的形态。包括叶型、大小、形状、颜色深浅、厚薄、叶柄长柄、颜色、叶缘锯齿情况等。

2.调查萌芽和成枝情况

选择长势基本相同、中短截处理的2年生枝10～20个，分别调查总芽数、萌芽数，萌发新梢或1年生枝的长度。

3.冬季休眠期或生长后期，观察树体形态与生长结果习性，调查萌芽和成枝情况，并做好记录。

四、实训报告

1.根据观察结果，结合桃技能实训，总结杏生长结果习性与桃异同点。

2.根据调查结果，结合桃技能实训，比较桃、杏萌芽率和成枝力。

五、技能考核

实训技能考核实行百分制，其中实训态度与表现占20分，观察方法占40分，实训报告占40分。

第十四章　李

[内容提要] 李原产于我国长江流域，是一种优良时令水果。除鲜食外，还可加工，具有一定的医疗价值。李是绿化的良好树种和蜜源植物。其适应性强，优点突出。从生长结果习性和对环境条件要求方面介绍了李的生物学习性。李的主要种类有中国李、杏李、乌苏里李、欧洲李、美洲李、樱桃李、加拿大李与黑刺李；当前生产栽培李的优良品种有大石早生李、黑宝石李、黑琥珀李、安哥诺李、秋姬李、西梅、脆红李。从育苗、建园、土肥水管理、整形修剪、花果管理和病虫害防治方面介绍了李树的无公害生产技术。杂交杏李是杏和李杂交后，再与李或杏回交而培育出的果树种间杂交新品种。介绍了风味玫瑰、风味皇后、味王、味帝、味后、味馨、恐龙蛋、红天鹅绒和红绒毛特征特性，从育苗、高标准建园、加强土肥水管理、精细花果管理、科学整形修剪和综合防治病虫害6个方面阐述了杂交杏李无公害生产技术。从李树植物学特征入手，介绍了其园林应用。

李原产于我国长江流域，是我国栽培历史悠久的古老果树之一，距今已有3 000多年历史。其营养丰富，多有香气，是一种优良的时令果品。其果实除鲜食外，也可加工，是食品加工业的原料，也是传统的出口创汇果品。李果具有一定的药用价值，可清热利尿，活血祛痰、润肠。

李的叶、花、果均具有观赏价值，是绿化的良好树种和蜜源植物。李树适应性强，具有“早结果、早丰产、早收益”的优点。

第一节　生物学特性

一、生长结果习性

1. 生长习性

李为小乔木，树冠不大，一般树高3～4 m，冠幅5～6 m。幼龄时期生长迅速，1年生新梢加长生长可达2～3次。李萌芽力强，成枝力弱，潜伏芽寿命较桃长，主枝下部光秃现象不严重。中国李幼树生长迅速，树冠呈圆头形或圆锥形，随年龄增长，树冠逐渐开张，寿命30～40年或更长；欧洲李树势旺，枝条直立，树冠较密集；美洲李树体较矮，枝条开张角度大。美洲李和欧洲李寿命为20～30年。

(1)根

①根系组成与分布情况。李为浅根性果树，根系一般是由砧木种子发育而成，有主根、侧根和须根组成。主根向下生长不发达，侧根沿着表土层向四周水平延伸，须根着生在主根和侧根上。吸收根主要分布在20～40 cm深的土层中，水平根分布范围通常比树冠大2～3倍，垂直根分布，垂直根分布深度取决于立地条件和砧木。土层较厚、肥力较好的土壤垂直根分布可达4～6 m，但大量垂直根则分布在20～80 cm土层内；在土壤肥力较差，土层较薄的山地或丘陵，垂直根主要分布在15～30 cm的土层。沙壤土栽植李树，垂直根分布比在其他土壤中深。毛樱桃作砧木，根系分布较浅，主要分布在0～20 cm土层中；山杏作砧木时根系主要分布在60 cm土层内；毛桃作砧木嫁接的大石早生李根系分布居于毛樱桃和山杏之间，根系集中分布在40 cm深土层内。

②根系生长与环境条件。李树根系活动除自身生长规律外，还受立地条件影响。根系一般无自然休眠期，土温过低时进入被迫休眠。如果土壤温度、湿度适宜，全年都能生长。土温在5～7℃时发生新根，15～22℃根活动最适温度，超过26℃时根系生长缓慢，超过35℃时根系停止生长。土壤含水量达到土壤田间持水量的60%～80%时，最适合根生长。

③根系生长变化动态。李根系生长变化随季节而变。幼树根系1年出现3次生长高峰：第1次生长高峰一般在4月下旬至5月上旬，根系主要利用树体内贮藏的营养；第2次生长高峰出现在新梢生长缓慢，根系利用当年叶片制造的营养以及根系吸收的水分和各种矿质元素；第3次生长高峰出现在8月下旬以后，一直持续到土壤温度下降时，被迫休眠。成年李树，1年只有2次发根高峰：春季根系活动后，直到新梢停止生长时出现第1次发根高峰；第2次发根高峰出现在秋季，这次高峰没有第1次明显，持续时间也不长。

(2)芽

李树芽有花芽和叶芽两种。多数品种在当年生枝条的枝条基部形成单叶芽，在枝条中部多为花芽和叶芽并生形成复芽，而在枝条近顶端又形成单叶芽。各种枝条的顶芽均为叶芽。李树花芽为纯花芽，萌发后只开花不抽生枝叶，侧生，每个花芽内包含1～4个朵花。叶芽萌发后抽生发育枝。根据芽在枝节上着生情况，可分为单芽和复芽。单芽多为叶芽。两芽并生的多为1个叶芽和1个花芽，也有2个芽都是花芽。3芽并生的，多数是中间叶芽，两侧花芽，也有2个叶芽和1个花芽并列或3个花芽并列的。个别情况下1个叶腋内有4个芽。同一品种内复花芽比单花芽结的果大，含糖量高。复花芽多，花芽着生节位低，花芽充实，排列紧凑是丰产性状之一。

李树萌芽率高，一般可达90%以上；且其叶芽也具有早熟性，1年可抽生2～3次枝。李树潜伏芽寿命较长，极易萌发，更新容易。

李树春季萌芽后也有一段叶簇期，新梢生长很慢。随气温升高，新梢生长加快，强旺枝年生长量达1 m以上。6月上、中旬大多数新梢停止生长，以后条件适宜，新梢可2次生长形成秋梢。但李的成枝力弱，且所抽长枝都集中在枝条的顶端或剪口下，层性比较明显。

2. 结果习性

李树极易形成花芽，并且其花芽分化也早。花芽分化期在6月底至9月初，集中期7～8月份。李属子房上位花，大多数为完全花。李的种类不同，开花数目也不同：一般中国李1个花芽以开2～3朵居多，欧洲李常为2朵，美洲李常为4朵。李开花要求平均气温9～

13℃，花期 7～10 d，单个花寿命 5 d 左右。一般情况下短果枝上的花比长果枝上的花开得早。李 3～4 年开始结果，6～8 年进入盛果期。丰产栽培 3 年结果，5 年进入盛果期。

中国李和美洲李大多数自花不实，而欧洲李则分为自花结实和自花不实两类，并且李也存在异花不实现象。李的结果枝同桃，但长、中果枝较少，结果能力也低，而短果枝和花束状果枝较多。李的种类不同，其结果枝类型也不同：中国李以花束状果枝和短果枝结果为主；美洲李和欧洲李则以中、短果枝结果为主。此外，不同年龄阶段，其结果枝比例也不同，幼龄树以长果枝结果为主，初果树以短果枝和花束状果枝结果为主，而盛果期大树则主要以花束状果枝结果为主。

砧木不同，也影响李树枝类组成。一般具有矮化作用的砧木可使长、中果枝比例减少，花束状果枝增多。李结果习性和杏、梅相同，结实主要部位为着生于 2 年生以上健壮枝的短果枝（图 14-1）。桃数 1 年生中、长果枝为结果的主要部位，李树这些枝条几乎不能坐住果。李树结实的主体为着生于主枝、侧枝上的健壮短果枝和花束状果枝。花束状果枝质量依其发生节位不同而异。同一枝条上，中部节位形成的花束状果枝多而健壮，花芽饱满；而低位花束状果枝，枝、芽瘦小，坐果率低。

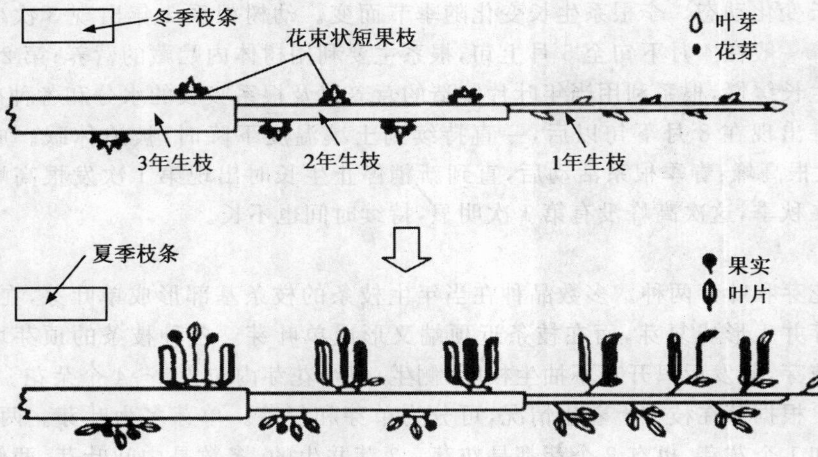

图 14-1　李树结果习性

李树花束状果枝结果当年，顶芽向前延伸很短，长度仅 1～2 cm，形成新的花束状果枝，如此可连续 4～6 年，因此结果部位外移较慢，也不易隔年结果。一般以 2～4 年生花束状果枝结实力最高，结果 4～5 年后，坐果率明显下降，但随生长势缓和，基部潜伏芽常萌发，形成花束状果枝群，此为李树的丰产形状之一。花束状果枝在营养条件好或受到修剪刺激时也能抽生较长的新梢，转变为短果枝或中果枝。

李开花多，而坐果率较低。其生理落花落果通常有 3 个高峰：第 1 次是刚开花时的落花，就是开花后带花柄脱落。第 2 次早期生理落果，发生在第一次落花后 14 d 左右，果似绿豆大小时开始脱落，直至核开始硬化为止。第 3 次落果是“六月落果”，是在果实长大后发生，明显但数量不多。李果实发育过程和桃、杏等核果类基本相同，果实生长发育特点是两个速长期之间有一个缓慢生长期。生长发育呈双 S 曲线。

二、对环境条件的要求

1. 温度

李树抗寒性取决于其种类。乌苏里李抗寒性最强，加拿大李次之，美洲李较强，欧洲李较弱。一般李开花最适温度为12～16℃，在－0.5～2.2℃即受冻害。生长季最适温度为20～30℃。

2. 光照

李对光照要求不如桃严格，阴坡和阳坡均能生长良好。但李也是喜光树种，光照好的条件下，果实着色好，品质佳。

3. 水分

李树对水分要求不严格，干旱和潮湿地区均能生长。李对水分要求取决于李的种类和砧木。欧洲李、美洲李要求较高的空气湿度，而中国李相对要低一些。共砧抗性差，山杏砧抗性强，毛樱桃砧不耐涝。一般李树要求的土壤含水量相当于田间持水量的60%～80%。绝对含水量为10%～15%时，地上部停止生长，低于7%时，根系停止活动。

4. 土壤

李树对土壤要求不严格，但以土层深厚的沙壤土至中壤土栽培表现好。李树对盐碱土的适应性也较强，在瘠薄土壤上亦有相当产量。一般中国李对土壤的适应性强于欧洲李和美洲李。

5. 风

李树抗风性弱，风速大雨10 m/s时，常使枝干折断，果实脱落。冬季高燥北风也会给李树带来冻害。有风害的地方必须营造防护林带。

6. 环境污染

空气中二氧化硫浓度达3 mL/m^3 10 min李树就表现受害症状。而氟化氢更毒。在一些工业发达的城市周围，栽植李树常常造成减产甚至绝收、死树。水和土壤的污染主要源于工厂废水和农药，农药进入李树后，转移到种子和果实中，最后影响人体健康。李园应建在远离污染源的地方。

思考题：

试总结李和桃、杏生长结果的异同，李树对环境条件的要求如何？

第二节　主要种类和优良品种

一、主要种类

李属蔷薇科李亚科李属植物。广泛分布于亚洲、欧洲、北美洲等地。李包括不常见种全世界有30余种。我国有8个种(中国李、杏李、乌苏里李、欧洲李、美洲李、樱桃李、加拿大李和黑刺李),5个变种,800余个品种和类型。

1. 中国李(图14-2)

中国李原产于我国长江流域,是我国栽培李的主要种。小乔木,树冠开心形或半圆形。老皮灰褐色,块状或条状裂,多年生枝灰褐色或紫红色,无毛,2年生枝为黄褐色。叶为倒卵圆形,质薄,锯齿细密,叶面有光泽,无毛。花通常2～3朵并生,花小,白色。果实为圆形或长圆形,顶端稍尖,果皮有黄色、红色、暗红色或紫色,果梗较长,梗洼深,缝合线明显,果粉厚,果肉黄色或紫色。核椭圆形,黏核或离核。树势强健,发枝力强,以花束状果枝和短果枝结果为主,多数品种自花不结实或结实量较少。适应性强:暖地、寒地、山地和平原均能生长。

2. 杏李(图14-3)

杏李原产我国西北和华北东部,为一栽培种。小乔木,树尖塔形,枝条直立。叶片狭长,呈长圆披针形至长圆倒卵形,叶柄短而粗,叶缘为细钝锯齿。花1～3朵簇生。果实扁圆形或圆形,果梗短粗,缝合线深。果皮红色或黄色,果粉薄或无,无茸毛。果肉淡黄或橘黄色,肉质紧密,汁液中等,香味浓,稍有苦味,黏核、核小,晚熟。易与中国李杂交,并可获得品质优良的后代。自花结实率高,但丰产性差。

图14-2　中国李

图14-3　杏李

3. 乌苏里李

原产我国东北各省，为一栽培种。小乔木，树冠紧凑矮小，有时呈灌木状。老枝灰黑色，粗壮，小枝稠密，节间短。叶片长圆形至倒卵长圆形，叶柄短，背面有茸毛。花 2～3 朵簇生，有时单朵。果实扁圆形、近圆形或长圆形，果实小，直径 1.5～2.5 cm。核圆形，核面光滑。果肉黄色、味甜、多汁、具浓香，果皮苦涩，黏核。抗寒力极强，为寒地李树育种的原始材料。实生苗是李的良好砧木。

4. 欧洲李（图 14-4）

欧洲李原产西亚、欧洲和我国新疆伊犁，栽培品种 2 000 多个。乔木，树冠圆锥形，树干深灰褐色，开裂，枝条无刺或稍有刺。叶片椭圆形或倒卵形，质厚，叶缘为重锯齿。新梢和叶均有茸毛。花较大，1～2 朵簇生于短枝顶端，花梗有毛。果实通常卵圆形或长圆形，基部多有乳头突起。果皮有红色、黄色、紫色、绿色、蓝色等，果粉蓝灰色，果肉黄色，肉质硬，果汁中多，味甜酸，无香味，离核或黏核。欧洲李花期明显晚于中国李，可避开晚霜和春寒的危害。

5. 美洲李

美洲李原产北美洲，为北美所产李属植物中栽培利用最多的种类。小乔木，树冠呈极开张的披散形或伞形，树皮粗糙。无中心干，枝条多水平或下垂，枝多，无刺。叶片大，倒卵圆形或长圆倒卵形，边缘有尖锐重锯齿，无光泽，有茸毛。花芽着生在针刺状短枝或 1 年生枝上，后于叶开放，每个花芽有 2～5 朵花，簇生。果实圆锥形或椭圆形，果梗较长。果皮多为红色、橙黄色或红黄色，纯黄色较少，坚韧，耐运输。果肉黄色，黏核或离核。花期比中国李晚，但比欧洲李早，坐果率低。对土壤适应性强，抗旱和抗寒力均强，可在我国最北部地区栽植。

6. 樱桃李（图 14-5）

原产我国新疆、中亚、小亚细亚、巴尔干半岛、高加索、外高加索、北高加索、中塔什克斯坦山区等广大地区。品种有垂枝、花叶、紫叶、狭叶、黑叶等栽培变形。灌木或乔木，多分枝、枝条细长，有针刺。叶片椭圆形、卵形或倒卵形。花白色，多数单生，少数为 2 朵，着生在短缩枝或小枝上。果小，近球形或椭圆形。果皮红色、黄色或紫红色，果肉多汁，黏核。抗旱力强，果实成熟后不易脱落，耐贮运。种子可作为李和桃的砧木资源。

图 14-4　欧洲李

图 14-5　樱桃李

7. 加拿大李

原产美国和加拿大。小乔木，树冠卵圆形，紧凑。枝条多直立，有较粗壮针刺。叶片椭圆形或倒卵形，叶缘具粗缘锯齿或重缘齿。花 3～4 朵，簇生。果实小，椭圆形。果皮红色、黄红色或黄色，有果粉，果皮厚韧，味涩。果肉黄色，多汁，有纤维，味甜酸，黏核。抗寒力仅次于乌苏里李，可在我国东北地区生长，是抗寒育种的良好材料。

8. 黑刺李（图 14-6）

原产欧洲、西亚和北非等地。灌木，枝条稠密，树姿开张，枝条上生有大量针刺，新梢微具有棱。叶片长圆倒卵形、椭圆状卵形或稀长圆形。花多单生，先于叶开放。果实圆球形，广椭圆形或圆锥形，先端急尖。果皮紫黑色，具浅蓝色果粉。果肉绿色，酸甜，极涩，无香味，果汁少，黏核，核小。果实采收时不能食用，经水冻以后味变甜，可食。适应性强，根蘖分生能力强，多用作李和桃的矮化砧木或用作盆栽砧木，还可利用其多刺与根蘖多的特点，用作绿篱栽植。

图 14-6　黑刺李

二、主要优良品种

1. 大石早生李（图 14-7）

大石早生李为日本品种，为台湾李自然杂交后代。1981 年引入我国。目前主要在辽宁、河北、上海、山东、江苏、浙江、福建、广东、陕西、甘肃、新疆和宁夏等地栽培。

图 14-7　大石早生李

(1)植物学特征(形态特征)

自然生长圆头形。树势强壮，树姿直立，结果后逐渐开张。主干较光滑，树皮块状裂，灰褐色。枝条着生较密，多年生枝灰褐色，1年生枝黄褐色，自然斜生，无茸毛。节间长1.2 cm，无刺。花芽鳞片紧，黄褐色，花白色，5瓣。雌蕊1枚，雄蕊25～30枚。每芽1～3朵花，多为2朵。叶片长圆形，基部宽楔形，先端渐尖；叶长11.3 cm，宽5.1 cm，叶柄长1.8 cm；叶色浓绿有光泽，叶缘锯齿细锐，为复锯齿。

(2)果实经济性状

果实卵圆形。平均单果重42.5 g，最大单果重106 g；果实纵径4.21 cm，横径3.99 cm，侧径4.05 cm。果顶尖，缝合线较浅，片肉对称。梗洼深较广。果皮底色黄绿，着鲜红色，果面具大小不等的黄褐色果点。果肉黄色，肉质细，较密，过熟时变软，果汁多，纤维粗较多，味甜酸，微香。可溶性固形物含量11.5%，pH 4.3，硬度1.25 kg/cm^2，总糖含量6.12%，总酸含量1.82%，维生素C含量7.19 mg/kg。黏核，核较小，可食率97.6%，果实较耐贮运，常温下可贮放7 d左右。

(3)生长结果习性

树势生长中庸，树姿半开张。以小黄李为砧木亲和力良好，耐湿性强，根系分布较深而广；以毛樱桃为砧木根系分布浅而广。幼树固地性较差，培土过高时，可产生大量自生根，1年可产生2～3次枝，形成树冠快。枝条萌芽率高，成枝力中等；以花束状果枝和短果枝结果为主，采前不落果，成熟期较一致，结果早，高产。

(4)生态适应性

该品种适应性广；抗寒、抗病，抗旱性较强，适合南北方栽培发展。

(5)物候期

在河南省商水县，3月上旬花芽膨大，3月26日前后始花，4月1日左右盛花，花期6～7 d；4月中旬叶芽萌发，中下旬出现生理落果，5月23日前后果实开始着色，6月5日左右果实完全成熟，果实发育期65～70 d，营养生长期230 d左右，11月上中旬落叶。

2. 黑琥珀李（图14-8）

美国品种，黑宝石×玫瑰皇后杂交育成，1985年引入我国。

图14-8　黑琥珀李

(1)植物学特征

树势强健,枝条直立,生长旺盛。1年生枝较光滑,阳面淡黄褐色,背面淡绿褐色,皮孔小,中多,2年生枝绿褐色,多年生枝灰褐色。叶片倒卵形,深绿色,有光泽。一般在枝条上部和下部形成单叶芽,中部形成复芽,叶芽小,近圆形。花芽较小,近圆形。每花芽有花2~3朵。

(2)生长结果习性

1~3年生幼树树势强健,具有抽生副梢的特性,结果后树势中庸,枝条直立,放任情况下树冠不开张。萌芽率高,成枝率低,极易形成花芽。坐果率高,以坐单果为主,以短果枝和花束状果枝结果为主,连续结果能力强,高产稳产。自花不实,栽培上需要配置授粉树为澳得罗达、玫瑰皇后。早实丰产性较好。

(3)果实经济性状

果实发育期95 d。平均单果重101.6 g,最大单果重138 g。果实扁圆或圆形,果顶平,缝合线不明显,两半部对称;果皮厚韧,完全成熟时呈紫黑色,果点小,不明显,果粉少。果肉淡黄色,不溶质,质地细密、硬韧,汁液中多,风味香甜可口,品质上等。可溶性固形物含量12.4%,总糖9.2%,可滴定酸0.85%,糖酸比为11∶1。离核,果核小,可食率99%。耐贮存,0~3℃条件下能贮存4~5个月。

(4)生态适应性

抗寒性强,适应性也强,山区、平原皆可栽培。

(5)物候期

在大连地区,4月初萌芽,4月下旬展叶,花期4月下旬至5月初,果实成熟期为8月上旬,果实发育期54 d。

3.黑宝石李(图14-9)

美国品种,以Gariota×Nubiana杂交育成。山东省果树研究所1987年从澳大利亚引进。是综合性状优良的晚熟品种。商品名“布朗李”。位于美国加利福尼亚州十大李子主栽品种之首。世界许多国家广为栽培,为李中的高档品种。

植株长势壮旺,枝条直立,树冠紧凑。以长果枝和短果枝结果为主,极丰产。在一般管理条件下,第2年始花见果。果实扁圆形,果顶平圆。果面紫黑色,果粉少,无果点。果肉乳白色,硬而细嫩,汁液较多,味甜爽口,品质上等。平均单果重72.2 g,最大果重127 g。可溶性固形物含量11.5%,总糖9.4%,可滴定酸0.8%。果实肉厚核小,离核,可食率97%。果实货架期25~30 d,在0~5℃条件下可贮藏3~4个月。山东泰安地区果实8月下旬成熟。适应性强,凡能栽培普通桃树、李树的地方均可种植;极抗病虫害。

4.安哥诺李(图14-10)

美国加利福尼亚州十大李子主栽品种之一。1994年引入我国。现主要在河北、山东等地栽培。

幼树生长健旺,树势中庸,树姿开张。萌芽力强,成枝力中等,以短果枝和花束状果枝结果为主。花粉量大,需配置授粉树。一般坐单果。丰产性好,幼树2年见花,3年见果。果实大型,平均单果重96 g,最大单果重152 g。果实扁圆形,果顶平,缝合线浅而不明显。果面紫黑

图 14-9　黑宝石李

图 14-10　安哥诺李

色，光亮美观。果皮较厚，果粉少，果点小。果肉淡黄色，近核处果肉微红色，质细，不溶质，汁液多，味甜，富香气。离核，核小。可溶性固形物含量 14%～15%，总糖 13.1%，可滴定酸 0.7%。果实耐贮藏，品质极佳。果实 9 月下旬成熟。抗蚜虫（被害后不卷叶，不落叶），高抗潜叶蛾、高抗轮纹病、炭疽病、白粉病。

5. 秋姬李（图 14-11）

日本品种，有"布朗李之王"之称。是供应国庆、元旦的李中极品。果实巨大的独特品性居众品种之首。是当今国内外最优秀的布朗李品种，将引领未来若干年布朗李的发展方向。

图 14-11　秋姬李

树势强健，分枝力强，幼树生长旺盛，新梢生长较直立。叶片长卵形，较小，浓绿。幼树成花早，花芽密集，花粉较少，需配授粉树。果实长圆形，缝合线明显，两侧对称，果面光滑亮丽，完全着色呈浓红色，其上分布黄色果点和果粉，平均单果重 150 g，最大可达 350 g；果肉厚，橙黄色，肉质细密，品质优于黑宝石和安哥诺品种，味浓甜具香味，含可溶性固形物 18.5%，离核，核极小，可食率 97%。果实硬度大，鲜果常温下可贮藏 2 周以上，且贮藏期间色泽更艳，香味更浓；恒温库可贮藏至元旦。鲁南地区 4 月初萌芽，4 月下旬花芽萌动，5 月上旬盛花，花期 1 周左右，9 月上旬果实开始着色，9 月中旬完全成熟，11 月上旬落叶。

6. 西梅

(1)蒙娜丽莎(图 14-12)

蒙娜丽莎李有“梅李之王”之称，属欧洲李系统，我国从罗马尼亚引入。是罗马尼亚综合性状优良，栽培面积最大的李品种，在国际市场上享有很高的声誉。是当前国内第1代布朗李主要是黑宝石、黑琥珀、蜜思李等品种最理想的换代品种。

图 14-12 蒙娜丽莎李

树势强健，枝条粗壮，节间长，叶片大而肥厚，叶面及叶背均具绒毛，成花容易。一般栽后第2年开花株率100%，挂果株率90%以上，以短果枝和花束状果枝结果为主，特丰产。果实长椭圆形，中部外鼓，两端钝尖，上下左右对称性极好，果形独特，端正，果面100%蓝黑色，上覆灰白色黑粉，果实极大，平均单果重130～140 g，最大单果重206 g。果肉黄色，汁多，味浓甜，具宜人香味，核小，离核，可溶性固形物含量16%～18%。果皮厚，果肉硬韧，抗挤压，极耐贮运，自然条件下可贮存30 d以上，低温条件可贮藏至春节。华北地区9月下旬成熟。

(2)尤萨李(图 14-13)

尤萨李有“梅李皇后”之称，是我国从美国引入，属欧洲李系统。

图 14-13 尤萨李

①植物学特征。幼树树势强健，树姿直立，枝条粗壮，节间长，成龄树树势中庸。多年生枝灰褐色，1年生枝灰绿色，平均节间长2.8 cm。叶片椭圆形，浓绿色且厚，成龄叶长8.4～9.0 cm，宽4.5～5.6 cm，正背面无毛，叶缘钝锯齿，叶柄浅绿色，长2.3 cm。花芽饱满，花瓣白色，有花粉。

②果实经济性状。果实长椭圆形，平均单果重150 g，最大单果重208 g，纵径长8.0 cm，横径长5.4 cm，果柄长1.68 cm，果皮蓝黑色，果粉厚，果肉金黄色，肉质硬韧汁多，风味浓甜，有宜人香味，核小，离核，核重2.5 g，缝合线浅，果形端正。可溶性固形物含量18.5%，果肉可食率98%，耐贮运，采后自然条件下可存放30 d，低温(2～4℃)下可贮藏至春节。

③生长结果习性。萌芽率高，成枝力强。以中短果枝及花束状果枝结果为主，长果枝也有结果现象。花束状果枝连续结果能力强，寿命长，结果部位外移较缓慢，无隔年结果现象，基部潜伏芽能萌发，形成花束状果枝群，并可大量结果，自花结实率高，成花容易。一般栽后第2年开花株率100%，挂果率90%以上。

④生态适应性。土壤要求不严格，适宜在沙壤土、壤土和黏壤土上生长，较耐干旱且抗旱。

⑤物候期。在河南省商水县，3月上旬萌芽，下旬始花，3月29日至4月2日盛花，8月上旬果实全面着色，下旬果实成熟；10月下旬落叶。

7. 脆红李(图14-14)

脆红李是1993年从中国李实生后代中选育而成。1994年通过四川农业大学等部门审定。是目前世界李类中品质最优者。树势中庸，树冠自然开心形。果实整圆形或近圆球形，果个较小，平均单果重16～25 g，最大单果重40 g。果皮紫红色，果肉黄色或偶带片状红色。缝合线整，缝沟浅，果点黄色，较密，大小均匀。果粉厚，灰白色，肉质脆，味甜，含可溶性固形物12.7%～13.27%，可溶性总糖10%，维生素C 2.6 mg/100 g，核小，离核，可食率96.8%，晚熟。有采前落果现象，耐贮运。丰产、稳产，自花结实，不需配置授粉树，连续结果能力强，无大小年。

图14-14 脆红李

思考题：

李的种类有哪些？目前生产上栽培李的优良品种有哪些？识别时应把握哪些技术要点？

第三节　无公害生产技术

一、育苗

李树生产上育苗以嫁接繁殖为主，采用的砧木有小黄李、山桃、毛桃、毛樱桃、山杏等。1年中春、夏、秋三季均可进行嫁接。春季嫁接在3月下旬至4月上旬，采用的方法有嵌芽接、腹接、切接和插皮接等；夏季嫁接在6月上旬至7月上旬，在砧木苗长至60～80 cm，离地面10～15 cm处砧木粗0.3～0.5 cm时，采用"T"字形芽接；秋季嫁接在8月中旬至9月上旬，在砧木苗直径达0.6 cm以上，采用"嵌芽接"和"T"字形芽接。

二、建园

1. 园地选择六原则

一是在有霜害的地区，应注意品种选择，营造防护林。在地势上应避免在谷地、盆地或山坡底部等冷空气容易集结的地方建园。二是在适宜的土壤上建园。在山岭薄地、沙荒地和黏重土壤上建园，宜进行改良。最适宜的土壤pH为6～6.5。三是李树喜湿不耐涝。在地下水位高、雨季易积涝的低湿、涝洼地段不宜建园。平原地区李园应建立在地下水位不高于1.5～2 m的地段。四是李果成熟期不一致，特别是早、中熟品种不耐贮运，应选择交通运输方便的大中城市周围以及工矿企业、人口密集、商业旅游业发达的地区附近建园。五是应尽可能避开栽过桃、李、杏、樱桃等核果类果树的地方。六是尽可能在光照充足的地方建园。

2. 栽植时期

冬季较温暖地区，一般进行秋栽；冬季严寒、易发生冻害地区，以春栽为好。

3. 优质壮苗标准

选择高80 cm以上，接口上10 cm处直径0.8 cm以上，整形带内具6个以上饱满芽，主根长15 cm以上，长20 cm以上、基部粗0.4 cm以上的侧根5条以上，须根多，无病虫危害和机械损伤的2年生优质健壮嫁接苗，砧木为小黄李和毛樱桃。

4. 栽植技术要求

定植前苗木用等量式波尔多液100倍或3～5°Be′石硫合剂浸泡10～20 min，然后用清水冲洗干净。栽植株行距土壤瘠薄山地、荒滩及树冠较小品种，可适当密植；栽植方式以长方形为好。土地条件好而管理水平一般果园，栽植株行距(3～4) m×(5～6) m；土壤瘠薄山地、沙滩,可采用(2～3) m×(4～5) m。授粉品种选择花粉量大,与主栽品种花期相同或相近,且亲和性好,树体大小、生长结果习性尽可能一致的品种。主栽品种与授粉品种比例(4～5)∶1,主要栽培品种适宜授粉品种的选择见表 14-1。按南北行向挖长、宽、深各 80 cm 的定植穴,要求表心土分放。在定植穴内填入豆秸、玉米秸、杂草、树叶等有机物,然后施优质农家肥 50 kg/株＋果树专用肥 1 kg/株,与表土混匀后回填穴内,灌水沉实。起垄栽植,栽后浇水,并以树干为中心覆盖 1 m^2 地膜。

表 14-1 主要栽培品种的适宜授粉品种

主栽品种	适宜授粉品种
大石早生	美丽李、香蕉李、黑宝石
美丽李	黑宝石、香蕉李、龙园秋李
黑琥珀	黑宝石
黑宝石	黑琥珀
澳大利亚 14 号	黑琥珀
安哥诺	圣玫瑰、黑宝石、龙园秋李

三、土肥水管理

1. 土壤管理

雨后、灌水后及时中耕,1 年进行 3～5 次,深度 10～15 cm,保持土壤疏松无杂草。秋季结合施基肥进行扩穴,隔行或隔株深翻 60～80 cm。幼龄果园在行间套种紫花苜蓿、俄罗斯饲料菜,生长季将高度控制在 30 cm 以下,割下的紫花苜蓿覆盖在树盘内,俄罗斯饲料菜饲养奶牛,生产牛粪,施在行间,以培肥、改良土壤。

2. 施肥管理

(1)基肥

基肥秋施(10 月份至落叶前),一般以迟效性农家肥如堆肥、厩肥、作物秸秆、绿肥、落叶等为主,并在基肥中加入适量速效氮肥 100～200 g/株。成年李树基肥施充分腐熟农家肥 50 kg/株。

(2)追肥

为保证李树正常生长发育需要,成年李树年生长周期追施 4 次肥料:萌芽前 10 d 左右,追施速效氮肥尿素 250 g/株;花后 10 d 左右追施尿素 250 g/株,钾肥 250 g/株;生理落果后至果实进入迅速膨大期前追施尿素 250 g/株,钾肥 250 g/株,过磷酸钙 1.5～2.5 kg/株,需注意的是过磷酸钙必须与农家肥混合堆放 2 周,腐熟后施入土壤;果实着色至采收期追施过磷酸钙 1.5～2.5 kg/株,钾肥 250 g/株,速效氮肥 250 g/株结合喷药进行叶面喷施尿素 0.3%～0.5%。一般幼龄旺树、土壤肥力高的少施肥;大树、弱树,结果量多,肥力差的山地、荒滩多施肥。沙地要多次少施。

3. 水分管理

李园土壤水分一般要保持在田间持水量的70%左右。根据降水状况和树体发育需要，重点灌好3水：第1水是花前水，要求灌水充足，时间在2～3月份。第2水是花后水，是李树需水临界期，要求保证水分充足供应，量宜足，次数宜少。第3水是封冻水，在土壤结冻前灌足。果实膨大期如遇干旱，应及时灌水，秋季一般不灌水，使土壤保持适当干燥。雨水少的年份，采果后土壤过于干旱，可适当轻灌。果实成熟前勿灌水。果园灌水方法有树盘灌水、沟灌、分区灌、漫灌、滴灌、渗灌、雾灌、管道灌溉等方法，各地可根据当地实际情况，选择灵活的灌水方法。此外，排水不良李园，雨季来临前，应及时挖好排水沟；李园受到涝害要及时抢救，排除积水，并将根颈部土壤扒开撒墒。

四、整形修剪技术

李树要根据品种特性和栽植密度确定树形，树冠开张的用自然开心形，直立的用主干疏层形和纺锤形，栽植密度大时采用圆柱形。

1. 常用树形

(1)自然开心形

无中心干，干高30～50 cm，主干上3个主枝，层内距10～15 cm，方位角120°，主枝基角35°～45°，每个主枝上侧枝留1～2个，在主枝两侧向外侧斜方向发展。

(2)小冠疏层形

有中心干，干高40～60 cm，第1层3个主枝，层内距15～20 cm。第2层2个主枝，距第1层主枝60～80 cm，与第1层主枝插空选留，以上开心。每个主枝上配置侧枝1～2个。

(3)细长纺锤形

适用于栽培密度较高李园。干高50～60 cm，树冠直径3 m左右，中心干上培养10～12个主枝。主枝基角70°～90°，近似水平，向四周伸展，主枝在中心干上无明显层次，主枝间距10～15 cm，同侧主枝间垂直距离不少于50～60 cm，下层主枝长12 cm，上层主枝逐渐缩短，外形呈纺锤形，在各主枝上直接配置中、小型结果枝组。

2. 不同年龄树修剪

(1)幼龄树修剪

幼龄期指从定植到大量结果之前，一般为3～5年。该期修剪任务主要是尽快扩大树冠，培养合理的树体骨架，尽快形成大量的结果枝，为进入盛果期获得早期丰产做好准备。采用冬夏剪相结合的方法，以轻剪缓放、开张角度为主，多留大型辅养枝。采用撑、拉、别等方法开张主枝角度为65°～80°，结合利用外芽轻剪，使其开张生长，弯曲延伸。辅养枝以利用骨干枝两侧的平斜中庸枝为主，或通过拿枝下垂方法，选择利用部分骨干枝两侧的上斜枝。幼树要注意结合夏季修剪，及时除去过多的直立旺长枝和竞争枝。夏剪时要注意利用主枝延长枝上方位和角度适宜的二次副梢。

（2）盛果期树修剪

李树盛果期主枝开张，树势缓和，中长果枝比例下降，短果枝、花束状果枝比例上升。此期主要任务是提高营养水平，保持树势健壮，调整生长和结果的关系，精细修剪结果枝组。

①稳定树势。主枝头下垂或枝头交接，造成全园郁避的，适当回缩主、侧枝，或转换枝头以中部中型枝组代替原头。对树冠上枝条疏密留稀，去弱留壮，疏除或回缩外围枝，加大外围枝间距，保持在 40～50 cm。

②枝组更新。盛果期李树大枝组不能过多。除用作枝头或填补较大的空间外，一般不宜多留，可压缩成中型枝组。着生花束状果枝的单轴枝组，要回缩更新复壮。3～5 年生花束状果枝的结果枝，需经常更新，保持果枝壮而不衰，连续结果。对极度被更新枝，斜生、直立的效果好，水平或下垂枝反应较差。对极度衰弱水平、下垂单轴枝组逐步疏除。中国李潜伏芽易萌发，花束状果枝受到刺激时也能抽生壮枝，多年生枝组回缩，一般都能得到良好的效果。如需增强顶端优势，可用叶丛枝或花束状果枝作剪口枝；如需缓和顶端优势、增强中下部的生长势，则可在中、短果枝处下剪。为维持枝组中下部的结实力，发育枝以缓放一两年后及时回缩为宜。回缩后先选留一个中庸枝作延长枝，将其余疏掉。如空间较大，需培养大中型枝组时，则应先将发育枝短截，促发新枝后再缓放，徒长枝向比较空旷地方拿平，改造为枝组；长中果枝可缓放或短截，利用其结果或培养为中小型枝组；其余过密枝、病虫枝及细弱枝一律疏除。

（3）衰老期树修剪

该期树势衰弱，果枝多形成鸡爪枝群，部分开始枯死，产量下降，隔年结果严重。此期主要任务是集中养分，恢复树势，使产量回升。

衰老期李树应充分利用内膛和骨干枝上的徒长枝，进行剪截或按倒压平，培养结果枝组，疏补后部光秃及枝组衰退脱空现象，以延长结果年限。适当回缩骨干枝和较大枝组。在更新修剪同时，加强肥水管理和病虫害防治，结合秋施基肥，断去部分根系，使之更新复壮。如树龄过大，用重回缩起不到应有效果时，可重新建园。

五、花果管理

1. 提高坐果率

（1）人工辅助授粉

授粉树不足或授粉树配备不均匀李园，应尽早补栽授粉树或高接授粉枝。在补栽授粉树或高接授粉枝未大量开花前，每年应进行人工授粉。授粉树充足李园，如花期遇到阴冷、大风等不良天气，应进行人工辅助授粉，方法有人工点授、液体授粉法、鸡毛掸子滚授法和电动采粉授粉器授粉法，应根据具体情况选择合适人工授粉方法。

（2）花期防蜂

生产上主要以角额壁蜂和凹唇壁蜂为主。壁蜂在开花前 5～10 d 释放，将蜂茧放在李园提前准备好的简易蜂巢（箱）里，防蜂量 1 200～1 500 头/hm^2，蜂箱离地面约 45 cm，箱口朝南或东南，箱前 50 cm 处挖一小沟或坑，备少量水，存放在穴内。一般放蜂后 5 d 左右为出蜂高峰，是李授粉最佳时刻。

(3)喷激素、营养元素和多效唑

花前 10 d(露白)喷布 1 次 PBO 200 倍液;盛花期喷布 0.3%磷酸二氢钾+0.5%硼砂,间隔 20 d 再喷 1 次,可显著提高坐果率 15%~20%。第 1 次生理落果后,喷 50~100 mg/L 赤霉素或 30~50 mg/L 防落素,间隔 15~20 d 再喷 1 次,可提高坐果率 30%~40%。幼果期和果实膨大期各喷 1 次 PBO 150 倍液,或叶面喷布 1 000 mg/L 多效唑,或于秋季采果后土施多效唑 300~500 g/667 m^2,可明显提高花序坐果率,且果实明显增大。

(4)花期环剥

幼旺树盛花期环剥枝干 1/8~1/10,可显著提高坐果率 20%~30%。

2.疏花疏果

(1)疏花

生产上主要采用人工疏花。一般在蕾期和花期进行。在保证坐果率及预期产量标准前提下,疏花越早越好。要选疏结果枝基部花,留中上部花;中上部花芽留单花,预备枝上花全部去掉。注意疏掉小个花蕾和畸形花蕾。坐果率高的品种或可人工授粉李园也可以花定果,留花数和留果量基本相等,只疏花不疏果。整株树树冠中部和下部少疏多留,外围和上层要多疏少留;辅养枝、强枝多留;骨干枝、弱枝少留。具体到一个结果枝,要疏两头留中间,疏受冻、受损花,留发育正常花。一般长果枝留花蕾 5~6 个,中果枝留花蕾 3~4 个,短果枝和花束状果枝去掉后部花蕾,留前部花蕾 2~3 个,预备枝不留花蕾,在盛花期要回缩一部分串花枝。考虑到当地早春不利气象因素影响和病虫害情况,一般应多留一些。

(2)疏果

疏果通常在第二次落果开始后,坐果相对稳定时进行,最迟硬核期开始时完成。果实较小,成熟期早,生理落果少的品种,可在花后 25~30 d(第 2 次落果结束)1 次完成疏果。为保证疏果质量,可分 2 次进行:第 1 次在李果黄豆粒大小时(花后 20~30 d)进行,第 2 次在花后 50~60 d 完成。生理落果严重品种,应在确认已经坐住果以后再进行疏果。疏果标准应根据历年产量、当年长势、坐果情况等确定当年结果量,然后根据品种、树势、修剪量大小、栽培管理水平、果实大小确定单株产量。按照弱枝少留(1 个果)或不留,中庸枝适当留,壮枝多留原则疏果。一般每个李果需 16 片叶以上。小果型品种,1 个短果枝留 1~2 个果,果间距 4~5 cm;中果型品种,每个短果枝上留 1 个果,果间距 6~8 cm;大果型品种,每个短果枝上留 1 个果,果间距 8~10 cm。一般徒长性果枝留 7~8 个果,长果枝留 5~6 个果,中果枝留 3~4 个果,花束状果枝留 1~2 个果。要保留具有品种特征发育正常的果实,侧生和向下着生的幼果。疏去病虫果、伤果、畸形果、并生果、小果、果面不干净果和朝天果。生产中要多留纵径长的果实。疏果时按枝由上而下,由内向外顺序进行。一般强树、壮枝多留果;弱树、弱枝少留果;树冠内膛、下部多留,上部及外围少留。

六、病虫害防治

李病虫害主要有李树流胶病、李红点病、李褐腐病、李细菌性穿孔病、蚜虫、叶螨、李小食心虫、李实蜂、大青叶蝉等。要贯彻"预防为主,综合防治"的植保方针。首先,掌握病虫害发生规律，抓住关键的时期，加强农业防治、人工防治及物理防治。冬季结合果园深翻，清除园内枯枝、落叶、杂草、树上虫苞、僵果、挂的草把、冬剪病虫枝及刮掉的树干老翘皮等，集中烧毁或深埋，并进行树干涂白；萌芽前喷 1 次 5°Be′石硫合剂＋80％五氯酚钠可湿性粉剂 500 倍液，以消灭越冬病虫源；在果树生长期内，利用害虫的假死性人工捉虫，并进行果实套袋；在虫害发生期，用黑光灯、光控杀虫灯、糖醋液（酒：水：糖：醋＝1：2：3：4）、黄色板、杨柳枝把等方法诱杀。其次，合理选用农药。在禁止使用高毒、剧毒、高残留农药的前提下，提倡使用微生物源农药（如农抗 120、多氧霉素、苏云金杆菌、阿维菌素等）、植物源农药（如烟碱、除虫菊酯、印楝素乳油等）、昆虫生长调节剂（如灭幼脲 3 号、抗蚜威、扑虱灵等）、矿物源农药（如石硫合剂、波尔多液、柴油乳剂等）。再次，充分利用天敌控制病虫害。通过在果园内合理间作作物、种植绿肥及有益植物，改善果园生态环境，招引天敌，或人工饲养天敌、养蜂等。

七、适时采收

在 6 月下旬至 7 月上旬，李果颜色逐渐减退，显出本品种固有颜色时采收。对“鲜食”与“罐藏”用果在接近完熟时采收；红色品种在果面彩色占全果 4/5 以上时采收，黄色品种果面绿色完全转变为淡黄色时采收。长途运输、制干用果硬熟时采收：红色品种果面彩色占全果的 1/3～1/2，黄色品种由绿色转变为白色时采收。酿造用果在充分成熟时采收。对鲜食用果要注意保护好枝叶和果粉。

思考题：

1. 李树园址选择应把握的原则是什么？
2. 如何提高李子坐果率？
3. 结果李树如何进行修剪？
4. 李疏花、疏果应把握哪些技术要点？

第四节 杂交杏李特征特性及无公害生产技术

杂交杏李是杏和李杂交后，再与李或杏回交而培育出的果树种间杂交新品种，属核果类果树，包括 plumcot、Aprium 和 Pluot 3 个新品种系列。其中，plumcot 系列是将具有优良特性的李（plum）和杏（apricot）进行种间杂交，然后从其子代中选育出具有目的性状的种间杂种。在 plumcot 系列品种中，李（plum）和杏（apricot）基因各占 50％，该系列目前在生产上应用较少。Pluot 或 Aprium 则是将李或杏再与 plumcot 系列杂种回交而培育出的种间杂交新品种。如果与杏回交，则杏的基因占 75％，李的基因占 25％，果皮覆盖少量茸毛；如果与李回交，则李的基因占 75％，杏的基因占 25％，果皮光亮无毛。杂交杏李包括风味玫瑰、风味皇后、味馨、味帝、味王、味厚、恐龙蛋、红天鹅绒、红绒毛、加州天鹅绒和黑玫瑰等品种，通常所说的杂交杏李是指前7种，是由美国培育而成，故也称美国杂交杏李，属于Aprium和Pluot系列。杂交杏李诸品种均具有果实外观艳丽、营养丰富、耐贮藏等特点，国内外市场前景广阔，具有较高的栽培推广价值。2000年国家林业总局将“杏李杂交新品种引进”列入“948”项目，由中国林业科学研究院经济林研究开发中心主持实施。新品种推出仅4年，推广面积就达6.67×10^7 m^2。杂交杏李生态适应性强，经济效益、生态效益和社会效益极为显著，适宜公园绿化进行丛植、片植，孤植，具有良好的景观效果。杂交杏李具有独特的浓郁香味，含糖量比单独任何一种杏或李都高，一般可达18%以上。其结果早，病虫害少，耐贮运，经济价值高，是当前市场前景最被看好的新兴高档水果之一。我国“杂交杏李948项目组”从美国引进其最新品种7个，分别是风味玫瑰、风味皇后、味馨、味帝、味王、味厚、恐龙蛋；江苏省农林厅于1998年从日本又引进美国杂交杏李新品种2个，分别是红天鹅绒、红绒毛。现将其品种特征特性及无公害生产技术介绍如下。

一、特征特性

1. 风味玫瑰（图14-15）

(1)植物学特征

1年生枝阳面暗褐色，背面新梢绿色，主干及多年生枝暗红色。节间平均长2.3 cm，皮孔小而密。叶柄长1.2 cm，叶长9.5 cm，宽4.1 cm，叶缘锯齿形。初花为淡绿色，以后变白，雌蕊略低于雄蕊。

图14-15 风味玫瑰

(2)果实经济性状

李基因占75%，杏基因占25%。果实扁圆形。果实纵径4.6～5.0 cm，横径5.6～6.5 cm，平均单果重110 g，最大单果重132 g。成熟后果皮紫黑色，光滑，果肉鲜红色，质地细，粗纤维少，果汁多，风味甜，香味浓，品质极佳，可溶性固形物含量17.2%～18.5%。极早熟，耐贮运，常温下可贮藏15～20 d，2～5℃低温下可贮藏3～5个月。

(3)生长结果习性

树势中庸，树姿开张。萌芽率高，成枝力中等。栽植当年树干基径可达3.9 cm，平均新梢基径 1.4 cm，单株新梢数 25 个，平均新梢长 167 cm，停止生长在 9 月中旬。以短果枝和花束状果枝结果为主，自花结实率低，需配置授粉树。配置授粉树情况下，栽植第 2 年结果，结果株率达 100%，平均产果量可达 6～8 kg/株；4～5 年进入盛果期，产量可达 30～40 kg/株，盛果期长达 20 年。

(4)生态适应性

适应性强，对土壤要求不严格，抗干旱、高温、寒冷能力特别强，且对细菌性穿孔病、疮痂病高抗。除海南省及广东南部地区外，全国其他地区均能正常生长结果，但授粉较困难。

(5)物候期

在河南省郸城县花芽 2 月 18～20 日萌动，花期 3 月 1～12 日；叶芽 3 月 7～10 日萌动，3 月中旬展叶，4 月上旬抽枝。5 月 8 日左右果实着色，着色期 15～20 d。第 1 次果实迅速膨大期在落花后 15～20 d，第 2 次落花后 28 d，第 3 次在采前 10 d 左右。5 月下旬至 6 月上旬果实成熟，生育期 75～85 d。11 月上中旬果树落叶，需冷量 400～500 h。

2. 风味皇后（图 14-16）

李基因占 75%，杏基因占 25%。果皮橘黄色，光滑，果肉橘黄色，风味浓甜，含糖量极高，一般可达 20%。具香气，品质极上等。果实大，单果重 70～130 g，特耐贮运，中熟。树势较强，树姿中等开张。栽后第 2 年结果，第 4 年进入盛果期，极丰产，平均产量 3 000 kg/667 m^2，盛果期 20 年以上。适应性强，需冷量少，一般 350～400 h，适合在我国广州以北的广大地区小规模发展，在南北方均有裂果现象。

3. 味帝（图 14-17）

(1)植物学特征

树姿开张，主干及多年生枝青灰色，1 年生枝青绿色，新梢绿色，有光泽，皮孔小而密，节间长 2.2 cm。叶片椭圆形，暗绿色，有光泽，背面绿色，叶缘锯齿状，叶片长 5.1～10.0 cm、宽 2.5～4.1 cm，先端尖，基部宽楔形，节间长 2.2 cm，叶柄长 1.2 cm。花托长，花萼青绿色，花瓣在花初时为淡绿色，以后逐渐变为白色，雌蕊略高于雄蕊，花药暗黄色。

图 14-16　风味皇后

图 14-17　味帝

(2)果实经济性状

李基因占75%,杏基因占25%。果实圆球形或近圆球形,纵径5.1～6.2 cm,横径4.9～6.3 cm,平均单果重106 g,最大单果重152 g;果皮带红色斑点,光滑,果顶平而稍突,缝合线浅,梗洼深,果柄短。黏核,果肉鲜红色,肉质细,粗纤维少,汁液多,香气浓,风味甜,品质极佳。可溶性固形物含量14%～19%,较耐贮运,果实室温下可贮藏15～30 d,低温下可贮藏3～5个月。

(3)生长结果习性

生长势强,萌芽率高,成枝力较弱,栽植当年树干基径达4.6 cm,平均新梢基径1.5 cm,单株当年新梢当年结果数28个,平均新梢长162 cm,停止生长期9月下旬。以短果枝和花束状果枝结果为主,复花芽多,完全花率高,自花授粉坐果率低。苗木栽植后第2年结果,第4年进入盛果期,平均株产30.6 kg,产量2 000～2 500 kg/667 m^2。盛果期20年以上。

(4)生态适应性

抗逆性较强,病虫害较少,不裂果。极丰产,栽培适应性和丰产稳产性好。在长江中下游及其以北的杏李适生区引种栽培表现较好,味帝需冷量仅500～600 h,是当前最有发展潜力的杂交杏李品种之一。

(5)物候期

在河南省,味帝花芽萌动期为2月27日至3月3日,开花期3月6～19日,叶芽萌动期3月5～10日,展叶期3月20～25日,4月1～5日开始抽枝,5月29日果实开始着色,着色期8～15 d,果实迅速生长期第1次在落花后、第2次在花后30～35 d、第3次在采收前10～15 d,果实成熟期6月10～15日,果实发育期85 d左右,落叶期11月下旬。

4.味馨(图14-18)

(1)植物学特征

1年生枝及新梢均为暗红色,主干及多年生枝灰红色,皮孔不明显。节间长1.8 cm,叶柄长2.5 cm。叶片呈圆形或阔卵形,浅绿色,叶长7.3 cm,宽6 cm;初花为粉红色,以后逐渐变为白色,花托短,花萼红色,雌蕊略高于雄蕊,授粉率高。

图14-18　味馨

(2)果实经济性状

李基因占25%,杏基因占75%。果实圆形或近圆形。果实纵径4.6～5.0 cm,横径4.1～

4.8 cm，平均单果重 50 g，最大单果重 65 g 以上。成熟果实果皮黄红色，果肉橘红色，离核，风味甜，香气浓，品质极佳。可溶性固形物含量 16.5%～18.1%。

(3)生长结果习性

树势较强，树姿自然开张。萌芽力强，成枝力弱，栽植当年树干基径达到 4.5 cm，平均新梢基径 1.5 cm，单株当年新梢数 28 个，平均新梢长 157 cm。自花结实能力较强，早实丰产，以短果枝和花束状果枝结果为主。栽植第 2 年结果，结果株率 100%，平均产量 6～8 kg/株。4～5 年进入盛果期，产量可达 30～40 kg/株。盛果期 20 年以上。

(4)生态适应性

抗性强，病虫害少，具有极强的抗倒春寒能力。但遇雨易裂果，采前落果严重。需冷量少，一般 350～400 h，除海南省及广东省南部少数地区外，全国其他地区均能正常生长结果。

(5)物候期

花芽萌动期 2 月 12～20 日，花期 2 月 23 日至 3 月 10 日。叶芽萌动期 3 月 9～12 日，展叶期 3 月 15～25 日，4 月 1 日开始抽枝，新梢停止生长在 9 月中旬。5 月 25 日果实开始着色，着色期 9～13 d。第 1 次果实迅速生长期在落花后，第 2 次在落花后 1 个月，第 3 次在采收前 10 d 左右。果实 5 月下旬至 6 月上旬成熟，发育期 75 d 左右。10 月下旬至 11 月上旬落叶，需冷量达 400～500 h。

5. 味王(图 14-19)

李基因占 75%，杏基因占 25%。果皮紫红色，光滑，果肉红色，风味浓甜，甜度极高，含糖量超过 20%，香气最为浓烈，清爽宜人，品质极上等。果实大，单果重 55～110 g，特耐贮运。晚熟。树势中庸，树姿中等开张。栽后第 2 年结果，第 4 年进入盛果期，极丰产，平均产量 3 000 kg/667 m^2 以上，盛果期 20 年以上。需冷量中等，一般需冷量约 700～800 g，适合在我国北亚热带、中亚热带、温带广大地区发展。在南北方均有裂果现象。

图 14-19 味王

6. 味厚(图 14-20)

(1)植物学特征

树姿开张，主干及多年生枝黄褐色，有裂纹，皮孔小而密；1 年生枝及新梢较细弱，阳面淡褐色，背面绿色。新梢节间长 2.7 cm。叶片长椭圆形，边缘锯齿盾片状，表面绿色，叶长 9.7 cm、宽 4.5 cm，叶柄长 1.4 cm，叶片薄，沿主脉向上隆起，呈勺状；无毛或稀散生柔毛，叶背淡绿色，沿主脉密被白色至锈色柔毛。托叶淡绿色，线形，边缘有紫褐色锯齿，早落；通常在叶柄上端两侧各有 102 个腺体。花先开放，初花为白色，以后逐渐变为白色，花托长。花萼青绿色。每个花芽有花 1～3 朵，簇生于短枝顶端；花萼和花瓣均为 5 片，覆瓦状排列；萼筒钟状，萼片卵形，青绿色；花蕾绿色，花朵白色；雌蕊略高于雄蕊，花药暗黄色。

(2)果实经济性状

李基因占 75%，杏基因占 25%。果实圆形，纵径 5.2～5.8 cm，横径 5.6～6.6 cm，平均单果重 126 g，最大单果重 203 g。成熟果果皮紫黑色，有蜡质、光泽，果顶圆平而凹陷，缝合线浅，果梗长 1～2 cm，无毛。黏核，果核近圆形，长、宽约 1.5 cm，表面粗糙。果肉橘黄色，肉质细，粗纤维少，汁液多，风味甜，香气浓，品质极佳。可溶性固形物含量 15%～18%，较耐贮藏、运输，果实常温下可贮藏 15～30 d，2～5℃低温可贮藏 3～6 个月。

(3)生长结果习性

树势中庸，萌芽率中等，成枝力较弱，枝条较细弱，容易下垂。苗木栽植当年树干基径达到 3.9 cm，平均新梢基径 1.12 cm，单株当年新梢数 12 个，平均新梢长 1.57 m，新梢停止生长期 9 月下旬。初结果树以中果枝和短果枝结果为主，盛果期树以短果枝和花束状果枝结果为主。复花芽多，自花授粉结实率低，需配置授粉树。苗木栽后第 2 年结果，第 4 年进入盛果期，平均株产 28.7 kg，产量 2 000～2 500 kg/667 m^2。盛果期长达 20 年以上。极丰产、稳产。

图 14-20　味厚

(4)生态适应性

味厚具有较强的抗逆性，病虫害也较少，不裂果。在长江中下游地区及其以北地区适生区均可引种栽培，而在长江流域以南地区引种栽培应考虑当地冬季低温能否满足该品种需冷量的要求，味厚需冷量为 800～900 h。

(5)物候期

在河南省郸城县，味厚花芽萌动期为 3 月 5～8 日，开花期 3 月 9～25 日。叶芽萌动期 3 月 5～10 日，展叶期为 3 月 15～20 日，4 月 5～10 日开始抽生新枝。果实 6 月 10 日开始着色，8 月下旬至 9 月上旬成熟，果实发育期 150 d 左右。落叶期 11 月下旬。

7. 恐龙蛋(图 14-21)

(1)植物学特征

树姿开张，主干及多年生枝暗绿色，1 年生枝及新梢淡绿色。单叶、互生，叶片长倒卵状或椭圆形，绿色，叶长 6～9 cm、宽 2.5～4 cm，叶柄长 0.8～1.3 cm，先端渐尖，基部楔形，边缘锯齿三角状，叶脉无毛或散生柔毛，叶背淡绿色，沿脉疏被柔毛，侧脉 7～9 对；通常在叶片基部边缘两侧各有 1 个腺体，托叶线形，先端渐尖。先开花后展叶，每个花芽有 1～3 朵花，簇生于短枝顶端；花萼、花瓣均为 5 片，覆瓦状排列；萼筒钟状，萼片卵形，绿色；萼筒和萼片内外两面均被短柔毛；花初为淡青色，以后逐渐变为白色；雌蕊略高于雄蕊，花药暗黄色。

(2)果实经济性状

恐龙蛋中李基因占 75%，杏基因占 25%。果实近圆形，纵径 5.5～6.3 cm，横径 5.6～6.6 cm，平均单果重 126 g，最大单果重 199 g。果皮淡红色，密被片状暗红色，表面被白色蜡质果粉，果顶圆平，侧沟不明显，缝合线浅，果梗长 1～2 cm，无毛。黏核，果核椭圆形，长 1～1.5 cm、宽约 1 cm，顶端有尖头，表面粗糙。果肉粉红色，肉质脆，粗纤维少，汁液多，风味甜，香气浓，品质极佳。可溶性固形物含量 15%～20%。较耐贮运，果实常温下可贮藏 14～21 d，低温贮藏时间 3～6 个月。

图 14-21 恐龙蛋

(3)生长结果习性

生长势旺，萌芽率高，但成枝力弱。以短果枝和花束状果枝结果为主，复花芽多，完全花率高，自花结实率低，需配置适宜授粉树，花朵坐果率40%以上。苗木栽植后第2～3年结果，第4年进入盛果期，平均株产33.6 kg。极丰产、稳产。

(4)生态适应性

恐龙蛋具有较强的抗逆性，病虫害较少，不裂果。在长江中下游及其以北地区的杏李适生区均可引种栽培。抗干旱，不耐涝，对早春低温有较强的抵抗性。高抗干腐病和细菌性穿孔病。恐龙蛋需冷量仅400～500 h。

(5)物候期

在河南省郸城县，恐龙蛋花芽萌动期3月3～6日，开花期3月7～22日，叶芽萌动期3月5～10日，展叶期3月12～18日，4月1～5日开始抽枝，果实6月7日开始着色，着色期30～50 d，果实成熟期8月上中旬，果实发育期135 d左右，落叶期11月上旬，年营养生长期约260 d。

8. 红天鹅绒(图 14-22)

红天鹅绒杏李是美国培育的杏李杂交新品种，杏、李基因各占50%，极早熟，是目前国内成熟期最早的2个名贵李品种之一。1999年引入我国。果皮红紫色，果面有一层极柔软的绒毛，就像红天鹅绒覆盖在果皮上，该品种因此而得名。含糖量高，浓甜，结果初期含糖量约15%，盛果期含糖量18%以上，具较浓烈香气。果大，平均单果重100 g，大者150 g以上，极耐贮运。生长势中等，萌芽率高，成枝率中等，当年生长枝平均长达80 cm，半开张，秋梢可形成花芽，来年可少量见果。栽后第2年结果，第4年进入结果期，极丰产，平均产量2 500～3 000 kg/667 m^2，盛果期可达20年。不落果，无裂果。需冷量少，400 h左右，授粉较困难。适应性广，适合在广州以北地区规模发展。长江下游地区能连年结果，市场前景广阔。

9. 红绒毛(图 14-23)

原产美国，果实近球形，缝合线浅，与杏相近，平均单果重100 g左右，果面鲜红色，有非常短的绒毛。果肉致密，果汁多，味浓甜，含糖量14%，风味独特，品质极佳，丰产耐贮运，是非常优良的种间杂交品种。在重庆5月上中旬成熟。

图 14-22　红天鹅绒

图 14-23　红绒毛

二、无公害生产技术

1. 育苗

(1)种子处理

杂交杏李嫁接苗所用种子应选用充分成熟的桃树果实，采收期以果实自然成熟为宜。采收后除去外面果肉，用清水冲洗，置于通风处晾晒。10 月下旬左右，在背风向阳处开挖深 50 cm、长 2 m、宽 1 m 的储藏坑，储藏坑的长度视种子多少而定。储藏坑挖好后，浇底墒水，待水渗完后，用筛过的细河沙铺在坑底，厚 10～15 cm，河沙湿度以手握成团、手松散开为宜，然后每铺一层种子覆一层河沙，最后覆沙厚 20 cm，并覆稻草保温保湿。种子储藏后，每隔 15 d 检查 1 次，若沙湿度不够(手握能成团)，在稻草上面浇水，保证上、下面沙同样湿度。翌年 2 月中旬以后，要每隔 1 周检查 1 次，待桃核露白(俗称炸口)达 20%以上时，下地播种。

(2)整理苗圃地

杏李幼苗不耐淹，苗圃地应选择排水良好、平坦肥沃、土层深厚、pH 5.5～7.5 的壤土为宜，且灌溉条件便利。苗圃地选好后，施充分腐熟的厩肥 2 000 kg/667 m^2、尿素 20 kg/667 m^2 作底肥，深翻、耙平、整地，按宽 1.5 m 标准打好低床畦。

(3)播种

用筛子将沙和种子筛开，捡露白种子播种。没有露白种子继续按上述储藏方法进行储藏，并适当增加沙的湿度和温度。以后每隔 10 d 捡种播种 1 次，直到 4 月上旬为止。播种时按行距 30 cm 开沟播种，沟深 10 cm，在沟内浇足发芽水，待水渗完后将露白种子按 3～4 cm 1 粒摆放于沟内，覆土厚 5～8 cm，有条件地方，播后覆盖稻草，以保墒。3 月中旬左右播种。播后 10～15 d 种子开始发芽出土，此时要注意保持苗床土壤湿度，发芽率达到 90%以上时视苗床土壤墒情进行浇水，浇水时忌大水喷灌。5 月份后，砧木苗及时松土除草，适时灌溉浇水，5 月中、下旬苗木高达 40 cm 时，及时摘除苗木顶芽，控制苗木徒长，促进苗木加粗。

(4)接穗准备

①接穗采集。杏李是异花授粉，因此在采集接穗时应选择品种多的果园，目前栽培上常见品种有：味馨、恐龙蛋、味帝、风味皇后、味厚、味王、风味玫瑰。在树体上选生长健壮、芽眼饱满

充实、粗度在0.5 cm左右、充分木质化的1年生枝条采集。

②采集时间。嫁接前1～2 d采集，在每天的上午10时前和下午16～18时采集最好。

③接穗处理。接穗采后，去掉叶子，留少许叶柄，注意保证芽不受损伤，剪截成长50 cm，剪口在芽上1 cm以上，然后迅速封蜡，分品种标号捆绑装入保鲜袋中置于低温(5℃左右)通风处保存备用。短期使用也可不封蜡，将分品种捆绑的接穗吊于深井中，要求接穗距水面40 cm。嫁接时随用随拿。但无论哪种储藏方法，要尽量避免长期储存枝条，一般以3～5 d为宜。

(5)嫁接

嫁接时间在6月上旬，最迟不超过6月中旬，以晴朗无风的上午8～11时和下午15～16时为宜。嫁接前若苗圃地土壤干旱，要浇1次透墒水。然后将砧木在距苗木地面以上20 cm处剪除，保留剪口以下砧木上的叶子。嫁接工具可用嫁接刀或单面刀片。将4司的塑料布剪截成宽2 cm、长15 cm的小条，每100个捆绑1把备用。嫁接方法采用嵌芽接，在砧木上距剪口3～5 cm处用嫁接刀横切一刀，再在刀口上面1 cm左右处斜切一刀，拿掉切皮，然后在接穗上以同样方法切取接芽，迅速将接芽贴于砧木的接口上，要注意刀口密结，然后用4司的塑料布条自上而下缠绑紧，注意把芽露在外面。

(6)嫁接后管理

①抹芽。接穗成活后，砧木上易萌发砧芽，应及时抹除。抹芽宜早不宜迟，抹芽中要注意不要伤及砧木上的老叶子，当嫁接新梢长到30 cm以上砧木很少萌发时，可停止抹芽。

②松土除草。嫁接后要及时除草，接穗生长到10 cm以上时进行第1次松土除草，松土深3～5 cm。以后视情况进行松土除草，当苗高40 cm以上时可不再进行松土，但仍要进行除草。

③浇水施肥。嫁接后7～8 d接芽就会发芽成活，此时要注意苗圃地土壤湿度，防止干旱，切忌苗木因缺水而导致嫁接芽枯萎。20 d以后，接穗新梢长至5～10 cm，嫁接部位完全愈合，成活已稳定，第1次施肥浇水，沟施尿素15 kg/667 m^2，浇水，使水顺畦沟渗入苗床，禁止大水喷灌。以后每隔20 d追施1次肥料，以尿素为主，施肥量10～20 kg/667 m^2，少量多次原则，施肥时视苗圃地墒情配以浇水。9月上旬后停止追肥。11月中旬浇1次防冻水。

2.高标准建园

选择地势平坦、排灌条件良好、土层深厚、土壤肥沃，土壤pH为5～8的壤土或沙壤土地块建园，若土层较浅，在40 cm以内则应改土。且园地周边水质、空气、土壤应符合无公害有关标准。主栽品种选择风味玫瑰、恐龙蛋、味帝和味厚。栽植时间黄河以南及冬季风小、干旱轻的地区，一般以11月份秋栽为好，而黄河以北地区宜在3月12日左右春栽。黄河以北秋栽，栽后定干伤口要封蜡，并用细薄膜筒将枝干套住，下部入土，并浇足水、高培土。采用南北行向栽植，栽植株行距为2 m×3 m、2 m×4 m或1 m×3 m。一般土壤肥沃宜稀植，果树管理技术水平高的宜密植。栽植前挖长、宽、深各80 cm的定植穴或宽、深各80 cm的定植沟，表土和底土分放，每穴施充分腐熟有机肥20 kg，回填时先填表土后填底土，回填深度低于地表10 cm，栽后浇水。栽植苗木选优质健壮嫁接苗，苗木栽植方向尽量与原方向一致，一般根系密集一方仍朝南。栽苗时在回填后的大穴中央开挖宽、深各20 cm的小穴，将苗木根系舒展，放置于穴内，取少量表土回填后，将苗木轻轻上提，使根系舒展，踩实后浇透水，苗木栽植深度以浇水沉降后根颈与地面平，其上再培30～40 cm的土堆。一般年降水量800 mm以上地区要沿行起垄，年降水量在 600 mm 以下地区，除根部培土堆外要沿行打畦。若时间仓促或劳力紧张，亦可先定植后再扩穴改土。各主栽品种适宜授粉品种是：风味玫瑰为恐龙蛋和风味皇后；恐龙蛋为风味玫瑰和风味皇后；味帝为风味玫瑰、恐龙蛋和风味皇后；味厚为恐龙蛋、风味皇后和味王。另外，亦可选用花期相近的杏或李作相应的授粉品种，主栽品种与授粉树的配置比例为 7∶3。芽苗栽植后及时剪砧，剪砧高度位于接芽上芽 1 cm，待接芽长出后选择 1 个长势较旺且方位适合的新梢。夏季管理加强抹芽并及时绑缚固定。成品苗木栽后立即定干，定干高度 70～80 cm。

3. 加强土肥水管理

定植后，在树行两侧距树行栽植线 50 cm 开挖深、宽各为 20 cm 的沟，同时将土封于树盘，每 10～15 d 追肥 1 次，以 N 肥为主，配合 P、K，至 6 月中旬停肥。10 月下旬至 11 月上旬，结合深翻扩穴施基肥，在定植穴外四周或定植沟两侧挖深 60 cm 沟，填入秸秆、人畜粪等，施入 N、P、K 三元复合肥 2 kg/株左右。第 2 年行间进行深翻，并注意生长季节进行中耕锄草 6～7 次（亦可用除草剂除草）。有条件的情况下可进行树盘行覆盖作物秸秆、杂草、花生秧等，覆盖厚 20 cm 左右，草上压少许土。2 月上旬（发芽前）、4 月上旬、6 月上旬各追肥 1 次，施尿素 0.3～0.5 kg/株。果实采收后，施 N、P、K 复合肥 0.5 kg/株，10 月下旬至 11 月上旬，于树行两侧开挖深 40 cm、宽 30 cm 的沟或槽，施充分腐熟有机肥 20～50 kg/株，过磷酸钙 2 kg/株。每年于花前、花后、幼果膨大期及休眠期各灌水 1 次，7～8 月份视降水多少及时进行灌排水，第 3 年后，每年 2 月上旬、5 月上旬各追肥 1 次，9 月中下旬施基肥 1 次，施肥与李、杏相近。

4. 科学整形修剪

杂交杏李树形可采用"V"字形、三主枝自然开心形、双层疏散开心形、多主枝自然开心形。"V"字形适用用株行距 1 m×3 m 的密植园。定植当年春留 30～40 cm 定干，选留伸向行间并与行间垂直、生长较旺、对称生长的两个新梢为主枝，让其自然生长。另选 3～4 个新梢为辅养枝，其余新梢一律抹去。6～7 月份将辅养枝拉成近水平状或扭梢，两主枝则任其旺长，至翌年早春再斜插两根竹竿将其方向固定，使之与行向呈 45°。

三主枝自然开心形适合于株行距 2 m×3 m。主干上三主枝错落（或邻近），三主枝按 45°开张延伸，每主枝有 2～3 个侧枝，开张角为 60°～80°。定植当年从定干后长出的新梢中选 3 个长势均匀、方位适宜的枝条作为主枝，待其长到 60～80 cm 时，截留 50 cm，其余枝条有空间拉平，并在其基部环割 1～2 道，以削弱其生长势，促其尽早形成花芽。过密枝条疏除或摘心。杂交杏李以短果枝及花束状果枝结果为主，除味王外其他几个品种对修剪反应都较为敏感，且萌芽率高、抽枝力强，易发徒长枝。在夏剪中应以疏枝为主，少截或不截，疏除内膛密生枝、重叠枝、萌蘖枝。对剪口萌发的枝条应抹除。对于强旺枝或树，可在清明前后于枝条基部环割 1～2 道（两道间隔 10 cm 以上）。味王萌芽率较低，抽枝力较弱，在夏季修剪时应适当短截。为实现早结果、早丰产，杏李幼树夏季修剪应综合运用摘心、环割、拉枝、疏枝等修剪措施，配合叶面喷施 15%多效唑可湿性粉剂 300 倍液，抑制树体旺长，促使形成花芽。冬剪时，对主枝延长枝截留 50～60 cm，主枝上侧枝截留 40 cm。对于其他枝条仍以疏除为主，有空间的缓放拉平。杏李幼树生长势较强，以中长果枝结果，多在枝条的上部和顶端形成花芽。冬剪应注意掌握以缓放、疏枝为主，避免修剪量过重，整个树形枝条分布以南稀北密、上稀下密、外稀内密为好。

多主枝自然开心形适合于株行距 2 m×4 m 的栽植规格。干高 50 cm，在主干上错落排列 4～5 个主枝，开张角度 45°，每个主枝上 2～3 个侧枝，侧枝开张角度 60°。定植后，先按 60～70 cm 的高度定干，春季整形带内抽生新梢长度约 30 cm 时，选留 5～7 个新梢继续生长，其余疏除。待所留新梢长到 50 cm 左右时，选择 4～5 个长势均匀、方位适宜的枝作主枝，其余枝条摘心、拉平，培养临时结果枝。冬剪时，主枝留 50 cm 短截，其余缓放。从第 2 年起，在距主枝基部 50 cm 以上部位逐步培养 2～3 个侧枝，侧枝以外侧枝为好。

双层疏散开心形适合于株行距 2 m×4 m 的栽植规格。干高 50 cm，主枝分两层排列，第 1 层 3 主枝，按 45°延伸，每主枝上配侧枝 3～4 个，侧枝开张角度 60°～80°；层间距 80～100 cm，培养第 2 层，主枝 2 个，在主枝上直接培养结果枝组。培养方法从 3 方面着手：一是定干抹芽。定干高度一般为 70 cm 左右。定干后，在整形带内选留第 1 层主枝，整形带以下的芽全部抹除。二是选留主侧枝。定干当年发枝后，从整形带内确定 3～4 个生长健壮、角度合适的枝作主枝，冬剪时，留 50 cm 短截，其余除直立旺枝疏除外，均缓放。三是上层主枝培养。第 2、第 3 年冬剪剪截下层主枝时，有目的地将剪口下第 3 或第 4 芽留在背上方或上斜方。抽枝后先行缓放，第 2 年修剪时根据其长势和高度按 1～1.2 m 的留枝高度挖头开心，构成上层树冠。同时，在第 2 层修剪时必须注意：一是应采用缓放与疏枝相结合，就是放的同时，除疏除过强枝和密生枝外，一般不短截。二是在枝组培养上以中、小型为主，要按照“两大两小”、“两稀两密”的原则，防止出现上强下弱和结果部位上移、外移。

对多主枝开心形和双层疏散开心形在修剪上应本着有利于壮树、扩冠、早实、丰产、稳产的原则，以夏剪为主，冬剪为辅，冬夏结合，综合运用多种修剪技术和方法促使营养生长向生殖生长转变，达到在整形修剪中结果，在结果的同时逐年成形，实现结果、整形两不误。

(1)夏季修剪

杂交杏李初果期树以短果枝和花束状果枝结果为主，夏季修剪中应坚持以疏枝为主、少截或不截，重点是疏除重叠枝、萌蘖枝、内膛密生枝、背上直立枝等。同时，综合运用夏季修剪手法，加快成形速度，控制枝叶生长，促进营养物质积累和花芽形成。

①摘心。对骨干枝的延长枝，可在 4 月下旬至 5 月上旬进行摘心，以促发 2 次枝。对旺枝、直立枝、徒长枝 6 月上、中旬摘心。

②环割(或环剥)。对于长势偏旺的树或枝可在 5 月中旬左右进行环割(或环剥)，但环割的宽度不能超过直径的 1/10。

③拉枝。5 月中旬至 6 月中旬拉枝。主、侧枝按照树形要求拉开，但不宜拉平或下垂。

④疏枝。疏除的对象是竞争枝、下垂枝、徒长枝、密生枝。

⑤除蘖。在萌芽期对剪口处的萌蘖及主干上的分枝，及时抹去。

(2)冬季修剪

杂交杏李冬剪原则是“轻剪缓放”。主枝延长枝截留 50～60 cm，主枝上的侧枝可截留 40 cm 左右。其他枝条仍以缓放为主，有空间拉平。细弱枝、过密枝、交叉枝疏除。截留主、侧枝时的剪口芽以下芽或侧芽为好，并保持一定主从关系。

总之，杂交杏李对幼树修剪应以轻剪缓放、疏枝为主，综合应用摘心、环割、拉枝等修剪方法，并配合叶面喷施多效唑，抑制树体生长，促使形成花芽。生长季修剪应注意疏除内膛过旺枝、萌蘖枝；秋季拉枝开角，疏除徒长性直立枝、竞争枝；冬季注意疏除重叠枝，过密枝及病虫枝，除了对极细弱枝短截外，其他强枝一律不短截。

5. 花果管理

开花前复剪，疏除细弱花枝，盛花期放蜂结合叶面喷施0.3%～0.5%的磷酸二氢钾＋0.3%尿素，以提高坐果率。为提高果实品质，应进行疏果。在第1次生理落果后，一般每隔10 cm留1果。着色前每隔1周喷1次0.3%的磷酸二氢钾溶液，可明显提高含糖量并促进着色。果实采收后应加强肥水管理，同时，叶面喷施2～3次15%的多效唑可湿性粉剂250～350倍液，控制树体旺长，促使花芽形成。一般结果初期，留果量150～250个/株，盛果期留果量500个左右/株。

6. 病虫害防治

杂交杏李病虫害主要有细菌性穿孔病、蚜虫、李小食心虫、金龟子等。对这些病虫害应贯彻"预防为主，综合防治"的植保方针。冬季休眠期彻底清园：将落叶杂草，摘除病虫果、僵果，冬剪病虫枝及枯枝，刮除树干老翘皮及树上挂的草把等清除出园，集中烧毁或深埋，同时，结合上述操作，深翻树盘，将土壤内越冬害虫翻出，利用冬季低温杀灭越冬虫、卵。特别是间作果园，更应重视冬季清园。春节以前，全园喷施1次6～8°Be′石硫合剂，并进行树干涂白，在涂白剂中加入适量硫黄。2月下旬至3月中旬萌芽期，预防各种病虫害。在花芽鳞片开始松动(露白前)喷0.3～0.5°Be′石硫合剂或1：1：200波尔多液；3月下旬至4月上旬花后及展叶期，主要防治褐腐病、李实蜂、蚜虫等。防治褐腐病，在落花后后期喷1次50%多菌灵可湿性粉剂300～500倍液。严格预防预报，从全园出现第1个李实蜂受害果当天即喷2.5%的功夫乳油3 000倍液或10%氯氰菊酯乳油3 000倍液。防治蚜虫喷洒20%的速灭杀丁乳油1 000倍液，展叶后喷10%吡虫啉可湿性粉剂或10%的蚜虱净粉剂3 000～5 000倍液。4月中旬至6月上旬的果实生长和新梢旺长期，主要防治细菌性穿孔病、炭疽病、卷叶蛾类、食心虫类、红蜘蛛等。防治细菌性穿孔病、炭疽病可使用70%甲基托布津可湿性粉剂1 000倍液＋65%代森锰锌可湿性粉剂500～800液或50%多菌灵可湿性粉剂800～1 000倍液。在食心虫类害虫出土期(严格注意5月上旬的雨后)地面撒毒土1次。防治卷叶蛾类害虫于幼虫发生期喷2.5%功夫乳油2 000～3 000倍液、2.5%敌杀死乳油2 000～ 3 000倍液或10%天王星乳油4 000～5 000倍液。防治红蜘蛛可用5%霸螨灵悬浮剂1 200倍液或1.8%齐螨素乳油4 000倍液或20%螨死净可湿性粉剂2 000倍液防治。6月中旬至8月中旬的果实成熟期，在采收20 d前主要防治红蜘蛛、卷叶蛾类、食心虫类、金龟子等，防治药剂同上。防治金龟子可用灯光诱杀。8月下旬至11月采果后主要防治小绿叶蝉，可喷布2.5%功夫乳油1 000倍液或10%氯氰菊酯乳油1 000倍液。

思考题：

1. 杂交杏李包括哪些品种？试总结7个杂交杏李品种特征特性。
2. 试制定其无公害生产技术规程。

第五节 园林应用

一、形态特征

李树(图 14-24)为乔木,高可达 12 m,树冠圆形。小枝褐色,无毛。叶倒卵状,椭圆缘有细钝重锯齿,叶柄近顶端有 2～3 腺体。花白色,径 1.5～2 cm,常 3 朵簇生;花梗长 1～1.5 cm,无毛;萼筒钟状。果卵球形,径 4～7 cm,黄绿色至紫色,无毛,外被蜡粉。花期 3～4 月份;果熟期 7 月份。

二、景观特征、代表树种及园林应用

该树种树势优美,花色白而繁茂,春时繁花似锦,夏时硕果累累,具有净化空气,美化环境的优良性能,观赏效果极佳。适合在庭院、宅旁、村旁或风景区栽植。其主要代表品种是红叶李(图 14-25),又叫紫叶李,落叶小乔木,高达 8 m,幼枝光滑,紫红色,叶片、叶柄、花萼、雄蕊、雌蕊和果实也都呈紫红色。叶片卵形、倒卵形至椭圆形,长 3～4.5 cm,缘具尖锐重锯齿。花两性单生,有时 2～3 朵聚生,淡粉红色,径约 2.5 cm,花梗长 1.5～2 cm。果球形,暗红色。花期 3～4 月份,果期 8～9 月份。红叶李以叶色闻名,在其整个生长期满树红叶,尤其春、秋两季叶色更艳,是重要的观叶树种。宜在草坪、广场、园路及建筑物附近栽植;在园林中,慎选背景颜色情况下,若与常绿树相配置,则绿树红叶相映成趣,非常宜人。

图 14-24 李

1. 花枝 2. 果枝

图 14-25 红叶李

思考题：

李树景观特征如何？其代表树种的园林用途有哪些？

实训技能 14　李生长结果习性观察

一、目的要求

通过观察，了解李生长结果习性，学会观察记载李生长结果习性的方法。

二、材料与用具

1. 材料

李正常结果树。

2. 用具

钢卷尺、放大镜、记载和绘图用具。

三、项目与内容

1. 观察李树体形态与结果习性

(1)树形，干性强弱，分枝角度，极性表现和生长特点。

(2)发育枝及其类型、结果枝及其类型与划分标准。各种结果枝着生部位及结果能力。

(3)花芽与叶芽以及在枝条上的分布及其排列方式，单芽与复芽及其排列方式，副芽、早熟性芽、休眠芽。花芽内花数。

(4)叶的形态。包括叶片大小、形状、色泽深浅、叶脉等。

2. 调查萌芽和成枝情况

选择长势基本相同、中短截处理的 2 年生枝 10～20 个，分别调查总芽数、萌芽数，萌发新梢或 1 年生枝的长度。

3.冬季休眠期或生长后期，集中观察树体形态与生长结果习性，调查萌芽与成枝情况，并做好记录。

四、实训报告

1.根据观察结果，结合桃、杏技能实训，总结李生长结果习性与桃、杏异同点。

2.根据调查结果，结合桃、杏技能实训，比较桃、杏、李萌芽率和成枝力。

五、技能考核

实训技能考核实行百分制，其中实训态度与表现占20分，观察方法占40分，实训报告占40分。

第十五章　枣

［内容提要］枣栽培历史，营养医疗价值、用途和栽培特性。从生长结果习性（生长习性、结果习性）和对环境条件（温度、光照、水分、土壤和地势、风）要求方面介绍了枣的生物学习性。枣的主要种类有酸枣、枣、毛叶枣。枣的分类方法有果实大小和果形，用途。当前生产上栽培枣的优良品种有金丝小枣、枣脆王、赞皇大枣、灵宝大枣、冬枣、梨枣、灰枣等。从育苗、建园、土肥水管理、整形修剪、花果管理和病虫害防治、采收方面介绍了枣的无公害生产技术。并介绍了枣的分级和采收方法。从枣植物学特征入手，介绍了其园林应用。

酸枣原产我国，而栽培枣是由酸枣演变而来。枣树栽培历史在 3 000 年以上。《诗经》是我国记载枣树栽培最早的史书，陕、晋是枣最早栽培地区，而最早记载枣品种的著作是《尔雅》。枣果营养丰富，含有丰富的维生素 C、维生素 P 和糖，特别是鲜枣中维生素 C 含量高，有"维生素丸"的美称，是一种优良的滋补食品，也可用来治疗心血管病、癌症、痢疾、肠炎、慢性气管炎等疾病。枣果用途广泛，既可鲜食，也可制成加工品（枣酒、枣泥和枣糕等）。枣树适应性强，分布广泛，是保持水土、防护农田、果粮间作的优良树种，具有结果早收益快、寿命长、易管理等优点，有"铁杆庄稼"之称。在果树生产占有重要的地位。

第一节　生物学特性

枣树栽植当年即可开花结果，根蘖苗栽植后 2～3 年开花结果。寿命一般为 70～80 年。其结果期长，经过几次自然更新，二三百年的老树仍能正常开花结果。

一、生长结果习性

1. 生长习性

(1)根

枣树根系由水平根、垂直根、侧根和须根组成。用种子繁殖或用实生酸枣为砧木嫁接繁殖枣树水平根和垂直根都很发达。根蘖繁殖枣树水平根发达，垂直根较差。水平根和垂直根构成根系骨架，为骨干根，其上可发生侧生根，多次分枝形成侧生根群。

①水平根。枣树水平根很发达，向四周延伸生长能力很强，分布范围广，能超过树冠的

3～6 倍。但一般多集中于近树干 1～3 m 处。枣树根系易发生根蘖，可供繁殖用。水平根一般多分布在表土层，15～30 cm 深土层内最多，为根系集中分布层，50 cm 以下土层很少分布。幼树水平根生长快，进入衰老期，水平根出现向心更新。

②垂直根。实生根系有发达垂直根，根蘖苗垂直根是由水平根分根垂直向下延伸而成。垂直根主要分布在树冠下面，约占总根量的 50%。其分布深度与品种、土壤类型、管理水平有关，一般为 1～4 m。

③侧根。主要由水平根分根形成，延伸能力较弱，但分支能力强。在侧根上着生许多须根，可产生不定芽抽生根蘖，培育枣苗。侧根不断加粗增长，可转化为骨干根，变成水平根或垂直根。

④须根。又称吸收根，着生在水平根及侧根上，垂直根也着生少量须根。须根粗度为 1～2 mm，长 30 cm 左右。须根寿命短，有自疏现象，可继续周期性更新。土壤条件适宜，管理水平高，则须根多，吸收能力强，反之则弱。

⑤根的分布。枣树根系分布与品种、土壤条件和管理水平有关。一般大枣类型根系分布深广，小枣类型则较浅，精细管理枣园根系发达，放任生长枣树根系生长较差，产量也低。加强土壤管理，增厚土层，提高土壤肥力，可使根系健壮生长。

⑥根系生长。早春，枣树根系生长先于地上部。根系开始生长时间因品种、地区、年份不同而异。枣树根系每年有 1 次生长高峰：河南新郑灰枣根系生长高峰在 7 月中旬至 7 月底；而山西郎枣根系生长高峰出现在 7 月上旬至 8 月中旬，8 月末生长速度急剧下降。枣树易发生根蘖，尤其是分株繁殖树和生长强旺树更容易产生根蘖，根蘖多发生在 30 cm 以内的土层内。根蘖可繁殖枣树，但其影响枣树的生长结果。

(2)芽、枝

①芽

枣树的芽为复芽，有 1 个主芽和 1 个副芽组成，主芽、副芽着生在同一节位上(图 15-1)，副芽着生在主芽侧上方。主芽形成后一般当年不萌发，为晚熟性芽。主芽萌发后一是生长量大，长成枣头；另一是生长量小，形成枣股。副芽随枝条生长萌芽，为早熟性芽，萌发后形成 2 次枝、枣吊和花序。枣树主芽可潜伏多年不萌发，寿命很长，在受刺激后可形成健壮枣头，有利于枣树更新复壮。

②枝

a. 枣头(图 15-2)。枣头是主芽萌发形成。枣头中间枝轴称为枣头 1 次枝，当年生枣头 1 次枝基部 1～3 节一般着生枣吊，其余各节着生 2 次枝。枣头 2 次枝是由 1 次枝上的副芽当年萌发形成。1 次枝基部 2 次枝常发育较差，当年冬季脱落，称为脱落性 2 次枝，其余各节 2 次枝发育健壮不脱落，称为永久性 2 次枝。永久性 2 次枝是着生枣股的主要部位。永久性 2 次枝呈之字形生长，其上着生的枣股占全树的 80%～90%，故又称为结果基枝。枣树结果基枝长，数量多，节间短，节数多是枣树丰产的表现。结果基枝停长后不形成顶芽，以后随年龄增长，逐渐从先端回枯。枣头生长力强，能连续单轴延伸生长，加粗生长也快，可迅速构成枣树体骨架。

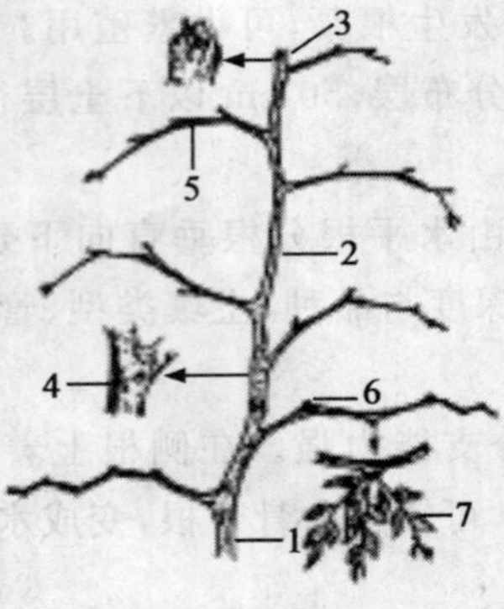

图 15-1 枣芽

1. 2 年生枣头 2. 1 年生枣头 3. 顶生主芽 4. 侧生主芽 5. 结果基枝 6. 枣股 7. 枣吊

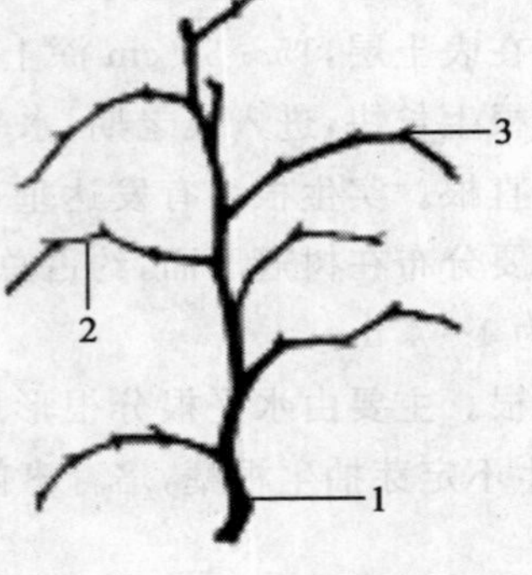

图 15-2 枣头

1. 枣头主轴 2. 2 次枝 3. 托刺

b. 枣股。由结果基质和枣头 1 次枝上的主芽萌发而形成的短缩状枝，枣股上副芽萌发形成枣吊。枣股生长很慢，1 年只有 1～2 mm。每个枣股一般抽生 2～5 个枣吊(图 15-3)。健壮枣股抽生枣吊数量多，结实能力强。3～8 年生枣股结实能力强，幼年和老年枣股结实力较差。枣股上主芽也可萌发形成枣头。

c. 枣吊。由副芽萌发而来，是枣的结果枝，当年脱落，故名脱落性枝(图 15-4)。主要着生在枣股上，当年生枣头 1 次枝、2 次枝各节也有。枣吊边生长，叶腋间花序边形成，开花、坐果交叉重叠进行。枣吊一般为 10～18 节，长 12～25 cm，最长可达 40 cm 以上。在同一枣吊上 3～8 节叶面积最大，4～7 节坐果较多。

图 15-3 枣 2 次枝及枣股

1. 老年枣股 2. 中年枣股 3. 1 年生枣股 4. 枣吊(落叶后) 5. 叶腋间主芽 6. 2 次枝

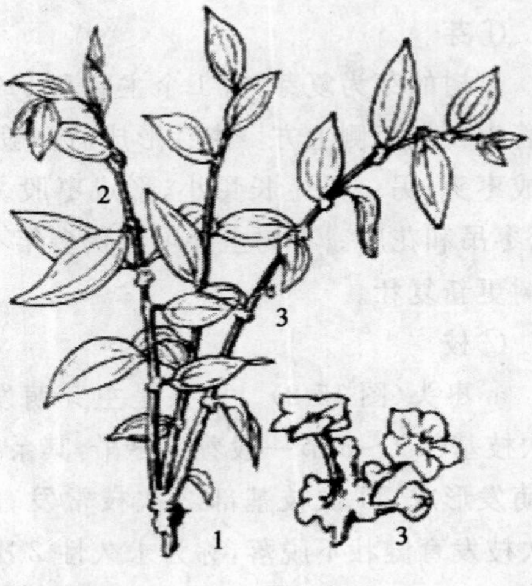

图 15-4 枣吊和花序

1. 枣吊 2. 枣股 3. 枣花序

d. 2 次枝(图 15-2、图 15-3)。由枣头 1 次枝副芽形成的永久性 2 次枝简称 2 次枝，呈“之”

字形生长，是着生枣股的主要枝条，故又称结果基枝。2 次枝停止生长后不形成顶芽，翌春萌芽后，一般先端回枯，随树龄增长，生长势转弱，有再次回枯现象。结果基枝长、数量多、节间短、节数多是丰产的表现。结果基枝节数变幅较大，短的仅 4 节左右，长的可达 13 节左右。一般健壮的枣头 2 次枝多，弯曲度大，单枝长，节数多，节间短，皮色深而有光泽，翌年可形成多个结实力强的枣股，其中以中部各节上枣股结实力最强。一般结果基枝与枣股寿命相似，8～10 年以上。

③枝芽相互转化

枣树具有 4 枝 2 芽。枝条间具有相互依存、相互转化和新旧更替的关系。枣树主芽着生在枣头和枣股顶端或侧生在枣头和枣股的叶腋间，主芽萌发后，形成枣头和枣股，二者生长势不同，形态上有差异，功能也不一样。枣头和枣股均可通过某种刺激或改变营养条件，使其相互转化。当枣股受刺激，如更新修剪，可抽生枣头，使结果性枝转变为生长性枝；如对枣头早期强摘心，可抑制 2 次枝生长，则转变为结果性枝，当年获得较多枣果。枣头上 2 次枝都是由副芽形成，其叶腋主芽第 2 年均形成新生枣股，说明结果性枝有赖于生长性枝的形成。

2. 结果习性

(1)花芽分化

枣花芽分化具有当年分化，多次分化，分化速度快，单花分化期短，持续时间长等特点。一般是从枣吊或枣头的萌发开始进行分化，随枣吊生长由下而上不断分化，一直到枣吊生长停止而结束。1 朵花完成形态分化需 5～8 d，1 个花序 8～20 d，1 个持续 1 个月左右，单株分化期可长达 2～3 个月。

(2)花序及花

枣花序为不完全聚伞花序，着生在枣吊叶腋间。有花 3～15 朵/花序，一般 3～4 朵/花序。枣花器较小，每朵小花由外向内分为 3 层。外层为 5 个三角形绿色萼片，其内 2 层为匙形花瓣和雄蕊各 5 枚，与萼片交错排列，中间为一发达蜜盘，雌蕊着生其中央。柱头 2 裂，子房多为 2 室(图 15-5)。

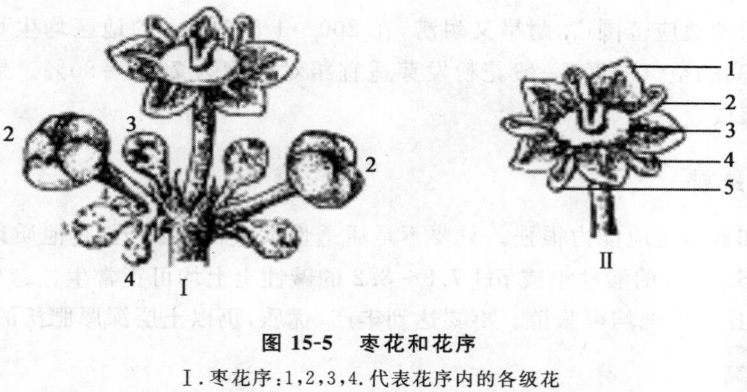

图 15-5 枣花和花序

Ⅰ. 枣花序：1,2,3,4. 代表花序内的各级花

Ⅱ. 枣单花：1. 萼片 2. 雌蕊 3. 蜜盘 4. 雄蕊 5. 花瓣

(3)开花和授粉

枣树冠外围花先开，逐渐向内。枣吊开花是依花芽分化顺序，从近基部逐节向上开放。一

个花序也以花芽分化先后开花，就是中心花先开，再一、二级花，多级花最后开放。日平均气温达23℃以上时进入盛花期。单花开花期在1 d内，1个枣吊开花期平均10 d，全树花期2～3个月。枣树属虫媒花，但一般能自花授粉，如配置授粉树或人工辅助授粉可提高坐果率。花期遇低温、干旱、多风、阴雨则影响授粉受精。

(4)落花落果及果实发育

枣落花落果十分严重，自然坐果率仅1%左右。花期如遇干旱、低温、高温、多雨、大风等不良气候，便出现大量落花现象。集中在盛花后，幼果迅速生长初期，占到脱落总量的60%以上，以后逐渐减少。枣果实发育分为2个迅速生长期，中间1个缓慢生长期，为"双S"形生长曲线。

二、对环境条件要求

1. 温度

枣生长期耐高温，休眠期耐寒。适宜生长年平均气温为9～14℃，13～14℃芽开始萌动，17℃以上枝叶生长和花芽分化，20～22℃时开花，盛花期需在25℃左右。果实发育期要求24～25℃，积温应达到2 430～2 480℃。成熟期适温18～22℃。夏季可耐40℃高温，冬季可耐－32℃低温。

2. 光照

枣为喜光树种，光补偿点为400～1 200 lx，光饱和点为30 000～43 000 lx。对光照反应敏感，树冠不同部位的结实率差异很大，生长在阳坡和光照充足地方的枣树，产量高，品质好。生产上要合理密植，科学整形修剪，保持良好树体结构，满足枣生长发育对光照条件的要求。

3. 水分

枣对降雨量的适应范围广，耐旱又耐涝，在200～1 500 mm的地区均生长良好。花期宜少雨，但要求较高的空气湿度，一般花粉发芽适宜相对湿度为70%～80%。果实成熟期则要求较低的空气湿度。

4. 土壤和地势

枣对土壤和地形适应能力很强。只要不是通透性太差的重黏土，其他质地类型的土壤都能栽培，在pH 5.5～6的酸性土或pH 7.8～8.2的碱性土上均可正常生长。枣对地势要求不严，平原、沙荒、丘陵山地均可栽植。枣要达到丰产、优质，仍以土层深厚肥沃的沙壤土为宜，生长健壮，产量高。

5. 风

枣树抗风性强。但花期、果实成熟期应避免大风。枣树休眠期抗风能力很强，可作为防风固沙树种。

思考题：

1. 树的 2 芽 4 枝指什么？
2. 试总结枣生长结果习性。
3. 如何创造适宜枣树生长发育的环境条件？

第二节　主要种类和优良品种

一、主要种类

枣为鼠李科枣属植物，该属全世界约有 100 种，主要分布在亚洲和美洲的热带和亚热带，少数分布在非洲，南北半球温带也有分布。我国原产 13 个种。但在果树生产上主要的种类是枣，而酸枣用作砧木。

1. 酸枣（图 15-6）

原产我国，古称"棘"，俗名"野枣"、"山枣"。我国南北均有分布，以北方为多。其适应性很强，平原、丘陵山区、荒坡均能生长，为枣的原生种。

酸枣为灌木、小乔木或大乔木，树高 2～3 m，高者达 36 m。主干、老枝灰褐色，树皮片裂或龟裂，坚硬。枝有枣头、枣股和枣吊之分。枣头 1 次枝和 2 次枝节间短，托刺发达，长达 2 m 以上。枣吊较细短，节间短，落叶后脱落。叶片光滑无毛，较小，卵形或长卵形，基生 3 出脉。长 2～7 cm，宽 1～3 cm，基生 3 出脉。花较小，完全花，萼片、花瓣、雄蕊各 5 枚，柱头一般 2 裂，子房 2 室。花序为二歧聚伞花序或不完全二歧聚伞花序。果小，有圆形、长圆形、扁圆形、卵形、倒卵形等。果皮厚，成熟时为紫红色，果肉薄，核大，味酸或甜酸。核多为圆形，具 1 粒或 2 粒种子，种仁饱满，萌芽率高。抗逆性很强，耐旱、耐涝、耐盐碱、耐瘠薄，常作枣的砧木。

2. 枣（图 15-7）

枣原产我国，是我国主要栽培种，在我国南北各地均有分布。为落叶乔木。树干、老枝灰褐色或深灰色。枣头 1 次枝、2 次枝幼嫩时绿色，成熟后黄褐色或紫红色，节间较长，各节有托刺。枣吊较长，一般 15～22 cm。叶片光滑无毛，较大，长 3～9 cm，宽 2～6 cm，卵形或长卵形，基生 3 出脉，花较大，花径 5～8 mm；完全花，萼片、花瓣、雄蕊各 5 枚，柱头一般 2 裂，子房 2 室。花序为二歧聚伞花序或不完全二歧聚伞花序。果实大或较大，圆形、椭圆形、卵形、倒卵形、葫芦形、长圆形等。成熟时为红色或深红色，果肉厚，味甜可食。核为纺锤形、圆形、菱形等，核面有纹沟，核内多无种仁，少有 1 粒种仁，偶有 2 粒。本种有无刺枣（大枣、红枣、枣树、枣子）、龙须枣（曲枝枣、蟠龙枣、龙爪枣）、葫芦枣（磨盘枣、缢痕枣）宿萼枣（柿蒂枣、柿顶枣）4 个变种。

图 15-6 酸枣

图 15-7 枣

(1)无刺枣(图 15-8)

枣头 1 次枝、2 次枝上无托刺,或具小托刺易脱落,其他与性状与原种相同。

(2)龙须枣(图 15-9)

枝条扭曲生长,似龙飞舞。果实品质多不佳,一般供观赏用。

图 15-8 无刺枣

图 15-9 龙爪枣

(3)葫芦枣(图 15-10)

在果实上、中或下部有明显缢痕,果实似葫芦状而得名。果实有大小之别,且因缢痕深度及在果实上部位不同而果形不同,其他性状与枣同,一般供观赏用。

(4)宿萼枣(图 15-11)

果实基部萼片宿存,初为绿色,较肥厚,随果实发育成熟为肉质状,最后成暗红色,外皮稍硬,肉质柔软,食之干而无味,供观赏用。

图 15-10 葫芦枣

3. 毛叶枣(图 15-12)

又叫滇刺枣、南枣、酸枣、缅枣、印度枣等。常绿小乔木或灌木,高 3～25 m,多年生枝条黄褐色,嫩枝密被黄褐色茸毛，每节有2托刺，长2～8 cm。叶较大，卵形、椭圆形，顶端极钝，基生三出脉。幼叶正面、背面均被黄褐色茸毛，成龄叶正面光滑无毛，背面密被白色或淡黄色茸毛。花小。果实圆形、长圆形。果实中大或大，肉质疏松，味淡，品质差。核大，圆形或长圆形，两端钝圆。果实可食用或药用。分布于我国云南、台湾、海南等地，四川可分布到海拔2 900 m干旱河谷地带。印度、越南、缅甸、泰国、印度尼西亚、马来西亚、澳大利亚和非洲均有分布。

图 15-11 宿萼枣

图 15-12 毛叶枣

另外，还有蜀枣、大果枣、山枣、滇枣、小果枣、球枣、褐果枣、毛脉枣、无瓣枣和毛果枣。

二、主要优良品种

我国枣树资源极其丰富，在长期栽培驯化和选育过程中，形成了许多品种和品种群。据记载，我国有枣树品种700个。随着新品种的不断选育，品种数量不断增加。

1. 枣品种分类

(1)按果实大小和果形分类

①按果实大小。分为大枣和小枣。大枣一般果实大，生长旺，树势强健，适应性强，平均重8 g以上，如灵宝大枣、灰枣、赞皇大枣、阜平大枣等。小枣果实较小，平均重5 g左右，生长势弱，树冠小，适应性较差，如金丝小枣、无核小枣、鸡心蜜枣等。

②按果形。可分为长枣形如朗枣、壶瓶枣、骏枣、赞皇大枣、灌阳长红等；圆枣形如赞黄圆枣、圆铃枣、绥德圆枣等；扁圆形如冬枣、花红枣等；缢痕枣如羊奶枣、葫芦枣、磨盘枣等；宿萼枣如柿顶枣、五花枣等。

(2)按用途分类

可分为制干品种、鲜食品种、兼用品种、蜜枣品种和观赏品种。

2. 优良品种

(1)金丝小枣(图15-13)

原产河北、山东交界地带，栽培历史悠久。主要分布在河北沧县、献县、泊头、青县、盐山、南皮、海兴和山东的乐陵、无棣、寿光、庆云、阳信、沾化。为生食、制干兼用品种。果形变异较大，一般为椭圆形或倒卵形，平均单果重 4～6 g。果皮薄，色艳红。肉质细密细脆，汁中多，味甘美，核细小，鲜枣含糖量 34%～38%。制干率 54%～58%，干制红枣深红光润，皮薄坚韧，皱纹细浅，极耐贮运，含糖量 74%～80%，含酸量 1.0%～1.5%，品质极上。主产区 9 月中、下旬成熟。树势弱，丰产、稳产，耐盐碱，抗旱但不耐瘠薄，喜肥沃壤土和黏壤土。不宜在丘陵山地栽植。

图 15-13　金丝小枣

(2)枣脆王(图 15-14)

当前我国乃至世界最优良的早熟鲜食枣新品种。枣脆王果实个大，平均单果重 30.9 g，最重 93 g，果面光洁，白熟期果面嫩白，成熟期果面鲜红，颜色美观统一；脆熟期含糖量达 30%，完熟期则达 39%～48%，维生素 C 含量高达 497 mg/100 g，核小，肉厚，可食率 97%，该品种抗逆性很强，抗低、高温，抗裂口，抗炭疽病、缩果病、落果病、抗红蜘蛛、抗旱耐瘠薄，并且耐贮藏、保鲜、运输。

图 15-14　枣脆王

(3)赞皇大枣(图 15-15)

主产河北省赞黄县，是目前枣树发现的唯一自然三倍体类型，在当地已有 400 年栽培历史。鲜食、制干兼用品种。果实个大，平均单果重 17.3 g，最大果重 29 g，果实长圆形或圆柱形，大小整齐，果面平整、光滑，果皮较厚，韧性好。果肉致密质细，汁液中等，味甜。干枣含糖量 62.57%，含酸量 0.25%，每 100 g 鲜枣含维生素 C 383.63 mg，可食率 96%，制干率

47.8%。制干后红枣果形饱满,富有弹性,耐贮运,品质极上。9月下旬成熟,较抗裂果。树势中庸,早果丰产,耐旱抗涝、耐瘠薄。自花结实性差,可配置板枣为授粉树。

图 15-15 赞黄大枣

(4)灵宝大枣(图 15-16)

灵宝大枣别名屯屯枣,主产河南灵宝、新安,陕西的渔关,和山西平陆、芮城等地。为制干品种。果实圆形或扁圆形,平均单果重 22.3 g。大小较均匀,果面有不明显的五棱凸起。果皮中厚,色深红色,有不规则黑点。果肉厚,肉质较细硬,汁少,核大,鲜枣含糖量 23.4%~26.5%,制干率 50%;干枣皱纹粗浅,肉质粗松,含糖量 70%~72%,含酸量 0.12%~1.1%,甜味较淡,品质中上,耐贮运力中等。产地 9 月中、下旬成熟。树势强,较丰产、稳产,早实性较差。对土壤适应性强,抗旱,抗枣疯病能力强。

图 15-16 灵宝大枣

(5)冬枣(图 15-17)

冬枣别名苹果枣,主产山东、河北等地。为优良鲜食晚熟品种。果实圆形或扁圆形,平均单果重 13 g。果皮薄而脆,果面平整光洁。果肉较厚,细嫩多汁,无渣,甜味极浓,果核较大,含糖量 34%~38%,品质极上。10 月上中旬成熟,较耐贮藏。树势较弱,花量较多,丰产稳产。适于偏碱性土壤,对气候和地下水位要求较为严格。

(6)梨枣(图 15-18)

原产山西临猗,鲜食品种,因果实梨形而得名,平均单果重 30 g,大小不整齐,果皮凹凸不平,皮薄,鲜红色,富光泽。果肉厚,松脆细嫩多汁,核大。鲜枣含糖量 27.9%,含酸量 0.37%,味极甜,品质上。9 月中、下旬。树势中等,结果枝粗长,当年生枣头结果能力很强。结果早,产量较高而稳定,适于较肥沃的土壤。成熟期不整齐,采前落果较重。

图 15-17　冬枣

图 15-18　梨枣

(7)灰枣(图 15-19)

图 15-19　灰枣

分布于河南新郑、中牟、西华等县及郑州市郊,为当地主栽品种。

果实长倒卵形,平均单果重 12.3 g。果肉致密、较脆,汁液中等多。鲜枣含糖量 30%,干枣含糖量 85.3%,制干率 55%～60%,可食率 97.3%。制干后,成品皱纹较粗深,肉质紧密,有弹性,耐贮运,品质优良。9 月中旬成熟。成熟期遇雨易裂果。

其他优良制干、鲜食兼用品种有板枣、金丝 1 号、无核小枣、壶瓶枣、骏枣、晋枣、敦煌大枣等。优良鲜食、加工兼用品种有鸣山大枣、泗红大枣、鸡蛋枣等。优良制干品种有临泽小枣、长红枣和相枣等。

思考题:

果树生产上枣的主要种类有哪些?生产上枣是如何分类的?其优良品种有哪些?

第三节　无公害生产技术

一、育苗

1. 分株法

生产上繁殖枣苗多利用枣园自然萌发的根蘖,春季结合刨根蘖,选优栽植。为增加苗木数量,于春季发芽前在树冠外围或行间,挖宽 30～40 cm、深 40～50 cm 的沟,切断粗 2 cm 以下的根,剪平伤面,然后填入湿润肥沃土壤,促其发生根蘖。根蘖发生后保留强健苗,除去过密弱苗并施肥灌水，促其生长，翌年根蘖苗达 1 m 高时出圃。个别枣区在树体衰老后，于树冠周围开长沟，就地培养苗木，进行枣园更新。

2. 嫁接

(1)砧木培育

砧木有酸枣实生苗和枣的根蘖苗，长江以南可用铜钱树作砧木。采集充分成熟酸枣，机械破壳，筛出种仁，晒干备用。春季可不经任何处理直接播种。播种苗圃选择土层深厚、地势平缓、接近水源、肥力较好地块。苗圃地精耕细作，施足有机肥。北方一般 3 月 25 日至 4 月 20 日播种，采用条播。酸枣仁用种量 2.5～3 kg/667 m^2。播后覆土、盖地膜，覆土厚约 2 cm。出苗后加强肥水管理，秋后砧木基径达 4 mm 以上时出圃。

(2)接穗采集和处理

接穗在优良品种的健壮树上采集，以 1 年生枣头 1 次枝最好，2 次枝次之。采接穗最好在春季。接穗采后在冷凉条件下保存，勤检查，防止接穗失水或发霉。接穗有 1 个主芽即可，在嫁接前将枣头 1 次枝长条截成带 1 个主芽接穗，然后进行蘸蜡处理。

(3)嫁接方法

枝接一般在春季萌芽前进行。砧木萌芽后也可进行嫁接，但要保存好接穗，不要使接穗萌芽。枝接方法主要腹接、劈接、插皮接和切接等。

二、建园

1. 品种选择

一般城郊附近和工矿区枣园，以不同熟期鲜食品种和加工品种为主；丘陵山区及山滩地带，有条件地区应建立枣树生产基地，成批生产干枣和乌枣，提供制作蜜枣原料；海涂盐、碱地以抗性强的干制品种为主，采用枣粮间作方式栽植，即宽行密株栽植，南北行向；四旁栽枣树，以果大、味美鲜食和干制品种为主，并错开熟期。

2. 园地选择

园地选择阳光充足、风害较少、土层较厚、排灌较好的沙土地块建园。对于沙荒地大面积建园时，只除去杂草，略加开垦平整土地即可栽植。栽植前最好播种豆科绿肥作物数年，适时翻耕，改良土壤；低洼盐碱地区栽植枣树，首先挖沟降低地下水位，保持土壤深度 1 m 以上，播种耐盐碱杂草或绿肥，如黄须、田菁等，改良土壤后栽植；山丘地建园宜等高栽植，栽植前作好鱼鳞坑、撩壕或梯田等水土保持工程，然后栽植。

3. 栽植技术

(1)时期

南方栽植时期以秋植为宜，北方则以春栽为好。萌芽期栽树较易成活。多雨地区亦可雨季栽植。

(2)密度

土层薄，生长弱的品种，株行距(3～4) m×(6～7) m，栽植 23～37 株/667 m^2；土层较厚，生长势强的品种，株行距(4～5) m×(7～8) m，栽植 16～24 株/667 m^2；山丘地区采用枣粮间作，多把枣树栽在梯田外缘或内缘，进行等高栽植，株距 3～5 m；平原沙地多采用宽行密株栽植方式，株行距(3～4) m×(15～20) m，栽植 8～15 株/667 m^2，风大地区缩小株距；盐碱台地多将枣树栽于台田两侧，台田面宽，可在台田间增加 1～2 行；枣粮间作果园，以高干为宜。为早果、丰产，采用计划密植栽植方式。在行株间加密，对加密树少留枝，早开甲。待加密树结果早衰后刨除。

(3)栽植方法

栽前挖定植穴直径 80 cm 左右，深 70～80 cm，施充分腐熟有机肥 30～50 kg/株，将根系埋严并踏实，使根系与土壤密接。栽后灌足水，水渗后覆盖地膜。栽植枣树时客土改土和施肥灌水，可提高栽植成活率和缩短缓苗期。具体应用时可根据当地实际条件采取不同措施，如北方干旱地区"旱栽法"掌握最好墒情期，随挖坑随栽树，随即踏实，使根与土密接是成活的关键。盐碱地栽枣在雨季挖坑，借雨水淋洗盐碱，客土施肥，深坑浅栽等方法有效地提高了成活率和缩短了缓苗期。栽植枣树成活关键还在于全根、保湿。刨枣苗包装运输过程中，一定要注意全根和保湿等措施。

(4)栽后管理

枣树栽植后，应注意及时灌水保墒，防治病虫害。

三、土肥水管理

1. 土壤管理

(1)土壤改良

丘陵山地枣园，应逐年扩穴去石客土；沙荒地枣园可以土压沙、沙中掺土；黏重土壤，采用泥中掺沙方法；盐碱地严重枣园，要采取工程措施，设置排灌系统，以水压盐、排盐，降低地下水位。

(2)土壤深翻

一般在秋季采果后，结合施基肥进行。土壤深翻方法主要有两种：一是扩穴深翻，就是在栽后第二、三年开始，从定植穴外缘逐年或隔年向外开轮状沟，直至枣树株间土壤全部翻完为止。二是行株间深翻，就是顺行或在株间挖条状沟深翻。深翻沟宽一般为 40～60 cm。对于密植枣园可进行全园深翻。对于山地枣树，可采用炮震扩穴方法进行松土。

(3)刨树盘

刨树盘在秋末冬初或早春进行。就是在树干周围 1～3 m 范围内用铁锹刨松或翻开土层 15～30 cm，近树干处浅，越向外越深，除去杂草和不必要的根蘖。

(4)中耕除草

在生长季进行中耕除草。中耕深度 5～10 cm，保持土壤疏松、无杂草状态。

(5)枣园覆盖

在树冠下或全园覆盖杂草、作物秸秆、绿肥、树叶等材料，覆盖厚度一般为 20～25 cm。覆草一般在枣树萌芽前进行，亦可在生长季中期进行。

(6)不同类型枣园

①纯枣园。平地枣园无间作物情况下，可采取土壤清耕法。1 年中耕 3～4 次。冬耕在土

壤结冻前进行，耕翻深度为 20～30 cm；春耕在土壤解冻后进行，深度 10～20 cm；伏耕在夏季进行，应适当浅耕，结合土壤耕翻，清除园内根蘖苗。

②枣、粮间作园。采取冬、春刨树盘，生长季浅锄，清除树冠下杂草和根蘖等土壤管理措施。间作时要使间作物与枣树保持适宜的距离，并注意选择矮小、生长期短的农作物如豆科作物。

(7)间作绿肥

枣园间作绿肥要及时刈割，就地翻压或沤肥，也可用于覆盖树盘。适于枣园间作绿肥植物有草木犀、柽麻、田菁等。

2.施肥管理

(1)基肥

一般枣果采收后至落叶前(8 月下旬至 9 月上旬)施用。基肥以有机肥为主，掺入少量的氮、磷、钾肥。施用量通常为每生产 1 kg 鲜枣施用 2 kg 优质有机肥。基肥施用方法有 3 种：一是环状沟施法，亦称轮状沟施。就是在树冠外围投影处挖一条环状沟，平地枣园一般沟深、宽各 40～50 cm，土层薄的山区可适当浅些，深为 30～40 cm，该法适用于幼树。二是放射状沟施，又称辐射沟施。就是在距主干 30 cm 左右向外挖 4～6 条辐射状沟，沟长至树冠外围，沟深、宽各为 30～50 cm。该法适用于成龄大树。三是条状沟施。就是在树行间或株间于树冠外围投影处挖深 30～50 cm、宽 30～40 cm，行视树冠大小和肥量而定的条状沟。条状沟每年轮换位置，就是行间和株间轮换开沟。

(2)追肥

枣树追肥主要分 4 次：第 1 次在萌芽前(4 月上旬)，以氮肥为主，适当配合磷肥。第 2 次在开花前(5 月中下旬)，仍以速效氮肥为主，同时成龄配合适量磷肥。第 3 次在幼果发育期(6 月下旬至 7 月上旬)，施氮肥同时，增施磷、钾肥。第 4 次在果实迅速发育期(8 月上中旬)，该期氮、磷、钾配合施用。施肥量肥力差土壤，成龄大树，萌芽前追施尿素 0.5～1.0 kg/株、过磷酸钙 1.0～1.5 kg/株，开花前追施磷酸二铵 1.0～1.5 kg/株、硫酸钾 0.5～0.75 kg/株，幼果生长发育期施磷酸二铵 0.5～1.0 kg/株、硫酸钾 0.5～1.0 kg/株，果实迅速膨大期施磷酸二铵 0.5～1.0 kg/株，硫酸钾 0.75～1.0 kg/株。施肥方法同基肥。

(3)叶面喷肥

从枣树展叶开始，每隔 15～20 d 喷 1 次。生长季前期以喷氮为主，果实发育期以磷、钾为主，花期喷硼肥。喷施肥料及浓度是尿素 0.3%～0.5%、磷酸二氢钾 0.2%～0.3%、过磷酸钙 2%～3%、草木灰浸出液 4%、硼酸 0.03%～0.08%、硼砂 0.5%～0.7%、硫酸亚铁 0.2%～0.4%、硫酸钾 0.5%、硝酸钾 0.5%～1.0%。

3.水分管理

栽培管理上要根据枣树需水特点和当地年降雨分布，进行灌水和排水。在年生长周期中为保证枣树正常生长发育，应灌好 5 水。

(1)催芽水

萌芽前结合追肥灌水，促进萌芽，加速枝叶和根系生长。

(2)助花水

为防止花期干旱，出现“焦花”，结合花前追肥灌水。

(3)保果水

7月上旬,幼果发育期,需水量较大。若天气干旱,气温高,枝叶易和幼果竞争水分,导致幼果萎蔫。此期灌水可结合追肥进行。

(4)促果水

一般在7月下旬至8月上旬,进入果实膨大期,此期灌水可结合追肥进行。

(5)封冻水

枣树落叶后,土壤上冻之前结合施基肥进行灌水。

此外,花期应保持适宜的土壤墒情,进行树冠喷水。枣果成熟期应控水,若此期水分过多,应做好排水工作。

四、整形修剪

1. 主要任务和修剪原则

(1)主要任务

枣树修剪的主要任务是培养树形,配备安排结果枝组,调节枝组与骨干枝的从属关系。

(2)修剪原则

因势利导,随枝造形,修剪宜轻,冬夏剪结合。

2. 主要树形

枣树在整形过程中必须注意结构合理,从属分明,结果单位枝配置合理,树冠内通风透光。一般枣树多采用高干(1.4～1.6 m),树高5～7 m,冠径4～6 m,分3～4层。

(1)主干疏层形

有明显中心干。树高3 m以下,干高80～120 cm,枣粮间作地干宜高,密植园及丘陵山地干宜低。主枝8～9个,分3～4层着生在中心干上。第1层3个主枝,均匀向四周分散开,开张角度60°～70°;第2层2～3个主枝,第3层1～2个主枝,第4层0～1个主枝。第1层层内距40～60 cm,第1～2层层间距为80～120 cm;第2层层内距为30～50 cm,第2～3层层间距为50～70 cm,第3～4层间距30～50 cm。每个主枝下边2层选留2～3个侧枝,上边2层选留1～2个,每一主枝上侧枝及各主枝上侧枝之间要搭配合理,分布匀称,不交叉重叠。该树形适于干性强,层性分明的品种,如晋枣、板枣等。一般生长势强的品种如赞皇大枣、圆铃枣等可培养3～4层,而金丝小枣、无核小枣、灰枣等生长势弱的品种可培养2～3层。

(2)自由纺锤形

树高2.5 m以下,干高70～90 cm,主枝10～14个,轮生排在主干上,不分层,主枝间距20～40 cm。主枝不培养侧枝,直接着生结果枝组。该树形树冠小,是密植枣树的理想树形。

(3)开心形

树高2.5 m以下,干高80～100 cm。树干适当部位分生主枝3～4个,基角40°～50°,向四外伸展。每一主枝外侧着生2～3个侧枝,树顶开张。结果枝均匀分布在主、侧枝的周围。该树形适于生长势较弱品种和土质较瘠薄枣园。在整形修剪时要注意主枝开张角度不宜过大或过小。

(4)自然半圆形

树体高大,无层次,主枝6～8个,在中心干上错落排开,每主枝2～3个侧枝,延迟开心。同开心形一样,适于生长势较弱的品种,如长红枣、赞皇大枣等。

3.修剪要求

(1)修剪时期

分冬季修剪和夏季修剪。冬季修剪从落叶后至翌春发芽前。但在干旱地区,宜在春季2～3月至萌芽前。早春干旱少雨的大陆性气候地区,在剪口芽上1 cm处剪截为好。夏季修剪就是生长季修剪,一般在发芽后到枣头停长前进行,就是在枣头发生高峰的5～7月份进行1～2次。修剪要以夏剪为主,冬剪为辅。

(2)幼树修剪

幼树整形必须促进树冠横向扩大,增加分枝级次。主干疏层形定干在栽植2～3年后,树高达2 m左右、干高3 m左右时进行。根据树势、栽植制度确定干高。纯枣园干高0.5～1.2 m,而枣粮间作干高1.2～1.6 m。定干后将整形带内的2次枝从基部疏除,或将2次枝留基部1个枣股短截;第2年对留作主枝而发育强壮的枣头留70～100 cm短截,并剪去剪口附近需发枝部位的2次枝,培养成侧枝。选做中心干用的枣头,在120～150 cm短截,剪去剪口下第1个2次枝,再选留2～3个2次枝从基部剪除,或留基部1个枣股短截,培养2层主枝;按同样方法培养第3层主枝。同时,对骨干枝上其他枣头,选留部位合适、生长健壮者摘心或早春轻短截,培养结果枝组。然后疏除过密或生长过弱的枣头。

(3)结果树修剪

结果树修剪以疏枝和培养结果枝组为重点,采用疏枝、回缩、短截相结合的方法。疏除轮生枝、并生枝、过密枝、徒长枝、交叉枝、重叠枝、病虫枝和干枯枝;回缩下垂和衰弱的骨干枝及2次枝,剪口下留强壮的枣股,不作骨干枝的枣头适度短截,培养或复壮枝组。1～2年生枣头选4～6个2次枝短截,改造或培养成中小结果枝组,以后轮换进行枣股更新复壮。3年生以上枣头短截或回缩,复壮下部。枣树衰弱或树势过弱后,根据其衰弱程度分别进行轻、中、重不同程度的更新,分别回缩骨干枝长度的1/3、1/2和2/3,同时更新枝组。

(4)夏季修剪

主要包括抹芽、疏枝、摘心和开甲等。枣股上萌发的新枣头,或枣头基部及树冠内萌发的新枣头,不利用时及早疏除。其余枣头中凡不用于骨干枝延长枝及大型枝组者,可于盛花期在枣头长度的1/3～1/2短截。

(5)老树更新复壮

对老残弱树在加强土肥水管理基础上,采用恰当的修剪方法,进行树冠更新复壮,3～4年即能恢复常年产量。

①回缩骨干枝。对开始焦梢、残缺少枝的骨干枝回缩更新,剪去枝长的1/3～1/2,剪口直径不超过3～5 cm,剪口下留向上的健壮芽和枣股,且保留5 cm长枝段。

②衰老结果枝回缩疏截。对已残缺、2次枝很少的从基部疏除或保留2～3个健壮芽缩剪。较完整枝条缩剪1/3～2/3。更新当年或第2年,适当调节更新枣头。一般按幼树整形原则,选部位好、健壮的枣头培养作骨干枝,配备好结果枝。对细弱、过密枝适当疏除。利用摘心、短截、开张角度等调节枝势,使其尽快形成较理想树形。注意停止开甲养树,结合加强肥水管理,延长结果年限。

五、花果管理

1. 采用综合措施

加强土肥水管理，科学整形修剪、综合防治病虫害等提高树体营养水平。

2. 开甲

枣树开甲就是环状剥皮。

(1)对象和时期

枣树盛果期干粗 10～12 cm 时使用；而密植树在干径达 5 cm 时进行。具体时间在盛花初期天气晴朗时进行。

(2)技术要求

初次开甲树在主干距地面 20～30 cm 处进行。以后开甲在原甲口上 3～5 cm 处进行，逐年上移，至主枝叉处后再回甲。甲口选光滑平整处，先用刀将该处的老树皮刮掉 1 圈，宽约 2 cm，深度以露出韧皮部为好，然后用刀口在其上按 0.3～0.5 cm 的间距，平行环切 2 圈，深达木质部，强树宜宽，弱树宜窄，切时要上刀下斜，下刀上斜，再将切口间的韧皮部仔细全部剥掉，下方切口向外下侧倾斜，甲口涂 25%的西维因乳油 50 倍液，或 25%的久效磷乳油 50～1 000 倍液，1 周后再涂 1 次，甲口用泥抹平，或用塑料薄膜条包缠甲口(图 15-20)。

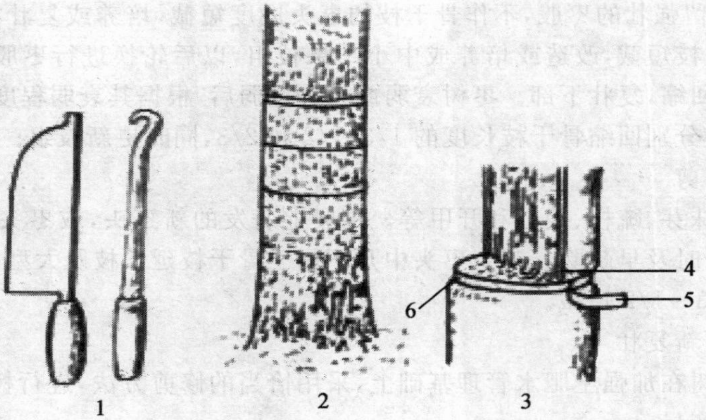

图 15-20 枣树环剥

1. 环剥工具 2. 环剥后树干上留下的环剥痕 3. 环剥方法
4. 剥除的老树皮 5. 剥下的皮层 6. 环剥后露出的木质部

(3)开甲后管理

开甲后灌 1 次水，并追施尿素 50～80 g/株，并加强综合管理。

(4)注意问题

开甲要因树而异。小树、弱树不开。开甲时要精心操作，并掌握适期，保护甲口，涂药防虫，缠纸或塑料薄膜，同时要注意加强肥水管理，提高树体营养水平。

3. 喷水

喷水在盛花期早晚喷清水或喷灌，使空气相对湿度达 70%～80%。

4. 摘心

摘心在枣树上又称打枣尖。一般于 6 月份对枣头 1 次枝、2 次枝或枣吊摘心。摘心一般越重越好。特别在枣头迅速生长高峰期后的 1 个月，摘心效果更好。

5. 放蜂

枣异花授粉可提高坐果率。放蜂在花期放蜜蜂和壁蜂。

6. 应用植物生长调节剂和微量元素

盛花初期喷 10～20 mg/L GA_3 水溶液，或 10～20 mg/L 2,4-D；10～30 mg/L IAA；或 20～30 mg/kg NAA；10～30 mg/kg KT-30；0.3%的硼砂，0.3%～0.4%的硫酸锌，可明显提高坐果率。

六、病虫害防治

枣树病虫害防治应贯彻“预防为主，综合防治”的植保方针。以农业防治和物理机械防治为基础，提倡生物防治，科学使用化学防治，有效控制病虫害。

1. 休眠期

(1)消灭越冬病虫

包括清园、刨树盘和刮树皮。清园在落叶后解除草把，剪除病虫死枝，清扫枯枝落叶，集中烧毁。消灭越冬叶螨、枣黏虫、绿刺蛾、枣绮夜蛾、枣豹蠹蛾等害虫及枣锈病、枣炭疽病、枣叶斑点病等越冬病原菌；刨树盘是在越冬前浅翻树盘，捡拾虫茧、虫蛹，消灭在土中越冬的枣步曲、桃小食心虫、桃天蛾、枣刺蛾等害虫；刮树皮在入冬前或萌芽前将骨干枝的粗皮刮掉，以露出粉红色嫩皮为度。收集粗皮烧毁或深埋，消灭越冬虫、卵和病原菌。

(2)其他

刮树皮后，在封冻前和解冻后分别进行树干涂白。萌芽前，全园喷布 3～5°Be′石硫合剂，然后缠塑料带、绑药环。具体方法是在 3 月中、下旬在树干下部宽 6～10 cm 缠塑料带，并使上部反卷，阻止枣步曲上树。同时，绑 1 000 倍液 20%氰戊菊酯乳油药环，15 d 更换 1 次，毒杀枣步曲、枣芽象甲。

2. 萌芽和新梢生长期

萌芽时在距树冠 1 m 范围树盘内撒辛硫磷颗粒后划锄，以杀死出土枣瘿蚊、枣蚜象甲。萌芽后喷 48％毒死蜱乳油 1 500 倍液＋25％灭幼脲悬乳剂 2 000 倍液，防治绿盲椿象、食芽象甲、枣粉蚧、枣瘿蚊、枣步曲、红蜘蛛、枣黏虫等食芽、食叶害虫。同时，用黑光灯诱杀黏虫成虫；抽枝展叶期喷 25％灭幼脲悬乳剂 2 000 倍液＋25％噻嗪酮（扑虱灵）可湿性粉剂 1 500～2 000 倍液，防治枣瘿蚊、红蜘蛛、舞毒蛾、龟蜡蚧。间隔 10 d 连续喷 2 次。

3. 开花坐果期

雨后在树盘 1 m 范围内撒锌硫磷颗粒后划锄，杀死出土的桃小食心虫等害虫；配合人工剪除萎蔫枝梢烧掉，消灭豹蠹蛾幼虫。人工捕捉金龟子、黄斑蝽、枣芽象甲等害虫；开花前期喷 1.8％的阿维菌素乳油 3 000～4 000 倍液＋25％灭幼脲悬乳剂 2 000 倍液，防治枣壁虱、红蜘蛛、枣黏虫；开花期喷 50％的溴螨酯乳油 1 000 倍液＋80％的代森锰锌可湿性粉剂 600～800 倍液，防治桃小食心虫、枣黏虫、红蜘蛛、龟蜡蚧、黄斑蝽、炭疽病、锈病、枣叶斑点病等。

4. 幼果发育期

7 月初，喷 25％灭幼脲悬乳剂 2 000 倍液，或 1.8％的阿维菌素乳油 5 000～8000 倍液，防治桃小食心虫，兼治龟蜡蚧若虫，同时，用黑光灯诱杀豹蠹蛾成虫。7 月中、下旬喷 40.7％的毒死蜱乳油 1 500 倍液＋70％的甲基硫菌灵可湿性粉剂 800～1 000 倍液，防治棉铃虫、枣锈病、枣叶斑点病、炭疽病等；7 月下旬喷 1：2：200 波尔多液＋2.5％的溴氰菊酯乳油 4 000 倍液防治枣锈病、枣叶斑点病、黄斑蝽、炭疽病、棉铃虫等。

5. 果实膨大期

8 月初喷 1 次 1：2：200 波尔多液。有缩果病园片，8 月上旬结合喷杀菌剂加喷 70 000 万～140 000 万单位/L 链霉素，间隔 7 d，连喷 3～4 次。8 月中旬，喷 1％的中生菌素水剂 200～300 倍液，防治斑点等早期落叶病及果实病害；进入 9 月份，喷 50％多菌灵可湿性粉剂 600～800 倍液＋1.8％的阿维菌素乳油 5 000～8 000 倍液，防治枣锈病、炭疽病、缩果病、桃小食心虫、龟蜡蚧等。9 月上旬在树干、大枝基部绑草把以诱集枣黏虫、枣绮夜蛾、红蜘蛛等，集中烧毁。

6. 采收及落叶期

采果后树体喷 50％多菌灵可湿性粉剂 600～800 倍液，或 70％的甲基硫菌灵可湿性粉剂 800～1 000 倍液。及时捡拾落果，集中烧毁。

7. 手术治疗枣疯病

枣疯病是枣树的毁灭性病害，病树轻者减产减值，重者绝产绝收，甚至造成枣树死亡。据研究，采用手术治疗治愈率达 50％以上。

(1)锯除病枝

就是在生长期从基部锯除着生疯枝的侧枝和主枝。

(2)环锯树干

在 5 月份,从距地面 40 cm 处,用手锯在主干上锯一圈,深达木质部表面。根据病情轻重,每树可锯 1 环或多环,间距 20 cm。

(3)断根

在 4～5 月份将病树根周围土壤挖开,从基部切除与疯枝相对应方位的水平侧根,然后施肥灌水,将坑填平。

(4)环锯主根

在病树主根基部环锯,深达木质表面。

七、采收

1. 成熟期

枣果实成熟期分 3 个阶段:白熟期→脆熟期→完熟期。

(1)白熟期

果皮绿色减退,呈绿白色或乳白色。果实肉质松软,果汁少,含糖量低。

(2)脆熟期

从梗洼、果肩变红,近核处呈黄褐色,质地变软。

(3)完熟期

果皮红色变深,微皱,果肉近核处呈黄褐色,质地变软。

2. 采收

枣果根据用途,适期采收。加工蜜枣白熟期采收;鲜食枣在达到半红时,用手托起果实,连果柄一同摘下,轻拿轻放,防止碰伤和落地,随摘收随分级,当天入库贮存;加工酒枣脆熟期采收;制干枣在果皮深红,果实富有弹性和光泽的完熟期振落采收。采收方法有人工摇落、机械振落、乙烯利(CEPA)催落、拾落枣等。CEPA 催落在采前 5～7 d 喷 300 mg/L CEPA,并在树下铺布单,配合人工摇落,以防止果实损伤。

思考题:

1. 简述枣园土肥水管理技术要点。
2. 试述枣主干疏层形树体结构和整形修剪过程。
3. 总结枣周年管理要点。

第四节　园 林 应 用

一、植物学特征

枣树(图 15-21)在园林上应用的主要是落叶乔木。其枝有长枝、短枝和脱落性小枝 3 种。长枝就是枣头，红褐色，光滑，有托叶刺或不明显；短枝就是枣股，在 2 年生以上长枝上互生；脱落性小枝就是枣吊，为浅细的无芽枝，簇生于短枝上，冬季与叶同落。叶卵状椭圆形，长 3～8 cm，先端钝尖，基部宽楔形，具钝锯齿。核果长 1.5～6 cm，椭圆形，淡黄绿色，熟时红褐色，核尖锐。花期 5～6 月份；果熟期 8～10 月份。

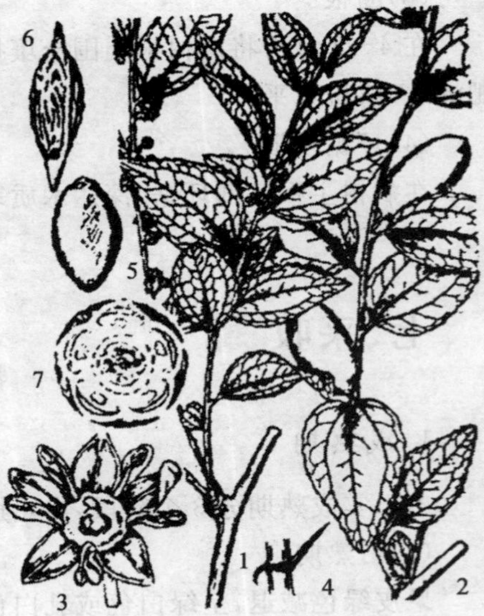

图 15-21　枣树

1. 花枝　2. 果枝　3. 花　4. 托叶刺　5. 果　6. 果核　7. 花图式

二、园林应用

枣树栽培历史悠久，自古就用作厅荫树、园路树，是园林生产的好树种。枣叶垂荫，红果挂枝，老树干枝古朴，可孤植、丛植庭院、草地，居民区在房前屋后植几株亦能添景增色。

思考题：

枣树在园林上有哪些具体应用？

实训技能 15-1　枣生长结果习性观察及提高坐果率措施

一、目的要求

通过实训，进一步熟悉枣生长结果特点，明确其与其他树种的异同点，掌握花期提高枣坐果率的方法，增强对提高坐果率重要性的认识。

二、材料与用具

1. 材料

枣结果树、水、赤霉素、硼砂、酒精。

2. 用具

环剥刀、喷雾器、卷尺、记载工具、天平、量筒和烧杯。

三、项目与内容

1. 观察枣形态特征及生长结果习性

(1)主芽、副芽着生部位和形态。

(2)枣头、枣股、枣吊的形态特点。

(3)花序和花的形态。

(4)枣头着生部位,枣头的生长与扩大树冠关系。不同部位枣头上 2 次枝生长特点(永久性 2 次枝和脱落性 2 次枝)、2 次枝与结果关系。

(5)枣股着生部位,生长特点,枣股年龄与结实力关系。

(6)枣吊着生部位,生长特点,枣吊着生部位与结果关系。

(7)芽(主芽、副芽)和枝(枣头、枣股和枣吊)的相互关系,不同类型枝之间转化关系。

2. 提高坐果率试验

(1)分组进行。每组施行 1～2 项提高坐果率措施。

(2)提高坐果率措施包括环剥、喷水、枣头摘心、喷赤霉素、喷硼砂、枣吊摘心、疏花等。

(3)选择长势等基本一致的树,每项措施选 1～2 棵树,处理、对照各 1 株,或同一株上,一部分作处理,另一部分作对照。

(4)在处理和对照部位,分别调查 50～100 个枣吊上的花序数,做好标记,并做好记录。

(5)各组分别实施措施。其中赤霉素称取 100～150 mg,先用酒精溶解,再加入 10 L 水中溶解;枣吊摘心程度与疏花留花标准自行确定。

(6)处理 2 周后调查各处理与对照坐果情况。

四、实训作业

1. 同其他树种相比,枣的根、芽、枝、花及花芽分化有哪些特点?

2. 列表对各项措施处理情况进行统计，并计算出坐果率，对结果进行分析，说明所实施措施对枣坐果率有何影响。

实训技能 15-2　枣整形修剪

一、目的要求

通过实训，初步掌握枣整形基本方法与基本步骤。

二、材料与用具

1. 材料

成龄枣树、幼龄枣树、小木条、绳子。

2. 用具

修枝剪、手锯。

三、内容与要求

1. 丰产树形观察

主干疏层形树体结构：主干高 1～1.5 m，主枝 6～8 个，分 3～4 层，第 1 层主枝 3～4 个，以 80°基角、50°～60°梢角向外延伸，每个主枝配置侧枝 2～3 个，侧枝间距 70～80 cm，背下斜生。2、3、4 层主枝和着生其上的侧枝数量以及递减，第 1 层与第 2 层层间距 1.2 m 左右，其他层间距略小。

2. 幼树定干

(1)清干法

幼树定植后不剪截，每年冬剪时自下而上逐渐清除主干上的 2 次枝，直到清除所需主干高度，清除范围不超过树高的 1/3～1/2，同时在准备培养主枝的主芽上方进行目伤。

(2)剪截法

幼树干径达到 2 cm，在定干高度留出整形带，短截枣头主轴，并疏去剪口下第 1 个 2 次枝，使主芽萌发成中心干；其下生长粗壮(直径 1 cm 左右)的 3～4 个 2 次枝，各留 1 节短截，从萌发枣头中选出第1层主枝。整形带以下的2次枝适当保留。

3.骨干枝培养

(1)主枝、侧枝及中心干延长枝

冬季剪留60～70 cm,同时疏除剪口下第1个2次枝,促使主芽抽生新枣头,扩大树冠;其下3～4个2次枝如加粗,留1节短截,如细弱则从基部疏除,其余2次枝均应保留。也可在需要萌发的主芽上方目伤或环剥,使主芽萌发以培养主、侧枝。

(2)采用撑拉等方法调整骨干枝角度。

4.结果枝组培养

对欲培养为结果枝组的枣头枝,冬季短截或夏季摘心,使其封顶停止延伸。同侧枝组保持60 cm间隔,过密者疏除。缺枝处目伤或环剥,促发新枣头,然后在适当位置摘心或短截。

5.辅养枝处理

疏除交叉枝、重叠枝、细弱枝、徒长枝和病虫枝。早期所留辅养枝,按照"有空就留,无空疏缩"原则处理。

四、实训作业

以组为单位完成一株枣树修剪任务,写一份实训报告,总结枣的修剪反应规律和整形修剪技术要点。

第十六章　樱　桃

[内容提要] 樱桃经济价值,栽培历史、栽培现状和发展趋势。生物学特性包括生长结果习性(生长习性和结果习性)和对环境条件(温度、光照、水分、土壤)。樱桃的主要种类有欧洲甜樱桃、中国樱桃、欧洲酸樱桃、马哈利樱桃、草原樱桃和山樱桃。欧洲甜樱桃优良品种有早红宝石、大紫、红灯、芝罘红、先锋、雷尼、拉宾斯、抉择、那翁、龙冠、佳红、滨库、红手球。酸樱桃优良品种有硕童、相约、美味、毛把酸和斯塔克。中国樱桃品种有大窝楼叶、崂山短把红樱桃、崂山樱珠、大樱桃和矮樱桃。从育苗、建园、土肥水管理、整形修剪、花果管理和病虫害防治、采收方面介绍了樱桃的无公害生产技术。樱桃的采收时期和采收方法。从樱桃景观特征入手,介绍了其园林应用。

樱桃是落叶果树中成熟最早的果树之一,有"春果第一枝"的美称。其果实成熟早,色泽艳丽,营养丰富,外观和内在品质俱佳,具有便于加工、适宜生食,经济效益高等特点,被誉为"果中珍品"。樱桃在调节鲜果淡季、均衡周年供应和满足人民生活需要方面,有着重要作用。

樱桃原产于我国。中国樱桃古时称楔、荆桃、含桃等,周代《礼记·月令》载"仲夏之月,羞以含桃,先荐寝庙",说明中国栽培樱桃已有2 000多年的历史。欧洲甜樱桃和酸樱桃于1870年前后传入我国烟台。1887年新疆塔塔尔族人依木拉依木拜,从俄国引入酸樱桃。中国樱桃在中国分布很广,主要产区有安徽太和、浙江诸暨、河南郑州、山东青岛和枣庄、陕西蓝田、甘肃天水等地。目前,大樱桃在山东、辽宁、河北栽培较多。今后,无论早熟小樱桃,还是大樱桃,均应在其适生区重点发展,在试栽基础上选择出优质、大果、早中熟、丰产、稳产的品种。

第一节　生物学特性

一、生长结果习性

中国樱桃栽后3～4年开始结果,12～15年进入盛果期,大量结果延续年限为15～20年,寿命50～70年;欧洲甜樱桃栽后4～5年开始结果,15年左右大量结果,盛果期延续年限约20年,寿命80～100年;欧洲酸樱桃栽后3年开始结果,7～8年后大量结果,枝干寿命10～15年,在不断更新情况下寿命可达数十年。密植丰产栽培结果期提前,其他年限相应缩短。

1. 生长习性

(1)根系生长习性

樱桃根系因种类、繁殖方式、土壤类型不同而不同。中国樱桃实生苗无明显主根，整个根系分布较浅；甜樱桃实生苗根系分布深而比较发达。马哈利樱桃主根特别发达，幼树时须根亦较多，随植株生长，须根大量死亡，植株生长势明显下降，进入盛果期易发生死树现象；欧洲酸樱桃和库页岛山樱桃的实生苗根系比较发达，可发育3～5个粗壮侧根；本溪山樱桃根系较发达，粗、细根比例较合适，但对黏重、瘠薄土壤适应性差，不抗涝。同一种砧木，在不同土壤条件和土、肥、水管理条件下，其分布范围、根类组成和抗逆性均明显不同。扦插、分株和压条等无性繁殖苗木的无主根，根量比实生苗大、分布范围广，且有两层以上根系。土壤条件和管理水平对樱桃根系的生长也有密切的关系。一般在土层深厚、疏松肥沃、透气性好、管理水平较高情况下，根系发达，分布广。在生产上要注意选择根系发达的砧木种类和良好的土壤条件，并加强土壤管理，促进根系发育。

(2)芽枝特性

樱桃芽按其着生位置可分为顶芽、侧芽(腋芽)；按其性质可分为花芽和叶芽两类。甜樱桃顶芽全是叶芽，侧芽为叶芽或花芽。长、中果枝及混合枝的中、上部侧芽均是叶芽；中短果枝的下部5～10个芽多为花芽，上部侧芽多为叶芽。樱桃潜伏芽是由副芽或芽鳞、过渡叶叶腋中的瘦芽发育而来，是侧芽的一种。

樱桃萌芽力较强，不同种和品种之间的成枝力有所不同。中国樱桃和酸樱桃成枝力较强；甜樱桃成枝力较弱，一般剪口下抽生3～5个中、长发育枝，其余的芽抽生短枝或叶丛枝，基部极少数芽不萌发而变成潜伏芽(隐芽)。甜樱桃萌芽力较强，1年生枝的芽，除基部几个发育程度较差外几乎全部萌发，易形成一串短枝，是结果的基础。樱桃花芽是纯花芽，每个花芽萌发可开1～5朵花，个别品种甚至可达6～7朵。其中，中国樱桃和欧洲甜樱桃4～6朵，欧洲酸3～4朵，毛樱桃1～3朵。开花结果后着生花芽的节位即光秃，不再抽生枝条。在先端叶芽抽枝延伸生长过程中，枝条后部和树冠内膛容易发生光秃，造成结果部位外移，尤其生长强旺、拉枝不到位的树表现更为突出。樱桃潜伏芽寿命较长。中国樱桃70～80年生的大树，当主干或大枝受损伤或受到刺激后，潜伏芽便可萌发枝条更新原来的大枝或主干。甜樱桃20～30年的大树其主枝也很容易更新。潜伏芽抽生的枝条多生长强旺，呈徒长特性，可用于骨干枝和树冠更新。

樱桃枝条按其性质可分为营养枝(也称发育枝、生长枝)和结果枝两类。营养枝顶芽和侧芽都是叶芽。幼龄树和生长旺盛的树一般都形成营养枝。叶芽萌发后抽枝展叶，是形成骨干枝、扩大树冠的基础。进入盛果期和树势较弱的树，抽生发育枝的能力越来越小，使发育枝基部一部分侧芽也变成花芽，使发育枝成了既是发育枝，也是结果枝的混合枝。结果枝按其长短和特点可分为混合枝、长果枝、中果枝、短果枝和花束状果枝5种类型。混合枝长度在20 cm以上，中上部的侧芽全部是叶芽，枝条基部几个侧芽为花芽。该类枝条能发枝长叶，扩大树冠，又能开花结果。但花芽质量差，坐果率低，果实成熟晚，品质差。长果枝长度为15～20 cm，除顶芽及其临近几个侧芽为叶芽外，其余侧芽均为花芽。结果后中下部光秃，只有顶部几个芽继续抽生出长度不同的果枝。初果期树上，该类果枝占有一定的比例，进入盛果期后长果枝比例减少。中果枝长度5～15 cm。除顶芽为叶芽外，侧芽全部为花芽，一般分布在2年生枝的中上部，数量不多。不是主要的果枝类型。短果枝长度在 5 cm 以下，除顶芽为叶芽外，其余芽全部为花芽。通常分布在 2 年生枝中下部，或 3 年生的上部，数量较多。短果枝上的花芽一般发育质量较好，坐果率较高，是樱桃的主要果枝类型之一。花束状果枝是一种极短的结果枝，年生长量很小，仅有 1～2 cm，节间短，除顶芽为叶芽外，其余均为花芽，围绕在叶芽的周围。该类枝条花芽质量好，坐果率高，果实品质好，是盛果期樱桃树最主要的果枝类型。花束状果枝寿命较长，一般可达 7～10 年。一般壮树壮枝上花束状果枝数量多，坐果率高，弱树、弱枝则相反。该类枝条每年只延伸一小段，结果部位外移缓慢。中国樱桃初果期以长果枝结果为主，进入盛果期后则以中、短果枝结果为主。甜樱桃盛果期初期有些品种以短果枝结果为主，有些品种以花束状果枝结果为主。总之，初果期和生长旺的树，长、中果枝占的比例大，进入盛果期和偏弱的树则以短果枝和花束状果枝结果为主。

(3)樱桃叶片生长发育

春季随着温度升高，樱桃萌芽后，叶片逐渐展开，同一叶片从伸出芽外至展开最大需 7 d 左右。叶片展到最大以后，功能并未达到最强。再经过 5～7 d，叶片发育完善，外观表现为颜色变深绿而富有光泽、较厚、有弹性，功能达到最强，称为亮叶期或转色期。以后叶片保持较高的稳定水平直至落叶。新梢先端 1～3 片叶转色快，叶厚而亮、弹性好。甜樱桃丰产园的叶面积指数在 2～2.6 为宜。

(4)枝条生长发育特性

甜樱桃叶芽萌动一般比花芽晚 5～7 d。叶芽萌发后，有一短暂的新梢生长期，历时 1 周左右，展叶 4～5 片，形成一莲座状叶片密集的短节间新梢。进入花期后，新梢生长极为缓慢，短果枝和花束状果枝此期即封顶，不再生长。花期后新梢进入旺盛的春梢生长阶段。在甜樱桃幼旺树上，春梢生长一直延续至 6 月底至 7 月初。7 月中旬前后，秋梢开始生长。幼旺树剪口枝当年抽生新梢可达 2.5 m 以上。

2. 结果习性

(1)花芽分化

甜樱桃花芽分化的特点是分化时间早、分化时期集中、分化速度快。生理分化期大致在硬核期，形态分化期一般在采果前 10 d 左右开始，整个形态分化期需 40～45 d。分化时期早晚与果枝类型、树龄、品种等有关。花束状果枝和短果枝比长果枝和混合枝早；成龄树比生长旺盛幼树早；早熟品种比晚熟品种早。摘心、剪梢处理树上，2 次枝基部有时亦可分化花芽，形成一条枝上两段成花现象。

(2)开花坐果

樱桃对温度反应敏感。当日平均气温达到 10℃左右时，花芽开始萌芽。日平均温度达到 15℃左右时开始开花，花期 7～14 d，长时 20 d。中国樱桃比甜樱桃早 25 d 左右，常在花期遇到晚霜危害，严重时绝产。

樱桃花序为伞形花序，子房下位花。雌能败育花柱头极短，花瓣未落，柱头和子房已黄化萎蔫，完全不能坐果(图 16-1)。

不同樱桃种类之间自花结实能力差别很大。中国樱桃和酸樱桃自花授粉结实率很高，在生产中无须配置授粉品种和人工授粉。而甜樱桃的大部分品种都存在明显的自花不育现象。在建立甜樱桃园时要特别注意搭配有亲和力的授粉品种，并进行花期放蜂或人工授粉。樱桃

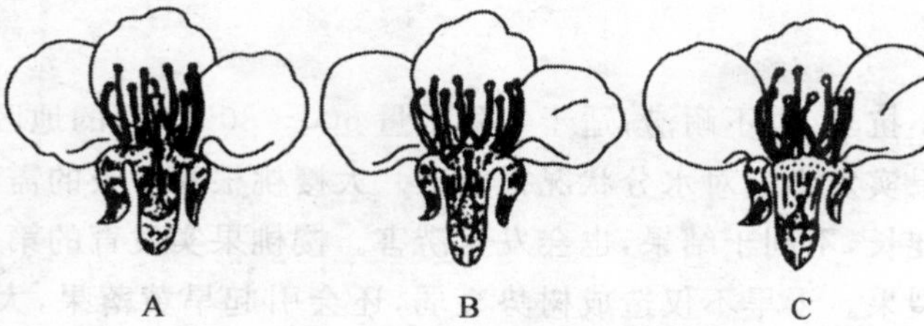

图 16-1　大樱桃雌能败育花

A. 正常花朵　B,C. 雌能败育花

花量大,果小,不能像苹果、梨一样进行疏花疏果。

(3)果实发育

樱桃果实生长发育期较短。中国樱桃从开花到果实成熟 40～50 d;甜樱桃早熟品种 30～40 d,中熟品种 50 d 左右,晚熟品种 60 d 左右。甜樱桃果实发育曲线为双 S 形,分为 3 个时期:自坐果到硬核前为第一速长期,历时 25 d 左右;第二阶段为硬核期,是核和胚的发育期,历时 10～15 d;第三阶段自硬核到果实成熟,主要特点是果实第二次迅速膨大并开始着色,历时 15 d 左右,然后成熟。中国樱桃果实生长发育曲线亦如此。

樱桃果实发育后期易裂果,甜樱桃、酸樱桃更是如此。影响甜樱桃果实裂果的因素有降雨量、温度、果实成熟度、可溶性固形物含量、果实膨胀度、气孔频率与大小、果实大小与硬度、果皮韧性、角质层特性、栽培措施(如灌水、修剪、砧穗结合等措施)等。矿质元素、植物生长调节剂、抗蒸腾剂、表面活性剂和覆盖等措施都可减少裂果。

二、对环境条件要求

1. 温度

樱桃喜温,耐寒力弱。要求年平均气温 12～14℃。一年中,大樱桃要求高于 10℃时间 150～200 d。中国樱桃在日平均气温 7～8℃,欧洲甜樱桃在日平均气温 10℃以上芽开始萌动,15℃以上时开花,20℃以上时新梢生长最快,20～25℃果实成熟。冬季发生冻害温度是－20℃左右,而花蕾期气温－5.5～－1.7℃,开花期和幼果期－2.8～－1.1℃即可受冻害。对低温适应性,甜樱桃杂交种较强,软肉品种次之,硬肉品种较差。果实第一次迅速生长期和硬核期平均夜温宜高,第二次迅速生长期平均夜温宜低。一般认为需冷量甜樱桃为 2 007～2 272 h,酸樱桃为 2 566～2 787 h。

2. 光照

樱桃喜光,以甜樱桃为甚,其次是酸樱桃和毛樱桃,中国樱桃较耐阴。光饱和点是(4～6)×10^4 lx,光补偿点是 400 lx 左右。光照条件好时,樱桃树体健壮,果枝寿命长,花芽充实,坐果率高,果实成熟早,着色好,糖度高,酸味少。光照条件差时,树体易徒长,树冠内枝条衰弱,结果枝寿命短,结果部位外移,花芽发育不良,坐果率低,果实着色差,成熟晚,质量差。

3. 水分

大樱桃喜水，既不抗旱，也不耐涝；适于年降水量 600～800 mm 的地区。甜樱桃需水量比酸樱桃高，年周期中果实发育期对水分状况很敏感。大樱桃根系呼吸的需氧量高，介于桃和苹果之间，水分过多易徒长，不利于结果，也会发生涝害。樱桃果实发育的第二迅速生长期，春旱时偶尔降雨，易造成裂果。干旱不仅造成树势衰弱，还会引起旱黄落果，大量减产。特别是果实发育硬核期的末期，旱黄落果最易发生。

4. 土壤

樱桃对土壤要求取决于种类和砧木。除酸樱桃能适应黏土外，其他樱桃则生长不良，特别是马哈利樱桃作砧木最忌黏重土壤。在土质黏重的土壤中栽培时，根系分布浅、不抗旱，不耐涝也不抗风。酸樱桃对土壤盐渍化适应性稍强。欧洲甜樱桃要求土层深厚，土质疏松，通气好，有机质丰富的沙质壤土和砾质壤土；土壤 pH 在 6～7.5 条件下生长结果良好；耐盐碱能力差，忌地下水位高和黏性土壤。

思考题：

1. 试总结樱桃生长结果习性。
2. 樱桃对环境条件有哪些要求？

第二节　主要种类和优良品种

一、主要种类

樱桃为樱桃科樱桃属。本属约有 120 种以上。主要包括中国樱桃、毛樱桃、欧洲甜樱桃、欧洲酸樱桃、欧洲甜樱桃和欧洲酸樱桃的杂交种。由于后 3 种樱桃果实明显大于原产于我国的中国樱桃即小樱桃，习惯上将欧洲甜樱桃、酸樱桃及其杂种统称为大樱桃。通常所说的大樱桃是指欧洲甜樱桃。在世界上作为果树栽培的主要有 3 种：中国樱桃、欧洲甜樱桃和欧洲酸樱桃。

1. 欧洲甜樱桃(图 16-2)

欧洲甜樱桃又名大樱桃、西洋樱桃，起源于欧洲和西亚。乔木，高 10～20 m。树冠卵球形，树皮暗灰褐色，有光泽，具横生褐色皮孔，小枝浅红褐色。冬芽卵形，长 5～8 mm，鳞片暗褐色。叶片卵形、倒卵形或椭圆形，长 10～17 cm，宽 5～8 cm，先端突尖，边缘有重锯齿，叶柄长 2～5 cm，暗红色，有 1～3 个紫红色腺体。伞形花序，序有花 1～5 朵/花序，多数 4～5 朵/

花序，花径 2.5～3.5 cm，花梗长 3～5 cm，花大，白色。果实圆球形或卵圆形，直径 1.1～2.5 cm，暗红色至紫红色，有的橘黄色或浅黄色。果肉较硬，果汁较多，味甜或稍有苦味，果核卵圆球形或卵形，平滑，浅黄褐色。抗寒性较弱，在夏季温度高的地方寿命显著缩短。用中国樱桃做砧木，一般寿命在 50 年左右。栽培较容易，无严重病虫害。要求较好的灌溉条件，其耐寒性比中国樱桃强，抗旱力较差。

2. 中国樱桃（图 16-3）

中国樱桃又叫草樱桃、小樱桃。原产我国，乔木，树高 6～8 m。叶片卵圆形至椭圆形，基部圆形或广楔形，暗绿色。长 8～15 cm，侧脉 7～10 对，叶柄长 8～15 cm，托叶常 3～4 裂。花白色或粉红色。花直径 1.5～2.5 cm，花梗长 1.5 cm，具短柔毛，花瓣白色，卵圆形至近圆形，先端微凹，花柱与子房无毛。花先于叶开放，3～6 朵成伞形花序或有梗总状花序，花期早。果实近球形，红色、粉红色、紫红色或乳黄色，皮薄，直径 1～2 cm。果肉柔软多汁，不耐贮运，直径约 1 cm，核卵形，微扁。在落叶果树中成熟最早，易生根蘖，其适应性广，抗寒、抗旱，对土壤要求不严格。在温暖地区疏松沙质土壤中生长旺盛，果实品质好。扦插繁殖较易，分株繁殖 2～3 年开始结果，6～7 年进入盛果期。中国樱桃优良品种多产于长江流域。山东省从当地中国樱桃品种中选出的草樱桃，是欧洲甜樱桃的良好砧木。

图 16-2 欧洲甜樱桃

图 16-3 中国樱桃

3. 欧洲酸樱桃（图 16-4）

欧洲酸樱桃原产欧洲及西亚。小乔木或灌木，树冠圆头形，枝干灰紫色或浅棕紫色，有光泽。叶片倒卵形至卵圆形，长 5～7 cm，宽 3～5 cm，先端急尖，基部楔形，常有 2～4 个腺体，叶缘复锯齿，小而整齐，叶面粗糙，浓绿色，无毛。叶柄长 1～2 cm，无腺体，托叶长披针形，有锯齿。伞形花序，有花 2～4 朵/花序，花梗长 2.5～3.5 cm，萼筒钟状或倒圆锥状、无毛，花瓣白色。果实球形或扁球形，直径 1.2～1.5 cm，鲜红色，果肉浅黄色，味酸，黏

图 16-4 欧洲酸樱桃

核。核球形，褐色，直径 0.7～0.8 cm。是 2 倍体甜樱桃和 4 倍体草原樱桃的杂交种，果实主要用于加工。

用酸樱桃作砧木与甜樱桃嫁接亲和力较高，并有一定的矮化作用。喜沙质土壤，在黏土上较容易感染根癌病和流胶病。适应性强，抗寒、抗旱、耐瘠薄。

4. 马哈利樱桃(图 16-5)

原产欧洲及西亚，又称圆叶樱桃。乔木，高达 10 m。主干矮，分枝多，形成广开树冠，小枝幼叶密被短茸毛。叶片圆形至宽卵形，长 3～6 cm，先端短尖，基部圆形或近心形，边缘有圆钝细锯齿，叶柄长 1～2 cm。花 6～10 朵，成总状花序，花径 1.5 cm，花瓣白色，微香。果实球形，直径约 6 mm，黑紫色，不能食用。该种有黄果、垂枝、矮生等变种，常用作樱桃砧木：根系发达，抗寒、抗旱，但不耐涝；在沙壤土生长良好，在通气条件差、贫瘠的黏重土壤上生长不良。

图 16-5 马哈利樱桃

5. 草原樱桃(图 16-6)

灌木，高 0.2～1 m。小枝紫褐色，嫩枝绿色，无毛。冬芽卵形，无毛，鳞片边有腺体。叶片倒卵形、倒卵状长圆形至披针形，长 3～6 cm，宽 1.5～2.5 cm，先端急尖或短渐尖，基部楔形，边有圆钝锯齿，上面绿色，下面淡绿色，两面均无毛，侧脉 6～9 对，叶柄长 8～15 mm，无毛；托叶线形，长 3～4 mm，边缘有腺体。伞形花序，有花 3～4 朵，花、叶同开；花序基部有数枚小叶，比普通叶小，倒卵状长圆形，长 1～2 cm；总梗长 3～8 mm，无毛；花梗长 2～4 cm，无毛；萼筒管形钟状，长 0.7～1 cm，宽约 4 mm，无毛，萼片卵圆形，先端圆钝，边有腺体；花瓣白色，倒卵形，先端微有缺刻，长 6～7 mm；雄蕊多数；花柱无毛。核果卵球形，红色，味甜酸，纵径长约 1 cm，横径长约 8 mm；核表面平滑。花期 4～5 月份，果期 7 月份。

图 16-6 草原樱桃

6. 山樱桃(图 16-7)

产于华北、华东各省。落叶灌木,高可达 3 m。分枝开展,幼枝密生黄茸毛。芽通常 3 个并生,两侧为花芽,中间为叶芽,花芽开放较早,或与叶芽同时开放。单叶互生,或于短枝上簇生;叶片倒卵形或椭圆形,长 4～7 cm,宽 2.5～3.5 cm,先端渐尖,或稀为 3 浅裂,基部阔楔形,边缘具粗锯齿,上面深绿色,有短柔毛,下面有较密的近黄色的茸毛;叶柄长 2～7 mm,有密毛;托叶线形。花单生或两个并生;萼片 5 个,基部连合成管状,内、外都有毛;花瓣 5 片,白色或带粉红色,倒卵形;雄蕊多数;雌蕊 1 枚。核果近椭圆形或近球形,熟时红色,直径约 1 cm。花期 4～5 月份。果期 5～6 月份。多用作樱桃的砧木。

图 16-7 山樱桃

二、主要优良品种

1. 欧洲甜樱桃

(1)早红宝石(图 16-8)

早红宝石又名早鲁宾,乌克兰培育早熟品种,其亲本是法兰西斯×早熟马尔其。果个中大,单果重 5～6 g,阔心脏形,紫红色,果点玫瑰红色。果皮细,易剥离,肉质细嫩多汁,酸甜适口,鲜食品质优。花后 27～30 d 果实成熟。植株生长强健,生长较快,树体大,以花束状果枝和 1 年生果枝结果。该品种自花不实,需配置授粉树。抗寒、抗旱。

图 16-8 早红宝石

(2)大紫(图 16-9)

大紫又名大红袍、大红樱桃、大叶子,原产于俄罗斯,是我国目前主栽品种之一。果实较大,平均单果重 6.0 g,最大可达 10 g。果实心脏形或宽心脏形,果顶微下凹或几乎平圆,缝合线较明显;果梗中长而较细,最长达 5.6 cm;果皮初熟时为浅红色,成熟后紫红色或深红色,有光泽,皮薄易剥离,不易裂果;果肉浅红色至红色,质地软,汁多味甜,可溶性固行物含量为 12%~15%;果核大,可食部分占 90.8%。花后 40 d 左右果实成熟,成熟期不一致,需分批采收。该品种树势强健,幼树期枝条较直立,随着结果量增加逐渐开张。萌芽力强,成枝力也较强,节间长,枝条细,树冠大,树体不紧凑,树冠内部容易光秃。

(3)红灯(图 16-10)

大连农业科学研究所育成,其亲本为那翁×黄玉。果个大,平均单果重 9.6 g,最大果达 12 g。果梗短粗,长约 2.5 cm,果皮深红色,充分成熟后紫红色,富光泽;果实肾脏形,果肉淡黄、半软、汁多,味甜酸适口。核小,半离核。成熟期较早,在大紫采收后期开始采收。采前遇雨有轻微裂果现象。树势强健,生长旺盛。幼树枝条直立,生长迅速;盛果期逐渐开张,进入结果期稍晚,但连续丰产能力强,产量高。

图 16-9　大紫

图 16-10　红灯

(4)芝罘红(图 16-11)

原名烟台红樱桃。果个大,平均单果重 8 g,最大果重 9.5 g。果实圆球形,梗洼处缝合线有短深沟。果梗长而短,平均 5~6 cm,不易与果实分离,采前落果较轻。果皮鲜红色,富光泽;果肉浅红色,质地较硬;果汁较多,浅红色,酸甜适口,含可溶性固形物 16.2%,风味佳,品质上。果皮不易剥离,离核,核较小,可食部分达 91.4%。成熟期比大紫晚 3~5 d,几乎与红灯同熟,成熟期较一致,耐贮运性强。树势强健,生长旺盛,萌芽力、成枝力均高。枝条粗壮,直立。各类果枝均有较强的结果能力,丰产,稳产。

(5)先锋(图 16-12)

果个大,平均单果重 8.6 g,最大果重 10.5 g;果实肾脏形,紫红色,光泽艳丽,缝合线明显,果梗短、粗为其明显特征。果皮厚而韧,果肉玫瑰红色,肉质脆硬,肥厚,汁多,糖度高,含可溶性固形物 17%;酸甜可口,风味好,品质佳,可食率 92.1%。核小,圆形。成熟期较红灯晚 10 d 左右,耐贮运。树势强健,枝条粗壮,丰产性好。抗逆性强。紧凑型先锋的早实性、丰产性等果实性状与先锋相同,唯一不同之处是树冠比先锋小而紧凑,更适于密植栽培。

图 16-11 芝罘红

图 16-12 先锋

(6)雷尼(图 16-13)

雷尼又名雷尼尔,美国以滨库×先锋育成的中熟黄色品种。果实大型,平均单果重 8.0 g,最大达 12.0 g。果实心脏形,果皮底色黄色,富鲜红色红晕,在光照好的部位可全面红色。果肉白色,质地较硬,可溶性固形物含量 15%～17%,风味好,品质佳。离核,核小,可食部分达 93%。果皮韧性好,裂果轻,较耐贮运,生食、加工皆宜。该品种树势强健,枝条粗壮,节间短,树冠紧凑,以短果枝结果为主,早果、丰产。抗逆性强。

(7)抉择(图 16-14)

果个大,单果重 9～11 g,果实圆形至心脏形,果顶浑圆,果梗粗,较短。果皮紫红至暗红色,皮薄,韧性强,易剥离,裂果轻。果皮无涩味,果肉紫红色至暗红色,较硬,肉质细腻多汁,酸甜可口。半黏核至离核,品质极佳。花后 42～45 d 果实成熟,成熟后可挂树期长达 2 周,果不落不烂,品质不变。该品种树势强健,树体高大,早果丰产性极佳。抗寒、抗旱。

图 16-13 雷尼

图 16-14 抉择

(8)拉宾斯(图 16-15)

加拿大以先锋×斯坦勒杂交育成晚熟品种。果实大果型,平均单果重 8 g。果实深红色,充分成熟时紫红色,有光泽,美观;果皮厚韧,裂果轻;果肉肥厚,脆硬,果汁多,可溶性固形物含量 16%,风味佳,品质上等,成熟期在 6 月中下旬。该品种树势强健,树姿较直立,自花结实,早果、丰产、耐寒。

(9)那翁(图 16-16)

那翁樱桃是中熟黄色优良品种。果实较大,平均单果重 6.5 g;果实心形;果皮黄色,阳面有红晕,有光泽,完全成熟后呈全红色,外观美;果肉淡黄色,质密,细嫩多汁,有芳香,口味酸甜,可食率高达 93.6%,品质佳,耐储运。6 月中旬成熟。该品种树势强健,树冠圆球形、紧凑,萌芽率高,成枝力稍差,枝干粗壮,节间短;当年生枝棕褐色,具灰白色膜,黄褐色皮孔,多年生枝深褐色;叶片大而肥厚,长卵圆形,深绿色,叶柄较长;花白色,多为 2～5 朵簇生,以花束状果枝为结果主枝。丰产、稳产。

图 16-15　拉宾斯

图 16-16　那翁

(10)龙冠(图 16-17)

龙冠樱桃是中国农业科学院郑州果树研究所育成,其亲本为那翁×大紫。果实宽心脏形,平均单果重 6.8 g,最大果重 12 g。果皮呈宝石红色,肉质较硬,果肉及汁液呈紫红色,汁液中多,酸甜适口,风味浓郁,品质优良。核椭圆形,黏核。果实较耐贮运。树体生长健壮,开花整齐,自花授粉坐果率高达 25%～30%,果实发育期 40 d 左右。早果,丰产,抗逆性均强。

图 16-17　龙冠

(11)佳红(图 16-18)

佳红樱桃是大连农业科学研究所培育品种,亲本为滨库×香蕉。果实宽心脏形,大小整齐,平均单果重 10 g 左右,最大可达 15 g。果皮底色浅黄,向阳面着鲜红色彩霞,外观色彩艳丽，有光泽，极美丽。果肉浅黄白色，质地较脆，肥厚多汁。黏核。鲜食品质极佳，耐贮运。成熟期比红灯晚 1 周左右。该品种树势强健，枝条横生或下垂，树冠开张，萌芽率高，成枝力强，早果、丰产。

(12)滨库(图 16-19)

滨库是美国品种。果实心脏形。果个大，平均单果重 7.2 g。梗洼宽、深，果顶平，近梗洼处缝合线侧有短深沟，果梗粗短。果皮浓红色至紫红色，外形美观，果皮厚。果肉粉红，质地脆硬，汁中多，淡红色，酸甜适度，品质上。半离核，核小。成熟期较红灯晚 10～15 d。耐贮运，采前遇雨有裂果现象。树势强健，树姿较开张，枝条粗壮、直立，树冠大，以花束状果枝和短果枝结果为主。丰产、稳产性好，适应性较强。

图 16-18　佳红

图 16-19　滨库

(13)红手球(图 16-20)

红手球樱桃是日本极晚熟品种，果实生育期 70～80 d。果实短心脏形至扁圆形，平均单果重 10～13 g。果皮鲜红至浓红色，先着色，后成熟。果肉硬，可切成片。果肉乳黄色，略有酸味，风味浓郁，可溶性固形物含量 20%以上。核中大，核周围有红色素。树姿半开张，幼树生长势强，树势缓和后结果能力强，花芽着生多，丰产，叶片大，叶色浓。栽后第二年结果，4～5 年进入盛果期。授粉品种是那翁、红蜜、佐藤锦、红绣峰。抗冻性、抗病性强。

图 16-20　红手球

2.酸樱桃品种

(1)顽童

顽童是一个杂交种,果实扁圆形,整齐一致,果实大,单果重5.5 g。果皮浓红色或近黑色。果肉紫红色,细嫩多汁,酸甜爽口,鲜食品质佳。花后果实50～55 d成熟,果实亦适宜加工。植株健壮,树冠圆形,枝中密,以花束状果枝和1年生果枝结果。早果、丰产,抗寒、抗旱,抗细菌病害,适应性广。

(2)相约

果实扁圆形。果个特大,单果重8～9 g。果皮紫红色。果肉红色,细嫩多汁,软肉。酸甜适口,果汁红色,鲜食品质极佳。花后50～60 d果实成熟,适宜加工。植株长势中庸偏弱,以花束状果枝和1年生果枝结果为主,部分自花结实。结果早,较丰产,抗旱、抗寒力中等。

(3)美味

果实圆形。果个大,整齐,单果重6～8 g。果皮红色。果肉玫瑰红色,细嫩柔软,具葡萄甜味,汁液玫瑰红色,鲜食品质极佳。花后60～65 d果实成熟,适宜加工。植株健壮,树冠圆形,枝中密,以长果枝和1年生果枝结果为主。结果早,抗寒、抗旱中等,对细菌性病害、褐腐病抗性中等。

(4)毛把酸

毛把酸是我国酸樱桃主栽品种之一。果实圆球形或扁圆形,果个小,平均果重2.5～2.9 g,果皮浓紫红色,具有蜡状光泽。果肉柔嫩多汁,酸甜,品质中上。核小,离核。果柄基部常有苞片或小叶状,为其典型特征。易繁殖,花期晚,不易受晚霜为害,生产中可作为甜樱桃的授粉树和砧木应用。适应性强,抗寒、抗旱,耐瘠薄。

(5)斯塔克

该品种不带樱桃黄矮病毒和环斑坏死病毒。树冠比普通型蒙特莫伦斯略小,适于机械采收。早熟性、丰产性均比蒙特莫伦斯好,其他特点与其相似,自花授粉结果。

3.中国樱桃

(1)大窝楼叶

大窝楼叶产于山东枣庄市多城区齐村,因其叶片大向后反卷,皱缩不平而得名。果实圆球形或扁圆球形,脐部微下凹,缝合线暗紫红色。单果重1.5～2.0 g。果皮较厚,紫红色,易剥离。果柄中长较粗,果肉淡黄色,微红色,果汁中多,肉质软,味甜微酸,有香味。离核。5月上旬成熟,较耐瘠薄,抗干旱。

(2)崂山樱桃

果实扁斜,宽心形,先端具小突尖,缝合线不明显。果个较大,平均单果重2.8 g。果皮紫红色,中厚易剥离;果肉橙黄色,近核处粉红色,稍黏核,果汁多,味甜、品质上。树体高大,喜肥水,不耐瘠薄、干旱。

(3)莱阳矮樱桃

莱阳矮樱桃是山东莱阳市林业局从当地实生苗中选出的矮生型中国樱桃优良品种。果实圆球形,平均单果重1.73 g。果皮深红色,果肉淡黄色,肉质致密,皮肉易分离,风味甜,有香气,可溶性固形物含量16.5%。离核,果肉可食率91.3%,较耐贮运。树体强健,树冠紧凑矮小，早期丰产性好，抗逆性强。

（4）大樱桃

果实宽心形，果肩微偏斜，果顶尖瘦。果个较大，平均单果重 2.1 g。果皮朱红色，皮厚韧，易剥离。果肉黄白色，近核处微红，肉质略有弹性，果汁中多，味甜而微酸。离核，品质上。树势强健，冠内易空虚。

（5）矮樱桃

果实圆球形，果柄短，果个中大，平均单果重 1.7 g。果皮深红色。果肉淡黄色，肉质致密，皮肉易分离，味甜，有香气。离核。丰产性好，适应性及抗逆性强。树体紧凑矮小，易早果、丰产。

思考题：

1. 世界上作为果树栽培的樱桃有哪些种类？通常所说的大樱桃属于哪一种类？
2. 大樱桃的优良品种有哪些？识别时应把握哪些要点？

第三节 无公害生产技术

一、育苗

1. 实生砧木苗培育

采用本溪山樱桃、中国草樱、马哈利樱桃作砧木时多用实生播种法繁殖砧木苗。实生播种法繁育出的苗木具有根系发达、成本低、繁殖系数高等优点。

（1）种子采集及沙藏

种子采集在果实充分成熟时进行。果实采回后立即浸入水中搓洗，弃去果肉和漂浮在水面的秕种子，将沉入水底饱满种子清洗干净后备用。沙藏时将纯净种子按 1 份种子与 3～4 份湿河沙的比例混匀，贮于阴凉不积水处，不干放。本溪山樱桃种子可先阴干 1 个月，再混入湿沙贮藏。冬季来临之前取出种子进行层积。层积时仍按 1 份种子与 3～4 份细河沙混匀，河沙含水量 50%～60%，即手握成团不滴水，松手一触即散。混匀后装编织袋、木箱等容器，或堆放稍加覆盖，置于 0～4℃环境中，160～180 d 完成后熟。

（2）播种

将经过层积种子第 2 年春天播种。播种方式分为大田直播、畦床播种、穴盘和营养钵播种。

（3）播后管理

播种后随时注意土壤湿度变化，播后覆盖稻草或麦草，苗拱土时撤去。其间除非特别干旱，一般不浇水。土壤过干时，用细眼喷壶喷水，保持表土湿润、松散，切忌大水漫灌。幼苗出土后及时松土、除草。幼苗大部分长至 4～5 片真叶时，及时间苗、定株、移栽。幼苗移栽时必须带土坨。幼苗生长过程中保证肥水供应。

2. 营养系砧木苗培育

采用考特、吉塞拉、大青叶等作为砧木时均是采取营养系繁育苗。该类苗共同特点是变异小、整齐度高，但根系分布浅、寿命短。营养系苗的繁育方法有扦插、压条、分株、组织培养。其中，组织培养在生产上应用较少。

(1)扦插育苗

扦插育苗有两种：一种是硬枝扦插，即利用 1、2 年生休眠枝在春季扦插；另一种是嫩枝扦插，是利用半木质化带叶新梢进行扦插。对于容易生根的种类可以硬枝扦插；生根困难种类，可进行嫩枝扦插。

(2)压条和分株育苗

各类樱桃砧木在母树基部靠近地面处都能萌发出很多萌蘖苗，可将这些苗进行压条。具体方法是在 6 月份根际苗长到高 50 cm 左右时，在根际苗周围放射状开沟，将萌条压倒在沟内，上面培土，前面保留 30 cm，使顶芽和叶片继续生长。一般到翌年春季萌发前刨出，集中栽于苗圃地培养。

3. 嫁接

1 年中，甜樱桃适宜嫁接时期有 3 次：第 1 次在春季 3 月下旬前后，时间 15 d 左右，此期多采用板片梭形芽接、单芽切腹接或劈接法；第 2 次在 6 月下旬至 7 月上旬，时间 15～20 d，此期主要采用板片条状芽接或丁字形芽接；第 3 次在 9 月中、下旬以至 10 月上旬，此期一般采用板片条状芽接。

二、高标准建园

1. 园地选择

樱桃园地选择应根据其对生态条件要求，尽量选择适于樱桃生长发育的地方建园，做到适地适树。樱桃选择园地时一般应考虑气候条件、地形条件、土壤条件、水质条件和空气条件。

(1)气候条件

甜樱桃最适宜在冬天无严寒、夏无酷暑、无风灾雹害、春季气温回升较平稳、无经常性的倒春寒和晚霜为害的地区栽植。

(2)地形条件

选择坡地 15°以下的缓坡丘陵和平地建园。

(3)土壤条件

选择土质疏松、透气性好、空隙度大而保肥能力强的沙质壤土建园最好。其他较适宜的土壤为沙质土、壤质土和砾质土。黏质土应彻底改良后才能建甜樱桃园。

(4)水质条件

必须选择水源充足、有水浇条件的地方建园。甜樱桃不能用含盐、含碱、受污染的水灌溉，水硬度不能过高。果园灌溉用水必须清洁无毒，符合国家农田灌溉水质量标准。

(5)空气条件

大气环境质量应满足国家制定的无公害水果基地大气环境质量标准 GB/T 18407.2—2001。

2. 园地规划

园地规划包括防风林体系规划、栽植区规划、水土保持与排灌体系规划、施肥与喷药体系规划、附属设施规划，规划方法和其他果树基本一样。

3. 栽植规格

栽植规格应根据品种、砧木、土壤、气候条件、肥水条件和整形修剪方式不同，采用不同的栽植规格。一般平原地区采用小冠疏层形整形时，株行距 3 m×4 m 或 3 m×5 m；若采取纺锤形整形，则株行距以 2 m×4 m 或 2 m×5 m 为宜。丘陵地和山坡地，密度宜稍大，采取小冠疏层形时，株行距 2 m×4 m 或 3 m×4 m 为宜；若采取纺锤形，株行距以 2 m×4 m 为宜。进行梯田栽植的地方，若每个梯田面单行栽植，株距可为 1.2～2 m。

4. 授粉树配置

中国樱桃可自花结实。目前生产上应用的甜樱桃品种只有斯坦勒、拉宾斯、意大利早红等少数品种可自花结实，其他大多数品种自花不实，必须配置授粉树。即使是自花结实品种，配置授粉树后，也可明显提高产量和果实品质。生产上樱桃授粉树配置可将几个品种混栽，互为授粉树。互为授粉树的几个品种间必须花期一致、花粉量大且生命力强、互相授粉亲和力强。栽植时不宜采取中心式，最好 2～3 个品种间隔栽，每 2～3 行 1 个品种。同一品种不宜连栽 3 行以上。甜樱桃适宜授粉品种见表 16-1。

表 16-1 甜樱桃授粉品种

主栽品种	适宜授粉品种	主栽品种	适宜授粉品种
那翁	大紫、水晶、巨红、滨库、雷尼尔、先锋	沙蜜脱	大紫、友谊、宇宙、奇好、佐藤锦、南阳
大紫	水晶、那翁、滨库、芝罘红、红丰、巨红、黄玉、红灯	早红宝石	抉择、乌梅极早、那翁、早大果、红灯
滨库	大紫、养老、水晶、巨红、红灯、斯坦勒、雷尼尔、先锋	抉择	早大果、早红宝石、红灯、那翁、先锋
雷尼尔	那翁、滨库、巨红、红蜜	早大果	早红宝石、抉择、胜利、先锋
佳红	巨红、雷尼尔、先锋	胜利	早大果、雷尼尔、先锋、那翁、红灯
美早	先锋、红灯、红艳、拉宾斯、沙蜜脱	友谊	胜利、早大果、雷尼尔、先锋、红灯
红灯	红蜜、滨库、大紫、佳红、巨红、红艳	宇宙	友谊、奇好、沙蜜脱、胜利、那翁、先锋
红艳	红灯、红蜜、巨红	奇好	宇宙、友谊、沙蜜脱、先锋
先锋	滨库、雷尼尔、早大果、胜利、友谊、宇宙	芝罘红	水晶、大紫、那翁、滨库、红灯、红丰

5. 栽植技术

(1)优质壮苗标准

樱桃优质壮苗应具备根系完整,须根发达,粗根 5 mm 以上的大根 6 条以上,长度 20 cm 以上,不劈、不裂、不干缩失水,无病虫害。枝条粗壮,节间较短而均匀,芽眼饱满,不破皮、不掉芽,皮色光亮,具有本品种典型色泽,嫁接口愈合良好。

(2)栽植时间

樱桃适于春栽。具体栽植时间根据当地天气状况而定,一般土壤彻底化冻,越冬作物如冬小麦、油菜或杂草开始返青时栽植。如采取措施抑制苗木萌发,稍延后栽植,成活率更高。

(3)栽植技术

樱桃可采用挖沟、挖坑栽植方法,也可采用平面台式栽植方法。具体做法是:栽前按要求整地,撒施充足土杂肥后旋耕深 20 cm。栽植时,每株树位置先放少量复合肥,50 kg 左右,上盖一锹土,将苗轻轻放在上面,扶直,将行间表土培在根部,踏实。栽好后将行间表土沿行向培成台,台上宽 60 cm、下宽 100～120 cm、高 40～60 cm。沿每行铺设 1 条滴灌管,盖黑色地膜,充分灌足水,然后每 10～15 d 即施 1 次水肥,施用量以浸湿即可,每次用复合肥 4～5 kg/667 m^2。栽后立即定干,并套长 40 cm 的地膜筒。

三、土肥水管理

1. 土壤管理

(1)土壤改良

樱桃土壤改良最常用的方法是深翻熟化、根部培土和盐碱土改良。土壤深翻可在春、夏、秋 3 个时期进行。春季深翻在开春撒施有机肥后进行,该次翻得宜浅;夏季深翻在施完采果肥后进行;秋季深翻一般在 8 月下旬至 9 月份进行,结合秋施基肥,翻的深度宜深些。根部培土最好在早春进行,秋季将土堆扒开,随时检查根颈是否有病害,发现病害及时治疗。土堆顶部要与树干密接。盐碱地改良可用定植沟内铺秸秆,增施有机肥,勤中耕,地面覆盖或地膜覆盖、种植绿肥等方法。

(2)树盘覆盖

①覆草。适宜在山岭地、沙壤地、土层浅的樱桃园进行。黏重土壤不宜覆草。覆草材料因地制宜,秸秆、杂草均可。除雨季外,覆草可常年进行。覆草厚度以常年保持在 50～20 cm 为宜。连续覆草 4～5 年后有计划深翻,每次翻树盘 1/5 左右。覆草果园要注意放火、防风刮。

②覆膜。可在各类土壤上进行,尤其是黏重土壤。覆膜应在早春根系开始活动时进行。幼树定植后应整平树盘,浇 1 次水。追施 1 次速效肥后立即覆膜。覆膜后一般不再耕锄。膜下长草可压土,覆黑地膜可免除草工序。采取平面台式栽植,必须覆地膜。

(3)种植绿肥与行间生草

幼龄甜樱桃园可行间间种矮秆、浅根、生育期短、需肥水较少且主要需肥水期与甜樱桃植株生长发育的关键时期错开,不与甜樱桃共有危险性病虫害或互为中间寄主的作物。最适宜间作物是绿肥。常用绿肥作物有沙打旺、苜蓿、草木犀、杂豆类等,生长季将间作物刈割覆于树盘或进行翻压。成龄甜樱桃园可采用生草制,就是在行间、株间、树盘外区域种草,树盘清耕或覆草。草类以禾本科、豆科为宜。也可采取前期清耕,后期种植覆盖作物的方法,就是在甜樱桃需水、肥较多的生长季前期实行果园清耕,进入雨季种植绿肥作物,至花期耕翻压入土中。

2. 施肥管理

(1)原则

设法增加樱桃植株营养贮备水平、少量多次使根系较好地吸收利用、水肥并施使肥效充分发挥、浅施多点使全树根系功能都得以利用、地上和地下配合施用及时满足树体对养分的需要。

(2)施肥

①秋施基肥。樱桃基肥在每年9月中旬至10月份施入。施用基肥种类主要是腐熟的人粪尿、猪圈肥、鸡粪和豆饼等有机肥料。施肥量约占全年施肥量的70%。幼树和初果树施充分腐熟人粪尿30～60 kg/株,或猪圈肥125 kg/株左右,幼树期加速效氮肥150 g左右,初果期亦可混入复合肥,做到控氮、增磷、补钾。结果大树施人粪尿60～90 kg/株,或施猪圈粪3 500～5 000 kg/667 m^2。采用环状沟施,也可隔行施肥。结合施基肥,幼树进行扩穴深翻。

②花前追肥。初花期追施尿素500～1 000 g/株,一般施40 cm以内。盛花期喷施0.3%尿素+(0.1%～0.2%)硼砂+600倍磷酸二氢钾(KH_2PO_4),以提高坐果率,增加产量。

③采果后追肥。

樱桃采果后收10 d左右,为了延长叶片功能期,增加有机营养物质积累,促进花芽分化,可追施磷酸二铵1～1.5 kg/株。

叶面喷肥在整个生长季根据需要随时进行,喷施肥料种类是0.3%的尿素+0.3%的KH_2PO_4,每隔10～15 d喷施1次。

3. 水分管理

樱桃灌水应本着少量多次、稳定供应的原则进行。既要防止大水漫灌导致土壤通气状况积聚恶化,也要防止干旱导致根系功能下降。果实发育期更要注意水分稳定供应,严防过干、过湿造成大量裂果。

(1)适时浇水

樱桃浇水可根据其生长发育中需水特点和降雨情况进行,一般每年要浇水5次。

①花前水。在发芽后开花前进行。主要满足发芽、展叶、开花对水分的需求。要保证适宜的水分供应。

②硬核水。就是硬核期灌水,此期10～30 cm土层内土壤相对含水量不低于60%,否则要及时灌水。该次灌水量要大,浸透土壤50 cm。

③采前水。采收前10～15 d,是樱桃果实膨大最快时期,此期浇水采取少量多次原则。

④采后水。樱桃果实采收后,要结合施肥进行充分灌水。

⑤封冬水。樱桃果实落叶后至封冬前要浇1遍封冻水,以满足其安全越冬、减少花芽冻害及促进健壮生长。

(2)雨季排水

樱桃是最不抗涝树种之一。要求建园时必须设计排水系统,保证雨后 2 h 内将园中水排净,绝对不能出现园内积水现象。

四、整形修剪

1. 常用树形

(1)丛状形。中国樱桃和甜樱桃可采用此树形。该树形无主干和中心干,自地面分生出长势均匀的 4～5 个主枝,主枝上着生结果枝组,配备大的侧生分枝。

(2)自然开心形

中国樱桃和甜樱桃均可采用此树形。该树形成形后主干高 20～40 cm,无中心干,主干上着生 4～5 个长势均衡的主枝,主枝角度 30°～45°,主枝在整个树冠所占空间均匀分布。每个主枝上分生 6～7 个侧枝,分为 4～5 层,侧枝着生角度 50°～60°。侧枝上及主枝上配备各类结果枝组。

(3)小冠疏层形

甜樱桃可采用此树形。该树形成形后树高 3～3.5 m,主干高 50～60 cm,中心干着生主枝 5～6 个,分 2 层排列:第 1 层主枝 3 个,第 2 层主枝 2～3 个。第 1 层主枝各配备 2 个侧枝,第 2 层主枝为 2 个时各配 1 个侧枝,为 3 个时不配侧枝。主枝角度 45°～60°,侧枝角度 60°～80°。该树形较适于土壤肥沃、水肥条件较好的平地采用。

(4)自由纺锤形

甜樱桃可用此树形,施于密植甜樱桃园和设施栽培。自由纺锤形成型后树高 2.5～3 m,主干高 50～60 cm,中心干直立挺拔,生长势较强,其上分层或不分层着生 10～15 个单轴延伸主枝;主枝角度 80°～120°,下层 80°～90°,上层 90°～120°。下部主枝较长,通常 2～2.5 m,向上逐渐变短,最下部下垂状主枝长在 1.5 m 左右。

(5)改良纺锤形

①丛状改良纺锤形。是在丛状形基础上,按照纺锤形整形修剪原则形成的一种树形,主枝数量 5～6 个,其上不着生侧枝,直接培养各类枝组,主枝严格单轴延伸,枝组也呈细长形状。

②开心式改良纺锤形。是在自然开心形基础上采用纺锤形整形修剪原则形成的一种树形。主干高 40～60 cm,主枝 6～7 个,分 2 层排列:第 1 层 3～4 个,第 2 层 2～3 个,各主枝角度在 80°左右,其上不再配置侧枝,直接着生各类结果枝组。

③基部 3 主枝改良纺锤形。由疏散分层形改良而成。成型树高控制在 3.5 m 以下,主枝数量可适当增加至 10 个以上。保留原植株基部 3 大主枝不动,维持其原有结构,采取原有整形修剪方式,对中心干上基部 3 主枝以外的所有大枝均按纺锤形的整形修剪原则加以改造,压缩或去除大的侧枝,改造为中小型结果枝组。主枝角拉至 80°～90°,保持严格单轴延伸,主枝上直接培养各类中小型结果枝组,不配大型枝组。

④组合式改良纺锤形。由疏散分层形改造而来。每个大枝相当于 1 株小型纺锤形“树”,整株树由 7～10 个这样大枝分 2～3 层组成,第 1 层 4 个,第 2 层 2～3 个,第 3 层 1～2 个。对

原有疏散分层形改造时，首先加大原有主枝角度；其次将各辅养枝改造成细长纺锤形状，作主枝用；原有各主枝大侧枝压缩变小；而主枝上大型结果枝组则拉长其枝轴，培养成细长纺锤形状，长度在1～1.5 m。每个主枝上可以着生5～7个细长纺锤形枝，其上再培养各类中小型结果枝组，不配大型枝组。

2.休眠期修剪

(1)修剪时间及要求

一般在3月中、下旬萌芽前进行冬剪。修剪程度宜轻不宜重，除对各级骨干枝轻短截外，其他枝多行缓放，待结果转弱后，及时回缩复壮，疏除病枝、断枝和枯枝等。同时注意疏剪密生中小型枝，回缩细弱冗长枝到壮枝、壮芽处，剪锯口涂油漆保护。

(2)树冠修剪

①主侧枝培养。通过冬季修剪，必须调整主侧枝间的从属关系。主侧枝的分布必须株间不交叉、不重叠。株间大枝通过冬剪相互避让互不影响，行间应有光路，至少有0.5 m的空间，切实达到通风透光。

②枝组培养及更新复壮。每年冬季修剪应该注意枝组不断更新修剪，使枝组内抽生足够的中长果枝。培养枝组方法有两种：一是先放后缩法，二是先截后放法。使枝组分布在主侧枝两侧，着生状态呈水平及斜生。主侧枝背上应留中小型枝组，高度不超过0.4 m，中下部位，空间大的适当安排较大型枝组。整棵树各类枝组相互搭配，不能交叉、重叠。通过合理的回缩、短截、长放等方法的运用使枝组保持各占一处、错落有致。

③结果枝修剪。结果枝剪留要按照樱桃树的生长势、各类果枝的分布状态进行剪截。结果枝中的长果枝应留在枝组的侧边，以斜生状态为好；背上或直立的长果枝少留；树冠上部徒长性结果枝坚决不留。初结果树和生长过旺不易结果的树以疏剪长放为主，枝组轻缩少截多留果枝，促进树势缓和，提高结果能力；成年树采用长放截缩配合方法：一般长果枝剪去梢部不充实段，剪去梢部1/4～1/3长度，中果枝以长放为主，短果枝需保留的绝不能剪截；老年树或衰弱树应少疏多截，控制结果量，加强枝组更新，促进树势恢复。

(3)不同年龄时期修剪

①幼树修剪。樱桃幼树主要修剪任务是培养树体骨架，促使幼树早成形、早结果，为盛果期高产稳产打下可靠基础。修剪幼树根据树形选配各级骨干枝。中心干剪留长度50 cm左右，主枝剪留长度40～50 cm，侧枝短于主枝，纺锤形树形留50 cm短截或缓放，注意骨干枝的平衡与主次关系。严格防止上强，用撑枝、拉枝等方法调整骨干枝角度。树冠中其他枝条，斜生、中庸枝条缓放或轻短截，旺枝、竞争枝视情况疏除或进行重短截。

②初果树修剪。初结果树修剪任务重点是缓和树势，积极培养结果枝组，为大量结果打好基础。初果树除继续完成整形任务外，注意结果枝组培养。树形基本完成时，注意控制骨干枝先端旺长，适当缩剪或疏除辅养枝。对结果多年结果部位外移较快的疏散型枝组和单轴延伸的枝组，在其分枝处适当轻回缩，更新复壮。对以短果枝结果为主的那翁、红丰、水晶、晚红等，在修剪上应以甩放为主。对结果树一般不采用短截手法。当树势衰弱时，适当回缩，使短果枝抽生发育枝，进行枝组更新。新生发育枝继续甩放，促生短果枝形成，增加结果部位。对以中长果枝结果为主的大紫等成枝力强的品种，要以长放为主，回缩为辅，放缩结合原则培养中长结果枝。培养大、中型结果枝组时，可选70～80 cm的旺枝，缓放1～2年后再回缩，对长度

40 cm 以下的中等枝，多用于培养小型结果枝组。采用先缓放后回缩培养结果枝组时，应注意缓放后不弱，回缩后不旺，保持中等长势。回缩时一定要根据树势、肥水条件和枝条着生部位来决定。

③盛果树修剪。盛果树修剪任务主要是保持强壮树势，尽量控制树冠向外扩展，改善冠内通风透光条件，延长结果年限，达到连年稳产高产目的。通过修剪，调节生长和结果的关系；疏弱枝，留强枝，保持较大的生长量和形成一定数量的结果枝。同时，对结果枝组不断进行更新修剪，复壮衰老的结果枝组，保持树冠内有较多的有效结果部位。盛果树要休眠期修剪和生长期修剪相结合，调整树体结构，改善树冠内通风透光条件，维持和复壮骨干枝长势及结果能力。骨干枝和枝组带头枝在其基部腋花芽以上 2～3 个叶芽处短截；经常在骨干枝先端 2～3 年生枝段进行轻缩剪，促使花束状果枝向中、长枝转化，复壮枝势。对结果多年的结果枝组，也要在枝组先端的 2～3 年生枝段处缩剪，复壮枝组生长结果能力。盛果后期骨干枝衰弱时，及时在其中后部缩剪至强壮分枝处。

④衰老树修剪。樱桃衰老树修剪任务主要是及时更新复壮树体，重新恢复树冠，达到继续连年结果目的。在樱桃分批采收后回缩大枝。大中枝回缩后伤口处萌发出的徒长枝，选留方向和角度适宜的作为骨干枝进行培养。截除大枝时，如在适当部位有生长正常的分枝，最好在此分枝上端回缩更新。利用徒长枝培养新主枝时，选择位置适当、长势良好、角度开张枝条进行培养，过多萌条及时疏除，先短截，促发分枝，再缓放使其成花，形成大中型枝组。更新时间在早春萌芽前进行。

3. 夏季修剪

(1)刻芽

甜樱桃刻芽必须严格掌握刻芽在芽变绿尚未萌发时进行，秋季和芽未萌动以前不可刻芽，以免引起流胶。其应用主要是幼树整形和弥补冠内空缺。

(2)摘心

早期摘心一般在花后 7～10 d 进行。对幼嫩新梢保留 10 cm 左右摘心。此期摘心的主要目的是控制树冠和培养小型结果枝组，也可用于早期整形。生长旺季摘心是在 5 月下旬至 7月中旬进行。旺长枝保留 30～40 cm 将顶端摘除。幼龄树连续摘心 2～3 次能促进短枝形成，提早结果。

(3)扭梢

扭梢必须在新梢半木质化时进行，以缓和长势，积累养分，促进花芽分化。

(4)拿枝

拿枝在 5～8 月份均可进行。拿枝可起到缓势促花作用，还可用于调整 2～3 年生幼树骨干枝方位和角度。

(5)开张角度

主要用于甜樱桃开张主枝基角。开张角度方法有拉枝、拿枝、坠枝、撑枝和别枝等，最常用的方法是拉枝。拉枝一般在秋季进行。

五、花果管理

1. 促进花芽分化

果实采收后 10 d 左右及时施肥、灌水，加强根系吸收能力，增加枝叶功能，以促进花芽分化，增加花芽数量，提高花芽质量。

2. 疏花芽、花蕾

疏花芽适宜在花芽膨大时进行。疏除生长势弱、过多、过挤的短果枝上的全部花芽，让其继续抽生健壮短果枝，次年结果。疏花芽量以控制在短果枝数量的 20% 为宜。疏花蕾在大蕾期进行，将弱枝、过密枝、畸形、较小的疏除。将一些弱花枝、过密花枝上的花蕾全部疏除；也可对每个花枝进行疏蕾，每花芽留 2～3 朵健壮花。若结合采花粉进行疏蕾，则应在花开放 50% 左右时进行。

3. 保证授粉

除建园时合理配置授粉品种外，也可采用花期放蜂或人工授粉等方式保证授粉。采用蜜蜂授粉时，约 5 000 m^2 放 1 箱。采用壁蜂授粉时，一般在开花前 5～10 d 放入，需壁蜂 150～200 头/667 m^2。据研究，凡进行放蜂的樱桃园，一般提高花朵坐果率 10%～20%。但需注意花期禁止喷药，以免影响访花昆虫，影响授粉。人工辅助授粉时间从开花当天至花后 4 d。人工授粉时，既可人工点授，也可采用授粉器授粉，或用鸡毛掸子在不同品种树间互相滚动。为保证不同时间开的花都能及时授粉，人工辅助授粉应反复进行 3～4 次。

4. 防止裂果

第一，选择成熟期较早的品种如早红宝石、抉择、维卡、芝罘红、红灯和大紫等，或选择抗裂果品种如雷尼尔、拉宾斯等。第二，加强果实发育后期水分管理，防止忽干忽湿，要浇小水、勤浇水，保持土壤含水量为田间最大持水量的 60%～80%。第三，采用防雨篷防止裂果。第四，喷植物生长调节剂减少裂果。第五，喷钙。据研究，成熟期初期，喷乙酸钙和螯合钙可减少裂果，但喷氯化钙效果很小。第六，其他措施如用 1% 抗蒸腾剂和 0.3% 的植物油溶液也可有效减少果实裂果。

5. 预防鸟害

在采收前 7 d 树上喷灭梭威杀虫剂，忌避害鸟；采用害鸟惨叫录音磁带，扩音播放吓跑害鸟；用高频警报装置干扰鸟类听觉系统；在树上挂稻草人，塑料猛禽、气球、放爆竹惊吓害鸟；架设防鸟网把树保护起来。

六、病虫灾害防治

1.休眠期

每月喷1次250～300倍羧甲基纤维素，以防止冻害和抽条；萌芽前喷3～5°Be′石硫合剂，消灭越冬病虫害；根据当地天气预报，采用早春灌水、树体喷5%石灰水避开霜期；或萌芽前喷布0.8%～1.5%食盐水，或27%高脂膜乳剂200倍液延迟花期，避开霜冻。

2.萌芽开花期

霜冻来临前熏烟，早晚人工振树，铺塑料布捕捉金龟子；在盛花期喷20%甲氰菊酯乳油2 000倍液防治害虫。

3.果实发育期

喷5%噻螨酮乳油2 000～3 000倍液，或25%灭幼脲3号悬乳剂2 000倍液，防治桑白蚧、红蜘蛛、卷叶蛾、蚜虫类等；6月份发生流胶及时人工刮治；近成熟时采取综合措施预防鸟害。

4.生长后期

6月下旬防治穿孔病，喷70%甲基硫菌灵可湿性粉剂800～1 000倍液，或80%代森锰锌可湿性粉剂600倍液，兼防早期落叶病。喷1.8%的阿维菌素乳油4 000～6 000倍液防治红蜘蛛、潜叶蛾。人工捕捉天牛和金缘吉丁虫成虫、挖除幼虫。7月中旬喷药，主要防治叶螨、潜叶蛾、穿孔病和早期落叶病等。8月下旬喷0.3°Be′石硫合剂，防治桑白蚧。

5.落叶期

10月份落叶后，及时清扫果园，将落叶、残枝搜集一起，集中深埋或烧毁，以消灭越冬病虫害。

七、果实采收

1.采收期

樱桃果实要随熟随采，分批采收。当地销售的鲜食果实，在果实成熟、充分表现出本品种的性状时采收；外销鲜食或加工制罐果实，在八成熟左右时采收，一般比当地销售的鲜食果实提前5 d左右采收；作当地酿酒用果实，在果实充分成熟时采收。

2.采收方法

采收时，用手握及果柄基部，轻轻按捺采下，轻拿轻放，避免损伤果面。外销鲜食和加工制罐果实，采收时不要损伤花束状果枝。采收后，果实要先在园内集中场地进行初选，剔除青绿小果、病僵果、虫（鸟）蛀果、霉烂果、双果和“半子果”等，然后运往包装场分选包装。

思考题：

1. 建樱桃园如何进行品种选择和配置？
2. 怎样提高樱桃坐果率？
3. 怎样生产出优质樱桃果品？
4. 樱桃整形修剪中应注意哪些事项？

第四节　园 林 应 用

一、景观特征

园林上应用的樱桃（图 16-21）高达 8 m。叶卵形至卵状椭圆形，上面无毛或微有毛，背面疏生柔毛；叶缘有大小不等的重锯齿，齿尖有腺。花白色，径 1.5～2.5 cm，萼筒有毛，3～6 朵簇生成总状花序。果近球形，无沟，径 1～1.5 cm，红色，花期 4 月份，先于叶开放，花如彩霞，果若珊瑚，5～6 月份成熟，是园林中观赏及果实兼用的树种。

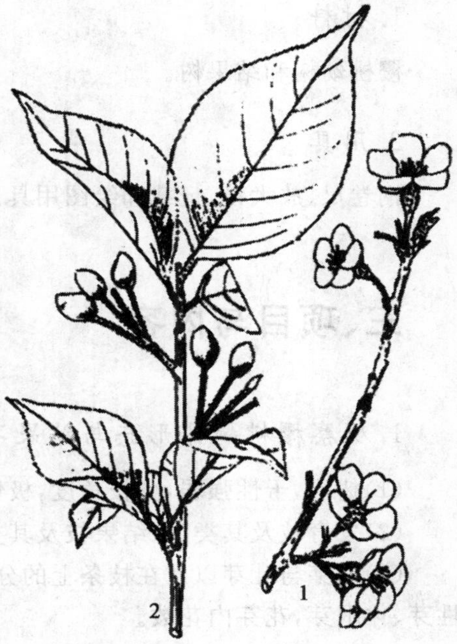

图 16-21　樱桃

1. 花枝　2. 果枝

二、园林应用

在园林植物配置中，常对植、丛植、群植，制作盆景。在公园绿化中常与造园相结合，具体应依据公园面积、立地条件、树种特点及造园手法而定。可以三五成群，顺其自然，或片植成林，命名为樱桃园，再配植草坪、花卉形成优美的田园风光。另外，观果树种还可以与其他观赏树种在道路、广场、绿地、水体及休憩地间合理配置，既有机联系又相对独立成景，具有异曲同工的效果。

思考题：

樱桃的景观特征如何？园林上如何应用？

实训技能 16　樱桃生长结果习性观察

一、目的要求

通过观察，了解樱桃生长结果习性，学会观察记载樱桃生长结果习性的方法。

二、材料与用具

1. 材料

樱桃幼树和结果树。

2. 用具

钢卷尺、放大镜、记载和绘图用具。

三、项目与内容

1. 观察樱桃树体形态与结果习性

(1)树形，干性强弱，分枝角度，极性表现和生长特点。

(2)发育枝及其类型、结果枝及其类型与划分标准。各种结果枝着生部位及结果能力。

(3)花芽与叶芽以及在枝条上的分布及其排列方式，单芽与复芽及其排列方式，副芽、早熟性芽、休眠芽，花芽内花数。

(4)叶的形态。包括叶的大小、形状、色泽深浅、厚薄、叶脉形状、叶缘锯齿等。

2. 调查萌芽和成枝情况

选择长势基本相同、中短截处理的 2 年生枝 10～20 个，分别调查总芽数、萌芽数，萌发新梢或 1 年生枝的长度。

3. 观察树体形态与生长结果习性

冬季休眠期或生长后期，集中观察树体形态与生长结果习性，调查萌芽和成枝情况，并做好记录。

四、实训报告

1. 根据观察结果，结合桃、杏、李技能实训，总结樱桃生长结果习性与桃、杏、李异同点。
2. 根据调查结果，结合桃、杏、李技能实训，比较樱桃与桃、杏、李萌芽率和成枝力。

五、技能考核

实训技能考核实行百分制，其中实训态度与表现占 20 分，观察方法占 40 分，实训报告占 40 分。

第十七章 核 桃

[内容提要] 核桃经济价值,生态作用。从生长结果习性(生长习性和结果习性)和对环境条件(温度、光照、水分、土壤、地形和地势、海拔高度)要求方面介绍了核桃的生物学习性。核桃的主要种类有包括核桃属和山核桃属。其中核桃属包括普通核桃、铁核桃和核桃楸等 8 种;山核桃属包括山核桃和薄壳山核桃 2 种。核桃的分类方法,当前生产栽培的 14 个核桃优良品种。从育苗、建园、土肥水管理、整形修剪、花果管理和病虫害防治、采收方面介绍了核桃的无公害生产技术。核桃采收和处理方法。核桃坚果分级方法。从核桃属景观特征入手,介绍了其园林应用。

核桃位列世界四大干果(核桃、扁桃、腰果和榛子)之首,是我国北方栽培面积广、经济价值较高的木本油料果树,具有较高的营养价值和良好的医疗保健作用,尤其是其中的亚油酸,对软化血管、降低血液胆固醇有明显作用。核桃既是荒山造林、保持水土、美化环境的优良树种发,也是我国传统的出口商品。

第一节 生物学特性

一、生长结果习性

1. 生长习性

(1)根系

核桃主根较深,侧根水平伸展较广,须根细长而密集。在土层深厚黄土台田地上,晚实核桃成年树主根可深达 6 m,侧根水平伸展半径超过 14 m,根冠比可达 2 或更大。1、2 年生实生苗主根生长速度高于地上部;3 年生以后,侧根生长加快,数量增加。随树龄增加,水平根扩展加速,营养积累增加,地上枝干生长速度超过根系生长。核桃侧生根系主要集中分布在 20～60 cm 的土层中,占总根量的 80%以上。

同品种和类型的核桃幼苗根系生长表现有较大差别,在相同条件下,早实核桃 2 年生苗木主根深度和根幅均大于晚实核桃。成龄核桃树根系生长与土壤种类、土层厚度和地下水位有密切关系,土壤条件和土壤环境较好,根系分布深而广。核桃具有菌根,菌根对核桃树体生长和增产有促进作用。当土壤含水量为 40%～50%时,菌根发育好,树高、干径、根系和叶片的生长均与菌根发育呈正相关。

(2)芽

依据形态结构和发育特点,核桃芽可分为4种类型(图17-1)。

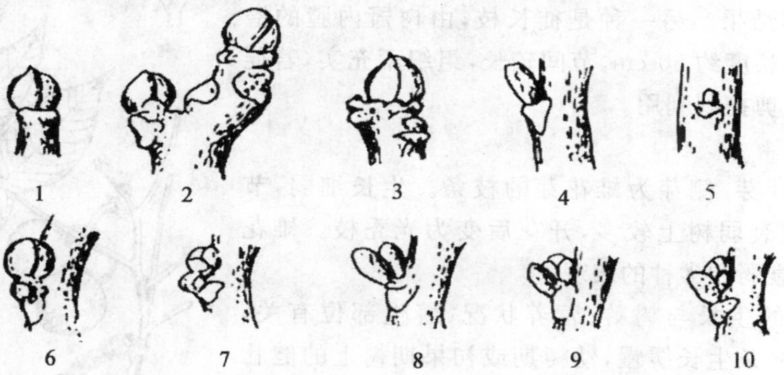

图17-1 核桃芽的类型

1.真顶芽 2.假顶芽 3.雌花芽 4.雄花芽 5.潜伏芽 6.雌、叶叠芽 7.叶、叶叠芽 8.雄、雄叠芽 9.雌、雄叠芽 10.叶、雄叠芽

①混合芽(雌花芽)。圆球形,肥大而饱满,覆有5～7个鳞片。晚实核桃多着生于结果母枝顶端及其下1～2节,单生或与叶芽、雄花芽叠生于叶腋间;早实核桃除顶芽外,腋芽也容易形成混合芽,一般2～5个,多者达20余个。混合芽萌发后抽生结果枝,结果枝顶端着生雌花序开花结果。核桃顶芽有真、假之分。枝条上未着生雌花芽而从枝条顶端生长点形成的芽为真顶芽。当枝条顶端着生雌花芽,其下第1侧芽基部伸长形成伪顶芽。

②雄花芽。为裸芽。圆锥状,着生在顶芽以下2～10节,单生或与叶芽叠生。实际是雄花序雏形。萌发后抽生葇荑花序,开花后脱落。

③叶芽。着生于营养枝条顶端及叶腋或结果母枝混合花芽以下节位的叶腋间,单生或与雄花芽叠生。核桃叶芽有两种形态,顶叶芽芽体肥大,鳞片疏松,芽顶尖,呈卵圆或圆锥形。侧叶芽小,鳞片紧包,呈圆形。早实核桃叶芽较少,以春梢中上部的叶芽较为饱满。萌发后多抽生中庸、健壮的发育枝。

④潜伏芽。亦称隐芽或休眠芽,是叶芽,多着生在枝条中、下部和基部,芽体扁圆瘦小,一般不萌发,当受到外界刺激可萌发。其寿命长达数十年至上百年,树冠易更新。随枝干加粗被埋于树皮中。

(3)枝

①结果母枝(冬态)

指着生有混合芽的1年生枝。主要由当年生长健壮的营养枝和结果枝转化形成。顶端及其下2～3芽为混合芽(早实核桃混合芽数量多),一般长20～25 cm,而以直径1 cm、长15 cm左右的抽生结果枝最好。

②结果枝

是由结果母枝上的混合芽萌发而成的当年生枝,其顶端着生雌花序。健壮的结果枝可再抽生短枝,多数当年可形成混合芽,早实核桃还可当年萌发,2次开花结果(图17-2)。

③营养枝

只着生叶片，不能开花结果的枝条。可分为两种：一种是发育枝，其生长中庸健壮，长度在 50 cm 以下，当年可形成花芽，来年结果。另一种是徒长枝，由树冠内膛的潜伏芽萌发形成，长度约 50 cm，节间较长，组织不充实，若徒长枝过多，应夏剪控制利用。

④雄花枝

指顶芽是叶芽，侧芽为雄花芽的枝条。生长细弱，节间极短，内膛或衰弱树上较多，开花后变为光秃枝。雄花枝过多是树势衰弱和劣种的表现。

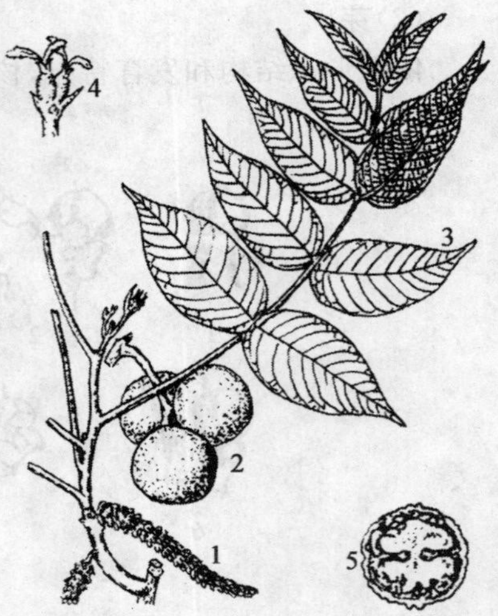

图 17-2 核桃结果枝

1. 雄花序 2. 果实 3. 复叶 4. 雌花 5. 坚果剖面

核桃枝条的生长与树龄、营养状况、着生部位有关。实生核桃初期枝条生长缓慢，幼树期或初果期树上的健壮发育枝，年周期内可有 2 次生长（春梢和秋梢），长势弱的枝条，只有 1 次生长，2 次生长现象随着年龄的增长而减弱。核桃枝条顶端优势较强，一般萌芽力和成枝力较弱，但因类群和品种的不同而不同，早实核桃往往强于晚实核桃。早实核桃萌芽、分枝力强，一般 40% 以上的侧芽都能发出新梢；而晚实核桃只有 20% 左右能萌发。分枝多，生长量大、叶面积多，这是早实核桃能够早结果的又一重要原因。

当日均温稳定在 9℃左右时核桃开始萌芽，萌芽后 15 d 枝条生长量可达全年的 57% 左右，春梢生长持续 20 d，6 月初大多停止生长；幼树、壮枝的 2 次生长开始于 6 月上、中旬，7 月份进入高峰，有时可延续到 8 月中旬。核桃背下枝吸水力强，容易生长偏旺。

(4)叶

核桃叶为奇数羽状复叶，每一复叶上的小叶数因种类而异，小叶面积由顶端向基部逐渐减小。当日均温稳定在 13～15℃时开始展叶，20 d 左右即可达叶片总面积的 94%。着生 2 个以上核桃的结果枝必须有 5～6 个以上的正常复叶，才能健壮生长，连续结果。低于 4 个以上复叶的果枝，难以形成混合芽，且果实发育不良。

2. 结果习性

早实核桃栽后 2～3 年结果，晚实核桃栽后 8～10 年结果。

(1)花芽分化

核桃雄花芽分化始于开花前后（4 月中旬至 5 月上旬），至翌年开花前才完成，历时 1 年多；混合芽分化始于果实硬核期（6 月下旬至 7 月上旬），12 月上旬基本停止。早实核桃的 2 次花芽分化于 4 月中旬开始，5 月下旬分化完成，2 次花距 1 次花有 20～30 d。

(2)花、花序、开花和授粉

核桃为雌雄同株异花，异花序，雌雄异熟植物。雄花序为葇荑花序，长 6～12 cm，有小花 100～170 朵，基部花大于顶部花，散粉也早，散粉期 2 d 左右。雌花序为总状花序，顶生，单生或 2～3 朵簇生，还有呈匍匐状或串状着生的（早实核桃出现多，小花多 10～15 朵，最多达 30 朵以上）。雌花无花被，仅总苞合围于子房外，当子房长达 5～8 mm 时，柱头反曲，其表面呈明显羽状突起，分泌物增多，光泽明显时为盛开期，是最佳授粉期，持续时间 5 d 左右。核桃花存在雌雄异熟现象，是指同一株树上，雌花开放和雄花散粉的时间不能相遇。有 3 种表现类型：雌花先开的品种称为雌先型；雄花先开的品种称为雄先型；雌雄同时开放，称为同熟型。一般雌先型和雄先型较为常见，自然界中，两种开花类型的比例约各占 50%，但在现有优良品种雄先型居多。在建园时，要合理搭配品种，保证雌雄成熟期一致。核桃为风媒花，授粉距离与地势、风向有关，最大临界距离 500 m，但 300 m 以外授粉效果差，最佳授粉距离在 100 m 以内。

(3)受精、坐果与生殖

核桃花粉落到雌花柱头上约 4 h 后，花粉粒萌发并出花粉管进入柱头，16 h 后可进入子房内，36 h 达到胚囊，36 h 左右完成双受精过程。核桃坐果率一般为 40%～80%，自花授粉坐果率较低，异花授粉坐果率较高。核桃存在孤雌生殖现象，但孤雌生殖能力和百分率因品种和年份不同有所差别。

(4)果实发育与落花落果

①果实发育。核桃果实是由 1 朵雌花发育而成，多毛的苞片形成青皮，子房发育成坚果。果实发育从雌花柱头枯萎到总苞变黄并开裂的整个发育过程。整个发育过程可分为 4 个阶段：一是果实速长期。从坐果至硬核前，一般在 5 月初至 6 月初，持续 35 d 左右，是果实生长最快的时期，生长量占全年总量的 85%左右。二是硬核期。在 6 月初至 7 月初，大约 35 d。核壳从基部向顶部逐渐硬化，种仁由半透明糊状变成乳白的核仁，营养物质迅速积累，果实停止增大。三是油化期。7 月初至 8 月下旬，持续 55 d 左右。果实又缓慢增长，种仁内脂肪含量迅速增加。同时，核仁不断充实，重量迅速增加，含水量下降，风味由甜淡变成香脆。四是成熟期。在 8 月下旬至 9 月上旬，15 d 左右。果实已达到该品种应有的大小，重量略有增加，果皮由绿变黄，有的出现裂口，坚果易脱出。此期坚果含油量仍有较多增加，为保证品质，不宜过早采收。

②落花落果。授粉受精不良、花期低温、树体营养积累不足及病虫害等可导致核桃落花落果。核桃多数品种落果比较严重。自然生理落果 30%～50%，集中在柱头枯萎后 20 d 以内，到硬核期基本停止。

二、对环境条件要求

1. 温度

核桃属喜温果树。适宜生长的年平均温度 9～16℃，极端最低温度是－25～－32℃，极端最高温度为 38℃，无霜期 150～240 d。核桃幼树在气温降到－20℃时会出现冻害。成年树在低于－26℃时，枝条、雄花芽及叶芽均易受冻害。展叶后，若温度降到－2～－4℃时，新梢易受冻害。花期和幼果期，气温降到－1～－2℃时，会受冻而减产。夏季温度超过 38℃时，果实易受日灼，核桃仁不能发育或变黑形成空苞。铁核桃只适应亚热带气候，耐湿热而不耐寒冷，适宜生长温度为 12.7～16.9℃，极端最低温度－5.8℃。

2. 水分

我国一般年降水 600～800 mm 且分布均匀的地区基本可满足核桃生长发育需要。核桃不同种群和品种对水分适应能力有很大差别，铁核桃分布区年降雨量 800～1 200 mm，而新疆早实核桃则要求干燥气候。一般土壤含水量为田间最大持水量的 60%～80%时比较适合于核桃的生长发育，当土壤含水量低于田间最大持水量的 60%时(土壤绝对含水量低于 8%～12%)就会影响核桃的生长发育，造成落花落果，甚至叶片萎蔫。土壤水分过多或核桃园积水时间过长，会使根系呼吸受阻，甚至造成根系窒息、腐烂死亡。平地建园地下水位应在 2 m 以下。结果树不宜秋雨频繁。

3. 光照

核桃属喜光树种。普通核桃最适光照强度为 60 000 lx，适于阳坡或平地栽植。核桃结果期要求全年日照时数在 2 000 h 以上，如低于 1 000 h，则核壳、核仁均发育不良。雌花开花期，光照条件良好，可明显提高坐果率，若遇少雨低温天气，极易造成大量落花落果。

4. 土壤

核桃对土壤适应性较强，不论丘陵、山地还是平原都能生长，要求土质疏松、土层深厚(大于 1 m)、排水良好的沙壤土和壤土生长，黏重板结土壤或过于瘠薄的沙地不利于核桃生长发育。在含钙的微碱性土壤上生长良好。核桃适宜生长的 pH 为 6.2～8.2，最适 pH 范围为 6.5～7.5，土壤含盐量应在 0.25%以下，超过 0.25%就会影响生长发育和产量。

5. 海拔高度

核桃在北纬 21°～44°，东经 75°～124°都有生长和栽培。在北方地区核桃多分布在海拔 1 000 m 以下。秦岭以南多生长在海拔 500～2 500 m。云贵高原多生长在海拔 1 500～2 500 m，其中云南漾濞地区海拔 1 800～2 000 m 为铁核桃适宜生长区，该地区海拔低于 1 400 m 则生长不正常，病虫害严重。辽宁西南部适宜生长在海拔 500 m 以下地区，高于 500 m 核桃不能政治生长结果。

6. 地形和地势

核桃适宜生长在背风向阳、土层深厚、水分状况良好的地块。据调查，同龄植株立地条件一致而栽植坡向不同，核桃生长结果有明显差异，阳坡核桃树生长量和产量明显高于阴坡和半阳坡树。核桃适宜生长在10°以下缓坡地带，坡度在 10°～25°需要修筑相应水土保持工程，坡度 25°以上则不能栽植核桃。

思考题：

1. 核桃芽和枝是如何分类的？
2. 核桃落花落果原因是什么？ 核桃对环境条件要求如何？

第二节 主要种类和优良品种

一、主要种类

核桃属于核桃科。本科共7属约60个种，其中与生产有关的有3个属，即核桃属、山核桃属和枫杨属。作为果树栽培的有2个属即核桃属和山核桃属。其中核桃属的种类嫩枝髓部空、总苞不开裂、雄花序单生；山核桃属嫩枝髓部实、总苞开裂、雄花序分枝。生产上广泛栽培的种有核桃属的核桃和铁核桃。此外，枫杨属中的枫杨常用作核桃的砧木，耐湿，但嫁接保存率偏低。

1. 核桃属

核桃属广泛分布于中国、日本、印度和土耳其，美国的东部和南部，墨西哥和中美洲，哥伦比亚和阿根廷，西印度群岛，欧洲东南部和波兰的额尔巴阡山脉，约有20个种。我国栽培有18个种，其中重要的有8个种。

(1)普通核桃(图17-3)

简称核桃，又名胡桃、羌桃、芜桃、万岁子，国外叫波斯核桃或英国核桃。核桃绝大多数栽培品种均属此种。树为落叶高大乔木，一般树高10～20 m，树冠大，寿命长；树干皮灰色，幼树平滑，老时有纵裂。1年生枝呈绿褐色。无毛，具光泽，髓大；奇数羽状复叶，互生，小叶5～9枚，稀11枚，对生。雌雄同株异花、异熟。雄花序葇荑状下垂，长8～12 cm，有小花100朵以上/花序，每小花有雄蕊15～20个，花药黄色；雌花序顶生，雌花单生、双生或群生，子房下位，1室，柱头浅绿色或粉红色，2裂，偶有3～4裂，盛花期呈羽状反曲。果实为坚果(假核果)，圆形或长圆形，果皮肉质，幼时有黄褐色茸毛，成熟时无毛，绿色，具稀疏不等的黄白色斑点；坚果多圆形，表面具刻沟或光滑。种仁呈脑状，被浅黄色或黄褐色种皮。坚果较大，壳薄，核仁饱满，品质优良。对寒冷、干旱的抵抗力较弱，不耐湿涝。在我国西北、华北、华中、西南均有分布，其中山西、河北、陕西、甘肃、河南、山东、新疆、北京等省(市)为集中产区。

(2)铁核桃(图17-4)

又名泡核桃、漾濞核桃、茶核桃、深纹核桃。原产我国西南地区。落叶乔木，树皮灰色，老树暗褐色具浅纵裂。1年生枝青灰色，具白色皮孔。奇数羽状复叶，小叶9～13枚。雌雄同株异花。雄花序粗壮，葇荑状下垂，长5～25 cm，每小花有雄蕊25枚；雌花序顶生，雌花2～3枚，稀1或4枚，偶见穗状结果，柱头2裂，初时呈粉红色，后变为浅绿色。果实倒卵圆形或近球形，黄绿色，表面幼时有黄褐色茸毛，成熟时无毛；坚果倒卵形，两侧稍扁，表面具深刻点状沟纹。内种皮极薄，呈浅棕色。喜湿热气候，不耐干冷，抗寒力弱。主要分布在四川、云南和贵州等地。亦系生产应用的栽培种之一，野生类型可作核桃砧木。

图 17-3　普通核桃

图 17-4　铁核桃

(3)核桃楸(图 17-5)

图 17-5　核桃楸

又称胡桃楸、山核桃、东北核桃、楸子核桃,原产我国东北及俄罗斯远东地区,以鸭绿江沿岸分布最多,河北、河南也有分布。落叶大乔木,树高 20 m 以上;树皮灰色或暗灰色,幼龄树光滑,成年后浅纵裂。小枝灰色,粗壮,有腺毛,皮孔白色隆起。奇数羽状复叶,小叶 7～17 枚。雄花序葇荑状,长 9～27 cm;雌花序具雌花 5～10 朵。果序通常 4～7 果。果实卵形或椭圆形,先端尖;坚果长圆形,先端锐尖,表面有 6～8 条棱脊和不规则深刻沟,壳及内隔壁坚厚,不易开裂,内种皮暗黄色,很薄。抗寒性强,生长迅速,可作核桃砧木。

(4)野核桃(图 17-6)

又称华核桃、山核桃,原产北美。乔木或灌木,树高 5～20 m 或更高;小枝灰绿色,被腺毛。奇数羽状复叶,小叶 9～17 枚。雄花序长 18～25 cm;雌花序直立,串状着雌花 6～10 朵。果实卵圆形,先端微尖,表面黄绿色,密被腺毛。坚果卵状或阔卵状,顶端尖,壳坚厚,具 6～8 棱脊,棱脊间有不规则排列的凸起和凹陷,内隔壁骨质;仁

图 17-6　野核桃

小，内种皮黄褐色，极薄。可作核桃品种的砧木。主要分布在江苏、安徽、陕西、甘肃、云南、贵州、四川、湖南、湖北、台湾等地。

(5)河北核桃(图 17-7)

又称麻核桃，是核桃与核桃楸的天然杂交种。落叶乔木，树皮灰白色，幼时光滑，老时纵裂。嫩枝密被短柔毛，后脱落近无毛。奇数羽状复叶，小叶 7～15 枚。雌雄同株异花。雄花序葇荑状下垂，长 20～25 cm；雌花序 2～3 朵小花簇生。每花序着生果实 1～3 个。果实近球形，顶端有尖；坚果近球形，顶端具尖、刻沟、刻点深，有 6～8 条不明显纵棱脊，缝合线突出；壳厚不易开裂，内隔壁发达，骨质 ，取仁极难，适于作工艺品。抗病性及抗寒力很强。主要分布在北京、河北和辽宁等地。

(6)黑核桃(图 17-8)

本种原产北美，高大落叶乔木，树高 30 m 以上。树皮暗褐色或棕色，沟纹状深裂刻。小枝黑褐色或暗灰色，具短柔毛。奇数羽状复叶，小叶 15～23 枚。雄性葇荑花序，长 5～12 cm，雄花具雄蕊 20～30 枚；雌花序穗状簇生小花 2～5 朵。果实圆球形，浅绿色，表面有小突起，被柔毛；坚果圆形或扁圆形，先端微尖，壳面具不规则纵向纹状深裂刻，坚厚，难开裂。坚果食用价值高。抗寒、抗旱，对不良环境适应力强。是仅次于普通核桃的一个材、果兼用树种，在我国北京、山西、河南、江苏、辽宁、河南等省(市)均有引种栽培。

图 17-7　河北核桃

图 17-8　黑核桃

(7)吉宝核桃(图 17-9)

又称鬼核桃、日本核桃，原产日本。落叶乔木，树高 20～30 m，树皮灰褐色或暗灰色，成年时浅纵裂。小枝黄褐色，密被细腺毛，皮孔白色，长圆形，略隆起。奇数羽状复叶，小叶 9～19 枚。雌雄同株异花，雄花序葇荑下垂，长 15～20 cm；雌花序穗状，疏生 5～20 朵雌花。果实长圆形，先端突尖；坚果有 8 条明显的棱脊，棱脊间有刻点，缝合线突出，壳坚厚，内隔骨质，取仁困难。在我国辽宁、吉林、山东、山西等省有少量栽培。

图 17-9　吉宝核桃

(8)心形核桃(图 17-10)

又称姬核桃，原产日本。本种形态与吉宝核桃相似，其主要区别在果实。心形核桃果实为扁心脏形，个较小；壳面光滑，先端突尖，非缝合线两侧较宽，缝合线两侧较窄，其宽度约为非缝合线两侧的 1/2，非缝合线两侧的中间各有 1 条纵凹沟；坚果壳厚，无内隔壁，缝合线处易开裂，可取整仁。我国辽宁、吉林、山东、山西、内蒙古等省（区）有少量栽培。

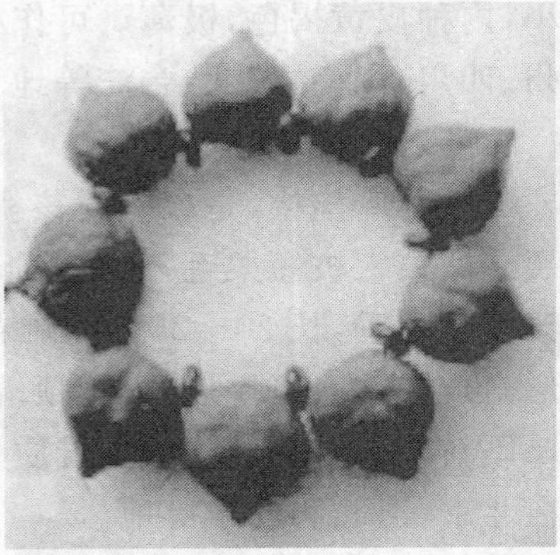

图 17-10　心形核桃

2. 山核桃属

本属约有 21 个种，主产于北美。中国原产 1 个种。生产上栽培的主要是山核桃和长山核桃 2 个种。

(1)山核桃（图 17-11）

别名山核、山蟹、小核桃，产于我国浙江、安徽等省，产于我国浙江、安徽等省，生长于针叶、阔叶混交林中。乔木，树皮光滑；小叶 5～7 枚；坚果卵形，幼时有 4 棱，顶端短尖，基部圆形，壳厚有浅皱纹。

(2)薄壳山核桃（图 17-12）

别名美国山核桃、长山核桃，原产美国，是当地重要干果。我国云南、浙江等地有引种栽培。乔木，皮黑褐色；小叶 9～17 枚；坚果矩圆形或长椭圆形，有 4 条纵棱。

图 17-11　山核桃

图 17-12　薄壳山核桃

二、主要优良品种

1. 品种类群划分

(1)早实核桃类群

实生苗 2～3 年生、嫁接苗 1～2 年生开始结实的品种或优株。本类群树体矮小，常有 2 次生长和 2 次开花现象，发枝力强，侧生混合花芽和结果枝率高。

(2)晚实核桃类群

播种后 6～10 年生或嫁接后 3～5 年生开始结实的品种或优系。本类群树体高大，无 2 次开花现象，发枝力弱，侧生结果枝率低。

此外，根据核桃坚果外壳厚薄，又将核桃分为：纸皮核桃（壳厚度小于 1 mm）、薄壳核桃

(壳厚度 1.1～1.5 mm)、中壳核桃(壳厚度 1.6～2.0 mm)、厚壳核桃(壳厚度大于 2.1 mm)。

2. 主要优良品种

(1)薄丰(图 17-13)

河南省林科所从引进的新疆核桃实生树中选育而成。树势较强，树姿半开张，分枝角 60°左右，树冠圆头形，叶大深绿。雄先型，中熟品种。分枝力 1∶3.2，果枝率 85%，每果枝平均坐果 1.73 个。丰产性强，高接树第 3 年平均挂果 3.6 kg，平均每平方米冠幅投影面积产仁 185 g。坚果中等大小，卵圆形，平均单果重 11.2 g。壳面光滑美观，壳厚 1.1 mm，缝合线较紧，可取整仁，出仁率 54.1%。仁色浅，味油香，品质上乘。适应性强，耐旱，适于黄土高原丘陵区栽培。

(2)绿波(图 17-14)

树势中强，树姿开张，分枝能力强，有 2 次枝，树冠为圆头形。2 年生树开始结果，枝条粗壮，母枝平均抽生新枝 2.4 个，果枝 2 个，果枝率为 86%。每果枝平均坐果 1.6 个，多为双果，属短枝型，连续结实力强。坚果卵圆形，果面有浅刻点，缝合线隆起但较窄，不易开裂。三径平均 3.6 cm，单果重 12 g 左右，壳皮厚 1.0 mm 左右，可取整仁或半仁。出仁率为 54%～58.4%，仁黄白色。河南禹县地区 3 月下旬至 4 月上旬发芽，4 月中旬雌花盛期，4 月下旬雄花散粉，属雌先型。8 月下旬至 9 月上旬果实成熟，10 月中旬落叶。适宜土壤条件较好，适宜林粮间作，梯田边栽种。也可进行早密丰产栽培。

图 17-13 薄丰

图 17-14 绿波

(3)金薄香 1 号(图 17-15)

山西省农科院果树研究所从新疆薄壳核桃中实生选育而成。

①植物学特征。1 年生枝条呈绿褐色，2 年生枝条灰绿色，皮孔较稀，灰白色，形状不规则。叶呈浅绿色，无褶缩，叶脉明显，叶缘无锯齿。叶芽长圆形，着生于叶腋间；休眠芽着生于枝条中下部；雌花芽半圆形、饱满，着生于枝条顶端叶腋间；雄花芽呈长圆锥形、瘦小，着生于叶腋间。

②生长结果习性。幼树生长较旺，树姿直立，芽具早熟性，树冠中下部部分枝条能抽生 2 次枝。成龄树干性较弱，新梢年平均生长量为 33.3 cm，短果枝约占 80%，中果枝约占 15%，长果枝约占 5%，全树结果部位比较均匀，结果枝以单果为主。在山核桃上嫁接后，嫁接苗在

苗圃就能开花结果，第 2 年部分植株可结果，第 5 年进入初盛果期，连续结果能力强，丰产。

③果实经济性状。果实长圆形，缝合线明显，纵径 4.50 cm，横径 3.81 cm，侧径 3.61 cm，果形指数 1.18，平均单果重 15.2 g。壳厚 1.15 mm，易取仁，出仁率 60.5%。果仁乳黄色，单仁重 9.2 g；肉乳白色，肉质细腻，香味浓，微涩，品质上等。

④生态适应性。对土壤适应性较强，耐旱、耐瘠薄，在平地、丘陵、山区均生长良好。抗寒性较强，冬季地面最低温度达－25℃时仍能安全越冬。抗病虫能力强。

⑤物候期。在晋中地区 3 月下旬开始萌芽，4 月上旬开花、展叶，4 月中旬新梢开始生长，6 月中下旬为果实硬核期，9 月上旬果实成熟，10 月下旬开始落叶，全年生长期为 200～220 d。

图 17-15　金薄香 1 号

(4)中林 1 号(图 17-16)

坚果圆形，平均单果重 14 g。壳面有麻点，色较浅；缝合线宽而凸起，结合紧密。易取整仁。核仁重 7.5 g，出仁率 54%。核仁充实，饱满，色乳黄，风味优良。嫁接树第 2 年开始结果，5 年后进入盛果期。树势中等，树姿较直立，小枝粗壮，节间中等，适宜在年平均温度 10℃以上，生长期 190 d 以上的地区种植。发芽较早，雌先型。适应性强，丰产性强，宜作仁用品种和授粉品种。

图 17-16　中林 1 号

(5)中林 5 号(图 17-17)

中国林科院经济林研究所从早结实涧 9-11-15 和早结实 9-11-12 核桃人工杂交后代中选育而成。坚果较小，圆形。平均单果重 9.2 g，壳面光滑美观，色浅；壳厚 0.87 mm，缝合线窄而平，较紧，核仁充实，饱满，色乳黄，可取整仁，核仁重 7.8 g，出仁率 60%，仁色浅，风味香，品质极优。树势较旺,分枝力 1∶6.3,侧花芽比率 99%,每果枝平均坐果 4.64 个。嫁接树第 2 年开始结果,4 年后进入盛果期。树势中等,树姿较开张,小枝粗壮,节间短。适宜在年平均温度 10℃以上,生长期 190 d 以上的地区种植。发芽较早,雌先型,早熟品种。适应性强,抗性强,在肥水不足时坚果变小,但品质不变,抗病性强,适宜密植栽培。早期丰产,适宜在西部大部分地区发展。

(6)晋龙 1 号(图 17-18)

汾阳市林业局和山西省林业科学研究所从当地晚核桃群体中选育的优良品种。坚果较大,平均单果重 14.85 g,最大果重 16.7 g,果壳色浅,壳面光滑,壳厚 1.09 mm,缝合线紧,易取整仁,平均单仁重 9.1 g,最大仁重 10.7 g,出仁率 61.34%,仁色浅,风味香甜,品质上等,主要经济指标超过国家标准 GB 7907-87(核桃丰产与坚果品质)中坚果品质优级指标。枝较开张,叶大而厚,分枝能力较强,枝条粗壮。高接大树母枝平均分枝 1.6 个,果枝率 44.5%,果枝平均坐果 1.7 个,产仁量 0.21 kg/m^2,嫁接苗 2～3 年开始结果,8 年生树产量达 5.2 kg/株。抗寒、抗旱、抗病性强,适宜在晋中以南(海拔 1 100 m 以下)或外省区生态条件类似地区发展。繁殖容易,对栽培条件要求不严格,在土层肥厚,光照充足条件下,生长结实好,一般栽植密度为(6～8) m×(10～12) m。目前,该品种是山西主栽品种,也是汾州核桃的代表品种,可在黄土丘陵区大力推广。

图 17-17 中林 5 号

图 17-18 晋龙 1 号

(7)晋龙 2 号(图 17-19)

坚果较大,圆形,平均单果重 15.92 g,最大果重 18.1 g,三径平均 3.77 cm,缝合线紧、平、窄,壳面光滑美观,壳厚 1.22 cm;可取整仁,出仁率 56.7%,平均单仁重 9.02 g,仁色中,饱满,风味香甜,品质上等。在通风、干燥、冷凉的地方(8 t 以下)可贮藏 1 年品质不变。植株生长势强,树姿开张,分枝角 70°～75°,树冠半圆形,叶片中大,深绿色,属雄先型,中熟品种。7 年生嫁接树,树高 3.92 m,冠径 4.5 m×4.5 m,分枝力 2.44 个,新梢平均长 48.1 cm,粗 1.21 cm,果枝率 12.6%,果枝均坐果 1.53 个,株均坐果 29 个,单株最高坐果 60 个。品种丰产性强,适宜我国北方丘陵山区发展，对栽培条件要求不太严格。抗寒、抗晚霜、耐旱、抗病性强。顶端花芽受冻，侧花芽还能形成果实，连年结果丰产性特强。晋中地区4月上中旬萌芽，5月初雄花盛开，5月中旬雌花盛开，9月上中旬果实成熟，10月下旬落叶。果实发育期120 d，营养生长期210 d。适应性强，嫁接苗比实生苗提早4～6年结果，幼树早期丰产性强，品质优良，可在华北、西北丘陵山区栽培。

(8)西扶1号(图17-20)

由西北林学院1981年从陕西扶风隔年核桃实生树中选出。坚果长圆形，果基圆形，纵径4.0 cm，横径3.5 cm，侧径3.2 cm，平均单果重12.5 g。壳面光滑，色浅；缝合线窄而平，结合紧密，壳厚1.2 mm，可取整仁，出仁率53%。核仁充实饱满，色浅、味香甜。脂肪含量68.49%，蛋白质含量19.31%。植株生长势强，树姿较直立，树冠圆头形，雄先型，晚熟品种，果枝短粗，坐果率高。抗寒、耐旱、较抗病。在陕西3月底萌芽，4月下旬雄花散粉，5月初雌花盛开。9月中旬坚果成熟。抗性较强，适宜在华北、西北地区栽培。

图17-19　晋龙2号

图17-20　西扶1号

(9)香玲(图17-21)

山东省果树研究所用上宋6号×阿克苏9号人工杂交后代中选育而成。混合芽近圆形，大而离生，有芽座。侧生混合芽比率81.7%，香玲核桃品种雌花多双生，坐果率60%。坚果中等大，卵圆形，平均单果重10.6 g，壳面光滑美观，壳厚0.99 mm，缝合线较松，可取整仁，出仁率60%～65%，仁色浅，风味香，品质极优。树势中等，树姿直立，树冠圆柱形，分枝力强，有2次生长。雄先型，中熟品种，栽植第2年开始结果，第5年进入盛果期，果枝率85.7%，侧生果株率88.9%，每果枝平均坐果1.6个。3月下旬发芽，雄花期4月中旬，雌花期4月下旬。

图17-21　香玲

香玲核桃8月下旬坚果成熟。抗旱，抗黑斑病性较强，适宜林粮间作和山地梯田边沿栽植。要求土肥水条件较高，在土层薄、干旱地区和结实量太多时，坚果变小。

(10)辽核4号(图17-22)

辽宁省经济林研究所从新疆纸皮核桃和辽宁大麻核桃人工杂交后代中选育而成。树势较旺，树姿直立或半开张，分枝力强，每果枝平均坐果1.5个，多为双果，丰产性强。坚果中等大，圆形。平均单果重12.5 g，平均单果仁重6.62 g，壳面光滑美观，核仁充实饱满，黄白色，风味佳。可取整仁，出仁率57%～59.7%，仁色浅，风味好，品质极优。适应性强，抗寒，耐旱，适宜在北方核桃栽培区发展。

图17-22 辽核4号

(11)纸皮1号(图17-23)

原产地陕西。由陕西省核桃选优协作组在实生群体中选出。属晚实类。树势较强，树冠开张，主干明显。雄先型，坚果长圆形，缝合线平，壳面光滑。单果重11.1 g，壳厚0.86 mm，可取整仁，仁皮黄白色，出仁率66.5%。味浓香，品质好。丰产稳产，适应性强。

(12)西林2号(图17-24)

西北林学院西林2号由高绍棠等于1978年从新疆核桃实生树中选出。树势较旺，树冠开张，呈自然开心形，矮化树形，分枝力强。雌先型，早熟品种，侧花芽比例88%，每果枝平均坐果数1.2个。坚果体积大，壳面光滑美观。单个仁重8.65 g，出仁率61%，核仁色泽浅色至中等色，风味好。抗病性强。

图17-23 纸皮1号

图17-24 西林2号

(13)清香核桃(图17-25)

日本品种，晚实类型。树体中等大小，树姿半开张。幼树生长较旺，树势强健，结果后树势稳定。嫁接苗栽后第2年开花株率60%以上，第3年开花株率100%，5～6年进入盛果期；高接树第2年开花结果，坐果率85%以上。具有侧芽结果能力，双果率高，连续结果能力强，极为丰产。坚果较大，近圆锥形，大小均匀，壳皮光滑淡褐色，外形美观，缝合线紧密，平均单果重

16.7 g,壳厚 1.0～1.1 mm,种仁饱满,仁色浅黄,风味香甜,绝无涩味,黑仁率极低。内褶壁退化,取仁容易,出仁率 52%～53%。种仁含蛋白质 23.1%,粗脂肪 65.8%,碳水化合物 9.8%,维生素 B_1 0.5 mg ,维生素 B_2 0.08 mg。病果率在 10%以内,开花晚,抗晚霜,抗旱,耐瘠薄,可上山下滩,适应性较强,在华北、西北、东北南部及西南部分地区可大面积发展。

图 17-25　清香核桃

(14)绿苑 1 号

许昌林业科学研究所于 2008 年用扎 343×中林 5 号选育成。树冠呈伞状半圆形或圆头状。树干皮灰白色、光滑,树条粗壮,光滑,新枝绿褐色,具白色皮孔。树势中庸,树姿开张,小枝较粗,节间中等,分枝力 1∶5.8。奇数羽状复叶,互生,叶片长 30～40 cm;小叶长圆形,5～9 片,复叶柄圆形,基部肥大有腺点。脱落后,叶痕大,呈三角形。混合芽圆形,营养芽三角形,隐芽很小,着生在新枝基部。雄花芽为裸芽,圆柱形,呈鳞片状。雄花序葇荑状下垂,长 8～12 cm,花被 6 裂,每小花有雄蕊 12～26 枚,花丝极短,花药成熟时为杏黄色,雄先型。雌花序顶生,小花 2～3 簇生,子房外面密生细柔毛,柱头两裂,偶有 3～4 裂,呈羽状反曲,浅绿色。侧芽成花率 95%;坐果 1～4 个/花序,多数 2 个/花序。坚果长卵圆形,纵径平均 5.5 cm,横径平均 4 cm,缝合径 4 cm,壳面光滑,色浅,缝合线紧密且突出,坚果平均壳厚 1.1 mm,平均单果重 21 g,薄壳可取全仁,出仁率 61.2%。核仁较充实,饱满,色乳黄至浅琥珀,风味优良。适应性强,抗褐斑病,花粉量大,可作雌先型品种的授粉树种。适宜在年平均温度 10℃以上,生长期 180 d 以上的地区种植。绿苑 1 号在许昌市 3 月中旬萌芽,4 月中旬开花,9 月下旬果实成熟。

思考题:

核桃生产上栽培优良种类有哪些?如何分类?

第三节 无公害生产技术

一、育苗

1. 砧木选择

砧木选择核桃、铁核桃、野核桃、核桃楸、枫杨、心形核桃和吉保核桃等。

2. 砧木苗培育

(1)种子采集

当坚果充分成熟、全树核桃青皮开裂率达到30%以上时从生长健壮、无严重病虫害、坚果种仁饱满的盛果期树上采集。采后脱青皮晾晒。在通风干燥处晾晒,不宜放在水泥地面、石板或铁板上受阳光直接暴晒。

(2)播种

①播种时期。分春播和秋播两种。春播在土壤解冻后尽早播种,在华北地区常在3月中、下旬至4月上、中旬播种。秋播宜在土壤结冻前进行。

②播种前处理。秋播种子可直接播种。春季播种时,要进行浸种处理。可用冷水浸种、冷浸日晒、温水浸种、开水浸种、石灰水浸种等方法。

③播种方法。一般均用点播法。播种时,壳的缝合线应与地面垂直,使苗基及主根均垂直生长。播种深度一般在6~8 cm为宜,墒情好,播种已发芽种子覆土宜浅些;土壤干旱或种子未裂嘴时,覆土略深些。行距可实行宽窄行,宽行50 cm、窄行30 cm,株距25 cm,出苗6 000~7 000株/667 m^2,一般当年在较好环境条件下,生长可达80 cm。

3. 接穗采集

采用硬枝嫁接时,可在核桃落叶后到翌春萌芽前采集接穗,对于北方核桃抽条严重或枝条易受冻害地区,以秋末、冬初采集为好。采用绿枝嫁接和芽接时,可在生长季节随接随采或进行短期贮藏,但贮藏时间一般不超过5 d。硬枝嫁接所用接穗应选取树冠外围健壮充实、髓心较小、无病虫害的发育枝,以中、下部发育充实枝段最好。生长季芽接用接穗,从树上采下后立即剪去复叶,留1.0~1.5 cm的叶柄。

4. 嫁接时期和方法

(1)时期

室外枝接适宜时期是从砧木发芽至展叶期,北方多在3月下旬至4月下旬,南方则在2~

3月份。芽接时间宜在新梢加粗生长盛期，北方地区多在5月至8月中旬，其中，5月下旬至6月下旬最好，云南则在2～3月份。

(2)方法

①枝接。可用劈接、插皮舌接、舌接、切接、插皮接、腹接等方法。枝接时要注意削面要光滑且长度大于5 cm，砧穗形成层必须相互对准密接。绑缚松紧适度。

②芽接。可用绿枝凹芽接、方块形芽接、"T"字形芽接、"工"字形芽接等方法。要提高芽接成活率应注意选取具有饱满芽新梢作接穗，嫁接时间最好在晴天并要在接后3 d内不遇雨，同时增加芽片大小，最后严密捆绑。

5. 嫁接技术

(1)芽接育苗

在播种第2年春天萌芽前将砧木苗平茬，加强土肥水管理。当苗高5 cm时选最强壮萌芽保留，其余抹去，在20 cm高时摘心。5月下旬至6月下旬采用方块形方法进行嫁接，接后立即在接口以上留1复叶剪砧，确定成活后完全剪砧，当年即可成苗。

(2)室内嫁接

落叶前采集接穗并贮藏于地窖或埋入湿沙中，秋末将砧木苗起出，在沟中或窖内假植。1～3月份采用舌接法进行嫁接。嫁接前10～15 d将砧木和接穗放在26～30℃条件下进行催醒2～3 d。接后放在26～30℃湿润介质中促生愈伤组织，经10～15 d砧穗愈合，假植在5℃左右条件下，待翌年春季4～5月份栽植于塑料大棚，控制棚内温度和湿度，随气温升高，逐渐撤除大棚塑料膜，秋季出圃。

(3)室外圃地枝接

砧木为2年生实生苗，接穗用1年生未萌芽发育枝。嫁接前封蜡，采用劈接、舌接等方法于春季砧树萌芽至展叶期间进行嫁接，接后加强管理，可当年成苗。

(4)绿枝嫁接

5月中旬至6月中旬用半木质化绿枝作接穗，在砧木当年生枝或2年生枝上劈接，可用于育苗或春季嫁接未成活的补接。

(5)子苗嫁接

子苗嫁接在核桃幼苗出土1周后嫩茎基部粗度在5 mm左右进行。

①子苗砧培育。首先将种子催芽，待胚根伸出后掐去根尖，并用300 mg/L萘乙酸处理，播种。子苗期控制水分，实行蹲苗。

②接穗采集。接穗采用休眠枝，也可用未生根的组胚苗。接穗枝应与子苗根颈同粗或略粗一些，但不能过粗。

③嫁接方法。劈接法嫁接，如用稍粗接穗，插入接口时，对准一边形成层，插入后用嫁接夹固定接口。

④接后管理。接后立即植入温室锯末床中，保持28℃左右，覆膜或喷雾保湿。

6. 嫁接后管理

(1)检查成活和补接。芽接后 15～20 d、硬枝嫁接后 50～60 d、绿枝嫁接后 15～30 d 检查成活情况。对未成活砧苗，及时进行补接。

(2)除萌。核桃嫁接后砧木上产生的萌蘖，在萌蘖幼小时及时除去。

(3)绑支柱。新梢长达 30～40 cm 时，及时在苗旁立支柱引绑新梢。

(4)剪砧与解绑。根据需要及苗木生长情况及时剪砧和解绑。

(5)肥水管理和病虫害防治。嫁接后加强肥水管理和病虫害防治。

二、建园

1. 园地选择

园地选择背风山丘缓坡地及平地。土壤以保水、透气良好的壤土和沙壤土为宜，土层厚 1 m 以上，未种植过杨树、柳树和槐树的地方。

2. 园地规划

在建园前进行。园地规划包括栽植区规划、水土保持与排灌体系规划、施肥与喷药体系规划、附属设施规划、土壤改良规划等，规划方法见前面建园。

3. 栽植时期

核桃可在春天或秋天栽植。不同地区可根据当地具体气候和土壤条件而定。冬季严寒多风地区春栽，栽后注意灌水和栽后管理；秋栽在落叶后栽植，栽后应注意冬季干旱和冻害。

4. 栽植方式与密度

(1)园地式栽植

即无论幼树期是否间作，到成龄树时均成为纯核桃园，株行距(3～4) m×(4～6) m。早实品种栽植密度大于晚实品种。

(2)间作式栽植

核桃与农作物或其他果树、药用植物等长期间作。梯田、堰边栽植株行距 3 m×4 m，平原地区 4 m×(5～8) m。

(3)零星栽植。利用沟边、堰边、路旁或庭院等闲散地分散栽植。栽植密度根据具体条件而定。

5. 授粉树配置

为保证授粉良好，应选择 2～3 个品种，使 1 个品种雌花开放时间与另一品种雄花开放时间相遇，能够互相授粉。或者专门配置授粉品种，主栽品种与授粉品种比例是 8：1 以上。按一定比例分栽或隔行配置。主要核桃品种的适宜授粉品种见表 17-1。

表 17-1 主要核桃品种的适宜授粉品种

主栽品种	授粉品种
晋龙 1 号、晋龙 2 号、西扶 1 号、香铃、西林 3 号	北京 861、扎 343、鲁光、中林 5 号
北京 861、鲁光、中林 3 号、中林 5 号、扎 343	晋丰、薄壳香、薄丰、晋薄 2 号
薄壳香、晋丰、辽核 1 号、新早丰、温 185、薄丰、西落 1 号	温 185、扎 343、北京 861
中林 1 号	辽核 1 号、中林 3 号、辽核 4 号

6. 栽植方法

栽植时先将苗木伤根、烂根剪除，再用泥浆蘸根，使根系吸足水分。定植穴挖好后，将表土和肥料混合填入坑底，然后坑底，然后放入苗木，使根系舒展，边填土边踏实，使根系与土壤密接，苗木栽植深度应使根颈与地面或根颈略高于地面。踏实后充分灌水，并覆膜。

三、土肥水管理

1. 土壤管理

(1)土壤耕翻

土壤耕翻分深翻和浅翻 2 种：深翻在深秋、初冬季节结合施基肥或夏季结合压绿肥进行；浅翻在每年春、秋季进行 1～2 次，深 20～30 cm，有条件地方可结合除草对全园进行浅翻。

(2)水土保持

梯田种植核桃树，经常整修梯田面和梯田壁，培好堰埂，加高坝堰，梯田内侧留排水沟；栽植在沟谷和坡地上核桃树，修鱼鳞坑、垒石堰、栽树种草。

(3)树盘覆盖

①覆草。最宜在山地、沙壤地、土层浅的核桃园进行。覆盖材料因地制宜，秸秆杂草均可。除雨季外，覆草可常年进行。覆草厚度以常年保持在 15～20 cm 为宜。连续覆草 4～5 年后有计划地深翻，每次翻树盘 1/5 左右。

②覆膜。可在各类土壤上进行，尤其黏重土壤更需覆膜。覆膜在早春根系开始活动时进行，幼树定植后最好立即覆膜。覆膜后一般不再耕锄。膜下长草可压土，覆黑地膜可免除草工序。

(4)种植绿肥与行间生草

绿肥是核桃园最适宜的间作物。常用的绿肥作物有沙打旺、苜蓿、草木犀、杂豆类等，生长季将间作物刈割覆于树盘，或进行翻压。成龄核桃园可采取生草制，即在行间、株间种草，树盘清耕或覆草。所选草类以禾本科、豆科为宜。也可采取前期清耕，后期种植覆盖作物的方法，就是在核桃需水、肥较多的生长季前期实现果园清耕，进入雨季种植绿肥作物，至其花期耕翻压入土中。

(5)间作

为充分利用土地和空间，提高核桃园前期经济效益，幼龄核桃园可种植其他经济作物，实行间作。间作物必须为矮秆、浅根、生育期短、需肥水较少且主要需肥水期与核桃植株生长发育时期错开，不与核桃共有危险性病虫害或互为中间寄主。最适宜间作物是绿肥。间作种类和方式以不影响核桃幼树生长发育为原则。可进行水平间作或立体间作。

2.肥水管理

(1)施肥依据

应根据营养诊断结果、树体生长发育特点、土壤供肥特性，确定施肥时期、肥料种类和施肥量。

(2)基肥

基肥以经过腐熟的有机肥料为主，如腐殖酸类肥料、堆肥、厩肥、圈肥、粪肥、绿肥、作物秸秆、杂草和枝叶等。基肥可春施、秋施。最好在采收后到落叶前施入。幼龄核桃园可结合深翻施入基肥，成龄园可采用全园撒施后浅翻土壤方法施入基肥，施入基肥后灌1次透水。施肥量晚实核桃栽植后1～5年、早实核桃1～10年，年施有机肥(厩肥)5 kg/m^2，20～30年生核桃树有机肥用量一般不低于200 kg/株。如土壤等条件较差、树长势较弱且产量较高时，应适当增加基肥用量。肥源不足地区可广泛种植和利用绿肥。

(3)施肥灌水

分土壤追肥和叶面喷肥两种。土壤追肥核桃幼树一般每年2～3次，成年树3～4次。第1次在核桃开花前或展叶初期进行，以速效氮为主，追肥量占全年追肥量的50%；第2次在幼果发育期，仍以速效氮为主，盛果期也可追施氮、磷、钾复合肥，追肥量占全年追肥量的30%；第3次在坚果硬核期，以氮、磷、钾复合肥为主，此期追肥量占全年追肥量的20%。有条件地方，可在果实采收后追施速效氮肥。土壤施肥深度在60 cm以内。追肥量因树龄、树势、品种、土壤和肥料不同而不同。我国晚实核桃按树冠投影或冠幅面积的参考追肥量为N 50 g/m^2，P_2O_5和K_2O各10 g/m^2。进入结果期6～10年生树，按树冠投影面积施N 50 g/m^2，P_2O_5和K_2O各20 g/m^2。1～10年生早实核桃按树冠投影施N 50 g/m^2，P_2O_5和K_2O各20 g/m^2。核桃进入盛果期后，追肥量应随树龄和产量增加而增加。一般氮、磷、钾配比以2∶1∶1为好。具体在春季萌芽前追施速效性氮、磷肥。施碳酸氢铵100 kg/667 m^{2}或尿素35 kg/667 m^2。追肥后立即灌水，地表稍干时中耕浅锄。秋季未施基肥的，结合扩穴深翻施入基肥。开花前追施腐熟人粪尿40～50 kg/株，碳酸氢铵2.5 kg/株，采用环状沟或放射沟施肥法，沟深30～50 cm，施肥后灌水，墒情好时可不灌水。坡地、旱地宜采用“穴贮肥水腹膜保墒”施肥技术。进入硬核期环状沟追施。施用肥料种类以磷、钾肥为主。对结果树施草木灰2～3 kg/株，或过磷酸钙1 kg/株，硫酸钾0.5 kg/株，或果树专用肥1.0～1.5 kg/株，同时叶面喷布0.3%的磷酸二氢钾，间隔10～15 d再喷1次。果实采收后施充分腐熟的有机肥4 000～5 000 kg/667 m^2，过磷酸钙75 kg/667 m^2，碳酸氢铵25 kg/667 m^2，采用穴状施肥或环状施肥，同时进行灌水。落叶后越冬前灌封冬水。地下水位过高，容易积水的地区应注意排水。

四、整形修剪

1.修剪时期

核桃在休眠期修剪有伤流，其伤流期一般在10月底至翌年展叶时为止。为避免伤流损失营养，修剪应在果实采收后至落叶前或春季萌芽展叶后进行。对结果树以秋剪为主。幼树则可春剪为主，以防抽条。

2.树形

(1)疏散分层形

有明显中心干，晚实或直立型品种干高一般为1.2～1.5 m，间作园干高一般为1.5～2.0 m。早实核桃干高一般为0.8～1.2 m。第1、2层层间距晚实核桃1.2～2.0 m，早实核桃0.8～1.5 m。第2、3层层间距一般在1 m左右。主枝上第1侧枝距中干1 m左右，第2侧枝距第1侧枝50 cm。侧枝选留背斜侧，不选背后枝。此树形适于稀植大冠晚实类型品种、间作栽培方式、土层深厚及土质肥沃的条件。

(2)自然开心形

无中心干，干高因品种和栽培管理条件不同而不同。在肥沃土壤条件下，干性较强或直立性平，干高为0.8～1.2 m，早期密植丰产园干高多为0.4～1.0 m。有3～5个主枝轮生于主干上，不分层，各主枝间垂直距离为20～40 cm。该树形适合于树冠开张、干性较弱的早实核桃和密植栽培的早实型品种及土层薄、肥水条件差的晚实型核桃品种。

密植核桃园可采用小冠疏层形，其树高一般控制在4.5 m以下。

3.不同年龄时期树修剪

(1)幼树期

核桃幼树期修剪的任务是培养良好的树形和牢固的树体结构，控制主、侧枝在树冠内分布，为早果、丰产、稳产打下良好基础。修剪主要内容是定干和主、侧枝培养等。修剪关键是做好发育枝、徒长枝和二次枝等的处理工作。

①定干。定干高度应根据品种特点、土层厚度、肥力高低、间作模式等，因地、因树而定。晚实核桃主干留1.5～2.0 cm；山地核桃主干留1.0～1.2 m为宜；早实核桃主干留0.2～1.0 m，果、材兼用型品种，干高3 m以上。早实核桃可在当年定干，抹除干高以下部位的全部侧芽，如果幼树生长未达定干高度，可于翌年定干。晚实核桃在定干高度上方选留1个壮芽或健壮枝条，作为第1主枝，并将以下枝、芽全部剪除。

②主、侧枝培养。根据所选树形，培养各级骨干枝。疏散分层形完成第1层主枝的培养，自然开心形培养出主枝的第1侧枝，注意使主、侧枝在树冠内合理分布。

(2)初果期

早实核桃2～4年开始进入初果期，晚实核桃5～6年开始进入初果期。该期核桃修剪主要任务是继续培养主、侧枝，同时进行结果枝组的培养，为初果期向盛果期转变做好准备。

①主、侧枝培养。疏散分层形选留第2层和第3层主枝及各层主枝上的侧枝。自然开心形要培养出各级侧枝。

②结果枝组培养。一是先放后缩。对树冠内发育枝或中等长势的徒长枝,可先缓放,然后在所需部位分枝处回缩,再通过去旺留壮方法,逐渐培养成结果枝组。二是先截后放。就是对发育枝或徒长枝,通过先短截或摘心,再缓放和回缩,培养成结果枝组。三是先缩后截。对于空间较小的辅养枝和多年生有分枝的徒长枝或发育枝,采取先缩剪前端旺枝,再短截后部枝条方法培养成结果枝组。

(3)盛果期

盛果期树修剪任务是调整生长与结果关系,改善树冠的通风透光条件,更新结果枝组,保持稳产、高产。

①调整骨干枝和外围枝。对过密大、中型枝组进行疏除或重回缩,对树冠外围过长中型枝组,进行适当短截或疏除。为改善通风透光条件,应去弱留强,疏除过密枝。

②调整和培养结果枝组。回缩已变弱的大、中型枝组;疏除过于衰弱不能更新复壮的结果枝组;控制大型结果枝组的体积和高度,避免形成树上长树现象。

③控制和利用徒长枝。徒长枝附近无空间时,可将其从基部疏除;徒长枝附近有较大空间,或附近结果枝组已经衰弱,可通过摘心或轻短截,将徒长枝培养成结果枝组,填补空间或更换衰老结果枝组。

(4)衰老期

衰老期核桃树应以有计划更新复壮为主要修剪内容。更新方式有全园更新和局部更新,更新方法分为主干更新、主枝更新和侧枝更新3种。

①主干更新。是将主枝全部锯掉,使其重新发枝并形成新主枝的过程。应根据树势和管理水平慎重采用。

②主枝更新。在主枝适当部位进行回缩,使其形成新的侧枝,逐渐培养成主枝、侧枝和结果枝。

③侧枝更新。将一级侧枝在适当部位进行回缩,使其形成新的二级侧枝。该法具有更新幅度小、更新后树冠和产量恢复快的特点。

需要注意的是不论采用哪种更新方法,都必须加强肥水管理和病虫害防治。

五、花果管理

1.人工授粉

(1)花粉采集

人工辅助授粉花粉采集从适宜授粉品种树上在雄花序即将散粉时(基部小花刚开始散粉)进行,带回室内,摊放在光洁纸上,放在20～25℃、空气相对湿度60%～80%、通风条件下使其散粉。待花粉散开后,收集花粉于高燥容器内,放在2～5℃条件下保存备用。

(2)授粉时期

授粉最佳时期是雌花柱头开裂并呈“八”字形,柱头分泌大量黏液且有光泽时最好。

(3)授粉方法

①机械喷粉。将花粉和滑石粉按 1∶(5～10)的比例混匀,装入电动授粉器中,喷粉管口距雌花 20 cm 进行喷粉。也可用农用喷粉器:将花粉与面粉以 1∶10 比例配制成后用喷雾器授粉或配成 5 000 倍液后喷洒。具体时间以无露水的晴天最好,一般 9～11 时,下午 15～17 时效果最好。

②花粉袋振粉法。先用淀粉或滑石粉将花粉稀释成 10～15 倍,然后置于双层纱布内,封严袋口并拴在竹竿上,在树冠上方轻轻抖动即可。

③液体授粉。将花粉配成 1∶5 000 悬浮液进行喷授,花粉液应现配现用。

2. 喷洒微量元素和激素

进入盛花期喷 0.4%的硼砂或 30 mg/L 赤霉素,可显著提高坐果率。

3. 人工疏雄

疏雄最佳时期是雄花芽开始膨大期,主要方法是用手掰除或用木钩钩除雄花序。疏雄量以疏除全树雄花序的 90%～95%为宜。疏除雄花序之后,雌花序与雄花数之比在 1∶(30～60)。但雄花芽很少的植株和刚结果幼树,以不疏雄为宜。

六、病虫害防治

1. 休眠期

防治核桃黑斑病、枯枝病、举肢蛾等。挖出或摘除虫茧、幼虫,刮除越冬卵。清除园内落叶、病枝、病果,减少虫源。萌芽前喷 5°Be′石硫合剂。主干涂白,所用原料是生石灰 6 kg,食盐 1～1.25 kg,豆面 0.25 kg,水 18 kg,方法是先将生石灰化开,加入食盐和豆面,然后搅拌均匀,涂于小幼树全部和大树 1.2 m 以下主干上。

2. 萌芽开花期

以防治核桃举肢蛾、黑斑病、炭疽病与云斑天牛为重点,喷 1∶0.5∶200 波尔多液,0.3～0.5°Be′石硫合剂,用毒膏堵虫孔,剪除病虫枝,人工摘除虫叶,枝干害虫人工捕捉。喷 50%辛硫磷乳油 1 000～2 000 倍液,20%甲氰菊酯乳油 1 500 倍液,10%氯氰菊酯乳油 1 500 倍液等杀虫剂防治害虫。4 月上旬刨树盘,喷洒 25%辛硫磷微胶囊水悬乳剂 200～300 倍液,或施 50%辛硫磷 25g,拌土 5～7.5 kg,均匀撒施在树盘上,以杀死刚复苏的核桃举肢蛾越冬幼虫。

3. 果实发育期

以防治黑斑病、炭疽病与举肢蛾为重点。5 月下旬至 6 月上旬,黑光灯诱杀或人工捕捉木橑尺蠖、云斑天牛成虫。6 月上旬用 50%辛硫磷乳油 1 500 倍液在树冠下均匀喷雾,杀死核桃举肢蛾羽化成虫;7、8 月份硬核开始后按 10～15 d 间隔喷辛硫磷等常用杀虫剂 2～3 次。发现被害果后及时击落,及时拾虫果、病果深埋或焚烧;8 月中、下旬,在主干上绑草把,树下堆集石块瓦片,诱集越冬害虫,集中捕杀。每隔 20 d 喷 1 次波尔多液。

4.果实成熟期

结合修剪剪除病虫枝,消灭病源,喷杀虫剂防治虫害。

5.落叶休眠

清扫落叶、落果并销毁,果园深翻。

七、果实采收与处理

1.采收期

核桃应在坚果充分成熟且产量和品质最佳时采收。核桃成熟标志是青皮由深绿色、绿色逐渐变为黄绿色或浅黄色,容易剥离,80%果实青皮顶端出现裂缝,且有部分青皮开裂。坚果内隔膜由浅黄色转为棕色时为核仁成熟期,此时采摘种仁质量最好。

2.采收方法

核桃采收方法分为人工采收和机械采收2种。人工采收是在核桃成熟时,用长杆击落果实;采收时顺序是由上而下、由内而外顺枝进行。机械采收是在采摘前10～20 d,向树上喷洒500～2 000 mg/kg乙烯利催熟,使果柄处形成离层、青皮开裂,然后用机械振动采收果实,1次采收完毕。

3.果实脱青皮

核桃脱青皮方法主要有堆沤脱皮法和乙烯利脱皮法2种。堆沤脱皮法是在核桃采摘后及时运到荫蔽处或通风室内,将果实按50 cm厚度堆成堆,在果堆上加盖1层10 cm左右干草或树叶。一般当青皮大多出现绽裂时,用木板或铁锨稍加搓压即可脱去青皮。堆沤时间长短取决于果实成熟度,成熟度高,堆沤时间短。注意勿使青皮变黑乃至腐烂。乙烯利脱皮法是将刚刚采收青皮果使用3 000～5 000 mg/kg的乙烯利浸泡30 s,再按50 cm厚度堆积起来,堆上覆盖10 cm左右秸秆,2～3 d即可自然脱皮。

4.坚果漂白

坚果漂白前应及时脱青皮后残留在坚果表面的烂皮、泥土及各种污染物。漂白的具体做法是先将次氯酸钠(含次氯酸钠80%)溶于4～6倍清水中制成漂白液,再将清洗过的坚果倒入缸内,使漂白液淹没坚果,搅拌5～8 min。当壳面变白时,立即捞出并用清水冲洗摊开晾晒。漂白液不浑浊,可反复利用,进行多次漂白。通常1 kg次氯酸钠可漂洗核桃80 kg。需注意的是作种子用的坚果不能进行漂洗和漂白。

5.坚果干燥

(1)高燥方法

①晒干法。多适用于北方秋季天气晴朗、凉爽地区。漂洗后坚果不宜在阳光下暴晒,先在

苇席上晾半天，等壳面晾干后再放在阳光下摊开晾晒。晾晒核桃坚果厚度以不超过 2 层坚果为宜，并不断搅拌或翻晒，使坚果高燥均匀，一般晾晒 5～7 d。晒干坚果含水量不低于 8%。

②烘干法。适用于多雨潮湿地区。可在干燥室内将核桃摊在架子上，然后在屋内用火炉子烘干。注意高燥室要通风，炉火不宜过旺，室内温度不宜超过 40℃。

③热风干燥法。用鼓风机将干热风吹入干燥箱内，使箱内堆放核桃很快干燥。鼓入热风温度 40℃为宜。

(2)干燥指标

坚果相互碰撞时，声音脆响，砸开检查时，横隔膜极易折断，核仁酥脆。在常温下，相对湿度 60%时，坚果平均含水量为 8%，核仁为 4%时即达到干燥指标。

八、坚果分级

1987 年我国国家标准局发布的《核桃丰产与坚果品质》国家标准中，以坚果外观、单果平均重量、取仁难易、种仁颜色、饱满程度、核壳厚度、出仁率及风味 8 项指标将坚果品质分为 4 个等级(表 17-2)。

表 17-2 核桃坚果不同等级品质指标(GB 7907—87)

指标＼等级	优级	1 级	2 级	3 级
外观	坚果整齐端正、果面光滑或较麻，缝合线平或低		坚果不整齐、不端正，果面麻，缝合线高	
平均果重/g	≥8.8	≥7.5	≥7.5	<7.5
取仁难易	极易	易	易	较难
种仁颜色	黄白	深黄	深黄	黄褐
饱满程度	饱满	饱满	较饱满	较饱满
风味	香、无异味	香、无异味	稍涩、无异味	稍涩、无异味
壳厚/mm	≤1.1	1.1～1.8	1.1～1.8	1.9～2.0
出仁率/%	≥59.0	50.9～58.9	43.0～49.9	

在国际市场上，核桃坚果越大价格越高。根据外贸出口要求，以坚果直径大小为主要指标，30 mm 以上为 1 等，28～30 mm 为 2 等，26～28 mm 为 3 等。

思考题：

1. 简述核桃幼树整形修剪要点。
2. 简述盛果期核桃树修剪要点。
3. 简述核桃肥水管理要点。
4. 简述核桃花果管理要点。
5. 试总结核桃周年综合管理技术要点。

6. 如何进行核桃采收与处理?

7. 核桃如何进行分级?

第四节 园林应用

核桃在园林上应用的主要是核桃属、山核桃属和枫杨属种类。

一、核桃属景观特征及园林应用

核桃属里面主要是胡桃和核桃楸。胡桃就是常说的核桃(图 17-26)。该树种高达 25 m,胸径 1 m;树冠广卵形至扁球形。树皮灰白,老时深纵裂幼枝有密毛,髓心片状分隔。奇数羽状复叶,互生,小叶 5～9,椭圆形或卵状椭圆形,全缘,幼树或萌芽枝上的叶有锯齿。花单性同株,雄花为葇荑花序,雌花单生或 2～3 朵集生枝顶,直立。核果形大,内果皮坚硬骨质,有皱纹及纵脊。花期 4～5 月份,果期 9～10 月份。胡桃树冠庞大雄伟,枝繁叶茂,绿荫覆地,树干灰白洁净,是良好的庭荫树,可成片栽植与风景区、疗养院。其花、果、叶的挥发性气味具有杀菌、杀虫的保健功效。核桃楸(图 17-27)又名胡桃楸,该树种高 20 m,树皮灰色,浅纵裂。叶互生,奇数羽状复叶,矩圆形或椭圆状矩圆形,缘有细齿,表面初有稀疏柔毛,后仅中脉有毛,背面有短毛或星状毛。花单性同株;雄花葇荑花序腋生下垂,雌花序穗状,顶生,直立。核果卵形,外表具棱状皱纹。花期 4～5 月份,果期 8～9 月份。该树种树冠开展,枝叶茂密,浓荫覆地,姿态壮美,宜孤植或丛植庭园、公园、草坪、隙地、池畔、建筑旁,也可作庭荫树、行道树及成片栽植。

图 17-26 核桃

1. 果枝 2. 雄花枝 3. 雄花 4. 果核纵剖面 5. 果核横剖面

图 17-27 核桃楸

二、山核桃属景观特征及园林应用

山核桃属植物为落叶乔木。枝髓充实，奇数羽状复叶互生，小叶具锯齿。雄花序葇荑花序3生一总柄，雄花无花被，具1大苞片，2小苞片；雌花3～10集生成穗状。核果状，外果皮木质，4瓣裂，果核圆滑或纵脊。其代表树种有山核桃和薄壳山核桃。山核桃（图17-28）为乔木，树高可达30 m，树冠开展，呈扁球形。树皮灰白色，平滑，裸芽。芽、幼枝、叶下面、果皮均被褐黄色腺鳞。小叶5～7，椭圆状披针形或倒卵状披针形，长10～18 cm，先端渐尖，基部楔形，锯齿细尖。雌花1～3生于枝顶。果卵球形或倒卵形，长2.5～2.8 m，具4纵棱，核卵圆形、倒卵形，长2～2.5 cm，坚硬，顶端具1短尖头。花期4～5月份；果熟期9～10月份。改树种宜孤植于草坪作庭荫树，也可作山区绿化造林树种。薄壳山核桃（图17-29）又名美国山核桃，在原产地高达55 m，一般能达20 m，胸径2 m。树冠广卵形。幼枝有灰色毛。小叶11～17，长卵状披针形，先端渐长尖，常镰状弯曲，叶基部不对称，有锯齿，下面脉腋簇生毛，叶柄叶轴有毛。果3～10集生，长圆形，有4纵脊，果壳薄，种仁大，花期5月份；果熟期10～11月份。该树种树体高大，根深叶茂，树姿雄伟壮丽。在适生区宜孤植于草坪做庭荫树。较耐湿，适于河流沿岸及平原地区"四旁"绿化，也可用作行道树，作风景林。

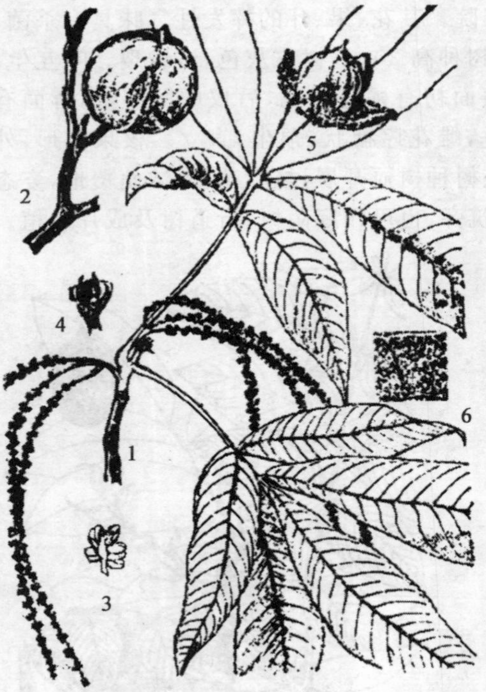

图 17-28　山核桃

1.花枝　2.果枝　3.雄花　4.雌花　5.果　6.叶下面

图 17-29　薄壳山核桃

1.花枝　2.雄花　3.果及果核横剖面　4.冬态枝

三、枫杨属景观特征及园林应用

枫杨属树种为落叶乔木，枝髓片状，鳞芽或裸芽。小叶有细锯齿。花序下垂，坚果有翅，翅有 2 小苞片发育而成。其代表树种是枫杨（图 17-30），又名元宝树、枰柳，该树种高达 30 m，胸径 1 m 以上，树冠广卵形。幼树皮红褐色，平滑，老树皮灰色，深纵裂。冬芽裸露有柄，密生锈褐色毛。奇数羽状复叶互生，叶轴具翅，幼叶上面有腺鳞，沿脉有毛，小叶 9～23，长椭圆形至长椭圆状披针形，叶缘有细锯齿，顶生小叶常发育。花单性，雌雄同株，雄花葇荑花序，雌花穗状。果序下垂，长 20～30 cm，果近球形，果具 2 椭圆状披针形果翅。花期 4～5 月份，果熟期 8～9 月份。枫杨树冠宽广，枝繁叶茂，为河床两岸低洼湿地的良好绿化树种，既可作为行道树，也可成片种植或孤植于草坪及坡地。但其叶片有毒，在鱼池附近不宜栽植。

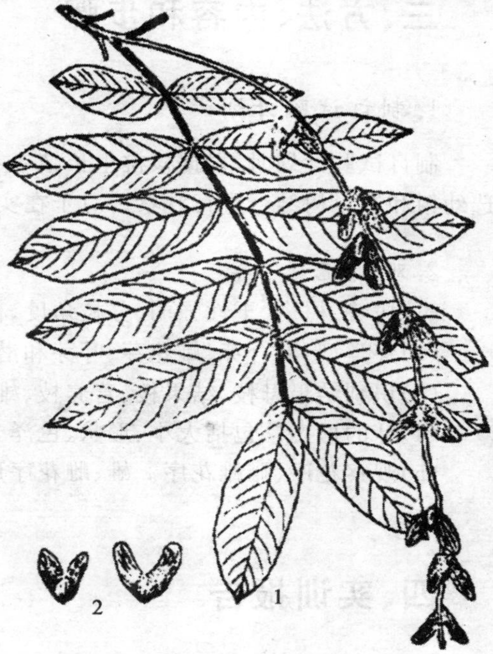

图 17-30　枫杨
1. 果枝　2. 翅果

思考题：

试总结不同核桃属的景观特征及园林应用。

实训技能 17-1　核桃生长结果习性观察

一、目的要求

通过观察，了解核桃生长结果习性，学会观察记载核桃生长结果习性的方法。

二、材料与用具

1. 材料

核桃成年结果树。

2. 用具

钢卷尺、放大镜、记载和绘图用具。

三、方法、内容和步骤

1. 制订试验计划

制订试验计划时，根据核桃生长结果习性，可在休眠期、开花期和果实成熟期分次进行，可选幼树和结果树结合进行观察。对于在实训时暂时看不到者，可结合物候期观察补齐。

2. 观察记载

(1)树势、树姿、干性强弱、分枝角度、树冠结构特点。

(2)芽类型：混合芽、雄花芽、叶芽和潜伏芽形态特征、着生部位，生长发育情况。

(3)识别结果母枝、结果枝、营养枝、雄花枝的形态特征，着生部位。生长特点。

(4)叶的形态。包括大小、形状、色泽、叶脉情况等。

(5)观察花序、雌雄花序。雄、雌花序形态特征。

四、实训报告

1. 通过观察总结核桃生长结果习性的特点。

2. 调查总结核桃结果母枝强弱与结果关系。

五、技能考核

实训技能考核实行百分制，其中实训态度与表现占20分，观察方法占40分，实训报告占40分。

实训技能17-2 核桃舌接

一、目的要求

通过操作，掌握核桃舌接操作程序，熟练操作技能，提高舌接成活率。

二、材料与用具

1. 材料

接穗、砧木、塑料薄膜条与保湿材料。

2. 用具

修枝剪、手锯、芽接刀、切接刀、劈接刀、磨石和水桶。

三、步骤与方法

1. 接穗采集

接穗在发芽前 20～30 d 采自采穗圃或优良品种树冠外围中上部。要求枝条充实、髓心小，芽体饱满，无病虫害。接穗剪口蜡封后分品种捆好，随即埋在背阴处 5℃以下地沟内保存。嫁接前 2～3 d，放在常温下催醒，使其萌动离皮。

2. 砧木处理

放水控制伤流。嫁接前 2～3 d 将砧木剪断，使伤流流出，或在嫁接部位下用刀切 1～2 个深达木质部的放水口，截断伤流上升。在嫁接前、后各 20 d 内不要灌水。

3. 舌接时期

砧木萌芽后至展叶期。

4. 嫁接方法

接穗长约 15 cm，带有 2～3 个饱满芽。先用嫁接刀将接穗下部削成 4～6 cm 马耳形斜面，然后选砧木光滑部位，按照接穗削面的形状轻轻削去粗皮，露出嫩皮，削面大小略大于接穗削面。将接穗削面下端皮层用手捏开，将接穗木质部插入砧木韧皮部与木质部之间，使接穗皮层紧贴砧木嫩皮上，插至微露削面，用麻皮或嫁接绳扎紧砧木接口部位。接后用塑料薄膜缠严接口和接穗，接后套塑料薄膜筒袋并填充保湿物等(图 17-31)。

四、实训报告

1. 总结舌接核桃操作技术要领。
2. 分析提高核桃舌接成活率的技术措施。

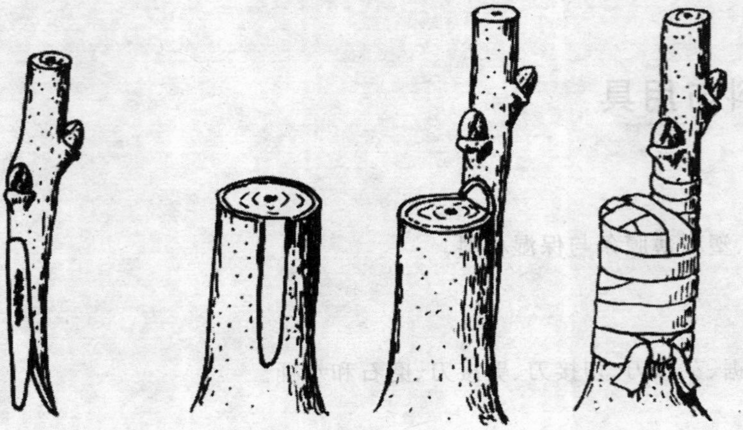

图 17-31　核桃插皮舌接

五、技能考核

实训技能考核实行百分制，其中实训态度与表现占 20 分，观察方法占 40 分，实训报告占 40 分。

第十八章 板 栗

[内容提要] 板栗经济价值,生态作用。从生长结果习性(生长习性和结果习性)和对环境条件(温度、光照、水分、土壤、地形和地势、海拔高度)要求方面介绍了板栗的生物学习性。板栗的主要栽培种类有板栗、锥栗、茅栗、日本栗。当前生产栽培的12个板栗优良品种的特征特性。从育苗、建园、土肥水管理、整形修剪、花果管理和病虫害防治、采收及采后处理方面介绍了板栗的无公害生产技术。从板栗景观特征入手,介绍了其园林应用。

板栗原产我国,是我国传统的特色坚果,重要的木本粮食树种之一,素有"木本粮食"、"铁杆庄稼"之称。其果实营养丰富,富含大量糖类、蛋白质,还含有一定量的钙、磷、铁等矿质营养和胡萝卜素、维生素等。食法多样,也可制作糕点,用作烹调原料。板栗根深叶茂,适应性强,较耐干旱和瘠薄,栽培容易,管理方便,适宜在山区发展。对山区经济的振兴和生态环境的改善效果非常显著。

第一节 生物学特性

一、生长结果习性

板栗多为高大乔木,寿命较长,但结果较晚,实生树一般5～8年开始结果,15～20年进入盛果期,50～60年生结实最多,盛果期可延续百年以上。嫁接树2～3年即能结果。

1. 生长习性

(1)根系及生长习性

①根系分布。板栗是深根性果树,主根、侧根和细根均发达。其中,主根可深达4 m。但大多数根系分布在20～80 cm的土层内,根系分布深浅受土层厚薄的影响。大树根系的水平分布可达1.5 m以上,水平根扩展范围为冠径的3～5倍,强大根系是板栗抗旱耐瘠薄的重要因素。

②根系生长。板栗根生长于4月上旬开始,吸收根7月中旬大量发生,8月下旬达到高峰,以后逐渐下降,在生长期有明显的1次生长高峰,至12月下旬停止生长进入相对休眠期。板栗根系损伤后愈合能力较差,伤根后需较长时间才能萌发新根。苗龄越大,伤根越粗,愈合

越慢。一般早春断根后2周只见细根上发出新根，于初夏萌发较多，但15 mm以上粗根，仍不发新根。

③菌根。幼嫩根上常有菌根共生，菌丝体呈罗纱状，细根多的地方菌根也多。菌根形成期与板栗树活动期相适应。菌根在栗根发生后开始形成，栗果停止生长前结束，7～8月份菌根发生达到高峰。当土壤含水量达萎蔫系数时，菌根还能吸收水分，促进栗根生长。菌根形成和发育与土壤肥力密切相关：有机质多，土壤pH 5.5～7，通气良好，土壤含水量20%～50%，土温13～32℃时菌根形成多、生长也好。对板栗园增施有机肥料，接种菌根，加强土、肥、水管理，是促进板栗树生长发育的有效措施。

(2)芽及生长特性

板栗的芽按性质可分为混合花芽、叶芽和休眠芽（副芽）3种（图18-1）。从芽体形态上，混合花芽芽体最大，叶芽次之，休眠芽最小。芽外覆有鳞片，除休眠芽较多外，均有4片，分2层左右对称排列。

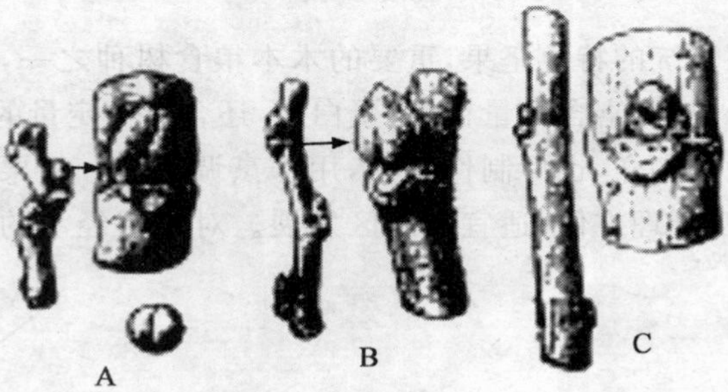

图18-1 板栗芽示意图
A.花芽 B.叶芽 C.隐芽

①混合花芽。分完全混合花芽和不完全混合花芽。完全混合花芽着生于枝条顶端及其下2～3节，芽体饱满，芽形钝圆，茸毛较少，外层鳞片较大，可包住整个芽体，萌发后抽生结果枝。不完全混合花芽着生于完全混合花芽下部或较弱枝顶及其下部，芽体比完全混合花芽略小，萌发后抽生雄花枝。着生完全混合花芽和不完全混合花芽的节，不具叶芽，花序脱落后形成盲节，不能抽枝。

②叶芽。是芽体萌发后能抽生营养枝的芽。幼年树着生在旺盛枝的顶端和其中、下部，进入结果期的树，多着生在各类枝的中、下部，芽体比不完全混合花芽小，近钝三角形，茸毛较多，外层2鳞片较小，不能完全包住内部2鳞片，萌发后抽生各类发育枝。

③休眠芽。又称隐芽，着生在各类枝的基部短缩的节位外，芽体瘦小，一般不萌发而呈休眠状态，寿命长。当枝干折伤或修剪等刺激则萌发徒长枝，有利于更新复壮。

(3)叶序

板栗叶序有3种：即1/2、1/3和2/5。常使板栗树形成三叉枝、四叉枝和平面枝（鱼刺枝）。一般板栗幼树结果之前多为1/2叶序，结果树和嫁接后多为2/5、1/3叶序，1/2叶序是板栗童期标志。不同芽序常使栗树形成三叉枝、四叉枝和平面枝（又叫鱼码枝），因此在修剪时，应注意芽的位置和方向，以调节枝向和枝条分布。

(4)枝及其生长特性

板栗的枝条分为营养枝、结果枝、结果母枝和雄花枝4种。

①营养枝。营养枝也叫发育枝，由叶芽或副芽萌发而成，不着生雌花和雄花。根据枝条生长势不同，可将其分为徒长枝、普通发育枝和细弱枝3种。徒长枝一般由枝干上的休眠芽受刺激萌发形成，生长旺，节间长，组织不充实，一般长30 cm以上，有时可达1～2 m。1～2年内不能形成结果母枝，通过合理修剪，3～4年后可开花结果。年生长量50～100 cm，是老树更新和缺枝补空的主要枝条。普通发育枝，由叶芽萌发而成，年生长量20～40 cm，生长健壮，无混合芽，是扩大树冠和形成结果母枝的主要枝条。生长充实、健壮的发育枝可转化为结果母枝(俗称棒槌码)，来年抽梢开花结果。板栗发育生长与树龄有关：幼树时生长旺盛，顶端2～3个芽发育充实，表现明显的顶端优势。每年生长量较大，向前延续生长较快，使树冠很快扩张，但发枝力弱，中、下部芽抽枝较少，易于光秃，应短截改变发枝部位；到结果盛期，发育枝生长充实，在顶端2～4个芽形成完全混合花芽，成为结果母枝；在老树时，发育枝生长很慢，成为浅细枝，翌年生长甚微或死亡。细弱枝由枝条基部叶芽抽生，生长较弱，长度在10 cm以下，不能形成混合芽(俗称鸡爪码、鱼刺码)(图18-2)，翌年生长很少或枯死。

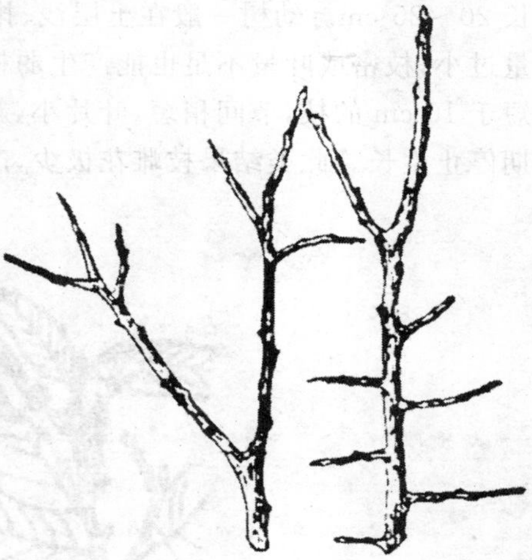

图18-2　板栗细弱枝
1.鸡爪枝　2.鱼刺枝

②结果枝。又称混合花枝(图18-3)，是结果母枝上完全由混合花芽萌发抽生的、具有雌雄花序能开花结果的新梢。从结果枝基部第2～4节起，直到第8～10节止，每个叶腋间着生葇荑雄花序。在近顶端的1～4节雄花基部，着生球状雌花簇。由受精雌花簇发育成果实。结果枝多位于树冠外围，一般生长健壮，既能成为结果母枝，又能成为树冠骨干枝，具有扩大树冠和结实的双重作用。弱结果母枝和其顶芽下的芽萌发的枝条，着生雄花序称为雄花枝，不能结果。结果枝基部数节落叶后，叶腋间留下几个小芽，中部各节着生雄花芽，雄花序脱落后各节均无芽成为盲节。在果柄着生处的前端一段为尾枝，尾枝的叶腋间都有芽。尾枝长短、粗细及芽的质量，与结果枝强弱有关。一般生长健旺的结果枝可当年形成花芽，成为下年的结果母枝。结果枝上雌雄花出现及其比例，与板栗树年龄和营养条件有关。据观察，以结果期板栗树雌花出现最多。但雌花发生与结果枝强弱关系密切，即果枝越强，雌花愈多，结果也好。在栽培上应促进结果枝生长。结果枝上着生花序的各节均无腋芽，不能再生侧枝，成为"空节"，基部各节为休眠芽，只有顶端数芽抽生枝条，使结果部位外移，因此对又长又粗的结果枝，应加以适度短截，降低发枝部位，结果枝结果后，翌年能否继续萌发结果枝结果，取决于品种。板栗结果枝有5种。第1种，徒长性果枝。枝先端1～2枝在盛花期平均长达60 cm，节间长，叶片大。其于7月下旬停止生长，全年新梢长达80 cm以上，徒长性结果枝产量低，但坚果个大。一般营养生长旺盛的幼树、大砧龄嫁接树及更新树多发徒长性果枝。为促进徒长性果枝结果，可于5月中、下旬摘除未展叶新梢部分，促进下部分枝，强旺生长枝其下部分枝往往可形成大芽，翌年开花结果。第2种，强结果枝。盛花期时新梢长40 cm左右，此时顶端仍有未展开叶片，于7月下旬停止生长的，新梢可达60～80 cm。此类结果枝

上坚果个大，结果枝连续结果能力强，是健壮结果枝。此类结果枝多生于10年以下的板栗树。随着树龄增大，其结果枝长度减小。第3种，中庸结果枝。盛花期时先端1～2个结果新梢可达25～30 cm长，节间较长，叶片大，未展叶，下端节间短，结果新梢于7月上、中旬停止生长，成年树中庸结果枝多35～50 cm。第4种，弱结果枝。花期先端1～2个结果新梢长达15～20 cm，节间短，叶片较小。新梢停止生长早。6月中、下旬新梢停止生长期，成年树新梢平均长20～25 cm。幼树一般在土层浅、排水不良或发生病虫害时易形成弱结果枝。成年树修剪量过小，枝密或叶量不足也能产生弱枝。第5种，细弱结果枝。盛花时顶端1～2个结果新梢短于10 cm的枝，节间稍短，叶片小，新梢于6月上旬甚至更早即停止生长，多在雄花序开放盛期停止生长。此类结果枝雌花极少，产量低或无产量，即使结果，坚果粒小。

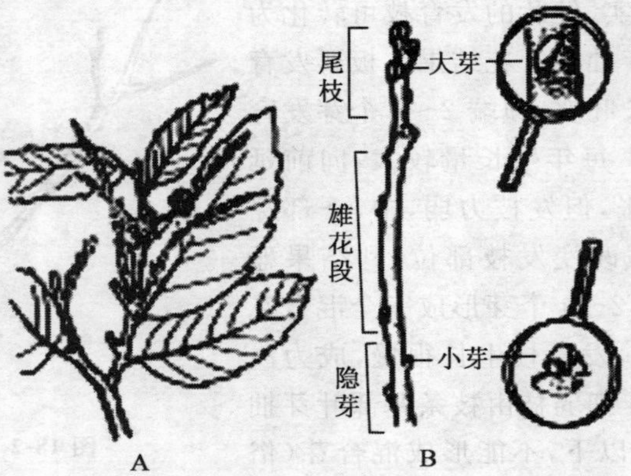

图 18-3　板栗枝条

A. 结果枝　B. 结果母枝

板栗是典型壮枝结果树种，结果枝的结实性与结果母枝及果枝本身健壮程度密切相关。结果母枝粗壮，抽生结果枝数量多；结果枝粗壮，结果枝上雌花数量多；结果枝粗度与雌花着生数量呈明显的正相关。结果枝粗则结蓬数量多。

③结果母枝(图18-4)。指着生完全混合花芽的1年生枝条。大部分的结果母枝是由去年的结果枝转化而来。此外，雄花枝和营养枝也有形成结果母枝的，结果母枝顶端其下2～3芽为混合芽，抽生结果枝，下部的芽较弱，只能形成雄花枝和细弱营养枝，基部的芽则不萌发，呈休眠状态。随树龄增加，各种枝条抽生情况也不一样。在幼树时，其顶端皆可抽生结果枝，由顶芽以下依次减弱；结果期的树则除靠近顶芽可抽生结果枝外，在母枝中部也可抽生结果枝；衰老树的母枝抽生结果枝很不规律，甚至近基部芽仍有抽生结果枝可能，对老树修剪时应注意这一特性。强壮的结果母枝长15～25 cm，生长健壮，有较长的尾枝，顶端有3～5个饱满的完全混合芽，每年抽生3～5个结果枝，结实力最强，翌年能

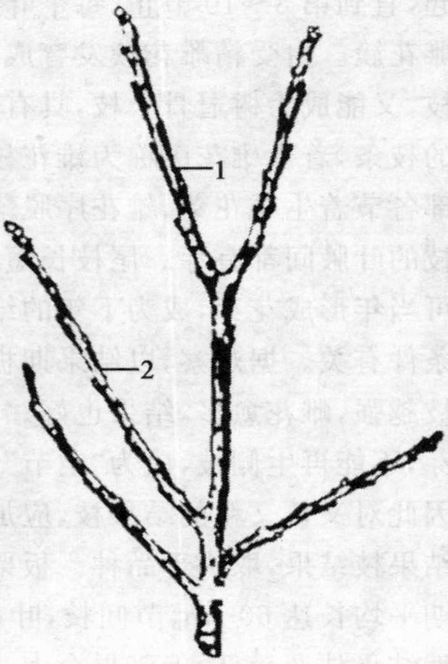

图 18-4　板栗结果母枝

1. 结果母枝　2. 营养枝

继续抽生结果枝。典型的结果母枝自下而上分为基部芽段(4 节)、雄花序脱落段(盲节 9～11 节)、结果段(1～3 节)和果前梢(1 至若干节)。结果母枝的状况是板栗翌年产量的重要依据。雄花序由分化较差的混合芽形成,大多比较细弱,枝条上只有雄花序和叶片,不结果。一般情况下,当年也不能形成结果母枝。结果母枝抽生结果枝的多少与树龄和母枝强弱有关。结果期树,母枝抽生结果枝较多,老树则抽生的较少,结果枝越强,抽生结果枝也越多,因而促进强壮结果母枝发生,是丰产、稳产保证。

2. 结果习性

(1)花芽分化

板栗是雌雄同芽异花,但雌、雄花分化期和分化持续时间相差很远,分化速度也不一样。板栗雌花簇具有芽外分化的特点,形态分化是随着春梢抽生、伸长进行,分化期短而集中,仅需 60 d,单花分化大约需要 40 d。通常中间小花最早开始分化,完成早,两侧小花分化稍晚。板栗雌花虽是两性花,但雄蕊随着雌花的分化部分退化。板栗雌花簇的分化过程可分为 6 个时期:雌花簇分化始期、雌花簇原基分化期、花朵原基分化期、柱头原基分化期、子房形成期、开花期。雄花序在新梢生长后期由基部 3～4 节自下而上即有分化,分化期长而缓慢。雌花序形成和分化是在冬季休眠后而开始的,分化期短,速度快。雄花序分化可分为 6 个阶段:雄花序原基形成期、花簇原基形成期、花朵原基形成期、花被原基形成期、雄蕊原基形成期、花药原基形成期。雄花序原基分化的盛期集中于 6 月下旬至 8 月中旬。在果实采收前一段时间处于停滞状态,果实采收后至落叶前,雄花序原基分化。

(2)开花、授粉和结实特性

板栗为雌雄同株异花(图 18-5),在当年生枝上开花结果。雄花序为葇荑花序,较雌花序为多。

①雄花。一般雄花序有小花 600～900 朵/花序。每朵小花有花被 6 枚,雄蕊 9～12 个,花丝细长,花药卵形,无花瓣,每 3～9 朵小花组成 1 簇,花序自下而上,每簇中小花数逐渐减少。雄花序长短和数量依品种而异,雄、雌花比例一般为(2 000～3 000)∶1,雄、雌花序之比一般为 5∶1。板栗雄花根据发育情况分为两类:一类是缺乏雄蕊不能产生花粉,属雄性不育,如我国无花栗,其雄花序长 1 cm 左右即退化脱落;另一类有雄蕊,但花丝长短不一,花丝长度在 5 mm 以下,花粉极少,花丝长度在 5～7 mm 的花药中有大量花粉。

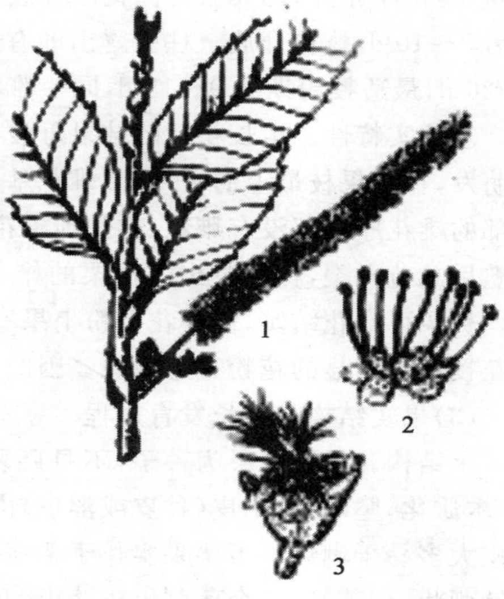

图 18-5　板栗花

1. 雄花序　2. 雄花　3. 雌花

②雌花。板栗一般有雌花 3 朵,聚生于 1 个总苞内。雌花簇外面有由叶演变而成的线状鳞片。萼片 6～8,壶状线裂。雌花有柱头 8 个,露出苞外,6～9 个心皮构成复雌蕊,心室与心皮同数。雌花柱头长约 5 mm,上部分叉,突出总苞,下部密生茸毛。子房着生于封闭的总苞外,不与总苞内壁紧密愈合,着生在其花的下面,属下位子房(图 18-6)。正

常情况下，经授粉受精，发育成3个坚果，有时发育为2个或1个，也有时每苞内有4个以上，最多见到1苞内有14个坚果。雌花子房8室，每室有2个胚珠，共16个胚珠。一般每室中的1个胚珠发育形成种子，也有1个果内形成2个或3个种子，称多籽果。多籽果增加了涩皮，不是良好的经济性状，如日本栗和朝鲜栗多籽果较多。果枝上可连续着生1～5朵雌花。我国茅栗结果枝上着生雌花多，有成串结果习性。板栗每一总苞内有雌花3朵，一果枝可连续着生1～5雌花序。

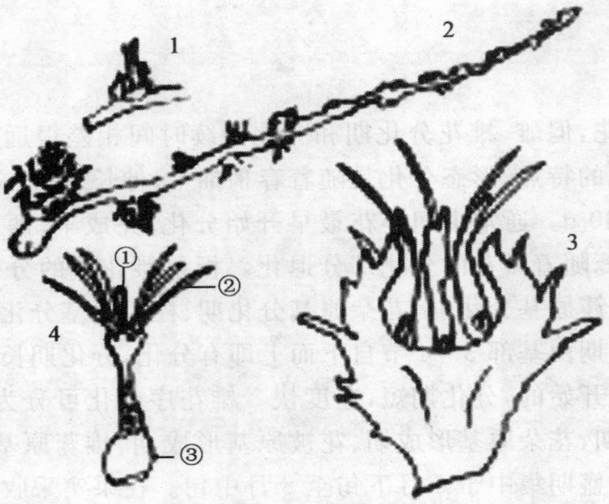

图 18-6　板栗雌花与子房

1.雌花簇(5月上旬)　2.两性花序　3.1个雌花簇(幼苞剖面)　4.1朵雌花

①柱头 ②花被裂片 ③子房

③开花与授粉。板栗发芽后1个月左右，在5月中旬进入开花期。雄花和雌花开放时期不同，雄花序先开，几天后两性花序开放，花期较长，可持续20 d左右，有的可达30 d。雄花开放后8～10 d，雌花开放。柱头露出即有授粉能力，一般可持续1个月，但授粉适期为柱头露出6～26 d，最适授粉期为9～13 d，同一雌花序边花较中心花晚开10 d左右。

④结实特性。生长粗壮的结果母枝有时能抽生8～10个结果枝。结果母枝上的混合芽春季萌发，在结果枝最上的1～4节雄花基部长出雌花序，这种花序称为雌雄花序或两性花序，而下部的雄花序基部没有雌花，称作纯雄花序。正常情况下，一个总苞中有3粒种子，果实充分成熟后总苞开裂，种子脱出。板栗的雄花很多，花粉量大，主要是风煤传粉，昆虫也起一定作用。板栗可自花结实，但异花授粉坐果率更高。因此，在建园时必须配制授粉树。此外，板栗异花授粉有明显的花粉直感现象。因此，授粉树应选择优良品种。

(3)果实结构与生长发育过程

①结构。板栗坚果为种子，不具胚乳，有2片肥厚的叶子，为可食部分。坚果外果皮(栗壳)木质化，坚硬；内果皮(种皮或涩皮)由柔软的纤维组成，含多量的单宁，味涩。中国板栗的涩皮大多易于剥离。板栗果实长于栗蓬内，栗蓬由总苞发育而来，除特殊品种或单株外，蓬皮为针刺状，称蓬刺，几个蓬刺组成蓬束，几个刺束组成刺座，刺座着生于栗蓬上。1个蓬中通常可结3个栗实，2个边栗和1个中栗(图18-7)。

②生长发育过程。正常板栗总苞和坚果直径增长呈双S曲线，表现出2个快速生长高

峰。总苞直径增长率加速生长高峰出现于花后 25 d 和 85 d 前后，坚果直径增长率高峰在花后 25 d 和 75 d 前后。据研究：雌花 5 月底盛花，受精后总苞发育成刺苞，胚珠发育成坚果。刺苞内坚果不发育的为空苞，其苞小刺密。6 月中旬板栗胚珠受精后，子房开始发育，这时正值枝条迅速生长期，幼果生长缓慢，重量和体积增加都很少，7 月中旬枝条停止生长后，栗苞开始迅速生长。7 月中旬以前总苞纵径生长大于横径，7 月下旬以后横径生长超过纵径，直至成熟。栗苞生长曲线呈双 S 型，7 月中旬至 8 月上旬生长迅速，并有 1 个生长高峰，以后生长变慢，而果实充实在成熟前 10 d 完成。在板栗果实发育过程中，根据营养物质的积累和转化，可分为 2 个时期。前期主要是总苞的增长及其干物质的积累，此期约形成总苞内干物质的 70%和全部的蛋白质氮。后期干物质形成重点转向果实，特别是种子部分，果实中的还原糖向非还原糖和淀粉合成的方向转化，淀粉的积累促进坚果的增长。在果实成熟的同时，总苞和果皮内营养物质的一部分也转向果实。正常栗总苞直径增长伴随着子房淀粉含量的显著积累和磷素的消耗（以淀粉积累作用更大），而子房硼素的消耗过程对总苞直径增长有加速作用。坚果直径增长过程主要决定于子房淀粉的显著积累，子房还原糖的积累及钾的消耗对坚果直径增长具有加速作用。前期总苞和子房养分的积累是后期坚果充实的前提，后期坚果增重快。栗果在发育过程中部分发育停止，形成空苞。栗果从受精到成熟，南方一般需 100～120 d，华北地区为 90～100 d。

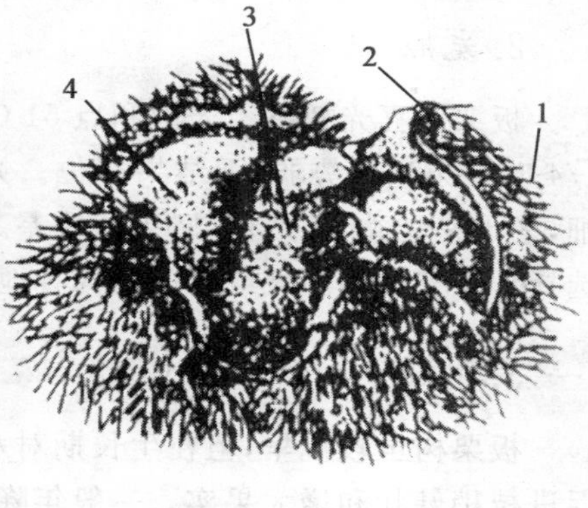

图 18-7　栗蓬

1. 刺束　2. 蓬皮　3. 中果　4. 边果

(4)落果

板栗在生长发育过程中，有落果现象发生，但落果时期比其他果树都晚。谢花后很少落果，一般在 7 月下旬以前为前期落果，8 月上旬至下旬为后期落果。前期落果是由受精不良和营养不良造成，后期落果主要是营养不良，机械损伤、病虫（桃蛀螟、栗实象鼻虫）为害等管理不当也常引起落果。加强前期肥水管理，人工辅助授粉以及加强病虫防治等可减少落果。

二、对环境条件要求

1. 温度

北方板栗适于冷凉干燥气候，南方板栗适于温暖湿润气候。板栗要求年平均气温为 10～14℃，≥10℃积温 3 100～3 400℃；南方板栗要求平均气温 15～18℃，≥10℃积温 4 250～4 500℃；亚热带地区板栗生长的年平均气温可达 22℃，≥10℃积温 6 000～7 500℃。生长期（4～10 月份）平均气温 16～20℃；冬季不低于－25℃；开花期为 17～27℃。一般情况下北方板栗产量高，品质好。

2. 光照

板栗为喜光树种。光饱和点 51 000 lx，光补偿点 947 lx。当内膛着光量占外围光照量的 1/4 时枝条生长势弱，无结果部位。光照不足 6 h 的沟谷地带，树冠直立，枝条徒长，叶薄枝细，老干易光秃，株产低，坚果品质差。在板栗花期，光照不足则会引起生理落果。建园时，应选择日照充足的阳坡或开阔的沟谷地较为理想。

3. 水分

板栗树虽较抗旱，但在生长期对水分仍有一定要求。新梢和果实生长期供应适量水分，可促进枝梢健壮和增大果实。一般年降水量 500～1 000 mm 地方，最适于板栗树生长。栗树适宜土壤持水量为 30%～40%，超过 60%时易烂根，低于 12%，树体衰弱，降至 9%时，树可枯死。雨水多且排水不良时，影响板栗树根系生长，造成树势衰弱，甚至淹死。

4. 土壤

板栗树对土壤适应性较强，适宜在酸性或微酸性土壤上生长，在 pH5.5～6.5 的土壤上生长良好，pH 超过 7.2 则生长不良。在以土层深厚、有机质多、排水保水良好、地下水位不太高的沙土、砾质壤土和砾质壤土最适宜板栗树生长。板栗正常生长，要求含盐量在 0.2%以下，且板栗是高锰作物。pH 值增高，土壤中锰呈不溶状态，影响其对锰的吸收，树体发育不良，叶片发黄。

5. 地势

板栗自然分布区地势差别较大，海拔 50～2 800 m 均可生长板栗。我国南北纬度跨度较大，但在海拔 1 000 m 以上的高山地带，板栗仍可正常生长结果。处于温带地区的河北、山东、河南等地，板栗经济栽培区要求海拔在 500 m 以下，海拔 800 m 以上的山地不适合板栗栽培，出现生长结果不良现象。山地建园对坡地要求不太严格，可在 15°以下的缓坡建园，15°～25°坡地建园要修建水土保持工程。30°以上陡坡，可作为生态经济林和绿化树来经营。

6. 风和其他

花期微风对板栗树授粉有利，但板栗不抗大风，不耐烟害，空气中氯和氟等含量稍高，栗树易受害。

思考题：

1. 板栗芽和枝各有哪几种？各有何主要功能？
2. 如何减轻板栗落果？
3. 板栗对环境条件要求如何？

第二节 主要种类和优良品种

一、主要种类

板栗属山毛榉科栗属植物，为多年生落叶乔木。栗属植物全世界有10多种，其中8个种可供食用，分布于亚、欧、美、非4洲，分别是板栗、锥栗、茅栗、日本栗、欧洲栗、美洲栗、榛果栗、澳扎克栗，其中供果树栽培的有板栗、锥栗、茅栗、日本栗等，其中，板栗是主要栽培种。

1. 板栗（图18-8）

板栗又名大栗、魁栗、油栗等，原产我国，是栗属植物的主要栽培种之一。落叶乔木，树高达13～26 m，冠幅8～10 m，树冠半圆形。分枝较多。树皮呈不规则深裂，褐色或黑褐色，枝长而疏生，灰褐色，有纵沟，1年生新梢密生短柔毛，叶互生，矩圆状披针形或长圆状椭圆形，先端渐尖，基部为广楔形或圆形，叶背被灰色星状毛层或疏生星状毛，叶缘有锯齿，齿端刺毛状，叶柄长1.2～2 cm，雄花序直立，雌花序着生于雄花序基部，常3朵聚生在1个总苞中。柱头分叉5～9枚，子房下位，6室，每室有2胚珠，一般只有1个发育种子。总苞密被分枝长刺，刺上有星状毛，圆形或椭圆形，内有栗果2～3粒，多的可达9粒，坚果较大，椭圆形、圆形或三角形。种皮易剥离，栗褐色或浓褐色。本种较耐寒，风土适应性较强，幼苗抗寒力较差。抗旱力强，抗栗疫病、较抗根颈溃疡病，抗白粉病力较弱，抗风力也较弱。南北方均有分布（图18-8）。

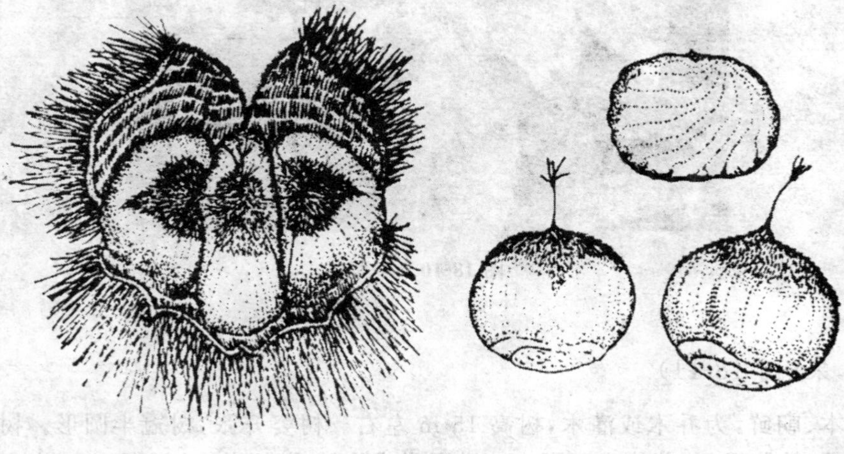

图18-8 板栗

2. 锥栗（图18-9）

又名箭栗，原产我国，分布以淮河为界。落叶乔木，树高达20～30 m。枝条光滑无毛。嫩叶背面有鳞腺，叶脉具毛，叶薄而细致，长椭圆状卵形、长椭圆披针形或披针形（美国称柳叶栗），叶尖长狭而尖，基部楔形或截形，叶缘锯齿针状，叶柄细长。雌雄同株，雄花葇荑花序直立，细长，花密生。总苞多刺，单生或2～3个聚生。每总苞内有坚果1个，少数2个。果实底圆而顶尖，其形如锥，故名锥栗。果小，味甜，可食。适应性强，在高山地区能生长，较易感染栗疫病。

图 18-9 锥栗

3. 茅栗（图 18-10）

原产我国，为灌木或小乔木，树高达15 m，新梢密生短茸毛，有时无毛，冬芽小。叶长椭圆或长圆状倒卵形，先端渐尖，基部圆形，似心脏或广楔形。叶缘有稀锯齿，叶背绿色，具鳞腺，侧脉有毛或光滑无毛。总苞近圆形，通常具坚果2～3粒，多的5～7粒。果个小，直径1～1.5 cm，种皮易剥离，肉质致密，味甜，品质上，易丰产。在我国分布于河南、山西、江苏、浙江、安徽、江西、湖南、湖北、四川、云南、贵州等省。本种适应性强，也较抗病，可作为板栗砧木。

图 18-10 茅栗

4. 日本栗（图 18-11）

原产日本、朝鲜，为乔木或灌木，树高15 m左右。树姿开张，树冠半圆形。树干灰褐色，有细毛或无毛，枝芽微红，芽体小而圆。叶椭圆形或狭长，黄绿色，叶间渐尖，叶基圆形，叶缘整齐，有圆锯齿，有时变为刺毛状，叶背有茸毛和鳞腺。苞刺细长，坚果有顶尖，每总苞内有坚果2～3粒，多的5粒，果大，种脐大，种皮难剥离，子叶叶肉白色，涩皮厚而韧性差，也不易剥离。实生苗结果早，适应于沿海较暖湿气候。果肉粉质，品质中等，但较早实，丰产。主要分布于日本、朝鲜和我国台湾、辽宁东市和山东文登等有少量分布。

图 18-11 日本栗

二、主要优良品种

我国板栗品种资源丰富，有 300 多个。北方板栗多为小果型品种，栗皮有光泽，栗实含糖量高、淀粉含量低、偏黏质，品质优良，适宜糖炒；南方（长江中下游一带）板栗粒大，坚果含糖量较低、淀粉含量高，粉质，宜作菜用。本书仅介绍北方板栗。

1. 林县谷堆栗

原产于河南省林州市，是当地主栽品种。树势强健，树姿开张。母枝连续结果能力强，结果枝多由顶端 1～2 芽发出，果枝长 26.8 cm，每结果枝着苞 2～3 个，多者可达 8～9 个。每苞内含坚果 2～3 粒。总苞圆形，十字形开裂，苞皮厚 0.2 cm，针刺较密，较硬。出实率 35%。坚果中大，单粒重 10 g。栗实半圆形，褐紫色，具油亮光泽，茸毛极少。种皮浅棕色，易剥离。种仁饱满，黄白色，味甜、质糯，品质中上等。新梢 4 月上中旬萌动，4 月下旬开花，9 月下旬果实成熟。耐瘠薄，丰产稳产。抗栗实象鼻虫，适合豫北栗产区发展。

2. 无刺栗（图 18-12）

山东省果树研究所 1964 年选出。总苞小型，重 36 g 左右，扁椭圆形，刺束极短，约 0.5 cm，分枝点低，分枝角度甚大，似贴于总苞皮上，刺退化为半鳞片状，近于无刺。苞皮较薄，十字开裂或一字横裂，每苞平均含坚果 2.8 个。出实率 51%。每苞平均含坚果 2.8 个。坚果整齐，圆形，平均单粒重 6.5 g，背面浑圆，腹面正平，被腹接线棱角明显。果皮红褐色，有光泽。自果顶沿被腹交接处至底座密生茸毛线。质地香甜糯性，味香甜，品质上。果实 9 月下旬成熟，较耐贮藏。

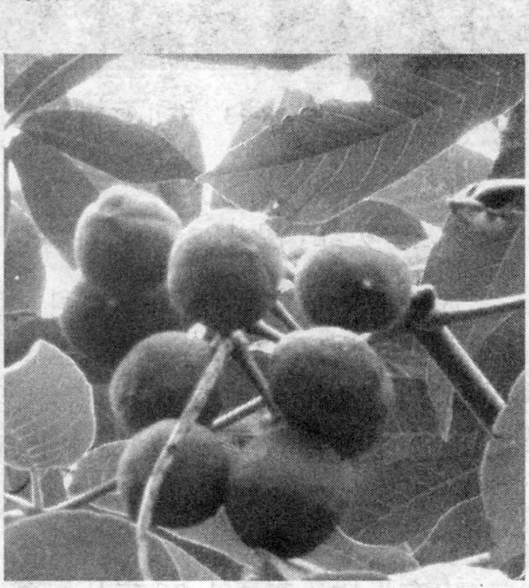

图 18-12 无刺栗

3. 燕山红栗(图 18-13)

又名燕红、北山 1 号。原产北京市昌平区，是北京市农科院林果研究所选育优良单株。晚熟品种，9 月下旬成熟。坚果呈红棕色，故名燕山红栗。总苞椭圆形，重 40.5 g，总苞皮薄，刺束稀，坚果单粒重 8.9 g；果面茸毛少，分布在果顶端。果皮深红棕色，有光泽，外形美观。树冠中等，每个结果母枝平均抽生 2.4 个结果枝，每个果枝着生 1.4 个总苞，每总苞有栗实 2.4 粒。果实艳丽美观，但在土壤瘠薄条件下出籽率低，易生独籽。树形中等偏小，树冠紧凑，分枝角度小，枝条直立。嫁接树 2 年开始结果，3～4 年后大量结果，早期丰产。对缺硼敏感。抗病、耐贮，品质优良，唯有大小年结果现象。

4. 燕山短枝(图 18-14)

又名后韩庄 20、大叶青。原产河北省迁西县，1973 年选出。枝条短粗，节间短缩，树冠低矮，冠型紧凑，叶片肥大，色泽浓绿。总苞中等大，椭圆形，针刺密而硬，每个总苞含坚果 2.8 粒。坚果扁圆形，皮色深褐，光亮，平均重 9.23 g。坚果整齐，每 500 g 栗果有 55～60 粒。栗果含糖量 20.6%，淀粉 50.89%，蛋白质 5.9%。果实成熟期 9 月上、中旬，耐贮藏。树冠圆头形，树势强健，枝条短粗，树体矮小，平均每结果母枝抽生果枝 1.85 条，结果枝着生总苞 2.9 个。适于密植栽培。

图 18-13　燕山红栗

图 18-14　燕山短枝

5. 豫罗红(图 18-15)

原产河南罗山，河南省林业科学研究所和罗山县林业科学研究所从实生油栗中选育优良品种，每苞含坚果 2～3 粒，单果重 10 g 左右，出实率 45%，坚果椭圆形，皮薄，紫红色，鲜艳，果肉淡黄色、甜脆、细腻、香味浓，有糯性，含糖量 17%，淀粉 58.4%，耐贮藏，抗病虫，10 月初成熟。树势中强，树冠紧凑，枝条疏生、粗壮，分枝角度大。

6. 红栗 1 号(图 18-16)

山东果树研究所 1998 年从红栗×泰安薄壳杂交后代中培育出的新品种。总苞椭圆形，红色，较薄，成熟时“一”字或“十”字形开裂，刺束深红色，稀而硬。出实率 48%，平均每苞含坚果

2.9个。坚果圆形，弧面浑圆，红褐色，有暗褐色条纹，光亮美观，大小整齐饱满。果肉黄色，质地细糯香甜，涩皮易剥离，平均单果重 9.4 g，底座小，含糖量31%，淀粉含量51%，脂肪1.7%。9月中旬成熟。树冠开张。枝条粗壮，红褐色，嫩梢紫红色，混合芽椭圆形，中大，芽体红色。叶长椭圆形，叶柄阳面红色，叶面深绿色，幼叶红色，叶姿斜生平展，质地较厚，锯齿直向。

图 18-15 豫罗红

图 18-16 红栗 1 号

7. 华丰(图 18-17)

山东省果树研究所 1993 年从野生板栗和板栗的杂交后代中选育成的板栗新品种。总苞椭圆形，皮薄，刺束稀，多“一”字形开裂，总苞柄较长。出实率 56%，平均每苞含坚果 2.9 个。坚果椭圆形，平均单粒重 7.9 g。果皮红棕色，光亮，大小整齐、美观。果肉质地细糯、香甜，含淀粉 49.29%，蛋白质 8.5%，脂肪 3.3%。底座小。9月上、中旬成熟。耐贮藏，适于炒食。树冠较开张，呈开心形。新梢灰褐或红褐色。混合芽大而饱满，呈扁圆形。叶椭圆形，绿色，质地较厚，叶面稍皱，锯齿较整齐，直向。雄花序中长。雌花容易形成，结果早，丰产稳产性强。抗逆性强，适应性广，在丘陵山区和河滩平地均适于发展栽培。

图 18-17 华丰

8. 无花栗(图 18-18)

原产山东省泰安市，山东省果树研究所 1965 年选出。因其纯雄花序生长到 0.5～1 cm 时萎缩脱落，得名“无花”。树姿直立，树冠紧凑。成龄树树势中等，结果母枝短，每个结果母枝平均抽生 1.9 条果枝，结果枝平均着生 1.8 个总苞，总苞椭圆小型，平均每苞含坚果 2.9 个，出实率 53%。坚果圆形，大小整齐，平均重 8.8 g。果皮紫褐色，光亮美观。果肉质地细腻、糯性香甜，品质极上。果实9月下旬至10月上旬成熟。耐贮藏。生长势强，结果期较晚，雄花序早期萎蔫凋落，节省营养，是一优良育种材料。

9. 燕山红（图18-19）

北京市农林科学院林果研究所1974年自昌平县北庄村实生树中选出。总苞球形，针刺稀。出实率45%。坚果平均单粒重8.9 g，整齐美观。果面茸毛少，果皮红棕色，富有光泽。果肉细腻、甜糯，品质优良。树姿开张，树冠紧凑，呈半圆头形。结果母枝灰白色，皮孔多而明显。早期丰产，嫁接后2年结果，4年生树平均产量6.5 kg/株。平均每结果母枝抽生结果枝2～3条，每结果枝着生总苞2个。土壤瘠薄条件下，易生"独栗子"，同时对缺硼土壤敏感。果枝萌发力强，修剪时应适当控制母枝留量。

图18-18 无花栗

图18-19 燕山红

10. 海丰（图18-20）

山东省果树研究所从海阳县姜各庄村1975年引进的红光品种中发现的优良单株，1981年定名为海丰。总苞椭圆形，刺束极稀，中长而硬，分枝角度较大，苞皮较薄。苞柄特长。平均每苞含坚果2.5个。坚果椭圆形，中小型，单果重7.8 g，果皮红棕色。果肉甜糯，含水42%，糖18%，淀粉57.7%，脂肪4.7%，蛋白质8.7%。果实较耐贮藏。树冠呈圆头形。结果母枝长23 cm，皮孔小而密。混合芽圆锥形，稍歪，黄绿色，有光泽。叶色黄绿，椭圆形，先端渐尖。叶片沿中脉抱合，呈船形。始果期早，嫁接后2年生树结果株率67%，3年全部结果，丰产性好。成年树树势中庸。单位结果母枝平均抽生结果枝2.3个，结果枝平均着生总苞1.6个，出实率46%。在海阳4月21日左右萌芽，5月11日前后展叶，盛花期6月23日，果实成熟期10月上旬。

图18-20 海丰

11. 黄棚(图 18-21)

山东省果树研究所从山地栗园选出的实生变异优株。枝条灰绿色，皮孔中大，长椭圆形，白色，较密；混合芽大而饱满，近圆形；叶长椭圆形，深绿色，斜生平展，叶尖急尖，叶柄黄绿色；总苞椭圆形，单苞重 50～80 g，总苞皮较薄，成熟时很少开裂，果柄粗短；坚果近圆形，深褐色，光亮美观，充实饱满，整齐；单粒重 11 g，果肉黄色，细糯香甜，含水量 51.4%，干样中含淀粉 57.4%、糖 27.4%、蛋白质 7.7%、脂肪 1.8%，涩皮易剥离。耐贮藏，商品性好。幼树期直立生长，长势旺，新梢长而粗壮，大量结果后开张呈开心形。雌花形成容易，始果期早，丰产性强，每苞含坚果 3 个，出实率 50%以上。早实、丰产、抗旱、耐瘠薄，抗红蜘蛛性强。在泰安 4 月上旬萌芽，6 月上旬盛花，9 月上旬果实成熟。

12. 节节红(图 18-22)

从安徽省东至县地方板栗品种选育。树冠紧凑，树姿直立，高圆头形；1 年生枝皮灰褐色，枝角较小；叶厚，色浓绿亮泽；雄花序长，总苞椭圆形至尖顶椭圆形，特大；坚果平均重 25 g，椭圆形，红褐色，茸毛少，外观美丽，涩皮易剥离；果肉含蛋白质 3.9%、糖 5.3%、淀粉 26.9%、氨基酸 0.2%。果肉淡黄色，细腻，味较香甜，品质较优。每苞含坚果 3 粒，出实率 43.5%。在安徽省冬至县，萌芽期 3 月中旬，雄花花期 4 月下旬至 5 月下旬，5 月中旬雌花出现柱头，下旬柱头分叉，6 月上旬柱头反卷，果实成熟期 8 月下旬至 9 月上旬。适应性、抗逆性强，早实、丰产，性状稳定，抗病虫害。

图 18-21 黄棚

图 18-22 节节红

思考题：

1. 生产上栽培板栗种类有哪些？识别时应把握哪些要点？
2. 生产上栽培板栗优良品种有哪些？识别时应把握哪些要点？

第三节　无公害生产技术

一、育苗

板栗以嫁接育苗为主，常用砧木是实生板栗，野板栗。实生板栗为共砧或本砧，我国北方及长江流域的江苏、湖北等省多用共砧。南方各省低山丘陵地带采用野板栗作砧木。

1. 砧木苗培育

培养实生苗，要优种、优株。野板栗资源丰富，应尽量利用，就地嫁接。

(1)选种

选择 20～60 年生树健壮、高产、稳产、果实成熟期一致、抗逆性强、与当地主栽品种嫁接成活率高的单株作母株，做好标记，单采、单收。待果实成熟，总苞开裂，拾取自然落果，选择栗果大小整齐，充分成熟，无病虫害果作育苗材料。

(2)种子贮藏

栗果“怕干、怕湿、怕热、怕冻”。自果实采收、贮藏及播种期间，均需保湿、防热、防冻。种子采收后一般采用沙藏。

(3)种子处理

砧木种子处理方法有两种：一种是将新鲜种子用 70%甲基托布津 600 倍液浸种 10 min，然后用湿沙或过筛细黄土保存，待种子萌芽时选萌芽种子分期播种；另一种是将新鲜种子保存在温度 5～7℃、湿度 85%左右的冷库中 1～2 个月，然后取出进行水选，涝出浮种，再用 70%甲基托布津 600 倍液浸种 10 min 后进行播种。

(4)播种

一般采用春播，北方地区 3 月底、4 月初地温达 10～20℃时播种。点播或穴播。播种前深翻施肥，加深土层，开沟整畦，畦宽 1～1.5 m，长 5～20 m。在整好的畦面上，采用单行或宽窄行，将催过芽的种子切断幼根的 1/4～1/3，平放于沟内。播种量 1 500～1 800 kg/hm^2，播后覆土 3～4 cm，稍加压实整平畦面。

(5)苗期管理

播后条件适宜，1～2 周内幼茎出土。若气候干燥，可适量灌水。当幼苗展叶后，第 1 次追施尿素 10～15 kg/667 m^2，施肥后灌水。6 月中旬至 7 月中、下旬以氮肥为主，每隔 10～15 d 再追施 2 次，9～10 月份加施 1 次磷、钾复合肥 15～20 kg/667 m^2。后采用叶面喷施 0.3%尿素＋0.3%磷酸二氢钾。同时，及时做好除草、松土、肥水管理、间苗和病虫害防治工作。

(6)砧木苗移栽

砧木苗粗度一般要求距地面 10 cm 处直径达 0.5 cm 以上，当年生苗一般达不到粗度要求时进行移栽。移栽时间大别山区可在 2 月中旬以前。移栽前先整畦开沟，沟深 30 cm 左右。按株距 20 cm、行距 30 cm 进行移栽。栽前适当短截主根，移栽前根系展开，入土深度应与苗木原土痕相同，苗木周围土壤压实，移栽后浇透定根水。

2. 接穗选择与采集

从品种优良、生长健壮、丰产、稳产，无病虫害、果实品质优良的结果母树上采集1年生健壮的结果母枝或发育枝做接穗。采集接穗的栗园，冬季修剪安排在春节前后进行。

3. 嫁接时期和方法

(1)嫁接时期

枝接在树液开始流动、接穗尚未萌芽时最为适宜，具体时间因地区、气候条件而异。河南大别山区在3月下旬至4月上旬进行，一般在惊蛰至清明之间为最适时期，而又以春分至清明最好。秋季在9月中、下旬至10月上旬采用嵌芽接成活率高达95%左右。

(2)嫁接方法

生产上育苗采用较多的是劈接、切接、腹接、插皮舌接、皮下接等。其中插皮舌接、皮下接操作方便，砧穗接触面积大，成活率最高。枝接成活关键是接穗粗壮充实，刀要快，操作迅速，削面长而平，形成层对齐，包扎紧密，外套塑料袋。

4. 嫁接后管理

(1)除萌

应及时除去砧木上长出的萌蘖。

(2)设防风柱和松绑

嫁接后1个月后，新梢长至30 cm时，将嫁接捆绑的塑料条松开，再轻松绑上，愈合牢固后去除。与此同时，为防大风吹折新梢，可设防风柱。

(3)摘心

当新梢长到30～50 cm时及时摘心，可连续摘心1～2次，促进副梢萌发。

(4)肥水管理

苗圃地育苗时注意浇水、施肥和中耕除草，有条件的地区春季应浇水。雨季可追肥促进生长，但后期应控制肥水，利用摘心促使枝充实。

(5)防治病虫害

春季萌芽后为防治食叶害虫为害叶片，可喷洒杀虫剂。接口处易发生栗疫病，可涂波尔多液等杀菌性药剂预防。

二、建园

1. 园地选择

选择光照充足，海拔高度200～1 100 m，坡度不超过25°，有机质较多的沙质土壤。河滩地、山洼地、两面或三面环山的平地，土层比较厚，水分和防风条件都比较好的地方适宜发展板栗园。花岗岩、片麻岩风化形成的土壤栽培板栗品质好。

2. 选用良种壮苗

选用树体矮小、生长势中等、适于短截、短截后易抽生结果母枝、连续结果能力强，早实、丰产，商品性状适合市场要求，适合本地自然环境条件的良种壮苗。

3. 栽植密度

平地建园一般栽植株行距(2.5～3) m×(4～5) m，栽植株数 660～1 245 株/hm^2；坡地栽植要根据水平梯田宽度和隔坡宽度来定，可比平地栽植稍密一些，平均栽 825～1 650 株/hm^2 比较合理。建园后要采取早果和控冠措施，使果园树冠覆盖率不超过 80%。

4. 栽植时期和方法

(1)栽植时期

一般在春季或秋季。春栽应于萌芽前 20 d 前后进行；干旱而不寒冷的沙土地区，秋植更为有利。秋栽应适当早栽，最迟应在封冬前 20 d 完成。北方秋栽栗树在冬季封冬前要培土堆或把幼苗压倒埋土防寒，冬季气候严寒地区不宜秋栽。

(2)栽植方法

栽植时尽量缩短根部暴露时间，长途运输苗木必须防止根系失水。北方栗产区多栽实生苗，栽植后缓苗 1 年，第 2 年甚至第 3 年再行嫁接。为解决板栗栽植后缓苗时间长，育苗时最好培育营养袋苗，栽植时避免伤根。在土层较深的平地，定植穴挖深 60～80 cm、直径 100 cm，穴内施有机肥 25 kg 并混施磷肥。山区丘陵山区挖定植穴深 80～100 cm，湿土杂肥为厩肥 50～100 kg/穴。选用良种嫁接苗，主栽品种与授粉品种比例是 5：1 或 8：1 配置。对于山地薄地可结合土壤改良和水土保持，挖大穴，穴内放入枯枝落叶、秸秆及有机肥，再回填表层土、踏实。栽时将苗木根系蘸泥浆后，放入穴中心，使根系向四处伸展均匀，用表土覆盖，边覆土边轻提树苗，使覆土进入根隙。定植后及时灌透水，春季干旱地区栽植后浇水定干，并覆盖地膜保湿。为防止萌芽后金龟子为害，在树干上套塑料袋，在苗基部与上部系住口，待芽萌发展叶后逐渐去除。

三、土肥水管理

1. 土壤管理

(1)深翻改土

分深翻扩穴和全园深翻 2 种方式。深翻扩穴适用于山地、丘陵栗园。一般在秋季采果后至休眠期结合施基肥进行。其方法是在原定植穴之外挖环形沟，梯田挖半月形沟，深60～80 cm，新扩树穴与原来植穴要沟通，以后随树冠扩大，逐年向外扩展。挖土时将表土与底土分开。完好后将表土与绿肥、厩肥等有机肥混合填平壕沟。有灌溉条件的应在扩穴后灌水，使根系与土壤密接。全园深翻适用于土层深厚、质地疏松的平坦栗园，深度一般以 20～30 cm 为宜，春、秋两季皆可进行。深翻时，树冠外宜深，树干周围宜浅。

(2)栗园生草

可采用人工生草和自然生草。对于山地栗园，在行间荒坡上可种植紫穗槐、草木犀、龙须草等宿根草类和灌木。生草应选择适应性强、耐阴、耐瘠薄、干物质产量 、养分消耗少的草类，如紫花苜蓿、草木犀、龙须草等。无论山地栗园还是平地栗园，生草应及时收割，割下草可就地覆盖在树盘内，也可翻压在树盘下。

2.施肥管理

(1)基肥

采收后结合深翻扩穴施基肥。按树龄大小，施厩肥、堆肥等农家肥 50～100 kg/株。对空苞严重的果园同时土施硼肥，方法是沿树冠外围每隔 2 m 挖深 25 cm，长、宽各 40 cm 的坑，大树施 0.75 kg/株，将硼砂均匀施入穴内，与表土搅拌，浇入少量水溶解，然后施入有机肥，再覆土灌水。

(2)追肥

①萌芽前追肥。早春解冻后施入尿素、磷肥和硼复合肥。小树施尿素 1～1.5 kg/株、磷矿粉 0.5～1.0 kg/株、硼砂 0.15～0.30 kg/株；大树施尿素 2.5～3.5 kg/株、磷矿粉 1.0～1.5 kg/株、硼砂 0.25～0.75 kg/株。

②花前(后)追肥。花前或花后追肥以尿素为主，若春季追肥足，树势旺，可在花前和花后用叶面喷肥替代。

③栗仁膨大前追肥。一般于 7 月底、8 月初追果树复合肥。5～10 年生幼树施果树专用肥 2～2.5 kg/株，10～20 年大树施果树专用肥 2.5～3.5 kg/株。此期为解决空硼问题，可施入硼砂 1 kg/株。

叶面喷肥枝条基部叶刚展开由黄变绿时，根外喷施 0.3%的尿素＋0.1%的磷酸二氢钾＋0.3%的硼砂混合液，新梢生长期喷 50 mg/kg 赤霉素，以促进雌花发育形成。采果前 1 个月或半个月间隔 10～15 d 喷 2 次 0.1%的磷酸二氢钾。果实采收后叶面喷布 0.3%的尿素液。

3.水分管理

(1)发芽期

早春降雨或灌水非常重要。有条件灌水栗园，灌水后应及时浅锄和覆盖保墒。

(2)新梢速长期

春季新梢生长有一高峰，应保证充足的水分供应。能有效促进新梢生长与健壮。

(3)果实迅速膨大期

此期是板栗需水临界期，降雨或灌水能有效促进籽粒增大，增加产量，提高品质。

四、整形修剪

1.丰产树形标准

(1)主干低

山坡栗园树干高 50 cm 左右；平地栗园树干高 80 cm 左右。

(2)树冠矮

丰产树的冠高不超过 4～5 m。

(3)主枝少

自然开心形 3～4 个主枝，主干疏层形 5 个主枝为宜。

(4)骨架牢固

主枝分布均匀，主从关系分明，侧枝配备均匀适当，结果枝组多而粗壮，内膛无光秃。生产上常用的树形有自然开心形和主干疏层形。

2. 常见树形

(1) 自然开心形

山坡栗园树定干高 50～60 cm，平地树定干高 80 cm 左右。若幼树生长旺盛，生长量已经达到定干高度时，定干可提前进行，即在生长季摘心，促进当年抽生 2 次枝。2 年生树从定干剪口下萌生的几个枝条中，选留 3 个分布均匀、长势较一致枝作主枝，主枝留 50～60 cm 短截。3 年生树对 3 个主枝，根据生长强弱而定，强枝剪 1/3，弱枝剪 1/2。主枝上选留 1～2 个侧枝，适当短截。

(2)主干疏层形

适应平地或土质肥沃的栗园，全树共有主枝 5 个，分 2 层着生。第 1 层主枝 3 个，上下错开，层内距 30～40 cm；第 2 层有主枝 2 个，着生部位与第 1 层主枝相互交错，距离 1 m 左右，层内距 50 cm 左右。每个主枝上着生侧枝 3～4 个，整个树冠高 4～5 m。主、侧枝修剪及其他枝的短截或疏留，与自然开心形相同。

(3)变则主干形

干高 70～100 cm，主枝 4 个，均匀分布在 4 个方向，层间距 60 cm 左右，主枝角度大于 45°，每一主枝上有侧枝 2 个，第 1 侧枝距主枝基部 1 m 左右，第 2 侧枝着生在第 1 侧枝的对侧，距第 1 侧枝 40～50 cm，完成整形后树高 4～5 m。

3. 不同年龄树修剪

(1)幼树整形修剪

①定干。一般在山区、丘陵土层浅、土质差园地，定干高度 40～60 cm；平地、沟谷等土层厚、土质肥沃园地可稍高；密植园定干低于稀植园。定干时应在定干高度范围内选具有充实饱满芽处剪截。如苗木生长过高、过强时，应事先在苗圃地通过夏季摘心进行定干。摘心后促生分枝，从中选出主枝。如定植是实生苗，定植后采取就地嫁接的，可结合嫁接定干。

②除萌蘖。除嫁接成活萌发的枝叶外，砧木上萌蘖要及时抹除。对嫁接后未成活的树，除选留砧木上分枝角度、方位理想的旺盛萌蘖枝，翌年再补接外，其余萌蘖一律去除。

③摘心。摘心主要在幼树和旺枝上进行。摘心一般在新梢生长至 20～30 cm 时，摘除先端 3～5 cm 长的嫩梢，即第 1 次摘心。摘心后新梢先端 3～5 芽再次萌发生长，第 2、3 次新梢长 50 cm 时，进行第 2、3 次摘心，摘去新梢顶端长 7～10 cm。根据当地气候情况进行第 3、4 次摘心。以形成的新梢健壮充实、冬季不抽条为度。当副梢停止生长后剪去顶端嫩尖，能明显促进结果母枝形成。幼树摘心应掌握前期宜早、宜轻，后期宜晚、宜重和摘心后形成的新梢充实健壮为原则。摘心后可使其 2 次枝或 3 次枝的顶端形成几个发育充实的混合芽，第 2 年开花。

④拉枝。拉枝可在秋季进行，骨干枝拉至 50°～60°为宜，强旺枝拉至 70°～80°，甚至水平。

⑤主枝延长枝选留。主枝延长枝修剪主要涉及延长枝选留数量、方位、方向、剪截长短等。开心形栗树主枝一般 3～5 个。各主枝应保持一定的间距，尽量避免顶端抽生的 3～5 个强旺枝同时作为骨干枝。主枝选留可在 1～3 年内完成。选留的主枝向外斜方向生长，均匀分布。选定的主枝应在枝条 40～50 cm 的饱满芽处短截。主枝顶端的几个旺枝角度过小时，可疏除中间过强枝，选留顶端 2～3 芽抽生角度较大的缓势枝替代主枝延长枝。选留主枝延长枝每年要修剪，直到其达到以上要求的树冠大小。

⑥徒长枝和辅养枝修剪。对主枝造成影响并紊乱树形的徒长枝要及时疏除，长在有空间的徒长枝可在夏季连续摘心，促发分枝，使之转化为结果母枝。辅养枝影响主枝生长时，应及时疏除过密枝。

(2)结果初期树修剪

此期生长季修剪以果前梢摘心为主。在果前梢出现后，留 3～5 芽摘心，有 2 次新梢时可留 15～20 cm 再次摘心。一般第 2 次摘心时间较晚，在 7 月下旬至 8 月上旬。冬季修剪要特别注意抑制树冠中心直立枝的生长势，去除影响树形的直立大枝，或用侧枝局部回缩修剪方法，将生长势偏强的枝回缩至低级分级处。每年修剪时均需注意控制生长在中心的直立挡光旺枝，限制其生长，解决好内膛光照，同时平衡树冠各枝生长势。着生同一分枝的结果母枝，数量一般为 4～7 个，先端的枝生长势强，下面的枝生长势弱。此类枝处理时可重短截生长势强的枝，基部芽抽生新梢为预备结果母枝。有些基部芽结果能力强的品种短截后仍可抽生相当比例的结果枝，如怀黄、怀九品种，短截后当年可抽生 1～3 个结果枝结果。也可将多个分枝疏、截相结合，疏去交叉、向树冠内生长的枝条，重短截生长势强的结果母枝，其余枝留 3～5 个混合芽轻短截。结果母枝修剪原则是留基部芽重短截生长势强的母枝，使之成为预备结果母枝；疏除过弱结果母枝；轻短截中庸结果母枝。

(3)盛果期树修剪

①解决光照。在内膛中心部位抽生并形成“树上长小树”大枝要及时疏除，保证栗树光照充足是丰产、稳产的基础。

②结果母枝修剪。同一枝上抽生的结果母枝一般为 2～3 个，生长势强的可达到 5 个。对于三叉枝可疏除细弱母枝；重短截健壮枝；轻短截或缓放中庸枝。对分枝较多的同组结果母枝，也可应用以上原则，短截其中 1～2 个壮枝，疏除细弱枝，对中庸枝留 3～4 个混合芽轻短截。

③回缩。当部分枝条顶端生长势开始减弱、结果能力稍差时，应适时分年、分批回缩，降低到有分枝的低级次位置。栗树小更新应常年进行，降低结果部位，延缓结果枝外移。

④果前梢摘心。当结果新梢最先端混合花序前长出 6 个以上时，在果蓬前保留 4～6 芽摘心。果前梢摘心可放在冬季修剪时进行，即留果痕前的 4～6 个芽轻短截。

⑤内膛结果枝培养和处理。修剪时应注意把内膛隐芽萌发的枝培养为结果母枝，对内膛细弱枝应从基部疏除。挡光严重的徒长枝若周围不空，可从基部去除；对光秃内膛隐芽产生的徒长性壮旺枝，可重短截或在夏季摘心，促生分枝，培养健壮的结果母枝。

4. 几类特殊栗园修剪

(1)郁闭园修剪

郁闭栗树要解决的主要问题是打开光路，降低树冠覆盖率和结果部位。

①改造树形。应1次或分次锯掉中心干或中心直立的挡光大枝，打开光路增加光照。

②回缩更新。郁闭栗园枝干光秃，结果部位外移。随着枝的生长，其顶端生长势开始衰弱，结果母枝细弱短小，枝的弓形顶端区域隐芽会抽生出分枝。利用这一特性，可回缩到分枝处，进行更新，再培养分枝处的枝，使结果部位控制在该范围内。对于无分枝的光腿枝，也可回缩到节处。回缩更新后，应培养结果母枝和预备结果母枝相结合，尽量控制其扩展速度。

(2)低产放任树修剪

修剪主要是对树形、树冠进行整理、改造，更新复壮。

①大枝多、密且光秃，是放任树主要特征。首要任务是落头、疏大枝，打开光路。疏大枝可分年进行，大型骨干枝保留5～6个。对光秃带过长的大枝进行局部回缩修剪，回缩程度依树势强弱而定。树势严重衰弱者表现为全树焦梢或形成自封顶枝(直至顶芽全部为雄花序)以至绝产，必须在5年以上枝段处修剪，采用大更新修剪即回缩到骨干枝1/2左右分枝处。一般在回缩更新处下方隐芽可萌发出健壮的更新枝。

②老年树更新应逐年对树冠上的大枝进行回缩修剪，使整个树冠呈高低错落、有起伏的状态。更新后隐芽萌发数量较多，对更新出的壮旺枝及时进行夏季摘心和冬季修剪控制，形成结果母枝。

③在树体更新基础上，应加强栗园土、肥、水综合管理。老栗树管理除参照一般栗园管理外，应注意加强地上管理与地下管理、树体管理和花果管理；有机肥与速效肥相结合，根部施肥与叶面喷肥相结合；加强病虫害防治，合理修剪，调整树体结构等。

(3)高接换优树修剪

不仅适用于品种的改造利用，还可用于郁闭密植园及老树的改造。一般高接换优在翌年即可结果，3～4年丰产。嫁接时，选择适合当地的优良品种，在粗度合适的枝上进行多头高接，过于粗(老)枝应先进行更新，待翌年长出健壮更新枝后再进行高接换优。对于已交接郁闭，但种植密度低于80株/667 m^{2}的栗园，可结合树形改造高接适合密植的优良品种。改造时可部分树改造，或整园进行改造。对光腿严重的光腿枝多采用腹接，使枝干分布均匀。接法与一般腹接基本相同。

五、花果管理

1.疏除雄花序

雄花序长到1～2 cm时，保留新梢最顶端4～5个雄花序，其余全部疏除。一般保留全树雄花序的5%～10%。化学疏雄在混合花序2 cm时喷1次板栗疏雄醇。使用化学疏雄醇要掌握好喷布时间和用量。喷布时要喷均匀，只喷1次，疏雄剂可与酸性肥料混用，但不能与碱性肥料混用。

2.花期喷肥、人工辅助授粉、疏栗蓬

雄花序长到5 cm时喷施0.2%尿素+0.2%磷酸二氢钾+0.2%硼砂混合液，空苞严重栗园可连续喷3次。当1个花枝上的雄花序或雄花序上大部分花簇的花药刚刚由青变黄时，在

早晨 5:00 前采集雄花序制备花粉。当 1 个总苞中的 3 个雌花的多裂性柱头完全伸出到反卷变黄时，用毛笔或带橡皮头的铅笔，蘸花粉点在反卷柱头上。也可采用纱布袋抖撒法或喷粉法授粉；夏季修剪并疏栗蓬，及早疏除病虫、过密、瘦小幼蓬，一般每个节上只保留 1 个蓬，30 cm 的结果枝保留 2～3 个蓬，20 cm 的结果枝保留 1～2 个蓬。

六、病虫害防治

1. 休眠期

从 11 月中旬至翌年 2 月，清除栗园病树病枝，刮除枝干粗皮、老皮、翘皮及树干缝隙，消灭越冬病虫。春季萌芽前喷 10～12 倍松碱合剂或 3～5°Be′石硫合剂，以杀死栗链蚧、蚜虫卵，并兼治干枯病。结合板栗冬季修剪剪去病虫害枝或刮除病斑、虫卵等。

2. 萌芽和新梢生长期

萌芽后剪除虫瘿、虫枝，黑光灯诱杀金龟子或地面喷 50%辛硫磷乳油 300 倍液防治金龟子，树上喷 50%杀螟硫磷乳油 1 000 倍液防治栗瘿蜂。新梢旺长期喷 48%的毒死蜱乳油 1 000～2 000 倍液＋50 倍机油乳剂防治栗链蚧，剪除病梢或喷 0.3°Be′石硫合剂防治栗白粉病等。

3. 开花期

开花期应用性激素诱杀或喷 50%杀螟溜磷乳油 1 000 倍液防治桃蛀螟。

4. 果实发育期

7 月上旬树干绑草把诱虫，7 月中旬开始捕杀云斑天牛，并及时锤杀树干上其圆形产卵痕下的卵。8 月上旬叶斑病、白粉病盛发前喷 1%波尔多液或 0.2～0.3°Be′石硫合剂、10%吡虫啉可湿性粉剂 4 000～6000 倍液或 1.8%的阿维菌素乳油 3 000～5 000 倍液喷雾，防治栗透刺蛾成虫、栗实象甲成虫、栗实蛾成虫、桃蛀螟等。

5. 落叶期

栗果采收后及时清理蓬皮及栗实堆积场所，捕杀老熟幼虫及蛹。11 月上旬清理栗园落叶、残枝、落地栗蓬及树干上捆绑的草把，集中烧毁或深埋。入冬前浇封冻水后进行树干涂白。

七、采收及采后处理

1. 采收

当栗蓬由绿变黄，再由黄变黄褐色，中央开裂，栗果由褐色完全变为深栗色，一触即脱落时采收。采收前要清除地面杂草或铺塑料膜，然后振动树体，将落下栗实、栗苞全部拣拾干净。每天早、晚各 1 次，随拾随贮藏。也可采用分批打落栗苞然后拣拾的方法采收，每隔 2～3 d 按照从树冠外围向内的顺序，用竹竿敲打小枝振落栗苞，然后将栗苞、栗实拣拾干净。

2. 采后处理

采收后及时对栗苞进行“发汗”处理。具体方法是选择背阴冷凉通风的地方，将栗苞薄薄摊开，厚 20～30 cm，每天泼水翻动，降温“发汗”处理 2～3 d 后，进行人工脱粒。

思考题：

1. 如何减轻板栗落果？
2. 如何提高板栗果实品质？
3. 简述栗树肥水管理要点。
4. 简述盛果期板栗树修剪要点。
5. 总结板栗园周年综合管理要点。

第四节 园林应用

一、园林景观特征

园林上应用的板栗（图 18-23）为乔木，高达 20 m，树冠扁球形，树皮灰褐色，交错纵深，幼枝被灰褐色绒毛，无顶芽。单叶互生，排成二列状，叶椭圆状披针形，长 9～18 cm，先端渐尖，基部圆形或广楔形，叶缘具尖芒状锯齿，叶背常有灰白色柔毛。花单性，雌雄同株，雄花为葇荑花序，直立，雌花生于枝条上部的雄花序基部，2～3 朵生于总苞内。总苞球形或扁球形，直径 6～8 cm。总苞发育成壳斗，外密被针刺，有紧贴星状柔毛，成熟后开裂，内有 2～3 个坚果，褐色。花期 5～6 月份，果期 9～10 月份。

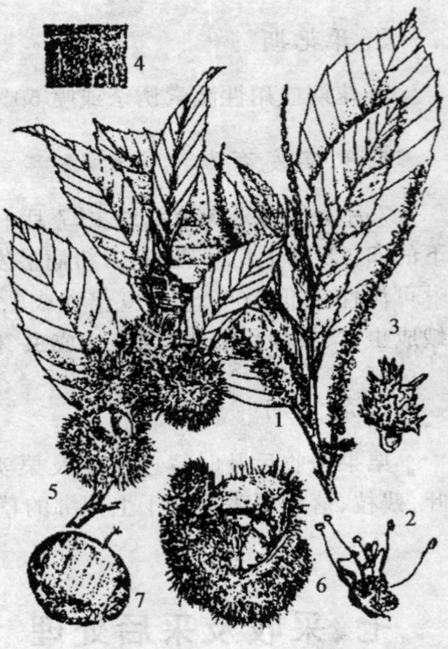

图 18-23 板栗

1. 花枝 2. 雄花 3. 雌花 4. 叶之背面 5. 果枝 6. 壳斗 7. 果

二、园林应用

板栗树冠宽圆，枝茂叶大，为著名的干果树种，是园林绿化结合生产的优良树种。在公园草坪及坡地孤植或群植均适宜。亦可用作山区绿化和水土保持树种。

思考题：

板栗景观特征如何？园林上有何应用？

实训技能 18 板栗生长结果习性观察

一、目的要求

通过观察，了解板栗生长结果习性，学会观察记载板栗生长结果习性的方法。

二、材料与用具

1. 材料

板栗成年结果树。

2. 用具

钢卷尺、放大镜、记载和绘图用具。

三、步骤与内容

1. 制订试验计划

制订试验计划时，根据板栗生长结果习性，可在休眠期、开花期和果实成熟期分次进行，可选幼树和结果树结合进行观察。对于在实训时暂时看不到者，可结合物候期观察补齐。

2. 观察记载

(1)树势、树姿、干性强弱、分枝角度、树冠结构特点。

(2)芽类型。叶芽形态，在枝条上的着生节位，不同节位叶芽发枝状况。休眠芽着生于枝条基部，形体小，呈休眠状，寿命长，更新能力强。花芽为混合芽，分完全混合芽与不完全混合芽 2 种。完全混合芽多着生在结果母枝的顶部，萌发后形成结果枝，不完全混合芽着生在枝条的中、下部或弱枝顶部，萌发后形成雄花枝。了解 2 种花芽的着生部位及外形特点。板栗顶芽为假顶芽。

(3)识别结果枝、雄花枝、发育枝(徒长枝、发育枝、纤细枝)的形态特征,着生部位。果前梢(尾枝)长短、粗细及芽的质量与连年结果的关系。结果母枝形态、着生部位,结果母枝生长强弱与抽生结果枝数量的关系。

(4)观察花序、雌雄花序。雄花序形态,在结果枝和雄花序上的着生节位。雌雄花序形态,在结果枝上的着生节位。雌花序和雌雄花序着生位置。结果枝上着生雌花序数,1个雌花序中含有花朵数及其坐果数。

四、实训报告

1. 通过观察说明板栗生长结果习性的特点。
2. 绘制板栗结果习性示意图,注明各部分名称。
3. 调查总结板栗结果母枝强弱与结果关系。

五、技能考核

实训技能考核实行百分制,其中实训态度与表现占20分,观察方法占40分,实训报告占40分。

第十九章 猕 猴 桃

［内容提要］猕猴桃栽培历史，经济价值，世界生产现状及我国猕猴桃发展趋势。从生长结果习性（生长习性和结果习性）和对环境条件（温度、光照、水分、土壤、风）要求方面介绍了猕猴桃的生物学习性。猕猴桃的主要栽培种类有中华猕猴桃、美味猕猴桃、毛花猕猴桃和软枣猕猴桃。当前生产栽培的 13 个中华猕猴桃优良品种，8 个美味猕猴桃优良品种和 2 个观赏用猕猴桃优良品种的特征特性。从育苗、建园、土肥水管理、整形修剪、花果管理和病虫害防治、采收及催熟处理方面介绍了猕猴桃的无公害生产技术、植物学特征、景观特征及其园林应用。

猕猴桃是原产我国的一种古老树种，距今已有 1 200 多年的栽培历史，为当代国际上的一种新兴水果，被誉为"水果之王"。果实营养丰富，富含维生素 C、钾及微量元素，具有维持心血管健康、抗肿消炎等重要医疗价值。果实除鲜食外，还可制成各种加工品。猕猴桃早果丰产，适应性强，经济价值高，生产前景广阔。目前，全世界猕猴桃消费量还有很大缺口，我国人均占有量不足 0.07 kg，而新西兰为 65 kg，意大利为 5 kg。现在，我国的猕猴桃产品消费正处于从"贵族化"到"大众化"的转型阶段。猕猴桃市场潜力巨大，因此，抓好猕猴桃规模化、精品化发展仍然是猕猴桃产业的方向。

第一节 生物学特性

一、生长结果习性

1. 生长习性

(1)根系及生长特性

①根系。猴桃根系为肉质根，含有大量的淀粉和水分，由强大的侧根组成。其主根在幼苗生长的初期已萎缩消失。侧根和发达的次生侧根形成簇生性根群，并间歇性替代生长。只有少部分侧根加粗生长，形成骨干根。新根开始生长时呈白色，以后逐渐变成褐色。老根为灰褐色或黑褐色，能产生不定芽，有很强的再生能力。

②根系分布。猕猴桃为浅根性植物。一般土壤条件下，1 年生苗的根系分布在 20～40 cm

土层，成年植株根系垂直分布在40～80 cm土层中，并向水平方向伸展。其水平生长比垂直生长旺盛，一般水平分布为冠径的3倍左右。猕猴桃根系在土壤中分布深浅与土壤类型有关。生长在黏性土壤和活土层较浅的土壤中，根系垂直分布就浅；生长在较疏松或活土层较深的土壤中，根系分布较深。土壤中水分、空气、养分也是影响根系生长的主要因素。

③生长特性。猕猴桃根系在适宜的温度条件下，可终年生长而无明显的休眠期。当土壤温度达到8℃时，根系开始活动；土壤温度达到20.5℃时，生长最旺盛；土壤温度达到29.5℃，根系基本停止产生新根。不同地区猕猴桃根系年生长周期有所不同，一般有3～4个生长高峰。第1次在伤流期，为一次很弱的峰；第2次在新梢迅速生长期后；第3次在果实迅速膨大期后；第4次在采果前到落叶前。一般情况下，猕猴桃的根有较强再生能力，能产生不定芽。据研究，猕猴桃根系导管发达，有大型管胞，根压大。在营养生长期，若切断一个骨干根后，枝、叶就会迅速萎蔫。由于根压大，春季伤流较严重。在伤流期剪断一个枝或一条根，会使枝条抽干枯死，故在伤流期不能修剪。

(2)芽

①结构。猕猴桃的芽为腋芽，由3～5层黄褐色毛状鳞片、叶原始体和生长点组成，着生于叶腋间海绵状的芽座内。在叶腋间凸出或凹陷呈圆形或点状，在生长季，芽被叶柄覆盖，通常1个叶腋间有1～3个芽，中间较大的芽为主芽，两侧较小的芽为副芽。一般主芽萌发抽枝，副芽呈潜伏状。当主芽受伤或枝条短截时，副芽便萌发生长，有时主、副芽同时萌发。潜伏芽寿命较长，有的可达数十年之久，可用于树冠更新。主芽可分为花芽和叶芽两种。幼苗和徒长枝上的芽多为叶芽，水平枝或结果枝中、下部萌发的芽常为花芽，个别徒长枝上的芽也可形成花芽。花芽为混合芽，开花后或结果后的部位不再生芽，此段常称盲节。叶芽瘦小，只抽生枝叶，不结果。花芽肥大、饱满，抽生枝条，开花结果。成年树枝上粗壮的营养枝或结果枝中上部的芽，易形成花芽。猕猴桃的芽具有早熟性。已经开花结果部位的叶腋间的芽，一般不能再萌发而成为盲芽。猕猴桃主芽、副芽受伤死亡后，脱落部位附近植株基部的隐芽还会萌芽抽枝，恢复植株正常生长。

②生长。春季主芽萌发后，新梢开始出现，芽即开始发育。新梢基部叶腋处的叶原基首先开始发育。一直持续到最后叶腋处。芽的叶原基呈螺旋状排列，约4 d发生1个，开花时基部第1个腋芽已有13个叶原基，盛夏大量的芽已发育成熟。冬季每个芽有3～4个鳞片，2～3个过渡态叶原基，15个叶原基和子代腋芽原基组成(图19-1)。每个芽中发育的叶原基数量不同。猕猴桃芽发育40 d后，最外端的3～4个子代腋芽开始发育。冬季休眠时，大多数子代腋芽发育至10个叶原基，外部密被大量绵状茸毛。冬季休眠芽包被在叶柄基部膨大叶座内，密被大量绵状茸毛保护芽体。

(3)枝

①枝类组成。猕猴桃枝条属蔓性。枝条无卷须，短枝无攀缘能力，长枝生长后期先端缠绕攀缘于它物。木质部中央有很大的髓部，嫩枝髓部呈白色水浸状，老枝髓部片状、浅褐色，但根颈及主干部分充实。枝条木质部组织疏松，老枝横断面上有许多肉眼可见的导管小孔。皮层内萌生许多大型异细胞，呈簇生针状结晶。人工栽培的猕猴桃骨架由主干、主枝、侧枝、结果母枝、结果枝和营养枝组成。主干由实生苗的上胚轴或嫁接苗的接芽向上生长形成，主枝是由主干上发出的骨架性多年生枝，侧枝是主枝上的骨架性分枝，结果母枝是着生花芽的1年生枝，结果枝是着生在结果母枝上开花结果的当年生枝。猕猴桃根据枝的性质和功能不同可分为营

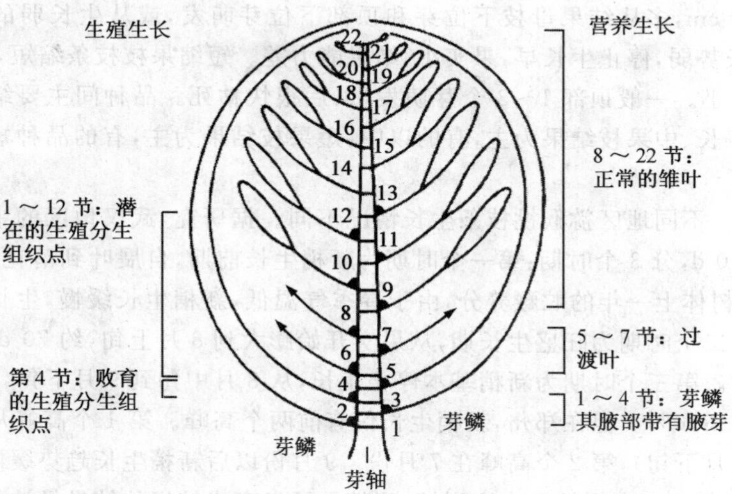

图 19-1 猕猴桃新梢腋芽纵切面示意图

养枝和结果枝两类。营养枝是只进行营养生长而不能开花结果的枝条。根据其生长势强弱可分为徒长枝、普通营养枝和短枝。徒长枝生长势强，直立，长达 3～4 m，节间长，组织疏松。多数由老枝基部的潜伏芽萌发形成。普通营养枝生长势中等，一般长 1～2 m，叶腋间均有芽，芽体饱满光滑。主要从幼龄树和强壮枝中部萌发，是翌年较好的结果母枝。根据普通营养枝数量可预测翌年树体结果状况。短枝从结果过多的树体上萌发或树冠内部或下部枝萌发。该类枝细弱、皮色绿，长约 20 cm，由于所处位置光照不足，生长 2～4 年后逐渐枯死。结果枝是雌株上能够开花结果的枝条。依据长度可分为 5 类（图 19-2）：一是徒长性果枝。长 100～150 cm，多着生在结果母枝中部，由上位芽萌发而来。该种枝生长旺，枝条不充实，结果能力差，一般 1 个结果枝上坐 1～2 个果。长果枝长 50～100 cm，主要从结果母枝的中、下部萌发。枝条壮实，组织也充实，腋芽饱满，果实大，品质好，可连续结果。中果枝长 30～50 cm，多数由结果母枝中、下部的平生或斜生芽萌发，生长势中等。组织充实，结果性能好，也能连续结果。

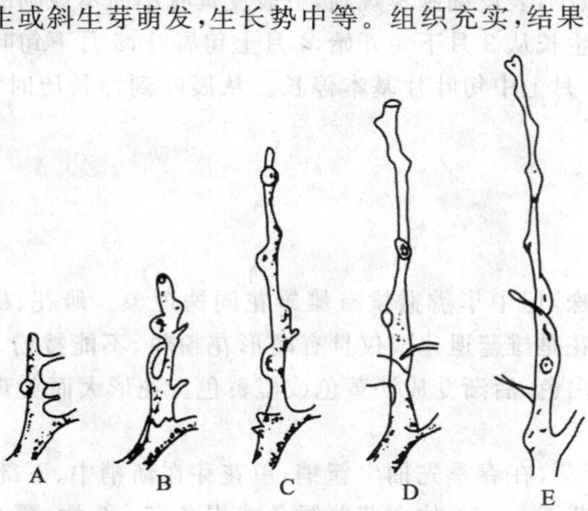

图 19-2 猕猴桃结果枝类型

A. 短缩果枝 B. 短果枝 C. 中果枝 D. 长果枝 E. 徒长性果

短果枝长 10～30 cm，多从结果母枝下位芽和顶部下位芽萌发，或从生长弱的结果母枝上抽生。节间短，生长势弱，停止生长早，果实小，结果能力差。短缩果枝枝条缩短，停止生长早，长 10 cm 以下，果个小。一般顶部 1～3 个芽萌发，以后很快枯死。品种间主要结果枝类型有所不同，有的品种以长、中果枝结果为主，有的以中、短果枝结果为主，有的品种短缩果枝也能很好结果。

②生长特性。不同地区猕猴桃枝条生长情况不同。据研究，武汉地区的中华猕猴桃新梢年生长期约为 170 d，分 3 个时期：第一个时期为新梢生长前期，自展叶到落花约 40 d，该期新梢生长主要消耗树体上一年的贮藏养分，由于春季气温低，新梢生长缓慢，生长量占全年生长量的 16.3%。第二个时期为旺盛生长期，从果实开始膨大到 8 月上旬，约 70 d，该期生长量约占全年的 70.1%。第三个时期为新梢基本停止生长，从 8 月中旬到 9 月下旬，约 60 d，该期生长量约为全年的 13.6%。但在郑州，新梢生长仅有前两个高峰。第 1 个高峰从萌芽后至开花期(4 月上旬至 5 月下旬)，第 2 个高峰在 7 月份。9 月份以后新梢生长趋势缓慢。猕猴桃在自然状态下，枝条可萌芽 2 次副梢和 3 次副梢，副梢也可发育成较好的结果母枝。实生苗第 1 年生长缓慢，一般不分枝；第 2 年产生分枝，分枝生长速度大于主茎；第 3 年又从分枝处生长出许多分生枝条，形成丛状枝条，这种枝多、不继续向上生长的枝条，叫丛生状枝条。枝条一般长到 80 cm 开始顺时针旋转(左旋)，缠绕在它物上或架面上。猕猴桃枝条生长后期顶端会自行枯死，该种现象称为自剪性，可形成假轴分枝。普通营养枝和短枝生长健壮时，顶端枯死部分短，徒长枝顶端枯死部分长。生长不充实的秋梢，顶端枯死部分更长。此外，枝蔓被土或腐叶层埋后常会产生不定根。

(4)叶

①形态特征及组成。猕猴桃的叶片大而薄，稍有弹性，单叶，互生，膜质、纸质、革质。一般长 5～20 cm，宽 6～18 cm。嫩叶黄绿色，老叶暗绿色或绿色，背面淡绿色，密生白色或灰棕色星状茸毛。叶多数具长叶柄，常无锯齿，叶脉成对，网脉长方格状，有些种的叶脉在叶缘处网结，多无托叶。美味猕猴桃叶片角质层较薄，有 1～2 层栅栏组织细胞，海绵组织为薄壁细胞，充满了细胞质，细胞间隙小，表皮细胞不规则，下表皮具有小而不规则的气孔。

②生长特性。叶片生长从 3 月下旬开始，4 月上旬展叶，5 月下旬叶片生长最快，之后叶片生长速度逐渐减缓，到 6 月上中旬叶片基本停长。从展叶到停长历时 38 d 左右，生长高峰在 5 月下旬。

2. 结果习性

(1)花形态特征

猕猴桃多为雌雄异株，但中华猕猴桃有雌雄花同株现象。雌花、雄花都是形态上的两性花，生理上的单性花，雌花是雄蕊退化或仅具有畸形花粉粒，不能授粉。猕猴桃花序多为两歧聚伞花序。花初开时呈白色，后渐变成淡黄色或橙黄色。花形大而美观，花冠直径 2.5～7 cm (图 19-3)。

猕猴桃花芽为混合芽，在春季先抽生新梢，单花芽在新梢中、下部叶腋着生，呈单生或聚伞花序，一般 1～3 朵。花瓣 5～11 枚。花萼绿色或褐色，5～9 枚，覆瓦状排列，基部合生，多宿存。花梗长 3 cm 左右，有茸毛。通常着生在结果母枝第 3～7 节，萌发后抽生结果枝，再在结果枝基部 2～3 节抽生花蕾，开花结果，一般着果 2～5 个。雄株开花母株抽生花枝能力强，

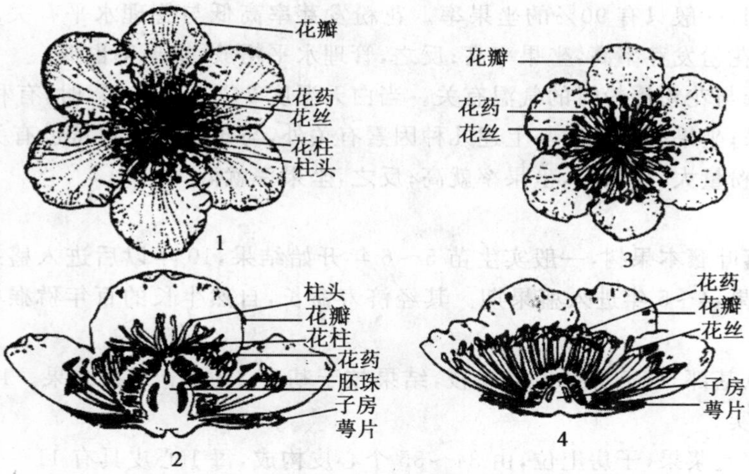

图 19-3 猕猴桃花解剖示意图

1～2. 雌花 3～4. 雄花

花量多。雌花有单生和两歧聚伞花序两种。一般顶花发育，侧花退化，多呈单生状态，少则 2～3 朵。花在结果枝第 2 节起叶腋处着生，以第 2～6 节居多。花蕾大，倒卵形。子房发达，扁球形或圆球形。花柱基部联合，柱头白色，多为 21～41 枚，呈放射状。雄蕊退化，花丝白色，低于子房，向下弯曲，花药微黄，花粉粒小，仅有空瘪的花粉囊，无发芽能力。雄花多为两歧聚伞花序，单生花很少，常为 3 朵。从花枝基部无叶节着生。花蕾小，扁圆。雄蕊多为 126～183 个，花丝高于子房，花药黄色，丁字形着生，花粉粒大，发育正常，具有发芽能力。子房小，有心室无胚珠，不能正常发育。

(2)花芽分化

猕猴桃花芽分化分为生理分化和形态分化两个阶段。生理分化一般在前一年 7 月中下旬至 9 月上中旬；形态分化从开花当年萌发开始，到花蕾露白前完成。影响花芽生理分化的因素有树体营养及生理状态、环境因素和栽培管理措施等。一般有利于促进树体营养积累内外环境条件及栽培措施都有利于花芽分化。猕猴桃花芽分化分为生理分化期、花序原基分化期、主花原基分化期、侧花原基分化期、花萼原基分化期、花瓣原基分化期、雄蕊原基分化期、雌蕊原基分化期、花粉母细胞减数分裂和花粉粒形成期。

猕猴桃同一种类花期主要受温度的影响。开花早晚与从萌芽到开花的有效积温有关。中华猕猴桃为 275.2℃，美味猕猴桃为 277.2℃。美味猕猴桃在我国南方 4 月下旬至 5 月上旬开花，在北方地区则 5 月中、下旬开花。软枣猕猴桃在我国南方 4 月下旬开花，在东北地区 7 月上旬开花。1 个花序上，主花先开，侧花后开。每株花开放时间，雄株 5～8 d，雌株 3～5 d。全株开花时间，雄株 7～12 d，雌株 5～7 d。花开放时间主要在早晨，一般 7:30 前开放量约占全天的 77%。

(3)授粉受精

猕猴桃必须经过授粉受精，才能完成正常的果实发育过程，而坐果则需要胚的正常发育。授粉对猕猴桃产量影响很大：露水或雨水湿润更能吸引蜜蜂等昆虫传粉。此外，风也能传粉。授粉柱头变为黄色，未授粉柱头仍保持白色。雌性猕猴桃植株，开花枝中的每 1 朵花都可能坐果。丰产性果园，一般只有90%的坐果率。花粉发芽率高低与管理水平有关。管理水平高，枝条生长健壮，花粉发芽率高，坐果率高；反之，管理水平粗放，坐果率也低。

坐果率高低与花粉授粉时的气温有关。当白天温度24℃、夜间8℃时，有利于猕猴桃的正常授粉受精坐果；坐果率高低除与上述几种因素有关外，与雄株搭配数量也有关。1个园内雄株搭配适合，花粉量大，授粉好，坐果率就高；反之，坐果率就低。

(4)结果

猕猴桃为落叶藤本果树，一般实生苗5～6年开始结果，10年以后进入盛果期，嫁接苗定植后2～3年结果，4～5年进入盛果期。其经济寿命长，自然生长的百年猕猴桃树，仍然结果累累。

结果母枝从基部3～7节抽生结果枝，结果枝于基步2～3节开花结果。1个结果枝一般着生2～5个果实。

猕猴桃果实是浆果，子房上位，由34～35个心皮构成，每1心皮具有11～45个胚珠，胚珠着生在轴胎座上，一般形成两排(图19-3)。未经采摘的成熟果实，经霜冻后仍可挂在植株上。生产上可采用此法进行计划采摘或短期贮藏。其种子很小，形似芝麻(图19-4)。

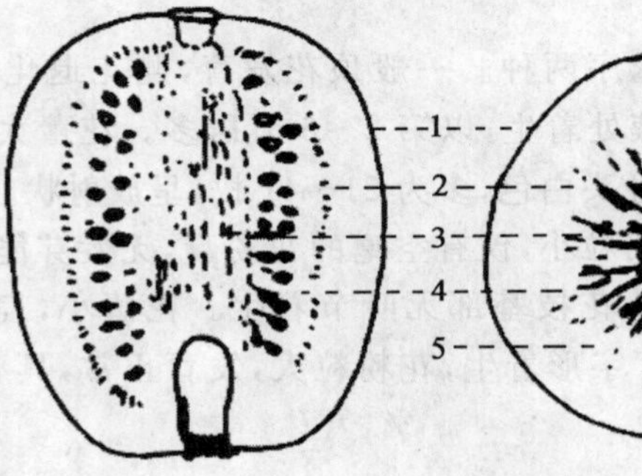

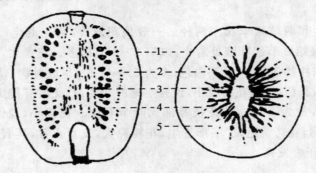

图19-4 猕猴桃果实剖面图

1.外果皮(心皮外壁) 2.中果皮 3.中轴胎座 4.种子 5.内果皮(心皮内壁)

中华猕猴桃和美味猕猴桃果实发育有3个明显时期：首先是快速生长期，从5月上、中旬坐果后至6月中旬，果实体积和鲜重可增至成熟时的70%～80%，种子白色；其次是缓慢生长期，从6月中、下旬至8月上、中旬，果实生长速度放慢，甚至停止，种子由白色变成浅褐色；最后为微弱生长期，从8月下旬至采收，果实生长量很小，但营养物质的浓度迅速增加，种子颜色更深，更饱满。中华猕猴桃果见图19-5。

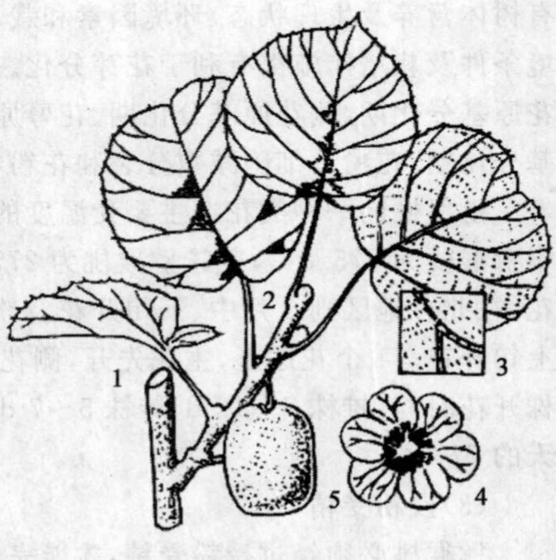

图19-5 中华猕猴桃形态

1.枝 2.叶 3.叶部分放大 4.花 5.果

二、对环境条件要求

猕猴桃比较密集的分布区域集中在秦岭以南，横断山脉以东地区，这一地区是猕猴桃最大的经济栽培区。

1. 温度

大多数猕猴桃要求温暖湿润的气候，即亚热带或暖温带湿润和半湿润气候。主要分布在北纬18°～34°的广大地区。中华猕猴桃和美味猕猴桃以年平均气温15～18℃的地区最为适宜，要求无霜期在160 d以上，可在极端最高气温为42℃，极端最低气温为－20.3℃的地区正常生长。猕猴桃的生长发育过程受气温控制。美味猕猴桃在气温升到10℃以上时，芽开始萌动，15℃以上时开花，20℃以上时结果，秋末气温下降到12℃以下时，开始休眠落叶。冬季经950～1 000 h低于4℃的低温积累，就可满足休眠需要。猕猴桃对早春倒春寒、晚霜及早霜十分敏感，在低温、霜害地区采取埋土防寒，可取得良好的效果。

2. 光照

多数猕猴桃种类喜半阴环境。在不同发育阶段对光照要求不同，幼苗期喜阴凉，怕阳光直射。移栽的幼苗需遮阴保墒。成年开花阶段需要充足光照。但强光暴晒则易出现叶缘焦枯、果实日灼。猕猴桃是中等喜光性果树，喜慢射光，忌阳光直射。要求日照时数为1 300～2 600 h，自然光照强度在40%～45%为宜。光照长短取决于海拔、地理位置、地形。高山地区日照时数少；高原地区，光照充足，日照时数长；低洼谷地，日照时数减少。我国南方多雨地区，日照时数比北方少雨地区少。

3. 水分

猕猴桃喜潮湿，怕干旱，不耐涝。适于年降水量742～1 865 mm，空气相对湿度74%～86%的环境。中华猕猴桃在土壤含水量5%～6%时，叶片开始萎蔫，长期的积水会导致植株枯萎死亡。

4. 土壤

猕猴桃喜土层深厚、肥沃疏松、保水排水良好、腐殖质含量高的沙壤土。对土壤酸碱度要求不严，在pH 5.5～6.5酸性或微酸性土壤上生长最好，中性(pH 7.0)或微碱性(pH 7.8)土壤上也能生长，但幼苗期常出现黄化现象，生长相对缓慢。

5. 风

风对猕猴桃生长有一定影响。春季干风可使枝条干枯；夏季干热风会使叶缘焦枯，叶片凋萎；大风常造成嫩梢折断，叶片破碎，果实擦伤。在多风地区应注意设置防风林。

总之，猕猴桃有“三喜”和“三怕”。“三喜”是喜温暖湿润、喜肥和喜光；“三怕”是怕旱涝、怕强风和怕霜冻，应选背风向阳、气候温暖、雨量充足、水源充足、灌排方便，土层深厚的地方建园比较好。

思考题：

1. 试总结猕猴桃和葡萄生长结果习性的异同点。
2. 猕猴桃对环境条件有什么要求？

第二节　主要种类和优良品种

一、主要种类

猕猴桃又名阳桃、仙桃、毛桃、藤梨等。属猕猴桃科猕猴桃属植物，多年生落叶藤本果树。广义猕猴桃指猕猴桃科猕猴桃属的所有植物，狭义猕猴桃指猕猴桃属中中华猕猴桃和美味猕猴桃。全世界现有猕猴桃属植物 66 个种，118 个分类单位，除 4 个种外，其余均原产于我国。

1. 中华猕猴桃（图 19-6）

又名光杨桃、软毛猕猴桃。大型落叶木质藤本。植株生长势较强。新梢密被灰白色茸毛，茸毛随枝条的成熟而脱落。1 年生枝半木质化或木质化前呈绿色。成熟枝条深褐色，皮孔凸出，髓片层状，淡褐色，芽垫较小。叶片纸质，倒卵形或近圆形，基部心形，两侧对称，先端圆钝或微凹，叶面暗绿色，叶背覆白色星状茸毛。雌花为单花，少数为聚伞花序，初开白色，后逐渐变为黄色。雄花为聚伞花序，2～3 朵花/花序，初开为白色，后变为黄色。果实椭圆形，顶端较窄。果皮褐色，被褐色短茸毛，熟后易脱落，果皮光滑。梗端圆形，萼片宿存，果梗绿色、褐色，稀被浅黄色茸毛，长约 2.2 cm。平均单果重 60 g，味甜酸，汁多，质脆。果肉多黄色或黄绿色，香味淡，含酸量低。开花期 6 月份，果熟期 9～10 月份。果实贮藏期和货架期较短。种子深褐色，椭圆形，有凹陷网纹。多为 2 倍体。

图 19-6　中华猕猴桃

目前，中华猕猴桃主要分布于横断山脉以东、秦岭以南的我国东南部地区，其自然分布海拔高度比美味猕猴桃约低 400 m，对低海拔丘陵地区的适应性较强。

2. 美味猕猴桃(图 19-7)

又名木阳桃、毛杨桃、山梨子、硬毛猕猴桃。植株生长势强。新梢先端密被红褐色长糙毛。植株密被棕黄色硬毛,多年生枝茸毛脱落,但不易脱尽,且脱毛后残迹显著。成熟枝条褐色,髓层状褐色,皮孔稀、白色、点状或椭圆状。冬芽不完全裸露,呈毛茸状。茎、叶柄,被黄褐色长硬毛,毛落或留残迹。叶近圆形或长圆形,基部浅心形,较对称,先端圆形或微凹形。叶面深绿,无毛,主侧脉黄绿色。叶背绿色,密被浅黄色星状毛和茸毛。雌花白色,后变黄色至杏黄色,花甚香,多为单花,少数为聚伞花序。雄花为聚伞花序,3 朵花/花序,少数 2 朵花。果实长圆形或椭圆形,被黄褐色长糙毛,不脱落。果皮绿色或褐绿色,果点淡褐绿色、椭圆形、中多。果顶窄于中部,萼片宿存。果柄深褐色,无毛。平均单果重 60 g,可溶性固形物含量 6.61%~17%,鲜果含维生素 C 较多,果肉多绿色或翠绿色,色美味浓,品质较佳,果实较耐贮藏,可鲜食或加工,是猕猴桃栽培的主要种,经济价值很高。自然分布于云贵高原到黄山为斜线的横断山脉以东、秦岭以南地区,对水分要求较高,在夏季高温干旱低海拔地区适应性较差。

3. 毛花猕猴桃(图 19-8)

新梢黄棕色,被乳白色或淡黄色茸毛。多年生枝褐色,硬且粗,髓片状,白色。叶为厚纸质,椭圆形。叶面深绿色,有光泽,无毛。叶背浅灰绿白色。密被白色星状毛或茸毛。雌花为聚伞花序,花粉红色。子房近球形,白色,密被白色短茸毛。果实长圆柱形,密被白色长茸毛,果皮绿色,果点金黄色、密而小,平均单果重 25.4 g,果肉翠绿色。主要分布于广东、广西、江西、湖南、福建、贵州等地,耐热性很强,且果实维生素含量高,鲜食、加工兼用。

图 19-7 美味猕猴桃

图 19-8 毛花猕猴桃

4. 软枣猕猴桃(图 19-9)

多年生枝(老蔓)光滑无毛,浅灰褐色或深褐色,髓为片状褐色、浅灰色或红褐色,无毛。1 年生枝灰色、淡灰色或红褐色,无毛,间或疏生白色柔毛。皮孔长棱形,密而小,色浅。叶片椭圆形、长卵形、倒卵形,基部近圆形,阔楔形。叶缘锯齿密,近叶基部全缘,叶面深绿色,有光泽、无毛,叶背浅绿色或灰白色。雌花腋生,聚伞花序,有花 1~3 朵/花序,多为单生,子房上位，瓶状绿色。雄花腋生，为聚伞花序，每花序有多朵花。果实扁圆形或近圆形，单果重4～9 g，最大单果重27 g。未成熟果实浅绿色、深绿色、黄绿色，近成熟果实紫红色、浅红色。果顶圆、具喙。果肉绿色，汁液多，味甜略酸。主要分布在云南、江西、辽宁、吉林、黑龙江、河南、河北、江苏、安徽、山东等地。果实风味好，但不耐贮藏。极耐寒，可耐－39℃低温。宜作加工和抗寒育种材料。

图 19-9　软枣猕猴桃

二、主要优良品种

1. 中华猕猴桃

(1)魁蜜(图 19-10)

江西省农业科学院园艺研究所选出。中熟鲜食、加工兼用品种。果实扁圆形，果皮绿褐或棕褐色，茸毛短，易脱落；果大，平均单果重130 g，最大单果重150 g；果肉黄色或绿黄色，质细多汁，酸甜味浓有香味。9月中、下旬采收。树势中庸，幼树以中、短果枝蔓结果为主，盛果期后以短果枝蔓和短缩果枝结果为主。坐果率高，早果、丰产、稳产。抗风，耐高温。适宜于我国中南部地区栽培。

(2)金丰(图 19-11)

江西省培育。果实椭圆形，大而均匀整齐，果皮褐绿或黄褐色，上被短茸毛，毛易脱落；落后果皮显得粗糙。平均单果重88 g。果肉黄色，质细多汁，味甜微香，果实耐贮性稍差，鲜食加工兼用品种，适宜做糖水切片罐头。树势较强，以中、长果枝结果为主，果枝蔓连续结果能力强，无生理落果和采前落果现象。抗风，耐高温，适宜于山地棕壤土和丘陵红壤土栽培。

图 19-10　魁蜜

图 19-11　金丰

(3)早鲜(图 19-12)

江西省农业科学院园艺研究所选出，早熟鲜食加工兼用品种。果实圆柱形，整齐端正，外形美观，果皮绿褐色或灰褐色，密被茸毛，毛不易脱落；平均单果重 83 g，最大单果重 132 g。果肉绿黄色或黄色，多汁、酸甜，风味浓，微有清香，果实 8 月中、下旬至 9 月上旬成熟，较耐贮藏。生长势较强，以短缩果枝和短果枝结果为主，坐果率一般为 75%，有采前落果现象。抗风性较差。

(4)武植 3 号(图 19-13)

优良鲜食雌性品种。果实椭圆形，果皮薄，暗绿色，果面茸毛稀少。平均单果重 118 g，最大单果重 156 g。果肉绿色，质细汁多，味浓而具清香，果心小，维生素 C 含量 2 750～3 000 mg/kg，总酸含量 9～15 g/kg，可溶性固形物含量 15.2%，总糖 11.2%，品质上等。树势强旺，早果性突出，丰产性好。在武汉果实 9 月底成熟。

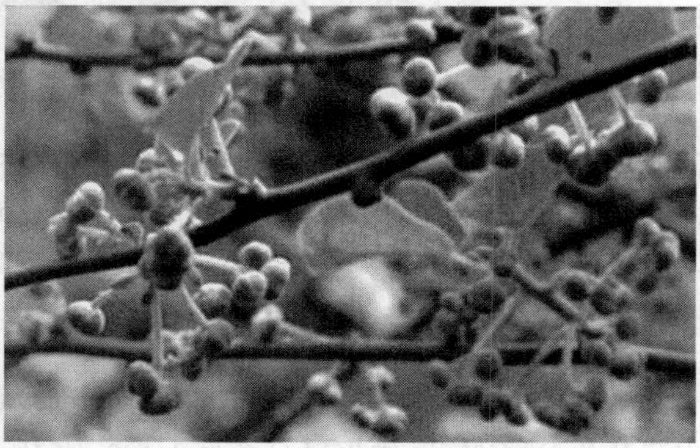

图 19-12　早鲜

图 19-13　武植 3 号

(5)金桃(图 19-14)

果实长圆柱形，果皮黄褐色或绿褐色，果面光滑无毛。果顶微凹，外观好。平均单果重 82 g，最大单果重 121 g，果心小而软，果肉金黄色，肉质脆，细嫩多汁，风味浓甜，品质上等。植株生长势较强。嫩梢底色绿灰，有白色浅茸毛；1 年生枝棕褐色，皮光滑无毛；多年生枝深褐色或黑色。皮孔纵裂有纵沟。叶片中等大小，质地厚实，叶色浓绿。叶片正面深绿色，蜡质多，有光泽；叶背面浅绿色，白色茸毛，叶阔椭圆形，叶柄向阳面红色，背阴面浅绿色，有浅茸毛。花多

图 19-14　金桃

为单花，少数为聚伞花序，萼片 6 枚，绿色瓢状。树势中庸，枝条萌发力强，多为单花结果。在武汉 9 月中下旬采果，常温下可贮藏 40 d 左右。抗病虫能力强。

(6)华光 2 号(图 19-15)

华光 2 号猕猴桃是河南省西峡县猕猴桃研究所选出。平均单果重 93 g，果实圆柱形，果皮浅褐色，果肉淡绿色，汁多，味酸甜，微香，每 100 g 鲜果肉中维生素 C 含量 41～78 mg，可溶性固形物含量 10%～14%，鲜食风味偏淡。是早果、丰产、稳产、抗逆性较强的品种。

图 19-15　华光 2 号

(7)金早(图 19-16)

株型紧凑，树势中庸，果实卵圆形，果皮黄褐色，果顶突出，中轴胎座小。平均单果重 102 g，最大单果重 159 g。果肉黄色，汁多味甜，清香，品质佳。维生素 C 含量 1 240 mg/kg，总酸含量 17 g/kg，可溶性固形物含量 13.3%，总糖含量 5.1%。嫁接苗定植第 2 年有 76%的植株开花结果，最高株产 4.5 kg，5 年后进入盛果期，产量 15.5 t/hm^2。在武汉，3 月上中旬萌芽，4 月底始花，8 月中旬果实成熟。为优良鲜食雌性品种，是弥补市场空缺的优良早熟品种。

(8)金霞(图 19-17)

为雌性品种。树势健壮，果实近圆柱形，平均单果重 85 g，最大单果重 134 g。果皮灰褐色，果顶微凹，密被灰色短绒毛。果心小，果肉淡黄色，汁多味甜，维生素 C 含量 1 100 mg/kg，可溶性固形物含量 15.0%，总糖含量 7.4%，有机酸含量 0.95%，总氨基酸 0.603%，品质上等。嫁接苗定植后第 2 年始果，盛果期最高产 80 kg/株。果实成熟较晚，在武汉 9 月中下旬成熟，是中华猕猴桃中耐贮性强的品种，果实适于鲜食与加工。植株耐高温、干旱，抗风能力强。

图 19-16　金早

图 19-17　金霞

(9)武植 3 号(图 19-18)

优良鲜食雌性品种。树势强旺，果实椭圆形，果皮薄，暗绿色，果面茸毛稀少。平均单果重 118 g，最大单果重 156 g。果肉绿色，质细汁多，味浓而具清香，果心小，品质上等。维生素 C 含量 2 750～3 000 mg/kg，总酸含量 9～15 g/kg，可溶性固形物含量 15.2%，总糖 11.2%，品质上等。嫁接苗定植后第 2 年开始结果，第 4 年、第 5 年进入盛果期。在武汉，果实 9 月底成熟。

(10)金桃(图 19-19)

为优良鲜食雌性品种。树势中庸,枝条萌发力强。果实长圆柱形,果皮黄褐色,果面光洁无毛,果顶稍凸,外观漂亮。平均单果重 82 g,最大果重 121 g,果心小而软,果肉金黄色,质地脆,细而多汁,酸甜适中,维生素 C 含量 1 470～1 520 mg/kg,有机酸 1.69%,含可溶性固形物 18.05%,品质上等。丰产稳产,产量高。在武汉,9 月中下旬成熟,常温下可贮藏 40 d 左右。抗病虫能力强。

图 19-18 武植 3 号

图 19-19 金桃

(11)金艳

为优良鲜食雌性品种。从毛花猕猴桃×中华猕猴桃杂交后代中选育出的新品种。树势强旺,枝梢粗壮。果长圆柱形,平均单果重 101 g,最大果重 141 g,美观整齐,果皮黄褐色,少茸毛。果肉金黄,果实可溶性固形物含量平均为 16%,最高可达 19.8%;含酸量为 0.86%～1.55%,固酸比 10.5～18,维生素 C 含量高达 1 055 mg/kg,肉质细嫩多汁,风味香甜可口,营养丰富。果实软熟前硬度大(18.0～20.9 kg/m^2),特耐贮藏,在常温下贮藏 3 个月好果率仍超过 90%。嫁接苗定植第 2 年开始挂果,在高标准建园的情况下,第 3 年产量可达到 1 000 kg/667 m^2,第 4 年进入盛果期,产量 2 500 kg/667 m^2。

(12)磨山 4 号(国家审定品种)

中华猕猴桃雄性品种,株型紧凑,节间短,长势中等,1 年生枝棕褐色,皮孔突起,较密集,叶片肥厚,叶色浓绿富有光泽,半革质。普通中华猕猴桃雄花为聚伞花序,2～3 朵花,而"磨山 4 号"多为多聚伞花序,3～6 朵花,花期比其他雄性品种花期长约 10 d。花萼 6 片,花瓣 6～10 片,花径可达 4～4.3 cm,花药黄色,平均每朵花的花药数 59.5,每花药的平均花粉量为 40 100 粒,可育花粉 189.3 万粒,发芽率 75%。在武汉,花期为 4 月 25 日至 5 月 15 日,落叶期为 12 月中旬左右,抗病虫能力强。

(13)早鲜

由江西省农业科学院园艺研究所选出。果实圆柱形,平均单果重 83.4 g,果肉黄色或绿黄色,果心小,质细多汁,微清香。可溶性固形物含量 12.5%～16.4%,每 100 g 鲜果肉含维生素 C 73.5～112.8 mg,并含有 16 种游离氨基酸,品质优良。果实采收期为 8 月中、下旬至 9 月初。果实在室温下可存放 10～15 d,货架期 10 d 左右。该品种树势较强,以短缩果枝和短果枝结果为主,花朵着生在结果枝 1～9 节叶腋间,较丰产,但抗旱性、抗涝性较差。

2. 美味猕猴桃

(1)秦美(图 19-20)

陕西省果树研究所选出。我国推广栽培面积最大品种。平均单果重 102.5 g,果实近椭圆形,果皮褐色,果肉绿色,肉质细嫩多汁,有香味。可溶性固形物含量 10.2%～17%,鲜果维生素 C 含量高,品质优良。果实采收期为 10 月下旬至 11 月上旬。耐贮藏。以中、长果蔓结果为主,结果枝多着生在结果母枝的第 5～12 节。结果早,丰产、稳产。抗逆性强,适应性广,适宜 pH6.5～7.5 的壤土及沙土条件下栽培。

(2)海沃德(图 19-21)

新西兰品种,是各猕猴桃种植国家的主栽品种。平均单果重 80 g。果实阔椭圆形,侧面稍扁,果形端正美观。果面密被细丝状毛,果肉绿色,致密均匀,果心小,香味浓。可溶性固形物含量 12%～15%,鲜果肉含维生素 C 50～76 mg/100 g。果实 11 月上旬成熟。果品货架期、耐贮性名列所有品种之首。树势生长旺,发枝力强,以长果枝蔓结果,结果枝蔓多着生在结果母枝蔓的第 5～12 节上。花期晚,进入结果期迟,一般第 4 年进入结果期,丰产性差,有大小年现象。抗风性较差。

图 19-20　秦美

图 19-21　海沃德

(3)金魁(图 19-22)

金魁原名鄂猕猴桃 1 号,原湖北果树茶叶研究所培育。果实圆柱形,果面具棕褐色茸毛,稍有棱。果肉翠绿色,酸甜适口,具清香。果实整齐,平均单果重 100 g,最大果重 175 g。果实 10 月下旬至 11 月上旬成熟。其耐贮性与海沃德差不多。树势健壮,以长果枝蔓结果为主,结果枝蔓多着生在结果母枝的 5～14 节,以 7～9 节多见。在长江流域栽培表现较好,其早果性、丰产性优于海沃德。

图 19-22　金魁

(4)哑特(图 19-23)

又名周园 1 号。陕西省周至县猕猴桃试验站选育。晚熟鲜食品种。果实短圆柱形,果皮褐色,密被棕褐色糙毛。平均单果重 87 g,最大果重 127 g。果肉翠绿,果心小。果实 10 月下旬成熟。树势强健,以中、长果枝蔓结果为主,结果枝蔓多着生在结果母枝蔓的第 5～11 节。结果稍迟。抗逆性强,耐旱、耐高温,耐瘠薄。适合我国北方干燥气候地区栽培。

(5)徐香(图 19-24)

徐香是江苏省徐州果园从海沃德实生苗中选出。果实圆柱形。果形整齐一致。果皮黄绿色,被黄褐色茸毛,皮薄,易剥离;果实纵径 5.8 cm,横径 5.1 cm,平均单果重 80 g,最大单果重 137 g;果肉绿色,汁多,酸甜适口,有浓香。10 月上、中旬果实采收。果实采收期长,无采前落果现象。采后在常温下可存放 3 d 左右,在 0℃冷库中可放 100 d。初期以中、长果枝蔓结果为主,盛果期以后以短果枝蔓和短缩果枝蔓结果为主。早期修剪时注意轻剪长放,中、后期重剪促旺。结果性和丰产性优于海沃德,但贮藏性和货架期不及海沃德。

图 19-23 哑特

图 19-24 徐香

(6)秦翠

秦翠是陕西省果树研究所和陕西省周至猕猴桃试验站联合选出,为晚熟鲜食加工兼用品种。果实长椭圆形,平均单果重 75 g,最大单果重 95 g,果皮褐绿色,密被糙毛。果肉翠绿色,酸甜多汁。果实于 10 月底至 11 月初成熟,耐贮藏。适于加工和鲜食。以短果枝蔓结果为主,成枝蔓率 33.3%,坐果率 96.9%。

(7)秦美(图 19-25)

陕西省果树研究所选出。果实近椭圆形,果皮褐色,平均单果重 102.5 g,果肉绿色,肉质细嫩多汁,有香味。可溶性固形物含量 10.2%～17%,每 100 g 鲜果维生素 C 190～354 mg,品质优良。果实采收期为 10 月下旬至 11 月上旬。耐贮藏,室内常温(10℃)下可贮藏 100 d。以中、长果枝结果为主,结果枝多着生在结果母枝的第 5～12 节。结果早,丰产、稳产,抗逆性强,适应性广,适宜 pH 值 6.5～7.5 壤土及沙土条件下栽培。

图 19-25 秦美

(8)华美2号(图19-26)

由河南省西峡猕猴桃研究所选出。果实长圆锥形,果皮黄褐色,平均单果重112 g,果肉黄绿色,肉质细嫩多汁,富有芳香。可溶性固形物含量14.6%,每100 g鲜果肉含维生素C 50～76 mg。耐贮性强,果实货架期长。该品种生长势中庸,以长果枝结果为主,结果枝多着生在结果母枝的第5～12节,但早熟性、丰产性较差。

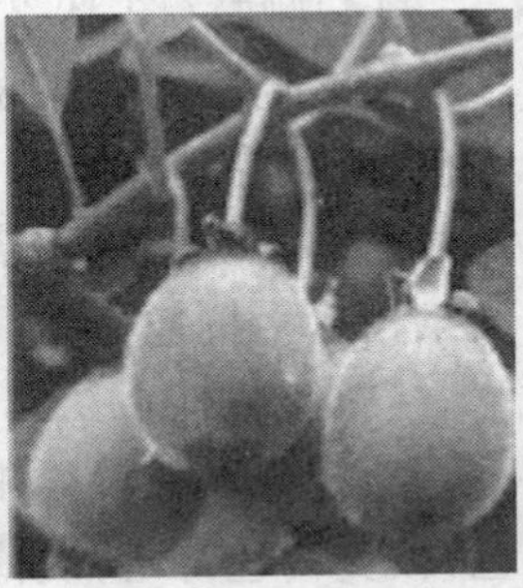

图19-26 华美2号

此外,中华猕猴桃雄性品种有郑雄1号、磨山4号、厦亚18号等;美味猕猴桃雄性品种有马图阿、陶木里、周201等。

3.观赏猕猴桃

(1)江山娇(图19-27)

从中华×毛花杂交1代中选育的观赏鲜食兼用的品种。树势强旺,花色艳丽,玫瑰红色,花瓣多(6～8瓣),花瓣增大(花径4.5 cm×4.5 cm)。果实扁圆形,平均单果重25 g,最大单果重39 g,果肉翠绿色,质细,维生素C含量高达814 mg/100 g,可溶性固形物14%～16%,总糖10.8%,有机酸1.3%。1年开花为5次,每次花期一般7～10 d,最长可达20 d。在武汉,第1次开花的始花期5月4号,终花期5月15号。第1次开花结果后,结果母枝又抽出新的结果枝,1年内不断现蕾,开花,结果,花果同存,果实比毛花大。可作为长廊、围篱等园林绿化树种,可培养成多种树形,美化环境。适应性广,抗性强。

(2)超红(湖北省审定品种)(图19-28)

从毛花×中华杂交1代中选育的观花品种。树势强旺,花色艳丽,玫瑰红色,花冠大,花量大,花粉多而芳香,花期长,1年开花4次以上,1年中首次开花从5月7日开始,至5月30日终花,历时23 d。随后6、7、8月份相继开花。花枝率高,达96%,花量大,为聚伞花序,有花5～11朵/花序,花瓣5～10瓣,花径4.8 cm(毛花4.0 cm)。超红枝条蔓性强,可根据园林用途进行多种造型。装饰围篱可设计为扇形、双臂双层树形;装饰长廊可培养成单主干双(多)主蔓大棚架树形,生长季节花团锦簇,既可供人歇足休息,又可欣赏风景,是庭院及园林长廊绿化优良树种。

图19-27 江山娇

图19-28 超红

思考题：

猕猴桃种类有哪些？当前生产栽培的猕猴桃的优良品种有哪些？识别中华猕猴桃、美味猕猴桃和观赏猕猴桃应把握哪些要点？

第三节　无公害生产技术

一、育苗

猕猴桃可采用实生、扦插、压条、嫁接和组织培养方法繁殖，生产上应用最为普遍的是嫁接和扦插。

1. 嫁接

(1)砧木苗培育

①砧木种类。栽培猕猴桃砧木有中华猕猴桃、毛花猕猴桃、阔叶猕猴桃、葛枣猕猴桃和异色猕猴桃。对于软毛变种，5 种砧木均可使用，硬毛变种以中华猕猴桃、毛花猕猴桃和葛枣猕猴桃 3 种砧木嫁接成活率，新梢生长旺盛。在根结线虫为害严重地区，应注意选用抗根结线虫的种或品种作砧木。

②种子采集与处理。a. 种子采集。采种用果实选自生长健壮、无病虫害、品质优良、充分成熟的成年母树。采种时，选果形端正、品质好的鲜果采收。将采收后鲜果置室温下，待果实后熟软化后，将种子连同果肉放在纱布或尼龙袋内，在水中搓揉淘洗，分离种子与果肉，用水漂出杂质和瘪籽，将洗净种子放在吸水纸上，室内阴干。阴干后种子装入袋内，存放于阴凉干燥处。0～5℃低温保存，播种前 60～75 d 进行沙藏。b. 种子处理。将种子放在温水中浸泡 2 h 左右，捞出后用 15～20 倍种子的湿沙拌匀，进行层积处理，一般层积 40～60 d。在沙藏层积基础上变温处理更好。

③苗圃整地。选择土质松软、排灌方便、平整向阳地块，土壤呈微酸性或中性较好。秋季结合第 1 次深耕 30 cm 左右，整成高 20 cm、宽 60～80 cm 和长 20～30 m 的高畦，畦间沟上口宽 25～30 cm、深 30 cm。

④播种。分春播和秋播。春播因地区而异，中、南部地区在 3 月中、下旬，北部地区播期稍晚，一般在日平均气温达 11.7℃时播种。春播种子必须经过层积处理，大约 20% 种子萌芽时播种。秋播种子不需层积处理，播种在土壤中休眠，一般于 12 月上、中旬进行。

⑤播种后管理。a. 浇水。在雨水较少时，每天早、晚各喷水 1 次。春播后 7～10 d 幼苗陆续出土后喷细水。高畦育苗采用沟灌，要求水流要缓慢。b. 间苗和移苗。幼苗长出 3～4 片真叶时，间去多余弱苗、小苗、病虫苗。间出健壮幼苗可移栽，移栽前苗床浇透水。移栽后灌 1 次

透水，每隔2～3 d灌水1次，连续3次，以后间隔时间可长些。c.遮阴。幼苗需防干、防晒、放雨水冲淋，出苗后立即搭棚遮阴。d.追肥。幼苗出土15 d后，可喷施0.1%～0.5%尿素，也可结合灌水施入腐熟的人粪尿。每2周叶面喷肥1次，幼苗长到30 cm后，控制施肥。e.除草松土，防治病虫害。浇水后中耕，疏松土壤，除杂草。注意防治病虫害。f.摘心、除萌、疏侧枝。苗高达30～40 cm时摘心，除去基部萌芽。幼苗枝蔓直径大于0.7 cm时嫁接。

(2)接穗选择、采集和贮藏

在优良品种树上选发育充实、无病虫害的1年生枝作接穗。春季嫁接，冬剪时采条，在背阴处沙藏；夏、秋生长季嫁接时，随采随接，如提前采条，采后应立即去除叶片。

(3)嫁接方法

①单芽片腹接。春、夏、秋季均可采用。2月份成活率及萌芽率较高。当砧木部位直径达0.5 cm以上时进行嫁接。a.削芽片。在接芽下约1 cm处，以45°斜切到接穗直径2/5处，再从芽上方约1 cm处，沿形成层往下纵切，略带木质部，直到与第1刀底部相交，取下芽片，全长2～3 cm。b.切砧木。在砧木离地面5～10 cm处，选择光滑面，按削芽片同样方法切削，使切面稍大于接芽片。c.嵌芽片及包扎。将芽片嵌入砧木切口对准形成层，上端最好稍露白，用塑料薄膜带捆绑，露出接芽及叶柄(图19-29)。

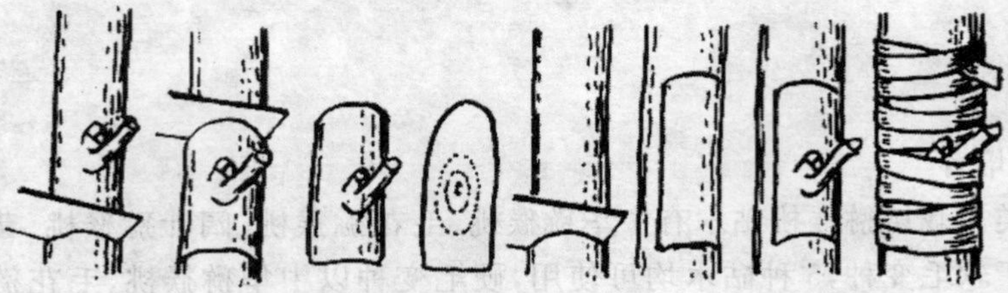

图19-29 单芽片腹接

1.削芽片 2.切砧木 3.嵌芽片及包扎

②单芽枝腹接。春、夏、秋季都可采用此法(早春应在猕猴桃伤流期前20～30 d进行)。砧木充实，粗度0.5～1.5 cm易成活。a.削接芽。接穗切带1个芽的枝段，从芽的背面或侧面选择1个平直面，削长3～4 cm，深度以刚露木质部为度的削面。在其对应面削50°左右的短斜面。b.切砧木。砧木离地面10～15 cm处，选比较平滑的一面，从上向下切削，并将削离的外皮保留1/3切除。c.插接穗、包扎。插入接穗，用塑料薄膜条包扎，露出接穗芽(图19-30)。

2.扦插

(1)分类和时期

猕猴桃扦插分硬枝插、嫩枝插和根插3种。硬枝插一般在伤流期前进行。

(2)插条选择、采集与贮藏

插条选择健壮且腋芽饱满，粗0.4～0.8 cm的1年生枝条。插条亦可在冬季休眠修剪时采集，如不能立即扦插，可先立即沙藏。

(3)插条处理

插前剪成带有2～3个芽的枝段，下部靠节下平剪，上部距芽上1～2 cm处剪断，剪口要平

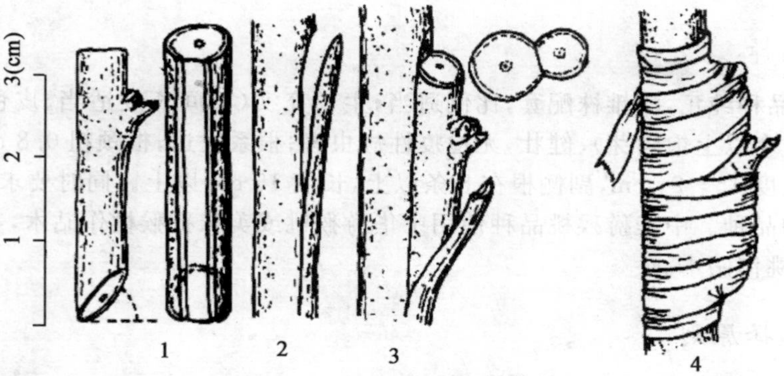

图 19-30 单芽枝腹接

1.削接芽 2.切砧木 3.插接芽 4.包扎

滑，并用蜡密封。插条基部用 IBA 5 000 mg/L 浸蘸 5 s。对嫩枝插选当年生半木质化枝条作插穗，长度随节间长度而定，一般 2～3 节。距上端芽 1～2 cm 处平剪，并留一片或半片叶，下端紧靠节下剪成斜面或平面，并用 IBA 200 mg/L 处理。

(4)扦插

扦插技术要点参照前面扦插育苗有关要求进行。

(5)扦插后管理

扦插后灌水，以后注意床土不要供水过多，生长期间注意喷水，保持相对湿度在 90%左右，土温 20～25℃。若气温升高，喷水降温，或揭开部分塑料薄膜通风降温。逐渐增加通风次数，延长揭薄膜时间，锻炼幼苗，1.5～2 个月后，将薄膜全部揭去，秋末将扦插苗移栽盆内，放在冷室，保持一定湿度，翌春定植。

二、建园

1.园址选择

猕猴桃选择交通方便，靠近水源，无严重土壤、水源和空气污染的地区。山地要尽可能地选择比较平坦的缓坡地，坡度小于 25°。坡向选择南坡或东南坡等避风向阳的地方，不宜选在山顶或其他风口上。平地园地应选择交通方便、地势平坦、土壤肥沃、有灌溉条件的地方。园地环境条件要求年均气温 12℃以上，极端最低温度不低于－16℃，年降水量在 1 000 mm 以上，空气相对湿度≥70%，土层深厚、有机质含量在 1%以上、pH 6.5～7、地下水位在 1 m 以下的轻壤土、中壤土或沙壤土地块建园。

2.园地规划与设计

果园规划应本着因地制宜、适地适栽原则，对小区划分、防护林设置、道路和排灌系统配置、树种和品种的搭配、授粉树配备、栽植密度和栽植方式以及定植等方面的要求，进行全面勘察和设计。基本要求参照前面果园建立部分。

3. 苗木选择

苗木选择品种纯正，雌雄株配套，比例适当，生长充实（节间长度适当、皮色鲜亮、髓小、芽眼饱满、具有6个以上饱满芽）、健壮，无检疫性病虫害；根系发达，根颈粗0.8 cm以上，主侧根系5条以上，长度15～20 cm，副侧根在5条以上，长度15 cm以上。同时要求抗病力强、品质好、商品性好的品种。中华猕猴桃品种使用中华猕猴桃或美味猕猴桃作砧木，美味猕猴桃品种使用美味猕猴桃作砧木。

4. 品种选择原则

(1)因地制宜，尽量选择本地优良品种

不同品种对生态条件的要求存在一定程度的差异，任何一个栽培品种都有一定的适栽范围，新建果园应选用当地试栽成功的优良品种。

(2)早、中、晚熟品种合理搭配

建园时应根据本地自然条件和市场需求情况，将不同成熟期品种按一定比例合理搭配。

(3)发展加工品种

加工品种制作成罐头、果酒、果汁、果酱等，满足市场需要，增加食用品类和出口创汇能力，可获得较高的经济效益。

5. 授粉品种配制

猕猴桃是雌雄异株果树，定植时必须配置授粉树，主栽品种与授粉品种比例为1：(5～8)，雌雄株距离不应超过8～9 m（图19-31）。授粉树选择花期能与雌株相遇、花量多、花期长的雄株品种。

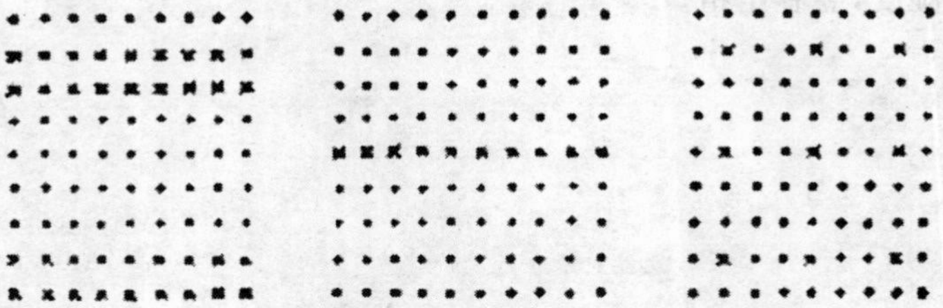

图 19-31　雌雄株配置方式

·雌株　　×雄株

6. 定植

(1)时期

猕猴桃在春、秋皆可定植，但北方以春栽为宜。春季定植在4月至5月中旬，秋植在10月上、中旬。

(2)定植要求

①行株距。定植行株距大棚架为4 m×4 m，“T”字形架为(3.5～4) m×(2.5～3) m，篱架为3 m×3 m。

②高垄栽植。定植时，施入腐熟有机肥20 kg/穴，过磷酸钙1 kg/穴，埋土后轻轻踏实。为加速培育主干、增加主干牢固性，在定植时立支柱，以绑缚枝干，使其垂直向上迅速生长。

③遮阴与防寒。定植后在苗的周围插上带叶枝条覆盖，使透光率在30%左右。或在行间靠近苗木播种生长迅速的高秆作物，春、夏季利用其枝、叶、茎秆遮阴，秋季间作物枝叶干枯后，小树则暴露在全光照之下生长。对春季风大地区，定植后将苗按倒用土盖上，发芽时除去覆土；或用塑料膜覆盖，发芽时剪洞将枝条露出。秋栽苗木栽后埋土越冬。

三、土肥水管理

1. 土壤管理

(1)深翻扩穴

一般在建园后第1年冬季结合施基肥进行。在树盘外围两边，挖宽50 cm、深50～80 cm槽子，在槽底垫压1层或2层玉米秸秆等物，然后埋土，再压秸秆、覆土、施有机肥。在3～4年内将全园深翻1次。

(2)土壤耕翻

耕翻多在春季或秋季进行。秋耕可松土保墒。每年进行1次全园深耕，深20～30 cm。把待施有机肥、速效肥撒施在树盘周围，再耕翻。耕翻时不能伤根系，树干附近浅翻。

(3)中耕与除草

一般4～9月份为杂草生长旺季。待草长到10 cm左右，中耕除草，深6～10 cm。树盘周围浅锄。一般干旱年份，灌水之后黄墒时浅锄1次，1年除4～5次。

(4)树盘覆盖

北方每年夏季高温季节，为避免高温伤害，通常用玉米秸秆等覆盖树盘，覆盖范围大多在根系主要分布区。

2. 施肥管理

(1)基肥

主要为农家肥，如禽畜粪尿、沤肥、饼肥、生物残渣和人粪尿等，并辅以少量无机氮、磷、钾肥等。在采果后或果实成熟期后1～2周，即根系第3次生长高峰期施入。丰产园，特别是高产园，定植时和定植后头3年，采用大穴大槽法，分年度将全园翻施1遍；进入结果期后，一般采用条沟、环状沟或放射状沟施法。施前将有机肥按1∶(3～5)比例拌熟土，每100 kg有机肥掺入尿素2～3 kg、过磷酸钙4～5 kg和氯化钾1～2 kg，混匀后填入沟内。目前多采用条沟和环状沟施法。

(2)追肥

追肥应遵循原则是"薄施勤施"。

①萌芽肥。一般在2～3月萌芽抽梢前施入。以速效无机肥为主，最好氮、磷、钾复合肥辅以稀薄人粪尿，或按氮∶磷∶钾＝4∶2∶1，施0.5～5 kg/株。

②花前肥。一般在4月中、下旬开花前和新梢开始快速生长时施入。主要肥料同萌芽肥，但要增加微量元素硼、铁、锌、镁等。

③果实膨大肥。一般在坐果后6～7月份施入。氮∶磷∶钾＝2∶2∶1，施0.5～2 kg/株，辅以稀薄人粪尿等，并适当补充锌、铁、镁等微量元素。

④采前肥。采果前 30 d 左右施入。氮：磷：钾＝1：2：1，施 0.5～2 kg/株，辅以稀薄人粪尿等，并适当补充钙、氯、铁、硼、镁等微量元素。

9 月上、中旬，结合土壤追肥叶面喷施 2 次 0.2％～0.3％的磷酸二氢钾。追肥方法常依灌溉方式而定。使用喷灌、滴灌和地下灌溉方式，可结合灌溉，将肥料溶入水中随水施入。漫灌、沟灌、穴灌及随雨施肥，可在树盘内撒施，成年猕猴桃施肥时应全园施肥，而不限于树盘。微量元素肥料可土施和叶面喷施。

3. 水分管理

(1)灌水

①萌芽前后。最适田间持水量 75％～85％。我国北部地区多需灌溉，中部和南部一般不需灌溉，应注意大雨时防渍。

②开花前。准备充足水分。我国中北部和西北地区需要灌溉。

③花期。应控制水分。

④谢花后。保证水分供应，但灌溉量不宜太大。我国中部和西北部地区为主要灌溉区，而中南部不灌溉。

⑤果实迅速膨大期。是猕猴桃需水高峰期。我国中南部地区视降雨量注意灌溉；中部地区如河南南部及中部不必灌水；还未进入雨季西北部地区，如陕西仍需灌水。

⑥果实缓慢生长期。我国北部、西北部已进入雨季，很少需要灌溉；中南部正值高温干旱，一般要经常灌溉。

⑦果实成熟期。一般在果实采收前 15 d 左右停止灌水。在此之前需要有一定的水分供应。在我国易发生秋旱地区，如中部湖北、湖南及江西，中北部及西北需视旱情适时灌水。

⑧冬季休眠期。需水量较少，一般中部、南部地区冬季有雨，无须灌水；中北部和西北地区，土壤上冻前，必须灌 1 次透水。西北地区视旱情适当灌溉 1～2 次。一般每次灌水量以渗透至根系分布最多的土层厚度，使田间持水量达 75％～85％。

灌溉方法有滴灌、喷灌、漫灌、沟灌和穴灌等。各地可根据当地实际情况选用灵活的灌溉方法。

(2)排水

在平地果园，特别是土壤黏重或地下水位高的果园，要设立排水沟。排水沟为土沟或砖混结构渠道系统。多沿大小道路和防护林旁设名渠排渠网。灌水渠在地势高的一端，排水渠在地势低的一端；或在灌排水渠两端设闸，使灌排水渠合二为一，以上游排水渠做下游灌水渠。渠深至少在地表以下 50 cm。坡度较大浅山及梯地果园，排灌系统要设计为分级输水，即设“跌水”。

四、整形修剪

1. 主要架式和整形

(1)架式

猕猴桃架式主要有篱架(单、双)、棚架(平顶、倾斜)(图 19-32)及“T”字形小棚架。棚架基本结构同葡萄。篱架高 1.8～2 m，架距 4～6 m，架上牵引 3 道铁丝，第一道铁丝距地面 60 cm，以上间隔 60～70 cm 设第二、第三道铁丝。“T”形小棚架架高 1.8～2 m，架距 3～4 m，架顶横梁宽 1.5～2 m，其上拉 3～5 道铁丝。在支柱上，从地面向上相距 60～70 cm 拉两道铁丝。在 3～5 年内以篱架为主，同时培养棚架，当架面布满后，逐步淘汰篱架部分，最终形成“T”形架。

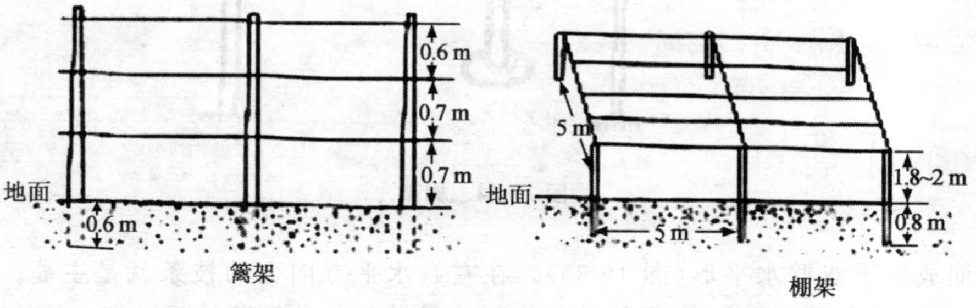

图 19-32　猕猴桃常用架式

(2)整形

①“T”形架整形。将猕猴桃栽植于 2 个立柱中央，选 1 个或 2 个强壮新梢作主干，让其直立生长至第 1 道铁丝。在第 1 道铁丝处培养 3～4 个枝蔓，2 个相反方向的枝作 1 层永久性主蔓，余下枝蔓继续生长至架面，然后培养第 2 层永久性枝蔓。主蔓选好后，在每一个主蔓上每隔 40～50 cm 留 1 侧蔓，直到枝蔓占满架面空间(图 19-33)。

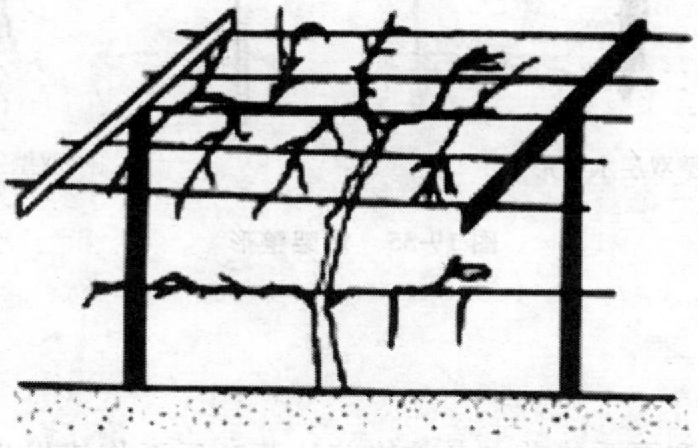

图 19-33　“T”形小棚架整形

②水平棚架整形。将植株栽在架中央，选择 1 个生长强壮的枝作主干，其旁插一直立竹竿固定引绑。待植株生长到架面时，在架下 10～15 cm 处摘心，使其分生 2 个枝作为主蔓，分别引向架面两端。在主蔓上每隔 40～50 cm 留一结果母枝，翌年结果母枝上每隔 30 cm 均匀配备结果枝开花结果(图 19-34)。

③篱架整形。篱架整形分为单干整形和多主蔓扇形。单干整形是定植时用 2 m 左右竹竿插在每棵幼树旁支架，翌春每一幼树选一强壮新梢捆绑于竹竿上作主干培养，1 年内长到篱架铁丝上，于铁丝下 10～15 cm 处剪截，使其长出两枝梢向铁丝两边绑缚成为主枝，则成单干双臂一层水平形。从主干上再选一枝梢让其生长，于第 2 道铁丝下短截，培养 2 个枝梢向铁丝

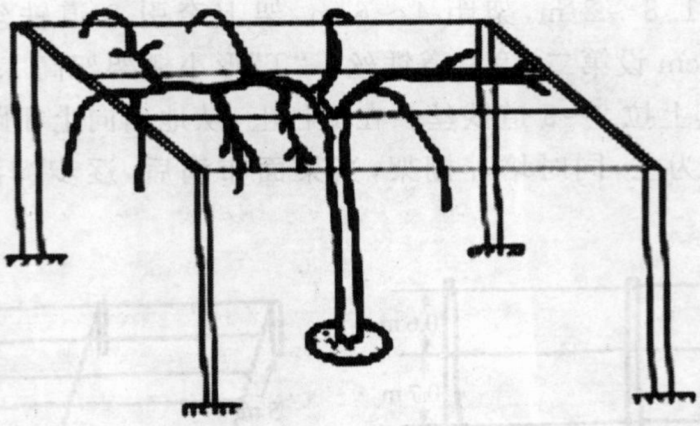

图 19-34　棚架

两边绑缚而成单干双臂水平形(图 19-35)。在左右水平方向上的枝条就是主蔓。主蔓要适宜,不能过多。要合理配置主蔓,促使其尽快形成足够数量的侧蔓结果。在主蔓上每隔 30～40 cm 培养一侧蔓,侧蔓向铁丝架两边下垂,距地面控制在 60 cm 左右,让其发生结果枝。通过修剪,使第一、二层 4 个主蔓上生长的侧蔓及结果母枝着生方向相互错开,比较均匀占据架面空间。

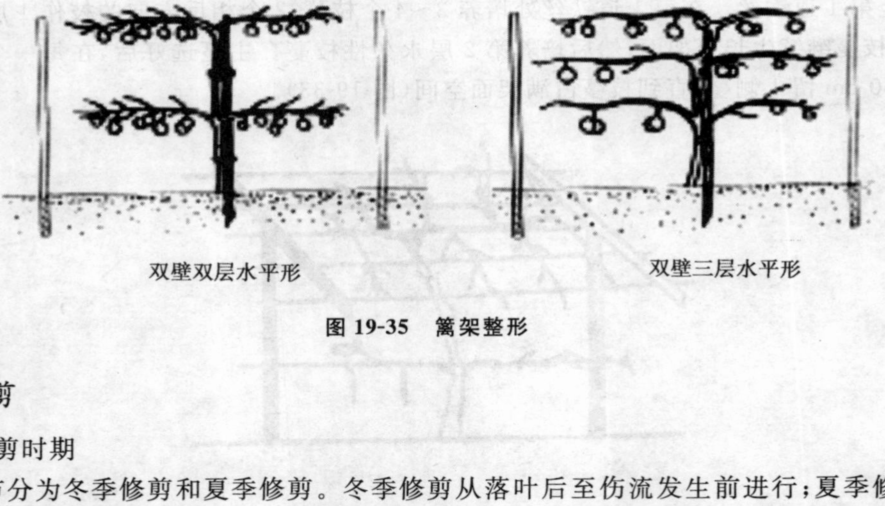

双壁双层水平形　　　　双壁三层水平形

图 19-35　篱架整形

2. 修剪

(1)修剪时期

按季节分为冬季修剪和夏季修剪。冬季修剪从落叶后至伤流发生前进行;夏季修剪从伤流结束到秋季来临前进行。

(2)修剪方法

①冬季修剪。主要包括徒长枝、发育枝、结果枝修剪及枝蔓更新。徒长枝从 12～14 芽处剪截;徒长性果枝从 12～14 芽处剪截;长果枝从盲节后 7～9 芽处剪截;中果枝从盲节后 4～6 芽处剪截;短果枝从盲节上 2～3 芽处剪截;发育枝视其空间枝条的强弱而定,需要时适当保留,过密则疏除;衰弱枝、病虫枝、交叉枝、重叠枝、过密枝从基部疏除。枝蔓更新分为结果母枝更新和多年生枝蔓更新。如结果母枝基部有生长健壮的结果枝或发育枝,回缩到健壮部位,无健壮枝梢,可回缩到基部,利用隐芽萌发的新梢重新培养结果枝组。多年生枝蔓更新又分为局部更新和全局更新。局部更新即当部分枝蔓衰老使结果能力下降时将其回缩,促发新梢,培养新的强势枝。全枝更新是将老蔓从基部去除,利用萌蘖重新整形。

②夏季修剪。主要方法有抹芽、摘心、短截、疏枝和绑蔓。抹芽是抹去主干或主、侧蔓上长出的过密芽、枝条背部徒长芽,双生芽和三生芽,只留 1 个芽。结果枝上可发 7～8 个结果枝,有的达 9 个以上,留 4～5 个,看芽的位置和强弱而定。摘心对于结果枝和营养枝都要进行。摘心时间在开花前 10 d 左右,部位根据枝条生长势而定。旺枝重摘心,一般枝轻摘心。结果枝从花序上 5～8 节处摘心,弱果枝不摘心。发育枝即营养枝一般长到 80～100 cm 摘心,摘心后发出副梢长到 2～3 片叶时连续摘心。疏枝和短截是对未抹芽、摘心的旺长新梢,在坐果后 1～2 周内采取的修剪措施。要疏除过多的发育枝、细弱的结果枝及病虫枝。结果母枝上均匀分布 10～15 个壮枝。短截生长过旺而未及时摘心的新梢以及交叉枝、缠绕枝、下垂枝。新梢截留长度与摘心标准一致,交叉枝、缠绕枝剪到交缠处,下垂枝截至离地面 50 cm 处。绑蔓在冬季修剪后应及时进行。生长季节应及时、多次绑蔓,使枝条在架面上分布均匀。绑蔓时注意勿擦伤、勒伤枝条。通常采用∞形绑扣。

五、花果管理

1. 设置蜂箱

当植株有 15%以上雌花开放时,在猕猴桃园设置蜂箱 1～2 个/667 m^2。

2. 人工授粉

可采用两种方法:一是将雄花采集到器皿中,花粉散开后,用毛笔将花粉涂到雌花柱头上;二是将刚开放的雄花摘下,对准雌花花柱轻轻转动,一朵雄花可授 5～8 朵雌花。也可将花粉用滑石粉稀释成 20～50 倍,用电动喷粉器喷粉。

3. 花期施肥

花蕾期或盛花期喷洒 0.1%～0.2%硼酸或硼砂 1～2 次。或地面施硼砂 25～40 g/株。

4. 疏花疏果

疏花蕾一般在侧花蕾分离后 2 周开始,强壮长果枝留 5～6 个花蕾,中庸果枝留 3～4 个花蕾,短果枝疏花疏果留 1 个花蕾。要求疏除时保留主花而疏除侧花,全树留花量应比预留的果数多 20%～30%。疏果在坐果后 1～2 周内完成。一般短缩果枝上的果均应疏去,中、长果枝留 2～3 个果,短果枝留 1 个果或不留;徒长性结果枝上留 4～5 个果;同一枝上,中、上部果多留,尽量疏去基部果。使其叶、果比达到(5～6):1。

六、病虫害防治

1. 休眠期

彻底清园。萌芽前全园喷 1 次 3～5°Be′石硫合剂,杀死越冬病虫卵,防治多种病虫害。

2. 萌芽和新梢生长期

采用黑光灯、糖醋液等诱杀金龟子等害虫。喷布50%马拉硫磷乳油1 000倍液或20%的甲氰菊酯乳油2 000～3 000倍液防治介壳虫、金龟子、白粉虱、小叶蝉等害虫。萌芽至开花期喷农用链霉素防治花腐病。交替喷布80%的代森锰锌可湿性粉剂600～800倍液、1%等量式波尔多液、70%甲基硫菌灵可湿性粉剂1 000～1 500倍液,防治溃疡病、干枯病、花腐病、褐斑病、白粉病、叶枯病、软腐病、炭疽病等病害。

3. 开花期

仍采用黑光灯、糖醋液等诱杀防治金龟子等。在花前、花后喷布20%的甲氰菊酯乳油2 000～3 000倍液,或5%的吡虫啉2 000～3 000倍液等防治金龟子、白粉虱、小叶蝉、木蠹蛾等虫害。及时人工摘除有病梢、叶、果,并于花前、花后交替喷布70%甲基硫菌灵可湿性粉剂1 000～1 500倍液、1%等量式波尔多液、50%的退菌特可湿性粉剂800倍液等,防治花腐病、黑星病、黑斑病等病害。

4. 果实发育期

喷布20%的甲氰菊酯乳油2 000～3 000倍液,或5%的吡虫啉乳油2 000～3 000倍液,1.8%的阿维菌素乳油3 000～5 000倍液防治金龟子、蛾、螨等害虫;及时套袋,人工摘除病梢、叶、果,并喷布70%甲基硫菌灵可湿性粉剂1 000～1 500倍液,或50%的退菌特可湿性粉剂800倍液等防治花腐病、黑星病、褐斑病等病害。

5. 果实成熟及落叶期

喷布5%吡虫啉乳油2 000～3 000倍液,1.8%的阿维菌素乳油3 000～5 000倍液等防治蛾、螨等虫害;1%等量式波尔多液或50%的退菌特可湿性粉剂800倍液防治溃疡病、花腐病等病害。

七、适时采收与催熟

1. 采收

根据果品用途确定采收时期,即在猕猴桃不同成熟期进行采收。中华猕猴桃供贮藏用的果品应在果实达到可采成熟度时采收。其标准是可溶性固形物含量达到6.1%～7.5%;用于短期贮藏的猕猴桃可在可溶性固形物含量达到9%～12%的食用成熟度时采收;若采收后及时出售,要求可溶性固形物含量达到12%～18%,即达生理成熟度时采收。采收时采用人工采摘,轻摘轻放,从果梗离层处折断,放入布袋或篮子内,再集中放到大筐或木箱中。筐或箱内垫上草或塑料膜。

2. 催熟

猕猴桃乙烯催熟法有三:一是采前树体喷布,浓度是50 mg/L;二是采后果实喷布,浓度是

400倍液，常温下12 d之后果实全部变软；三是贮藏前处理果实，先用500倍液浸果数分钟，晾干后再进行分级、包装和贮藏。

思考题：

1. 猕猴桃关键技术有哪些？
2. 猕猴桃建园应把握哪些技术要点？
3. 猕猴桃土肥水管理技术有哪些要点？
4. 如何进行猕猴桃精细花果管理？
5. 简述猕猴桃冬季和夏季修剪技术内容。
6. 目前生产上常用猕猴桃架式有几类？如何整形？
7. 试总结猕猴桃周年管理要点。

第四节 园林应用

一、植物学特征

园林用猕猴桃(图 17-36)为落叶藤本。枝褐色，有柔毛，髓白色，层片状。单叶互生，圆形或宽倒卵形，顶端钝圆或微凹，基部圆形至心形，缘有芒状小齿，表面有疏毛，背面密生灰白色星状绒毛。花单生或数朵生于叶腋，初开时乳白色，后变为黄色。浆果卵状长圆形，密被黄棕色有分枝的长柔毛。花期5～6月份，果熟期8～10月份。

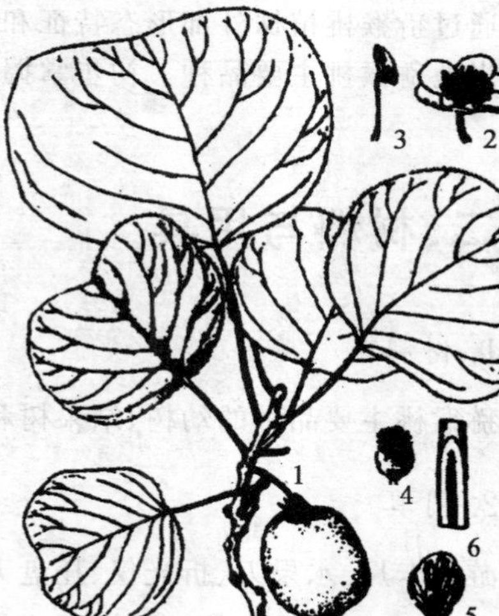

图 19-36 猕猴桃
1.果枝 2.花 3.雄蕊 4.雌蕊
5.花瓣 6.髓心

二、景观特征及园林应用

猕猴桃根深叶茂，茎蔓盘曲回旋，花大，美丽而具有芳香。庭院棚架栽培及栅栏、篱笆、围墙绿化上被视为一种大有发展前景的垂直绿化植物。猕猴桃富于明快的季相变化，因而颇具有观赏价值。加上早春萌叶清脆，夏初花香怡人，入秋浆果垂枝累累，严冬其苍干更显道劲，可自然式园林中布置花廊、花架等园林小品，也可攀附在树上或山石陡壁上，作为点缀、装饰之物。可用来庭院棚架绿化：在门廊前，院落空地及向阳墙隅等处，搭棚架栽培。根据环境其架式可选用单壁式、双壁式和丁字形式。在栅栏、篱笆及围墙绿化上，可根据猕猴桃的喜光特性，在阳面布置。在花庙、花架及拱门等处，可采用猕猴桃制拱顶棚架，形成绿色长廊来造景。不仅覆盖面宽，而且垂直面广，很有气势。选择一些透空支架图案支架或廊式棚架，通过绑蔓、牵引，使其茎蔓沿着设计路线攀缘伸展，再通过修剪造型，便可达到预期的效果。在拱门组景上若布置得当，其茎蔓的缠绕与披垂性及叶果的季相观赏性，也非常饶有兴味。在覆盖假山与装饰树干上，猕猴桃可作为假山置石及动物雕塑的衬托植物，它可用来缠绕苍木枯树，从而给以古朴和复苏之感。

思考题：

试总结猕猴桃景观特征及园林应用。

实训技能 19　猕猴桃主要品种及生长结果习性观察

一、目的要求

通过猕猴桃植株外部形态特征和果实经济性状的观察，初步掌握品种识别的能力。准确识别当地猕猴桃主要品种。初步掌握猕猴桃生长结果习性的观察方法，熟悉其生长结果习性。

二、材料与用具

1. 材料

猕猴桃主要品种的幼树、结果树和成熟果实。

2. 用具

游标卡尺、水果刀、折光仪、托盘天平、记载表和记载工具。

三、项目与内容

1. 猕猴桃品种识别

(1)休眠期识别

①树干。干性、树皮颜色、纹理及光滑程度。

②树冠。树姿直立、开张、半开张，冠内枝条密度。

③1 年生枝条。硬度、颜色、皮孔(大小、颜色、密度)、尖削度、有无茸毛。

④枝条。萌芽力、成枝力,树冠内枝条密度。

⑤芽。猕猴桃主芽和副芽形状、颜色、茸毛多少和着生状态。主芽中花芽和叶芽形状。

(2)生长期识别

①叶片。叶片大小、形状、厚薄、颜色深浅,质地,叶缘锯齿情况,叶背茸毛情况,叶片姿态,叶柄长短、颜色。

②花。花序形状、雌花和雄花花数、花色变化情况、花冠大小。

③果实。大小:纵径、横径、果形指数、平均单果重。形状:圆柱形、椭圆形、圆锥形等。果梗:长短、粗细。果皮:颜色。果肉:颜色(黄色、绿色、黄绿色、翠绿色等)、质地(软、硬)、汁液、风味(甜、酸、可溶性固形物)。

2. 猕猴桃生长结果习性观察

猕猴桃树观察对比时应注意选择树龄、生长势等近似的植株。于休眠期或开花期进行2～3次,并与物候期观察实习结合进行。

(1)观察不同猕猴桃品种树形、干性强弱、分枝角度、中心干及层性明显程度及营养枝的雌株和雄株等。猕猴桃枝条生长特性。

(2)调查猕猴桃不同品种的萌芽率和成枝力,1年分枝次数。观察猕猴桃枝条疏密度及不同树龄植株的发枝情况,观察其生长及更新的规律。

(3)明确徒长性果枝、长果枝、中果枝、短果枝和短缩果枝划分标准。观察各种果枝着生部位和结果能力,不同树龄植株结果部位变动规律。观察猕猴桃混合花芽结构,叶芽和花芽排列形式,猕猴桃徒长性果枝、长果枝、中果枝、短果枝和花束状果枝花芽和叶芽的排列形式。

(4)观察猕猴桃雌花和雄花的类型和结构。

四、实训报告

1. 根据所观察内容,制作猕猴桃品种识别检索表。
2. 根据观察结果,总结猕猴桃的生长结果习性。

五、技能考核

实训技能考核实行百分制,其中实训态度与表现占 20 分,观察方法占 40 分,实训报告占 40 分。

第二十章 柿

[**内容提要**] 柿经济价值,生态作用和栽培价值。从生长结果习性(生长习性和结果习性)和对环境条件(温度、光照、水分、土壤)要求方面介绍了柿的生物学习性。柿作为果树栽培和利用种类有柿、君迁子、油柿、老鸦柿、山柿、毛柿、浙江柿和美洲柿 8 种。介绍了柿品种分类的 2 种方法。当前生产上栽培涩柿优良品种有 12 个,甜柿优良品种有 9 个。从育苗、建园、土肥水管理、整形修剪、花果管理和病虫害防治、采收时期及采收方法介绍了柿无公害生产技术。从柿景观特征入手,介绍了其园林应用。

柿原产我国南方,迄今已有 2 000 多年栽培历史。是我国主要果树树种之一,因在晚秋成熟,故有“晚秋佳果”的美称。果实色泽艳丽,甘甜多汁,具有较高的营养价值和药用疗效。柿果除鲜食外,还可制成柿饼、柿脯、柿干以及酿酒、制醋等,为水果和干果兼用果品。柿树叶大果艳,树形美观,抗逆性强,耐尘力强,是良好的园林美化和行道树种。柿树具有寿命长、产量高、收益大、易管理的优点,发展柿树生产对增加农民收入,调整农业产业结构方面具有重要的意义。

第一节 生物学特性

一、生长结果习性

柿树嫁接后 5～6 年开始结果,15 年后进入盛果期,经济寿命在 100 年以上。丰产园 3～4 年开始结果,5～6 年进入盛果期。

1. 生长习性

(1)根系分布及生长特性

①分布。柿根系分布随砧木而异。柿砧主根发达,细根较少,根层分布较深,耐寒性较弱而耐湿性强;北方柿常用君迁子作砧木,主根弱,侧根和细根多,根层分布浅。根系大多分布在 10～40 cm 土层内。垂直根深达 3 m 以上,水平分布为冠径的 2～3 倍,多数在 3 倍以上。根系生长力强,耐瘠薄土壤。

②年生长动态。1 年中,根系开始生长时期较枝条晚,一般在展叶后新梢即将枯顶时开始

生长。据观察，在泰安地区柿根系(君迁子砧)开始生长是在新梢基部停止生长之后的5月上旬，新梢停止生长后至开花前的5月上、中旬出现第1次生长高峰：花后至果实快速生长前的5月下旬至6月上旬出现第2次生长高峰，是根系全年生长量最大的时期；果实快速生长期的6月中旬至7月上旬，根系有一暂时停止生长阶段；7月中旬至8月上旬出现第3次生长高峰；8月上旬后至9月中旬为根系生长缓慢阶段；9月下旬停止生长。此外，在立地条件下，根的生长量也各不相同。

③根系生长与土温关系。二者关系密切。当25 cm深土层内地温达13℃以上时，根系开始生长，18～20℃时生长最适宜，25℃时生长受抑制，冬季地温降至12～13℃时根系停止生长。

④根系特性。柿根系单宁含量多，受伤后难愈合，发根困难，应注意保护根系。根系春季开始生长晚于地上部，一般地上部展叶时开始生长。

(2)芽、枝、叶生长特性

①芽。柿树芽从枝条顶端到基部逐渐变小，有花芽、叶芽、潜伏芽和副芽4种。花芽(又称混合芽)位于1年生枝顶端1～3节，较肥大饱满，萌发后抽生结果枝或雄花枝。叶芽较瘦小，位于营养枝、结果母枝(1年生枝)中下部，萌发后抽生营养枝。潜伏芽着生在枝条下部，较小，一般不萌发，修剪和枝条受伤后也能萌发抽出新梢，寿命长，可维持10多年。副芽位于枝条基部，有2个，大型，被鳞片覆盖，常不萌发而呈潜伏状态，萌发后生长壮旺，加强培养可更新树冠、复壮树势、开花结果。

②枝。柿枝条分为结果母枝、结果枝、生长枝(发育枝)和徒长枝。结果母枝(图20-1)是指着生混合花芽的枝条；结果枝(图20-2)是指春季由混合花芽抽生的枝条，大多由结果母枝的顶芽及其以下1～3个侧芽发出。生长枝是指不开花结果的枝条，一般较短而弱，由结果母枝中下部侧芽发出。已结过果而不能连年结果的枝条或潜伏芽能发出较旺的生长枝，当年顶部芽可形成花芽成为翌年结果母枝。徒长枝大多由潜伏芽或枝条基部的副芽受刺激后萌发形成。徒长枝夏季摘心或短截可促发分枝或形成花芽，培养为结果枝组或结果母枝。柿枝条顶部在生长后期自行枯死，称为“自枯”现象。无真正顶芽，其顶芽为伪顶芽。发枝能力大小及枝条长度与品种、树龄及枝条所处位置关系最大，一般能发1～3个枝条，多的可达5～7个。新梢抽生一般以春季为主。幼树和旺树新梢生长期长，生长量也大，可抽生春梢和夏梢。成年树只有春梢，生长期20～30 d，生长量小，一般15～20 cm。在陕西关中地区，一般品种在3月上、中旬萌芽，4月上、中旬展叶，自第1片叶子展开到最上部叶子枯死，即“自枯”现象出现，15～20 d，在该段时间内，枝条生长最迅速，此后生长缓慢，到5月中旬开花前完全停止。而石家庄及泰安地区柿新梢生长自4月中旬展叶开始，以后逐渐加速，至4月下旬生长最快，为枝条加长生长高峰期。5月上旬以后生长减缓，5月中旬开花前停止生长，长枝生长期30 d左右。加粗生长在加长生长之初较快，形成第1个高潮；当加长生长逐渐加速时，加粗生长逐渐减缓，而加长生长停止时加粗生长又加速，形成第2个高潮。第2个高潮比第1个高潮生长势缓，但时间较长。柿树顶端优势和层性都比较明显，但新梢生长初期先端有下垂性，枯顶后不再下垂(图20-3)。

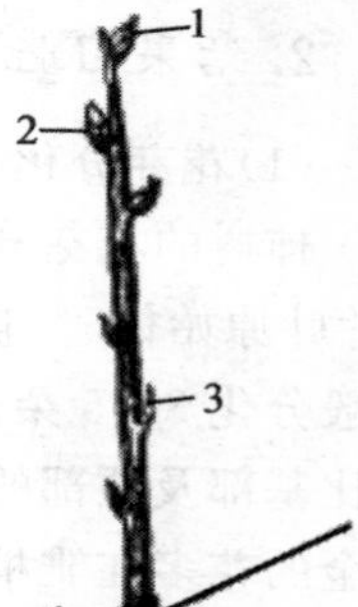

图20-1 结果母枝

1.伪顶芽 2.混合芽 3.叶芽 4.副芽

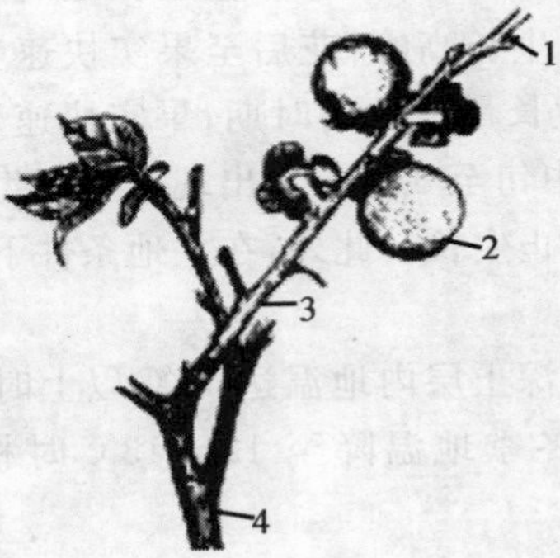

图 20-2 结果枝

1. 叶芽 2. 果实

3. 结果枝 4. 结果母枝

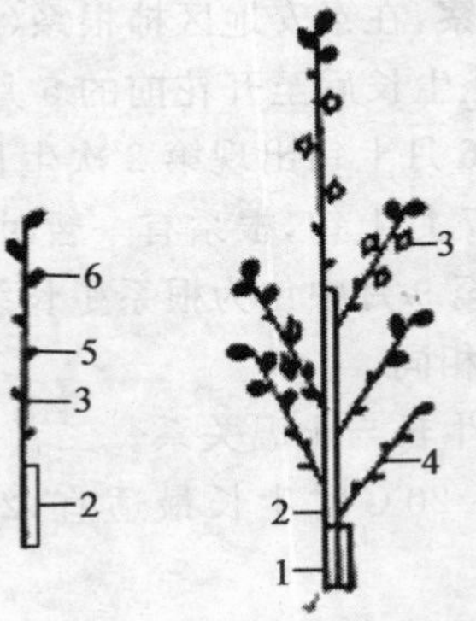

图 20-3 结果习性示意图

1. 3 年生枝 2. 2 年生枝 3. 1 年生枝 4. 新梢

5. 叶芽 6. 花芽 7. 果实

③叶片。柿树叶片为单叶。展叶后，随着枝条生长而生长，当枝条生长最快时，叶子生长也最迅速。同一枝条上的叶片，叶面积增长与单一叶片生长进程表现一致，呈单S曲线。同一枝条上，叶面积依着生位置的不同而不同，基部叶小而圆，顶部中等大，较窄长，中部最大，发育正常。单叶生长期 45～55 d。同一枝条上叶片大小排列程序一般是顶端叶较大，徒长枝和生长旺的发育枝则中、上部叶片大。

2. 结果习性

(1)花芽分化

柿树的花芽分化在新梢停止生长后 1 个月，大约在 6 月中旬，当新梢侧芽内雏梢具有 8～9 片叶原始体时，自基部第 3 节开始向上，在雏梢叶腋间连续分化花的原始体。每个混合花芽一般分化 3～5 朵花。在 1 个芽内包含的花，因芽位不同，分化和发育的程度不同，雏梢中部的花比基部及顶部的花分化和发育的完全，将来开花较早，结果也好，不易落果。分化和发育不完全的花多在雏梢萌发后于开花前脱落，即所谓落蕾。

(2)花、开花、落花落果和坐果

①花。柿树的花有雌花、雄花、两性花 3 种类型。一般栽培品种仅生雌花，一般单生于结果枝第 3～7 节的叶腋间，雄蕊退化。我国柿品种绝大多数仅生雌花，具有单性结实的能力。雄花一般 1～3 朵聚生于弱枝或结果枝下部，呈吊钟状，比雌花小，雌蕊退化。我国柿少数品种及日本甜柿品种如禅寺丸等雌花和雄花都有，属雌雄同株异花。两性花为完全花，在着生雌花的品种上出现，大小介于雌花和雄花之间，单生或聚生，结实率低，果实小，品质也差。

②开花。柿树开花晚，在展叶后 30～40 d，日均温达 17℃以上时开花，花期 3～12 d，多数品种为 6 d。单花寿命 1～5 d。有雄花品种表现为雄花先开，同一花序的雄花，中间花先开。开花期较高的温度、充足的日照和适度低的空气湿度有利开花和坐果。

③落花落果。柿在开花前随枝条迅速生长，果枝上部叶腋间花蕾即有脱落现象，一般落蕾率在 30%左右。谢花后至 7 月底为落果期，以花后 2～4 周生理落果较重，占落果总数的 60%～80%，以后显著减轻。一些单性结实力低的品种如富有、松本早生等，如果缺乏授粉树或花期低温阴雨，昆虫传粉机会减少，使授粉受精不良也引起落果。

④坐果。柿树坐果率高低除气候、土壤等立地条件和病虫害等影响因素外，还与品种及树体生长发育状况关系密切。品种不同坐果率不同。一般结果枝第 3～7 节叶腋间着生花蕾，开花结果，着生花的各节没有叶芽，开花结果后成为盲节。柿是强枝结果果树。结果枝顶芽及以下几芽可分化为花芽。一般每一结果母枝上着生 2～3 个混合芽，多者达 7 个，混合芽翌年抽生结果枝。每一结果枝能着生雌花 1～9 个，但以由下向上第 3～7 节上的花坐果率高。结果枝越健壮，结实率越高，果实也大。结果母枝越强，抽生结果枝越多，抽生结果枝也强。生产上通过加强栽培管理、促生强壮结果母枝来提高产量。

(3)果实成熟和发育

柿果实生长发育从谢花后子房膨大开始，到成熟采收结束，果实生长曲线呈双 S 形。据观察，小面糊柿等品种，从谢花后 6 月上旬开始到 10 月中旬采收，生长期约 130 d，有 2 次生长高峰：第 1 次在 6 月上旬至 7 月上旬，是果径增长最快时期；第 2 次生长高峰在 9 月中旬至 10 月上旬，是果实成熟前迅速生长期，果径增长量虽小于第 1 次迅速生长期，但果实体积、重量增加快。随着果实生长，种子由绿白色变为黑褐色，果实顶部开始由绿色变为橙黄色，进入成熟期。

二、对环境条件要求

1. 温度

柿树喜温暖气候，但也耐寒。在年平均温度 10.0～21.5℃，绝对最低温度不低于－20℃的地区均可栽培，但以年平均气温 13～19℃最为适宜，且甜柿(13℃以上)要求适温为涩柿(10℃以上)高。并且甜柿耐寒力比涩柿弱，要求生长期(4～11 月份)平均气温在 17℃以上。冬季低于－15℃时易发生冻害。在 8～11 月份果实成熟期以 18～19℃为宜，休眠期对 7.2℃低温要求在 800～1 000 h，冬季枝梢受冻害温度为－15℃。一般萌芽和枝叶生长要求温度在 12℃以上，开花在 18～22℃。果实发育期要求 22～26℃，果实成熟期以 14～22℃最适宜。

2. 光照

柿树喜光，但也较耐阴。光补偿点是 1 500 lx，光饱和点是 6 500 lx。一般在光照充足的地方，柿树生长发育好，果实品质优良。对于甜柿要求 4～10 月份日照时数在 1 400 h 以上。

3. 水分

柿树耐湿抗旱。在年降水量 500～700 mm、光照充足地方，生长发育良好，丰产优质。由于柿树根系分布深广，故较耐旱，一般在年降水量 450 mm 以上地方，不需灌溉。在土壤含水量 16%～40%时柿根系能发生新根，土壤含水量 20%时枝条停长，12%以下则叶片萎蔫。据研究，在粗放管理条件下，降雨量成为柿树产量的主导因子。当年降水量在 500 mm 左右时产量比较稳定，变幅不大；200～400 mm 时，一般当年减产。降雨量对第 2 年产量影响最明显。上一年雨量大时，次年增产；上一年雨量少时，次年减产；连续干旱，产量大减。但在开花坐果期，发生干旱，易造成大量落花落果。降雨量不但影响土壤含水量，也影响温度和光照。柿花期和幼果膨大期阴雨过多，日照不足，容易引起生理落果；夏季连阴雨时间长，易受病害；成熟前阴雨过多，果实色浅味淡，含糖量降低，尤其对柿饼质量影响大。据研究，柿苗期受淹 12～18 d 后新梢才停止生长，当排除积水后 7～10 d 枝条又能继续生长。

4. 土壤

柿树对土壤要求不严，山区、丘陵、平地、河滩均能生长。但以土壤 pH 6.0～7.5、含盐量 0.3%以下、地下水位在 1 m 以下，保水排水良好的壤土和黏壤土为宜。

此外，大风和冰雹对柿树危害很大。建园时应避开定向大风和冰雹的多发地段。

思考题：

1. 柿子芽枝有哪些类型？试总结柿子生长结果习性。
2. 总结柿子对环境条件的要求。

第二节　主要种类和优良品种

一、主要种类

柿属柿树科柿树属植物。柿属植物全世界约有 250 种，原产我国的有 49 种。多分布在热带和亚热带，在温带分布很少。我国柿属植物据《中国果树志》记载有 64 个和变种(型)(其中 57 个种、6 个变种和 1 个变型)。除新疆、黑龙江、吉林、宁夏、青海 5 省(自治区)外，其他各省均有分布。作为果树栽培和利用的有“柿、君迁子、油柿、老鸦柿、山柿、毛柿、浙江柿和美洲柿”8 种，目前生产栽培以前 3 种为主。

1. 柿(图 20-4)

柿原产我国，绝大部分栽培品种来自此种。果实依能否在树上自然脱涩分甜柿和涩柿两类。涩柿是我国传统栽培是柿品种。柿为落叶乔木，高 10 m 以上，树冠呈自然半圆形或圆头形，树皮呈鳞片状脱落。叶片厚，呈卵圆形或椭圆形，幼叶初具茸毛，后即脱落，光滑，有光泽。花黄白色，花瓣基部联合成筒状，先端反卷。花单性或两性，雌雄异株或同株。雄花小，2～5 朵聚生，呈聚伞花序着生于新梢叶腋内。有雄蕊 16～24 枚，子房退化，萼片小，贴伏于花冠基部。雌花大，单生于结果新梢叶腋内，心皮 6～8 个，雌蕊 6～8 枚，子房上位，退化雄蕊 8～12 枚，萼片大，4 裂，宿存。果实大，多呈扁圆、长圆、卵圆或方形。9～11 月份成熟，熟前绿色，成熟后橙红色或黄色。

2. 君迁子(图 20-5)

君迁子又名软枣、黑枣、豆柿等，原产我国黄河流域，土尔其、外高加索、伊朗及阿富汗。多野生，实生繁殖，耐寒力强，是我国北方柿的优良砧木。君迁子为落叶乔木，树体高 10～15 m，最高可达 20 m，树冠为圆头形，开张。树皮暗黑色，呈方块状裂，嫩梢具灰色短柔毛。叶片比柿小，椭圆形或长椭圆形，叶面被柔毛，无光泽。花单性或完全花，雌雄同株或异株，花较小，花瓣基部联合成筒状，先端反卷，着生于结果新梢叶腋内。雄花 2～3 朵聚生，呈聚伞花序，雄蕊 8～16 枚(最多者可达 50 枚)，雌蕊退化，微显遗迹；雌花单生，几乎无梗。果实小，直径 1.0～1.5 cm，长卵形、球形或扁球形，成熟黄绿色至橙黄色，味涩，不堪食用，充分成熟后呈蓝黑色或黑褐色，味甜可食。君迁子雌株开花结果。依果实内种子多少分为多核、少核和无核 3 种类型。少核或无核类型有栽培者。雄株只开雄花而不结果，可作授粉树或砧木用。

图 20-4 柿

图 20-5 君迁子

3. 油柿(图 20-6)

油柿又名漆柿、稗柿，原产于我国中部和西南部。目前，福建、浙江、江西、湖北等省都有野生分布，在江苏、浙江一些地区栽培较多。为落叶乔木，树高 6～7 m，树冠圆形。老树干皮呈灰白色，片状剥落，新梢密生黄褐色短茸毛。叶长卵形或椭圆形，叶面及叶背均密生灰白色茸毛。花单性，雌雄花同株或异株。雌花单生或与雄花同生一花序上，而位于花序中央，雄花序有花 1～4 朵。果大型，圆形或卵圆形，果面分泌黏液，有短柔毛，果实橙黄色或淡绿色，常有黑色斑纹，果内种子较多，果可生食，但主要用于提取柿漆。实生繁殖可作柿树砧木。

图 20-6 油柿

4. 老鸦柿(图 20-7)

原产我国浙江、江苏等省。落叶小乔木，高可达 8 m 左右；树皮灰色，平滑；枝条深褐色或黑褐色，细而稍弯，散生椭圆形的纵裂小皮孔，光滑无毛。叶纸质，菱形或倒卵形，长 4.0～8.5 cm，宽 1.8～3.8 cm，先端钝，基部楔形，上面深绿色，沿脉有黄褐色毛，后变无毛，下面浅绿色，疏生伏柔毛，脉上较多，中脉在上面凹陷，下面明显凸起，侧脉每边 5～6 条，上面凹陷，下面明显凸起，小脉纤细，结成不规则疏网状。叶柄很短，纤细，长 2～4 mm，有微柔毛。雄花生当年生枝下部，花萼 4 深裂，裂片三角形，长约 3 mm，宽约 2 mm，先端急尖，有髯毛，边缘密生柔毛，背面疏生短柔毛；花冠壶形，长约 4 mm，两面疏生短柔毛，5 裂，裂片覆瓦状排列，长约 2 mm，宽约 1.5 mm，先端有髯毛，边缘有短柔毛，外面疏生柔毛，内面有微柔毛；雄蕊 16 枚，每 2 枚连生，腹面 1 枚较短，花丝有柔毛；花药线形，先端渐尖；退化子房小，球形，顶端有柔毛；花梗长约 7 mm；雌花散生当年生枝下部；花萼 4 深裂，几裂至基部，裂片披针形，长约 1 cm，宽约 3 mm，先端急尖，边缘有柔毛，外面上部和脊上疏生柔毛，内面无毛，有纤细而凹陷的纵脉；花冠壶形，花冠管长约3.5 mm，宽约 4 mm，4 脊上疏生白色长柔毛，内面有短柔毛，4 裂，裂片长圆形，约和花冠管等长，向外反曲，顶端有髯毛，边缘有柔毛，内面有微柔毛，外面有柔毛；子房卵形，密生长柔毛，4 室；花柱 2，下部有长柔毛；柱头 2 浅裂；花梗纤细，长约 1.8 cm，有柔毛。果单生，球形，直径约 2 cm，嫩时黄绿色，有柔毛，后变橙黄色，熟时橘红色，有蜡样光泽，无毛，萼片细长，果梗长，顶端有小突尖，果可食用。有种子 2～4 颗；种子褐色，半球形或近三棱形，长约 1 cm，宽约 6 mm，背部较厚，宿存萼 4 深裂，裂片革质，长圆状披针形，长 1.6～2 cm，宽 4～6 mm，先端急尖，有明显纵脉；果柄纤细，长 1.5～2.5 cm。花期 4～5 月份，果期 9～10 月份。主要作观赏树木栽培，也可作柿砧木。

5. 山柿（图 20-8）

又名罗浮柿，原产我国南部。广东、广西、福建、浙江、台湾均有分布。树皮带灰色，后变褐色，树干和老枝常散生分枝的刺；嫩枝稍被柔毛。叶近纸质或薄革质，形状变异多，通常倒卵形、卵形、椭圆形或长圆状披针形，通常长 3～5 cm，宽 1.5 cm，先端钝，微凹或急尖，基部钝，圆形或近心形，两面多少被毛，中脉上面凹陷，下面凸起，侧脉每边 3～8 条；叶柄长 3～7 mm，被毛或变无毛。雄花小，生聚伞花序上，长约 5 mm；雌花单生，花萼绿色，花冠淡黄色，子房无毛，8 室，花柱 4。果球形，红色或褐色，直径 1.5～2.5 cm，8 室，宿存萼革质，宽 1.5～2.5 cm，裂片叶状，多少反曲，钝头，果柄长 3～8 mm。喜生于山谷、路旁及阔叶林中。果实 10 月份成熟，果可生食，也可榨取柿油。

图 20-7　老鸦柿

图 20-8　山柿

6. 毛柿（图 20-9）

野生于我国台湾。灌木或小乔木，高达 8 m；树皮黑褐色，密布小而凸起的小皮孔。幼枝、嫩叶、成长叶的下面和叶柄、花、果等都被有明显的锈色粗伏毛。枝黑灰褐色或深褐色，有不规则浅缝裂。叶革质或厚革质，长圆形、长椭圆形、长圆状披针形，长 5～14 cm，宽 2～6 cm，先端急尖或渐尖，基部稍呈心形，很少圆形，上面有光泽，深绿色，下面淡绿色，干时上面常灰褐色，下面常红棕色，中脉上面略凹下，下面明显凸起，侧脉每边 7～10 条，下面突起，小脉结成疏网状，在嫩叶上的不明显；叶柄短，长 2～14 mm。花腋生，单生，有很短花梗，花下有小苞片 6～8 枚；苞片覆瓦状排列，上端较大，长 1.5～6 mm，有粗伏毛或在脊部有粗伏毛，先端近圆形；萼 4 深裂至基部，裂片披针形，长约 6 mm，宽约 2 mm；花冠高脚碟状，长 7～10 mm，内面无毛，花冠管的顶端略缩窄，裂片 4，披针形，长约 3 mm；雄花有雄蕊 12 枚，每 2 枚连生成对，腹面 1 枚较短，退化雄蕊丝状；雌花子房有粗伏毛，4 室；花柱 2，短，无退化雄蕊。果卵形，长 1～1.5 cm，鲜时绿色，干后褐色或深褐色，熟时黑色，顶端有小尖头，有种子 1～4 颗；种子卵形或近三棱形，长约 8 mm，宽约 4 mm，干时黑色或黑褐色；宿存萼 4 深裂，裂片长约 7 mm，宽约 4 mm，先端急尖；果几无柄。花期 6～8 月份，果期冬季。可供食用。

图 20-9　毛柿

7. 浙江柿（图 20-10）

又名粉叶柿，原产我国浙江西部及江西山区。落叶乔木，高达 17 m；树皮灰黑色或灰褐色；枝深褐色或黑褐色，散生纵裂的唇形小皮孔；冬芽卵形，长 4～5 mm，除 2 片最外面的鳞片外，其余均密被黄褐色绢毛。叶革质，宽椭圆形、卵形或卵状披针形，长 7.5～17.5 cm，宽 3.5～7.5 cm，先端急尖，基部圆形、截形、浅心形或钝，上面深绿色，无毛，下面粉绿色，无毛或疏生贴伏柔毛，中脉上面凹下，下面明显凸起，侧脉每边 7～9 条，上面不甚明显，下面稍突起，小脉结成不规则网状，上面微凹下，下面常不明显；叶柄长 1.5～2.5 cm，无毛，上面有槽。花雌雄异株；雄花集成聚伞花序，通常 3 朵，有短硬毛；花萼 4 浅裂，外面有短伏硬毛，里面有绢

图 20-10　浙江柿

毛，裂片宽三角形，长约 1.5 mm，宽约 2 mm。先端急尖，花冠壶形，4 浅裂，裂片近圆形，长约 2 mm，先端圆，有短硬毛；雄蕊 16 枚，每 2 枚连生成对，腹面 1 枚花丝较短，花药近长圆形，长约 4 mm，腹背两面中央都有绢毛，先端渐尖；退化子房细小；花梗纤细，长约 1 mm，有短硬毛；雌花单生或 2～3 朵丛生，腋生，长约 7 mm；花萼 4 浅裂，裂片三角形，长约 1.5 mm，疏生柔毛，先端急尖，花冠带黄色，壶形，4 裂，花冠管长约 5 mm，裂片长约 1.5 mm，有睫毛；子房 8 室；花柱 4 深裂，柱头 2 浅裂；近无花梗。果球形或扁球形，直径 1.5～2(3) cm，嫩时绿色，后变黄色至橙黄色，熟时红色，被白霜；种子近长圆形，长约 1.2 cm，宽约 8 mm，侧扁，淡褐色，略有光泽；宿存萼花后增大，裂片长 5～8 mm，两侧略背卷；果柄极短，长 2～3 mm，有短硬毛。花期 4～5(7)月份，果期 9～10 月份。果可食用，通常作砧木或制柿漆。

8. 美洲柿（图 20-11）

又叫弗吉尼亚柿，原产于美国东南部各州。我国可在北至新疆中部、内蒙古和辽宁南部，南至云南、广西、广东北部的区域内生长。树高 8～13 m，树皮方块状开裂。单叶互生，椭圆状倒卵形。夏季新生的棕色叶片变成具有光泽的深绿色，果实随着第 1 次霜降到来逐渐由黄色变成橘红色，味道也由酸变甜。喜光，耐寒，耐干旱瘠薄，不耐水湿和盐碱。喜排水性良好的潮湿土壤。果可食，在美国用来制造果酱和果冻。叶面光亮，可作园林绿化树种，也可作柿的砧木。

图 20-11　美洲柿

二、主要优良品种

1. 品种分类

(1)果实脱涩与种子形成无关品种

①完全甜柿。不论果实有无种子均能自然脱涩成为甜柿，但果肉内常常形成少量褐斑，如富有、次郎、伊豆、骏河等以及我国的罗田甜柿。

②完全涩柿。不论果实有无种子均不能自然脱涩，果肉内也不形成褐斑，如西条、堂上蜂屋等以及我国的绝大多数柿品种。

(2)果实脱涩与种子形成有密切关系品种

①不完全甜柿。种子作用范围较大、脱涩度高的品种，如西村早生、禅柿丸、正月等。我国迄今未发现不完全甜柿品种。

②不完全涩柿。种子作用范围较小、脱涩度低，如平棱无、会津身不知、甲州百目等。我国尚未发现有不完全涩柿品种的存在。

2. 涩柿类

(1)大磨盘柿(图 20-12)

图 20-12　大磨盘柿

大磨盘柿又名盖柿(河南、山西)、盒柿(山东)、腰带柿(湖南)、帽儿柿。为华北地区生食涩柿主栽品种,亦可用于制饼。树势强健,树冠高大,树冠半开张,呈圆锥形,中心干直立,层次明显;幼树树冠不开张,结果后逐渐开张。枝粗壮、稀疏。叶片大而肥厚,呈椭圆形,先端渐尖,基部楔形,叶柄粗短。果实极大,扁圆形,略方,平均单果重 250 g,最大单果重可达 500 g。果腰缢痕明显,形如磨盘,橙黄色。果肉淡黄色,肉质松脆多汁,纤维少,汁特多,味甜无核,可溶性固形物含量 16.6%～18.2%。果皮橙黄色或橙红色。10 月中、下旬成熟,耐贮运。适应性强,抗寒,抗旱,较抗圆斑病,但抗风力差。喜肥沃土壤,单性结实力强,生理落果少,但大、小年较明显,产量中等。

(2)博爱八月黄柿(图 20-13)

主要在河南省博爱县及附近地区栽培。树势强健,树冠圆头形,树姿开张。新梢粗壮,棕褐色。叶片椭圆形,先端渐尖,基部楔形。果实中等大,平均单果重 137 g。扁方形,橙红色,常有纵沟 2 条,果顶广平或微凹,十字浅沟,基部方形,蒂大。果肉黄色,肉质致密,汁多味甜,无核,与有雄花品种的柿树混栽时有核,品质上等。10 月中旬成熟。适应性强,高产、稳产,但抗柿蒂虫能力较弱。

图 20-13　博爱八月黄柿

(3)托柿(图 20-14)

托柿又名莲花柿(河北)、萼子,主要在河北、山东等地栽培,是生食、制饼兼用型涩柿品种。果实短圆柱形,果顶平,十字纹稍显,果肩部有较薄而浅或不完整的缢痕。平均单果重 150 g。果皮薄,橙黄到橘红色。果肉橙红色,可溶性固形物含量 21.4%,汁多,味甜,品质上等。果实 10 月 下旬成熟。不耐贮运。树势强健,树姿开张,树冠圆头形,丰产、稳产,易成花,寿命长。适应性强,抗风力极强。

(4)镜面柿(图 20-15)

图 20-14　托柿

图 20-15　镜面柿

主产山东菏泽。树势强健,树姿开张。果实扁圆形,顶部平,横断面略方。单果重 120～150 g,果皮光滑,橙红色,肉质松脆,汁多,味甜,无核。在山东菏泽长期栽培中形成了成熟期不同的 3 个类型,早熟的称八月黄,果稍大,以硬柿供食;中熟的称二糙柿,含糖量高达 24%～26%,品质极上等;晚熟的称九月青。中、晚熟以制柿饼为主,也可生食。抗旱、丰产,但抗病虫力差。

(5)新安牛心柿(图 20-16)

主要在河南省新安县内的黄河南岸一带栽培。树姿开张,枝条稀疏。果实极大,平均单果重 250 g 左右,心脏形,果皮细,橙黄色或橙红色,顶部有 4 条不明显的小沟。果肉橙黄色,肉质细软,浆液特多,味浓甜,纤维多,无核或少核。10 月上、中旬成熟。宜生食和加工。适应性强,平地、山地均能栽植,最喜肥沃沙壤土,丰产、稳产。

(6)眉县牛心柿(图 20-17)

图 20-16　新安牛心柿

图 20-17　眉县牛心柿

又叫水柿、帽柿。主要在关中西部栽培。树势强健,树冠圆形,枝条稀疏;主干呈褐色,上有粗糙裂纹;叶端急尖,基部圆形,表面有光泽。果大,平均单果重 240 g,最大果重可达 290 g,方心形,果顶广尖,有十字状浅沟,基部梢方。蒂洼浅,果梗短稍粗。果面纵沟浅或无。果面及果肉均为橙色,皮薄易破,肉质松软,纤维少,汁极多,味甜,无核,品质上等。果实 10 月中、下旬成熟。适合软食或脱涩后硬食，但皮薄汁多，不耐贮藏运输。较丰产。抗风，耐涝，病虫害少，对土壤要求不严，坡地、山地均可栽植。

(7)橘蜜柿(图 20-18)

又名早柿、八月红、梨儿柿、水沙红等，树势中庸，坐果率高，树冠开张呈圆头形。果实扁圆形，顶部广平微凹，十字纹较浅，单果重 70～80 g。形如橘，味甜似蜜而得名。果实橘红色，果面有黑色斑点，肉质松脆，汁中多，味甜爽口，品质上等。10 月上、中旬成熟。主要在山西西南部和陕西关中东部栽培。丰产、稳产，适应性强，抗寒性也强。

(8)绵瓤柿(图 20-19)

又叫绵柿、面瓤柿。树冠自然半圆形，幼树较直立，结果后逐渐开张。新梢褐色。叶纺锤形，先端锐尖，基部楔形。萌芽力和成枝力均强。果实中等大，平均果重 135 g，短圆锥形，具 4 条纵沟，基部缢痕浅，肉座大。肉质绵，纤维少，汁较多，味甜，多数无核，耐贮藏运输，适宜生食或制饼。主要分布在太行山南部地区栽培。耐寒、耐涝、抗旱、抗病虫，适应性强，产量高。

图 20-18 橘蜜柿

图 20-19 绵瓤柿

(9)水柿(图 20-20)

树势健旺，树姿开张，树冠自然半圆形，枝密，叶大，呈阔卵形。果个中大，平均重 140 g，果形不一致，有圆形和方圆形，多为圆形，基部略方。纵沟浅，无缢痕。果皮橙黄色，皮细。蒂凸起，呈四瓣形，萼片心形，向上反卷。果肉橙黄色，汁多，味甜，多数无核，品质上等。10 月中旬成熟。生食，不易脱涩，最宜制作柿饼。主要在河南省荥阳市栽培。适应性强，耐瘠薄，极丰产，抗病能力强。

图 20-20 水柿

(10)树梢红

河南省林业科学研究院调查中新发现极早熟农家品种。树势中庸，树姿开张，树冠圆头形。枝条细长，密度中等。叶较小，具光泽，椭圆形，先端渐尖，基部楔形，叶缘稍呈波状，两侧微向内折。果实整齐，平均单果重 150 g，扁方形，果顶略有凸起，果肩平，略有 4 个棱突，蒂洼浅而窄。果蒂绿色，蒂座方形，萼片，中等大，扁心脏形，斜向上伸展，边缘外翻。果皮橙黄色，光滑细腻，有时有锈斑。果肉橙红色,纤维少,汁液多,甘甜爽口,无核或少核,品质上等。8月中旬成熟,易脱涩,硬食、软食皆优,但不耐久贮。花小,只有雌花。主要在河南偃师市栽培,具有极早熟和较丰产、稳产等优良特性,是一个很有发展前途的优良品种。

(11)斤柿(图20-21)

原产日本,河南省林业科学研究所2001年从日本引进,因其重量1斤左右,故名本斤柿。

①植物学性状。幼树长势健壮,结果后随产量增加树形自然开张。1年生枝呈灰褐色,皮孔纵长,中下部枝条下垂。叶片呈长椭圆形,叶片较厚,叶色深绿,正面有蜡质,光泽较强,叶背面主脉呈金黄色或绿色,侧脉呈轮生状沿主脉向两侧延伸。叶脉近处有褐黄色茸毛。

②生长结果习性。有腋花芽结果习性,自花结实坐果率高,结果枝上结果部位集中。进入盛果期早,定植后第2年开始挂果,第3年进入盛果期,大量结果后,树体趋向中庸,无大小年结果现象,极丰产。

③果实经济性状。果实呈高桩形,果顶平或微凹,果面有明显4条纵沟。果实成熟后为橙红色,平均单果重450 g,最大果实重650 g以上。果皮厚,果肉全黄色或橙红色,基本无籽,肉质绵甜,可溶性固形物含量17%~19%,纤维较小,适口性很强,品质极佳。耐贮藏。

④物候期。在河南省周口市,5月底进入盛花期,10月初果面着金黄色,可采收上市,采收期可延长到11月中旬左右,12月上旬落叶。

⑤生态适应性。适应性和抗逆性均较强。主要在豫东地区栽培,根系发达,抗旱能力较强,对土壤要求不严。沙壤土、黏土均能生长良好,抗病能力强。

(12)水板柿(图20-22)

图20-21　斤柿

图20-22　水板柿

树冠圆头形,半开张,树干白色,裂皮宽大。叶片倒卵形,先端狭急尖,基部锐尖,叶背茸毛多,叶柄长。结果部位在结果枝第3~5节,果实在冠内分布均匀,自然落果少。丰产、稳产。果实极大,平均单果重300 g,果扁方形,大小均匀。果皮细腻,橙黄色。果梗粗,中长。果蒂绿色,蒂洼浅,蒂座圆形。果肉橙红色,风味浓,味甜,汁多,种子1~3粒,品质上等。10月中旬成熟。宜鲜食。果实极易脱涩,自然放置3~5 d便可食用。软后皮不皱。用温水浸泡1 d,果实将完全脱涩。耐贮性强,一般条件下可贮藏4个月。具有较强抗逆性,抗旱,抗病虫能力强,是一个较有发展前途的优良品种。

2. 甜柿类

(1)罗田甜柿(图 20-23)

罗田甜柿原产我国湖北罗田及麻城地区，为生食、制饼兼用甜柿品种。树冠圆头形，树势强健，枝条粗壮，新梢棕红色。叶大，阔心脏形，深绿色，挺直。果个中等，扁圆形，平均单果重 100 g，果皮粗糙，橙红色，着色后不需脱涩即可食用。果面广平微凹，无纵沟，无缢痕。肉质细密，初无褐斑，熟后果顶有紫红色小点，味甜，含糖 19%～21%，核较多，品质中上等。在罗田果实 10 月上、中旬成熟。高产、稳产，寿命长。抗干旱，耐湿热。

(2)富有柿(图 20-24)

图 20-23 罗田甜柿

图 20-24 富有柿

富有柿原产日本岐阜县，1920 年引入我国，现为主栽品种。为完全甜柿品种。树势中庸，树姿开张。休眠枝上皮孔明显而下凹，基部叶片常呈勺形。叶柄微红色。全株仅有雌花。果实较大，扁圆形，平均果重 100～250 g，果皮橙红色，熟后浓红色，鲜艳而有光泽。果肉致密，果汁中等，味甘甜，品质上等。种子少。柔软味甜，含糖 18.7%，品质优。果实成熟期稍晚，一般 10 月下旬采收，11 月中旬至 12 月上旬完熟。耐贮藏运输。与君迁子亲和力差，管理不好树势很容易衰弱，宜用本砧。进入结果年龄早，丰产、稳产；结果太多时果实小。易患炭疽病和根头癌病。单性结实力差，应配置授粉树。适应性强，在北方可栽培。

(3)次郎(图 20-25)

原产日本，1920 年引入我国，属完全甜柿。现为主栽品种。树势强壮，树姿开张，树冠较小，枝条节间短，结果早而稳定，产量中等。有一定的单性结实能力，但仍需配置授粉树或进行人工授粉。果实扁圆形，果实平均单果重 200～300 g，从蒂部至果顶有 4 条明显的纵沟，果皮橙黄色，完全成熟时呈红色。果肉黄红色，致密而脆，甜味浓，品质上等。褐斑小而少，有种子。核小，亦有无核。10 月中、下旬成熟。硬柿常温下经 28 d 变为软柿，软后果皮不皱不裂。与君迁子嫁接亲和力强，

图 20-25 次郎

抗炭疽病。

(4)西村早生(图 20-26)

原产日本,属不完全甜柿,1998 年引入我国。树势中庸,树姿半开张。休眠枝色偏黄,副芽发达,苗期易分枝,落叶后叶痕凹陷。枝稀疏,粗壮。萌芽早。雌雄同株异花,花期较早,但雄花量较小,不能作授粉树。雌花单性结实能力较强。叶椭圆形,新叶期鲜绿色。果实整齐,扁圆形,单果重 180～200 g。果肉橙黄色,粗脆,味甜,品质中等。褐斑小而极多,种子 3～6 粒,有 4 粒以上种子时才能完全脱涩。陕西 9 月下旬至 10 月上旬成熟,比其他品种早熟 1 个月。常温下贮藏 10 d 左右,不易软化,商品性好。与君迁子嫁接亲和力强,不抗炭疽病。在陕西、山东、安徽、浙江、湖南、江苏等地有少量栽培,适宜排水良好的壤土或沙壤土。

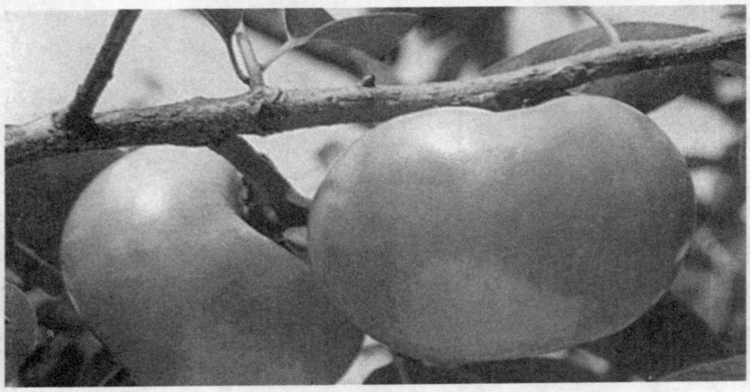

图 20-26　西村早生

(5)伊豆(图 20-27)

日本品种,属完全甜柿,1982 年引入我国。树势中庸,树姿开张。与君迁子嫁接亲和力弱,无雄花,着花率高,单性结实力稍强,生理落果少。果实扁圆形,无纵沟,单果重 180 g。果实橙红色,肉质细腻,内无褐斑,汁多,味甜,品质上等。种子少,9 月下旬至 10 月上旬成熟。在陕西、浙江、山东、河北、湖南等省有栽种。丰产,抗病。

图 20-27　伊豆

(6)松本早生(图 20-28)

原产日本。树势弱,树姿开张。休眠枝上皮孔明显,全株仅生雌花。果实呈扁圆形,平均果重 193 g,橙红至朱红色。无纵沟或不明显,通常无缢痕。果实横断面呈圆形或椭圆形,肉质松脆,软化后黏质,汁少,味甜,品质上等。褐斑无或极少,种子少。与君迁子嫁接亲和力弱,不抗炭疽病,不耐盐碱。

(7)新秋(图 20-29)

日本品种,属完全甜柿,1991 年引入我国。树势中庸,树姿开张。果实扁圆形,无"十"字沟和纵沟,单果重 240 g。果实黄橙色,果肉褐斑少,肉致密,汁中多,味甜,品质上等。果内种子 2～4 粒。成熟期比伊豆稍迟,需用禅寺丸作授粉树。坐果率高,丰产,抗病。

图 20-28 松本早生

(8)骏河

日本品种,属完全甜柿。树势强健,树姿开张。果实扁形,单果重 250 g 左右。果实橙红色,果肉褐斑小,汁中多,肉致密而硬,软后黏质,味浓甜,品质上等。陕西 10 月中、下旬成熟。需用禅寺丸作授粉树。丰产、稳产性好。

(9)禅寺丸(图 20-30)

图 20-29 新秋

图 20-30 禅寺丸

原产日本,属不完全甜柿。树势中庸,树姿开张。果实圆形,平均单果重 142 g,果皮粗,少光泽,果皮鲜艳橙红色。无纵沟,胴部有线装棱纹,果柄长。果肉松脆,黏质,汁液多,甜味浓,品质中上。有密集黑斑,种子多,种子少于 4 粒果实不能脱涩。10 月下旬成熟。宜鲜食或作授粉树。实生苗可作富有系品种砧木。

思考题:

柿的主要种类有哪些?当前生产上栽培优良品种有哪些?识别时应把握哪些要点?

第三节 无公害生产技术

一、育苗

柿育苗方法有嫁接法和组织培养法，目前生产上以嫁接法为主，采用的砧木是君迁子、实生柿和油柿。

1.砧木苗培育

(1)种子采集

当果实充分成熟时从生长健壮、无严重病虫害植株上采摘果实，取出种子阴干、备用。

(2)播种

①播期和方法。春播或秋播。春播种子需进行层积处理或催芽处理。北方地区春播一般在3月下旬至4月上旬播种，南方比北方稍早。秋播种子可不经处理，直接播种。播种方法以宽窄行条播为好，播种量为90～120 kg/hm^2。

②播后管理。幼苗出土后长出2～3片真叶时，按株距10～15 cm间苗和移栽，以后注意肥水管理、中耕除草和病虫害防治等工作，苗高30～40 cm时摘心。

2.结穗采集

枝接用接穗在落叶后至萌芽前采集健壮充实的1年生发育枝或结果母枝，采后蜡封接穗用湿沙埋藏或置阴凉处。春季芽接可用未萌发的1年生发育枝或结果母枝，采集时间同枝接用接穗。6～9月份芽接可用当年生新梢，随用随采，最好采集颜色已经变褐的枝条，采后剪去叶片，保留叶柄。

3.嫁接时期和方法

枝接于春季萌芽前后进行，北方多在3月下旬至4月上旬，常用劈接、皮下接和腹接法。芽接和周年进行，春季萌芽前后用嵌芽接，6～9月份用嵌芽接、方块芽接、套接和“丁”字形芽接。

4.提高柿嫁接成活率措施

①选粗壮充实、皮部厚而营养丰富的枝条作接穗，枝接时应蜡封接穗，或用塑料薄膜全部包严。芽接时选饱满芽嫁接。

②枝接砧、穗削面要长，芽接时削芽片要稍大些。

③砧、穗(芽)形成层对准、对齐，结合部绑紧绑严。

④嫁接技术要熟练，速度要快。

二、建园

1. 品种选择和授粉树配置

(1)品种选择

在交通便利、城镇附近或工矿区，选择果大、色艳、味美、质优、脱涩容易的鲜食品种；交通不便的偏远山区则应选择果实中等大、果形整齐、果面光滑、出饼率高、饼质好的品种。经营规模小的宜在同一园内选2～3个成熟期大体一致品种；经营规模大的地方应不同成熟期品种合理搭配。秋季温度较高地区，可选用晚熟品种或甜柿品种；秋季温度低、生长期短的地区，则应选择成熟较早的品种。

(2)授粉树配置

一般柿多数品种不需授粉即可单性结实。若栽植授粉树，所结果实有种子，反而降低果实品质。但刺激性单性结实(有的品种进行授粉后而未受精能结成无籽果)、伪单性结实(有的品种受精后种子中途退化而成为无籽果实)和不完全甜柿品种需配置授粉树。授粉品种必须雄花量多，并与主栽品种花期相遇。据研究，涩柿雄性资源有五花柿、什样锦柿、襄阳牛心柿、树头红和台湾正柿；甜柿雄性资源有禅寺丸、赤柿、正月、山富士和西村早生。其中西村早生不宜作其他柿品种的授粉树，其余品种均可作授粉树。但以禅寺丸、赤柿2个品种作甜柿授粉树较好。授粉树与主栽品种比例为1∶(8～15)。

2. 栽植

(1)栽植时期和密度

①时期。北方冬季寒冷，高燥地区可在春季地解冻后3月份栽植；华北地区可秋栽或春栽，但以秋栽为好。

②密度。一般滩地、土层深厚肥沃地建园，栽植株行距为4 m×6 m或6 m×8 m；丘陵、土层较瘠薄栽植株行距为4 m×6 m或5 m×6 m；山地通常单行栽植，株距4～5 m，栽在梯田外部1/3处。计划密植在株间、行间或株行间加密栽植，待树冠相接后逐步缩伐或间伐。柿粮间作园则采用南北行向栽植，株行距为6 m×(20～30) m。密植栽培株行距分别为3 m×4 m或2 m×3 m。

(2)提高栽植成活率措施

①掘苗前灌透水。掘苗时尽量挖大根系，减少根系损伤。掘苗后注意苗木保护，长途运输前根系蘸泥浆、包农膜、裹麻袋、运输途中车上盖帆布，运回及时假植且多培土。育苗建园相结合，自育自栽或就地栽植。

②重视苗木质量，栽植品种纯正、无病虫害、根系长、侧根多(侧根5条以上，根长15～20 cm)、伤口小、苗木粗壮、芽大饱满、接口愈合良好的苗木。

③长途运输苗木，栽前清水浸泡24 h，使其吸足水分，适时栽植。提高栽植质量，使苗木根系向四周伸展且与土紧密接触。

④栽后做好树盘，灌透水，水渗后用细土覆盖。干旱地区树盘覆盖地膜1 m^2，外高内低呈漏斗形。及时定干。栽植当年加强肥水管理及病虫害防治。

三、土肥水管理

1. 土壤管理

(1)土壤耕翻

分深翻和浅翻 2 种。深翻是每年或隔年沿定植沟或定植穴边缘向外挖宽 40～50 cm、深 60 cm 左右的沟，然后将土回填。深翻可结合施基肥或夏季结合压绿肥进行。浅翻是每年春、秋季进行 1～2 次，深 20～30 cm。

(2)树盘覆盖

就是在树下用秸秆、杂草或地膜覆盖。树盘覆草可常年进行，厚度以常年保持 15～20 cm 为宜，连续覆草 4～5 年后可有计划深翻，每次翻树盘 1/5 左右。覆膜在早春根系开始活动时进行，幼树定植后最好能立即覆膜，覆膜后一般不再浅锄。

(3)间作

在幼园和柿粮间作园的行间种植矮秆作物如花生、甘薯和豆类。注意间作物不得影响柿树生长发育。

2. 施肥管理

(1)原则

①少量多次，每次浓度应在 10 mg/kg 以下，避免肥害发生。

②以基肥为主，深施多点，使全树根系功能都得以利用。

③少施氮肥，多施磷、钾肥，使 N∶P∶K＝10∶(2～3)∶9。

(2)施肥量

应根据品种、树龄、树势、产量和土壤营养状况来决定。1 年生树一般年施肥量氮、磷、钾各 50 g/株，镁 25 g/株。以后施肥量逐年增加。5 年生柿施肥量为氮 200 g/株、磷 150 g/株、钾 200 g/株和镁 100 g/株。成龄柿园产量 1 700 kg/667 m^2 年施肥量为氮和钾各 8.4 kg/株，磷和镁各 4.7 kg/株。

(3)施肥时期和方法

①基肥。可在采果前后(9～12 月份)结合深翻或秋耕施入，最好在采果前施入。基肥以有机肥为主，如厩肥、圈肥、堆肥等，掺入少量化肥。可施农家肥 50～100 kg/株；尿素 0.5 kg/株，过磷酸钙 1 kg/株，硫酸钾复合肥 1.5 kg/株。施肥方法有环状沟施、条沟施、放射状沟施、全园撒施等。

②追肥。在枝叶停长至开花前、生理落果高峰后、果实第 1 次迅速膨大期及果实着色前和采收后追肥 3～4 次。以化肥为主，前期施氮肥，后期施磷、钾肥，3 月上、中旬施尿素 0.5～1.0 kg/株；花前 5～10 d，施尿素 0.3～0.4 kg/株；6 月上、中旬定果后及时追施磷酸二铵 0.1 kg/株，7 月份果实膨大期施磷酸二铵 0.12 kg/株＋硫酸钾复合肥 0.5 kg/株，9 月份果实采收后施磷酸二铵 0.12 kg/株＋硫酸钾复合肥 0.5 kg/株。放射状沟施或穴施。根外追肥一般在花期及生理落果期每隔 15 d 喷 1 次 0.3%～0.5%的尿素液，生长季后期可喷 0.3%～0.5%的磷酸二氢钾

或过磷酸钙浸出液，也可喷0.5%～1.0%的硫酸钾。

3.水分管理

(1)适时浇水

萌芽前灌好萌芽水；开花前后灌好花前水；每次施肥后灌水。灌水量一般幼树50～100 kg/株，成年树100～150 kg/株。灌水方法有盘灌、沟灌、畦灌和穴灌，有条件的最好采用喷灌、滴灌、渗灌、微喷灌等，无灌溉条件山丘果园，采用覆膜或覆草保墒。

(2)雨季排水

柿园排水必须通畅，要求建园时必须设计排水体系，保证雨后及时将园中水排净，不能出现园内积水现象。

四、整形修剪技术

1.树形结构

(1)主干疏层形

又叫疏散分层形，树高4～6 m，干高1 m左右，柿粮间作园可提高至1～1.5 m，有明显中心干，主枝在中心干上成层分布。第1层主枝3～4个，第2层主枝2～3个，第3层主枝1～2个。上、下两层主枝相互错开，主枝层内距30～40 cm，层间距60～70 cm，主枝基角50°～70°。各主枝着生侧枝2～3个，两侧枝距离约60 cm，主、侧枝上着生结果枝组，树冠呈圆锥形或半椭圆形。

(2)变则主干形

干高0.5～1 m，有明显中心干，主枝4～6个错落着生在中心干上。第1主枝和第2主枝、第3主枝与第4主枝均成180°，4个主枝成“十”字形排列。每相临主枝间距30～50 cm，下大上小，主枝基角50°～70°。每主枝上留1～2个侧枝，全树留侧枝7～8个。第1侧枝位置一般要距主枝基部50 cm以上，第2侧枝位置应距第1侧枝30 cm以上。最上1个主枝留1个侧枝。当最后1个主枝选定后，在其上方去除中心干顶部，完成整形。

(3)自然开心形

树高4 m以内，干高度0.6～1 m，主干上培养3个均匀分布的主枝，第1主枝与第2主枝间隔30 cm左右，第2主枝与第3主枝间距20 cm以上，主枝夹角120°。主枝基角50°以上，下部主枝基角要大。每主枝上着生侧枝2～3个，第1侧枝距基部50 cm以上，第2侧枝距第1侧枝30 cm以上。主、侧枝上配置结果枝组。

(4)自然半圆头形

又叫自然圆头形。无明显中心干，主干较高，一般1～1.5 m，主干上选留3～8个主枝，呈40°～50°向上斜伸，每个主枝留2～3个侧枝，侧枝间相互错开，均匀分布。在侧枝上培养结果枝组。

(5)纺锤形

树高3 m左右，冠径3～4 m。干高50 cm，主枝8～12个，分枝角度70°～85°，在中心干错落分布，相间 15～20 cm，在主枝上着生中、小型结果枝组。

一般树姿直立品种可用主干散分层形；干性弱、分枝多、树姿较开张品种，采用自然圆头形；而成片密植栽培可采用纺锤形。

2. 不同年龄时期修剪

(1)幼树期

①修剪任务。培养骨架，开张角度，扩大树冠，疏截结合，增加枝级，为早结果、早丰产打好基础。

②修剪要求。根据所选树形要求选留中心干、主枝、侧枝等各级骨干枝，各级骨干枝延长枝在适当部位短截。在整形过程中，注意采取各种措施使各级骨干枝在树冠内分布均匀，一般经 3～4 年骨架即可形成。对冠内发育枝少疏多截，培养枝组，充实内膛，为早期丰产做好准备。

(2)初果期

①修剪任务。继续培养各级骨干枝，扩大树冠，同时培养结果枝组，促进结果母枝大量形成，迅速进入结果盛期。

②修剪要求。各级骨干枝延长枝继续在适当部位短截，注意保持其角度，维持生长势，以扩大树冠。根据品种、树龄、树势、栽培管理情况，确定计划产量，推算出保留结果母枝的数量，并使在树冠内均匀分布。结果母枝顶端 1～3 芽不要轻易短截。当结果母枝密集或过多时，应去弱留壮，保持一定距离。细弱发育枝疏去，健壮发育枝缓放或短截。生长弱的结果枝留 1～2 cm 短截。

(3)盛果期

①修剪任务。稳定树势，通风透光，培养内膛结果枝，防止结果部位外移，延长盛果期年限。

②修剪要求。疏缩结合，调整骨架，抬高主枝角度，维持树势。疏除冠内过密枝、交叉枝、重叠枝、病虫枝和枯死枝。回缩冠内过高、过长大枝，促使后部发生更新枝，控制结果部位外移。短截复壮细长多年生弱枝。充分利用徒长枝，培养更新结果枝组。

(4)衰老期

①修剪任务。大枝回缩，促发更新枝，更新树冠，延长结果年限。

②修剪要求。修剪时根据衰老程度，决定回缩轻重，一般在 5～7 年生甚至更大年龄枝段上进行，缩到后部有新生小枝或徒长枝处，使新生枝代替大枝原头向前生长。大枝回缩应灵活，一枝衰老一枝回缩，全树衰老全树回缩。

3. 夏季修剪

(1)抹芽

在新梢萌发后至木质化前进行。幼树将整形带以下的萌芽全部抹去；大树在 4～6 月份抹去各级骨干枝及大枝上、剪锯口附近萌发过多新梢。把握原则是去弱留强、去直留平、去密留稀培养结果母枝。

(2)摘心

幼树期对各级骨干枝延长枝留 40～50 cm 摘心，促生 2 次枝，缩短整形年限。对新发健壮发育枝留 20～30 cm 摘心培养结果母枝。对保留新发徒长枝留 30～40 cm 摘心培养成枝组。

(3)拉枝

对骨干枝在 6～8 月份按要求角度和方向拉枝，培养合理骨架。对非骨干枝、角度小而旺枝条拉枝，促进中、下部芽充实饱满。

五、花果管理

1. 疏花疏果

花果过多时必须疏花疏果。疏花蕾在开花前 10 d 左右进行最好，每个果枝上保留发育最大、开放最早的 1～2 个花蕾，其余花蕾全部疏除。刚开始结果的幼树，将主、侧枝上花蕾全部疏去。疏果一般在生理落果即将结束时即花后 35～45 d 进行。疏去小果、萼片受伤果、畸形果、病虫果和向上着生的果，保留不易受日光直射、个大、深绿色、萼片大而完整的果实，尤其是萼片大的果实应尽量保留。留果原则是 1 枝 1～2 个果，或 15～18 片叶留 1 果。或以叶果比确定留果量，适宜叶果比为(20～25)∶1。叶片在 5 片以下的小枝和主、侧枝延长枝上不留果。

2. 保花保果

造成柿落花落果原因主要是病虫危害、机械损伤、受精不良、树体营养不足、果园管理不善等，保花保果应根据落花落果原因而采取相应的措施。

(1)加强综合管理，提高树体营养水平

加强土肥水管理，使树体健壮，果实得到充足而及时、稳定的养分供应；合理整形修剪，使树冠内通风透光良好；及时防治病虫害，保证枝、叶、果不受病虫危害。

(2)保证授粉

甜柿品种果园花期放蜂和人工辅助授粉，可提高坐果率。尤其是花期阴雨、刮风和授粉树不足或花期不遇情况下，进行人工授粉更为重要。

(3)花期环剥

盛花期在健壮柿树主干、主枝上环剥，能显著提高坐果率。对初果期树效果最明显。环剥宽度一般在 0.3～0.5 cm，剥后伤口用报纸或塑料膜包扎，防止害虫钻入伤及形成层而影响愈合。树势弱或大小年结果严重品种不宜环剥。

(4)喷矿质元素和激素

花期喷 0.1%的硼砂＋300 mg/kg 赤霉素或单独喷 20～200 mg/L 赤霉素；或 0.3%的尿素＋0.1%的硼砂＋0.5%的磷酸二氢钾，以提高坐果率。

六、病虫害防治

1. 休眠期

清除越冬病虫害。11 月份剪除刺蛾虫茧；将树干绑草把取下和园内落叶集中焚烧，以杀灭越冬病虫；入冬前喷5°Be′石硫合剂。3月份主干、主枝刮粗皮。在主干基部方圆60 cm内堆土，堆高20 cm左右。发芽前，近地面树干上环状刮粗皮，宽20 cm左右，然后涂40.7%的毒死蜱乳油；发芽前喷5°Be′石硫合剂，或5%的柴油乳剂，以铲除越冬病虫卵。

2. 萌芽新梢生长期

发芽时，沿树干周围0.5～0.8 m以外土施辛硫磷；发芽后喷0.2 °Be′石硫合剂，石灰倍量式波尔多液，或80%的代森锰锌可湿性粉剂600～800倍液，防治柿黑星病、圆斑病、角斑病、白粉病等病害，并剪除柿黑星病病果。

3. 开花期

除去树干基部堆土，摘除虫果，5月份喷2.5%的溴氰菊酯乳油4 000倍液防治柿小叶蝉、柿蒂虫；喷80%的代森锰锌可湿性粉剂600～800倍液，抑制白粉病、炭疽病。6月份喷2.5%溴氰菊酯乳油4 000倍液杀死柿小叶蝉，喷50%辛硫磷乳油600倍液＋20号石油乳剂120倍液，防治柿绵蚧；喷1：(2～5)：600倍波尔多液，防治柿圆斑病、角斑病、白粉病。

4. 果实发育期

7月份喷20%的甲氰菊酯乳油2 500倍液，或2.5%溴氰菊酯乳油4 000倍液，防治柿蒂虫，并摘除其危害果；喷波尔多液防多种病害；刮粗皮、绑草把，诱集柿蒂虫越冬幼虫，并加强柿绵蚧的防治。9月份摘除柿蒂虫为害果，喷50%的辛硫磷乳油＋20号柴油乳剂120倍液，防治柿绵蚧和柿蒂虫。并喷波尔多液预防炭疽病。

5. 采收后及落叶期

果实采收后及落叶期，及时清理果园落叶及柿树病残体。

七、适期采收

1. 采收时期

柿采收时期因品种和目的不同而异。榨取柿漆用果实在单宁含量最高的8月下旬采收；涩柿鲜食品种在果实由绿变黄尚未变红时采收；制柿饼用果实在果皮黄色减退呈橘红色时采收；软柿(烘柿)鲜食，在充分成熟、果实变红而未软化时采收；甜柿品种在充分成熟、完全脱涩、果皮由黄变红、果肉尚未软化时采收。

2. 采收方法

采收要在晴天进行，采收方法采用折枝法或摘果法。折枝法是用手、夹杆或挠钩将果实连同果枝上、中部一同折下，再摘果实。摘果法是用手或采果器将柿果逐个摘下。二者交替使用。采收时轻拿轻放，采后及时剪去果柄，并在分级时将萼片摘去。

思考题：

1. 设计柿早期丰产方案。
2. 简述柿树落化落果原因及防治方法。
3. 柿花果管理技术要点是什么？
4. 柿盛果期整形修剪要点是什么？
5. 如何对柿果进行脱涩？
6. 试总结柿果周年管理要点。

第四节 园林应用

一、景观特征

园林上应用的柿树（图 20-31）高达 20 m。树干暗灰色，呈黄褐色，多毛。小枝。小枝暗褐色，新梢有褐色毛。冬芽肥大，黄褐色，多毛。单叶互生，椭圆形或倒卵形，近革质，先端突尖，基部近圆形，叶面光亮无毛，背面疏生短褐色柔毛。花雌雄异株或杂性同株，雄花聚伞花序，雌花及两性花单生，花冠黄白色。浆果肉质，卵圆形或扁球形、方形等，形状多样，基部有宿存花萼，熟时果皮橙黄或橘红色。花期 5～6 月份，果期 9～10 月份。

图 20-31 柿树

1. 花枝 2. 雄花序 3. 雄花纵切面 4. 雌花纵切面 5. 雄蕊 6. 果

柿叶片多为近革质，厚而浓暗，给人以光影闪烁之感；柿叶形状优美墨绿油亮。柿叶经霜即红，可用来渲染秋色。柿果具有观赏价值，被广泛应用于园林中，也是园林结合生产的理想选择。柿果实颜色形状大小也各有不同，很多品种在果实观赏特性方面具有优越性。从色泽上分，有红柿、黄柿、青柿、朱柿、白柿、乌柿等；从形状上分，有四棱柿、八棱柿、鸡心柿、牛心柿、金瓶柿、石榴柿、嘴柿、铜盆柿、腰伐柿、莲花柿、镜面柿、面柿、藕柿等形状各异的柿果，观赏价值较高。果实夏季青绿，入秋后变为橙黄、黄红色，美丽可爱，10 月份后树上果实变为橙红色，累累佳实悬于绿荫丛中，极为壮观。柿树树干挺直。树冠开展，高大挺拔，苍劲巍然，夏叶肥枝壮，绿叶满枝，浓荫蔽日。老柿树树姿苍古，枝条弯曲，有着别具一格的观赏性。整形修剪是果树优质高产的主要技术措施，也是果树造型的主要手段，造型设计首先要满足果树生产的要求，在此基础上，与园林艺术相结合，高度体现技术与艺术相结合的特点。可以利用柿树丰富多彩的花色、果色，通过嫁接，把不同栽培品种嫁接在同一棵树上，增加柿树的科学性和观赏价值。如可以按果形将鸡心柿、石榴柿、四棱柿、八棱柿、莲花柿、磨盘柿等品种组合嫁接；也可按果色将红柿、黄柿、青柿、朱柿、白柿、乌柿等品种组合嫁接。选择不同花色、不同果色、不同果形、不同成熟期的果树组合在一个树上，可以延长观赏期，具有独特的观赏价值。

二、在公园和风景区绿化上应用和作为观果树种特点

柿树作为形色兼美的景观树种，在公园和风景区中广泛应用，既可在空旷的平地、山坡或草坪上表现出独立木的姿态美，作为中心景观，发挥中心视点及引导视线的作用，也可与其他植物配植，一般用于草坪中央或边缘、花坛一角、院落或廊架的向阳角隅、园路转弯处、假山登道旁等，构成景观树丛或生态群落。作为观果树种，柿树在园林绿化中不仅丰富了观赏树种，解决了园林景观中植物种类少、缺乏层次、观赏期短的难题，而且还突出了季节的变化，使城市更接近于自然，同时也满足了我国城市建设对新型绿化树种的需求，创造出别具一格的自然景观和人文景观。

三、在城市绿化中应用

城市绿化可选用柿树植于幼儿游戏区和老年人休息场所，既能遮阴，又可利用树下空间进行活动；还可将其配植在庭院空地、小区园路尽端和交叉处；亦可同海棠、丁香、紫薇等配置在建筑周围、山石一隅，通过因借、对比、烘托等手法，将人工美与自然美有机地组合，使建筑物与山石周围的景观协调一致，从而使居住区和庭院产生出一种生动活泼且季相变化鲜明的景观效果，同时还可优化和改善居住区生态环境。将柿树种植于村庄外围，可营造村庄绿色空间，对调节村镇气候，改善农业生产环境和乡村生态环境有直接效果，同时柿树还具有一定的经济价值，可以增加农民收入。

四、在旅游农业中应用

随着经济发展水平的不断增长，出现了旅游农业这一新的农业开发形式，如观光农业园、乡村旅游景区等，不仅可以大大丰富城镇居民的业余生活，而且又可绿化荒山荒滩，获得理想的生态效益和社会经济效益。用于旅游农业绿化的树种多选择具有特色的果树以及乡土树种，柿树作为优良的果树树种，品种多样，形美高产，内涵丰富，既可以建造以柿文化为主题的农业园，如北京房山张坊柿子公园，也可以通过与茶、食用菌以及其他农作物的复合栽培或间作，创造乡村旅游的特色景观，从而可全面推动农业的多功能综合开发和农村市场经济的进程。

五、道路景观绿化中应用

道路景观绿化对于城市的形象尤为重要，道路水系植物造景不应是简单意义上的绿化，而是具有美学意义的景观设计。柿树寿命长、树干通直、树形优美，花香果艳、叶色具有季相变化且耐修剪是作为行道树的优良树种。配置柿树植物，可缓解秋冬季大量树木落叶，开花树种稀少，景观单调的萧条之感。可增加园林的生气，对营造秋、冬季的园林景观更具有重要意义。

六、寺院园林中的应用

寺院园林的营造通常是利用植物色彩、形态、质地，尤其是文化内涵等特征与环境的关系，创造出空灵深远的意境。柿树树冠硕大，果实光艳，深秋叶片像枫叶一样由绿转红，给清冷的院落平添了生气和暖意。将柿树对植于建筑出入口两侧，或磴道石级与桥头的两旁，烘托主景，不但可丰富建筑物的画面，而且还赋予建筑物以时间和空间的生机动态感，常和厅、堂殿、轩等古建筑配置在一起，如柿树、君迁子、油柿、粉叶柿、罗浮柿等均可配植于寺院园林之中。

七、厂矿地生态绿化中应用

厂矿地生态绿化是城市绿地系统中不可或缺的一项。厂矿的有毒气体及复杂土壤条件会让普通绿化植物难以生存，故厂矿地绿化难度较高。柿树植物大多为常绿乔木，枝叶繁茂，叶大质厚，不仅季相景观优美，而且对病菌和有毒气体有很强的抗性，能黏附空气中的烟尘，对于改善空气质量有重要意义。因此，可以采取群植的种植形式，以柿树为基调树种，疏密得当、虚实相生，四周再配以其他抗性强的小乔木、灌木如夹竹桃、木槿、石榴等以及精巧别致的园林小品设施，在降低污染的同时可营造出一个生态、美学相和谐的小环境。

柿树植物可有效地增加园林树种的多样性和景观持续性。充分利用现有栽培体系，把既有生态效益，又能产生较好经济价值的柿树植物纳入景观树栽培范畴，是观赏果树在城市绿化发展中的一条新路。

思考题：

柿树有哪些景观特征？在园林绿化中有哪些具体应用？

实训技能 20 柿生长结果习性观察

一、目的要求

通过观察和调查，了解柿生长结果特点，为掌握其栽培技术打好基础。

二、材料与用具

1. 材料

柿主栽品种的结果树。

2. 用具

钢卷尺、记载和绘图用具。

三、项目与内容

1. 观察柿基本形态特征和生长结果习性

(1)树势、树姿、树形、干性、层性和分枝角度。

(2)叶芽、花芽和潜伏芽形态、大小、着生部位，假顶芽形成。

(3)结果母枝、结果枝、发育枝形态，着生部位。

(4)叶的形状和着生规律。

2. 调查生长结果情况

选择长势不同的 10～30 个 2 年生枝，先测量并记录其长度，再观察记录其上新梢生长情况，调查其萌发部位、长度，花或果实着生数量、部位。

3. 要求统一进行观察、调查，做好记录。

四、实训报告

1. 根据柿生长结果习性，说明其修剪特点。

2. 列表总结分析调查结果，说明结果母枝强弱与萌芽率、抽生结果枝以及连续结果的关系，结果枝着生规律以及花或果实的着生规律。

五、技能考核

实训技能考核实行百分制，其中实训态度与表现占 20 分，观察方法占 40 分，实训报告占 40 分。

第二十一章 石 榴

[内容提要] 石榴经济价值,生态作用。从生长结果习性(生长习性和结果习性)和对环境条件(温度、光照、水分、土壤)要求方面介绍了石榴的生物学习性。石榴的主要栽培种类即变种有7种,分别是白石榴、黄石榴、红石榴、重瓣白石榴、墨石榴、玛瑙石榴和四季石榴。石榴分类;食用优良品种有11个,观赏品种有3个。从育苗、建园、土肥水管理、整形修剪、花果管理、病虫害防治、适时采收方面介绍了石榴无公害生产技术。从石榴植物学特征、景观特征入手,介绍了其园林应用。

石榴原产于伊朗及阿富汗等中亚国家,汉代传入我国,具有2 100年以上的栽培历史。目前,石榴在我国南北各地均有栽培,以江苏、安徽、陕西、河南、四川、云南、山东等省较多。其果实艳丽,籽粒似玛瑙水晶,味甜酸,是一种珍稀鲜食水果。石榴既可生食,也可加工成果汁,具有收敛、润燥等重要的医疗功效。此外,石榴花色艳丽,枝繁果美,是重要的园林观赏和盆景树木。

第一节 生物学特性

一、生长结果习性

石榴为多年生落叶性灌木或小乔木,但在热带地区可成为常绿植物,可四季生长,2次开花和结果。

1. 生长习性

(1)根系

石榴根系发达,须根多,易发生根蘖。根系在土壤中分布较浅,一般20~70 cm深土层中根量最多,占根系总量的70%左右。水平分布范围一般是地上部树冠直径的1~2倍。1年中根开始生长时间较地上部晚,成龄树一般在5月初开始生长,5月中、下旬为生长高峰期。随着开花坐果,生长逐渐缓慢。果实生长基本停止后,根系又进入生长高峰,随着地温降低,根系生长逐渐停止。

(2)芽

石榴芽由叶芽、混合芽、潜伏芽和不定芽4种。叶芽大部分着生在1年生枝叶腋间，萌发后抽生枝叶；混合芽能抽生结果新梢，多着生在发育健壮的极短枝顶部或近顶部；潜伏芽与不定芽一般不萌发，只有当枝条折断或受到修剪等刺激后才萌发，多长成徒长性枝条。石榴枝条生长后期顶端变成针刺，中、长枝无真正顶芽。

(3)枝

石榴枝条一般比较纤细，腋芽明显，枝条先端成针刺，并皆为对生。通常分为营养枝、结果枝和结果母枝。在1年中枝条生长的长短不一，长枝和徒长枝先端多自枯或成针状，无顶芽。长枝(营养枝或称新梢)长30～40 cm，每年继续生长，扩大树冠。生长较弱、基部簇生数叶的最短枝，先端有1个顶芽，这些最短枝如果当年营养适度，顶芽即成混合芽，翌年抽生结果枝。反之，若营养不良，则仍为叶芽，翌年生长很弱，仍为最短枝，但亦有受刺激而伸展成长枝或发育枝的。生长力强的徒长枝年生长量可达1 m以上。随着徒长枝生长，在中、上部各节生长2次枝，2次枝生长旺时又生3次枝，这些2、3次枝和母枝几乎呈直角，向水平方向伸展。但2、3次枝生长并不旺盛，常常当年成为短枝，发生较早的2次短枝，如当年营养好，顶端也能形成混合芽(图21-1)。

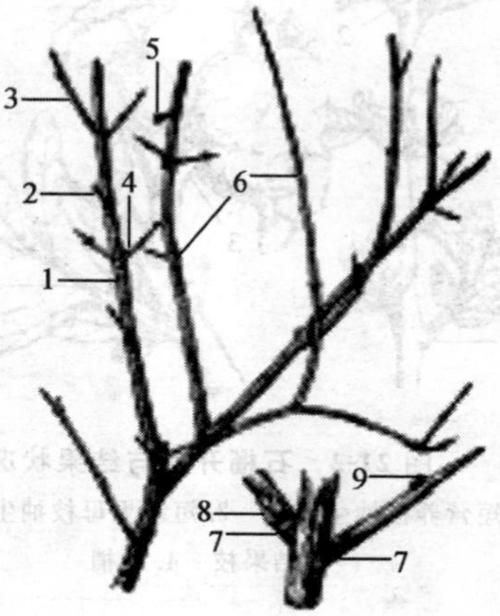

图21-1　石榴枝条冬态

1.2年生枝　2.短枝　3.长枝
4.短结果母枝　5.果苔枝
6.徒长枝　7.短结果母枝(放大)
8.混合芽(花芽)　9.营养芽(叶芽)

(4)叶

石榴叶片厚，全缘，呈披针形或倒卵形，先端圆钝或微尖，深绿色，叶面光滑，叶背无毛，叶柄短，无托叶，对生。芽萌发后叶片逐渐展开，随新梢生长，叶的数量及单叶面积逐渐加大。叶的生长规律与新梢生长规律基本相似。

2.结果习性

(1)花芽、结果母枝和结果枝

石榴花芽为混合芽，多着生于发育健壮的极短枝顶部或近顶部。着生混合芽的1年生枝称为结果母枝。结果母枝于春季抽生结果枝，结果枝是着生花的短新梢(图21-2)。结果母枝多为春季生长的1次枝或初夏所生的2次枝，均为短枝或叶丛枝。

(2)花芽分化

石榴花芽分化容易，春、夏、秋的1次梢与部分2次梢都能成为结果母枝而抽生结果枝。其花芽分化时期长，陆续进行，极短枝顶芽和1年生长枝的上部1～4节均能成花。石榴花芽分化初期持续时间长，自7月份开始至翌年萌芽前，绝大多数花芽均处于分化初期，持续期超过200 d，仅有少数花芽在进入休眠期时已处于萼片分化前期。品种间差异不大。花器官在萌芽前后集中分化，3月下旬至4月下旬为萼片原基至萼筒腔集中形成期。4月中旬开始至5月初，相继出现花瓣、雌蕊及雄蕊原基。雌蕊原基早于或与雄蕊原基同时出现。石榴萌芽期为4月初，其花器官分化与发育是随着叶片与新梢生长进行的，尤其是性器官分化更是如此，主要利用贮藏营养，且与叶片、新梢营养器官建造存在着养分竞争矛盾。石榴完全花与不完全花

图 21-2 石榴开花与结果状况

1.短营养枝抽生新梢 2.短结果母枝抽生结果枝 3.结果枝 4.新梢

在形态分化过程中差异不明显，不完全花雌蕊发育慢，心皮过早合拢；完全花雌蕊发育快，心皮合拢较晚。雌、雄蕊原基分化集中期正处于短梢叶片迅速扩展与短梢加速生长期。

(3)花与开花

石榴花以1朵或2朵以上(多的可达9朵)着生在结果枝顶端及顶端以下叶腋间，其中1朵在顶端(顶生花芽)，其余则为侧生(腋花芽)。一般顶生花发育最好，开花最早，最易坐果。1朵花从现蕾到开放需20～25 d。

石榴花分为完全花、中间花型和不完全花3种。完全花是正常花，其花冠大，子房肥大，整个花呈葫芦状(图21-3)。该种花易完成受精作用而形成籽粒(种子)。中间花型花冠、萼筒较大，近似于圆筒形，其花粉粒略大，部分可正常萌发，但坐果率中等。不完全花是退化花，其花冠小，子房瘦小，呈喇叭形。该种花无受精成为籽粒作用。

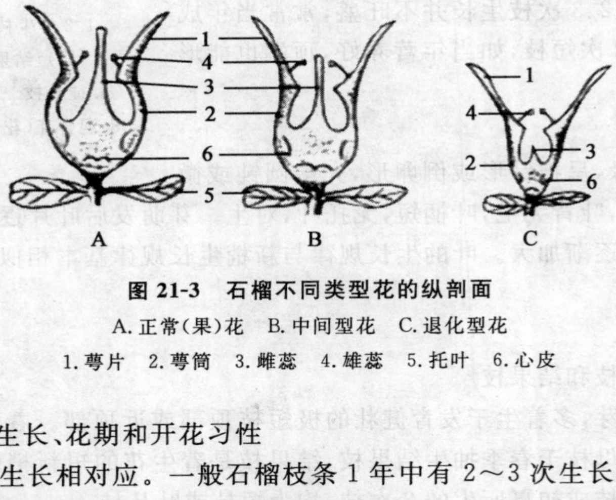

图 21-3 石榴不同类型花的纵剖面

A.正常(果)花 B.中间型花 C.退化型花

1.萼片 2.萼筒 3.雌蕊 4.雄蕊 5.托叶 6.心皮

(4)开花与枝条生长、花期和开花习性

石榴开花与枝条生长相对应。一般石榴枝条1年中有2～3次生长，分别抽生春梢、夏梢和秋梢。而每次抽梢都开花结果，因此石榴花期可持续2～3个月。根据这种情况，生产上将石榴花期分为头茬花、二茬花和三茬花等。一般头茬花和二茬花结果比较可靠，后期花坐果在北方不能正常成熟，品质差，果个小。而在一个花枝上，顶花先开，侧花后开。

(5)授粉、结实习性

石榴花为虫媒花，正常花具有自花授粉结实能力，但自花授粉结实率低，异花授粉结实率较高。石榴坐果率不高，在各茬花中，头茬花坐果率低，2、3茬花坐果率较高，末茬花也低。早花坐果的果实生长期长，个大、品质好，成熟也早。

(6)果实发育和落花落果

石榴果实生长发育过程分为幼果期、硬核期和转色期3个时期。其生长曲线基本属于单S形。幼果期出现在坐果后4～7周，此期果实膨大最快；硬核期出现在坐果后6～13周，该期果实膨大速度显著降低；转色期出现在采前4～5周，此期果实膨大再次加快。果实生长从坐果到成熟需要110～120 d。石榴落花落果的特点是落花重，落果轻。主要集中在盛花后期，脱落量占全年落果总数的80%～96%。一旦稳定坐果，则很少落果，稳定坐果的标志是幼果转色，即由红(黄)转绿。石榴在成熟前，还会出现部分裂果和落果现象。石榴落花落果主要原因是不完全花多，授粉受精不良和营养不良也易引起落花落果。

(7)种子

石榴种子也叫籽粒，由外种皮、内种皮和胚组成。其中食用部分为多汁的外种皮。内种皮角质，较坚硬，有的内种皮变软则成为软仁石榴，或叫软籽石榴。

二、对环境条件的要求

1.温度

石榴适宜温暖气候条件。对高温反应不敏感。生长季要求≥10℃有效积温3 000℃以上，冬季能忍耐一定程度的低温，但在−15℃以下时，则会出现冻害，−17℃以下会发生不同程度的冻害，−20℃时可整株冻死。−15℃是石榴能否露地越冬的临界温度。

2.光照

石榴是喜光树种。在光照充足的条件下，正常花分化率高，果实色泽艳丽，籽粒品质好。光照不足时，生长结果较差，正常花分化率低，果实色泽淡，籽粒品质差。

3.水分

石榴抗旱耐涝，年降水量500 mm以上地区，只要保墒措施得力，不灌水也能正常结果。现蕾至初花期，应保持适当的湿润，干旱会引起严重落花落蕾。盛花期阴雨影响授粉受精，但花期降水多也易造成枝叶徒长，加重落花落果；果实膨大期干旱缺水会抑制果实发育；但果实成熟期，要求气候干燥，土壤湿润；而果实采收期过多的雨水会引起裂果。

4.土壤

石榴对土壤要求不严格，在pH 4.5～8.2的各类土壤上均可生长，其最适pH为6.5～7.5。一般石榴以灰质壤土或质地疏松、透水性强的沙质壤土最好。石榴的耐盐能力很强，其耐盐力可达0.4%，是落叶果树中最耐盐的树种之一。

思考题：

1.石榴开花结实有何明显的特点？
2.石榴芽、枝分为哪几种类型？
3.石榴对环境条件要求如何？

第二节　主要种类和优良品种

一、主要种类

1. 植物学特征

石榴(图 21-4)又名安石榴、若榴、丹榴、天浆及金罂等,属石榴科石榴属植物。作为栽培的种只有石榴 1 个种,在各地均有许多优良品种。石榴分枝多,嫩枝有棱,略呈方形或六角形,成长后则枝条圆滑。小枝柔韧,不易折断,先端呈针刺状。叶对生或丛生,质厚,全缘,长倒卵形或长椭圆形,先端稍尖,有光泽。花两性,但雌蕊退化的雄花数量多,1 朵或数朵着生在当年生新梢的顶端及近顶端数叶的叶腋间,子房下位,萼筒为钟状或筒状,萼筒与子房连生,形成石榴的果皮。花瓣极薄,5～7 片,鲜红色或白色,果皮厚,红色或黄褐色或黄白色。子房 5～7 室,有极薄的膜彼此分离,每室内有多数种子,种子的“外种皮”成为肉质层,成为食用部分,呈鲜红、淡红或黄白色,内含汁液,味甜稍酸,或特酸。本种有两个变种,即重瓣红石榴和白石榴。

图 21-4　石榴

2. 变种

(1)白石榴(银榴)(图 21-5)

嫩叶和枝条灰白色,成龄叶浅绿色。花瓣 5～7 片,背面中肋浅黄色,花大,白色,萼筒低,萼 6 片,开张。果实球形,皮黄白色。

(2)黄石榴(图 21-6)

花黄色。

(3)红石榴(重瓣石榴)(图 21-7)

又称千瓣石榴。花冠红色,花瓣 15～23 片,花药变花冠形 32～43 枚,花大。不孕花有叠生现象。萼筒较高,萼 6～7 片。果实球形,皮青绿色,薄而易裂果,向阳面有红晕,果面有点状果锈,果大。

图 21-5　白石榴

图 21-6　黄石榴

(4)重瓣白石榴(图 21-8)

花白色,花瓣 27 片,背面中肋浅黄色。花药变花冠形 50～100 枚,花柱、花丝白色,不孕花有重叠现象,萼 6 片闭合。果实圆球形,果面有棱,皮粉白色。花形美观,在沙地生长良好,赏、食兼用,分布范围广。

图 21-7　红石榴

图 21-8　重瓣白石榴

(5)墨石榴(图 21-9)

植株矮小。1 年生枝条紫黑色,枝细柔、叶狭小,花瓣 6 片。花期 5～7 月份,果小球形,紫黑色、味不佳。

(6)玛瑙石榴(图 21-10)

又称彩色石榴。花红色,重瓣 54～60 片,具黄白色条纹;中肋浅黄色;花色白色,花药变花冠形 25～34 片;果实球形,不孕花雌蕊退化。

(7)四季石榴(月季石榴)(图 21-11)

植株矮小,1 年生枝绿色。叶线形,多花形、花小、花瓣 6 片,花期 5～9 月份。果皮粉红色,果小。为盆栽观赏品种。

图 21-9 墨石榴

图 21-10 玛瑙石榴

图 21-11 四季石榴

二、优良品种

据统计:我国现有石榴品种150个以上,其中食用品种140个,观赏品种及其变种10余个。目前石榴树种当中的优良品种,果实近圆形或扁圆形,果皮鲜红色,果面光洁有光泽,外形极美观,厚度0.5～0.8 cm,质脆,籽粒鲜红色,粒大肉厚,平均百粒重54 g,含可溶性固形物17%～19%,味甜微酸,核小半软,口感好,风味极佳,品质上等。

1. 分类

在生产上,石榴根据其使用价值通常分为果石榴和花石榴两大类。果石榴以生产果实为主,多为石榴原种,绝大多数栽培品种均属此类。花石榴以观花为主,多做观赏和盆栽,多为重瓣,花色艳丽,观赏价值较高,一般不产生果实,或很少形成果实,如醉美人、墨石榴、一串铃等。

2. 食用优良品种

(1)泰山红(图21-12)

图21-12　泰山红

山东省果树研究所发现于泰山南麓庭院内发现。树势生长强健,自然开张性强,自花授粉,2茬花和3茬花坐果率较低。结果早,丰产、稳产。果实圆形或扁圆形,平均单果重450 g,最大单果重750 g。果皮鲜红色,果面光洁艳丽。籽粒鲜红色,晶莹剔透,粒大肉厚,平均百粒重54 g,含可溶性固形物17%～19%,味甜微酸,核小半软,口感好,风味极佳。产地9月下旬或10月上旬成熟,不裂果,耐贮运。适应性强,平原、丘陵及盐碱地均可栽植。

(2)豫石榴系列品种

①豫石榴1号(图21-13)。开封市农林科学研究所育成。树形开张,枝条密集,成枝力强;幼枝紫红色,老枝深褐色;幼叶紫红色,成叶窄小,浓绿,刺枝坚硬、锐,量大;花红色,花瓣5～6片,总花量大,完全花率23.2%,坐果率57.1%。果实圆形,果形指数0.92,果皮红色,萼筒圆柱形,萼片开张,5～6裂,平均单果重270.5 g,最大单果重672 g。子房9～12室,籽粒玛瑙色,出籽率56.3%,百粒重34.4 g,出汁率89.6%,可溶性固形物含量14.5%,含糖量10.4%,含酸量0.37%,味酸比29∶1。抗寒、抗旱、抗病、耐贮藏,抗虫能力中等,适应性强,平原沙地,

黄土丘陵，浅山坡地均可生长良好。

图 21-13 豫石榴 1 号

②豫石榴 2 号(图 21-14)。开封市农林科学研究所育成。树形紧凑，枝条稀疏，成枝力中等；幼枝青绿色，老枝浅褐色；幼叶浅绿色，成叶宽大，深绿；刺枝坚韧，量小。花冠白色，花瓣 5～7 片，总花量少，完全花率 45.4%，坐果率 59%。果实圆球形，果形指数 0.90。果皮黄白色，洁亮。萼筒基部膨大，萼 6～7 片。平均单果重 348.6 g，最大单果重 1 260 g。子房 11 室，籽粒水晶色，出籽率 54.2%，百粒重 34.6 g，出汁率 89.4%，可溶性固形物含量 14.0%，含糖量 10.9%，含酸量 0.16%，糖酸比 68∶1，味甜。成熟期 9 月下旬。抗寒、抗旱、抗病虫能力中等，适生范围广。

③豫石榴 3 号(图 21-15)。开封市农林科学研究所育成。树形开张，枝条稀疏，成枝力中等；幼枝紫红色，老枝深褐色；幼叶紫红色，成叶宽大，深绿；刺枝绵韧，量中等。花冠红色，花瓣 6～7 片，总花量少，完全花率 29.9%，坐果率 72.5%。果实扁圆形，果形指数 0.85，果皮紫红色，果面洁亮。萼筒基部膨大，萼 6～7 片。平均单果重 281.7 g，最大单果重 980 g；子房 8～11，籽粒紫红色，出籽率 56%，百粒重 33.6 g，出汁率 88.5%，可溶性固形物含量 14.2%，含糖量 10.9%，含酸量 0.36%，糖酸比 30∶1，味酸甜。成熟期 9 月下旬。抗旱、耐瘠薄、抗病、耐贮藏，适生范围广，但抗寒性稍差。

图 21-14 豫石榴 2 号

图 21-15 豫石榴 3 号

(3)净皮甜石榴

又名粉皮甜、红皮甜、大叶石榴，原产于陕西省临潼市。树势强健，树冠较大，茎刺小，枝条粗壮，灰褐色，叶大，绿色、长披针形或长卵圆形。果实圆球形，平均单果重250～350 g，最大果重605 g；萼筒、花瓣红色，萼片4～8裂，多数7裂。果面光洁，底色黄白，具粉红色或红色彩霞。心室4～12个，多数6～8个，单果籽粒522粒，籽粒粉红色，百粒重26.4g，可溶性固形物含量14%～16%，风味甘甜。当地3月下旬萌芽，花期5月上旬至7月中旬，9月上、中旬成熟，采前或采收期遇连阴雨易裂果。耐瘠薄，抗寒抗旱。

(4)大果黑籽甜石榴(图21-16)

树势强健，耐寒抗旱，抗病，树冠大，半圆形，枝条粗壮，多年生枝灰褐色，枝条开张性强，叶大，宽披针形，叶柄短，基部红色，叶浓黑绿带红色，树冠紧凑。果实近圆球形，果皮鲜红，果面光洁而有光泽，平均单果重700 g，最大单果重1 530 g，籽粒特大，百粒重68 g，仁中软，可嚼碎咽下，籽粒黑玛瑙色，颜色极其漂亮，汁液多，味浓甜略带有红糖香浓甜味，出籽率85%，出汁率89%，籽粒可溶性固形物含量32%，含糖量26%，含酸量7%，品质特优。9月下旬成熟，耐储藏。抗旱耐瘠薄，抗寒性更强，耐涝力一般，是极有发展潜力的石榴品种之一。

图21-16　大果黑籽甜石榴

(5)大红甜石榴(图21-17)

又名大红袍、大叶天红蛋，原产于陕西省临潼市。是目前国内最优良品种之一，可能是净皮甜石榴的优良变异品种。树势强健，树冠大、半圆形、枝条粗壮。多年生枝灰褐色，叶大，长椭圆或阔卵形，浓绿色。花瓣朱红色。果实大，圆球形。平均单果重400 g，最大可达1 200 g左右。果皮较薄，果面光洁，底面黄白，上着浓红外彩色。心室6～8个，果粒大，百粒重37.3 g，呈鲜红或浓红色。汁液特多，风味浓甜而香，含可溶性固形物15%～17%，品质极上等。8月中旬成熟，抗裂果性强。丰产、稳产。适应性广，抗旱、耐寒、耐瘠薄、投产快，定植后第2年开花结果株率达90%～100%，单株结果4～6个，多者达11个。进入盛产期后，产量达5 000 kg/667 m^2 以上，极具发展潜力。

图21-17　大红甜石榴

(6)三白甜石榴(图 21-18)

又名白净皮、白石榴,原产陕西省临潼市,因花、籽、果为黄白至乳白色,故称“三白”。树势强旺,树冠较大,半圆形;枝条粗壮,皮灰白色,茎刺稀少;叶大色绿,幼叶和叶柄及幼茎黄绿色。果实圆球形,平均单果重 250~350 g,最大果重 505 g,萼片 6~7 裂,多数直立抱合;果皮较薄,果面光洁,充分成熟时黄白色;心室 4~12 个,一般 6~8 个,单果籽粒 485 粒,百粒重 32.6 g,可溶性固形物含量 15%~16%,风味浓甜具香味。当地 4 月初萌芽,花期 5 月上旬至 6 月下旬,9 月中、下旬成熟。采收期遇连阴雨易裂果。

(7)突尼斯石榴(图 21-19)

树势中庸,枝较密,成枝力较强,幼嫩枝红色有四棱,刺枝少;叶长椭圆形,浓绿;花红色,花瓣 5~7 片,总花量较大,完全花率 34%左右;萼筒呈圆柱形,较低,萼片 5~7 枚,萼片闭合。定植后 3 年挂果。果实近圆球形,平均单果重 406 g,最大 750 g;果皮红色间有浅黄条纹,子房 4~6 室,种子籽粒红色,核软可食;百粒重 56.2 g,可食率 61.9%,出汁率 91.4%,可溶性固形物含量 15.5%,含酸量 0.29%,风味甜。在河南中部 8 月上、中旬成熟。冬季应注意防寒。

图 21-18 三白甜石榴

图 21-19 突尼斯石榴

(8)青皮软籽石榴(图 21-20)

原产于四川省会理县。单树冠半开张,树势强健;刺和萌蘖少;嫩梢红色,叶阔披针形,长 5.7~6.8 cm,宽 2.3~3.2 cm;花大,朱红色,花瓣 6 片;萼筒闭合。果实近圆球形,平均单果重 610~750 g,最大 1 050 g;皮厚约 0.5 cm,青黄色,阳面红色或具淡红色晕带;心室 7~9 个,单果籽粒 300~600 粒,籽粒马齿状,水红色,核小而软,百粒重 51g,可食率 55.2%。风味甜香,可溶性固形物含量 16%,含糖量 11.7%,含酸量 0.98%。当地 7 月末至 8 月上旬成熟,裂果少,耐贮藏。

图 21-20 青皮软籽石榴

(9)红皮软籽石榴(图 21-21)

紧凑,树冠半开张,树形较紧凑,近圆头形;叶片较大,绿色;花朱红色。果实大,圆球形,单果重 400 g,最大 1 000 g。果皮中厚,底色黄白,果皮鲜红色,阳面为胭脂红,果面光洁。果粒大，百粒重 53～58 g，鲜红色，汁多味浓，籽粒透明，放射状宝石花纹多而密，味甜有香气。核小而软，可溶性固形物含量 15%以上，品质极优。7 月中、下旬成熟，抗裂果。早果性好，丰产、稳产。抗逆性强、适应推广，山地、平地均可种植。

(10)会理红皮石榴(图 21-22)

原产于四川省会理县。树冠开张，嫩枝淡红色，叶片稍厚，花朱红色。果实近球形，果面略有棱，平均单果重 530 g，纵径 9.5 cm，横径 11.1 cm，最大 610 g。果皮底色绿黄覆朱色红霞，阳面具胭脂红霞，萼筒周围色更深，果肩有油浸状锈斑。皮厚约 0.5 cm，组织较疏松，心室 7～9 个，单果籽粒 517 粒，籽粒鲜红色，马齿状，核小较软，百粒重 54 g，可食率 44.1%。风味甜浓，有香味，可溶性固形物含量 15%。当地 7 月末至 8 月上旬成熟。

图 21-21　红皮软籽石榴

图 21-22　会理红皮石榴

(11)蒙阳红石榴(图 21-23)

素有果中珍品，石榴之王的美名。果实近圆形，果皮呈鲜红色，色泽鲜艳，果面光洁、美观，果皮薄 0.6 cm 左右，籽粒鲜红色，粒大，肉厚，百粒重 57 g。可溶性固形物含量 17%～19%，核半软，口感好，汁多，含果汁 64%。品质极佳。并具有不裂果、耐贮、口感甜、微酸等优良品性。果实 9 月下旬成熟。丰产性能强，栽后第 2 年产量达 350 kg/667 m^2 左右，第 3 年产量达 1 000 kg /667 m^2 以上。

图 21-23　蒙阳红石榴

3. 观赏和盆栽优良品种

石榴观赏和盆栽品种有半矮化和矮化两种类型。前者适于庭院种植或作行道树，后者多作盆植家养即可。

(1)醉美人(图 21-24)

树冠较大，树形半矮，树姿开张。叶较大，嫩梢、幼叶、萼筒、花瓣均为鲜红色；花冠硕大，直径 20～70 mm；花瓣数极多，有重萼(重台)花。临潼地区每年 4 月初萌芽，5～6 月份开花，花繁似锦，是公园、庭院、行道绿化的上乘树种。

图 21-24　醉美人

(2)墨石榴

属极矮生种，树冠极矮，树势较强。枝条细弱，紫褐色，茎刺细密。叶狭小，披针形，浓绿色；嫩梢、幼叶、花瓣鲜红色，花萼、果皮、籽粒紫红色。4 月初萌芽，5～10 月份不间断开花结果。果实小，圆球形，直径 3～5 cm。秋季充分成熟裂果后，紫红种子外露尤为美观，是家庭养花盆栽、盆景制作的理想树种。

(3)一串铃

为陕西临潼常见结实品种。其树势较弱，树冠较矮，开张。枝粗壮，叶大，嫩梢、新叶浅红色。萼、花朱红色。易坐果，成串珠状，果圆球形，平均单果重不足 200 g，故称“一串铃”。果皮底色黄白，阳面浅红至鲜红色。籽粒大，鲜红色，百粒重 40 g 左右，味甜美，含可溶性固形物 15%～16%。核软渣少，故当地又称其为“软籽石榴”。因其枝干虬曲易造形，且花多易结果，很适于制作树桩盆景或家庭盆栽。5～6 月份开花，9 月上、中旬成熟。易裂果，不耐贮藏。

思考题：

1. 石榴识别应把握哪些要点？都有哪些变种？

2. 石榴是如何进行分类的？当前生产上栽培的优良品种有哪些？识别时应把握哪些要点？

第三节　无公害生产技术

一、育苗

石榴育苗可采用扦插、分株、压条、嫁接和组织培养等方法。目前，生产上大量育苗以硬枝扦插繁殖苗木为主。

1. 扦插育苗

(1)苗圃地选择与整地

苗圃地选择地势平坦、背风向阳、土层深厚、质地疏松、排水良好、蓄水保肥、中性或微酸性沙质壤土为宜。苗圃地有较好的灌溉条件，并注意挑选无危险性病害土壤育苗。育苗过程中，必须合理轮作倒茬，切忌连作。扦插前施足充分腐熟的有机肥 50～80 kg/株，深翻，灌水蓄伤。当土壤解冻后及早作畦，畦长 10 m、宽 1 m，将畦面浅耕耙平，准备扦插。

(2)母株选择和插条采集

落叶后萌芽前从生长健壮、优质丰产的优良品种母树上采集健壮、灰白色、树膛内部的 1、2 年生枝最好。插条粗度 0.5～1.0 cm，插条下部刺针多。

(3)扦插时期

石榴插条不必经过贮藏，从树上采下即可扦插。温湿度合适时，四季均可扦插。在北方以春、秋两季为好。春季在解冻后到开花前，秋季在 10～11 月份较好。同时，秋插比春插好。

(4)扦插方法

扦插方法有硬枝扦插和绿枝扦插 2 种。硬枝扦插在适宜条件下一年四季均可进行。但以春季硬枝扦插、秋季绿枝扦插易成活。硬枝扦插有短枝插和长枝插 2 种类型。短枝插枝长 12～15 cm，有 2～3 节。要求下端剪成斜面，上端距芽眼 0.5～1.0 cm 处剪平。短枝插条剪好后立即浸入清水中浸泡 12～24 h，使插条充分吸水；或用生长素或 ABT 生根粉处理。据研究，用吲哚丁酸(IBA)100 mg/L 浸泡插条基部 8～10 h 可使扦插苗根系发达，生长健壮，成活率和出圃率提高。插时在畦内按 30 cm×10 cm 扦插。长枝插多用于直接建园或庭院内少量繁殖，插长 80～100 cm 2～3 根/穴，入土深 40～50 cm，插条与地面成 50°～60°。绿枝插在生长季利用半木质化绿枝插条繁殖。大量育苗时插条长 15～20 cm；扦插建园插条长 80～100 cm。绿枝扦插雨季成活率高，晴天时应注意遮阴。一般秋季扦插翌年出圃，春季插的当年出圃。

2. 实生繁殖

一般在选育新品种时石榴多用实生繁殖。选充分成熟果实，将种子取出洗净阴干后层积贮藏，翌年春季谷雨前后播于苗床，覆土 1.5 cm。

3. 压条繁殖

于春季将母树上 1、2 年生枝压于土中，至秋季生根后再与母树分离成新植株的方法。根据压条位置不同可分为地面压条和空中压条。

4. 分株繁殖

石榴根系容易形成不定芽长成根蘖苗，每年秋末或初春将根蘖苗带根系挖出，另行栽植。一般以春季分株较为适宜，分后即可定植。但此法出苗量少，每株母数每年只能繁殖 10 株左右。

二、建园

1. 地点选择

北方平原农区建园选择背风向阳，土层深厚、肥沃，地下水位低于 1 m，pH 6.5～7.5 的地段建园；而丘陵山坡地坡度选择在 5°～20°地段。

2. 品种选择与搭配

品种选择早、中、晚熟品种合理搭配。要求同一园中选花期相同或相近品种。而小型石榴园选 2～3 个品种。

3. 栽植方式与技术要求

栽植方式采用长方形。定植穴宽 50～60 cm，深 80～100 cm。北方春栽，南方秋栽。栽前苗木用清水浸泡 12～14 h，修平伤根，根部蘸泥浆，并按(5～8)：1 比例配栽授粉树。栽后距地面 5～10 cm 处截干平茬。

三、土肥水管理

1. 土壤管理

建园前后土壤改良，掏沙取石，广种绿肥，进行全园深翻。对山岭薄地、较黏重土壤，深翻 0.8～1.0 m；而土层深厚的沙质土壤深翻 0.5～0.6 m，重施农家肥，果园覆盖，树盘培土；在栽后 1～3 年，用豆类或薯类作物或草莓间作。株间和树盘内土壤保持无杂草状态。

2. 施肥管理

基肥于秋季采果后到落叶前后结合深翻改土施入。幼树施土杂肥 7.5～10 kg/株，大树施 50 kg/株，或采用“斤果斤肥”，施肥后灌水。开花前 5～10 d 施清粪水 20～40 kg/株＋尿素 0.1～0.3 kg/株；6 月下旬至 7 月上旬，施三元复合肥 0.4～0.8 kg/株；果实转色前 1 个左右，追施磷、钾为主肥料；施过磷酸钙 1.5～2.5 kg/株，硫酸钾复合肥 1.5～2.5 kg/株。采果后每隔 10～15 d 喷 0.5%的尿素＋0.3%的磷酸二氢钾 2～3 次。

3. 水分管理

水分管理除每次施肥后灌水外，重点灌好萌芽水、花前水、果实膨大水、着色水和封冻水。在雨季做好排水工作，采前 15 d 不浇水。

四、整形修剪

1. 树形

石榴栽培中所用树形较多，其中较为理想的树形有单主干自然开心形、多主干自然开心形、多主干自然半圆形、双主干 V 字形、自然开心形和三主干开心形。丰产树形均是骨干枝少、结果枝多、分布均衡、无中心干的开心形。

(1)单主干自然开心形

树高 3 m 左右，干高 50 cm 左右，无中心干。干上均匀分布 3～5 个主枝，各主枝在干上间距为 15～20 cm，主枝角度 50°～60°。稀植园每个主枝上留侧枝 2～4 个，侧枝与主干和相邻侧枝间距离为 50 cm 左右。密植石榴园主枝上不培养侧枝，直接着生结果枝组。该树形通风透光好、管理方便、成型快、结果早，符合石榴树生长结果习性，是石榴树丰产树形之一。

(2)多主干自然开心形

有主干 2～3 个，3 个主干均匀分布，主干与垂直线夹角 30°～40°。树高 3 m 左右，干高 50～80 cm。每个主干上有主枝 2～3 个，共有主枝 6～8 个，各主枝向树冠四周均匀分布，互不交叉重叠，同主干上的主枝间距 50 cm 以上，主枝上着生结果枝组。该树形成形快、结果早、主干多，易于更新。但主枝多，易交叉重叠。该树形若留 2 个主干，就成双主干 V 字形。

(3)双主干“V”字形

树高、冠幅控制在 2.5～3 m，树冠呈自然扁圆形。有 2 个顺行间斜生于地面的主干，主干与地面夹角 40°～50°，方位角 180°。每个主干上分别配置 2～3 个侧枝，第 1 侧枝距根际 60～70 cm，第 2、3 侧枝相互距离 50～60 cm，同侧侧枝相距 100～120 cm。各主、侧枝上分别配置 15～20 个大、中型结果枝组。该树形适于株行距 3.5 m×2.5 m 的大株距小行距园内采用，适于中密度栽植。

(4)三主干开心形

三主干开心形全树具有 3 个方位角 120°的主干，主干与地面水平夹角 40°～50°。每个主干上分别配置侧枝 3～4 个，第 1 侧枝距根际 50～60 cm，第 2 侧枝距第 1 侧枝 60 cm，第 3、4 侧枝相距 40 cm。每个主干上配置 15～20 个大、中型结果枝组。树冠高控制在 3.5～4.0 m。

(5)多主干自然半圆形

树高 3～4 m，干高 0.5～1 m，有主干 2～4 个，主干上各自向上延伸，每个主干上着生主枝 3～5 个，共有主枝 12～15 个，分别向四周生长，避免交叉重叠。

2. 修剪特点

(1)修剪时期

石榴修剪按时期分为冬季修剪和夏季修剪。我国北方多于春季萌芽前进行冬季修剪。

(2)冬季修剪

不宜短截，有“宜疏不宜截，越截越不结”之说。1～2 年生枝短截后，极易萌发生长 1 m 以上的徒长枝。疏剪是应用最多的一种剪法，主要疏除强旺枝、徒长枝、衰老下垂枝和并生枝等。

(3)夏季修剪

主要方法是抹芽和拉枝。抹芽是在春季萌芽后对主枝分枝部位以下的所有萌蘖和冬剪时剪锯口下新生萌芽及早抹除。进入盛花期后,对树冠内冬剪长放营养枝,视其空间位置进行拉枝,尽可能消除直立和重叠枝。

3.不同年龄时期树修剪

(1)幼树期整形修剪

①标准及修剪任务。指尚未结果或初开始结果的树,一般在4年生内。该期整形修剪任务是根据选用树形,选择培养各级骨干枝,使树冠迅速扩大进入结果期。

②修剪要求。栽后第1年主要是培养主干,主干长度在80 cm以上,单干式开心形保持主干直立生长,双干V字形和三主干开心形将选定主干拉到与地面呈20°~40°夹角位置,同时,将距地面60 cm以下所有细弱枝疏除。冬剪时,主干留60~80 cm剪截,其余细弱枝全部疏除。栽后2~4年以培养骨干枝为主,同时开始培养结果枝组。春季剪口芽萌发后,留1侧芽作主枝延长枝培养;另一侧芽作侧枝或枝组培养,7~8月份对其角度通过撑、拉适当调整。主枝背上芽发生的新枝,或重摘心控制,或抹除;两侧和背下生出的枝保留不动或适当控制,以不影响骨干枝生长为原则。冬剪时各类骨干枝仍留左、右芽,剪留50~60 cm。对侧枝及其他类枝均缓放不剪。

(2)初结果树修剪

①标准及修剪任务。初结果树指栽后5~8年的树,此期树冠扩大快、枝组形成多,产量上升较快。该期修剪主要任务是完善和配备各主、侧枝及各类结果枝组。

②修剪要求。修剪时对主枝两侧发生位置适宜、长势健壮的营养枝,培养成侧枝或结果枝组。对影响骨干枝生长的直立性徒长枝、萌蘖枝疏除、扭伤、拉枝等,改造成大、中型结果枝组。长势中庸、2次枝较多的营养枝缓放不剪,促其成花结果;长势衰弱、枝条细瘦的多年生中枝轻度短截回缩复壮。

(3)盛果期修剪

①标准及修剪任务。盛果期树指8年以上、产量高而稳定的树。该期整形修剪主要任务是维持树体"三稀三密"的良好结构,使树势、枝势壮而不衰,延长盛果年限,推迟衰老期。

②修剪要求。适当回缩枝轴过长、结果能力下降的枝组和长势衰弱的侧枝到较强分枝处;疏除干枯枝、病虫枝、无结果能力的细弱(寄生)枝及剪、锯口附近的萌蘖枝,对有空间利用的新生枝要保护,培养成新的枝组。注意解决园内光照不足。

(4)衰老树修剪

①标准及表现。指大量结果二三十年生以上的树。该期贮藏营养大量消耗,地下根系逐渐枯死,冠内枝条大量枯死,花多果少,产量下降。

②修剪要求。回缩复壮地上部分和深耕施肥促生新根两方面加强管理。

五、花果管理

1.加强综合管理,增强树势

主要是建园时注意合理配置授粉树,加强肥水管理,病虫害防治,勤除根蘖。剪除死枝、枯枝、病枝、过密枝、徒长枝、下垂及横生枝等，实行以疏为主的修剪。此外，花期前进行摘心、抹芽及环剥等，提高坐果率。

2. 花期放蜂

花期石榴园放蜂可提高坐果率30%左右。

3. 人工授粉

花期无蜂时进行人工授粉。人工点授一般在开花当天进行，如开放前一天授粉坐果率更高。授粉时用授粉器蘸少许花粉，轻轻点在盛开的筒状花柱头上。为不重复授粉，可将花粉染色。为节省花粉，可按1：4比例加滑石粉或淀粉稀释再用。液体喷粉可按水10 kg、砂糖0.5 kg、尿素30g、硼砂10 g、花粉20 g的比例混匀后喷洒。

4. 花期环剥

5月初即花前进行环剥可提高坐果率。可在主干上，或大型辅养枝或旺枝上进行，剥口宽0.2～0.5 cm，旺树可宽些，不太旺树可适当窄一些。坐果率低的品种和幼旺树应早剥，坐果率高的品种和较弱树可晚一些环剥。

5. 喷微量元素和激素

花期喷布0.1%～0.2%硼砂、0.05%赤霉素可减少落花落果，显著提高坐果率。

6. 断根或施多效唑

花芽分化前在树冠外围挖40～50 cm深沟断根，或施多效唑，3～4年生幼旺树在5月下旬至6月上旬施多效唑1.0～1.5 g/株，或7月份喷1 500～2 000 mg/L。

7. 疏花疏果

疏花要及时疏去钟状花，越早越好。尽量保留一、二茬花，根据实际选留三、四茬花；强枝适当多留花，弱枝少留或不留。当一茬蕾能分辨筒状花和钟状花时进行最好。第3茬筒状花在坐果已够时也应疏去。疏除多余雄花、畸形花、病虫花、退化花、无叶花枝。疏果于6月上、中旬，一、二茬花的幼果坐稳后进行：坐果不多时部分枝留双果，坐果足够时留单果。疏除果形不正、小果、畸形果、病虫果和密弱果，保留头花果，选留2花果，疏除3花果，不留或少留中长枝果，保留中短枝果。成年树按中短结果枝基部茎粗确定留果量，直径1 cm的留1～2个果，2～3 cm留2～3个果。一般3年生树留果15～30个，4年生留果50～100个，5年生留果100～150个。一般掌握留果4 000～5 000个/667 m^2，产量1 000～2 000 kg/667 m^2。疏果时要注意均衡树势，强树、强枝应多留，弱树、弱枝要少留；外围和上层多疏少留，内膛、下层少疏多留。

8. 果实套袋，配合其他措施，促进果实着色

套袋适期在6月初以后，套袋前进行病虫害防治3次以上，特别是套袋前喷1次杀虫剂与杀菌剂的混合液防治病虫害后立即套袋。尽量选择生长正常、健壮的果实进行套袋。套纸袋

应选用抗风吹雨淋透气性好的专用纸袋，纸袋规格为 18 cm×17 cm。果实采收前 15～20 d 摘袋。同时，摘除盖在果面上叶片，采用拉枝、别枝、转果或在树盘土壤上铺设反光农膜等，以促进果实着色。

六、病虫害防治

采取预防为主、综合防治病虫的原则。使用农药种类、防治方法等按照国家规定执行。清除杂草、残果、残叶、病虫为害枝梢、病叶、病株及衰弱枝和干枯枝，集中烧毁，并通过果园深翻、刮皮、涂白树干、药剂喷雾、破坏病虫越冬环境，减少病虫越冬基数，降低越冬虫源。

1. 休眠期

萌芽前刮除枝干翘皮，清理病虫枝果，集中烧毁或深埋，结合喷 3～5°Be′石硫合剂，或 45%的多硫化钡(索利巴尔)50～80 倍液，以消灭树上越冬桃蛀螟、龟蜡蚧、刺蛾等害虫及干腐病、落叶病病菌。

2. 萌芽和新梢生长期

设置黑光灯或糖醋液诱杀桃蛀螟成虫，结合树冠下土壤喷 50%辛硫磷乳油 100 倍液，并配合树盘松土、耙平，防治桃小食心虫、步曲虫。树上喷 20%的氰戊菊酯乳油 2 000 倍液＋50%的辛硫磷乳油 1 500 倍液＋50%的多菌灵可湿性粉剂 800 倍液，或 80%代森锰锌可湿性粉剂 600～800 倍液等，防治桃小食心虫、桃蛀螟、茶翅蝽、绒蚧、龟蜡蚧等害虫及干腐病、落叶病等。

3. 果实发育期

用 1 份 40%辛硫磷与 50 份黄土配成软泥堵萼筒，或 6 月上中旬进行套袋。6 月底喷洒石灰倍量式波尔多液或 50%多菌灵可湿性粉剂 800 倍液＋30%的桃小灵乳油 2 000 倍液，或 20%的氰戊菊酯乳油 2 000 倍液，防治干腐病、落叶病、桃小食心虫、桃蛀螟、木蠹蛾、龟蜡蚧等。摘除桃蛀螟、桃小食心虫为害虫果，碾轧或深埋。剪除木蠹蛾虫梢烧毁或深埋。7 月底喷洒 80%代森锰锌可湿性粉剂 500 倍液，或 70%甲基硫菌灵可湿性粉剂 800 倍液＋20%甲氰菊酯乳油 2 000 倍液；或 20%氰戊菊酯乳油 2 000 倍液，或 20%氰戊菊酯乳油 2 000 倍液，防治桃小食心虫、桃蛀螟、刺蛾、龟蜡蚧、茶刺蝽，干腐病、落叶病等。

4. 采后及落叶期

9 月下旬树干绑草把，诱杀桃小食心虫、刺蛾等害虫越冬。继续喷杀菌剂、杀虫剂保护枝叶。入冬前剪虫梢、摘拾虫果，集中烧毁或深埋，以防治木蠹蛾、桃小食心虫、桃蛀螟等害虫。

七、适时采收

根据品种特性、果实成熟程度、天气状况和市场需求适时采收。红色品种果皮底色由深绿变为浅黄色，而白石榴果皮由绿变黄时采收。头花、二茬花果采收早，开花坐果晚的三茬花果成熟晚，应晚采。同一株树上一般应先采头花果、大果、裂皮果和病虫果，留下小果和嫩果使其继续生长，分批采收。采收期天气干旱可迟几天采，雨前应及时采收，雨天应禁止采收。采收要求不损枝，不伤果，采摘时一手扶枝，一手摘果，要求做到“慢摘轻放”，最好用采果剪，并注意果梗不要留得太长。采收后果实应按销售需要进行商品化处理，做到精选分级、精美分装。

思考题：

1. 如何提高石榴树坐果率？
2. 简述幼树和盛果期石榴树整形修剪要点。
3. 简述石榴园土肥水管理要点。
4. 总结石榴园周年管理技术要点。

第四节　园林应用

一、植物学特征

园林用石榴树(图 21-25)高 5～7 m，幼枝近圆形或四棱形，顶端常呈刺状，有短枝。单叶对生，在短枝上簇生，倒卵形或长椭圆形，表面有光泽，背面中脉凸起，先端渐尖或微凹，基部渐狭，全缘。花两性，1～5 朵聚生，花萼钟形，橘红色，质厚，顶端 5～7 裂，花瓣红色，有皱折。浆果具革质果皮，卵球形，顶端有宿存花萼。种子多数，有肉质外种皮。花期 5～6 月份，果期 9～10 月份。花有单瓣、重瓣之分。重瓣品种雌雄蕊多瓣化而不孕，花瓣多达数十枚，花多红色，也有白色和黄、粉红等色。常见变种有白花石榴、黄花石榴、复瓣白花石榴、重瓣红花石榴等。

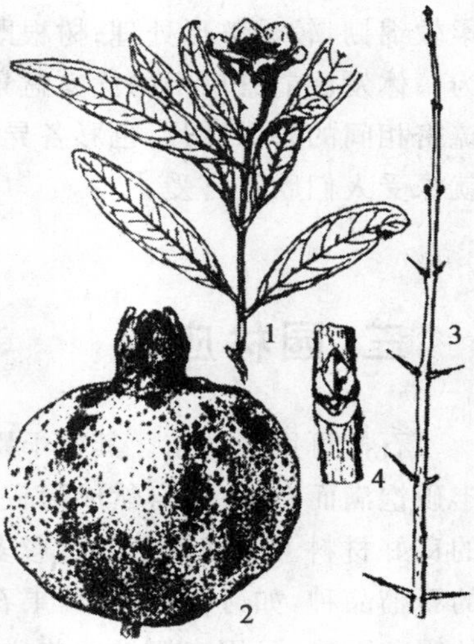

图 21-25　石榴

1. 花枝　2. 果　3. 幼枝　4. 芽

二、景观特征

1. 花朵

石榴花朵艳丽。石榴的花瓣有单瓣、重瓣之分，重瓣者层层叠叠；石榴的花色有大红、桃红、橙黄、粉白等多种，以红色为最多。红彤彤的石榴花如火如荼、亮丽耀眼；白灿灿的石榴花纯洁素雅、沁人心脾；花边石榴中间粉色，边缘白色，瓣大层多，花期较长，更是观赏石榴品种中的奇葩；各色重瓣观赏石榴，花朵更大，层数更多，类似牡丹，显示出丰满华贵、富丽堂皇的气质。石榴花开于初夏，在绿叶荫荫之中，燃起一片火红，灿若云霞，绚烂之极。世界上西班牙、利比亚等国，把石榴花尊为国花，我国陕西西安、安徽合肥、河南新乡、山东枣庄等城市，也把石榴花定为市花。

2. 果实

石榴果实丰硕。其与佛手、桃子一起，被誉为我国三大吉祥之果。石榴果既甘甜可口、有一定的经济功用，又丰满硕大，有较高的欣赏价值。石榴果状如灯笼，代表吉庆和睦；籽粒饱满，象征繁荣昌盛。另外，石榴果那鲜艳亮丽的颜色，不易脱落的性状，也具有很好的观赏意义。金秋时节，赏过了花，石榴果熟，挂满枝头，丹葩结秀，华实并丽，嘴裂籽露，圆润晶莹。煞为好看。现代生长在我国的石榴，是汉代张骞出使西域时带回国的。石榴具有许多美好的寓意，我国民间素有视石榴为吉祥物的传统，借石榴多籽来祝愿后代多子多福、家族兴旺繁盛。

3. 姿态

石榴树姿奇美。其树干扭曲遒劲，树皮斑驳剥落，有古朴苍劲、雄壮奇异之美，是制作树桩盆景的绝好树种，若再挂几个红红的石榴果，衬托着碧叶褐干，更易做成盆景精品。石榴树枝柔软绵韧，较易整形处理；树根既多又浅，也便于盆栽；耐瘠薄干旱，易于成活，是集观桩、观果为一体发展前景广阔的优良盆景材料。石榴树那虬曲的枝干，横斜的枝条，苍老畝劲的树桩，疏密相间的碧绿叶片，色彩各异、形状奇特的花果，可谓私家园林、百姓绿化之佳品，自古以来就深受人们欣赏喜爱。

三、园林应用

石榴可用来盆植。其树干别致，姿态优美，树叶碧绿又有光泽，花色较多且花期较长，果实丰硕饱满而有特色，自然成形较好，是典型的公共园林观赏树种，又是制作树桩盆景、观果盆景的良好材料。石榴盆景的色彩多样、姿态各异。一些植株矮化、枝条细密、叶花皆小、花期较长的石榴品种，如月季石榴、紫果石榴等，如进行盆中栽植绿化，园林观赏效果较好。对小型盆栽的观花石榴，可用来摆设盆花群或放在室内以供观赏；对栽在大盆内的大型观果石榴，可在花卉装饰中用作立体陈设或作为背景材料。石榴也可孤植。孤植又叫独植、单植，是指为了突出显示树木的个体之美，而采用单株植物孤独种植的配置方式。石榴树的花、果观赏效果都较为显著，石榴树的老干、嫩叶也都极具观赏性，非常适宜孤植于开阔空旷的地点，如大片的草坪之上、庭院花坛的中心、主干道路的交叉口，以及园林小道的转折点、地形平缓的坡地、敞亮的湖泊、池塘驳岸边缘等处。为了突出孤植石榴的个体美，一般要选用树体高大、树形优美、花朵繁盛、果实丰硕的石榴单株。把石榴孤植于居家小院的一隅，在中国古代就是重要的绿化方式；石榴孤植这种配置使用方式，在现代较多地适用于街头绿地、居住绿地的绿化、美化。石榴进行丛植，就是把几株至几十株的石榴树，较为紧密地种植在一起，形成致密厚实的石榴树丛，这种配置方式叫做丛植。丛植既能赏其个体美，也能赏其群体美，多用于园林绿地的显著位置。

石榴树最宜成丛地种植于宾馆酒店、影院剧场的院内以及露天舞池、游廊外侧，或者由民族形式建筑所构成的封闭庭院之中。

石榴寿命长、冠幅大、树形美、花果艳、具有显著季相变化、较耐修剪的特点，使用它丛植进行绿化、美化广受欢迎。在一些单位或家庭院落的大门两侧、公共道路的绿地或隔离地段，也常有把石榴树先丛植，后对植于门庭之侧，或列植于廊道两旁，丛植后再复以对植和列植的方式，进行配置使用的现象。石榴群植就是把几十株至上百株石榴树栽培在一起，或把石榴树和其他乔灌木成群搭配种植，这种培植方式称作群植，在公园、游园绿地植物配置中使用频繁。石榴既可以成片栽植突出效果，也可作为常绿植物的点缀伴景。群植石榴树在园林绿化中可作背景使用，在大的自然风景区中也可以作为主景。随着蜿蜒道路而群植的石榴树丛林，清新优雅，春叶碧绿，夏花吐艳。到了仲秋，果实芬芳变成红黄，点点朱金垂悬于碧叶绿枝之间，相映成趣，风光无限。对群植的牡丹花石榴等小型观赏石榴品种，进行定期地修剪整形，能营造出矮化的石榴丛群带，可代替部分绿篱和草坪。效果极好。园林上可营造石榴树林。如果较大面积、成片地种植石榴树，则会形成可观的石榴树林。用这种方式造林，可以只用石榴树营造纯林，也可用石榴树和其他树木搭配营造混交林。如营造石榴树防护林带、道路隔离带、城郊绿化带以及自然风景区中的名胜风景林、特色农家庄园等。

石榴适应性强，栽培区域广，除了吸收二氧化碳进行光合作用、释放大量氧气外，还能吸附大气尘埃、吸收空气中的二氧化硫、氯气、硫化氢、铅蒸汽等有毒有害气体，可减轻污染、净化空气，绿化、环保作用二者兼得。在城市近郊营造大片石榴树林，能改善园林绿地功能，丰富园林绿化景观；在山区阳坡山地营造大片石榴树林，符合灌草先行的植物群落演替规律，能达到树冠截留降雨、树下削减径流的要求，会保持水土、防止冲刷，具有更高的生态、经济和社会效益。

思考题：

试总结石榴景观特征，在园林上都有哪些具体应用？

实训技能 21　石榴不同品种花退化率及形成原因分析

一、目的要求

通过对石榴不同品种花退化率及形成原因分析，明确导致石榴花退化的因素，为采取栽培措施提高可育花比率提供依据。

二、材料与用具

1. 材料

石榴结果园(5～6个品种)。

2. 用具

放大镜、记载工具。

三、步骤与方法

1. 制订试验计划

结合石榴生长结果习性、群众生产经验,对不同品种及同一品种不同时期退化花率进行观察对比,栽培技术措施如肥水管理、整形修剪、病虫防治等对退化花率的影响。

(1)石榴结果习性是由结果母枝抽生结果枝开花结果。石榴1年中有2～3次生长,春季抽生的叫春梢,夏季抽生的叫夏梢,秋季抽生的叫秋梢。如外界条件适宜,营养充足它们均有可能成为结果母枝,春梢和初夏形成的夏梢抽生结果枝最多,坐果率最高,晚夏梢和秋梢上结果枝少,开花晚,坐果率低或幼果发育不良。

(2)石榴结果枝从春到夏陆续抽生,陆续开花,一般花期可延续2～3个月。每抽1次枝,开1次花,做1次果。花期可分3期:即头花、二花和三花。观察头花、二花和三花坐果情况,一般头花坐果率高,果实大,成熟好;二花果、三花果逐渐变小或发育不良。

(3)石榴花分可育花(两性花)及退化花(雌蕊退化的不良花)两种。一般可育花数量少,退化花数量多,管理不善,营养缺乏,树势衰弱退化花比例更高。可育花花形大,子房部位肥大,退化花花形小,子房部位也小,极易识别。

2. 观察记载

(1)不同品种退化花率。

(2)同一品种不同时期退化花率(头花、二花和三花)。

(3)栽培技术措施如肥水管理、整形修剪、病虫防治等对退化花率影响。

3. 结果分析总结

根据石榴生长结果习性的观察、记载,分析造成石榴退化花的原因,针对原因,总结提高石榴可育花比率的技术措施。

四、实训报告

1. 说明影响石榴退化花率的因素。
2. 提出提高石榴可育花比率的技术措施。

五、技能考核

实训技能考核实行百分制，其中实训态度与表现占 20 分，观察方法占 30 分，实训报告占 50 分。

第二十二章　无　花　果

[内容提要] 无花果原产地，栽培历史，经济价值、栽培情况及发展趋势。从生长结果习性(生长习性和结果习性)和对环境条件(温度、光照、水分、土壤)要求方面介绍了无花果的生物学习性。雌雄异花的原生型无花果、雌性花的斯麦那型无花果、中间型无花果和单性结实的普通型无花果。介绍了当前生产上栽培的9个无花果优良品种的特征特性。从育苗、建园、土肥水管理、整形修剪、加强果实发育期管理和病虫害防治、采收及加工方面介绍了无花果的无公害生产技术。从无花果植物学特征入手，介绍了其园林应用。

无花果原产阿拉伯半岛南部的半沙漠干燥地区，是世界上人类驯化栽培最早的果树之一，迄今已有5 000年栽培历史。无花果营养丰富，风味独特，具有较高的药用价值，被誉为21世纪人类健康的"守护神"。无花果除鲜食外，还可制成多种加工产品如果干、果脯、蜜饯等。无花果叶片可制成果茶，提取食用香料和类黄酮物质。无花果树姿优雅，枝叶婆娑，其病虫害相对较少，既是无公害果品，也是天然观赏树木。

无花果在我国有1 000多年的栽培历史。目前，无花果栽培新疆最多，其次为陕西关中、江苏、上海、山东等地。无花果栽培应在充分调研基础上，周密安排生产计划，并与龙头企业发展相匹配，才能获得较大的发展。

第一节　生物学特性

一、生长结果习性

无花果为亚热带落叶果树，多为小乔木或灌木。一般无性繁殖的无花果，栽植后2～3年开始结果，6～7年进入盛果期，其经济结果年限为40～70年，而寿命则达百年以上。

1. 生长习性

(1)根

无花果根为茎源根系，无主根，根系分布较浅。根为肉质根。幼嫩须根呈白色，成熟老根为褐色。在土壤水分过多时，根系会因缺氧而窒息死亡。无花果根系在15 cm深地温达10℃时开始生长，20～26℃时进入生长高峰，8℃以下停止生长。

(2)枝叶和芽

无花果生长势强,并有多次生长习性。幼树新梢及徒长枝年生长量可达 2 m 以上。无花果枝开张角度较大,萌芽力和成枝力均较弱。树冠稀疏,树冠非常明显。无花果叶片为倒卵形或圆形,掌状单叶,5～7 裂,叶互生、革质。叶面粗糙,叶背有锈色硬毛,叶脉极明显,叶落后在枝条上可留下三角形叶柄痕。无花果 1 年生枝上顶芽饱满,中上部芽次之,基部为瘪芽而成为潜伏芽。其寿命可达数十年。在骨干枝易萌发形成大量不定芽,树冠易更新。

无花果在春季气温 15℃以上时开始萌发,22～28℃时新梢生长旺盛。萌芽后,新梢从基部 3～4 节起,在每一叶腋内形成 1～3 个芽,中间圆锥形的小芽为叶芽,两侧圆而大的芽为花芽,花芽抽生隐头花序。

2. 结果习性

(1)花

无花果雌雄异花,着生于隐头花序内部,其中普通型、中间型和斯麦那型无花果只有雌花,而原生型无花果有雌花、雄花以及虫瘿花。虫瘿花是短柱头雌花,也是无花果蜂寄生的场所。种植斯麦那型或中间型无花果需要配置原生型无花果作为授粉树。如果在新区种植原生型无花果,还需要注意引进无花果蜂。无花果的隐头花序分化与枝条伸长同时进行。除了枝条基部几个节位叶腋间不能形成花序外,其上每片叶片的叶腋中都能分化花序。每年夏天成熟的夏果分布在枝条的顶端,其原基的分化是从前一年的秋季开始(图 22-1)。入冬后花序分化暂时停止,开春后继续分化,并往往在叶芽萌动前后开始膨大。形成秋果的花序原基是在当年混合芽萌发前后开始分化的,并随着新梢不断伸长,自下而上地在叶腋间逐渐分化出花序原基。新梢生长、花芽分化、幼果发育以及果实成熟等不同生育阶段相互交融在一起。无花果花托肥大,多汁中空,花托顶端有孔,孔口是空气和昆虫进出的通道,其周围排列许多鳞片状苞

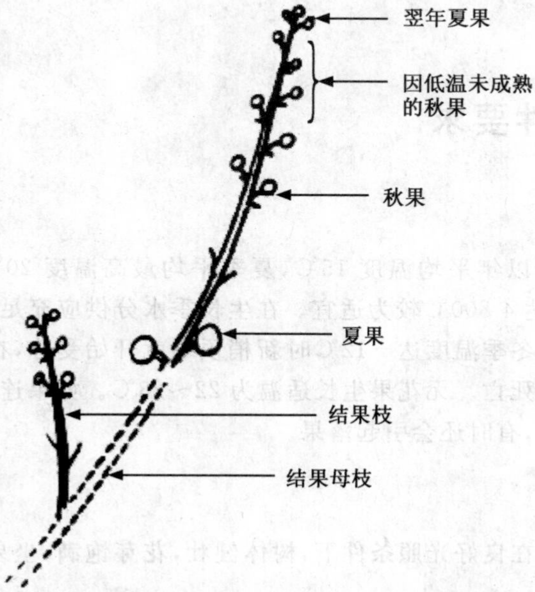

图 22-1 无花果生长结果习性

片。在果实内壁密生小花 1 500～2 800 朵。果实形成 20 d 左右时开花。普通型无花果花托内只有雌花，但无受精能力，胚珠发育不完全，不经授粉受精即可膨大发育成聚合果。

(2)果实

①果实形成。普通型无花果的果实发育是自发性单性结实，但其他类型多少需要异花授粉。无花果按果实形成时期可分为春果、夏果和秋果。春果结果部位均为上年生枝未曾结果部位，多出现在生长中庸健壮的 1 年生枝的基部和顶端，但春果数量很少。当年生结果新梢叶腋内分化形成夏果。当年生结果新梢在停滞一段生长后，在 6 月至 7 月上旬开始 2 次加长生长，形成秋梢。在秋梢叶腋内分化形成秋果。春果是在腋芽内分化花托原始体后休眠越冬，第 2 年继续分化形成花的其余器官。夏果和秋果都是在萌芽后抽生的新梢由基部向上，渐次形成。无花果在芽萌发前无花芽分化迹象，形成花芽的途径主要是芽外分化。就是在无花果新梢生长的同时，腋芽内进行花托分化、果实发育等过程。

②发育过程。无花果无论是单性结实还是异花授粉，其果实纵横径和重量的发育均为双 S 形曲线。果实前期的快速生长与小花授粉受精无关。种胚与胚乳发育，果实生长变缓，并持续到成熟前果实迅速膨大。无花果果实发育过程分为幼果期、果实膨大期和果实成熟期 3 个时期。幼果期从果粒膨大到果实绿色鲜嫩，果面茸毛明显，历时 10～15 d。该期果实体积和重量增长慢，但细胞数量增长快，果实组织致密紧实。果实膨大期果面逐渐变为深绿色，果面茸毛变少，此期 40～50 d，果实体积增长加快，果肉组织开始变得疏松。果实成熟期果面茸毛几乎全部脱落，果实体积急增，果肉成熟变软，此期只有 4～6 d。果实糖分积累急剧上升，果酸含量显著下降，表现出无花果特有的甘甜软糯风味。

③果实成熟。无花果果实成熟是从结果枝基部起依次向上逐个成熟，下一节位果实成熟后，临近上个节位的果实才能成熟，集中采果期在 7～9 月份。发育的瘦果和肥大的花托均为无花果果实主要食用部分。由于所有瘦果都是由子房壁发育而来，因而尽管整个果实是假果，但是其中的瘦果却是真果。

二、对环境条件要求

1. 温度

无花果喜温不耐寒。以年平均温度 15℃，夏季平均最高温度 20℃，冬季平均最低温度 8℃，5℃以上生物学积温达 4 800℃较为适宜。在生长季水分供应充足情况下，能耐较高温度而不至于受害，但不耐寒，冬季温度达－12℃时新梢顶端就开始受冻，在－20～－22℃时根颈以上的整个地上部将受冻死亡。无花果生长适温为 22～28℃。如果连续数日温度高于 38℃，则将导致果实早熟和干缩，有时还会引起落果。

2. 光照

无花果为喜光果树。在良好光照条件下，树体健壮，花芽饱满，坐果率高，果枝寿命长，果实含糖量高。

3. 水分

无花果抗旱不耐涝。在积水情况下，树体很快凋萎落叶，甚至死亡。但无花果在新梢及果实迅速生长期需要大量水分。一般年降雨量达 600～800 mm 地区均适宜无花果生长。若年降雨量超过 1 000 mm，则需注意雨季排涝。

4. 土壤

无花果对土壤适应范围较广，沙土、壤土、黏土、弱酸性或弱碱性土中均能生长，但以 pH 7.2～7.6、土层深厚肥沃、排水良好的沙性壤土最适合其生长和结实。无花果对土壤盐分的忍耐力较强，不论是硫酸盐还是氯化物盐渍土，其抗性均较强。在滨海盐渍土上能忍耐 0.3%～0.5%的土壤含盐量，是开发盐碱地的先锋树种之一。但无花果应避免在同一块地上 2～3 年内重复种植。同时，应避免在地下水位高、土壤易积水地块上种植。

思考题：

简要说明无花果生长结果特性。

第二节　主要种类和优良品种

一、主要种类

无花果属桑科无花果属植物。此属约有 600 种，但作为果树商品化栽培的仅有普通型无花果 1 种。此外，还有野生果树树种，如天仙果、薜荔和地瓜等。

按照花器构造与授粉特性差异，无花果品种可分为 4 个类群：雌雄异花的原生型无花果、雌性花的斯麦那型无花果、中间型无花果和单性结实的普通型无花果。世界上无花果的主要生产栽培品种大部分为普通型，欧洲及美国加利福尼亚州有斯麦那型无花果，而我国栽培的无花果皆为普通型。

图 22-2　原生型无花果

1. 原生型无花果（图 22-2）

小亚细亚及阿拉伯一带原野生种，为许多栽培无花果的祖先。雌雄同株异花。花序中有雄花、雌花和虫瘿花。雄花着生于隐头花序的上半部和果孔周围，虫瘿花密生于花托的下半部，雌花也生于下半部，但为数较少。温暖地区1年能陆续结果，形成春果、夏果和秋果。但是果小，食用价值低，通常作为授粉树或者杂交育种的亲本。

2. 斯麦那型无花果

原产土耳其斯麦那地区。其隐头花序中只有雌花，需经过无花果蜂传粉才能正常结实。许多制干用无花果属于这一类型。种植斯麦那无花果需要配置原生型无花果作为授粉树。

3. 普通型无花果(图 22-3)

目前，世界各国生产所用的无花果品种多数属于该类型。其特点是隐头花序中只有雌花，而且不需要经过授粉就能自发单性结实。若经异花授粉，也能形成有育性的种子。

图 22-3　普通型无花果

4. 中间型无花果(图 22-4)

也称圣比罗型无花果，其授粉特性介于斯麦那型无花果和普通型无花果之间。其中第一批隐头花序不经过授粉受精作用就能自发发育形成可食用的果实，类似于普通型无花果；而其后形成的隐头花序必须经过雄花品种授粉才能正常结实，故类似于斯麦那型无花果。

图 22-4　中间型无花果

二、优良品种

1. 布兰瑞克(图 22-5)

图 22-5　布兰瑞克

原产法国，是目前我国推广的优良品种之一。长势中庸，树姿半开张，枝条粗壮，节间长度中等；分枝习性弱，如不摘心或短截，则分枝少；枝条中上部着果多，连续结果能力强，适应性强，较丰产性。有少量夏果，但以秋果为主。夏果 7 月中、下旬成熟，果数少，多集中在基部 1～5 叶腋中，果呈长卵形，颈小，果梗短，果实大，平均单果重 80 g，最大果重达 150 g，果面淡黄色，光滑而纵浅条不明显，收果量为秋果的 1/10，成熟果易出现细裂纹。秋果 8 月中旬至 10 月中旬陆续采收，延续到下霜为止。其果形不正，为稍偏一方长卵形果。单果平均重 30～60 g，最大可达 100 g。果皮黄褐，果肉红褐色，味甘，含可溶性固形物 18%，有芳香味，品质优良。果实基部与顶部成熟度不一致。在南京地区，3 月下旬萌芽，11 月上、中旬落叶。夏果成熟期一般在 7 月上、中旬。秋果始见期 6 月上旬，成熟期始于 8 月中、下旬；果实发育期约 70 d，供应期约 60 d。北方秋季来临较早地区，部分秋果不能及时成熟；南方温暖地区，绝大多数果实均可成熟。耐盐力较强，在含盐量 0.3%～0.4%的土壤上生长结果正常；耐寒力也较强，黄河以南地区栽培皆可露地越冬。为鲜食加工兼用品种。适宜制果脯、蜜饯、罐头，亦可加工果酱或饮料。

2. 金傲芬(A212)(图 22-6)

1998 年由美国加利福尼亚引入我国。树势旺，枝条粗壮，分枝少，年生长量 2.3～2.9 m，树皮灰褐色，光滑。叶片较大，叶径 25～36 cm，掌状 5 裂，裂刻深 12～15 cm，叶形指数 0.94，叶缘具微波状锯齿，有叶锯，叶色浓绿，基出脉 5 条，叶柄长 14～15 cm。夏秋果兼用品种，以秋果为主。始果节位 1～3 节，果实个大，卵圆形，果颈明显，果柄 0.9～1.8 cm，果颈 6～7 cm，果形指数 0.95，果目微开，不足0.5 cm，果皮金黄色，有光泽，似涂蜡质。果肉淡黄色，致密，单果重 70～110 g，最大果重 160 g。可溶性固形物含量 18%～20%。鲜食风味极佳，品质极上。扦插当年结果，第 2 年产量达 9 kg/株以上，极丰产。在山东济宁嘉祥地区，3 月 18 日至 4 月 12 日萌芽，3 月 26 日至 4 月 16 日展叶并开始新梢旺长，11 月初落叶，夏果现果期 3 月 21 日至 4 月 14 日，成熟期 7 月 18 日，发育

图 22-6　金傲芬

期约 64 d。秋果 6 月 1 日现果，8 月上旬成熟，发育期 62 d。果熟期 7 月下旬至 10 月下旬，条件适宜可延长至 12 月份。较耐寒，是黄色鲜食最佳品种，也可加工。

3. 绿抗 1 号

南京农业大学在江苏省无花果资源调查时发现，来源不详。树冠自然圆头形，树势旺，树姿半开张。枝条粗壮，分枝较少。枝条上部结果多，但在长势旺盛情况下结果减少。夏、秋果兼用，但以秋果为主。秋果呈短倒圆锥形，较大，平均单果重 60～80 g，最大果重 100 g 以上；果成熟时色泽浅绿，果顶不开裂，但在果肩部有裂纹；果实中空，果肉紫红色；可溶性固形物含量 16%以上，风味浓甜，品质极上。在南京 4 月上旬萌芽，11 月中、下旬落叶。夏果 4 月中旬出现，成熟期 7 月上旬；秋果始见期 6 月底，成熟始期 8 月下旬，果实发育天数约 60 d，供应期约 50 d。耐盐力极强，含盐量 0.4%的土壤上生长发育正常，但耐寒力稍弱于布兰瑞克。该品种果大质优，鲜食和加工均易。

绿抗 2 号生长发育特性同绿抗 1 号，不同之处有 2 点：一是绿抗 2 号叶片裂刻比绿抗 1 号深，裂片较窄，中裂片成匙形。二是绿抗 2 号果形为倒圆锥形，果形指数比绿抗 1 号大，基本上无果颈，部分果端面呈三棱形。该品种耐盐性亦较强，在海涂盐碱地区很有发展前途。

4. 麦司依陶芬(图 22-7)

麦司衣陶芬为原产于美国加利福尼亚州，1985 年由日本引入我国。为夏秋兼用，以秋果为主型。夏果长卵圆或短卵圆形，具有短果颈和果梗。果皮绿紫色，果较大，单果重 80～100 g，最大果重可达 150～200 g。果皮绿紫色。品质优良，果熟始期 7 月上、中旬。秋果果熟期 8 月下旬至 10 月下旬，倒圆锥形，果中等大，50～70 g，果颈短，果实纵线明显，果目开张，鳞片赤褐色。果皮薄、韧、紫褐色。果肉桃红色，肉质粗，可溶性固形物含量 15%左右，味较淡，品质中上等。树势中庸，树冠开张，枝条软而分枝多，枝梢易下垂。耐盐、耐寒性较弱。采用“T”形整形修剪，盛果期早、果大、极丰产，采收期长，较耐运输，以鲜食为主，也可加工。已在江苏、山东、浙江、湖南、广东、上海、四川等地规模栽培。

图 22-7 麦司依陶芬

5. 波姬红(图 22-8)

波姬红属普通无花果类型，1998 年由山东省林科院从美国德克萨斯州引入我国。树势中庸、健壮，树姿开张，分枝力强，新梢年生长量可达 2.5 m，枝粗 2.3 cm，平均节间长 5.1 cm。叶片较大，多为掌状 5 裂，裂刻深而狭，裂片成条状，叶径 27 cm，裂深 15 cm，基出脉 5 条，叶缘具有不规则波状锯齿，成熟叶片具有波状叶距，叶色浓绿，叶脉掌状 5 出，叶柄长 15 cm，黄绿色。幼苗期叶片 2～4 裂，裂较浅、无叶距。始坐果部位 2～3 节，极丰产。果实为夏、秋兼用型，秋果为主。夏果长孵圆或长圆锥形，果形指数 1.37，皮色鲜艳，条状褐红或紫红色。果肋较明显。果径短 0.4～0.6 cm，果目开张径 0.5 cm。果肉浅红，中空。秋果单果重 60～90 g，最大单果重 110 g。果肉微中空，浅红或红色，味甜、汁多，含可溶性固形物 16%～20%，品质极佳。为鲜食大型红色无花果优良品种。耐寒较强，丰产性能好。山东济宁嘉祥果熟期 7 月下旬至 10 月中、下旬。主要分布在山东济宁、济南、青岛、烟台、威海、临沂、潍坊、泰光、东营，河北石家庄、秦皇岛，重庆，河南开封等地区。

图 22-8　波姬红

6. 谷川（图 22-9）

南京农业大学于 20 世纪 80 年代从日本引入江苏。树体长势旺盛，树姿直立。枝条粗壮，不易抽生 2 次枝，如不加控制则结果量减少，故栽培上应缓和树势。该品种为夏、秋果兼用品种，以秋果为主。秋果倒圆锥形或倒锥形，单果重 40～60 g；成熟时黄色，果顶不开裂；果实中空，果肉浅红色；可溶性固形物含量 15%～16%，风味甜，品质上等。在南京 3 月下旬萌芽，11 月上、中旬落叶。夏果始现于 4 月上旬，成熟期 7 月上旬；秋果始现于 5 月下旬，成熟期 8 月上、中旬。果实供应期约 60 d。耐寒性中等。果实大小适中，品质好，外观色泽好，适于鲜食和加工。目前，浙江、上海、山东、四川等地已引种试栽。

图 22-9　谷川

7. 日本紫果（图 22-10）

1997 年由日本引入我国，属普通无花果类型。为秋果专用品种。树势健旺，分枝力强，1 年生枝长 1.5～2.5 m，枝径 2.1 cm，新梢节间 6.1 cm。枝皮绿色或灰绿、青灰色。叶片大而厚，宽卵圆形，叶径 27～40 cm，叶形指数 0.97，掌状 5 裂，裂刻深达 15 cm，叶柄长 10 cm。果实春、秋兼用，以秋果为主型，果扁圆卵形，始果节位 3～6 或枝干基部。成熟果深紫红色，果皮薄，易产生糖液外溢现象。果颈不明显，果梗短，0.2 cm 左右。果目红色，0.3～0.5 cm。果肉鲜艳红色、致密、汁多、甘甜酸适宜，果叶富含微量元素硒，可溶性固形物含量 18%～23%，较耐贮运，品质极佳。丰产，较耐寒，果熟期 8 月下旬至 10 月下旬。为目前国内外最受欢迎的鲜食、加工兼用优良品种。

图 22-10　日本紫果

8. 果王（图 22-11）

1998 年由美国加利福尼亚引入我国，在日本等国家也有栽培。树势强壮，分枝直立，枝条褐绿色，新梢生长量长可达 2.7 m，枝径 2.4 cm，节间长 5.6 cm。叶片大，掌状 4～5 裂，叶径 18～22 cm，叶柄长 6～10 cm。果实以夏果为主，在日本福岛地区 7 月份果实成熟，单果重 50～150 g，最大单果重 200 g。果实卵圆形，果皮薄、绿色，果肉致密，味甘甜，鲜桃红色，较耐寒，丰产，品质优良。可作为商品果供应鲜果市场。

9. A813（图 22-12）

1998 年由美国加利福尼亚州引入我国山东济南、济宁、威海等地。树势健壮，树冠开张，分枝年生长量长 2.1～2.7 m，枝粗 2.8～3.3 m，节间 5.7 cm。叶片大，掌状 3～5 深裂，叶柄长 12～15 cm。该品种果实中可产生大量花粉并寄生为斯麦那型无花果品种传粉的小黄蜂。在山东济宁地区，3 月 18 日现果，熟期 5 月中旬，熟时扁卵形，果皮由绿变为黄色，微失水状，果内充满花粉，花粉浅粉红色。

图 22-11　果王

图 22-12　A813

思考题：

当前生产上栽培无花果的优良种类有哪些？主要优良品种有哪些？识别时应把握哪些要点？

第三节 无公害生产技术

一、育苗

无花果育苗方法主要有扦插繁殖、压条繁殖、分株繁殖和嫁接繁殖。目前生产上以扦插育苗为主。

1. 扦插育苗

(1)硬枝扦插

①插条选择与处理。选用充分成熟的1年生枝条作插条。可于冬季修剪时取直径1～1.5 cm并已充分木质化枝条，剪成枝段长30～60 cm，成捆埋在室内容器或室外土坑中，覆盖上湿沙保存过冬。或春季随剪随插。

②扦插时间。一般在春季3月下旬至4月初当春季日均温达到15℃以上时进行扦插。

③地点选择、做苗床、施肥、整地和铺地膜。无花果育苗选择地势高燥沙壤土地块。苗床宽1～1.2 m，高20 cm。预先施足充分腐熟的有机肥，并添加适量菜籽饼、过磷酸钙和石灰作基肥。苗圃内应有良好的排灌条件。苗床松土平整后扦插，并在畦面上铺地膜。

④扦插要求。扦插时，取出冬藏枝条或从树上随剪随插。插条长15 cm左右，含2～3个饱满芽。枝段形态学上端剪成平口，剪口离第1芽距离约1 cm；形态学下端应剪成斜面。用1 000～2 000 mg/L吲哚丁酸(IBA)或萘乙酸(NAA)将插条形态学下端浸5～10 s，取出后平置，阴干后即可插入苗床。扦插株距20～25 cm，行距30～35 cm。扦插时将插条斜插45°～80°入土，上芽近地面或露出地面，插后浇透水。1个月左右即可生根。

(2)绿枝扦插

一般于6～8月份进行。插条选用当年抽生的半木质化带叶枝条，剪留长度15～20 cm，含2～3个芽，最上芽留半叶，扦插于疏松透气排水良好的沙床或沙性土床中。插前用1 000～1 500 mg/L生长素(IBA或NAA)处理插条基部，插后用遮阳网或芦帘遮阴，并注意喷水保湿。若条件允许，还可用现代化全光照弥雾扦插方法进行绿枝扦插，成活率高达90%以上。

2. 嫁接繁殖

嫁接繁殖采用枝接法。从春季芽开始萌动到生长期均可进行，但以春季采用1年生枝作接穗和夏季嫩枝嫁接成活率较高。砧木选用适应当地立地条件的乡土品种紫果或抗旱性强的布兰瑞克等。

(1)春季枝接

①接穗选取。选取枝条木质化程度高、节间长度适中、芽眼饱满的1年生枝作接穗，其间可沙藏备用或春季随剪随用。

②时期。嫁接适宜时期为砧木植株芽萌动期。

③方法及要求。枝接方法采用“V”字形贴接或榫接。接穗长4～5 cm，上含1芽。接穗基部削成尖“V”字形，削面长1～1.5 cm；选取粗度与接穗相近或稍粗的砧木，在距地面10～15 cm处横截，并在断面向下切成相应的“V”形切口，切面长1～1.5 cm。将接穗“V”形基端插入砧木“V”形切口，至少一面形成层对齐。

④包扎及解绑。用塑料带将接口包扎严紧，芽外露，待愈合发芽成活后，及时解绑。

(2)生长季嫩枝接

在生长季6～8月份，选取嫩枝作为接穗和砧木，采取劈接方法嫁接。以尚未完全木质化的当年扦插苗或需嫁接更换的品种嫩梢作为砧木，接穗以3 cm左右长的1芽短枝较好。

二、建园

1. 园地选择

鲜食无花果园应建在距大、中城市较近，交通运输方便的市郊。所选地应背风向阳，前茬地未种植过桑树和无花果的地段。

2. 品种选择

品种选择果实大、果形整齐，含糖量高的品种。若主要作为加工原料，则应选择果实黄绿、大小适中、含糖量高且丰产性好的品种。而冬季越冬地区应首先选择抗寒性和抗旱性强的品种。盐碱地建园，应选择耐盐力较强的品种。

3. 栽植要求

生产上一般采用计划密植栽培以及常规复合栽培等种植制度。采用计划密植栽培制度，最初株行距(1～2) m×(2～3) m，以后逐年间伐，最后株行距为4 m×6 m，复合栽培制度下种植无花果，株行距为(3～4) m×(5～6) m。宽阔行间选择间作蔬菜、草本药材、花卉和瓜果等。一般盐渍地或适宜地区选择计划密植方式，而城郊地区和冬季需越冬保护地区则选择复合模式。北方一般春季栽植。在气候温暖南方，秋冬季亦可栽植。栽植时采用深坑浅栽方式。定植穴深50～70 cm、直径60～70 cm，施入有机肥25～30 kg/穴，过磷酸钙2 kg/株，并与土壤拌匀。幼苗栽植后培土压实，浇足水，并在树盘上覆草或地膜。

三、土肥水管理

1. 土壤管理

山丘和黏土区的无花果园，应在初果幼龄期，深翻 2～3 次，深度为 40～50 cm，隔行和隔株进行深翻；并根据土壤类型，中耕除草，深 5～10 cm，保持土壤疏松无杂草状态。盐地的无花果园，采用行间生草或间作物与覆草相结合的土壤管理制度；山丘地无花果园，采用覆草和种草相结合的土壤管理制度；平原地区的无花果园，在幼树和初果期，行间可间作豆科作物和蔬菜类作物；密植果园，应实行精细管理栽培。

2. 施肥管理

无花果一般落叶后 11 月中旬至 12 月上旬施基肥。施充分腐熟有机肥 3 000～4 000 kg/667 m^2，施肥方法，可在行间或株间，开出宽 30 cm、深 30～50 cm 的施肥沟施入。无花果在条件允许的条件下，每年追肥 7～8 次，一般追肥 3～4 次。基肥施足时，第 1 次追肥在新梢旺长时的 5 月份，以氮肥为主，施尿素 200～300 kg /hm^2。第 2～3 次追肥在果实成熟期的 8～10 月份，以复合肥为主，每次施 N、P、K 三元复合肥 250～300 kg/hm^2。施肥方法同基肥。

3. 水分管理

在正常降雨不能满足无花果正常生长发育情况下，及时补充水分。重点是越冬前、发芽期和果实生长发育期的 7～9 月份。灌水的方法，除采用传统的沟灌、穴灌外，还可进行喷灌和滴灌。果实成熟期，多雨季节或低洼地带，要注意及时排除积水或做高垄。

四、整形修剪

1. 多主枝自然及整形

无花果大面积栽培地区，应用广泛的树形是多主枝自然开心形。具体整形方法是定植后留 60 cm 定干，培养 3～4 个强壮主枝。当新梢长到 40～50 cm 时摘心，再在每个主枝上培养 2～3 个侧枝。翌春对主枝延长枝中短截，促发健壮枝，如此 3 年树冠形成。

2. 纺锤形及整形

纺锤形整形适宜在株行距较大时采用：整形方法是定干高度约 60 cm。保持中心干生长，必要时设立支架。在中心干上培养约 10 个主枝，主枝不分层，螺旋排列。其开张角度 70°～90°。

3. X 形或一字形及整形

庭院栽培无花果可采用 X 形或“一”字形。X 形主干高 50 cm，主枝 4 个。“一”字形主干高 50 cm，主枝 2 个。两种树形均是将主枝压平呈 X 形或“一”字形，在主枝上培养结果新枝，结果枝间隔 20～50 cm，结果枝培养 24～26 个/株。修剪时对树冠上强壮的 1～2 年生枝尽量少短截或不短截；过高过长枝组应及时回缩到较粗壮分枝处，细弱枝组也要注意回缩更新复壮。培养粗壮结果母枝。

4. 休眠期修剪

一般休眠期按照树形要求，自然开心形、纺锤形的主枝延长枝在饱满芽处剪留 30～50 cm。当树冠达到一定大小时，主枝回缩到有分枝处，控制树冠大小。结果枝组过长时，回缩到有分枝处，尽可能保留 50 cm 以下粗壮短枝。疏除细弱枝、过密枝，留健壮枝结果。X 形和一字形的结果母枝在基部留 2～3 个短截。

5. 生长期修剪

萌芽后抹除根蘖和剪锯口处的萌芽以及过密、过细弱的新梢，将新梢间距控制在 20～25 cm。

6. 不同年龄树修剪

(1)幼树修剪

无花果幼树时期主要是建立牢固骨架。在整形基础上，对各类枝条轻修剪。夏季对幼树生长旺枝梢多摘心。修剪延长枝一般留 50 cm 左右，利用留外芽开张角度。对直立性强品种，利用拿枝、拉枝开张角度。还要注意平衡树势，将枝条摆布均匀，使各级骨干枝从属关系分明。

(2)初果树修剪

此期修剪目的是尽快扩大树冠，迅速培养结果母枝，促使早丰产。冬季对骨干枝、延长枝继续短截。夏季加强摘心和短截，促使中、下部发枝，利用徒长枝培养结果母枝，尽快完成树形构建，并结果母枝增多，使生长、结果两不误。

(3)盛果期树修剪

该期应注意控强扶弱，利用多种修剪方法重点解决好生长和结果的矛盾，着重强化结果母枝的生长势，充分利用夏季摘心的新生侧枝和不定芽萌发的新结果母枝。各骨干枝、延长枝剪留长度以 30 cm 为宜。树冠停止扩大后，选旺壮枝结果，大枝缩剪到 2～3 年生枝，使其萌发 1 年生枝，冬季再剪 1 年生枝，2～3 年后再行缩剪。对部位的结果母枝要有计划有目的地重剪，更新成新的结果母枝，稳定健壮的结果母枝数量。

(4)衰老树修剪

衰老树生长势转弱，树冠多枯枝、焦枝，缺枝少杈，产量下降。该期修剪任务是及时更新复壮，重新恢复树冠。在截除大枝时，要选有适当生长正常分枝的部位截，同时配合加大施肥、灌水，促使树体更新复壮。对无经济价值的老树，要及时更新。

五、果实发育期管理

无花果在幼果形成后，对同时萌发的副梢留一小叶后及早摘除，并疏去畸形、弱小、病虫为害果实。在果实青绿转全黄时(果重约 60 g)进行套袋。在生长后期随着果实采收，逐步摘去下部老叶。保持通风透光。并每隔7～10 d喷施1次叶面肥，喷施0.3%～0.5%的磷酸二氢钾、尿素。8～9月份果实成熟期喷0.3%硝酸钙。当结果新梢长到一定长度或留果数达到要求时，摘心控制新梢生长。

六、病虫害防治

无花果主要病虫害为炭疽病、角斑病、枝枯病、灰斑病、果锈病、桑天牛、黄刺蛾、东方金龟子等，生产上以综合防治为主。入冬前清除园内枯枝落叶和病残果，集中深埋或烧毁。萌芽前全园喷1次4°Be′石硫合剂。病害发生初期用80%代森锰锌可湿性粉剂800倍液或50%的多菌灵可湿性粉剂800倍液防治；用80%敌敌畏乳油800倍液或50%氯丹乳剂800～1 000倍液或青虫菌800倍液防治桑天牛、黄刺蛾。在长约60 cm的树条蘸上80%敌敌畏乳油100倍液分散插在地里，诱杀东方金龟子成虫效果很好。

七、采收、包装与加工

1. 采收、包装

华北地区一般春、夏果6月下旬至7月上旬成熟，秋果8月上旬至11月中旬成熟。新疆喀什地区有3次采收：第1次在6月下旬至7月上旬；第2次在8月中旬；第3次在9月下旬。同一树冠或枝条上开花早晚不一，成熟期也有差异。应注意分期采收。充分成熟的聚合果，果顶上小孔渐渐裂开，果皮上的网纹时明显易见，此时采收果实，风味最佳。采收选择干燥晴天进行。一般用手采摘，轻拿轻放，防止碰压损失，以竹筛盛放，果柄向下并平排于筛中，然后运往包装或加工场所。包装容器用条筐或竹筐，容量一般为10～15 kg。按果品标准分级，及时进行销售或入库。

2. 加工

无花果主要加工品为制干，制干可用晒干或烘干方法。也有少量制作糖浸无花果干的，即先行脱皮后以浓缩糖液浸泡1～2 d，取出晾干。

思考题：

1. 根据无花果花芽分化特点，提出针对性的花果管理技术。
2. 试总结无花果周年综合管理技术要点。

第四节　园 林 应 用

一、植物学特征

图 22-13　无花果
1. 果枝　2. 雄花　3. 雌花

园林上应用无花果(图 22-13)，高达 10 m，有乳汁，树皮灰褐色，平滑或不规则纵裂。小枝粗壮，托叶包被幼芽，脱落后在枝上留有明显的环状托叶痕。单叶互生，宽卵形或近圆形，3～5 掌状裂，少有不裂，边缘有波状齿，上面粗糙，背面有短毛。肉质花序托有短梗，单生于叶腋。隐花果梨形，绿黄色至黑紫色。花期 4～5 月份。

二、园林应用

叶片宽大，果实奇特，夏秋果实累累，是优良的庭院绿化和经济树种，具有抗多种有毒气体的特性，耐烟尘，少病虫害，可用于厂矿绿化和家庭副业生产。也可盆栽观赏。

思考题：

试总结无花果植物学特征，在园林上有哪些应用？

实训技能 22　无花果生长结果习性观察

一、目的要求

通过观察和调查，了解无花果生长结果特点，为掌握其栽培技术打好基础。

二、材料与用具

1. 材料

无花果主栽品种的结果树。

2. 用具

钢卷尺、记载和绘图用具。

三、步骤与内容

1. 观察无花果基本形态特征和生长结果习性

(1)树势、树姿、树形、干性、层性、分枝角度。

(2)叶芽、花芽形态、大小、着生部位。

(3)结果枝、发育枝形态、着生部位。

(4)叶的形状。

2. 调查生长结果情况

选择长势不同的10～30个2年生枝，先测量记录其长度，再观察记录其上新梢生长情况，调查其萌发部位、长度，花或果实着生数量、部位。

3. 统一进行观察、调查，做好记录。

在生长期和休眠期分别观察无花果形态特征、生长结果习性及结果情况，做好记录。

四、实训报告

1. 根据无花果生长结果习性，说明其修剪特点。

2. 根据调查结果，比较无花果主栽品种的萌芽率和成枝力强弱。

五、技能考核

实训技能考核实行百分制，其中实训态度与表现占20分，观察方法占40分，实训报告占40分。

第二十三章　草　莓

[**内容提要**] 草莓经济价值,栽培现状、栽培形式,存在问题和发展趋势。从生长结果习性(生长习性和结果习性)、对环境条件(温度、光照、水分、土壤)要求和物候期方面介绍了草莓的生物学习性。草莓的主要栽培种类有8种,分别是:凤梨草莓、森林草莓、短蔓草莓、东方草莓、麝香草莓、深红莓、智利草莓和五叶草莓。介绍了当前生产栽培草莓的14个优良品种的特征特性。从育苗、建园、栽培管理关键技术、综合防治病虫害、果实采收和采后处理方面介绍了草莓无公害生产技术。从景观特征着手,介绍了草莓园林应用。

草莓是经济价值较高的小浆果。其果实营养丰富,经济价值较高,具有一定的医疗保健价值。草莓浆果成熟较早,一般5～6月份即可上市,对保证果品周年供应起一定作用。草莓除鲜食外,还可加工成草莓酱、草莓酒、草莓汁等各种加工品,经济价值较高。草莓适应性也强,栽培管理容易,结果较早,较丰产。

我国草莓栽培始于1915年,栽培面积居世界第一。目前,我国草莓栽培形式多种多样,主要有促成栽培、半促成栽培和露地栽培3种形式,其比例约为3∶5∶2。以栽培特点和气候条件,我国草莓栽培大体划分为3个区域:北部草莓种植区、中部草莓种植区和南部草莓种植区。我国草莓商业化栽培时间短,与草莓生产先进国家相比,我国的草莓生产还存在生产和流通缺乏有效的行业组织管理、育种工作落后等问题。今后,草莓发展应以优质为中心,采用多种栽培形式,延长鲜果供应期,逐步实现周年均衡供应;同时,要把发展重点西移,注意产品的商品性能和加工开发,逐步形成产供销加一体的产业结构。不断提高草莓栽培的经济效益。

第一节　生物学特性

一、生长结果习性

1. 生长习性

草莓是多年生常绿草本植物,植株矮小,呈半平卧丛状生长,株高一般20～30 cm,短缩的茎上密集着生叶片,并抽生花序和匍匐茎,下部生根。植株外形见图23-1。盛果年龄2～3年。

(1)根系

草莓根系为须根系,根由着生在新茎和根壮茎上的不定根组成,主要分布在距地表20 cm

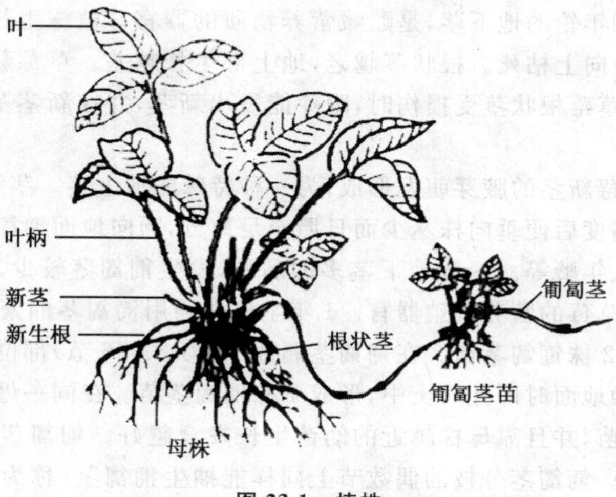

图 23-1 植株

深的土层内。新根呈乳白色至浅黄色，老根呈黑褐色，当其生长到一定粗度后不再加粗生长，加长生长也渐停止。新茎于第 2 年成为根状茎后，须根逐渐衰老枯死，而从上部根状茎再长出新的根系来代替。随着新茎部位不断升高，发生不定根的部位也相应升高，甚至露出地面，进而影响新根的产生和正常生长。草莓根的生长比地上部开始早 10 d 左右，结束生长则晚。整个生长期根系都生长，以春季生长最旺盛，其次是晚秋。

在 1 年中各个不同阶段，草莓根生长特点不同。在萌动期，早春草莓根加长生长的条数，匍匐茎上早期发生的苗少于后期发生的苗。有的早期苗的根甚至无早春加长生长的现象。在显蕾期，根系的生长仍以加长生长为主。在根状茎上也有新的不定根萌生。而在黄色状态越冬的须根上，有少量新细根产生。在开花期，早春开始加长生长的根停止加长，并且逐渐变黄，有些根上出现少量新细根。露地栽培草莓，当早春 10 cm 深土层地温稳定在 2℃时，根系开始萌动，先是去年未老化的根加长生长，然后才从上部根状茎上抽生少量新根。直到采收后，随着新茎大量发生，在新茎基部才开始大量发生新根，而进入秋季后随气温下降生长逐渐减弱。

(2)茎

草莓的茎有新茎、根状茎和匍匐茎 3 种，其中前两种生长在地下，也统称为地下茎。后一种生长在地上，也称为地上茎。

①新茎。是当年和 1 年生的茎，呈半平卧状态，弓背形。新茎是草莓发叶、生根、长茎，形成花序的重要器官。其加长生长速度缓慢，年生长仅 0.5～2.0 cm，但加粗生长较旺盛，呈短缩茎状态。新茎产生不定根。新茎顶芽到秋季可形成混合花芽，成为主茎的第 1 花序，且花序均发生在弓背方向。其下部发生不定芽，第 2 年新茎就成为根状茎。其顶生混合芽在春天又抽生新茎，呈合轴分枝(假轴分枝)。当混合芽萌发出 3～4 个叶片时，花序就在下一片未伸展出的叶片的托叶鞘内微露。新茎上密生具有长柄的叶片，叶腋着生腋芽，腋芽具有早熟性。当年形成的腋芽，有的当年就发出新茎分枝或萌发成匍匐茎。草莓植株发新茎的多少，品种间差异较大。但同一品种内一般随年龄增长而逐渐增多，最多可达 25～30 个以上。栽植当年发新茎分枝的多少与栽植时期和秧苗质量有关。

②根状茎。新茎第 2 年叶片全部枯死后，成为外形似根的根状茎。根状茎是草莓的多年

生茎，是一种具有节和年轮的地下茎，是贮藏营养物质的器官。植株生长第 3 年，首先从下部老的根状茎开始，逐渐向上枯死。根状茎越老，地上部生长越差。草莓新茎上未萌发的腋芽，是根状茎的隐芽。当草莓根状茎受损伤时，隐芽能发出新茎，并在新茎基部生出新的不定根，很快恢复生长。

③匍匐茎。是草莓新茎的腋芽萌发形成，为一种特殊的地上茎。茎细而节间长，萌发初期向上生长，超过叶面高度后便垂向株丛少而日照充足地方，顺向地面匍匐生长。草莓抽生匍匐茎的多少取决于品种、年龄等。一般地下茎多的品种，发生匍匐茎较少。2～3 年生植株抽生能力最强。匍匐茎是草莓的营养繁殖器官。1 年生植株利用匍匐茎的繁殖系数在 20 以上，每条匍匐茎至少能形成 2 株匍匐茎苗。在匍匐茎偶数节(第 2、4、6 节)部位，向上长出正常叶，向下形成不定根，当接触地面时即扎入土中，形成 1 株匍匐茎苗。在同一母株上早期抽生的匍匐茎能形成高质量的幼苗，并且靠母株越近的幼苗生长发育越好。匍匐茎的第 1 节和第 3 节有的可产生匍匐茎分枝。匍匐茎分枝的偶数节上同样能抽生匍匐茎(称为第 2 次匍匐茎)，形成草莓幼株(图 23-2)。

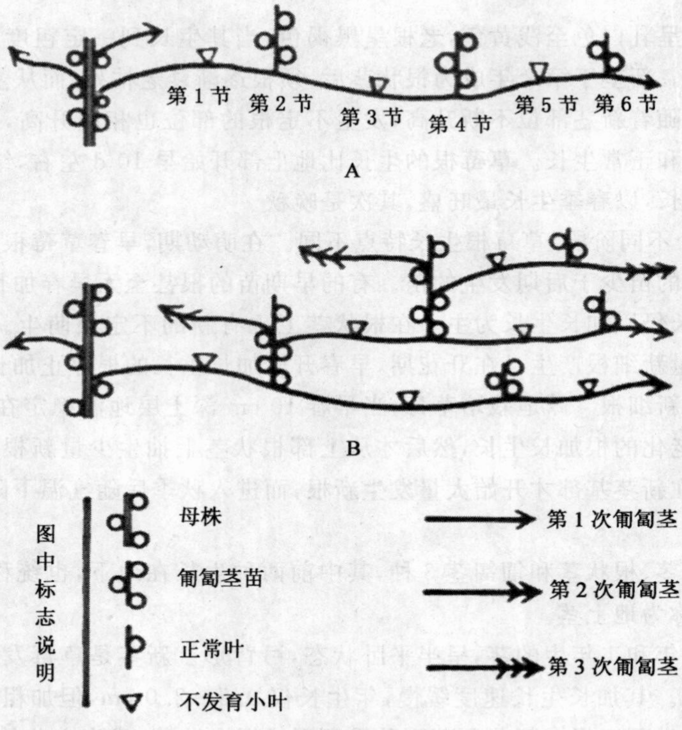

图 23-2　匍匐茎

A. 匍匐茎生长模式　B. 匍匐茎多次生长模式

(3)叶

草莓的叶属于基生三出复叶，由托叶鞘、叶柄和叶片 3 部分组成，总叶柄长达 10～20 cm。总叶柄基部有 2 片合成鞘状的托叶包于新茎上，称为托叶鞘。叶柄顶端着生 3 片小叶，两边小叶相对称，中间叶形状规则，成圆形或长椭圆形。叶密生于短缩新茎上，呈螺旋状排列。叶柄基部与新茎连接的部分，有 2 片托叶鞘包于新茎上。随着新茎生长，老叶相继枯萎，陆续出现新叶。不同时期长出的叶，其寿命长短不同。从着果到采果前的叶片较典型，能反映该品种的特征。新叶展开后约 30 d 达到最大叶面积，叶片平均寿命 60～80 d。草莓叶片具有常绿性，秋季长出的叶，在环境适宜和保护条件下，能保持绿色越冬，其寿命可长达 200～250 d，翌年春季生长一段时间后才枯死，为新叶所代替。越冬叶片保留多，有利于提高产量。草莓叶片表面密布细小茸毛，小叶多数为椭圆形。叶缘锯齿状缺口，有的边缘上卷，呈匙形；有的平展；也有两边上卷、叶尖部分平展等形状。

(4)芽

草莓的芽可分为顶芽和腋芽。顶芽着生于新茎的尖端，向上长出叶片和延伸新茎。顶芽在夏季结果后进入旺盛生长，秋季开始形成混合花芽，叫顶花芽。第 2 年混合花芽萌发先抽生新茎，在新茎上长出 3～4 片叶后，抽生花序。腋芽着生在新茎叶腋里，也叫侧芽。腋芽具有早熟性，在开花结果期可萌发成新茎分枝，形成新茎苗。夏季新茎上的腋芽萌发抽生匍匐茎。秋末，新茎上腋芽不在萌发匍匐茎，有的形成侧生混合花芽，叫侧花芽，第 2 年抽生花序。未萌发腋芽，有的成为潜伏芽，当植株顶芽受损伤时萌发，有利于植株生存。

2. 结果习性

(1)花和花序

草莓的花绝大多数为两性花(完全花)(图 23-3)，自花结实。花由花柄、花托、花萼、花瓣、雄蕊和雌蕊组成。花瓣白色，花萼绿色，花萼、花瓣均有 5 片或 5 片以上。雄蕊多数。雌蕊也多数，离生，着生在凸起的花托上。少数品种雄蕊发育不完全，为雌能花。还有个别品种没有雄蕊为雌性花。不完全花品种，在配置授粉品种情况下，产量也低于两性花品种。

图 23-3　草莓的花

花序为聚伞花序或多歧聚伞花序(图 23-4)。1 个花序上一般着生 15～20 朵花。在比较典型的聚伞花序上，通常是第 1 级花序的 1 朵中心花最先开，其次由这朵中心花的 2 个苞片间形成的 2 朵 2 级花序开放，依此类推。第 1 级花最大，然后依次变小。花序上花的级次不同，开花先后不同，因而同一花序上果实大小与成熟期也不相同。在高级次花序上，有开花不结实现象，成为无效花。无效花多少取决于品种、栽培管理条件，通常在适宜气候和良好栽培管理条件下，无效花百分率大大降低。草莓花序高矮因品种而不同，有 3 种类型：高于叶面、平齐于叶面和低于叶面。花序低于叶面品种，受晚霜危害的可能性较小。花序高于叶面易于采果。

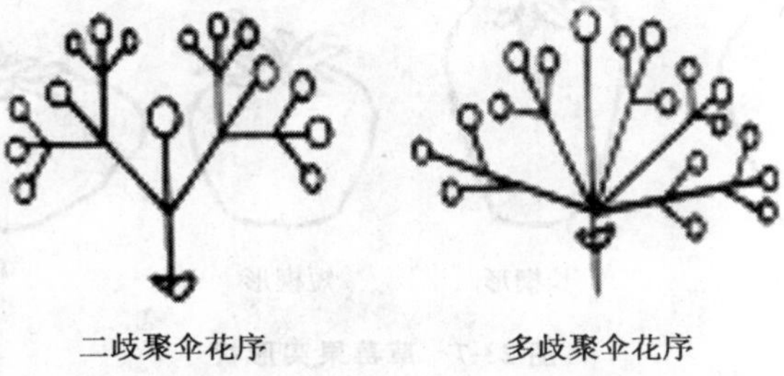

图 23-4　草莓花序模式

(2)果实

草莓果实主要由花托膨大形成,植物学上称为假果,栽培学称为浆果。由于大量着生在花托上的离生雌蕊受精后,每一雌蕊形成1个小瘦果(通称为种子),着生瘦果的肉质花托称为聚合果(图23-5)。肉质花托分为两部分,内部为髓,外部为皮层,有许多维管束与瘦果相连(图23-6)。果面多呈深红或浅红色,果肉多为红色或橙红色。果心充实或稍有空心。果面嵌生着许多像芝麻粒似的种子(瘦果,为真正果实)。瘦果在浆果表面嵌生深度不同,或与果面平,或凸出表面,或凹入果面,瘦果凸出果面的品种一般较耐贮运。果实大小取决于品种及着生位置。第1级序果最大,随着级次增加,果实越来越大。小于5 g的高级次果采收费工,商品价值低,生产上一般不采收,属于无效果。不同品种果实大小差别很大,以第1级序果为准,有的小果品种不足10 g,而有的大果品种大于50 g。同一品种其大小也受其他因子的影响,尤其水分不足时大果品种也会相对变小。果实形状因品种不同而有差异,其是品种特征之一,有圆锥形、楔形、圆形、扇形等(图23-7)。

图23-5　草莓果实

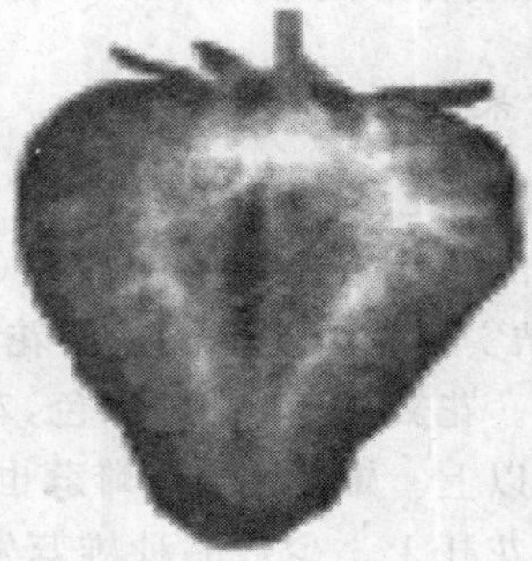

图23-6　草莓果实纵剖面

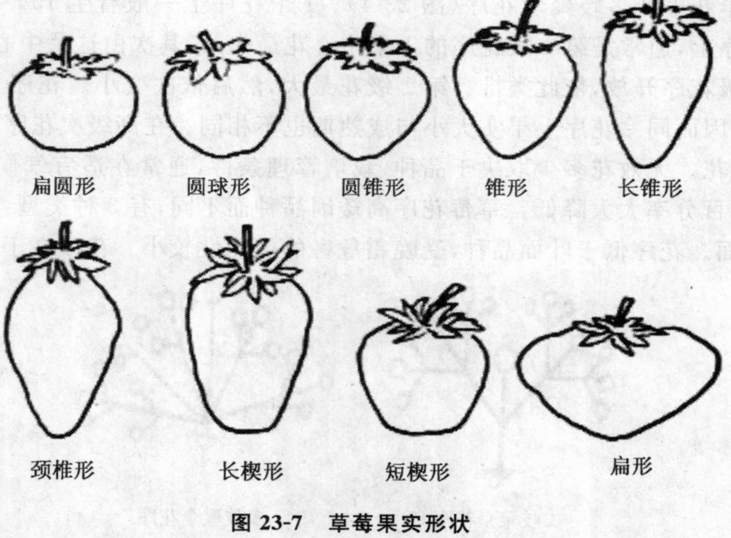

图23-7　草莓果实形状

二、物候期

1. 萌芽和开始生长期

春季地温在 2～5℃时，根系开始生长。根系生长比地上部早 7～10 d。此时根系生长主要是上年秋季长出的根继续延伸，随地温升高，逐渐发出新根。草莓早春生长主要依靠根状茎及根中贮藏的营养物质。根系生长 7 d 左右茎顶端开始萌芽，先抽出新茎，随后陆续出现新叶，越冬叶片逐渐枯死。春季开始生长时期，取决于各地气候条件：山东、京、津等在 3 月上、中旬，黑龙江在 4 月下旬。

2. 现蕾期

地上部生长约 1 个月后出现花蕾。当新茎长出 3 片叶，而第 4 片叶未全长出时，花序就在第 4 片叶的托叶鞘内显露，之后花序梗伸长，露出整个花序。草莓显蕾后，植株仍以营养生长为主。该期随气温升高和新叶相继发生，叶片光合作用加强，根系生长达到第 1 个高峰。

3. 开花和结果期

草莓从花蕾显露到第 1 朵花开放需 15 d 左右。由开花到果实成熟又需 1 个月左右。花期长短，取决于品种和环境条件，一般持续 20 余天。在同一花序上有时甚至第 1 朵花所结的果已成熟，而最末的花还正在开。因此，草莓的开花期与结果期难以截然分开。在开花期，根停止延长生长，并且逐渐变黄，在根颈基部萌发不定根。到开花盛期，叶数及叶面积迅速增加，光合作用加强。果实成熟前 10 d，体积和重量增加达到高峰，叶片制造的营养物质几乎全部供给果实。果实成熟期在黄河故道地区为 5 月上、中旬，河北中部为 5 月中、下旬。

4. 旺盛生长期

浆果采收后，植株进入旺盛生长期。先是腋芽大量发生匍匐茎，新茎分枝加速生长，新茎基部发生不定根，形成新的根系。匍匐茎和新茎的大量产生，形成新的幼株。该期是草莓全年营养生长的第 2 高峰期，可延续到秋末。其间约 1 个月，温度较高，草莓处于缓慢生长阶段，气温超过 30℃时甚至停长，处于休眠状态。秋末随着气温下降，植株生长减缓。

5. 花芽分化期

草莓经过旺盛生长期后，在外界低温（日平均气温 15～20℃）和短日照（日照时数 10～12 h）的条件下开始花芽分化。花芽分化开始，标志着植株由营养生长转向生殖生长。一般品种多在 8～9 月份或更晚才开始花芽分化。在夏季高温和长日照条件下，只有四季草莓才开始花芽分化，当年秋季能第 2 次开花结果。秋季分化的花芽，翌年 4～6 月份开花结果。花芽分化一般 11 月份结束。也有些侧花及侧芽分枝的花芽，当年分化未完成，到翌年春季继续进行。当年春季分化花芽质量差，产量低。草莓在秋季花芽形成后，随气温下降，叶片制造营养物质开始转移到茎和根中积累，为下一年春季生长利用。

6. 休眠期

花芽形成后，在气温降低、日照缩短情况下，草莓进入休眠期。外观表现为叶柄短，叶片小，叶片发生的角度由原来直立、斜生，发展到与地面平行，呈匍匐生长，全株矮化莲座状，生长极其缓慢。休眠程度取决于地区和品种。寒冷地区休眠程度深，温暖地区品种休眠程度浅。导致草莓的外界条件主要是低温和短日照，其中以短日照时间长短影响最大。

三、对环境条件要求

1. 温度

草莓对温度适应性强。春季当气温达 2℃时便开始活动，5℃时地上部分开始开始生长。根系最适生长温度为 15～20℃，植株生长适宜温度为 20～25℃。春季生长如遇－7℃低温就会受冻害，－10℃时大多数植株会冻死。经过秋季低温锻炼的草莓苗，根系能耐－8℃，芽能耐－10～－15℃低温。一般早春早熟品种不如晚熟品种耐寒；而在初冬，晚熟品种不如早熟品种耐寒。开花期低于 0℃或高于 40℃都会影响授粉受精，产生畸形果。开花期和结果期的最低温度应在 5℃以上。气温低于 15℃时才进行花芽分化，而降到 5℃以下时，花芽分化又会停止。夏季气温超过 30℃，草莓生长受抑制，不长新叶，有的老叶出现日灼或焦边，生产上常采用及时浇水或遮阴等降温措施。

2. 水分

草莓整个生长季节对水分要求较高。但不同生育期对水分要求有差异。秋季定植期要充分供给水分，苗期不缺水。冬季要保持一定的湿度，不使土壤干裂造成断根，越冬前要灌足封冻水。春季草莓开始生长，要适当灌水。现蕾到开花期水分要充足，不低于土壤最大持水量的 70%。果实膨大期需要较多水分，应保持土壤最大持水量的 80%左右，浆果成熟期适当控制水分。采收后注意灌水，土壤含水量在 70%左右。伏天保持土壤不干旱。立秋后要保证水分供应，9、10 月份植株要求水分较少，土壤含水量要求 60%。进入花芽分化期适当控制水分，保持土壤最大持水量的 60%～65%。但草莓不耐涝，长时期积水会严重影响根系和植株生长，降低抗寒性，增加病害，甚至使植株窒息而死。要求灌水不宜过多，雨季注意排水。果实采收后植株入旺盛生长期，不仅土壤含水量对草莓植株生长发育有影响，空气相对湿度也有影响。空气相对湿度过高或过低均不利于草莓花药开裂和花粉萌发。一般以空气相对湿度达 40%左右最适宜花药开裂和花粉萌发。随着空气相对湿度增加，花药开裂率直线下降，当空气相对湿度达 80%时，花药开裂率和花粉萌发率均很低。

3. 光照

草莓喜光，又比较耐阴，可在果树行间种植。在无遮阴露地条件下，植株生长较低矮、粗壮，果实较小，色泽深红，含糖量较高，甜香味浓。但光照过强，如遇干旱和高温，植株生长不良，叶片变小，根系生长差，严重时会成片死亡。冬季在覆盖下越冬叶片仍保持绿色，翌春能正常进行光合作用。幼龄果园间作草莓，光照充足，遮阴良好，植株生长旺盛，叶片浓绿，花芽发育良好，能获得丰产。但密植园或光照不足时，草莓生长发育不好，品质差。秋季光照不足时，影响花芽形成，植株生长弱，根状茎中贮存营养物质少，抗寒力降低。草莓不同生育阶段对光照要求不同。在花芽形成期，要求每天 10～12 h 的短日照和较低温度；花芽分化期需要长日照。在开花结果期和旺盛生长期，草莓需要每天 12～15 h 的较长日照时间。

4. 土壤

草莓适宜在土壤疏松肥沃、保水保肥能力强，透水通气性良好，地下水位较低（1 m 以下），土壤呈中性或微酸性（pH 5.5～6.5）的沙壤土上生长最适宜。土壤有机质含量大于 1.5%，pH 5～7 都生长良好。pH 大于 8 则植株生长不良，表现为成活后逐渐干叶死亡。沼泽地、盐碱地、黏土沙土都不适于栽植草莓。一般黏土上生长草莓果实味酸、色暗、品质差，成熟期比沙土晚 2～3 d。

思考题：

1. 草莓芽和枝有哪几种？
2. 试总结草莓生长结果习性，对环境条件要求如何？

第二节　主要种类和优良品种

一、主要种类

草莓属蔷薇科草莓属。本属植物共有约 50 个种，分别起源于亚洲、欧洲和美洲，在众多种中，目前只有凤梨草莓被广泛栽培，其他均处于野生、半野生状态。

1. 凤梨草莓（图 23-8）

凤梨草莓也称大果草莓，八倍体种，是法国人于 1750 年用八倍体智利草莓和八倍体深红莓偶然杂交获得。株高 6～15 cm。花茎高出地面，密被开展绒毛。羽状 5 小叶，质地较厚，倒卵圆形或椭圆形。叶柄长于叶片，密被开展柔毛。花梗、萼片均被柔毛。浆果椭圆形，红色，萼片反卷。广泛分布于陕西、甘肃、四川等省。生长于山坡、草地。

图 23-8　凤梨草莓

2. 东方草莓(图 23-9)

东方草莓植株高约 20 cm，全株密生长绒毛。小叶 3 枚，卵状菱形，表面绿色，有毛，背面灰白色，幼叶、花茎均被绒毛。花较大，浆果圆形或圆锥形，红色。可生食或加工。在我国东北、华北、西北都有分布。其野生于山坡、草地或林下等处。

图 23-9 东方草莓

3. 森林草莓(图 23-10)

森林草莓也称野生草莓，2 倍体种，植株矮小，直立性强。叶面光滑，背面有纤细茸毛。花序高于叶面，花梗细，花小，直径 1.0～1.5 cm，白色，两性花。果小，圆形或长圆锥形，红色或浅红色。萼片平贴，瘦果突出果面。该种有许多变种，如四季草莓，果小，种子较大，发芽力极强。在草莓属中分布最广，在亚洲、欧洲、美洲和非洲的部分地区均有分布。

图 23-10 森林草莓

4. 短蔓草莓(图 23-11)

短蔓草莓也称绿色草莓，2 倍体种。植株外形与森林草莓相似，但很少发生匍匐茎。叶片薄，浓绿色。花序直立，两性花。花初开时黄绿色，不久转为白色。果实成熟时为绿色，唯有阳面红色。种子凹入果面。春季与秋季 2 次开花。主要分布于亚洲东部和中部、欧洲、加那利群岛。我国新疆天山山脉也有分布。

5. 麝香草莓(图 23-12)

麝香草莓也称蛇莓，六倍体种。植株较高大。叶大，淡绿色，叶面有稀疏茸毛，具有明显皱褶，叶背密生丝状茸毛。花序显著高于叶面，花大，白色，雌雄异株。果实较小，长圆锥形，深紫红色，有明显颈状部。果肉松软，香味极浓。萼片反卷。主要分布在欧洲的森林及灌木丛中。

图 23-11　短蔓草莓

图 23-12　麝香草莓

6. 深红莓(图 23-13)

也称弗吉尼亚草莓，八倍体种，18 世纪末至 19 世纪中叶被广为栽培，大果草莓出现后，在生产上逐渐被淘汰。植株较纤细，匍匐茎发生较多。叶片大而薄，叶背具丝状茸毛。花序与叶面等高，花中等大小，直径 1～2 cm，白色。果实近圆形或长圆锥形，深红色，具颈状部。萼片平贴，瘦果凹入果面。主要分布在北美洲。

图 23-13　深红莓

7. 智利草莓(图 23-14)

八倍体种。18 世纪末至 19 世纪中叶被广为栽培，大果草莓出现后，在生产上逐渐被淘汰。植株较低矮。叶片厚，革质，有光泽，叶背密生茸毛。花序与叶面等高，花大，直径 2.0～2.5 cm，白色，通常雌雄异花。果大，扁圆形或椭圆形，淡红色。萼片短，紧贴果面，种子凹入果面。主要分布在南美洲。

8. 五叶草莓（图 23-15）

植株高 6～15 cm。花茎高出叶面，密被开展柔毛。羽状五小叶，质地较厚，倒卵圆形或椭圆形。叶柄长于叶片，密被开展柔毛。花梗、萼片均被柔毛。浆果椭圆形，红色，萼片反卷。分布于陕西、甘肃、四川等省。生长于山坡、草地。

图 23-14 智利草莓

图 23-15 五叶草莓

二、优良品种

1. 幸香（图 23-16）

日本最新品种，丰香×爱美杂交选育而成。植株生产势强，株态较开张。叶片近圆形，较厚，叶面开展，叶缘圆钝。大果型品种，商品果平均单果重 16 g。果实圆锥形，果面较平整，鲜红色，有光泽。果肉细腻多汁，香味浓郁，甜酸可口，品质极佳。果实硬度中等。匍匐茎抽生能力强，果为圆锥形，果型正，无畸形果，果色鲜红色，果实硬度好，极早熟品种，休眠期短，5℃以下 50～100 h 即通过休眠，产量中等。匍匐茎抽生能力强，抗病力中等，易感白粉病。是目前日本品种中最好的一个，在日本有取代“丰香”的趋势。

图 23-16　幸香

2. 枥乙女（图 23-17）

日本从久留米 49 号×枥峰杂交选育而成。植株生长势强旺，叶色深绿，叶大而厚，大果型品种，商品果平均单果重 15 g 以上，果实圆锥形，果个整齐，果面鲜红色，具光泽，果面平整。果肉淡红，肉质致密。果实汁液多，含糖量比女峰高，含酸量比女峰低，酸甜适口，品质极佳。果实较硬，耐贮运性较强。早熟品种，休眠浅浅，5℃以下 150 h 即通过休眠，丰产性强。抗病性中等，抗白粉病能力明显优于丰香和幸香。

图 23-17　枥乙女

3. 章姬（图 23-18）

日本从久能早生×女峰杂交中选育品种。特早熟品种，休眠期浅，生长势强，聚伞形花序，花序抽生量大。果长圆锥形，色泽鲜艳光亮，香气怡人，果肉淡红色、细嫩多汁、浓甜美味，品质特好。果质细腻，产量较高，苗期易感叶部病害，应注意防治，可作为近市场地区栽植。

4. 戈雷拉（图 23-19）

中早熟品种。植株生长直立，紧凑。分枝力中等，叶片椭圆形，浓绿，质硬，托叶淡绿稍带粉红色，花序低于或等于叶面。果实圆锥形。第 1 级序果平均单果重 22 g，最大果重 34 g；果面有棱沟，红色，有时果尖不着色；种子多为黄绿色，个别红色，分布不均，凸出果面或与果面平；果肉红色较硬，髓心较空，汁液红色。萼片大，平贴或稍反卷。抗病性与抗逆性较强，尤具抗寒性。丰产。适于露地和保护地栽培。

5. 明宝（图 23-20）

植株生长直立，结果期开张。叶部性状与春香相似，即叶片大、叶色稍淡，但叶片数稍少。抽生匍匐茎能力比宝交早生稍弱但匍匐茎节间长。根系发达，粗根较多。顶花序出现比宝交早生早 10 d，每个花序着生的花朵数少，一般 9～14 朵，大果率高，几乎所有的花都能结实，畸形果少，丰产。果实圆锥形；果面鲜红色，有芳香。果实耐贮运性差，抗病性强；休眠性比宝交早生浅，在 5℃下经 70～90 h 即可打破休眠。适于露地及保护地栽培。

图 23-18　章姬

图 23-19　戈雷拉

图 23-20　明宝

6. 森嘎拉(图 23-21)

德国品种。植株中庸，叶片深绿色。植株抽生花序能力强，有花序 5～9 个/株。植株抽生匍匐茎能力较弱。果实中等大小，圆锥形，果面深红色，汁液多，风味甜酸，品质优良，果实较软，是优良加工品种。适应性较强，抗病力中等，适合露地和半促成栽培，产量可达 1 500～2 000 kg/667 m^2。

图 23-21　森嘎拉

7. 哈尼(图 23-22)

美国纽约州从 Vibrant×Holi day 杂交中选出中早熟品种。植株生长势较强，中庸健壮，半开张，繁殖力强，抗蛇眼病。叶片中等偏大，椭圆形，较厚，深绿色，光滑。果实中等大小，圆锥形，整齐，果面鲜红色，有光泽，果肉红色，汁液多，风味酸甜，果实硬度好，耐运输。较丰产，果个大，一级序果均重 19 g，最大果重 38 g。匍匐茎抽生能力中等。适应性非常强，抗病能力较强，但对黄萎病和红中柱根腐病的抗性较弱，适合露地栽培。

8. 明晶（图 23-23）

沈阳农业大学从草莓品种日出的实生苗中选出。植株生长势强，株态较直立。叶片椭圆形，略呈匙状，较厚，颜色较深。花序低于叶面，果实大，第 1 级序果平均单果重 27 g。果实近圆形，果面红色，光泽很好。果肉红色，致密，髓心小，果汁多，风味酸甜爽口。果皮韧性强，果实硬度大，耐贮运。单株平均抽生花序 1.8 个，产量较高。适应性强，适宜栽培地区广泛，抗逆性强，特别抗寒、抗病。适合露地栽培。

图 23-22　哈尼

图 23-23　明晶

9. 全明星（图 23-24）

美国农业部马里兰州农业试验站从 US4419×MDUS3184 杂交组合中选育而成。植株生长势强，株态较直立。叶片较大，叶色深绿，叶面平展。匍匐茎抽生能力中等。果实圆锥形，果面鲜红色，有光泽，果个大，整齐美观，肉质细腻，风味酸甜，鲜实和加工兼用。果面和果肉硬度都很大，耐贮运性极强。休眠较深，中晚熟，丰产性强。适应强，耐高温、高湿，抗黄萎病和红中柱根腐病，适合半促成栽培和露地栽培。

图 23-24　全明星

10. 宝交早生（图 23-25）

早中熟品种。植株生长较开张，分枝力中等。叶片椭圆形，呈匙状。托叶淡绿稍带粉红色，花序等于或稍低于叶面。萼片平贴或反卷。果实圆锥形，果基有颈；第 1 级序果平均单果重 17.2 g，最大果重 24 g；果面鲜红艳丽，种子红色、黄绿色均有，凹入或平嵌果面；果肉橙红色，髓心稍空，汁液红，质地细，香甜味浓，品质优。一般产量达 1 000～1 500 kg/667 m^2。适于露地和保护地栽培。

11. 草莓王子(图 23-26)

植物大，生长强壮，叶片灰绿色，叶片大而普遍，匍匐茎抽生能力强，喜冷凉湿润气候。果实圆锥形；第1级序果平均重 42 g；果面红色，有光泽；果实硬度大，贮运性能佳；果味香甜，口感好。产量高，采用拱棚栽培产量可达 3 500 kg/667 m^2。

图 23-25 宝交早生

图 23-26 草莓王子

12. 红衣

中熟品种。植株较开张，分枝力较弱，叶片近圆形，厚且大，色较深，有光泽。托叶浅绿色，花序等于叶面。果实短圆锥，尖端扁圆锥形；第1级序果平均单果重 22.6 g，最大果重 34.6 g；果面平整，亮鲜红色，种子多为黄绿色，分布均匀，平嵌果面；萼片平贴；果肉红色，髓心较实，汁液红色。抗病性与抗逆性较强，耐贮运，丰产。适于露地和保护地栽培。

13. 星都 2 号(图 23-27)

北京市林业果树研究所培育出的早熟新品种。植株生长势强，株态较直立。叶椭圆形，绿色，叶片厚度中等，叶面平，叶尖向下，叶缘粗锯齿，叶面质地较粗糙，光泽中等。花序梗中粗，低于叶面。两性花，平均花序数为 4 个，每序平均花朵数 16 朵。种子黄、绿、红色兼有，平或微凸果面，种子分布密。花萼单层、双层兼有，全缘、平贴或主贴副离。1、2 级序果平均果重 27 g，果实纵横径 3.94 cm×3.84 cm，最大果重为 59 g。果实圆锥形，红色有光泽，果实外观评价上。果肉红色，风味甜酸适中，香味浓，肉质评价上。可溶性固形物含量 8.72%，可溶性糖 5.44%，可滴定酸 1.57%，糖酸比 3.46∶1，维生素 C 53.43 mg/100 g。果硬耐贮运，果实硬度 0.385 kg/mm^2。抗病性强，无特殊敏感性病虫害。

图 23-27 星都 2 号

14. 图得拉(图 23-28)

又名米赛尔，西班牙品种。植株健壮，生长势强。叶片大，椭圆形，叶色浓绿。果实长圆锥形，果面深红色，外观漂亮。果大，1 级果平均单果重约 30 g，果实硬，耐贮运。日光温室生产品质稍差。花序抽生能力强，丰产性强。休眠浅，早熟，在同等栽培管理条件下，比弗吉尼亚提前 10～14 d 成熟。匍匐茎抽生能力强。适应性强，抗病性强，易于栽培管理。特别适合日光温室促成栽培，但亦可进行露地栽培。

图 23-28 图得拉

思考题：

1. 草莓主要种类有哪些？识别时应把握哪些要点？
2. 当前生产上栽培草莓优良品种有哪些？识别时应把握哪些要点？

第三节 无公害生产技术

一、育苗

1. 母株选择

应选择品种纯正、健壮的脱毒原种苗、1 代苗或 2 代苗为繁殖生产苗的母株，具体标准是：植株完整，无病虫害，具有 4～5 片以上正常复叶，植株矮壮，有较多新根，多数根系达 5～6 cm，全株重 25 g 以上，地下部分重 10 g 以上，新茎粗度 1.2～2.0 cm。

2. 繁殖方法

草莓繁殖方法主要有匍匐茎分株法、假植育苗、新茎分株法、种子繁殖法和组织培养法。生产上多选用匍匐茎分株法。

(1)匍匐茎苗繁殖

①苗圃地选择、整地施肥、作畦。一般选择地势平坦，土壤疏松肥沃，灌排条件好，光照充足，未种过草莓或已轮作过其他作物的地块。母株定植前整地作畦，将圃地耕翻深 30 cm，施充分腐熟农家肥 5 000 kg/667 m^2，过磷酸钙 30 kg/667 m^2，或磷酸二铵 25 kg/667 m^2，或其他复合肥 50 kg/667 m^2，将肥料撒匀，整地作高畦，畦宽 1～1.5 m 的高畦或平畦，长 5～10 m，高

15 cm。要求畦埂要直，畦面要平。定植前土壤要适当沉实。

②种苗选择。种苗应选择组织培养的脱毒苗。

③栽植。河南省3月中、下旬，日平均气温达到10℃以上时栽植母株。繁殖系数高的品种，做成畦面宽1 m，每畦栽1行，将母株定植在畦中间，株距60～80 cm；繁殖系数较低品种，做成畦面宽1.5 m，每畦栽2行，行距60～80 cm，株距80 cm。栽植时在畦中间按栽植密度以"深不埋心，浅不露根"深度栽植(图23-29)，即根颈部与地面平齐。注意，为确保成活，定植时要带土坨。

图 23-29　草莓苗定植深度

④苗期管理。定植后浇一遍透水，以后保证充足水分供应。成活后喷1次浓度为50 mg/L赤霉素(GA_3)，并多次中耕锄草，保持土壤疏松。6～7月份匍匐茎开始发生后不再中耕，但应及时除去杂草。叶面喷施1次0.5%的尿素。8月份植株开始旺盛生长时，叶面喷施1次0.2%的磷酸二氢钾。匍匐茎发出后应及时将其沿畦面两侧均匀理顺，引茎、压蔓，避免交叉在一起及不能发生不定根等。同时，摘除匍匐茎上发生的2次匍匐茎和3次匍匐茎。当产生匍匐茎苗数量已达到繁殖系数时，对其摘心，以后再发匍匐茎也应及时去掉。压茎在匍匐茎长到一定长度出现子苗时进行，在生苗节位处挖1个小坑，培土压茎。见到花蕾立即去除。当新叶展开后，应及时去掉干枯老叶。在整个生长期，随着新叶和匍匐茎发生，应及时去掉下部不断衰老老叶。在去掉老叶同时，及时人工除草。除此之外，在苗期还要注意防治炭疽病、白粉病和蚜虫等病虫害。

(2)假植育苗

就是把匍匐茎子苗在栽植到生产田之前，先移栽在固定的场所进行一段时间的培育。假植育苗时期在定植前50 d。

①营养钵假植育苗。选取2叶1心以上的匍匐茎子苗，栽入直径12 cm或10 cm的塑料营养钵中。基质为无病虫害的肥沃表土，加入一定比例的有机物料和优质腐熟农家肥20 kg/m^3。将栽好苗的营养钵排列在架子上或苗床上，株距15 cm。栽植后浇透水。第1周必须遮阴。定时喷水，保持湿润。每天喷水2～3次，成活后，每天喷水1～2次。栽植15 d后叶面喷施1次0.3%的尿素，以后每隔10 d叶面喷施1次复合肥。花芽分化前，停止使用氮肥，只使用磷、钾肥，每隔7 d追施1次。及时摘除抽生的匍匐茎和枯叶、病叶，并进行病虫害综合防治。后期苗床上营养钵苗转钵断根。

②苗床假植育苗。苗床宽1.2 m，施腐熟有机肥3 000 kg/667 m^2。要选择具有3片展开叶的匍匐茎苗进行假植，株行距15 cm×15 cm。进行适当遮阴。栽后立即浇透水，并在3 d内喷水2次/d，以后见干浇水，保持土壤湿润。栽植10 d后叶面喷施1次0.2%尿素，每隔10 d

喷 1 次磷、钾肥。及时摘除抽生的匍匐茎和枯叶、病叶，并进行病虫害综合防治。8 月下旬至 9 月初断根处理。

3. 壮苗标准

具有 4 片以上展开叶，根茎粗 1.2 m 以上，根系发达，苗重 30 g 以上，顶花芽分化完成，无病虫害。

二、建园

1. 园地选择

选择生态环境良好、远离污染区、并具有可持续生产能力的农业生产区域，其空气质量、灌溉水质量和土壤环境条件必须符合农业部制定的无公害草莓生产的产地环境条件标准 NY 5104—2002《无公害食品 草莓产地环境条件》。

2. 品种选择

北方露地栽培选择休眠深或较深的品种，要考虑品种的抗性、品质等性状。

3. 生产苗定植

7～8 月份对定植地点土壤太阳能消毒。时间至少 40 d。8 月中旬定植。定植前施用充分腐熟的优质农家肥 5 000 $kg/667\ m^2$ 以上＋过磷酸钙 50 $kg/667\ m^2$＋硫酸钾 50 $kg/667\ m^2$，或氮、磷、钾复合肥 50 $kg/667\ m^2$。土壤缺素园块，可补充相应的微肥或直接施用多元复合肥。全园均匀撒施肥料后，彻底耕翻土壤，使土肥混匀。耕翻 30 cm 左右，整平、耙细、沉时。整平土壤，采用大垄双行栽植方式，一般垄高 30～40 cm，上宽 50～60 cm，下宽 70～80 cm，垄沟宽 20 cm。株距 15～18 cm，小行距 25～35 cm。定植 12 万～15 万株/hm^2。栽植时苗心基部与土壤平齐。

三、栽培管理关键技术

1. 越冬防寒

北方地区，当外界气温降到－7℃前浇 1 次封冻水，保持土壤含水量相当于田间持水量的 60%～80%。1 周后在草莓植株上覆盖 1 层塑料地膜，地膜上压 1 层稻草、秸秆或杂草等覆盖物，厚 10～12 cm。

2. 去除防寒物

当春季平均气温稳定在 0℃左右时，分批去除已经解冻的覆盖物。当地温稳定在 2℃以上时，全部去除覆盖物，并对全园进行清理。

3. 植株管理

春季草莓植株萌发后，破膜提苗，及时摘除病叶、植株下部呈水平状态老叶、黄化叶及抽生匍匐茎。全园浇 1 次透水，喷 1 次 80%代森锰锌可湿性粉剂 800 倍液。开花期摘除偏弱花序，保留 2～3 个健壮花序。花序上高级次无效花、无效果要及时疏除。保留果实 7～12 个/花序。

4. 水肥管理

在植株旺盛生长期、果实膨大期等时期进行灌溉，最好微喷设施，并结合灌水进行追肥。如果果实生长后期正逢雨季，应随时注意排涝。肥料施用要按照中华人民共和国农业行业标准 NY/T 496—2002《肥料合理施用准则通则》的规定执行。施用肥料必须是在行政主管部门已经登记或免于登记的肥料，限制使用含氯复合物，禁止使用未经无公害化处理的城市垃圾。除定植前施足基肥外，早春草莓植株萌发后及时追 1 次尿素 10 kg/667 m^2，开花前追施尿素 10～15 kg/667 m^2，果实开始膨大期追施磷、钾复合肥 20 kg/667 m^2。

四、综合防治病虫害

草莓病虫害主要有灰霉病、炭疽病、病毒病、根腐病、芽枯病、叶枯病、蛇眼病及蚜虫、叶螨、蛴螬、叶甲、斜纹夜蛾等。采用以农业防治为主的综合防治措施：选用抗病品种，培育健壮秧苗。一是利用花药组培等技术培育无病毒母株，同时 2～3 年换 1 次种；二是从无病地引苗，并在无病地育苗；三是按照各种类型的秧苗标准，落实好培育措施，并注意苗期病虫害防治。加强栽培管理，可有效抑制病虫害的发生：施足优质基肥；采用高畦栽植；合理密植；进行地膜覆盖；创造良好生长环境，防止高温多湿；使植株保持健壮，提高植株抗病能力；搞好园地卫生，消灭病菌侵染来源。日光照射土壤消毒，对防治草莓萎黄病、芽枯病及线虫等，具有较好效果。重视轮作换茬，一般种植草莓 2 年以后要与禾本科作物轮作。开花前合理选用高效低毒低残留农药防治病虫害，每隔 7～10 d 用药 1 次，连续 3～4 次，直到开花期。在病虫害发生初期彻底防治以红蜘蛛和白粉病、灰霉病为主的病虫害；果实采收开始后尽量减少施用农药；春季温度回升后，注意红蜘蛛、花蓟马等害虫的危害，及时喷药防治。具体防治可参照表 23-1。

表 23-1　草莓病虫害防治使用药剂情况

药剂名称	防治对象	使用浓度
50%速克灵可湿性粉剂	灰霉病、白粉病	800～1 000 倍液喷雾
10%世高水溶剂	白粉病	2 000 倍液喷雾
40%福星可湿性粉剂	白粉病	6 000 倍液喷雾
75%百菌清可湿性粉剂	炭疽病	800 倍液喷雾
50%多菌灵可湿性粉剂	白粉病	500～600 倍液喷雾
5%抑太保乳油	斜纹夜蛾	2 000～2 500 倍液喷雾
73%克螨特乳油	蚜虫、红蜘蛛	1 000 倍液喷雾
47%乐斯本乳剂	蚜虫	1 000 倍液喷雾
0.6%齐螨素乳油	红蜘蛛、蚜虫、根结线虫	3 000～5 000 倍液喷雾
Bt(苏云金杆菌)乳油	菜青虫、斜纹夜蛾	500～800 倍液喷雾
3%米乐尔颗粒剂	地下害虫、线虫	1.5～2 kg 毒土撒施

五、果实采收

1. 采收标准

多数草莓品种开花后 1 个月左右分批不间断采收。果实成熟时，其底色由绿变白，果面 2/3 变红或全面变红，果实开始变软并散发出诱人香气。当地销售在 9～10 成熟时采收，外地销售达到八成熟时采收。

2. 采收时间

在一天内采收果实在露水已干的上午或下午，中午前后不采果。而早晨采果最适宜。

3. 采收技术

果实达采收成熟度时用大拇指和食指指甲将果柄折断或用剪刀将果柄剪断，不能硬拉。一般每 1～2 d 选成熟好的果采 1 次。每次都要将成熟的草莓果实全部采完。采收时剔除小果、畸形果、病虫果，轻拿轻放，把成熟度适宜的或过熟分开放置，并分级包装。

六、采后处理

1. 分级

草莓果实分级按 NY/T 444—2001 中 5.1 所述草莓感官品质标准执行。

2. 包装

贮藏包装选用大而坚固的容器，箱内嵌衬软纸或塑料泡沫。将果实同方向排齐，使上层果柄处于下层果的空隙间，大型果排放 3～5 层，小型果排放 5～7 层。也可选用小的包装（1～2 kg）。装后封盖、挂标签（注明产地、品种、等级、重量等）。销售 包装要小而美观。目前，我国草莓鲜果多采用容量 0.25 kg 或 0.5 kg 无毒透明塑料盒包袋。

思考题：

试制定露地草莓无公害生产技术规程。

第四节　园 林 应 用

一、景观特征

草莓（图 23-30）株型变化多样，丰富多彩，或直立开展，或匍匐成片；株高相差不大，均匀整齐，丰满圆润，层次有致。具有很好的观赏价值。草莓的叶多为基生三出复叶，椭圆形或圆形，形态各异，托叶带柄，茸毛覆面，花边锯齿，螺旋排列，层次有别，大小有序，枝叶繁茂，婆娑多姿，富于变化，奇特美丽。草莓植物以绿色为主色调，主要有墨绿，如静宝、香菲等；有蓝绿色，如丰香、女峰等；也有浅绿色的，如欧宝、斯科特等。但随季节的变化，草莓的颜色亦不同，一般春夏季以绿色为主，郁郁葱葱；秋冬季开始变色，以红褐色为主，绚丽多彩。草莓之花形似梅花，纯白如雪，清香悠悠；花序如伞，层次分明，美观大方；花期较长，且花果能同期出现，白花，绿叶，红果，交相辉映，赏心悦目。草莓果形多样，有的形似柿子，呈扁圆形或圆形，盈盈欲滴；有的似圆锥，玲珑可爱；还有的长楔形，奇特无比；色彩鲜艳，深红色、红色、橘红色、白色，琳琅满目，绚丽多彩。

图 23-30　园林用草莓

二、园林应用

草莓植物与其他园林植物一样，可以用作多种形式，不仅可以作为独立的花带、花丛、地被栽植等，还可以与其他植物搭配应用，并可建立专门的观赏园。根据草莓的形态类型和生态特性，可以将草莓应用于多种景观中。草莓植物露地栽培，将其可以丛植或以群植的形式栽成花带、花丛、地被等；在公园、路边地势平坦地带，种植呈带状或丛状，能够充分表现出草莓的观赏特性，使单调的景物颜色具有了一些动感的美，还有如在稀疏的林下大面积种植，不仅能丰富植物群落，还具有良好的景观效果和生态效果，而且草莓为宿根性植物，养护简单，节约费用。草莓由于富于色彩变化，可与其他植物搭配应用，如石竹、月季、草坪、金叶女贞等；设计景观，配置图案。以绿色为背景，搭配花叶颜色，起到对比鲜明、相得益彰之效，衬托出园林设计景观效果，突出设计主题。草莓性喜湿润潮湿的环境条件，可以把草莓与其他水性植物搭配种植在水际边、池塘边、水池边缘、溪畔及岩石间隙等地，可使驳岸处理自然化，与水的柔和风格协调一致，营造水际景观。草莓还可以将其叶片、花、果实等应用在花艺装饰中，如绿叶、白花、红果的草莓奇特的组合，与其他花艺材料的有机结合，可以使锦上添花，富有诗情画意。

思考题：

试总结草莓景观特征与园林具体应用。

实训技能 23 草莓单株结果量与产量、果实品质关系

一、目的要求

通过实验，了解草莓留果量与产量和果实品质的相互关系，进一步理解疏花疏果的意义。

二、材料与用具

1. 材料

现蕾至开花的草莓苗 500 株左右。

2. 用具

笔记本、铅笔、橡皮、测糖仪。

三、内容与方法

1. 内容

观察记载不同留果量处理对产量和品质的影响。

2. 方法

(1)时间

在草莓现蕾后进行。

(2)要求

利用空闲时间进行为主。

(3)统一留果标准

1～2 级花序，留果 6～9 个/株；2～3 级花序，留果 12～18 个/株；2～4 级花序，留果 24～36 个/株。每次处理 10 株，分 3 次。

(4)统计、观察内容

果实成熟期分单株统计单果平均重量、单株产量,观察果实外观品质,测定含糖量。

四、实训报告

对实验资料进行整理,分析并写出试训报告。

五、技能考核

实训技能考核实行百分制,其中实训态度与表现占 20 分,观察方法占 40 分,实训报告占 40 分。

参考文献

[1] 陈守耀，等. 北方优质果品生产技术[M]. 北京：中国农业大学出版社，2012.
[2] 王尚堃，等. 果树生产实用新技术及园林应用[M]. 北京：中国农业大学出版社，2011.
[3] 马骏，等. 果树生产技术(北方本)[M]. 北京：中国农业出版社，2006.
[4] 李道德. 果树栽培[M]. 北京：中国农业出版社，2001.
[5] 郗荣庭. 果树栽培学总论. 3 版[M]. 北京：中国农业出版社，1997.
[6] 张玉星. 果树栽培学各论(北方本). 3 版[M]. 北京：中国农业出版社，2003.
[7] 黑龙江佳木斯农业学校，江苏省苏州农业学校. 果树栽培学总论. 北京：农业出版社，1993.
[8] 北京市农业学校. 果树栽培学各论(北方本)[M]. 北京：农业出版社，1991.
[9] 张国海，等. 果树栽培学各论[M]. 北京：中国农业出版社，2008.
[10] 张文静，等. 园林植物[M]. 郑州：黄河水利出版社，2010.
[11] 邱国金. 园林树木[M]. 北京：中国农业出版社，2006.
[12] 杜纪格，等. 花卉果树栽培实用新技术[M]. 北京：中国环境科学出版社，2009.
[13] 冯社章，等. 果树生产技术(北方本)[M]. 北京：化学工业出版社，2007.
[14] 于泽源. 果树栽培. 2 版[M]. 北京：高等教育出版社，2010.
[15] 傅秀红. 果树生产技术(南方本)[M]. 北京：中国农业出版社，2007.
[16] 阎振立. 苹果新品种——华硕的选育[J]. 中国果业信息，2010，27(12)：51-52.
[17] 王尚堃，等. 萌苹果优质高产高效栽培技术[J]. 林业实用技术，2011(2)：22-24.
[18] 张传来，等. 提高苹果品质栽培技术[J]. 河北果树，2008(6)：11-13.
[19] 王尚堃，等. 绿宝石梨优质高产高效栽培技术[J]. 林业实用技术，2009(8)：23-25.
[20] 王尚堃，等. 新西兰红梨研究进展[J]. 中国农学通报，2013，29(1)：65-70.
[21] 陈建峰，等. 新西兰品种特性及丰产技术[J]. 河南农业，2007(10)：23.
[22] 张传来，等. 不同红梨品种果实中营养元素含量的光谱测定[J]. 光谱学与光谱分析，2007，27(3)：595-597.
[23] 刘晓林，等. 新西兰红梨的特性及快速育苗技术[J]. 河南农业，2006(6)：48.
[24] 万四新，等. 满天红梨优质丰产栽培技术[J]. 河南林业，2005，25(3)：55-56.
[25] 张传来. 红酥脆梨优质丰产栽培技术[J]. 山东林业科技，2005(3)：61-62.
[26] 张传来，等. 美人酥梨优质丰产栽培技术[J]. 经济林研究，2004，22(4)：95-97.
[27] 王尚堃，等. 梨品种中梨 1 号丰产栽培技术[J]. 中国果树，2009(4)：54-55.
[28] 尚俊平，等. 晚秋黄梨高产高效栽培技术[J]. 河北果树，2011(5)：15.
[29] 刘捍中，等. 葡萄生产技术手册[M]. 上海：上海科学技术出版社，2005.
[30] 周慧文. 桃树丰产栽培[M]. 北京：金盾出版社，1995.
[31] 王尚堃，等. 新川中岛桃无公害丰产栽培技术[J]. 北方园艺，2007(12)：88-90.
[32] 王尚堃，等. 美国金太阳杏无公害丰产栽培技术[J]. 农业科技通讯，2007(5)：46-47.
[33] 王尚堃，等. 凯特杏品种表现及无公害高产栽培技术[J]. 农业新技术，2005(6)：39-40.

[34] 王尚堃,等.凯特杏丰产栽培技术[J].中国果树,2005(1):41-42.
[35] 张传来,等.金光杏梅果实生长动态观察初报[M].中国农学通报,2005,21(11):265-268.
[36] 张传来,等.金光杏梅果实发育过程中微量元素含量的光谱测定[J].光谱学与光谱分析,2005,25(7):1139-1141.
[37] 苗卫东,等."金光杏梅"快速育苗技术总结[J].山西果树,2003(1):45.
[38] 王尚堃,等.金光杏梅无公害早果丰产栽培技术[J].北方园艺,2007(11):136-138.
[39] 万四新,等.金光杏梅品种表现及优质高产栽培技术研究[J].现代农业科学,2008,15(2):14-16.
[40] 王尚堃,等.金光杏梅无公害标准化栽培技术[J].江苏农业科学,2013,41(9):138-140.
[41] 王尚堃,等.杏梅新品种'金光'研究进展[J].北方园艺,2012(20):183-186.
[42] 王尚堃,等.黑琥珀、安哥诺李丰产栽培技术[J].中国果树,2005(5):41-42.
[43] 张传来,等.尤萨李品种表现及优质高产栽培技术[J].安徽农业科学,2006,34(20):5237-5238.
[44] 徐炜,等.女神李无公害丰产栽培技术[J].现代农业科技,2006(15):28,33.
[45] 万四新.日本大石早生李无公害优质高产技术[J].农业科技通讯,2008(7):184-186.
[46] 王尚堃.大石早生李在河南商水丰产栽培技术[J].中国果树,2008(4):47-48.
[47] 王尚堃,等.美国布朗李病虫无公害综合防治技术[J].北方园艺,2007(5):97-98.
[48] 张传来,等.美国杂交杏李风味玫瑰丰产栽培技术[J].北方园艺,2007(7):119-120.
[49] 王尚堃.日本斤柿优质高产栽培技术[J].北方园艺,2006(1):88.
[50] 王尚堃,等.泰山红石榴无公害丰产栽培技术[J].特种经济动植物,2005,8(10):30.
[51] 张畅,等.柿属树种在园林绿化中的应用综述[J].贵州农业科学,2010,38(6):177-179.
[52] 姚赞标,等.试论石榴的观赏特性及园林应用[J].现代园艺,2011(1):57-58.
[53] 曹尚银.无花果高效栽培与加工利用[M].北京:中国农业出版社,2002.
[54] 唐梁楠,等.草莓优质高产栽培新技术[M].北京:金盾出版社,1997.
[55] 中华人民共和国农业行业标准 NY 5013—2001《无公害食品 苹果产地环境条件》.
[56] 中华人民共和国农业行业标准 NY/T5012—2002《无公害食品苹果生产技术规程》.
[57] 中华人民共和国农业行业标准 NY/T 441—2001《苹果生产技术规程》.
[58] 中华人民共和国农业行业标准 NY475—2002《梨苗木》.
[59] 中华人民共和国农业行业标准 NY/T 5101—2002《无公害食品 梨产地环境条件》.
[60] 中华人民共和国农业行业标准 NY/T 5102—2002《无公害食品 梨生产技术规程》.
[61] 中华人民共和国农业行业标准 NY 5113—2002《无公害食品 桃产地环境条件》.
[62] 中华人民共和国农业行业标准 NY 5114—2002《无公害食品 桃生产技术规程》.
[63] 中华人民共和国农业行业标准 NY 5201—2004《无公害食品 樱桃》.
[64] 中华人民共和国农业行业标准 NY 5240—2004《无公害食品 杏》.
[65] 中华人民共和国农业行业标准 NY 5243—2004《无公害食品 李子》.
[66] 中华人民共和国农业行业标准 NY 5087—2002《无公害食品 葡萄产地环境条件》.
[67] 中华人民共和国农业行业标准 NY/T 5088—2002《无公害食品 葡萄生产技术规程》.
[68] 中华人民共和国农业行业标准 NY 5107—2002《无公害食品 猕猴桃产地环境条件》.

[69] 中华人民共和国农业行业标准 NY/T 5108—2002《无公害食品 猕猴桃生产技术规程》.
[70] 中华人民共和国农业行业标准 NY 5241—2004《无公害食品 柿》.
[71] 中华人民共和国农业行业标准 NY 5252—2002《无公害食品 冬枣》.
[72] 中华人民共和国农业行业标准 NY 5242—2004《无公害食品 石榴》.
[73] 中华人民共和国农业行业标准 NY 5104—2002《无公害食品 草莓产地环境条件》.
[74] 中华人民共和国农业行业标准 NY/T 5105—2002《无公害食品 草莓生产技术规程》.